HISTOIRE DES PLANTES

TOME PREMIER

PARIS. — IMPRIMERIE DE E. MARTINET, RUE MIGNON, 2.

HISTOIRE
DES PLANTES

PAR

H. BAILLON

PROFESSEUR D'HISTOIRE NATURELLE MÉDICALE A LA FACULTÉ DE MÉDECINE DE PARIS
DIRECTEUR DU JARDIN BOTANIQUE DE LA FACULTÉ
PRÉSIDENT DE LA SOCIÉTÉ LINNÉENNE DE PARIS

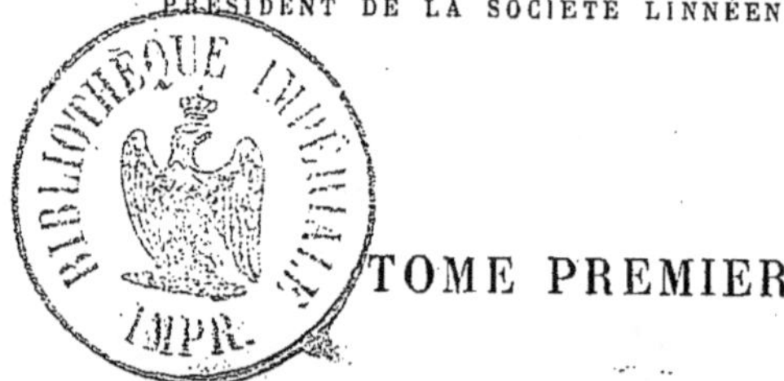

TOME PREMIER

RENONCULACÉES, DILLÉNIACÉES, MAGNOLIACÉES, ANONACÉES
MONIMIACÉES, ROSACÉES

Illustrées de 503 figures dans les textes

DESSINS DE FAGUET

PARIS

LIBRAIRIE DE L. HACHETTE ET Cie

BOULEVARD SAINT-GERMAIN, Nº 77

LONDRES, 18, KING WILLIAM STREET, STRAND. — LEIPZIG, 3, KÖNIGSSTRASSE

—

1867-1869

A LA MÉMOIRE

DE

J. B. PAYER

MEMBRE DE L'INSTITUT (ACADÉMIE DES SCIENCES), PROFESSEUR DE BOTANIQUE A LA FACULTÉ
DES SCIENCES DE PARIS ET A L'ÉCOLE NORMALE SUPÉRIEURE

(1818-1860)

INTRODUCTION

« Il n'y a qu'une manière d'avancer les sciences,
» c'est de les simplifier ou d'y ajouter quelque chose
» de nouveau. »

(POINSOT.)

« Il ne faut pas recevoir les opinions de nos pères
» comme le feraient des enfants, par la seule raison
» que nos pères les ont eues. »

(MARC-AURÈLE.)

L'idée première de ce livre appartient au savant tant regretté dont le nom est inscrit sur sa première page. Dans l'*Introduction* de son ***Traité d'organogénie comparée de la fleur***, Payer s'exprimait en ces termes : « Ce n'est que dans une sorte de ***Genera*** » ***plantarum*** illustré, entrepris il y a près de dix ans, et qui, je » l'espère, pourra être publié avant peu d'années, que je montrerai » par des applications nombreuses toute l'importance des études » organogéniques pour démontrer les véritables affinités des » plantes entre elles... » Il avait, dans ce but, fait préparer un grand nombre de vignettes qu'il nous a léguées. Quant au texte de l'ouvrage et au plan que l'auteur eût suivi, nous ne savons ce qu'ils auraient été. Nous n'avons, pour nous guider à cet égard, que l'essai publié sous le titre modeste de ***Leçons sur les familles*** ***naturelles des plantes***, travail interrompu en 1860 par une fin prématurée, et continué par nous jusqu'à ce jour. Il est toutefois vraisemblable qu'une part considérable eût été faite dans ce livre aux connaissances organogéniques dont l'auteur était si richement pourvu.

C'est pour la science sans doute un dommage cruel que Payer n'ait pu mettre lui-même à exécution son gigantesque projet. Mais nous apprenons du moins des sévères leçons de la mort, que pour élever à la science un pareil monument, il importe d'en commencer l'exécution de bonne heure. Celui qui ne recule pas devant une telle entreprise peut espérer au début, ou qu'il arrivera lui-même jusqu'au couronnement de son œuvre, ou, si peu de jours lui sont comptés, qu'il laissera de fermes assises sur lesquelles continueront de bâtir ceux qui voudront lui succéder. Leur marche se trouvera toute tracée dans ce cas; ils pourront se conformer, dans la seconde partie du travail, au plan qu'ils nous auront vu suivre dans la première, et dont nous aurons eu le temps de leur expliquer le secret. Telle est la principale considération qui nous décide à commencer dès à présent la publication de cette *Histoire des plantes*. Il y faudrait sans doute une maturité plus complète, et il s'agit d'une tâche qu'un botaniste rompu à toutes les difficultés de la science ne serait vraiment propre à accomplir qu'à la fin d'une longue carrière. Aussi, pour remédier à une insuffisance sur laquelle nous ne nous faisions aucune illusion, nous avons, pendant huit années d'un travail assidu, essayé de nous mettre au courant des nombreux travaux publiés sur les différentes parties du Règne végétal; nous avons analysé la plupart des genres de plantes qui se trouvent dans les grandes collections de l'Europe, préparé de nombreux dessins et quintuplé le nombre des figures laissées par Payer. Alors seulement que les matériaux nous ont manqué pour l'observation directe des types, nous avons simplement reproduit les caractéristiques tracées par les auteurs, en leur laissant tout le mérite et toute la responsabilité de leurs descriptions. Mais toutes les fois que nous exposons les faits, sans indiquer une source quelconque où nous aurions puisé, c'est que nous avons nous-même constaté sur la nature ce que nous décrivons. Il est d'ailleurs nécessaire que nous fassions précéder cette exposition d'une indication sommaire de la marche générale suivie dans notre travail.

Les familles des plantes sont successivement décrites, chacune d'elles étant presque toujours partagée en un certain nombre de séries qui répondent souvent, mais non constamment, comme on le verra, à ce que les auteurs appellent des tribus. Chaque série commence par l'étude approfondie d'un type principal dont les caractères sont décrits et figurés aussi complétement que possible, mais seulement dans ce qu'ils présentent de plus important et de plus accentué. Cette description, précise quoique sommaire, et suffisante, malgré sa forme très-élémentaire, pour le débutant ou pour le lecteur qui ne veut pas approfondir la question ou en vérifier jusqu'aux moindres particularités, se trouve imprimée en texte courant et en gros caractère. Quant aux détails plus spéciaux, aux caractères d'importance secondaire, aux indications historiques et bibliographiques, qui mettent le botaniste de profession à même de contrôler nos observations, et de partir du point où nous laissons les questions pour les porter plus avant, tout cela se trouve réuni au bas des pages, dans des notes imprimées en petit texte, et dont, comme on le voit, la lecture n'est pas indispensable à tout le monde.

Après la description des genres disposés en séries, nous donnons l'histoire sommaire de la famille étudiée, ses affinités, sa distribution géographique; nous discutons sa valeur et celle des caractères sur lesquels reposent les séries établies dans l'ensemble du groupe; nous terminons par l'énumération des propriétés des plantes utiles qu'il renferme. A la suite du texte français, vient enfin un *Genera* en latin, où nous nous abstenons de répéter pour chaque genre les caractères communs à tous ceux de la série et définis dans le premier type décrit, pour ne préciser que ceux qui sont essentiels et qui distinguent nettement un genre de ceux qui viennent avant et après lui. Cette caractéristique en latin recevra nécessairement plus de développements dans celles des familles très-naturelles qu'on a quelquefois considérées comme un grand genre, ou comme une réunion d'un petit nombre de genres très-peu différents les uns des autres. Il deviendra dans ce cas inutile d'insister sur des nuances dans le texte français qui précède ; et nous éviterons ainsi des répétitions oiseuses, dans certains groupes formés d'éléments très-peu disparates, comme les Légumineuses, Crucifères, Composées, Graminées et autres familles analogues.

Il en sera pour les figures de même que pour le texte. Les genres les plus importants ou les moins connus dans leur organisation, ceux surtout qui constituent des têtes de séries, seront représentés dans la plupart de leurs parties : port, inflorescence, fleur entière et coupée suivant sa longueur, organes sexuels, diagramme floral, fruit, graine et coupe de cette dernière, etc. Les genres qui dérivent de celui-ci ne seront au contraire illustrés qu'au point de vue de leurs différences principales, et les organes qui, chez eux, sont semblables à ceux du genre type, n'auront pas besoin d'être reproduits par le dessin.

Quant à l'ordre que nous devons suivre dans l'exposition des différentes familles, il nous paraît contraire à la logique de nous en occuper ici, et de débattre d'avance la classification d'objets que nous n'avons pas encore étudiés et dont les caractères précis nous sont supposés inconnus. De même que, dans chaque famille, ce n'est qu'après avoir analysé, décrit et comparé entre eux les genres, que nous pourrons nous prononcer sur la valeur des caractères qui permettent de les disposer en séries ; de même aussi ce n'est qu'après avoir reconnu l'organisation de l'ensemble du Règne végétal, qu'il nous sera raisonnablement possible de rechercher les principes qui peuvent en régir la classification. Comment, en effet, discuter avec profit sur la valeur de faits et de caractères qu'on n'a pas encore approfondis?

Il nous suffira donc, au début de cet ouvrage, de faire connaître que nous suivrons tout d'abord la coutume généralement admise de diviser le Règne végétal en trois grands *embranchements*, fondés sur la présence et le nombre, ou l'absence des cotylédons, et que nous examinerons successivement les Dicotylédonés, les Monocotylédonés et les Acotylédonés. En nous voyant commencer l'étude des Dicotylédonés par les familles qu'on a appelées *Polycarpicæ*, c'est-à-dire par celles où les fleurs ont des carpelles, puis des fruits, indépendants les uns des autres, et rappelant autant que possible, par leur agencement sur l'axe floral, la disposition qu'affectent les feuilles sur les tiges, le lecteur concevra immédiatement l'importance que nous accordons pour la classification à l'organe reproducteur femelle. Mais, comme il rencontrera çà et là, et même dès les premiers pas, des types qui font exception, en ce sens que leurs carpelles sont unis entre eux dans une étendue variable, et que la plupart des auteurs ont cependant placés dans le même groupe naturel, il comprendra aussi que nous ne saurions admettre, ni le caractère absolu, ni la subordination immuable, fondements de ce qu'on a appelé de nos jours la méthode naturelle. Il n'en faut pas davantage pour qu'on prévoie à quels principes nous soumettrons la classification du Règne végétal.

Au Jardin botanique de la Faculté de médecine de Paris, février 1869.

PREMIER EMBRANCHEMENT DU RÈGNE VÉGÉTAL

VÉGÉTAUX

DICOTYLÉDONÉS

(*Exogènes* DC. — *Anthophytes* Ok. — *Carpophytes* Ok. — *Exorhizés* L. C. Rich. — *Synorhisés* L. C. Rich. — *Phylloblastes* Reichb. — *Acramphibryées* Endl. — *Synéchophytes* Schleid.).

Plantes à embryon pourvu, sauf quelques rares exceptions, de deux cotylédons, et à tiges généralement formées d'une écorce distincte, et d'un bois à couches concentriques, entourant une moelle centrale.

HISTOIRE DES PLANTES

MONOGRAPHIE

DES

RENONCULACÉES

Paris — Imprimerie de P-A. BOURDIER et Cᵉ, rue des Poitevins, 6.

HISTOIRE DES PLANTES

MONOGRAPHIE

DES

RENONCULACÉES

PAR

H. BAILLON

PROFESSEUR D'HISTOIRE NATURELLE MÉDICALE A LA FACULTÉ DE MÉDECINE DE PARIS

ILLUSTRÉE DE 114 FIGURES DANS LES TEXTES

DESSINS DE FAGUET

ÉDITÉ PAR L. GUÉRIN

DÉPÔT ET VENTE A LA

LIBRAIRIE THÉODORE MORGAND

PARIS, RUE BONAPARTE, 5

—

HISTOIRE

DES PLANTES

RENONCULACÉES

I. SÉRIE DES ANCOLIES. — FORME RÉGULIÈRE.

Nous commencerons l'étude de ce groupe de plantes par l'analyse de l'Ancolie[1] vulgaire (*Aquilegia vulgaris* L.). C'est une herbe qu'on trouve assez communément dans certains bois montueux, au pied des haies, à la lisière des forêts, dans les prairies marécageuses, et qu'on cultive dans tous les jardins où elle fleurit au printemps et une partie de l'été (fig. 1).

Ses fleurs sont de celles que l'on appelle hermaphrodites; c'est-à-dire qu'elles renferment à la fois des organes reproducteurs mâles et femelles. Elles sont régulières; c'est-à-dire qu'autour de leur axe ou réceptacle floral, elles portent un certain nombre d'appendices, disposés de bas en haut avec une grande régularité, ainsi qu'on peut s'en convaincre au premier coup d'œil, en examinant le *dia-*

Fig. 1.
Aquilegia vulgaris. Port.

1. *Aquilegia* Tourn., *Instit.*, 428 ; *Coroll.*, 30, t. 242. — L., *Gen.*, n. 684. — Juss., *Gen.*, 234. — D. C., *Prodr.*, I, 51. — Spach, *Suit. à Buff.*, VII, 329. — Endl., *Gen.*, n. 4796. — Payer, *Organogénie*, 245, t. LIV. — B. H., *Gen.*, 8. n. 23. — H. Bn, *in Adansonia*, IV, 43.

gramme théorique d'une de ces fleurs, c'est-à-dire son plan, ou mieux encore la projection sur une surface horizontale de tous les organes qui la composent (fig. 2).

On y trouve d'abord une première enveloppe, un premier cercle ou verticille de folioles, constituant un calice. Ces folioles ou sépales (*s*) sont au nombre de cinq. Deux d'entre elles sont situées en avant, du côté de la bractée (*b*) qui est au-dessous de la fleur. Deux autres sont latérales. La cinquième est en arrière. Elles se recouvrent dans le bouton suivant la disposition ou préfloraison quinconciale ; c'est-à-dire que le sépale postérieur recouvre ses deux voisins, que les deux sépales latéraux sont recouverts par leurs deux bords, et que, des sépales antérieurs, l'un est tout à fait

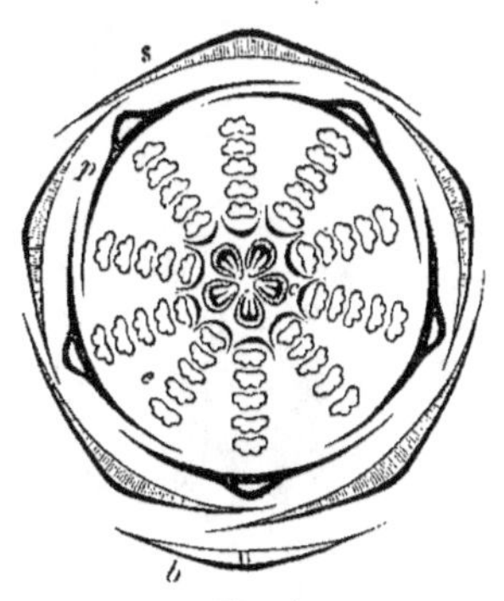

Fig. 2.
Aquilegia vulgaris. Diagramme.

recouvrant, tandis que l'autre est enveloppant par un de ses bords et enveloppé par l'autre.

En second lieu, viennent cinq autres folioles, alternes avec les sépales, c'est-à-dire répondant à leurs intervalles, et formant une seconde enveloppe, ou corolle. Ces folioles sont les pétales (*p*), qui, dans le bouton, se recouvraient les uns les autres, de manière à être imbriqués comme le représente le diagramme. Ils sont libres de toute adhérence entre eux et tombent séparément.

En dedans et au-dessus de la corolle se trouve l'androcée. Il est constitué par un grand nombre d'étamines ou organes fécondateurs mâles (*e*). Si l'on suppose, ce qui arrive fréquemment, que, comme l'indique notre diagramme, le nombre de ces étamines soit de cinquante, on verra facilement qu'il y en a d'abord cinq superposées aux cinq sépales et formant un premier cercle ou verticille. En dedans et un peu au-dessus des cinq premières, il y en a cinq autres qui sont, au contraire, en face des pétales. Viennent ensuite un troisième verticille de cinq étamines superposées aux cinq premières ; un quatrième de cinq étamines alternes,..... et ainsi de suite ; de façon que nous comptons ainsi dix verticilles et que toutes ces étamines sont disposées sur dix séries rayonnantes, répondant, cinq aux sépales et cinq aux pétales.

Chacune de ces étamines, parfaitement indépendante des autres, est formée d'un filet qui est aplati et élargi en bas, tandis que son extrémité supérieure, amincie en pointe, supporte par sa base une anthère ovale, aplatie, à deux loges latérales contenant le pollen ou poussière fécondante. Chaque loge s'ouvre, lors de l'épanouissement de la fleur, par une fente longitudinale voisine du bord, mais souvent un peu plus rapprochée de la face extérieure que de l'intérieure; de sorte que l'anthère est à peine extrorse (fig. 3, 4)[1].

Ces cinquante étamines sont fertiles. Mais, en dedans et au-dessus d'elles, il y en a, en outre, dix autres qui sont stériles (fig. 5). Elles sont réduites à des languettes aplaties, dont cinq sont superposées aux sépales et cinq aux pétales. Ces *staminodes* sont immédiatement insérés sous le gynécée ou pistil. Celui-ci est formé de cinq[2] carpelles (*c*), qui sont placés en face des pétales, ainsi que

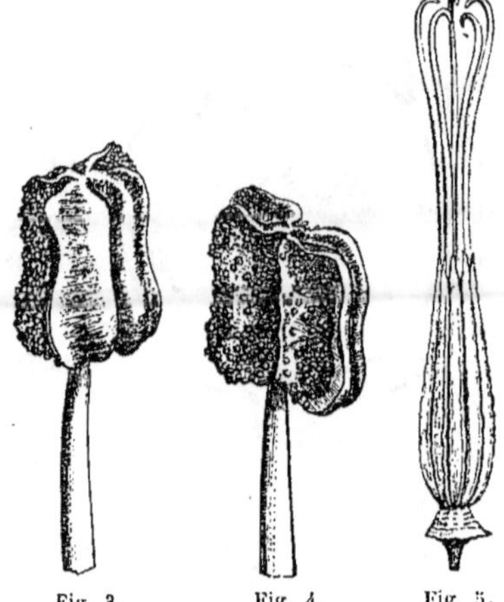

Fig. 3.   Fig. 4.   Fig. 5.
Aquilegia vulgaris.
Étamine déhiscente. Étamine complétement   Gynécée
             ouverte.   et staminodes.

l'indique le diagramme[3]. Ces carpelles sont creux dans toute leur portion inférieure, et leur cavité renferme un grand nombre de petits corps blanchâtres qui sont les ovules ou les futures graines de la plante. Il n'y a entre eux aucune adhérence, et comme en même temps ils sont situés au-dessus de tous les autres organes floraux que nous avons étudiés, nous dirons que les carpelles sont libres et supères.

Jusqu'ici, nous n'avons considéré que le nombre des appendices qui sont ainsi échelonnés sur le réceptacle floral de l'Ancolie, et les rapports de situation qu'affectent entre eux ces divers organes. Mais nous n'avons guère tenu compte de leur forme, de leur taille, de leur couleur; et cela non sans raison; car les circonstances exté-

---

1. Après que les anthères se sont ouvertes, les loges s'étalent (comme on le voit dans la fig. 4), de manière à devenir planes et placées de champ; elles s'appliquent alors l'une contre l'autre par toute leur surface extérieure, tandis que leur surface intérieure regarde de côté et en dehors et se trouve chargée de grains de pollen qui se détachent bientôt. Les grains de pollen sont allongés, avec trois sillons longitudinaux équidistants. Les étamines supérieures sont celles dont les anthères s'ouvrent et noircissent ensuite les premières.

2. C'est là e nombre normal; mais, sur les plantes cultivées, il est fréquent de rencontrer des carpelles plus nombreux, tantôt disposés en un seul verticille, tantôt en partie intérieurs et en partie périphériques. L'*A. pyrenaica* D. C. a quelquefois dix carpelles, dont cinq intérieurs, exactement alternes avec les cinq autres.

3. M. ROEPER pense que la position des carpelles dépend du nombre des verticilles staminaux; de sorte que, lorsque ceux-ci sont impairs, les carpelles sont superposés aux pétales, et, dans le cas contraire, aux sépales.

rieures, l'exposition du terrain, sa composition chimique, le degré d'humidité, les engrais, le mode de culture, et bien d'autres causes qui souvent nous échappent, peuvent faire varier à l'infini ces caractères d'une importance tout à fait secondaire.

Ainsi, dans ces fleurs (fig. 6, 7), les sépales sont parfois verdâtres, mais bien plus souvent encore colorés et pétaloïdes. Les pétales ont parfois la forme de petites lames étalées et aplaties, comme les sépales. Mais souvent aussi ils sont pourvus vers leur base d'un éperon décurrent, dont le fond est tapissé d'un tissu glanduleux secrétant un nectar sucré. L'ensemble du pétale a alors l'apparence d'un cornet[1]. En général, l'étamine a, comme nous l'avons dit, une anthère ovale et aplatie, dont les loges s'appliquent sur les deux côtés d'un connectif linéaire vertical. Mais parfois aussi ce connectif s'épanche latéralement sous forme d'un éperon arqué qui rappelle le cornet des pétales; et plus souvent encore chaque anthère prend l'apparence d'une petite feuille verte ou d'un pétale coloré. Dans beaucoup de fleurs aussi, les étamines se transforment en pétales à cornets emboîtés les uns dans les autres. Les carpelles peuvent également subir toutes ces transformations.

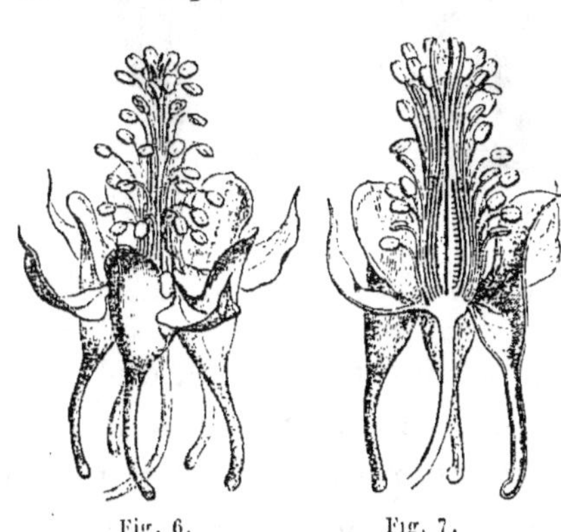

Fig. 6.

Fig. 7.

Aquilegia vulgaris.

Fleur.

Coupe longitudinale de la fleur.

Ces carpelles sont clos dans l'état normal (fig. 5)[2]. Chacun d'eux se compose d'un ovaire allongé, uniloculaire, surmonté d'un style rétréci et portant dans toute la hauteur de son angle interne un

<hr>

1. Il y a, entre autres, des Ancolies à cornets et des Ancolies *étoilées*; dans ces dernières, les pétales sont des folioles aplaties et colorées. Les étamines transformées pouvant présenter également toutes ces modifications, on peut avoir des Ancolies doubles étoilées et doubles éperonnées. Tournefort (*Instit.*, 428) a énuméré, comme autant d'espèces, toutes ces variations dues presque constamment à l'influence de la culture et qui s'observent, en outre, avec toutes les teintes roses, blanches, bleuâtres que peuvent affecter les fleurs. Il décrit encore des Ancolies panachées, ponctuées, à fleurs renversées, dressées, etc. De Candolle a étudié la constitution de plusieurs de ces fleurs monstrueuses (*in Mém. de la Soc. d'Arcueil*, III, 393, 396). Beaucoup d'autres anomalies ont été citées,

entre autres par M. M. Clos (*Bull. Soc. bot.*, IV, 160), M. A. Tassi (*Ibid.*, VIII, 394), et par nous-même (*Adansonia*, IV, 17, 18), etc.

2. Il arrive accidentellement, surtout dans les jardins, que les carpelles demeurent ouverts et étalés comme une feuille. Sur leurs deux bords on voit alors ordinairement des corps qui représentent des ovules, tantôt normaux, tantôt plus ou moins transformés en languettes ou en folioles de taille et de configuration très-variables (fig. 8). Cette anomalie a été souvent signalée dans les Aconits, Dauphinelles, et dans beaucoup d'autres genres, surtout ceux qui ont les carpelles multiovulés.

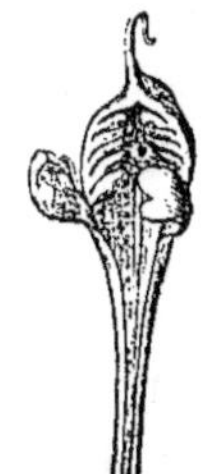

Fig. 8.

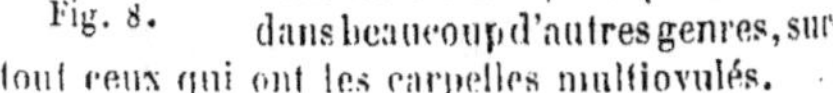

sillon longitudinal. Au sommet à peine dilaté du style, les bords épaissis de ce sillon sont recouverts d'un grand nombre de petites papilles saillantes qu'on appelle stigmatiques. Si l'on ouvre l'ovaire par le dos, on voit, dans l'angle interne de sa cavité, un double cordon saillant, ou *placenta*, lequel supporte, sur chacune de ses moitiés, une rangée verticale d'ovules. Ceux-ci sont à peu près horizontaux, et ceux d'une rangée touchent par leur bord interne ceux de la rangée voisine (fig. 9).

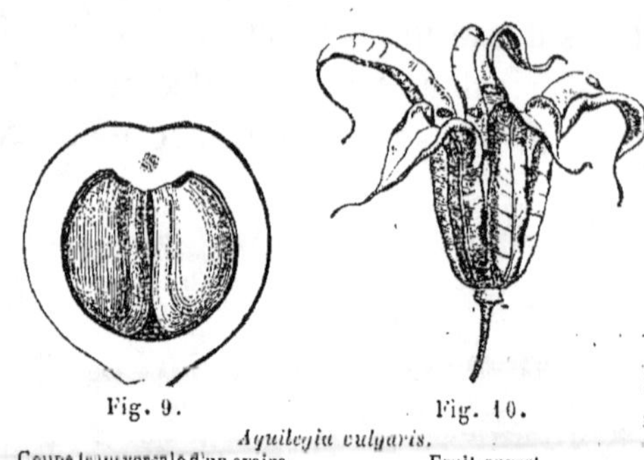

Fig. 9. Fig. 10.
Aquilegia vulgaris.
Coupe transversale d'un ovaire. Fruit ouvert.

En ce point, chaque ovule présente une arète saillante qui est son raphé. Son micropyle, ou petite ouverture qui sert à la fécondation, se trouve ramenée vers le placenta, de manière à être située latéralement, plus en dehors que le raphé. Ces ovules sont donc de ceux que l'on appelle *anatropes*.

Après la floraison, toutes les parties de la fleur tombent, sauf les carpelles qui deviennent autant de follicules (fig. 10), c'est-à-dire de fruits secs, à graines nombreuses, et s'ouvrant suivant la longueur de leur angle interne. Les graines anatropes (fig. 11, 12) ont sur un de leurs côtés un raphé très-saillant qui aboutit à un point d'attache ou hile blanchâtre, semblable à une déchirure. Près de lui se voit le micropyle, sous forme d'un petit point déprimé. Le tégument de la graine est triple. C'est d'abord une enveloppe superficielle, celluleuse, ou épiderme; puis un testa épais, sec, cassant et de couleur très-foncée. La membrane interne est mince et blanche; elle entoure un albumen

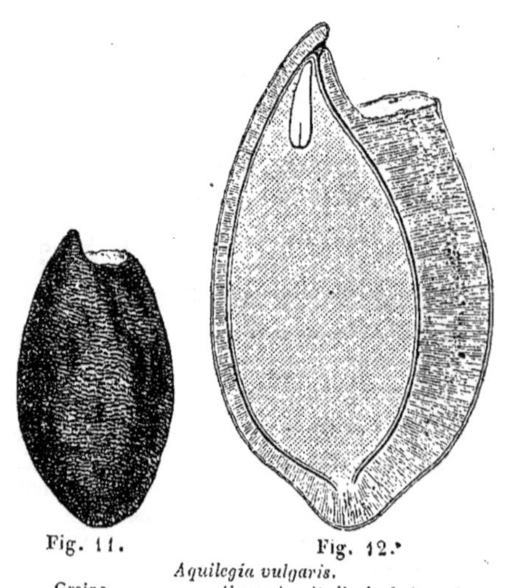

Fig. 11. Fig. 12.
Aquilegia vulgaris.
Graine. Coupe longitudinale de la graine.

charnu abondant qui, non loin de son sommet, loge un fort petit embryon à base aigue et à cotylédons obtus.

Les Ancolies sont des plantes vivaces qui croissent dans l'Ancien et le Nouveau Monde, dans les zônes tempérées de leur hémisphère boréal. Les espèces, qu'on a beaucoup multipliées, paraissent devoir se réduire à une ou deux pour la France et l'Europe[1]. On en trouve plusieurs espèces en Asie[2] et dans l'Amérique boréale[3]. Leur tige est d'abord simple, surmontant une racine pivotante. Elle porte des feuilles alternes, à pétiole dilaté à la base, à limbe décomposé-terné, fort simplifiées et souvent réduites à des écailles vers sa partie inférieure ; et elle se termine par une fleur, sous laquelle sont des bractées dont l'aisselle renferme également un axe terminé par une fleur, et ainsi de suite. Après la floraison, la partie supérieure de la tige se détruit, tandis que sa base se renfle, principalement dans sa portion médullaire, en un réservoir de sucs accumulés. Ceux-ci sont destinés à nourrir les bourgeons axillaires, jusque là fort peu développés, des feuilles réduites de la base de la tige. Ces bourgeons grandissent d'autant plus vite qu'ils sont placés plus haut sur cette portion basilaire de la tige. Chacun d'eux devient à son tour un rameau aérien, chargé de feuilles et terminé par une inflorescence. Plus tard, sa base se renfle comme celle de la tige et se vide ensuite de sucs pour suffire à l'évolution des bourgeons axillaires de ses premières feuilles. C'est de la sorte que le rhizôme de l'Ancolie se ramifie peu à peu, pendant que sa racine primitive, après avoir d'abord formé un pivot assez volumineux, se creuse et se détruit graduellement, jusqu'à ce qu'elle disparaisse complétement et que la plante ne soit plus nourrie que par les racines adventives qui apparaissent, à chaque période de végétation, sur la base de ses axes ascendants. Beaucoup de Renonculacées vivaces sont dans le même cas et appartiennent au groupe des plantes à axes terminés, à évolution successive.

Le *Xanthorhiza apiifolia* Lhér.[4], avec un port bien différent et de très-petites fleurs qui, au premier abord, ne rappellent guère celles des Ancolies[5], présente cependant à peu près la même organisation florale, peut en être considéré comme un type amoindri[6], et n'en diffère essentiellement que par le nombre moins considérable des

---

1. Gren. et Godr., *Fl. fr.*, I, 44. — Reichb., *Icon.*, IV, t. 114-119. — Walp., *Rep.*, I, 50 ; V, 6 ; *Ann.*, I, 13 ; II, 12 ; IV, 25.

2. Hook. et Th., *Fl. ind.*, I, 43. — Sieb. et Zucc., *Flor. jap. fam.*, 76. — Boiss., *Diagn. pl. orient.*

3. A. Gray, *Ill.*, t. 14.

4. *Xanthorhiza* Marsh., *ex* Schreb., *Gen.*, 727, n. 1581. — Lamk, *Ill.*, t. 854. — D. C., *Prodr.*, I, 65. — Spach, *Suit. à Buff.*, VII, 407. — Endl., *Gen.*, n. 4803. — A. Gray, *Ill.*, t. 17. — B. H., *Gen.*, 9, n. 29. — H. Bn, *in Adansonia*, IV, 44. — *Xanthorhiza apiifolia* Lhér.,

Stirp. nov., 79, t. 38. — Duham., *Arbr.*, éd. post., III, t. 37.

5. En général on l'a rangé auprès des Actées ou des Pivoines. A.-L. de Jussieu (*Gen.*, 235) dit de cette plante : « *Cimicifugæ affinis.* »

6. Payer (*Organogénie*, 247). « Il n'y a, dit cet auteur, entre la fleur des *Aquilegia* et celle des *Xanthorhiza*, que des différences extrêmement minimes, puisqu'elles consistent, d'une part, dans le nombre différent des verticilles à l'androcée, et, d'autre part, dans la forme des pétales, et il m'est très-difficile de comprendre pourquoi les botanistes descripteurs ont

verticilles de son androcée. Le périanthe (fig. 13) est formé de cinq sépales caducs, ordinairement disposés dans le bouton en préfloraison quinconciale, et de cinq pétales plus petits, charnus, glanduleux, rétrécis à la base en un onglet étroit, et dilatés supérieurement en un limbe cordiforme, légèrement concave (fig. 14).

Les étamines sont souvent au nombre de dix, et disposées sur deux verticilles, de façon que cinq d'entre elles sont superposées aux sépales, et cinq aux pétales ; mais souvent aussi les pièces d'un des deux verticilles avortent plus ou moins complé-

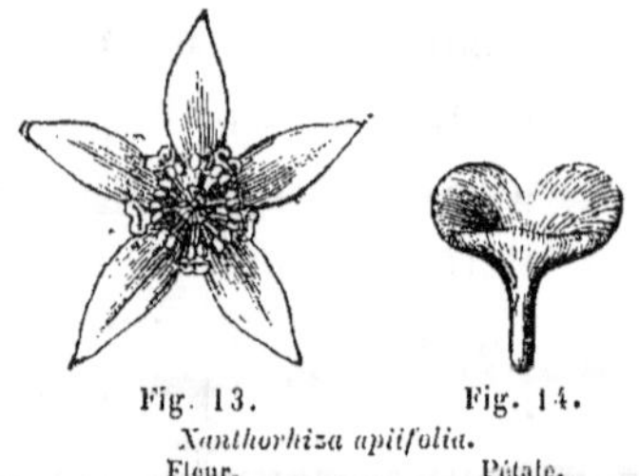
Fig. 13.   Fig. 14.
Xanthorhiza apiifolia.
Fleur.   Pétale.

tement. Chaque étamine se compose d'un filet à insertion hypogyne et d'une anthère basifixe, aplatie, biloculaire, déhiscente par deux fentes longitudinales latérales ou un peu plus intérieures qu'extérieures. Le gynécée se compose souvent de cinq carpelles libres, superposés aux pétales. Chacun d'eux est formé d'un ovaire uniloculaire, atténué supérieurement en un style stigmatifère à son sommet. Dans l'angle interne de l'ovaire s'insèrent un petit nombre d'ovules anatropes, disposés sur deux séries verticales et se tournant le dos. Le fruit est formé de plusieurs follicules stériles [1], ou s'ouvrant longitudinalement par leur angle interne, pour laisser échapper une ou quelques graines pourvues d'un albumen charnu.

Le *Xanthorhiza* est un petit arbrisseau ou sous-arbrisseau qui croît dans les localités humides de l'Amérique septentrionale. Ses branches portent des feuilles alternes, complètes, à gaîne dilatée et à pétiole surmonté d'un limbe trifoliolé ou à foliole terminale assez profondément découpée pour simuler trois folioles et rendre la feuille entière composée-pennée. Les rameaux non terminés portent à leur sommet un bourgeon qui doit s'allonger l'année suivante et qui est formé extérieurement d'écailles représentant des gaînes de feuilles [2]. Les inflorescences, qui sortent au printemps de l'aisselle des écailles ou des premières feuilles, ou qui sont en réalité terminales [3], sont des

placé ces deux genres dans des sections différentes. »

1. C'est ce qui arrive ordinairement dans nos cultures. Il peut y avoir jusqu'à dix carpelles sur deux verticilles, et même douze ou treize, mais un certain nombre disparaissent plus ou moins complétement. La plante peut de la sorte devenir polygame.

2. Que'ques-unes sont surmontées d'un limbe rudimentaire.

3. Quand les inflorescences sont terminales, il y a au-dessous d'elles un ou deux bourgeons à feuilles situés à l'aisselle d'écailles. Si plus tard un de ces bourgeons se développe vigoureusement, il rejette la grappe et la rend en apparence latérale.

grappes composées à axes grêles et pendants. Le feuillage de cette plante rappelle celui de certaines Actées, mais son port et ses tiges ligneuses semblent l'éloigner de la plupart des Renonculacées. Les Nigelles, au contraire, rentrent, sous ce rapport, dans les caractères généraux de la famille.

La première espèce du genre Nigelle (*Nigella*), que nous étudierons, est celle que nous appellerons *N. Garidella* (fig. 15-19), plante que Tournefort a considérée comme le type d'un genre particulier, et que Linné a nommée *Garidella Nigellastrum*[1]. Son réceptacle a la

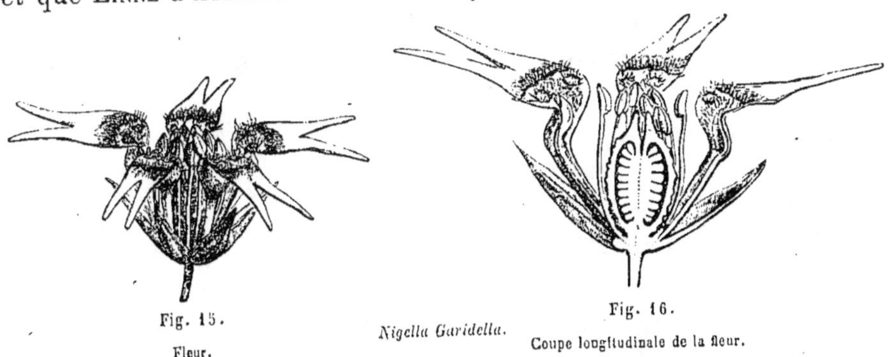

Fig. 15.
Fleur.

Nigella Garidella.

Fig. 16.
Coupe longitudinale de la fleur.

forme d'un cône qui porte successivement un calice polysépale et une corolle polypétale réguliers, un nombre indéterminé d'étamines et un gynécée di ou tricarpellé. Les sépales sont au nombre de cinq, disposés dans le bouton en préfloraison quinconciale. Les pétales[2] sont également au nombre de cinq, et, chose remarquable, ils sont superposés aux sépales. Les étamines sont hypogynes, inégales entre elles, composées chacune d'un filet libre et d'une anthère basifixe, sous laquelle le sommet du filet se renfle en deux petites saillies latérales. L'anthère est biloculaire, introrse, déhiscente par deux fentes longitudinales, dont la lèvre extérieure se déjette

Fig. 17.
Nigella Garidella.
Diagramme.

---

1. *Nigella cretica folio Fœniculi* Bauh., *Pinet.*, 146. — *Garidella* T., *Inst.*, 655, t. 430. — J., *Gen.*, 233. — *G. Nigellastrum* L., *Spec.*, 608. — D. C., *Prodr.*, 1, 48. — Spach, *Suit. à Buff.*, VII, 300. — Endl., *Gen.*, n. 4793. — B. H., *Gen.*, 8.

2. Ces pétales ont une forme singulière. Leur onglet est surmonté d'un limbe bifide, en forme de fourche. La surface interne de ce limbe est parsemée de papilles claviformes ; et, à son point de réunion avec l'onglet, on observe une fossette nectarifère dont le fond est tapissé d'un tissu glanduleux jaunâtre, et dont l'entrée est en partie obturée par une languette verticale, aigue, chargée également en dedans de papilles pédiculées. La forme singulière de ces pétales, et principalement leur situation en face des pétales, nous ont porté à penser qu'ils représentaient peut-être, non les éléments d'une corolle, mais les étamines les plus extérieures transformées en staminodes (*Adansonia*, IV, 20). Nous avons observé des étamines de Garidelle qui avaient, d'un côté une loge d'anthère fertile, et de l'autre une lame pétaloïde couverte de papilles.

fortement en dehors après la déhiscence. Ces étamines sont disposées sur huit séries rayonnantes, et chaque série n'en renferme qu'un
très-petit nombre[1]. Chaque carpelle se compose d'un ovaire uniloculaire, surmonté d'un style court et parcouru en dedans par un sillon
longitudinal. En haut du style, les bords du sillon se déjettent un
peu en dehors et se recouvrent de papilles stigmatiques. Dans l'intérieur de chaque ovaire, qui est uni inférieurement aux ovaires voisins,
dans une étendue variable de son angle
interne[2], on remarque un placenta pariétal, occupant le bord ventral et portant deux séries verticales d'ovules anatropes qui sont à peu près horizontaux
et se regardent par leurs raphés[3]. Les
pistils deviennent autant de follicules
(fig. 18, 19), unis entre eux jusqu'à une
hauteur variable et s'ouvrant suivant

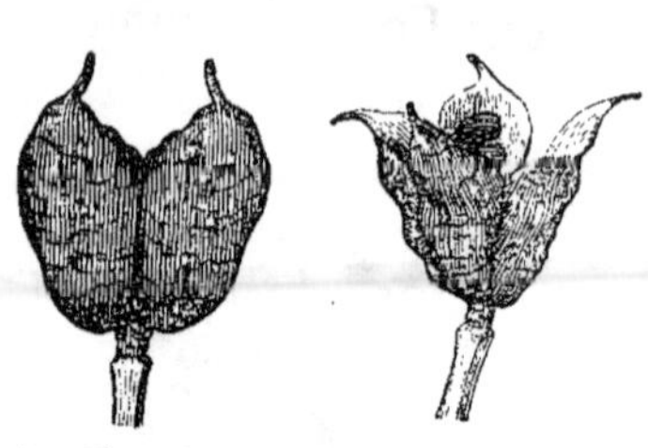

Fig. 18.   Fig. 19.
Nigella Garidella.
Fruit.   Fruit ouvert.

leur angle interne, pour laisser échapper des graines à embryon peu
considérable, situé près du sommet d'un albumen charnu abondant.
Au niveau de l'insertion des étamines, le réceptacle se renfle en un
disque hypogyne peu épais ; et il forme un bourrelet saillant en dehors
de la base du calice. Le *N. Garidella* est une plante de la région méditerranéenne ; herbacée, annuelle, à tiges et rameaux dressés, anguleux, à feuilles alternes, décomposées-pennées, multifides, à fleurs
terminales solitaires.

Les autres Nigelles ne diffèrent du *N. Garidella* que par des caractères de très-peu de valeur ; et l'on peut dire qu'elles ne s'en distinguent que par le nombre plus considérable des pièces de leur corolle,
de leur androcée et de leur gynécée. Si l'on examine, en effet, la
fleur du *N. arvensis* L. (fig. 20, 21), on voit que son périanthe est
formé de cinq sépales et de huit pétales ; différence entre les deux
verticilles du périanthe, qui surprend d'abord. Mais, quand on examine la situation réciproque des sépales et des pétales, on voit que,

---

1. Il peut même n'y en avoir qu'une ou deux
dans chaque série. Mais leur disposition est exactement la même que dans les autres Nigelles.
PAYER a d'ailleurs observé (*Organog.*, 249), que,
pour les huit étamines inférieures de la Garidelle, l'ordre d'apparition est « le même que
pour les huit pétales des *Nigella*. »

2. Pour être plus exact, il faut dire, sans
doute, que les carpelles de la Garidelle sont

libres, mais que leur base représente une étendue
oblique considérable, s'insérant sur les trois faces
de la surface convexe d'un tétraèdre assez élevé,
quand ils sont au nombre de trois, et sur ceux
d'une espèce de coin aigu et saillant quand il
n'y en a que deux. La même observation s'applique aux autres Nigelles, comme nous l'avons
déjà indiqué (*Adansonia*, IV, 21).

3. Ils ont deux enveloppes.

tandis que les sépales latéraux ont chacun un pétale qui leur est superposé, comme dans la Garidelle, les trois autres sépales ont devant eux deux pétales chacun. On doit donc considérer les Nigelles comme ayant une corolle de cinq pétales superposés aux sépales, et dont trois se sont dédoublés[1]. Les étamines sont organisées comme celles de la Garidelle et disposées comme elles en spirale. Seulement les spirales secondaires, au nombre de huit, qui viennent aboutir aux pétales, sont espacées et très-visibles. Les étamines ont, par suite,

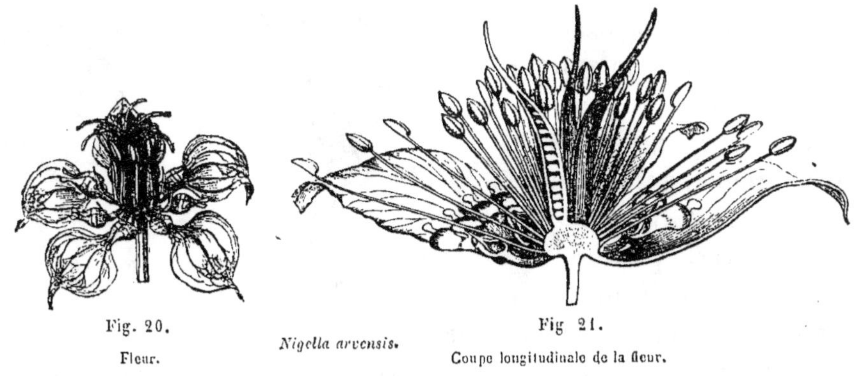

Fig. 20.
Fleur.

Nigella arvensis.

Fig 21.
Coupe longitudinale de la fleur.

l'apparence d'organes superposés en séries verticales[2]. De plus chaque série comprend un nombre bien plus considérable d'étamines[3]. Le gynécée est formé de quatre ou cinq carpelles qui ne répondent exactement, ni aux sépales, ni à leurs intervalles. Ils sont insérés très-obliquement, par leurs bases, sur un réceptacle fort saillant au centre, de manière à paraître unis en un ovaire pluriloculaire jusqu'à une certaine hauteur. Libres à leur sommet, ils s'atténuent supérieurement

1. Il arrive même que, dans les Nigelles cultivées dans nos jardins, tous les pétales se dédoublent et sont remplacés par autant de paires, superposées chacune à un sépale (Voy. *Adansonia*, IV, 10). Mais comme, en même temps, les pétales ont la même forme singulière que nous avons observée dans la Garidelle, et naissent, non pas simultanément, mais dans un ordre spiral successif, ainsi que les pièces d'un androcée (PAYER, *Organog.*, 248); comme chacun d'eux commence, ainsi que dans les *Eranthis*, etc., une série d'étamines; ces faits, ainsi que la superposition des pièces de la prétendue corolle à celles du calice, nous portent à penser que les *nectaires* des Nigelles, comme les appelaient les anciens botanistes, représentent, non des pétales, mais des staminodes; interprétation qui ne modifie d'ailleurs en rien la symétrie de la fleur.

2. Lors de l'épanouissement des fleurs « les rayons staminaux, dit PAYER (*Organog.*, 248),

semblent alternes avec les pétales ; ce n'est là qu'une apparence, car, dans la jeunesse, ils sont réellement superposés. » Ces étamines naissent les unes après les autres, dans l'ordre spiral, de même que les pétales ou nectaires; ce qui ne fait que nous confirmer dans cette opinion, que ce sont des organes de même nature. Les anthères sont introrses et s'ouvrent comme celles des Ancolies. Mais la ligne de déhiscence n'est pas au milieu de la loge, et le panneau extérieur, qui se d'jette en dehors, est bien plus large que l'intérieur ; c'est là toute la différence avec les *Aquilegia.*

3. Dans nos jardins, les fleurs deviennent souvent plus ou moins doubles; toutes les étamines, ou seulement un certain nombre d'entre elles, à commencer par le bas, se transforment en languettes pétaloïdes, comme paraissent le faire normalement, d'une manière constante, les huit ou dix étamines inférieures.

chacun en un style garni vers son extrémité de papilles stigmatiques. Dans l'angle interne de chaque ovaire est un placenta multiovulé, comme celui de la Garidelle, et le fruit se compose de cinq follicules unis inférieurement et déhiscents par leur angle interne.

Tandis que toutes les autres Nigelles ont les fleurs bleues ou blanchâtres, le *N. orientalis* L., dont on a fait le type d'un petit groupe particulier[1], les a jaunâtres, avec des étamines rapprochées les unes des autres et conservant l'apparence de leur disposition en spirale, sans se partager en faisceaux. Leurs carpelles sont très-variables quant au nombre (fig. 22, 23); ils ne sont unis que par la portion inférieure de leurs ovaires. Les graines sont aplaties, orbiculaires et bordées d'une courte membrane.

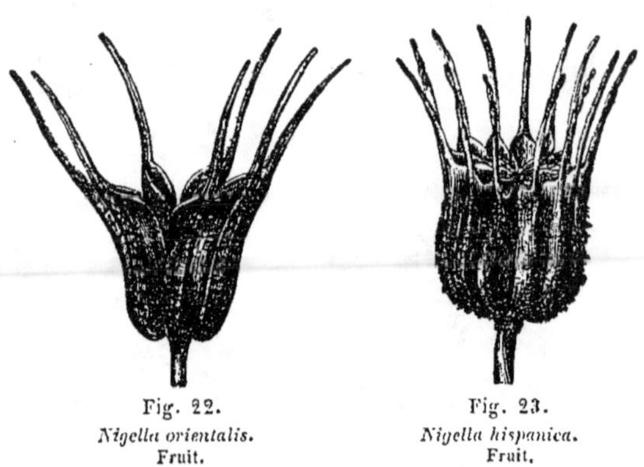

Fig. 22.
Nigella orientalis.
Fruit.

Fig. 23.
Nigella hispanica.
Fruit.

La Nigelle de Damas (*N. damascœna* L.), qu'on cultive dans nos

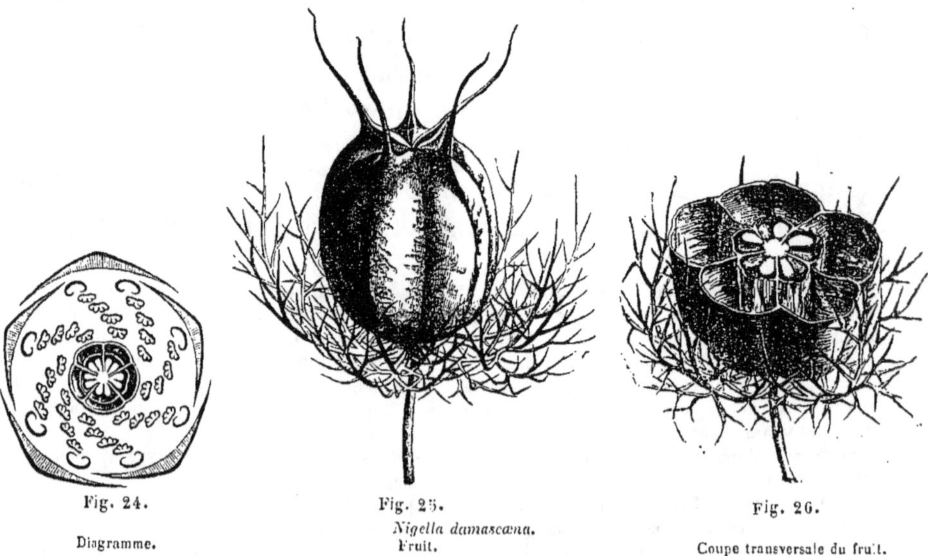

Fig. 24.

Diagramme.

Fig. 25.
Nigella damascœna.
Fruit.

Fig. 26.

Coupe transversale du fruit.

jardins, a été considérée comme le type d'un genre particulier, sous

1. *Nigellastrum* Moench, *Méth.*, 311, 313. — Spach, *Suit. à Buff.*, VII, 310. Le nombre des carpelles varie de cinq à dix, et même davantage, dans le *N. orientalis*. Leurs ovaires sont étroits, comprimés les uns contre les autres, et surmontés chacun d'un style atténué, dressé, rectiligne. Dans le *N. corniculata* D. C., qui appartient à la même section, ils sont arqués en dehors. Le

le nom d'*Erobatos*[1], à cause de l'organisation de son ovaire et de son fruit (fig. 24-26). Les loges ovariennes, ordinairement au nombre de cinq, sont unies entre elles dans presque toute leur étendue[2], et sont surmontées d'autant de styles libres[3], aigus et persistants. Le fruit est une capsule qui, à sa maturité, s'ouvre par cinq fentes rayonnantes, partageant en deux moitiés la base des styles et le sommet des cinq loges. En outre, la paroi convexe de ces loges se dédouble en deux feuillets, l'un extérieur qui conserve sa position normale, et l'autre intérieur qui s'applique contre les graines[4]. Il en résulte, en dehors de chaque loge, une fausse-loge qui se produit dans l'épaisseur même des parois du péricarpe (fig. 26). Les ovules sont nombreux, disposés sur deux séries verticales[5]; ils se transforment en graines à surface ridée et rugueuse et à embryon peu volumineux, situé près du sommet d'un albumen charnu abondant[6].

Toutes ces plantes, que nous réunissons dans un seul genre Nigelle[7], sont des herbes annuelles, originaires de l'Europe tempérée et de l'Asie occidentale[8]. Leurs feuilles sont alternes, profondément partagées en segments étroits, pennatiséquées. Leurs fleurs sont terminales et solitaires. Dans le *N. damascœna*, ces feuilles transformées en bractées forment une espèce d'involucre sous le calice (fig. 25, 26).

Les Nigelles diffèrent donc principalement des Ancolies par l'union de leurs carpelles dans une étendue variable, la disposition spéciale de leur androcée et l'opposition de leurs pétales ou nectaires aux pièces du calice. Les Hellébores[9] diffèrent encore moins des Nigelles;

nombre des carpelles peut être, dans cette espèce, de deux ou trois seulement, comme dans la Garidelle.

1. Voy. Spach, *Suit. à Buff.*, VII, 301. L'*Erobatos* y est considéré comme un genre distinct, tandis que De Candolle n'en fait qu'une section du genre *Nigella*. Le *N. coarctata* Gmel., que nous avons vu cultivé, ne nous paraît pas différer spécifiquement du *N. damascœna*.

2. M. de Schlechtendal (*Bot. Zeit.*, n. 51, déc. 1857) a trouvé des fleurs à carpelles anormaux, peu cohérents à leur base, comme ceux de la fig. 21.

3. Le bord interne de ces styles est parcouru par un sillon longitudinal, dont les lèvres sont stigmatifères. A un certain âge, ils se tordent sur eux-mêmes près de leur sommet.

4. Ce feuillet n'est formé que de cellules assez irrégulières, mais à contours très-accentués. Dans les cultures, il y a souvent des fruits de Nigelles prolifères. L'axe, après avoir porté les carpelles normaux, s'allonge un peu et en produit d'autres qui sont plus intérieurs.

5. Les téguments de ces ovules sont imprégnés d'une matière colorante jaune-orangée, qui disparaît dans les graines mûres.

6. Ces graines ont une saveur piquante, comme celles de la plupart des *Nigelles*, notamment celles du *N. sativa* qui s'emploie en guise de poivre.

7. *Nigella* T., *Inst.*, 258, t. 134. — L., *Gen.*, n. 685. — Juss., *Gen.*, 233. — D. C., *Prodr.*, I, 48. — Spach, *Suit. à Buff.*, VII, 304. — Endl., *Gen.*, n. 4794. — Payer, *Organog.*, 247, t. LIV. — B. H., *Gen.*, 8, n. 22. — H. Bn, *in Adansonia*, IV, 44.

8. Gren. et Godr., *Fl. fr.*, I, 43. — Walp., *Rep.*, I, 49; II, 741; *Ann.*, I, 12; II, 11. — Reichb., *Icon.*, IV, t. 120

9. *Helleborus* T., *Instit.*, 271, t. 144. — Adans., *Fam. pl.*, II, 458. — L., *Gen.*, n. 702. — Juss., *Gen.*, 233. — D. C., *Prodr.*, I, 46. — Spach, *Suit. à Buff.*, VII, 312. — Endl., *Gen.*, n. 4789. — Payer, *Organog.*, 258, t. LVII. — B. H., *Gen.*, 7, n. 22. — H. Bn, *in Adansonia*, IV, 44. — *Helleboraster* Moench, *Méth.*, 236.

car, à part le port et le mode de végétation qui ne sont pas les mêmes, on ne trouve entre les deux types d'autres dissemblances que la forme des pétales ou nectaires, le degré de cohésion des carpelles et l'organisation des ovules. C'est ce dont nous pouvons nous convaincre en analysant d'abord une des espèces d'Hellébore qui croissent communément chez nous, le Pied-de-Griffon ou Hellébore fétide.

L'*Helleborus fœtidus* L. [1] (fig. 27) a les fleurs hermaphrodites et régulières. Leur réceptacle est conique et porte, de bas en haut, un calice, une corolle, l'androcée et le gynécée. Le calice

Fig. 27.
Helleborus fœtidus. Port.

se compose de cinq sépales, verts, ou teintés de pourpre, dont la préfloraison est quinconciale (fig. 28). La corolle est formée quelquefois de cinq [2] pétales alternes avec les sépales. Ils ont la forme d'un

1. *Spec.*, 784. — Sect. *Griphopus* SPACH, *l. cit.* — Voy. Is. DUMAS, *Quelq. mots sur la struct. de l'H. fétide*, etc. (Thèses de Montpellier, 1844).

2. Ce nombre égal à celui des sépales n'est pas celui qu'on observe le plus souvent. Il est variable, non-seulement dans cette espèce, mais encore, comme nous allons le voir, dans les différentes espèces de ce genre. Quant au nom de pétales, que nous appliquons à ces organes, nous ne l'employons ici qu'avec une grande hésitation, et nous avons lieu de croire, par analogie avec ce qui existe dans les Nigelles, les *Trollius*, et surtout dans l'*Eranthis*, que ces nectaires, comme on les appelait autrefois, représentent les étamines les plus inférieures ou les plus extérieures, transformées en staminodes d'une forme qui n'est pas plus surprenante que celle qui s'observe dans les mêmes organes des genres précédemment cités. La disposition de ces staminodes répond toujours d'ailleurs à celles des étamines fertiles dont elles commencent les séries. La symétrie de toutes ces parties a été étudiée avec beaucoup de précision par PAYER (*Organog.*, 258), dont nous résumons ici les observations à ce sujet. Les nectaires de certains *Helleborus*, comme l'*H. niger*, sont rangés sur vingt-et-un rayons allant

cornet à ouverture dentelée et obliquement coupée de haut en bas et de dehors en dedans (fig. 29). Le fond de leur tube se renfle en une poche arrondie, dont la surface intérieure est glanduleuse et sécrète un liquide sucré. Les étamines sont très-nombreuses et disposées sur une spirale continue. Leurs filets sont libres, et leurs anthères basifixes sont à deux loges extrorses qui s'ouvrent par une fente longitudinale. Le gynécée se compose de trois[1] carpelles libres[2], superposés aux pétales postérieurs et à l'antérieur (fig. 30, 31). Chacun d'eux se compose d'un ovaire uniloculaire qui s'effile à son sommet en un style dont l'extrémité supérieure, à peine renflée, est garnie de papilles stigmatiques[3]. L'angle interne du carpelle est parcouru, dans toute sa longueur, par un sillon vertical, et, dans l'intérieur de la loge ovarienne, on observe un placenta qui occupe l'angle interne et supporte deux rangées verticales d'ovules anatropes, horizontaux, qui se touchent par leurs raphés[4]. Le fruit est composé d'autant de follicules qu'il y avait de carpelles dans la fleur, et ces follicules sont entourés par le calice qui persiste. Chaque follicule s'ouvre verticalement, suivant son bord interne[5], pour laisser

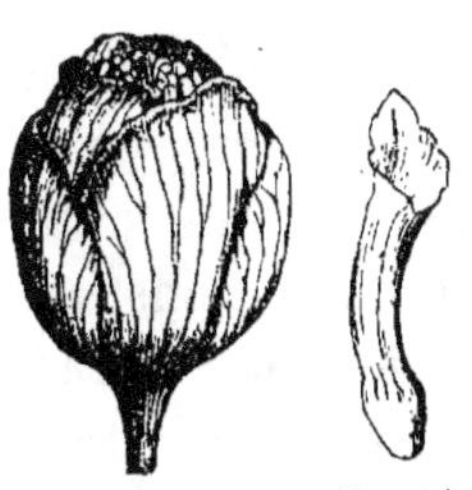

Fig. 28. Fig. 29.
Helleborus fœtidus.
Bouton. Pétale.

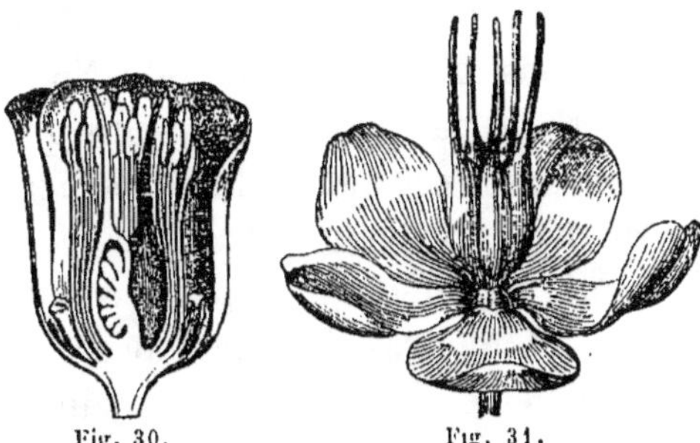

Fig. 30. Fig. 31.
Helleborus fœtidus.
Coupe longitudinale de la fleur. Calice et gynécée.

---

de la circonférence au centre et dont la fraction phyllotaxique et de $\frac{8}{21}$. Les étamines fertiles continuent la même disposition spirale, et de même les carpelles. Dans d'autres espèces, il n'y a parfois ordinairement que cinq nectaires commençant cinq séries d'étamines alternes avec les sépales; et ce même nombre peut s'observer, disions-nous, dans l'*H. fœtidus*. Mais on y en compte bien plus souvent huit, l'un d'eux correspondant, comme dans les Nigelles, à chacun des sépales 4 et 5, tandis que les trois autres sépales en ont chacun deux devant eux. Quand on n'observe que cinq, six ou sept nectaires, c'est que la transformation en staminodes ne s'est pas opérée sur la première étamine de trois, deux ou une des séries rayonnantes. D'ailleurs le nombre des staminodes n'indique que très-rarement le nombre des séries d'étamines fertiles, car, dans l'*H. fœtidus*, qui n'a souvent que de cinq à huit nectaires, et rarement plus, il y a six rayons devant les sépales 4 et 5, cinq rayons devant le sépale 3, et deux rayons devant les sépales 1 et 2.

1. Il y en a rarement plus de trois, quatre ou cinq, superposés aux sépales; mais on en observe assez souvent deux, l'un postérieur et l'autre presque antérieur.

2. L'*H. vesicarius* Auch. — Boiss. a les carpelles mûrs unis jusque vers le milieu de leur hauteur, à la façon de certaines Nigelles.

3. Les styles ont d'abord leur sommet réfléchi et chargé de papilles stigmatiques blanchâtres. Plus tard le style se redresse et devient noirâtre.

4. Ces ovules n'ont qu'une enveloppe. Ils sont remarquables par la forme conique de leur raphé très-épais, saillant et charnu vers la base.

5. Le mode de déhiscence des follicules n'est pas celui qu'on observe le plus ordinairement, le placenta se séparant en deux bandelettes qui restent adhérentes aux deux bords de la feuille car-

échapper les graines dont l'albumen charnu est abondant, et l'embryon peu volumineux.

L'*H. fœtidus* est une plante vivace, à rameaux dressés sortant d'une souche charnue et chargés de feuilles alternes à pétiole élargi à sa base et à limbe pluriséqué[1]. Ses fleurs sont groupées en cymes pauciflores à l'extrémité des rameaux supérieurs, dont l'ensemble constitue une sorte de thyrse. Les premières feuilles des rameaux et les bractées qui accompagnent les fleurs, sont des feuilles réduites au pétiole aplati et élargi. On voit, comme intermédiaires, de larges bractées qui ont un limbe très-réduit à leur sommet.

D'autres Hellébores, cultivés dans nos jardins, tels que les *H. odorus* W. et K., *viridis* L., *orientalis* Gars., ont des rameaux dressés qui ne portent qu'une fleur terminale, ou un petit nombre de fleurs disposées en cyme, avec quelques feuilles florales incisées sur le rameau. Une autre espèce, fréquemment cultivée sous le nom de Rose-de-Noël, l'*H. niger* L., se distingue par un port tout particulier et n'a plus que des bractées sur ses axes floraux. Son calice est pétaloïde et ses nectaires sont au nombre de treize environ. Chacun d'eux représente un cornet à ouverture irrégulièrement crénelée, et supporté par un onglet grêle[2]. Les anthères s'ouvrent tout près de leurs bords par des fentes longitudinales[3]. Les carpelles sont au nombre de cinq à dix. Les fleurs peuvent être solitaires au bout de leur hampe, qui porte au-dessous deux bractées alternes. Une de ces bractées est souvent fertile; il y a un axe secondaire à son aisselle, et cette hampe secondaire porte aussi deux bractées sous la fleur qui la termine[4].

La portion souterraine de la Rose-de-Noël est une tige ramifiée et portant des bractées alternes ou leurs cicatrices. Au voisinage de ces bractées, il se développe sur les rameaux des racines adventives. Chacun des rameaux se termine par une inflorescence. Après la destruction des fleurs, l'extrémité du rameau cesse de s'accroître; elle demeure tronquée; son évolution est terminée. Mais alors, à l'ais-

---

pellaire étalée. Ici les bords se séparent l'un et l'autre du placenta, en commençant par la partie supérieure. Le placenta demeure alors libre, sous forme d'une colonne charnue blanchâtre qui supporte les deux rangées de graines. Celles-ci sont noires et lisses, avec une saillie épaisse, formée par le raphé blanc et charnu.

1. Toutes ces parties exhalent une odeur fétide, due à un liquide produit par de petites glandes répandues sur les feuilles, les calices et les axes.

2. Le fond du cornet, épaissi, glanduleux, sécrète un liquide sucré abondant. Son ouverture est coupée obliquement de haut en bas et de dehors en dedans.

3. Ces fentes sont un peu plus intérieures qu'extérieures, et le connectif se voit en dehors et non en dedans de l'anthère. Le pollen a, comme dans toutes ces plantes, une forme allongée, avec trois sillons longitudinaux équidistants et rarement un ou deux.

4. Il y a quelquefois aussi, sous chaque fleur, trois bractées alternes dont deux peuvent être fertiles.

selle des feuilles ou des bractées que porte cet axe sur ses côtés, il
se développe des bourgeons qui sont d'autant plus volumineux que
leur position est plus élevée sur le rameau. Ce sont ces bourgeons
qui, à leur tour, se termineront, les années suivantes, par des inflorescences, et sur l'axe desquels se développeront alors des racines
adventives, pour suffire à leur alimentation. C'est également à l'aisselle des appendices que porte cet axe, que se montreront des bourgeons appartenant à une génération consécutive. Quand on examine
une plante qui a fleuri plusieurs années, on trouve donc que les
hampes florales sont groupées sur un petit rameau qui leur sert de
support commun. Il porte à sa base des écailles imbriquées alternes
qui représentent des gaînes de feuilles, avec parfois un rudiment de
limbe, ou plus rarement, près de la base, une véritable feuille avec
sa gaîne, son pétiole et un limbe formé de folioles qui sont libres
entre elles, comme il arrive souvent dans cette espèce[1].

A côté des *Helleborus* se placent les *Eranthis* et les *Coptis*, qui ne
nous paraissent pas devoir en être génériquement séparés, comme va
nous le montrer l'analyse détaillée de leurs fleurs.

L'*Helleborus hyemalis* L.[2] (fig. 32, 33), dont on a fait le type du
genre *Eranthis*[3], a un périanthe pétaloïde formé de deux verticilles
ordinairement trimères, dont les folioles sont alternes et plus rarement tordues dans la préfloraison. L'androcée se compose d'un
grand nombre d'étamines disposées dans l'ordre spiral[4], mais formant douze lignes secondaires rayonnantes, dont la situation est
la suivante[5] : 1° une série en face de chacun des sépales extérieurs;
2° trois séries vis-à-vis de chaque sépale extérieur. Dans les séries qui
sont superposées aux sépales intérieurs, toutes les étamines sont
fertiles, c'est-à-dire qu'elles se composent d'un filet libre, un peu
renflé à son sommet et supportant une anthère basifixe, biloculaire,
introrse[6] et à déhiscence longitudinale. Mais, dans les six autres

1. Le développement des feuilles des Hellébores a été étudié par M. Trécul (*Ann. des Sc.
nat.*, sér. 3, XX, 260, 268, t. 23), qui les considère comme des feuilles digitinerves, très-
profondément divisées, conduisant aux feuilles
digitées proprement dites; leur évolution est
basipète ou centrifuge. M. Clos, comparant les
sépales aux bractées (*Bull. Soc. bot.*, III, 682),
les considère comme représentant des gaînes de
feuilles.

2. *Spec.*, 783. — D. C., *Syst.*, 1, 314. —
H. niger tuberosus Ranunculi folio, flore luteo
T., *Inst.*, 272. — *H. monanthus* Moench. —
Kœllea hyemalis Bir. — *Robertia hyemalis* Mer.

3. *Eranthis* Salisb., *in Trans. Linn. Soc.*,
VIII (1807), 303. — D. C., *Prodr.*, I, 46. —
Spach, *Suit. à Buff.*, VII, 321. — Endl., *Gen.*,
n. 4788. — Payer, *Organog.*, 256. — H. Bn,
in Adansonia, II, 203; IV, 47. — B. H., *Gen.*,
7, n. 19. — *Helleboroides* Adans., *Fam. pl.*, II,
458.

4. Cet ordre est très manifeste dans les jeunes
boutons.

5. Payer, *Organog.*, *l. cit.*

6. L'anthère s'ouvre d'abord par deux fentes
intérieures, un peu obliques; après quoi chaque

séries, l'étamine la plus extérieure est transformée en un petit cornet ou nectaire, comparable à celui des autres Hellébores (fig. 29)[1]. Le gynécée se compose de six[2] carpelles superposés à ces staminodes, et construits comme ceux des Hellébores proprement dits. Les fruits sont des follicules qui s'ouvrent de bonne heure[3] par leur angle interne, pour laisser échapper des graines nombreuses[4]. Chaque follicule est supporté par un pédicule étroit qui s'applique, sans leur adhérer, contre les pédicules des follicules voisins. Le tout est entouré d'une collerette formée par un involucre caliciforme[5] persistant, dont les trois folioles alternent avec les pièces extérieures du périanthe. Les organes de la végétation de l'*H. hyemalis* consistent en un rhizôme[6] construit en raccourci, comme celui des autres Hellébores, portant des racines adventives et des bourgeons à feuilles et à fleurs. Celles-ci sortent de terre pendant l'hiver, supportées

Fig. 33.

Helleborus hyemalis.

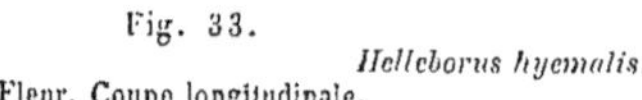

Fleur. Coupe longitudinale.

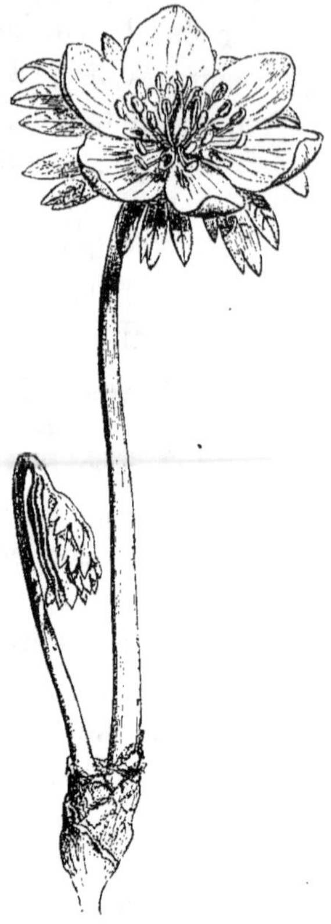

Fig. 32.

Fleur.

loge s'étale de champ, comme dans les Ancolies. Il arrive même d'ordinaire que le bord intérieur de la loge ainsi ouverte s'involute plus ou moins, tandis que son bord extérieur devient révoluté. Le pollen est ellipsoïde, avec trois sillons longitudinaux peu profonds.

1. Ils ont la forme d'un cornet supporté par un pied. L'ouverture supérieure est coupée obliquement de haut en bas et de dehors en dedans ; elle est échancrée dedans et dehors sur sa ligne médiane. L'intérieur contient un nectar sucré abondant. L'origine de ces corps, établie pour la première fois par PAYER (*l. cit.*), qui ne les considérait pas comme des pétales et qui était par là conduit à regarder comme tels les portions plus extérieures du périanthe, cette origine, disons-nous, montre bien quelle est la nature de ce qu'on nomme des pétales dans les Hellébores proprement dits et dans beaucoup d'autres Renonculacées (Voy. *Adansonia*, IV, 19).

2. C'est le nombre ordinaire ; on en rencontre rarement cinq, et plus souvent de sept à dix,

dans les pieds cultivés.

3. Souvent près d'un mois après la floraison, c'est-à-dire à la fin de l'hiver.

4. Ces graines sont d'abord molles, à enveloppes très-minces et à albumen charnu fort abondant. Elles atteignent souvent leur maturité sans que l'embryon se développe ; il y demeure fort petit et mal formé, probablement par suite du défaut de fécondation. Souvent encore l'*Eranthis*, comme la Ficaire, ne produit pas de fruits.

5. PAYER (*l. cit.*) considère ce verticille comme représentant un calice. Sous ce rapport, l'*Eranthis* est très-analogue à l'Hépatique et montre que, dans les Renonculacées, il y a passage insensible des involucres aux calices, de ceux-ci aux corolles, et des corolles à l'androcée ; ce qui indique, comme nous l'avons dit, une sorte d'infériorité organique (Voy. l'art. *Anemone* et *Adansonia*, IV, 6).

6. PAYER, *Hist. de la vég. de l'Eranthis* (*in Bull. Soc. Phil.*, 27 avril 1844, 35).

par une hampe qu'elles terminent et entourées de très-près par l'involucre à trois lobes découpés dont nous avons parlé. Ces lobes sont alternes avec les sépales extérieurs. Les feuilles radicales, peu nombreuses et de très-bonne heure flétries, sont alternes, digitinerves et disséquées. On ne connaît qu'un très-petit nombre d'espèces d'*Eranthis*, originaires des régions montueuses, froides ou tempérées de l'Europe et de l'Asie[1].

En somme, les *Eranthis* sont des Hellébores dont le périanthe, au lieu d'être formé de cinq pièces disposées en quinconce, présente six pièces, formant deux verticilles trimères; nous verrons que le même fait s'observe dans certaines espèces des genres Renoncule, Anémone et Pivoine, sans qu'on puisse en détacher, à titre de genre, les espèces à périanthe hexamère.

Fig. 34.
Helleborus trifolius.
Fleur.

Dans les fleurs de l'*Helleborus trifolius* L.[2] (fig. 34), qui a servi aussi à établir un genre particulier, sous le nom de *Coptis*[3] *trifolia*[4], on observe encore les caractères généraux des Hellébores; et tantôt le nombre des pièces du périanthe est de cinq, tantôt de six, et plus rarement de quatre; elles sont pétaloïdes et imbriquées dans le bouton. En dedans se trouvent des pétales ou staminodes, en nombre variable, représentés par de petits godets stipités, de consistance charnue et comme glanduleuse[5]. Les étamines sont en nombre indéfini, à filets inégaux, surmontés d'anthères basifixes, dont la déhiscence est latérale. Les carpelles, en nombre variable[6], sont stipités, multiovulés et surmontés d'un style recourbé en dehors et légèrement renflé au

1. Gren. et Godr., *Fl. fr.*, I, 40. — Reichb., *Icon.*, IV, 101. — Hook. et Th., *Fl. ind.*, I, 40. — Walp., *Rep.*, I, 47; *Ann.*, IV, 29.

2. *Amœn. acad.*, II, 355, t. 4, f. 18; *Spec.*, 784. — D. C., I, 322. — *Anemone grœnlandica* L., *Fl. dan.*, t. 566.

3. *Coptis* Salisb., in *Trans. Linn. Soc.*, VIII, 305. — D. C., *Prodr.*, I, 47. — Spach, *Suit. à Buff.*, VII, 324. — Endl., *Gen.*, n. 4792. — Walp., *Rep.*, I, 49. — B. H., *Gen.*, 8, n. 20. — H. Bn, in *Adansonia*, IV, 47.

4. Salisb., *l. cit.* — Bigel., *Bot. med.*, I, 60, t. 5. — Sieb. et Zucc., *Fl. jap. fam.*, 71.

— A. Gray, *Ill.*, t. 13. — *Chrysa* Raf. (in *N.-York med. Repos.*, II, hex. V, 350).

5. D'autres espèces ont ces organes en forme de languettes linéaires; tel est le *C. occidentalis* Torr. et Gr., dont Nuttall (in *Journ. Ac. Philad.*, VIII, 9, t. 1) a fait son genre *Chrysocoptis*. D'autres, comme le *C. asplenifolia* Salisb., les ont dilatés vers le milieu de leur hauteur. Ils appartiennent à un groupe nommé *Pterophyllum* Nutt.

6. Il n'y en a quelquefois qu'un seul; on en a compté jusqu'à dix.

sommet. Les fruits sont des follicules. On doit donc considérer les *Coptis* comme des Hellébores à carpelles stipités, souvent peu nombreux. Ce sont des plantes herbacées, vivaces, des régions boréales des deux mondes. Leur tige est un rhizôme peu épais, rampant sous terre, et dont se détachent çà et là des bourgeons qui s'épanouissent à la surface. Ils présentent quelques feuilles alternes, à limbe trifoliolé ou partagé en un plus grand nombre de segments, et souvent une ou plusieurs hampes florales uni ou pauciflores.

Les *Isopyrum*[1], que la plupart des auteurs admettent comme genre distinct, devraient à la rigueur être réintégrés dans le genre Hellébore, dont ils faisaient autrefois partie. Leur port, il est vrai, qui cependant se rapproche beaucoup de celui des *Coptis*[2], peut suffire à les en séparer, avec quelques caractères peu importants présentés par leurs fleurs. Nous ne les avons conservés provisoirement[3] que comme « genre de passage entre les Nigelles et les Hellébores, mal défini et peu naturellement délimité. » L'analyse des espèces les plus communes va montrer si cette manière de voir est suffisamment justifiée.

Fig. 35.
Isopyrum fumarioides,
Fleur.

L'*Isopyrum fumarioides* L.[4] (fig. 35) a les fleurs régulières et hermaphrodites. Leur calice est formé de cinq sépales colorés, dont la préfloraison est quinconciale. Leur corolle se compose de cinq petits pétales en cornet, dont la base s'atténue en une sorte de pédicule, tandis que le limbe se partage en deux lèvres, dont l'intérieure est plus courte et échancrée au milieu. Les étamines sont libres, hypogynes et en assez grand nombre. Chacune d'elles se compose d'un filet un peu dilaté à son sommet, et d'une anthère basifixe à deux loges déhiscentes par une fente latérale, à peine un peu plus intérieure qu'extérieure. Le gynécée est constitué par un grand nombre de carpelles, dont l'ovaire est parcouru, dans toute la longueur de son angle interne, par un sillon vertical. Au niveau du sommet atténué de l'ovaire, les lèvres de ce sillon s'épaississent un peu et, se couvrant de papilles, constituent un petit stigmate. Dans l'angle

1. *Isopyrum* L., *Gen.*, n. 701. — Juss., *Gen.*, 233. — D. C., *Prodr.*, I, 48. — Spach, *Suit. à Buff.*, VII, 326. — Endl., *Gen.*, n. 4790. — B. H., *Gen.*, 8. n. 21. — Walp., *Rep.*, I, 48; II, 741; *Ann.*, I, 954; II, 11; IV, 26. — H. Bn, *in Adansonia*, IV, 26, 46.

2. MM. Bentham et Hooker disent même des *Coptis* : « *Genus forte melius pro sectione* Isopyri *habendum.* »

3. *Adansonia*, IV, 46.

4. *Spec.*, 783. — D. C., *Prodr.*, I, 48, n. 3. — *Leptopyrum* Reichb., *Fl. germ.*, 747. — Spach, *Suit. à Buff*, VII, 327.

interne de la loge unique de l'ovaire, il y a un placenta pariétal qui porte, sur deux séries verticales, un grand nombre d'ovules anatropes. Le fruit est formé d'un grand nombre de petits follicules, et les graines renferment, sous leurs téguments, un petit embryon enveloppé d'un albumen charnu très-abondant, dont il occupe le sommet. C'est une petite plante herbacée et annuelle, originaire de la Sibérie. Sa racine est pivotante, et la base de sa tige porte un grand nombre de feuilles alternes à pétiole élargi à la base, à limbe trifoliolé, dont les folioles, divergeant d'un point commun, sont elles-mêmes composées-pennées. Puis la tige monte pour se terminer par une fleur au-dessous de laquelle se trouvent une ou quelques feuilles dont l'aisselle contient un rameau terminé aussi par une fleur, et ainsi de suite. Ces feuilles florales ont un pétiole très-court, ou presque nul, accompagné à sa base de deux expansions latérales membraneuses qui représentent sans doute des stipules et qui, dans les feuilles caulinaires dont la gaîne est très-développée, ne sont plus représentées que par deux dents latérales placées sur les bords de la portion supérieure de cette gaîne.

L'*Isopyrum thalictroides* L.[1] a les fleurs hermaphrodites et régulières. Leur calice se compose de cinq sépales colorés, dont la préfloraison est imbriquée, et leur corolle de cinq pétales alternes avec les sépales, beaucoup plus petits qu'eux et ayant la forme d'un petit cornet à ouverture coupée obliquement aux dépens du bord intérieur, et dont le fond est glanduleux et nectarifère. Les étamines sont très-nombreuses, hypogynes, inégales, à filets libres et à anthères basifixes, biloculaires, déhiscentes par deux fentes longitudinales latérales, un peu plutôt extrorses qu'introrses. Le gynécée se compose de deux ou trois carpelles libres; et, dans l'angle interne de chaque ovaire, il y a un placenta vertical qui porte deux rangées longitudinales d'ovules peu nombreux se regardant par leurs raphés. Il n'y a ordinairement que deux ovules dans chaque rangée. C'est une petite plante à rhizôme horizontal d'où sortent de jeunes rameaux herbacés qui portent quelques feuilles alternes, composées, accompagnées de deux stipules latérales. En haut du jeune rameau, les feuilles dégénèrent en bractées; et, à l'aisselle de chacune de celles-ci, il y a une fleur solitaire pédicellée; ce qui constitue une petite grappe.

---

1. *Spec.*, 783. — D. C., *Prodr.*, I, 48, n. 1. — GREN. et GODR., *Fl. fr.*, I, 42. — *Olfa* ADANS., *Fam. pl*, II, 458. — *Thalictrella* A. RICH., in *Dict. hist. nat.*, IX, 34. — Sect. *Evisopyrum* H. BN, in *Adansonia*, IV, 47.

Les pétales, ou nectaires, peu développés déjà dans les espèces que nous venons d'étudier, peuvent disparaître tout à fait, comme dans beaucoup d'autres genres de Renonculacées. C'est le seul caractère de quelque valeur qui distingue l'*Enemion biternatum*[1] des autres *Isopyrum* auxquels nous le rattachons. Le nombre des ovules renfermés dans chacun de ses carpelles est très-variable; il n'y en a quelquefois qu'un seul, ou deux (fig. 36), horizontaux, avec le raphé supérieur. Ailleurs leur nombre devient indéfini. L'*Enemion* habite l'Amérique septentrionale.

Les Trolles[2] constituent encore un genre admis par tous, mais fort peu caractérisé et fort peu distinct des Hellébores. Si nous examinons, en effet, la fleur du *T. asiaticus* L., plante fréquemment cultivée dans nos jardins, nous verrons qu'elle a souvent[3] un calice pétaloïde de cinq sépales imbriqués, et cinq[4] pétales ou nectaires de petite taille, épais, canaliculés à leur face interne, munis à la base de cette même face d'une anfractuosité glanduleuse qui sécrète un nectar sucré. Les étamines, très-nombreuses, disposées en spirale, ont leur filet libre, et leur anthère basifixe, plutôt extrorse qu'introrse[5]. Les carpelles, en nombre indéfini, sont multiovulés; et les ovules anatropes[6], rangés sur deux séries verticales, se touchent par leur raphés.

Fig. 36.
*Enemion
biternatum.*
Carpelle ouvert.

Ces fleurs n'offrent donc pas d'autre différence avec celles des Hellébores, que la forme même des nectaires qui ne sont pas façonnés ici en tubes ou en godets. On rencontre d'ailleurs des *Trollius* dont les sépales deviennent très nombreux, et d'autres (fig. 37) dont les nectaires sont aussi en nombre indéfini. Les sépales sont plus ou

1. Rafin., *in Journ. phys.* (1820), 91, 70. — D. C., *Prodr.*, I, 48. — Endl., *Gen.*, n. 4791. — Walp., *Ann.*, II, 11. — A. Gray, *Ill.*, t. 12. — B. H., *Gen.*, 8, n. 21. — H. Bn, *in Adansonia*, IV, 25, 46.

2. *Trollius*, L., *Gen.*, n. 700. — Juss., *Gen.*, 233. — Lamk, *Ill.*, I. 449. — D. C., *Prodr.*, I, 45. — Spach, *Suit. à Buff.*, VII, 296. — Endl., *Gen.*, n. 4787. — B. H., *Gen.*, 7, n. 17. — H. Bn, *in Adansonia*, IV, 48. — *Hellebori spec.* T., *l. cit.* — *Geisenia* Raf., *in N.-York Med. Rep.* (V), 11, 450.

3. Plus souvent encore, il y a un plus grand nombre de ces organes, surtout dans les plantes cultivées.

4. Ce nombre est relativement rare. Plus souvent on rencontre cinq groupes de deux, trois ou d'un plus grand nombre de ces languettes. Dans

les *T. americanus, europœus, asiaticus*, ce sont des espèces de battoirs à manche étroit et à corps relativement plus long, creusé en rigole supérieurement. Le sommet est coupé droit ou obliquement, arrondi ou échancré. Dans l'*Hegemone*, ce sont des lames presque planes, spathulées.

5. Dans le *T. americanus* et plusieurs autres, les étamines intérieures sont les plus courtes; les lignes de déhiscence sont un peu rejetées vers l'extérieur. Dans le *T. asiaticus*, ces lignes sont d'ordinaire tout à fait marginales. Le connectif y est d'abord large et aplati. Celui du *T. americanus* devient ensuite concave en dehors. De même, les deux loges du *T. europœus* finissent de la sorte par proéminer vers le périanthe.

6. Ils ont deux enveloppes.

moins caducs; ils persistent davantage dans les *Hegemone*[1], qui ne peuvent, pour cette raison, être séparés génériquement des autres *Trollius*. Dans tous, les fruits sont des follicules[2]. Ce sont des herbes vivaces à rhizômes souterrains, à feuilles alternes, digitinerves, lobées ou disséquées. Leurs fleurs sont solitaires, terminales, ou en petit nombre, et disposées sur les tiges comme celles des Ancolies ou des Nigelles. Ces plantes habitent l'hémisphère boréal des deux Mondes et sont surtout communes dans l'Asie septentrionale[3].

Comme presque tous les genres précédents, celui-ci peut présenter

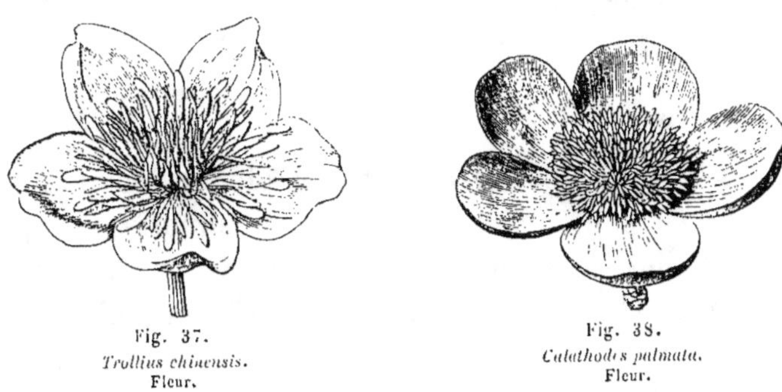

Fig. 37.
Trollius chinensis.
Fleur.

Fig. 38.
Calathodes palmata.
Fleur.

des fleurs apétales (fig. 38), ou sans nectaires. C'est la seule différence qui caractérise le *Calathodes*[4], herbe vivace de l'Himalaya oriental.

Les *Caltha*[5] ont aussi les fleurs apétales du *Calathodes*. Leur périanthe est formé seulement de cinq[6] sépales pétaloïdes, dont la préfloraison est quinconciale (fig. 39). Leurs étamines, très-nom-

---

1. *Hegémone lilacina* Bunge, *in* Ledeb., *Fl. ross.*, 1, 51. — *T. lilacinus* Bunge, *in Fl. alt.*, suppl., 44.

2. Les follicules, unis en tête plus ou moins comprimée, sont ou lisses, ou ridés transversalement, et surmontés d'un vestige du style qui est placé du côté opposé à la ligne de déhiscence. Les graines sont lisses, brillantes, de couleur foncée. Leur enveloppe extérieure est finement ponctuée, réticulée. L'enveloppe intérieure, blanchâtre, est celluleuse; le raphé peu saillant; l'albumen charnu considérable, avec un très-petit embryon près du sommet.

3. Gren. et Godr., *Fl. fr.*, I, 40. — Reichb., *Icon.*, IV, t. 102. — A. Gray, *Ill.*, 11. — Hook. et Th., *Fl. ind.*, I, 41. — Walp., *Rep.*, I, 47; II, 740; *Ann.*, IV, 29.

4. *C. palmata* Hook. et Th., *Fl. ind.*, I, 40. — Walp., *Ann.*, IV, 29. — B. H., *Gen.*, 7, n. 14. — H. Bn, *in Adansonia*, IV, 48. A le port d'un *Trollius*, avec les fleurs d'un *Caltha*.

Les fleurs ont quatre ou cinq sépales imbriqués. Les étamines sont inégales, et leurs anthères s'ouvrent près des bords, mais un peu plus en en dehors. Le nombre des carpelles est très-variable.

5. *Caltha* L., *Gen.*, n. 703. — Juss., *Gen.*, 234. — Pers., *Enchir.*, II, 107. — D. C., *Prodr.*, I, 44. — Spach, *Suit. à Buff.*, VII, 293. — B. H., *Gen.*, 6, n. 13. — H. Bn, *in Adansonia*, IV, 48.

6. Leur nombre est souvent plus considérable, rarement réduit à quatre. Ils persistent dans certaines espèces et sont caducs dans les *Psycrophila*. Quand il y en a cinq, leur préfloraison est souvent quinconciale, mais leur imbrication peut être différente. La fleur double souvent dans le *C. palustris* (T., *Inst.*, 273, t. 24). Les étamines forment alors de petits pétales imbriqués, et souvent le réceptacle se déformant (*Adansonia*, IV, 5), devient concave, comme celui des Pivoines.

breuses, ont les anthères basifixes, biloculaires et extrorses. Leurs carpelles sont en nombre indéfini et multiovulés (fig. 40). Ce sont donc simplement des *Trollius* sans corolle ou sans nectaires. Leurs

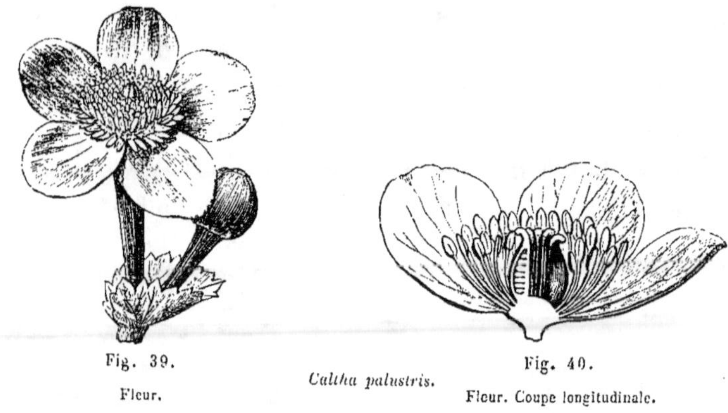

Fig. 39.

Fleur.

Caltha palustris.

Fig. 40.

Fleur. Coupe longitudinale.

organes de végétation se ressentent seuls du milieu que ces plantes habitent, car ce sont des herbes vivaces, aquatiques, quelquefois nageantes[1]. De leur rhizôme s'élèvent des rameaux chargés de feuilles alternes. Dans le *C. palustris* L.[2], ces feuilles sont pétiolées et garnies à leur base d'une sorte de gaîne en forme de manchette membraneuse. Leur limbe est cordé, suborbiculaire ou réniforme, penninerve, crénelé et plan ; tandis que, dans d'autres espèces, dont on a fait le type du genre *Psycrophila*[3], ce limbe présente des lobes saillants sous forme d'auricules intérieures. Toute l'organisation est d'ailleurs la même. Les fleurs sont terminales et solitaires, ou groupées sur les axes comme celles des *Trollius* proprement dits. Les fruits sont des follicules qui s'ouvrent par leur bord interne, et laissent échapper des graines nombreuses, munies extérieurement d'une production arillaire fort développée (fig. 41, 42),

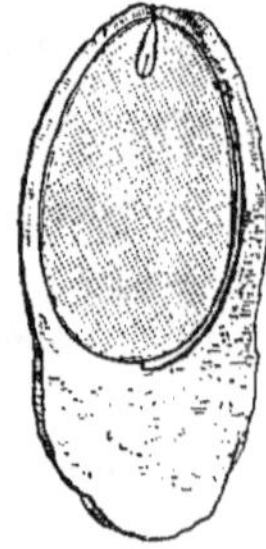

Fig. 41.

Fig. 42.

Caltha palustris.

Graine.

Id. coupe longitudinale.

dont l'origine est due à un épaississement considérable d'une portion des téguments extérieurs de la graine[4].

1. *C. natans* PALL., *Voy.*, ed. min., III, 248. — D. C., *Prodr.*, I, 45, n 11. — *Thacla ficarioides* SPACH, *Suit. à Buff.*, VII, 295.

2. *Spec.*, 784. — D. C., *Prodr.*, 44, n. 3. — *Populago* T., *Inst.*, 273, t. 14, t. 145. Le style a deux lèvres stigmatifères latérales. Les ovules ont deux enveloppes.

3. D. C., *Syst.*, I, 307. — C. GAY, *Fl. chil.*,

I, 47, t. 2.

4. Contrairement à ce qu'on observe dans beaucoup de graines pourvues d'un arille et où cet organe est constitué par un épaississement cellulaire de l'enveloppe externe, limité aux parties supérieures, comme il arrive surtout lors de la production des caroncules des Euphorbiacées, dans les *Caltha*, c'est du côté de la région chala-

Ainsi constitué[1], notre genre *Trollius* renferme donc encore des plantes des montagnes de l'Inde, comme les *Calathodes*, et des plantes aquatiques : les *Caltha* proprement dits qui habitent les régions froides ou tempérées des deux Mondes[2] ; les *Psycrophila* qui sont originaires des parties froides de la zône artarctique[3].

. Les botanistes s'accordent à ranger dans le même groupe, à cause de ses carpelles multiovulés, le *Glaucidium palmatum* S. et Zucc.[4], espèce unique d'un genre qui relie évidemment, comme nous le verrons ultérieurement, les Renonculacées aux Berbéridées et aux Papavéracées. Les fleurs en sont hermaphrodites et régulières. Sur leur réceptacle convexe s'insèrent successivement un calice, un androcée et un gynécée. Le calice est formé de quatre sépales libres, imbriqués, pétaloïdes et très-caducs, ainsi que les étamines qui sont en très-grand nombre et composées chacune d'un filet libre et d'une anthère basifixe à deux loges déhiscentes par des fentes latérales. Le gynécée est formé d'un ou d'un petit nombre[5] de carpelles insérés obliquement sur la portion supérieure atténuée du réceptacle, et renfermant un grand nombre d'ovules anatropes, insérés dans l'angle interne. L'ovaire est parcouru par un sillon longitudinal et est surmonté d'un stigmate déprimé, échancré, papilleux. Le fruit est formé d'un ou de plusieurs follicules à déhiscence dorsale, dont les graines

---

gique que se produit peu à peu cette hypertrophie ; de sorte que le reste de l'enveloppe demeure relativement très-mince du côté du hile et du micropyle. Les figures 41, 42 rendent mieux compte de ce développement que toutes les descriptions possibles.

1.
    1. *Eutrollius*. Feuilles très-découpées. Fleurs à corolle. Calice caduc.
    2. *Hegemone* (BUNGE). Id. Calice persistant.
Trollius 3. *Calathodes* (HOOK. et TH.). Fleurs apétales. Feuilles découpées.
    4. *Caltha* (L). Plantes aquatiques. Fleurs apétales. Feuilles peu découpées. Calice persistant.
sect. 5. 5. *Psycrophila* (D. C.). Id. Feuilles à lobes saillants en dedans. Calice caduc.

2. GREN. et GODR , *Fl. fr.*, I, 39. — REICHB., *Icon.*, IV, 101. — HOOK. et TH., *Fl. ind.*, I, 39. — A. GRAY, *Ill* , t. 10. — BENTH. et MUELL., *Fl. Austr.*, I, 15.

3. C. GAY, *Fl. chil.*, I, 47-51. — HOOK. f., *Fl. antarct.*, II. 228, t. 84. — WEDD., *Chlor. and.*, II, 306, t. 82.

Ce n'est qu'avec doute que nous avons placé (*Adansonia*, IV, 57) dans le voisinage des *Trollius* pourvus de pétales, le genre *Anemonopsis* S. et

Zucc. (*Fl. jap. fam.*, 73, t. 1. — *Xaveria* ENDL., *Gen.*, suppl. IV, 30), qui nous est tout à fait inconnu. Ce genre a pour caractères : des fleurs régulières, disposées en grappes lâches, et rappelant celles d'une Anémone double. Elles présentent : un calice formé de plusieurs folioles, dont les trois extérieures sont sépaloïdes et les intérieures pétaloïdes ; environ douze pétales courts et sessiles, dont la base épaissie porte une fossette nectarifère ; des étamines en nombre indéfini, à filets linéaires, comprimés et à anthères mucronées, quadriloculaires (?) en avant. Les carpelles, en petit nombre, sont multiovulés ; et les fruits sont, dit on, capsulaires. On n'en connaît qu'une espèce herbacée, originaire du Japon, savoir l'*A. macrophylla* S. et Zucc., qui est une herbe à feuilles radicales larges et décomposées-ternées.

4. *Fl. jap. fam. nat.*, I, 76, t. 1. — ENDL., *Gen.*, n. 4804[1]. — WALP., *Ann.*, I, 955. — B. H., *Gen* , 7, n. 15.

5. MM. SIEBOLDT et ZUCCARINI ont représenté la plante avec un seul carpelle. Dans les quelques fleurs que nous avons pu observer, il y en avait deux, insérés en face l'un de l'autre et obliquement, sur un réceptacle coupé en angle dièdre.

nombreuses sont aplaties et encadrées d'une aile marginale. C'est une herbe vivace du Japon, à feuilles alternes, peu nombreuses, palmatilobées, et à fleurs pédonculées solitaires rappelant celles d'un *Podophyllum* [1].

FORME IRRÉGULIÈRE

Si l'on examine un Aconit [2], tel, par exemple que l'*A. Napellus* L., on voit que ses fleurs (fig. 43-47), sont irrégulières et hermaphrodites. Leur calice est formé de cinq sépales colorés, disposés dans le bouton en préfloraison quinconciale, et dissemblables. Le sépale postérieur présente la forme d'un capuchon coiffant les deux sépales latéraux. Ceux-ci sont symétriques l'un par rapport à l'autre, à peine irréguliers et beaucoup plus larges que les deux sépales antérieurs par lesquels ils sont également recouverts dans le bouton. Quant à ces deux sépales antérieurs, ils sont moins larges et plus longs que les latéraux; mais ils ne sont pas tout à fait pareils l'un à l'autre [3], car le

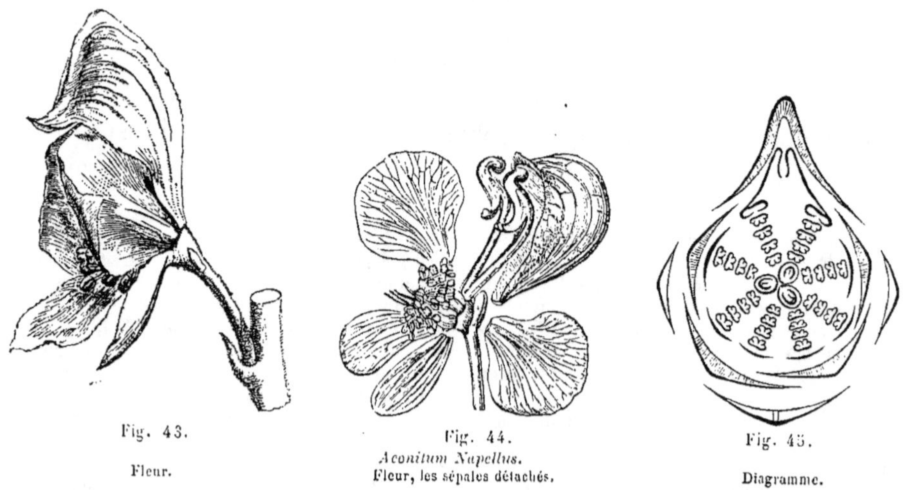

Fig. 43.

Fleur.

Aconitum Napellus.
Fleur, les sépales détachés.

Fig. 45.

Diagramme.

sépale 3 est en même temps plus large et moins régulier que le sépale 4 par lequel il est recouvert d'un côté. Les pétales sont au nombre de huit [4], primitivement disposés comme ceux des Nigelles. Mais deux seulement d'entre eux prennent un assez grand développement; ce sont ceux qui sont superposés au sépale postérieur. Ils

1. C'est avec les Podophyllées, avons-nous dit (*in Adansonia*, IV, 57), que la plante offre une ressemblance frappante, quand son gynécée est unicarpellé.

2. *Aconitum* T., *Inst*, 424, t. 239, 240. — L., *Gen.*, n. 682. — J., *Gen.*, 234. — D. C., *Prodr.*, I, 56. — SPACH, *Suit. à Buff.*, VII, 360.

— ENDL., *Gen.*, n. 4797. — B. H., *Gen.*, 9, n. 26. — H. BN, *in Adansonia*, IV, 50; *Dict. enc. sc med*, I, 574. — *Nirbisia* DON, *Gen. syst.*, I, 203. — ENDL., *Gen.*, n. 4786, a.

3. Voy. *Adansonia*, IV, 12, 50.

4. PAYER, *Organog.*, 252, t. LV.

ont la forme d'un cornet, dont le fond renflé est garni d'un tissu glanduleux qui secrète un nectar sucré, dont le bord interne s'avance en forme de lèvre et dont le bord externe est supporté par un long onglet infléchi et à bords reployés en dedans pour former une sorte de gouttière (fig. 46). Les six autres pétales sont réduits à des languettes courtes, inégales et peu colorées. Les étamines sont très-nombreuses et insérées suivant un ordre spiral, comme dans les Nigelles; mais les spires secondaires ne sont pas aussi apparentes que dans ces dernières. Les filets sont élargis et comme pétaloïdes à leur base, et rétrécis à leur extrémité supérieure qui supporte une anthère basifixe, biloculaire, introrse et déhiscente par deux fentes longitudinales[1]. Le gynécée est formé d'un nombre de carpelles qui varie de trois à cinq[2]. Ils sont libres, insérés en spirale[3] près du

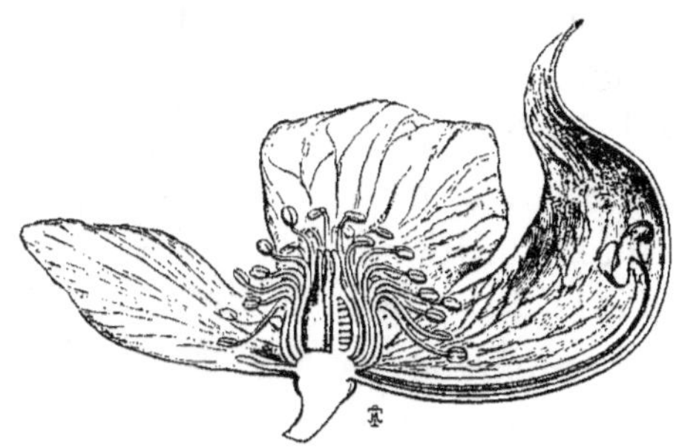

Fig. 46.

Aconitum Napellus.

Fleur. Coupe longitudinale.

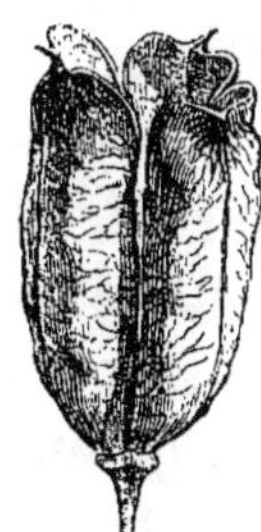

Fig. 47.

Fruit.

sommet du réceptacle, et composés chacun d'un ovaire atténué supérieurement en un style aigu, stigmatifère seulement en haut et sur les bords du sillon vertical qui parcourt toute la longueur de l'angle interne du carpelle. L'ovaire contient deux séries verticales d'ovules anatropes, insérés dans son angle interne. Le fruit est formé ordinairement de trois follicules déhiscents suivant la longueur de leur angle interne (fig. 47), et laissant échapper des graines à surface extérieure spongieuse, plus ou moins rugueuse, chargée de rides et de plis membraneux saillants. Leur embryon est entouré d'un albumen charnu abondant.

L'Aconit Napel est une plante herbacée à feuilles alternes, palma-

1. Chaque loge, en s'ouvrant, forme, comme dans les Ancolies, une lame étalée et placée de champ. La fente étant beaucoup plus intérieure qu'extérieure, la lame se trouve attachée au connectif, non vers le milieu de sa propre largeur, mais bien plus près de son bord intérieur.

2. Le nombre trois est de beaucoup le plus fréquent, quoiqu'on voie, dans les jardins, des fleurs à cinq, six, huit carpelles et au delà.

3. Ce qui n'exclut pas, bien entendu, l'existence de séries secondaires rayonnantes, analogues à celles qu'on observe dans les Nigelles, etc.

tiséquées, sans stipules, et à fleurs bleues ou blanches disposées en grappes terminales. Chacune des fleurs occupe l'aisselle d'une bractée qui est d'autant plus petite et moins découpée qu'elle est située plus haut sur l'axe principal. Le sommet du pédicelle est légèrement renflé, et c'est à ce niveau que s'observent, contre le calice lui-même, les deux bractées latérales stériles qui accompagnent la fleur et qui ont été soulevées jusqu'à elle.

On connaît une vingtaine d'autres Aconits proprement dits. Mais toutes ces espèces n'ont pas les sépales exactement conformés comme ceux de l'*A. Napellus*[1]. Ainsi l'*A. hebegynum* D. C. et l'*A. variegatum* L. ont le sépale postérieur en forme de casque conique et comprimé; l'*A. Anthora* L.[2] a ce même sépale conique et demi-circulaire; et, dans l'*A. Lycoctonum* L.[3], il prend la forme d'un véritable éperon étroit (fig. 48), allongé et obtus seulement à son sommet. Mais il y a toutes les transitions possibles entre ces différentes formes du sépale 2; si bien qu'on n'a jamais pu méconnaître, pour cette raison, les affinités étroites qui relient entre elles toutes les espèces du genre Aconit, et qu'on ne les a pas séparées les unes des autres, quand on a vu les caractères du gynécée et de la corolle y présenter de notables modifications; le premier pouvant avoir quatre ou cinq carpelles dans les *A. variegatum*, *hebegynum*, etc.; la dernière

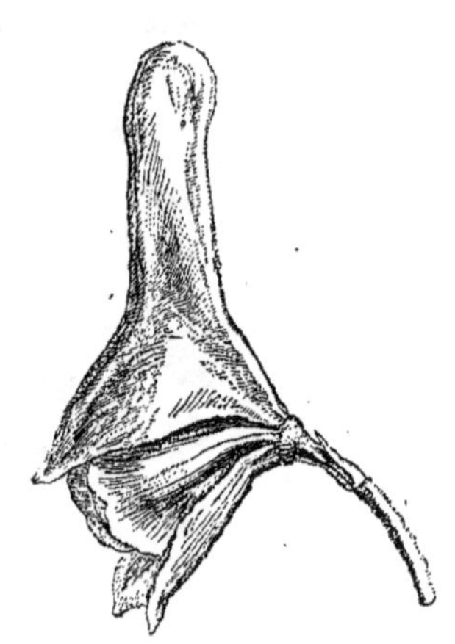

Fig. 48.
Aconitum Lococtonum.
Fleur.

pouvant perdre ses pétales latéraux et antérieurs, comme il arrive dans l'*A. Lycoctonum* et les espèces voisines. Ces dernières ont ordinairement les fleurs jaunâtres et plus rarement d'un rouge vineux ou d'un pourpre sombre[4].

On voit, par ce qui précède, qu'un Aconit peut être défini : une Nigelle à fleurs irrégulières; et que l'irrégularité tient à la déformation du sépale postérieur et à la grande inégalité des pétales qui sont d'autant plus considérables que leur situation se rapproche davantage de l'axe, c'est-à-dire du côté postérieur de la fleur. D'ail-

1. Sect. IV, *Napellus* D. C., *Syst.*, I, 371 (incl. *Cammarum* (D. C., *l. cit.*, 374, sect. III), *Corythæba* REICHB., *Enchylodes* REICHB., ex SPACH, *Suit. à Buff.*, VII, 367).

2. Sect. I, *Anthora* D. C., *Syst.*, I, 364; *Prodr.*, I, 56.

3. Sect. II, *Lycoctonum* D. C., *Syst.*, I, 367; *Prodr.*, I, 57.

4. *A. septentrionale* KŒLL., *Spic.*, 22, et *A. rubicundum* FISCH., ex SEB., *l. cit.*, 135, 136.

leurs l'androcée et le gynécée sont les mêmes quant aux caractères essentiels ; et de même les sépales 4 et 5 n'ont chacun qu'un pétale devant eux, tandis que les sépales 1, 2 et 3 ont chacun devant eux une paire de pétales, du moins dans l'*A. Napellus*. La même irrégularité, plus ou moins prononcée, s'observe dans les Dauphinelles.

Les Dauphinelles ou Pieds-d'Alouette[1] comprennent un très-grand nombre d'espèces qui ne présentent pas toutes exactement la même organisation et que, pour cette raison, on a proposé de partager en plusieurs genres[2]. Les variations qu'on y observe tiennent au développement plus ou moins considérable des pièces de la corolle et de celles du gynécée. Ces parties sont donc plus ou moins irrégulières dans les différents types que nous allons passer en revue.

Si l'on examine, par exemple, le *D. peregrinum* LAMK[3] (fig. 49, 50), espèce qui croît dans le midi de la France, on voit que son calice est formé de cinq sépales, dont un postérieur prolongé en un éperon aigu, analogue à celui qu'on observe dans l'*Aconitum Lycoctonum*. Ces sépales sont d'ailleurs disposés en préfloraison quinconciale (fig. 50), et l'on voit en dedans d'eux une corolle de trois pétales superposés aux trois sépales postérieurs. Tandis que chaque sépale latéral n'a en face de lui qu'un pétale superposé, le sépale postérieur en a deux qui se prolongent en éperon dans sa concavité. Mais il est facile de voir que ces deux pétales résultent du dédoublement d'une foliole unique, que ses deux parties sont symétriques entre elles, et représentent chacune la moitié d'un organe unique qui s'est partagé. En d'autres termes, le pétale postérieur se conduit ici comme celui de la plupart des Nigelles; et la corolle devient irrégulière, d'une part, parce que le pétale s'éperonne

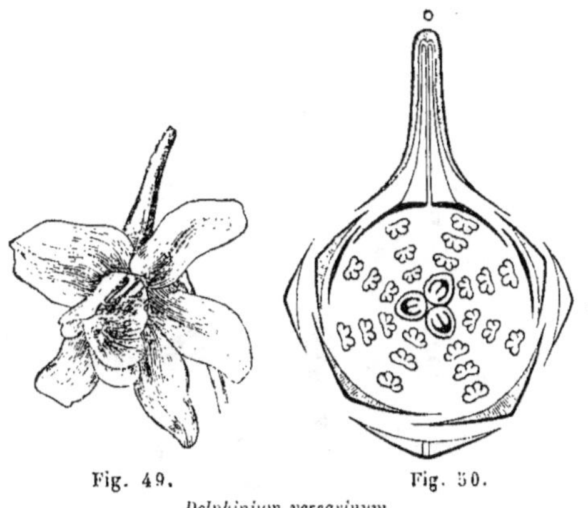

Fig. 49.　　　　　　　Fig. 50.

Delphinium peregrinum.

Fleur.　　　　　　　Diagramme.

---

1. *Delphinium* T.. *Inst.*, 426, t. 241.—L., *Gen.*, n. 681. — JUSS., *Gen.*, n. 234. — SPACH, *Suit. à Buff.*, VII, 355. — ENDL., *Gen.*, n. 4796. —PAYER, *Organog.*, 249, t LV.—B. H., *Gen.*, 9, n. 25. — H. BN, *in Adansonia*, IV, 8, 11, 48. 149.

2. 1° *Delphinastrum* SPACH, *Suit. à Buff.*, VII, 336 ; 2° *Phledinium* SPACH, 351 (*Consolida* LINDL., *in Journ. Hortic. Soc.*, VI, 35); 3° *Staphysagria* SPACH, *l. cit.*, 347; 4° *Aconitella* SPACH, *l. cit*, 358.

3. *Dict.*, II, 264.—*D. cardiopetalum* D. C., *Syst.*, I, 347.

comme le sépale correspondant, et, d'autre part, parce que normalement les pétales antérieurs ne se développent pas.

L'organisation de la corolle[1] est la même dans un certain nombre d'autres espèces cultivées dans nos jardins, telles que les *D. revolutum* Desf., *cheilanthum* Fisch., *dictyocarpum* D. C., *grandiflorum* L., *triste* Fisch., etc., espèces qui n'ont ordinairement que trois carpelles au gynécée. Le *D. pentagynum* Lamk tire son nom de ce qu'avec la même corolle, il a souvent cinq carpelles. Ce n'est qu'accidentellement que les pétales antérieurs existent dans ces plantes ; la culture en détermine quelquefois l'apparition.

Les *D. Consolida* L. (fig. 51, 52) et *Ajacis* L., ont la corolle et le

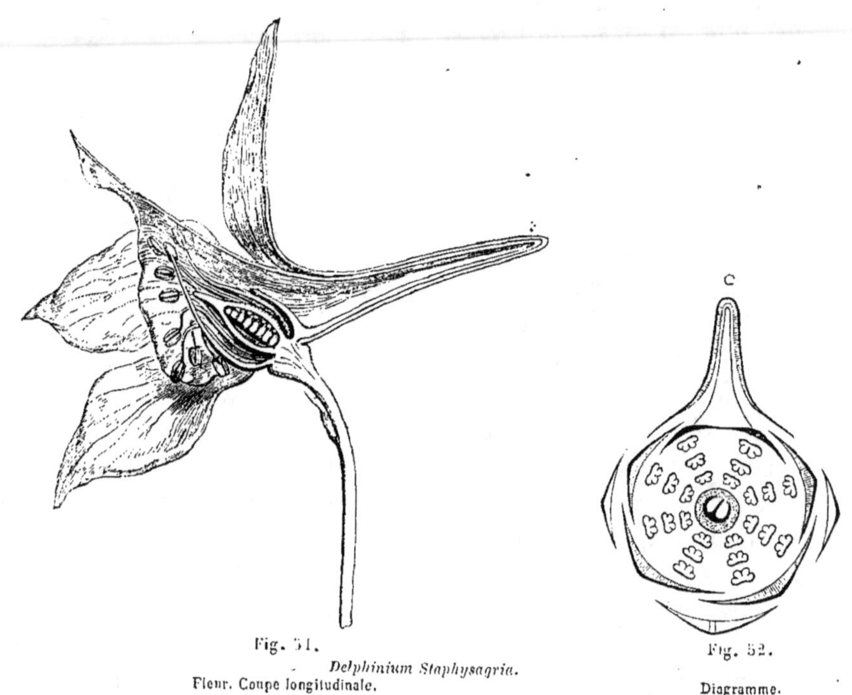

Fig. 51.
Delphinium Staphysagria.
Fleur. Coupe longitudinale.

Fig. 52.
Diagramme.

gynécée bien plus incomplets encore. Les deux pétales latéraux y disparaissent comme les antérieurs. Le pétale postérieur subsiste seul, dédoublé en deux demi-folioles seulement dans sa partie supérieure, mais unique près de son insertion et dans toute l'étendue de sa portion éperonnée. En même temps leur gynécée est réduit à un seul carpelle.

Dans toutes ces espèces, l'androcée demeure ce qu'il était dans les Nigelles[2], disposé de la même manière en séries curvilignes au

1. Sur l'organisation de cette corolle des *Delphinium*, et notamment du pétale postérieur, voy. *Adansonia*, IV, 11.

2. Il en résulte que, lorsqu'une fleur de *Delphinium* devient double et que ses étamines se transforment en pétales, cette fleur est tout à fait

nombre de huit (fig. 52), et formé d'étamines à filets élargis inférieurement et à anthères biloculaires, introrses, dont les loges s'étalent en
lames planes après leur déhiscence. Dans toutes, l'inflorescence consiste en grappes terminales, chaque fleur étant solitaire à l'aisselle
d'une bractée-mère et portant, à une hauteur variable, sur son pédicelle, deux bractées stériles. Ce
sont ces espèces, caractérisées
par la présence d'un seul carpelle, qui constituent le groupe
Phledinium (*Consolida*)[1].

La Staphysaigre[2] (fig. 53-58)
a presque tous les caractères des
plantes qui précèdent. Seulement l'éperon que forme le pé-

Fig. 53.　　　　　　Fig. 54.

Delphinium Staphysagria.

Fleur à quatre pétales.　　　Fleur à huit pétales.

tale postérieur est relativement plus court et plus large, et son extrémité
est légèrement bifurquée. Le pétale qui lui est superposé, est sessile
et s'allonge en bas et en dedans en une double corne épaisse, creuse,
glanduleuse (fig. 55), tandis que son limbe est profondément partagé
en deux moitiés dressées, symétriques l'une par rapport à l'autre, et
réunies en avant par une courte bride; de sorte que la division de cet
organe en deux demi-pétales n'est pas tout à fait complète. Les pétales latéraux existent sous forme de deux espèces de petites ailes;
mais les pétales antérieurs manquent complétement dans certaines
fleurs (fig. 53), et existent, au contraire[3], dans d'autres fleurs (fig. 54-56)

celle d'une Nigelle qui aurait subi la même mé-
tamorphose, surtout quand l'éperon du *Delphinium* disparaît complétement (ce qui est rare),
ou à peu près; les fleurs sont alors doubles et
régulières dans les deux types qu'on ne peut
plus distinguer l'un de l'autre (Voy. *Adansonia*,
IV, 149). Les exemples de monstruosités observées dans des Pieds-d'Alouette ou les Aconits
sont très-fréquents (Voy. entre autres : BRON-
GNIART (*in Ann. sc. nat.*, sér. 3, II, 24). —
WEDDELL, *Sur une chloranthie de Pied-d'Alouette
vivace* (*in Bull. Soc. bot.*, III, 346). — HOCH-
STETTER, *Fl. anorm.* d'A. *tauricum* (*in Bull. Soc.
bot.*, II, 120).—DUCHARTRE, *Monst.* de D. Ajacis
(*in Bull. Soc. bot.*, VII, 483). — CLOS, *Hyp. des
carp.* d'un Delphinium (*in Bull. Soc. bot.*, IX,
127). — MM. A. BRAUN (*in Verh. d. sect. f. Bot.*
Vienne, 20 sept. 1856) et J. ROSMANN (*in Bot.
Zeit.* (1862), n. 24, 188) ont aussi donné
chacun leur interprétation de la fleur des *Delphinium.*

1. On rencontre parfois des fleurs à deux ou
trois carpelles; un nombre plus élevé est assez

rare, même dans les plantes cultivées. Toutefois
M. KIRSCHLEGER (*Notic. botan.*, 6) a vu des fleurs
de *D. Ajacis* ayant de cinq à huit carpelles. Dans
nos parterres, quand les carpelles sont ainsi en
grand nombre, plusieurs d'entre eux peuvent
être stériles. On voit encore, dans les fleurs
doubles, que les pétales postérieurs (qui sont les
deux moitiés d'un seul organe) sont, ou entièrement séparés, ou unis dans la plus grande partie
de leur limbe. Celui-ci est alors plan et parcouru
par deux grosses nervures verdâtres qui se séparent nettement près du sommet, le pétale devenant bidenté ou bilobé. Les éperons deviennent
plus petits, comme celui du sépale qui les renferme, mais ils sont disjoints, et chacun d'eux
forme un tube distinct. Il est très-rare aussi,
comme dans le *D. Consolida*, que l'éperon disparaisse complétement, tant au calice qu'à la
corolle. La fleur est encore alors celle d'une
Nigelle double.

2. *D. Staphysagria* L., *Spec.*, 750. — *S. macrocarpa* SPACH, *l. cit.*

3. On peut trouver sur un même pied des

qui ont alors huit pétales disposés comme ceux de l'Aconit Napel, et dont quatre sont superposés par paires aux sépales 1 et 3 (fig. 56).

L'androcée est celui des plantes précédentes (fig. 55, 56), et le gynécée est formé ordinairement de trois carpelles [1], dont 'un est à peu près .postérieur. Les follicules sont épais et renferment des graines étroitement comprimées les unes contre les autres ; ce qui les déforme plus ou moins. Leur albumen considérable loge dans sa partie supérieure un

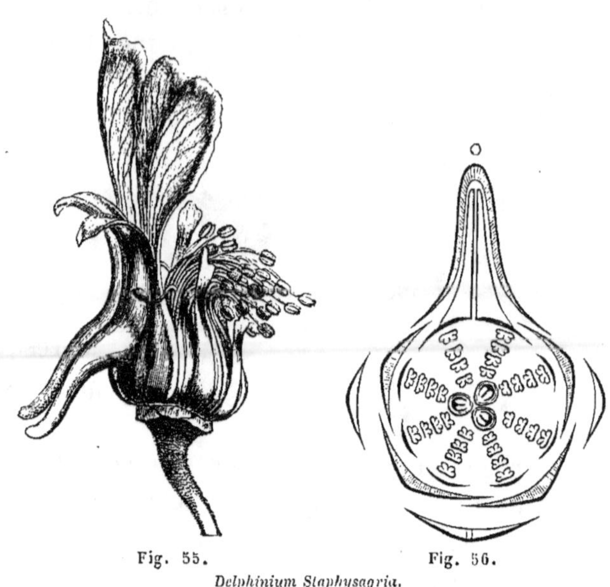

Fig. 55.

Delphinium Staphysagria.
Fleur, sans le calice.

Fig. 56.

Diagramme.

petit embryon ; et le tégument extérieur de la graine s'épaissit inégalement, de manière à présenter à la surface un réseau de lignes saillantes anastomorées (fig. 57, 58). La Staphysaigre est une plante ordinairement bisannuelle.

Il n'y a donc pas de différence essentielle entre un *Delphinium* et un *Aconitum*. La forme d'un sépale et celle des pétales sont souvent dissemblables, il est vrai [2]. Les grands pétales postérieurs des Aconits ont un limbe en capuchon, porté par un long onglet, tandis que les Pieds-d'Alouette ont un limbe sessile ou

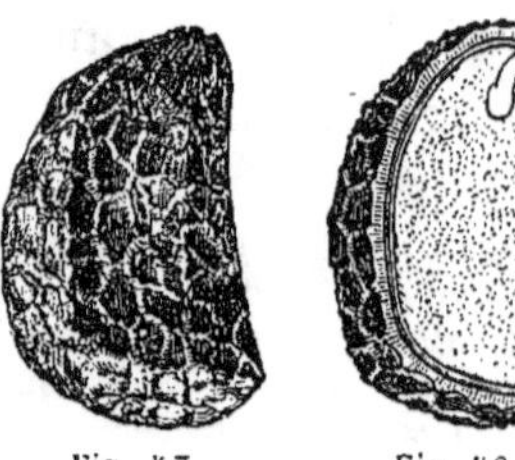

Fig. 57.   Fig. 58.

Delphinium Staphysagria.
Graine.   Id. Coupe longitudinale.

à peu près et conformé en cornet. Les pétales latéraux sont mem—

---

fleurs à huit pétales et d'autres qui en ont un moins grand nombre. Quand il y en huit, on en observe, comme dans les Aconits, un seul en dedans des sépales 4 et 5, et une paire en dedans de chacun des sépales 1, 2, 3. Les deux pétales superposés aux sépales 4, 5, forment à leur base une sorte de petit cornet aplati, à concavité glanduleuse et nectarifère Quant aux pétales antérieurs, ils sont, quand ils existent, réduits à de petites languettes aplaties et inégales entre elles, celle qui est antérieure devenant, dans chaque paire, beaucoup moins développée que

l'autre (Voy. BRONGNIART, *in Ann. sc. nat.*, sér. 3, V, 300, et PAYER, *l. cit.* 261, not.).

1. On compte de deux à quatre carpelles, rarement plus. La place qu'ils occupent n'est pas exactement déterminée (Voy. *Adansonia*, IV, 21), non plus que dans la plupart des autres sections du genre. Les ovules de la Staphysaigre sont peu nombreux, et, dans l'espèce type, il n'y en a souvent que quatre, sur deux séries verticales. Ils se tournent le dos et sont en même temps un peu ascendants.

2. Et il faut même ajouter que cette diffé—

braneux et aplatis, lorsqu'ils existent, chez les Dauphinelles, tandis qu'ils sont représentés par de courtes baguettes linéaires dans les Aconits. Mais ce sont là des différences de forme qui n'influent pas sur l'organisation générale de la fleur. Le sépale postérieur a, il est vrai encore, la forme d'un casque large et peu profond dans l'*A. Napellus*, tandis qu'il est bien plus étroit et plus allongé dans nos *Delphinium* où on lui applique le nom d'éperon. Mais ce même sépale devient très-long et étroit dans les Aconits tels que le *Lycoctonum*, en même temps que les pétales antérieurs y disparaissent, de même que dans la plupart des Pieds-d'Alouette. La symétrie florale, l'androcée, le gynécée, le fruit, les graines, l'inflorescence et le mode de végétation sont identiques dans les deux types ; et c'est pour cela que nous avons proposé[1] et que nous proposons encore de les réunir en un seul genre, sous le nom de *Delphinium*[2].

Toutes ces plantes ont d'ailleurs, à part quelques cas particuliers[3], le même mode de végétation que l'Aconit Napel, c'est-à-dire une racine pivotante, d'abord surmontée d'une tige unique qui se termine par des fleurs et produit à l'aisselle de ses feuilles des rameaux terminés eux-mêmes par une inflorescence. Puis, quand les parties aériennes de la tige ont ainsi accompli leur évolution, elles se détruisent, et la plante se ramifie par la base de la tige, en développant successivement et de haut en bas les bourgeons qui sont à l'aisselle des feuilles ou écailles tout à fait inférieures de l'axe ascendant. Chacun de ces axes secondaires se conduit ultérieurement de même

---

rence de forme disparaît tout à fait dans les Dauphinelles que M. Spach (*l. cit.*) a distinguées sous le nom d'*Aconitella*. Dans ce petit groupe, l'éperon que forme le sépale postérieur, a tout à fait la même configuration que dans l'*Aconitum Lycoctonum* et les autres espèces voisines. Tantôt le pétale superposé à ce sépale postérieur, a lui-même un éperon aigu ; c'est ce qu'on voit dans le *D. flavum* D. C. ; tantôt, comme dans les *D. Aconiti* L. et *anthoroides* Boiss., cet éperon du pétale est longuement enroulé en spirale à son extrémité, comme dans les *Lycoctonum*. Il faut d'ailleurs remarquer que, dans toutes ces plantes, il n'y a qu'un carpelle comme dans les *D. Consolida*, *Ajacis*, et que le pétale postérieur ne présente quelquefois, ni dans son limbe, ni dans son éperon, la moindre trace de dédoublement. D'autre part, certaines Dauphinelles à grandes fleurs, de l'Inde, ont tout à fait le port de certains Aconits, et l'on ne voit pas pourquoi leur sépale postérieur, arrondi et peu concave, mériterait plutôt le nom d'éperon que celui de casque. Quant au feuillage qui, dans nos espèces

communes, n'est pas absolument le même dans les *Delphinium* et les *Aconitum*, il suffit, pour montrer combien il constitue un caractère peu important, de rappeler qu'il y a un *A. delphinifolium* (Ser., *l. cit.*, 159).

1. *Adansonia*, IV, 12.

2.   1. *Eudelphinium.*
                (*Delphinastrum*, *Delphinellum.*)
          2. *Consolida* (*Phledinium.*)
Delphinium   (*Aconitella.*)
         3. *Staphysagria.*
sect. 5.   4. *Lycoctonum.*
         5. *Aconitum.*
            (*Napellus*, *Cammarum*, *Anthora.*)

3. Certaines espèces sont annuelles. D'autres ont les tiges sarmenteuses, grêles, avec les feuilles alternes, distantes les unes des autres, et les fleurs groupées en courtes grappes à leur niveau. Tels sont l'*A. volubile* Pall., et la plante grimpante à feuilles digitinerves, trilobées, quelquefois presque entières, qui croît en Chine, et que l'on peut appeler *D.* (*A.*) *humulinum.*

et se ramifie aussi à sa base, tandis que le pivot principal, plus ou moins hypertrophié et gorgé de sucs, ou devenu ligneux, se creuse graduellement par son centre et persiste un plus ou moins grand nombre d'années à la base de la portion souterraine de la plante[1]. Les fleurs sont disposées en grappes simples ou composées, et sont placées chacune à l'aisselle d'une bractée ou d'une feuille peu modifiée, avec deux bractées latérales stériles portées à une hauteur variable du pédicelle. Dans quelques espèces, comme le *D. axilliflorum* D. C., les pédicelles sont très-courts, et l'inflorescence simule un épi. La fleur est néanmoins accompagnée de deux bractéoles latérales, tantôt simples, tantôt découpées comme les feuilles. Celles-ci sont constamment alternes, sans stipules, à limbe entier, ou peu découpé, ou palmatilobé, ou disséqué[2].

Les espèces, au nombre d'environ soixante, habitent principalement les zones froides et surtout tempérées de l'hémisphère boréal des deux mondes[3].

II. SÉRIE DES RENONCULES.

Si l'on analyse la fleur de nos Renoncules[4] indigènes, connues sous les noms vulgaires de Bassinets, Grenouillettes, Boutons d'or, d'argent, etc., et, par exemple, celle de la Grande-Douve (*Ranun-*

---

1. Ce qui est en somme le mode de végétation d'un grand nombre de Renonculacées vivaces à axes successifs terminaux. Dans la plupart des Aconits et des Dauphinelles vivaces cultivés dans nos jardins, et, par exemple, dans le *D. formosum* et ses variétés, après avoir supprimé les très-nombreuses racines adventives que produit chaque année la portion souterraine, on voit, au bas de la tige fleurie, un renflement qui porte de petites feuilles à moitié détruites, disposées dans un ordre spiral très-évident, et des séries de bourgeons axillaires, également en spirale, et d'autant plus petits qu'on les observe plus bas. Les bases un peu renflées des axes de seconde génération portent, dans le même ordre spiral, de nombreux bourgeons axillaires qui deviendront les axes de troisième génération, et ainsi de suite. La récurrence dans l'évolution de ces bourgeons est un fait très-général dans les Renonculacées. Dans les espèces annuelles, l'évolution de ces mêmes bourgeons s'arrête de bonne heure ou s'accomplit dans une seule saison.

2. Quelques espèces ont les feuilles dissemblables entre elles (*A. heterophyllum* WALL.).

3. SERINGE, *Esq. d'une Mon. du g. Aconitum* (in *Mus. helvet.*, I (1822), 115, t. 15). — REICHB., *Icon.*, IV, t. 66-100; *Ill. spec. Aconiti* (1823-27); *Mon. gen. Aconiti*, Leips. (1820). — KOCH (in *Ann. sc. nat.*, sér. 2, III, 371). — GREN. et GODR., *Fl. fr.*, I, 44, 45. — REGEL, *Consp. gen. Aconiti flor. ross.* (in *Ann. sc. nat.*, sér. 4, XVI, 144). — HOOK. et TH., *Fl. ind.*, I, 47, 54. — BOISS., *Diagn. pl. orient.* — A. GRAY, *Ill.*, t. 15, 16. — WALP., *Rep.*, I, 51, 57; II, 743, 745; V, 6, 7; *Ann.*, I, 13, 14; II, 12, 13; IV, 22, 23.

4. *Ranunculus* HALLER, *Helvet.*, II. 68. — T., *Inst.*, 285, t. 149. — L., *Gen.*, n. 699. — JUSS., *Gen.*, n. 233. — D. C., *Prodr.*, I, 26. — SPACH, *Suit. à Buff.*, VII, 203. — ENDL., *Gen.*, n. 4783. — PAYER, *Organog.*, 255, t. LVII. — B. H., *Gen.*, 5, 6, n. 9-12. — H. BN, in *Adansonia*, IV, 50.

culus Lingua L.) (fig. 59), on voit que cette fleur est hermaphrodite et régulière, avec un réceptacle légèrement convexe. Son calice est formé de cinq sépales libres, un peu inégaux, d'autant plus membraneux et colorés qu'ils sont plus intérieurs dans le bouton, où leur préfloraison est quinconciale (fig. 60). Ils sont caducs, de même que les cinq pétales qui alternent avec eux, sont libres également, et disposés dans le bouton en préfloraison imbriquée[1]. Leur onglet, qui est presque nul, est surmonté d'une fossette glanduleuse occupant la base de la face interne du limbe. Au-dessus du périanthe, le réceptacle, prenant la forme d'un cône court, et bien régulier dans certaines espèces, comme par exemple dans le *R. repens* L. (fig. 61,62), supporte un nombre indéfini d'étamines, puis de carpelles,

Fig. 59.

Ranunculus Lingua. Port.

insérés suivant une ligne spirale[2]. Les étamines sont libres et se com-

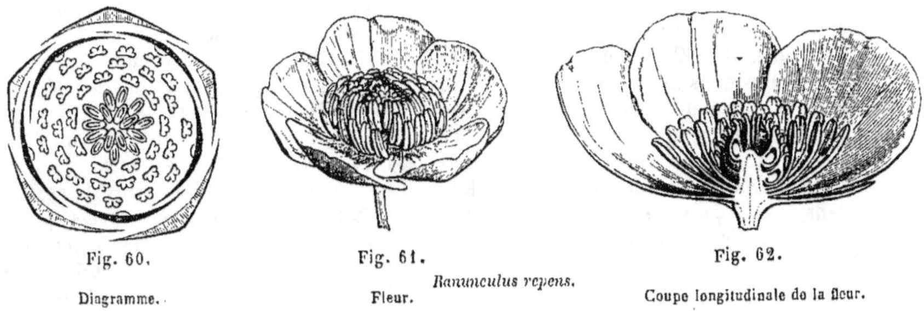

Fig. 60.

Diagramme.

Fig. 61.

Ranunculus repens.

Fleur.

Fig. 62.

Coupe longitudinale de la fleur.

posent chacune d'un filet qui s'élargit supérieurement en un connectif

1. L'imbrication est variable avec cinq pétales. Parfois elle est quinconciale, comme celle du calice; mais souvent il n'y a qu'un pétale tout à fait recouvrant, et qu'un pétale tout à fait recouvert.

2. Suivant PAYER (*in Bull. Soc. philom.*, 17 mai

dressé et basifixe. Celui-ci supporte sur ses bords les deux loges adnées et verticales d'une anthère extrorse [1], déhiscente par deux fentes longitudinales. Les carpelles se composent chacun d'un ovaire comprimé transversalement et terminé par un bec stylaire atténué, recourbé en dehors. Toute la longueur de leur angle interne est parcourue par un sillon vertical dont les bords, épaissis et légèrement rejetés en dehors, se recouvrent en haut de papilles stigmatiques. Dans l'angle interne de l'ovaire qui est uniloculaire, et plus ou moins près de sa base, s'insère un ovule ascendant dont le micropyle est extérieur et inférieur [2]. Après la floraison,

le périanthe et l'androcée tombent d'ordinaire et laissent à nu un fruit multiple, formé d'un nombre variable d'akènes qui renferment chacun une graine dont l'embryon peu volumineux est logé dans la partie supérieure d'un albumen charnu. Tantôt la surface de cet akène est lisse, et tantôt elle est chargée de côtes, de rugosi-

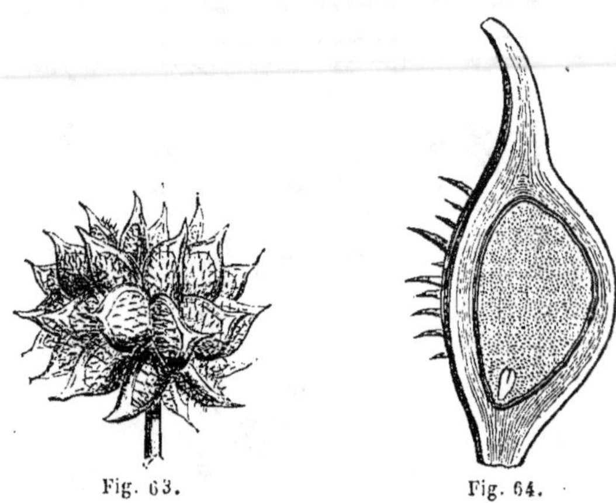

Fig. 63.

Ranunculus arvensis.

Fruit complet.　　　　Carpelle. Coupe longitudinale.

Fig. 64.

tés ou même d'aiguillons développés, comme il arrive dans les *R. arvensis* (fig. 63, 64), *muricatus*, *Philonotis*, et un certain nombre d'autres espèces voisines [3]. La forme et la taille du bec, vestige du

---

1845, 59), la fraction qui indique l'ordre spiral des pétales et des étamines est $\frac{8}{21}$.

　1. Les lignes de déhiscence sont très-nettement extérieures dans le *R. Seguieri*; et les anthères sont certainement extrorses, quoique d'une façon moins prononcée, dans les *R. Lingua, Flammula, acris, arvensis, angulatus, gramineus, parviflorus*, etc. Les fentes sont exactement latérales dans les *R. platanifolius et aconitifolius*. Les *R. sceleratus et aquatilis* sont intermédiaires aux deux groupes, ayant les fentes très-légèrement reportées en dehors; en tous cas, l'anthère n'est jamais introrse.

　2. L'insertion de l'ovule se fait toujours dans l'angle interne du carpelle, et près de sa base organique. L'ovule devient donc, ou horizontal, ou même légèrement descendant, toutes les fois que l'ovaire s'accroît beaucoup dans sa portion dorsale et inférieure. Ici, comme toujours, un ovule descendant à raphé dorsal correspond à un ovule ascendant, dont le raphé serait ventral. Ailleurs encore, comme le font remarquer MM. BENTHAM et HOOKER (*Gen.*, 6), au sujet du *Cyrtorhyncha* de NUTTALL (*in* TORR. et GR., *Fl. N. Am.*, 1, 26. — ENDL., *Gen.*, n. 4771), qu'ils rapportent au genre Renoncule, l'ovule descendant dans l'espace est en réalité ascendant relativement à un carpelle qui, pressé par les autres, incline son sommet en dehors, puis en bas.

　3. On a tiré, pour le groupement du genre Renoncule en sections, un certain parti de l'état de la surface des carpelles. Ainsi DE CANDOLLE distingue les *Ranunculastrum* (sect. II, *Prodr.*, 1, 27), les *Thora* (sect. III, 27) et les *Hecatonia* (sect. IV, 30) par leurs carpelles lisses, tandis que ses *Batrachium* (sect. I, 26), admis comme genre distinct par plusieurs auteurs (Voy. SPACH, *Suit. à Buff.*, VII, 199), ont le péricarpe strié et

style, qui surmonte les carpelles, sont également très-variables [1].

Les Renoncules sont des plantes herbacées à feuilles alternes, tantôt simples et tantôt composées [2], tantôt complètes et tantôt incomplètes. Leurs fleurs sont ou solitaires, ou disposées en cymes [3] terminales.

Il y a des Renoncules dans lesquelles les pétales disparaissent presque complétement et ne sont représentés que par de très-petites languettes à base glanduleuse, identiques aux organes que dans d'autres genres de la même famille on appelait autrefois des nectaires [4]. Il y en a même dont les pétales disparaissent complètement et dont on a fait un genre tout à fait distinct, sous le nom de *Trautvetteria* [5]. Mais la logique nous défend de conserver ce genre,

---

rugueux en travers, et que ses *Echinella* (sect. V, 41. — *Gen. Pachyloma* SPACH, *Suit. à Buff.*, VII, 194. — *Philonotis* REICHB., *Consp* , 191) ont les carpelles chargés d'aiguillons ou de tubercules saillants. Lorsqu'on examine l'origine de ces saillies, dans les *R. arvensis, trilobus, Philonotis*, etc., on voit qu'elles ne dépendent que des couches extérieures du péricarpe, qu'elles ne se produisent que tardivement, qu'elles varient de nombre et de taille dans les différents carpelles d'une même espèce, et que leur importance doit être, par conséquent, peu considérable. CAMBESSÈDES a déjà fait remarquer (*Fl. balear.*, 32) que le nombre des tubercules ne suffisait pas à distinguer d'une manière absolue les *R. Philonotis* et *trilobus*.

1. MM. BENTHAM et HOOKER n'ont pas admis, pour cette raison, les genres *Xiphocoma* et *Gampsocceras* STEV. (*in Bull. Mosc.* (1852), t. 7), ni le genre *Cyprianthe* SPACH, *Suit. à Buff.*, VII, 220, établi pour le *R. orientalis* L. Le *R. cornutus* est encore remarquable par le petit nombre de ses carpelles; certaines fleurs n'en ont que trois ou quatre.

2. Dans les *R. Lingua* (fig. 59), *Flammula, gramineus, alismoides*, etc, on a des feuilles simples, dilatées à la base en une gaîne incomplète, avec un limbe entier ou à peu près, étroit et allongé, rappelant celui des Monocotylédones. Dans nos Renoncules terrestres les plus communes, les feuilles ont un limbe distinct plus ou moins découpé et même partagé en folioles distinctes. Le *R. sceleratus* présente tous les passages entre la feuille simple, entière même, et les feuilles les plus découpées. Le *R. Thora* présente sur sa hampe florale deux feuilles toutes particulières qui diffèrent entre elles et ne ressemblent pas aux feuilles caulinaires. Enfin, dans la section *Batrachium*, on a cité de tout temps les feuilles pourvues d'expansions membraneuses basilaires stipuliformes, et variant considérablement, suivant qu'elles vivent dans l'air, ou que,

complétement submergées, elles sont réduites à des lanières capillaires ramifiées (Voy. GREN. et GODR., *Fl. fr.*, I. 18, tabl. A).

3. Il y a des Renoncules à fleurs solitaires terminales. Dans d'autres, les feuilles ou les bractées, qui sont situées sous la fleur, portent à leur aisselle une fleur plus jeune, et le nombre de générations florales varie beaucoup suivant les espèces. Dans le *R. Thora*, qui a souvent deux fleurs, celles-ci forment une cyme unipare, la fleur latérale étant la plus jeune. Dans nos Renoncules terrestres les plus vulgaires, les cymes ainsi constituées sont souvent unipares et pluriflores. C'est de même parce que les fleurs terminent toujours leurs axes que, dans certaines espèces, telles que le *R. Flammula*, ces fleurs sont oppositifoliées (Voy. encore à ce sujet : GUILLARD, *in Bull. Soc. bot. Fr.*, IV, 32, 36, 121).

4. Les pétales deviennent très-petits ou disparaissent complétement dans certaines fleurs de Renoncules communes, par exemple dans le *R. auricomus* (ROCHEBRUNE, *in Bull. Soc. bot. Fr.*, IX, 280). Dans le *R. apiifolius* POIR., qui est devenu le type d'un genre particulier, sous le nom d'*Aphanostemma*, pour A. DE ST-HILAIRE (*Fl. Bras. merid.*, I, 12. — ENDL., *Gen.*, n. 4781). les sépales sont pétaloïdes, mais par contre les pétales sont tout petits et réduits à une baguette à tête glanduleuse. cupuliforme à son sommet. Tout est d'ailleurs semblable à ce qu'on observe dans les autres Renoncules. Les étamines nombreuses ont des anthères basifixes, extrorses; les carpelles renferment un ovule ascendant à micropyle extérieur et inférieur. Les bractées qui avoisinent les fleurs sont pourvues à la base d'expansions latérales membraneuses stipuliformes. A l'exemple de MM. BENTHAM et HOOKER (*Gen.*, 6), nous ne faisons des *Aphanostemma* qu'une section du genre *Ranunculus*.

5. Le *Trautvetteria palmata* FISCH. et MEY. (*in Ind. sem.* (1835), 22 ; *Anim. bot.* (*in Ann.*

puisque nous n'en avons pas créé un pour les *Isopyrum* apétales.

Il y a au contraire des Renoncules dont les pétales prennent un très-grand développement, et où la fossette glanduleuse qui accompagne leur base est munie intérieurement d'une écaille plus ou moins saillante, de forme très-variable[1], ou bien s'allonge elle-même par son bord extérieur (fig. 65), de manière à former un cornet necta-rifère plus ou moins proéminent. Dans d'autres espèces, il y a une grande ten-dance à l'augmentation du nombre des pétales. Tantôt l'un d'eux ou plusieurs se dédoublent, sans que la corolle forme plus d'un verticille. Tantôt la ligne spi-rale, suivant laquelle s'insèrent les pé-tales, se prolonge de manière à produire[2] une seconde corolle en

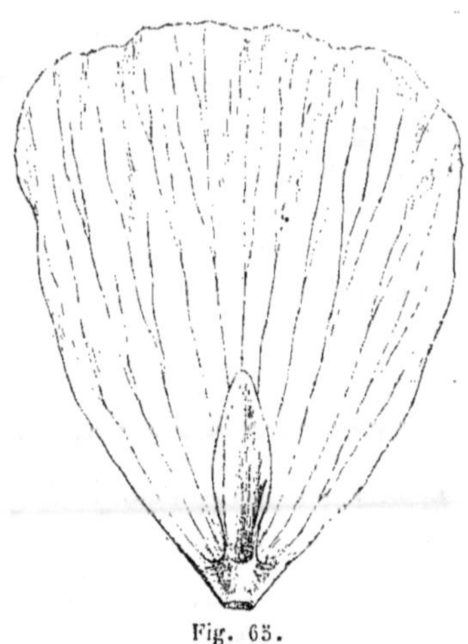

Fig. 65.
Ranunculus amplexicaulis.
Pétale.

sc. nat., sér. 2, IV, 335). — *Cimicifuga palmata* MICHX, *Fl. Am. bor.*, I, 316. — *Actæa palmata* D. C., *Prodr.*, 1, 64), dont nous faisons un *Ra-nunculus* apétale, est une plante vivace qui croît au Japon et dans l'Amérique septentrionale. Ses feuilles palmatilobées rappellent beaucoup celles du *R. aconitifolius* et autres espèces voisines ; et ses fleurs nombreuses, dont les cymes sont réunies en une sorte de panicule au sommet d'une lon-gue hampe, lui donnent à peu près le port de certains *Boutons-d'argent*, et de plusieurs *Actæa* et *Thalictrum*. Mais ses fruits et ses graines sont tout à fait ceux d'une Renoncule. Ses cinq pé-tales sont disposés dans le bouton en préfloraison quinconciale. Les étamines très-nombreuses qui constituent son androcée sont d'autant plus courtes qu'elles sont plus extérieures. Leur filet est plissé dans le bouton et longuement exsert hors de l'anthèse ; il se dilate un peu avant de supporter une anthère basifixe à déhiscence laté-rale ou légèrement extérieure. Les carpelles très-nombreux se disposent en spire sur la portion supérieure dilatée du réceptacle. Leur sommet s'atténue en un style recourbé en dehors.

1. Les caractères que présentent la fossette nectarifère et ses prolongements, ou les espèces d'écailles qui l'accompagnent, ont servi à établir plusieurs sections dans le genre *Ranunculus*. Dans les *Batrachium*, la fossette est surmontée de ce qu'on a appelé un *onglet*, c'est-à-dire que, comme dans la fig. 65, c'est son bord extérieur qui s'allonge en cuilleron plus ou moins concave et étiré. Dans les *Euranunculus* GREN. et GODR. (*Fl. fr.*, I, 19), il y a au contraire une saillie

plus ou moins prononcée, et de forme variable, qui occupe le bord intérieur de la fossette necta-rifère ; on dit alors que la fossette est doublée d'une *écaille*. Enfin dans le *R. sceleratus* L. (*Spec.*, 776), qui, pour quelques auteurs, est devenu le type d'un genre particulier, sous le nom d'*He-catonia palustris* (LOUREIRO, *Fl. cochinch.*, 371. — SPACH, *Suit. à Buff.*, VII, 198). il n'y a aux pétales ni languette, ni écaille. Leur onglet est court et l'on voit au-dessus de lui, à la face in-terne du limbe, une fossette nectarifère ovale à petite extrémité tournée en haut. Cette fossette est limitée par un rebord saillant qui manque tout près de l'extrémité supérieure ; de sorte que le rebord a la forme d'un fer à cheval, dont la concavité regarderait en haut. ADANSON a fait le premier une curieuse comparaison entre les fossettes nectarifères des Renoncules et les nec-taires des Hellébores, etc.

2. Ou bien ce sont les étamines les plus exté-rieures qui deviennent pétaloïdes ; ce qui revient au même, puisque, d'après les faits établis par PAYER, les pièces de la corolle et celles de l'an-drocée sont ici sur une même spire continue. De là, quand la transformation va plus loin, les nombreuses espèces à fleurs doubles ou pleines, dont on a cité tant d'exemples depuis TOURNE-FORT (*Inst.*, 285-293), et surtout DE CANDOLLE (*in Mém. de la Soc. d'Arcueil*, III, 385). Rien n'est plus fréquent que les Renoncules à fleurs monstrueuses (Voy. encore : *Bull. Soc. bot. Fr.*, V, 596 ; VIII, 348 ; IX, 280, et *Adansonia*, IV, 156, etc., etc.).

dedans de la précédente, corolle dont les éléments peuvent eux-mêmes se dédoubler. On peut ainsi, en dehors des cas de fleurs doubles, qui sont fréquents chez les Renoncules, rencontrer des corolles qui possèdent normalement jusqu'à une vingtaine de pétales. On peut signaler sous ce rapport les *R. fluitans* Lamk, *millefoliatus* Vahl, *salsuginosus* Pall., *cymbalariæ* Pursh, *præmorsus* H. B. K., *sibbaldioides* H. B. K., *chilensis* D. C., *filamentosus* Wedd., etc.

La forme du réceptacle floral est elle-même très-variable dans les Renoncules. Ainsi, dans la Renoncule scélérate (fig. 66, 67), ce réceptacle, après n'avoir porté qu'un petit nombre d'étamines courtes,

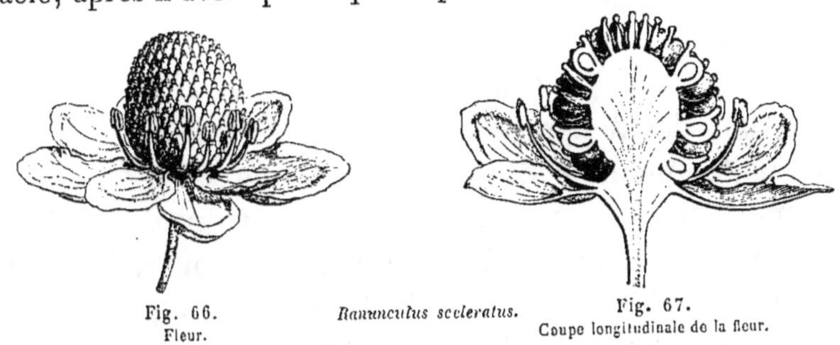

Fig. 66.
Fleur.

Ranunculus sceleratus.

Fig. 67.
Coupe longitudinale de la fleur.

se renfle en tête globuleuse ou à peu près, couverte de nombreux carpelles. D'autre part, le réceptacle peut s'allonger au-dessus des étamines, de manière à ressembler de loin, par sa forme cylindro-conique, à celui des *Myosurus*. Les *Ceratocephalus*, qui ne sauraient être génériquement distingués des Renoncules, en fournissent un exemple manifeste. Sous ce nom, Moench [1] a désigné une [2] espèce de Renoncule qui n'est caractérisée que par cette forme de son axe, ses étamines un peu moins nombreuses et par des saillies latérales de ses carpelles [3].

Les *Casalea* [4] sont des Renoncules américaines dans lesquelles le

1. *Ceratocephalus* Moench, *Méth.*, 218. — *C. falcatus* Pers., *Ench.*, I, 341. — D. C., *Prodr.*, I, 26.—Endl., *Gen.*, n. 4784. —*Cratæogonum hispanicum* Barr., *Icon.*, 376, 2. —*Ranunculus Ceratophyllus* Mor., *Hist. oxon.*, II, 440, ex T., *Inst.*, 289. — *R. falcatus* L., *Spec.*, 781. — Jacq., *Fl. austr.*, t. 48.

2. On en a depuis distingué sept ou huit espèces, mais qui ne sont peut-être que des formes d'une seule. Les carpelles nombreux ont un style arqué ou droit. Il affecte cette dernière direction dans le *Ranunculus testiculatus* Bieb., dont De Candolle (*Syst.*, I, 231 ; *Prodr.*, I, 26, n. 2 ; *Icon. Deless.*, VI, t. XXIII) a fait son *C. orthoceras.*

3. L'ovaire des *Ceratocephalus* ne renferme qu'un ovule à une seule enveloppe et ascendant,

comme celui des Renoncules. On a considéré comme un caractère générique l'existence, dans le *Ceratocephalus*, de ces carpelles « bigibbeux et munis de deux loges vides à la base » (Gren. et Godr., *Fl. fr.*, I, 18). Quand on recherche l'origine de ces deux espèces de cornes latérales de la base des fruits, on voit qu'elles sont dues à un dédoublement des deux feuillets du péricarpe, avec accroissement plus grand du feuillet extérieur. De là, dans l'épaisseur de chaque saillie, un vide qui rappelle celui qu'on observe dans le péricarpe du *Nigella damascæna*. Mais la graine demeure parfaitement enclose dans l'endocarpe ; elle a deux enveloppes très-minces et un albumen charnu abondant.

4. *Casalea* A. S. H., *Flor. Bras. mer.*, I, 6, t. 1. — Endl., *Gen.*, n. 4782.

nombre des pièces du périanthe peut se réduire à trois dans chacun de ses verticilles. Mais cette réduction n'étant pas constante [1] et tous les autres caractères étant d'ailleurs ceux des Renoncules, les *Casalea* ne peuvent qu'à peine être séparés de celles-ci à titre de section.

Le *Ranunculus Ficaria* L. (fig. 68) a été également considéré comme le type d'un genre distinct [2], parce que ses fleurs sont construites sur le type ternaire, et parce que sa corolle est double, les pétales de son verticille intérieur étant tous ou en partie dédoublés [3]. Mais ces caractères, qui ont pu paraître autrefois suffisants [4] pour constituer un genre, se remarquent, l'un dans les *Casalea*, et les

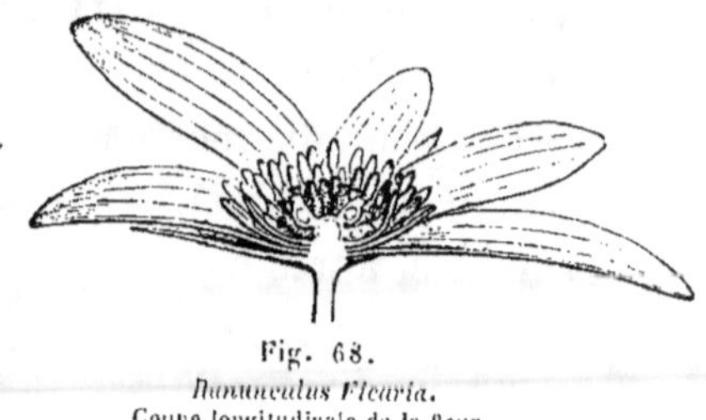

Fig. 68.
Ranunculus Ficaria.
Coupe longitudinale de la fleur.

autres dans les Renoncules proprement dites citées ci-dessus, sans qu'on puisse maintenant leur accorder une valeur générique.

A plus forte raison, nous ne séparerons pas génériquement des Renoncules les *Oxygraphis* [5]; car si la même multiplication d'organes s'observe dans leur corolle, leur fleur ne cesse pas d'être construite sur le type quinaire, et l'on ne peut accorder une grande importance à la persistance ordinaire d'une portion de leur périanthe.

Presque toutes les Renoncules ont des fleurs hermaphrodites. Toutefois quelques-unes d'entre elles sont accidentellement poly-

<hr>

1. MM. Triana et Planchon (*in Ann. sc. nat.*, sér. 4, XVII, 12, not.), ont déjà reconnu la variabilité de ce caractère.

2. *Ficaria* Dill., *Nov. gen.*, 108, t. 5. — D. C., *Prodr.*, 1, 44. — Spach, *Suit. à Buff.*, VII, 196. — Endl., *Gen.*, n. 4785. — F. ranunculoides Moench, *Meth.*, 215. — *Ranunculus Ficaria* L., *Spec.*, 774. — Clos, *in Ann. sc. nat.*, sér. 3, XVII, 129. Ce travail, tout à fait spécial, doit être lu en entier.

3. M. Clos en compte de cinq à onze (*l. cit.*, 138). En général il y a trois pétales à la corolle extérieure et trois groupes alternes de pétales intérieurs, formés, l'un de trois, le second de deux et le troisième d'une seule pièce (Voy. Payer, *Organog.*, 254. — H. Bn, *in Adansonia*, II, 202).

4. Dillen a surtout établi le genre sur le caractère trimère du calice. Adanson l'a conservé, dit M. Clos (*l. cit.*, 140), « sous le nom de *Scotanum* (Cæsalp. ex Adans., *Fam.*, 459), emprunté à Brunfels. » Payer et nous-mêmes l'avions maintenu (*l. cit.*, 210), à cause du type trimère, du dédoublement de la corolle et de la position des sépales par rapport à l'axe. Les faits que nous avons observés depuis dans les Ca-

salea, les Pivoines, etc., ont dû modifier considérablement notre première manière de voir.

5. *Oxygraphis* Bunge, *in Fl. altaic.*, suppl., 46. — Endl., *Gen.*, n. 4785¹, suppl. I, 1419. — Hook. et Th., *Fl. ind.*, I, 27. — Walp., *Ann.*, IV, 31. — B. H., *Gen.*, 6, n. 12. Dans les fleurs de l'*O. glacialis* Bge (*Ficaria glacialis* Fisch.), il y a cinq sépales disposés en quinconce, et souvent dix pétales formant deux corolles à pièces alternes, et portant à leur base une fossette glanduleuse située sur un épaississement. Les étamines sont en nombre indéfini, avec des anthères extrorses; et les carpelles renferment un ovule ascendant, à micropyle extérieur. Dans l'*O. polypetala* Hook. et Th. (*Ranunculus polypetalus* Royle, *Ill.*, t. XI, fig. 2. — *Callianthemum Endlicheri* Walp.), les fleurs sont construites de même; mais il y a de quinze à vingt pétales, parce que les plus intérieurs sont remplacés par des groupes de deux, trois ou quatre folioles. Donc les *Oxygraphis* peuvent être considérés comme des Ficaires à type floral quinaire, ou plutôt comme des Renoncules à corolle double; et de même qu'on ne peut séparer génériquement l'une de l'autre les deux espèces d'*Oxygraphis* dont nous venons de parler, de

games; et la diœcie est á peu près constante dans quelques espèces américaines, originaires des régions voisines du pôle antarctique, et qu'on a désignées sous le nom d'*Hamadryas*[1] ; nous ne les admettons également qu'à titre de section[2].

Les Renoncules sont nombreuses ; on en a décrit environ trois cents espèces ; leur nombre doit être vraisemblablement réduit de moitié. On les rencontre d'un pôle à l'autre, dans le monde entier. Elles sont communes dans les régions tempérées[3] et froides[4] des deux mondes, et beaucoup

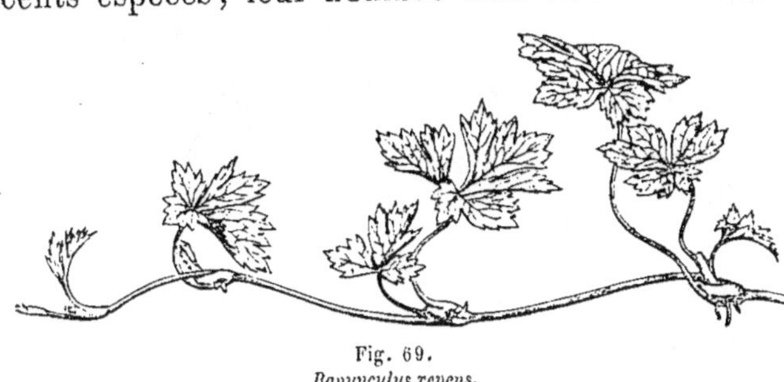
Fig. 69.
Ranunculus repens.
Tige.

plus rares dans les pays chauds[5]. Plusieurs sont annuelles et quelquefois d'une très-courte durée[6]. Quelques-unes sont des plantes aquatiques dont les feuilles sont submergées, en grande partie au moins. Celles qui sont vivaces ne se survivent à elles-mêmes qu'en développant dans quelques-uns de leurs organes, et toujours au voisinage de leurs jeunes bourgeons, des réservoirs de sucs nourriciers dont la situation est très-variable, mais dont le rôle est toujours le même, alimenter les jeunes plantes, que celles-ci demeurent adhérentes à la plante-mère, ou qu'elles s'en détachent. Dans quelques espèces à rameaux couchés sur le sol, comme le *R. repens* (fig. 69), des racines adven-

même on ne peut les éloigner des Renoncules (Voy. Clos, *in Ann. sc. nat.*, sér. 3, XIII, 141).

1. *Hamadryas* Comm., herb., ex Juss., *Gen.*, 232. — D. C., *Prodr.*, I, 25. — Spach, *Suit. à Buff.*, VII. — Endl., *Gen.*, n. 4776. — Walp., *Ann.*, I, 7. — Hook. f., *Fl. ant.*, II, 227, t. 85. — H. Bn, *in Adansonia*, IV, 51.

2. Dans les fleurs femelles de l'*H. magellanica*, les carpelles en nombre indéfini, et surmontés d'un petit style arqué, renferment chacun un ovule ascendant à micropyle extérieur. Dans les fleurs mâles, il y a de nombreuses étamines inégales, à anthères basifixes, dont la déhiscence se fait par des fentes latérales. Le calice est formé de cinq sépales entiers ou plus ou moins profondément partagés en deux ou trois lobes. Les pétales sont nombreux, comme dans les *Oxygraphis*, mais longs et étroits, avec un onglet étranglé et une fossette glanduleuse située au sommet de cet onglet. Le port de cette plante est celui de certaines Renoncules, notamment

du *R. Thapsia*. On ne peut séparer ces plantes des Renoncules à cause de leur diclinie, puisque le même fait s'observe dans les Clématites, Pigamons, Actées, etc.; ni à cause du nombre des pétales, qui peut être aussi considérable dans les Renoncules proprement dites.

3. Gren. et Godr., *Fl. fr.*, I, 18. — Reichb., *Icon.*, III, 1-23. — Walp., *Rep.*, I, 33 ; II, 738 ; V, 4 ; *Ann.*, I, 8, 954 ; II, 6 ; IV, 6. — Fisch., *Anim. bot.* (*in Ann. sc. nat.*, sér. 2, IV, 332, 335). — Stev., *in Ann. sc. nat.*, sér. 3, XII, 368. — S. et Zucc., *Fl. jap. fam.*, 71. — A. Gray, *Ill.*, t. 9. — Wedd., *Chlor. and.*, II, 300. — Tri. et Pl., *Fl. n.-granat.* (*in Ann. sc. nat.*, sér. 4, XVII, 11).

4. Hook., *Fl. antarct.*, I, 3, t. 1, 2 ; II, 223, t. 81-83.

5. Hook. et Th., *Fl. ind.*, I, 28. — A. S. H., *Fl. Bras. mer.*, I, 6. — Mart., *Fl. bras.*, Renonc., 154.

6. Notamment les *Ceratocephalus* (p. 38).

tives se développent à la base des bourgeons portés par ces *coulants*; et c'est au niveau de ces racines que la base du bourgeon se renfle en un amas de sucs nour-

riciers. Dans d'autres es-

pèces, les organes sou-

terrains se développent à

peu près de la même ma-

nière que les *pattes* des

Anémones[1]. D'autres ont

la base de leur tige et de

leurs rameaux renflée en

bulbes, comme le *R. bul-*

bosus[2], qui a tiré son nom

de cette particularité. Dans

les Ficaires, ce sont les

bourgeons axillaires de

certaines feuilles aérien-

nes qui se gonflent à leur

base et peuvent ensuite

se détacher à la façon de

bulbilles[3]. Dans d'autres

espèces enfin, comme dans

la Renoncule asiatique (fig. 70), le principal réservoir de sucs est

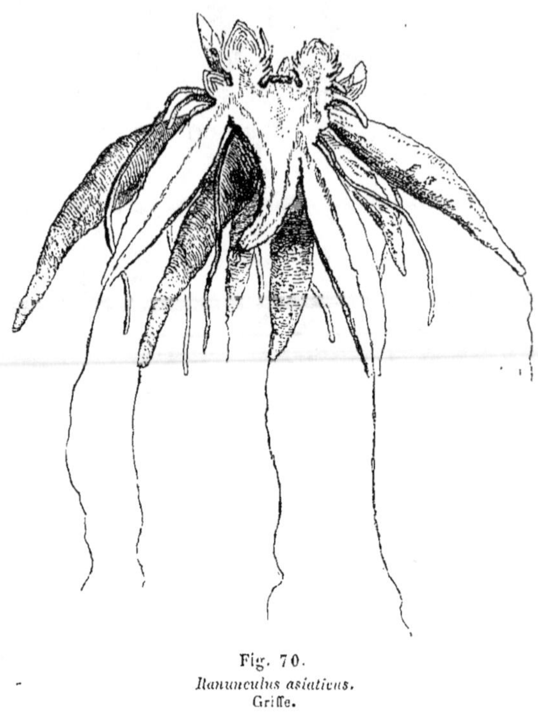

Fig. 70.
Ranunculus asiaticus.
Griffe.

---

1. Dans le *R. acris*, par exemple, la tige se termine d'abord par une fleur, et de même ses ramifications. Tout à fait à la base de cette tige sont des feuilles, détruites de bonne heure, qui ont un bourgeon à leur aisselle. Ces bourgeons se développent à leur tour en rameaux aériens qui porteront plus tard des axes de troisième génération à l'aiselle des feuilles inférieures. C'est ainsi que les bases des tiges se ramifient et deviennent des rhizômes, comparables à ceux des Anémones, et qui n'ont d'autres racines que des racines adventives. C'est dans la portion basilaire de chaque bourgeon que s'amassent, avant la période d'élongation, les sucs nourriciers qui servent plus tard au développement. Quant aux portions basilaires des divisions du rhizôme, elles sont plus ou moins ligneuses, mais desséchées, et elles peuvent même se séparer par destruction de leur tissu, de la plante-mère, pour former à côté d'elle des individus nouveaux.

2. Dans cette espèce, il n'y a qu'exagération du phénomène d'accumulation des sucs nourriciers dans la base de la tige, puis dans la base des rameaux nés à l'aisselle de ses feuilles inférieures. Si ce renflement est considéré comme un bulbe, il appartient donc à la catégorie des bulbes pleins. M. Clos a attribué ce renflement au collet (*Ann. sc. nat.*, sér. 3, XIII, 1). M. Grenier (*in Bull. Soc. bot. Fr.*, II, 369, 721), dont, avons-nous dit (*Adansonia*, IV, 33, not.), l'opinion nous paraît devoir être complétement adoptée, l'a rapporté à la base des tiges.

3. Dans la Ficaire dont les différents modes de propagation et les discussions auxquelles a donné lieu leur interprétation, ont été rapportés, avec tous les détails désirables, par M. Clos, dans son travail déjà cité (*in Ann. sc. nat.*, sér. 3, XIII, 131), ces bourgeons axillaires deviennent des bulbilles, dont la portion renflée répond à la base également gorgée de sucs des bourgeons souterrains des autres Renoncules. La plupart des botanistes sont en désaccord sur la nature de ces renflements. Ce qui nous a prouvé que ce sont des axes, c'est qu'on peut y observer quelquefois deux bourgeons au lieu d'un seul, et qu'ailleurs ils portent une petite feuille normale, avec un bourgeon dans son aisselle. Quand ces bourgeons se sont détachés de la plante-mère, ils se nourrissent à l'aide de racines adventives, comme les bourgeons des autres espè-

constitué par des racines adventives dont la portion corticale devient épaisse et charnue et se videra plus tard, pour fournir au développement des bourgeons situés un peu au-dessus des racines, au voisinage du collet de la plante[1].

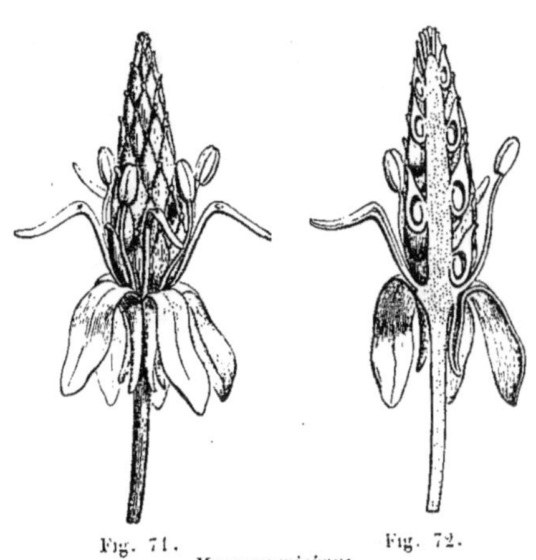

Fig. 71.   Fig. 72.
Myosurus minimus.
Fleur.   Coupe longitudinale.

Tout à côté des Renoncules se placent les Myosures[2] (fig. 71, 72) qui n'en diffèrent que par un petit nombre de caractères[3]. Le plus saillant est la forme très-allongée de leur réceptacle qui ressemble à un · petit rameau cylindro-conique et porte successivement les uns au-dessus des autres, le périanthe, l'androcée et le gynécée, dont les pièces s'insèrent suivant une ligne spirale[4]. Le calice se compose de cinq à six sépales, sessiles et libres, qui s'imbriquent dans le bouton, et dont la base se prolonge au-dessous de leur point d'insertion en une petite languette calcariforme appliquée contre le pédoncule. Les pétales, en nombre à peu près égal à celui des sépales avec lesquels ils alternent, ont une forme toute particulière (fig. 73). Leur onglet très-étroit

Fig. 73.
Myosurus minimus.
Pétale.

supporte un limbe creusé en une cupule glanduleuse, dont le bord s'accroît extrêmement, du côté extérieur seulement, en forme de cuilleron. Les étamines sont peu nombreuses, et

ces. M. Irmisch a montré qu'il ne fallait pas confondre ces bulbilles avec des racines axillaires renflées. M. Belhomme décrit (*in Bull. Soc. bot. Fr.*, IX, 241), dans le *R. Lingua*, un fait tout à fait analogue à celui qui s'observe dans la Ficaire, quand il dit que les bourgeons axillaires des tiges plongées dans l'eau peuvent se détacher pendant l'hiver, puis pousser des racines adventives au printemps et devenir autant de pieds distincts (Voy. encore, sur la végétation de la Ficaire, les travaux de M. Germain de Saint-Pierre (*in Bull. Soc. phil.*, janv. 1862, et *Bull. Soc. bot. Fr.*, III, 11).

1. Dans le *R. orientalis* (Gen. *Cyprianthe* Spach, *Suit. à Buff.*, VII, 220), la *griffe* contient la matière nutritive dans la portion corticale de ses racines adventives. Nous avons décrit (*Adansonia*, IV, 32) cette *griffe*, comme analogue à la portion souterraine des *Dahlia*, avec un petit axe central qui porte supérieurement une couronne de bourgeons, et plus bas des racines adventives coniques et extérieurement charnues.

Nous croyons devoir encore insister sur l'utilité qu'il y a pour le lecteur à consulter tout ce qu'a écrit M. Irmisch sur les organes de la végétation des Renoncules en particulier et des Renonculacées en général (Voy. not. 4, p. 46).

2. *Myosurus* Dill., *Nov. gen.*, 106. — T., *Inst.*, 293. — L., *Gen.*, n. 394. — Juss., *Gen.*, 233. — D. C., *Prodr.*, I, 25. — Spach, *Suit. à Buff.*, VII, 192. — Endl., *Gen.*, n. 4780. — B. H., *Gen.*, 5, n, 8.

3. Aussi quelques auteurs ont-ils appelé l'espèce type du genre : *Ranunculus minimus* (Arz., *in Liljelb. sv. fl.*, 230, ex D. C., *l. cit.*).

4. Suivant Payer (*in Bull. Soc. philomat.*, 17 mai 1845, 59), la disposition des appendices floraux est représentée par la fraction $\frac{8}{21}$, de même que dans les Renoncules; d'où le nombre variable des étamines qui sont cependant

leur anthère basifixe a deux loges adnées et extrorses qui s'ouvrent longitudinalement par deux fentes presque latérales. Les carpelles, nombreux et indépendants, ont chacun un ovaire uniloculaire, atténué supérieurement en une petite corne recouverte à son sommet de papilles stigmatiques. Dans l'angle interne de l'ovaire est un seul ovule suspendu, dont le micropyle se tourne en dedans et en haut (fig. 74, 75). Pendant l'anthèse et après la fécondation, le réceptacle ne cesse de s'accroître en épaisseur et en longueur, et il demeure définitivement chargé d'akènes nombreux qui renferment chacun une graine suspendue. Le *M. minimus* L. qui croît communément dans notre pays, est une petite plante herbacée, annuelle, qui porte un certain nombre de feuilles alternes et simples sur une tige courte[1] terminée par un pédoncule floral. Plus tard, il se développe d'autres fleurs au-dessous de la fleur terminale, à l'aisselle des feuilles supérieures. Il y a des *Myosurus* qui se distinguent de ceux de notre pays par l'absence complète ou le peu de développement de leur corolle[2]. Ce fait n'est point constant et n'a pas plus d'importance ici que dans les Renoncules. On peut donc définir les *Myosurus* : des Renoncules à réceptacle floral étiré et à ovules descendants. Ce sont de petites plantes annuelles, dont il n'existe guère que deux espèces, l'une originaire de l'Amérique occidentale et de la Nouvelle-Zélande; l'autre, très-variable de forme, répandue dans presque toutes les régions froides et tempérées du monde[3].

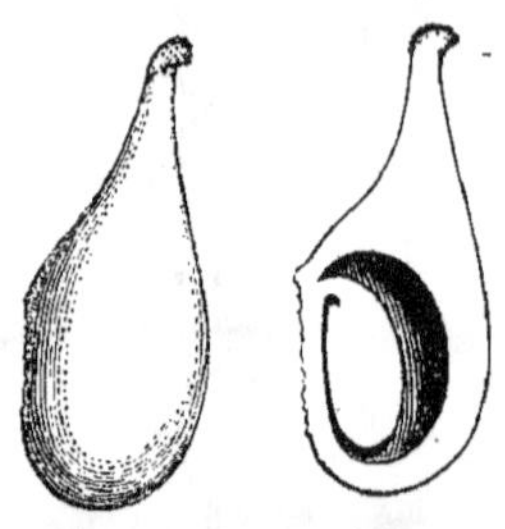

Fig. 74.   Fig. 75.

Myosurus minimus.

Carpelle.   Id. Coupe longitudinale

Les Anémones[4] sont aussi des plantes très-analogues aux Renoncules par leur organisation florale, et dont on peut dire qu'elles n'en diffèrent essentiellement que par deux caractères : leur périanthe est un calice pétaloïde, au lieu de se composer d'un calice et d'une corolle; et surtout, leurs carpelles renferment, à l'âge adulte, un seul ovule suspendu, avec le micopyle tourné en dedans et en haut.

dans une position constante par rapport aux sépales.

1. Cassini (*Opusc. phytol.*, II, 390) a décrit le *caudex* du *Myosurus*, organe que M. Clos (*Ann. sc. nat.*, sér. 3, XIII, 10) attribue au collet.

2. *M. apetalus* C. Gay, *Fl. chil.*, I, 31, t. 1, fig. 1. L'absence des pétales n'est pas constante dans cette espèce.

3. Gren. et Godr., *Fl. fr.*, 1, 17. — Reichb., *Icon.*, III, 1. — A. Gray, *Gen. ill.*, 1, 8. — Benth., *Fl. Austral.*, I, 8. — J. Hook., *Fl. ant.*, I, t. 1, 2; *N. Zeal.*, 8; *Tasm.*, 5. — Weddell, *Chlor. and.*, II, 306. — Walp., *Ann.*, I, 7.

4. *Anemone* Hall., *Helvet.*, II, 60. — T., *Instit.*, 275 (part.). — Juss., *Gen.*, 232. — D. C., *Prodr.*, I, 17. — Spach, *Suit. à Buff.*, VII, 242. — Endl., *Gen.*, n. 4773. — Payer, *Organog.*, 254. — B. H., *Gen.*, 4, n. 4. — *Oriba* Adans., *Fam. pl.*, II, 459.

Mais, au-dessus de lui, on observe (fig. 76) quatre ovules rudimentaires, disposés sur deux séries verticales, et qui demeurent toujours à l'état de mamelons cellulaires[1].
D'ailleurs le réceptacle est convexe; les étamines sont
nombreuses, ainsi que les carpelles. Tous les autres
caractères sont variables. Qu'on observe, par exemple,
la fleur de l'*A. alba* Juss. (fig. 77, 78), ou d'un grand
nombre d'espèces analogues[2], on verra que le calice y
est normalement formé de cinq sépales pétaloïdes disposés dans le bouton en préfloraison quinconciale, et que
les étamines sont toutes fertiles, avec une anthère basifixe biloculaire, déhiscente par deux fentes à peu près
latérales[3]. Les ovaires sont surmontés d'un style, en
forme de corne plus ou moins longue, tantôt glabre et
tantôt velue[4]. Les fleurs sont terminales et accompagnées d'un invo-

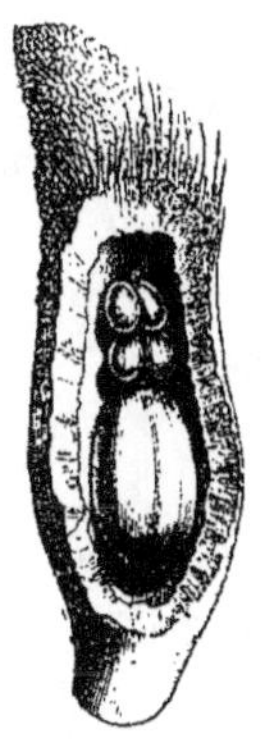

Fig. 76.
Anemone japonica.
Carpelle ouvert.

Fig. 77.
Fleur.

Anemone alba.

Fig. 78.
Coupe longitudinale de la fleur.

lucre foliacé situé sur l'axe, à une distance variable du périanthe.

1. Voy. *Obs. sur les ovules des Anémones et de
quelques autres Renonculacées* (in *Adansonia*, I,
334), et *Mém. sur la fam. des Renonculacées* (in
Adansonia, IV, 52). Il est exceptionnel que l'on
n'observe que deux ou trois, ou cinq ou six
proéminences cellulaires répondant à des ovules
avortés.

2. Qui toutes appartiennent aux sections IV
(*Anemonanthea*) et V (*Anemonospermos*), admises
par DE CANDOLLE (*Prodr.*, I, 18, 21) dans le
genre *Anemone*.

3. La fente est souvent reportée un peu plus
en dedans qu'en dehors. C'est ce qui arrive dans
les *A. alba*, *pensylvanica* (*Adansonia*, IV, 16),
narcissiflora, *nemorosa*, etc. Le contraire est à
peine marqué dans les *A. japonica* (*alba*), *ranun-*

culoides, etc. Les filets des étamines sont souvent inégaux, les inférieurs étant ordinairement
les plus courts. Nous avons signalé aussi (*Adansonia*, I, 337) les deux saillies glanduleuses qui
se trouvent à droite et à gauche du sommet du
filet, dans un grand nombre d'espèces.

4. Plusieurs auteurs ont tiré parti de ce caractère, à l'exemple de DE CANDOLLE, pour établir des sections dans ce genre. Ainsi les *Pulsatilla* (*Prodr.*, I, 16) et les *Preonanthus* (17) ont
des carpelles surmontés de longues queues bar-
bues, comme ceux de certaines Clématites. Les
sections *Anemonanthea*, *Anemonospermos* et *Omalocarpus* (21) sont, au contraire, caractérisées
par des styles peu saillants.

Quant à l'organisation fondamentale, les autres espèces du genre ont la fleur exactement semblable ; mais le nombre des pièces du périanthe augmente souvent, de façon qu'on en trouve parfois six, dont trois plus extérieures et trois plus intérieures, plus minces, plus colorées, alternes avec les précédentes et formant ainsi un double verticille. Ailleurs le nombre des folioles pétaloïdes devient beaucoup plus considérable, soit parce que les plus intérieures se dédoublent et sont remplacées chacune par une paire d'appendices, soit parce que les étamines les plus extérieures se transforment graduellement en lames colorées et que la fleur tend peu à peu à devenir double ou pleine[1]. Dans l'*A. nemorosa* L., vulgairement désignée sous le nom de Sylvie (fig. 79, 80), le nombre de six sépales disposés en alternance sur deux verticilles devient le nombre normal ; de sorte que cette espèce, et toutes celles qui s'en rapprochent[2], sont aux autres Anémones ce que les Ficaires sont aux Renoncules proprement dites. Les autres portions de la fleur présentent des variations d'importance secondaire dans les nombreuses espèces du genre. Ainsi les étamines sont ordinairement toutes fertiles ; mais dans

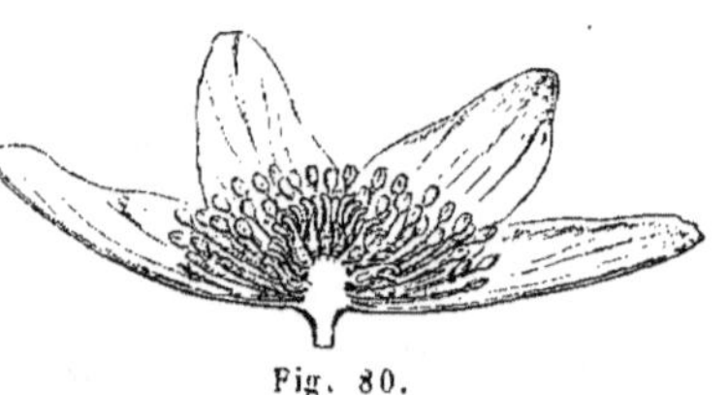

Fig. 80.

Fleur. Coupe longitudinale.

Anemone nemorosa.

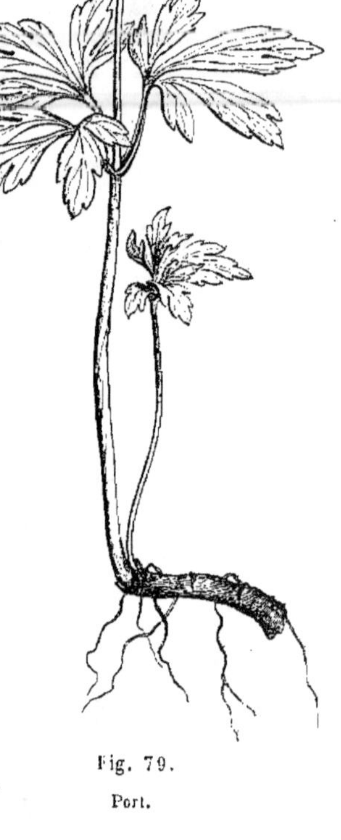

Fig. 79.

Port.

1. Voy., au sujet des Anémones à fleurs doubles, le travail devenu classique de DE CANDOLLE (*l. cit.*, 388). avec les dénominations que les floristes attribuent aux différentes parties des fleurs doubles et pleines des Anémones. Outre leurs modifications de forme et de taille, toutes les pièces florales peuvent être chloranthiées. Dans les Sylvies à fleurs monstrueuses, fréquemment cultivées dans nos jardins, les étamines sont ordinairement devenues stériles, mais elles ont conservé quelque chose de leur forme et de leur teinte normales. Les plus grandes lames pétaloïdes, celles qui occupent le centre de la fleur, sous forme de languettes spatulées, d'autant plus développées qu'elles sont plus voisines du centre, sont dues à la transformation des carpelles.

2. *Prodr.*, I, 20. Il y a des années et des localités où les Sylvies ont toujours six sépales. Celles à huit sépales ont été fréquentes cette année à Meudon. Dans cette espèce, comme dans beaucoup d'autres, la fleur se penche pour fructifier. Adanson nomme (*loc. cit.*, 459), la Sylvie, *Oriba.*

la Pulsatille[1], les étamines extérieures, plus courtes que les autres, deviennent tout à fait stériles et représentées par des staminodes plus ou moins glanduleux. Les carpelles, au lieu d'être surmontés d'une corne peu saillante, peuvent se prolonger supérieurement en une longue queue barbue; et plusieurs auteurs ont appliqué ces différences à la formation d'un certain nombre de sections dans le genre Anémone[2]. Quant à chaque akène lui-même, il est tantôt glabre et tantôt couvert d'un duvet épais, qui, comme dans l'*A. virginiana* (fig. 81, 82), enveloppe tous les carpelles d'une sorte de toison qui sert à leur dissémination[3].

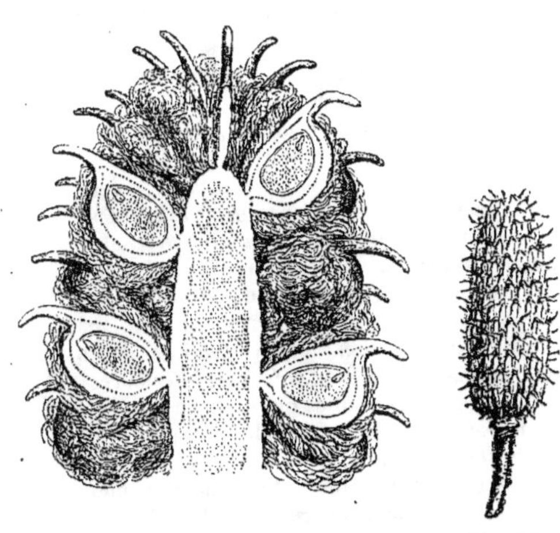

Fig. 82.

Anemone virginiana.

Coupe longitudinale du fruit.

Fig. 81.

Fruit.

Toutes les Anémones sont des herbes à tiges vivaces et souterraines, plus ou moins ramifiées et connues dans le commerce sous le nom de *pattes* d'Anémone[4]. Ces rhizômes donnent naissance à des rameaux aériens qui se chargent de feuilles ordinairement alternes, souvent complètes, à pétiole dilaté inférieurement en gaîne, à limbe simple et lobé, ou même profondément disséqué et composé, ce qui peut arriver sur un même pied en passant d'une feuille à l'autre. Les fleurs sont le plus souvent terminales et parfois solitaires; mais ailleurs des fleurs plus jeunes naissent à l'aisselle des feuilles supérieures et constituent une sorte de cyme à floraison récurrente. Le plus souvent, une ou quelques-unes des feuilles les plus élevées sur l'axe forment sous la fleur un involucre qui peut si-

1. *Anemone Pulsatilla* L., *Spec.*, 759. — D. C., *Prodr.*, 1, 17. — *Pulsatilla* T., *Instit.*, 284, t. 148. — SPACH, *Suit. à Buff.*, VII, 253.

2. Voy. la note 4, p. 44.

3. C'est pour DE CANDOLLE (*Prodr.*, 1, 18) le caractère principal de sa section *Pulsatilloides*, qui ne renferme que des espèces du cap de Bonne-Espérance.

4. Sur les organes souterrains de la plupart des Renonculacées, ainsi que nous l'avons déjà dit, mais principalement sur ceux des Anémones, il faut lire entièrement les travaux remarquables de M. IRMISCH. Ce qui concerne les Anémones a été publié dans le *Botanische Zeitung* (4, 11 janv. 1856) et traduit dans les *Ann. des sc. nat.* (sér. 4,

VI, 214). Dans ce travail, l'auteur renvoie aux autres publications faites par lui et d'autres sur les mêmes sujets; il y décrit le mode de formation des rhizômes plus ou moins ramifiés des Anémones, notamment de l'*A. coronaria*, de l'*A. Pulsatilla* et de l'Hépatique. Il montre encore que le mode d'évolution de ces portions souterraines pourrait servir à caractériser certaines sections dans le genre *Anemone*; et c'est pour cette raison que, refusant de laisser dans un même groupe les *A. nemorosa* et *ranunculoides* avec les *A. sylvestris* et *baldensis*, il propose pour ces dernières l'établissement d'une section particulière, qu'il nomme *Hyalectryon*.

muler un verticille calicinal. Tantôt ses éléments sont indépendants les uns des autres, et les feuilles qui le composent peuvent même, comme dans la Sylvie (fig. 79), conserver leur pétiole. Tantôt, au contraire, elles deviennent connées entre elles, et l'involucre paraît d'une seule pièce à sa base, tandis que son sommet se découpe d'une manière variable. Les folioles sont tantôt stériles et tantôt pourvues d'un bouton axillaire qui s'épanouit après la fleur terminale [1]. Ordinairement l'involucre est éloigné de la fleur elle-même ; mais, dans les Hépatiques [2] et les *Barneoudia* [3], ses folioles sessiles sont telle-

[1]. C'est un fait constant pour chacune des folioles de l'involucre de l'*A. narcissiflora* L., type pour DE CANDOLLE de la section *Omalocarpus*, et des espèces voisines (*A. sibirica*, *umbellata*). L'axe principal se termine par une fleur ; et les fleurs plus jeunes qui se développent à l'aisselle des folioles de l'involucre grandissent assez vite pour simuler, avec la fleur centrale, une espèce d'ombelle ; ce qui n'est qu'une apparence, l'inflorescence réelle étant une cyme centrifuge à deux degrés de végétation. Dans d'autres espèces, comme les *A. virginiana*, *ranunculoides*, etc., on n'observe d'ordinaire que deux fleurs, l'une terminale, l'autre située à l'aisselle d'une des bractées de l'involucre. JUSSIEU a depuis longtemps remarqué (*Mém. AcadÉm.*, ann. LXXIII, 279) que l'une de ces deux fleurs peut ne posséder que des organes mâles. Dans l'*A. nemorosa*, l'existence de la fleur latérale est tout à fait exceptionnelle (Voy. *Bull. Soc. bot. Fr.*, VI, 290).

[2]. *Hepatica* DILL., *Nov. gen. Giess.*, 108. — D. C., *Prodr.*, I, 22. — SPACH, *Suit. à Buff.*, VII, 240. — *H. triloba* CHAIX, ap. VILL., *Dauph.*, I, 336. — *H. nobilis* REICHB., *Ic.*, *Ran.*, 47. — *Anemone Hepatica* L., *Spec.*, 758. — GREN. et GODR., *Fl. fr.*, I, 15. — Le périanthe pétaloïde de l'Hépatique est double. L'extérieur est formé de trois folioles alternes avec celles de l'involucre, et l'intérieur de trois autres folioles alternes avec les précédentes ; mais bien plus souvent de quatre, cinq ou d'un plus grand nombre de pièces, parce qu'il y a ordinairement dédoublement de plusieurs des appendices du verticille intérieur. Les anthères ont des loges latérales à déhiscence presque marginale, mais plutôt introrse qu'extrorse. Chaque carpelle renferme cinq ovules, dont les quatre supérieurs, disposés par paire, s'arrêtent de bonne heure dans leur développement (*Adansonia*, II, 206). Un autre caractère très-remarquable de l'Hépatique est celui que présente son mode de végétation, très-nettement expliqué par M. BRAUN, dans son travail, intitulé : *Das individuum der Pflanze* (63, 73, t. 1 ; fig. 3). Nous avons vu (*Adansonia*, II, 204) que les rhizômes de l'Hépatique portent des bourgeons destinés à devenir au printemps suivant de véritables rameaux chargés de feuilles et de fleurs. « Ces rameaux à axe fort court portent d'abord des écailles blanchâtres alternes. Ces écailles sont des bases élargies de feuilles, et il peut arriver que leur sommet porte un petit limbe rudimentaire. Les plus inférieures sont stériles. Plus haut chacune d'elles porte une fleur à son aisselle. Plus haut encore les écailles se transforment en feuilles parfaites à limbe trilobé. C'est ce qui explique pourquoi les fleurs de cette plante se montrent au-dessus du sol avant les feuilles. L'épanouissement des parties a lieu dans leur ordre de formation : d'abord celui des fleurs qui répondent aux écailles ou feuilles inférieures ; plus tard celui des feuilles qui occupent le sommet du rameau. » En somme, les fleurs de l'Hépatique sont axillaires, et la végétation de leurs axes n'est point terminée. Voy. aussi, comme toujours, à ce sujet les travaux de M. T. IRMISCH (note 4, p. 46).

L'involucre de l'Hépatique n'est qu'exceptionnellement écarté de la fleur. Il en est si rapproché normalement qu'il joue le rôle d'un calice par rapport aux pièces pétaloïdes du périanthe. On peut même le considérer comme tel, à l'exemple de PAYER (*Organog.*, 254) qui le regarde comme l'analogue de celui de la Ficaire (Voy. *Adansonia*, II, 204). Il est difficile de se prononcer d'une manière définitive sur la valeur absolue des involucres et des calices, dans une famille de plantes qui, au lieu d'être, comme on la considère d'ordinaire, un type de perfection organique, est probablement plutôt une réunion de types amoindris dans lesquels il n'y a pas de délimitation précise entre les organes floraux et les organes de végétation (Voy., à ce sujet, le travail de M. CHATIN, int. *Essai sur la mesure du degré d'élévation ou de perfection organique*, etc.). Nous avons vu l'involucre de l'*A. pavonina* entièrement formé de lames pétaloïdes rouges, pareilles à celles qui forment ordinairement un périanthe, et tantôt rapprochées, tantôt fort éloignées du reste de la fleur.

[3]. *Barneoudia chilensis* C. GAY, *Fl. chil.*, I, 29, t. 1, fig. 2. — *Anemone B.* H., *Gen.*, 4. — Les folioles de l'involucre, appliquées contre la fleur, au nombre de cinq à six, suivant M. GAY, sont considérées par MM. BENTHAM et HOOKER, comme trois folioles seulement, bipartites et lobées.

ment rapprochées, dans l'état normal, du périanthe coloré, qu'elles jouent, par rapport à lui, le rôle d'un véritable calice foliacé. Dans quelques espèces enfin, l'involucre manque, dit-on [1], complétement.

Les Adonides [2] sont considérées par tous les botanistes comme génériquement distinctes des Anémones, parce que leur périanthe présente des folioles intérieures plus nettement pétaloïdes que les extérieures que leur teinte plus verte a seule fait considérer comme des sépales. Mais nous n'admettrons pas cette séparation, parce que cette différence de coloration et de consistance des pièces extérieures et intérieures du périanthe existe aussi, quoiqu'à un moindre degré, dans plusieurs Anémones, et surtout parce que les *Adonis* présentent aussi ce singulier caractère, que leurs ovules sont d'abord au nombre de cinq et que l'inférieur seul se développe complétement, et devient d'ordinaire [3] suspendu avec le raphé dorsal et le micropyle supérieur et intérieur. Les fruits des *Adonis* sont en outre plus charnus avant leur entière maturité que ceux des Anémones; il y a un moment où ils constituent de véritables drupes [4]. Quant au nombre total des pièces du périanthe, il est variable, aussi bien que dans les Anémones. Les *Adonis* sont des herbes annuelles, comme par exemple l'*A. autumnalis* L., vulgairement désigné chez nous sous le nom de *Goutte-de-*

---

1 « *In* A. integrifolia Spr., Pritz., *Linnæa*, XV, 694 (Hamadryade andicola Hook., *Icon. pl.*, II, t. 137), *involucrum omnino deest. Cœtera omnia cum* Anemone *conveniunt* » (B. H., *Gen.*, 4).

2. *Adonis* Dill., *Nov. gen. Giess.*, 109. — L., *Gen.*, n. 698. — J., *Gen.*, 232. — D. C., *Prodr.*, I, 32. — Spach, *Suit. à Buff.*, VII, 222. — Endl., *Gen.*, n. 4778. — Stev., *in Ann. sc. nat.*, sér. 3, XII, 370. — B. H., *Gen.*, 5, n. 6. — H. Bn, *in Adansonia*, IV, 52. — *Ranunculi* spec. T., 291. — *Sarpedonia* Adans., *Fam. pl.*, II, 601.

3. Nous avons constaté (*Adansonia*, II, 209) que, dans les *Adonis* de la section *Consiligo*, les ovules sont tantôt suspendus avec le micropyle en dedans et en haut, et tantôt ascendants avec le micropyle inférieur et extérieur; ce qui revient d'ailleurs parfaitement au même, et ne dépend que du plus ou moins grand accroissement que prend par le bas ou par le haut la portion dorsale du carpelle. Quant à l'existence de cinq ovules dans le premier âge des carpelles, elle est très-facile à constater dans les jeunes fleurs des *A. æstivalis* et *autumnalis* L.; et on retrouve les quatre ovules supérieurs, à l'état adulte, sous forme de petits mamelons celluleux (*Adansonia*, I, 335).

4. Les fruits de l'*A. vernalis* sont disposés sur le réceptacle floral accru, dans un ordre spiral tel que l'on observe nettement trois spires secondaires dans un sens, et cinq dans l'autre. Lorsqu'ils se sont séparés de l'axe, ils se dessèchent rapidement. Mais, en les observant avant leur chute, on voit que chacun d'eux est une véritable drupe, avec le style persistant sous forme d'une petite corne recourbée en dehors. Le mésocarpe est charnu; l'endocarpe représente un noyau testacé, fovéolé, noirâtre et cassant. La graine est ordinairement ascendante, quand même elle succède à un ovule descendant; ce qui est dû à un accroissement inégal des diverses régions du fruit, pendant la maturation. Le hile est en dedans et vers le bas, mais non pas tout à fait au point inférieur, attendu que la graine n'est qu'hémitrope à cette époque, et que le micropyle est situé bien plus bas et plus en dehors. La graine a deux enveloppes très-distinctes, l'extérieure formée de cellules lâches, l'intérieure d'éléments serrés. Dans l'*A. æstivalis*, la graine suspendue est recouverte aussi d'un noyau fovéolé, épais et très-dur, puis d'un mésocarpe d'abord charnu et verdâtre. Dans les deux espèces, l'ovule a deux enveloppes.

sang (fig. 83), ou des plantes vivaces, dont les organes souterrains végètent de la même façon que ceux des Anémones. C'est ce qui arrive surtout dans l'*A. vernalis* L. (fig. 84) et dans les espèces très-voi-

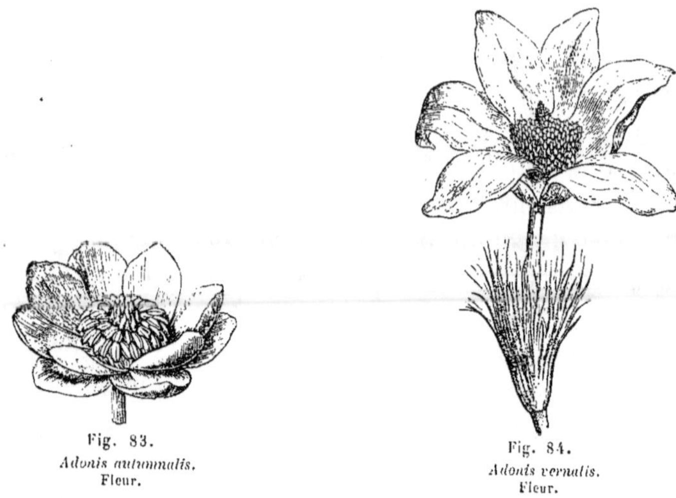

Fig. 83.
Adonis autumnalis.
Fleur.

Fig. 84.
Adonis vernalis.
Fleur.

sines qui constituent avec lui le groupe des *Consiligo*[1], plantes à fleurs jaunes, à pétales ordinairement fort nombreux[2] et à involucre entourant complétement l'axe florifère, comme dans la plupart des Anémones.

Les *Knowltonia*[3] sont des plantes du cap de Bonne-Espérance, qui

1. *Adonis*, sect. II, *Consiligo* D. C., *Prodr.*, I, 24. — *Gen. Adamanthe* Spach, *Suit. à Buff.*, VII, 227. Le type en est l'*A. vernalis* L. (*Spec.*, 771), dont nous avons étudié l'organisation florale d'une manière spéciale (*Adansonia*, I, 335; II, 209; III, 53). Le caractère le plus frappant des plantes de ce groupe, c'est que leurs tiges souterraines sont vivaces, comme celles des vraies Anémones. En étudiant avant l'hiver un de ces rhizômes, on voit qu'il porte des racines adventives et de gros bourgeons, les uns à feuilles seulement, les autres terminés par une fleur. Chacun porte d'abord des écailles, puis des feuilles imbriquées. Les écailles représentent des gaînes, car on les voit souvent surmontées d'un rudiment de limbe. Elles ont souvent, comme les feuilles, des bourgeons axillaires qui, en se développant, font que le rhizôme se ramifie beaucoup. Les fleurs déjà formées montrent que les pétales continuent extérieurement la série des étamines, sans délimitation possible entre les uns et les autres. D'où il résulte qu'il faut probablement considérer les premiers comme des staminodes, ainsi que les cornets des Hellébores, etc.

2. Il y a des fleurs d'*A. æstivalis* qui n'ont au périanthe que cinq folioles intérieures ou pétales.

Plus ordinairement un certain nombre d'entre elles se dédoublent. Elles occupent alors l'intervalle de deux sépales, par groupe de deux, trois ou plus, comme dans les Hépatiques et les Sylvies. Dans les *Consiligo*, ces folioles intérieures sont souvent au nombre de quinze, vingt ou davantage.

3. *Knowltonia* Salisb., *Prodr.*, 372. — D. C., *Prodr.*, I, 23. — Spach, *Suit. à Buff.*, VII, 231. — Endl., *Gen.*, n. 4775. — B. H., *Gen.*, 4, n. 5. — Harv. et Sond., *Fl. cap.*, I, 4. — Le *K. rigida* Salisb. (*K. hirsuta* D. C. — *Anamenia coriacea* Vent., *Malmais.*, I, t. 22. — *Adonis capensis* Thunb. — L., *Spec.*, 772) est fréquemment cultivé dans nos jardins botaniques. D'après ce que nous avons dit de cette plante (*in Horticul. français*, XV, 72, t. VI, et *Adansonia*, IV, 52), le périanthe y est formé d'une vingtaine de folioles, d'un jaune légèrement verdâtre, sans qu'on puisse distinguer par la coloration un calice et une corolle. Sous ce rapport, la fleur ressemble tout à fait à celle d'un *Anemone*, tel que l'*A. japonica*, dont les sépales intérieurs peuvent être nombreux, imbriqués et étroits, mais semblables d'ailleurs aux folioles les plus extérieures du calice. Le port, le feuillage et l'inflorescence sont

ont tous les caractères floraux des *Consiligo*, et par conséquent des *Adonis*, dont ils ne diffèrent que par la consistance du péricarpe qui devient tout à fait charnu, et par leur port et leur feuillage, qui rappellent ceux de quelques Ombellifères et de certaines espèces du genre Anémone, auquel nous adjoignons également les *Knowltonia*.

Ainsi constitué[1], notre genre Anémone renferme environ quatre-vingts espèces de plantes, souvent cultivées pour la beauté de leurs fleurs, et qui croissent surtout dans les régions tempérées et dans les pays froids et montueux du monde entier. Les *Knowltonia* et les *Adonis* n'appartiennent qu'à l'ancien continent; mais les Anémones proprement dites, quoiqu'elles soient plus abondantes en Europe et en Asie[2], se rencontrent aussi en Amérique[3].

Le *Ranunculus rutæfolius* de Linné[4], qui est devenu le type d'un petit genre, sous le nom de *Callianthemum*[5], présente, avec le port des Renoncules, des fleurs tout à fait semblables extérieurement à celles des *Adonis*. Leur périanthe se compose d'un calice herbacé, quinconcial et d'une double corolle à folioles membraneuses, variables en nombre et sujettes aux dédoublements[6]. La base de ces

---

aussi les mêmes dans les deux plantes, et les fleurs du *Knowltonia* sont seulement de plus petite taille. Le seul caractère différentiel que présente ce dernier, c'est que ses fruits deviennent charnus à leur entière maturité. Sous ce rapport, les *Adonis* qui, pendant longtemps, ont des fruits drupacés, servent d'intermédiaires aux Anémones proprement dites et aux *Knowltonia* à fruits bacciformes. Mais ici, comme dans toute la famille des Renonculacées, nous n'accordons que peu d'importance à la consistance du péricarpe. Les étamines sont en nombre indéfini, les extérieures étant les plus courtes; leurs anthères ont une déhiscence latérale, et le filet forme en dessous d'elles une petite saillie de chaque côté, comme dans les Anémones. Les carpelles sont supportés par un pied court, et le style a la forme d'une corne, avec un sillon interne dont les lèvres sont chargées des papilles stigmatiques.

1. Ainsi que nous l'avons établi (*Adansonia*, IV, 52), ce genre est formé pour nous des sections suivantes :

I. *Étamines extérieures stériles :*

1. *Pulsatilla* (T.).

II. *Étamines toutes fertiles :*

2. *Euanemone.* Involucre écarté du périanthe qui est, ou simple, pentamère, quinconcial, ou pourvu en outre de folioles plus intérieures imbriquées en nombre variable. Les sections de De Candolle, sauf deux, rentrent dans ce groupe, à titre seulement de divisions secondaires.

3. *Hepatica* (Dill.). Involucre rapproché du périanthe qui est double et ordinairement tri-mère, avec dédoublements fréquents dans le verticille intérieur.

4. *Adonis* (Dill.). Périanthe double ou triple, à folioles intérieures pétaloïdes et à folioles extérieures plus ou moins vertes (sépaloïdes). Fleurs quinaires. Fruits drupacés, au moins pendant un certain temps. Involucre fort incomplet.

5. *Knowltonia* (Salisb). Périanthe à folioles multiples, les extérieures peu ou point distinctes des intérieures par la consistance et la coloration. Fruits bacciformes.

6. *Consiligo* (D. C.). Périanthe à folioles multiples, les intérieures un peu plus distinctes des extérieures que dans la section 5 et moins que dans la section 4. Fruit demi-charnu à sa maturité. Involucre plus complet que dans la section 4.

2. Walp., *Rep.*, I, 14; II, 738; V, 4; *Ann.*, I, 6; II, 5; IV, 13. — Hook. et Th., *Fl. ind.*, I, 19. — Harv. et Sond., *Fl. cap.*, I, 5. — Benth., *Fl. austr.*, I, 8. — S. et Zucc., *Fl. jap. fam.*, 70.

3. C. Gay, *Fl. chil.*, I, 19. — A. Gray, *Gen. ill.*, t. 3-5. — Weddell, *Chloris andina*, II, 298. — A. S. H., *Fl. Bras. mer.*, I, 4. — Mart., *Fl. brasil.*, Renonc., 150.

4. *Spec. pl.*, 777. — Jacq., *Coll.*, I, 186, t. 6, 7. — D. C., *Prodr.*, I, 30. — *Ranunculus Bellardi* Vill., *Dauph.*, 4, t. 49.

5. C. A. Mey., *in* Ledeb., *Fl. alt.*, II, 336. — Endl., *Gen.*, n. 4779. — B. H., *Gen.*, 5, n. 7. — Walp., *Rep.*, I, 33; *Ann.*, IV, 16. — H. Bn, *in Adansonia*, IV, 23, 53.

6. La corolle du *C. rutæfolium* C. A. Mey., est

pétales (fig. 85) est pourvue d'une petite fossette nectarifère à bord intérieur à peu près horizontal. Les étamines sont en nombre indéfini [1]. Mais ce qui caractérise surtout le genre, c'est que chacun de ses carpelles renferme primitivement deux ovules, dont un seul arrive à son entier développement et apparaît à côté de l'ovule avorté (fig. 86, 87), suspendu, avec le raphé intérieur et le micropyle dirigé

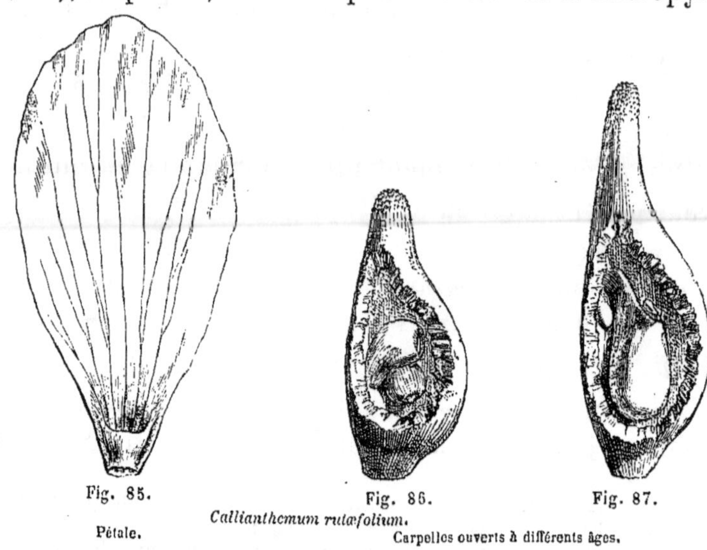

Fig. 85.   Fig. 86.   Fig. 87.

Callianthemum rutæfolium.

Pétale.   Carpelles ouverts à différents âges.

en haut et en dehors [2]. Les *Callianthemum* n'ont par conséquent qu'une graine dans chacun de leurs akènes. Ce sont des plantes herbacées, vivaces, à feuilles alternes décomposées et à fleurs terminales. On n'en connaît jusqu'ici que deux espèces, dont une seule croît en Europe [3]. L'autre est d'origine asiatique [4].

L'*Hydrastis* du Canada [5], que nous ne rapportons qu'avec un cer-

double. L'extérieure est formée de cinq pétales qui alternent avec les sépales caducs. L'intérieure est formée d'un, deux ou jusqu'à cinq pétales alternes avec les précédents, et dont plusieurs peuvent même se dédoubler. Les fleurs ont donc depuis six à sept, jusqu'à une quinzaine de pétales, et, quand ils sont nombreux, les intérieurs sont relativement étroits.

1. Dans le *C. acaule* Camb., les anthères ont une déhiscence marginale. Dans le *C. rutæfolium* C. A. Mey., elle est à peine un peu plus intérieure qu'extérieure. Dans tous deux le filet est aplati et l'anthère basifixe.

2. Nous avons expliqué, pour la première fois, dans notre *Mémoire sur la famille des Renonculacées* (*Adansonia*, IV, 23), comment il y a d'abord, dans le *Callianthemum rutæfolium*, deux ovules ascendants; puis comment l'un d'eux, devenant supérieur, comprime l'autre qu'il force à

descendre, et qui s'accroît graduellement par sa région chalazique, de manière que son micropyle demeure en haut et en dehors. Les figures 86, 87, représentent deux phases de cette évolution des ovules. Celui qui devient fertile a deux enveloppes. Dans le *C. acaule*, les carpelles sont stipités, et les papilles stigmatiques sont portées par le sommet de l'ovaire. Dans le *C. rutæfolium*, l'ovaire s'atténue supérieurement en un style papilleux à son sommet.

3. Reichb., *Icon.*, III, 25. — Gren. et Godr., *Fl. fr.*; I, 17.

4. Camb., *in* Jacquem., *Voy.*, 5, t. 3. — Don, *in* Royl., *Himal.*, III, 45, 53. — Hook. et Th., *Fl. ind.*, I, 26.

5. *Hydrastis canadensis* L., *Spec.*, 784. — J., *Gen.*, 232. — Michx, *Am. bor.*, I, 317. — D. C., *Prodr.*, I, 23. — Spach, *Suit. à Buff.*, VII, 383. — Endl., *Gen.*, n. 4777. — Hook., *in Bot. Mag.*,

tain doute[1] à ce groupe, a les fleurs régulières et ordinairement[2] hermaphrodites. Leur périanthe est simple et très-caduc[3]; il n'est constitué que par trois folioles pétaloïdes. Le réceptacle, qui a la même forme que celui des Renoncules, porte ensuite un grand nombre d'étamines, puis de carpelles. Les étamines libres ont un filet dilaté à sa partie supérieure, et une anthère basifixe à deux loges déhiscentes par une fente presque latérale[4]. Chaque carpelle se com-

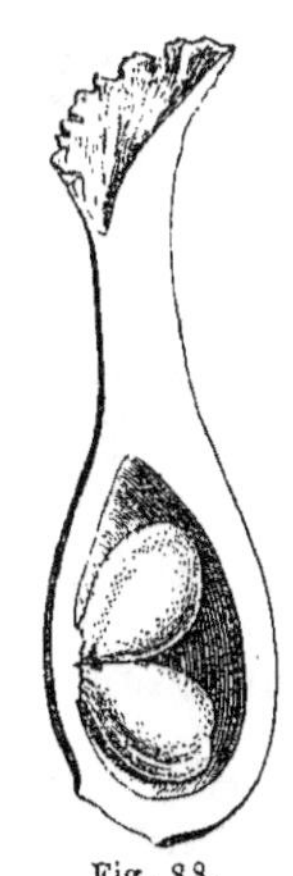

Fig. 88.
Hydrastis canadensis.
Carpelle. Coupe longitudinale.

pose d'un ovaire uniloculaire, atténué supérieurement en un style dont le sommet se dilate en deux lèvres latérales papilleuses et frangées. Dans l'angle interne de l'ovaire et vers le milieu de sa hauteur (fig. 88), le placenta forme deux saillies verticales qui supportent chacune un ovule. Les deux ovules sont d'abord horizontaux et se tournent le dos. Mais avec l'âge ils deviennent, l'un ascendant, et l'autre descendant. Ordinairement le micropyle est inférieur et extérieur dans le premier, supérieur et extérieur dans le second. Le fruit est formé d'un nombre variable de baies réunies en tête; et l'on trouve, empâtées dans la masse, des graines à téguments épais qui renferment un petit embryon au sommet d'un albumen charnu. Cette plante, la seule de son genre, croît au Canada et aux États-Unis. De sa souche s'élève au printemps une hampe qui ne porte qu'un très-petit nombre de feuilles alternes, pétiolées et palmatilobées[5], et qui se termine par une fleur solitaire.

III. SÉRIE DES CLÉMATITES

Les Clématites[6] ont les fleurs régulières et le plus souvent hermaphrodites. Dans un grand nombre d'espèces cultivées chez nous

t. 3019, 3232. — A. GRAY, *Gen. ill.*, t. 18. — B. H., *Gen.*, 7, n. 16. — H. BN, *in Adansonia,* IV, 25, 53. — *Warneria canadensis* MILL., *Icon.*, II, 190, t. 285.

1. Son port et ses fleurs le rapprochent quelque peu des Actées. La plupart des auteurs en font une Helléborée.

2. Il y a quelquefois des fleurs sans gynécée.

3. Aussi n'en connaissons-nous pas la préflo-raison, qui ne pourra guère s'observer que sur la plante vivante.

4. Elle est toutefois un peu plus rapprochée de la face intérieure que de l'extérieure.

5. La feuille supérieure est ordinairement sessile. L'inférieure a souvent deux petites glandes à la base de son pétiole.

6. *Clematis* L., *Gen.*, n. 696. —Juss., *Gen.*, 232. — D. C., *Prodr.*, I, 2. — ENDL., *Gen.*,

comme plantes d'ornement, et, entre autres, dans le *C. montana*
Benth. (fig. 89), on ne trouve, à la base du réceptacle floral convexe (fig. 90, 91), qu'un seul périanthe pétaloïde qui est un calice
à quatre sépales[1], libres et disposés dans le bouton en préfloraison
valvaire induplicative[2]. Les étamines sont nombreuses, hypogynes
et formées chacune d'un filet libre et d'une anthère basifixe, à deux

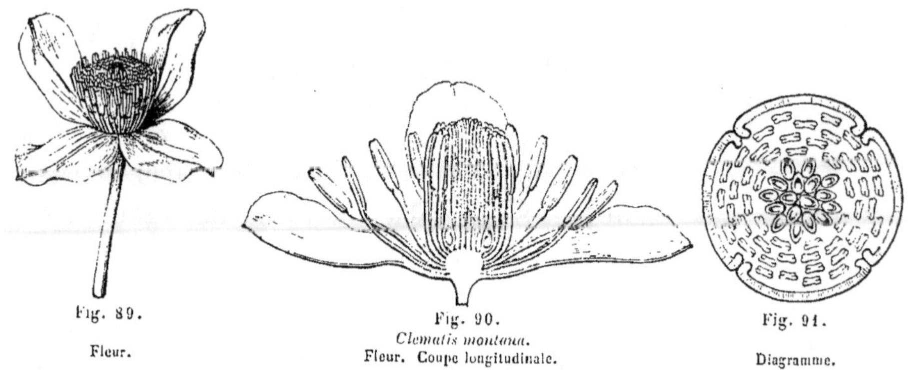

Fig. 89.
Fleur.

Fig. 90.
Clematis montana.
Fleur. Coupe longitudinale.

Fig. 91.
Diagramme.

loges adnées, latérales, s'ouvrant suivant leur longueur par une
fente à peu près marginale[3]. Les carpelles sont également en grand
nombre, composés chacun d'un ovaire uniloculaire, surmonté d'un
style que parcourt un sillon vertical dans toute la longueur de son
bord interne, et dont l'extrémité est légèrement renflée. Les lèvres
de ce sillon sont, dans toute leur portion supérieure, recouvertes de
papilles stigmatiques. Dans l'angle interne de l'ovaire est un placenta
vertical qui supporte un ovule fertile, descendant, avec le micro-

n. 4768. — Spach, *Suit. à Buff.*, VII, 257. —
B. H., *Gen.*, 3. — Walp., *Rep.*, I, 3; II, 737;
V, 3; *Ann.*, 1, 3, 953; II, 3, 5; IV, 3, 9. —
Clematitis T., *Instit.*, 293, t. 150; *Cor.*, 20. —
Trigula Noronh. — *Stylurus* Rafin. — *Clematop-
sis* Boj.

1. Deux de ces sépales sont latéraux; les deux
autres, antérieur et postérieur. Payer (*Organog.*,
252) a vu qu'ils naissent deux par deux, les latéraux après les autres.

2. Les sépales se touchent donc, non pas par
leurs bords, mais par les portions latérales de
leur face extérieure. Cette portion, rentrée dans
le bouton, varie de largeur suivant les différentes
espèces. Quand la largeur en est très-grande, le
sépale s'amincit beaucoup à ce niveau et prend,
en général, en ce point une coloration plus pâle.
Plus tard même, comme nous l'avons déjà établi
(*Adansonia*, IV, 53), les sépales, qui étaient
valvaires, peuvent, après l'épanouissement des
fleurs, se recouvrir et s'imbriquer par leurs bords
amincis et étalés. Nous avons fait voir égale-

ment (*l. cit.*, 55) qu'alors la fleur d'une Clématite devient exactement celle d'une Anémone
et que, par ce fait, les deux séries se relient intimement l'une à l'autre, et pourraient même être
confondues, si l'on ajoute que « les étamines
extérieures des Clématites deviennent des staminodes chez les *Atragene* et les *Naravelia*, comme
il arrive dans la section *Pulsatilla* du genre *Anemone*; que les fruits de ces mêmes Pulsatilles
sont tout à fait ceux des *Flammula*; enfin que
les *Cheiropsis* ont sous la fleur un involucre qui
manque dans les autres sections du genre Clématite, mais qui rappelle celui des Anémones proprement dites. » Le port de l'*Anemone japonica* se retrouve aussi dans le *C. tubulosa* et quelques autres.

3. Dans le *C. Viticella*, les lignes de déhiscence sont un peu plus intérieures qu'extérieures.
De même dans le *C. Vitalba*. Elles sont sensiblement latérales dans le *C. cirrhosa*; introrses dans
les *Atragene* et les *Naravelia*. MM. Bentham et
Hooker disent (*Gen.*, 1) : « *Antheræ introrsum
dehiscunt in* Clematidibus 2 *indicis.* »

pyle tourné en haut et en dedans, et, au-dessus de lui, deux séries verticales d'ovules peu nombreux [1] et réduits à un très-petit nucelle celluleux stérile. Le fruit est multiple; il se compose d'autant d'akènes qu'il y avait de carpelles, avec une graine qui, sous ses téguments, renferme un albumen charnu [2], enveloppant un petit embryon.

Dans d'autres espèces du même genre, comme l'Herbe-aux-gueux (*C. Vitalba* L.), le nombre des sépales peut encore être de quatre, mais aussi de cinq, six ou davantage. On trouve presque constamment de six à huit ou dix sépales dans les belles espèces à grandes fleurs, telles que les *C. lanuginosa, patens, florida*, etc.,

Fig. 92.
Clematis Viticella.
Fruit.

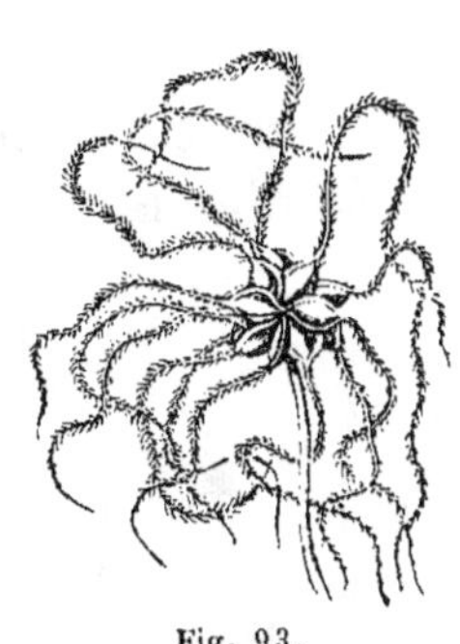

Fig. 93.
Clematis Vitalba.
Fruit.

Fig. 94.
Clematis fœtida.
Carpelle [6].

qui sont cultivées dans nos serres. La préfloraison y est la même en somme que dans le *C. Vitalba*, mais la portion amincie et rentrée des sépales y présente une bien plus grande largeur [3]. Il en est de même du *C. Viticella* L., et des espèces qui, avec celle-ci, ont été réunies en une section particulière [4]. Elles se distinguent encore par un autre caractère : leurs akènes ne sont surmontés que d'une pointe courte (fig. 92) formée par la base persistante du style. Dans les autres espèces, au contraire, telles que le *C. Vitalba*, le style persiste au sommet des fruits, sous la forme d'une longue aigrette couverte de poils qui la rendent toute plumeuse (fig. 93). Il y a des espèces enfin qui servent d'intermédiaires entre les unes et les autres [5], attendu que les poils que

1. Ce nombre varie : il est ordinairement de quatre ovules, disposés sur deux séries verticales; plus rarement de deux seulement, ou de six, huit. Les ovules supérieurs sont toujours les moins développés. M. Roeper avait vu, en 1849 (*Bot. Zeit.*, 1852, col. 187), quatre ovules dans le *C. integrifolia*. C'est Payer qui le premier a montré l'ordre d'évolution des cinq ovules du *C. calycina* (*Organog.*, 253, t. 58). L'existence de ces ovules avortés est un trait de ressemblance de plus des Clématites avec les Anémones.

2. Sa consistance varie; il peut même devenir tout à fait corné.

3. C'est là surtout qu'elle s'imbrique après l'épanouissement des fleurs. (Voy. note 2, p. 53.)

4. *Viticella* Dill., *Nov. gen. Giess.*, 165. — Spach, *Suit. à Buff.*, VII, 272. — Sect. II, D. C., *Syst.*, I, 160; *Prodr.*, I, 8.

5. Sect. *Flammula* D. C., *Prodr.*, I, 2 (incl. *Viorna* Spach, *Suit. à Buff.*, VII, 268).

6. D'après Raoul, *Choix de pl. N. Zél.*, t. XXII.

porte le style ne se développent que dans sa portion inférieure, et laissent à nu sa portion stigmatique; tel serait entre autres le *C. fœtida* Raoul (fig. 94).

Le *C. cirrhosa* L., et quelques autres espèces très-voisines, ont été groupées par De Candolle [1] dans une section particulière, parce que leurs fleurs sont accompagnées d'un involucre formé de deux bractées latérales unies entre elles dans une grande partie de leur étendue, et qui, dans le jeune âge, enveloppent tout le bouton. Le calice est aussi à quatre sépales. Au-dessus du calice le réceptacle devient ovoïde et supporte des étamines nombreuses, à filet aplati inférieurement et à anthère dont les loges latérales s'ouvrent par une fente plus intérieure qu'extérieure. La surface du style est presque entièrement chargée de longues villosités.

Il y a enfin quelques espèces de ce genre où les fleurs deviennent polygames ou monoïques par avortement d'un des organes sexuels, et d'autres espèces où les fleurs des deux sexes sont placées sur des pieds différents, comme le *C. diœca* L., qui croît aux Antilles [2].

Linné avait séparé des *Clematis* les *Atragene* [3], que De Candolle leur a de nouveau réunis [4], parce que les fleurs des derniers sont pourvues d'une corolle. Mais ce ne sont pas des pétales véritables que les languettes pétaloïdes, au nombre de douze à vingt, qu'on observe en dedans du calice des *A. alpina* (fig. 95, 96) ou *sibirica* [5]. Aucun de

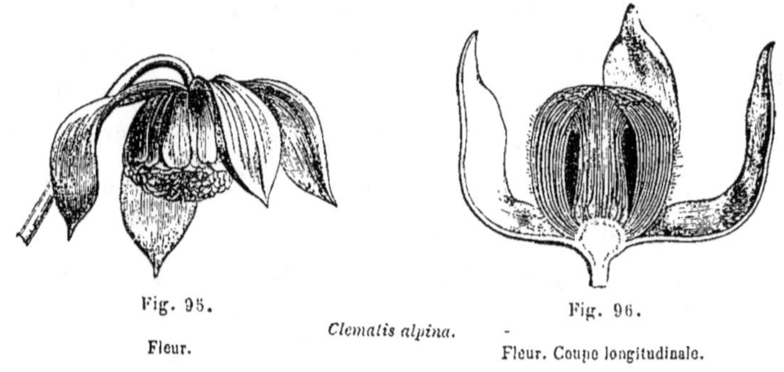

Fig. 95.

Clematis alpina.

Fleur.

Fig. 96.

Fleur. Coupe longitudinale.

ces appendices n'est régulièrement alterne avec un des quatre sépales valvaires qui constituent le calice. L'espèce d'expansion spatulée qui

1. *Cheiropsis* D. C., *Syst.*, 1, 162; *Prodr.*, 1, 9. — Cambess., *Fl. balear.* (in *Mém. Mus.*, VII, 201).

2. Cette espèce m'a paru plutôt polygame que dioïque, comme l'indiquent les descriptions.

3. *Atragene* L., *Gen.*, n. 695. — Juss., *Gen.*, 232. — Endl., *Gen.*, n. 4769. — Spach, *Suit. à Buff.*, VII, 257 (M. A. Gras (in *Bull. Soc. bot. Fr.*, VII, 907) propose d'écrire *Athragene*).

4. *Syst.*, 1, 165. — *Prodr.*, 1, 9 (sect. IV).

5. *Clematis alpina* et *sibirica* Mill., *Dict.* n. 9, 12. — *Clematitis alpina* T., *Inst.*, 294.

les termine se transforme graduellement, à mesure qu'on se rapproche du centre de la fleur, en un connectif portant sur sa face intérieure deux loges d'anthère à déhiscence longitudinale. En même temps la portion basilaire de l'appendice se rétrécit pour constituer un véritable filet. Les pétales des *Atragene* ne sont donc que des staminodes [1]. D'ailleurs les nombreux carpelles des *Atragene* ont avec ceux des *Clematis* ce caractère commun, que l'ovule suspendu qui s'observe dans leur angle interne est surmonté de quatre petits ovules disposés sur deux séries verticales et qui ne prennent pas de développement [2].

Le genre *Naravelia* [3] a été établi pour des *Atragene* indiens, dont les feuilles, au lieu d'être triséquées, ont leur lobe médian avorté ou transformé en vrille. Si l'on analyse le *N. zeylanica* [4], on lui trouve un calice pubescent, à quatre, cinq ou six sépales valvaires et, en dedans de lui, un grand nombre d'étamines imbriquées, à filets aplatis, à anthères biloculaires, introrses [5], déhiscentes par deux fentes longitudinales et surmontées d'un petit prolongement du connectif. Les carpelles sont nombreux, couverts de poils raides, dressés; chacun d'eux renferme un ovule suspendu dont le micropyle est supérieur et intérieur. Cet ovule est le seul qui prenne son entier développement; mais il est, dans le jeune âge, surmonté de quatre autres ovules, disposés par paires, à droite et à gauche de la fente carpellaire, et dont on retrouve difficilement la trace à l'âge adulte. C'est là un rapport de plus avec les *Atragene,* dont les *Naravelia* possèdent la corolle, constituée aussi par un nombre variable [6] de pétales très-longs, élargis à leur sommet. Mais ces pétales ne sont que des étamines stériles. Ils sont longtemps très-petits, ayant la forme des étamines extérieures, et présentant en haut un renflement qui simule une anthère. Celle-ci ne devient jamais fertile. On ne saurait donc séparer génériquement les *Naravelia* des *Atragene,* et, par conséquent, des *Clematis.*

---

1. Nous devons réunir ces types en un seul genre pour la même raison que nous faisons rentrer les Pulsatilles dans les Anémones, et parce que, comme nous le verrons bientôt, nous ne pouvons séparer des *Hibbertia* proprement dits, les espèces dont les étamines extérieures sont transformées en staminodes, etc. Dans plusieurs Clématites cultivées, la fleur double à la façon de celle des Anémones.

2. C'est encore l'étude organogénique qui nous a dévoilé (*Adansonia*, I, 334) l'existence de ces petits ovules stériles. On peut même en rencontrer cinq ou six.

3. *Naravael* HERM., *Zeylan.*, 26.

4. *N. zeylanica* D. C., *Prodr.*, I, 10. — HOOK. et TH., *Fl. ind.*, I, 3. — B. H., *Gen.*, 4. — *Atragene zeylanica* L., *Amœn.*, I. 405.

5. ENDLICHER (*Gen.*, n. 4470) croyait les anthères extrorses, ce qui aurait séparé davantage ces plantes des *Atragene*. Mais celles du *N. zeylanica* sont nettement introrses.

6. De cinq à quinze.

Ainsi constitué[1], le genre Clématite renferme des plantes ligneuses, ordinairement grimpantes, rarement suffrutescentes ou herbacées, dont les feuilles sont constamment opposées et dépourvues de stipules; tantôt simples, tantôt composées, ternées ou pennées, à pétiole plus ou moins long et parfois voluble[2]. Dans les *Naravelia*, il porte deux folioles, puis s'allonge en une vrille qui soutient de même les rameaux. Nous verrons plus loin que la structure de ceux-ci et des tiges offre des caractères très-particuliers. Les fleurs sont terminales ou axillaires, tantôt solitaires, comme dans le *C. Viticella* L., tantôt disposées, comme dans le *C. Vitalba* L., en cymes qui sont elles-mêmes réunies en grappes à ramifications opposées. Dans certaines espèces à floraison précoce, comme le *C. montana* BENTH., les fleurs sont à l'aisselle, non pas des feuilles, mais des bractées qui en tiennent lieu dans la portion inférieure du bourgeon; après quoi le rameau porte, au-dessus des fleurs, des feuilles véritables, ayant des bourgeons à leur aisselle. Ce genre compte une centaine d'espèces qui habitent toutes les régions tempérées des deux hémisphères, ou même des contrées plus chaudes, l'Amérique méridionale, les bords de la mer des Indes, l'Asie orientale[3], l'Australie[4], et jusqu'à la Nouvelle-Zélande[5] et la Tasmanie[6].

Les Pigamons[7] sont très-faciles à caractériser quand on connaît les Clématites; ce sont des Clématites à préfloraison imbriquée et à feuilles alternes. Si l'on examine, par exemple, le *T. aquilegifolium* L. (fig. 97), qui est cultivé dans nos jardins, on y voit que ses fleurs sont hermaphrodites, et que leur pédicelle, un peu renflé à la partie supérieure, se continue en un réceptacle conique surbaissé (fig. 98), qui porte successivement un périanthe coloré, l'androcée et le gynécée. Le calice est formé de quatre[8] sépales décussés, libres,

---

1. Clematis sect. 7.
- 1. *Atragene* (L.).
- 2. *Naravelia* (L.).
- 3. *Cheiropsis* (D. C.).
- 4. *Meclatis* (SPACH).
- 5. *Viorna* (PERS.). — *Muralta* (ADANS., ex ENDL.).
- 6. *Viticella* (MOENCH).
- 7. *Flammula* (D. C.).

2. On a remarqué que les pétioles s'enroulent tantôt dans un sens et tantôt dans l'autre, et que les vrilles qu'ils constituent ne se détruisent pas dans les espèces à feuilles persistantes.

3. ROXBURGH, *Pl. Coromand.*, t. 188. — HOOK. et THOMS., *Fl. ind.*, I, 4. — SIEB. et ZUCC., *Fl. jap. fam.*, 68.

4. BENTH. et F. MUELL., *Fl. austral.*, I, 1.

5. HOOK. F., *Fl. Tasman.*, 2.

6. A. S. H., *Fl. Bras. mer.*, I, 1. — MART., *Fl. bras.*, *Ranunc.*, 146.

7. HOOK. F., *Fl. N. Zealand*, 6.

1. *Thalictrum* T., *Inst.*, 270, t. 143; *Cor.*, 20. — L., *Gen.*, n. 697. — JUSS., *Gen.*, 232. — D. C., *Prodr.*, I, 11. — SPACH, *Suit. à Buff.*, VII, 237. — ENDL., *Gen.*, n. 4772. — PAYER, *Organog.*, 253, t. LVIII. — B. H., *Gen.*, 4, n. 3. — H. BN, *in Adansonia*, IV, 54.

8. Il y a des fleurs à cinq sépales, imbriqués, parfois quinconciaux, et plus rarement à six, sept sépales, ou même davantage.

dont la préfloraison est imbriquée-alternative [1]. Ces folioles sont comme articulées à leur base et se détachent de bonne heure du ré-

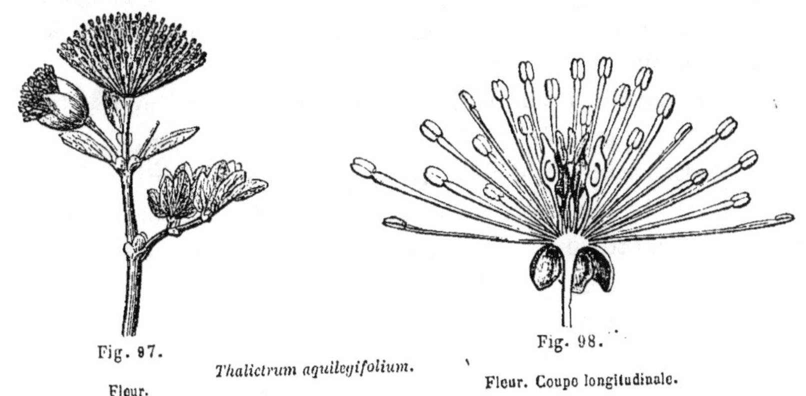

Fig. 97.

Thalictrum aquilegifolium.

Fleur.

Fig. 98.

Fleur. Coupe longitudinale.

ceptacle. Les étamines, libres et hypogynes, sont en grand nombre; elles se composent d'un filet renflé en massue au-dessous de son sommet qui s'atténue en pointe [2] et supporte une anthère biloculaire, basifixe, déhiscente sur les côtés, ou un peu en dedans, par deux fentes longitudinales [3]. Le gynécée est formé d'un nombre indéterminé [4] de carpelles libres, portés chacun sur un pied grêle [5] et composés d'un ovaire dont le sommet s'atténue en un bec creusé suivant son angle interne d'un sillon longitudinal. Les bords épaissis et réfléchis de ce sillon sont couverts de papilles stigmatiques. Dans l'angle interne de la loge ovarienne, il y a un ovule unique, suspendu, avec le raphé dorsal et le micropyle dirigé en haut et en de-

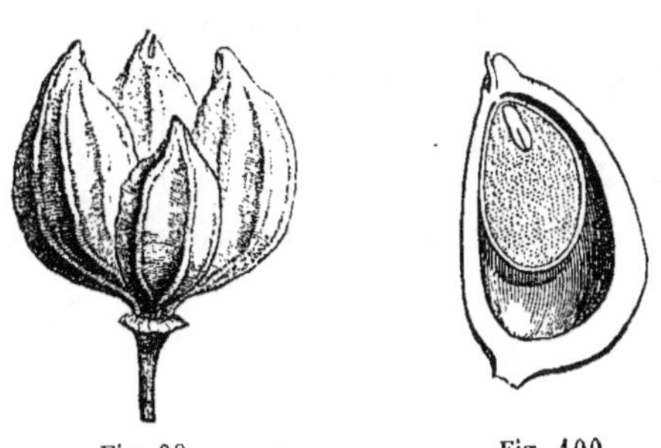

Fig. 99.

Thalictrum elatum.

Fig. 100.

Fruit.

Fruit. Coupe longitudinale.

fléchis de ce sillon sont couverts de papilles stigmatiques. Dans l'angle interne de la loge ovarienne, il y a un ovule unique, suspendu, avec le raphé dorsal et le micropyle dirigé en haut et en de-

---

1. L'imbrication peut être différente, même avec quatre sépales.

2. Les filets sont ici dressés et divergents. Dans beaucoup d'espèces ils sont grêles, capillaires et cependant très-longs; ce qui fait qu'après l'épanouissement, ils pendent le long du pédicelle floral.

3. Les anthères sont parfois apiculées, comme dans le *T. sylvaticum* Koch. Lorsque leur déhiscence est tout à fait marginale, comme dans les *T. exaltatum* C. A. Mey., *majus* Murr., etc., chaque loge s'ouvre en deux panneaux égaux qui s'étalent en devenant plans, jusqu'au contact des parois de la loge voisine. L'anthère ouverte a alors la forme

d'une double lame plate, située de champ dans le sens du rayon de la fleur; et l'on ne voit plus des anthères que l'intérieur de leur loge d'où se détache tout le pollen. Comme dans les Clématites, il arrive parfois que la culture transforme en pétales plusieurs étamines extérieures.

4. Quand le nombre des carpelles est de quatre, comme celui des sépales, il peut arriver que les carpelles semblent tout à fait alternes avec les pièces du périante. Mais il est certain que cela n'est pas constant.

5. Ce pied manque dans toutes les espèces dont De Candolle a fait sa section III, *Euthalictrum* (*Syst.*, I, 172; *Prodr.*, I, 12).

dans [1]. Le fruit est formé de plusieurs akènes (fig. 99) dont la forme est variable, suivant les espèces [2]; et, dans la graine qui est suspendue (fig. 100), on observe, sous les téguments, un gros albumen avec un petit embryon près du sommet.

Les Pigamons sont des plantes herbacées, vivaces, originaires des régions froides ou tempérées de l'Europe [3], de l'Inde orientale [4], du cap de Bonne-Espérance [5] et de l'Amérique [6]. Leurs feuilles sont alternes, à limbe plusieurs fois [7] décomposé. Le pétiole est ordinairement court et disparaît souvent ; il se dilate à la base en une sorte de gaîne à bords membraneux. Dans certains cas, comme dans le *T. aquilegifolium* L., on observe, à l'origine de toutes les divisions du limbe, de petites expansions foliacées ou stipelles. Les inflorescences sont ordinairement terminales. Elles sont formées de grappes ou de corymbes composés de cymes multiflores. Plus souvent que dans les Clématites, les fleurs deviennent, par avortement, polygames, monoïques, ou même dioïques, surtout parmi les *Euthalictrum* et les *Physocarpum*.

Les *Syndesmon*, qui faisaient partie pour De Candolle d'une section particulière [8] du genre *Thalictrum* et qui ont été encore rapportés au genre Anémone, se distinguent des plantes précédentes par les renflements de leur portion souterraine, leurs inflorescences pauciflores et l'espèce d'involucre que forment sous les fleurs les bractées qui les précèdent. Nous laisserons, avec De Candolle, cette espèce à côté du *T. tuberosum* L., qui lui est très-analogue, possède toute la fleur des autres *Thalictrum*, avec un seul ovule suspendu, et sans ovules avortés au-dessus de lui [9], contrairement à ce qui arrive dans les Anémones.

1. Cet ovule a deux enveloppes. Au-dessus de lui, on peut observer un léger renflement des lobes placentaires, mais non des ovules stériles disposés sur deux séries verticales.

2. C'est sur la forme de ces akènes que sont principalement fondées les subdivisions du genre en sections, établies par De Candolle (*Syst.*, I, 168 ; *Prodr.*, I, 11). Les *Euthalictrum* ont les akènes sessiles, ovales-oblongs, à côtes verticales saillantes. Dans les *Physocarpum* (*Physocarpidium* Reichb., *Conspect.*, 192) les akènes sont stipités, triquètres et à angles dilatés en ailes.

3. Gren. et Godr., *Fl. fr.*, I, 4. — Reichb., *Icon.*, III, t. 26-46. — Koch (*in Ann. sc. nat.*, sér. 2, IX, 373). — De Massas, *sur les* Thalictrum *de France* (*in Ann. sc. nat.*, sér. 2, IX, 351). — Regel, *Uebers. der Art. G.* Thalictrum, *welche im Russich*, etc. (*in Bull. Soc. nat. Mosc.* (1861), 14).

4. Hook. et Thoms., *Fl. ind.*, I, 12. — Boiss., *Diagn. pl. or.* — S. et Zucc., *Fl. jap. fam.*, 69.

5. Harv. et Sond., *Fl. cap*, I, 3.

6. A. Gray, *Ill.*, t. 6.

7. Jusqu'à cinq ou six fois, selon les espèces. Les feuilles rappellent beaucoup celles de la plupart des Ombellifères.

8. § *grumosa* (*Prodr.*, I, 15). — *Syndesmon* Hoffmansg, *in Flora* (1832), Int. Bl., 34. — *Anemonella* Spach, *Suit. à Buff.*, VII, 240. — *Anemone thalictroïdes* L., *Spec.*, 763. — B. H., *Gen.*, 4.

9. Sur le *T. tuberosum*, voy. J. Gay (*in Bull. Soc. bot. Fr.*, VIII, 330). — Il n'y a au-dessus de l'ovule que les deux lèvres verticales légère-

Les Actées[1] ont presque tous les caractères essentiels des Pigamons. Ainsi l'*Actæa Cimicifuga* L. (fig. 101, 102), dont on a fait encore
le type d'un genre parti-
culier[2], a le port, le feuillage, le périanthe, l'an-
drocée[3] et le gynécée des
Thalictrum. Seulement ses
carpelles[4] contiennent, au
lieu d'un ovule, des ovu-
les[5] nombreux, disposés

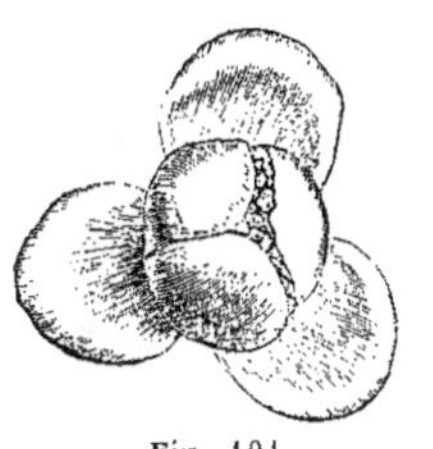

Fig. 101.

Bouton.

Actæa Cimicifuga.

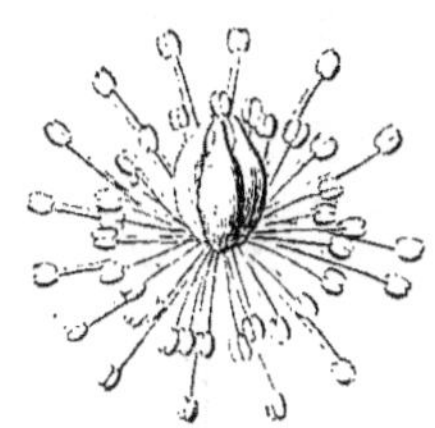

Fig. 102.

Fleur sans périanthe.

sur deux séries verticales, et deviennent des follicules, comme ceux
des Dauphinelles et des Ancolies. Le nombre des sépales pétaloïdes
de cette plante varie de quatre à six (fig. 101), et ils sont imbriqués
d'une façon variable[6]. Ses graines sont, comme celles des Dauphinelles, hérissées de petites lamelles saillantes. Les carpelles sont, ainsi
que dans les Pigamons, tantôt sessiles, comme dans l'*A. Cimicifuga*,
et tantôt supportés par un long pied rétréci, comme il arrive dans
l'*A. podocarpa* D. C.[7]. D'ailleurs le nombre des carpelles peut aussi,
comme dans les *Delphinium* de la section *Consolida*, se trouver réduit
à un seul; ce qui s'observe dans l'*A. racemosa* L.[8] (fig. 103), l'*A. brachypetala* D. C.[9] (fig. 104), et surtout dans l'espèce européenne, que
Tournefort avait appelée autrefois *Cristophoriana*[10], et qui, sous le nom

ment saillantes du carpelle. Cette plante n'en
montre pas moins l'étroite affinité des Pigamons
et des Anémones, et ne fait que confirmer celle
de ces dernières avec les Clématites. Les fleurs
paraissent disposées en cymes et peuvent même
être solitaires.

1. *Actæa* L., *Gen.*, n. 644. — Juss., *Gen.*,
235. — D. C., *Prodr.*, 1, 64. — Spach, *Suit. à*
Buff., VII, 275. — Fisch. et Mey., *Anim. bot.*
(*in Ann. sc. nat.*, sér. 2, IV, 333). — Endl.,
Gen., n. 4799. — B. H., *Gen.*, 9, n. 27. —
Walp., *Rep.*, I, 60; *Ann.*, IV, 32. — H. Bn,
in Adansonia, IV, 54; *Dict. enc. sc. méd.*, I, 665.

2. *Cimicifuga* L., *Am. acad.*, VIII, 193, t. 4;
Gen., n. 1282. — Juss., *Gen.*, 234. — B. H.,
Gen., 9, n. 28. — Walp., *Rep.*, I, 60; *Ann.*,
IV, 32.—*Actinospora* Turcz., mss., ex Fisch. et
Mey., *l. cit.*, 332.—Endl., *Gen.*, n. 4801, 4802.

3. Les étamines sont en nombre indéfini, tantôt
égales, tantôt inégales. Leur filet s'atténue en
général à sa base, et leur anthère est constamment biloculaire et introrse.

4. Les carpelles sont toujours parcourus par
un sillon, tout le long de leur bord interne. Leur
ovaire est surmonté d'un style, dont la longueur
est très-variable, souvent minime.

5. Ils ont deux enveloppes, et apparaissent
dans un ordre tel que les plus jeunes sont en
haut; il y en a aussi quelques-uns, tout près de
la base de l'ovaire, qui naissent après les autres.

6. Avec quatre sépales, on en trouve ordinairement deux latéraux qui sont plus extérieurs
et se recouvrent l'un l'autre. Le sépale postérieur
recouvre souvent l'antérieur; mais cette préfloraison n'est pas constante. Quand, avec quatre
sépales, il y a un seul carpelle, comme dans
l'*A. spicata*, sa position n'est pas constante, car
il est tantôt superposé à un sépale, et tantôt ce
qui arrive plus souvent, alterne avec deux sépales; mais ceux-ci ne sont pas toujours les
mêmes.

7. *Prodr.*, I, 64, n. 2. — *Icon. Delesser.*, I,
66. — *Cimicifuga americana* L. C. Rich., ap.
Michx, *Am. bor.*, I, 316.

8. *Spec.*, 722. — D. C., *Prodr.*, 64, n. 5. —
A. monogyna Walt. — *Cimifuga racemosa* Bart.
—*Botrophis* Rafin.—*Macrotys* Rafin., *in N.-York*
Med. Repos., II, hex. V, 350.—Fisch. et Mey.,
l. cit., 334. — Endl., *Gen.*, n. 4800.

9. *Prodr.*, I, 65, n. 9.

10. *Instit.*, 299, t. 154, « Christophoriana,
quasi planta S. Cristophori. »

d'*A. spicata* (fig. 104-109), se cultive souvent dans les jardins. Cette dernière présente en outre cette particularité que son péricarpe, au

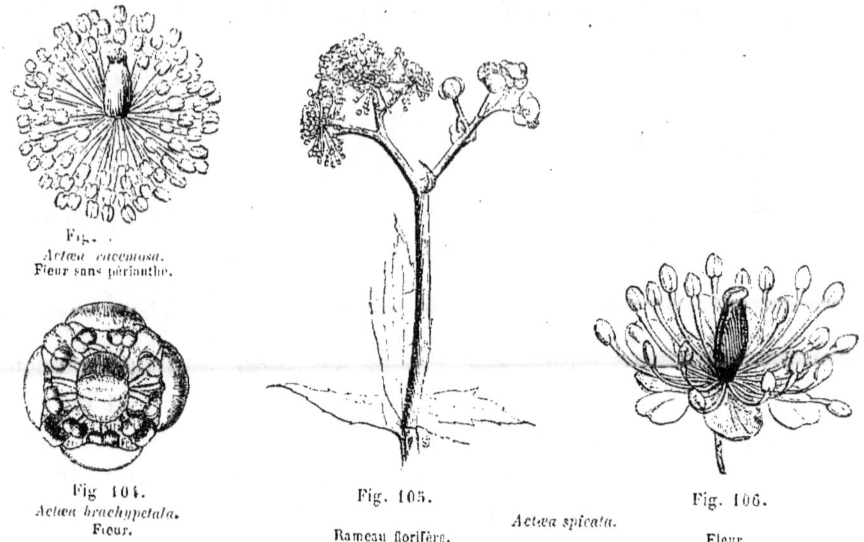

Fig. .
Actæa racemosa.
Fleur sans périanthe.

Fig. 104.
Actæa brachypetala.
Fleur.

Fig. 105.
Rameau florifère.

Actæa spicata.

Fig. 106.
Fleur.

lieu d'être sec et déhiscent, à la façon d'un follicule, comme dans les autres espèces, devient charnu (fig. 108) et ne s'ouvre pas pour laisser échapper les graines, qui sont d'ailleurs lisses à leur surface et construites comme celles des autres Renonculacées (fig. 109). Toutes les espèces d'*Actæa* peuvent, ainsi que les Clématites et les

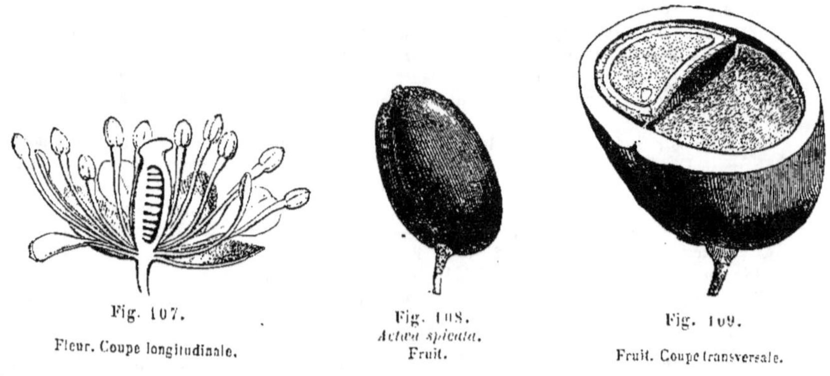

Fig. 107.
Fleur. Coupe longitudinale.

Fig. 108.
Actæa spicata.
Fruit.

Fig. 109.
Fruit. Coupe transversale.

Pigamons, acquérir, principalement par le fait de la culture, des lamelles pétaloïdes de forme, de taille et de situation variables [1], qui représentent les étamines extérieures transformées en stami-

<hr>

1. Dans l'*A. spicata*, on peut observer quatre ou cinq staminodes pétaloïdes, alternant à peu près exactement avec les sépales (comme dans les fig. 106, 107); mais cette situation n'est pas constante. Il y a aussi à peu près alternance dans la fleur tétramère de l'*A. brachypetala* qui est représentée dans la fig. 104. Dans les *Cimicifuga frigida* WALL. et *Actinospora dahurica* FISCH. et

nodes (fig. 106, 107). Ce sont des plantes herbacées des régions froides et tempérées de l'Europe [1], de l'Asie [2] et de l'Amérique boréale [3]. Leurs tiges souterraines sont des rhizômes analogues à ceux des Hellébores. Leurs rameaux aériens sont chargés de feuilles alternes, semblables à celles des Pigamons, légèrement engaînantes à leur base et plusieurs fois [4] décomposées-pennées, ou simplement digitées, ou même à peine découpées, dans certaines espèces japonaises, telles que l'*A. acerina* [5]. Leurs inflorescences sont terminales; ce sont des grappes plus ou moins allongées, tantôt simples, tantôt composées, ce caractère pouvant varier dans une même espèce et sur un même pied. Les fleurs sont presque toujours solitaires à l'aisselle de bractées alternes; il arrive cependant çà et là qu'elles sont accompagnées d'une fleur latérale plus jeune. Vers le sommet des inflorescences, le nombre des étamines peut diminuer de beaucoup, et le gynécée peut avorter comme dans les genres précédents; de façon qu'il y a des pieds d'*Actæa* qui sont polygames.

Ainsi constitué [6], le genre Actée, dont les rapports avec les Renoncules par les *Trauttvetteria*, et avec les Ancolies par les *Xanthorhiza*, sont reconnus de tout le monde, a encore été rapproché par plusieurs auteurs des Pivoines, à cause de ses ovaires multiovulés et de la forme de ses feuilles.

IV. SÉRIE DES PIVOINES.

Tandis que toutes les Renonculacées que nous avons étudiées jusqu'ici ont des fleurs à réceptacle convexe et présentent, par consé-

---

MEY., on observe souvent toutes les transitions entre des pétales entiers, des pétales bifides et des étamines à filet bifurqué, dont chaque branche supporte une loge d'anthère anormale.

1. GREN. et GODR., *Fl. fr.*, I, 51. — REICHB., *Icon.*, IV, 121. — H. BN, *in Adansonia*, IV, 54; *Dict. encycl. sc. méd.*, I, 665. — WALP., *Rep.*, I, 10; II, 738; *Ann.*, I, 5, 953; II, 5; IV, 9.

2. SIEB. et ZUCC., *in Act. phys. Monac.*, III, 734, t. 3. — FISCH. et MEY., *Ind. sem. hort. Petrop.* (1835), I, 20. — WALL., *Pl. asiat. rarior.*, t. 129, 264. — HOOK. F. et THOMS., *Fl. ind.*, I, 58.

3. HOOK., *Fl. bor.-amer.*, t. 2. — RAFIN., *in N.-York med. Repos.*, II, V, 350. — A. GRAY, *Ill.*, t. 19, 20.

4. Elles le sont jusqu'à quatre et cinq fois dans les *A. racemosa, spicata,* etc.

5. *Pytirosperma* SIEB. et ZUCC. (*in Act. Math. Phys. Monac.*, III, 734, t. 3). Elles y sont même quelquefois simples. D'ailleurs ces plantes sont inséparables des *Macrotys*, dont elles ont le périanthe, l'androcée et le gynécée souvent unicarpellé; mais il y a certainement des fleurs de *Pytirosperma* à plusieurs carpelles.

6. *Actæa* sect. 4.
1. *Christophoriana* (T.). Un carpelle charnu. Graines lisses.
2. *Botrophis* (RAFIN.). Un carpelle sec. Graines lisses.
3. *Pytirosperma* (S. et ZUCC.). Un ou quelques carpelles secs. Graines hérissées.
4. *Cimicifuga* (L.), *Actinospora* (S. et ZUCC.). Plusieurs carpelles secs. Graines hérissées.

quent, des folioles du périanthe et des étamines à insertion hypogyne,
le réceptacle floral devient légèrement concave dans les Pivoines [1];
le fond de la coupe réceptaculaire supporte les carpelles, pendant que
le calice, la corolle et les étamines s'insèrent périgyniquement sur
les bords de cette même coupe. Les fleurs sont d'ailleurs hermaphrodites et régulières. Si nous examinons celles du *P. albiflora* PALL.
(fig. 110), nous voyons que leur pédoncule, dilaté supérieurement

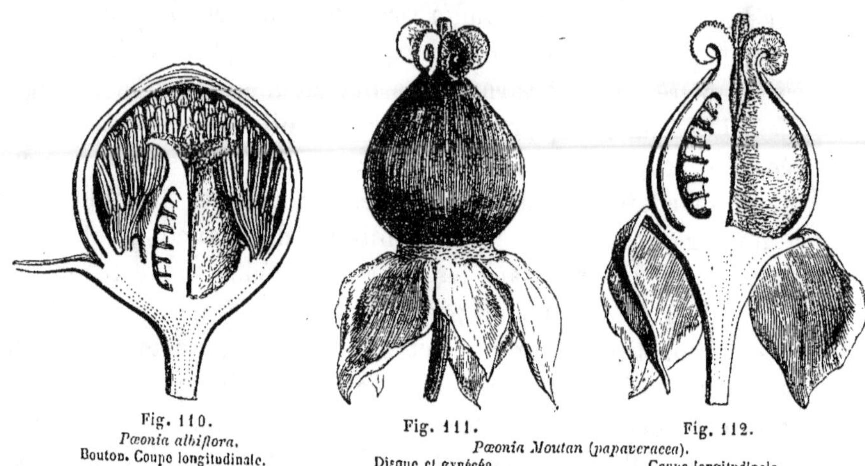

Fig. 110.
Pæonia albiflora.
Bouton. Coupe longitudinale.

Fig. 111.
Pæonia Moutan (papaveracea).
Disque et gynécée.

Fig. 112.
Coupe longitudinale.

en une coupe réceptaculaire assez profonde, porte sur ses bords un
calice qui est souvent [2] formé de cinq sépales libres, dissemblables [3]
et disposés dans le bouton en préfloraison quinconciale. Les pétales
sont également libres, pourvus d'un onglet très-court, souvent en
même nombre [4] que les sépales, alternes avec eux et imbriqués aussi
dans la préfloraison [5]. Les étamines sont en grand nombre, insérées
suivant une spire à tours nombreux et très-rapprochés les uns des
autres. Leurs anthères, biloculaires et introrses [6], sont étroites et

1. *Pæonia* T., *Inst.*, 273, t. 145. — L., *Gen.*,
n. 678. — JUSS., *Gen.*, 234. — D. C., *Prodr.*,
I, 65. — SPACH, *Suit. à Buff.*, VII, 394. — ENDL.,
Gen., n. 4804. — B. H., *Gen.*, 10, n. 30. —
H. BN, *in Adansonia*, III, 45; IV, 56.

2. Ce n'est que théoriquement qu'on peut
admettre seulement cinq sépales et considérer
comme bractées les folioles plus extérieures qui
ressemblent plus ou moins aux feuilles (Voy.
Adansonia, IV, 3).

3. Plus ils sont intérieurs, plus leur forme
et leur consistance sont celles des pétales; plus
ils sont extérieurs, plus ils ressemblent aux
bractées.

4. Sauf les cas de dédoublements.

5. La préfloraison est quelquefois quinconciale, avec cinq pétales. Mais, plus souvent, il
n'y a qu'un pétale tout à fait enveloppé et qu'un
pétale tout à fait enveloppant. Les pétales sont
très-caducs.

6. La coupe transversale des anthères montre
qu'elles sont formées de quatre lobes à peu près
égaux, séparés par quatre sillons longitudinaux
et appartenant deux à chaque loge. L'anthère
n'a réellement que deux loges. Elle est très-
nettement introrse dans les *P. arietina*, *Wittmanniana*, et beaucoup moins dans les *P. officinalis*,
mollis, etc.

allongées et s'ouvrent par deux fentes longitudinales[1]. Leurs filets, un peu inégaux entre eux, sont attachés à la base de l'anthère, libres, grêles[2] et insérés en dehors du rebord saillant que forme un disque glanduleux qui tapisse la concavité du réceptacle et la dépasse plus ou moins. Ce n'est ici qu'un petit bourrelet inégalement crénelé, tandis que, dans d'autres espèces, comme le *P. papaveracea* Andr.[3] (fig. 111, 112), ce disque s'élève pour former un sac coloré qui simule une réunion d'organes appendiculaires, et entoure complétement les ovaires, en ne laissant sortir que les styles par l'étroite ouverture que présente son sommet[4]. Le gynécée est formé d'un nombre variable[5] de carpelles libres et composés chacun d'un ovaire uniloculaire, atténué supérieurement en un style dont la face intérieure est parcourue par un sillon longitudinal à bords épais, réfléchis et chargés de papilles stigmatiques. Dans l'angle interne de l'ovaire est un placenta vertical qui supporte deux rangées d'ovules anatropes[6], à peu près horizontaux et se regardant par leurs raphés. Le fruit est formé d'autant de follicules, accompagnés du calice persistant, déhiscents longitudinalement suivant leur angle interne (fig. 113) et laissant échapper de grosses graines (fig. 114) qui, sous leurs téguments, ren-

Fig. 113.
Pæonia Moutan (papaveracea).
Fruit ouvert.

Fig. 114.
Pæonia peregrina.
Graine.

ferment un embryon entouré d'un albumen charnu, et dont le funi-

1. En outre, après la déhiscence, les anthères se tordent sur elles-mêmes ou se révolutent, en commençant par le sommet.

2. Les filets sont d'autant plus courts qu'ils sont plus extérieurs. Le poids des anthères pendantes les entraîne en bas, après l'épanouissement des fleurs.

3. C'est plutôt une simple variété à pétales blancs, tachés de pourpre, et à disque très-développé, du *P. Moutan* Sims (Andr., ex D. C., *Prodr.*, I, 65).

4. Quelle que soit sa taille, cet organe se développe comme un disque, c'est-à-dire tardivement. Lorsqu'il entoure presque complétement le gynécée, les carpelles, d'abord rapprochés les uns des autres, s'écartent du centre de la fleur, pour s'étaler avant de s'ouvrir individuellement, et déchirent ce disque de haut en bas, d'une manière plus ou moins irrégulière.

5. Quand il y en a cinq ou six, ils sont super-posés ordinairement aux cinq ou six folioles les plus intérieures du calice. Le nombre trois est également fréquent. Dans le *P. Wittmanniana*, où le fait est fréquent, les trois carpelles sont superposés aux trois pétales intérieurs. Dans les variétés cultivées du *P. Moutan*, on voit jusqu'à quinze ou vingt carpelles, souvent stériles, groupés en tête, comme ceux d'une Renoncule. Il y a assez souvent deux carpelles, mais très-rarement un seul.

6. Ces ovules ont deux enveloppes. L'extérieure forme d'abord une sorte de cuilleron, assez largement ouvert en dehors. Le funicule, épais, trapu et conique, se renfle de bonne heure pour commencer la formation de l'arille. Dans le très-jeune âge, les ovules les plus jeunes sont en haut des placentas, et souvent aussi, mais non constamment, tout à fait à la partie inférieure. L'évolution ovulaire commence donc vers la base de l'ovaire, ou au-dessous du milieu de sa hauteur.

cule se dilate autour du hile, pour former un arille charnu peu considérable[1].

Les Pivoines ont quelquefois, au lieu d'une corolle pentamère et quinconciale, deux corolles formées chacune de trois pétales, les extérieurs alternant avec les trois sépales intérieurs, et les trois pièces de la corolle intérieure alternant avec celles de la corolle extérieure. C'est ce qui arrive constamment dans le *P. Wittmanniana* STEV.[2], espèce dont la corolle est jaune, au lieu d'être blanche ou rouge, comme celle des autres Pivoines, et dont on peut faire le type, non d'un genre distinct, mais d'une section[3], qui est aux Pivoines proprement dites ce que les Hépatiques sont aux Anémones, et les Ficaires aux Renoncules. Tout est d'ailleurs semblable dans le reste de l'organisation; et, dans cette espèce, comme dans toutes les autres, le nombre des pétales peut devenir plus considérable encore, par suite de dédoublements qui portent de préférence sur les pièces intérieures de la corolle, ou de la transformation des étamines extérieures, comme il arrive dans les fleurs doubles.

Les Pivoines sont le plus souvent des plantes herbacées, vivaces, à souche épaisse, émettant des rameaux aériens chargés de feuilles alternes, disséquées ou décomposées-pennées, et terminés par de grosses fleurs sous lesquelles on observe un certain nombre de bractées qui continuent l'ordre spiral des feuilles et des sépales, et qui, pour la forme, sont intermédiaires aux unes et aux autres[4]. Le *P. Moutan* SIMS[5], espèce chinoise, dont la culture a multiplié les formes, et dont on a fait le type d'une section[6], et même d'un genre distinct[7], diffère des autres espèces par ses tiges frutescentes. C'est aussi dans cette espèce que le disque, présentant un grand développement, enveloppe presque tout le gynécée. Les Pivoines her-

1. Mais dont l'existence est cependant incontestable et constante, quoiqu'on ait généralement considéré les Renonculacées comme totalement dépourvues d'arille.

2. STEVEN (*in Ann. sc. nat.*, sér. 3, XII, 374). — WALP., *Ann.*, II, 14.

3. *Tripæonia* H. BN, *in Adansonia, l. cit.*

4. Toutes les folioles qui entourent les pétales sont disposées dans l'ordre indiqué par la fraction $\frac{2}{5}$; et, comme nous l'avons dit, il est réellement impossible de décider où finissent les sépales et où commencent les bractées, aussi bien qu'on ne peut nettement séparer celles-ci des feuilles proprement dites. Ainsi, souvent, dans le *P. lobata* DESF., il y a cinq sépales orbiculaires, concaves et très-entiers; c'est à eux que sont superposés les carpelles, quand ils sont en même nombre. Plus en dehors, sont deux folioles étroites et lancéolées; et, entre elles et les cinq sépales arrondis, une foliole intermédiaire comme position et comme forme, car elle est ovale-aiguë. Dans les fleurs du *P. tenuifolia* L., les bractées sont, comme les feuilles, plus ou moins déchiquetées; le sépale 1 est encore découpé tandis que les sépales 4 et 5 sont entiers et arrondis. Des faits analogues s'observent dans les *P. officinalis, corallina, Moutan,* etc.

5. *Bot. Mag.*, t. 1154. — D. C., *Prodr.*, I, 65, n. 1.

6. Sect. I, *Moutan* D. C., *l. cit.*

7. LINDLEY, ex B. H., *l. cit.* Le même auteur a fait (*Veg. Kingd.*, 428) une section Onœpia.

bacées [1] croissent dans l'hémisphère boréal, en Europe, en Asie [2] et en Amérique [3].

Nous avons replacé, non sans quelque doute [4], à côté des Pivoines, les *Crossosoma* [5], que plusieurs auteurs ont rangés parmi les Dilléniacées [6]; et cela parce que nous accordions plus d'importance à leur insertion périgynique qu'à la persistance de leur calice [7] et à l'existence d'un arille autour de leurs graines [8]. Leur réceptacle [9] est une coupe profonde qui porte sur ses bords cinq sépales et cinq pétales alternes, imbriqués dans le bouton, avec un grand nombre d'étamines libres et périgynes. Leurs filets sont grêles, filiformes, et leurs anthères oblongues ont deux loges qui s'ouvrent sur les bords par deux fentes longitudinales [10]. Au fond du réceptacle s'insèrent les carpelles, en nombre variable [11], comme ceux des Pivoines. Ils sont libres et composés d'un ovaire uniloculaire, atténué en un style court dont le sommet se renfle en une tête stigmatifère discoïde et oblique. Dans l'angle interne de l'ovaire se trouve un double cordon placentaire portant des ovules en nombre indéfini, disposés sur deux rangées parallèles, horizontaux, anatropes et dont le hile est entouré d'une petite manchette ciliée. Celle-ci devient un arille à longs filaments autour des graines qui sont réniformes [12], et qui, sous leurs téguments épais, renferment un albumen charnu arqué, enveloppant l'embryon. Le fruit est sec et déhiscent [13]. La seule espèce connue, le *C. californica*, est un petit arbuste rameux [14], à feuilles alternes, simples, obovales-oblongues, atténuées à leur base, à pétiole court et

---

1. Sect. II, *Pæon* D.C., *l. cit.* (*Eupæonia* H. Bn, *l. cit.*).

2. Gren. et Godr., *Fl. fr.*, I, 52. — Reichb., *Icon.*, 122-128. — Koch (*in Ann. sc. nat.*, sér. 2, III, 371). — Boiss., *Diagn. pl. orient.* — Hook. et Th., *Fl. ind.*, I, 60. — S. et Zucc., *Fl. jap. fam.*, 76. — Walp., *Rep.*, I, 61 : II, 745 ; V, 7 ; *Ann.*, I, 14 ; II, 4 ; IV, 30.

3. C. Gay, *Fl. chil.*, I, 56.

4. *Adansonia*, III, 47 ; IV, 57.

5. Nutt., *Pl. Gamb.* (*in Journ. Ac. Philad.*, sér. 2, I, 150). — Torrey, *Exp. Wipple, Bot.*, t. 1. — B. H., *Gen.*, 15, n. 17.

6. MM. Bentham et Hooker disent (*l. cit.*) de ce genre, en le comparant aux Pivoines : « *Differt sepalis persistentibus et seminibus arillatis* Dilleniacearum. » Or il se trouve que ces deux caractères existent, quoiqu'à des degrés différents, dans les deux genres.

7. Le calice persiste dans le *Crossosoma* et dans la plupart des Pivoines.

8. Les Pivoines ont un arille court, quelque nom qu'on veuille donner à cet organe.

9. La plupart des auteurs considèrent ce réceptacle comme un tube formé par la base du calice ; le mode d'insertion des étamines prouve qu'il s'agit ici du même organe que celui qu'on observe à la base des fleurs des Rosacées.

10. En outre les anthères s'enroulent sur elles-mêmes en spirale, après la déhiscence, comme celles de quelques Pivoines.

11. On dit qu'il y en a de trois à cinq.

12. Ces graines rappellent encore beaucoup, par leur configuration, celles de certaines Ménispermées, entre autres de la *Coque du Levant*.

13. Il se sépare, dit-on, en deux valves.

14. On dit que l'écorce qui couvre les branches est très-amère. Les feuilles sèches le sont légèrement ; caractère qui, joint à plusieurs autres, fait songer à une affinité du *Crossosoma* avec les Simaroubées. « *Multis notis* Simarubaceis *convenit*, disent MM. Bentham et Hooker (*l. cit.*), *sed recedit staminibus* ∞, *ovulo et arillo.* »

à limbe penninerve veiné. Les fleurs sont solitaires au sommet des rameaux.

C'est seulement maintenant que tous les genres de cette famille nous sont connus, que nous pouvons pertinemment nous occuper de ses caractères généraux. Quelques-uns sont constants; dans tous les genres étudiés nous avons remarqué : qu'il y a un albumen dans la graine, autour de l'embryon; que l'ovule est totalement ou incomplétement anatrope; que les pièces du périanthe, de l'androcée sont libres d'adhérences entre elles, et que le nombre des étamines n'est jamais rigoureusement défini [1].

D'autres caractères, sans être absolument constants, s'observent très-fréquemment, et sont par conséquent d'une grande valeur. Tels sont : l'alternance des feuilles [2]; l'absence de stipules à leur base [3]; la disposition spirale des pièces de la fleur [4]; l'indépendance des carpelles; la forme convexe du réceptacle floral, et, comme conséquence, l'insertion hypogynique des verticilles extérieurs [5].

D'autres enfin sont essentiellement variables et ne peuvent servir, par suite, qu'à distinguer entre eux des groupes tout à fait secondaires. Ce sont : la persistance des pièces du périanthe autour du fruit [6]; la forme régulière ou irrégulière de ces pièces [7]; leur nombre absolu dans un verticille ou faux verticille, et le nombre même de ces verticilles [8]; la direction de la face et du dos de l'anthère [9]; le

1. Caractères qui, par eux-mêmes, n'auraient aucune valeur taxonomique, car ils se retrouvent dans de nombreuses familles.

2. Les Clématites seules font exception.

3. Il y a des pétioles à base dilatée, qui se rapprochent beaucoup, par leurs espèces d'ailes latérales, des stipules proprement dites. En principe les Renonculacées n'ont pas de stipules, mais il est difficile de ne pas donner ce nom aux lamelles qu'on observe à la base des feuilles, dans certains *Thalictrum*, *Isopyrum*, etc., surtout des feuilles florales de ces derniers.

4. Dans les Ancolies, il y a apparence de verticilles véritables; mais les rayons d'étamines ne représentent peut-être que des spires secondaires très-visibles et verticales, ou à peu près.

5. Les Pivoines et le *Crossosoma* seuls sont périgynes.

6. On a attribué une valeur considérable à ce caractère qui, a-t-on dit, distingue les Dilléniacées des Renonculacées. Nous ne lui en accordons presque aucune, comme nous l'avons dit plusieurs fois. On sait par exemple que, des deux sections établies dans le genre *Caltha*,

l'une a les sépales persistants, et l'autre, caducs, etc. (Voy. *Adansonia*, IV, 36).

7. En général, les descripteurs ont confondu l'irrégularité de la corolle et celle des sépales ou pétales. Des sépales très-singuliers dans leur forme, éperonnés, en casque, etc., peuvent être très-réguliers. D'autre part des sépales sans éperon peuvent être réellement irréguliers, leurs deux moitiés étant insymétriques (*o. cit.*, IV, 9).

8. La preuve que ce nombre des verticilles n'a pas d'importance, c'est la facilité avec laquelle on passe, dans les Pivoines, Anémones etc., d'un verticille quinconcial, à deux verticilles trimères à pièces alternantes (Voy. p. 39, 45, 65).

9. Jusqu'à DE CANDOLLE, on croyait que les Renonculacées avaient les anthères extrorses en général; et les Dilléniacées, les anthères introrses. C'est A. DE SAINT-HILAIRE qui le premier a rectifié cette erreur (Voy. *Adansonia*, IV, 14, not.). Il y a beaucoup plus de Renonculacées à anthères introrses qu'on ne l'a généralement admis. Les Nigelles, Pieds-d'Alouette, *Eranthis*, etc., décrits comme ayant des anthères extrorses, les ont nettement introrses.

nombre des carpelles ; le nombre des ovules contenus dans chaque carpelle ; la direction de ces ovules[1] et celle des graines ; la consistance du péricarpe[2].

C'est à LINNÉ qu'est due l'institution première de cette famille. BERNARD DE JUSSIEU, dans sa classification du jardin de Trianon[3], n'a fait que l'emprunter à l'auteur des *Fragmenta botanica*, et A.-L. DE JUSSIEU[4] a simplement reproduit l'œuvre de son oncle, en ajoutant à ses *Ranunculi* les *Podophyllum,* dont la place dans ce groupe a été fort contestée ; plus quatre petits genres peu importants[5]. ADANSON a été accusé d'avoir, dans son ouvrage capital[6], détruit l'homogénéité de ce groupe, en y joignant la plupart des Alismacées ; nous avons dit ailleurs[7], et nous redisons, que sa manière de faire nous paraît extrêmement rationnelle. Telles qu'elles sont dans le *Genera plantarum* de JUSSIEU, les Renonculacées comprennent[8] vingt-trois genres, étudiés par A.-L. DE JUSSIEU lui-même, dans plusieurs mémoires détachés[9], et, après lui, par la plupart de ses continuateurs, avec une prédilection et une attention toute particulière, comme représentant par leur ensemble un des groupes végétaux les plus propres à servir de types aux principes taxonomiques les plus importants[10]. Des genres admis dans le *Genera,* SALISBURY sépara, à titre de types génériques distincts, les *Knowltonia* (p. 49), *Eranthis* (p. 16) et *Coptis* (p. 18). Les auteurs du *Flora altaica* établirent de même les genres *Callianthemum* (p. 39) et *Oxygraphis* (p. 50). DE CANDOLLE avait déjà fait rentrer les *Atragene* dans le genre *Clematis,* et les *Cimicifuga* dans le genre *Actæa;* mais il avait admis comme genres distincts le *Tetractis* de SPRENGEL, l'*Hepatica,* et, avec doute, l'*Ene-*

---

1. Le *Callianthemum* est la seule Renonculacée qui ait l'ovule suspendu, avec le micropyle extérieur. Sinon, tout ovule ascendant a le micropyle extérieur, et tout ovule descendant a le micropyle intérieur. Nous verrons que si les Dilléniacées avaient un ovule descendant, il serait comme celui du *Callianthemum* ; mais, quand leurs ovules sont en petit nombre, ils sont ascendants.

2. Nous n'avons pas attaché grande importance à ce caractère. Une Amande bien mûre, à péricarpe entièrement sec, peut-elle être distinguée génériquement d'une Pêche à mésocarpe succulent? Nous ne le croyons pas. Et nous rappelons ici l'exemple des *Adonis,* dont le fruit, drupe aujourd'hui, sera akène demain. Nous n'avons pu fonder de coupes génériques sur ce caractère.

3. *In* A. L. DE JUSSIEU, *Gen.,* LXVIII.

4. *Genera plantarum sec. ord. nat. dispos.* (1789), 231.

5. *Hydrastis, Hamadryas, Xanthorhiza, Cimicifuga.*

6. *Familles des Plantes* (1763), II, 451.

7. *Adansonia,* IV, 40.

8. Sans compter le *Podophyllum* que nous n'étudions pas actuellement.

9. Principalement dans celui qu'il signale lui-même (*o. cit.,* 235) : « *Apta generum signis numerosis affinium conjunctio ac dispositio jam in Act. Acad. Paris.* 1773, *statuta.* »

10. Nous avons vu qu'au contraire plusieurs auteurs considéraient cette famille comme inférieure en organisation (Voy. p. 47, note 2), et que des organes ailleurs distincts sont ici souvent comme confondus, dégénérés, et passant facilement de l'un à l'autre.

mion de RAFINESQUE (p. 21). Il en résulte que le *Prodromus* énumère vingt-huit genres de Renonculacées. MM. SIEBOLDT et ZUCCARINI y ont ajouté les deux genres japonais *Anemonopsis* et *Glaucidium* (p. 24); MM. HOOKER et THOMSON, le *Calathodes* de l'Inde (p. 22); et c'est à NUTTALL qu'est due la création du genre *Crossosoma* (p. 66), qui n'appartient pas sans contestation aux Renonculacées. En somme, on a admis dans ce groupe jusqu'à une soixantaine de genres distincts; nous en avons réduit le nombre à dix-neuf[1].

Ainsi constituée par tant de travaux qui se succèdent depuis un siècle, cette famille de végétaux est une de celles que B. DE MIRBEL a nommées si heureusement : *familles par enchaînement*. Les genres s'y suivent, et de près, les uns les autres; mais ils ne se groupent pas étroitement autour d'un centre commun. Aussi la variabilité des caractères a-t-elle permis aux différents auteurs d'établir dans le groupe total des divisions secondaires. ADANSON[2] y distingue tout d'abord deux sections : la première, « à capsules contenant plusieurs graines; » la seconde, « à capsules ne contenant qu'une graine. » A.-L. DE JUSSIEU[3] établit quatre sections : la première répond à la première d'ADANSON; la seconde d'ADANSON est partagée en deux autres, suivant que les pétales (non la corolle) sont réguliers ou irréguliers; une quatrième section est instituée pour les Actées à carpelle unique et polysperme. DE CANDOLLE[4] partage les Renonculacées en cinq tribus : la première, celle des *Clematideæ*, est caractérisée principalement par sa préfloraison valvaire-indupliquée et ses feuilles opposées; la seconde, celle des *Anemoneæ*, est remarquable, avant tout, par sa préfloraison imbriquée qui se retrouve dans le reste de la famille; mais dans la troisième tribu, celle des *Ranunculeæ*, la graine est dressée et non suspendue, et les pétales sont bilabiés ou munis d'une petite écaille basilaire; les *Helleboreæ*, qui constituent la quatrième tribu, ont des carpelles polyspermes; et la cinquième tribu, celle des *Pæonieæ* (qui est spécialement caractérisée par des anthères

---

1. Il est bien entendu que nous ne prétendons pas imposer comme absolus les genres que nous admettons, ni les limites dans lesquelles nous les renfermons. Il importe peu, en somme, du moment qu'on connaît bien les caractères communs et différentiels de deux groupes de plantes, qu'on les sépare comme genres ou qu'on les réunisse comme sections d'un genre unique. L'habitude est ici toute-puissante. On hésite à regarder comme tout à fait identiques deux termes génériques que tout le monde considère comme distincts depuis Linné; mais, dans l'état de confusion où se trouve la science, il nous semble qu'il y a avantage à diminuer, autant que possible, le nombre des coupes génériques.

2. *O. cit.*, 457, 459.

3. *O. cit.*; 1, *Capsulæ monospermæ non dehiscentes*; II, *Capsulæ polyspermæ... Petala irregularia*; III, *Capsulæ polyspermæ... Petala regularia*; IV, *Germen unicum. Bacca unilocularis polysperma.*

4. *Syst.*, 1, 127; *Prodr.* (1824), 1, 2-66.

introrses), est considérée comme devant peut-être former un ordre
distinct. ENDLICHER [1], MM. BENTHAM et HOOKER [2] ont admis sans chan-
gements les tribus établies par DE CANDOLLE. LINDLEY [3] les a légèrement modifiées en réunissant les Pivoines aux *Helleboreæ*, et en
rejetant les *Xanthorhiza* dans une section particulière avec les *Actæeæ*.
Ces différents classements sont plus ou moins commodes dans la pratique; mais nous ne les avons pas conservés, parce qu'ils reposent
sur la valeur absolue de caractères qui n'existent pas d'une manière
constante. L'opposition des feuilles, dans les Clématites, est un caractère très-facile à saisir, mais sans grande valeur absolue, puisque
beaucoup de genres existent ailleurs, dont certaines espèces sont
alternifoliées, et certaines autres oppositifoliées.

Le caractère de la préfloraison paraîtrait complétement satisfai-
sant, s'il n'y avait une époque de la vie des Clématites où leur périanthe peut devenir imbriqué comme celui des Renoncules [4]. Le
nombre absolu des ovules aurait de la valeur, si l'on ne savait maintenant que les Clématites, les Anémones, les Adonides, ont en réalité
cinq ovules et non un seul [5], tandis que les *Isopyrum* peuvent en
avoir plusieurs dans quelques carpelles et un seul dans les autres [6].
La direction ascendante ou descendante de l'ovule ou de la graine
n'est pas plus absolue, puisque, dans les seuls *Adonis*, on peut
observer l'une et l'autre [7]. Quant à l'orientation extrorse ou introrse
des anthères, elle a depuis longtemps perdu beaucoup de sa valeur;
et si les Actées, placées à côté des Pivoines, ont comme elles les
anthères introrses en général, quelques espèces [8] les ont au contraire
extrorses; et beaucoup d'autres Renonculacées à carpelles multiovulés, les Dauphinelles, Aconits, Nigelles, etc., ont des anthères in-
contestablement introrses. Nous n'avons donc pu, dans notre tentative
de groupement, reconnaître la *valeur absolue* et la *subordination* des
caractères; nous nous sommes vu contraint d'admettre et de com-
biner le plus grand nombre possible de caractères très-différents, et
de grouper les genres de Renonculacées que nous conservons, autour
d'un petit nombre de centres bien déterminés dont nous les rapprochons plus ou moins. Il en résulte que certains genres se trouvent

<hr>

1. *Genera plantarum, sec. ord. nat. dispos.*
(1836-40), 843, Ordo CLXXVIII.

2. *Genera plantarum, ad exempl. impr. in
herb. Kewens. def.*, 1 (1862), 1-10.

3. *Vegetable Kingdom* (1846), 425, Ord. CLIV.

4. Voy. p. 53, note 2, et *Adansonia*, IV, 55.

5. Voy. p. 44, fig. 76, et p. 48.

6. Voy. p. 48, note 3.

7. Voy. *Adansonia*, II, 209.

8. Il y a des fleurs du *Cimicifuga frigida*
WALL., dont les anthères sont nettement extrorses.

à la fois aux limites périphériques de deux ou plusieurs groupes, et indiquent par quels traits ces deux ou plusieurs centres se relient l'un à l'autre. Ou bien encore, si nous supposons qu'on développe sur une ligne ces groupes dont le prototype devient tête de colonne, nous obtenons un certain nombre de séries qui, parallèles ou à peu près, dans quelque étendue de leur parcours, vont ensuite en s'écartant plus ou moins dans différents sens, et doivent, par cela même, se couper de telle façon que leurs intersections indiquent encore les caractères communs aux différentes sections [1]. Ces têtes de série, que nous avons choisies provisoirement [2], sont l'*Aquilegia*, le *Ranunculus*, le *Clematis* et le *Pæonia*, dont nous faisons ensuite dériver les autres genres par les modifications que nous y présentent le nombre des ovules, leur direction, le nombre des pièces et des verticilles du périanthe, la symétrie florale, la préfloraison, la situation des feuilles, etc.

Les Renonculacées sont presque toujours des herbes, bien plus rarement annuelles que vivaces. Dans ce dernier cas, nous les avons vues, dans différents genres, se propageant à l'aide de bourgeons nourris pendant leur développement par les sucs amassés dans la base des bourgeons eux-mêmes ou dans des organes voisins [3]. Les tiges herbacées rentrent ordinairement, à peu de chose près, dans les limites de l'organisation normale. La moelle des rameaux à végétation rapide se raréfie quelquefois de manière à ce que les axes deviennent plus ou moins fistuleux [4]. Dans plusieurs de ces mêmes espèces, les faisceaux fibro-vasculaires, disséminés avec un ordre peu apparent dans la gangue celluleuse, présentent la même distribution que dans les tiges des Monocotylédones, et les rayons médullaires peuvent perdre leur direction rectiligne ordinaire, de manière à ce que leur exis-

1. C'est ainsi que nous avons montré (*Adansonia*, IV, 41), comment la Ficaire, très-analogue aux *Caltha*, relie par là les *Trollius* aux Renoncules; comment les Hellébores, très-voisins des *Trollius*, ramènent aux Nigelles qui sont des Ancolies à nectaires dédoublés. Les *Trautvetteria* s'unissent, par le port aux Actées et aux Pigamons, par la fleur aux Renoncules. Les *Thalictrum*, qui ne diffèrent des *Actæa* que par le moindre nombre de leurs ovules, sont, en même temps, par le *Syndesmon*, très-voisins des Anémones; et les *Xanthorhiza*, qu'on ne séparait autrefois, ni des Actées, ni des Pivoines, sont, comme l'a dit PAYER, des Ancolies à un petit nombre de verticilles staminaux.

2. D'après ce qui précède, les Clématites et les Anémones ne diffèrent les unes des autres que par la préfloraison de leur calice; et le groupement que nous proposons est tellement provisoire, que nous avons déjà dit (*Adansonia*, IV, 55) qu'au lieu de conserver la série des Clématites comme distincte, il vaudrait peut-être mieux la rattacher à celle des Anémones. Nous avons vu, en effet (p. 53) que la préfloraison des Clématites pouvait, à un moment donné, redevenir celle des Anémones.

3. Voy. p. 6, 32, 40.

4. Dans plusieurs Renoncules aquatiques, *Delphinium*, Aconits, Anémones, *Thalictrum* (sur ces derniers, voy. DE GERNET, *Xylologische Studien* (*in Bull. Soc. Mosc.*, 1861, 423).

tence paraisse contestable [1]. Ces faisceaux fibro-vasculaires, souvent nombreux dans des tiges herbacées qui n'ont vécu que quelques mois [2], sont en général d'autant plus développés qu'ils sont plus intérieurs. Dans les Hellébores [3], les Anémones [4], les faisceaux, quoique d'âges très-différents, peuvent former un cercle en apparence unique autour d'une moelle considérable. Dans plusieurs espèces herbacées, on a décrit en particulier la couche de cellules qu'on a appelée *gaine protectrice* [5]. Les axes des Renonculacées sont souvent encore remarquables par la pauvreté de leur système trachéen. D'ailleurs on a toujours signalé, dans cette famille, un certain nombre de plantes exceptionnelles par la consistance ligneuse, dans une étendue variable, de leur tige et de leurs rameaux ; ce sont principalement les Pivoines dites en arbre, le *Xanthorhiza* et les Clématites.

La portion ligneuse des rameaux du *Pæonia Moutan* ne présente presque rien de particulier au point de vue anatomique. La moelle considérable s'entoure d'une couche de bois à chaque période végétative. L'élément libérien est au contraire très-pauvre, et les couches celluleuses extérieures de l'écorce sont le siége d'une exfoliation lente et peu marquée, bien plus visible dans les *Xanthorhiza* et surtout dans les Clématites. Dans les premiers, sous un grand nombre de petites couches qui se recouvrent les unes les autres, avec une grande régularité, et qui, sur les branches âgées, sont alternativement blanches et brunâtres, c'est-à-dire mortes et prêtes à se détacher, on aperçoit une zone herbacée très-épaisse, formée de cellules disposées en chapelets et gorgées d'une matière colorante jaune et limpide [6]. Cette structure, au fond toujours la même, atteint

---

1. Hartig, *Beitr. z. vergl. Anat. der Holzpfl.* (in *Bot. Zeit.* (1859), 93, 96).

2. Sur des pousses herbacées de *Delphinium* n'ayant vécu qu'un mois, on en rencontre de trois, quatre et cinq âges successifs.

3. Link, *Icon. bot. anat.* (1857), II, XI, 1, 5. — I. Dumas, *o. cit*, 5-23, t. 1, 2. — Dans l'*H. fœtidus*, la moelle est énorme, formée de cellules souvent disposées en séries qui se dirigent dans tous les sens et qui constituent un réseau de chapelets dont les mailles sont séparées par des méats irréguliers. Les faisceaux fibro-vasculaires sont nombreux dans une pousse d'une saison ; ils sont remarquables en ce que leur tissu fibreux blanchâtre entoure les vaisseaux, non-seulement en dehors, mais encore sur les côtés. La hampe florale de l'*H. niger* présente la même organisation fondamentale. Les cellules corticales sous-épidermiques sont souvent gorgées de matière colorante rose.

4. Vaupell., *C. üb. d. periph. Wachsthum d. Gefässbund.* (1855), 21, t. 2. — La disposition des faisceaux dans les Anémones est la même au fond que dans les *Delphinium* annuels.

5. Caspary, in *Pringsheim's Jarbuech.* (1864), IV, 101.

6. Ce liquide jaune se retrouve, mais avec bien moins d'intensité, dans les jeunes fibres du bois. Le liber, peu épais, est incomplétement partagé en autant de segments pressés les uns contre les autres, qu'il y a, entre les rayons médullaires, de secteurs dans le bois dont les fibres serrées sont finement ponctuées. Les cellules de la moelle sont ponctuées également.

un haut degré de netteté et de régularité dans les Clématites, parce que leurs feuilles sont opposées ou verticillées ; et elle y a attiré l'attention d'un grand nombre d'observateurs [1]. Sur une tige hexagonale de Clématite, on observe une moelle peu considérable, entourée d'abord de six, puis de douze faisceaux prismatiques de bois, formés de fibres et de vaisseaux, et séparés les uns des autres par autant de rayons médullaires qui se continuent jusque dans le parenchyme cortical. A l'âge adulte, il n'y a autour de ce bois, ou qu'une lame enveloppante de liber, tout le reste de l'écorce étant tombé ; ou un certain nombre de lames libériennes dont la coupe transversale a la forme d'un croissant, et qui sont plus ou moins près de se détacher, entraînées par une lame de tissu cellulaire qui leur est intérieure. Ce n'est donc que dans le jeune âge qu'il y a, tout à fait en dehors de l'écorce, de l'épiderme et du parenchyme à cellules contenant de la matière verte. Plus âgées, les branches exfoliées de la plupart des Clématites ne présentent à leur surface que des faisceaux superficiels de fibres, séparés les uns des autres par l'extrémité périphérique des rayons médullaires [2].

1. Hundeshagen, ex Mohl (*in Ann. sc. nat.*, sér. 2, IX, 295). — Dutrochet, *Accroiss. des Végét.* (*in Mém. Mus.* (1821), VII. 397, t. 15, f. 4-7). — Girou de Buzareingues (*in Ann. sc. nat.*, sér. 1, XXX, t. 7, fig. 3, 4 ; sér. 2, I, 159, t. 5, fig. 1). — Schleiden, *Grundzuge d. Wiss. Bot.*, II, 160, fig. 145. — Quekett, *Histol.*, 84. — Carpenter, *Microsc.*, (1856), 431, 440 (? ex Oliv.). — Griffith et Henfrey, *The microsc. Dict.* (1856), 75, 387, 689.— A. Guillard (*in Ann. sc. nat.*, sér. 3, VIII, t. XVI).

2. L'évolution de ces tiges, au point de vue histologique, demande à être suivie de près et en détail. Dans un jeune axe hexagonal (les côtés peuvent augmenter de nombre, quand les feuilles deviennent verticillées), on ne voit d'abord, en dedans de l'épiderme chargé de poils simples, qu'un parenchyme à peu près homogène. Plus tard, paraissent six faisceaux fibro - vasculaires équidistants et formés de deux portions : l'une, fibro-vasculaire, appartenant au bois ; l'autre, représentant les fibres corticales, très-éloignée de la première dont la sépare une énorme zone génératrice celluleuse. Les rayons médullaires sont également très-larges ; c'est dans l'épaisseur de chacun d'eux qu'on voit apparaître, après très-peu de temps, six jeunes faisceaux fibro-vasculaires, alternant par conséquent avec les premiers et grandissant ensuite de manière à les égaler ou à peu près en dimensions. Quand les douze faisceaux se sont rejoints, comprimés, et sont tous devenus triangulaires sur la coupe transversale, le bois présente douze rayons médullaires linéaires qui les séparent les uns des autres. Quant aux douze faisceaux de fibres corticales, ils s'accroissent de telle façon que leur coupe transversale est bientôt celle d'un croissant à convexité extérieure. La zone génératrice est représentée alors, non plus par un anneau, mais par douze croissants celluleux, moulés sur la concavité des croissants fibreux. Plus tard encore, dans ce croissant celluleux, apparaissent des fibres qui se disposent aussi en un arc concentrique au précédent (outre que, comme l'a bien établi M. Girou de Buzareingues, il y a dédoublement de dehors en dedans, deux croissants fibreux se formant à l'intérieur de celui de première génération, deux autres en dedans de chacun de ceux de seconde génération, et ainsi de suite). On a ainsi, sur chaque fraction de la coupe transversale, deux arcs fibreux concentriques, séparés par un croissant celluleux. Là se fait une séparation ; les cellules se détruisent et quittent le croissant intérieur avec le croissant extérieur qu'elles entraînent. Telle est la cause de l'exfoliation. Il faut ajouter que, sous l'épiderme, au niveau des angles saillants de la tige, le tissu cellulaire cortical subit souvent encore une transformation en éléments allongés à paroi épaisse et blanchâtre ; ces faisceaux extérieurs tombent aussi plus tard avec les fibres détachées de l'écorce. C'est cette même exfoliation qui se produit dans les Pivoines, le *Xanthorhiza*, mais moins nettement, à cause de la multiplicité et du petit volume des faisceaux

AFFINITÉS. — B. DE JUSSIEU plaçait les *Ranunculi* entre les *Capparides* et les *Lauri*. ADANSON les rangeait entre sa famille des *Arum* et celle des Cistes qui comprenait les *Curatella, Sarracenia* et *Nigella*. A.-L. DE JUSSIEU en fait le premier Ordre de ses Dicotylédones polypétales hypogynes et les fait suivre de l'Ordre des Papavéracées. DE CANDOLLE et un très-grand nombre d'auteurs, à son exemple, commencent par les Renonculacées l'énumération des Polypétales thalamiflores, avant les Dilléniacées et les Magnoliacées. ENDLICHER les intercale, dans sa classe des *Polycarpicæ*, entre les Dilléniacées et les Berbéridées. LINDLEY[1] donne leur nom à son Alliance XXXII, celle des *Ranales*, où elles se trouvent entre les Dilléniacées et les Sarracéniacées. M. BRONGNIART[2] leur accordait exactement la même situation ; dans l'École de Botanique du Muséum, elles sont actuellement interposées aux Dilléniacées et aux Nymphæacées. M. J.-G. AGARDH[3] en fait trois familles des *Helleboreæ, Nigellaceæ* et *Ranunculeæ,* qu'il place entre les Podophyllées et les Adoxées. On ne peut, en définitive, douter de leur étroite parenté avec les *Polycarpicæ*, c'est-à-dire les Magnoliacées, Schizandrées, Anonacées, Ménispermées, etc. En somme, en dehors du mode d'évolution centripète de leur androcée, invisible à l'âge adulte, aucun caractère absolu ne les sépare des Dilléniacées, qui peuvent être considérées comme des Renonculacées des pays chauds, à tiges ordinairement ligneuses. Les *Acrotrema* herbacés font seuls ex-

qui paraissent disposés moins régulièrement sur une coupe transversale, par suite de l'insertion alternante des feuilles. Dans les Nigelles à tiges cannelées, en particulier dans la Garidelle ; dans les *Thalictrum*, dans certains Aconits, surtout ceux qui sont sarmenteux, les faisceaux fibro-vasculaires du bois et de l'écorce sont organisés de même ; et, dans la Garidelle, on voit nettement, sous l'épiderme, des angles saillants où le tissu extérieur de l'écorce devient aussi fibroïde, épaissi et allongé. Souvent, dans ces plantes, avant que les branches annuelles ne meurent, la portion fibreuse corticale de chaque faisceau commence à se détacher des parties plus profondes ; la mort de la branche arrête l'exfoliation. Dans quelques Clématites à rameaux herbacés annuels, comme le *C. tubulosa*, l'exfoliation n'a pas non plus le temps de se produire. Dans les jeunes rameaux du *C. montana* qui, chez nous, périssent après leur période végétative, il n'y a pas exfoliation de l'écorce, et les faisceaux se touchent et s'unissent dans leur portion corticale en une sorte d'anneau, de manière que l'ensemble du liber s'y rapproche

beaucoup de la forme tubuleuse qu'il offre dans un grand nombre de plantes ligneuses. Dans quelques espèces intermédiaires (sous ce rapport), les croissants fibreux de l'écorce se multiplient beaucoup, et de même les croissants celluleux qui les doublent, avant que la desquamation ne s'opère ; on a alors sous les yeux, à la fois, un très-grand nombre de ces petits arceaux d'âges si différents, et dont les extérieurs très-vieux commencent seuls à se séparer des plus jeunes. M. H. MOHL a fait remarquer (*in Ann. sc. nat.*, sér. 4, V, 144) que les cellules du prosenchyme cortical sont moins longues dans les Clématites qu'on ne paraît le croire généralement, et qu'elles n'y atteignent que de $\frac{4}{10}$ à $\frac{6}{10}$ de ligne.

1. *O. cit.*, 416.

2. *Énumération des genres de plant. cult. au Mus.* (1843), 96, Fam. 193.

3. *Theoria Systematis plantarum* (1858), 76, 77, 78, t. V, fig. 11-13. « Ranunculaceas..... exhibui, ut relationem cum Adoxa evidentiorem redderem. »

ception et se rapprochent autant que possible des Renoncules. Nous avons essayé de démontrer [1] que les Dilléniacées et les Renonculacées ne diffèrent les unes des autres, d'une manière absolue, par aucun des caractères que l'on a jusqu'ici invoqués pour les séparer; ni par la persistance du calice, ni par l'orientation des anthères, ni par la direction des ovules et de leurs diverses régions, ni par l'existence de l'arille; et que seulement la consistance herbacée des tiges est plus fréquente dans les Renonculacées que dans les Dilléniacées; tandis que celles-ci sont rarement dépourvues d'un arille dont l'existence est, au contraire, exceptionnelle et peu prononcée dans les Renonculacées. Le calice persiste, dit-on, toujours dans les Dilléniacées; il est plus souvent caduc dans les Renonculacées. Quant à la direction des ovules, « il n'y a qu'une Renonculacée qui possède un ovule suspendu, avec le micropyle extérieur à l'état adulte; et cette situation du micropyle s'observerait chez les Dilléniacées, si l'ovule était suspendu; puisque, dans l'ovule ascendant, le micropyle est intérieur. Toutefois on n'a pas encore observé de Dilléniacée dont l'ovule, quand il est solitaire, n'ait pas la direction ascendante. »

Les Renonculacées sont encore intimement reliées aux Berbéridées par l'intermédiaire du *Podophyllum* et du *Jeffersonia*. Ce dernier tenant en même temps aux Papavéracées par la Sanguinaire, les Renonculacées se trouvent fort rapprochées des Pavots dont l'organisation pistillaire est seule différente. Mais nous avons fait entrevoir [2] que la logique voudrait que, malgré cette différence qui n'est pas, au fond, considérable, les Papavéracées ne fussent pas placées dans un autre Ordre que les Renonculacées, de même que les *Monodora* ne sont pas séparés des Anonacées, ni les *Berberidopsis* des Lardizabalées, etc.

Nous avons dit encore [3] que les Alismacées étaient de toute manière très-voisines des Renonculacées, parce que certains *Alisma* ne présentent avec certaines Renoncules aquatiques qu'une seule différence : le nombre des cotylédons de leur embryon. Suivant nous, le rapprochement de ces deux types, dû à la sagacité d'Adanson, « est des plus conformes aux méthodes naturelles. »

Enfin les Rosacées, principalement par les Potentilles, sont bien moins éloignées des Renonculacées qu'on ne l'admet d'ordinaire.

1. *Adansonia*, IV, 36.
2. *Ibid.*, 39.
3. Voy. p. 68. A. L. DE JUSSIEU (o. cit., 235) a aussi rappelé ces rapports.

Le caractère de l'insertion, auquel on a accordé une valeur exagérée, ne sépare plus aussi nettement les deux groupes, depuis qu'il est démontré qu'il y a des Renonculacées périgynes[1]. L'absence d'un albumen, dans les Rosacées, paraît être jusqu'ici, au contraire, un caractère différentiel constant.

En somme, les relations des Renonculacées sont multiples; et si, afin de pouvoir les représenter toutes, on essayait de disposer sur une sorte de carte géographique les différentes familles qui leur sont alliées, il faudrait pouvoir agencer au milieu d'elles le pays des Renonculacées, de façon que ses frontières touchassent: par les *Acrotrema* aux Dilléniacées, par les *Podophyllum* aux Berbéridées, par les *Myosurus* aux Magnoliacées, par les *Knowltonia* aux Illiciées, par les Pivoines et les *Crossosoma* aux Rosacées, par les *Glaucidium* aux Papavéracées, par les Renoncules aquatiques aux Alismacées.

La distribution géographique[2] des Renonculacées se trouve en partie indiquée à la suite de chacun des genres que nous avons étudiés. Si maintenant nous nous livrons à des considérations d'ensemble, nous constaterons d'abord ces deux grands faits : qu'il n'y a presque pas de contrée du globe où il ne croisse au moins quelques plantes de cette famille; et qu'elles sont d'autant moins abondantes dans un pays, relativement aux plantes des autres familles végétales, que sa température est plus élevée. Il en résulte que plus un pays est voisin des zones tropicales, moins en général les Renonculacées y sont représentées, à moins toutefois que l'élévation du sol au-dessus du niveau de la mer ne vienne remédier jusqu'à un certain point à la position géographique de la contrée. Ainsi les portions chaudes de l'Amérique du Sud et de l'Inde sont presque totalement dépourvues des plantes de cette famille, dont le nombre augmente dès qu'on s'élève sur les montagnes septentrionales des Indes, ou vers la chaîne des Andes, à l'ouest de l'Amérique. Il n'y a au Sénégal que quelques Clématites; et il faut descendre vers le cap de Bonne-Espérance pour rencontrer quelques Anémones et les différentes espèces connues de *Knowltonia*. Dans toutes les contrées très-

1. Il est bien certain que la périgynie des Pivoines est peu prononcée; sans quoi elle aurait été reconnue depuis longtemps. Mais la concavité du réceptacle n'est pas plus marquée dans plusieurs Rosacées (Voy. *Adansonia*, III, 46) Le *Crossosoma*, dont la place est, il est vrai, contestable, est, au contraire, très-nettement périgyne.

2. Pour ce qui est relatif à la distribution géographique, en général voy. A. DE CANDOLLE, *Géographie bot. rais.* (1855); et, pour les espèces européennes, surtout celles du plateau central de la France, LECOQ, *Ét. sur la Géogr. bot.*, IV, 402-525 (1855).

chaudes, la somme des espèces de Renonculacées ne forme jamais un centième de la végétation totale ; tandis que, lorsqu'on commence à se rapprocher des régions plus tempérées, la proportion augmente graduellement. Dans la Caroline du Sud (ELLIOTT), comme sur le Chimborazo (JAMESON), les Renonculacées représentent déjà deux centièmes et demi du nombre total des espèces connues ; la proportion est la même encore au Japon (ZUCCARINI)[1]. Dans presque tous les pays tempérés de l'hémisphère boréal[2], elles forment des trois aux cinq centièmes de la végétation totale ; et le rapport s'élève jusqu'à six centièmes vers le pôle antarctique, en Patagonie (J. HOOKER), et de cinq à sept centièmes et demi, dans les régions arctiques[3]. Les pays qui sont les plus riches en Renonculacées s'étendent autour du lac Baïkal, et du Kamtschatka à la Daourie, puisqu'on admet que cette famille y forme de 1/19 à 1/25 de la flore totale ; et même, dans le pays des Tschukis, elle en représente jusqu'à 1/16[4]. Il ne faut pas, bien entendu, qu'avec l'altitude la température devienne trop longtemps rigoureuse chaque année, car alors le nombre des espèces présenterait quelque diminution. Ainsi, sur les 130 espèces[5] de Renonculacées qu'on trouve en France, il n'y en a plus qu'une cinquantaine sur les plateaux élevés du sud-est[6]. La nature minéralogique du sol paraît, en général, plus indifférente à ces plantes qu'à beaucoup d'autres. On voit, dans notre pays, le *Clematis Vitalba* croître sur le calcaire et le grès, de même que la Pulsatille, la Sylvie et plusieurs autres Anémones, l'Ancolie, la Ficaire, un grand nombre de Renoncules, les Aconits. Cependant l'*A. Anthora* préfère les terrains calcaires, ainsi que les *Ranunculus Thora, hybridus, Villarsii*[7] *arvensis*[8], le *Delphinium Ajacis,* le *Thalictrum aquilegifolium,* l'*Adonis vernalis,* etc.; tandis que les *Callianthemum* sont des plantes des ter-

---

1. En Chine, suivant M. DE BUNGE, la proportion est déjà de 3, 5 pour 100.

2. Voici les nombres indiqués par M. A. DE CANDOLLE (*o. cit.*, 1191-1260), avec le nom des auteurs auxquels il les a empruntés ; Russie d'Europe, 4, 5 (RUPRECHT) ; Iles Feroë, 4 (TREVELYAN) ; Amérique N.-O., 6 (HOOKER et ARNOTT) ; États-Unis, 2, 5 (RIDDELL, BECK) ; Caroline du sud, 2, 5 (ELLIOTT) ; Chimborazo, 2, 5 (JAMESON) ; Labrador, 4 (E. MEYER, HOOKER) ; Ile Sitcha, 7 (BONGARD) ; Daourie, 6 (LEDEBOUR) ; Altaï, 5 (LEDEBOUR) ; Kamschatka, 7 (HOOKER et ARNOTT) ; Saint-Pétersbourg, 3, 5 (FISCHER-OOSTER) ; Silésie, 4 (WIMMER) ; Duché de Posen, 4 (RIETSCHL) ; Lithuanie, 3 (GORSEI) ; Glaris, 5, 5 (HEER) ; Morbihan, 2 (DELALANDE) ; Sierra-Nevada, 4, 5 (BOISSIER) ; Baléares, 2, 5 (CAMBESSÈDES) ; Grèce, 2, 5 (CHAUBARD). Suivant M. A. DE CANDOLLE (*o. cit.*, 1258), la proportion est, en somme, la même pour les régions tempérées de l'ancien monde et pour l'Amérique septentrionale moyenne, c'est-à-dire 3, 2 pour cent.

3. A l'île Hermite, vers le Cap Horn, 6 (J. HOOKER) ; et au Spitzberg, 5 à 6 pour cent.

4. LECOQ, *o. cit.*, 405.

5. C'est le nombre des espèces admises par MM. GRENIER et GODRON (*o. cit.*, I, 3-53).

6. LECOQ, *l. cit.*

7. H. MOHL, ex A. D. C., *o. cit.*, 436.

8. LECOQ, *o. cit.*, IV, 483.

rains primitifs [1], et que les *Myosorus minimus*, *Caltha palustris*, *Trollius europœus*, *Actœa spicata*, etc., semblent mieux s'accommoder des sols siliceux volcaniques. Quelques genres et quelques espèces ont une aire très-vaste, principalement, comme toujours, les plantes aquatiques, telles que les *Batrachium* [2], les *Caltha*, les *Ranunculus repens, arvensis*, etc. Le genre Renoncule est représenté dans presque tous les pays du globe. Presque tous les genres appartiennent à la fois aux deux mondes, savoir : les *Clematis, Thalictrum, Anemone, Ranunculus, Myosurus, Caltha, Isopyrum, Aquilegia, Delphinium, Actœa, Pœonia*. Il n'y a que trois petits genres limités à l'Amérique : les *Xanthorhiza, Hydrastis* et *Crossosoma*. Les *Trollius, Nigella* et *Callianthemum* croissent dans l'ancien monde ; et l'on n'a rencontré qu'au Japon le *Glaucidium* et l'*Anemonopsis*. On a admis jusqu'à un millier d'espèces distinctes de Renonculacées [3]; mais on tend heureusement, de nos jours, à en restreindre le nombre qui paraît avoir été beaucoup trop multiplié, bien des formes ayant été élevées par les monographes au rang d'espèces distinctes [4].

Les Renonculacées sont pour l'homme quelquefois utiles et souvent dangereuses. Beaucoup d'espèces présentent dans leur feuillage cette teinte vert-sombre à laquelle l'instinct du vulgaire a souvent reconnu des plantes suspectes. Souvent alors elles sont vénéneuses, âcres, caustiques. Les Aconits, les Hellébores et les Renoncules ont été de tout temps célèbres sous ce rapport.

Les anciens savaient que l'Aconit est un poison très-énergique et un remède efficace [5]. Le nom du *Lycoctonum* indique assez qu'on s'en servait pour tuer les animaux sauvages. On faisait autrefois périr les criminels par l'administration du Napel. En Orient, principale-

---

1. H. Mohl, ex A. D. C., *o. cit.*, 432.

2. Le *Ranunculus aquatilis* est cité comme occupant un tiers au moins de la surface de la terre ; de même le *Caltha palustris*. Les *R. aquatilis*, *Thalictrum alpinum*, *Myosurus aristatus* représentent, dans cette famille, les espèces qu'on a appelées *disjointes*.

3. De Candolle n'en connaissait, en 1824, que 541.

4. Plusieurs des espèces admises par De Candolle ont été dédoublées. Beaucoup d'espèces entièrement nouvelles ont été depuis découvertes, surtout en Amérique, en Chine, au pôle antarctique. Néanmoins MM. Bentham et Hooker n'admettent aujourd'hui qu'environ 540 espèces de Renonculacées.

5. Selon Pline, dit Fuschs (*Hist. des plant.*, 68), «il est tout certain qu'*Aconitum* est le plus soudain de tous les poisons et venins... Toutefois l'on le tourne aux usages de la santé humaine, congnaissant par expérience qu'il est remède souverain.... L'Aconit est de ceste nature qu'il tue l'homme, si en l'homme il ne trouve chose qu'il puisse tuer ; car lors lucte et il se combat contre icelle, comme ayant trouvé son pareil dedans le corps. Et ce fait et cette lucte et combat seulement, quand le dit *Aconitum* ha trouvé autre venin, ou poison, dedans les parties intérieures. Et est chose merueilleuse que deux poisons mortelles estant dans l'homme, se tuent, et desfont l'un l'autre, l'homme demeurant sain et sauf. » Si nous citons ce passage, c'est qu'il pourrait également s'appliquer à toutes les autres Renonculacées pernicieuses et employées en médecine.

ment dans l'Inde, le *Bikh* [1], que WALLICH considère comme étant son *A. ferox* [2], passe pour un des poisons les plus terribles qu'on connaisse. Comme médicaments [3], les Aconits, principalement le Napel, et, plus rarement, les *A. Anthora, paniculatum, Lycoctonum* et *ferox*, ont été employés dans le traitement des névralgies, de la surdité, du rhumatisme, de la goutte, des maladies de cœur, de la dyspnée, de la dysenterie, des fièvres, de la diathèse purulente, des maladies cutanées chroniques, et contre l'érysipèle, la morve, le farcin, la syphilis, les hydropisies, les métrorrhagies, les fièvres d'accès, etc. Leur activité, comme poisons ou comme remèdes, paraît due uniquement à la présence de l'Aconitine, principe découvert par BRANDES et qui souvent s'administre en médecine à la place de la plante elle-même [4].

Les Hellébores, surtout les *H. officinalis* [5], *niger, fœtidus, hyemalis, orientalis* et *viridis* [6], étaient aussi connus des anciens comme des poisons et en même temps comme des médicaments. A dose relativement faible, ils constituent des évacuants énergiques et des parasiticides puissants. On en a autrefois abusé, surtout dans les maladies nerveuses; et l'on sait que, dans l'antiquité, une espèce au moins, qu'on croit être l'*H. orientalis* [7], passait pour guérir la folie. Aujourd'hui les Hellébores sont à peu près inusités en médecine et considérés comme trop dangereux pour être administrés.

Les Renoncules [8] sont en général fort âcres. Les noms des *R. acris, sceleratus,* disent assez leurs propriétés. Les *R. aconitifolius, bulbosus, gramineus, repens, tripartitus, Flammula, Lingua, Thora,* etc., sont vénéneux, irritants, épispastiques et employés comme tels dans certaines contrées. Beaucoup d'espèces sont considérées comme vénéneuses, insecticides, etc. Quelques-unes, comme le *R. glacialis,* sont, dit-on, des sudorifiques énergiques. Les anciens médecins considéraient tous les Bassinets comme ayant « vertu éminemment caustique. »

Dans beaucoup d'autres Renonculacées, le principe irritant s'affai-

---

1. Ou *Bish, Vish, Visha, Ativisha,* etc. (Voy. ROYLE, *Illustr.,* 40).

2. *Pl. as. rar.,* I, 33, t. 41.—D. C., *Prodr.,* I, 64. — *A. virosum* DON, *Prodr. fl. nep.,* 196.

3. Voy. PEREIRA, *Mat. med.,* ed. 4, II, II, 684. — *Dict. enc. sc. med.,* I, 577.

4. Voy. *Dict. enc. sc med.,* I, 598.

5. LINDLEY, *Bot. Reg* (1842), t. 34, 58.

6. GUIBOURT, *Drog. simpl.,* ed. 4, III, 690. — PEREIRA, *Mat. med.,* ed. 4, II. II, 680. PAYER a reconnu que ce que l'on vend en pharmacie sous le nom d'Hellébore noir n'est autre chose que le rhizôme de l'*H. viridis.*

7. Voy. BRAUN, *Pl. hort. berol. (in Ann. sc. nat.,* sér. 4, I, 367).

8. PEREIRA, *l. cit.,* 678. — GUIB., *l. cit.,* 689.

blit ou ne réside plus que dans des portions limitées de la plante. Les *Delphinium* ne sont plus souvent que de simples astringents, comme les *D. Consolida, Ajacis* ; tandis que les graines de la Staphysaigre [1] sont assez âcres pour pouvoir être employées en poudre comme drastiques, vermifuges, et surtout pour détruire les insectes. Les Nigelles ont des graines à saveur simplement piquante, comme le poivre auquel on substituait autrefois celles du *N. sativa* [2], sous le nom de *Poivrette* ou *Toute-Épice*. Les anciens ont employé différentes Nigelles comme emménagogues et anticatarrhales.

Les Clématites sont aussi connues depuis longtemps comme pouvant ulcérer la peau sur laquelle on les applique. Les *C. Flammula, recta*, et surtout le *C. Vitalba* ou *Herbe-aux-Gueux* [3], servaient, dit-on, aux mendiants pour déterminer sur leur corps des vésications plus ou moins intenses. Elles sont, en effet, épispastiques, purgatives, hydragogues. Les anciens les ont considérées comme guérissant la gale, la lèpre, les scrofules et même la syphilis. Les styles plumeux et allongés de certaines espèces ont servi à préparer un papier particulier.

Différentes espèces du genre Actée [4], tel que nous l'avons limité, ont été employées encore en médecine, surtout dans l'Amérique du Nord. Les *A. brachypetala, racemosa, Cimicifuga* sont considérés à la fois comme astringents, irritants ; ils possèdent, sans doute, à peu près les mêmes propriétés que l'*A. spicata* de nos pays, qui a été prescrit comme astringent, antispasmodique, évacuant, insecticide, vénéneux, et qui ressemble, sans doute, sous tous ses rapports, aux Hellébores, aux souches desquels on a souvent mêlé les siennes [5].

Les Adonides [6] ont été aussi, d'après CLUSIUS, substituées aux Hellébores. Leurs propriétés générales paraissent être les mêmes

1. PEREIRA, *l. cit.*, 682. — GUIB., *l. cit.*, 698.
2. GUIBOURT, *l. cit.*, 694.
3. *Viornes, Vignes noires, Couleuvrées noires* des anciens (GUIB., *l. cit.*, 686). — La *Liane arabique* de l'Ile Bourbon, qui est le *C. mauritiana* LAMK, a, suivant M. VINSON (*Thès. Ec. Pharm.*, 1855), des propriétés vésicantes énergiques et se substitue avec avantage aux cantharides. Suivant COMMERSON, elle guérit l'odontalgie, en produisant sur la joue une révulsion inflammatoire. Le *C. dioica* L. est employé à la Jamaïque, d'après MACFADYEN (*Fl. Jam.*, I, 2), comme un purgatif hydragogue énergique ; on se sert d'une décoction des racines bouillies dans l'eau de mer. Les *C. erecta, Vitalba, Viorna*,

usitées autrefois contre les maladies chroniques de la peau, ne les guérissaient qu'en produisant une inflammation substitutive, souvent trop violente, et amenant des ulcérations. Les *Thalictrum* ont à peu près les mêmes propriétés irritantes que les Clématites, mais à un moindre degré. Aussi sont-ils employés quelquefois comme purgatifs dans les campagnes. Le *T. flavum* en particulier est connu dans plusieurs provinces sous le nom de *Rhubarbe des pauvres*.
4. *Dict. enc. sc. med.*, 1, 665.
5. MURRAY, *App. med.*, III, 48. — BENTLEY, in *Pharmac. Journ.*, III, 109.
6. *Dict. enc. sc. med.*, II, 40.

que celles des Renoncules. PALLAS rapporte que les souches des espèces vivaces sont emménagogues; et les *Knowltonia* du Cap sont assez irritants pour qu'une de leurs espèces ait mérité le nom de *K. vesicatoria;* on l'emploie, en effet, dans le pays, comme vésicant [1]. Les Anémones [2] de notre pays sont âcres; elles renferment de l'*anémonine,* matière neutre, très-vénéneuse, découverte par HEYER et BRUNSWICK. Elles irritent et ulcèrent la peau, sont employées comme antipsoriques en médecine vétérinaire, et tuent, dit-on, certains animaux lorsqu'ils s'en nourrissent. La Pulsatille est fort usitée dans la médecine homœopathique, où l'on admet qu'elle constitue un excellent antidote du mercure, et que, prise en olfactions, elle est souveraine contre les céphalalgies et autres névralgies, la migraine, les coliques, la constipation et la diarrhée, certaines hémorrhagies, les rhumatismes, l'éclampsie, etc. Les allopathes [3] savent qu'elle est, comme beaucoup de Renonculacées, irritante et vésicante. Ils expliquent par la révulsion qu'elle peut déterminer l'action curative que lui attribuent d'une façon positive, dans certaines fièvres, les personnes de la campagne qui s'appliquent les feuilles d'une manière prolongée autour des poignets. Elle modifie avantageusement quelquefois les surfaces dartreuses, mais elle peut aussi les ulcérer; elle a été préconisée contre la goutte, la gale, la syphilis, l'amaurose, la coqueluche, l'aménorrhée, les calculs. ORFILA a démontré qu'elle doit être placée au rang des poisons irritants les plus dangereux. Elle sert à préparer une eau distillée quelquefois employée comme cosmétique. Il n'y a pas de vertu qu'on n'ait attribuée à l'Hépatique; son nom seul indique qu'elle guérissait, croyait-on, les maladies du foie; elle était encore regardée comme efficace contre les affections du poumon, de la peau, de la vessie, les hernies, les blessures; elle n'est plus employée de nos jours.

Plusieurs Renonculacées sont amères, et, par suite, estimées comme toniques. Les *Coptis* [4], notamment le *C. Teeta* ou *Mishmee-bitter,* et le *C. trifolia,* ou *Golden-thread* des Américains, sont considérés comme tels aux États-Unis et employés contre les aphthes et les stomatites des enfants. La souche de l'*Hydrastis* du Canada [5] est fort

---

1. HARV. et SOND., *Fl. cap.*, I, 4.
2. Les anciens médecins confondaient la plupart d'entre elles avec les Renoncules, sous le nom commun de *Coquerets,* et leur accordaient à peu près les mêmes propriétés.
3. STÖRCK, *Libellus de usu medico* Pulsatillæ *nigric.*, 1771. — GUIBOURT, *o. cit.*, 688.
4. BIGELOW, *Med. Bot.*, I, t. 5. — PEREIRA, *Mat. med.*, ed. 4, II, II, 698.
5. BARTON, *Mat. med.*, II, t. 26. — BENTLEY, *in Pharmac. Journ.*, IV (1862), 540.

odorante et extrêmement amère; on la préconise comme un tonique puissant, et l'on fait remarquer cette particularité qu'elle renferme de la *berbérine*, principe qui existe aussi dans le *Xanthorhiza api-folia*[1] ou *Yellow-root*, plante à résine très-amère, très-tonique également, et qui pourrait remplacer le *Quassia amara;* son bois est, en outre, employé pour la teinture en jaune[2].

Les Ancolies ne sont plus regardées de nos jours, par certains auteurs, que comme légèrement toniques, et elles sont à peu près inusitées. Les anciens étaient fort partagés sur leur véritable valeur thérapeutique[3]. Il en est de même des modernes; car si les uns considèrent l'Ancolie vulgaire comme diurétique, apéritive, diaphorétique, antiscorbutique, pectorale, et admettent qu'elle prévient la gravelle, la pierre, et qu'elle guérit l'ictère, les sueurs des phtisiques, et que ses graines favorisent les éruptions varioleuse, scarlatineuse et celle du claveau, les autres ne la regardent que comme légèrement détersive et dépurative, ou sont tentés de la redouter comme devant produire les mêmes effets que l'Aconit. On emploie, dit Murray, ses fleurs à la fabrication d'un sirop qui imite celui de violettes. Fourcroy a signalé, dans ses graines, la présence d'un parfum très-suave. Sous ce rapport elle rappelle une Nigelle indienne employée, suivant Royle, à aromatiser certains mets dans l'Afghanistan, et qui, désignée dans ce pays sous le nom de *Siah-Dana*, pourrait bien être le *Cumin noir* de l'Écriture sainte.

Peu de fleurs, parmi celles des Renonculacées, ont une odeur plus agréable que celle de certaines Clématites qui pourraient être employées en parfumerie. La plupart sont inodores; les Anémones, et, entre autres, les Sylvies, parfois recherchées dans la parfumerie, ont une senteur très-légère. La matière jaune du périanthe de quelques Renoncules et *Caltha* sert, dit-on, à colorer le beurre. Un grand nombre de Renonculacées, surtout celles à fleurs doubles[4], sont

---

1. Barton, *Mat. med.*, II, t. 26. — Bentley, in *Pharmac. Journ.*, IV (1862), 12.

2. Voy. p. 72. Beaucoup de Renonculacées renferment des principes colorants, mais elles sont peu employées comme plantes tinctoriales. On trouve beaucoup de matière colorante jaune dans le tissu cellulaire de l'écorce et des rayons médullaires de plusieurs Pigamons; et l'on teint avec les *T. aquilegifolium, angustifolium, flavum,* etc. Les fruits de l'*Actæa spicata* fournissent de l'encre et de la couleur rouge. L'*Adonis apennina*, le *Caltha palustris*, le *Coptis trifolia*, l'*Hydrastis*, teignent en jaune; les fleurs du *Pæonia fœmina* en rouge; le *Delphinium Consolida* en vert; les pétales de l'Ancolie en bleu. Les feuilles de la Pulsatille servent à préparer une encre verte, et ses fleurs s'emploient à colorer les œufs dans le Wurtemberg (Duchesne, *Repert.*, 169-175).

3. « Il n'est pas vraisemblable qu'une herbe, qui n'est aucunement âcre, aie si grande vertu de résoudre et de digérer. » (Fuchs, *o. cit.*, 78).

4. On trouvera, dans le *Journal of Botany* de M. Seemann (1684), 177, une énumération de toutes les espèces de Renonculacées à fleurs doubles qui ont été cultivées.

employées à l'ornementation des jardins; les Renoncules et les Anémones étaient au nombre des six fleurs que les botanistes du siècle
dernier jugeaient seules dignes d'être cultivées dans les parterres.
Les Clématites sont recherchées comme plantes grimpantes pour
garnir les berceaux et les murailles.

Les Pivoines, par la taille et l'éclat de leurs pétales, leur odeur
souvent suave et la beauté de leurs fruits entr'ouverts, ne sont pas
moins appréciées dans nos jardins. Les Pivoines mâle (*Pæonia corallina*) et femelle (*P. officinalis*) étaient autrefois des espèces médicinales très-estimées [1]. La pierre, les coliques, l'ictère, les névroses les
plus graves, l'épilepsie, l'éclampsie, la manie, la morsure des animaux venimeux, les abcès, presque toutes les maladies, en un mot,
étaient, croyait-on, guéries par ces plantes. Elles sont à peine usitées
aujourd'hui. Leur souche est un peu astringente; leurs pétales servent
à faire une eau distillée et un sirop légèrement calmants; leurs semences sont émétiques et cathartiques; on ne sait pourquoi les col-
liers qu'on fait avec elles ont, dans certaines provinces, la réputation
de faciliter la dentition des enfants.

On a remarqué, depuis KRAPFEN, que le principe irritant des Renonculacées est si peu tenace, que la chaleur, l'ébullition, le dessé-
chement suffisent d'ordinaire pour le faire disparaître. Les acides
végétaux, et quelquefois l'eau seule, le détruisent; tandis que son
action passe pour être accrue par le vin, l'alcool, le miel et le sucre.
Il n'existe pas encore dans les organes peu développés; ce qui explique comment on a pu, dans certains pays, employer comme aliments les jeunes pousses de quelques Clématites, de la Ficaire, de
plusieurs Renoncules proprement dites [2]. Il serait prudent d'exclure
de l'alimentation de l'homme toute plante qui appartient à la famille
des Renonculacées. On a souvent fait observer combien il est singulier que les Renonculacées, si analogues aux Papavéracées par la
plupart des traits de leur organisation, soient cependant presque
entièrement dépourvues de ce suc laiteux abondant et doué de propriétés toutes particulières, qu'on rencontre dans un grand nombre
de ces dernières. Toutefois, l'existence des vaisseaux laticifères a été
signalée dans quelques Renonculacées [3].

---

1. GUIBOURT, *o. cit.*, 701.
2. Les *Ranunculus auricomus, lanuginosus*, se
mangent bouillies. Les feuilles du *R. aquatilis*
desséchées servent à nourrir le bétail en Angle-
terre et en Alsace. Il paraît que les graines
cuites de plusieurs Pivoines se mangent également (DUCHESNE, *l. cit.*)
3. SCHULTZ (C. H.). *Mém. Circ.* (1839), 35,
41, 92.

GENERA

I. AQUILEGIEÆ

a. *Flos regularis.*

1. **Aquilegia** T. — Flores 5-meri. Calyx petaloideus imbricatus deciduus. Petala 5 alterna sæpius calcarata. Stamina alterne verticillata; verticillis ad 8-10 pentameris ; antheris extrorsis 2-rimosis. Staminodia interiora 10 alterne 2-verticillata. Carpella 5 sessilia libera pluriovulata. Folliculi 5 intus longitudine dehiscentes polyspermi. Semina albuminosa; embryo minutus. — Herbæ perennes, foliis alternis ternatim decompositis ; floribus solitariis terminalibus v. cymosis (*Europa, Asia, America bor.*). *Vid. p.* 1.

2. **Xanthorhiza** LHÉR. — Flores 5-meri. Calyx petaloideus imbricatus deciduus. Petala 5 alterna unguiculata glandulæformia, apice dilatata. Stamina alterne verticillata; verticillis 1-3 pentameris incompletisve ; antheris sublateralibus 2-rimosis. Carpella 5-15 sessilia libera pauciovulata. Folliculi longitudine dehiscentes sæpius abortu monospermi. — Frutex, foliis alternis pinnatisectis ; floribus e cymis paucifloris racemosis (*America bor.*). *Vid. p.* 6.

3. **Nigella** T. — Flores 5-meri. Calyx petaloideus imbricatus deciduus. Petala (staminodia?) sepalis (sæpius per paria) opposita, apice bifida. Stamina spiraliter inserta; antheris introrsis 2-rimosis. Carpella 2-15 (sæpius 5) inter se basi connata (oblique inserta) multiovulata, intus ad apicem maturitate dehiscentia. — Herbæ annuæ, foliis alternis dissectis flores terminales nonnunquam involucrantibus (*Europa, Asia occ.*). *Vid. p.* 8.

4. **Helleborus** T. — Calyx 5, 6-merus imbricatus persistens deciduusve. Petala (staminodia?) numero ordineque varia glandulæformia, rarius O. Stamina ordine spirali inserta; antheris extrorsum introrsumve rimosis. Carpella 2-∞ libera v. inter se basi connata sessilia stipitatave multiovulata, maturitate folliculatim dehiscentia. — Herbæ perennes, foliis palmatim pedatimve dissectis. Flores soli-

tarii v. cymosi pauci, nudi involucrative (*Europa, Asia occ., America bor.*). *Vid. p.* 12.

5. **Isopyrum** L. — Calyx 4-6-merus petaloideus imbricatus deciduus. Petala (staminodia?) numero varia glandulæformia, v. rarius 0. Stamina ordine spirali inserta, nonnunquam pauca; antheris rimosis sublateralibus. Carpella 2-∞ libera sessilia 1-∞ -ovulata, maturitate folliculatim dehiscentia. — Herbæ annuæ perennesve, foliis alternis v. suboppositis ternatim decompositis. Scapi uni v. pluriflori (*Europa, Asia, America bor.*). *Vid. p.* 19.

6. **Trollius** L. — Calyx petaloideus 4-∞ -merus deciduus v. rarius persistens. Petala (staminodia?) numero varia, v. rarius 0. Stamina numerosa ordine spirali inserta; antheris extrorsis lateralibusve rimosis. Carpella 5-∞ libera sessilia, maturitate folliculatim dehiscentia polysperma. Semina lævia arillatave. — Herbæ perennes, foliis palmatinerviis integris lobatisve aut dissectis; limbo rarius basi lobis intrusis auriculato. Scapi uni v. pauciflori (*Europa, Asia, America bor., mer., Australia*). *Vid. p.* 21.

7? **Anemonopsis** Sieb. et Zucc. — « Calyx ∞ -merus petaloideus deciduus. Petala ∞ sessilia calyce breviora, basi foveola nectarifera impressa. Stamina numero indefinita libera. Carpella pauca libera sessilia multiovulata. Fructus? — Herba foliis radicalibus ternatim decompositis. Flores laxe racemosi? (*Japonia.*) » *Vid. p.* 24.

8? **Glaucidium** Sieb. et Zucc. — Calyx 4-merus imbricatus petaloideus deciduus. Corolla 0. Stamina ∞ ordine spirali inserta libera; antheris basifixis ; loculis lateralibus rimosis. Carpella solitaria v. pauca (sæpius 2) receptaculo oblique inserta multiovulata, maturitate folliculatim dorso dehiscentia. Semina compressa, margine alata. — Herba perennis, foliis paucis alternis palmatilobis; flore solitario pedunculato (*Japonia*). *Vid. p.* 24.

b. *Flos irregularis.*

9. **Delphinium** T. — Calyx 5-merus irregularis imbricatus; sepalo postico plus minusve galeato calcaratove. Petala (staminodia?) per paria sepalis anteposita inæqualia (posticis 2 aut calcaratis aut cucullatis unguiculatis; lateralibus anticisque 6 aut deficientibus, aut forma variis, nonnunquam ad lamellas minutas reductis). Stamina numero indefinita libera ordine spirali disposita; antheris introrsum rimosis.

Carpella 1-5 sessilia libera multiovulata, maturitate folliculatim dehiscentia. — Herbæ annuæ perennesve, foliis alternis palmatim lobatis dissectisve; floribus racemosis bibracteolatis (*Europa, Asia, America bor.*). *Vid. p.* 25.

II. RANUNCULEÆ

10. **Ranunculus** HALL. — Calyx 5, rarius 3-merus imbricatus plerumque deciduus. Petala 3-20, basi foveola nectarifera, squamula forma varia v. O aucta, impressa, imbricata, corollam simplicem duplicemve constituentia, rarius omnino deficientia. Stamina ∞ receptaculo convexo forma vario ordine spirali inserta libera; antheris lateralibus v. extrorsum rimosis basifixis. Carpella ∞ uniovulata; ovulo sæpius adscendente; raphe introrsa; micropyle extrorsum infera. Achenia totidem capitata coriacea membranaceave. Flores nonnunquam polygami diœcive. — Herbæ annuæ v. sæpius perennes, foliis alternis integris dissectisve, rarius palmatilobis. Flores terminales solitarii v. cymosi, pseudo-corymbosi umbellative (*Orbis fere totius reg. frigid. et temper., rarius tropic.*). *Vid. p.* 33.

11. **Myosurus** DILL. — Calyx 5-8-merus; sepalis deorsum calcaratis. Petala (?) totidem parva lineari-tubulosa nectarifera vel O. Stamina carpellaque *Ranunculi* ∞ receptaculo elongato ramiformi ordine spirali inserta. Ovula in ovariis singulis solitaria pendula; micropyle introrsum supera; raphe dorsali. Achenia ∞ spicata. — Herbæ annuæ, foliis integris. Flores peduncalati solitarii terminales (*Orbis fere totius reg. temper.*). *Vid. p.* 42.

12. **Anemone** HALL. — Perianthium 4-∞-merum; foliolis petaloideis, aut exterioribus plus minusve herbaceis, uni v. pluriseriatis imbricatis. Stamina carpellaque *Ranunculi* ∞ receptaculo conoideo globosove ordine spirali inserta; exterioribus sterilibus anantheris, v. sæpius omnibus fertilibus; antheræ loculis lateralibus, subintrorsis v. subextrorsis. Ovaria 5-ovulata; ovulis 4 superioribus per paria superpositis abortivis minutis; inferiore autem fertili plerumque appenso; micropyle introrsum supera. Fructus baccatus drupaceusve, aut sæpius achenia capitata, stylo brevi caudatove, nudo v. barbato coronata. Semen adscendens v. sæpius appensum; micropyle introrsa. — Herbæ perennes, caudice subterraneo, foliis alternis lobatis dis-

sectisve. Flores aut axillares, aut sæpius terminales, solitarii cymo-
sive spurie umbellati ; involucro 1-3-phyllo floribus approximato
v. plus minusve remoto ; foliolis integris dissectisve (*Europa, Asia,
Africa austr., Australia, America bor., austr.*). *Vid. p.* 43.

13. **Callianthemum** C. A. Mey. — Perianthium *Ranunculi;* petalis
basi fovea nectarifera impressis. Stamina ∞ libera ordine spirali
inserta; antheris latere vel subintrorsum rimosis. Carpella ∞ biovulata; ovulo altero abortivo; altero demum pendulo; micropyle
extrorsum supera; raphe introrsa. Achenia capitata nudata. — Herbæ
perennes, foliis alternis decompositis incisisve. Flores terminales
pedunculati (*Europa, Asia temper.*). *Vid. p.* 50.

14? **Hydrastis** L. — Calyx 3-merus petaloideus caducissimus.
Stamina ∞ ordine spirali inserta; antheræ basifixæ loculis lateralibus
rimosis. Carpella ∞ sessilia biovulata; ovulo altero plerumque adscendente, micropyle extrorsum infera. Fructus baccatus capituliformis;
seminibus crustaceis pulpa immersis. — Herba erecta, foliis paucis
alternis palmatilobis. Flores solitarii terminales (*America bor.*).
Vid. p. 51.

III. CLEMATIDEÆ

15. **Clematis** L. — Calyx 4, rarius 5-10-merus, petaloideus valvatus induplicativusve, post anthesin nonnunquam imbricatus. Staminodia exteriora petaloidea ∞ v. sæpius O. Stamina fertilia ∞ receptaculo convexo ordine spirali inserta libera; antheræ loculis lateralibus,
rarius introrsum rimosis. Carpella ∞ libera; ovariis 5-ovulatis; ovulis 4 superioribus per paria superpositis abortivis minutis; inferiore
autem fertili appenso; micropyle introrsum supera. Achenia capitata,
stylo brevi caudatove, nudo v. barbato coronata. Semina appensa.
Flores nonnunquam polygamo-diœci. — Frutices sæpius scandentes
v. rarius suffrutices herbæve, foliis oppositis simplicibus v. sæpius
ternatis pinnatisve; petiolo volubili v. in cirrhum producto. Flores
cymoso-racemosi, rarius solitarii, nudi v. bibracteolati. (*Orbis utriusq.
reg. temper., rar. tropic.*). *Vid. p.* 52.

16. **Thalictrum** T. — Calyx 4, rarius 5-10-merus, petaloideus
imbricatus deciduus. Stamina ∞ omnia fertilia v. rarius exteriora
sterilia petaloidea. Antheræ loculi sublaterales rimosi. Ovaria uniovu-

lata; ovulo pendulo, micropyle introrsum supera. Achenia sessilia stipitatave, aut triquetra, aut membranacea inflata. Flores abortu sæpe polygami. — Herbæ perennes, foliis alternis ternatim decompositis nonnunquam stipellatis. Flores racemosi, sæpius racemoso-cymosi (*Orbis utriusque hemisph. bor.*, *India trop.*, *Prom. B. sp.*, *America austr.*). *Vid. p.* 57.

17. **Actæa** L. — Calyx 3-6-merus petaloideus imbricatus deciduus. Stamina ∞ omnia fertilia v. rarius exteriora sterilia petaloidea. Antheræ introrsum extrorsumve rimosæ. Carpella 1-∞ multiovulata, maturitate baccata v. sæpius sicca folliculatim dehiscentia. Semina biseriata lævia v. squamulosa. Flores rarius abortu polygami. — Herbæ perennes, foliis alternis simplicibus v. sæpius ternatim compositis decompositisve. Flores racemosi; racemis plerumque terminalibus simplicibus compositisve (*Europa, Asia, America bor.*). *Vid. p.* 59.

___

IV. PÆONIEÆ

18. **Pæonia** T. — Calyx 5-6-merus simplex duplexve herbaceus imbricatus persistens, circa receptaculum plano-concavum insertus. Petala 5-10 corollam simplicem duplicemve constituentia efoveolata imbricata decidua. Stamina ∞ libera perigyna; antheris introrsum rimosis. Discus androcæo interior perigynus, aut minutus glandulæformis, aut rarius multo magis evolutus sacciformis petaloideus ovaria involvens. Carpella imo receptaculo inserta 2-6 libera multiovulata, maturitate folliculatim dehiscentia. Semina basi arillo minuto umbilicali munita. — Herbæ perennes v. rarius frutices suffruticesve, foliis alternis pinnatim dissectis v. decompositis. Flores terminales (*Europa, Asia, America bor.*). *Vid. p.* 62.

19? **Crossosoma** Nutt. — Calyx 5-merus imbricatus circa receptaculum valde concavum insertus. Petala 5 perigyna. Stamina ∞ perigyna libera; antheris dorso supra basim affixis; loculis lateralibus longitudine rimosis. Carpella imo receptaculo inserta 2-5 libera multiovulata, maturitate bivalvatim dehiscentia. Semina reniformia, basi arillo conspicuo multifido munita, embryone arcuato. — Fruticulus, foliis alternis simplicibus integerrimis. Flores solitarii terminales (*California*). *Vid. p.* 66.

HISTOIRE DES PLANTES

MONOGRAPHIE

DES

DILLÉNIACÉES

PARIS. — IMPRIMERIE DE E. MARTINET, RUE MIGNON 2.

HISTOIRE DES PLANTES

MONOGRAPHIE

DES

DILLÉNIACÉES

PAR

H. BAILLON

PROFESSEUR D'HISTOIRE NATURELLE MÉDICALE A LA FACULTÉ DE MÉDECINE DE PARIS

ILLUSTRÉE DE 50 FIGURES DANS LES TEXTES

DESSINS DE FAGUET

ÉDITÉ PAR L. GUÉRIN

DÉPOT ET VENTE A LA

LIBRAIRIE THÉODORE MORGAND

PARIS, RUE BONAPARTE, 5

Réserve de tous droits.

1867

II

DILLÉNIACÉES

I. SÉRIE DES CANDOLLEA.

Nous commencerons l'étude des Dilléniacées par l'analyse d'un
Candollea[1]. Le *C. cuneiformis* LABILL. (fig. 115-123), que l'on cultive

Candollea cuneiformis.

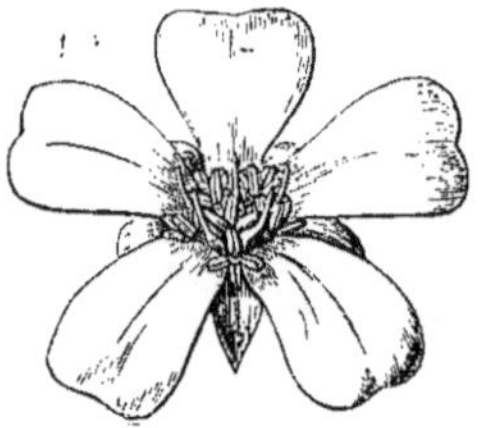

Fig. 116. Fleur.

Fig. 117. Diagramme.

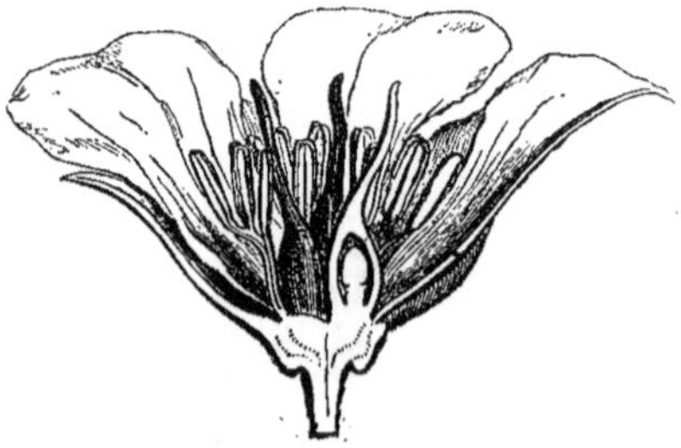

Fig. 115. Rameau fleuri.

Fig. 118. Fleur, coupe longitudinale.

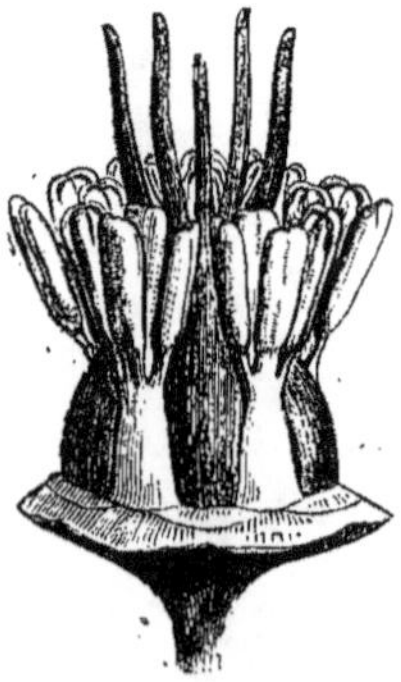

Fig. 119. Fleur sans périanthe.

souvent dans nos serres, a les fleurs régulières et hermaphrodîtes. Sur

1. *Candollea* LABILL., *Pl. Nov.-Holland.*, II,
33, t. 176 (nec BAUMG., nec MIRB., nec RADD.).
— DC., *Prodr.*, I, 73. — ENDL., *Gen.*, n. 4755.
— WALP., *Rep.*, I, 64 ; V, 11 ; *Ann.*, II, 15.—
PAYER, *Organog. comp.*, 233, t. 51, f. 18-30.
—B. H., *Gen.*, 14, n. 14.—BENTH. et F. MUELL.,
Fl. austral., I, 41. — H. BN, in *Adansonia*,
VI, 279.

leur réceptacle légèrement convexe s'insèrent, de bas en haut, un calice et une corolle à folioles indépendantes, un androcée hypogyne, et un gynécée pluricarpellé. Les sépales sont au nombre de cinq, dissemblables entre eux [1], et agencés dans le bouton en préfloraison quinconciale. Les pétales sont également au nombre de cinq, alternes avec les sépales et imbriqués dans la préfloraison [2]. Les étamines sont disposées en autant de faisceaux qu'il y a de sépales, et leur sont superposées. Chaque faisceau se compose d'une languette aplatie, unique d'abord, partagée près de son sommet en trois [3] courtes branches qui supportent chacune une anthère basifixe, à deux loges introrses, déhiscente par deux fentes longitudinales [4]. Une quatrième étamine, plus intérieure, est appliquée par son filet contre la languette commune aux trois étamines extérieures, et ne devient libre qu'au niveau de son anthère, qui est semblable aux leurs.

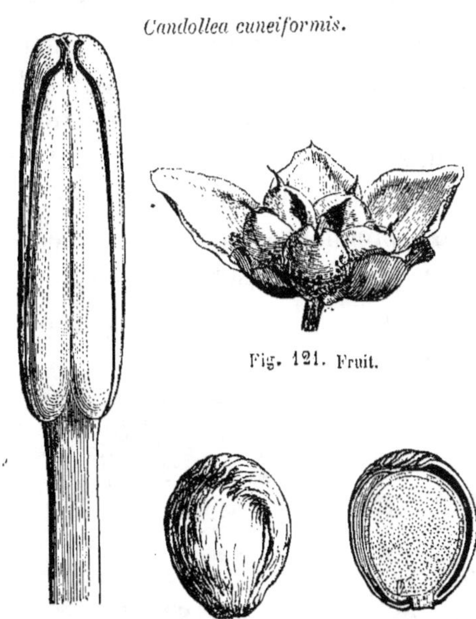

Candollea cuneiformis.

Fig. 121. Fruit.

Fig. 120. Étamine.   Fig. 122. Graine.   Fig. 123. Graine, coupe longitudinale.

Le gynécée est formé de cinq carpelles superposés aux pétales, et qui présentent chacun un ovaire uniloculaire, atténué supérieurement en un style dont le sommet est stigmatique [5]. A la base de l'angle interne de chaque ovaire se trouve le placenta, qui supporte deux ovules ascendants, anatropes, dont le raphé est primitivement tourné en dehors, le micropyle regardant en bas et en dedans [6]. Le fruit, autour duquel

---

1. Plus ils sont extérieurs, plus ils se rapprochent, par la taille et la forme, des feuilles supérieures dont ils continuent la série spirale. Les sépales sont au contraire d'autant plus courts, plus larges et plus pâles, qu'ils sont plus intérieurs dans le bouton.

2. Cette imbrication est variable ; elle peut devenir quinconciale, les pétales 1 et 3 étant alternes avec le sépale 2.

3. Il arrive fréquemment, dans cette espèce, que cette languette supporte quatre anthères. Si l'on y joint l'étamine intérieure, on voit qu'alors chaque faisceau est pentandre.

4. Les anthères présentent ici la forme d'une bandelette verticale aplatie, sur le dos de laquelle on ne voit que le connectif. Les loges, appliquées suivant la longueur de la face interne, s'ouvrent en commençant par la partie supérieure (fig. 120).

5. Ce sommet, à peine renflé, devient rapidement mou et comme pulpeux, bordé par le tissu plus consistant de la portion sous-jacente du style.

6. Ils ont deux enveloppes très-distinctes, et le pourtour de leur ombilic s'épaissit, avant la floraison, en un petit bourrelet circulaire qui est le premier rudiment de l'arille.

persiste le calice (fig. 124), est formé de cinq follicules qui s'ouvrent suivant la longueur de leur angle interne, pour laisser échapper une ou deux graines munies d'un arille membraneux[1], et renfermant sous leurs téguments un albumen charnu abondant, près du sommet duquel se trouve un petit embryon dicotylédoné à radicule infère (fig. 122, 123).

Le *C. cuneiformis* est, comme quelques espèces voisines, un petit arbuste australien, à feuilles alternes, simples, à peu près sessiles, dilatées en gouttière au-dessus de leur base, qui est articulée, et dépourvues de stipules. Ses fleurs sont solitaires au bout des rameaux qu'elles terminent (fig. 115). Dans quelques autres espèces, les fleurs sont sessiles, enfouies au centre d'un bourgeon dont les feuilles se confondent graduellement avec les sépales. Parfois encore ces plantes, velues, à feuilles étroites, à rameaux grêles, prennent l'apparence de certaines Chénopodées ou Cistinées[2]. On en compte, en Australie[3], une quinzaine d'espèces; toutes ont les fleurs jaunes. Le nombre des étamines[4], des carpelles[5] et des ovules[6] peut y présenter d'assez nombreuses variations.

Le genre *Adrastæa*[7], dont on ne connaît jusqu'ici qu'une espèce[8], originaire de la Nouvelle-Hollande, présente presque tous les caractères extérieurs des *Candollea* et des *Hibbertia*, auxquels on a proposé de le réunir[9]. Mais lorsqu'on examine son androcée on voit (fig. 124, 125) qu'il est formé de deux verticilles de cinq étamines

Adrastæa salicifolia.

Fig. 124. Rameau florifère.

---

1. Ici l'arille est un grand sac jaunâtre qui enveloppe toute la graine, et dont les bords se touchent et s'entrecroisent même. Dans beaucoup d'espèces, ses dimensions sont moins grandes; il ne recouvre pas toute la graine et se divise près de son ouverture en languettes plus ou moins déchiquetées.

2. Tel est surtout le *C. helianthemoides* Turcz. (in *Bull. Soc. natur. Mosc.*, XXII, II, 8). Les feuilles linéaires, chargées d'un duvet blanchâtre, se rapprochent autour des fleurs pour former une sorte d'involucre. Les faisceaux staminaux ne portent que deux ou trois anthères. Les carpelles sont au nombre de trois et ne contiennent ordinairement qu'un seul ovule.

3. Steudel, *Pl. Preiss.*, I, 273; II, 236. — F. Muell., *Fragm. phyt. Austr.*, II, 2; IV, 116; *Plants of Victoria*, I, 13. — Benth., *op. cit.*, 44-46.

4. Dans chaque faisceau, le nombre des anthères varie de deux ou trois jusqu'à un nombre indéfini. Il y a même des faisceaux alternipétales

remplacés par une seule étamine. On observe en outre quelquefois (B. H., *loc. cit.*) des étamines isolées et oppositipétales. Les grains de pollen portent trois sillons longitudinaux.

5. Les deux carpelles latéraux manquent souvent. Leur surface est ordinairement glabre. Elle est parcourue par un sillon vertical, dans toute la longueur de l'angle interne.

6. Plusieurs espèces, comme le *C. helianthemoides*, le *C. pachyrhiza* Benth. (*Hibbertia pachyrhiza* Steud.), etc., n'ont qu'un ovule ascendant. Plus rarement on observe trois ovules, dont un supérieur, rapproché de la ligne médiane.

7. DC., *Syst.*, I, 424; *Prodr.*, I, 73. — Endl., *Gen.*, n. 4752. — B. H., *Gen.*, 15, n. 15. — A. Gray, in *Amer. explor. Exped.*, I, 18. — Benth. et F. Muell., *Fl. austr.*, I, 46. — H. Bn, in *Adansonia*, VI, 279.

8. *A. salicifolia* DC., *loc. cit.*

9. *Hibbertia salicifolia* F. Muell., *Fragm.*, I, 161.

chacun; et ce qu'il y a de plus singulier dans la disposition de ces étamines, c'est que celles qui sont superposées aux cinq pétales, sont plus extérieures que les cinq étamines superposées aux sépales, et qu'elles enveloppent et cachent entièrement ces dernières dans le bouton[1]. D'ailleurs les sépales sont inégaux et quincociaux, les pétales imbriqués, les anthères introrses et déhiscentes par deux fentes longitudinales[2], comme dans les *Candolleu*. Les carpelles sont libres et au nombre de deux. Leur ovaire renferme un ou deux ovules anatropes, ascendants, à micropyle primitivement[3] dirigé en dedans, et à ombilic entouré déjà dans la fleur d'un rudiment de bourrelet arillaire. Le style, parcouru par un

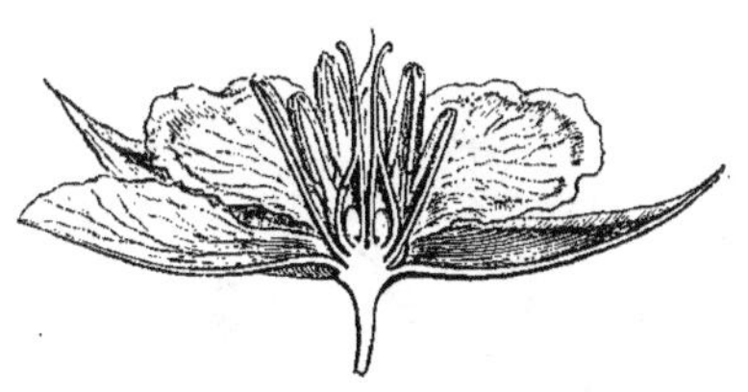

Adrastœa salicifolia.

Fig. 125. Fleur, coupe longitudinale.

sillon dans toute la longueur de son angle interne, va en s'atténuant en pointe jusqu'au sommet. L'*A. salicifolia* est une petite plante suffrutescente qui habite les terrains marécageux, où s'enfonce sa souche ligneuse, chargée de nombreuses racines adventives. Les rameaux grêles portent des feuilles alternes, fort inégales entre elles, très-rapprochées les unes des autres sur l'axe d'un court rameau terminé par une fleur presque sessile. Les sépales ressemblent aux dernières feuilles dont ils continuent la série.

Les *Pachynema*[4], qui sont du même pays que les *Adrastœa*, ont la fleur (fig. 126, 127) construite de même. Seulement les étamines ne sont pas toutes fertiles. Sept ou huit d'entre elles sont seules dans ce cas. Leurs petites anthères sont biloculaires et introrses, et les filets qui les supportent vont se renflant du sommet à la base, en formant une sorte de pyramide. Les deux étamines les plus intérieures sont réduites à ces

1. C'est pour cette raison que nous n'avons pas choisi l'*Adrastœa* pour type premier des Dilléniacées; et encore parce que l'alternance exacte de ces étamines entre elles, et leur superposition précise aux pièces du calice et de la corolle, n'existent pas toujours. On peut en conclure, avons-nous dit (*Adansonia*, VI, 265), « qu'il ne s'agit pas ici des verticilles androcéens ordinaires qu'on rencontre dans les fleurs régulièrement diplostémonées. L'étude de l'évolution de l'androcée pourra seule faire connaître sa véritable symétrie. Mais il n'est pas douteux que les étamines ne sont pas, comme l'indiquent MM. BENTHAM et HOOKER, « *simplici serie æqualiter peripherica* ». Il y en a qui sont tellement intérieures aux autres, qu'on ne les aperçoit pas dans le bouton, après avoir écarté la corolle.

2. Ces fentes commencent à se produire vers le haut des anthères; et celles des deux loges se rejoignent presque au sommet, sans cependant se confondre. Les filets, aplatis et larges, sont presque pétaloïdes; le connectif leur fait suite, et les loges de l'anthère sont tellement appliquées sur sa face interne, que rien d'elles ne se voit sur sa face dorsale.

3. Lorsqu'il n'y en a qu'un, il subit, avec l'âge, un mouvement de torsion plus ou moins prononcé, qui amène le micropyle sur le côté ou même presque en dehors.

4. R. BROWN, in DC., *Syst.*, I, 412; *Prodr.*, I, 70. — DELESS., *Icon. sel.*, I, t. 73. — ENDL., *Gen.*, n. 4756. — B. H., *Gen.*, 15, n. 16. — BENTH. et F. MUELL., *Fl. austral.*, I, 47. — H. BN, in *Adansonia*, VI, 279.

filets qui supportent à leur sommet une glande stérile, au lieu d'une anthère[1]. Les carpelles sont au nombre de deux et analogues à ceux des *Adrastæa*. Près de la base de leur angle interne s'insèrent deux ovules ascendants, à micropyle primitivement intérieur. Les fruits, qui sont secs, ne renferment souvent qu'une graine pourvue d'un arille.

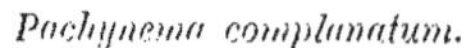

Pachynema complanatum.

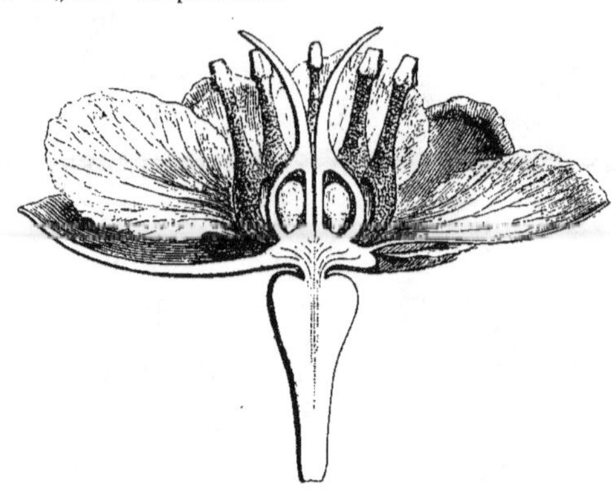

Fig. 126. Rameau florifère.   Fig. 127. Fleur, coupe longitudinale.

Les *Huttia*[2], qu'on a élevés au rang de genre distinct, ne sont autre chose que des *Pachynema* à filets staminaux aplatis et non renflés inférieurement; on n'en connaît qu'une espèce qu'on fait rentrer avec raison dans le genre *Pachynema*[3]. Les petits arbustes ou sous-arbrisseaux qui constituent ce genre sont dépourvus de feuilles véritables. Ils n'ont que de petites écailles ou bractées, disposées alternativement sur des axes à peu près ronds, ou déformés, aplatis comme ceux des *Xylophylla*, et quelquefois même très-larges et tout à fait foliiformes[4]. Les fleurs sont à l'aisselle de ces écailles, solitaires ou groupées en cymes pauciflores, et supportées par de courts pédicelles, souvent recourbés, au sommet renflé desquels elles sont articulées (fig. 127).

1. La symétrie de l'androcée, par rapport au périanthe, n'est pas facile à saisir sur les fleurs sèches. Il semble qu'il n'y ait qu'un verticille d'étamines stériles dont quelques-unes se sont dédoublées. Les étamines fertiles sont plus intérieures et alternes avec les deux carpelles (voy. *Adansonia*, VI; 266). Il y a quelquefois neuf étamines fertiles dans les *Pachynema*, et, plus fréquemment, sept, dont une exactement oppositipétale, à ce qu'il paraît.

2. DRUMM. et HARV., in *Hook. Journ.*, VII, 51. — WALP., *Ann.*, IV, 37. — B. H., *Gen.*, *loc. cit.*

3. *P. conspicuum* BENTH., *Fl. austr.*, *loc. cit.*,

n. 1. — *Huttia conspicua* J. DRUMM., *loc. cit.*

4. Il n'y a presque pas de famille naturelle où l'on n'observe de ces sortes de déformations des axes, qui répondent d'ordinaire à l'amoindrissement du système appendiculaire; citons provisoirement, outre les Euphorbiacées, les Polygonées, Ombellifères, Légumineuses, etc. Le *P. complanatum* R. BR. a tiré son nom spécifique de la forme de ses rameaux, qui représentent de petites bandelettes aplaties à bords à peu près parallèles entre eux, comme dans les *Carmichælia*, *Bossiæa*, etc. Les cladodes du *P. dilatatum* BENTH. ont tout à fait la forme de ceux de certains *Xylophylla* des Antilles.

II. SÉRIE DES HIBBERTIA.

Dans tous les genres que nous avons examinés jusqu'ici, le nombre des étamines ou des faisceaux d'étamines est déterminé. Dans les *Hibbertia* [1], au contraire, on observe, à l'état adulte, un nombre indéfini d'étamines, libres ou à peu près dans toute leur étendue. Tous les autres

Hibbertia volubilis.

Fig. 128. Port.

caractères de la fleur sont d'ailleurs ceux des *Candollea*. Ainsi, dans la fleur de l'*Hibbertia volubilis* ANDR. [2] (fig. 128-130), nous voyons, sur un réceptacle légèrement convexe, un calice de cinq [3] sépales, inégaux et dissemblables, disposés dans le bouton en préfloraison quinconciale

1. *Hibbertia* ANDR., *Bot. Repos.*, t. 126, 472. — SALISB., *Par. lond.*, t. 73. — DC., *Syst.*, I, 425; *Prodr.*, I, 73. — SPACH, *Suit. à Buff.*, VII, 420. — ENDL., *Gen.*, n. 4753. — PAYER, *Organog.*, 283, t. 51, fig. 1-17. — B. H., *Gen.*, 14, n. 13. — H. BN, in *Adansonia*, VI, 279.

2. *Bot. Rep.*, t. 126. — *Dillenia humilis* DON, *Cat. h. cantabr.* (ex VENT., *Ch. de plant.*, 11). — *D. scandens* W., *Spec.*, II, 1251. — *D. speciosa* CURT., *Bot. Mag.*, t. 449, nec THG. — *D. turneræflora* GAWL., *Bot. Rep.*, 27.

3. On voit, dans les cultures, des fleurs exceptionnellement tétramères.

(fig. 129); une corolle de cinq pétales, alternes avec les sépales, et imbriqués d'une manière un peu variable dans la préfloraison ; un androcée
formé d'un grand nombre d'étamines disposées sans ordre apparent,
à l'âge adulte [1], au-dessous du gynécée, et formées chacune d'un filet à

Hibbertia volubilis.

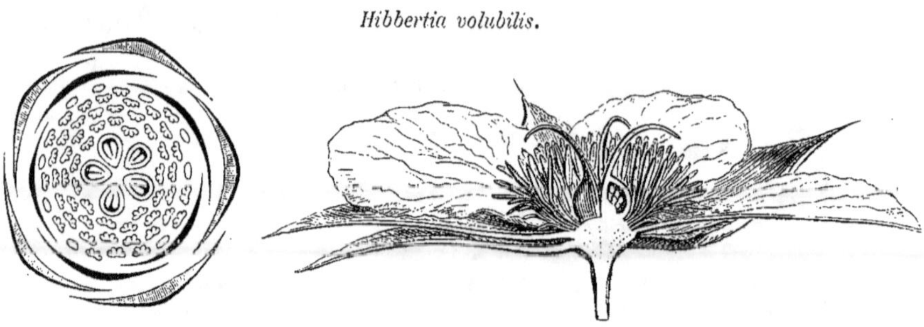

Fig. 129. Diagramme.   Fig. 130. Fleur, coupe longitudinale.

peu près libre dans toute son étendue, et d'une anthère basifixe, biloculaire, introrse, déhiscente par deux fentes longitudinales [2]. Ces étamines
sont d'autant plus courtes qu'elles sont plus extérieures ; et quelques-unes
d'entre elles, placées tout à fait en dehors, sont même réduites à de petites baguettes stériles. Le gynécée est constitué le plus souvent par cinq [3]
carpelles indépendants les uns des autres, placés en face des pétales, et
formés chacun d'un ovaire uniloculaire, surmonté d'un style à extrémité stigmatique renflée. Dans l'angle interne de l'ovaire, on observe
un placenta qui porte environ une demi-douzaine [4] d'ovules, anatropes
et ascendants, qui tendent à se regarder par leurs raphés. Leur funicule
épais se dilate de bonne heure autour du hile, pour constituer le début
d'un arille [5]. Le fruit est multiple, formé de carpelles secs, analogues
à ceux des *Candollea*, et renfermant une ou plusieurs graines pourvues

1. Nous verrons qu'à une époque antérieure,
elles sont rassemblées en cinq faisceaux alternipétales. Leur forme est sujette à varier. Les anthères des *Hibbertia* peuvent être constituées
comme celles des *Candollea* (fig. 120).

2. Le pollen blanchâtre porte trois sillons longitudinaux équidistants.

3. Cette espèce est une de celles où l'on rencontre assez souvent deux verticilles de carpelles,
dont un intérieur, complet ou incomplet et formé
d'éléments alternipétales. Plus rarement le nombre des carpelles est plus considérable que dix.
Turpin a donné, dans le *Dictionnaire des sciences naturelles* (t. 116), une figure fort exacte de
cette plante, avec un gynécée composé de huit
carpelles ; il est fort rare qu'on en rencontre
moins de cinq.

4. Ce nombre est variable ; mais on observe
le plus souvent cinq ou six ovules disposés sur
deux séries verticales; ils sont ascendants,
mais se tournent en même temps les uns vers
les autres de manière à se rapprocher par
leur raphé. Ils ont deux enveloppes, et les plus
jeunes sont situés vers la partie supérieure du
placenta.

5. C'est bien avant l'anthèse que cet arille apparaît, sous forme d'un petit bourrelet, puis d'une
cupule à bords entiers. Par suite d'accroissements inégaux, le bord de cette cupule s'élève
plus ou moins en certains points ; telle est l'origine des découpures profondes qu'on observe plus
tard dans l'arille. Les cellules qui le constituent
sont allongées, translucides, à paroi mince et
cassante.

d'un arille membraneux, plus ou moins déchiqueté sur ses bords.
L'*H. volubilis* est un arbuste sarmenteux, à feuilles alternes, dépourvues
de stipules, articulées à leur base. Ses fleurs sont solitaires et terminent
de courts rameaux [1] qui portent sous elles quelques bractées alternes,
imbriquées, plus ou moins semblables aux sépales.

Un grand nombre d'autres *Hibbertia*, qui croissent en Australie, comme
l'espèce que nous venons d'étudier, présentent la même
organisation générale, avec quelques différences dans
le port, les caractères de la végétation et ceux de la
fleur. Leurs tiges ne sont point grimpantes, mais suffrutescentes [2], ou herbacées [3]. Leurs feuilles peuvent
être étroites comme celles de certaines Bruyères [4], ou
dilatées inférieurement en une gaîne incomplète. Leurs
carpelles renferment un nombre variable d'ovules [5],
et sont parfois eux-mêmes au nombre de dix, dont
cinq superposés aux sépales, ou même en nombre
indéfini. Quelques espèces ont un gynécée unicarpellé [6]. Mais dans toutes, les étamines et les staminodes
extérieurs, qui peuvent manquer, sont disposés circulairement tout autour des carpelles ; disposition que
rappelle le nom de *Cyclandra* [7], donné à toute cette fraction du genre
Hibbertia.

Hibbertia tenuiramea.

Fig. 131. Étamine.

1. L'*H. perfoliata* Hüg., in *Pl. Preiss.*, I, 266
(*Candollea perfoliata* Lehm.), que l'on cultive dans
nos serres, a la fleur construite comme celle de
l'*H. volubilis*, avec les étamines extérieures stériles et cinq carpelles contenant chacun de deux
à quatre ovules ascendants. Leur raphé est d'a-
bord extérieur ; mais à mesure que ces ovules
vieillissent, les raphés s'inclinent les uns vers
les autres. Outre que les feuilles sont remarquables par leur limbe, sessile et auriculé, qui embrasse les rameaux, il faut surtout noter, dans
cette espèce, que les fleurs solitaires et terminales surmontent un long pédoncule ; mais qu'il y a,
comme on dit, usurpation, et que le rameau axillaire, se développant rapidement, forme pseudo-
tige, la fleur devenant très-nettement oppositifoliée. Le même fait se retrouve dans un certain
nombre d'espèces, quoique d'une manière moins
nette. Quand il y a quatre ovules sur deux rangées verticales, les deux inférieurs sont les plus
avancés en âge. Ils ont déjà, bien avant l'anthèse,
un bourrelet arillaire autour de l'ombilic, alors
que les ovules supérieurs n'en présentent aucune
trace.

2. C'est ce qui arrive dans la plupart de nos
espèces cultivées, excepté dans l'*H. volubilis*.

3. Tel est l'*H. grossulariæfolia*, dans nos cultures. Son port a été comparé à celui d'une
Potentille.

4. Notamment les *Pleurandra* cultivés dans
nos serres. Plusieurs ont l'aspect de certaines
Salsolacées, d'autres un duvet blanchâtre qui
rappelle celui des Hélianthèmes.

5. On en compte depuis une couple jusqu'à une
dizaine, comme dans les *Trisema*, et rarement
davantage. Ils se regardent plus ou moins par
leurs raphés.

6. Tel est l'*H. monogyna* R. Br. (ex DC.,
Prodr., I, 74) qui, avec l'androcée et le périanthe
des espèces précédemment étudiées, n'a qu'un
carpelle, avec un ou deux ovules ascendants dans
l'ovaire, et que nous avons considéré, sous le nom
d'*Haplogyne*, comme le type d'une section particulière, très-voisine des *Trisema* (*Adansonia*,
VI, 280). Mais cette section ne peut être main-
tenue comme distincte, si l'on ne fait de l'*H. monogyna*, à l'exemple de M. Bentham (*Fl. austr.*,
I, 37), qu'une variété de l'*H. diffusa* R. Br. (ex
DC., *Syst.*, 1, 429).

7. F. Mueller, ex B. H., *Gen*, 14, n. 13
(4). — *Ochrolasia* Turcz., in *Bull. Mosc.*, XXII
(1849), II, 3.

Le genre *Trimorphandra*[1] a été proposé pour un *Hibbertia* cyclandré dont les étamines extérieures sont courtes et stériles, comme dans la plupart des plantes précédentes, mais dont quelques-unes des plus intérieures, parmi les étamines fertiles, s'allongent plus que les autres ; fait qui se retrouve plus ou moins prononcé dans un assez grand nombre d'autres *Hibbertia*, et qui, par conséquent, ne paraît pas avoir une grande importance. Dans l'espèce déjà connue, originaire de la Nouvelle-Calédonie, et dont les fleurs sont disposées en épis courts, pauciflores, axillaires, les grandes étamines voisines du centre sont au nombre de deux à quatre[2]. Dans une autre espèce, originaire de Van-Diemen, et que nous avons appelée *H. tasmanica*[3] (fig. 132), ces grandes étamines sont souvent bien plus nombreuses et l'on en compte fréquemment plus de cinq ou six. Les fleurs y sont encore axillaires, pédonculées et solitaires ; et la plupart des organes,

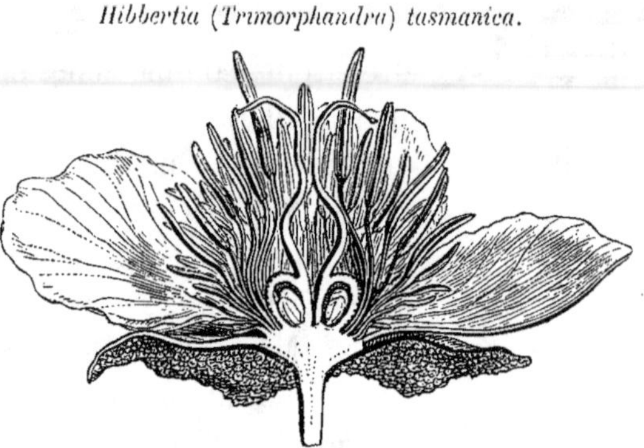

Hibbertia (Trimorphandra) tasmanica.

Fig. 132. Fleur, coupe longitudinale.

notamment les rameaux, les sépales et les ovaires, sont chargés de poils écailleux[4]. Les carpelles, au nombre de deux, renferment un nombre variable[5] d'ovules ascendants, disposés sur deux séries verticales.

L'*Hibbertia grossulariæfolia* Salisb.[6] (fig. 133-134), qui est originaire de la Nouvelle-Hollande, et qu'on cultive dans nos serres, est devenu,

---

1. *T. pulchella* Br. et Gr., in *Bull. Soc. bot.*, XI, 190 ; *Ann. sc. nat.*, sér. 5, II, 148.

2. Nous avons dit (*Adansonia*, VI, 264) que si les grandes étamines, au nombre de deux, peuvent alterner avec les deux carpelles, il n'est plus possible de trouver des rapports de position aussi exacts entre les éléments du gynécée et ces grandes étamines, alors que ces dernières sont au nombre de trois ou quatre ; et que, de plus, sur certaines fleurs, « on pourrait encore fonder un genre *Tetramorphandra*, car on y observe plusieurs étamines d'une quatrième espèce, interposées aux longues étamines intérieures et aux plus extérieures des étamines fertiles, et intermédiaire aux unes et aux autres pour la longueur et la forme des anthères. »

3. *Adansonia*, loc. cit., not. 1. Les étamines intérieures diffèrent surtout des moyennes par la taille, et fort peu par la forme.

4. Plusieurs espèces d'*Hibbertia* océaniens présentent de même des poils squamiformes sur leur calice et leur gynécée. C'est de cette particularité que tire son nom l'*H. lepidota* R. Br. (in DC., *Syst. veg.*, I, 432), espèce dont les étamines sont d'ailleurs remarquables en ce qu'elles forment des faisceaux plus larges et plus riches en éléments, d'un côté de la fleur que de l'autre.

5. Dans l'espèce de la Nouvelle-Calédonie, le nombre des ovules, qui est de six, d'après les auteurs du genre, peut descendre, avons-nous dit (*op. cit.*, 263, not. 2) à trois seulement. Dans la plante de Van-Diemen, il y a, dans chaque carpelle, trois ou quatre ovules ascendants.

6. *Par. lond.*, t. 73. — Sims, in *Bot. Mag.*, t. 1218. — DC., *Prodr.*, I, 73. — *H. crenata* Andr., in *Bot. Rep.*, t. 472. — *H. latifolia* Steud., ex Spach, *Suit. à Buff.*, VII, 419.

pour quelques auteurs, le type d'un genre distinct, sous le nom de *Burtonia* [1], à cause de quelques caractères qui méritent d'être notés. Avant de porter les organes floraux, le réceptacle s'y dilate en une sorte de tête à surface supérieure presque plane. Le périanthe, formé de cinq sépales et de cinq pétales imbriqués, s'insère, avec l'androcée, au pourtour de

Hibbertia (Burtonia) grossulariæfolia.

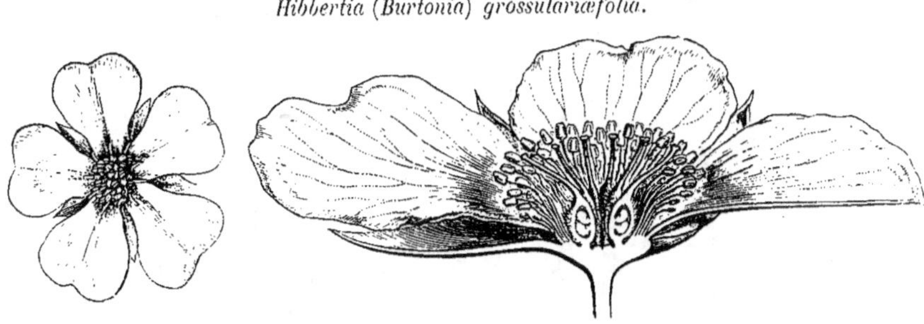

Fig. 133. Fleur.   Fig. 134. Fleur, coupe longitudinale.

cette sorte de patère ; et le gynécée en occupe presque le centre [2]. Ce dernier se compose fréquemment [3] de dix carpelles, dont cinq sont superposés aux sépales et cinq alternes. Leur ovaire renferme deux ovules ascendants, à micropyle primitivement introrse ; leur style se déjette en dehors et se renfle au sommet en une petite tête stigmatifère, échancrée en dedans. Les étamines, dont l'anthère est nettement introrse [4], sont d'autant plus courtes qu'elles sont plus extérieures ; il arrive même ordinairement que quelques-unes d'entre elles sont stériles, comme dans l'*H. volubilis.* Quant à la forme particulière du réceptacle, elle a pour conséquence une insertion légèrement périgynique des verticilles extérieurs ; et le renflement que forme le sommet du pédoncule, sous la fleur, donne à cette dernière toute l'apparence qu'on remarque dans celle de plusieurs Rosacées, telles que les Potentilles et les Benoîtes. Les rameaux de l'*H. grossulariæfolia* sont grêles et sarmenteux. Les feuilles, alternes, ont leur pétiole dilaté inférieurement. Les fleurs sont terminales en réalité et deviennent finalement latérales et oppositifoliées [5].

---

1. SALISB., ex DC., *Syst.*, I, 425. — *B. grossulariæfolia* SPACH, *loc. cit.* — *Warburtonia potentillina* F. MUELL., *Fragm.*, I, 230, t. 9 ; II, 182.

2. Plus la fleur est jeune, plus grand est le sommet du réceptacle, en forme de dôme, autour duquel s'insèrent les carpelles qui constituent une espèce de couronne, mais qui laissent libre la portion tout à fait centrale.

3. Il y en a quelquefois moins, et souvent un nombre un peu supérieur à dix. Les deux ou trois carpelles surnuméraires n'occupent pas alors une position fixe.

4. Plus tard, le micropyle est plus ou moins dévié en dehors. Bien avant l'épanouissement de la fleur, le hile est entouré d'une petite manchette arillaire.

5. Outre la feuille à laquelle il est opposé et dont il est séparé par un bourgeon axillaire, usurpateur, dont le développement en pseudo-tige est

Dans ces espèces et dans toutes celles qui leur sont analogues [1], les étamines occupent, comme nous l'avons dit, toute la périphérie du réceptacle. Dans les *Pleurandra* [2], qui ont été considérés comme le type d'un genre distinct, et qui, malgré l'opinion de quelques auteurs, ne paraissent pas facilement pouvoir être distingués génériquement des *Hibbertia* [3], l'androcée n'existe plus que d'un côté du réceptacle floral, et le gynécée, qui occupait primitivement le sommet de ce réceptacle, se trouve par

Hibbertia (Pleurandra) Readii.

Fig. 135. Fleur.

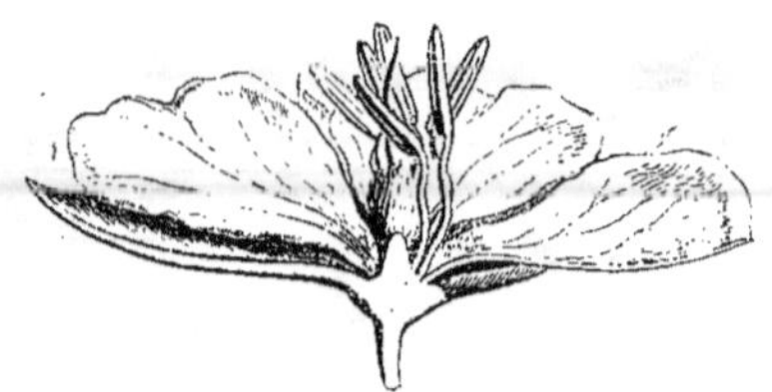

Fig. 136. Fleur, coupe longitudinale.

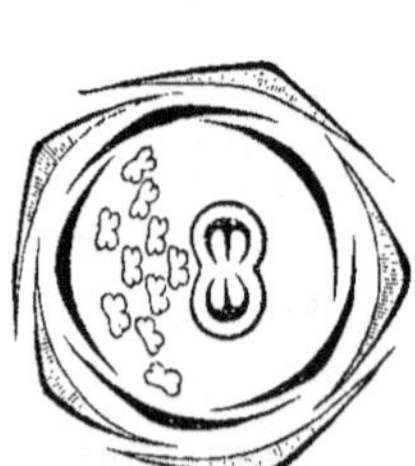

Fig. 137. Diagramme.

Fig. 138. Fleur sans périanthe.

suite plus ou moins rejeté de l'autre côté. Le périanthe est d'ailleurs celui des *Hibbertia* cyclandrés. Ainsi nous trouvons dans les fleurs du *P. Readii* Hort., que l'on cultive dans nos serres (fig. 135-138), un calice de cinq sépales, disposés dans le bouton en préfloraison quinconciale ; cinq pétales alternes, dont la préfloraison est imbriquée ou rarement con

---

très-rapide, le pédoncule floral peut être accompagné d'une autre feuille, opposée à la première et souvent peu développée, réduite à l'état de bractée. Celle-ci dépend, non du rameau, mais du pédoncule floral, qui peut ainsi la porter tout près de sa base, ou bien à une hauteur variable, et qui même quelquefois présente plusieurs autres bractées alternes.

1. Elles formaient seules le genre *Hibbertia* de De Candolle et d'Endlicher, genre maintenu comme distinct par M. Brongniart, qui pense

(*loc. cit.*) que « ces modifications dans l'organisation de l'androcée fournissent de bonnes coupes génériques ».

2. Labill., *Nov.-Holland.*, II, 5, t. 143, 144. — DC., *Prodrom.*, I, 71. — Delessert, *Icon.*, I, t. 78-81. — Endl., *Gen.*, n. 4754. — Payer, *Organog.*, 234. — H. Bn, in *Adansonia*, III, 129 ; VI, 262. — *Cistomorpha* Cal. (ex Lindl., *loc. cit.*).

3. Aussi MM. Bentham et Hooker (*Gen.*, 14) ont-ils réuni les deux genres.

tournée. Les étamines sont unies près de leur base en un faisceau qui est superposé à un pétale[1]. Leurs anthères sont basifixes, biloculaires, introrses

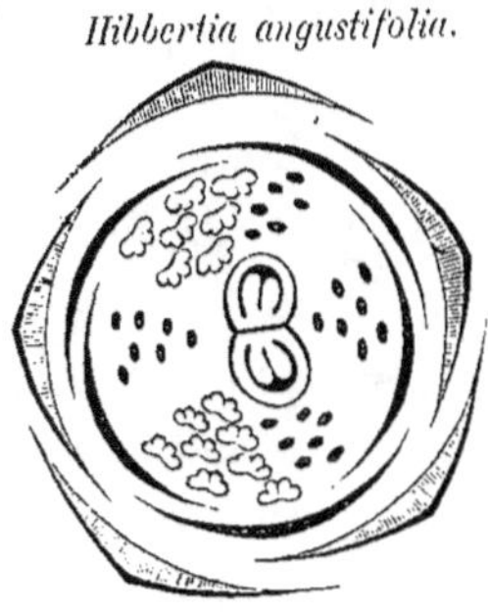
Hibbertia angustifolia.

Fig. 139. Diagramme.

et déhiscentes par deux fentes longitudinales. Le gynécée est formé de deux carpelles à insertion excentrique, superposés chacun à un pétale[2], et qui paraissent unis entre eux dans une certaine étendue de leur angle interne. A ce niveau chaque ovaire renferme un placenta vertical qui porte deux séries parallèles d'ovules peu nombreux, ascendants et anatropes, avec le micropyle dirigé en bas et vers les côtés. La plante est frutescente, chargée de petites feuilles linéaires, sans stipules. Ses fleurs sont terminales et ordinairement solitaires.

Dans certains *Pleurandra*, les étamines les plus voisines du périanthe sont réduites à des staminodes[3]; et, dans d'autres qui servent bien de passage entre ceux-ci et les *Hibbertia* cyclandrés, il y a non-seulement des staminodes interposés aux étamines fertiles[4]; mais encore un certain nombre de ces languettes stériles s'observent de l'autre côté du gynécée, dont l'organisation ne varie pas[5]. Or les transitions sont si nombreuses,

1. Le développement de ce faisceau commence, avons-nous dit (*op. cit.*, 130), par un mamelon unique, presque central, mais cependant un peu plus rapproché du pétale 5. Cette étamine unique se dédouble plus tard, suivant l'ordre centrifuge.

2. Nous avons observé (*loc. cit.*) comment le gynécée se montre d'abord sous la forme de feuilles carpellaires opposées aux pétales alternes avec le sépale 5, et comment la cloison qui sépare plus tard les deux cavités de l'ovaire, en apparence alternipétale, n'est autre chose que l'axe floral étiré en forme de coin et donnant insertion aux bases des deux feuilles carpellaires, sur ses faces très-obliques.

3. Le fait se présente, non-seulement dans quelques *Pleurandra* proprement dits, mais encore dans les *Hemistemma* Juss. (ex DC., *Syst.*, I, 412; *Prodr.*, I, 71; — Deless., *Icon.*, t. 74-77; — Endl., *Gen.*, n. 4757; — Walp., *Ann.*, I, 16), plantes dont certaines espèces sont océaniennes et certaines autres originaires de Madagascar, ces dernières ayant souvent des feuilles opposées ou à peu près. Elles ont été récoltées et étudiées pour la première fois par Commerson et par Noronha, qui, d'après Dupetit-Thouars (*Gen. madagasc.*, 18), les appelait *Aglaja*. Dans l'*H. Commersonii* DC., il y a des fleurs dépourvues d'étamines stériles. Chaque carpelle renferme ordinairement deux ovules. Le gynécée

est le même dans l'*H. dealbata* R. Br., où l'insertion des styles est fortement reportée en dehors. Les étamines fertiles ont de longues anthères linéaires, dressées, introrses; les staminodes extérieurs sont beaucoup plus courts. Au sujet des *Hemistemma*, voyez encore : Hook. f., in *Hook. Journ.*, X, 48; et F. Muell., *Fragm.*, I, 161. Ce dernier a d'ailleurs clairement démontré que des espèces telles que l'*H. spicata* servent de passage entre les *Pleurandra* et les *Hemistemma* (*Fragm.*, II, 1).

4. *Hemipleurandra* Benth. et Hook. (*loc. cit.*). « *Stamina unilateralia; staminodia ad utrumque latus staminum sita v. in tota periphoria.* In Hemistepho Drumm. et Harv. (in *Hook. Journ.*, VII, 51) *pedunculi unilateraliter ∞-flori et staminodia nonnulla etiam sub staminibus observantur.* » L'*Hemistephus linearis* Drumm. et Harv. était pour M. F. Mueller (*Fragm.*, I, 162) l'*Hemistemma lineare*. Le même auteur a proposé une section *Diplenrandra* pour son *H. asperifolia*.

5. Dans l'*H. angustifolia* Benth. (*Fl. austr.*, I, 21), dont le diagramme est représenté par la figure 139, on voit souvent deux faisceaux d'étamines fertiles, un faisceau de staminodes entre eux deux, un second faisceau de staminodes de l'autre côté du gynécée, et encore des étamines stériles sur les flancs de chaque faisceau d'étamines fertiles.

entre les *Hibbertia* à androcée circulaire parfait et les espèces à étamines unilatérales, toutes fertiles, ou en partie stériles, qu'il paraît impossible, après qu'on a étudié toutes les espèces, de les répartir en plusieurs groupes génériques suffisamment distincts [1].

Pour la même raison, les *Trisema* HOOK. F. [2], que le P. MONTROUZIER [3] a nommés *Vanieria*, doivent également rentrer dans le genre *Hibbertia*. Leur carpelle unique [4], dont l'ovaire renferme jusqu'à une douzaine d'ovules anatropes et ascendants, est entouré d'un grand nombre d'étamines fertiles, inégales, à anthères biloculaires, étroites, à déhiscence latérale, et d'un calice à cinq sépales imbriqués, entre lesquels on n'observe souvent que trois ou quatre pétales. Les fleurs sont réunies en épis terminaux sur l'axe desquels elles sont situées unilatéralement, comme celles d'un certain nombre d'autres *Hibbertia* océaniens, nommés *Hemipleurandra*, ou des *Hemistemma* qui croissent en Australie et à Madagascar.

Ces derniers ont les feuilles opposées ou à peu près, tandis qu'elles sont alternes dans toutes les autres espèces du genre *Hibbertia*, tel que nous le limitons [5], et qui sont des arbustes ou des sous-arbrisseaux à feuilles dépourvues de stipules et à pétioles articulés près de leur base. On en connaît environ quatre-vingts espèces [6], sans compter celles qui ont été décrites comme telles, et qui ne doivent être conservées que comme des variétés.

Les *Schumacheria* [7] sont des plantes dont les fleurs, sessiles ou à peu près, sont disposées en inflorescences unilatérales (fig. 140), de même que dans les *Hibbertia* des sections *Hemistemma*, *Trisema*, etc., et ne s'en distinguent en somme que par un nombre fort restreint de caractères. Leur calice est formé de cinq sépales imbriqués (fig. 141),

---

1. « *Genus e staminum indole commode in sectiones 4 dividitur, quarum nonnullæ ab auctoribus pro generibus habentur. Nimis tamen artificiales sunt, nec habitu consonant.* » (B. H , loc. cit.)

2. In *Hook. Journ.*, IX, 47, t. 51. — BR. et GR., in *Ann. sc. nat.*, sér. 5, II, 150; *Bull. Soc. bot. de Fr.*, XI, 191. — H. BN, in *Adansonia*, VI, 259.

3. In *Mém. Acad. Lyon*, X (1860), 176.

4. Par ce carpelle unique, le *Trisema* est aux autres *Hibbertia* à fleurs unilatérales ce que l'*H. monogyna* R. BR. est aux autres espèces pléiogynes de l'Australie, qui ont le même mode d'inflorescence que lui. Mais il ne nous paraît pas possible de conserver ce genre comme distinct (voy. *Adansonia*, VI, 269).

5.

Hibbertia sect. 7. { 1. *Cyclandra.*
2. *Burtonia.*
3. *Trimorphandra.*
4. *Trisema.*
5. *Hemistemma.*
6. *Hemipleurandra.*
7.. *Pleurandra.*

6. DC., *Prodr.*, I, 71, 73. — WALP., *Rep.*, I, 64; II, 746; V, 8; *Ann.*, I, 15; II, 14; IV, 35.—BENTHAM, *Fl. austral*, I, 17.—F. MUELL., *Fragm.*, I, 161, 217; II, 1; III, 1; IV, 115, 151. — HOOK. F., *Fl. tasman.*, 13. — A. GRAY, in *Amer. explor. Exped.*, I, 20.

7. VAHL, in *Kiöbenh. Selskab. Skrift.*, VI, 122. — ARNOTT, in *Edinb. new philos. Journ.*, XVI, 315. — WIGHT, *Illustr.*, t. 4. — ENDL., *Gen.*, n. 4751. — HOOK. et THOMS., *Fl. ind.*,

et leur corolle, de cinq pétales également imbriqués. Les étamines, nombreuses, sont toutes situées, comme celles des *Pleurandra*, d'un même côté du réceptacle, en face d'un sépale; leurs filets sont unis à leur base en une lame concave en dedans, et libres dans leur portion supérieure [1]; leurs anthères sont dressées [2], à deux loges linéaires, adnées dans toute leur longueur aux bords du connectif, déhiscentes par deux fentes courtes, en forme de pores allongés, situées de chaque côté du sommet du connectif. Le gynécée est excentrique, formé de deux carpelles indépendants l'un de l'autre, et qui se regardent par leur bord interne, en même temps qu'une de leurs faces se tourne vers la concavité

Schumacheria castaneæfolia.

Fig. 140. Port.

de l'androcée. Souvent encore il y a un troisième carpelle qui est situé entre les deux premiers et l'androcée, qu'il regarde par son bord dorsal. Chacun de ces carpelles est formé d'un ovaire uniovulé, atténué en style grêle dont l'extrémité est garnie en dedans de papilles stigmatiques. L'ovule est inséré près de la base de l'ovaire, et ascendant, avec son micropyle tourné en bas et en dedans. Le fruit est formé de deux ou trois carpelles secs, indéhiscents, monospermes; et la graine [3], pourvue d'un

Schumacheria castaneæfolia.

Fig. 141. Fleur.

arille et d'un albumen charnu, contient, vers le sommet de ce dernier,

I, 65. — WALP., *Rep.*, I, 64; *Ann.*, IV, 35.— — B. H., *Gen.*, 13, n. 8. — H. BN, in *Adansonia*, VI, 280. — *Pleurodesmia Grahamii* ARN., *loc. cit.*

1. La base de l'androcée forme une sorte de tube incomplet ou de coquille, qui rappelle ce qu'on observe dans celui des *Lecythis*.

2. Du moins à l'âge adulte; mais il y a un moment où l'ensemble des filets est incliné sur le gynécée.

3. Les graines ont leur surface ponctuée, et leur arille est ordinairement peu développé.

un embryon de petite taille. Les *Schumacheria*, dont on ne connaît que peu d'espèces, originaires de Ceylan [1], sont des arbustes grimpants, dont les rameaux flexueux sont chargés de feuilles alternes, à pétiole canaliculé, dilaté inférieurement et embrassant plus ou moins la branche.

Le limbe a des nervures secondaires parallèles entre elles et très-rapprochées les unes des autres [2]. Les épis floraux sont disposés en grappes ramifiées, axillaires et terminales; chaque fleur est accompagnée de deux bractées latérales, inégales entre elles [3].

Les *Tetracera* [4] ont le périanthe des *Hibbertia* et des *Schumacheria*, c'est-à-dire ordinairement cinq sépales imbriqués [5], et autant [6] de pétales imbriqués dans le bouton. Leurs étamines, en nombre indéfini, sont disposées tout autour du réceptacle, comme dans les *Cyclandra;* mais la forme de ces étamines présente un caractère particulier qui, sans avoir une grande

Fig. 142. Rameau fructifère.

importance en lui-même [8], est cependant utile pour les déterminations pratiques : leur filet, corrugué dans le bouton, se dilate insensiblement vers son sommet, et porté une anthère à deux loges de petite taille, qui sont écartées l'une de l'autre, parallèles entre elles ou divergentes par leur portion inférieure; elles sont latérales, ou légèrement introrses

---

1. Thwaites, *Enum. pl. zeyl.*, 4.

2. Toutes ces parties sont riches en une matière colorante noirâtre.

3. Ces fleurs sont unilatérales, comme celles, avons-nous dit, d'un grand nombre d'*Hibbertia* de certaines sections, dont il est fort difficile de distinguer nettement, par des caractères de quelque valeur, le genre *Schumacheria*. L'inflorescence y simule une cyme unipare scorpioïde.

4. L., *Gen.*, n. 683. — Juss., *Gen.*, 339. — DC., *Prodr.*, I, 67. — Spach, *Suit. à Buff.*, VII, 414. — Endl., *Gen.*, n. 4756, 4766. — B. H., *Gen.*, 12, n. 6. — H. Bn, in *Adansonia*, VI, 259, 280 (incl. *Delima* L., *Trachytella* Lour., *Assa* Houtt., *Doliocarpus* Rol., *Ricaurtea* Trian., *Soramia* Aubl., *Tigarea* Aubl., *Rhinium* Schreb., *Calinea* Aubl., *Euryandra* Forst., *Wahlbomia* Thg, *Rœhlingia* Dennst., *Delimopsis* Miq.).

5. L'imbrication est variable, souvent quinconciale. On observe souvent six et surtout quatre sépales, dont un, extérieur, plus large et plus épais que les autres.

6. Un ou deux pétales peuvent manquer; le fait est très-fréquent dans les *Delima*.

7. Voy. *Adansonia*, VII, 300, t. VII. Cette espèce, originaire de Montbaze et Zanzibar, sert, pour ainsi dire, d'intermédiaire entre les *Tetracera* et les *Hibbertia*.

8. Nous verrons qu'on lui a accordé une valeur trop absolue, et qu'il y a, dans les groupes des Hibbertiées et des Dilléniées, des plantes dont les anthères présentent le même connectif renflé en une sorte de tête.

ou extrorses [1], et déhiscentes par une fente longitudinale (fig. 143, 144). Le gynécée est formé de carpelles libres, superposés aux pétales et en même nombre qu'eux, ou en nombre moindre, ou bien solitaires (fig. 145). Il y a même des fleurs polygames, dans certaines espèces, par avortement complet du gynécée [2]. Construits comme ceux des *Hibbertia*, ces carpelles renferment, dans leur portion ovarienne, deux ovules ascendants au moins, et souvent un plus grand nombre [3]. Le fruit est sec

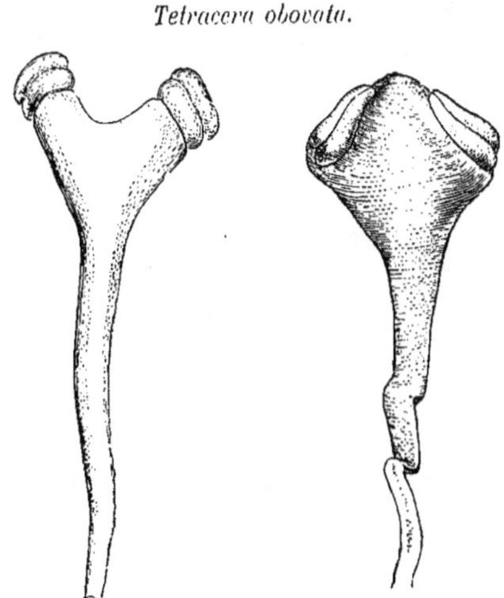

Tetracera obovata.

Fig. 143, 144. Étamines.

Tetracera (Delima) sarmentosa.

Fig. 145. Fleur.

et déhiscent, soit par une fente intérieure, soit par deux fentes longitudinales; il contient une ou plusieurs graines, pourvues d'un arille plus ou moins développé [4], et d'un albumen charnu abondant, vers le sommet duquel se trouve logé un petit embryon.

On a désigné sous le nom de *Delima* [5] un *Tetracera* [6] à fleurs unicarpellées (fig. 145), et dont l'ovaire renferme un assez grand nombre [7]

1. Fait qui peut varier, comme nous le verrons, dans les différentes étamines d'une même fleur, la direction des loges semblant produite en partie par les déformations que subit dans le bouton le connectif comprimé par les étamines voisines.

2. Il y a des rameaux entiers du *T. volubilis* et de quelques autres espèces, qui ne portent que des fleurs à étamines.

3. Le *T. Assa* en a jusqu'à une douzaine; le *T. sarmentosa* en a souvent dix.

4. L'arille se voit ordinairement à la base des ovules, dans les fleurs non épanouies, sous forme d'une petite manchette circulaire.

5. L., *Gen.*, n. 683; *Amœn.*, I, 403. — Juss., *Gen.*, 339. — DC., *Prodr.*, I, 69. — ENDL., *Gen.*, n. 4764, 4766. — B. H., *Gen.*, 12, n. 5. — WALP., *Rep.*, I, 67; *Ann.*, II, 17; IV, 36. — *Trachytella* DC., *Syst.*, I, 410. — *Leontoglossum* HANCE, *Diagn. chin.*, ex WALP., *Ann.*, II, 18; III, 812. — *Korosvel* HERM., ex ADANS., *Fam.*, II, 442.

6. *T. sarmentosa* VAHL, *Symb.*, III, 70; ROXB., *Fl. ind.*, II, 645.—*Actœa aspera* LOUR., *Fl. cochinch.*, I, 408. — *Delima sarmentosa* L., *Spec.*, 736; DC., *Prodr.*, I, 69. — *D. hebecarpa* DC., *Syst.*, I, 407. — *Trachytella Actœa* DC., *Prodr.*, I, 70. — *Leontoglossum scabrum* HANCE. — *L. sarmentosum* HANCE.

7. On en compte quatre ou cinq sur chaque série verticale; ils sont horizontaux ou légère-

d'ovules ascendants ; sous celui de *Ricaurtea* [1], quelques *Tetracera* américains dont le carpelle unique devient un fruit à péricarpe légèrement charnu, déhiscent en deux valves latérales ; et l'on a appelé *Doliocarpus* d'autres [2] espèces dont le péricarpe, devenant plus ou moins épais et charnu, ne s'ouvre pas à sa maturité. Mais toutes ces plantes présentent d'ailleurs entièrement l'organisation et le port de *Tetracera*, et ne nous paraissent pas pouvoir en être séparés génériquement.

Ainsi compris [3], le genre *Tetracera* est formé d'une cinquantaine d'espèces de petits arbres ou arbustes, souvent grimpants, qui se trouvent

Davilla wormiæfolia.

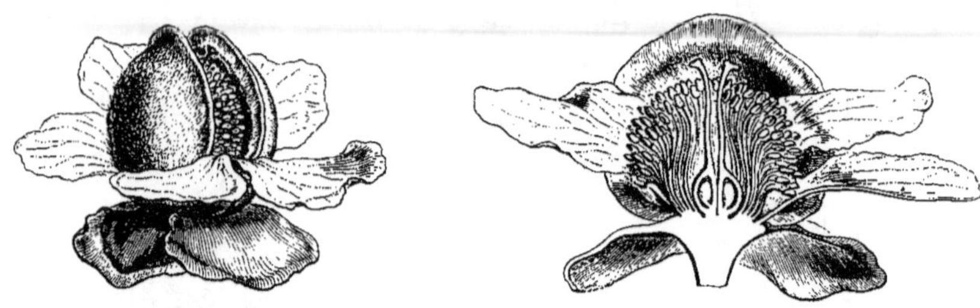

Fig. 146. Fleur.

. Fig. 147. Fleur, coupe longitudinale.

dans toutes les régions chaudes du globe, dans l'Amérique équinoxiale [4], au Sénégal [5], à Madagascar, dans l'Asie tropicale [6], au nord de l'Australie [7], à la Nouvelle-Calédonie [8]. Les *Delima* sont en partie originaires

ment ascendants. Le carpelle unique est atténué supérieurement en un style dont le sommet est couronné d'un petit renflement stigmatifère. Le placenta est superposé à un des sépales. Ceux-ci sont très-inégaux, les extérieurs étant relativement beaucoup plus petits que les deux intérieurs. Cette différence constitue un premier degré de la disposition qu'on remarquera dans les *Davilla*. La corolle n'est souvent formée que de trois pétales, dont un antérieur. Les loges des anthères sont ordinairement extrorses et s'ouvrent par une fente légèrement oblique. Le fruit est sec et s'ouvre, à la façon d'une gousse, de haut en bas et des deux côtés. La plupart des ovules avortent ; il ne reste qu'une ou deux graines ascendantes, entourées d'un arille jaune à fines languettes, plus longues que la graine. Le tégument séminal externe est épais, lisse, testacé, noirâtre ; l'intérieur est mince, membraneux et blanchâtre. L'albumen est charnu, et l'embryon très-petit. Le port de cette plante est assez bien représenté dans le *Botanical Magazine*, t. 3058.

1. TRIANA, in *Ann. sc. nat.*, sér. 4, IX, 46.

2. ROLAND., ex DC., *Syst.*, I, 405 ; *Prodr.*, I, 69. — WALP., *Rep.*, I, 65 ; II, 746 ; V, 13 ; *Ann.*, I, 15 ; II, 17. — PL. et TRIANA, in *Ann.*

sc. nat., sér. 4, XVII, 19. — B. H., *Gen.*, 12, n. 4. — H. BN, in *Adansonia*, VI, 259, 280.

3.

  1. *Euryandra* (*Wahlbomia*). Plusieurs carpelles.

  2. *Delima* (*Delimopsis?*). Un carpelle ; déhiscence univalve.

Tetracera sect. 5.

  3. *Ricaurtea*. Un carpelle ; déhiscence bivalve.

  4. *Doliocarpus* (*Othlis, Soramia, Culinea, Tigarea?*). Un carpelle charnu, indéhiscent.

4. AUBL., *Guian.*, II, 920, t. 350, 351. — A. S.H., *Flor. Bras. merid.*, I, 11. — PRESL, *Rel. Hœnk.*, II, 71. — PL. et TRIAN., in *Ann. sc. nat.*, sér. 4, XVII, 20. — EICHL., in MART., *Fl. bras.*, *Dilleniac.*, 83, t. 21-23.

5. GUILLEM. et PERR., *Tentam. fl. Senegamb.*, I, 2, t. I.

6. HOOKER et THOMS., *Fl. ind.*, I, 62. — MIQUEL, *Fl. ind. bat.*, I, pars alt., 8. — THWAIT., *Enum. pl. zeyl.*, 1.

7. F. MUELL., *Fragm.*, V, 1, 191.

8. LABILL., *Sert. caled.*, 55, t. 55. — MONTROUZ., *Fl. ins. Art* (in *Mém. Acad. Lyon*, X, 175). — BR. et GR., in *Bull. Soc. bot. Fr.*, XI, 190 ; *Ann. sc. nat.*, sér. 5, II, 150.

de l'Asie tropicale et de l'archipel Indien [1] ; les *Ricaurtea* croissent en Colombie ; les *Doliocarpus*, à la Guyane, au Brésil et dans quelques autres points de l'Amérique du Sud.

Les *Davilla* [2] (fig. 146-148) sont des *Tetracera* américains [3], dont les deux sépales intérieurs prennent, à partir de l'anthèse, un grand déve-

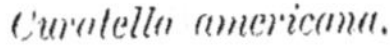

Davilla Kunthii.   Curatella americana.

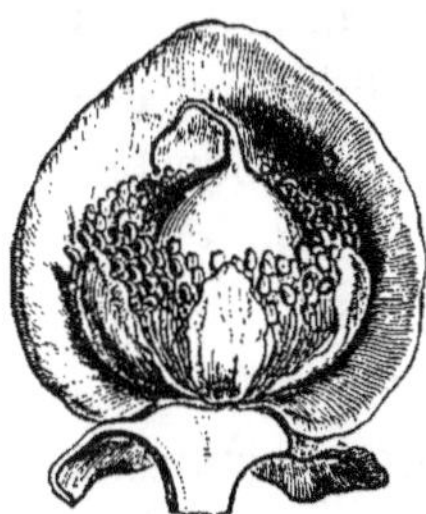

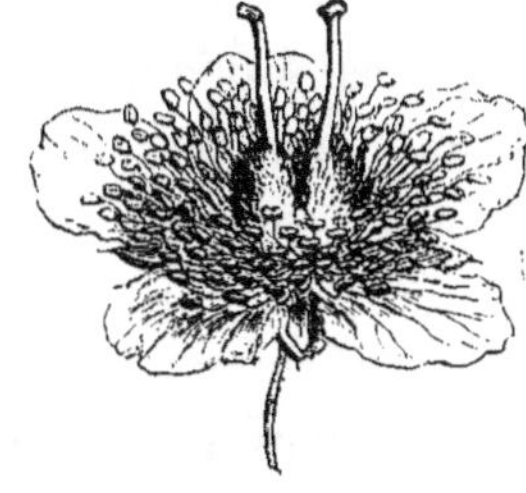

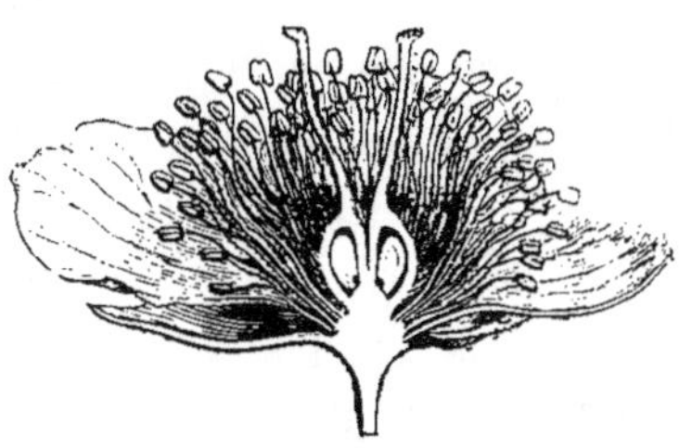

Fig. 148. Fruit induvié.   Fig. 149. Fleur.   Fig. 150. Fleur, coupe longitudinale.

loppement, et se rapprochent l'un de l'autre à la façon de deux hémisphères creux, pour persister autour du fruit. Les pétales, les étamines et les carpelles, construits comme ceux des *Tetracera*, présentent les mêmes variations de nombre que dans ce genre [4].

Les *Curatella* [5] (fig. 149, 150) sont également très-voisins des *Tetracera* ; leurs fleurs hermaphrodites sont construites plus souvent sur le type 4 que sur le type 5. Elles ont des sépales imbriqués, des pétales plus longs que le calice et également imbriqués, un grand nombre d'étamines hypogynes, à filets plissés dans le bouton et dilatés à leur sommet en un connectif qui porte sur ses côtés les deux loges adnées d'une

1. BENTH., *Fl. hongk.*, 7. — MIQUEL, *Fl. ind. bat.*, 1, pars alt., 7. Le *Delimopsis*, décrit dans le même ouvrage (9), plante de Java, dont tous les organes sont hérissés de poils et dont les fleurs n'ont qu'un carpelle, ne paraît pas devoir être séparé des *Tetracera* de la section *Delima*.

2. VANDELL., ex DC., *Syst.*, I, 404 ; *Prodr.*, I, 69. — SPACH, *Suit. à Buff.*, VII, 415. — ENDL., *Gen.*, n. 4768. — WALP., *Rep.*, I, 66 ; II, 746 ; V, 13 ; *Ann.*, I, 15 ; II, 17 ; IV, 36. — B. H., *Gen.*, 12, n. 2. — H. BN, in *Adansonia*, VI, 269, 271, 272. — *Hieronia* VELLOZ., *Fl. flum.*, V, t. 116.

3. A. S. H., *Pl. us. Brasil.*, t. XXII, XXIII ; *Ann. sc. nat.*, sér. 2, XVII, 130. — EICHL., *op. cit.*, 94, t. 24-27. — PRESL, *Rel. Hœnk.*, II, 72. — SEEM., *Bot. Her.*, t. 13. — PL. et TRIANA, in *Ann. sc. nat.*, sér. 4, XVII, 18. — H. BN, in *Adansonia*, VI, 272.

4. Il y a tantôt un seul carpelle, comme il arrive fréquemment dans le *D. multiflora* A. S.

H., et tantôt deux, comme dans le *D. elliptica* A. S. H., ou quelquefois même davantage. Les fleurs de certaines espèces, telles que le *D. rugosa* POIR., manquent assez souvent de gynécée, ou n'en possèdent qu'un rudiment insignifiant, de façon que la plante devient polygame. Le nombre des ovules est ordinairement de deux dans chaque ovaire ; ils sont collatéraux et ascendants, avec le micropyle intérieur et inférieur. Leur ombilic porte de bonne heure un rudiment d'arille qui prend plus tard un très-grand développement.

5. L., *Gen.*, n. 679. — LOEFL., ex ADANS., *Fam.*, II, 450. — JUSS., *Gen.*, 282. — DC., *Prodr.*, I, 70.— SPACH, *Suit. à Buff.*, VII, 417. — A. S. H., *Pl. us. Brasil.*, t. XXIV. — ENDL., *Gen.*, n. 4759. — WALP., *Rep.*, I, 65. — PL. et TRIAN., in *Ann. sc. nat.*, sér. 4, XVII, 15, 23. — B. H., *Gen.*, 12, n. 3. — H. BN, in *Adansonia*, VI, 280.—*Pinzona* MART. et ZUCC., in *Flora* (1832), II, Beibl., 77.

anthère à déhiscence presque latérale[1]. Les carpelles, au nombre de deux, paraissent unis dans la portion inférieure de leur angle interne; ce qui tient à ce que leur base s'insère très-obliquement sur les deux pans d'un angle dièdre formé par la saillie centrale du réceptacle. Chaque ovaire contient deux ovules collatéraux, ascendants, dont le micropyle est primitivement[2] dirigé en bas et en dedans. Les styles sont distincts, et, parcourus en dedans par un sillon longitudinal, ils se dilatent un peu dans leur portion stigmatifère. Le fruit est formé de deux carpelles secs, déhiscents[3] ou indéhiscents[4], et renfermant une ou deux graines pourvues d'un arille. Les *Curatella* sont des arbustes grimpants de la Guyane[5], du Brésil[6], et des régions voisines de l'Amérique tropicale[7]. Leurs fleurs sont groupées en grappes courtes, multiflores, composées de cymes et développées sur les jeunes rameaux ou sur le bois des branches anciennes.

Quant aux feuilles, elles sont les mêmes dans tous les genres que nous venons d'étudier, et présentent le même aspect dans les *Tetracera*, les *Davilla* et les *Curatella*, simples, alternes, avec le pétiole quelquefois dilaté en une gouttière ou une double aile marginale stipuliforme, et un limbe simple, entier ou peu profondément crénelé ou denté, et des nervures secondaires nombreuses et rapprochées, marchant parallèlement, de la nervure principale vers les bords de la feuille, dans une direction oblique ou presque transversale (fig. 142). Souvent ces feuilles sont scabres ou rugueuses, surtout à leur face inférieure. Quant à la disposition des fleurs, elle est aussi la même dans tous ces genres. Rarement les inflorescences sont réduites à une seule fleur; plus ordinairement elles consistent en grappes de cymes, simples ou ramifiées, qui occupent le vieux bois, l'aisselle des feuilles, ou même, vers le sommet des rameaux, l'aisselle de bractées peu développées, de façon que le rapprochement de plusieurs inflorescences partielles constitue ce qu'on a appelé une panicule terminale[8].

1. Les fentes sont un peu plus rapprochées de la face interne que de l'externe. Le connectif est aplati, rectangulaire. Le sommet du filet est renflé sous l'anthère.

2. Plus tard ils subissent suivant leur axe vertical un léger mouvement de torsion qui porte le micropyle sur le côté et en dehors, et qui rapproche l'un de l'autre les raphés des deux ovules. La base des ovules porte un petit épaississement en forme de manchette, premier rudiment de l'arille.

3. Les véritables *Curatella*, dont le *C. americana* de Linné est le type, sont caractérisés par la déhiscence dorsale très-nette de leurs carpelles.

4. La déhiscence nulle ou incomplète caractérise les *Pinzona*, qu'on ne peut séparer, uniquement pour ce motif, du genre *Curatella*.

5. AUBLET, *Guian.*, I, 579, t. 232.

6. A. S. H., *Pl. us. Brasil.*, *loc. cit.*—NETTO, *Itin. bot.*, 16. — EICHL., *op. cit.*, 67, t. 15.

7. DC., *Prodr.*, I, 70. — PL. et TRIANA, in *Ann. sc. nat.*, sér. 4, XVII, 15, 23. — SEEM., *Bot. Herald*, 75, 268. — WALP., *Rep.*, I, 65.

8. Ce sont en réalité dans ce cas des grappes ramifiées de cymes, souvent bipares; mais l'appauvrissement de la végétation fait qu'elles deviennent fréquemment unipares vers l'extrémité des dernières divisions de l'inflorescence totale.

Avec le même port et le même feuillage, l'*Empedoclea*[1] n'a qu'un seul carpelle, comme les *Delima* et les *Doliocarpus*, un placenta pariétal où s'insèrent en général six ovules ascendants, disposés sur deux séries verticales, un style allongé à tête stigmatifère, des étamines nombreuses, libres et inégales, à connectif renflé supportant une anthère extrorse à deux loges obliques, divergeant inférieurement et s'ouvrant par une fente longitudinale, et une corolle de trois ou quatre pétales. Mais son calice, au lieu d'être formé de cinq sépales, en présente de dix à quinze, d'autant plus petits, qu'ils sont plus inférieurs, imbriqués et échelonnés les uns au-dessus des autres sur un réceptacle allongé en cylindre. On n'en connaît qu'une espèce[2], originaire du Brésil méridional.

Tandis que, dans tous les genres que nous venons d'étudier, les tiges, souvent grimpantes, sont ligneuses et parfois fort développées, les *Acrotrema*[3], qui croissent dans l'Asie tropicale[4], sont de petites herbes à rhizome traçant, épanouissant à la surface du sol de courts rameaux, chargés d'une rosette de feuilles et de hampes axillaires qui portent, ou une seule fleur, ou un nombre variable de fleurs groupées en grappe simple ou composée. Leur calice est à cinq sépales, égaux ou inégaux, imbriqués ordinairement en quinconce dans la préfloraison; et leur corolle a cinq pétales alternes, imbriqués dans le bouton. Les étamines sont hypogynes, en nombre indéfini, et d'autant plus petites qu'elles sont plus extérieures. Leurs filets sont libres, parfois rapprochés en trois ou quatre groupes distincts; ils se dilatent supérieurement en un connectif allongé et aplati, avec une anthère à deux loges linéaires, dont la déhiscence est latérale ou à peu près[5]; ou bien ils se

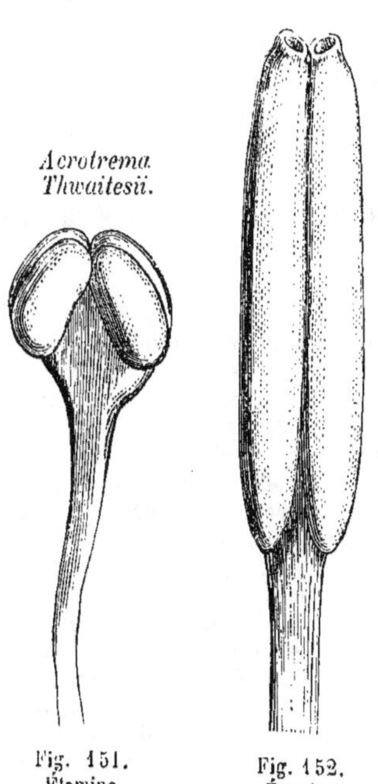

Acrotrema costatum.

Acrotrema Thwaitesii.

Fig. 151.
Étamine.

Fig. 152.
Étamine.

1. A. S. H., *Flor. Brasil. merid.*, I, 20, t. III. — EICHL., *op. cit.*, 82, t. 20. — ENDL., *Gen.*, n. 4762. — B. H., *Gen.*, II, n. 1 (nec RAFIN.).

2. *E. alnifolia* A. S. H., *loc. cit.*

3. JACK, *Mal. Miscell.*, ex HOOK., *Bot. Misc.*, II, 81. — WIGHT et ARN., *Prodr.*, I, 6. — ENDL., *Gen.*, n. 4758. — B. H., *Gen.*, 13, n. 7. — H. BN, in *Adansonia*, VI, 277, 280.

4. WIGHT, *Illustr.*, t. 3. — HOOK., *Icon.*, t. 157; *Kew Journ.*, VIII, t. 4; *Bot. Mag.*, t. 5373. — WALP., *Rep.*, I, 65; *Ann.*, IV, 36. — HOOK. et THOMS., *Fl. ind.*, I, 64. — THWAITES, *Enum. pl. zeyl.*, 2. — MIQ., *Fl. ind. bat.*, I, pars alt., 10.

5. C'est ce qu'on voit surtout dans les étamines de l'*A. lyratum* HOOK. F. (THWAIT., *op. cit.*, 3).

renflent en une tête courte qui porte, de la même façon que dans les *Tetracera*, les deux loges obliques et divergentes en bas d'une anthère nettement introrse [1] ; ou encore les loges allongées de l'anthère s'ouvrent à leur sommet chacune par un pore arrondi [2]. Les carpelles sont au nombre de deux ou trois, libres ou légèrement unis vers la base. L'ovaire renferme, dans son angle interne, un placenta qui supporte deux ovules ascendants, ou un nombre indéfini d'ovules presque horizontaux, disposés sur deux rangées verticales. Le style, souvent allongé, replié sur lui-même dans le bouton, se termine par une tête stigmatifère plus ou moins renflée. Le fruit se compose de deux ou trois capsules, déhiscentes d'une manière irrégulière. Les graines qu'elles laissent échapper sont arquées, pourvues d'un arille membraneux, et renferment, dans un albumen charnu, un embryon de petite taille [3]. Les *Acrotrema* ont des feuilles presque entières ou dentées, ou plus souvent pennatilobées ou disséquées, et rappelant beaucoup celles de quelques Renoncules ou Potentilles. Leur nervation est pennée, avec des veinules transversales ou légèrement obliques, toutes parallèles entre elles. Par leurs fleurs ils se distinguent à peine des *Tetracera*, dont ils ont tous les caractères essentiels.

dont le filet n'est pas renflé au sommet, se continue directement avec le connectif, et porte deux loges adnées, étroites, à déhiscence latérale ou légèrement extrorse. Les étamines extérieures sont plus courtes que les autres ; mais toutes sont fertiles. Les carpelles, souvent au nombre de trois, ont un style renflé au sommet et contiennent de nombreux ovules.

1. Comme dans l'*A. Thwaitesii* HOOK. F. (*A. pinnatifidum* THW.). Le sommet du filet se renfle en un connectif qui porte deux loges ellipsoïdes, obliques, divergeant en bas et à déhiscence introrse ou presque marginale. Par leur forme, les anthères rappellent ici, comme on le voit dans la figure 151, celles de la plupart des *Tetracera*. Il y a généralement trois carpelles, avec une dizaine d'ovules dans l'ovaire, et un style subulé, non renflé à son sommet.

2. C'est le cas de l'espèce prototype, l'*A. costatum* JACK. Les étamines, un peu inégales entre elles, ont une anthère allongée qui paraît d'abord introrse, mais dont chaque loge ne s'ouvre qu'au sommet, par un pore à bords épaissis (fig. 152). Ce caractère a peu de valeur (voy. p. 118). Les sépales sont lancéolés et chargés de poils un peu roides. Les carpelles sont souvent au nombre de deux ; leur style n'est pas renflé au sommet. L'ovaire renferme deux ovules ascendants.

3. Le fruit de l'*A. Walkeri* WIGHT est entouré du calice et de quelques étamines desséchées. Il se compose de trois carpelles surmontés du style persistant. Les graines sont nombreuses, arquées, pourvues d'un arille logé en grande partie dans l'échancrure qui répond au hile ; le tissu de l'arille est fragile et translucide. Le testa est tout parsemé de petites fossettes déprimées.

III. SÉRIE DES DILLENIA.

Il faut étudier d'abord la plante indienne qui a servi de prototype au genre *Dillenia* [1], et qui est le *D. speciosa* Thunbg [2] (fig. 153, 154). Ses

Dillenia speciosa.

Fig. 153. Rameau florifère.

1. L., *Gen.*, n. 688. — Thunbg, in *Linn. Trans.*, I, 200, t. 18, 19. — DC., *Prodr.*, I, 75. — Spach, *Suit. à Buff.*, VII, 422. — Endl., *Gen.*, n. 4749. — B. H., *Gen.*, 13, n. 10. — H. Bn, in *Adansonia*, VI, 281 ; VII, 93, t. III. — *Songium* Rumph., *Herb. amb.*, II, t. 45, 46. — *Syalita* H. M., ex Adans., *Fam.*, II, 364.

2. In *Linn. Trans.*, loc. cit. — *D. elliptica* Thunbg, *loc. cit.* — *D. indica* L., *Spec.*, 745. — *Syalita* Rheed., *Hort. malab.*, t. 38, 39.

larges fleurs hermaphrodites ont un réceptacle convexe sur lequel s'insèrent, de haut en bas (fig. 154), un calice de cinq sépales, disposés dans le bouton en préfloraison quinconciale, une corolle de cinq pétales alternes, imbriqués dans la préfloraison, un nombre indéfini d'étamines hypogynes, et un gynécée composé d'un grand nombre de carpelles. Les étamines sont formées chacune d'un filet libre et d'une anthère bilocu

Dillenia speciosa.

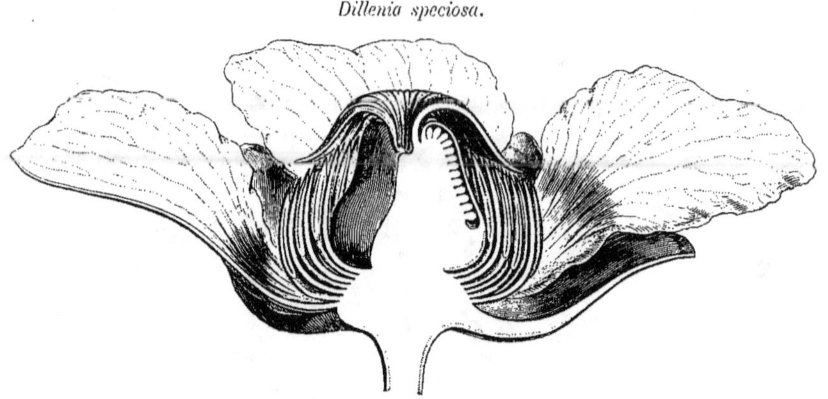

Fig. 154. Fleur, coupe longitudinale.

laire, dont les loges, linéaires, adnées dans toute leur longueur aux bords étroits et allongés du connectif, s'ouvrent près de leur sommet par une fente qui descend ensuite plus ou moins bas [1]. Le gynécée se compose d'un ovaire à columelle centrale épaisse, entourée de vingt à trente loges qui sont libres seulement dans une très-petite portion de leur angle interne, tout près de leur sommet, et qui s'atténuent chacune en une branche stylaire aplatie, étroitement lancéolée, réfléchie sur le sommet de l'ovaire, et stigmatifère à sa face interne. Dans l'angle interne de chaque loge on observe un placenta longitudinal qui supporte un nombre indéfini d'ovules anatropes. Le fruit est une grosse baie, indéhiscente, à péricarpe peu épais, entouré du calice persistant et devenu charnu. Dans l'intérieur se trouvent des graines nombreuses, enveloppées d'une pulpe molle, et dont les téguments, chargés de poils sur les bords, renferment, près du sommet d'un albumen charnu, un embryon peu considé

---

1. Nous avons vu les étamines des *Dillenia* s'ouvrir d'abord près de leur sommet par deux fentes qui ensuite se propageaient plus bas. Dans les *Wormia*, au contraire, on admet que la déhiscence des anthères est biporricide. Cette assertion est trop absolue pour plusieurs raisons : d'abord parce qu'il y a des anthères de *Wormia* qui ne s'ouvrent près du sommet que par une solution de continuité commune aux deux loges (fig. 157) ; et, en second lieu, parce que les ouvertures appelées pores sont des fentes courtes dans les espèces de Madagascar, et qu'elles peuvent s'y prolonger plus ou moins loin vers la base de l'anthère, comme dans les véritables *Dillenia.*

rable. Le *D. speciosa* est un bel arbre à feuilles alternes, ovales-aiguës, dentées, penninerves, avec les nervures secondaires parallèles entre elles, obliques et saillantes. Ses fleurs sont terminales et solitaires.

A côté des *Dillenia* on plaçait autrefois, comme formant un genre distinct, les *Colbertia* [1], qui n'en diffèrent que par deux caractères de peu d'importance. Leurs fleurs, moins grandes que celles du *D. speciosa*, et tantôt solitaires, tantôt réunies en bouquets, ont des pétales jaunes et non blancs. Leurs graines, tantôt plongées dans une pulpe molle, tantôt

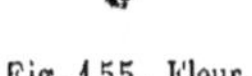

Wormia bracteata.

Fig. 155. Fleur.   Fig. 156. Fleur, coupe longitudinale.

contiguës à un péricarpe mince, sont dépourvues de poils à la surface. Le nombre de leurs loges ovariennes peut être réduit à cinq, comme il arrive dans l'espèce qui a reçu pour cette raison le nom de *D. pentagyna* [2]. Les ovules sont disposés dans chaque loge sur deux ou sur un plus grand nombre de séries; ils sont, ou horizontaux, ou plus ou moins ascendants. Ainsi compris [3], le genre *Dillenia* renferme huit ou dix espèces qui croissent dans l'Inde et dans les portions voisines de l'archipel Indien [4].

Les *Wormia* [5] sont également très-voisins des *Dillenia*, dont on les a détachés et parmi lesquels il faudra peut-être un jour les réintégrer. Leur calice est formé de cinq sépales imbriqués et qui persistent en s'épaississant autour du fruit. Leurs pétales [6] sont imbriqués, et leurs

1. Salisb., ex DC., *Syst.*, I, 435. — Spach, *Suit. à Buff.*, VII, 425. — Endl., *Gen.*, n. 4747.

2. Roxb., *Pl. coromand.*, I, 21, t. 20. — *Colbertia coromandeliana* DC., *Syst.*, I, 435; *Prodr.*, I, 75.

3. *Dillenia* sect. 2. { 1. *Eudillenia.* Corolle blanche. Graines à bords chargés de poils. { 2. *Colbertia.* Corolle jaune. Graines glabres.

M. F. Mueller vient de décrire (*Fragm.*, V, 175) un *D.* (*Synarrhena ?*) *Andreana*, espèce australienne à corolle d'un bleu pâle.

4. Walp., *Rep.*, I, 63; II, 746; *Ann.*, I, 14; IV, 33. — Wall., *Pl. asiat. rar.*, t. 22, 23. — Hook. et Thoms., *Fl. ind.*, I, 69. — Bl., *Bijdraj.*,

6. — Miq., *Fl. ind. bat.*, I, pars alt., 11. — Thwait., *Enum. pl. zeyl.*, 4. — Wight, *Illustr.*, II, t. 358.

5. Rottb., in *Nov. Act. Hafn.*, II, 522, t. 3, ex DC., *Syst.*, I, 433; *Prodr.*, I, 75. — Spach, *Suit. à Buff.*, VII, 413. — Endl., *Gen.*, n. 4750. — B H., *Gen.*, 13, n. 9. — H. Bn, in *Adansonia*, VI, 281. — *Lenidia* Dup.-Th., *Gen. madag.*, n. 57.

6. Gaudichaud a décrit (*Uranie*, 476, t. 99) un *Wormia apetala* dont il indique les fleurs comme positivement dépourvues de corolle. Nous avons vu des échantillons authentiques de cette espèce, mais dans un état tel que nous ne saurions dire si les pétales n'existaient pas avant l'épanouissement des fleurs.

étamines sont libres et toutes égales, ou d'autant plus petites qu'elles sont plus extérieures. Les anthères à loges marginales ou à peine introrses, s'ouvrent près du sommet, par des pores ou des fentes très-courtes. Les carpelles sont en nombre variable. Lorsqu'il n'y en a que cinq, comme dans le *W. brac-teata* HOOK. F. et THOMS. (fig. 155, 156), ils sont oppo-sitipétales. L'axe central qui les unit ne présente de contact avec eux que suivant une ligne étroite, à peu près verticale[1] ; d'où il résulte que les loges de l'ovaire, multiovulées, comme celles des *Dillenia*, sont sépa-rées l'une de l'autre par une double paroi et un sinus très-profond (fig. 158). Les carpelles, dont la paroi est, à leur entière maturité, ou membraneuse, ou épaisse et coriace, demeurent indéhiscents ou s'ou-vrent par leur angle interne pour laisser échapper des graines, dont les téguments, épais[2], recouverts d'un arille charnu, renferment un albumen charnu abondant, avec un petit em-bryon près de son sommet.

Dans certains *Wormia*, les étamines intérieures, beaucoup plus longues que les autres, se recourbent et se réfléchissent sous les styles; on en a fait un genre, sous le nom de *Capellia*[3]. Dans d'autres, qu'il n'y a pas lieu de séparer davantage à titre générique, les plus extérieures des étamines deviennent des sta-minodes stériles[4].

Wormia ferruginea.

Fig. 158. Gynécée, coupe transversale.

Wormia retusa.

Fig. 157. Étamine après sa déhiscence.

Les *Wormia* sont des arbres originaires de l'Asie tropicale, de l'Océanie[5] et de Madagascar. Leurs feuilles, alternes, ordinairement glabres, plus

1. Peut-être cette ligne répond-elle en réalité, non pas à l'angle interne, mais à la base orga-nique des carpelles. Sous ce rapport, le gynécée des *Wormia* est sans doute comparable à celui des Nigelles et à celui des *Magnolia*, dont la ligne d'insertion des carpelles sur l'axe est aussi très-étendue dans le sens vertical.

2. GRIFFITH (*Icon. posth.*, t. DCXLIX) a repré-senté la graine de son *W. suffruticosa* avec un albumen légèrement arqué près de son sommet, de même que les téguments qui le recouvrent.

3. BLUME, *Bijdraj.*, 5.—ENDL., *Gen.*, n.4746.

—WALP.; *Ann.*, IV, 34. — A. GRAY, in *Amer. explor. Exped.*, 15, t. I.

4. Fait qui se produit, mais non d'une ma-nière constante, dans une nouvelle espèce de Madagascar, que nous avons nommée *W. ferru-ginea* (voy. *Adansonia*, VI, 268 ; VII, 343), et qui se distingue au premier abord par ses inflo-rescences unilatérales et par les poils couleur de rouille dont toutes ses parties sont chargées.

5. MIQ., *Ann. Mus. Lugd.-Bat.*, I, 315, t. 9. SEEM., *Fl. vitiens.*, I, 3. — BENTH., *Fl. austral.*, I, 16.

rarement chargées de poils, ont un limbe entier ou légèrement découpé sur ses bords, avec des nervures secondaires obliques et parallèles, très-visibles, et un pétiole qui s'élargit à droite et à gauche en une paire d'ailes membraneuses, caduques, qu'on a considérées quelquefois comme des stipules [1]. Leurs fleurs, qui sont de grande taille, sont solitaires ou disposées en fausses grappes au sommet des rameaux.

Les *Reifferscheidia* [2], qui croissent aux îles Philippines, ont tous les caractères de végétation et de floraison des *Wormia;* mais leur calice est formé de plus de cinq sépales ; on en compte jusqu'à douze ou quinze, qui sont imbriqués et d'autant plus petits, qu'ils sont plus extérieurs. Ce caractère de peu de valeur nous a porté à considérer la seule espèce connue comme ne formant qu'une section dans le genre *Wormia* [3].

Nous ne pouvons davantage éloigner des *Dillenia* le genre *Actinidia* [4] qui a été rapporté par plusieurs auteurs aux Ternstrœmiacées [5], mais dont

Actinidia strigosa.

Fig. 159. Fleur.

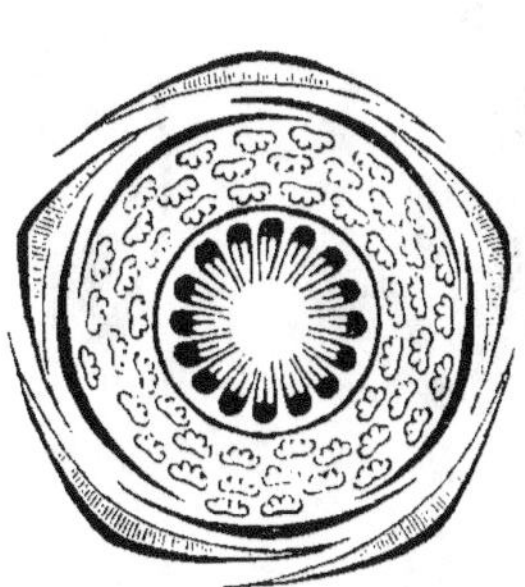

Fig. 160. Diagramme.

l'organisation florale est tellement analogue à celle des *Dillenia*, qu'on peut dire qu'ils n'en diffèrent essentiellement que par la forme de leurs anthères. Ainsi nous trouvons, dans les fleurs de l'*A. strigosa* (fig. 159-164), un calice de cinq sépales, libres ou légèrement unis dans leur portion inférieure, disposés dans le bouton en préfloraison quinconciale. Les pétales, au nombre de cinq, alternes avec les sépales, sont également imbriqués

1. Nous avons montré (*Adansonia,* VI, 271) comment il n'est guère possible de désigner par des noms différents, dans les *Magnolia* et dans les *Wormia*, les larges expansions latérales du pétiole, qui se détachent des bords de ce dernier à une certaine époque, et qui, descendant jusqu'au rameau, laissent à sa surface, au-dessus du niveau de l'insertion du pétiole, une cicatrice oblique qui est la même que celles par lesquelles se révèle d'ordinaire l'existence antérieure des stipules supra-axillaires.

2. PRESL, *Reliq. Hœnk.*, II (1835), 74, t. 62.

— ENDL., *Gen.*, n. 4748. — B. H., *Gen.*, 13, n. 11.

3. *Wormia luzonensis* H. BN (voy. *Adansonia,* VI, 270). — *R. speciosa* PRESL. — *Palali* luzonensibus, ex PRESL, *loc. cit.*

4. LINDL., *Introd. Nat. Syst.*, ed. 2, 439. — ENDL., *Gen.*, 841. — WALP., *Rep.*, V, 131; *Ann.*, I, 15. — *Trochostigma* SIEB. et ZUCC., in *Abhandl. Akad. d. Wissensch. Munch.*, III, 726, t. II, f. 2.

5. BENTH., in *Journ. Linn. Soc.*, V, 55. — B. H., *Gen.*, 184, n. 14.

dans la préfloraison. Les étamines hypogynes, en nombre indéfini, se
composent chacune d'un filet libre et d'une anthère extrorse, versatile
sur le sommet plus ou moins replié du filet, et à deux loges déhiscentes
par une fente longitudinale [1]. Le gynécée est libre ; il se compose d'un axe
central épais, entouré de vingt à trente loges surmontées d'autant de branches stylaires étalées, réfléchies sur le sommet de l'ovaire et stigmatifères en dedans et en haut. Dans l'angle interne de chaque loge, on
observe un placenta qui porte un grand nombre d'ovules anatropes.
Le fruit devient une baie multiloculaire, entourée du calice persistant,
et dont la pulpe renferme un grand nombre de graines. Leurs téguments épais [2] enveloppent un albumen charnu qui entoure un embryon

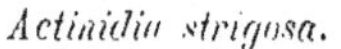

Actinidia strigosa.

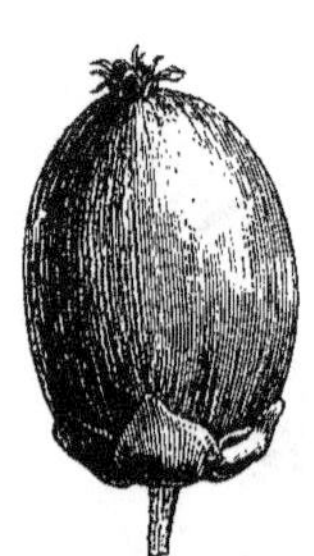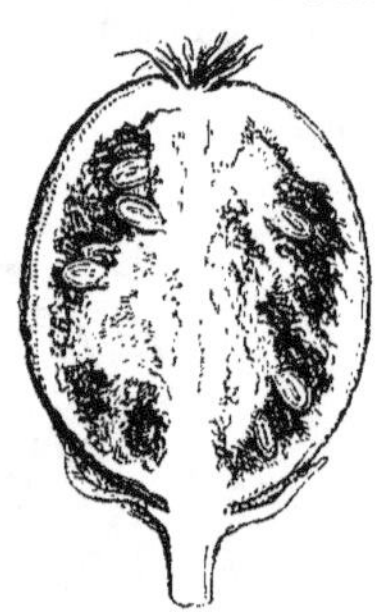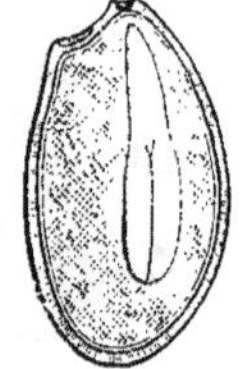

Fig. 161. Fruit.   Fig. 162. Fruit, coupe   Fig. 163. Graine.   Fig. 164. Graine, coupe
                       longitudinale.   longitudinale.

central, allongé [3], à cotylédons peu volumineux. Dans d'autres *Actinidia*,
les fleurs sont fréquemment polygames, par avortement du gynécée. Ce
sont des arbustes, souvent sarmenteux, volubiles, à feuilles alternes,
simples, penninerves. Leurs fleurs sont situées à l'aisselle des feuilles, et

1. L'anthère est extrorse après l'anthèse ; elle
l'est nettement dans les jeunes boutons de l'*A. rugosa*. La différence qu'on observe entre l'étamine
incluse dans le bouton et celle de la fleur épanouie,
c'est que le sommet du filet est complétement
rectiligne avant l'épanouissement, tandis qu'il se
replie plus tard deux fois sur lui-même, avant de
s'attacher au connectif. Dans les fleurs de l'*A.
strigosa*, l'anthère est aussi extrorse après l'épanouissement. Le connectif est étroit et entier dans
sa moitié supérieure. Vers le bas de l'anthère, il
se bifurque, et de même que ses deux branches
s'écartent l'une de l'autre en descendant, de même
aussi, dans cette portion, les deux loges de l'anthère.

2. Ces graines sont dépourvues d'arille ; carac-

tère négatif qui a été invoqué par plusieurs auteurs, entre autres par MM. BENTHAM et HOOKER,
comme séparant les *Actinidia* des Dilléniacées.
Mais nous avons fait remarquer (*loc. cit.*, 258)
que les *Dillenia* peuvent eux-mêmes avoir des
graines sans arille.

3. Cet embryon est droit et plus développé que
celui de la plupart des Dilléniacées, qui n'occupe que le sommet de l'albumen. C'est aussi
un des caractères qui a fait éloigner de ces dernières les *Actinidia*: « *ob embryonem magis
evolutum* », disent encore MM. BENTHAM et
HOOKER. Nous ne pensons pas que ce caractère
ait une grande importance. Les affinités des
Actinidia avec les *Saurauja*, de la famille des
Ternstrœmiacées, sont d'ailleurs incontestables.

solitaires ou plus fréquemment disposées en faux corymbes. On en connaît sept ou huit espèces qui croissent en Chine[1] et au Japon[2], dans l'Inde et dans les contrées voisines. On peut donc les définir : des *Dillenia* à fleurs de petite taille et à anthères versatiles, non adnées.

Toutes les Dilléniacées que nous avons énumérées ne possèdent qu'un petit nombre de caractères communs absolument constants, de même que les Renonculacées ; et elles n'ont même pas, comme ces dernières, un androcée à éléments toujours nombreux et jamais rigoureusement définis. Mais elles présentent un certain nombre d'autres caractères dont la très-grande fréquence fait la valeur : l'alternance des feuilles[3], la polypétalie de la corolle[4], l'indépendance des éléments du gynécée[5], l'insertion hypogynique des étamines et du périanthe[6], la persistance du calice autour du fruit[7], et la présence d'un arille à la base des graines[8]. Il convient d'ajouter qu'on trouve presque toujours dans les fleurs une régularité complète, et que les irrégularités qui s'y observent d'une façon tout exceptionnelle sont le plus souvent inconstantes dans un même genre et bornées en général à un seul verticille[9], la régularité du plan général de la fleur n'en étant pas d'ailleurs altérée.

Les caractères les plus saillants parmi ceux qui sont variables et qui servent principalement à établir les grandes subdivisions de cette famille, sont : l'indépendance ou l'union plus ou moins intime des éléments du gynécée, la situation et le nombre défini ou indéfini des pièces de l'androcée. La direction des anthères, et la consistance du péricarpe, sont des caractères sujets à tant de variations, qu'ils ne peuvent servir qu'à établir les divisions des derniers degrés, génériques ou seulement spécifiques.

La première idée de constituer pour les Dilléniacées une famille dis-

---

1. Bentham, *Fl. hongkong.*, 26. — Pl., in *Hook. Journ.*, VI, 303. — Walp., *Ann.*, I, 15.

2. Siebold et Zucc., in *Abhandl. der Akad. d. Wissensch. Munch.*, III, 727, t. II, f. 2.

3. Les *Hemistemma* de Madagascar ont les feuilles souvent opposées.

4. Un seul *Wormia* est, à ce qu'il paraît, apétale (voy. not. 6, p. 112).

5. Les *Dillenia*, les *Wormia* et les *Actinidia* feraient seuls exception.

6. La périgynie est légèrement indiquée dans l'*Hibbertia grossulariæfolia* (voy. p. 98, fig. 134).

7. Quelques *Actinidia* paraissent seuls faire exception.

8. Les *Actinidia* et plusieurs *Dillenia* ont des graines dépourvues d'arille véritable.

9. Ainsi les *Delima* n'ont qu'un carpelle excentrique ; mais le reste de leur fleur est régulier. Certains *Tetracera*, *Davilla*, etc., ont une corolle irrégulière par suppression de quelques pétales ; mais la régularité persiste dans les autres verticilles. Les Pleurandrées et les *Schumacheria* ont, avec un androcée irrégulier, le reste de la fleur des *Hibbertia* ou des *Tetracera*. Jamais l'irrégularité de la fleur n'est assez tranchée, ou étendue à un assez grand nombre de parties, pour pouvoir acquérir une valeur générique. Dans le calice des *Davilla*, l'irrégularité, due à l'accroissement énorme de deux sépales, n'apparaît même qu'à une certaine époque. Le calice demeure cependant symétrique par rapport à un seul plan.

tincte est due, à ce que nous apprend R. Brown[1], à Salisbury[2], qui proposa de les séparer des Magnoliacées de Jussieu. Linné ne connaissait de cette famille que les *Tetracera, Delima, Curatella* et *Dillenia;* les genres australiens n'avaient pas été étudiées de son temps. Adanson[3], qui ne pouvait observer que les genres linnéens, fut, comme nous l'avons déjà montré[4], le premier à découvrir les véritables affinités des Dilléniacées, celles qui sont actuellement reconnues par tous les botanistes ; il les relia à la fois aux Renonculacées, aux Magnoliacées et aux Cistinées. A. L. de Jussieu[5] connut un plus grand nombre de genres et les dispersa davantage ; il plaça parmi les Magnoliacées les *Dillenia* et *Curatella*, parmi les Rosacées les *Delima, Tetracera* et *Tigarea*, et laissa dans ses *Genera incertæ sedis* les *Soramia* d'Aublet et les *Doliocarpus* de Rolander. Aux genres connus à cette époque, Rottboel avait ajouté, en 1783, le *Wormia;* Vahl, le *Schumacheria;* Vandelli, le *Davilla*. Labillardière et R. Brown, étudiant les premiers les types australiens, créèrent, l'un le *Candollea* et le *Pleurandra*, l'autre le *Pachynema*. De Candolle y ajouta un autre genre australien, l'*Adrastæa*, pendant que A. de Saint-Hilaire découvrait au Brésil le genre *Empedoclea*. Enfin, c'est aux botanistes anglais, Jack, Andrews et Lindley, qu'on doit l'établissement des genres *Acrotrema*, *Hibbertia* et *Actinidia;* ce qui porta à treize le nombre des genres que nous admettons actuellement dans la famille des Dilléniacées.

C'est encore une famille *par enchaînement*. De Candolle[6] l'a partagée en deux tribus, rangeant dans la première, celle des *Delimeæ*, la plupart des genres dont A. L. de Jussieu avait fait des Rosacées, et réunissant dans la seconde, celle des *Dilleneæ*, les *Dillenia* et les *Wormia*, avec les genres australiens qu'on venait d'étudier à cette époque. Cette division de la famille fut adoptée par la plupart des botanistes, notamment par Lindley[7], qui fit entrer dans la tribu des *Dilleneæ* son genre *Actinidia*, et le *Saurauja*[8], actuellement rapporté par la plupart des auteurs aux Ternstrœmiacées, plus le *Tetracarpæa*[9], qui est une Saxifragée. M. J. G. Agardh[10] a distingué, parmi les Dilléniacées, des types analogues aux *Wormia*, dont il a reconnu les affinités étroites avec les Magnoliacées ; et des *Hibbertiaceæ*, dont il a confirmé les rapports avec les

1. *Gen. Remarks on the Botan. of Terra austr.*, 9.
2. *Paradis. lond.*, 73.
3. *Fam. des plantes*, II, 364, 442, 450.
4. *Adansonia*, VI, 272.
5. *Genera plantarum*, 282, 339, 433.
6. *Syst. veg.*, I, 395; *Prodr.*, I, 67.
7. *Veget. Kingd.*, 424. Endlicher (*Gen.*, 840) subdivise de même la famille des Dilléniacées.
8. W., in *Neue Schr. Ges. Nat. Berl.*, III, 406.
9. Hook. f., in *Hook. Icon.*, t. 264.
10. *Theor. System. plantar.*, 200.

Cistinées, les Trémandées et les Pittosporées. Enfin, MM. Bentham et J. Hooker [1] ont récemment fondé sur la forme des anthères une division de cette famille en trois tribus des *Delimeæ*, des *Dillenieæ* et des *Hibbertieæ* [2]. Nous avons essayé ailleurs [3] de démontrer comment ce mode de classement, souvent utile dans la pratique, n'était pas cependant d'une exactitude constante, et comment la même forme d'étamines pouvait s'observer dans des genres appartenant indifféremment à l'une des trois tribus énumérées. Nous avons donc essayé d'établir parmi les Dilléniacées un certain nombre de séries dont les genres respectifs ont été énumérés ci-dessus, et qui sont fondées sur l'organisation générale du gynécée, puis de l'androcée. Le *Dillenia* a constitué pour nous un premier centre, autour duquel se sont groupés les genres qui ont les carpelles plus ou moins unis en un ovaire pluriloculaire, en même temps que les étamines sont en nombre indéfini. Dans toutes les autres Dilléniacées, les carpelles sont indépendants les uns des autres; et les ovaires uniloculaires ont un placenta pariétal situé dans leur angle interne. Mais parmi celles-ci, les étamines sont, ou en nombre indéfini, comme il arrive dans les *Hibbertia*, ou en nombre double de celui des pétales, ou en faisceaux qui répondent exactement par leur nombre à celui des pièces du périanthe, comme on le remarque dans les *Candollea*. Les *Hibbertia* et les *Candollea* deviennent donc deux autres centres, ou têtes de séries, ordinairement faciles à séparer l'une de l'autre dans la pratique, mais

1. *Genera*, 10, 11.

2. M. Planchon a reproduit (voy. *de Linden*, 3, 4) les opinions des auteurs anglais et admis les trois groupes principaux reconnus par eux dans cette famille; mais il en a formé un quatrième pour les genres *Wormia*, *Acrotrema* et *Schumacheria*, qui, dit-il, « sont plus ou moins anormaux et ne rentrent exactement dans aucune des trois divisions indiquées. » Nous avons (*Adansonia*, VI, 276) fait voir ce qu'il y a de trop absolu dans cette assertion et montré combien les *Wormia* sont analogues aux *Dillenia*, les *Schumacheria* aux *Hemistemma*, et les *Acrotrema* aux Tétracérées, du moins par la fleur et le fruit.

3. *Adansonia*, VI, 269, 278. Dans plusieurs *Tetracera* et *Davilla*, la même fleur contient des anthères biloculaires et uniloculaires, introrses et extrorses. Plusieurs fleurs du *T. senegalensis* nous ont montré des étamines inférieures à anthères introrses, et toutes les étamines supérieures ou intérieures à anthères extrorses. Dans le *T. obovata*, le sommet du filet se renfle en un connectif de forme variable, mais tantôt entier et tantôt plus ou moins profondément bifurqué; les deux loges sont alors portées sur des branches distinctes (fig. 143). Dans le *T. volubilis*, les étamines sont toutes dissemblables. Le connectif se renfle subitement ou graduellement en une tête obpyramidale ou claviforme (fig. 144); les étamines extérieures, très-courtes, peuvent être complétement stériles. Dans le *T. sarmentosa*, les filets sont libres, ou légèrement unis à leur base. Le *Davilla rugosa* nous a présenté des anthères introrses et des anthères extrorses dans le bouton. Les *Acrotrema* qui sont indiqués comme ayant : « *Staminum filamenta haud dilatata* », peuvent avoir des loges parallèles et marginales, ou un connectif renflé presque subitement en tête, comme celui des *Tetracera* (fig. 151), ou des anthères à loges porricides (fig. 152) rapprochées l'une de l'autre dans toute leur étendue. Les *Hibbertia* dont les loges sont allongées et étroites, parallèles et rapprochées (fig. 120), peuvent avoir cependant aussi des anthères à connectif court et renflé et à loges peu allongées, analogues à celles des Tétracérées (voy. fig. 131). De pareils faits ont été signalés dans ce genre par M. F. Mueller (*Fragm.*, II, 2), notamment dans l'*H. stellaris*, dont les anthères, dit-il, sont plus larges que longues.

entre lesquelles nous avons été le premier à reconnaître qu'il y a des points de contact inévitables, comme on en rencontre toujours dans les familles analogues [1].

Les Dilléniacées sont très-rarement des plantes herbacées ; à peine si quelques *Hibbertia* sont dans ce cas, notamment l'*H. grossulariæfolia*, et les *Acrotrema* que leur port et leurs feuilles, simples, entières ou pennatiséquées ou lyrées, rendent semblables à certaines Renonculacées ou Fragariées. Presque toujours les branches sont ligneuses, du moins à leur base ; et souvent encore elles sont sarmenteuses et volubiles. La structure anatomique de quelques-unes de ces lianes a été étudiée par M. Crüger [2], notamment celle du *Doliocarpus Rolandri* et des *Curatella*. Mais on n'a guère constaté dans ces plantes qu'une disposition anormale des faisceaux ligneux, qui paraît tenir précisément à leur nature sarmenteuse, et qui se trouve dans les lianes d'un grand nombre d'autres familles végétales, c'est-à-dire : la délimitation très-nette des différentes zones concentriques du bois, la fréquence de faisceaux ligneux supplémentaires et franchement isolés dans des portions distinctes de la gangue celluleuse qui constitue les rayons médullaires et le parenchyme cortical. On n'avait guère recherché les caractères anatomiques communs à toutes celles des Dilléniacées dont la tige n'est pas grimpante ; et nous croyons devoir reproduire ici les faits que nous avons récemment publiés [3] sur cette question.

« Les Dilléniacées sont toutes des plantes riches en faisceaux de raphides. Dans les *Candollea* et les *Hibbertia* cultivés, on en trouve abondamment dans les cellules corticales, dans la moelle, dans le parenchyme des feuilles. Dans la moelle du *Dillenia speciosa* Thunbg, on trouve des cellules qui contiennent d'énormes paquets de ces aiguilles cristallines. Toutes les autres cellules, et souvent les fibres ligneuses, sont, à

---

1. Ainsi nous avons montré comment les Hibbertiées, par les *Trisema*, et les Délimées, par les *Delima*, arrivaient à présenter le même périanthe, le même androcée à éléments indéfinis et le même gynécée unicarpellé. Nous avons également reconnu les liens communs des *Acrotrema* et des *Schumacheria* avec les Dilléniées, les Tétracérées et les Pleurandrées. Nous savons bien encore que les *Candollea* et les *Hibbertia* ont entre eux de très-grands rapports, puisqu'à l'âge adulte, il y a certains *Hibbertia* à faisceaux oligandres, tels que l'*H. lepidota* R. Br., qui servent de passage entre les deux genres, et M. C. J. de Cordemoy (*Bull. Soc. bot. Fr.*, VI, 450) a fait entrevoir que peut-être un jour les deux types génériques pourraient être confondus en un seul. Nous savons encore très-bien que les études organogéniques ont montré l'existence primitive, dans les deux genres, de faisceaux distincts alternipétales ; et que la séparation nette entre ces faisceaux ne peut plus se faire à l'âge adulte dans les *Hibbertia*, uniquement à cause de l'immense multiplication des éléments de chacun d'eux. Il n'en est pas moins vrai qu'on n'est pas embarrassé actuellement, dans la pratique, pour distinguer un *Hibbertia* d'un *Candollea*. S'il y avait des cas douteux, cela prouverait que nos classifications sont perfectibles et ont toujours tort de prétendre d'une manière absolue au titre de naturelles ; mais aucune d'elles n'évite, que nous sachions, ce genre d'inconvénient.

2. *Einiger Beiträge z. Kenntniss von sogenannten anomalen Holzbildungen des Dicotylenstammes* (in *Bot. Zeit.* [1850], 166, t. IV).

3. *Comptes rendus de l'Académie des sciences*, LXIV, 297; *Adansonia*, VII, 88.

certaines époques, gorgées de grains de fécule, qui, ici comme dans les *Candollea*, *Hibbertia*, et dans tant d'autres végétaux ligneux, se forment et se résorbent pour servir à la nutrition : c'est là un fait trop général et trop anciennement connu pour qu'il vaille la peine qu'on s'y arrête. Dans toutes les espèces australiennes que nous avons examinées, les grains de fécule sont irrégulièrement arrondis et très-inégaux entre eux. Dans la plupart des *Wormia*, la moelle se raréfie à un certain âge et forme des cloisons à peu près parallèles entre elles, ou laisse un vide central à contours irréguliers. La moelle s'aplatit considérablement, mais ne fait pas défaut, dans les espèces à cladodes analogues à ceux des *Xylophylla*, notamment dans celles du genre *Pachynema*; les faisceaux fibro-vasculaires du bois s'y trouvent naturellement disposés sur deux plans à peu près parallèles et se dirigent obliquement vers les coussinets, de manière à simuler les nervures latérales d'une feuille.

» Le point le plus remarquable de cette structure, c'est la fréquence des fibres à ponctuations aréolées dans le bois des Dilléniacées, avec tous les degrés possibles, suivant l'âge et les espèces, dans le développement des aréoles qui entourent les perforations. Ces aréoles n'apparaissent jamais qu'à un certain âge. Ainsi, dans un très-jeune rameau herbacé de *Dillenia speciosa*, on n'aperçoit que des fibres de bois ordinaires; elles sont accompagnées, dans chaque faisceau, de vaisseaux de toute espèce, notamment de vaisseaux cylindriques à paroi très-mince, soutenue à de longs intervalles par des anneaux parallèles assez épais, et de trachées vraies ou fausses, dans lesquelles on voit fréquemment le fil spiral devenir simple sur une étendue variable, tandis qu'il est formé le plus ordinairement par deux cordons parallèles et distincts. A cette époque, le parenchyme cortical est très-riche en cellules tubuleuses de la couche herbacée, pleines de grains énormes de chlorophylle, et les fibres libériennes apparaissent très-finement ponctuées. Le suber est formé d'un tissu cellulaire fin et serré; l'épiderme est chargé de poils simples, renflés et comme géniculés à leur base. Sur une branche nettement ligneuse, et de la grosseur du doigt, toutes les ponctuations des cellules et des fibres ont pris un tout autre caractère. Les cellules des rayons médullaires, pleines de fécule à l'intérieur, communiquent largement entre elles par des canaux cylindriques, taillés, comme à l'emporte-pièce, dans leur paroi fort épaissie. Sur les parois des fibres ligneuses, ces canaux ont la forme d'un tronc de cône à petite base extérieure. Deux de ces troncs de cône, situés exactement à la même hauteur et appartenant à deux fibres voisines, se touchent par cette petite base; et c'est au point d'union des deux petites bases, au niveau du rétrécissement porté par cette sorte de sablier, que se trouve la cavité lenticulaire, facile à apercevoir lorsqu'elle est coupée longitudinalement. Lorsqu'on regarde, au contraire, cette cavité lenticulaire de face, elle apparaît, comme dans les Conifères, sous forme d'une tache très-sombre, circulaire ou ellipsoïde, et elle est entourée de son aréole concentrique due à la présence du canal en tronc de cône qui aboutit à la perforation. Dans les *Candollea*, les *Hibbertia*, on observe la même disposition générale des pores, mais l'aréole est plus ou moins prononcée suivant les espèces, de façon qu'on trouve tous les intermédiaires entre des pores ordinaires, sans aréole, et des pores largement aréolés. Il en est de même dans les *Curatella*, les *Schumacheria*, et, chose assez remarquable, dans les *Actinidia*, dont les affinités avec les Dilléniacées ne sont pas acceptées par tous les botanistes; les pores sont notamment très-manifestement aréolés dans l'*A. callosa*. Le plus souvent ces pores sont disposés dans une fibre sur deux rangées verticales opposées. Lorsque les ponctuations et les aréoles sont parfaitement circulaires, on peut exactement superposer celles d'une rangée à celles de la rangée qui est en face et n'apercevoir qu'une seule série de ponctuations. Mais quand les ouvertures et les aréoles qui les entourent sont ellipsoïdes, comme il arrive fréquemment dans le *Dillenia* et le *Candollea cuneiformis*, les taches noires et allongées que forment les trous d'une rangée peuvent être obliques dans un autre sens que celui des taches de la rangée opposée. Vues alors par transparence, l'une sous l'autre, ces deux taches forment une petite croix de Saint-André à quatre branches a peu près égales et très-régulièrement disposées.

» Dans les jeunes rameaux de quelques *Candollea*, les fibres libériennes sont relativement très-grosses, très-écartées, mais peu nombreuses. Dans quelques *Hibbertia*, notamment dans l'*H. perfoliata*, c'est un autre élément de l'écorce qui prend un grand développement, le tissu cellulaire. Mais cette sorte d'hypertrophie n'a lieu que sur deux côtés du rameau, qui devient de la sorte aplati et pourvu de deux angles saillants; le bois ne participe pas à cette déformation qui n'a rien de commun avec ce qui se produit dans les cladodes dont nous avons parlé plus haut.

» Les feuilles ont en général un parenchyme hétéromorphe; les cellules situées sous l'épiderme supérieur sont bacillaires et assez égales entre elles; elles deviennent irrégulières sous l'épiderme inférieur; celui-ci est formé de cellules à contours très-irréguliers, et porte des stomates qui, dans les *Dillenia*, *Candollea*, etc., sont elliptiques. Nous avons dit que le parenchyme contient fréquemment des faisceaux de raphides ; ces faisceaux saillants sur les organes desséchés donnent aux feuilles de la plupart des Dilléniacées la propriété de devenir rugueuses au toucher. Cette sensation, qui n'est pas sans utilité dans la pratique, est due dans plusieurs espèces à une cause un peu différente. On sait que certaines Dilléniacées, notamment les *Curatella,* ont des feuilles si rugueuses et si râpeuses, qu'elles servent à polir, même les métaux, dans quelques pays de l'Amérique tropicale. Cette propriété est due à l'accumulation dans ces feuilles d'un très-grand nombre de concrétions de forme particulière et de nature siliceuse ; aucun acide ne les attaque, sauf l'acide fluorhydrique. Étudions-les dans la feuille du *C. americana,* qui est rugueuse sur les deux faces. A la face supérieure, cette rugosité dépend uniquement de la saillie que forment ces nombreuses concrétions siliceuses situées sous le feuillet superficiel de l'épiderme ; elles sont globuleuses, inégales entre elles et finement mamelonnées à la surface, à la façon d'un chou-fleur. On peut les assimiler aux cystolithes des Urticées et de certaines Euphorbiacées ; et il est probable qu'elles sont bien moins proéminentes sur les feuilles fraîches. Les inégalités de la face inférieure sont dues à plusieurs causes. Premièrement, les nervures saillantes y forment un réseau très-riche et la rendent comme gaufrée. En second lieu, ces nervures portent à leur surface deux espèces de productions proéminentes : des poils étoilés, et des concrétions analogues à celles de la face supérieure, mais plus petites et plus nettement mamelonnées. Les poils sont formés de rayons non cloisonnés et assez aigus et mous. A leur base seulement ils présentent parfois une certaine rigidité. Les concrétions sont très-dures dans toute leur étendue ; mais assez souvent leurs lobes, plus aigus et plus saillants que de coutume, sont moins roides, plus transparents, et il en résulte qu'on trouve des espèces d'intermédiaires entre les poils étoilés de la surface et les dépôts pierreux de l'épiderme inférieur. Ces concrétions se rencontrent abondamment, mais plus petites encore, dans l'intervalle des nervures, au fond des aréoles interposées ; là aussi l'épiderme inférieur présente de rares stomates de petite dimension. Çà et là se montrent des poils parfaitement simples. Dans certains *Tetracera,* ces poils sont très-nombreux et flexibles ; dans les feuilles du *Delima sarmentosa,* on en voit qui sont très-flexibles au sommet et dont la base épaissie est devenue fort dure par suite du dépôt de cette même substance pierreuse qu'on rencontre si fréquemment dans les Dilléniacées. »

Affinités. — Nous avons vu [1] qu'Adanson reconnut le premier les affinités multiples des Dilléniacées avec les Cistinées, les Magnoliacées et les Renonculacées ; c'est à côté de ces dernières que la plupart des botanistes de ce siècle s'accordent à les placer. Nous avons dit ailleurs [2] que les Dilléniacées représentent des Renonculacées à tiges ordinairement ligneuses, avec un calice persistant à peu près constamment autour du fruit et des graines ordinairement pourvues d'un arille. Quand les ovules sont en nombre restreint et ascendants, dans les Dilléniacées, ils ont le micropyle primitivement dirigé en bas et en dedans, tandis que dans toutes les Renonculacées à ovules ascendants, connues jusqu'à ce jour, on trouve le micropyle tourné en dehors. On ne peut néanmoins, à l'aide de ces caractères, distinguer les Renonculacées des Dilléniacées que par des à-peu-près. Une différence fondamentale, mais difficile à constater à l'âge adulte, a été toutefois établie par l'étude organogénique des deux groupes : l'évolution de l'androcée est centripète dans les Renonculacées, tandis qu'elle a été reconnue centrifuge dans toutes les Dilléniacées qu'on a observées jusqu'à ce jour [3]. Les Dilléniacées ont, en outre, des affinités incontestables avec de nombreuses familles de plantes à ovaire uniloculaire ou pluriloculaire. Les types australiens analogues aux *Hibbertia* et aux *Candollea* se rattachent évidemment aux Cistinées [4] et aux familles voisines, notamment aux Bixacées [5]. Nous avons, à ce propos, exprimé [6] cette opinion que : « l'organisation florale de certaines Bixacées, telles que les *Mayna*, *Carpotroche*, etc., nous laisse penser que la famille des Dilléniacées pourrait bien avoir des représentants dispersés dans quelques groupes à ovaire uniloculaire et à placentation pariétale, et que là on trouvera peut-être un jour des types qui seraient aux *Hibbertia* ou aux *Tetracera* ce que sont les *Monodora* aux Anonacées ; les *Berberidopsis* et les *Erythrospermum* aux Ménispermées et aux Berbéridées ; ce que sont aux Renonculacées, les Papavéracées. » Comme on ne conteste plus aujourd'hui la place des *Monodora* parmi les Anonacées, l'opinion soutenue avec tant de bons arguments par M. Miers [7], qui range les Canellacées parmi les Wintéracées, sera probablement aussi acceptée avant peu sans réserve. On ne perdra pas de vue alors que, d'une part, MM. Bentham et Hooker [8] viennent de faire clai-

---

1. Voy. p. 117.

2. *Hist. des plantes*, 75 ; *Adansonia*, IV, 36 ; VI, 273.

3. Payer, *Traité d'organogénie comparée de la fleur*, 233, t. LI ; *Adansonia*, III, 129 ; VI, 266.

4. Adanson, *loc. cit.* — Agardh, *Theor. System. plant.*, 200.

5. Planchon, *Voy. de Linden*, 3.

6. *Adansonia*, VI, 274.

7. *Contributions*, I, 122.

8. *Gen.*, 797.

rement ressortir les affinités étroites des *Canella* et des *Samyda*. Et comme ces derniers sont actuellement placés par les mêmes auteurs dans la même famille que les Banarées, autrefois considérées comme inséparables des Bixacées, on verra que, pour tenir compte de toutes les affinités d'un groupe considérable formé, et des Bixacées, et des Samydacées [1], il le faudrait placer simultanément dans le voisinage des Canellacées, portion des Magnoliacées et des types à placentation pariétale qui rappellent les Dilléniacées par la plupart de leurs autres caractères. Cela expliquerait comment les *Carpotroche*, confondus avec les véritables *Mayna*, ont dû être, dans un grand nombre de classifications [2], énumérés à côté des Magnoliacées ou des Dilléniacées. La difficulté est ici la même que pour les *Erythrospermum*, rapportés tantôt aux Bixacées et tantôt aux Berbéridées, suivant qu'on a accordé plus d'importance, ou aux placentas et à leur nombre, ou aux autres verticilles de la fleur et à leur symétrie. Par là encore les Dilléniacées touchent aux Canellacées que nous faisons rentrer dans le groupe des Magnoliacées. Les *Dillenia*, *Wormia* et autres genres analogues se rapprochent beaucoup des *Magnolia* par leurs feuilles à pétiole dilaté, membraneux et stipuliforme sur ses bords [3]; de même que, par l'agencement de leur gynécée, ils rappellent beaucoup ce qu'on observe dans les *Illicium* et les *Drimys*. En dehors du nombre des parties de la fleur, les *Dillenia* et les *Wormia* ressemblent bien plus, il est permis de le dire, aux *Magnolia* qu'à la plupart des Dilléniacées du groupe des *Candollea*. La manière dont s'insèrent sur le réceptacle conique de la fleur les étamines en nombre indéfini, la situation même de cette fleur au sommet du rameau, et jusqu'à l'absence d'un arille membraneux et sacciforme [4] autour des graines des vrais *Dillenia*, sont des traits d'organisation qui n'auraient pas permis de placer ces derniers dans une autre famille que les *Liriodendron* ou les *Talauma*, si l'on n'avait pris en considération la structure si différente en apparence du gynécée. Mais nous avons démontré [5] que les carpelles des *Wormia* et des genres analogues étaient véritablement libres, comme ceux des *Magnolia* [6], et non point réunis en un ovaire à loges séparées

---

1. C'est-à-dire d'un groupe où sont réunis des genres à insertion hypogynique et périgynique, la forme du réceptacle floral pouvant être indifféremment convexe ou concave dans un très-grand nombre de familles naturelles.

2. Notamment dans celles de Jussieu (*Gen.*, 281), de Candolle (*Prodr.*, I, 79), Endlicher (*Gen.*, n. 4734), etc.

3. Voy. *Adansonia*, VI, 271.

4. Caractère si considérable pour quelques auteurs, qu'il est, par exemple, une des raisons déterminantes de l'introduction des *Crossosoma* dans la famille des Dilléniacées, plutôt que dans celle des Renonculacées.

5. *Sur l'organisation florale d'un Wormia des Seychelles*, in *Adansonia*, VII, 343. Il est établi, dans ce travail, qu'il y a, à tout âge, un vide central dans l'intervalle des ovaires, et que les styles se réunissent au-dessus de ce vide.

6. Voy. p. 113, note 1.

les unes des autres par une cloison simple ; en même temps que les styles sont distincts les uns des autres vers leur base et ne s'accolent qu'à partir d'un certain point, avant de se séparer de nouveau dans leur portion stigmatifère. Par là les *Dillenia* et *Wormia* servent de passage vers les *Actinidia* que nous ne pouvons éloigner d'eux, et qui ressemblent d'ailleurs si bien aux *Saurauja*, qu'on les a placés avec eux et les *Stachyurus*, dans une tribu particulière de la famille des Ternstrœmiacées [1]. Par ces dernières encore, on a montré comment les Dilléniacées se relient indirectement aux Ericinées, aux Ebénacées et aux Pittosporées. On pourrait signaler quelques rapports plus éloignés encore entre les *Schumacheria* et certaines Diptérocarpées [2], entre les *Hibbertia* et les Papavéracées [3], entre les *Tetracera* et quelques Saxifragées–Cunoniacées [4].

La distribution géographique des Dilléniacées est peu compliquée. Les vingt espèces environ qui appartiennent à notre série des *Candollea* sont d'origine australienne [5]. Presque tous les *Hibbertia*, au nombre d'environ quatre-vingts, sont dans le même cas [6] ; deux espèces de ce genre ont seules été observées à Madagascar ; elles appartiennent à la section des *Hemistemma* [7]. Les *Dillenia* [8], les *Schumacheria* [9], les *Acrotrema* [10], et presque tous les *Wormia* [11] sont originaires de l'Asie tropicale ; deux espèces [12] de *Wormia* seulement croissent dans les îles orientales de l'Afrique ; une seule en Australie [13]. Les *Actinidia* n'ont été observés qu'en Chine, au Japon et dans le nord de l'Inde [14]. Les *Davilla* [15], Em-

---

1. B. H., *Gen.*, 184.

2. Notamment par la nervation des feuilles et la disposition unilatérale des fleurs.

3. « Il est assez singulier, disions-nous (*Adansonia*, VI, 275), que certains *Hibbertia*, comme l'*H. volubilis*, aient l'odeur fétide des Pavots. Qu'on suppose leurs carpelles ouverts et unis bords à bords, on a la fleur d'une Papavéracée. »

4. Il suffit de rappeler que le *Tetracarpœa* a été rangé parmi les Dilléniacées (voy. p. 117), et que les *Itea* et les *Stachyurus* rappellent beaucoup les *Clethra*, les Sauraujées et les *Actinidia*.

5. BENTH., *Fl. austral.*, I, 41.

6. BENTH., *op. cit.*, I, 17.

7. DUP.-TH., *Gen. mad.*, n. 18. — DC., *Prodr.*, I, 71, § 1. Elles pourraient bien n'être toutes deux que des formes d'une seule espèce, l'*H. coriacea* (*Helianthemum coriaceum* PERS., *Enchir.*, II, 76).

8. HOOK. et THOMS., *Fl. ind.*, I, 69. — MIQ., *Fl. ind. bat.*, I, pars alt., 11.

9. HOOK. et THOMS., *Fl. ind.*, I, 65. — THWAITES, *Enum. pl. zeyl.*, 4

10. THWAITES, *Enum. pl. zeyl.*, 2. — MIQ., *Fl. ind. bat.*, I, pars alt., 10. — HOOK. et THOMS., *Fl. ind.*, I, 64.

11. BL., *Bijdr.*, 5. — HOOK. et THOMS., *Fl. ind.*, I, 66. — MIQ., *Fl. ind. bat.*, I, pars alt., 10 ; *Ann. Mus. Lugd.-Bat.*, I, 315, t. IX. — A. GRAY, *Bot. exp. Wilk.*, t. I. — WALP., *Rep.*, I, 63 ; *Ann.*, IV, 34.

12. POIR., *Suppl.*, III, 330. — DC., in *Icon. Deless.*, I, t. 82. — H. BN, in *Adansonia*, VI, 268.

13. BENTH. et F. MUELL., *Fl. austral.*, I, 16.

14. SIEB. et ZUCC., in *Abh. Akhad. Wiss. Mun.*, III, 726. — BENTH., in *Journ. Linn. Soc.*, V, 55. — WALP., *Rep.*, V, 131 ; *Ann.*, I, 15.

15. VELLOZ., *Fl. flum.*, V, t. 116. — A. S. H., *Pl. us. Bras.*, XXII, XXIII. — PRESL, *Rel. Hœnk.*, II, 72. — SEEMANN, *Herald*, 74, t. XIII. — PL. et TRIANA, in *Ann. sc. nat.*, sér. 4, XVII, 18. — WALP., *Rep.*, I, 66 ; II, 746 ; V, 13 ; *Ann.*, I, 15 ; II, 17 ; IV, 36.

pedoclea[1] et *Curatella*[2] sont trois genres exclusivement américains. Les *Tetracera*, très-abondants aussi dans l'Amérique tropicale[3], représentent le genre de Dilléniacées le plus largement répandu sur le globe ; on l'observe au Sénégal et en Guinée[4], à Madagascar et sur la côte orientale de l'Afrique[5], dans l'Asie tropicale et orientale[6], dans l'archipel Indien[7]. à la Nouvelle-Calédonie[8] et en Australie[9]. Le *Tetracera* (*Delima*) *sarmentosa* se rencontre dans une grande étendue de l'Asie tropicale et orientale[10]. Toutes les Dilléniacées connues forment un total d'environ deux cents espèces.

Leurs usages sont peu nombreux. La plupart sont riches en tannin et donnent, au contact du fer, une couleur noire intense. Ce fait est extrêmement prononcé dans les *Schumacheria*, qu'on pourrait employer dans la teinture ; il se retrouve, quoique à un degré moindre, dans les *Tetracera, Davilla, Curatella*, etc. Il n'est donc pas étonnant que l'on emploie avec succès les *Curatella americana* et *Cambahiba*[11] au tannage des peaux. et que l'on prépare avec leur écorce intérieure des lotions astringentes au Brésil. La décoction des feuilles s'applique topiquement sur les plaies. Les *Davilla* servent à des usages analogues : ainsi le *D. elliptica*, ou *Cambaïbinha* de la province de Minas-Novas, sert à préparer un vulnéraire du même nom, très-recherché des Brésiliens[12]. Le *D. rugosa* est leur *Cipo de Caboclo* ou *de Carijo ;* on en fait une décoction qui guérit l'enflure des jambes, des cuisses, etc., affections qui sont très-communes dans les régions chaudes de l'Amérique méridionale. C'est probablement aussi comme astringent qu'agit le *Colbertia obovata* Bl. (qui est un *Dillenia*), quand on délaye dans l'eau le suc contenu dans son fruit et qu'on en lave la tête pour arrêter la chute des cheveux. Rheede rapporte que le suc acidule du fruit du *D. speciosa*, mêlé à du sirop, constitue un remède contre la toux. Le *Tetracera Rheedii*, infusé dans l'eau de riz, est usité au Malabar en gargarismes contre les aphthes. Le *T. Tigarea* est prescrit en décoction, à Cayenne, sous le nom de *Liane rouge*, comme

1. A. S. H., *Fl. Bras. mer.*, I, 20, t. 3.

2. A. S. H., *Pl. us. Bras.*, XXIV. — Seem., *Herald*, 75, 268.—Pl. et Triana, in *Ann. sc. nat.*, sér. 4, XVII, 15, 23.—Netto, *Itin. bot.*, 16. — Walp., *Rep.*, I, 65.

3. Voy. p. 105, note 4.

4. Guillem. et Perr., *Tent. fl. Seneg.*, 2, t. 1. — H. Bn, in *Adansonia*, V, 362.

5. H. Bn, in *Adansonia*, VII, 300, t. VII.

6. Hook. et Thoms., *Fl. ind.*, I, 61.

7. Blume, *Bijdr.*, 3. — Miq., *Fl. ind. bat.*, I, pars alt., 8.

8. Labill., *Sert. austro-caled.*, 55, t. 55. — Forst., *Prodr.*, 228 ; *Gen.*, 41.

9. F. Muell., *Fragm.*, V, 1.

10. DC., in *Icon. Deless.*, I, t. 72. — Hook. et Thoms., *Fl. ind.*, I, 61. — Presl, *Rel. Hænk.*, II, 73. — Miq., *Fl. ind. bat.*, I, pars alt., 7.— Thwait., *Enum. pl. zeyl.*, 1. — Seem., *Herald*, 361. — Benth., *Fl. hongk.*, 7.—Walp., *Ann.*, II, 18 ; III, 812 ; IV, 36.

11. A. S. H., *Pl. us. Brasil.*, t. XXIV. — Netto, *It. bot.*, 16.

12. A. S. H., *Pl. us. Brasil.*, t. XXIII.

antisyphilitique[1]. Les *T. Breyniana* et *oblongata* ont les mêmes propriétés que le *Davilla rugosa;* et des fumigations faites avec ces plantes s'emploient contre les gonflements de certains organes. La séve du *Tetracera alnifolia* sert, dit-on, de boisson en Afrique. Les *Dillenia scabrella* et *speciosa* sont employés, dans le Malabar, aux usages domestiques. Les calices épaissis sont gorgés d'un suc acidule, se confisent et entrent dans la préparation de boissons et de ragoûts acides, à peu près comme le citron en Europe. Avec la lessive des feuilles, on nettoie l'argenterie. Les *Tetracera* ont souvent les feuilles rugueuses; celles du *T. sarmentosa* servent, dans l'Indo-Chine, à polir le bois et les vases d'étain. Le *Curatella americana* possède cette propriété à un plus haut degré, grâce aux concrétions siliceuses qui se trouvent en abondance dans ses feuilles[2]. Les Galibis polissent avec elles leurs armes, arcs, flèches, massues, etc. Le bois des *Dillenia* indiens est solide, durable; il s'emploie aux constructions, d'après M. WIGHT, qui insiste en même temps sur la beauté du feuillage et la taille des fleurs de ces plantes recherchées comme ornementales. Le *D. speciosa* décore magnifiquement nos serres chaudes, quand on peut, à l'aide de procédés appropriés[3], en déterminer la floraison. On cultive aussi comme plantes de serre tempérée plusieurs jolis *Hibbertia* et *Candollea* à fleurs jaunes.

---

1. AUBLET, *Guian.*, II, 921, t. 351.

2. Suivant M. NETTO (*loc. cit.*), cet arbre s'appelle, dans les campos du Brésil septentrional, *Cajueiro bravo.* « Mais, dit le même auteur, le nom de *Caimbahiba* doit être préféré, ce me semble, comme nom populaire, car il donne parfaitement l'idée de la propriété la plus remarquable de ce végétal. En effet, *Caimbahiba* veut dire, dans la langue indigène, arbre à chagrin (ou à papier de verre), arbre à raboter, arbre à piquants, etc., et ceci se trouve d'accord avec l'usage que les sauvages en faisaient et en font encore aujourd'hui. Ils s'en servent à la manière du papier de verre, pour lisser leurs ustensiles de bois; et même, dans les provinces du nord du Brésil, les menuisiers, peu habitués aux moyens employés dans les grandes villes, s'en servent dans leur travail. »

3. Voy. *Adansonia*, VII, 94.

GENERA

I. CANDOLLEÆ.

1. Candollea LABILL. — Flores 5-meri. Sepala imbricata persistentia. Petala sæpius 5 alterna, varie imbricata, decidua. Stamina in phalanges 5 alternipetalas plus minus alte coalita; phalangibus 1-∞ -andris (stamine libero uno oppositipetalo in speciebus paucis addito); filamentis apice liberis; antheris introrsum 2-rimosis. Carpella 5 oppositipetala, rarius 3, 4, libera, 1, 2, rarissime 3-ovulata; ovulis adscendentibus; micropyle introrsum infera; stylis intus sulcatis capitato-stigmatosis. Carpella matura subcarnosa v. sæpius sicca et folliculatim dehiscentia. Semina 1, 2, arillata; albumine carnoso; embryone minuto. — Fructus suffruticesve; foliis alternis simplicibus, basi articulatis, exstipulaceis; floribus solitariis terminalibus (*Australia austr.-occ.*). — *Vid. p.* 89.

2. Adrastæa DC. — Flores 5-meri. Sepala imbricata persistentia. Petala 5, rarius 3, 4, alterna, imbricata, decidua. Stamina 10, 2-verticillata; interioribus subalternipetalis; filamentis complanatis, basi connatis; antheris basifixis introrsum 2-rimosis. Carpella 2; ovulis 2 adscendentibus; stylis subulatis; fructu 2-folliculari. — Suffrutex; foliis alternis sessilibus articulatis; floribus sessilibus terminalibus (*Australia occ.*). — *Vid. p.* 91.

3. Pachynema R. BR. — Flores 5-meri. Sepala petalaque libera, imbricata. Stamina 9-11, varie disposita; sterilibus 2 interioribus claviformibus, sæpius cum carpellis alternantibus; fertilibus 7-9; filamentis aut complanatis, aut claviformibus conoideisve; antheris introrsum 2-rimosis. Carpella 2, 2-ovulata, matura sicca 1-sperma; semine arillato. — Herbæ fruticesve; ramis junceis complanatisve (cladodiis); foliis minutis squamæformibus deciduis, rarius paucis 3-fidis; floribus axillaribus solitariis paucisve; pedicello recurvo (*Australia*). — *Vid. p.* 92.

II. HIBBERTIEÆ.

4. **Hibbertia** Andr. — Flores 5-meri. Sepala imbricata persistentia. Petala 5 alterna, rarius 2-4, varie imbricata, decidua. Stamina ∞ hypogyna v. rarissime leviter perigyna, aut omnia fertilia, aut nonnulla sterilia; hinc peripherica (*Cyclandreæ*), inde unilateria (*Pleurandreæ*); staminodiis aut exterioribus periphericis, aut unilateralibus exterioribusque, rarius ad utrumque latus staminum unilateralium fertilium sitis, intermixtisve aut interioribus. Antherarum loculi 2 oblongi adnati introrsi lateralesve connectivo lineari adnati, rariusve connectivo apice dilatato breviores orbiculative, longitudine dehiscentes. Carpella 1-∞ (sæpius 6-10), aut omnino libera, aut basi plus minus receptaculo conico adnata, 1-∞ -ovulata; ovulis adscendentibus v. subhorizontalibus 2-seriatis. Fructus sicci sæpius folliculatim bivalvatimve dehiscentes. Semina 1-∞ , arillata.—Frutices v. rarius suffrutices herbæve, nunc sarmentosi volubilesve; foliis petiolatis sessilibusve; floribus aut solitariis terminalibus oppositifoliisve, aut spurie spicatis racemosisve, nonnunquam unilateralibus (*Oceania, Madagascaria*). — *Vid. p.* 94.

5. **Schumacheria** Vahl. — Flores 5-meri. Sepala imbricata persistentia. Petala plerumque 5 imbricata. Stamina ∞ , unilateralia; filamentis basi coalitis; antheris erectis apice breviter 2-rimosis spurie porricidis. Carpella 2, 3 excentrica, 1–ovulata, matura sicca indehiscentia; semine arillato.—Frutices scandentes; ramis flexuosis; foliis parallele penninerviis; floribus unilateraliter racemosis subspicatis, bracteis (sæpius 2) lateralibus munitis; racemis axillaribus terminalibusve ramosis (*Zeylona*). — *Vid. p.* 101.

6. **Tetracera** L. Flores hermaphroditi v. rarius polygami. Sepala 3-6 (plerumque 5) imbricata. Petala 1–6 (plerumque 5) imbricata. Stamina ∞ peripherica; filamentis aut omnibus liberis, aut rarius in fasciculos paucos plus minus alte aggregatis; antheris aut sterilibus abortivis, aut sæpius 2-locularibus; loculis lateralibus extrorsisve, aut introrsis, subparallelis v. plus minus basi divergentibus; filamentis apice integro v. 2-fido dilatatis. Carpella 1–6, libera; ovariis 2–∞ -ovulatis; ovulis adscendentibus v. subhorizontalibus. Fructus siccus v. plus minus carnosus, aut folliculatim bivalvatimve dehiscens, aut rarius indehiscens,

1–∞ -spermus; seminibus arillatis.—Arbores fruticesve plerumque scandentes; foliis parallele penninerviis; floribus solitariis v. cymoso–paniculatis lateralibus axillaribusve, aut terminalibus (*America trop.*, *Asia trop.*, *Oceania*, *Africa trop.*). — *Vid. p.* 103.

7. **Davilla** VANDELL. — Flores 5–meri. Sepala 5 imbricata, inter se valde inæqualia; interioribus 2 multo majoribus accrescentibus valde concavis, demum coriaceis, margine valvatis, fructum involventibus; reliquis 3 multo minoribus. Petala 1–5, membranacea, imbricata. Stamina ∞ (*Tetraceræ*). Carpella 1–3 (rarius 4, 5), 2-ovulata; matura indehiscentia v. inæquali–rupta; seminibus arillatis. — Frutices plerumque sarmentosi; foliis inflorescentiisque *Tetraceræ;* petiolis raro dilatato-alatis; floribus cymoso–paniculatis, rarius solitariis (*America trop.*). — *Vid. p.* 106.

8. **Curatella** L. — Flores 4–5–meri. Sepala petalaque imbricata. Stamina ∞ (*Tetraceræ*); loculis fere ad marginem longitudine dehiscentibus. Carpella 2, basi oblique connata; stylis distinctis apice stigmatoso dilatatis; ovulis 2 adscendentibus. Fructus aut indehiscentes subcarnosi, aut sicci dorso dehiscentes. Semina arillata. — Arbores fruticesve scandentes; foliis (*Tetraceræ*) crassis parallele penniveniis reticulatis; floribus axillaribus lateralibusve crebris cymoso–paniculatis (*America trop.*). — *Vid. p.* 106.

9. **Empedoclea** A. S. H. — Sepala ∞ (10–15), inter se inæqualia, ∞ -seriatim valde imbricata, receptaculo elongato inserta. Petala 2-4 imbricata. Stamina ∞ (*Tetraceræ*) inter se inæqualia; antheris extrorsis; loculis connectivo dilatato oblique insertis, rimosis. Carpellum 1 spurie terminale; ovario 1–loculari; ovulis ad 6, 2–seriatis adscendentibus; stylo capitato. Fructus siccus. — Frutex, habitu *Tetraceræ;* foliis parallele penniveniis; floribus in axilla foliorum v., in summis ramulis, bractearum racemoso–cymosis (*Brasilia*). — *Vid. p.* 108.

10. **Acrotrema** JACK. — Flores 5–meri. Sepala 5 imbricata. Petala plerumque totidem, imbricata. Stamina ∞ , aut æqualiter peripherica omniaque libera, aut rarius in fasciculos 3, 4 plus minus aggregata; antherarum loculis aut lineari–adnatis, introrsum extrorsumve longitudine rimosis, aut apice porricidis; connectivo rarius dilatato loculisque brevibus, oblique (ut in *Tetracera*) insertis. Carpella 2, 3, aut libera, aut

basi cohærentia; stylis liberis apice stigmatoso plus minus incrassatis; ovulis 2, 3 adscendentibus v. ∞ , 2-serialibus. Fructus sicci indehiscentes v. irregulariter disrupti. Semina 2-∞ , arillata. —Herbæ perennes sub-acaules; foliis alterne approximatis penniveniis transverse venulosis, aut integris, aut pinnatim lobatis dissectisve; petiolis sæpe dilatato-alatis; floribus axillaribus pedunculatis, aut solitariis, aut racemosis (?) (*India, Zeylona*). — *Vid. p.* 108.

III. DILLENIEÆ.

11. **Dillenia** L. — Flores 5-meri; sepalis imbricatis patentibus circa fructum persistentibus baccantibus. Petala multo longiora, imbricata. Stamina ∞ , sublibera; antheris linearibus; loculis adnatis rimosis sub-marginalibus. Carpella 5-∞ , axi cohærentia, inter se margine tantum ventrali coalita, cæterum libera; stylis totidem stellato-reflexis, intus stigmatosis. Ovula ∞ , subhorizontalia 2-serialia. Fructus indehiscens subbaccatus, 5-∞ - locularis; seminibus in pulpa nidulantibus epulpo-sisve, aut glabris, aut margine pilosis exarillatis. —Arbores; foliis am-plis parallele penniveniis; floribus solitariis fasciculatisve, terminalibus lateralibusve (*Asia trop.*, *Australia.*) — *Vid. p.* 110.

12. **Wormia** Rottb. —Sepala 4-6 v. rarius 10-15, inter se inæqualia, imbricata. Petala 5, imbricata, aut 0. Stamina ∞ , aut fertilia omnia; antheris linearibus erectis, apice porricidis v. breviter rimosis; aut exteriora sterilia brevissima; filamentis aut omnibus paulo inter se inæqualibus, aut interioribus 5 multo longioribus patentim recurvis. Carpella 5-∞ (*Dilleniæ*), intus tantum cohærentia, ∞-ovulata; matura indehiscentia v. intus dehiscentia; stylis totidem liberis patentibus. Se-mina arillata. — Arbores fruticesve; foliis amplis parallele penniveniis; petiolis dilatato-alatis; alis deciduis; floribus amplis solitariis v. sæpius in racemos spurios sæpe unilaterales terminales dispositis (*Asia trop.*, *Occania, Madagascaria*). — *Vid. p.* 112.

13. **Actinidia** Lindl. — Flores hermaphroditi v. polygami, 5-meri. Sepala imbricata, persistentia. Petala imbricata contortave. Stamina ∞ ; filamentis liberis; antheris introrsis demum versatilibus 2-locularibus

rimosis; loculis parallele connectivo lineari apice plus minus apiculato insertis. Carpella ∞ in ovarium ∞ - loculare coalita; loculis interdum medio ad axin vix attingentibus, ideo ex parte liberis; stylis totidem a basi stellato-divergentibus v. interdum in carpellorum apices subdistinctos incrassatis. Ovula ∞ , angulo loculorum interno inserta 2-serialia subtransversa. Fructus baccatus ∞ - merus; seminibus ∞ pulpa immersis; albumine copioso; embryonis recti axilis radicula cylindrica elongata; cotyledonibus brevibus. — Frutices sæpius volubiles; foliis penninerviis; floribus axillaribus solitariis paucisve, sæpius numerosis cymoso-corymbosis (*Asia trop.* et *subtrop.*). — *Vid. p.* 114.

HISTOIRE DES PLANTES

MONOGRAPHIE

DES

MAGNOLIACÉES

HISTOIRE DES PLANTES

MONOGRAPHIE

DES

MAGNOLIACÉES

PAR

H. BAILLON

PROFESSEUR D'HISTOIRE NATURELLE MÉDICALE A LA FACULTÉ DE MÉDECINE DE PARIS

ILLUSTRÉE DE 55 FIGURES DANS LES TEXTES

DESSINS DE FAGUET

ÉDITÉ PAR L. GUÉRIN

DÉPOT ET VENTE A LA

LIBRAIRIE THÉODORE MORGAND

PARIS, RUE BONAPARTE, 5

—

Réserve de tous droits.

III

MAGNOLIACÉES

I. SÉRIE DES MAGNOLIERS.

Parmi les espèces du genre Magnolier [1] qui a donné son nom à cette famille, on connaît surtout les *Magnolia grandiflora* [2] (fig. 165, 166,

Fig. 165. Rameau fleuri.

[1] *Magnolia* L., *Gen.*, n. 690. — GÆRTN., *Fruct.*, I, 343, t. 70. — JUSS., *Gen.*, 281. — DC., *Syst. veg.*, 1, 449; *Prodr.*, I, 79.—ENDL., *Gen.*, n. 4737. — A. GRAY, *Gen. ill.*, t. 23, 24. — WALP., *Rep.*, I, 70; *Ann.*, I, 956; IV, 41. — B. H., *Gen.*, 18, n. 4. — H. BN, in *Adansonia*, VII, 3, 5, 66.

[2] L., *Spec.*, 755. — LAMK, *Ill.*, t. 490. — DC., *Prodr.*, n. 1 (sect. *Magnoliastrum*). — MICHX, *Arbres forest.*, III, 71. — DUHAM., *Arbres*, éd. 2, II, t. 65. — ANDR., in *Bot. Rep.*, t. 518. — SIMS, in *Bot. Mag.*, t. 1952. — SPACH, *Suit. à Buffon*, VII, 470 (sect. *Theo-rhodon*).

168, 169) et *Yulan*[1] (fig. 167, 171), qui sont cultivés partout, l'un à feuilles persistantes, l'autre à feuilles tombant chaque année et à fleurs éclatantes, qui naissent avant les feuilles, à la fin de l'hiver. Si l'on examine ces fleurs, on remarque d'abord que leur axe ou réceptacle a la forme d'un rameau cylindro-conique, et qu'il porte, en allant de sa base vers son sommet, un périanthe et un grand nombre d'étamines et de carpelles, insérés suivant l'ordre spiral[2]. Dans les fleurs du *M. grandiflora*, le périanthe présente d'abord trois folioles plus ou moins verdâtres[3], libres, imbriquées dans le bouton (fig. 166), de telle façon qu'elles sont le plus souvent, l'une tout à fait enveloppante, l'autre tout à fait enveloppée, la troisième recouverte par l'un de ses bords et recouvrante par l'autre. Ces folioles, que l'on décrit généralement comme des sépales, tombent de très-bonne heure. Plus intérieurement se trouvent deux corolles.

Magnolia grandiflora.

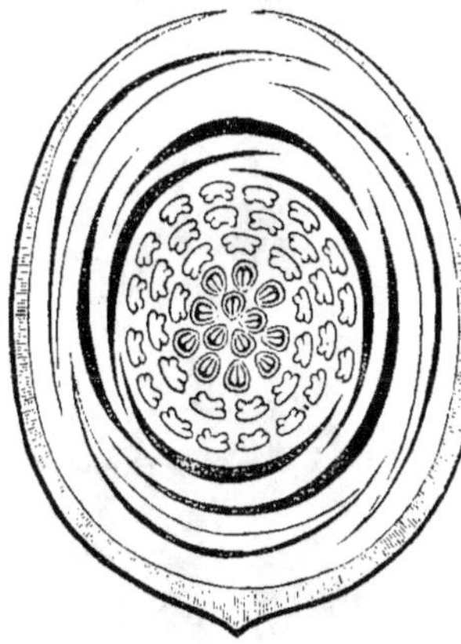

Fig. 166. Diagramme.

1. Desf., *Arbres*, II, 6. — DC., *Prodr.*, n. 10 (sect. *Gwillimia* Rottl.). — *M. conspicua* Salisb., *Par. lond.*, t. 38. — *Yulania conspicua* Spach, *Suit. à Buffon*, VII, 464.

2. La fraction phyllotaxique des Magnoliacées est le plus souvent $\frac{2}{5}$. Aussi retrouve-t-on, dans la disposition des appendices floraux, les fractions dérivées, jusqu'à $\frac{5}{13}$ et $\frac{8}{21}$.

3. Cette coloration varie en effet, suivant les individus et suivant l'âge de la fleur. Très-souvent les sépales sont aussi blancs, ou à peu près, à l'âge adulte, que les pétales. Dans le jeune âge, ils sont ordinairement d'un vert tendre. Ces faits montrent combien les caractères de coloration et de consistance sont quelquefois infidèles et insuffisants pour distinguer une corolle d'un calice. Il serait sans doute plus vrai de dire que, dans le *M. grandiflora* L., le périanthe est triple, et que les folioles des deux enveloppes intérieures sont ordinairement un peu plus *pétaloïdes* à l'âge adulte que celles de l'enveloppe la plus extérieure. Dans d'autres espèces, la différence de coloration entre les sépales et les pétales n'est plus appréciable du tout à l'âge adulte. Ainsi, dans les fleurs des *M. Yulan* Desf. et *Soulangiana* (hybride), toutes les folioles du périanthe sont tellement pareilles, sur un bon nombre de pieds, qu'on pourrait bien dire que ces fleurs ont une triple corolle, sans calice. Il en est quelquefois de même des neuf folioles vert jaunâtre et pruineuses du périanthe du *M. acuminata* L. Le *M. glauca* L. a tantôt toutes les pièces de son périanthe blanches et semblables entre elles, et tantôt des folioles extérieures vertes, au nombre de deux ou trois. Le *M. macrophylla* Michx a ordinairement trois sépales verts ou verdâtres, et six pétales blancs. Dans les fleurs du *M. purpurea* Curt., on remarque presque constamment une grande dissemblance entre les six pétales, qui sont dressés, larges, d'un rose vineux en dehors, et les trois sépales qui sont petits, se réfléchissent de bonne heure sur le pédoncule et deviennent brunâtres. Le nombre total des pièces du périanthe est d'ailleurs très-variable dans les espèces cultivées; on en compte quelquefois jusqu'à une vingtaine, ou même plus, comme dans une fleur qui commencerait à doubler. Nous avons démontré (*Adansonia*, VII, 3) que ces variations n'ont aucune importance réelle; qu'on a appelé sépales dans certaines espèces les mêmes folioles qu'on nomme pétales dans d'autres plantes, et que les sépales des auteurs ne sont souvent que des bractées précédant la fleur et représentant des gaînes de feuilles ou des pétioles dilatés. Ces bractées continuent la ligne spirale des feuilles proprement dites. Les sépales eux-mêmes sont insérés suivant la même spire. C'est pour cela que, comme on le voit dans la figure 166, il n'y a pas un sépale qui soit exactement opposé ou alterne avec la bractée qui enveloppe immédiatement la fleur. D'ailleurs la nature des pièces du périanthe est démontrée par ces faits : ce sont des feuilles réduites à leur portion basilaire.

formées, l'une de trois pétales alternes avec les sépales, et l'autre de trois pétales plus intérieurs, alternes avec les premiers. Ces six folioles sont imbriquées ou plus rarement tordues dans le bouton, et tombent également très-peu de temps après l'épanouissement de la fleur. Au-dessus

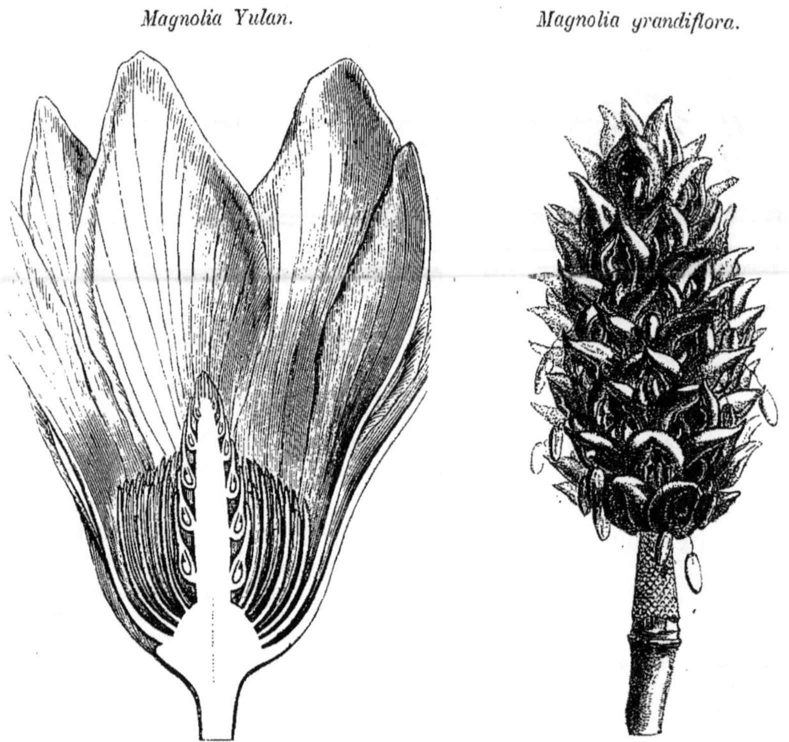

Fig. 167. Fleur, coupe longitudinale.   Fig. 168. Fruit.

commence la série spirale des pièces de l'androcée et du gynécée. Les étamines sont en nombre indéfini. Chacune d'elles se compose d'une anthère presque sessile, dont le connectif est apiculé [1], et porte sur sa face interne les deux loges, adnées dans toute leur longueur, et déhiscentes

1. Les étamines du *M. grandiflora* L. ont un filet court qui se continue tout d'une venue avec le connectif apiculé à son sommet. Les loges de l'anthère sont nettement introrses, le dos un peu bombé du connectif étant entièrement nu. Chaque loge est partagée suivant sa longueur en deux logettes bien distinctes sur une coupe transversale de l'anthère. La position des loges est à peu près la même dans le *M. glauca* L.; on ne les voit pas du tout sur le dos de l'anthère. Dans le *M. macrophylla* Michx, les anthères sont longtemps sessiles; ce n'est que quelques jours avant l'épanouissement qu'on distingue le filet court et aplati. Le connectif se termine par une pointe pyramidale à trois faces. Les deux loges n'occupent que la face intérieure, et, dans certaines étamines, elles se touchent presque sur la ligne médiane; dans d'autres, elles sont séparées par une bandelette verticale plus large. Les étamines du *M. Yulan* Desf. sont inégales entre elles, les inférieures étant de beaucoup les plus courtes. Leurs anthères sont moins introrses que dans les espèces précédentes, et il en est de même de celles du *M. purpurea* Curt. (*Yulania japonica* Spach); les loges y sont presque marginales. Toutefois elles s'insèrent sur une surface taillée en biseau aux dépens de la lame interne, et par conséquent elles sont plutôt introrses qu'extrorses. Cette situation des

chacune par une fente longitudinale [1]. Les carpelles, également en nombre indéfini, se composent chacun d'un ovaire uniloculaire, surmonté d'un style en forme de corne, à sommet recourbé en dehors [2]. Toute la face interne de l'ovaire et du style est parcourue par un sillon longitudinal dont les bords réfléchis sont recouverts en haut de nombreuses papilles stigmatiques. L'ovaire est uniloculaire, et l'on observe, dans son angle interne, un placenta pariétal qui porte deux ovules descendants, anatropes, à micropyle dirigé en haut et en dehors [3]. Le fruit se compose d'un grand nombre de carpelles insérés sur l'axe devenu ligneux, et

Magnolia grandiflora.

Fig. 169. Graine.

définitivement secs [4]. Chacun d'eux s'ouvre à la maturité suivant sa nervure dorsale (fig. 168) [5], pour laisser échapper une ou deux graines qui demeurent plus ou moins longtemps suspendues après un filament délié (fig. 169) [6]. Chaque graine se compose d'un triple tégument [7] : l'extérieur

loges ne paraît pas devoir suffire pour caractériser un genre. Le filet est épais et charnu dans le *M. Yulan* DESF. ; il demeure tel quelque temps après la flétrissure des anthères vidées de leur pollen. Presque toutes les espèces ont les étamines très-caduques. Souvent la culture transforme un certain nombre de ces organes en pétales, qui sont alors disposés en spire d'une manière très-manifeste.

1. Le pollen du *M. grandiflora* L. est formé de grains blanchâtres ayant à peu près la forme d'un grain de blé, avec les deux extrémités un peu aiguës et un grand pli longitudinal formé par une rentrée profonde de l'enveloppe extérieure. M. H. MOHL a déjà signalé ce pollen (*Ann. sc. nat.*, sér. 2, III, 221) comme présentant la même forme que dans la plupart des Monocotylédones. Au contact de l'eau, la forme du grain de pollen se modifie de telle façon, que le pli disparaît, la longueur diminue, et les extrémités s'arrondissent. La surface extérieure se recouvre de granulations saillantes, de consistance grasse, et les portions profondes et superficielles du grain tranchent nettement l'une sur l'autre par leur coloration. Le centre est plus sombre et finement grenu. Le *M. macrophylla* MICHX a des grains de pollen plus allongés, fusiformes, avec les deux extrémités aiguës et un seul pli longitudinal.

2. La longueur et la forme du style sont très-variables, depuis la corne courte et un peu renflée que représente celui du *M. grandiflora* L., ou la pointe subulée, légèrement arquée, du *M. Yulan* DESF., jusqu'au style révoluté et comme plumeux du *M. glauca* L. Les bords du sillon interne sont garnis, dans cette dernière espèce, de papilles, non simples, mais composées et rameuses.

3. A l'âge adulte, ils deviennent plus ou moins obliques et même quelquefois horizontaux. En même temps, leur micropyle se tourne légèrement vers les parois latérales de la loge, et leurs raphés tendent à se rapprocher du côté du plan médian de l'ovaire. Les enveloppes sont au nombre de deux. Il y a quelquefois trois ovules dans les *M. Yulan* DESF. et *macrophylla* MICHX ; le troisième est alors placé en haut et près de la ligne médiane.

4. Ils ont très-longtemps une consistance charnue dans plusieurs espèces, avec une teinte rosée ou jaunâtre qui rappelle celle de certains péricarpes succulents. Dans quelques-uns, l'endocarpe ligneux se sépare, après la déhiscence, du mésocarpe, plus épais et moins consistant.

5. La déhiscence se fait simplement dans la plupart des espèces par une fente longitudinale dont les bords s'écartent, de manière à constituer deux panneaux latéraux. Dans quelques autres, telles que le *M. macrophylla* MICHX, on aperçoit, outre les deux panneaux, la nervure dorsale ligneuse et sous forme d'un long filament, subulé, qui ne demeure attachée au réceptacle que par sa base et qui devient libre de toute adhérence avec les deux parois latérales.

6. Ce filament est formé de trachées qui se continuent dans le raphé séminal, et dont les tours de spire s'écartent à mesure que la graine descend davantage.

7. L'organisation curieuse de ces graines, à enveloppe extérieure charnue, et que LINNÉ appelait *arille*, a été l'objet de longues discussions pour les botanistes de notre temps (MIERS, *Contrib.*, I, 162, 174, 211 ; — HOOKER F. et THOMS., *Fl. ind.*, I, 77 ; — A. GRAY, in HOOK. *Journ.*, VII, 243). L'origine du tégument séminal extérieur a été attribuée à des organes

est complétement charnu ; le moyen est dur et testacé ; l'intérieur est membraneux. Ce dernier enveloppe immédiatement un albumen charnu

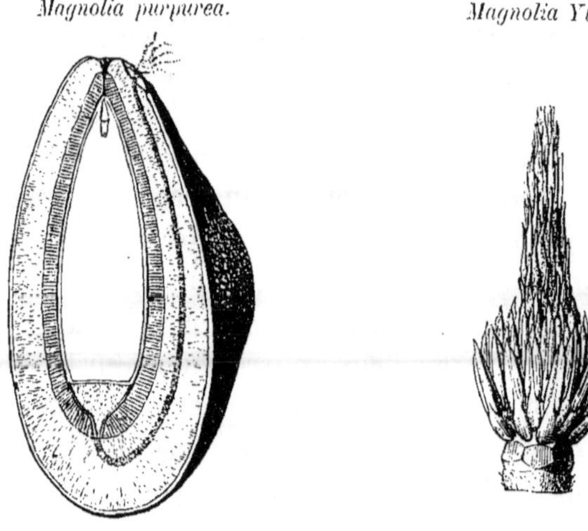

Magnolia purpurea. Magnolia Yulan.

Fig. 170. Graine, coupe longitudinale.　　　Fig. 171. Fleur sans périanthe.

qui renferme, vers son sommet, un petit embryon dicotylédoné (fig. 170). Dans les fleurs du *Magnolia Yulan*, dont on a proposé de faire un genre particulier, sous le nom de *Yulania* [1], le réceptacle floral se renfle dans

très-différents, les uns voulant y voir un sac spécial émané du placenta et enveloppant ultérieurement toute la graine ; les autres ne le considérant que comme une membrane séminale proprement dite, singulièrement modifiée à partir d'un certain âge. Cette dernière interprétation nous a seule paru acceptable, comme l'indique le passage suivant de l'article spécial que nous avons récemment (*Comptes rendus*, LXVI, 700 ; *Adansonia*, VIII, 159) consacré à cette question : « L'origine tant discutée du tégument charnu de la graine des *Magnolia* est démontrée, et par son développement, et par sa constitution histologique. Il est formé des cellules hypertrophiées de la primine, riches en fécule, puis en matière huileuse. Sa profondeur est en outre parcourue par les faisceaux trachéens qui forment le raphé et ses ramifications. Comme ces vaisseaux ne renferment guère que des gaz à la maturité, nous avons trouvé un moyen de dévoiler la marche du réseau vasculaire, en laissant séjourner la graine dans la teinture alcoolique d'iode. Toutes les cellules y deviennent d'un violet presque noir, tandis que les trachées y demeurent teintées en brun clair. On peut alors poursuivre et disséquer tout le réseau trachéen dans l'épaisseur du parenchyme, de la même manière qu'on isole les vaisseaux injectés d'un animal. Le faisceau raphéen, tout en émettant des branches à droite et à gauche, se dirige vers la région chalazique et s'y

recourbe pour pénétrer dans l'intérieur de la graine. On doit décrire ici un orifice particulier de l'enveloppe testacée intérieure, ouverture diamétralement opposée au trou micropylaire, et respectée à tout âge par les incrustations du tégument profond. On comprend toute l'importance physiologique de ce nouvel organe, canal à contours nets, qu'on peut alors, sans destruction d'aucun tissu, faire parcourir par un stylet métallique très-fin, et que nous nommerons *hétéropyle*. Le tégument testacé, qui conserve son orthotropie primitive, est donc pourvu de deux ouvertures polaires opposées. Quant à l'enveloppe charnue superficielle, les anciens botanistes la nommaient *arille*, appellation que les auteurs récents n'ont pas adoptée. Et cependant cette enveloppe constitue un arille *généralisé*, et mérite bien mieux ce nom que les hypertrophies partielles du tégument séminal extérieur auxquelles on l'applique ordinairement de nos jours. »

1. SPACH, *Suit. à Buffon*, VII, 462. L'auteur réunit dans ce genre trois espèces : 1° *Y. conspicua* (*Magnolia conspicua* SALISB.— *M. Yulan* DESF.) ; 2° *Y. japonica* (*M. obovata* THG.; — *M. denudata* LAMK; — *M. discolor* VENT.; — *M. purpurea* CURT.) ; les *M. Soulangiana* SWEET et *liliiflora* LAMK, en sont considérés comme de simples formes ; 3° *Y. Kobus* (*M. tomentosa* THG.; — *M. gracilis* SALISB.; — *M. Kobus* DC.).

sa portion inférieure en une espèce de dôme (fig. 167, 171) à la base
duquel s'insère le périanthe. Celui-ci, au lieu d'être formé de six folioles
pétaloïdes et de trois folioles vertes, comme le sont ordinairement celles
d'un calice, présente le plus ordi-
nairement neuf folioles disposées
sur trois rangées et toutes semblables entre elles, c'est-à-dire
ayant toutes la consistance et la
coloration qu'affectent ordinairement les pétales. De plus, le fruit,
au lieu d'avoir tous ses éléments
rapprochés les uns des autres en
une masse ovoïde, comme celui
du *M. grandiflora* (fig. 168), possède un axe commun qui s'allonge davantage et qui se courbe
plus ou moins sur lui-même
(fig. 172), de manière que ses
carpelles soient plus écartés les
uns des autres ; un certain nombre d'entre ces derniers n'arrivent même pas à leur entier
développement [1]. Il est d'ailleurs
incontestable qu'en passant en
revue les fruits de tous les Ma-

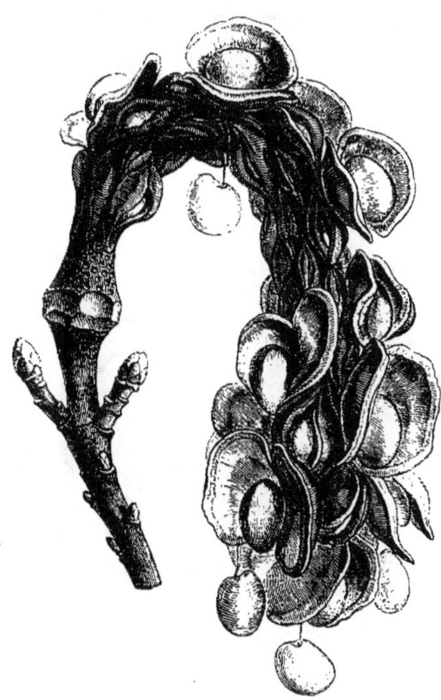

Magnolia Yulan.

Fig. 172. Fruit.

gnoliers connus, on trouve chez eux tous les intermédiaires possibles
entre ces deux formes extrêmes du fruit que nous montrent les *M. Yulan*
et *grandiflora* [2]. Dans beaucoup d'espèces aussi, le nombre des pièces
du périanthe devient plus ou moins considérable, soit normalement,

1. La forme du réceptacle dans le fruit mûr
est très-variable, de même que sa longueur. Il
est quelquefois si court, qu'il ne porte qu'un seul
carpelle fertile. Ailleurs il est à peu près rectiligne, ou légèrement arqué, ou recourbé en croc,
comme dans la figure 172, ou même replié deux
fois sur lui-même en S, comme la souche d'une
Bistorte. Dans les fruits de ce groupe, il y a des
carpelles qui s'ouvrent sur le dos, suivant toute
leur hauteur, d'autres qui ne s'ouvrent que dans
leur moitié supérieure environ ; d'autres encore
se détachent en partie du réceptacle par leur
angle interne, et se partagent aussi de ce côté
suivant une fente qui continue celle de l'angle

dorsal. Il y a là, en un mot, tous les intermédiaires entre le mode de déhiscence du *M. grandiflora* et celui des *Talauma*, dont les carpelles se
séparent de l'axe, en ne s'ouvrant que dans une
étendue variable de leur angle interne. En même
temps il arrive, dans un certain nombre d'espèces, que plusieurs carpelles voisins demeurent
unis entre eux latéralement et s'enlèvent en formant des plaques irrégulières, comme le représentent très-bien, pour le *T. fragrantissima*,
les planches ccix, ccx des *Icones* de Hooker.

2. Ainsi le fruit du *M. Campbellii* Hook. F.
et Thoms. (*Fl. ind.*, I, 77), représenté dans les
Illustr. pl. Himal. (t. 4), et reproduit dans la

soit par l'effet de la culture ; et la taille et la coloration de ces parties varient beaucoup, sans qu'on puisse accorder une valeur quelconque à ces caractères. Mais constamment les fleurs sont portées à l'extrémité des rameaux qu'elles terminent, et il n'y a aucun intervalle vide, sur le réceptacle floral, entre l'insertion des étamines et celle des carpelles.

Il n'en est pas de même dans les petites fleurs du *Magnolia Figo* [1] (fig. 173, 174) que l'on cultive si fréquemment dans nos serres. Leur réceptacle a d'abord la forme conique à sa base ; puis il s'allonge en une colonne dont la portion rétrécie ne porte aucun appendice. Les carpelles

Magnolia (Liriopsis) Figo.

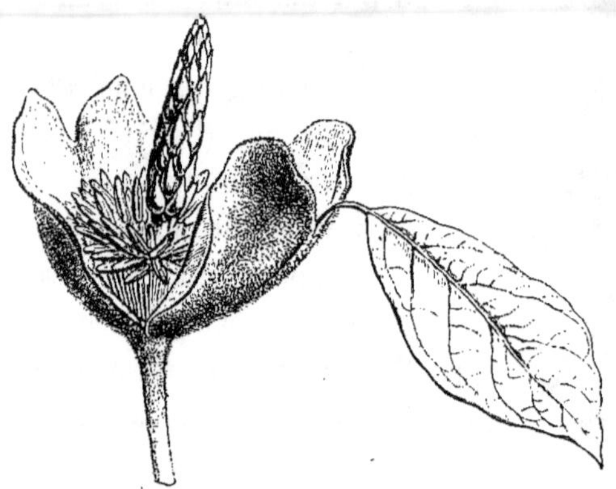

Fig. 173. Fleur sans corolle.

Fig. 174. Diagramme [2].

sont placés au-dessus de cette portion vide, insérés dans l'ordre spiral, comme ceux des autres *Magnolia*, et contenant aussi, dans l'angle interne de leur ovaire, un placenta qui supporte deux ovules descendants. Au-dessous de la portion vide du réceptacle, on observe de nombreuses étamines à anthères introrses, et, un peu plus bas encore, le périanthe, qui est formé de six folioles colorées, imbriquées, toutes semblables entre elles et disposées sur deux verticilles trimères. On doit sans doute les con-

<hr>

Flore des serres (t. 1282-1285), a encore le fruit conique du *M. grandiflora*, mais en même temps très-allongé et tendant vers la forme cylindrique observée dans les *M. Yulan* et autres espèces voisines, dont il diffère en outre en ce qu'il est encore à peu près rectiligne.

1. *M. fasciata* Vent., *Malmais.*, n. 24, not. — *M. fuscata* Andr., *Bot. Rep.*, t. 229. — *Liriodendron Figo* Lour., *Fl. cochinch.*, éd. W., I, 424. — *Liriopsis fuscata* Spach, *Suit. à Buffon*, VII, 464. — *Michelia* Hance, in *Ann. sc. nat.*, sér. 5, V, 205. Nous avons fait remarquer ailleurs (*Adansonia*, VII, 7) que MM. Bentham et J. Hooker, conservant le genre *Michelia* comme distinct, considèrent cependant (*Gen.*, 19) le

Liriopsis de M. Spach comme rentrant dans le genre *Magnolia*, ses caractères étant « *levioris momenti* », pour qu'on puisse admettre son autonomie.

2. Dans ce diagramme, sont représentés théoriquement en dehors (par des courbes rayées) les deux appendices décrits ordinairement comme formant le calice. Ce sont deux gaînes, ou deux paires de stipules, unies par le pétiole ; et c'est l'une de ces feuilles, réduites souvent à la portion basilaire, qui, dans la figure 173, est pourvue exceptionnellement de son limbe. Le véritable périanthe, qui est une corolle, est figuré ici par les lignes courbes noires.

sidérer comme des pétales [1]. En dehors ou plutôt au-dessous d'elles, il n'y a que deux folioles membraneuses qui constituent dans le bouton deux sacs emboîtés l'un dans l'autre. Chacun de ces sacs représente la base d'une feuille. On peut le regarder, ou comme un sépale, ou comme une bractée analogue à celle qui accompagne la fleur du *M. grandiflora*. Les fleurs du *M. Figo* sont solitaires et axillaires dans le plus grand nombre des cas. Cependant il arrive assez fréquemment dans nos cultures que le pédoncule qui les supporte s'allonge en un petit rameau qu'elles terminent, et qui porte au-dessous d'elles une ou plusieurs bractées ou feuilles alternes. L'inflorescence se trouve alors exactement identique avec celle du *M. grandiflora* [2].

Les *Michelia* [3], qui sont considérés par presque tous les auteurs comme formant un genre distinct des *Magnolia*, ont tout à fait la fleur du *M. Figo*, et leur réceptacle présente aussi un intervalle nu entre les étamines et le pistil. Mais les carpelles, au lieu de renfermer toujours chacun deux ovules [4], en contiennent, dans certaines espèces, un plus grand nombre [5], qui sont rangés sur deux séries verticales. Leur fruit et leur mode d'inflorescence sont aussi les mêmes que dans le *M. Figo;* et c'est pourquoi nous ne plaçons pas toutes ces plantes dans des genres séparés.

Le *Magnolia acuminata* L. [6] a des fleurs semblables à celles des espèces

---

1. Les folioles, moins pétaloïdes et plus extérieures, que l'on considère ordinairement comme des sépales, paraissent être celles qui manquent ici. Mais cette absence n'a pas une grande valeur; car elles reparaissent dans beaucoup de *Michelia* à carpelles biovulés, qui sont d'ailleurs tout à fait inséparables de cette plante par tout le reste de leur organisation. On décrit ordinairement comme calice, dans le *M. Figo*, les bractées couvertes de poils dont il est question plus haut et qui sont représentées dans la figure 173.

2. Ce caractère ne peut dès lors être invoqué comme constituant une différence générique entre les *Magnolia* et les *Michelia ;* c'est ce que nous avons déjà établi (*Adansonia*, VII, 8). MM. Hooker et Thomson (*Fl. ind.*, I, 79) admettent d'ailleurs, pour leur *M. Cathcartii*, une section spéciale, caractérisée par des fleurs terminales.

3. L., *Gen.*, n. 691. — Gærtn., *Fruct.*, II, 263, t. 137.—Lamk, *Dict.*, I, 190 ; *Ill.*, t. 493. —Juss., *Gen.*, 280.—DC., *Syst.*, I, 447; *Prodr.*, I, 79. — Bl., *Fl. Jav.*, *Magnoliac.*, 6, t. 1-5. — Spach, *Suit. à Buffon*, VII, 455. — Endl., *Gen.*, n. 4739. — Walp., *Ann.*, IV, 38.— B. H., *Gen.*, 19, n. 6.— H. Bn, in *Adansonia*, VII, 66.— *Sampaca* Rumph., *Herb. amboin.*, II, 199, t. 67, 68. — *Champaca* Rheede, *Hort. malab.*, I, 31, t. 19. — Adans., *Fam. pl.*, II, 365.

4. Les espèces biovulées présentent quelque-

fois un troisième ovule placé en haut et près de la ligne médiane.

5. Le *Magnolia punduana* Wall. (*Michelia punduana* Hook. et Thoms.) a des carpelles biovulés où les deux ovules se tournent d'abord le dos et deviennent ensuite presque superposés. Avec les *M. oblonga* et *nilagirica*, il constitue, pour les auteurs du *Flora indica* (I, 81), une section spéciale à fleurs axillaires et à loges biovulées, tandis que les *M. Champaca*, *excelsa*, *lanuginosa* et *Kisopa* représentent une autre section dont les ovaires contiennent des ovules nombreux, disposés sur deux séries verticales, ou seulement trois ovules. Dans ce dernier cas, les carpelles sont ceux des *Michelia* biovulés, qui présentent accidentellement aussi trois ovules.

6. *Spec.*, éd. 2, 756. — Michx f., *Arbr. amer.*, III, 82, t. 3. — DC., *Prodr.*, n. 5. — *Tulipastrum americanum*, α, *vulgare* Spach, *Suit. à Buffon*, VII, 483. Le *M. cordata* Michx, *Fl. bor.-amer.*, I, 328, est rapporté par le même auteur à l'espèce linnéenne, comme var. β, *subcordata*. Les sépales sont verts et de longueur variable, parfois très-courts. Les carpelles forment par leur réunion une masse obovée. Les styles sont arqués en forme de corne, avec deux lèvres chargées de papilles stigmatiques. Nous maintiendrons également dans le genre *Magnolia* le *Lirianthe grandiflora* Spach, *Suit. à Buffon*, VII, 486 (*Liriodendron grandiflora*

précédentes; mais la couleur de leurs pétales est d'un vert jaunâtre, recouvert d'une fleur cireuse glauque. Il n'y a point d'intervalle nu au réceptacle, entre le gynécée et l'androcée, et chaque carpelle est biovulé. Les étamines, insérées sur une portion conique de l'axe floral, sont inégales entre elles, pourvues d'anthères un peu plus longues et un peu plus larges que les filets, avec deux loges, qui, comme celles du *M. Yulan*, se rapprochent des bords du connectif, mais qui sont d'ailleurs introrses, comme celles de tous les *Magnolia* ; de sorte que nous faisons aussi rentrer dans ce genre le *Tulipastrum*, dont le *M. acuminata* est le type et dont l'autonomie ne paraît pas justifiée par des caractères suffisamment tranchés.

Les *Talauma* [1] sont des *Magnolia* dont les carpelles, au lieu de s'ouvrir longitudinalement suivant leur ligne dorsale, se séparent par leur base de l'axe commun du fruit, ou ne s'entr'ouvrent qu'en haut et en dedans dans une petite étendue, ou encore deviennent ligneux et complétement indéhiscents, ou charnus et pulpeux, de manière à ne laisser échapper les graines qu'en se pourrissant. Les *Aromadendron* [2], qui croissent à Java, sont plus particulièrement dans ce dernier cas. Les *Buergeria* [3], qui sont originaires du Japon, ont aussi un fruit analogue; mais les pièces de leur périanthe deviennent plus nombreuses, comme il arrive quelquefois aussi dans les vrais *Magnolia*. Toutes ces différences nous ont paru [4] peu importantes et insuffisantes pour séparer ces plantes du genre *Magnolia*, autrement qu'à titre de sections.

Roxb., *Fl. ind.*, II, 653 ; — *Magnolia pterocarpa* Roxb., *Pl. coromand.*, III, t. 266 ; — *Sphenocarpus* Wall., *Cat.*, 236), dont MM. Bentham et Hooker disent aussi (*Gen.*, 19) : « *characteribus levioris momenti a Magnolia separatur* ». Les carpelles sont, dit-on, longuement ailés au sommet par suite de l'expansion du style; de sorte que cette plante servirait par son fruit comme de passage entre les *Magnolia* et les Tulipiers.

1. Juss., *Gen.*, 281. — DC., *Syst.*, I, 460 ; *Prodr.*, I, 81. — Bl., *Fl. Jav.*, XIX, 29, t. 9-12. — Spach, *Suit. à Buff.*, VII, 447. — Endl., *Gen.*, n. 4735. — Walp., *Rep.*, I, 69 ; *Ann.*, IV, 41. — B. H., *Gen.*, 18, n. 3. — H. Bn, in *Adansonia*, VII, 669. — *Gwillimia* Rottl., ex Spach, *loc. cit.* — *Blumea* Nees, in *Flora* (1825), 152.

2. Bl., *Bijdraj.*, 8; *Fl. Jav.*, XIX, 25, t. 7, 8. — Spach, *Suit. à Buffon*, VII, 451. — Endl., *Gen.*, n. 4736. Le calice y est parfois tétramère, et le nombre des pétales peut s'élever jusqu'à une trentaine. Le fruit est souvent caractérisé par la manière dont s'opère sa déhiscence : « *carpellis non nisi putredine ab axi secedentibus* » (B. H., *loc. cit.*). Voy. p. 138, note 1.

3. Sieb. et Zucc., *Fl. jap. fam. nat.*, I, 78, t. 2. — Endl., *Gen.*, n. 4735[1]. — B. H., *Gen.*, 18. — Miq., *Ann. Mus. Lugd. Bat.*, II, 257.

4. Voyez *Adansonia*, VII, 6. Quand les carpelles d'une espèce telle que le *M. Plumieri* (*Talauma Plumieri* Sw.) se séparent en masses de l'axe réceptaculaire commun, on voit chaque carpelle s'ouvrir plus ou moins largement en deux moitiés latérales en commençant par l'angle interne. Le même fait se produit, avons-nous dit (*loc. cit.*), dans le *T. mutabilis* ; on peut encore l'observer quelquefois dans le fruit du *Magnolia liliifera* (*M. pumila* Andr. ; — *M. Coco* DC., *Syst. veg*, I, 459 ; Hance, in *Ann. sc. nat.*, sér. 5, V, 205 ; — *Liriodendron liliifera* L. ; — *L. Coco* Lour., *Fl. cochinch.* (1790), 347 ; — *Gwillimia indica* Rottl. ; — *Talauma pumila* Bl., *Fl. Jav.*, loc. cit., t. 12, C.) Nous savons que les *Magnolia* proprement dits, de la section des *Yulan*, présentent à peu près toutes ces particularités dans le mode de déhiscence de certains de leurs carpelles, quoique chez eux la fente dorsale se prononce généralement davantage. Mais nous ne pouvons voir là des caractères génériques.

Si l'on analyse les fleurs éclatantes du *Magnolia insignis* WALL.[1], on voit qu'elles sont placées à l'extrémité des rameaux, comme celles du *M. grandiflora*, et qu'elles sont construites exactement de même. Mais, en ouvrant leurs carpelles, on trouve, dans leur angle interne, de quatre à dix ovules et même davantage. Il en résulte que, dans le fruit, les carpelles, déhiscents suivant la ligne dorsale, laissent échapper souvent un nombre de graines supérieur à deux. Ce caractère se retrouve dans quatre ou cinq espèces voisines, qu'on a réunies dans un genre spécial, sous le nom de *Manglietia*[2]; mais nous ne conserverons point ce genre pour la même raison qui nous a fait laisser dans un même groupe générique le *Magnolia Figo*, à loges biovulées, et le *Michelia Champaca*, dont les carpelles sont polyspermes [3].

Ainsi constitué [4], le genre *Magnolia* renferme une cinquantaine d'espèces qui sont des arbres ou des arbustes, ordinairement aussi remarquables par la beauté de leur feuillage que par celle de leurs fleurs blanchâtres, rougeâtres ou verdâtres, et presque toujours odorantes. Leurs feuilles sont alternes, tantôt persistantes et tantôt caduques, et pourvues d'un pétiole dilaté sur ses côtés et près de sa base en une sorte de sac membraneux qui, pour la plupart des auteurs, représente les stipules, et qui enveloppe dans leur jeune âge toutes les portions du rameau placées au-dessus. Si l'on examine, par exemple, le sommet d'un rameau du *M. grandiflora*, on aperçoit, au-dessus de la dernière feuille développée, un sac membraneux en forme de cône allongé, qui s'insère circulairement par sa base un peu au-dessus du pétiole. Ce sac représente bien deux stipules latérales et légèrement supra-axillaires, car elles se séparent l'une de l'autre du côté du pétiole, dans toute leur longueur. Plus tard l'espèce de gouttière oppositifoliée qu'elles forment dans ce cas se fend encore en deux moitiés de l'autre côté du rameau. Les deux organes se détachent aussi, par leur base, du rameau, dont elles laissent alors voir les parties jeunes, voisines du sommet, et primitivement enveloppées par ces stipules membraneuses et caduques. Ici les stipules étaient indépendantes

---

1. *Tentam. fl. nepal.*, t. 1 ; *Plant. asiat. rarior.*, II, t. 182.

2. BLUME, *Bijdraj.*, 8 ; *Fl. Jav.*, XIV, 20, t. 6. — ENDL., *Gen.*, n. 4738. — HOOK. F. et THOMS., *Fl. ind.*, I, 76. — MIQ., *Fl. ind.-bat.*, I, p. post., 15. — B. H., *Gen.*, 19, n. 5. — WALP., *Ann.*, IV, 40.

3. Voy. *Adansonia*, VII. 5. Nous y formulons cette conclusion, que : « les *Manglietia* sont aux *Magnolia* ce que les *Michelia* multiovulés sont aux *Michelia* biovulés. »

4.

Magnolia sect. 5.
1. *Eumagnolia* (incl. *Yulania*, *Lirianthe*, *Tulipastrum*).
2. *Talauma* (incl. *Blumea*, *Buergeria*, *Aromadendron*).
3. *Manglietia*.
4. *Liriopsis* (incl. *Micheliopsis* H. BN).
5. *Michelia*.

Les caractères distinctifs de ces cinq sections, déjà établis ci-dessus, se trouvent résumés dans *Adansonia*, VII, 66.

du pétiole. Plus souvent elles lui sont unies, jusqu'au tiers, ou la moitié, ou même jusqu'aux deux tiers au moins de sa hauteur. Il faut encore, pour qu'elles tombent, qu'elles se détachent du pétiole lui-même, et l'on trouve, dans ce cas, sur sa face interne, une cicatrice en forme de voûte étroite et allongée, qui indique dans quels points elles lui étaient adhérentes[1]. Les fleurs sont solitaires et ordinairement terminales. Nous avons vu cependant que, dans la plupart des espèces du groupe des *Michelia* et des *Liriopsis*, le rameau axillaire qui supporte la fleur est très-court, et ne porte pas ordinairement au-dessous d'elle des feuilles bien développées. Il n'y a de Magnoliers que dans les régions tropicales de l'Asie[2], de l'Océanie[3] et de l'Amérique[4], et dans le nord de l'Inde[5], en Chine[6], au Japon[7], au Mexique, aux Antilles[8] et aux Etats-Unis[9].

Les Tulipiers (*Liriodendron*[10]) sont très-analogues aux *Magnolia* et

1. Les principales dispositions affectées par les stipules des *Magnolia* ont été étudiées par M. TRÉCUL, dans son *Mémoire sur la formation des feuilles* (*Ann. sc. nat.*, sér. 3, XX, 235). Ce savant a observé que : « dans les *M. Umbrella, Soulangiana*, etc., les stipules sont unies entre elles et en partie avec le pétiole. Cette union avec le pétiole donne lieu à un phénomène digne d'être noté : c'est que les stipules étant plus persistantes que la feuille, le limbe se détache au-dessus de la partie connée avec les stipules, tandis que cette partie où la réunion a lieu ne tombe que plus tard avec ces organes. Dans le *M. grandiflora*, les deux stipules ne sont pas unies au pétiole et sont libres entre elles. » Dans le même travail ont été étudiées dans leur développement (296, fig. 175, 176) les stipules du *M. grandiflora*, et ce phénomène est décrit en ces termes : «Une protubérance s'élève au sommet de l'axe ; elle est renflée par sa base du côté interne. Si on l'examine de face, on voit la partie supérieure grêle et la partie inférieure renflée marquées d'un sillon longitudinal, qui présage la formation du limbe en haut et la naissance des stipules en bas. J'ai toujours vu celles-ci rapprochées par leurs bords dès l'origine, et ne laissant point apercevoir le sommet de l'axe. Je parle ici du *M. grandiflora* seulement. La même chose a lieu dans le *Liriodendron Tulipifera*. » On lit encore, en note : « Dans le *Liriodendron* et le *Magnolia*, la vernation est duplicative ; les feuilles sont pliées suivant la nervure médiane. Dans le *M. grandiflora*, il y a souvent des poils au sommet de la feuille, quand il n'y en a pas encore à la base. Ils s'avancent vers celle-ci en suivant la nervure médiane.» Dans presque tous les *Magnolia*, il y a, vers la base des bourgeons, des bractées qui remplacent les feuilles et qui ressemblent à une spathe membraneuse. Lorsqu'on observe leur ligne médiane, on y aperçoit une côte verticale saillante qui s'élève jusqu'à une hauteur variable

de la bractée, et qui se termine à ce niveau, ou par un très-petit apicule, ou par une cicatrice peu visible. Cette côte représente le pétiole, et le petit apicule est un limbe rudimentaire. Il est à remarquer qu'ici le pétiole tombe ordinairement avec les expansions stipuliformes qui ne se détachent pas de lui, comme dans les feuilles adultes. Ces bractées, formées en somme de la portion inférieure d'une feuille, expliquent bien aussi la nature des enveloppes qu'on a appelées les sépales. Nous retrouverons une organisation tout à fait identique dans le Tulipier.

2. ROXB., *Fl. ind.*, II, 653-655. — WIGHT et ARN., *Prodr. Fl. pen. ind.*, I, 6. — HOOK. et THOMS., *Fl. ind.*, 1, 74-82. — THWAIT., *Enum. plant. zeyl.*, 5.

3. BL., *Bijdraj.*, 7-10 ; *Fl. Jav., Magnoliac.*, 29-40, t. IX-XII. — MIQUEL, *Fl. ind.-bat.*, I, pars 2, 13-16. — BLANCO, *Flor. Filip.*, 327.

4. A. S. H., *Flor. Bras. mer.*, I, 26, t. 4.— EICHL., in MART. *Flor. bras., Magnoliac.*, 123, t. 28; 29. — HOOK., *Icon.*, t. CCVIII-CCXII.

5. HOOK. et THOMS., *op. cit.*, 74-82.

6. THUNBG, *Flor. jap.* (1784), 236. — BENTH., *Fl. hongkong.*, 8.

7. MIQ., *Ann. Mus. Lugd. Bat.*, II, 257.

8. SW., *Fl. ind. occid.*, II, 997. — GRISEB., *Fl. brit. W.-Ind.*, 8.

9. MICHX, *Fl. bor.-amer.*, I, 327. — J. BROWNE, *Trees of Amer.*, 1. — A. GRAY, *Man. of Bot. North. Unit.-Stat.*, 15 ; *Gen. ill.*, 59, t. 23, 23 *bis*. — CHAPMAN, *Fl. S. Unit.-Stat.*, 13.

10. L., *Gen.*, n. 689. — J., *Gen.*, 281. — LAMK, *Dict.*, VIII, 137. — GÆRTNER, *Fruct.*, II, 475, t. 158. — DC., *Prodr.*, I, 82. — SPACH, *Suit. à Buff.*, VII, 486. — ENDL., *Gen.*, n. 4740. — A. GRAY, *Gen. ill.*, 63, t. 24. — B. H., *Gen.*, 19, n. 7. — H. BN, in *Adansonia*, VI, 66. — *Tulipifera* HERM., *Lugd.-bat.*, 612, *ic.* — ADANS., *Fam. pl.*, II, 365.

s'en distinguent principalement par deux caractères : les fleurs (fig. 175, 176), par la direction de la face des anthères; les fruits (fig. 177, 178), par leur transformation en samares qui se détachent de l'axe commun à la maturité. Le réceptacle floral a d'ailleurs une forme cylindro-conique; il porte, de bas en haut, un calice de trois sépales imbriqués; deux

Liriodendron Tulipifera.

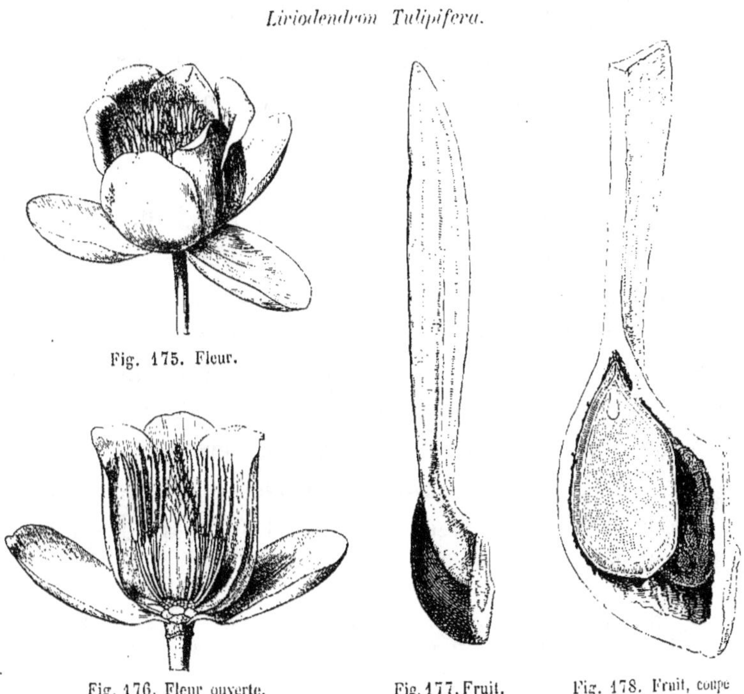

Fig. 175. Fleur.

Fig. 176. Fleur ouverte.

Fig. 177. Fruit.

Fig. 178. Fruit, coupe longitudinale.

corolles de trois pétales imbriquées chacune, les uns alternes avec les sépales, et les autres superposés; un grand nombre d'étamines, puis de carpelles, insérés sur une ligne spirale continue. Les étamines sont formées chacune d'un filet libre et d'une anthère à deux loges, très-nettement extrorse et déhiscente par deux fentes longitudinales [1]. Les carpelles sont indépendants, composés chacun d'un ovaire uniloculaire et d'un style dont le sommet renflé se recouvre de papilles stigmatiques. Dans l'angle interne de l'ovaire, on observe deux ovules suspendus, analogues à ceux des *Magnolia* [2]. Le fruit est formé d'un nombre indéfini d'achaines

---

[1]. Le filet est court, dilaté en un long connectif, nu en dedans et présentant une légère concavité extérieure. Les loges de l'anthère ne se voient qu'en dehors; elles arrivent souvent à se toucher par leur bord interne. Le sommet de l'anthère est ordinairement apiculé.

[2]. Le style est aplati, en forme de feuille lancéolée. Il représente déjà en petit l'aile qui plus tard surmontera le fruit. Le sommet renflé et stigmatifère est à peine bilobé. Les ovules ont deux enveloppes; ils sont suspendus après un funicule étroit. Leur raphé est intérieur; mais en même temps ils se tournent plus ou moins le dos, comme ceux des *Magnolia*.

qui, à la maturité, se détachent de l'axe commun et sont disséminés à l'aide d'une aile ligneuse, aplatie de dedans en dehors, dont ils sont surmontés [1]. Chacune de ces samares renferme une ou deux graines qui sont construites comme celles des *Magnolia*, mais dont le tégument extérieur est beaucoup plus mince et membraneux [2]. On ne connaît de ce genre qu'une seule espèce, dont plusieurs variétés sont cultivées en Europe et qui est originaire de l'Amérique du Nord. C'est le *L. Tulipifera* [3], grand arbre à feuilles alternes et pétiolées, dont le limbe a la forme d'une lyre, tronqué au sommet [4] et partagé de chaque côté en quatre lobes plus ou moins marqués. A la base du pétiole, on observe deux stipules latérales qui s'insèrent un peu plus haut que lui, et qui, dans le jeune âge de la feuille, s'appliquent bord à bord l'une contre l'autre, de manière à constituer un sac complétement clos dans lequel est enveloppée toute la partie du jeune rameau qui est supérieure à cette feuille elle-même. A cet âge, les jeunes pétioles sont incurvés vers leur milieu, et le limbe a son sommet reporté vers l'aisselle et sa face supérieure tournée en dehors. Les fleurs sont situées à l'extrémité des rameaux, solitaires et enveloppées dans le bouton d'une bractée qui continue la série des feuilles portées par le rameau [5]. En somme, les Tulipiers peuvent donc bien être définis : des *Magnolia* à anthères extrorses et à carpelles samaroïdes qui se séparent du réceptacle commun.

---

1. L'aile est formée par le style persistant et comprimé, semblable à une feuille desséchée et durcie. Sa portion basilaire est pourvue en dedans et en dehors d'une crête verticale peu saillante. Il y a, sur le milieu de ces crêtes, une ligne peu visible suivant laquelle on peut artificiellement, à l'aide d'une lame mince, déterminer la séparation du fruit en deux moitiés latérales.

2. Le raphé rampe dans l'épaisseur de cette membrane extérieure, qui ne se gorge pas de substance charnue, comme celle des *Magnolia*, mais dont l'organisation fondamentale est cependant tout à fait la même. L'albumen est charnu, et l'embryon très-petit qu'il loge vers son sommet, présente un léger étranglement au point d'union de sa radicule et de ses cotylédons.

3. TREW, *Icon. select.*, t. 10. - L., *Spec.*, 755. — LAMK, *Dict.*, *loc. cit.*; *Illustr.*, t. 491. — DUHAM., *Arbr.*, éd. 2, III, t. 18. — MICHX, *Arbr.*, III, 202. — DC., *Prodr.*, I, 82. — SPACH, *op. cit.*, 488. — DE CUBIÈRES, *Mém. sur le Tulipier* (1803). — SIMS, in *Bot. Mag.*, t. 275.

4. Ce sommet présente un petit apicule qui n'est autre chose que l'extrémité de la nervure principale, dépourvue à ce niveau de parenchyme. M. GODRON (*Observations sur les bourgeons et sur les feuilles du* L. Tulipifera, in *Bull. Soc.*

bot. de Fr., VIII, 33, t. 1) attribue la forme tronquée du sommet du limbe à la compression qu'éprouverait celui-ci, pendant la vernation, alors qu'il est engagé « dans une rainure formée par la base d'une des stipules et par l'axe ». MIRBEL avait, dès 1815, dans ses *Éléments de physiologie végétale et de botanique*, donné une figure très-exacte (t. 20) de la préfoliaison du Tulipier. M. TRÉCUL (*Ann. sc. nat.*, sér. 3, XX, 296) a vu les stipules toujours conjointes, quelque jeunes que soient les feuilles qui sont pliées dans la vernation suivant la nervure médiane, et qui naissent avant les stipules elles-mêmes. Ce savant a d'ailleurs décrit et représenté (t. 21, fig. 45-52) toutes les phases du développement des feuilles et de leurs stipules.

5. Si l'on examine la situation relative des sépales et des cinq feuilles qui les précèdent sur le rameau, le plus haut placé de ces cinq derniers appendices n'étant autre chose que la bractée qui est immédiatement insérée sous le calice, on voit que tous les cinq sont disposés en quinconce dans leur imbrication respective, et que le sépale 1 se trouve directement superposé à la feuille 1 de ce quinconce. Les sépales 2 et 3 sont également superposés aux feuilles 2 et 3 du quinconce. Cette relation des parties explique ici, comme dans certains *Magnolia*, pourquoi il ne peut y avoir

II. SÉRIE DES SCHIZANDRA.

MICHAUX est le premier qui ait fait connaître en Europe, sous le nom de *Schizandra* [1], une liane de l'Amérique boréale, dont les fleurs (fig. 179-181) sont régulières et monoïques. Sur un réceptacle convexe, la fleur mâle (fig. 179) porte un périanthe de neuf folioles environ,

Schizandra coccinea.

Fig. 179. Fleur mâle.

Fig. 180. Fleur femelle.

Fig. 181. Fleur femelle, coupe longitudinale.

inégales, imbriquées, paraissant souvent former trois verticilles trimères [2]; mais parmi elles on ne saurait distinguer ni sépales, ni pétales. Les étamines sont insérées dans l'ordre spiral, et en petit nombre, de quatre à six ordinairement. Les filets sont épais et courts, affectant la forme d'une large écaille charnue et représentant assez bien un triangle à angles

un sépale exactement placé en face de la bractée qui précède la fleur. La nature de cette bractée n'est pas douteuse. Elle présente souvent une échancrure très-prononcée à son sommet, et le fond du sinus est occupé par une petite languette subulée, seul vestige du sommet du pétiole et du limbe. Cette bractée est donc presque entièrement formée par les stipules qui ici ne se séparent pas du pétiole ; et la nature des sépales est probablement la même (voy. p. 134, note 3, et 139, note 2).

1. *Flor. bor.-amer.*, II, 218, t. 47 (1803). — HOOK., in *Bot. Mag.*, t. 1413. — DC., *Prodr.*, I, 104. — ENDL., *Gen.*, n. 4733. — B. H., *Gen.*, 19, n. 8. — A. GRAY, in *Mem. Amer. Acad.*, VI, 380 ; *Gen.*, 57. — H. BN, in *Adansonia*, III, 42 ; VII, 10, 66.

2. Il y en a de sept à dix, mais c'est à tort qu'on les a considérées comme disposées en verticilles quinaires. Avec neuf folioles, il arrive souvent que les trois intérieures soient superposées aux trois extérieures, les trois moyennes étant alternes. Mais souvent aussi cette superposition et cette alternance ne sont pas exactes. Il s'agit ici d'une ligne spirale continue.

émoussés. L'un de ces angles est inférieur et répond à l'insertion de l'étamine; les deux autres sont supérieurs et portent les deux loges de la même anthère, fort écartées l'une de l'autre. Ces loges sont introrses, déhiscentes par une fente longitudinale [1], et appliquées en majeure partie contre la face interne du filet triangulaire; si bien qu'on n'aperçoit, quand les étamines sont en place, qu'une petite portion du sommet des loges. Dans la fleur femelle (fig. 180, 181), le réceptacle et le périanthe sont les mêmes que dans la fleur mâle; et le gynécée est formé d'un grand nombre de carpelles indépendants, insérés dans l'ordre spiral sur l'extrémité un peu renflée du réceptacle, et rapprochés en tête globuleuse. Chaque carpelle se compose d'un ovaire uniloculaire, atténué en un style dont l'extrémité supérieure n'est guère renflée [2]. A l'angle interne de l'ovaire répondent, extérieurement, une saillie ou crête dont les dimensions varient dans les différentes espèces du genre [3], et intérieurement, un placenta qui supporte deux ovules descendants et anatropes, avec le micropyle supérieur et extérieur [4]. Le fruit est formé d'un grand nombre de baies qui, au lieu de demeurer rapprochées les unes des autres, comme le sont les carpelles dans la fleur, s'échelonnent sur l'axe floral étiré en forme de rameau cylindroïde (fig. 182), et contiennent chacune une ou deux graines suspendues. Celles-ci renferment sous leurs téguments un gros albumen charnu et arqué, vers le sommet duquel se trouve un petit embryon dicotylédoné renversé (fig. 190).

---

1. Cette fente paraît souvent transversale ou oblique, par suite de la direction que prend la loge de l'anthère, mais elle est toujours réellement longitudinale. En suivant le développement de l'androcée, dans le *S. japonica*, on voit que les deux loges sont d'abord bien plus verticales et plus rapprochées l'une de l'autre. Ce n'est que graduellement que le connectif et le sommet du filet s'épaississent simultanément, pour prendre la forme d'un coin charnu, et écartent les deux loges l'une de l'autre. Le pollen est à peu près le même dans les *S. propinqua* et *japonica*. Ses grains paraissent discoïdes au premier abord, du moins lorsqu'ils sont secs; car on les rend sphériques en les humectant. Le disque qu'ils représentent est fortement déprimé au centre, sur ses deux faces; et son pourtour présente six crénelures ou échancrures, alternativement peu prononcées et plus profondes. Ces dernières répondent à l'extrémité de trois bandes claires rayonnantes qui se rencontrent au fond de la dépression centrale. Les trois autres échancrures indiquent les points où sortiront les tubes polliniques. L'analogie de ce pollen avec celui des *Drimys* doit nous porter à admettre qu'il s'agit ici d'une agglomération de trois grains élémentaires. (Voy.

Comptes rendus de l'Acad. des sc., LXVI, 700 ; *Adansonia*, VIII, 157.)

2. Voy. fig. 180, 181. Dans le *S. japonica*, au contraire, le sommet du style très-court est légèrement évasé, et se recouvre de papilles stigmatiques extrêmement molles, formées de cellules presque diffluentes.

3. L'étude organogénique pouvait seule indiquer l'origine de cette saillie. Elle est due à une décurrence de la base du style qui, fortement comprimé à ce niveau entre deux carpelles plus intérieurs, s'avance peu à peu dans l'espèce d'angle qu'ils laissent vide entre eux, et se moule, pour ainsi dire, sur la concavité de cet angle. Le tissu ainsi déformé est pendant longtemps mou et pulpeux, à la façon des papilles stigmatiques. Dans les carpelles du *S. chinensis*, cette saillie se continue largement dans la fleur avec le style lui-même; ses bords sont crénelés, et l'ensemble figure une sorte de cimier qui coiffe le carpelle.

4. Ils ne sont exactement collatéraux qu'au début. Ils subissent à un certain âge une légère torsion; de sorte que leurs raphés se rapprochent un peu l'un de l'autre, et que les micropyles se trouvent vers les parois latérales.

Le *S. coccinea* Michx[1] est la seule espèce américaine que l'on connaisse jusqu'ici. C'est un arbuste sarmenteux à feuilles alternes, simples, pétiolées et dépourvues de stipules. Ses fleurs pédonculées sont solitaires[2], et se développent à l'aisselle des premières feuilles ou bractées des jeunes rameaux de l'année.

Les espèces du même groupe qui appartiennent à l'ancien monde sont au nombre d'une demi-douzaine, et ont été rapportées aux genres *Sphærostema*[3] et *Maximovitzia*[4]. Elles ne diffèrent de la plante américaine que par le nombre un peu variable des folioles de leur périanthe et la forme et le nombre des pièces de leur androcée. Ainsi, dans les fleurs du *S. elongata*[5], les étamines sont bien plus nombreuses que dans le *S. coccinea*, et elles sont disposées sur un bien plus grand nombre de tours de spire. En même temps, elles s'allongent davantage en coin et s'atténuent plus manifestement vers leur base. Mais le fruit présente toujours ce caractère remarquable, que son axe s'allonge considérablement à partir de la fécondation (fig. 182). Dans les fleurs du *S. chinensis*[6], les filets staminaux deviennent plus grêles encore et moins serrés les uns contre les autres; ils ne représentent plus que des baguettes dressées et un peu aplaties, avec des loges d'anthère étroites et allongées, appliquées verticalement le long des bords du connectif, et se portant plus ou moins, suivant l'étamine que l'on observe, vers les faces externe ou interne du filet. Dans le *S. propinqua*[7], les filets deviennent même si courts, en même temps que leur tissu s'empâte et se renfle avec

Schizandra (Sphærostema) elongata.

Fig. 182. Fruit multiple.

1. *Op. cit.*, 219, t. 47. — DC., *Prodr.*, I, 104. — Sims, in *Bot. Mag.*, t. 1413. — Torr. et Gray, *Fl. N.-Amer.*, I, 46, 662. — A. Gray, *Gen.*, t. 27. — Chapm., *Fl. S. Unit.-Stat.*, 13.

2. Leur pédoncule, légèrement renflé vers sa partie supérieure, présente à ce niveau une articulation transversale (fig. 181).

3. Blume, *Bijdraj.*, 22; *Flor. Jav.*, *Schizandr.*, XIII, t. 3-5 ; *Ann. sc. nat.*, sér. 2, II, 91. — Juss., in *Ann. Mus.*, XVI, 340. — Endl., *Gen.*, n. 4732. — Griff., *Icon. posth.*, 651. — Hook. et Thoms., *Fl. ind.*, I, 83. — H. Bn, in *Adansonia*, III, 43 ; VII, 11, 66. — Walp., *Rep.*, I, 92 ; V, 15 ; *Ann.*, IV, 79. — *Kadsura* Wall., *Fl. nepal.*, I, t. 9-13.

4. Rupr., *Primit. fl. amur.*, 31, t. 1.

5. *Sphærostema elongatum* Bl., *Fl. Jav.*, *Schizandr.*, 17, t. V ; Hook. et Thoms., *Fl. ind.*, I, 85. — *S. grandiflorum* Wall., ex part.

6. *S. japonica* A. Gray, in *Mem. Amer. Acad.*, VI, 380. — Miq., *Ann. Mus. Lugd. Bat.*, III, 91. — *Sphærostema japonicum* Sieb. et Zucc., *Abh. Acad. Munch.*, IV, p. II, 188. — *Maximovitzia chinensis* Rupr., *op. cit.* Comme nous faisons rentrer dans ce genre le *Kadsura japonica* Dun., dont le nom spécifique conserve la priorité, nous devons modifier celui de l'espèce qui nous occupe, et l'appeler *S. chinensis*.

7. *Sphærostema propinquum* Bl., *op. cit.*, 14. — Hook. et Thoms., *op. cit.*, I, 85. — *S. pyrifolium* Bl., *op. cit.*, 16, t. 4. — Hook., in *Bot. Mag.*, t. 4614. — *Kadsura propinqua* Wall., *Tent. fl. nepal.*, 11, t. 15.

celui du réceptacle, que l'androcée n'est plus représenté que par des anthères sessiles, à loges introrses [1] et rapprochées, incrustées dans des espèces de niches creusées dans la substance d'une grosse sphère réceptaculaire charnue (fig. 184). Dans cette espèce, comme dans quelques

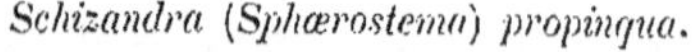

Schizandra (Sphærostema) propinqua.

Fig. 184. Fleur mâle.　　　　Fig. 183. Port.

autres, les fleurs sont dioïques, et naissent solitaires à l'aisselle des feuilles des rameaux adultes (fig. 183). En un mot, la configuration de l'androcée est très-variable, et présente tant de transitions graduées dans ce genre, qu'on n'y peut trouver aucun moyen d'établir des subdivisions précises.

Il en est tout à fait de même dans les *Kadsura* [2], plantes de l'Asie australe et orientale, qu'on a séparés des *Schizandra* à l'aide d'un seul caractère absolu : la forme que présente, à la maturité, l'ensemble de

<hr>

1. Les étamines sont distinctes dans le jeune âge. Plus tard, tous les filets s'épaississent, avec le réceptacle en une sphère qui réunit toutes les anthères. Mais le tissu de ces organes ne peut se développer là où se trouvent les anthères ; il en résulte un certain nombre de fossettes dont la face de l'anthère introrse regarde le fond (fig. 184).

2. Kæmpf., ex Juss., in *Ann. Mus.*, XVI, 340. — Dunal, *Mon. Anonac.*, 57. — DC., *Prodr.*, I, 83. — Wall., *Flor. nepal.*, I, 7. — Bl., *Fl. Jav., Schizandr.*, 7, t. 1, 2. — Sieb. et

Zucc., *Fl. japon.*, I, 40, t. 17. — Endl., *Gen.*, n. 4731. — Benth., *Fl. hongk.*, 8. — Hook. et Thoms., *Fl. ind.*, I, 83. — H. Bn, in *Adansonia*, III, 43; VII, 11, 66. — B. H., *Gen.*, 19, n. 9. — Miq., *Fl. ind.-bat.*, I, pars 2, 18. — Walp., *Rep.*, I, 92; V, 15; *Ann.*, IV, 78. — *Sarcocarpon* Kæmpf., *Amœn. exot.*, 476, 185, t. 477. — Bl., *Bijdraj.*, 21. Quoique Linné ait admis un *K. japonica*, c'est A. L. de Jussieu qui, en 1810 (*Ann. Mus.*, XVI, 340), a considéré comme digne de constituer un groupe

leurs carpelles. Ils sont ici réunis en boule ou en tête courte, tandis que ceux des vrais *Schizandra* forment une espèce d'épi plus ou moins allongé. Mais nous n'avons pas voulu, pour cette seule raison [1], distinguer les *Kadsura* des *Schizandra* autrement qu'à titre de section; attendu que, dans les *Magnolia*, le réceptacle du fruit varie aussi beaucoup de forme,

Schizandra (Kadsura) japonica [2].

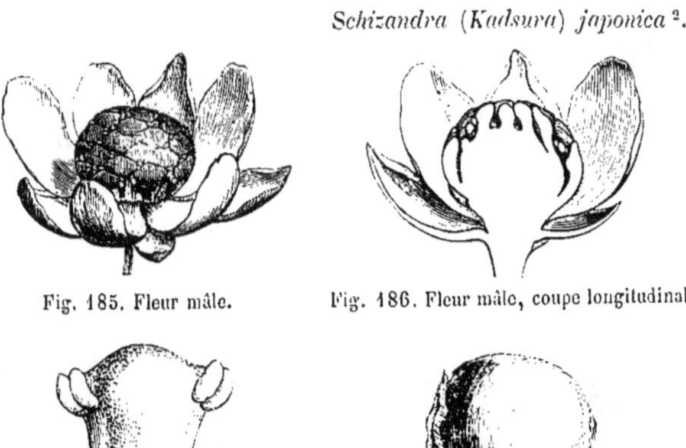

Fig. 185. Fleur mâle.　　　Fig. 186. Fleur mâle, coupe longitudinale.　　　Fig. 187. Androcée.

Fig. 188. Étamine isolée.　　　Fig. 189. Carpelle.　　　Fig. 190. Carpelle, coupe longitudinale.

tantôt ovoïde ou presque globuleux, et tantôt longuement cylindrique et ramiforme, sans que pour cela ce genre ait pu être le moins du monde morcelé. Les étamines ont tantôt la forme de coins charnus (fig. 187, 188), et tantôt celle de baguettes étroites et plus ou moins libres. Quelques-unes d'entre elles peuvent même être réduites à l'état de staminodes fort inégaux entre eux [3]. Ainsi conçu, le genre *Schizandra* compte en

générique l'*Uvaria japonica* de Thunberg, « dont, dit-il, nous proposons de faire un genre nouveau sous le nom de *Kadsura*. » C'est pour cela que, réunissant dans un même genre les *Kadsura* et les *Schizandra*, nous avons dû adopter de préférence ce dernier nom qui date de 1803. Nous y trouvons encore l'avantage de n'avoir pas à supprimer le nom de *Schizandrées* pour lui substituer celui de *Kadsurées*.

1. Voyez, à ce sujet, *Adansonia*, VII, 10. On ne peut surtout distinguer les *Kadsura* des *Schizandra* par la direction introrse ou extrorse des anthères; et les auteurs, tels qu'Endlicher, attribuent à tort des anthères extrorses à toutes les espèces des deux genres; car les anthères des *Schizandra propinqua* et *Kadsura japonica* sont certainement les unes et les autres introrses.

2. *Schizandra japonica* H. Bn (nec A. Gray). — *Kadsura japonica* L., *Spec*, 756. — Dun., *Mon. Anonac.*, 57. — Miq., *Ann. Mus. Lugd. Bat.*, III, 91. — DC., *Prodr.*, I, 83. — *Uvaria japonica* Thunb., *Flor. japon.*, 237. — *Fah Kadsura*, etc., Kæmpf., *loc. cit.*

3. Le fait est très-marqué dans une espèce qu'on cultive depuis plusieurs années dans les serres, sous le nom de *Coshæa coccinea* (voy. *Adansonia*, III, 4), et qui est le *Kadsura chinensis* Hance (*K. japonica* Benth., *Fl. hong-kong.*, 8, nec Dun.). Ses fleurs mâles ont un réceptacle étiré en forme de colonne et portant des étamines distantes entre elles, présentant l'apparence de petites baguettes dressées. Les supérieures se terminent en pointe et sont stériles. Les inférieures portent une anthère à deux petites loges obliques. Le sommet de la colonne est nu, rappelant l'extrémité du spadice de certaines Aroïdées. Nous nommerons cette espèce *S. Hanceana*.

tout une dizaine d'espèces, et constitue à lui seul la série des Schizandrées, qui peuvent être définies : des Magnoliacées à fleurs unisexuées, à
périanthe toujours imbriqué et à feuilles toujours dépourvues de stipules.

III. SÉRIE DES BADIANIERS.

Les Badianiers (*Illicium* [1]) ont les fleurs régulières et hermaphrodites.
Sur leur réceptacle légèrement convexe s'insèrent successivement un
périanthe, un androcée et un gynécée à pièces indépendantes, mais

Illicium parviflorum.

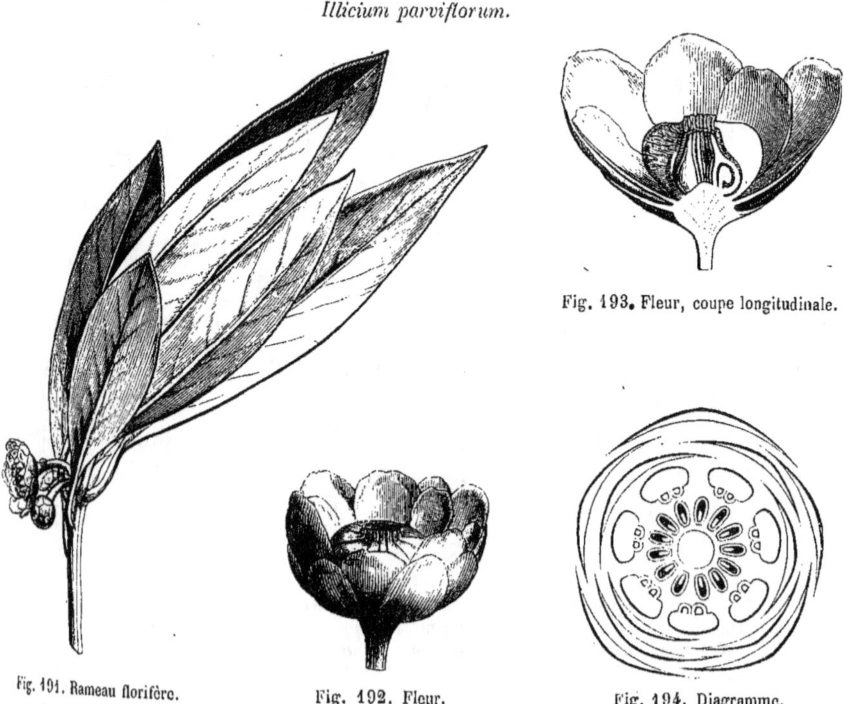

Fig. 193. Fleur, coupe longitudinale.

Fig. 191. Rameau florifère.   Fig. 192. Fleur.   Fig. 194. Diagramme.

dont le nombre, la forme et la couleur varient beaucoup d'une espèce à
l'autre. Si l'on étudie, par exemple, les fleurs de l'*I. parviflorum* [2] (fig. 191-
194), espèce américaine qui est abondamment cultivée dans nos serres,

1. L., *Gen.*, n. 611. — Adans., *Fam. pl.*,
II, 364. — Juss., *Gen.*, 280. — Lamk, *Dict.*,
I, 351. — DC., *Syst.*, I, 440; *Prodr.*, I, 77. —
Spach, *Suit. à Buff.*, VII, 439. — Endl., *Gen.*,
n. 4743. — Miers, *Contrib.*, I, 142. — B. H.,
Gen., n. 2. — H. Bn, in *Adansonia*, VII, 8,
67, 361 ; VIII, 1. — *Badianifera* L., *Mat.
med.*, 510.

2. Michx, *Flor. bor.-amer.*, I, 326. — Vent.,
Hort. Cels., t. 22. — DC., *Prodr.*, I, 77, n. 3.
— Miers, *op. cit.*, 143, n. 5. — *Cymbostemon
parvifolius* Spach, *op. cit.*, 446.

on voit le périanthe formé d'une quinzaine de folioles insérées dans l'ordre spiral, dissemblables entre elles, les extérieures étant plus courtes et d'une teinte plus verdâtre, et les intérieures au contraire étant plus grandes, plus minces, pétaloïdes et colorées en jaune pâle : mais entre les unes et les autres, il y a tous les intermédiaires pour la consistance et la coloration ; de sorte qu'il est à peu près impossible de délimiter nettement ce qui appartient au calice et à la corolle. Toutes ces pièces sont imbriquées dans le bouton (fig. 194) et se détachent de bonne heure du réceptacle floral [1]. Les étamines sont aussi en nombre variable, et l'on en compte ordinairement de six à neuf. Elles paraissent disposées sur un verticille [2], et se composent chacune d'un filet libre, épais, charnu, cymbiforme, obliquement obovale ou claviforme, et d'une anthère introrse, à deux petites loges parallèles, appliquées verticalement l'une près de l'autre vers le sommet de la face interne du filet, et déhiscentes par une fente longitudinale [3]. Les carpelles sont également disposés en apparence sur un cercle, tout autour du voisinage du sommet de l'axe floral qui proémine entre eux au centre de la fleur [4]. Il y en a de dix à quinze, composés chacun d'un ovaire uniloculaire, atténué à son sommet en un style dont l'extrémité est garnie de papilles stigmatiques [5]. Tout près de la base de son angle interne, l'ovaire présente un placenta qui supporte un seul ovule ascendant, anatrope, avec le micropyle dirigé en bas et en dehors [6]. Le fruit est multiple, composé d'autant de follicules, ou à peu près, qu'il y avait de carpelles dans la fleur. Ils sont coriaces, comprimés, apiculés, réunis en étoile (fig. 197) autour de l'axe commun [7], et ont

---

1. Toutefois quelques-unes des folioles extérieures, plus courtes et plus vertes (calicinales), persistent un peu plus longtemps que les plus intérieures et que les étamines.

2. L'étude organogénique nous a appris (*Adansonia*, VII, 361) qu'elles naissent en réalité dans l'ordre spiral, mais très-près les unes des autres.

3. Le pollen est formé de grains blanchâtres qui, mouillés, ont la forme d'une sphère. Les deux pôles de cette sphère sont reliés par trois bandes méridiennes équidistantes, sur le milieu desquelles se dessine un petit trait longitudinal foncé. Dans l'intervalle des trois bandes, toute la surface du grain est finement ponctuée et comme grenue. Les bandes sont pâles et lisses. Sur le grain de pollen non humecté, les pôles sont fortement déprimés et rapprochés l'un de l'autre. La forme du grain est comme discoïde. Les bandes dont nous venons de parler partent du centre déprimé de cette sorte de disque, et vont rejoindre les bords, où elles se terminent par trois échancrures séparant les uns des autres trois festons saillants et mousses. Par analogie avec ce qu'on observe dans les *Drimys*, les *Schizandra*, etc., on aurait ici affaire à trois grains simples formant un grain composé. (Voy. *Comptes rendus*, LXVI, 700 ; *Adansonia*, VIII, 157.)

4. Ce sommet du réceptacle est relativement bien plus saillant dans un bouton très-jeune ; il dépasse même le sommet des carpelles, sous la forme d'un cône épais à sommet obtus.

5. Ces papilles sont placées sur les deux lèvres d'un sillon longitudinal que porte l'angle interne du carpelle. Elles descendent très-bas sur ces lèvres, en devenant graduellement plus rares, et elles arrivent même jusqu'au niveau de l'ovaire.

6. Il est incomplétement anatrope, et pourvu de deux enveloppes. La secondine forme au-dessus du sommet du nucelle une sorte de goulot tubuleux qui s'engage dans l'exostome et en dépasse même le niveau.

7. Le fruit de l'*I. parviflorum* est à une quinzaine environ de rayons horizontaux, représentant chacun un follicule dont la ligne de déhiscence est tout à fait supérieure et également

valu à l'une des espèces du genre *Illicium*, l'*I. anisatum*, le nom vulgaire d'*Anis étoilé*. Ils s'ouvrent suivant leur angle interne et contiennent chacun une graine. Celle-ci renferme, sous ses téguments, un albumen charnu abondant dont le sommet loge un petit embryon à radicule supère (fig. 198, 199 [1]).

Dans une autre plante du même genre, qui croît au Japon, et qu'on a

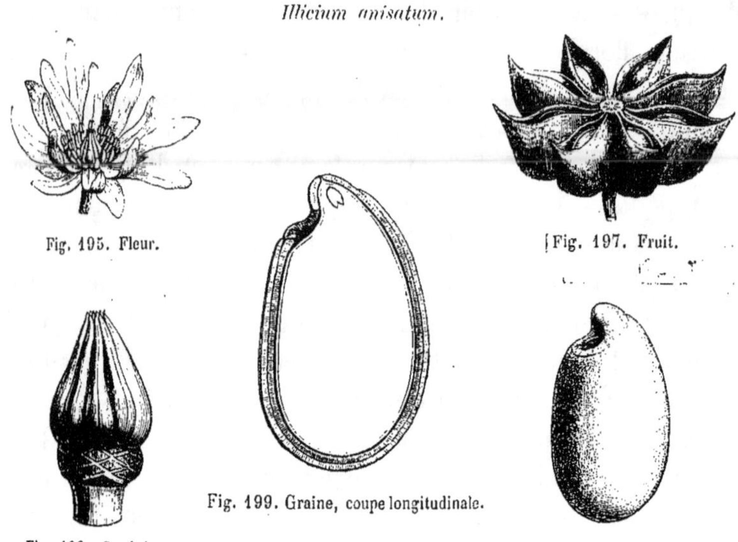

Illicium anisatum.

Fig. 195. Fleur.

Fig. 197. Fruit.

Fig. 199. Graine, coupe longitudinale.

Fig. 196. Gynécée.

Fig. 198. Graine.

appelée *I. religiosum* [2] (fig. 195-199), on observe quelques différences assez marquées. Les folioles du périanthe, au nombre de vingt environ,

horizontale. Au centre de la face supérieure, au niveau du point de réunion de tous les follicules, il y a une dépression circulaire, une espèce de petit puits au fond duquel se dresse un très-court apicule, vestige du sommet organique du réceptacle floral. Les parois des follicules sont ici minces, tranchantes même près de la fente de déhiscence. C'est à peine si l'on aperçoit sur tout le reste de la surface extérieure de petites rugosités qui deviennent très-marquées sur l'*Anis étoilé* de Batavia. Le sommet du follicule est aigu et à peine relevé.

1. Ces figures appartiennent à la graine de la *Badiane* du commerce. M. MIERS a donné aussi une analyse de cette graine dans ses *Contributions* (I, t. 27). L'anatropie n'est pas complète. L'ombilic a la forme d'une large cicatrice déprimée, en dehors de laquelle se trouve un petit bec micropylaire à sommet obtus. Le tégument séminal est triple. L'extérieur est lisse et luisant. Il s'atténue brusquement et forme un

biseau à la base de l'espèce de bec dont nous venons de parler. Le tégument moyen est épais et brunâtre. L'intérieur est blanchâtre, membraneux. Au niveau de la base du raphé, on observe une tache chalazique elliptique, de couleur brunâtre. L'embryon est très-petit par rapport au volume de l'énorme albumen charnu dont il n'occupe qu'une petite logette voisine du micropyle. La masse turbinée de l'embryon est supportée par un suspenseur grêle. Les cotylédons, peu accentués, obtus, écartés l'un de l'autre, regardent directement en haut.

2. SIEB. et ZUCC., *Fl. japon.*, I, 5, t. 1. — SPACH, *op. cit.*, 440. — MIERS, *op. cit.*, 143, n. 2. — *Bot. Mag.*, t. 3965. — *I. anisatum* THG, *Fl. japon.*, 235. Cette plante forme, avec l'*I. anisatum* L. (*Spec.*, 664), la section *Badiana* de M. SPACH. Pour nous (*Adansonia*, VIII, 1), comme pour M. MIQUEL (*Ann. Mus. Lugd. Bat.*, II, 257), ce n'est qu'une forme de l'*I. anisatum* de LINNÉ.

sont toutes de même couleur jaune ou blanc verdâtre, et changent insensiblement de forme et de taille à mesure qu'elles s'élèvent davantage sur le réceptacle [1]. Il y a, au-dessus d'elles, une vingtaine d'étamines insérées suivant une spire à tours très-rapprochés [2]. Leurs filets sont courts et charnus, mais non gibbeux comme dans l'*I. parviflorum*, et les anthères, beaucoup plus allongées, ont deux loges adnées, introrses [3], dépassées en haut par le sommet du connectif. Les carpelles sont ordinairement [4] au nombre de huit, et forment une sorte de couronne au centre de laquelle proémine le sommet du réceptacle. L'insertion des ovaires se fait très-obliquement sur ce dernier. Un style en forme de corne surmonte l'ovaire, et tout l'angle interne de l'un et de l'autre est parcouru par un sillon vertical dont les lèvres sont chargées de papilles stigmatiques [5]. Un ovule incomplétement anatrope [6] se dresse dans chaque carpelle. Le fruit de cette espèce, qui, lorsqu'il est bien aromatique, constitue l'*Anis étoilé* (*I. anisatum*) du commerce [7] (fig. 197), est ordinairement formé de huit follicules. L'*I. Griffithii* [8], qui croît dans l'Inde, est une espèce très-peu odorante, très-analogue à la précédente par tous ses caractères, mais

1. On ne peut donc distinguer ni calice, ni corolle. Il y a également ici tous les intermédiaires entre les folioles extérieures et les plus intérieures.

2. Il arrive assez souvent qu'il y ait des intermédiaires entre le périanthe et les pièces de l'androcée. Une ou deux des étamines les plus extérieures peuvent être à demi pétaloïdes.

3. Les loges sont marginales et plus ou moins distantes l'une de l'autre dans les étamines les plus extérieures. Dans les étamines intérieures, elles arrivent à se toucher par leur bord interne.

4. Ce nombre est de beaucoup le plus ordinaire. Comme il se retrouve très-souvent dans le fruit mûr, on voit que les avortements de carpelles dont on parle fréquemment n'ont pas lieu. On a probablement confondu à cet égard l'*I. anisatum* avec quelque espèce américaine. Il y a des gynécées à six ou sept carpelles, et tous deviennent fertiles. Il y en a quelquefois à neuf ou dix.

5. Ces papilles sont d'autant moins saillantes et moins nombreuses qu'on se rapproche davantage de l'insertion des carpelles. Mais il en existe sur l'ovaire lui-même.

6. L'exostome est à quelque distance du hile; il est complétement entouré par la primine, qui donne passage au sommet de l'espèce de petit goulot tronqué que représente l'endostome.

7. Les seules différences qu'on puisse constater entre le fruit de l'*I. anisatum* du commerce et celui de l'*I. religiosum* sont : 1° l'état des surfaces : les fruits de l'*I. religiosum* sont moins rugueux fréquemment que ceux de l'*anisatum*;

2° la forme du sommet des carpelles : ceux de l'*I. religiosum* sont pourvus ordinairement d'un bec plus aigu et un peu arqué; 3° l'odeur du fruit mûr : elle est un peu moins aromatique, plus résineuse dans les fruits de l'*I. anisatum*. Il fallait décider si ces différences sont suffisantes pour constituer deux espèces, surtout lorsqu'il s'agit d'une plante cultivée ; et si l'autonomie spécifique de l'*I. religiosum* n'est pas très-contestable, il est assez surprenant que KÆMPFER (*Amœn. exot.*, 880) dont on connaît l'exactitude minutieuse, n'ait eu sous les yeux que le *Skimi*, et ait cru à tort que c'était là la plante de Chine ou de Corée (*Korai*) qui produit la *Badiane* du commerce. C'est là du moins ce que pensent SIEBOLD et ZUCCARINI (*Fl. japon.*, I, 5, t. 1), qui ont regardé seulement comme véritable *I. anisatum* celui dont parlent LOUREIRO (*Fl. cochinch.* (1790), 353) et GÆRTNER (*Fruct.*, I, 338, t. 69), et non la plante qu'après THUNBERG (*Fl. japon.*, 235) et beaucoup d'autres, DE CANDOLLE (*Prodr.*, I, 77, n. 2) a rapportée à la même espèce. C'est pour cela qu'ils ont fait du *Skimi* une espèce distincte sous le nom d'*I. religiosum*. Toutefois nous n'avons pas vu d'autre espèce que la leur parmi tous les échantillons contenus dans les collections qui viennent du Japon, notamment dans celles qui sont conservées à l'Herbier royal de Leyde, et nous maintiendrons spécifiquement réunis les *I. anisatum* et *religiosum* (voy. *Adansonia*, VIII, 9).

8. HOOK. et THOMS., *Fl. ind.*, I, 74. — MIERS, *Contrib.*, I, 143, n. 3. — WALP., *Ann.*, IV, 42. Cette espèce a environ vingt-cinq folioles au périanthe.

dont les carpelles sont plus nombreux [1], et dont les folioles du périanthe sont bien plus dissemblables entre elles, les extérieures étant bien plus larges, plus arrondies et plus épaisses que les intérieures, dont la consistance est celle des pétales.

Enfin, l'*I. floridanum* [2], qu'on cultive dans nos serres, présente encore plus de dissemblance dans les appendices floraux. Les plus extérieurs sont larges et d'un blanc verdâtre [3], comme sont souvent les sépales, tandis que les moyens, larges encore et membraneux, sont d'une teinte pourprée très-foncée, de même que les pièces intérieures, qui deviennent beaucoup plus étroites et plus allongées. On observe donc ici trois sortes de folioles au périanthe. Les étamines ont un filet charnu et un connectif plus large, aplati en forme de palette ou de battoir. Les carpelles sont aussi nombreux que ceux de l'*I. Griffithii*, et le sommet du réceptacle floral fait aussi saillie entre eux, au centre de la fleur [4].

A part ces différences de peu d'importance, tous les *Illicium*, qu'ils appartiennent à l'Amérique du Nord [5], aux Antilles [6], ou à l'Inde, à la Chine et au Japon [7], présentent de très-nombreux caractères communs. Tous sont des arbustes ou de petits arbres à feuilles persistantes, alternes, pétiolées, chargées de ponctuations pellucides, dépourvues de stipules, glabres et plus ou moins aromatiques. Leurs fleurs sont pédonculées et terminales dans les espèces américaines à filets staminaux renflés (*Cymbostemon* [8]); mais des bourgeons, d'abord latéraux par rapport à elles et occupant primitivement l'aisselle de feuilles ou de bractées situées au-dessous d'elles, peuvent prendre ultérieurement un grand développement et s'allonger en rameaux qui rejettent de côté les pédoncules floraux et les font paraître axillaires. D'autre part, l'*I. anisatum*

---

1. On en compte de quinze à vingt. A la maturité, ils sont étalés horizontalement, et s'ouvrent aussi par une fente à bords tranchants. Leur sommet s'allonge en un petit apicule redressé ou légèrement incurvé dans le fruit mûr. Ils paraissent fort peu aromatiques.

2. Ellis, in *Phil. Trans.*, LX (1779), 524, t. 12. — Lamk, *Illustr.*, t. 493, fig. 1. — Gærtn., *Fruct.*, I, 339. — Buchoz, *Pl. nouv. découv.* (1771), t. XXVIII. — *Bot. Mag.*, t. 439. — Spach, *op. cit.*, 443. — A. Gray, *Gen. ill.*, I, 56, t. 21. — Miers, *loc. cit.*, n. 4. Cette espèce constitue pour M. Spach la section *Euillicium*.

3. Ces folioles extérieures sont aussi les plus courtes et les plus larges. En dedans d'elles en sont d'autres, de couleur pourprée, les unes larges, et les autres, tout à fait intérieures, étroites et aiguës. Si l'on voulait faire une distinction, il

faudrait à la rigueur admettre trois sortes de périanthes dans cette fleur. Les étamines ont un filet plus étroit que l'anthère construite comme celle de l'*I. anisatum*. Il y a de douze à vingt carpelles.

4. A l'âge adulte, ce sommet est chargé de fines papilles, tandis qu'il est glabre dans les autres espèces du genre.

5. Michx, *op. cit.*, I, 326. — A. Gray, *Gen. ill.*, 55. — Chapm., *Fl. S. Unit.-Stat.*, 12.

6. Grisee., *Cat. pl. cub.*, 2.

7. Hook. et Thoms., *Fl. ind.*, *loc. cit.* — Sieb. et Zucc., *loc. cit.* — Walp., *Rep.*, I, 72, *Ann.*, IV, 42.

8. Voy. fig. 191, et *Adansonia*, VII, 361. Le pédoncule floral de l'*I. parviflorum* continue le rameau ; il porte sous la fleur une ou plusieurs bractées, les unes échelonnées sur le pédoncule, les autres rapprochées autour de sa base.

et les espèces analogues (*Euillicium*) ont les fleurs axillaires dès le début [1].

Il est bien aisé, lorsque l'on connaît les *Illicium*, de se faire une idée exacte de l'organisation des *Drimys* [2] : ceux-ci sont des *Illicium* à carpelles multiovulés, et qui, en dehors d'un périanthe à folioles nombreuses, inégales, imbriquées, présentent un sac membraneux, valvaire, d'une

Drimys Winteri.

Fig. 200. Rameau florifère.

seule pièce, considéré par les botanistes comme un calice. A l'époque de la floraison, ce sac se déchire inégalement, à partir du sommet, en deux, trois ou quatre lobes irréguliers et caducs. On aperçoit alors les folioles intérieures, insérées en nombre très-variable sur un réceptacle cylindroïde assez allongé. L'insertion se fait suivant une ligne spirale dont les tours s'écartent davantage les uns des autres, au niveau de l'androcée. Celui-ci est formé d'un grand nombre d'étamines inégales. Dans

1. Voy. *Adansonia*, VIII, 13. On ne doit donc admettre que pour ces espèces ce que disent MM. Bentham et Hooker (*loc. cit.*) de l'inflorescence des *Illicium* : « *Pedunculi 1-flori, revera axillares, sed foliis non evolutis intra gemmam terminalem fasciculati.* »

2. Forster, *Char. gen.*, 84, t. 42. — Juss., *Gen.*, 280, 451. — Lamk, *Dict.*, II, 830 ; *Suppl.*, II, 526 ; *Ill.*, t. 494. — DC., *Prodr.*, I, 78. — Spach, *Suit. à Buffon*, VII, 436. — Endl., *Gen.*,

n. 4742. — Miers, *Contrib.*, I, 132. — B. H., *Gen*, 17, n. 1. — H. Bn, in *Adansonia*, VII, 8, 67. — *Vinterana* Sol., *Med. obs.*, V, 46.— *Wintera* Murr., *Syst.*, 507. — H. B. K., *Nov. gen. et spec. pl. æquin.*, I, t. 58. — *Magallana* Comm. — *Canella* Domb. (nec P. Br.). — *Boique* Mol. (ex Endl., *Enchir.*, 428). — *Tasmannia* R. Br., in DC., *Syst. veg.*, I, 445 ; *Prodr., loc. cit.*, n. 4.

la fleur du *D. Winteri*[1], célèbre en ce qu'il fournit l'*écorce de Winter*
(fig. 200-202), il y a souvent plus de cinquante étamines, d'autant plus
courtes qu'elles sont plus inférieures, et formées chacune d'un filet
aplati et d'une anthère à deux loges extrorses, déhiscentes par une fente
longitudinale[2]. Les carpelles, au nombre de cinq environ[3], libres et
réunis en couronne autour du sommet du réceptacle. sur lequel ils sont
sessiles et articulés, se composent d'un ovaire uniloculaire et d'un style
très-court, situé à une hauteur variable de l'angle interne de l'ovaire, et

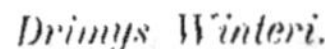

Drimys Winteri.

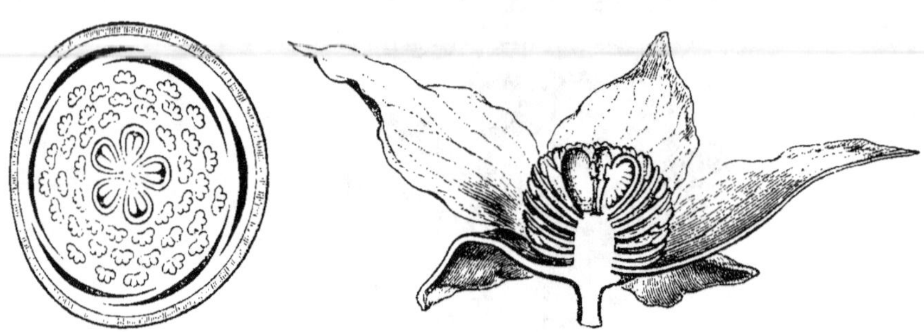

Fig. 201. Diagramme.   Fig. 202. Fleur, coupe longitudinale.

chargé de papilles stigmatiques. Dans l'angle interne de l'ovaire, on
observe un placenta pariétal à deux lèvres longitudinales, chargées d'ovules
anatropes disposés primitivement sur deux rangées verticales, se tournant le dos, et horizontaux ou légèrement obliques[4]. Le fruit est formé

1. Forst., *loc. cit.* — Feuill., *Obs.*, III,
10, t. 6. — *Bot. Mag.*, t. 4800. — Miers,
op. cit., 135, n. 5. — Eichl., in Mart. *Flor.
bras.*, *Magnoliac.*, 132, t. 30-32. — *D. punctata* Lamk, *Dict.*, II, 330; *Ill.*, t. 494, fig. 1.
— *D. aromatica* Descourt., *Fl. ant.*, I, t. 40.
— *D. polymorpha* Spach, *op. cit.*, 437. —
Winterana aromatica Sol., *loc. cit.*, t. 1. —
Wintera aromatica Murr., *loc. cit.*; *App. med.*,
IV, 507. — W., *Spec. plant.*, II, 1239. Cette
espèce est le type de la section *Wintera* (DC.,
Syst., I, 443), caractérisée ainsi : « *Calyx* 2,
3-*partitus aut* 2, 3-*sepalus.* »
2. Les loges sont tantôt rapprochées l'une de
l'autre dans toute leur hauteur, et tantôt divergentes par le bas. Le pollen des *Drimys* a été
décrit par M. H. Mohl (*Ann. sc. nat.*, sér. 2,
III, 179) comme formé de grains agglutinés par
quatre; ils sont placés l'un par rapport à l'autre
comme s'ils occupaient chacun un des sommets
d'un tétraèdre régulier. Dans le pollen du
D. granatensis, variété du *D. Winteri* pour

beaucoup d'auteurs, nous avons vu chacun de ces
quatre lobes occupé à son centre par une large
fosse déprimée. Lorsqu'on mouille le pollen, cette
dépression s'efface, et à son niveau la paroi du
grain forme, au contraire, une saillie en forme
de dôme ou de calotte qui rappelle ce qu'on
observe au niveau des angles du grain de pollen
de certaines Onagrariées. M. Eichler a récemment aussi figuré le pollen du *D. Winteri*
(*Flor. bras.*, *Magnoliac.*, t. 30, fig. 12).
3. Il y en a rarement plus dans l'espèce type.
Le *D. granatensis* en a jusqu'à huit ou dix.
Dans plusieurs formes de l'Amérique du Sud, on
peut même rencontrer des fleurs qui n'ont que
deux, trois, ou un seul carpelle, comme dans les
espèces de la section *Tasmannia*.
4. Leur nombre est souvent de dix, cinq sur
chaque rangée; certains carpelles en renferment
jusqu'à trente. Les inférieurs sont descendants.
Vers le haut de l'ovaire, quelques-uns sont à peu
près horizontaux, ou même légèrement ascendants. Ils ont deux enveloppes.

de plusieurs baies indéhiscentes et polyspermes. Les graines renferment sous leurs téguments[1] un albumen charnu, vers le sommet duquel se trouve l'embryon.

Le *D. Winteri* est un arbuste ou un petit arbre à feuilles alternes, persistantes, dépourvues de stipules, chargées de ponctuations pellucides, et qui habite l'Amérique occidentale, depuis le sud du Mexique jusqu'au cap Horn, si toutefois l'on admet[2] que l'on doive faire rentrer dans une même espèce tous les *Drimys* de cette région. Ses fleurs sont placées à l'aisselle des feuilles supérieures des rameaux, ou des bractées qui en continuent la série; elles y sont, ou solitaires, ou réunies en fausses ombelles[3] dont les pédicelles, en nombre variable, sont supportés par un pédoncule axillaire commun. Au delà de l'inflorescence, dont la situation axillaire est ainsi démontrée, le rameau se prolonge en un bourgeon qui avorte rarement, qui plus souvent ne s'allonge pas beau-coup et ne porte que des feuilles réduites à des écailles ou bractées, qui quelque-fois enfin devient semblable aux ra-meaux ordinaires, et porte des feuilles aussi développées que celles qui s'ob-servent au-dessous des fleurs. Toutes les parties de la plante sont extrêmement aromatiques.

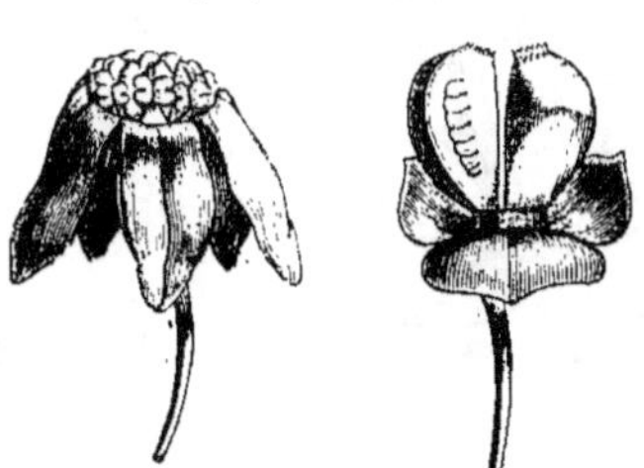

Drimys (Eudrimys) axillaris.

Fig. 203. Fleur mâle.   Fig. 204. Fruit jeune, coupe longitudinale.

Dans une espèce originaire de la Nou-velle-Zélande, le *D. axillaris* FORST.[4], dont DE CANDOLLE a fait le type de la section *Eudrimys*[5], les fleurs sont polygames, et souvent unisexuées (fig. 203, 204); elles présentent ce caractère tout particulier qu'elles sont placées, non pas immédiatement à la base d'un jeune rameau, mais bien sur le bois des branches plus âgées, ordinairement à l'ais-selle des feuilles de l'année précédente, et portées par des pédicelles uniflores, solitaires ou peu nombreux[6]. Leur calice, très-court, souvent dimère, ou presque entier, forme à la base de la fleur une sorte

---

1. L'enveloppe extérieure est lisse, crustacée et cassante. La graine est plus ou moins recourbée et réniforme (voy. EICHLER, *loc. cit.*, fig. 24).

2. C'est ce qu'a proposé M. J. HOOKER (*Fl. antarct.*, I, 229).

3. Dans le *D. granatensis* L. FIL. (*Suppl.*, 269), considéré, avons-nous dit, par plusieurs auteurs comme une simple forme du *D. Winteri*, l'étude de l'inflorescence très-jeune m'a montré qu'elle consiste en une grappe de cymes.

4. *Gen.*, 84, t. 42. — DC., *Prodr.*, I, 78, n. 1. — HOOK., *Icon.*, 576. — HOOK. F., *Fl. N.-Zeland.*, 1, 12. — MIERS, *Contrib.*, 132, n. 1. — *D. colorata* RAOUL, *Ch. de pl. N.-Zél.*, 24, t. 23 (les figures 203 et 204 sont extraites de cet ouvrage).

5. *Syst. veg.*, I, 442. — MIERS (*loc. cit.*), « Div. 1. *Pedunculi plurimi, aggregati, axil-lares, 1-flori.* »

6. Elles forment alors une cyme.

de cupule qui, même dans un bouton très-jeune, n'enveloppe pas complétement les organes plus intérieurs.

Dans une autre espèce, qui croît à la Nouvelle-Calédonie, et que nous avons appelée *D. crassifolia*[1], le calice se présente avec les mêmes caractères que dans le *D. axillaris ;* mais les fleurs sont groupées au

Drimys (Tasmannia) lanceolata.

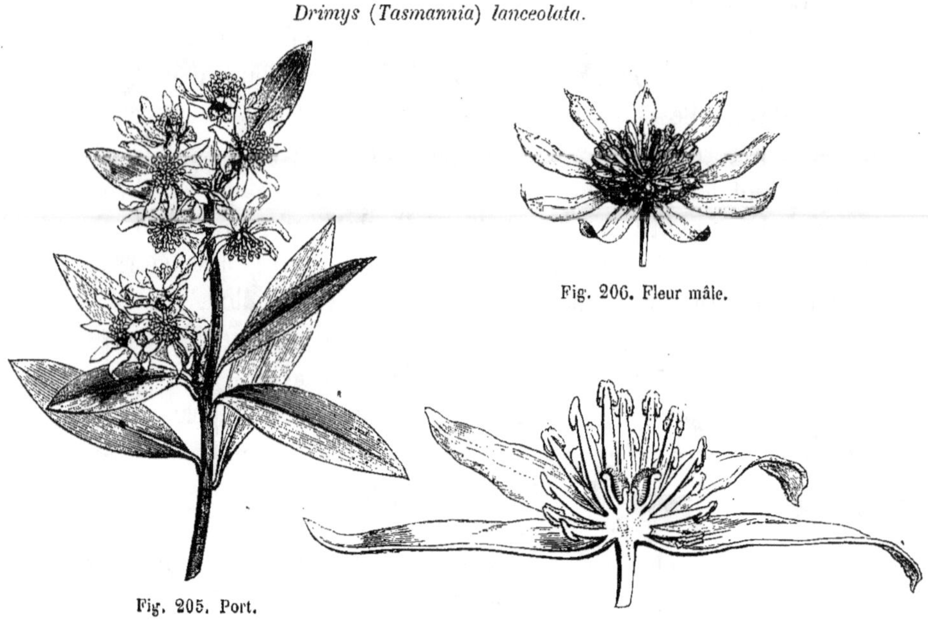

Fig. 205. Port.

Fig. 206. Fleur mâle.

Fig. 207. Fleur, coupe longitudinale.

sommet des rameaux en fausses ombelles multiples de cymes plusieurs fois[2] ramifiées. L'avortement du bourgeon terminal paraît constant dans cette espèce qui, par là, se rapproche de certaines formes du *D. Winteri*.

R. Brown a fait un genre spécial, sous le nom de *Tasmannia*[3], de quelques *Drimys* australiens ou tasmaniens, à fleurs souvent diclines, comme celles du *D. axillaris*, à carpelles peu nombreux et à péricarpe peu épais. Dans le *T. aromatica*[4] (fig. 205-207), qu'on a fait avec raison

1. *Adansonia*, VIII, 199. Cette espèce a des feuilles très-grandes et très-épaisses, charnues, puis coriaces, avec une côte chargée à l'âge adulte d'une foule de petites fossettes. Le calice, très-épais à sa base, est à deux ou trois lobes plus ou moins profonds. Les carpelles, atténués en coin à leur base, sont le plus souvent au nombre de quatre. Nous en faisons le type d'une section appelée *Sarcodrimys*.

2. Chacun des pédoncules l'est jusqu'à trois ou quatre fois. La disposition en cymes est ici souvent très-manifeste. Une fleur terminale, supportée par un axe court, se trouve accompagnée de deux pédicelles latéraux bien plus longs et plus grêles, nés à peu près au même niveau et appartenant à des fleurs de la génération suivante.

3. Ex DC., *Syst. veg.*, I, 445 ; *Prodr.*, I, 78. — Endl., *Gen.*, n. 4741. — Miers, *Contrib.*, I, 138.

4. R. Br., *Prodr. Nov.-Holl.* (ined.), ex DC., *loc. cit.* — *Winterania lanceolata* Poir., *Dict.*, VIII, 799 (1808). — *Drimys aromatica* F. Muell., *Pl. Vict.*, I, 20 ; Benth., *Fl. austr.*, I, 49. Cette espèce doit donc prendre le nom de *D. lanceolata*.

rentrer dans le genre *Drimys*, où n'observe ordinairement en effet que deux carpelles pluriovulés, mais dont les ovules n'arrivent pas souvent à leur complet développement. Le nombre des pétales est variable ; il y en a souvent une dizaine[1]. Mais certaines fleurs n'en comptent que trois, ou même deux ; et ce dernier nombre est de beaucoup le plus fréquent dans l'espèce qu'on nomme pour cette raison *D. dipetala*[2].

Zygogynum Vieillardi.

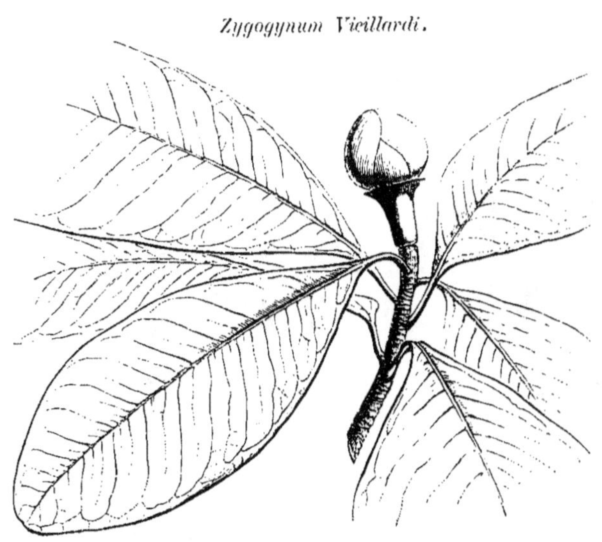

Fig. 208. Port.

Ainsi constitué[3], le genre *Drimys* occupe une assez vaste aire géographique. Des six espèces environ dont il se compose, deux sont australiennes ; une troisième, américaine. Bornéo, la Nouvelle-Calédonie et la Nouvelle-Zélande en possèdent jusqu'à présent chacune une espèce particulière[4].

Le *Zygogynum*[5] (fig. 208-210) que nous avons récemment observé dans un herbier de la Nouvelle-Calédonie, est un genre singulier que,

1. Certaines fleurs en ont même jusqu'à douze, dans la plante cultivée. Le calice a la forme d'un sac quand il est adulte, et il se déchire inégalement lors de l'anthèse. Nous avons pu suivre son développement, et nous avons constaté que, très-jeune, il est représenté par deux ou trois courtes folioles libres. Mais bientôt une membrane commune les soulève pour en faire cette espèce de bourse à peu près close. C'est le mode de formation ordinaire des calices gamosépales. Au sommet seulement se retrouvent deux ou trois dents inégales, indice des folioles primitivement distinctes.

2. F. MUELL., *Pl. Vict.*, I, 24 ; BENTH., *Fl. austr.*, 49, n. 2. — *Tasmannia dipetala* R. BR., ex DC., *Prodr.*, I, 78. — *T. insipida* R. BR., ex DC., *Syst. veg.*, I, 445. — *T. monticola* A. RICH., *Voy. Astrol.*, 50, t. 19.

3. *Drimys* sect. 4. { 1. *Eudrimys.* 2. *Sarcodrimys.* 3. *Winterana.* 4. *Tasmannia.*

4. MIERS, *loc. cit.*, 132-140. — J. HOOK., *Fl. N.-Zel.*, 12. — H. B., *Voyag.*, Bot. (1813), I, 205, t. 58. — A. S. H., *Pl. us. Brasil.*, t. XXVI-XXVIII. — EICHL., in MART. *Fl. bras.*, *Magnoliac.*, 133, t. 30, 31.

5. H. BN, in *Adansonia*, VII, 296, 372.

s'il ne présentait pas dans ses fleurs les autres caractères des *Drimys*, nous aurions placé dans une section particulière, à cause de l'organisation spéciale de son gynécée. Celui-ci est en effet formé d'un assez grand nombre de carpelles à ovaire multiovulé, insérés sur un court axe cylindro-conique; mais ces carpelles sont tellement unis entre eux (fig. 209), qu'on ne voit à la surface du gynécée commun qu'un certain nombre de sillons verticaux peu profonds, indiqués sur la paroi dorsale.

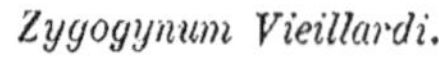

Zygogynum Vieillardi.

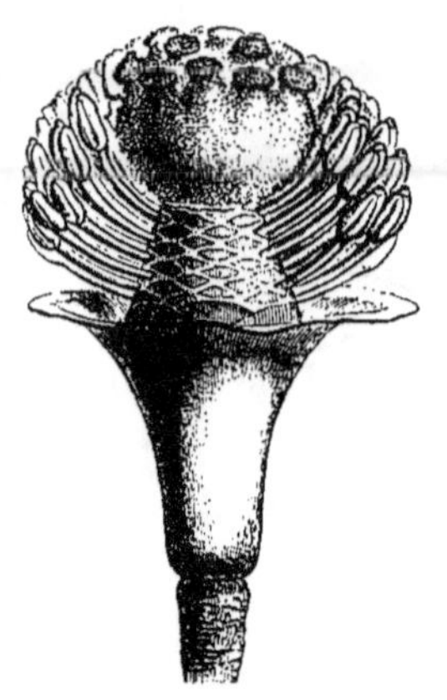

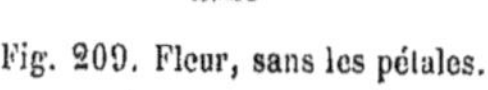

Fig. 209. Fleur, sans les pétales.   Fig. 210. Diagramme.

Le sommet seul des carpelles se dégage sous forme d'un petit style très-court, à stigmate capité déprimé. En somme, le *Zygogynum* est un *Drimys* à fruit syncarpé. L'androcée est tout à fait le même dans les deux genres. La corolle est formée d'un petit nombre de pétales inégaux, épais, coriaces, concaves et fortement imbriqués. Il n'y en a que quatre ou cinq en général. Quant au calice, il n'est représenté à la base de la corolle (fig. 209) que par un petit bourrelet circulaire qui figure une simple dilatation du pédoncule floral[1]. Celui-ci est épais, trapu, terminal, articulé sur le sommet du rameau. On ne connaît jusqu'ici qu'une espèce de ce genre[2]. C'est un petit arbre qui croît sur les montagnes de la Nouvelle-Calédonie. Ses feuilles sont alternes, pétiolées, sans stipules, analogues à celles d'un *Magnolia* à feuillage persistant.

---

1. L'étude organogénique de cette plante pourra seule faire connaître si ce bourrelet est de nature appendiculaire, comme le calice des *Drimys*, ou s'il se forme tardivement, par une sorte d'hypertrophie circulaire de l'axe, comme la collerette, très-analogue de forme, qu'on observe autour du véritable calice dans la fleur des *Eschscholtzia*.

2. *Z. Vieillardi* H. Bn, *loc. cit.*, t. IV.

IV. SÉRIE DES EUPTELEA.

MM. J. Hooker et Thomson [1] ont récemment rapporté à la famille des Magnoliacées le genre *Euptelea* [2], dont les fleurs polygames représentent un type très-amoindri et sont dépourvues de périanthe. Dans celles qui sont hermaphrodites, le sommet un peu dilaté [3] du pédoncule floral porte un nombre variable de carpelles indépendants et stipités, et, autour d'eux, un nombre également indéfini d'étamines hypogynes. Chacune d'elles se compose d'un filet grêle et d'une anthère basifixe, linéaire, à deux loges adnées, déhiscentes latéralement par deux fentes marginales, et surmontées d'un prolongement apiculé du connectif. Les carpelles sont formés d'un ovaire uniloculaire, supporté par un pied grêle, et surmonté d'une sorte de cimier sessile, chargé de papilles stigmatiques et descendant en dedans, le long du bord du carpelle, jusque près du point où s'attachent les ovules [4]. Ceux-ci sont insérés dans l'angle interne de la loge ovarienne, sur un placenta pariétal qui ne porte ordinairement qu'un seul ovule descendant, avec micropyle extérieur et supérieur, dans l'*E. polyandra* Sieb. et Zucc. [5], espèce japonaise; tandis qu'une seconde espèce, observée dans l'Inde, l'*E. Griffithii* Hook. f. et Thoms. [6], possède jusqu'à trois ou quatre ovules descendants ou légèrement ascendants dans chaque carpelle. Les fleurs mâles ne contiennent que de petits carpelles stériles [7]. Le fruit est formé d'un nombre variable de samares stipitées, contenant depuis une jusqu'à quatre graines. Celles-ci renferment sous leurs téguments un albumen charnu abondant, entourant un petit embryon voisin de son sommet.

Les *Euptelea* sont des arbres bien différents par leur aspect de la plupart des Magnoliacées. Leurs bourgeons écailleux développent des feuilles alternes, pétiolées, sans stipules, caduques, avec un limbe arrondi ou cordiforme, penninerve, bordé de dents glanduleuses dans leur jeune âge. Les fleurs paraissent avant les feuilles et sont aussi réunies dans des bourgeons écailleux en chatons très-courts.

1. *Journ. Linn. Soc.*, VII, 240. — B. H., *Gen.*, 954.

2. Sieb. et Zucc., *Fl. jap.*, I, 133. — Endl., *Gen.*, n. 1850 [1] (Suppl. II, 29). — Miq., *Ann. Mus. Lugd. Bat.*, III, 66.

3. Ce sommet forme souvent un petit bourrelet circulaire, irrégulier, autour des étamines ; mais ce bourrelet paraît être de nature purement axile. L'étude organogénique pourra seule montrer s'il se développe à la manière d'un disque.

4. « *Stigmata sessilia, linearia, a vertice carpellorum usque ad ovulorum insertionem introrsum decurrentia.* » (B. H., *loc. cit.*)

5. *Op. cit.*, 134, t. 72.

6. *Loc. cit.*, t. 2.

7. Leur ovaire renferme cependant un ovule dans l'espèce japonaise, mais celui-ci demeure rudimentaire. Siebold et Zuccarini disent qu'il y a des fleurs femelles sans rudiments d'organes mâles (?).

A côté des *Euptelea*, on peut provisoirement placer les *Trochodendron* [1], qui pourraient aussi constituer une section particulière, parce que leur réceptacle prend à son sommet une forme concave très-accusée, et que les carpelles, au lieu d'être complétement libres, sont en partie enfouis par leur base dans cette sorte de coupe axile. Il en résulte que les étamines, insérées au pourtour de cette coupe, sont légèrement périgynes. Elles sont d'ailleurs en nombre indéfini, comme celle des *Euptelea*, et formées chacune d'un filet libre et d'une anthère basifixe, à deux loges adnées, déhiscentes chacune par une fente longitudinale, presque marginale [2]. Autour de l'androcée, on n'observe pas de véritable périanthe, mais seulement quelques légères saillies irrégulières du réceptacle [3]. Les carpelles sont en nombre indéterminé, mais peu considérable [4]. La manière dont leurs ovaires s'insèrent sur le réceptacle les fait paraître unis entre eux en dehors dans une grande étendue. Mais ils sont bien plus profondément séparés les uns des autres en dedans, et totalement libres dans leur portion stylaire qui a la forme d'une corne recourbée en dehors à son sommet, et parcourue en dedans par un sillon longitudinal dont les bords sont chargés en haut de papilles stigmatiques. Chaque ovaire contient, dans son angle interne, un placenta à deux lèvres portant un nombre variable [5] d'ovules horizontaux et anatropes. Le fruit est formé de plusieurs follicules réunis inférieurement et en dehors par le réceptacle commun, libres et déhiscents supérieurement par une fente verticale intérieure. Les graines, nombreuses, renferment sous leurs téguments un albumen charnu et un embryon peu volumineux.

On ne connaît jusqu'ici qu'une seule espèce de ce genre [6]. C'est un arbre du Japon, à bourgeons écailleux et à feuilles alternes, pétiolées, crénelées, persistantes. Les fleurs, issues également de bourgeons écailleux, et presque constamment hermaphrodites, sont disposées en grappes, et paraissent, comme celles des *Euptelea*, au début de la période de végé-

---

1. Sieb. et Zucc., *Fl. jap.*, 83, t. 39, 40.— Endl., *Gen.*, n. 4744. — Miers, *Contrib.*, I, 144. — Eichler, in *Flora* (1864), 449; (1865), 12; *Journ. of Bot.*, III, 150; *Flor. bras.*, *Magnoliac.*, 131. — B. H., *Gen.*, 17, 954. — *Gymnanthus* Jungh., in Hoev. et De Vriese, *Tijdschr.*, VII, 308 (nec Auctt.).

2. Les fentes sont un peu plus rapprochées de la face extérieure de l'anthère que de l'intérieure. Le connectif se termine par un sommet peu proéminent et légèrement obtus.

3. Ce sont des espèces de rides horizontales, inégales et dont la présence n'est même pas constante. Peut-être même ne sont-elles dues qu'à la dessiccation.

4. Il y en a souvent de six à huit.

5. Il y en a fréquemment six sur chaque rangée. Ceux des deux rangées parallèles se regardent par leurs raphés.

6. *T. aralioides* Sieb. et Zucc., *loc. cit.* Le port et le feuillage rappellent en effet ceux de plusieurs Araliacées, famille à laquelle MM. Bentham et Hooker (*op. cit.*, 17) avaient d'abord rapporté le *Trochodendron* comme genre anormal. Il paraît toutefois que l'on a découvert récemment au Japon une seconde espèce de ce genre, le *T. longifolium* Maxim., qui ne nous est connu que par la mention qu'en fait M. Miquel, dans son travail sur les *Origines de la flore du Japon* (voy. *Adansonia*, VIII, 211).

tation de l'année. Les bractées écailleuses qui les protégeaient d'abord tombent vers l'époque de leur épanouissement. On peut voir par ce qui précède, que ce groupe, auquel on a donné le nom de *Trochodendrée*[1], renferme deux genres de Magnoliacées tout à fait dégénérés, à fleurs diclines et apérianthées. Le mode d'insertion des étamines dans les *Trochodendron*, et la forme concave du réceptacle, qui enlève aux carpelles toute apparence d'indépendance dans leur portion basilaire[2], pourraient autoriser pour eux l'établissement d'un petit groupe de Magnoliacées périgynes.

V. SÉRIE DES CANELLA.

Les *Canella*[3] (fig. 211–215) sont des plantes à fleurs régulières et hermaphrodites. Sur leur réceptacle légèrement convexe, elles présentent successivement un calice et une corolle à pièces libres, un androcée et un gynécée à éléments unis bords à bords. Le calice est formé de trois sépales[4] indépendants, disposés dans le bouton en préfloraison imbriquée (fig. 213) et persistants. La corolle se compose de cinq pétales dont la préfloraison est imbriquée ou tordue, et dont quatre sont disposés par paires alternant avec les sépales, le cinquième répondant seul (fig. 213)

1. HOOK. F., *loc. cit.*

2. L'espèce de sac peu profond ou de coupe formée par le pédoncule dilaté est ici, à notre sens, de nature axile, et sa base organique répond au niveau de l'insertion de l'androcée. Par conséquent, ce sac n'est pas d'origine foliaire, et c'est pour cela qu'il donne insertion aux carpelles. Ceux-ci sont véritablement libres, comme ceux de la plupart des Magnoliacées, mais leur base d'insertion est très-étendue et très-oblique. De là une grande ressemblance d'organisation florale entre les *Trochodendron* et certaines Rosacées, les *Eupomatia* parmi les Anonacées, et la plupart des Monimiées. Car on peut bien, à la rigueur, considérer le sac qui enveloppe les fleurs de ces dernières comme un calice, alors qu'il ne supporte que des étamines. Mais lorsque, dans les fleurs femelles, il donne insertion à des organes aussi complexes que les pistils, et cela jusqu'à une grande hauteur, et même près de ses bords, il devient difficile d'admettre qu'il est de nature appendiculaire. Si l'on suppose qu'on tire de bas en haut le sommet organique du réceptacle floral des *Trochodendron*, c'est-à-dire son point le plus déclive, et qu'on l'élève un peu au-dessus du niveau de l'insertion staminale, on obtiendra un réceptacle convexe, semblable à celui des *Illicium* et des *Drimys*.

3. P. BROWNE, *Jamaic.* (1756), 275, t. 27. — SWARTZ, in *Linn. Trans.*, I (1791), 96, t. 8. — MURR., *Syst veg.*, 443. — GÆRTNER, *Fruct.*, I, 373, t. 77. — A. L. JUSS., in *Mém. Mus.*, III, 347. — DC., *Prodr.*, I, 563. — ENDL., *Gen.*, n. 5457. — A. RICH., *Fl. cub.*, 245. — MIERS, in *Ann. Nat. Hist.*, ser. 3, I, 348; *Contrib.*, I, 112, t. 23. — PAYER, *Fam. nat.*, 102. — B. H., *Gen.*, 121, n. 1. — H. BN, in *Adansonia*, VII, 12, 67. — *Winterania* L., *Gen.*, n. 598. — JUSS., *Gen.*, 263.

4. Pour MM. BENTHAM et HOOKER (*loc. cit.*), ces trois folioles représentent des bractéoles formant une espèce de calicule sous la fleur, qui serait de la sorte apétale dans les *Canella*. Les mêmes savants appellent donc calice le périanthe coloré que la plupart des autres auteurs considèrent comme une corolle. La disposition des parties de cette enveloppe florale dans le *Cinnamosma* semble plutôt indiquer qu'elle représente une corolle analogue à celle des Ebénacées.

à l'intervalle qui sépare deux sépales[1]. Les étamines sont monadelphes, au nombre de vingt environ[2]. Leurs filets, dont l'insertion

Canella alba.

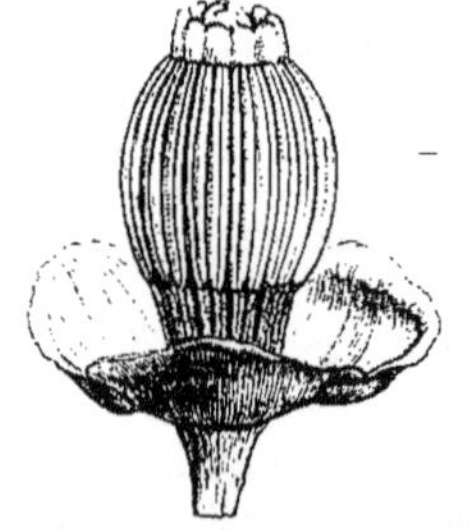

Fig. 211. Port.

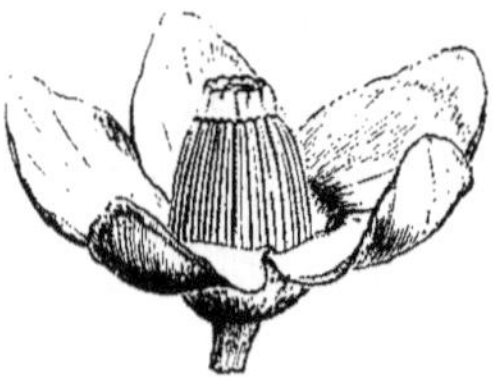

Fig. 212. Fleur.

Fig. 213. Diagramme.

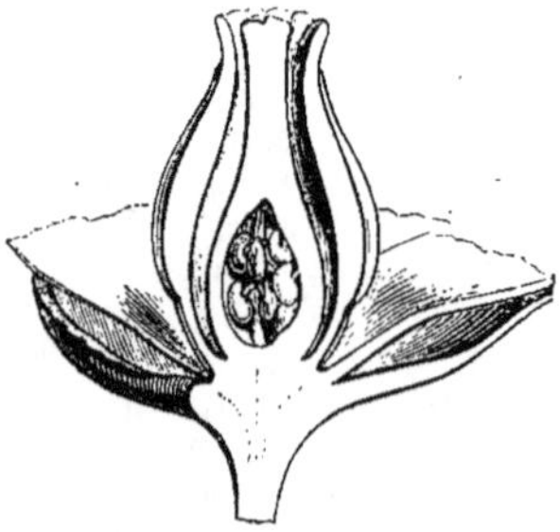

Fig. 214. Fleur, coupe longitudinale.

Fig. 215. Fleur sans la corolle.

est hypogyne, sont unis en un seul tube, et il en est de même de leurs
connectifs, qui ne sont qu'à peine séparés (fig. 215) tout près de leur

1. PAYER (*loc. cit.*) a observé que ces cinq
pétales sont disposés, par rapport aux sépales,
« comme si, de trois pétales alternes, deux se
dédoublaient », et a comparé cette disposition à
celle qui s'observe dans les *Helianthemum*.

2. PAYER les regardait comme dix étamines

sommet par des crénelures plus ou moins prononcées. Sur la surface extérieure de l'espèce de manchon que forme ainsi l'androcée, sont appliquées dans toute leur longueur les anthères verticales, linéaires, uniloculaires, extrorses, déhiscentes suivant leur longueur par une seule fente médiane dont les bords s'étalent et se déjettent en dehors[1]. Le gynécée, dont le sommet se voit seul par l'ouverture supérieure du tube androcéen, se compose d'un ovaire libre, atténué supérieurement en un style dont le sommet un peu renflé est obscurément partagé en mamelons couverts de papilles stigmatiques. L'ovaire est uniloculaire, avec deux ou trois placentas pariétaux qui sont superposés aux sépales et portent chacun quelques[2] ovules descendants, légèrement arqués, incomplétement anatropes, et à micropyle dirigé en haut et en dedans (fig. 214). Le fruit est une baie polysperme ; et les graines renferment sous leurs téguments[3] un albumen charnu abondant, dont un embryon arqué, assez long, occupe une portion voisine du sommet et du dos de la graine.

On ne connaît de ce genre qu'une ou deux espèces d'origine américaine. La principale est le *C. alba*[4], plante qui fournit l'*écorce de Cannelle blanche*, et qui, originaire des Antilles, est cultivée dans nos serres et dans la plupart des pays chauds. Ce sont de petits arbres dont toutes les parties sont très-aromatiques et glabres. Leurs feuilles sont simples, alternes, dépourvues de stipules, parsemées de points glanduleux pellucides. Leurs fleurs sont situées à l'extrémité des rameaux. Elles sont disposées en grappes de cymes ramifiées, souvent dichotomes, dont les axes secondaires occupent l'aisselle, soit des feuilles les plus élevées du rameau (fig. 214), soit de petites bractées plus ou moins caduques qui

biloculaires, dont cinq sont superposées aux pétales, et cinq alternes avec eux. Il se fondait sans doute sur ce que les dentelures ou crénelures que porte le sommet du manchon androcéen sont ordinairement au nombre de dix, chacune d'elles répondant au sommet d'un connectif. Toutefois cette explication devient difficile à admettre quand le nombre total des loges est impair, ce qui arrive fréquemment ; on en compte parfois 15 ou 17.

1. Le pollen est très-analogue à celui des *Magnolia*, fusiforme, avec une fente longitudinale. (Voy. *Comptes rendus*, LXVI, 700 ; *Adansonia*, VIII, 157.)

2. Il peut y en avoir deux sur chaque placenta, insérés à des hauteurs différentes, ou trois, quatre, rarement plus. Chacun d'eux est suspendu à un court funicule très-grêle qui, descendant obliquement du bord du placenta, va s'insérer vers le milieu du bord concave de l'ovule, et là se continue avec le raphé.

3. L'enveloppe extérieure est épaisse, crustacée, luisante ; l'intérieure est membraneuse et molle. Autour du hile se trouve un petit rudiment circulaire d'arille, de couleur blanchâtre. L'albumen, charnu, est très-abondant. L'embryon, tout à fait excentrique, a la longueur de la moitié de l'albumen environ. Il est situé du côté de la graine opposé au raphé. Ses cotylédons, dirigés en bas, sont souvent un peu inégaux. Le micropyle forme une sorte de bec court un peu arqué. Il y a jusqu'à une demi-douzaine de graines dans la baie. La paroi mince de celle-ci est doublée d'une couche pulpeuse très-peu épaisse.

4. MURR., *Syst. veg.*, 443. — *C. Winterania* GÆRTN., *loc. cit.* — *Winterania Canella* L., *Spec.*, 636. — POIR., *Dict.*, VIII, 799 ; *Illustr.*, t. 399. — MIERS, *op. cit.*, 116, n. 1, t. 23 A. La seconde espèce admise par M. MIERS (*loc. cit.*, 118) sous le nom de *C. obtusifolia*, et qui croît à Maracaïbo, n'est peut-être qu'une variété de celle-ci.

font suite aux feuilles normales. L'inflorescence totale constitue par conséquent une sorte de thyrse ou de panicule.

Le *Canella axillaris*[1], qui croît au Brésil, est devenu le type d'un genre particulier, sous le nom de *Cinnamodendron*[2], parce que sa corolle est doublée d'un certain nombre de petites languettes aplaties et pétaloïdes[3], et que ses fleurs, au lieu d'être réunies au sommet des rameaux, sont groupées en courtes grappes dans l'aisselle même des feuilles. D'ailleurs la fleur présente à peu près la même organisation générale. Sa corolle est à quatre ou à cinq folioles imbriquées. Les écailles intérieures sont en même nombre, ou à peu près, alternes et caduques. Il y a une vingtaine d'étamines à l'androcée, et l'ovaire uniloculaire renferme quatre ou cinq placentas pluriovulés. Le fruit est une baie polysperme et contient dans son intérieur une pulpe gélatineuse qui enveloppe les graines. Une autre espèce du même genre croît aux Antilles : c'est le *C. corticosum* MIERS[4]. Ses grappes sont également latérales ou axillaires, pauciflores. Les fleurs, bien plus grandes que celles de l'espèce précédente, sont pentamères. Leur corolle est doublée de cinq petites lames obovales et imbriquées. L'androcée compte une vingtaine d'étamines; et l'ovaire uniloculaire renferme de trois à cinq placentas pariétaux, supportant un nombre indéfini d'ovules descendants. Ces deux espèces connues sont de petits arbres aromatiques à feuilles alternes, sans stipules. On peut les définir : des *Canella* à fleurs terminales et à périanthe doublé d'appendices particuliers dont la signification morphologique est contestée.

Dans un genre nouveau dont les propriétés organoleptiques sont les mêmes, mais qui appartient à l'ancien continent, et que nous avons nommé *Cinnamosma*[5] (fig. 216-219), les fleurs sont sessiles et solitaires à l'aisselle des feuilles; ce qui donne à la plante une grande ressemblance avec certains *Diospyros*. Les trois sépales sont accompagnés en dehors de plusieurs bractées imbriquées, semblables à eux, mais d'autant plus courtes qu'elles sont plus extérieures. L'androcée présente environ une quinzaine d'étamines qui forment par leur réunion une sorte de manchon, comme celles des *Canella*. L'ovaire est aussi uniloculaire, avec trois ou

1. NEES et MART., in *Nov. Act. Acad. cæsar.*, XII, 18, t. 3. — SPIX et MART., *Reise*, I, 83; II, 336.

2. ENDL., *Gen.*, n. 1029. — MIERS, in *Ann. of Nat. Hist.*, ser. 3, I, 350; *Contrib.*, I, 118, t. 24. — B. H., *Gen.*, 121, n. 2. — H. BN, in *Adansonia*, VII, 14, 67.

3. Ces organes (glandes ou staminodes?) sont les véritables pétales pour MM. BENTHAM et HOOKER. Leur nombre est un peu variable; il est souvent le même que celui des folioles plus extérieures que nous venons de décrire comme les pièces d'une corolle.

4. *Contrib.*, I, 121, n. 2, t. 24 B.

5. H. BN, in *Adansonia*, VII, 217, 377, t. V. — B. H, *Gen.*, 970.

quatre placentas pauciovulés[1]. Les ovules sont descendants, avec le micropyle tourné en haut et en dedans. Le fruit est une baie poly-

Cinnamosma fragrans.

Fig. 216. Port.

Fig. 217. Fleur.

Fig. 218. Fleur, coupe longitudinale.

Fig. 219. Diagramme.

sperme[2]. Mais le caractère le plus frappant de ce genre, est d'avoir une corolle gamopétale dont le tube s'allonge avec l'âge, et dont le limbe, étalé, puis réfléchi, se partage, soit en cinq lobes quinconciaux, disposés relativement aux folioles calicinales comme les pétales des *Canella*, soit

1. Il n'y a le plus souvent que deux ovules sur chaque placenta, l'un à droite, l'autre à gauche ; ils ne sont pas situés tout à fait à la même hauteur et sont tout à fait conformés comme ceux des *Canella*.

2. Les graines sont entourées de cette même substance pulpeuse qui est si abondante dans les *Cinnamodendron*. Elles sont probablement organisées comme celles des *Canella*, mais elles n'ont pu être étudiées complétement mûres.

en six lobes, dont trois sont plus extérieurs, et trois plus intérieurs. La seule espèce connue, le *C. fragrans*, est un petit arbre à feuilles aromatiques, alternes, sans stipules, qui n'a encore été observé qu'au nord de Madagascar. Il peut être défini : un *Canella* à fleurs axillaires solitaires et sessiles, et à corolle gamopétale.

Après avoir constaté et discuté les caractères des onze genres que nous conservons dans cette famille, voyons comment ils s'y sont successivement réunis. B. DE JUSSIEU [1] avait rangé dans les *Tiliæ* les Magnoliacées proprement dites, c'est-à-dire les genres *Liriodendron* et *Magnolia*. Les *Illicium* seuls trouvaient place parmi ses *Anonæ*. ADANSON [2], bien plus logique, unissait dans une même famille, celle des *Anones*, les *Illicium*, sous le nom de *Skimmi*, les *Magnolia*, *Champaca* (*Michelia*) et *Tulipifera*. Comme on rencontre en même temps, dans cette famille, les *Dillenia* et les *Menispermum*, on voit que cet homme de génie n'avait rien laissé à découvrir aux modernes, des véritables affinités des Magnoliacées. A. L. DE JUSSIEU [3] n'eut qu'à partager en deux portions à peu près égales les Anonacées d'ADANSON; il en sépara les *Anona* et autres genres très-voisins de celui-ci, pour en faire sa famille des *Anonæ*, et laissa pour véritables Magnoliacées les *Drimys*, *Illicium*, *Michelia*, *Magnolia*, *Talauma*, *Liriodendrum*. Il leur adjoignit malheureusement les *Euryandra* (*Tetracera*) et les *Mayna*, plus, comme *genera affinia*, les *Dillenia*, *Curatella*, *Ochna* et *Quassia*. Toutefois quatre des genres que nous conservons comme distincts dans le groupe des Magnoliacées se trouvaient dès lors réunis en faisceau. Les *Canella* étaient placés parmi les *Meliæ*. Le genre *Schizandra*, dont BLUME [4] avait fait le type d'une famille particulière, celle des Schizandracées, conservée comme distincte par tous les auteurs [5], jusqu'en 1862, fut à cette époque rallié aux Magnoliacées par MM. BENTHAM et HOOKER. Plus tard M. MIERS [6] proposa de rapprocher les Canellées des Wintéracées, c'est-à-dire des *Illicium* et des *Drimys*. L'ancien genre *Canella* était en même temps dédoublé par lui, de manière à permettre l'établissement du genre *Cinnamodendron*. SIEBOLD [7] avait décrit en 1835 le *Trochodendron* qu'il rapprochait des Magnoliacées. MM. BENTHAM et HOOKER [8] en firent une Araliacée anormale. Mais les arguments de M. EICHLER [9], et la comparaison qu'ils

<hr>

1. Ex A. L. JUSS., *Gen.*, LXVIII.
2. *Fam. des plant.*, II, 364.
3. *Gen.*, 280, *ordo* XV.
4. *Bijdraj.* (1825), 21.
5. ENDL., *Gen.*, 835. — MEISNER, *Gen.*, 5. — LINDL., *Veget. Kingd.*, 305.

6. *Contrib.*, I, 112.
7. *Fl. jap. fam.*, 133.
8. *Gen.*, 17.
9. In MART. *Flor. bras.*, *Magnoliac.*, 131; *Flora* (1864), 449; (1865), 12; SEEM., *Journ. of Bot.*, III (1865), 150.

purent faire du *Trochodendron* avec un autre genre japonais, l'*Euptelea*[1], rapporté quelque temps aux Ulmacées, décidèrent MM. HOOKER et THOMSON[2] à réintégrer ces deux derniers genres parmi les Magnoliacées. Ainsi se trouvait porté à neuf le nombre des genres qui, pour nous, doivent faire partie de cette famille. Nous y avons ajouté deux derniers types génériques : une Drimydée à ovaire syncarpé, le *Zygogynum*[3], et une Canellée gamopétale, le *Cinnamosma*[4].

Parmi tous les caractères qui appartiennent aux plantes de ce groupe, il n'y en a guère que trois qui soient absolument constants, et il faut avouer qu'ils ont en eux-mêmes une bien mince valeur ; ce sont : la consistance ligneuse de la tige, l'alternance des feuilles, et l'existence d'un albumen dans les graines. Telle Magnoliacée pourrait se rencontrer dans un temps donné, dans laquelle quelqu'un de ces caractères manquerait, et qui pourrait cependant, on le conçoit, n'être pas, pour cette raison, exclue de la famille. Mais, à côté de ces caractères absolus, il y en a un grand nombre d'autres qui sont si généraux, que leur absence extrêmement rare (elle ne s'observe souvent que dans un genre) peut suffire à déterminer une tribu ou un genre important. C'est donc sur ces caractères presque constants qu'il faut insister. On en peut énumérer huit :

1° La forme du réceptacle floral, si importante par le mode d'insertion qui en découle directement, n'est plus ou moins concave que dans les deux genres *Euptelea* et *Trochodendron*, surtout dans ce dernier ; elle suffit à caractériser la série des Euptéléées ou Trochodendrées.

2° Il n'y a encore que ces deux genres qui soient dépourvus d'un véritable périanthe ; l'absence du calice et de la corolle caractérise donc tout aussi bien cette série.

3° Dans tous les genres où l'on peut arriver à distinguer au périanthe un calice et une corolle, les bords des pièces de ces enveloppes florales se recouvrent mutuellement dans le bouton, et le calice est en préfloraison imbriquée. Il n'y a que les *Drimys* où il constitue un sac plus ou moins élevé et valvaire dans la préfloraison ; ce qui suffit jusqu'ici pour caractériser ce genre parmi les Illiciées, dont il pourrait former une sous-section bien nette.

4° La corolle, quand elle est distincte, est toujours polypétale. Il n'y

---

1. Etabli par SIEBOLD et ZUCCARINI en 1835.
2. In *Journ. Linn. Soc.*, VII (1863), 240.
3. En 1867. Voy. page 160, note 5.
4. La même année. Voy. page 167, note 5.

a qu'un genre parmi les Canellées, le *Cinnamosma*, où elle soit très-franchement gamopétale.

5° Quand les ovules sont solitaires ou en très-petit nombre dans chaque carpelle, ils ont, avec la direction descendante, le micropyle dirigé en haut et en dehors; ce qui suppose que le micropyle deviendrait intérieur et inférieur si l'ovule prenait la direction ascendante. Dans les *Illicium* seuls, l'ovule solitaire a, quoique ascendant, le micropyle dirigé en bas et en dehors; ce qui suffirait pour caractériser, parmi les Illiciées, une sous-section particulière des Euilliciées.

6° Il n'y a qu'un genre où les carpelles, ne contenant qu'un placenta situé dans l'angle interne, se trouvent réunis en un ovaire pluriloculaire. Partout ailleurs, avec cette disposition des placentas, les carpelles seraient indépendants les uns des autres. C'est à ce signe qu'on reconnaît le *Zygogynum*, qui pourrait former à la rigueur une sous-section particulière de Wintérées ou Illiciées syncarpées.

7° Dans les seules Canellées, au contraire, les carpelles, unis bord à bord, forment un seul ovaire uniloculaire, à plusieurs placentas pariétaux. Ces plantes sont donc dans cette famille ce que sont les *Monodora* parmi les Anonacées, les *Berberidopsis* parmi les Berbéridées ou les Lardizabalées, etc. (voy. page 123).

8° Il n'y a que les deux genres qui forment le groupe des vraies Magnoliées, qui puissent présenter à la base de leurs feuilles des dilatations en forme de stipules. Encore toutes les espèces ne sont-elles pas dans ce cas; mais ces organes manquent dans tous les autres représentants de la famille.

Tous les autres caractères varient fréquemment d'un genre à l'autre, ou, dans un même genre, d'une espèce à l'autre. Ce sont : la consistance du fruit, son mode de déhiscence, pourvu qu'il s'ouvre à la maturité, le nombre des pièces du périanthe et des organes sexuels, le nombre des ovules dans chaque loge. la direction de la face des anthères, l'existence de ponctuations sur les feuilles, etc. Les subdivisions les moins importantes peuvent donc seules être fondées sur ces caractères.

A l'aide de ces différences d'organisation, nous avons montré comment on pouvait pratiquement partager cette famille en cinq séries qui sont les suivantes.

1. MAGNOLIÉES. — L'axe floral est cylindro-conique, souvent très-allongé. L'ordre spiral des appendices est manifeste. Les pièces du périanthe sont imbriquées. Les fleurs sont hermaphrodites. Les ovules sont au nombre de deux ou plus, horizontaux ou descendants, avec le

micropyle supérieur et extérieur. Les feuilles présentent souvent des dilatations stipuliformes.

2. SCHIZANDRÉES. — L'axe floral, court au début, demeure parfois tel, ou s'allonge comme celui des Magnoliées. L'ordre spiral devient alors manifeste. Il y a dans chaque carpelle deux ovules descendants, avec le micropyle extérieur et supérieur. Mais le fruit est toujours charnu, et les fleurs sont unisexuées. La tige est ordinairement grimpante; les feuilles sont dépourvues de stipules.

3. ILLICIÉES. — L'axe floral est court, et l'insertion spirale, qui existe en réalité, n'est que peu apparente. Les ovules sont solitaires et ascendants, avec le micropyle extérieur (Euilliciées), ou en plus grand nombre et disposés sur deux séries verticales (Drimydées). Dans ce dernier cas, le calice est valvaire. Il n'y a pas de stipules.

4. EUPTÉLÉÉES. — Le réceptacle floral est court et plus ou moins concave. Le périanthe est nul. Les fleurs sont polygames, et les feuilles sont dépourvues de stipules.

5. CANELLÉES. — Les appendices floraux sont verticillés. La corolle est polypétale ou gamopétale. Les étamines sont monadelphes, à anthères extrorses. L'ovaire est uniloculaire, avec plusieurs placentas pariétaux. Le fruit est charnu. Les feuilles n'ont pas de stipules.

Toutes les Magnoliacées connues jusqu'ici sont des plantes ligneuses; mais leurs dimensions sont des plus variables. Ainsi, dans le seul genre *Magnolia*, on rencontre des arbres gigantesques et de petits arbustes qui n'atteignent pas un demi-mètre de hauteur. Les Canellées et les Illiciées sont en général de petits arbres ou des arbrisseaux. Une même espèce peut devenir, dans le genre *Drimys*, ou un arbrisseau très-élevé, ou un petit arbuste rabougri, haut de quelques centimètres, et cela suivant le pays et le sol où croissent ses nombreuses variétés. Les Schizandrées sont au contraire des lianes sarmenteuses ou grimpantes. Les tiges d'un certain nombre de Magnoliacées ont été depuis longtemps signalées comme présentant dans leur bois de remarquables particularités de structure. Le bois des *Drimys*, et celui des *Tasmannia*, que l'on considérait autrefois comme formant un genre différent, a été indiqué par LINDLEY [1], comme constitué par des fibres à ponctuations aréolées, comparables à celles des Conifères, ou plutôt à celles des *Araucaria*. Cette assertion a été confirmée depuis par plusieurs observateurs [2]. De

---

1. Voy. *Veget. Kingd.*, 417.
2. GOEPPERT, *Ueber die anat. Struct. ein. Magnoliac.*, in *Linnæa*, XV (1842), 135; *Ann. sc. nat.*, sér. 2, XVIII, 347. — OLIVER, *Struct.*

plus, ces plantes n'ont pas d'autres vaisseaux que ceux qui, en petit nombre, se rencontrent dans une branche de première année, en dehors de la moelle, et dont quelques-uns seulement sont des trachées déroulables. Les autres couches ligneuses qui se produisent ensuite, pendant les différentes périodes de végétation, sont uniquement formées de fibres à trous aréolés. Les *Trochodendron*, dont la place parmi les Magnoliacées avait été mise en doute, présentent la même particularité [1]. Au contraire, les Magnoliées et les *Illicium* ont des vaisseaux interposés en zones concentriques aux fibres ligneuses, et rentrent sous ce rapport dans le plan général de l'organisation des Dicotylédones [2]; il en est de même d'un genre très-voisin des *Trochodendron*, les *Euptelea*. Il n'y a donc pas, dans le mode de distribution relative des vaisseaux et des fibres, un caractère qui appartienne d'une façon absolue à l'ensemble de cette famille. Mais nous avons démontré, dans un travail [3] que nous reproduisons ici, que les tiges des Magnoliacées, observées dans leur jeune âge, laissent apercevoir dans leur moelle un caractère bien plus général que le précédent; que l'existence de cellules spéciales permet presque toujours de les distinguer, alors même qu'on n'en verrait qu'un fragment de rameau ou de tige; enfin, que la disposition de ces cellules peut souvent encore suffire à caractériser une des séries que nous admettons dans cette famille.

« Une Magnoliée vraie, c'est-à-dire un *Magnolia* ou un Tulipier, se reconnaît en général au caractère histologique suivant : sa moelle blanchâtre est segmentée par une série de diaphragmes transversaux, d'une teinte plus ou moins jaunâtre ou verdâtre. Ces espèces de cloisons sont constituées par des cellules spéciales, allongées dans le sens horizontal, et se déformant ou se déviant au contact de la paroi interne de l'étui médullaire. La coloration de ces utricules est due à leur contenu, et leur paroi se signale immédiatement par les canaux nombreux dont elle est perforée, la manière dont elle réfracte la lumière, et son épaisseur con-

---

of the stem in Dicotyl., 2. — EICHLER, in MART. *Flor. bras.*, *Magnoliac.*, 139, t. 32. Il y a toutefois une légère différence entre la tige des *Drimys* et celle des *Araucaria*, quant à la direction générale des cellules des rayons médullaires. Celles-ci ont leur plus grand diamètre vertical dans les premiers, et étendu dans le sens radial dans les derniers.

1. EICHLER, in *Flora* (1864), 449 ; SEEM., *Journ. of Bot.*, III (1865), 150.

2. OLIVER, *op. cit.*, 3. Les fibres et les vaisseaux y présentent des ponctuations. Le parenchyme est chargé de fines perforations longitudinales, au moins sur les surfaces « transverses aux rayons médullaires ». M. GRAY (*Introd. to*

Bot., 1858, 43) a représenté ces ponctuations dans les *Illicium*. Celles des Wintérées et des Canellées ont été rappelées, et comparées entre elles par M. MIERS (*Ann. Nat. Hist.*, ser. 3, II, 34). GRIFFITH a constaté (*Notul.*, IV, 715) l'existence de perforations obliques dans les fibres des *Kadsura*, et LINDLEY (*Introd. to Bot.*, I, 66, 20) a figuré celles des *Sphærostema*. Les Schizandrées ont souvent dans leur parenchyme, surtout dans celui de la moelle, de gros cristaux parallélipipédiques ou prismatiques. Les *Drimys* nous ont présenté, mais très-rarement, des cellules à faisceaux de raphides.

3. *Compt. rend. de l'Acad. des sciences*, LXVI, 698 ; *Adansonia*, VIII, 155.

sidérable. Quoique ce dernier caractère varie d'une espèce à l'autre, et aussi dans une même espèce, suivant les conditions de la végétation, on peut ranger ces cellules spéciales dans la catégorie de celles qu'on a nommées en Allemagne *Steinzellen*. Les *Drimys* et les *Schizandra* possèdent ces mêmes *cellules pierreuses* dans leur parenchyme médullaire; mais leur disposition y présente des différences caractéristiques.

» Dans un très-jeune rameau du *Drimys Winteri* ou de ses variétés, notamment du *D. granatensis*, on voit çà et là des cellules médullaires, isolées ou rapprochées les unes des autres, qui perdent peu à peu la minceur primitive de leur paroi. Leur forme varie quelque peu avec l'âge; car elles peuvent, ou avoir les mêmes dimensions en tous sens, ou s'allonger verticalement et devenir inégalement fusiformes ou tubuleuses. Leur paroi ne s'épaissit que par intussusception, car les nombreux pertuis cylindriques dont elle est perforée cessent de bonne heure de présenter partout le même calibre. L'épaississement se prononce moins vers les deux orifices de ces canaux, surtout vers l'intérieur, et bientôt chaque conduit a la forme d'un cylindre évasé en cône vers ses deux orifices. De là l'existence d'une cavité fusiforme au point de rencontre de deux conduits appartenant à des cellules voisines, et s'abouchant toujours exactement; de là encore l'apparence aréolée des ponctuations vues de face, comme il arrive dans celles des Conifères. Le contenu des *cellules pierreuses* est teinté en jaune ou en brun dans les *Drimys* rapportés de leur pays natal. Ces cellules sont donc physiologiquement comparables à celles qui forment des amas granuleux dans le parenchyme cortical.

» La moelle des *Schizandra* est souvent d'une teinte verte uniforme. Elle le doit premièrement à la matière verte contenue dans ses cellules parenchymateuses ordinaires. De plus elle est parsemée de *cellules pierreuses* à contenu très-coloré, et disposées, ou sans ordre apparent, ou en séries verticales. Quelques *Sphærostema* présentent même dans ces vésicules des particularités qui demandent une description spéciale[1]. Souvent les *cellules pierreuses* se détachent du reste du parenchyme, dont

---

1. Dans ces cellules à peu près cylindriques, on trouve à l'intérieur de la paroi une sorte de cristallisation presque incolore, formée de fragments très-inégaux, taillés à facettes irrégulières, réfractant fortement la lumière et simulant une couche épaisse de granulations polyédriques d'amidon. Seulement, ces corps, inattaquables par l'eau, ne se colorent pas en bleu au contact de la teinture d'iode. Dans le péricarpe du *Magnolia Yulan* DESF., M. MILLARDET (*Ann. sc. nat.*, sér. 5, VI, 309) vient de constater que les cellules du péricarpe contiennent dans l'épaisseur de leurs parois « un véritable réseau de canalicules ramifiés dans tous les sens », dont quelques-uns renferment des cristaux, et dont la présence serait un argument en faveur de l'épaississement par intussusception de ces parois cellulaires.

elles diffèrent par leur consistance relativement énorme, sous la seule pression de la lame de verre dont on les recouvre, et qui les désagrége sans les entamer [1].

» Il est impossible de ne pas considérer comme étant de même nature ces cellules éparses et celles qui forment des cloisons dans la moelle des Magnoliées. De sorte qu'une même organisation de ces utricules caractérise l'ensemble de la famille, en même temps que leur mode de groupement sert, par ses variations, à distinguer les tribus : *cellules pierreuses* disséminées, comme nous l'avons dit, dans les Schizandrées et les Wintérées ; rapprochées en diaphragmes dans les Magnoliées. Dans les pousses rapidement développées de quelques *Magnolia*, nous avons vu ces cloisons appauvries et réduites même à une seule *cellule pierreuse*, presque centrale, vers laquelle venaient aboutir, par l'une de leurs extrémités, toutes les cellules ambiantes du parenchyme ordinaire, étirées ou déviées d'une manière toute spéciale.

» Les tiges sarmenteuses des Schizandrées se distinguent d'ailleurs de celles des Wintérées par un autre caractère anatomique. Vers l'extérieur de leur zone fibro-vasculaire, elles présentent de larges cavités tubuleuses à axe vertical, tendues d'une fine membrane criblée de perforations très-ténues, et se détachant souvent, en longs cylindres aussitôt affaissés, de la paroi des cavités tubuleuses qu'elle tapisse. »

L'écorce d'un certain nombre de Magnoliacées présente aussi quelques particularités de structure qui sont souvent en rapport avec les usages auxquels répond cette portion des tiges dans plusieurs espèces que nous énumérerons plus loin [2]. Il y a plusieurs années que M. GOEPPERT [3] a signalé dans l'écorce du *Drimys Winteri* de petites granulations visibles même à l'œil nu et remarquables par leur consistance. Elles sont formées de *cellules pierreuses*, ponctuées, perforées et souvent aréolées, qui répondent assez bien à l'organisation de celles plus développées que nous avons décrites dans le parenchyme médullaire [4]. Leur contenu est à peine coloré, ou, plus souvent, d'une teinte rouge brunâtre à l'âge adulte, tandis que primitivement il s'y trouvait, et de la fécule, et de la matière

---

1. GRIFFITH (*Notul.*, IV, 715) a cité dans le parenchyme des *Kadsura* une organisation comparée par M. OLIVER (*op. cit.*, 3) à celle qu'on observe dans la tige de certaines Hamamélidées ; c'est-à-dire que dans l'intervalle de deux fibres on observe de très-larges cavités lenticulaires dont l'extrême convexité aboutit à l'orifice d'une perforation pratiquée dans la paroi de chaque fibre. C'est encore le même fait que dans les *Drimys* et les Conifères.

2. Telles sont les écorces aromatiques dites : de Winter, de Cannelle blanche, de *Cinnamodendron*, et celles du Tulipier et de plusieurs *Magnolia* employées en médecine.

3. *Loc. cit.* — EICHLER, *loc. cit.*, 138, t. 32.

4. Voy. page 173. Elles sont ici plus égales en général suivant leurs divers diamètres, rarement solitaires, plus souvent agglomérées et formant des masses irrégulières, blanchâtres.

verte. Dans les mêmes plantes, les cellules du parenchyme cortical qui ont conservé des parois minces, ne présentent pas toutes les mêmes dimensions. Çà et là quelques-unes d'entre elles deviennent très-volumineuses et arrondies. Leur contenu, d'abord verdâtre, puis plus jaunâtre et plus ou moins granuleux, est une substance oléo-éthérée, odorante et volatile, à laquelle ces écorces doivent la plupart de leurs propriétés thérapeutiques [1]. L'écorce des Canellées est sensiblement différente [2]. Elle ne présente pas de ces utricules à parois épaisses qui sont si développées dans les Drimydées. Ses cellules extérieures forment des couches assez homogènes, ayant toutes une paroi à peu près également épaissie; et en dedans de l'écorce on voit un grand développement des éléments allongés du liber, qui forment des faisceaux flexueux et s'avancent comme des prismes ou des coins dans l'intérieur du parenchyme.

Avec des variations aussi considérables dans l'organisation des organes fondamentaux, et surtout de la fleur, il est impossible que les Magnoliacées n'affectent pas des affinités multiples. Et d'abord elles sont très-rapprochées par toute leur organisation de la plupart des familles dites *Polycarpiceæ*, notamment des Anonacées, Dilléniacées, Renonculacées et Ménispermacées. Les Anonacées, qui ont été si longtemps réunies, comme nous l'avons vu, aux Magnoliacées, ne s'en séparent d'une manière absolue que par un seul caractère : leur albumen ruminé. Aucun des autres caractères différentiels invoqués par les auteurs n'est constant : ni le mode de préfloraison du périanthe, ni la présence ou l'absence des stipules, ni l'indépendance ou l'union des carpelles, ni la réunion ou la séparation des sexes. Les *Eupomatia*, généralement rapportés aux Anonacées, surtout parce que leur albumen est ruminé, ont tout à fait les feuilles de certaines Magnoliacées, sans stipules; et leurs carpelles, enfoncés dans la cavité du réceptacle commun, se trouvent par là réunis entre eux en une seule masse où les styles seuls sont distincts, comme ceux du *Zygogynum*. Les fruits des Anonacées sont presque toujours indéhiscents; mais ceux des *Anaxagorea* sont de véritables follicules comme on en rencontre beaucoup parmi les Magnoliacées. Ces dernières sont encore très-analogues aux Dilléniacées. On pouvait faire remarquer, il est vrai, jusque dans ces derniers temps, que les

---

1. Avec l'âge, il s'y produit une substance solide, balsamique et résineuse, presque homogène et de couleur jaunâtre.

2. Eichler, *loc. cit.* Ce savant constate dans l'écorce des *Drimys* l'absence de périderme et de couche subéreuse.

Dilléniacées ne sont pas aromatiques, et que toutes les Magnoliacées le sont plus ou moins. Mais ce caractère, quelque utile qu'il puisse être dans la pratique, n'a certainement pas en lui-même une grande importance : et il a cessé d'être absolu depuis que les Euptéléées, complétement dépourvues d'arome, ont été classées parmi les Magnoliacées. La direction des différentes régions de l'ovule n'a pas non plus, pour séparer les deux familles, une valeur foncière, parce que des ovules descendants à micropyle extérieur, comme ceux des *Magnolia*, répondent en réalité à des ovules ascendants dont le micropyle serait intérieur, comme on voit que sont ceux des Dilléniacées uni ou pauciovulées. Mais, dans la pratique encore, comme nous ne connaissons pas jusqu'ici de Dilléniacées à ovules en nombre défini et suspendus, nous pouvons constater que les ovules, solitaires ou peu nombreux, des Magnoliacées à carpelles libres, ont toujours le micropyle extérieur, qu'ils soient descendants comme ceux des vrais *Magnolia* et des *Schizandra*, ou ascendants comme ceux des *Illicium*. Le micropyle est au contraire tourné en dedans dans les Dilléniacées à carpelles pauciovulés.

Il faut d'ailleurs renoncer à distinguer les Dilléniacées des Magnoliacées par la présence ou l'absence des stipules, puisque les Schizandrées, Illiciées, Canellées, n'ont pas de stipules, et que certains *Wormia*, *Davilla*, etc., ont, comme nous l'avons dit [1], des expansions pétiolaires qui se comportent exactement de même que les organes appelés stipules dans les *Magnolia*. La symétrie florale n'est pas davantage suffisante pour séparer absolument les deux groupes ; et s'il est vrai que la fleur des Dilléniacées est souvent construite sur le type quinaire, il est tout aussi vrai que celle des Magnoliacées est loin d'être constamment formée de verticilles trimères. Les *Dillenia* sont presque des Magnoliacées, voilà un fait qui résultera pour tout le monde d'une analyse exacte de leurs fleurs. La symétrie quinaire du périanthe, la disposition verticillée des carpelles, l'insertion spirale de l'androcée [2], la dilatation stipuliforme des pétioles, sont des faits qui s'observent tous dans quelqu'un des types de la famille des Magnoliacées [3]. Celles-ci sont en même temps bien

1. Voy. page 124, et *Adansonia*, VI, 271.

2. De même que pour les Renonculacées, on pourra tenir compte du mode de développement des fleurs pour distinguer les Dilléniacées des Magnoliacées, lorsque l'étude organogénique de ces dernières aura été faite d'une manière plus complète. Nous pouvons dire pour le moment que, dans toutes les Magnoliacées dont nous avons observé l'évolution florale, l'androcée naît, non pas comme celui des Dilléniacées, dans l'ordre centrifuge, mais dans l'ordre spiral et centripète. Le fait est très-prononcé dans les *Magnolia* et les *Drimys*. Il existe aussi dans les *Illicium anisatum* et *parviflorum*, quoique d'une manière bien moins accentuée (voy. *Adansonia*, VII, 364 ; VIII, 12).

3. Nous ne parlons pas ici de l'arille qu'on dit très-développé dans les Dilléniacées, et absent

voisines des Calycanthées. Il est vrai qu'il n'y a pas jusqu'ici de Magnoliacée à réceptacle floral aussi concave que celui des Calycanthées, et que
ces dernières ont toujours les feuilles opposées. Mais on peut dire qu'un
réceptacle floral de Magnoliacée, refoulé verticalement de manière que
son sommet organique occupât le point le plus déclive du réceptacle,
deviendrait tout à fait celui d'un *Calycanthus;* et il y a longtemps
qu'on a remarqué la grande ressemblance des fleurs des *Chimonanthus*
avec celles des *Illicium* et des *Schizandra*. Les Renonculacées herbacées
peuvent aussi rappeler de très-près l'organisation florale des *Magnolia:*
tels sont les *Myosurus* et les Renoncules à réceptacle floral étiré. Les
Magnoliacées ont compté, pour plusieurs auteurs, des représentants
parmi les genres à ovaire uniloculaire et à placentas pariétaux. Tels
furent les *Mayna*, réintégrés aujourd'hui dans la famille des Bixacées,
et dont les affinités avec les Canellées sont assez nombreuses. Dans
cette dernière série, nous trouvons des genres à fleurs très-analogues à
celles de quelques Samydées, et une plante dont le port, le feuillage,
l'inflorescence et la corolle gamopétale rappellent de très-près ce qu'on
observe dans les Ébénacées, d'ailleurs étroitement alliées au groupe voisin
des Anonacées. Enfin, les Euptéléées comprennent deux genres dont
l'un, le *Trochodendron*, a pu être primitivement placé parmi les Araliacées anormales, et dont l'autre, l'*Euptelea*, présente plus d'une analogie,
surtout par ses fleurs diclines et ses carpelles samaroïdes, avec quelques
Zanthoxylées et quelques Simaroubées, telles que l'*Ailanthus.*

Des soixante-quinze espèces environ que renferme cette famille, près
des trois quarts appartiennent à l'ancien continent. Toutes les Canellacées étaient américaines avant la découverte du *Cinnamosma*. Toutes
les Schizandrées, sauf l'espèce prototype du genre *Schizandra*, sont au
contraire étrangères à l'Amérique. Les trois Euptéléées connues sont
japonaises. Les espèces du genre *Illicium* sont également réparties entre
l'ancien et le nouveau monde. Les *Drimys* croissent dans toute l'Amérique tropicale et australe, et depuis Bornéo et le nord de l'Australie
jusqu'à la Nouvelle-Zélande. Parmi les Magnoliées proprement dites, le
seul Tulipier est exclusivement américain. Le genre *Magnolia* n'est
représenté en Amérique que par des *Eumagnolia* et quelques *Talauma*.
L'Australie ne possède pas d'autres Magnoliacées que les *Drimys* de la
section *Tasmannia*. On ne connaît pas de représentants spontanés de

dans les Magnoliacées, attendu que l'arille, suivant notre manière de voir, ne se présente pas
avec la même configuration dans les deux groupes,
mais qu'il est en réalité plus généralisé dans les

Magnolia que dans les *Candollea, Hibbertia,* etc.,
toutes les cellules séminales superficielles des
premiers contribuant à sa formation par leur
hypertrophie (voy. page 136, note 7).

la famille en Europe et en Afrique[1]. Ainsi, des onze genres que nous admettons ici, quatre sont communs aux deux mondes ; trois sont propres à l'Amérique, et quatre à l'ancien continent. Celui-ci possède environ cinquante-cinq espèces qui lui sont propres, le nouveau monde une vingtaine. Nous n'en connaissons aucune qui croisse spontanément dans tous les deux à la fois.

Les Magnoliacées sont presque toutes des plantes utiles à l'homme. Elles ne deviennent nuisibles, dans quelques cas, que par l'excès même de leurs qualités précieuses. Ainsi on prétend que l'odeur trop forte des corolles du *Magnolia Umbrella*, et de quelques autres espèces du même genre, a pu causer des maux de tête, des nausées, des accidents nerveux. Mais, en plein air, l'odeur de citron du *M. grandiflora*, celle que répandent au loin les espèces de la section *Talauma*[2], et celle, plus douce, des *M. pterocarpa* Roxb., *glauca*, *Yulan*, etc., sont fort agréables, et font rechercher ces plantes superbes pour l'ornementation des jardins[3], aussi bien que les feuilles toujours vertes et luisantes du *M. grandiflora*, et que les corolles blanches ou roses des *M. Yulan*, *purpurea*, *Soulangiana*, *auriculata*, *macrophylla*, *glauca*, *Campbellii*[4], *Kobus*[5], etc. Considérés comme médicaments[6], les *Magnolia* proprement dits sont riches en principe amer, aromatique, tonique, résidant dans l'écorce de leur racine et surtout de leur tige[7]. L'écorce du *M. grandiflora* (*Laurier-Tulipier*, *Big Laurel* des Américains) est considérée comme tonique et légèrement fébrifuge. Celle du *M. glauca* (*Magnolier bleu*, *des marais*, *Arbre au castor*, *Quinquina de Virginie*, *Swämp-Sassafras*, *Beaver-tree* des Américains) jouit d'une bien plus grande réputation[8]. On a considéré quelque temps cette espèce comme produisant l'écorce d'*Angusture vraie* ; ce qui indique assez quelles sont ses vertus.

---

1. « Ni dans les îles adjacentes. » (R. Br., *Congo*, 465.)

2. On assure que celle de la fleur du *T. fragrantissima* Hook. (*Icon.*, t. ccxi), qui doit se rapporter au *T. ovata* A. S. H., se fait sentir à la distance d'un demi-mille anglais.

3. Trew, *Icon. select.*, t. 9, 23, 25, fig. 2, 62, 63. — Duham., *Traité des arbr.* (1775), II, 2.

4. Hook. et Thoms., *Illustr. pl. Himal.*, t. 4. — V. Houtte, *Fl. des serres*, t. 1282-1285. Cette espèce a le périanthe d'un rose vif et des fruits allongés, assez réguliers.

5. Kæmpf., *Icon. select.* (1791), t. 42.

6. Endl., *Enchir.*, 429. — Pereira, *Elem. mat. med.*, éd. 4, II, p. II, 674. — Guib., *Hist. nat. des drog. simpl.*, éd. 4, III, 678. — Lindl., *Fl. med.*, 23. — Rosenth., *Synops. plant. diaphor.*, 595.

7. Blume considère ces propriétés comme séparant nettement les Magnoliacées des Dilléniacées, qui ne sont pas aromatiques et simplement astringentes.

8. Michx, *Arbr. forest.*, III, 77. — Pereira, *op. cit.*, 675. Dans les portions méridionales des Etats-Unis, cette plante s'appelle encore *white Bay* et *sweet Bay*. On enlève son écorce au printemps et en automne. Sèche, elle se présente en morceaux de quelques pouces de long et d'un ou deux pouces de large, légers, un peu roulés, lisses, de couleur cendrée et argentée en dehors, blancs et fibreux en dedans. Sa saveur est chaude, piquante, amère, et son odeur agréable. L'écorce de la racine est considérée comme plus active

On prépare avec cette écorce une teinture alcoolique qui est tonique, stimulante [1] et fébrifuge. Elle paraît très-efficace contre les rhumatismes chroniques [2]. On désigne, dans le même pays, sous le nom de *Cucumber-trees*, les *M. acuminata* et *auriculata* [3]. Les montagnards emploient fréquemment, contre les affections rhumatismales et les fièvres d'accès, leur écorce infusée dans différentes liqueurs alcooliques. Les feuilles doivent jouir de propriétés analogues, mais elles sont très-peu usitées. Les fleurs entrent dans la préparation de quelques parfums peu stables. Celles du *M. Yulan* servent à aromatiser le thé en Chine ; leurs boutons se confisent dans le vinaigre. Les fruits de cette espèce s'emploient aussi en infusion, comme pectoraux, adoucissants, dans les cas de toux, d'affections pulmonaires, de fièvres catarrhales. L'infusion alcoolique des fruits verts des *Cucumber-trees* passe, en Amérique, pour antirhumatismale. Ceux du *M. glauca* sont aussi utiles que l'écorce. Les graines d'un grand nombre d'espèces sont usitées comme fébrifuges : telles sont celles des *M. glauca*, *acuminata*, *Yulan*. On dit que celles du *M. grandiflora* servent au Mexique à traiter toutes les paralysies, et que celles du *M. Yulan*, recherchées par les Chinois [4] pour l'odeur de citron de leur enveloppe charnue, guérissent les rhumatismes chroniques ; on en prépare aussi chez eux une poudre sternutatoire. Le bois des espèces de cette section ne possède pas de grandes qualités. Il est en général blanc, peu durable, peu résistant, trop léger et spongieux. Aussi ne fait-on, en Amérique, de celui des *M. grandiflora* et *auriculata*, que des charpentes pour l'intérieur des maisons. Celui du *M. acuminata* n'a guère plus de force, mais son grain est fin ; il prend facilement un beau poli qui fait valoir sa teinte jaune brunâtre, et il s'emploie davantage dans les boiseries des habitations.

Dans les *Magnolia* de la section *Talauma*, les propriétés aromatiques sont encore plus prononcées. L'odeur intense de leurs corolles peut causer du malaise dans les serres. C'est aux fleurs du *M. Plumieri* [5],

---

que celle du tronc. On suppose qu'elle contient le même principe analogue à la *liriodendrine* que l'écorce du *M. grandiflora*, principe découvert dans ce dernier par M. S. PROCTER (*Amer. Journ. of Pharm.*, XIV, 95). On se sert principalement de la poudre, d'une décoction dans l'eau, et d'une infusion alcoolique.

1. Pour BARTON, c'est un excitant tellement énergique, qu'il peut déterminer la production d'accès fébriles et d'attaques rhumatismales, quand on l'administre à tort.

2. BIGELOW, *Med. Bot.*, II, t. 27.

3. Aux Etats-Unis, l'écorce du *M. grandiflora* est souvent mêlée dans le commerce à celle de ces deux espèces. Elle a les mêmes propriétés. Elle a été analysée par M. S. PROCTER, qui y a trouvé (*loc. cit.*) : un acide qui précipite en vert les sels de fer, des sels, de l'huile volatile, une résine verte, et ce même principe cristallisable, analogue à la *liriodendrine*, qui existe dans le *M. glauca* (PEREIRA, *op. cit.*, 676).

4. C'est leur *Yu-lan* ou *Tsin-y*. Ses fleurs emblématiques sont tellement recherchées, que l'arbre se cultive en pots pour être forcé et pouvoir fleurir pendant l'hiver. — KÆMPF., *Ic. sel.*, t. 43.

5. *M. fatiscens* L. C. RICH., ex DC., *Prodr.*, I, 82. — *Anona dodecapetala* LAMK.

ou *Talauma Plumieri* [1] (*Bois Pin*, *Bois Cachiment* des créoles),
qu'au rapport de L. C. Richard [2], « les excellentes liqueurs de table
préparées à la Martinique doivent la finesse et l'arome qui les distinguent. » On a supposé qu'elles les devaient à d'autres espèces du genre
Magnolia, et, comme nous le verrons, au *Liriodendron Tulipifera*.
L'*Aromadendron elegans* Bl. appartient aussi à cette section. Blume [3]
a fait connaître la grande réputation dont cette espèce jouit à Java. C'est
une superbe plante d'ornement dont le bois est employé dans l'industrie,
et dont l'écorce, les fleurs, les fruits et les graines sont considérés comme
stomachiques, carminatifs et antihystériques : on les prescrit contre les
coliques et autres affections intestinales ; le parfum de ses fleurs est
exquis.

Le *Manglietia glauca* Bl. [4], qui n'est, comme nous l'avons dit, qu'un
Magnolia à carpelles polyspermes, a tout à fait les mêmes propriétés
amères et aromatiques. De plus, son bois est blanchâtre et résistant. On
le considère à Java comme empêchant la décomposition des cadavres,
de sorte qu'il sert à la fabrication des cercueils des gens riches. Son
feuillage et ses larges fleurs jaunâtres en font aussi une plante très-
ornementale.

Parmi les *Magnolia* de la section *Michelia*, l'espèce la plus employée
est le *M. Champaca* L. [5]. C'est un fort bel arbre qu'on cultive dans
tous les jardins de l'Asie tropicale pour ses fleurs charmantes et parfumées. Les Hindous en ont fait une plante sacrée qui joue un certain rôle
dans leurs cérémonies religieuses et civiles. On en parait à Java les
temples et les chambres nuptiales. L'huile essentielle qu'on extrait des
fleurs, aussi estimée, dit-on, que l'essence de roses, agit sur le cerveau,
et peut, assure-t-on, produire des vertiges. Le bois est employé dans
les constructions et pour la fabrication d'objets domestiques. L'écorce
est amère, aromatique, et considérée comme tonique, stimulante,
diurétique, diaphorétique et fébrifuge. Les bourgeons sont chargés
d'une résine odorante, vantée comme antigonorrhéique. Les feuilles,
mêlées aux Amomées aromatiques, forment une poudre antiarthritique ;
on en prépare des décoctions pour lotions, gargarismes astringents, et
des bains contre les rhumatismes. Les fruits s'emploient dans les mala-

1. Sw., *Prodr.*, 87 ; *Fl. ind. occid.*, II, 997.
— *T. cœrulea* Xaum., ex Duch., *Rép.*, 177.
2. A. Rich., *Elém. d'hist. nat. méd.*, éd. 4,
Bot., II, 454. — On prescrit les feuilles et les
racines comme astringentes et stomachiques, les
bourgeons comme antiscorbutiques. Le bois sert
aux Indiens pour confectionner des ustensiles
domestiques, et une résine extraite de la plante
passe pour anticatarrhale et antileucorrhéique.
3. *Fl. Jav.*, *Magnoliac.*, 26, t. VII, VIII. —
H. Bn, in *Dict. encycl. des sc. médic.*, VI, 161.
4. *Op. cit.*, 22, t. VI.
5. *Spec.*, 756. — Lamk, *Illustr.*, t. 493, —
DC., *Syst. veg.*, I, 447 ; *Prodr.*, I, 79, n. 1.

dies abdominales. Les graines sont âcres, amères, et se prescrivent comme fébrifuges. Les racines sont stimulantes, emménagogues. En un mot, il n'y a pas une partie de cette plante qui ne soit considérée comme utile [1]. D'autres espèces du même groupe, les *M. Dolstopa* Buch. [2], *montana* Bl. [3], *excelsa* Wall. [4], *Kisopa* Buch., *Tsjampaca* L., *longifolia* Bl., etc. [5], jouissent de la même réputation, mais sont beaucoup moins usitées.

Le Tulipier est, comme les *Magnolia*, un très-bel arbre d'ornement, souvent planté dans nos jardins et nos parcs. Son bois est d'une certaine utilité. « Blanc, très-léger, il se prête facilement aux ouvrages du tour; il est tendre sans être mou, ligneux sans être filamenteux; il a une couleur assez agréable et reçoit un beau poli. En Amérique, on en fait de la volige, des planches, des madriers, des tables, des jalousies [6] », et beaucoup d'autres objets d'usage domestique [7]. Les sauvages creusent dans le tronc des pirogues et des canots d'une seule pièce. Cet arbre est encore recherché dans les constructions navales, car on dit que son bois est incorruptible, et que les tarets et les plantes marines ne s'y attachent pas. L'écorce de la tige est fibreuse, peu compacte, amère et aromatique [8]. Elle est considérée aux États-Unis comme tonique, antiputride, fébrifuge; on lui a attribué toutes les propriétés du Quinquina.

---

1. L'odeur des fleurs fraîches est parfumée, mais celle des corolles desséchées est désagréable. Les Malais se couronnent de ces fleurs au sortir du bain; ils les mèlent à leurs cosmétiques. On dit que l'action de l'écorce pulvérisée est tellement stimulante, que non-seulement elle est emménagogue, mais qu'elle produit l'avortement à trop haute dose. La fétidité de l'haleine et les angines asthéniques sont traitées par des gargarismes préparés avec cette écorce. Les graines s'emploient parfois en poudre pour faire des frictions sur la poitrine des fébricitants, principalement des enfants (Endl., *Enchir.*, 429). Loureiro (*Fl. cochinch.*, 1790, 347) parle aussi de cette plante comme cultivée, sous le nom de *Hoa sù nam* : « *Culta ob odorem floris cujus vehementia et constantia major est quàm suavitas.* »

2. Celle-ci est principalement recherchée pour son bois, qui est odorant, et qui, au Népaul, entre dans la construction des habitations.

3. C'est le *Tsjampacca Gunnung* ou *Gelatrang* des Javanais. Son écorce aromatique est comparée pour ses propriétés à la Cascarille, mais elle a moins d'amertume.

4. Ou *Champa* du Népaul, espèce très-aromatique.

5. Rosenth., *op. cit.*, 596.

6. Cubières, *Mém. sur le Tulipier* (1803).

Cet arbre a été introduit en France en 1732, par l'amiral de la Galissonnière. Les *Liriodendron acutilobum* Michx, *obtusilobum* Michx, *integrifolium* Hort., ne sont que des formes du *L. Tulipifera* L. ou *procerum* Salisb.

7. Duch., *Répert.*, 177 : « Des bardeaux, des panneaux de carrosses et de cabriolets, des malles..., des sébilles, des auges d'écurie, des barres pour clôtures. »

8. Son odeur rappelle celle du cédrat. Elle se récolte pendant la floraison. Elle renferme, d'après Tromsdorff et Carminati (*Ann. chim.*, LXXX, 215), du tannin et des principes amer et gommeux. On en a retiré, dit Guibourt (*Hist. nat. des drog. simpl.*, éd. 4, III, 678), de la *liriodendrine*, substance cristalline, non alcaline, non azotée, amère, qui paraît avoir quelques rapports avec la *salicine*. C'est le Dr Emmet qui a le premier (*Journ. of Phil. Col. of Pharm.*, III, 5) obtenu cette matière, inodore à 40°, fusible à 180° et volatile à 290° F., et qu'il considère comme analogue au camphre. D'après Pereira (*op. cit.*, 677), l'abus de l'écorce du Tulipier peut nuire au tube digestif. On peut l'employer en infusion, en décoction ou en teinture. Suivant plusieurs auteurs, ce qu'on a appelé *liriodendrine* n'est autre chose que du *pipérin* (voy. Rosenth., *op. cit.*, 597).

dans le traitement des fièvres d'accès [1]. La goutte, les rhumatismes, les
dysenteries, la phthisie, l'hystérie [2] et certaines maládies des cheveux [3],
ont été, dit-on, traités avec succès par cette écorce. La racine, vulgairement appelée *bois jaune*, jouit à peu près des mêmes propriétés. Elle
sert à préparer une liqueur agréable ; et les Canadiens l'emploient pour
corriger l'amertume de la bière de Sapinette et lui donner un goût de
citron. On a affirmé que le parfum spécial des liqueurs de table de la
Martinique est dû à la présence d'un liquide distillé extrait de l'écorce
du Tulipier [4]. Les feuilles, broyées et appliquées sur le front, passent pour
guérir la céphalalgie. Les graines constituent un médicament apéritif [5].
Le Tulipier est du reste un des plus beaux arbres que l'on connaisse.
Sa hauteur dépasse souvent une quarantaine de mètres, et la base de
son tronc peut mesurer jusqu'à 7 mètres de circonférence. Comme
médicament, il n'est pas usité dans notre pays. « Mais, dit un auteur
classique [6], comme il y est naturalisé et assez commun, on pourrait
tenter de nouveaux essais, pour s'assurer de son efficacité. »

Les Schizandrées sont fort peu usitées. On n'a cité, sous ce rapport,
que le *Schizandra japonica* [7] qui, d'après KÆMPFER [8] et THUNBERG [9],
développe en présence d'un liquide une grande quantité de mucilage.
On mâche son écorce, et la bouche se remplit de mucosités. L'infusion
des feuilles dans l'eau produit une sorte de glu qui sert à coller le papier
fabriqué avec le *Broussonnetia papyrifera*. Les femmes japonaises enduisent leurs cheveux de ce mucilage, avant de les raser, ou pour en
enlever les cosmétiques gras dont elles abusent. Les graines sont
visqueuses et d'un goût désagréable. Plusieurs *Sphærostema* asiatiques
ont, dit-on [10], des baies comestibles. Parmi les Euptéléées, on ne cite
que le *Trochodendron aralioides* SIEB. et ZUCC. comme plante odorante.
« L'arome des feuilles et des fruits, dit SIEBOLD [11], permet d'en attendre
des vertus médicinales. »

---

1. MÉRAT et DE LENS (*Dict. mat. méd.*, IV,
130) rapportent les différents cas de guérison
observés par plusieurs médecins célèbres. Le
mémoire d'HILDENBRAND sur le Tulipier est intitulé : *Essai sur un nouveau succédané du Quinquina* (*Ann. chim.*, LXXVI, 201).

2. BARTON dit « qu'il n'y a pas, dans toute
la matière médicale, de meilleur moyen pour
guérir l'hystérie que l'écorce du Tulipier unic
à une petite quantité de *laudanum* ». BIGELOW
(*Med. Bot.*, II, t. 31) signale aussi les vertus
médicinales du Tulipier.

3. Celle qu'on appelle *botts* en Virginie.

4. C'est l'opinion de CUBIÈRES (*loc. cit.*, 6).

D'autres pensent que les arbres employés à cet
usage sont des *Talauma* (voy. page 181).

5. *Anc. Journ. de méd.*, LXX, 350.

6. A. RICH., *Elém. d'hist. nat. médic.*, éd. 4,
Bot., II, 453.

7. *Kadsura japonica* DUN., *Monogr. Anonac.*,
25, 28.

8. *Amœn. exot.*, 476, t. 477.

9. *Fl. jap.*, 237.

10. ROSENTH., *op. cit.*, 594.

11. «Fama Kuruma, *i.c. rota montana* (SIEB.,
loc. cit., 86) *arbor* Illicio *et* Tasmanniæ *affinis...,
foliorum et fructuum qualitate aromatica affinitatem confirmante.* » (ENDL., *Enchir.*, 430.)

Il n'y a point, dans cette famille, de produits plus employés que les *Anis étoilés* ou *Badianes* [1]. On désigne sous ces noms les fruits de différents *Illicium :* une espèce asiatique, l'*I. anisatum* L.; et deux espèces américaines, les *I. parviflorum* MICHX et *floridanum* ELL. On dit du moins qu'en Amérique, ces deux dernières espèces sont employées comme plantes aromatiques, les feuilles en infusions excitantes et digestives, les fruits aux mêmes usages que la *Badiane de la Chine*, c'est-à-dire l'*I. anisatum* L. ou *Pa-co* des Chinois. On assure encore que ces fruits sont mêlés ou substitués au véritable *Anis étoilé* d'Asie, dans le commerce européen ; mais cette assertion n'est guère confirmée par l'examen des fruits vendus dans nos pays, et qui ont généralement huit branches ou carpelles, tandis que ceux des espèces américaines en ont généralement davantage. Cela ne veut pas dire qu'il y aurait quelque inconvénient à opérer cette substitution. Les trois plantes que nous avons citées ont des fruits d'un parfum très-agréable et sont riches en huile essentielle, stimulante, stomachique, digestive, carminative. Ces propriétés se retrouvent dans la poudre, l'infusion de *Badiane*, aussi bien que dans les liqueurs alcooliques qui se préparent avec elle, notamment dans les anisettes de Bordeaux et de Hollande. Il y a très-longtemps que les Orientaux emploient comme digestives, soit seules, soit mêlées au thé, au café, au ginseng, aux sorbets, etc., ces graines de *Zinghi*, comme on les appelait autrefois. Nous croyons, avec plusieurs auteurs contemporains, que c'est la même espèce, introduite et cultivée au Japon, qui y a été désignée sous le nom de *Badiane sacrée* (*I. religiosum* SIEB. et ZUCC.). Là ses fruits deviennent fades et nauséeux ; on les y considère même comme vénéneux, quoique en certains cas on admette qu'ils peuvent jouer le rôle de contre-poison. Mais l'arome subsiste dans les feuilles et les branches qu'on emploie en infusions parfumées, et qui, plantées dans les cimetières et autour des temples, sous les noms de *Skimi* ou *Somo*, servent à

---

1. Les principaux renseignements, historiques et bibliographiques, relatifs à ces produits, se trouvent réunis dans le travail que nous venons de publier sous ce titre : *Recherches sur l'origine botanique des Badianes ou Anis étoilés* (*Adansonia*, VIII, 1). Voy. encore : KÆMPFER, *Amœn. exot.*, 880, t. 881. — CLUSIUS, *Hist.*, II, 202. — BAUHIN, *Pin.*, 159. — L., *Gen.*, 611 ; *Spec.*, 664 ; *Mat. med.*, 510. — THUNB., *Voyag.*, IV, 77. — ADANS., *Fam.*, II, 364. — JUSS., *Gen.*, 280. — GÆRTN., *Fruct.*, I, 368, t. 69, f. 6. — ELLIS, in *Act. Angl.* (1770), 524, t. 12. — BUCH., *Pl. nouv.* (1779), 30, t. XXVIII. — REGNAULT, *Bot. tab.*, 396. — LOUR., *Fl. cochinch.*, ed. Ulyssip. (1790), 353. — LAMK, *Dict.*, I, 351 ; *Illustr.*, t. 493, f. 2. — POIR., *Suppl.*, I, 558. — VENT., *Jard. Cels.*, t. 22. — MICHX, *Fl. bor.-amer.*, I, 326. — MÉR. et DE LENS, *Dict. mat. méd.*, I, 592. — DUCH., *Repert.*, 176. — NEES, *Pl. med.*, III, t. 371. — MIERS, *Contrib.*, I, 142. — SIEB. et ZUCC., *Fl. jap.*, I, 5, t. 1. — A. RICH., *Elém. d'hist. nat. méd.*, éd. 4, II, 456. — GUIBOURT, *Drog. simpl.*, éd, 4, III, 649, f. 430. — PEREIRA, *Elem. mat. med.*, ed. 4, II, p. II, 677. — LINDL., *Flor. med.*, 25. — ROSENTH., *Syn. pl. diaphor.*, 598. — RÉVEIL, in *Fl. méd. du* XIXe *siècle*, I, 143. — MIQ., in *Ann. Mus. Lugd.-Bat.*, II, 257. — H. BN, in *Dict. encycl. des sc. médic.*, VIII, 84.

parer les sanctuaires et les tombeaux, tandis que la poudre des fruits, brûlée lentement dans des espèces de tubes, sert à indiquer le temps qui s'écoule, comme un sablier. L'écorce est aussi très-odorante quand on la brûle ; elle s'emploie à cet usage, dans les temples, en Chine et au Japon, sous le nom d'*écorce de Lavola* [1].

Les *Drimys* jouissent de propriétés analogues, résidant principalement dans leurs écorces. La plus célèbre est l'*écorce de Winter*, ou *Cannelle de Magellan* [2], que JOHN WINTER fit connaître le premier en Europe en 1579, et qu'il avait découverte dans les parages du détroit de Magellan, pendant le voyage de circumnavigation de D. DRAKE. L'usage de cette écorce pendant la traversée avait, paraît-il, guéri ou préservé son équipage du scorbut. CLUSIUS lui donna le nom d'*écorce de Winter*, et la décrivit [3] comme aromatique, âcre, brûlante et poivrée [4]. C'est probablement la même plante, ou une de ses variétés, qui fut nommée par FORSTER, *Drimys Winteri*, et dont SOLANDER et MURRAY firent le *Winterania* ou *Wintera aromatica*. Les *Drimys chilensis* DC. (*Canelo* du Chili), *punctata* LAMK et *granatensis* L. FIL., qui ne sont pour beaucoup d'auteurs que des formes du *D. Winteri*, ont tous des écorces aromatiques, piquantes, très-stimulantes, et pourraient être employés aux mêmes usages que la véritable *écorce de Winter* [5], extrêmement rare aujourd'hui dans le commerce, et à laquelle on substitue presque toujours des écorces de *Canella* ou de *Cinnamodendron*. Quant à l'écorce âcre, brûlante, astringente et aromatique, qui vient du Mexique, sous le nom de *Chachaca* ou *Palo piquante*, si elle est produite, comme on l'a pensé, par le *D. mexicana* DC., elle ne doit les dissemblances d'arome et de saveur qu'elle présente avec celle du *D. granatensis* qu'aux conditions différentes dans lesquelles elle se développe, car il y a identité entre la plante de la Nouvelle-Grenade et celle du Mexique. Tous les *Drimys* américains et

---

1. L'Anis étoilé qui vient des Philippines a été attribué à l'*I. Sanki* PERR., qui nous est inconnu et n'est peut-être qu'une forme de l'*I. anisatum* L. (voy. ROSENTH., *op. cit.*, 509).

2. *Cortex Winteranus verus, Cinnamomum magellanicum, Costus âcre* des officines. — GUIB., *Hist. nat. des drog. simpl.*, éd. 4, III, 679. — A. RICH., *Elém. d'hist. nat. méd.*, éd. 4, *Bot.*, II, 454. — PEREIRA, *Elem. mat. med.*, ed. 4, II, pars II, 673. — LINDL., *Fl. med.*, 26. — RÉVEIL, in *Bot. méd. du* XIXe *siècle*, I, 478. — ROSENTH., *op. cit.*, 597.

3. *Exotic.*. lib. IV, cap. I, 75, fig.

4. L'*écorce de Winter*, analysée par E. HENRY (*Journ. pharm.*, V, 489), renferme une huile volatile (*oleum corticis Winteri*), une résine presque inodore, d'un brun rougeâtre, très-âcre, une matière colorante, du tannin, des chlorate, sulfate et acétate de potasse, de l'oxalate de chaux et de l'oxyde de fer.

5. Le *D. granatensis* s'appelle à la Nouvelle-Grenade *Arbol de Agi*, et au Brésil *Palo de Malambo, Canela de Paramo*, ou *Casca d'Anta*, c'est-à-dire *écorce de tapir*, parce qu'on prétend que cet animal mange la plante pour se guérir de ses maladies, et que c'est de lui que l'homme a appris à en connaître les vertus. Les Brésiliens emploient souvent cette écorce aromatique et très-stimulante (A. S. H., *Pl. us. Brasil.*, t. XXVI-XXVIII).

océaniens pourraient sans doute indistinctement servir aux mêmes usages. Les espèces australiennes et tasmaniennes qui constituent la section *Tasmannia* ont des propriétés fort analogues [1].

Toutes les Canellées sont des plantes très-aromatiques, piquantes, excitantes. Ces propriétés ont été reconnues depuis très-longtemps dans le type de ce groupe, le *Canella alba*, ou *Winterania Canella*, qui produit l'*écorce de Cannelle blanche* des officines, souvent substituée à l'*écorce de Winter* [2], dont elle se distingue aisément par son odeur agréable de girofle ou d'œillet et de muscade, par sa saveur parfumée et piquante et par ses caractères de forme et de couleur. Elle arrive en effet des Antilles et des pays voisins de l'Amérique du Sud, sous forme de longs et assez gros rouleaux d'un jaune orangé pâle, un peu cendré à l'extérieur et d'une teinte blanchâtre presque uniforme à l'intérieur; elle est peu épaisse, cassante et riche en huile volatile odorante. Elle s'emploie encore assez souvent en médecine [3]. Le genre *Cinnamodendron* fournit à la pratique deux écorces utiles : 1° Celle du *C. axillare* ENDL. (*Canella axillaris* MART.), qui s'appelle au Brésil *Paratudo aromatico*, et qui a joui dans ce pays d'une réputation considérable dans le traitement d'un grand nombre de maladies [4]. Elle est épaisse, douée d'une odeur poivrée et grasse, et d'une saveur extrêmement amère, âcre et brûlante. 2° Celle du *C. corticosum* MIERS. Celle-ci est fort répandue aujourd'hui dans le commerce, où elle se substitue sans cesse à l'*écorce de Winter*. Elle est d'une épaisseur considérable, très-solide en même temps, lisse et d'un jaune brunâtre, pâle et un peu rosée en dehors, d'un brun plus ou moins noirâtre en dedans. Son odeur est aromatique; sa saveur est très-piquante et très-âcre. Elle vient aussi en Europe des Antilles et des côtes voisines de la terre ferme [5]. Le genre, appartenant

---

1. Le *D. axillaris* FORST., qui croît à la Nouvelle-Zélande, est aussi aromatique, excitant, stomachique. Les fruits du *D. lanceolata*, ou *Tasmannia aromatica* R. BR., sont réduits en poudre par les colons australiens et remplacent le poivre dans leurs aliments.

2. Aussi l'appelle-t-on quelquefois *fausse écorce de Winter* (*cortex Winteranus spurius*), et encore *Cannelle poivrée* ou *bâtarde, Costus doux*. Elle n'est pas seulement un médicament stimulant et tonique, mais elle s'emploie comme condiment dans nos colonies des Antilles. Les fruits font partie de conserves parfumées, et l'écorce se prépare confite. On a nommé *canelline* une substance sucrée qu'on en extrait (ENDL., *Enchir.*, 536).

3. Elle fait partie du *vin diurétique amer de la Charité*. E. HENRY en a donné (*Journ. de pharmac.*, V, 482) une analyse comparée avec celle de l'*écorce de Winter* (GUIBOURT, *Hist. nat. des drog. simpl.*, éd. 4, III, 565).

4. « Le nom de *Paratudo*, ou *Casca per tudo*, qui signifie *propre à tout*, a été donné au Brésil à plusieurs substances auxquelles on attribue de grandes propriétés médicinales. » (GUIBOURT, *op. cit.*, III, 567.) Sa saveur est tellement forte, que, dit le même auteur, « le poivre et la pyrèthre n'en approchent pas ».

5. C'est cette écorce que GUIBOURT décrit (*op. cit.*, III, 682) comme *écorce de Winter du commerce*, et à laquelle il rapporte encore l'*E. caryocostine* de LÉMERY. Elle a jusqu'à sept ou huit millimètres d'épaisseur. Son odeur rappelle celle du poivre et du basilic mêlés. Sa sa-

au même groupe, que nous avons nommé *Cinnamosma*, et qui croît à Madagascar, doit avoir des propriétés très-analogues aux plantes précédentes. L'écorce en est aussi piquante et excitante. Son odeur est aromatique, mais moins poivrée et moins analogue à celle de la muscade; elle se rapproche davantage du parfum de la cannelle et du cédrat. Nous l'avons indiquée [1] comme pouvant un jour rendre des services à la thérapeutique.

veur est quelquefois extrêmement énergique et tout à fait intolérable. Elle entre très-souvent, à la place de la véritable *écorce de Winter*, qui ne se vend guère aujourd'hui, dans la préparation du *vin diurétique amer de la Charité*.

1. *Adansonia*, VII, 2.

GENERA

I. MAGNOLIEÆ.

1. Magnolia L. — Flores hermaphroditi; receptaculo conoideo plus minus elongato. Sepala 2, 4 et petala 6 - ∞ , 2 - ∞ - seriatim ordine inserta; præfloratione imbricata. Stamina et carpella ∞ , ordine spirali inserta; gynophori parte plus minus elongata inter androcæi et gynæcei elementa nudata, aut subnulla, aut 0. Stamina libera; antheris 2-locularibus; loculis adnatis rimosis introrsis lateralibusve. Carpella capitata spicatave; ovario uniloculari; placenta in angulo interno 2-∞ - ovulata; ovulis, aut descendentibus; micropyle extrorsum supera; aut subhorizontalibus, micropyle extrorsum laterali. Stylus forma varius, intus longitudine sulcatus, ad apicem papilloso-stigmatosus. Fructus multiplex; carpellis subcarnosis, demum siccis, secus receptaculum breviusculum capitatis, aut toro demum plus minus elongato insertis, strobili spicæve more dispositis, aut fertilibus omnibus, aut sterilibus abortivisque nonnullis; hinc indehiscentibus et usque ad putredinem persistentibus, inde dorso longitudine dehiscentibus, aut basi circumscissis et segregatim v. in massas irregulares secedentibus. Semina drupæformia, ope funiculi filiformis demum pendula; integumento interno lignoso; albumine copioso carnoso; embryone minuto subapicali. — Arbores fruticesve; foliis alternis stipulaceis sempervirentibus deciduisve; stipulis supra-axillaribus, vernatione folia invicem claudentibus, demum secedentibus caducis; floribus, aut terminalibus, aut axillaribus. (*America bor. et trop., Asia trop., subtrop. et orient.*) — *Vid. p.* 133.

2. Liriodendron L. — Perianthium 9-partitum receptaculo oblongo insertum; foliolis 3 exterioribus sepaloideis reflexis; interioribus 6 petaloideis 2-seriatis conniventibus, imbricatis. Stamina carpellaque ∞, ordine spirali continuo inserta. Antheræ adnatæ lineares, extrorsum rimosæ. Carpella spicata; ovariis 2-ovulatis; ovulis oblique descendentibus; stylo compresso foliaceo, apice stigmatoso. Fructus multiplex strobiliformis; carpellis singulis indehiscentibus 1, 2-spermis, e stylo persistente in alam membranaceo-lignosam lanceolatam dilatato-samaroideis; alis inter se imbricatis; samaris demum ab axi solutis deciduis. Semina pendula; albumine carnoso copioso; embryone supero minuto. — Arbor; foliis alternis sinuato-4-lobis, apice truncatis, minute apiculatis; gemmatione inversa; stipulis lateralibus valvatis; floribus solitariis terminalibus. (*America bor.*) — *Vid. p.* 143.

II. SCHIZANDREÆ.

3. **Schizandra** MICHX. — Flores unisexuales. Flos masculus. Perianthium ∞-partitum; foliolis inter se dissimilibus, ab extimo minimo ad intima majora petaloidea gradatim mutatis, ordine spirali insertis, imbricatis, caducis. Stamina ∞, ordine spirali inserta; filamentis, aut liberis, aut ima basi monadelphis, hinc linearibus, inde varie incrassatis et ad apicem dilatatis; antherarum loculis introrsis lateralibusve, rarius subextrorsis, paralleliter adnatis v. plus minus discretis obliquisque, longitudine rimosis. Flos fœmineus. Perianthium floris masculi. Carpella ∞, libera, ordine spirali inserta; ovario 2, rarius 3-ovulato; ovulis pendulis; micropyle extrorsum supera; angulo interno ovarii in stylum basi alato-decurrentem, intus sulcatum, apice dilatatum stigmatosum producto. Fructus multiplex; receptaculo communi demum, aut brevi capitato (*Kadsura*), aut valde elongato spiciformi (*Euschizandra*); carpellis baccatis, intus pulposis, 1, 2-spermis. Semina reniformia albuminosa; embryone minuto subapicali. — Frutices plerumque sarmentosi scandentesve; foliis alternis, exstipulaceis, sæpe pellucido-punctatis; floribus solitariis paucisve cymosis axillaribus. (*America bor.*, *Asia trop. et orient.*) — *Vid. p.* 146.

III. ILLICIEÆ.

4. **Illicium** L. — Perianthium ∞-merum; foliolis ordine spirali insertis ∞-seriatim imbricatis, aut omnibus subconformibus, aut exterioribus latioribus brevioribusque discoloribus. Stamina ∞, spurie verticillata; filamentis, aut crassiusculis loræformibus, aut (*Cymbostemon*) ad apicem valde incrassatum subcymbæformibus; antheris introrsis

2-rimosis. Carpella ∞ , circa summum receptaculum sub apice spurie verticillata libera; apice in stylum subulatum recurvum intus ad apicem stigmatosum attenuato; ovulo in carpellis solitario imo angulo interno inserto adscendente; micropyle extrorsum infera. Fructus 6-∞ -follicularis; folliculis spurie verticillatis crassis lignosis, margine interiore dehiscentibus monospermis. Semen glabrum. — Arbusculi fruticesve sempervirentes; foliis alternis exstipulaceis pellucido-punctulatis; floribus, aut terminalibus (*Cymbostemon*), aut versus apicem ramuli axillaribus (*Euillicium*), solitariis v. paucis cymosis. (*Asia orient.*, *America bor.*) — *Vid. p.* 151.

5. **Drimys** Forst. — Flores hermaphroditi polygamive. Calyx gamophyllus sacciformis cupulæformisve inembranaceus valvatus, per anthesin irregulariter fissus solutusve. Petala 2-∞ , ordine spirali ∞ -seriatim imbricata. Stamina ∞ , receptaculo cylindraceo spiraliter inserta; filamentis liberis crassiusculis; antheris extrorsis; loculis parallelis v. divergentibus, longitudine rimosis. Carpella 1-∞ (sæpius pauca), spurie verticillata libera; ovario ∞ -ovulato; ovulis obliquis transversisve verticaliter 2-seriatis; stylo brevi apice dilatato stigmatoso. Fructus simplex v. sæpius multiplex; carpellis carnosis indehiscentibus polyspermis. Semina glabra nitida. — Arbores fruticesve sempervirentes; foliis alternis exstipulaceis pellucido-punctulatis. Flores, aut in ramulis annotinis vetustioribusve laterales axillaresve (*Eudrimys*), aut in axilla foliorum bractearumve ramulorum recentiorum cymosi; cymis simplicibus ramosisve, rarius unifloris. (*America austr.*, *Nova-Zelandia*, *Australia*, *Borneo*.) —*Vid. p.* 156.

6. **Zygogynum** H. Bn. — Flores hermaphroditi; pedunculo circa perianthii basin in cupulam brevem orbicularem subintegram (calycem?) dilatato. Petala (?) pauca inter se inæqualia concava crassa imbricata decidua. Stamina ∞ (*Drimydis*). Carpella ∞ , ordine spirali inserta in ovarium unum ∞ -loculare connata; loculis ∞ - ovulatis; ovulis angulo interno loculorum insertis obliquis verticaliter 2-seriatis; stylis brevibus distinctis, apice capitato stigmatosis. Fructus syncarpicus... — Arbuscula sempervirens; foliis alternis exstipulaceis punctulatis; floribus solitariis terminalibus; pedunculo crasso basi articulato. (*Nova-Caledonia*.) — *Vid. p.* 160.

IV. EUPTELEEÆ.

7. **Euptelea** Sieb. et Zucc. — Flores polygami. Receptaculum concaviusculum. Perianthium 0. Stamina ∞ , leviter perigyna; filamentis liberis breviter filiformibus; antheris connectivo apiculatis basifixis; loculis adnatis lateralibus, longitudine rimosis. Carpella ∞ , serie subsimplici verticillata imo receptaculo inserta stipitata; ovario uniloculari; ovulis 1-4, angulo interno insertis, aut oblique descendentibus; micropyle extrorsum supera; aut horizontalibus v. leviter adscendentibus; stigmate sessili lineari a vertice ovarii usque ad insertionem ovulorum introrsum decurrente. Fructus multiplex; carpellis stipitatis samaroideis membranaceo-alatis indehiscentibus 1-4-spermis. Semen albuminosum; embryone minuto subapicali. — Arbores; gemmis perulatis; foliis alternis deciduis, exstipulaceis; floribus in gemmis perulatis fasciculatis. (*India orient., Japonia*). — *Vid. p.* 162.

8. **Trochodendron** Sieb. et Zucc. — Flores hermaphroditi v. polygami. Receptaculum concavum cupulæforme. Perianthium 0. Stamina ∞ , perigyna; filamentis liberis filiformibus; antheris submuticis basifixis; loculis subextrorsis lateralibus, longitudine rimosis. Carpella ∞ (ad 8), serie subsimplici verticillata, receptaculi concavitate inserta, ex parte infera, intus libera; ovario uniloculari; ovulis ∞ , 2-seriatis anatropis angulo interno insertis; stylis brevibus intus sulcatis ad apicem stigmatosis, demum recurvis. Fructus multiplex; carpellis subdrupaceis, demum siccis, extus receptaculo concavo adnatis, intus longitudine (folliculatim?) dehiscentibus. Semina pendula albuminosa; embryone minuto apicali. — Arbores; gemmis perulatis; foliis alternis sempervirentibus, exstipulaceis; floribus e gemmis perulatis racemosis. (*Japonia.*) — *Vid. p.* 163.

V. CANELLEÆ.

9. **Canella** P. Br. — Flores hermaphroditi regulares. Calyx 3-phyllus; foliolis imbricatis. Corollæ petala 5 libera decidua; præfloratione imbricata contortave. Stamina ad 20; filamentis monadelphis in tubum coalitis; antheris unilocularibus linearibus tubo extrorsum adnatis, longitudine 1-rimosis; connectivis ultra antheras in tubum brevem apice

crenatum coalitis. Ovarium superum uniloculare; placentis parietalibus
2, 3, pauciovulatis; ovulis plerumque 2, 3, e placentis singulis pendulis
reniformi-arcuatis; micropyle introrsum supera. Stylus brevis crassus;
apice breviter 2, 3-crenato stigmatoso. Fructus baccatus, intus parce
pulposus, 1-6-spermus. Semina pendula; albumine copioso oleoso-
carnoso; embryone excentrico arcuato; radicula brevi supera; cotyledonibus oblongis. — Arbores parvæ glabræ; foliis alternis exstipulaceis
pellucido-punctulatis; floribus crebris in cymam ramosam subcorym-
bosam terminalem dispositis. (*America trop.*) — *Vid. p.* 164.

10. Cinnamodendron ENDL. — Flores *Canellæ;* corolla 4, 5-mera,
intus squamulis petaloideis brevibus tenuibus subæqualibus, numero
variis (sæpius 4, 5) basi munita. Stamina 15-20 (*Canellæ*). Ovarium
uniloculare; placentis 3-5, 2-∞ -ovulatis; stylo brevi crasso, apice capitato 3-5-lobo stigmatoso. Ovula baccaque et semina *Canellæ;* pulpa
circa semina copiosa. — Arbores parvæ; foliis alternis exstipulaceis
pellucido-punctulatis; florum cymis paucifloris axillaribus v. ad ramos
annotinos lateralibus. (*America trop.*) — *Vid. p.* 167.

11. Cinnamosma H. BN. — Flores *Canellæ;* petalis 5 ordine quin-
cunciali imbricatis, v. 6, 2-seriatim imbricatis (interioribus 3 cum exterioribus alternantibus), basi in corollam longe tubulosam gamopetalam
connatis; lobis patentibus, demum reflexis. Stamina ad 15 (*Canellæ*);
connectivis ultra loculos in tubum brevem apice recte truncatum productis. Ovarium uniloculare; placentis 3, 4, pauci (plerumque 2) - ovulatis; stylo brevi conoideo. Ovula et bacca *Cinnamodendri*. — Frutex;
foliis alternis exstipulaceis pellucido-punctulatis; floribus axillaribus
solitariis, bracteis paucis imbricatis sepalis conformibus brevioribusque
basi munitis. (*Madagasc.*) — *Vid. p.* 167.

HISTOIRE DES PLANTES

MONOGRAPHIE

DES

ANONACÉES

PARIS. — IMPRIMERIE DE E. MARTINET, RUE MIGNON, 2.

HISTOIRE DES PLANTES

MONOGRAPHIE

DES

ANONACÉES

PAR

H. BAILLON

PROFESSEUR D'HISTOIRE NATURELLE MÉDICALE A LA FACULTÉ DE MÉDECINE DE PARIS

ILLUSTRÉE DE 86 FIGURES DANS LES TEXTES

DESSINS DE FAGUET

PARIS

LIBRAIRIE DE L. HACHETTE ET Cie

BOULEVARD SAINT-GERMAIN, N° 77

LONDRES, 18, KING WILLIAM STREET, STRAND — LEIPZIG, 3, KÖNIGS-STRASSE

1868

IV

ANONACÉES

I. SÉRIE DES ANONES.

A. Uvariées. — Il n'y a guère qu'une Anonacée qu'on puisse complétement étudier sur le frais dans nos pays. Elle a été rapportée au genre

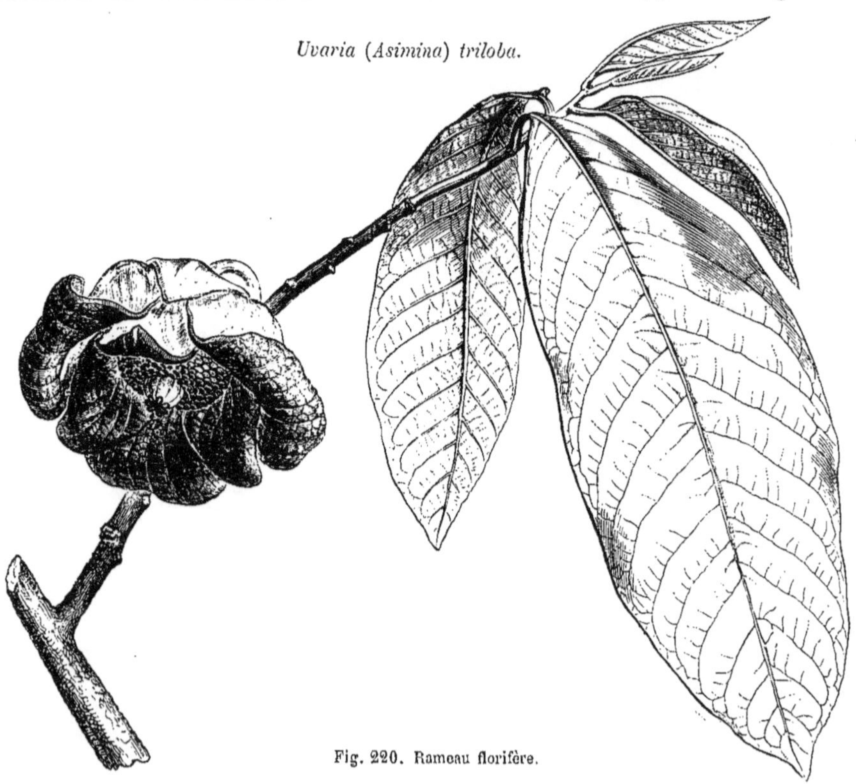

Uvaria (Asimina) triloba.

Fig. 220. Rameau florifère.

Asimina[1], sous le nom d'*A. triloba*[2] (fig. 220-228). Elle est cultivée dans nos jardins, et ses fleurs s'épanouissent au printemps, un peu avant

1. Adans., *Fam. des pl.*, II (1763), 365. — Dun., *Mon. Anonac.* (1817), 83. — DC., *Prodr.*, I, 87. — Spach, *Suit. à Buffon*, VII, 526. — Walf., *Rep.*, I, 79. — A. Gray, *Gen. ill.*, I, 67, t. 25, 26. — B. H., *Gen.*, 24, n. 14. —

H. Bn, in *Adansonia*, VI, 253 ; VII, 377 ; VIII, 301. — *Orchidocarpum* Michx, *Fl. bor.-amer.*, I, 329.

2. Dun., *op. cit.*, 83. — DC., *loc. cit.*, n. 2. — *A. campaniflora* Spach, *op. cit.*, 528. —

les feuilles. Ces fleurs, régulières et hermaphrodites, ont un réceptacle convexe. Sa base, à peu près conique, supporte un triple périanthe; puis il se renfle, au niveau de l'androcée, en une sorte de dôme chargé d'étamines et portant les carpelles sur son sommet légèrement déprimé

Uvaria (Asimina) triloba.

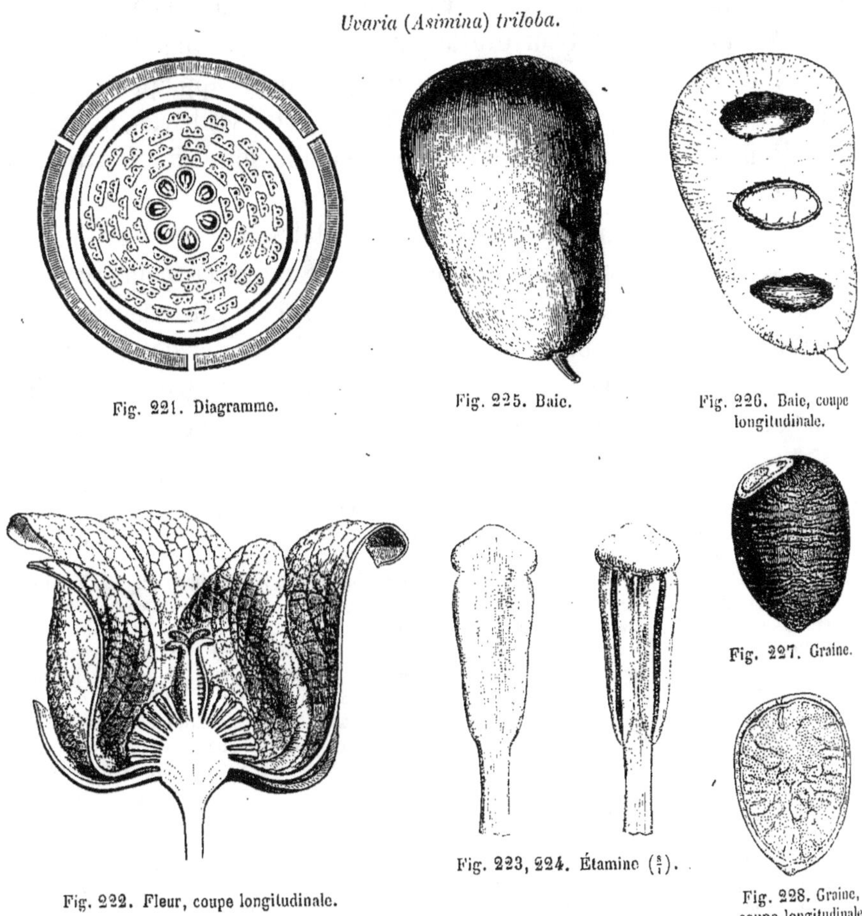

Fig. 221. Diagramme.

Fig. 225. Baie.

Fig. 226. Baie, coupe longitudinale.

Fig. 227. Graine.

Fig. 222. Fleur, coupe longitudinale.

Fig. 223, 224. Étamine ($\frac{5}{1}$).

Fig. 228. Graine, coupe longitudinale.

(fig. 222). Le calice est formé de trois[1] sépales, dont deux antérieurs, libres, valvaires dans le bouton, ou quelquefois légèrement imbriqués. Il y a deux corolles, formées chacune de trois pétales libres. Les pétales extérieurs sont alternes avec les sépales, imbriqués dans le bouton, plus

Anona triloba L., *Spec.*, 758. — *Porcelia triloba* PERS., *Enchir.*, II, 95. — *Orchidocarpum arietinum* MICHX, *loc. cit.* — *Uvaria triloba* TORR. et A. GRAY, *Fl. of N.-Amer.*, I (1838-40), 45.

1. Les fleurs normales sont trimères; mais nous avons observé (*Adansonia*, VII, 377) un certain nombre de fleurs accidentellement dimères, et d'autres qui avaient trois pétales intérieurs et deux extérieurs.

tard valvaires. Les pétales intérieurs sont plus petits que les extérieurs, superposés aux sépales et disposés également dans leur jeunesse en préfloraison imbriquée. Quand la fleur est largement épanouie, ils ne se touchent même plus au niveau de leurs bases rétrécies[1]. Les étamines sont en très-grand nombre, insérées en spirale. Elles ont la forme d'un coin allongé, implanté par son sommet sur le réceptacle, et dont la base dilatée en une tête arrondie se trouve à la partie supérieure (fig. 223, 224). L'anthère est constituée par deux loges étroites, appliquées verticalement suivant la longueur de ce coin, non loin de ses bords, mais plus près de la face externe que de l'interne. Chacune de ces loges extrorses s'ouvre par une fente longitudinale[2]. Le gynécée est composé, ou de six carpelles indépendants, superposés aux pétales, ou, plus ordinairement, d'un nombre moindre[3], ou plus élevé. Chaque carpelle se compose d'un ovaire uniloculaire, surmonté d'un style court et recourbé, à extrémité recouverte de papilles stigmatiques[4]. A l'intérieur de l'ovaire, on observe dans l'angle interne un placenta pariétal partagé par un sillon longitudinal[5] en deux lobes verticaux portant chacun une série d'ovules

1. Ces pétales présentent plusieurs particularités que nous avons indiquées dans une note intitulée : *Sur des pétales à structure anormale* (*Adansonia*, VI, 253). Les principales sont : des saillies charnues et glanduleuses de la face interne, avec sécrétion d'un nectar qui sert à retenir le pollen tombé dans la concavité de la corolle; la présence, dans ces papilles, de trachées émanées des faisceaux du limbe et formant des amas courts, terminés par des cellules spiralées, placées presque bout à bout. Dans leur jeune âge, les pétales sont tout à fait verts; ils prennent graduellement une teinte brunâtre qui s'accentue tous les jours davantage et qui finit par devenir d'un pourpre vineux très-foncé. Cette teinte est très-fréquente dans la corolle des Anonacées. Ailleurs, elle est remplacée par un ton jaunâtre, ou orangé, ou même d'un rouge éclatant, rarement par des teintes violacées et presque bleues même, dans l'*U.* (*Supranthus*) *nicaraguensis*.

2. Les étamines, très-fréquemment organisées de la sorte dans le groupe des Anonacées, et notamment dans les *Uvaria*, sont de celles que MM. BENTHAM et J. HOOKER nomment : « *Stamina Uvaricarum.* » L'espèce de tronc de pyramide renversé qu'elles représentent varie beaucoup de longueur aux différents âges, de même que la portion de l'étamine située au-dessous des loges et qu'on appelle le filet, quoiqu'elle ne soit pas réellement distincte du connectif. Les étamines se détachent de bonne heure par leur base, et elles tombent ordinairement alors dans la concavité des pétales; mais elles sont quelque temps reliées au réceptacle par un faisceau de trachées

qui s'allongent graduellement, comme celles qui supportent la graine des *Magnolia*. Le pollen est disposé dans chaque loge en un long chapelet formé de deux ou plusieurs rangées de grains blancs, unis par de très-minces débris des cellules mères. Chaque grain est composé de deux à quatre lobes, et plus ordinairement de trois lobes, qui sont autant de grains simples et qui ont chacun une forme ellipsoïde, avec une surface glabre et une membrane extérieure très-finement celluleuse. Quand il y a trois grains élémentaires réunis, ils occupent les trois sommets d'un triangle équilatéral; quand il y en a quatre, ils sont, comme dans les *Drimys*, groupés de façon à constituer un tétraèdre régulier ou irrégulier. Sur le pollen mouillé, les sinus qui séparent les grains élémentaires tendent de plus en plus à s'effacer.

3. Il n'y a souvent que trois carpelles, et quelquefois même deux seulement.

4. La portion stigmatifère est obovale, blanche, très-molle, atténuée en pointe à la base, arrondie au sommet. Celui-ci est légèrement réfléchi en dehors et enduit d'un liquide visqueux à l'époque de l'imprégnation. Plus tard, toute la portion stylaire du carpelle devient noirâtre et se sépare par sa base, fort rétrécie à ce moment, du sommet de l'ovaire, qui conserve une couleur verte intense et qui est chargé de petits poils blancs sur toute sa surface.

5. Ce sillon est aussi bien indiqué en dedans qu'en dehors de la feuille carpellaire, tout le long de l'angle interne de l'ovaire; il se prolonge sur le style, et ce sont ses deux bords épaissis et

anatropes. Ces ovules se regardent par leurs raphés[1]. Les fruits (fig. 225, 226) sont des baies ; chaque ovaire devient une masse indépendante, stipitée, à péricarpe épais, pénétrant dans l'intervalle des graines, sous forme de cloisons charnues, et limitant ainsi un certain nombre de compartiments qui logent chacun une graine. Les graines renferment sous leurs téguments un albumen charnu, ruminé, et un petit embryon placé près du sommet de l'albumen (fig. 228). De ce côté se trouve un épaississement arillaire très-peu prononcé, au niveau du micropyle et de la cicatrice ombilicale[2] (fig. 227).

L'*A. triloba* est un arbrisseau à feuilles alternes, simples et sans stipules. Ses fleurs, pédonculées et ordinairement solitaires, naissent à l'aisselle de la cicatrice d'une des feuilles inférieures que portaient les rameaux des années précédentes[3]. Les *A. parviflora* Dun.[4], *grandiflora* Dun.[5] et *pygmæa* Dun.[6] sont organisés de même et sont originaires des mêmes régions, c'est-à-dire des parties les plus méridionales de l'Amérique du Nord. Aussi tous les auteurs s'accordent à les conserver dans le même genre que l'*A. triloba*. On ne tient donc pas compte, et à juste raison, de quelques différences peu importantes que présente le périanthe de quelques-unes de ces espèces, soit dans la forme et la taille relative des pièces qui forment ses deux corolles[7], soit dans leur mode de préfloraison qui devient

---

renversés qui forment la surface stigmatifère. Celle-ci se prolonge même un peu en dehors du sommet.

1. Leur nombre est très-variable. On en compte jusqu'à une quinzaine sur chaque série. Leur anatropie est incomplète. Ils possèdent deux enveloppes, et l'intérieure est très-remarquable par la longueur du tube qu'elle envoie en dehors de l'exostome ; la paroi de son orifice endostomique forme une sorte de bourrelet circulaire à l'extrémité de ce goulot.

2. M. T. Caruel (*Studi sulla polpa che involve i semi*, etc., in *Ann. del Mus. di Firenze*, 1864) a montré (9, t. I, fig. 1-7) que, dans les fruits de l'*A. triloba*, le péricarpe vient entourer les graines d'une sorte de sac charnu et pulpeux, et pense que c'est là l'organe que M. Asa Gray (*Gen. fl. Amer.*, 1, 65) considère comme l'arille des *Asimina*. Rien n'est plus vrai, et ce sac représente simplement une portion de l'endocarpe appliquée contre la graine et qui peut s'arracher avec elle. Mais il y a en outre, au sommet de la graine, c'est-à-dire autour du micropyle et au niveau du hile, un épaississement peu prononcé de la membrane séminale extérieure, qui représente un rudiment d'arille, et qui, dans certaines Anonacées, se développe bien davantage, formant un bourrelet plus ou moins saillant, ou même un corps charnu et blanchâtre à deux au-

ricules ou ailes latérales parfois très-proéminentes. (Voy. *Adansonia*, VIII, 333 .

3. Leur pédoncule recourbé est couvert des mêmes poils bruns qu'on observe en abondance sur la surface extérieure du calice, et qui se retrouvent sur les bractées dont la fleur était enveloppée dans son jeune âge et pendant l'hiver. Ces bractées, en nombre variable, quelquefois au nombre de deux seulement, s'écartent du pédoncule et tombent à l'époque de l'épanouissement. Les fleurs occupent de préférence l'aisselle des deux ou trois premières feuilles des rameaux de l'année précédente. On reconnaît, dès le mois de juin, celles de ces aisselles qui seront occupées par des boutons, et l'on peut ainsi prédire, près d'un an avant la floraison, si celle-ci sera abondante au printemps suivant.

4. *Uvaria parviflora* Torr. et A. Gray, *loc. cit.*, n. 2.

5. *Orchidocarpum grandiflorum* Michx, *loc. cit.* — *Uvaria obovata* Torr. et A. Gray, n. 3.

6. *Anona pygmæa* Bartr. — *Uvaria pygmæa* Torr. et A. Gray, n. 4.

7. Voy. *Adansonia*, VIII, 302. Dans les fleurs de l'*U. parviflora* Torr. et Gr., les pétales intérieurs sont plus petits que les extérieurs, mais leur forme est semblable. Dans l'*U. triloba*, il y a un moment où les deux corolles sont à peu près égales entre elles comme longueur. Les pétales

tout à fait valvaire pour les pétales intérieurs [1], lorsqu'ils sont courts et épais sur les bords.

On a décrit, sous le nom de *Fitzalania* [2], une Anonacée australienne dont la fleur et le fruit sont tout à fait les mêmes que ceux de l'*Asimina triloba*. Mais ses pétales présentent avec ceux de cette dernière espèce une très-faible différence : les intérieurs seuls sont imbriqués ; les extérieurs ne le sont que très-légèrement et finissent même par devenir valvaires. Les organes de la végétation sont également les mêmes, et les fleurs sont pareillement axillaires et solitaires. Ce genre *Fitzalania* ne pourrait à aucun titre être distingué du genre *Asimina ;* il n'a pas été conservé. On l'a fait rentrer [3] dans le grand genre *Uvaria* de Linné, auquel il est, par conséquent, actuellement impossible de ne pas réunir le genre *Asimina ;* cette réunion est depuis près de trente ans [4] un fait accompli.

Avant cette époque, on n'admettait dans le genre *Uvaria* [5] que des plantes de l'Asie et de l'Afrique tropicales [6]. Si l'on recherche les caractères qui sont communs à ces *Uvaria* proprement dits, on voit que leurs fleurs présentent, sur un réceptacle convexe, un triple périanthe et un nombre indéfini d'étamines et de carpelles. Le calice est formé de trois sépales libres, ou à peu près, et plus souvent unis dans une étendue très-variable, quelquefois même rapprochés en un sac entier ou à peine denté sur les bords, à préfloraison valvaire ou plus ou moins imbriquée dans le jeune âge. Les pétales, arrondis, ovales ou oblongs, souvent tous égaux entre eux, ou à peu près, sont disposés dans le bouton en préfloraison imbriquée. Les étamines sont formées d'un connectif obpyramidal, étroit et allongé, avec deux loges d'anthère, linéaires, adnées, extrorses, déhiscentes chacune par une fente longitudinale. Au-dessus d'elles, le con-

---

intérieurs de l'*U. obovata* sont bien plus courts que les extérieurs, et de tout point pareils à ceux de plusieurs *Monodora*. Leur base est rétrécie en onglet et leur sommet dilaté, presque en forme de fer de flèche. Ces trois pétales rapprochés forment une sorte de voûte à trois piliers au centre de la fleur. Dans l'*U. pygmœa*, la forme et la disposition des pétales intérieurs sont les mêmes ; mais la différence de taille entre eux et les pétales extérieurs est moins tranchée.

1. Les pétales intérieurs des *U. pygmœa* et *obovata* ne se touchent que par leurs bords épaissis, dans cette portion dilatée, de forme presque sagittée, qui rappelle tout à fait la configuration des pièces de la corolle intérieure dans plusieurs *Monodora*.

2. F. Muell., *Fragm. phyt. Austral.*, IV, 33.

3. F. Muell., *op. cit.*, III, 1. — Benth., *Fl. austr.*, I, 51. — B. H., *Gen.*, 955. — H. Bn, in *Adansonia*, VIII, 303.

4. Torr. et A. Gray, *op. cit.* (Voy. p. 193, note 2.)

5. L., *Gen.*, n. 692. — Juss., *Gen.*, 284. — DC., *Syst. veg.*, I, 481 ; *Prodr.*, I, 88. — Spach, *Suit. à Buffon*, VII, 519. — Endl., *Gen.*, n. 4717. — B. H., *Gen.*, 23, 955, n. 3. — H. Bn, in *Adansonia*, VIII, 335. — *Krokeria* Neck., *Elem.*, n. 1097.

6. Blume est le premier qui ait réduit aux espèces de l'ancien monde ce genre qui renfermait pour ses prédécesseurs un grand nombre d'Anonacées de tous les pays, aujourd'hui rapportées à sept ou huit genres différents. Mais il avait d'abord (*Fl. Jav.*, *Anonac.*, 11, 51) réuni dans ce même genre les *Uvaria* et les *Unona*, qu'il ne distinguait les uns des autres que par la forme de leurs fruits.

nectif se prolonge, ou en une tête renflée et tronquée, ou en une lame de forme et de taille variables, parfois foliacée, oblongue ou lancéolée. Les carpelles, insérés près du sommet arrondi ou aplati du réceptacle, sont composés d'un ovaire à ovules anatropes, en nombre indéfini, insérés dans l'angle interne, sur deux séries verticales, anatropes et se tournant le dos. Un style, ordinairement court, dilaté à son sommet en tête stigmatifère, surmonte l'angle interne de l'ovaire, dont toute la hauteur est parcourue par un sillon longitudinal. Le fruit est multiple, formé d'un nombre variable de baies polyspermes ou monospermes, rétrécies légèrement à leur base, presque toujours sessiles ou à peu près, plus rarement stipitées (fig. 229). Leurs contours présentent des formes très-variables, ovoïde, obovée, cylindroïde ou en massue. Les graines qui, sous leurs téguments, renferment un albumen ruminé, et un petit embryon voisin du sommet, sont séparées les unes des autres par une fausse cloison transversale, à laquelle répond extérieurement un rétrécissement circulaire, ordinairement peu prononcé et quelquefois même tout à fait nul. Les *Uvaria* sont des arbustes, souvent sarmenteux et grimpants. Leurs feuilles alternes sont ordinairement, comme les jeunes rameaux, les pédoncules, les calices, les réceptacles et les fruits, chargées d'un duvet plus ou moins abondant[1]. Les fleurs sont axillaires, ou terminales, souvent oppositifoliées dans ce dernier cas, tantôt solitaires, tantôt réunies en cymes pauciflores. On en admet une quarantaine d'espèces[2], dont le nombre devra être probablement réduit.

Uvaria rufa.

Fig. 229. Baie.

Dans les fleurs de l'*U. sphenocarpa*[3], espèce de Ceylan, les pétales sont unis entre eux, jusqu'à une certaine hauteur, en une corolle qui se détache d'une seule pièce. Ce caractère, qui, dans d'autres groupes, est considéré comme ayant une importance capitale, n'en saurait avoir dans le genre *Uvaria*, attendu qu'il y a tous les degrés intermédiaires entre la gamopétalie de l'*U. sphenocarpa*, celle d'espèces où l'union des pétales est à peine indiquée, et les espèces enfin complétement polypétales.

1. Les poils dont il est formé sont souvent étoilés et de couleur blanchâtre, fauve ou rouillée.

2. Voy. page 202, notes 1-3.

3. Hook. et Thoms., *Fl. ind.*, I, 99, n. 7. — Thwait., *Enum. pl. Zeyl.*, 6, n. 3. — Walp., *Ann.*, IV, 46. On peut faire, sous le nom de *Synuvaria*, une section du genre pour les espèces dont la corolle se détache ainsi d'une seule pièce ; mais il faut reconnaître que les limites absolues de cette section et de celles qui renferment des espèces tout à fait polypétales, seront souvent fort artificielles ; et c'est là une preuve du peu de valeur des genres *Hexalobus*, etc.

Il y a, en dehors même des *Asimina*, des *Uvaria* d'origine américaine : ce sont les *Porcelia* [1] du Pérou, qui ont tous les caractères essentiels de ce genre, leurs organes sexuels et leur périanthe étant tout à fait les mêmes. Les pétales des deux corolles sont imbriqués, surtout ceux qui forment la corolle intérieure [2]. Les carpelles sont en nombre indéfini et occupent le centre d'un réceptacle convexe. Chacun d'eux contient des ovules en nombre indéfini, et devient une baie brièvement stipitée [3], tout à fait analogue à celle d'un *Asimina*. Les *Uvaria* de la section *Porcelia* sont des arbustes à feuilles alternes et à fleurs axillaires ou extra-axillaires, solitaires, ou réunies en cymes pauciflores. Leurs pédoncules sont assez longs et grêles, et souvent on observe une bractée vers le milieu de leur hauteur. Ajoutons que plusieurs des fleurs de *Porcelia* que nous avons analysées devenaient mâles par avortement plus ou moins complet du gynécée. Celui-ci pouvant disparaître tout à fait, on n'observe plus que des étamines insérées jusqu'au centre d'un réceptacle encore moins convexe que celui des fleurs hermaphrodites. Nous pouvons donc définir les *Porcelia* : des espèces américaines [4] du genre *Uvaria*, à fleurs hermaphrodites ou polygames.

Il n'y a pas davantage de différence générique entre les *Uvaria* et le *Sapranthus nicaraguensis* [5], plante dont l'énorme fleur [6] a un calice trimère, imbriqué, et six grands pétales égaux, membraneux, aplatis, formant une double corolle imbriquée. Les étamines et les carpelles, en nombre indéfini, sont tout à fait construits comme dans les *Asimina* et les *Porcelia;* il en est de même aussi des fruits. Cette section du genre *Uvaria* n'est représentée jusqu'ici que par un petit arbre à feuilles chargées d'un duvet velouté, comme les ramuscules et les pédoncules. Ses fleurs, solitaires et oppositifoliées [7], sont supportées par un pédoncule sur lequel

1. Ruiz et Pav., *Prodr. fl. peruv. et chil.*, 84, t. 16; *Syst.*, I, 144. — DC., *Prodr.*, I, 88. — Dun., *Mon.*, 85. — Endl., *Gen.*, n. 4717, a. — B. H., *Gen.*, 23, 956, n. 4. — H. Bn, in *Adansonia*, VIII, 303.

2. Ils grandissent longtemps, même après l'épanouissement de la fleur, et leur base se rétrécit graduellement, surtout celle des pétales intérieurs.

3. Exactement représentée dans l'ouvrage de Ruiz et Pavon, quant à la configuration extérieure, cette baie est très-analogue à celle des *Uvaria*. Les graines sont séparées les unes des autres par un prolongement mince et mou de l'endocarpe. Elles sont aplaties, ovales, et l'épaississement arillaire de leur tégument extérieur est à peine indiqué au pourtour du point d'attache, moins même que dans l'*Asimina triloba* Dun.

4. Ce n'est qu'avec doute que nous avons rapporté à ce groupe notre *Uvaria Hahniana* (*Adansonia*, VIII, 347, n. 11), espèce mexicaine dont les fruits, seuls étudiés, sont très-analogues à ceux des *Porcelia* et des *Asimina*, mais dont les graines sont exactement disposées sur deux rangées parallèles. Les fleurs sont encore inconnues.

5. Seemann, in *Journ. of Bot.*, IV, 369, t. LIV. — B. H., *Gen.*, 956 (*Porcelia*). — H. Bn, in *Adansonia*, VIII, 303.

6. Les pétales ont « de quatre à cinq pouces de long ».

7. C'est ainsi qu'elles sont représentées par l'auteur, qui les décrit cependant comme axil-

s'insère une bractée foliacée, et se distinguent par une odeur fétide et une coloration d'un bleu violacé obscur.

Dans les *Uvaria* proprement dits, de même que dans ceux de la section *Asimina*, les pétales intérieurs sont de même taille que les extérieurs, ou un peu plus petits qu'eux, rarement un peu plus développés. C'est ce dernier rapport qui existe, quoique d'une façon peu marquée, dans deux types rapportés par la plupart des auteurs à un groupe très-différent [1] de cette famille, les *Marenteria* [2] et les *Anomianthus* [3], les uns originaires de Madagascar, les autres de Java. Leurs fleurs et leurs fruits présentent d'ailleurs si complétement l'organisation des *Uvaria*, que nous ne pouvons les en écarter à titre générique. Comme section, les *Marenteria* pourraient à la rigueur être distingués des autres espèces du genre par la disposition de leurs fleurs que supporte un long pédoncule terminal ; mais il n'est guère possible de séparer nettement, par quelque caractère analogue, les *Anomianthus* de ceux des *Uvaria* proprement dits dont la corolle intérieure est un peu plus longue que l'intérieure. L'imbrication des pétales est bien prononcée dans les deux types, et le calice est gamosépale, en forme de sac à trois dents obtuses dans le *Marenteria* [4] ; ses divisions sont plus profondes dans l'*Anomianthus*. Ce dernier a des fleurs presque sessiles, tandis que celles du *Marenteria* sont, nous l'avons dit, longuement pédonculées.

Les *Ellipeia* [5] se distinguent facilement des autres *Uvaria* par ce fait que leurs ovules, au lieu d'être en nombre indéfini, sont solitaires ou, plus rarement, au nombre de deux dans chaque carpelle. Ils s'insèrent à une hauteur variable de l'angle interne de l'ovaire, et sont légèrement ascendants. Ce caractère, qui paraît, au premier abord, très-significatif, ne suffit pas cependant pour constituer un genre distinct dans la famille

---

laires. Le feuillage de la plante paraît très-analogue à celui de l'*A. triloba*. D'après la description, l'imbrication de la corolle paraît plus accentuée que dans les *Asimina* ; mais c'est là un caractère très-variable dans un même genre, comme on le verra par la suite.

1. Celui des *Mitrephoreæ*, dont la corolle est souvent caractéristique et ainsi définie par MM. Bentham et Hooker (*Gen.*, 24) : « *Petala valvata, exteriora aperta, interiora circa genitalia erecto-conniventia v. connata.* »

2. Noron., ex Dup.-Th., *Gen. nov. madag.*, 18, n. 60. — B. H., *Gen.*, 957, n. 23, a. — H. Bn, in *Adansonia*, VIII, 304, 325.—*Unona Marenteria* DC., *Syst.*, I, 487 ; *Prodr.*, I, 89, n. 4. — Dun., *Mon.*, 101.

3. Zoll., in *Linnæa*, XXIX, 324.—B.H., *Gen.*, 27, n. 26. — H. Bn, in *Adansonia*, VIII, 304.

4. Dans une autre espèce, originaire de Madagascar, et que nous avons décrite sous le nom d'*U. Commersoniana* (*Adansonia*, VIII, 346), les sépales sont presque libres, en même temps que les carpelles sont bien plus nombreux que ceux du *Marenteria* de Dupetit-Thouars, car ce dernier n'en a dans chaque fleur que de trois à cinq. La fleur de l'*U. Commersoniana* est oppositifoliée ou terminale, avec un pédoncule moins long que celui de l'*U. Marenteria* ; de sorte que cette espèce sert, par la plupart de ces caractères, d'intermédiaire au *Marenteria* type et aux *Uvaria* sarmenteux à fleur terminale et longuement pédonculée, qui croissent dans l'Asie tropicale. Tel est principalement l'*U. Narum* Wall.

5. Hook. et Thoms., *Fl. ind.*, I, 104. — B. H., *Gen.*, 23, 956, n. 6. —H. Bn, in *Adansonia*, VIII, 305, 335.

des Anonacées ; car on a démontré [1] que beaucoup d'autres genres parfaitement naturels, et acceptés comme tels par tous les auteurs, renferment à la fois des espèces à ovaires uni- ou biovulés, et des espèces à fruits polyspermes. Tout étant d'ailleurs semblable aux *Uvaria* dans les trois espèces, originaires de l'archipel indien, qu'on a décrites [2] dans ce genre : corolle imbriquée, étamines nombreuses à connectif dilaté et tronqué au-dessus des loges, feuilles alternes chargées de poils, et tiges sarmenteuses, on ne peut conserver les *Ellipeia* que comme section à fruits monospermes [3] du genre *Uvaria* [4].

Dans ce genre enfin, comme dans la plupart de ceux de la famille des Anonacées, il y a des espèces à fleurs normalement diclines. Tel est, par exemple, l'*Uvaria Burahol* BL. [5], dont plusieurs auteurs ont fait le type d'un genre particulier, sous le nom de *Stelechocarpus*. L'absence de gynécée dans les fleurs mâles permet au réceptacle, chargé d'étamines jusqu'en haut, de s'allonger en forme de cylindre à sommet conique [6].

Tel qu'il est ici délimité, c'est-à-dire formé de neuf groupes secondaires [7], que nous ne considérons que comme des sous-genres à limites

---

1. Voy. *Adansonia*, VIII, 175, 177, 180, 183.

2. WALP., *Ann.*, IV, 50. — MIQ., *Fl. ind.-bat.*, I, p. II, 27 ; *Ann. Mus. Lugd. Bat.*, II, 9.

3. Ce fruit est surmonté d'un petit apicule qui, par suite du développement inégal des différentes régions du péricarpe, devient plus ou moins latéral.

4. Nous n'avons pu étudier le genre *Sphæro-thalamus* HOOK. F. (in *Linn. Trans.*, XXIII, 156, t. 20 ; *Gen.*, 23, n. 5), dont les représentants sont rares dans les herbiers et dont il n'existe probablement jusqu'ici qu'un seul exemplaire conservé à Kew. D'après la caractéristique donnée par l'auteur, le *S. insignis*, arbuste qni croît à Bornéo, et qui a d'énormes feuilles alternes, sessiles, cordées à la base, présente des fleurs, de couleur orangée, à réceptacle globuleux ; à trois grands sépales orbiculaires, membraneux, rigides, imbriqués dans le bouton ; à six pétales spatulés, formant deux verticilles, imbriqués (?). Les étamines, en nombre indéfini, sont cunéiformes, avec un connectif dilaté et tronqué au-dessus des loges. Les carpelles, en nombre indéfini (3-15), ont un ovaire surmonté d'un style très-court et obtus, et contenant deux (?) ovules ventraux ascendants. Le fruit est inconnu jusqu'ici. Malgré les différences extérieures que cette plante présente dans la taille et la forme de ses fleurs et de ses feuilles, est-il bien certain qu'elle doive constituer un type générique différent des *Uvaria* ? Il est même possible que, par ses carpelles, représentés comme possédant deux ovules superposés,
elle devienne un intermédiaire entre les *Uvaria* pluriovulés et les *Ellipeia* (Voy. *Adansonia*, VIII, 305, 336).

5. *Fl. Jav.*, *Anonac.*, 13, t. XXIII, XXV, part. — ZOLL., in *Linnæa*, XXIX, 303. — MIQ., *Fl. ind.-bat.*, I, p. II, 22 ; *Ann. Mus. Lugd. Bat.*, II, 10. — WALP., *Ann.*, IV, 49. — H. BN, in *Adansonia*, VIII, 329.

6. Les étamines sont en grand nombre, mais construites comme celles de la plupart des *Uvaria*, et à peu près sessiles. Les pétales sont glabres et fortement concaves. Dans la fleur femelle, le gynécée ressemble en petit à celui d'un *Magnolia*. Les carpelles, nombreux, sont trapus, couverts de poils roides. Le style se dilate rapidement et se partage en deux lobes, comme dans beaucoup d'*Uvaria* proprement dits. Les ovules sont peu nombreux ; il n'y en a souvent que deux ou trois sur chaque rangée. Le fruit est supporté par un pédoncule long et épais. M. MIQUEL (*op. cit.*, 21) rapporte encore à ce groupe l'*U. montana* BL.

7. *Uvaria* sect. 9.
1. *Euuvaria*.
2. *Synuvaria* (H. BN).
3. *Asimina* (ADANS. — *Orchidocarpum* MICHX).
4. *Porcelia* (R. et PAV. — *Sapranthus* SEEM.).
5. *Narum* (HOOK. et THOMS.).
6. *Marenteria* (DUP.-TH.).
7. *Anomianthus* (ZOLL.).
8. *Ellipeia* (HOOK. et THOMS).
9. *Stelechocarpus* (BL.).

souvent bien peu nettement définissables, le genre *Uvaria* renferme une cinquantaine d'espèces dont les quatre cinquièmes environ appartiennent à l'ancien continent[1]. Les autres sont originaires des États-Unis, du Mexique[2] et de la région nord-ouest de l'Amérique méridionale[3].

Les *Sageræa*[4] sont des arbres de l'Asie tropicale, dont les fleurs, hermaphrodites ou diclines, sont très-analogues à celles des *Uvaria*. Avec un calice dont les trois pièces, unies entre elles dans une certaine étendue, sont imbriquées dans le bouton, elles présentent une double corolle à folioles imbriquées. Au-dessus de ces parties, le réceptacle floral prend la forme d'une tête aplatie, à larges facettes répondant à l'insertion des étamines et des carpelles. Les premières sont en nombre peu considérable, à peu près égal à celui des pièces du périanthe; elles ont la forme d'un tronc de pyramide renversé, et présentent une anthère à deux loges

Sageræa laurina[5].

Fig. 230. Fleur ($\frac{5}{1}$).

extrorses, déhiscentes suivant leur longueur, au-dessus desquelles le connectif s'étale en une lame tronquée[6]. Il faut probablement considérer comme des pièces stériles de l'androcée[7], de larges écailles extérieures aux étamines fertiles, qui, au nombre de six environ, dans le *S. laurina* DALZ., par exemple (fig. 230), simulent une troisième corolle intérieure aux six pétales normaux. Les carpelles sont, ou peu nombreux, car on n'en compte parfois que de deux à six, ou en nombre indéfini. Leur

1. DUN., *Mon.*, 82, 85, 88. — DC., *Prodr.*, I, 87, 88. — A. DC., *Mém.*, 25. — BL., *Fl. Jav.*, Anonac., 9, 41. — WALP., *Rep.*, I, 79; *Ann.*, II, 19; IV, 45, 49; VII, 50, 54. — HARV. et SOND., *Fl. cap.*, I, 8. — ZOLL., in *Linnæa*, XXIX, 303, 312, 324 (*Anomianthus*).—BENTH., in *Linn. Trans.*, XXIII, 464; *Fl. hongkong.*, 9; *Fl. austral.*, I, 50.—HOOK. et THOMS., *Fl. ind.*, I, 95, 104 (*Ellipeia*). — MIQ., *Fl. ind.-bat.*, I, p. II, 22; *Ann. Mus. Lugd. Bat.*, II, 2, 9. — THWAIT., *Enum. pl. Zeyl.*, 6. — SEEM., *Fl. vitiens.*, 4. — F. MUELL., *Fragm.*, III, 1; IV, 33 (*Fitzalania*).—H. BN, *op. cit.*, VIII, 346.

2. TORR. et GR., *op. cit.* (Voy. p. 193.) — MICHX, *Fl. bor.-amer.*, I, 329 (*Orchidocarpum*). — H. BN, in *Adansonia*, VIII, 347.

3. RUIZ et PAV., *Prodr.*, 84, t. 16 (*Porcelia*). — SEEM., *Journ. of Bot.*, IV, 369, t. LIV (*Sapranthus*).

4. DALZ., in *Hook. Journ.*, III, 207. — B. H., *Gen.*, 22, 955, n. 1. — H. BN, in *Adansonia*, VIII, 336).

5. *Guatteria laurifolia* GRAH., *Cat. Bomb.*, 4.

6. Ces étamines ont souvent le prolongement du connectif, au delà des loges de l'anthère, atténué au sommet et incliné en dedans, de manière à rappeler assez bien la forme des étamines de certaines Miliusées, et c'est pour cela sans doute que quelques *Sageræa* avaient été primitivement rangés dans le genre *Bocagea*.

7. H. BN, in *Adansonia*, VIII, 328. La forme de ces écailles, telles que les représente la figure 230, leur épaisseur et leur consistance indiquent, en effet, une grande analogie avec les étamines fertiles qui sont plus intérieures. Leur bord supérieur est découpé de quatre petits festons qui paraissent répondre chacun au sommet d'une demi-loge rudimentaire, et l'on voit même sur la face extérieure quatre sillons fort obtus qui aboutissent en haut aux encoches interposées à ces festons. Nous ne savons si ces organes stériles existent dans d'autres espèces que le *S. laurina* DALZ.; les descriptions n'en font aucune mention.

ovaire renferme, dans son angle interne, deux séries verticales d'ovules en nombre indéfini. Le fruit est formé d'une ou plusieurs baies renflées, à peu près globuleuses, mono- ou polyspermes. Les trois ou quatre espèces de ce genre sont indiennes [1], pourvues de feuilles alternes, coriaces et glabres. Leurs fleurs sont axillaires ou latérales, solitaires, ou plus souvent réunies en cymes.

On peut définir les *Tetrapetalum* [2] (fig. 231) : des *Uvaria* à verticilles floraux dimères. Sur un réceptacle légèrement convexe, on y voit en effet deux sépales concaves fortement imbriqués, et quatre pétales alternativement imbriqués, arrondis, concaves et caducs. Les étamines et les carpelles multiovulés sont tout à fait ceux d'un *Uvaria*. Les fruits sont jusqu'ici inconnus. On n'a décrit qu'une seule espèce [3] de ce genre, arbuste de Bornéo, dont les rameaux flexibles et volubiles sont chargés de feuilles alternes, et dont les fleurs sont disposées en épis serrés, oppositifoliés ou latéraux.

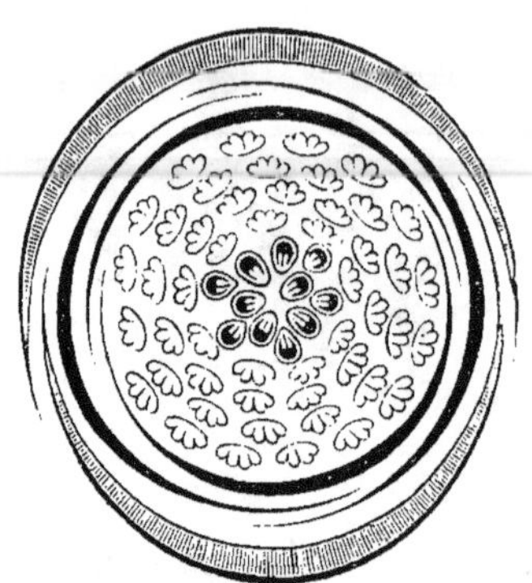

Tetrapetalum volubile.

Fig. 231. Diagramme.

Les *Cananga* [4] ont les fleurs construites sur le même plan que les *Uvaria* et n'en diffèrent que par un certain nombre de caractères d'importance secondaire. Leur réceptacle est convexe [5] et porte successivement : un calice de trois sépales, valvaires dans le bouton, et deux corolles de trois pétales, égaux ou à peu près entre eux, imbriqués dans la préfloraison et étalés lors de l'épanouissement de la fleur. Les étamines sont très-nombreuses, pressées en spirale les unes contre les autres,

1. Hook. et Thoms., *Fl. ind.*, I, 93. — Grah., *Cat. Bomb.*, *loc. cit.* — Walp., *Rep.*, I, 76, 4; *Ann.*, IV, 50; VII, 50. — Thwait., *Enum. pl. Zeyl.*, 6. — Miq., *Fl. ind.-bat.*, I, p. II, 21; *Ann. Mus. Lugd. Bat.*, II, 10.

2. Miq., in *Ann. Mus. Lugd. Bat.*, II, 8. — B. H., *Gen.*, 955, n. 2 a. — H. Bn, in *Adansonia*, VIII, 336.

3. *T. volubile* Miq., *loc. cit.* Presque tous les organes de cette plante sont chargés de poils roussâtres, comme ceux de la plupart des *Uvaria*.

4. Aubl., *Guian.*, I (1775), 607, t. 244 (nec Rumph., *Herb. amboin.*, II (1741), 195, t. 65; nec Hook. f. et Thoms., *Fl. ind.*, I, 89). —*Guatteria* R. et Pav., *Prodr.* (1794), 85, t. 17 (nec Auctt. flor. asiatic.). — Dun., *Mon.*, 50, t. 30-32. — DC., *Prodr.*, I, 502. — Endl., *Gen.*, n. 4721. — B. H., *Gen.*, 23, n. 7. Nous

avons expliqué (*Adansonia*, VIII, 336) pourquoi le nom générique d'Aublet doit de toute façon conserver la priorité, quoiqu'il ne s'applique pas aux mêmes plantes que les *Cananga* de Rumphius. Ces derniers sont, à notre avis, des *Unona*, et le nom de *Guatteria* n'a été créé par Ruiz et Pavon que dix-neuf ans après la publication de l'ouvrage d'Aublet. Or, le nom de *Cananga*, tel que l'applique Aublet, est encore antérieur de dix-neuf ans.

5. Il a souvent la forme d'un dôme, sauf dans cette portion supérieure tronquée (*torus apice truncatus*), cette sorte de plate-forme sur laquelle s'insère le gynécée, et qui est entourée d'un petit bourrelet circulaire dont nous parlons plus bas. On ne peut y voir autre chose qu'un premier rudiment du sac réceptaculaire si développé qu'on observe dans la plupart des *Xylopia*.

avec des anthères extrorses à deux loges parallèles, surmontées d'une dilatation tronquée du connectif. Au-dessus de l'androcée, le sommet du
réceptacle présente une plate-forme circulaire, bordée souvent d'un
léger bourrelet saillant. Sur cette sur-
face s'insèrent des carpelles en nombre
indéfini, composés d'un ovaire uniloculaire, surmonté d'une dilatation presque sessile, chargée de papilles stigmatiques. A la base de l'ovaire se trouve
un placenta qui supporte un ovule ascendant ou dressé, à micropyle extérieur et inférieur. Le fruit, multiple,
(fig. 232) est formé d'un nombre indéfini de baies stipitées, monospermes.
La graine, dressée, renferme sous ses
téguments un albumen ruminé avec
un petit embryon presque apical. Les
Cananga sont des arbres et des arbustes
des régions chaudes de l'Amérique;
on en a décrit une cinquantaine d'es-

Cananga (Guatteria) Schomburgkiana.

Fig. 232. Fruit.

pèces[1]. Leurs feuilles sont alternes; et leurs fleurs solitaires, ou réunies
en cymes pauciflores, sont axillaires, latérales ou terminales et quelquefois oppositifoliées.

Les *Aberemoa*[2] ont les pétales imbriqués, comme les *Uvaria* et les
Cananga[3]; et leurs carpelles sont uniovulés, comme ceux de ces derniers. Le style qui les surmonte s'atténue souvent en une sorte de corne
aiguë. Mais leur fruit n'est pas formé d'un certain nombre de baies
stipitées et disposées en ombelles, comme celles des *Cananga*. Il a ordinairement la même organisation que celui des Anones, dont nous ferons
l'étude un peu plus loin. C'est une masse ovoïde ou sphérique, charnue
ou ligneuse, formée par la réunion de tous les carpelles. Cette réunion

1. Walp., *Rep.*, I, 82 ; II, 747 ; *Ann.*, IV,
72 ; VII, 52. — DC., *loc. cit.* ; *Icon. Deless.*, I,
24, t. 90. — A. DC., *Mém.*, 40. — A. S. H., *Fl.
Bras. mer.*, I, 36. — Mart., *Fl. bras., Annonac.*,
25, t. 7-12. — Schltl, in *Linnæa*, IX, 320. —
Pl. et Triana, in *Ann. sc. nat.*, sér. 4, XVII,
31. — H. Bn, in *Adansonia*, VIII, 268.

2. Aubl., *Guian.*, I, 610, t. 245. — H. Bn,
in *Adansonia*, VIII, 336. — *Duquetia* A. S. H.,
Fl. Bras. merid., I, 35, t. 6, 7. — A. DC.,
Mém., 40. — Endl., *Gen.*, n. 4722. — B. H.,
Gen., 23, n. 8. — H. Bn, in *Adansonia*, VIII,

326. — *Cardiopetalum* Schltl., in *Linnæa*, IX,
328.

3. Le réceptacle présente quelquefois la même
forme que dans ce genre ; ainsi, son sommet est
concave dans les fleurs du *Duquetia bracteosa*
Mart. Les pétales, dont la base est souvent marquée en dedans d'une tache de couleur foncée,
peuvent être très-épais, et comme chagrinés, à
l'instar de ceux de l'*Asimina triloba*; cette disposition est très-prononcée dans l'*Anona furfu-
racea* A. S. H. (*Fl. Bras. merid.*, I, 35, t. 6),
qui est un *Aberemoa*.

peut être assez intime pour qu'on n'aperçoive presque plus à la surface du fruit la trace des différents styles (fig. 235). Ailleurs on distingue leurs sommets sous forme de pointes plus ou moins saillantes[1] ; et il peut même arriver que les baies, presque ligneuses, soient indépendantes jusqu'à leur base ; mais, dans ce cas, le réceptacle commun se renfle pour les supporter, en une masse épaisse, piriforme ou à peu près, et l'ensemble présente toujours un aspect très-particulier[2]. Les graines sont pourvues d'un arille et d'un embryon charnu et ruminé, très-abondant. Dans une espèce de ce genre, qui a été décrite par AUBLET[3] sous le nom d'*Anona longifolia* (fig. 233-235), les étamines extérieures sont stériles et transformées en languettes pétaloïdes imbriquées. La surface

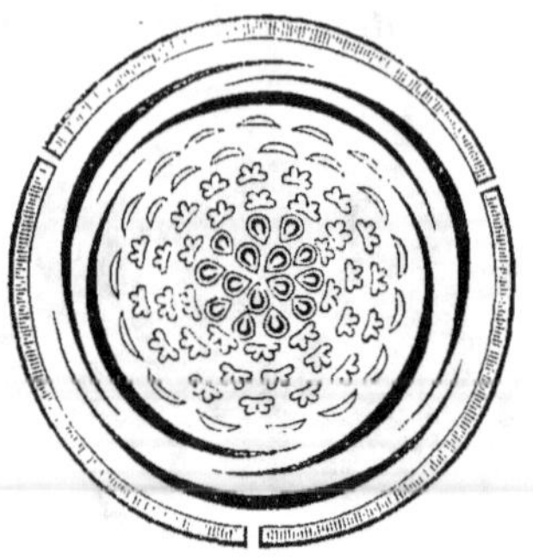

Aberemou (Fusæa) longifolia.

Fig. 234. Diagramme.

Aberemou (Fusæa) longifolia.

Fig. 233. Inflorescence.

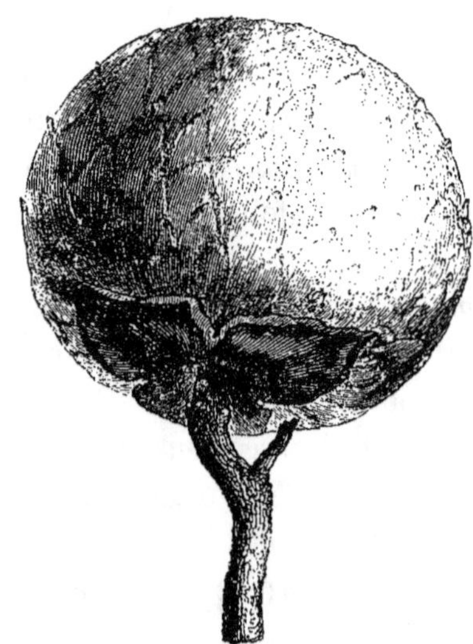

Fig. 235. Fruit.

du fruit mûr y est en même temps à peu près lisse ; traits qui

1. Quelques espèces, telles que l'*Anona calycina* SAG., de la Guyane, ont des carpelles peu distincts dans le fruit vert, mais qui, à la maturité, se détachent tous du réceptacle commun, avec la graine qu'ils renferment et que le péricarpe n'enveloppe même plus dans sa portion inférieure.

2. C'est le fait de l'espèce prototype du genre *Duguetia*, le *D. lanceolata* A. S. H. Ses carpelles sont indépendants jusqu'à la base, et le réceptacle commun qui les supporte, s'est renflé en forme de poire ligneuse, avec une facette qui correspond à l'insertion de chacun des carpelles.

3. *Guian.*, I, 615, t. 248.—*Duguetia longifolia* H. BN, *loc. cit.*

peuvent suffire à caractériser une section spéciale[1] du genre *Aberemoa*.

Ce sont des arbres et des arbustes de l'Amérique méridionale. Leurs feuilles alternes et leurs jeunes branches sont ordinairement chargées de poils écailleux ou étoilés. Leurs fleurs sont solitaires, ou réunies en cymes unipares et biflores[2], tantôt terminales, tantôt oppositifoliées ou latérales[3]. Il en existe une quinzaine d'espèces, décrites[4] le plus souvent comme appartenant au genre *Anona*; on peut dire en effet que les *Aberemoa* sont des Anones dont tous les pétales sont imbriqués.

Les *Cleistochlamys*[5] ont de petites fleurs axillaires et sessiles, dont l'organisation générale est celle des *Cananga* et des *Aberemoa* : pétales imbriqués, insérés sur un réceptale légèrement convexe, de même que les étamines en nombre indéfini, dont les anthères extrorses sont surmontées d'une dilatation tronquée du connectif, et les carpelles uniovulés en nombre variable[6], à style étroit, légèrement capité. Mais le calice est une sorte de sac membraneux, globuleux, d'abord clos, puis irrégulièrement déchiré en deux, trois ou quatre portions inégales. Les fruits sont formés de plusieurs baies allongées, monospermes, stipitées. On ne connaît jusqu'ici qu'une seule espèce[7] de ce genre : c'est un petit arbuste glabre, originaire de l'Afrique tropico-orientale. Ses feuilles sont ovales-oblongues, membraneuses, et le port de la plante est celui de plusieurs *Popowia*, genre auquel la plante avait été primitivement rapportée.

---

1. Nous l'avons appelée *Fusœa* (*Adansonia*, VIII, 326). Cette section est encore distinguée par son mode d'inflorescence, ces staminodes pétaloïdes extérieurs aux étamines fertiles, l'union des styles en une masse unique vers le sommet, et l'organisation du fruit qui arrive à représenter une masse ligneuse sphérique, semblable à une boule de bois, creusée çà et là de loges monospermes, et dont la surface laisse à peine deviner que ce fruit multiple est en réalité formé d'un grand nombre d'ovaires primitivement indépendants. (Voy. fig. 235.)

2. C'est de cette façon qu'on les voit disposées dans l'*A. longifolia*, représenté par la figure 233. On voit de plus que les bractées, portées par les axes de différentes générations, peuvent avoir des bourgeons dans leur aisselle. Il y a aussi deux fleurs de générations différentes dans l'inflorescence de l'*Anona? uniflora* Dun. (*Mon.*, 76 ; DC., *Prodr.*, I, 86, n. 24; *Icon. Deless.*, I, 23, t. 87), qui est un *Aberemoa*, mais dont le nom spécifique doit forcément être pour cette raison modifié. Aussi avions-nous proposé (*Adansonia*, VIII, 327) de l'appeler *Duguetia Candollei*.

3. La situation des inflorescences est latérale dans l'*A. longifolia*. La cyme unipare naît en réalité dans l'aisselle d'une feuille, mais d'une feuille tombée, sur un rameau de la saison précédente. A côté d'elle se développe, dans la même aisselle, un jeune rameau de l'année. Or, l'inflorescence est soulevée et demeure unie dans une étendue très-variable, par son pédoncule, tantôt avec le jeune rameau de l'année, tantôt avec celui de l'année précédente. Quelque chose d'analogue s'observera dans certains *Monodora*.

4. Mart., *Fl. bras.*, Anonac., 22, t. 5. — Schltl, *loc.*, *cit.*, 320, 328. — Walp., *Rep.*, I, 85 ; II, 747 ; *Ann.*, I, 17 ; III, 813 ; IV, 57.

5. Oliv., in *Journ. Linn. Soc.*, IX, 175. — B. H., *Gen.*, 956, n. 6, *a*. — H. Bn, in *Adansonia*, VIII, 336.

6. Il y en a de cinq à dix. L'ovule est presque basilaire, avec le micropyle tourné en bas et en dehors.

7. *C. Kirkii* Oliv., *loc. cit.* — *Popowia? Kirkii* Benth., in *Linn. Trans.*, XXIII, 470, n. 2. L'espèce a été trouvée par le docteur Kirk, dans l'expédition de Livingstone, sur les bords du Zambèse.

Les *Oxandra*[1] ont de petites fleurs, comme les *Cleistochlamys* ; mais leur calice est formé de trois folioles imbriquées, et non d'un sac valvaire et d'une seule pièce. Leurs six pétales sont imbriqués, comme ceux d'un *Uvaria* ; et leurs étamines sont de celles qu'on a appelées *stamina Miliusearum*. Le nombre de ces dernières est indéfini, mais en général peu considérable, et il en est de même de celui des carpelles. Si l'on examine, par exemple, la fleur de l'*O. espintana*[2] (fig. 236), on voit que l'androcée ne forme qu'une couple de rangées en dedans du périanthe. Les étamines ont la forme lancéolée ; elles se termi-nent par une longue pointe qui n'est autre chose que le sommet du connectif, et qui se continue tout d'une venue avec le filet de l'étamine. Sur la face externe de ce corps s'appliquent deux loges d'anthère, linéaires, parallèles, extrorses, à déhis-cence longitudinale. Les carpelles sont au nombre de cinq ou six, groupés en couronne sur le sommet légèrement aplati du réceptacle. Les ovaires s'at-ténuent en un style arqué à sommet stigmatifère,

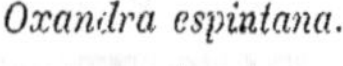

Oxandra espintana.

Fig. 236. Fleur $\left(\frac{6}{1}\right)$.

et contiennent chacun un ovule presque basilaire, ascendant, avec le micro-pyle dirigé en bas et en dehors. La fleur est soutenue par un pédoncule axillaire qui, comme celui des *Chimonanthus*, porte sur toute sa surface des bractées imbriquées, analogues aux sépales, et d'autant plus courtes qu'elles sont plus inférieures ; ici elles sont distiques, épaisses et scarieuses. Dans d'autres espèces, telles que les *O. lanceolata*[3] et *laurifolia*[4], ces écailles n'occupent pas toute la longueur du pédoncule floral ; elles demeurent rapprochées de sa base à laquelle elles forment une espèce de gaîne ou d'involucre. La forme du périanthe y présente quelques modi-

<hr>

1. A. Rich., *Fl. cub.*, 20, t. VIII. — H. Bn, in *Adansonia*, VIII, 168, 336.— *Bocagea* B. H., *Gen.*, 29, n. 39 (nec A. S. H., *Fl. Bras. mer.*, I, 41).

2. H. Bn, *loc. cit.*, 166. — *Bocagea espin-tana* Spruce, ex Benth., in *Journ. Linn. Soc.*, V, 71.

3. H. Bn, *loc. cit.*, 168, note 4. — *O. vir-gata* A. Rich., *loc. cit.* — *Uvaria lanceolata* Sw., *Prodr.* (1788), 87. — *U. virgata* Sw., *Fl. Ind. occ.*, II (1800), 999. — *Cananga vir-gata* DC. — *Guatteria virgata* Dun., *Mon.*, 133, t. 31 ; DC., *Prodr.*, I, 94, n. 14. — *Dri-mys lancea* Poit. — *Bocagea virgata* B. H., *Gen., loc. cit.*

4. A. Rich., *loc. cit.*; H. Bn, *loc. cit.*, n. 3. — *Uvaria laurifolia* Sw., *loc. cit.* — *U. excelsa* Vest., ex Vahl. — *Cananga laurifolia* DC. — *Guatteria laurifolia* Dun., *op. cit.*, 132, t. 32 ; DC., *loc. cit.*, n. 15. — *Bocagea laurifolia* B. H., *loc. cit.* Dans ces espèces, il n'y a jamais qu'un seul ovule ascendant, presque basilaire. Les pétales sont larges et courts dans l'*O. lan-ceolata*, bien plus longs et relativement plus étroits dans l'*O. laurifolia*. Dans les deux plantes, l'étamine a la forme d'une languette charnue, épaisse, en forme de fuseau allongé, à sommet très-aigu. Les loges sont des espèces de ba-guettes linéaires, appliquées parallèlement sur la surface externe de l'étamine. Le filet, le corps du connectif et sa longue pointe apicale ne for-ment qu'un tout continu. Les carpelles et les étamines sont construits sur le même plan dans l'*O. laurifolia* et dans l'*O. lanceolata*.

fications : ainsi, le bouton, à peu près globuleux dans l'*O. lanceolata*, devient allongé dans l'*O. laurifolia ;* ce qui tient principalement à la configuration des pétales. Les étamines sont nombreuses dans la dernière de ces espèces, et il en est de même des carpelles. On connaît quatre ou cinq [1] espèces d'*Oxandra* [2]. Ce sont des arbustes des Antilles et du nord de l'Amérique méridionale. Leurs feuilles sont alternes, entières, et leurs fruits sont formés d'un nombre variable de baies monospermes, brièvement stipitées.

B. UNONÉES. — Ce groupe secondaire tire son nom du genre *Unona* [3], qui ne diffère d'une manière essentielle des *Uvaria* que par un seul caractère : la préfloraison valvaire et non imbriquée de sa corolle. Tout le reste est d'ailleurs semblable dans la fleur des *Unona* rapportés à la section *Pseudo-Unona* [4] : calice tri-

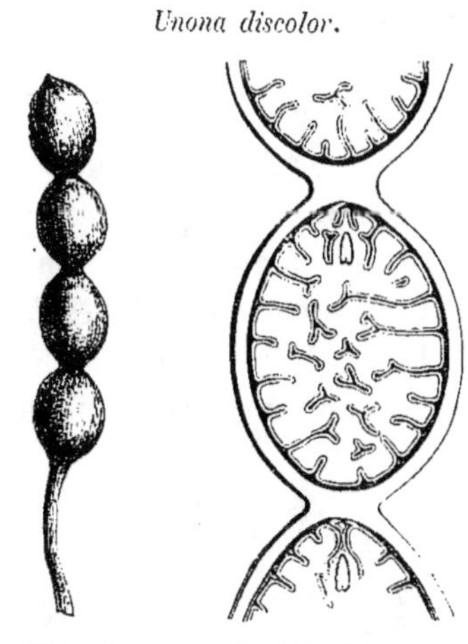
Unona discolor.

mère et valvaire ; pétales à peu près tous pareils entre eux, sessiles, aplatis, étalés lors de l'anthèse ; étamines en nombre indéfini, insérées dans l'ordre spiral sur un réceptacle convexe, et surmontées d'une dilatation du connectif ; carpelles également en nombre variable ; ovules nombreux insérés dans l'angle interne ; fruit multiple formé de baies polyspermes à péricarpe peu ou point étranglé dans l'intervalle des graines. Les espèces qui n'appartiennent pas à cette section se distinguent par ce

Fig. 237. Baie.   Fig. 238. Baie, coupe longitudinale (¼).

caractère que l'étranglement est au contraire fort prononcé entre deux graines voisines ; si bien que chacune des baies a l'apparence d'un chapelet à un nombre variable de grains. Chaque compartiment renferme une seule graine suspendue, à embryon ruminé (fig. 237, 238).

1. Ce dernier nombre serait le seul vrai, s'il était démontré que le *Bocagea leucodermis* SPRUCE (BENTH., in *Journ. Linn. Soc.*, V, 71 ; — H. BN, *op. cit.*, 167) est aussi une espèce d'*Oxandra ;* mais les fleurs en sont très-incomplétement connues.

2. A. RICH., *loc. cit.* — PL. et TRIANA, in *Ann. sc. nat.*, sér. 4, XVII, 36. — H. BN, *op. cit.*, 166, 167, 169.

3. L. FIL., *Suppl.*, 270. — JUSS., *Gen.*, 283 ; *Ann. Mus.*, XVI, 340. — DUN., *Mon.*, 99, t. 26. — DC., *Syst.*, I, 485 ; *Prodr.*, I, 88.

— SPACH, *Suit. à Buffon*, VII, 517. — ENDL., *Gen.*, n. 4717, *b*. — B. H., *Gen.*, 24, 956, n. 13. — H. BN, in *Adansonia*, VIII, 175, 327 (incl. *Cananga* RUMPH. ; — *Melodorum* DUN. ; — *Kentia* BL. ; — *Mitrella* MIQ. ; — *Polyalthia* BL. ; — *Ancana* F. MUELL. ; — *Meiogyne* MIQ. ; — *Monocarpia* MIQ. ; — *Trigyneia* SCHLTL. ; — *Hexalobus* A. S. H. et TUL. (nec A. DC.) ; — *Monoon* MIQ. ; — *Pyramidanthe* MIQ. ; — *Trivalvaria* MIQ., pass. descr.). — *Desmos* LOUR., *Fl. cochinch.*, ed. ulyssip., 352.

4. HOOK. et THOMS., *op. cit.*, 135. Les car-

On a distingué, sous le nom générique de *Cananga*[1], une espèce indienne, introduite dans presque tous les pays chauds du monde, l'*U. odorata*[2], dont la corolle est fort allongée et dont les étamines sont surmontées d'un prolongement aigu du connectif (fig. 240). Ses baies sont faiblement rétrécies dans l'intervalle des graines. Les autres caractères différentiels invoqués entre cette plante et les autres *Unona* n'existant réellement pas, nous n'avons pas cru devoir maintenir la première dans un genre séparé.

Unona (Canangium) odorata.

Fig. 239. Diagramme.

Fig. 240.
Étamine ($\frac{1}{4}$).

Dans certains autres *Unona* qui forment la section *Dasymaschalon*[3], les pétales deviennent bien plus allongés encore, du moins les extérieurs; car les intérieurs demeurent petits ou même manquent tout à fait. C'est ce qui arrive ordinairement dans les fleurs de l'*U. longiflora*[4], dont la corolle atteint jusqu'à 6 ou 8 centimètres de longueur. Le nombre des ovules est souvent peu considérable dans les carpelles de cette espèce ; certains ovaires n'en renferment plus que deux, insérés à des hauteurs variables dans l'angle interne[5]. Ce dernier nombre est constant dans

---

pelles n'y présentent point d'étranglements entre les graines. Ces étranglements existent, au contraire, et quelquefois d'une façon très-marquée, dans les sections du genre appelées *Desmos* (Dun., ex DC., *Syst.*, I, 493) et *Dasymaschalon* (Hook. et Thoms., *loc. cit.*, 134). C'est l'ensemble de toutes les espèces dans lesquelles les étranglements sont nuls ou peu prononcés, que De Candolle (*Syst.*, I, 486; *Prodr.*, I, 89) a réuni dans sa section *Unonaria*, laquelle renferme en outre plusieurs espèces étrangères au genre *Unona*. La section *Œtania* de De Candolle (*Prodr.*, I, 90) ne renfermait que l'*U. tripetala* DC. (*Syst.*, I, 490).

1. Rumph., *Herb. amboin.*, II, 195. — Hook. et Thoms., *Fl. ind.*, I, 89. — B. H., *Gen.*, 24, n. 12 (nec Aubl.).

2. Dun., *Mon.*, 107, t. 26. — DC., *Syst.*, I, 492; *Prodr.*, I, 90, n. 18. — *U. leptopetala* DC., *Syst.*, I, 496; *Prodr.*, I, 91, n. 30; *Icon. Deless.*, I, 23, t. 88. — *U. velutina* Gærtn., *Fruct.*, II, t. 104, f. 2. — Bl., *Fl. Jav., Anonac.*, 31 (nec Dun., nec Roxb.) — *Uvaria odorata* Lamk, *Dict.*, I, 595. — *U. Cananga* Vahl, ex Hook. et Thoms. — *U. axillaris* Roxb., *Fl. ind.*, II, 667. — *U. Gærtneri* DC., *Prodr.*,

I, 88, n. 3. — *U. farcta* Wall., *Cat.*, n. 6460. — *Cananga odorata* Roxb., *Fl. ind.*, II, 661. — Wall., *Cat.*, n. 6457. — Blume, *Bijdr.*, 14; *Fl. Jav., Anonac.*, 29, t. 9, 14 B. — Hook. et Thoms., *Fl. ind.*, I, 129. — Walp., *Ann.*, IV, 64. Dans cette plante, les pétales sont plus ou moins allongés. Le réceptacle est convexe ; mais son sommet présente une très-légère concavité au niveau de l'insertion du gynécée. Les étamines sont souvent collées entre elles par les côtés de leurs connectifs glanduleux. Il arrive que quelques-unes des plus extérieures ne contiennent pas de pollen ; ce sont alors de simples languettes pétaloïdes. La graine peut avoir un arille à deux lobes latéraux assez développés. Cet organe est quelquefois rudimentaire.

3. Voy. page 208, note 1.

4. Roxb., *Plant. coromand.*, III, 87, t. 290; *Fl. ind.*, II, 668. — Hook. et Thoms., *Fl. ind.*, I, 134. — Walp., *Ann.*, IV, 67. — H. Bn, in *Adansonia*, VIII, 176. Le verticille unique qui représente la corolle peut être même réduit à deux pièces, égales ou inégales, libres ou unies entre elles jusqu'à une hauteur très-variable.

5. Ils sont quelquefois presque superposés.

15

certaines espèces de l'Asie tropicale, et il a été impossible de les séparer génériquement des autres *Unona*, parce que tous les autres caractères n'y présentaient aucune dissemblance. ,

On a proposé d'élever au rang de genre, sous le nom de *Meiogyne*[1], un *Uvaria* javanais dont les fleurs ont des boutons un peu courts et des carpelles réduits au nombre de cinq, quatre, ou même trois. Cette coupe générique n'a pas été adoptée. On a fait remarquer avec raison, à ce propos, qu'il y a une espèce africaine d'*Unona*[2], à corolle différente par sa forme de celle du *Meiogyne*, et à carpelles également peu nombreux, qu'on ne saurait non plus exclure du genre. Or cette plante a tous les caractères essentiels des *Unona* américains qu'on a décrits sous le nom de *Trigyneia*[3]. Le périanthe de ces derniers peut avoir exactement la même conformation, et le nom générique exprime que la même réduction[4] du nombre des carpelles s'observait dans l'espèce prototype[5]. Plusieurs autres espèces ont été observées depuis lors, à la Guyane, au Brésil et au Pérou[6], dont les carpelles deviennent aussi nombreux que ceux des *Unona* proprement dits de l'ancien continent. Quelques-uns de ces derniers ont, nous l'avons vu, des carpelles en petit nombre. Le *Monocarpia*[7] n'en a plus qu'un seul, et cependant on ne peut le conserver à titre de genre distinct, parce que beaucoup d'autres genres très-

---

Néanmoins ils se trouvent placés chacun sur une des lèvres du placenta. Quelquefois l'un de ces deux ovules est presque basilaire ; on ne peut, à cet égard, distinguer cette plante des vrais *Polyalthia*.

1. MIQ., in *Ann. Mus. Lugd. Bat.*, II, 12. — B. H., *Gen.*, 956, n. 13. — H. BN, in *Adansonia*, VIII, 337. Le genre *Ancana* (F. MUELL., *Fragm.*, V, 27, t. 35) n'a été également proposé comme distinct qu'à cause du nombre peu considérable de ses carpelles.

2. B. H., *Gen.*, *loc. cit.* — *U. Oliveriana* H. BN, in *Adansonia*, VIII, 307. Dans cette espèce, des poils écailleux très-ténus recouvrent la plupart des organes. Les carpelles sont au nombre de trois à cinq. Dans le premier cas, ils sont superposés aux pétales extérieurs. La corolle a la forme, dans le bouton, d'une pyramide triangulaire à angles un peu émoussés ; elle est tout à fait celle de certains *Melodorum*.

3. SCHLTL, in *Linnæa*, IX, 328. — BENTH., in *Journ. Linn. Soc.*, V, 69. — B. H., *Gen.*, 25, n. 15. — H. BN, in *Adansonia*, VIII, 178, 337.

4. Le nombre des carpelles est également, nous l'avons vu, fort réduit dans l'*Ancana* F. MUELL., que MM. BENTHAM et HOOKER rapportent (*Gen.*, 956, n. 13) au genre *Unona* (voy. note 1).

5. *Trigyneia oblongifolia* SCHLTL, *loc. cit.* — *Uvaria trigyna* MART., *Fl. bras.*, *Anonac.*, 40.

6. H. BN, in *Adansonia*, VIII, 179-181. Nous avons rapporté à ce groupe : 1° l'*Anona peduncularis* SIEUD. ; 2° l'*Uvaria guatterioides* A. DC. ; 3° l'*Anona Perrottetii* A. DC. Dans une plante que nous ne pouvons considérer que comme une forme (*lanceolata*) de cette dernière espèce, nous n'avons trouvé dans chaque carpelle qu'un ovule ascendant, ainsi que dans notre *Trigyneia rufescens* (*loc. cit.*, 180, note 1), tandis que dans le *T. Mathewsii* BENTH. et les espèces énumérées ci-dessus, le nombre des ovules est plus considérable. Il y a, dans toutes ces plantes, des baies monospermes et polyspermes. Dans le premier cas, la graine est ellipsoïde, avec un bord saillant longitudinal. Quand les graines sont nombreuses, elles se réduisent à des disques aplatis, superposés les uns aux autres comme des pièces de monnaie dans une pile, et le rebord saillant circulaire se trouve placé horizontalement, dans la seule portion de la surface de la graine qui ne soit pas en contact avec les graines voisines.

7. MIQ., in *Ann. Mus. Lugd. Bat.*, II, 12. — B. H., *Gen.*, 956, n. 13, *a*. — H. BN, in *Adansonia*, VIII, 338.

naturels de la même famille renferment à la fois des espèces à un seul, et d'autres à plusieurs ovaires.

Les *Melodorum*[1] ont été considérés, par les uns comme une section du genre *Unona*, par les autres comme un genre parfaitement autonome. Ils ont cependant les carpelles en nombre indéfini et multiovulés, le réceptacle convexe et le périanthe valvaire des véritables *Unona*. Leur corolle peut, il est vrai, comporter de très-grandes modifications dans la forme et l'épaisseur de ses parties. Dans certaines espèces, elle présente dans le bouton la forme globuleuse, tandis que dans certaines autres, elle offre exactement la configuration ordinaire à celle des *Xylopia*, configuration qui s'exagère même chez les *Pyramidanthe*[2]. Seulement ce caractère ne saurait être pris en considération d'une manière absolue, attendu qu'il y a des *Melodorum* à boutons coniques, dont les pétales triangulaires sont tout à fait ceux de quelques *Unona*, et que, d'autre part, ces derniers peuvent avoir le bouton globuleux qui s'observe parfois dans les véritables *Melodorum*.

La même observation doit être faite à l'égard des *Kentia*[3], dont l'organisation florale est en général la même que dans les *Melodorum*, mais

1. DUN., *Mon.*, 115 (sect. *Unonæ*). — BL., *Fl. Jav.*, *Anonac.*, 13, t. 15 (sect. *Uvaria*). — DC., *Syst.*, I, 497; *Prodr.*, I, 91. — ENDL., *Gen.*, n. 4717, *a*. — B. H., *Gen.*, 28, 958, n. 31. — MIQ., *Fl. ind.-bat.*, I, p. II, 34; *Ann. Mus. Lugd.-Bat.*, II, 37. — HOOK. et THOMS., *Fl. ind.*, I, 115. — THW., *Enum. pl. Zeyl.*, 6. — ZOLL., in *Linnæa*, XXIX, 317. — BENTH., in *Linn. Trans.*, XXIII, 477; *Fl. austral.*, I, 52. — WALP., *Ann.*, IV, 57. — H. BN, in *Adansonia*, VIII, 296, 306, 328. — (an LOUR., *Fl. cochinch.*, ed. ulyssip., 351?). — *Cyathostemma* GRIFF., *Notul.*, 707, t. 650.

2. MIQ., in *Ann. Mus. Lugd. Bat.*, II, 39. — H. BN, in *Adansonia*, VIII, 329. Plusieurs *Melodorum* proprement dits présentent cette forme allongée du bouton, comme le notent très-justement MM. BENTHAM et HOOKER (*Gen.*, 958). D'autres ont un bouton conique et des pétales de la même épaisseur, ou à peu près, dans toute leur étendue, comme certains *Unona* et *Polyalthia*. D'autres encore ont un bouton globuleux, comme celui de l'*Anona globiflora*. Les étamines sont souvent surmontées d'un long prolongement aigu du connectif; mais ce caractère n'a pas de valeur absolue, car il manque dans plusieurs *Melodorum* proprement dits. Dans le *M. africanum* BENTH. (in *Linn. Trans.*, XXIII, 477), nous avons observé (*Adansonia*, VIII, 328) que les étamines extérieures sont transformées en languettes pétaloïdes, comme dans plusieurs *Aberemoa*, *Xylopia*, etc.

3. BL., *Fl. Jav.*, *Anonac.*, 71, t. 58 (sect. *Polyalthiæ*). — B. H., *Gen.*, 28, n. 31 (2). — *Mitrella* MIQ., in *Ann. Mus. Lugd. Bat.*, II, 38. — B. H., *Gen.*, 958. Dans les fleurs du *Melodorum pisocarpum* (HOOK. et THOMS., *Fl. ind.*, I, 123), par exemple, la corolle est à peu près globuleuse dans le bouton. Les pétales extérieurs sont très-épais dans leur portion supérieure, dont les bords sont fort larges, tandis que la base est comme creusée d'une fossette intérieure destinée à loger une portion de l'autre corolle. Les pièces de celle-ci sont plus étroites, plus courtes et plus minces, mais également sessiles à la base, et leurs sommets épaissis proéminent sous forme de clef de voûte pendante, dans l'intérieur du bouton. Les étamines ne présentent, au-dessus des loges de l'anthère, qu'un prolongement un peu allongé, dilaté et obtus au sommet, du connectif. L'intérieur des loges ovariennes est rempli d'un suc gommeux épais, et l'on observe, dans l'angle interne, deux ovules insérés un peu au-dessus l'un de l'autre, vers le milieu de la hauteur de la loge. Ils sont ascendants, avec le micropyle dirigé en bas et en dehors, en même temps que, grâce à une légère obliquité, ils se rapprochent l'un de l'autre par leur région chalazique. Dans le prototype du groupe *Kentia*, qui est le *Polyalthia Kentii* BL. (*Mitrella Kentii* MIQ., in *Ann. Mus. Lugd. Bat.*, II, 39), les pièces de la corolle extérieure forment, par leur rapprochement dans le bouton, une sorte de petite pyramide à trois pans.

dont les ovaires ne renferment qu'un ou deux ovules, insérés à une hauteur variable de leur angle interne. Leur corolle est souvent disposée dans le bouton en pyramide triangulaire, et les pétales, plus épais sur les bords dans leur moitié supérieure, sont seulement creusés, pour se mouler sur les organes sexuels, dans leur moitié inférieure environ.

Le nombre restreint des ovules n'a pas été pris en considération pour séparer les *Kentia* des *Melodorum* proprement dits. Il ne pouvait l'être, parce que ce caractère est considéré comme sans valeur dans plusieurs autres groupes génériques, et parce que les *Trigyneia* américains, ordinairement pluriovulés, sont cependant inséparables d'une plante guyanaise dont les ovaires ne renferment qu'un ou deux ovules [1]. Entre cette dernière et les *Trigyneia* pluriovulés, la transition se fait très-bien, comme nous l'avons démontré, par le type de la section *Unonastrum* [2], espèce mexicaine qui contient dans ses ovaires de deux à six ovules [3]. Peu nombreuses, les jeunes graines y sont insérées, ou vers la base, ou plus ou moins haut dans l'angle interne de l'ovaire, suivant que celles qui font défaut sont les supérieures ou les inférieures.

Parmi les *Unona* de l'ancien monde, il y a aussi des espèces à carpelles presque constamment biovulés; on les a appelées *Polyalthia* [4] et on les a élevées à la dignité de genre. La forme de leur corolle est extrêmement variable. Quand elles n'ont qu'un seul ovule, on les nomme *Monoon* [5]. Quand, en outre, leurs pétales, plus courts, plus épais et plus anguleux, donnent au bouton une forme plus pyramidale, ce sont des *Trivalvaria* [6]. Dans ce genre enfin se trouve une plante qui, avec l'organisation florale de l'*U. Oliveriana*, ou de certains *Trigyneia* américains, présente une corolle gamopétale et tombant d'une seule pièce. On l'a appelée *Hexalobus brasiliensis* [7], puis on l'a rapprochée des *Trigyneia* proprement dits. Elle est certainement l'analogue, dans le genre *Unona*, de ces espèces à pétales unis par leur base, que l'on observe dans le genre *Uvaria*.

1. *T. Perrottetii*, var. *lanceolata* H. Bn, in *Adansonia*, VIII, 179, not. 5.

2. *T. Galeottiana* H. Bn, *op. cit.*, 181, note 1, 268.

3. Le nombre le plus fréquent est de quatre, et ils sont échelonnés le long de l'angle interne de l'ovaire; mais leur insertion se fait plus ou moins près du sommet ou de la base, suivant que ce sont les inférieurs ou les supérieurs qui viennent à manquer.

4. Bl., *Fl. Jav.*, *Anonac.*, 70, t. 33, 34 (ex part.).— A. DC., *Mém.*, 39.—Endl., *Gen.*, n. 4713 (ex part.). — Miq., *Fl. ind. bat.*, I, p. II, 43; *Ann. Mus. Lugd. Bat.*, II, 13. — Hook. et Thoms., *Fl. ind.*, I, 137. — Spach, *Suit. à Buffon*, VII, 505, 510.—Zoll., in *Linnæa*, XXIX, 321. — Seem., *Fl. vit.*, 4, t. III. — Thw., *Enum. pl. Zeyl.*, 9. — B. H., *Gen.*, 25, 956, n. 17. — Walp., *Ann.*, IV, 68; VII, 55. — Benth., in *Linn. Trans.*, XXIII, 470; *Fl. austral.*, I, 51. — H. Bn, in *Adansonia*, VIII, 175, 348.

5. Miq., in *Ann. Mus. Lugd. Bat.*, II, 15.— B. H., *Gen.*, 956, n. 17. — H. Bn, in *Adansonia*, VIII, 337.

6. Miq., in *Ann. Mus. Lugd. Bat.*, II, 19.— B. H., *Gen.*, *loc. cit.* — H. Bn., *loc. cit.*

7. A. S. H. et Tul., in *Ann. sc. nat.*, sér. 2, XVII, 133, t. 6. — *Trigyneia* B. H., *Gen.*, 24, n. 2; 25, n. 15. Sauf l'union de ses pétales, cette espèce est très-voisine de notre *Unona Oliveriana* (voy. page 210, note 2).

Ainsi formé de la réunion d'un grand nombre [1] de genres, conservés comme distincts par les auteurs les plus récents, le genre *Uvaria* renferme environ quatre-vingts espèces qui habitent les régions tropicales de tout le globe, et dont un dixième seulement appartient à l'Amérique [2]. Ce sont des arbres ou des arbustes, parfois sarmenteux, grimpants, presque toujours glabres, à feuilles alternes, sans stipules, et à fleurs solitaires ou réunies en cymes pauciflores, axillaires ou extra-axillaires, terminales ou oppositifoliées. D'après tout ce qui précède, nous voyons qu'on peut très-bien définir les *Unona* : des *Uvaria* à corolles valvaires; et que, par conséquent, ceux des *Uvaria*, *Asimina*, *Ancana*, dont trois pétales sont valvaires à une certaine époque, servent de passage entre les deux genres qui ne pourraient pas être placés dans deux tribus séparées l'une de l'autre par des barrières infranchissables [3].

On a appelé *Anaxagorea* [4] des plantes dont les fleurs sont celles de certains *Polyalthia* ou *Kentia*, mais dont le fruit est un follicule à une ou deux graines. Le calice y est formé de trois sépales membraneux et valvaires, libres ou unis inférieurement, étalés ou réfléchis dans l'anthèse. Les pétales sont valvaires, d'épaisseur très-variable, suivant les espèces, et les intérieurs sont, ou égaux aux extérieurs, ou plus petits qu'eux [5]. Le réceptacle, plus ou moins convexe, porte ensuite un nombre indéfini d'étamines insérées dans l'ordre spiral. Toutes sont fertiles et représentent une petite lame allongée ou lancéolée sur laquelle s'appliquent en dehors

---

1.

Unona sect. 15.

1. *Unonaria* (DC.) (*Pseudo-Unona* HOOK. et THOMS.)
2. *Desmos* (LOUR.).
3. *Dasymaschalon* (HOOK. et THOMS.).
4. *Ancana* (F. MUELL.).
5. *Meiogyne* (MIQ.).
6. *Trivalvaria* (MIQ.).
7. *Canangium* (*Cananga* RUMPH., nec AUBL.).
8. *Pyramidanthe* (MIQ.).
9. *Melodorum* (BL.).
10. *Unonastrum* (H. BN).
11. *Trigyneia* (SCHLTL).
12. *Kentia* (BL.)(*Mitrella* MIQ.).
13. *Polyalthia* (BL.).
14. *Monoon* (MIQ.).
15. *Monocarpia* (MIQ.).

2. Ce sont les *Trigyneia* et les *Unonastrum* (voy. pages 210, 212).

3. Voy., à ce sujet, *Adansonia*, VIII, 309.

4. A. S. H. in *Bull. Soc. philomat.* (1825), 91. — BL., *Fl. Jav.*, *Anonac.*, 64, t. 32. — A. DC., *Mém.*, 35. — ENDL., *Gen.*, n. 4719. — A. GRAY, *Amer. expl. Exped.*, I, 27. — B. H., *Gen.*, 25, 957, n. 18. — H. BN, in *Adansonia*, VIII, 328, 338. — *Rhopalocarpus* TEISM. et BINNEND., ex MIQ., in *Ann. Mus. Lugd. Bat.*, II, 22, t. 2 (nec BOJ.).

5. Les pétales extérieurs sont quelquefois membraneux, comme les sépales; c'est ce qu'on voit dans les *A. prinoides* A. S. H. (*Xylopia prinoides* DUN., *Mon.*, 122, t. 15) et *javanica* BL. Mais les pétales intérieurs de la première de ces deux espèces sont plus épais et plus charnus, avec des bords valvaires taillés légèrement en biseau. Dans quelques espèces américaines, l'épaisseur de la corolle devient considérable. Celle de l'*A. acuminata* A. S. H. (*A. brevipes* SPRUCE) a surtout des pétales intérieurs très-développés, coriaces, aussi épais que larges vers leur sommet. Près de leur base, ils sont fortement creusés aux dépens de leur face interne, et contribuent ainsi à former une loge pour les organes sexuels; ce qui leur donne à peu près la forme d'un sabot, tandis qu'en haut ils sont pleins : à ce niveau, leur coupe transversale a la forme d'un triangle presque équilatéral. Dans les *Rhopalocarpus*, les pétales intérieurs sont au contraire plus minces et plus étroits que les extérieurs, sans que ces dissemblances puissent suffire à caractériser un genre.

les deux loges parallèles de l'anthère ; ou bien les intérieures sont stériles et deviennent autant de staminodes pétaloïdes imbriqués (fig. 241)[1]. Les carpelles sont en nombre indéfini ; leur ovaire, surmonté d'un style de forme variable[2], renferme deux ovules insérés dans l'angle interne, plus

Anaxagorea acuminata.

Fig. 241. Diagramme.

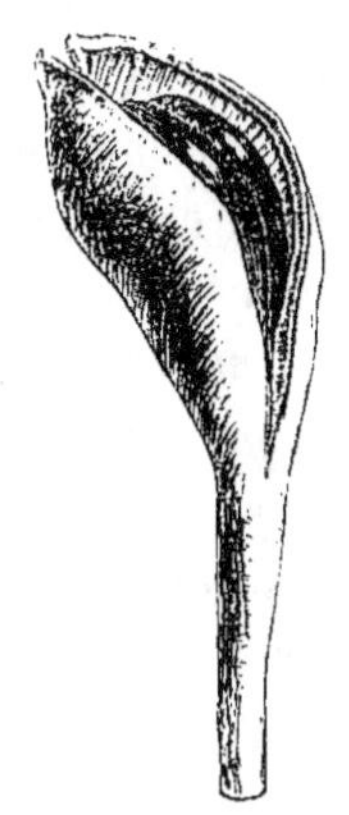

Fig. 242. Fruit déhiscent ($\frac{2}{1}$).

ou moins près de sa base[3] ; ils sont ascendants, avec le micropyle extérieur. Le fruit est formé d'un nombre variable de follicules qui s'ouvrent suivant la longueur de leur bord intérieur (fig. 242). Souvent terminés en pointe, et longuement atténués vers leur base, qui forme une sorte de pied, ils contiennent une ou deux graines lisses[4], dont l'embryon occupe le sommet d'un albumen légèrement ruminé. Les *Anaxagorea* sont des arbres ou des arbustes dont on connaît une demi-douzaine d'espèces, originaires en nombre à peu près égal de l'Asie[5] et de l'Amérique[6] tropicales. Leurs feuilles sont très-variables de consistance[7], et les fleurs occupent leur aisselle, soit solitaires, soit disposées en cymes

1. C'est précisément sur l'absence ou la présence de ces staminodes qu'on a fondé les sous-genres *Anaxanthus* et *Agoranthus*, les premiers ayant les étamines toutes fertiles, et les derniers : « *Stamina intima elongata, apice torta, antheris parvis effœtis.* » Mais on aurait tort de borner, avec ENDLICHER (*loc. cit.*), cette dernière section aux espèces asiatiques ; car l'*A. acuminata* A. S. H. a des staminodes pétaloïdes très-développés, en dedans des étamines fertiles : ce sont des lames oblongues, aplaties et imbriquées.

2. Il est tantôt étroit et allongé, et tantôt renflé ou arqué en cimier et chargé de papilles stigmatiques sur toute sa convexité.

3. Ceux de l'*A. prinoides* sont presque collatéraux et basilaires ; ceux de l'*A. acuminata*,

insérés plus haut l'un que l'autre, se rapprochent du milieu de la hauteur du bord interne de l'ovaire.

4. Lorsqu'il y en a deux, elles s'appliquent exactement l'une contre l'autre par une large surface plane. Les deux faces sont convexes quand il n'y a qu'une graine.

5. WALP., *Rep.*, I, 80 ; *Ann.*, IV, 72 ; VII, 55. — MIQ., *Fl. ind.-bat.*, I, p. II, 49 ; *Ann. Mus. Lugd. Bat.*, II, 22, t. 2.

6. BENTH., in *Hook. Journ.*, V, 8 ; in *Journ. Linn. Soc.*, V, 71. — MART., *Fl. bras.*, Anonac., 40, t. 5.

7. Celles de la plupart des espèces américaines, sauf l'*A. prinoides*, deviennent très-épaisses et coriaces.

bi- ou pauciflores [1]. On pourrait définir les *Anaxagorea* : des *Unona* à fruits déhiscents.

Les *Disepalum* [2], ayant, avec un périanthe à verticilles dimères, les organes sexuels semblables à ceux des *Unona* de la section *Polyalthia*, sont à ces derniers ce que les *Tetrapetalum* sont aux *Uvaria*. Leur calice est formé de deux sépales valvaires. Les quatre pétales sont étroits, linéaires, spathulés, arqués. Leurs sommets s'inclinent en dedans, tandis que leurs bases sont réunies par une sorte d'anneau commun. On ne connaît qu'une espèce de ce genre, le *D. anomalum* [3], arbuste de Bornéo, à feuilles alternes, épaisses, penninerves, et à fleurs terminales, solitaires, supportées par un long pédoncule.

Les *Bocagea* [4] peuvent être considérés comme des *Unona* dont les fleurs peu volumineuses ont des étamines de Miliusée. L'ensemble des caractères est d'ailleurs le même : calice gamosépale [5] à trois divisions, et corolle de six pétales valvaires. Ceux-ci sont, tantôt ceux d'un *Unona* proprement dit, et tantôt ceux de certains *Polyalthia*, *Melodorum*, et *Trigyneia* [6]. Quelquefois même le rétrécissement qui s'observe à la base des pétales intérieurs devient tellement accentué, que cette corolle, avec une élévation moindre, présente une grande ressemblance de forme avec celle de plusieurs Mitréphorées. Dans la moitié environ des espèces indiennes de ce genre, qui ont été nommées *Alphonsea*, les carpelles et les étamines sont en grand nombre [7]. Les premiers ont des ovaires multi-ovulés ; les dernières forment un nombre variable de rangées ; le prolongement de leur connectif au delà de l'anthère extrorse est obtus, plus

1. Elles peuvent être légèrement extra-axillaires. Celles de l'*A. acuminata* forment parfois une cyme unipare biflore, les deux fleurs qui sont rapprochées appartenant à deux générations différentes.

2. HOOK. F., in *Linn. Trans.*, XXIII, 156. — B. H., *Gen.*, 25, n. 16.

3. HOOK. F., *loc. cit.*, t. 20.

4. A. S. H., *Flor. Bras. mer.*, I, 41, t. 9. — A. DC., *Mém.*, 39. — SPACH, *Suit. à Buffon*, VII, 514. — MART., *Fl. bras., Anonac.*, 44, t. 14. — ENDL., *Gen.*, n. 4709. — B. H., *Gen.*, 29, n. 39 (ex part.). — H. BN, in *Adansonia*, VIII, 163, 338. — *Alphonsea* HOOK. F. et THOMS., *Fl. ind.*, I, 152. — B. H., *Gen.*, 29, n. 37.

5. Celui du *B. verrucosa* (*Alphonsea verrucosa* HOOK. et THOMS., ex THW.) a la forme d'un triangle à angles émoussés, sans aucune découpure dans ses bords. Celui du *B. alba* A. S. H. (*loc. cit.*) est un sac cupuliforme dont le bord seul porte trois dents très-courtes. Celui du *B. viridis* A. S. H. a la forme d'un triangle équilatéral à sommets non émoussés. Dans les *B. heterantha* H. BN (*Adansonia*, VIII, 173) et *lutea* HOOK. et THOMS. (*Fl. ind.*, I, 153), les sépales, unis à la base, sont séparés les uns des autres par trois profondes échancrures.

6. Ceux du *B. alba* A. S. H. sont ovales-aigus dans la corolle extérieure. Les intérieurs sont pareils au sommet, mais leur base est échancrée des deux côtés. Ceux du *B. viridis* A. S. H. sont ovales et concaves, tous semblables entre eux. De même ceux du *B. verrucosa*, du *B. canescens*. Dans le *B. multiflora*, l'onglet est à peine indiqué à la base des pétales intérieurs.

7. Ce nombre est indéfini dans les fleurs des *Alphonsea lutea*, *ventricosa*, et dans celles de l'*Uvaria Badajamba* ROXB. (qui paraît identique avec le *B. ventricosa*), plantes que nous rapportons toutes au genre *Bocagea*. Mais nous verrons que d'autres *Alphonsea* ont les carpelles très-peu nombreux, quoique leurs étamines soient en nombre considérable.

étroit que l'anthère elle-même (fig. 250) et de longueur variable. Les
étamines sont d'autant plus courtes, qu'elles sont plus extérieures. Mais
ce genre présente plusieurs remarquables exemples de réduction dans le
nombre de toutes les parties de la fleur, et nous allons voir que graduellement on arrive à certaine de ses espèces dont tous les verticilles floraux

Bocagea heterantha.

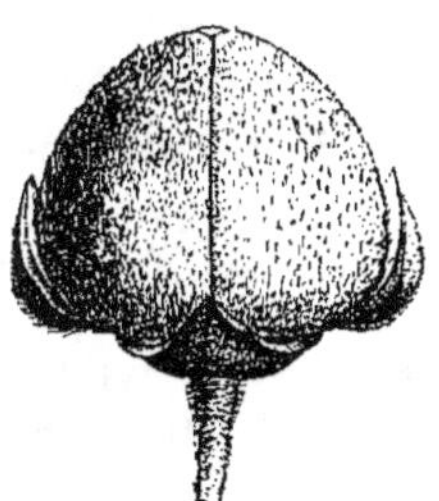

Fig. 243. Bouton ($\frac{4}{1}$).

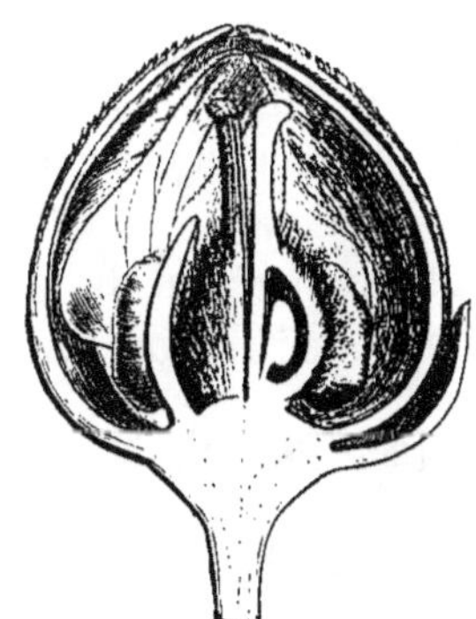

Fig. 245. Fleur, coupe longitudinale.

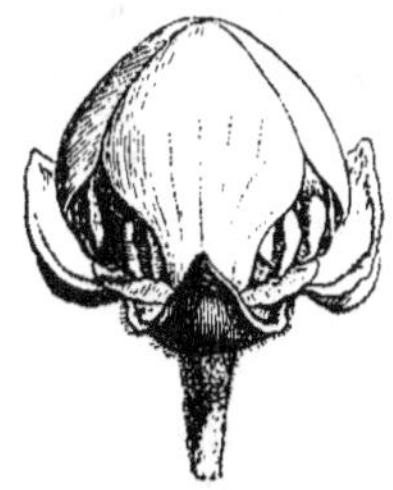

Fig. 244. Fleur,
les pétales extérieurs enlevés.

Fig. 246. Fleur triandre,
sans périanthe.

Fig. 247. Diagramme.

ne sont plus que trimères, en même temps que chaque ovaire ne renferme
plus qu'un ovule ; et cela sans qu'il soit possible d'établir des coupes génériques distinctes dans ce petit groupe, attendu que toutes les transitions
sont parfaitement ménagées d'une espèce à une autre.

Ainsi le *B. verrucosa*[1] n'a plus, avec des étamines nombreuses, que
trois ou quatre carpelles pluriovulés. Le *B. multiflora*[2], espèce brésilienne, a des carpelles en nombre indéfini ; mais chacun d'eux ne ren-

<hr>

1. Les étamines y sont ordinairement au nombre
de douze à quinze. Les pétales sont à peu près
tous égaux entre eux. Le calice a la forme d'un
petit triangle équilatéral à sommets émoussés.
Les étamines intérieures sont de beaucoup les
plus longues, et collées contre le pied des carpelles. Ceux-ci sont libres, mais leurs têtes
stigmatifères renflées se collent les unes aux
autres et forment une masse épaisse. Les ovules
sont ordinairement au nombre de huit dans

chaque carpelle. Le réceptacle floral est à peine
convexe.

2. MART., *loc. cit.*, t. 14. — H. BN, in *Adansonia,* VIII, 164. — *Guatteria multiflora*
POEPP., *herb.*, n. 2668. Dans cette espèce, nous
avons établi qu'il y a souvent plus de douze étamines, et de dix à douze ou quinze carpelles. Il
y a des carpelles biovulés, et d'autres contiennent
jusqu'à quatre ovules. La préfloraison de la corolle est certainement valvaire. L'inflorescence est

ferme plus que deux ou trois ovules ascendants. Dans les deux premières espèces connues du genre, qui sont du même pays, les *B. alba*[1] et *viridis*[2], les carpelles sont pluriovulés, mais ils sont au nombre de trois seulement, et il n'y a plus que six étamines. Enfin, dans les petites fleurs du *B. heterantha*[3] (fig. 243-247), qui croît dans les îles orientales de l'Afrique, certaines fleurs ont aussi six étamines, dont trois, plus courtes, sont superposées aux pétales intérieurs. Mais d'autres fleurs perdent complétement ces trois pièces de l'androcée. Elles ne possèdent, par conséquent, qu'un calice à trois divisions, trois pétales extérieurs, trois pétales intérieurs rétrécis à leur base, et trois étamines qui répondent aux pétales extérieurs. En même temps le gynécée est réduit à trois carpelles, ordinairement uniovulés; de façon que ces fleurs nous présentent le plus grand degré de simplification qu'on ait observé jusqu'à ce jour parmi les Anonacées.

Dans ce groupe d'ailleurs, comme dans beaucoup d'autres de la même famille, sans que les éléments de l'androcée soient diminués de nombre,

Bocagea (Eremodelphis) Gaudichaudiana.

Fig. 248. Fleur.

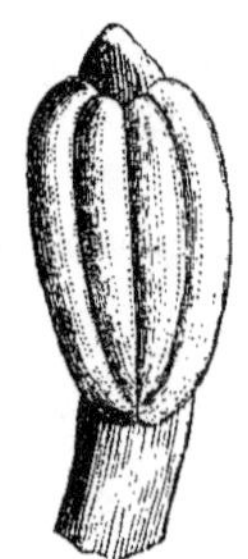

Fig. 250. Étamine.

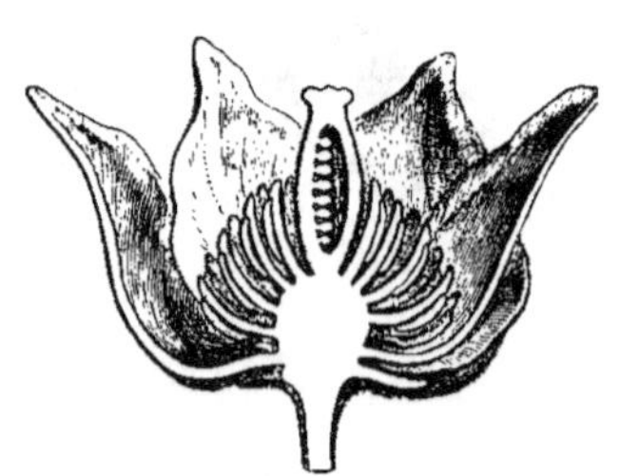

Fig. 249. Fleur, coupe longitudinale.

ceux du gynécée peuvent être réduits à un seul. Le fait ne paraît pas constant dans les fleurs du *B. canescens*[4]; car le seul ovaire biovulé

ordinairement située sur le bois des branches déjà anciennes, sur des espèces de broussins où naissent des fleurs d'un grand nombre de générations successives.

1. A. S. H., *loc. cit.*, t. 9. Les étamines sont ici au nombre de six, comme dans l'espèce suivante. Les loges de l'anthère sont linéaires, adnées, presque marginales (voy. *Adansonia*, VIII, 170).

2. A. S. H., *loc. cit.* Ici les carpelles sont superposés aux pétales extérieurs. L'inflorescence de cette espèce présente des particularités remarquables (voy. *Adansonia*, VIII, 164).

3. H. BN, in *Adansonia*, VIII, 173. Les fleurs,

très-petites, sont soutenues dans cette espèce par un très-long pédoncule capillaire. Les carpelles sont supportés chacun par un petit pied grêle; il est rare qu'ils contiennent deux ovules. Nous avons vu que la corolle intérieure de cette espèce a déjà quelque chose de celle des Mitréphorées. Néanmoins cette plante est inséparable des *Alphonsea* de l'ancien continent.

4. SPRUCE, *exs.*, n. 3549. — H. BN, in *Adansonia*, VIII, 174. — *Trigyneia? canescens* BENTH., in *Journ. Linn. Soc.*, V, 70. Dans cette espèce, les pétales sont tous à peu près semblables, courts et concaves. Le calice est gamosépale, avec trois angles peu saillants. Les étamines

qu'on observe dans certaines d'entre elles est inséré latéralement sur un des côtés du réceptacle floral, et la place des autres carpelles demeure vide. Au contraire, dans le *B. Gaudichaudiana*[1], dont nous avons fait le type d'une section particulière[2], le carpelle unique qui constitue le gynécée a un ovaire en apparence terminal, ce qui semble indiquer qu'il a existé seul à tout âge. Ses ovules sont nombreux, disposés sur deux rangées verticales; et le réceptacle allongé qu'il surmonte, donne insertion au-dessous de lui à un nombre indéfini d'étamines d'autant plus courtes, qu'elles sont plus extérieures, et à deux corolles épaisses et valvaires, présentant dans le bouton la forme de pyramide à trois pans qui s'observe dans certains *Melodorum* et *Kentia*.

Ainsi formé[3], le genre *Bocagea* se trouve représenté par une dizaine d'espèces dans les régions tropicales des deux mondes. Nous en connaissons déjà cinq espèces brésiliennes[4], et une qui croît à Ambongo[5]. Les autres sont des plantes indiennes, décrites jusqu'ici comme des *Alphonsea*[6]. Ce sont des arbres ou des arbustes à feuilles alternes, souvent glabres. Leurs fleurs sont, ou solitaires, ou groupées en cymes pauciflores, souvent supportées par des pédoncules grêles; tantôt axillaires, tantôt terminales, plus souvent oppositifoliées ou extra-axillaires, se détachant des rameaux à des hauteurs très-variables des entre-nœuds, et cela souvent dans une seule et même espèce.

Tandis que les *Bocagea* peuvent être définis des *Unona* à étamines de

---

atteignent jusqu'au nombre de quinze et sont assez régulièrement disposées sur le réceptacle. Leur filet court est surmonté d'un gros corps charnu, en forme de cône allongé, sur les côtés duquel sont collées les deux loges de l'anthère, tout près de la base. L'ovaire est surmonté d'un petit style recourbé en dehors On aperçoit sur les côtés du réceptacle la place des carpelles qui ont avorté.

1. H. Bn, in *Adansonia*, VIII, 183.

2. Sect. *Eremodelphis* (voy. *Adansonia, loc. cit.*). MM. Bentham et Hooker avaient déjà (*Gen.*, 21) signalé un *Alphonsea* dont le gynécée était unicarpellé. Il n'y a pas à distinguer génériquement les espèces qui sont dans ce cas, puisque, dans d'autres groupes génériques, il y a à la fois des plantes pluri- et des plantes unicarpellées. Ici le gynécée s'insère tout près du sommet d'un réceptacle floral assez allongé. Les ovules sont nombreux et disposés sur deux séries verticales, et le style est légèrement renflé à son sommet en une tête stigmatifère déprimée. Les étamines sont très-nombreuses, et d'autant plus courtes, qu'elles sont plus extérieures. Leur organisation est la même que dans les *B. ventricosa* et *verrucosa*.

3. C'est-à-dire des *Alphonsea* indiens qui pourraient devenir le type d'une section, si l'on n'y conservait que les espèces à étamines en nombre indéfini, et pluricarpellées. Une seconde section pourrait être établie pour celles des espèces de l'ancien continent qui n'ont qu'un nombre limité d'étamines, notamment pour le *B. heterantha*, qui n'en a plus que trois ou six. Dans une troisième section, qui serait avec le reste du genre dans le même rapport que le *Monocarpia* avec les *Unona* proprement dits, le gynécée serait réduit à un seul carpelle (*Eremodelphis*). Enfin, les véritables *Bocagea*, tous d'origine américaine, auraient un nombre défini ou à peu près d'étamines et de carpelles; mais ces derniers seraient multiovulés, comme dans les deux espèces sur lesquelles A. de Saint-Hilaire a établi le genre; ou bien, comme dans *B. canescens*, un seul carpelle excentrique et à ovaire biovulé subsisterait dans la fleur adulte.

4. A. S. H., *loc. cit.* (voy. p. 217, notes 1, 2). — Mart., *Fl. bras.*, 44, t. 14. — H. Bn, in *Adansonia*, VIII, 164, 169, 170.

5. H. Bn, in *Adansonia*, VIII, 173.

6. Hook. et Thoms., *Fl. ind.*, I, 152. — Thw., *Enum. pl. Zeyl.*, 11.

Miliusa, les *Popowia* [1] (fig. 251-260), très-analogues par la petite taille de leurs fleurs, par leur corolle et leur gynécée, ont des étamines tout à fait singulières, très-dissemblables dans les espèces assez nombreuses que comprend maintenant ce genre, et qui, présentant quelquefois des formes intermédiaires à celles qu'on a attribuées aux Uvariées et aux Miliusées, offrent d'autre part, dans quelques espèces, des configurations bizarres qui demanderaient l'établissement d'une tribu spéciale, si l'on devait accorder toujours une valeur capitale à l'apparence des pièces de l'androcée. C'est ce dont on ne peut se convaincre que par une étude un peu détaillée de quelques *Popowia* africains.

Le *P. caffra* [2], par exemple, a de petites fleurs dont le bouton est déprimé, avec un calice court à trois divisions et six pétales valvaires, presque aussi larges que longs. Les extérieurs sont sessiles et presque triangulaires. Les intérieurs sont fortement atténués à la base et laissent entre eux, à ce niveau, un large vide où se voient les étamines. Celles-ci sont assez nombreuses. Les intérieures sont les plus longues; elles forment

Popowia caffra.   Popowia (*Clathrospermum*) Mannii.   Popowia fornicata.

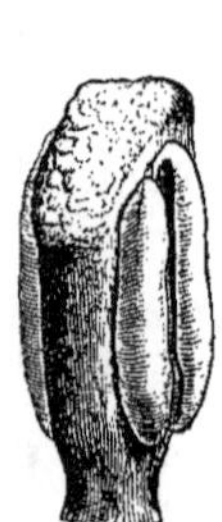

Fig. 251. Étamine ($\frac{14}{1}$).   Fig. 252. Diagramme.   Fig. 253. Étamine ($\frac{15}{1}$).

autour du gynécée une ceinture circulaire continue, car elles se touchent toutes entre elles par leurs bords très-épais. Les extérieures sont les plus courtes. Toutes présentent la même configuration, plus facile à représenter (fig. 251) qu'à décrire. Qu'on se figure un tronc de pyramide renversé, dont la grande base est inclinée très-obliquement de bas en haut et de dehors en dedans, et se termine en haut et en dedans par une sorte

---

1. Endl., *Gen.*, n. 4710. — B. H., *Gen.*, 25, n. 19. — H. Bn, in *Adansonia*, VIII, 314, 339.

2. Hook. et Thoms., *Fl. ind.*, I, 115, ex Benth., in *Linn. Trans.*, XXIII, 470, n. 1. (L'espèce n. 2 du même auteur est un *Cleistochlamys*.) — *Guatteria caffra* Sond., *Fl. cap.*, I, 9. — *Unona caffra* E. Mey., in *Pl. Dreg.*

de bec, ici court encore et obtus, mais que nous verrons se prononcer bien davantage dans plusieurs espèces congénères. La surface d'une portion du connectif est chargée de saillies verruqueuses et glanduleuses, finement mamelonnées. C'est sur les côtés et un peu en dehors, que se trouvent placées les deux loges de l'anthère, déhiscentes chacune par une fente longitudinale. Le gynécée est formé d'un nombre variable de carpelles. Chaque ovaire renferme un ou deux ovules presque basilaires, ascendants, avec le micropyle dirigé en bas et en dehors. Le style est claviforme, légèrement arqué, et obtus au sommet. Le fruit, multiple, est formé d'un nombre variable de baies monospermes stipitées.

On connaît actuellement un certain nombre d'autres espèces du même pays[1]. Leur organisation est en général la même. Elles ne se distinguent de celle que nous venons d'analyser que par le nombre un peu variable des étamines. Les plus extérieurs de ces organes peuvent disparaître, et l'androcée ne semble plus former qu'un verticille unique. Ailleurs, les étamines extérieures ne manquent pas complétement, mais elles deviennent stériles (fig. 252). Le gynécée ne renferme pas toujours le même nombre d'ovules. Certaines espèces n'en ont qu'un dans chaque ovaire; d'autres en ont un nombre variable, disposés sur deux rangées verticales et insérés suivant l'angle interne. Il en résulte que les fruits ne sont pas toujours à une seule graine, et peuvent former des chapelets à plusieurs articles, comme ceux des véritables *Unona*. Quant au périanthe, il est assez variable de forme. Le bouton peut s'allonger en ovoïde; et les pétales intérieurs, se rétrécissant davantage à leur base, forment une corolle semblable à celle de plusieurs Mitréphorées, sinon que les onglets sont moins allongés. Mais le caractère qui varie le plus d'une espèce à une autre est la forme des étamines. La saillie de leur connectif, la taille et la direction de l'espèce de bec oblique qui le surmonte en dedans, l'épaisseur de sa portion supérieure, l'état glanduleux et mamelonné de sa surface; enfin la longueur et l'obliquité des loges de l'anthère, tels sont les traits qui presque toujours se modifient nettement d'une espèce à l'autre et qui arrivent souvent à s'accentuer d'une façon singulière dans les plantes dont nous allons maintenant nous occuper.

L'*Uvaria? Vogelii* Hook. f[2]. est devenu le type d'un genre *Clathrospermum*[3] qui pouvait paraître parfaitement distinct à l'époque où l'on ne connaissait qu'un petit nombre d'Anonacées africaines, mais qui est actuellement relié, par un grand nombre d'espèces intermédiaires, au

1. Voy. *Adansonia*, VIII, 316-326.
2. *Niger*, 208, t. XVII.
3. Planch., ex Hook. f., *loc. cit.* — B. H., *Gen.*, 29, 958, n. 38. — Benth., in *Linn. Trans.*, XXIII, 479. — H. Bn, in *Adansonia*, VIII, 315. — Oliv., *Fl. trop. afric.* (ined.), 24.

Popowia caffra et aux plantes voisines. Les fleurs du *C. Vogelii*, analogues pour la forme et la taille à celles de quelques *Bocagea* et *Unona* des sections *Polyalthia* et *Kentia*, présentent, sur un réceptacle légèrement convexe : un court calice gamosépale à trois crénelures à peine marquées ; trois pétales extérieurs, triangulaires, sessiles et valvaires ; trois pétales intérieurs, un peu plus courts, valvaires en haut et ne se touchant pas par leurs bases rétrécies. Les étamines sont rapprochées, au nombre de six à dix, en une sorte de couronne qui entoure le gynécée. Leur forme est singulière (fig. 254) ; chacune d'elles représente, comme celles du *Popowia caffra*, un tronc de pyramide renversé, à grande base supérieure oblique, se continuant avec la face dorsale du connectif et enduite comme elle d'une sorte de tissu glanduleux inégal. Sur les côtés, qui touchent dans le bouton ceux des deux étamines voisines et qui y sont comme collés, on voit les deux loges de l'anthère, qui sont un peu obliques, déhiscentes par une fente longitudinale que bordent les deux demi-loges placées un peu plus haut l'une que l'autre. Le gynécée, formé d'une demi-douzaine environ de carpelles, est construit comme celui du *P. caffra*, chaque ovaire contenant quelques ovules ascendants.

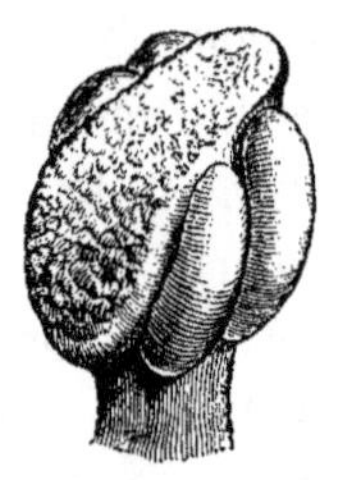

Popowia
(*Clathrospermum*)
Vogelii.

Fig. 254. Étamine ($\frac{15}{1}$).

Ici, de même que dans les *Popowia* proprement dits, la forme de l'étamine varie graduellement d'une espèce à l'autre. L'anthère devient plus ou moins courte et oblique ; ses loges sont, ou rejetées tout à fait sur les côtés, ou rapprochées l'une de l'autre vers la face externe du connectif. Celui-ci se continue, sans ligne de démarcation appréciable, avec le filet, qui, court et trapu dans certaines espèces, telles que les *P. caffra*, *fornicata*[1] (fig. 251, 253), s'allonge et s'atténue à sa base dans d'autres, notamment dans le *P. Vogelii* (fig. 254). La base supérieure de l'espèce de pyramide à laquelle a été comparé le connectif, devenant de moins en moins oblique et convexe, arrive, dans le *P. Heudeloti*[2] (fig. 255), à présenter une direction presque horizontale et légèrement concave. Dans le *P. Barteri*[3], l'espèce de corne intérieure qui demeurait obtuse dans les autres *Popowia*, s'aplatit et s'allonge tellement en dedans (fig. 260), que la

Popowia
(*Clathrospermum*)
Heudeloti.

Fig. 255.
Étamine ($\frac{12}{1}$).

1. H. Bn, *op. cit.*, 318.
2. H. Bn, *op. cit.*, 320, not. 2 (voy. le texte pour les détails compliqués de la forme des étamines).
3. H. Bn, *op. cit.*, 324.

réunion de toutes les étamines forme autour du gynécée une enceinte cylindrique, surmontée d'un toit presque plan, perforé seulement au centre pour le passage du sommet des styles (fig. 258). Toutes les espèces n'ont pas le même nombre d'étamines, et l'apparence de disposition verticillée, qui appartient aux pièces fertiles de l'androcée, n'empêche pas la présence d'un certain nombre de staminodes extérieurs, disposés avec une certaine symétrie (fig. 252) et tenant la place

Popowia (Clathrospermum) Barteri.

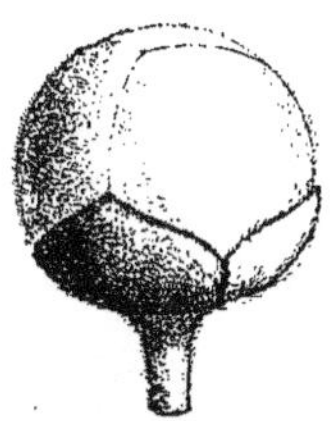

Fig. 256. Bouton ($\frac{10}{1}$).

Fig. 257. Fleur.

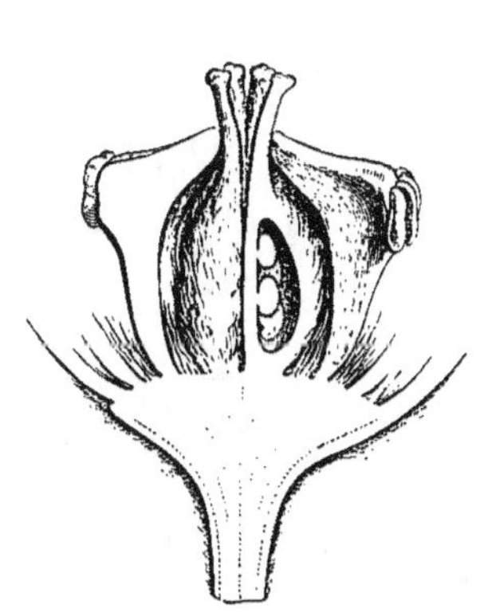

Fig. 259. Fleur, coupe longitudinale.

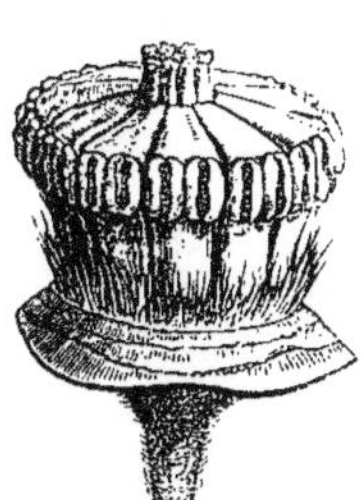

Fig. 258. Fleur sans périanthe.

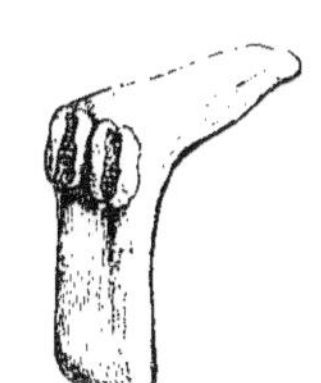

Fig. 260. Étamine.

des étamines les plus courtes que nous avons observées dans les fleurs du *P. caffra*. Quant au gynécée et au fruit, ils présentent toutes les variations possibles, quant au nombre et à la situation des ovules et des graines, depuis un seul ovule presque dressé, jusqu'à un nombre assez considérable d'ovules disposés sur deux séries parallèles; depuis les baies monospermes du *P. caffra* et du *P. Vogelii*, jusqu'aux baies en chapelet du *P. Heudeloti* et des espèces analogues [1].

Tel que nous le connaissons, ce genre est actuellement représenté par une quinzaine d'espèces. Dix appartiennent à l'Afrique tropicale et aus-

---

1. Dans une plante africaine attribuée à ce genre par MM. Bentham et Hooker (*Gen.*, 958), les fleurs sont dioïques et les carpelles sont au nombre de soixante environ. Si cette espèce est bien celle des collections de M. Mann, que nous avons analysée, et pour laquelle il faudra peut-être établir un genre nouveau, les pétales extérieurs y sont seuls très-développés, les pétales intérieurs étant représentés par de très-petites languettes obtuses, et les ovaires, surmontés d'un stigmate ovoïde, renferment chacun six ovules au moins. (Voy. Oliv., *loc. cit.*, n. 2.)

trale[1] et à Madagascar ou aux îles voisines[2]. Les autres sont originaires de l'Inde et de l'archipel indien[3]. On en a observé une en Australie[4]. Ce sont de petits arbres ou arbustes à feuilles alternes et à fleurs solitaires ou réunies en cymes ou en grappes de cymes, tantôt axillaires ou latérales, tantôt terminales ou oppositifoliées.

C. Xylopiées. — Les *Xylopia*[5] (fig. 261-266) ont les fleurs régulières et hermaphrodites. Leur calice est court, gamosépale, à trois divisions

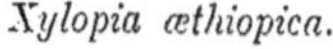

Xylopia æthiopica.

Fig. 261. Port ($\frac{2}{3}$).

plus ou moins profondes, et valvaires dans la préfloraison. Leur corolle est formée de six pétales, d'une configuration souvent assez parti-

1. Hook., *Niger*, 208. — Benth., *loc. cit.*, 470, 479.

2. H. Bn, *loc. cit.* (voy p. 221, notes 1-3).

3. Hook. et Thoms., *op. cit.*, 105. — Bl., *Fl. Jav.*, *Anonac.*, t. 45. — Miq., *Fl. ind*, I, p. II, 27; *Ann. Mus. Lugd. Bat.*, II, 20. — Walp., *Ann.*, IV, 51; VII, 55.

4. Benth., *Fl. austral.*, I, 52.

5. L., *Gen.*, n. 1027. — Juss., *Gen.*, 284. — Gærtn., *Fruct.*, I, 399, t. 69. — Dun., *Mon.*, 121, — DC., *Syst.*, I, 449; *Prodr.*, I, 92. — A. DC., *Mém.*, 33. — Spach, *Suit. à Buffon*, VII, 506. — Endl., *Gen.*, n. 4714. — B. H., *Gen.*, 28, 958, n. 32. — H. Bn, in *Adansonia*, IV, 140; VIII, 202, 330, 340. —*Embira* Pis., *Brasil.*, 71. — *Pindaïba* Pis., *loc. cit.* — *Ibira* Marcg.,

culière pour qu'on ait pu leur appliquer, ainsi qu'à ceux qui leur ressemblent, l'expression de : pétales de Xylopiée [1]. Les extérieurs, alternes
avec les divisions du calice, sont un peu plus grands que les pétales intérieurs, étroits, allongés, concaves seulement près de leur base, où ils sont
creusés d'une petite fossette intérieure, puis épais, atténués, souvent
connivents en cône ou en pyramide aiguë, plus rarement étalés
(fig. 262, 263) lors de l'épanouissement de la fleur [2]. Les sépales inté-

Xylopia grandiflora.

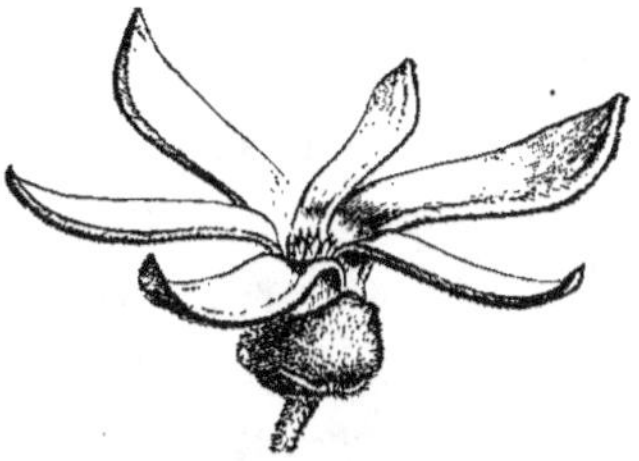

Fig. 262. Fleur épanouie.

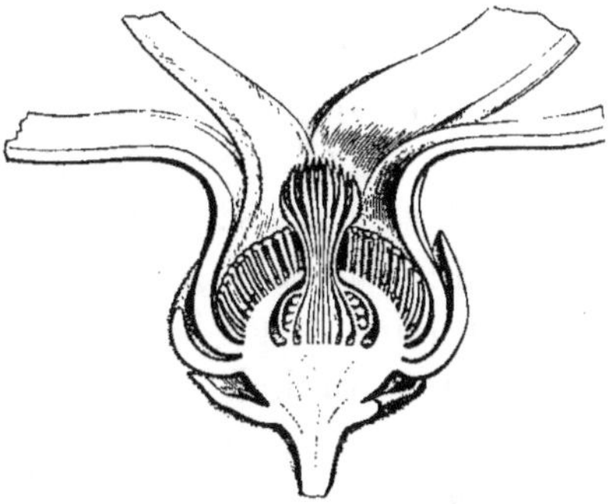

Fig. 263. Fleur, coupe longitudinale.

Fig. 264. Fleur, sans le périanthe.

Fig. 265. Graine.

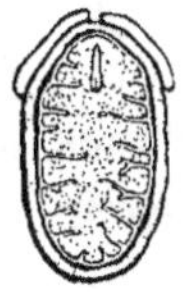

Fig. 266. Graine, coupe longitudinale.

rieurs ont à peu près la même forme; leur fossette basilaire se moule
exactement sur la convexité de l'androcée, et plus haut ils deviennent
triquètres, et s'unissent aussi par une large surface en une pyramide
triangulaire. Après avoir porté le périanthe, le réceptacle subit en géné-

Brasil., 90. — *Bulliarda* Neck., *Elem.*,
n. 1103 (nec DC.). — *Xylopicron* P. Br.,
Jam., 250. — *Waria* Aubl., *Guian.*, 604,
t. 243. — *Habzelia* A. DC., *Mém.*, 31. —
Endl., *Gen.*, n. 4715. — *Cœlocline* A. DC.,
op. cit., 32. — Endl., *Gen.*, n. 4716. — *Pa-
tonia* Wight, *Ill.*, I, 18. — *Habzelia* Hook. et
Thoms., *Fl. ind.*, I, 123. — B. H., *Gen.*, 28,
n. 33 (nec A. DC.). — *Parartabotrys* B. H.,
Gen., loc. cit. (nec Miq.).

1. « *Petala exteriora crassa, conniventia v.
vix aperta; interiora inclusa minora.* » (B. H.,
Gen., 22.)

2. Dans la plupart des fleurs, les pétales, réunis en une longue pyramide à trois pans, tombent
tous ensemble, après s'être détachés par leur
base. Mais il est certain qu'il n'en est pas toujours ainsi, et qu'ils peuvent s'étaler spontanément, lors de l'épanouissement. Le fait se produit dans le *X. æthiopica*, où les sommets seuls
des pétales s'écartent les uns des autres (fig.
261), et dans plusieurs espèces américaines, où
ils deviennent libres jusqu'à leur base. Dans
quelques espèces, la forme générale de la corolle
est bien plus celle d'une Unonée. Nous verrons
plus loin que les espèces de la section *Pseudunona*
présentent aussi quelque chose d'exceptionnel
dans la conformation de leur corolle.

ral une déformation singulière. Son centre se déprime profondément, dans la plupart des espèces, en un sac conique, tandis que ses bords prennent un accroissement considérable, s'allongent au-dessus de ce sac, et forment une sorte de toit ou de dôme au sommet duquel ils ne laissent qu'une ouverture très-étroite (fig. 263). Cette ouverture est traversée par les styles, qui la dépassent, tandis que les ovaires sont logés dans l'intérieur du sac réceptaculaire, et que toute la surface convexe du dôme donne insertion aux pièces de l'androcée disposées sur une ligne spirale (fig. 264). Articulées à leur base et très-caduques, les étamines se composent d'un connectif aplati de dehors en dedans, renflé à son sommet en une tête glanduleuse, tronquée ou arrondie, et supportant en dehors deux loges verticales, adnées et déhiscentes suivant leur longueur. Les carpelles sont en nombre variable [1], composés d'un ovaire atténué en un style qui se renfle [2], après avoir traversé l'orifice du dôme réceptaculaire (fig. 263), puis s'atténue de nouveau en une extrémité stigmatifère. Dans l'angle interne de l'ovaire, on observe un placenta qui supporte un nombre indéfini d'ovules, disposés primitivement sur deux rangées verticales, avec le micropyle dirigé en bas et en dehors. Le nombre de ces ovules est rarement réduit à deux ou trois, insérés à des hauteurs variables de l'angle interne de l'ovaire. Le fruit multiple est formé d'un nombre variable de baies sessiles ou légèrement stipitées, plus ou moins allongées ou trapues, avec ou sans étranglements plus ou moins accentués entre les différentes graines qu'elles contiennent [3]. Elles s'ouvrent quelquefois d'une façon irrégulière, et les graines renferment sous leurs téguments un albumen ruminé et un petit embryon. L'arille est souvent assez développé des deux côtés de l'ombilic (fig. 265, 266).

Dans quelques *Xylopia*, la forme si accentuée du réceptacle disparaît

1. Certaines fleurs du *X. malayana* n'en renferment que trois. Le *X. Lastelliana* H. Bn (in *Adansonia*, IV, 144) en a ordinairement six, superposés chacun à un pétale. Dans beaucoup d'autres espèces, notamment dans le *X. æthiopica* A. Rich., il y en a un grand nombre, et de même dans les espèces de la section *Pseudanona*. On rencontre çà et là des fleurs qui n'ont qu'un carpelle.

2. Ce renflement manque rarement ; il est longuement fusiforme dans la plupart des espèces, claviforme dans le *X. malayana* Hook. et Thoms. (*Fl. ind.*, I, 124). Dans les *Pseudanona*, le style n'est qu'une longue lanière linéaire, plus ou moins révolutée au sommet.

3. Les baies sont presque continues et ne présentent que de très-légers étranglements dans le *X. æthiopica* (fig. 261). Les étranglements sont plus ou moins accentués, et quelquefois assez profonds, dans le *X. Richardi* Boiv. (ex H. Bn, in *Adansonia*, V, 145, n. 1), espèce qui se trouve à Bourbon, mais qui, d'après A. Richard (mss.), serait originaire de l'Amérique. Dans les espèces de la section *Pseudanona*, les baies sont épaisses, presque continues et rappellent par la forme et la taille celles des *Asimina*. Dans le *X.* (*Habzelia*) *ferruginea*, elles présentent au contraire des étranglements si profonds et si réguliers, que l'ensemble rappelle tout à fait les masses moniliformes des *Unona*, tels que l'*U. discolor* (fig. 237, 238). Les baies du *X. Vieillardi* (voy. p. 226, note 4) sont courtes et irrégulièrement obovées, assez souvent monospermes.

plus ou moins complétement. La portion voisine de son sommet, qui supporte les carpelles, n'est plus qu'une fossette peu profonde, ou même une plate-forme horizontale; on a fait pour ces espèces un genre *Habzelia*[1], que, tous les autres caractères étant les mêmes, on peut ne considérer que comme une section du genre *Xylopia*, représentée seulement par des espèces de l'ancien monde.

Dans d'autres espèces encore, telles que les *X. grandiflora* A. S. H.[2], *lucida* H. Bn[3], etc., il arrive, ainsi que dans beaucoup d'autres genres de cette famille, que les étamines extérieures, au lieu d'être fertiles, soient converties en petites languettes pétaloïdes (fig. 264).

Le caractère ordinaire de la corolle peut même disparaître en grande partie. Dans plusieurs espèces de l'Asie tropicale, ou du nord de l'Océanie, on voit les pétales, à peu près tous pareils entre eux, perdre beaucoup de leur épaisseur et de leur longueur. Chacune des deux corolles ne constitue plus qu'un cône peu élevé; les pétales sont sessiles, à peu près triangulaires, à peu près de la même épaisseur vers leur base et leur sommet. Les intérieurs seuls présentent entre leurs bases de courtes échancrures au travers desquelles se voient, comme dans les *Xylopia* type, les pièces de l'androcée. Les petites fleurs du *X. Vieillardi*[4], espèce de la Nouvelle-Calédonie, présentent au plus haut degré cette configuration du bouton, qui est un acheminement manifeste vers la forme de la corolle de certaines Unonées.

Enfin deux plantes remarquables, autrefois attribuées au genre *Anona*, et qui croissent dans les îles orientales de l'Afrique, doivent être encore affectées au genre *Xylopia*, comme constituant une section spéciale à laquelle nous avons donné le nom de *Pseudanona*. Ce sont les *X. amplexicaulis*[5]

<hr>

1. Hook. et Thoms., *Fl. ind.*, I, 123. — B. H., *Gen.*, 28, n. 33. — Walp., *Ann.*, IV, 61. — Wall., *Cat.*, n. 6478. — Miq., *Fl. ind.-bat.*, I, p. II, 37. — H. Bn, in *Adansonia*, VIII, 330, 340 (nec A. DC., *Mém.*, 31). Le *X. malayana* Hook. f. et Thoms., et quelques espèces analogues, ont un réceptacle en forme de cône élevé, dont le sommet seul présente une légère concavité pour loger la base du gynécée; de façon que ces espèces sont intermédiaires aux *Habzelia* et à ceux des *Xylopia* dont la bourse réceptaculaire enveloppe les ovaires jusqu'au sommet

2. *Flor. Bras. mer.*, I, 39, t. 8.

3. *Adansonia*, VIII, 182. — *X. longifolia* A. DC., *Mém.* 34, n. 1 (1832). — *X. cubensis* A. Rich., *Fl. cub.*, 16, t. 6. — *X. grandiflora* Benth., *Sulph.*, 64 (nec A. S. H.). — *X. Dunaliana* Pl. et Lind., *Pl. columb.*, 15. —

Unona lucida DC., *Syst.*, I, 498; *Prodr.*, I, 92, n. 34. — Dun., *Mon.* (1817), 116, t. 23. — *U. xylopioides* Dun., *op. cit.*, 117, t. 24. — *Cœlocline ? lucida* A. DC., *op. cit.*, 33, n. 5.

4. H. Bn, in *Adansonia*, VIII, 202.

5. H. Bn, in *Adansonia*, V, 142, n. 1. — *Anona amplexicaulis* Lamk, *Dict.*, II, 127. — DC., *Prodr.*, I, 86, n. 22. — Dun., *Mon.*, 76, t. 7. Dans cette espèce, non-seulement le nombre des carpelles est considérable, le style linéaire, les ovules nombreux dans chaque ovaire; mais encore les pétales ont une configuration toute particulière. Les intérieurs forment une petite corolle aiguë, triquètre. Les extérieurs, bien plus larges et plus longs, tout à fait différents de forme, oblongs-lancéolés, subspathulés, ont une face interne très-étroite et aiguë, répondant exactement par sa forme à celle de la corolle intérieure moulée sur leur concavité, et des bords

et *Lamarckii*[1]. Leur corolle est en effet, par la largeur de ses pièces et l'épaisseur de leurs bords, pareille à celle de plusieurs *Anona* américains, et leurs carpelles mûrs sont, comme nous l'avons vu, aussi épais que ceux de plusieurs *Uvaria;* leur nombre est considérable dans la fleur et très-réduit dans le fruit.

Ainsi constitué, le genre *Xylopia* renferme une trentaine d'espèces qui croissent dans les régions chaudes de l'Afrique[2], de l'Asie[3] et de l'Océanie[4]. L'Amérique tropicale en possède une quinzaine[5]. Ce sont des arbres ou des arbustes à fleurs solitaires ou réunies en cymes, axillaires ou latérales, rarement terminales.

Le genre Anone (fig. 267-274)[6], qui a donné son nom à toute la

Anona squamosa.

Fig. 267. Fruit ($\frac{2}{7}$).

Fig. 268. Fruit, coupe transversale.

famille et auquel on a primitivement rapporté toutes les espèces à peu près qu'elle contenait, peut être défini en peu de mots, quand on connaît

<hr>

épais suivant lesquels ils s'appliquent les uns contre les autres, sur une largeur de près d'un centimètre.

1. H. Bn, *loc. cit.*, n. 2. — *Anona grandiflora* Lamk, *loc. cit.* — DC., *loc. cit.*, n. 21. — Dun., *op. cit.*, 75, t. 6. Ici les boutons sont bien plus arrondis et obtus au sommet que dans l'espèce précédente. Les pétales extérieurs sont à peu près de la même forme que les intérieurs, mais un peu plus larges et plus longs. Leur épaisseur augmente peu vers la partie supérieure, où ils représentent des cuillerons concaves en dedans, arqués au sommet, et où ils ne se touchent que par un bord assez mince, et non par une très-large surface. Ce sont à peu près des pétales d'*Unona*, comme ceux du *X. Vieillardi*.

2. Hook., *Niger*, 204. — Benth., in *Linn. Trans.*, XXIII, 478. — A. DC., *Mém.*, 31-34. — Rich., Guill., Perr., *Tent. fl. Seneg.*, 1, 9. — H. Bn, in *Adansonia*, IV, 140; V, 362.

3. Hook. et Thoms., *Fl. ind.*, I, 123. — Thw., *Enum. pl. Zeyl.*, 0.

4. Zoll., in *Linnæa*, XXIX, 318. — Miq., *Fl. ind.-bat.*, I, p. II, 37; *Ann. Mus. Lugd. Bat.*, II, 43.

5. A. S. H., *Fl. Bras. mer.*, I, 39, t. 8. — A. Rich., *Fl. cub.*, 15, t. VI, VII. — Mart, *Fl. bras.*, *Anonac.*, 41, t. 13. — Griseb., *Fl. brit. IV. Ind.*, 6. — Schltl, in *Linnæa*, IX, 326. — Pl. et Triana, in *Ann. sc. nat.*, sér. 4, XVII, 37. Ajoutez pour les espèces de divers pays: Walp., *Rep.*, I, 75; *Ann.*, IV, 61; VII, 59.

6. *Anona* L, *Gen.*, n. 693 (*Annona*). — Juss., *Gen.*, 283. — Gærtner, *Fruct.*, II, 193, t. 138. — Dun., *Mon.*, 28, 58, t. 2-7. — DC., *Syst.*, I, 466; *Prodr.*, I, 83; ap. Deless., *Icon. sel.*, I, t. 86. — Spach, *Suit. à Buffon*, VII, 497. — Endl., *Gen*, n. 4723. — Walp., *Rep.*, I, 86; II, 748; V, 15; *Ann.*, II, 20; IV, 56; VII, 58. — *Bot. Reg.*, t. 1328. — *Bot. Mag.*, t. 2011, 2911, 2912, 3095, 4226. — B. H., *Gen.*, 27, 958, n. 30. — H. Bn, in *Adansonia*, VIII, 265, 296, 340, 389. — *Guanabanus* Plum., *Nov. gen. amer.*, 43.

le genre précédent : les *Anona* sont des *Xylopia* à réceptacle convexe. et dont les ovaires pauciovulés deviennent un fruit charnu multiple à carpelles connés (fig. 267, 268, 271) ; ou encore : les *Anona* sont aux *Xylopia* ce que sont aux *Uvaria* la plupart des *Duguelia*. Le calice est formé de trois sépales, libres ou unis dans une étendue variable, et valvaires dans la préfloraison. La corolle est formée de six pétales qui peuvent être étroits, aigus et épais, comme ceux de la plupart des *Xylopia*;

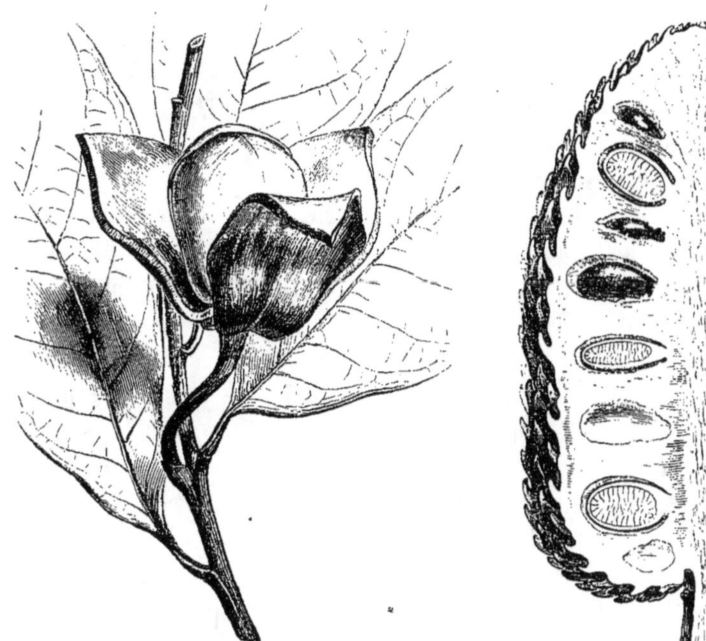

Anona muricata.

Fig. 269. Fleur. Fig. 271. Fruit, coupe longitudinale (⅓)

c'est ce qui s'observe au plus haut degré dans quelques espèces américaines, comme les *A. Liebmanniana*[1] et *quinduensis*[2], etc. Dans d'autres, telles que les *A. Cherimolia, cherimolioides, reticulata, squamosa,* etc., la corolle, moins allongée et moins aiguë dans le bouton, se rapproche de la forme de celle de plusieurs *Melodorum*. Dans d'autres encore, le bouton est ovoïde et plus ou moins trigone, comme dans les *A. sericea, Pisonis, cornifolia, coriacea,* etc., ou globuleux, comme dans différentes formes de l'*A. senegalensis*, ou même déprimé et plus large que haut,

1. H. Bn, in *Adansonia*, VIII, 266, n. 4.   2. H. B. K., *Nov. gen. et spec.*, V, 47, n. 12.

comme dans l'*A. tenuifolia* (*fagifolia*) [1]. Dans plusieurs espèces, les
pétales intérieurs deviennent beaucoup plus petits que les extérieurs, et
ne sont plus représentés que par de très-courts cuillerons. Dans quelques
autres enfin, ils viennent à disparaître com-
plétement [2]. Mais toutes ces différences de
forme n'empêchent pas les pétales d'être
toujours d'une assez grande épaisseur, et de
se disposer dans le bouton en préfloraison
valvaire. Dans l'*A. muricata* [3] (fig. 269-271),
tandis que les pétales extérieurs conser-
vent ces mêmes caractères, les pétales intérieurs s'amincissent sur les bords et s'imbriquent fortement dans la préfloraison. Il en
est de même dans l'*A. involucrata* [4], dont
la fleur est en outre enveloppée par deux

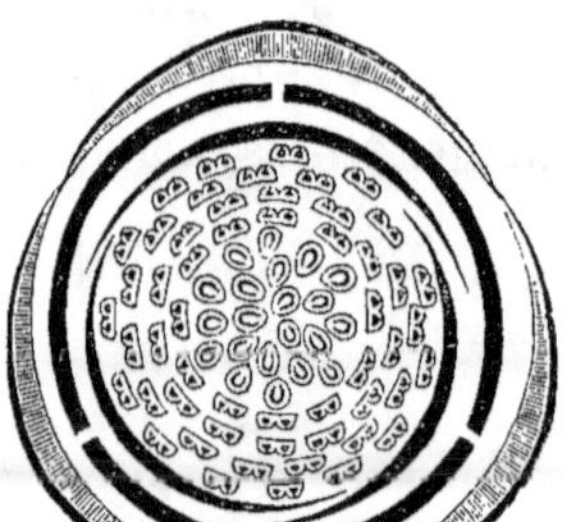

Anona muricata.

Fig. 270. Diagramme.

bractées qui forment au jeune bouton une sorte de sac complet. Dans
toutes ces espèces, les étamines, insérées dans l'ordre spiral sur un
réceptacle hémisphérique, sont surmontées d'une dilatation épaisse,
tronquée, oblongue ou ovale du connectif, et sont, en un mot, analogues
à celles des *Uvaria*. Chaque carpelle renferme un ou deux [5] ovules
presque basilaires, ascendants, avec le micropyle extérieur et inférieur; et le fruit multiple est une baie charnue dans laquelle sont
disséminées les graines, et dont la surface est, ou presque lisse, ou réticulée, ou couverte de saillies obtuses ou d'aiguillons recourbés.

Dans une espèce à petites fleurs, qui croît au Mexique, les caractères
des organes femelles et du fruit sont les mêmes; mais les fleurs, peu nombreuses, ont dans le bouton la forme globuleuse de la plupart des *Bocagea*, ce qui a valu à cette espèce le nom d'*A. globiflora* [6]; et les étamines

---

1. Voy. *Adansonia*, VIII, 296. Les formes
intermédiaires qui s'observent dans beaucoup
d'autres espèces du genre y sont plus longuement passées en revue.

2. M. DE MARTIUS a fondé (*Fl. bras.*, *Anonac.*, 3, 46) sur ces caractères la division du
genre *Anona* en deux sections : 1° *Guanabani*,
où les fleurs ont six pétales développés ; 2° *Atta*,
où les pétales intérieurs sont nuls ou réduits à
de petites languettes ou écailles. On pourrait
subdiviser ces sections d'après le mode de préfloraison de la corolle et d'après les formes très-
variables qu'elle affecte dans le bouton et dont
nous venons de parler.

3. L., *Spec.*, 756. — JACQ., *Obs.*, I, 10,
t. 5. — DUN., *Mon.*, 62. — DC., *Syst.*,
I, 467; *Prodr.*, I, 84, n. 1. — *A. asia-*

tica L., *Spec.*, II, 758, ex R. BR., *Congo*, 6.

4. H. BN, in *Adansonia*, VIII, 265, n. 2.

5. Nous avons fréquemment observé deux
jeunes graines dans des fruits récemment noués
de l'*A. squamosa*, envoyés de Bourbon. Elles
étaient de même taille, ou bien déjà l'une d'elles
avait de beaucoup dépassé le volume de l'autre,
qui semblait devoir désormais s'arrêter dans son
développement. Ce fait indique peut-être que le
nombre primitif des ovules est de deux dans les
jeunes carpelles des *Anona*. Ceux que nous avons
vus géminés s'inséraient à peu près à la même
hauteur. Le pourtour de l'ombilic y formait un
bourrelet circulaire autour de l'insertion du funicule très-court et relativement très-étroit.

6. SCHLTL, in *Linnœa*, IX, 235. — H. BN,
in *Adansonia*, VIII, 266, 313.

sont constituées exactement comme celles de plusieurs espèces du même genre *Bocagea*, l'anthère ayant ses deux loges surmontées d'un prolongement étroit et conique du connectif (fig. 274). Les pétales intérieurs

Anona (Anonella) globiflora.

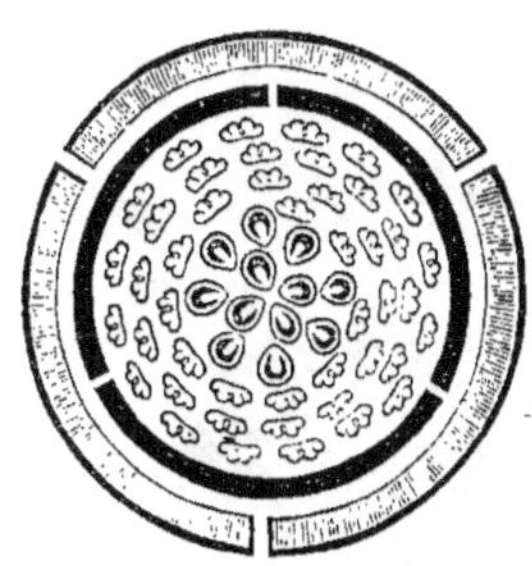

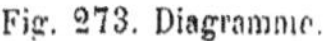

Fig. 273. Diagramme.

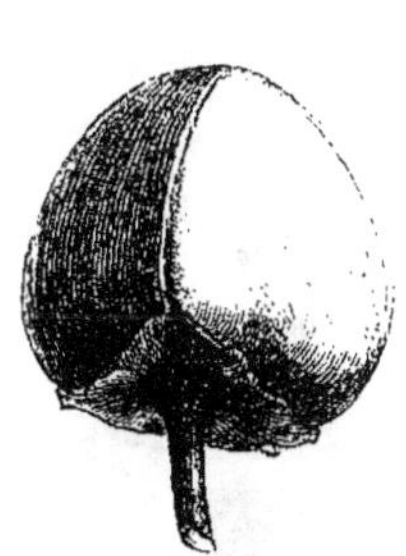

Fig. 272. Bouton (⁴⁄₁).

Fig. 274. Étamine.

font tout à fait défaut dans cette espèce (fig. 273). Il n'est pas possible cependant de séparer cette plante du genre *Anona*, où elle constitue une section particulière sous le nom d'*Anonella*.

On admet une cinquantaine d'espèces d'*Anona*; mais ce nombre devra probablement être réduit. Presque toutes sont d'origine américaine [1], et quelques-unes se trouvent dans l'Asie [2] et l'Afrique [3] tropicales. Ce sont des arbres ou des arbustes à feuilles alternes, sans stipules. Leurs fleurs sont presque toujours solitaires, ordinairement terminales, ou oppositifoliées, ou latérales.

D. ROLLINIÉES. — Les *Rollinia* [4] (fig. 275-277) ont des fleurs construites, quant au gynécée, à l'androcée et au réceptacle, exactement comme celles des *Anona*, et leur fruit charnu est ordinairement le même.

1. AUBL., *Guian.*, I, 611. — PLUM., *Nov. gen. amer.*, 43. — H. B. K., *Nov. gen. et spec.*, V, 43. — JACQ., *Observ.*, I, t. 6, fig. 1, 2. — TUSS., *Fl. antill.*, I, 194, t. 29.—A. S. H., *Pl. us. Brasil.*, 29, 30 ; *Fl. Bras. mer.*, I, 30.— SCHLTL, in *Linnæa*, IX, 319. — MART., *Fl. bras.*, *Anonac.*, 3, t. 46. — A. S. H. et TUL., in *Ann. sc. nat.*, sér. 2, XVII, 131.— A. RICH., *Fl. cub.*, I, 12, t. V. — GRISEB., *Fl. brit. W. Ind.*, 4. — PL. et TR., in *Ann. sc. nat.*, sér. 4, XVII, 25. — H. BN, in *Adansonia*, VIII, 265.

2. Elles y ont probablement été introduites. Voy. RHEEDE, *Hort. malab.*, III, t. 30, 31. — BL. *Fl. Jav.*, *Anonac.*, 108, t. 53. — ZOLL.,
in *Linnæa*, XXIX, 316.— WIGHT et ARN., *Prodr.*, I, 7. — ROXB., *Fl. ind.*, II, 657. — HOOK. et THOMS., *Fl. ind.*, I, 115.—MIQ., *Fl. ind.-bat.*, I, p. II, 33.

3. SCHUM. et THÖNN., *Beskr.*, 257. —PERS., *Syn.*, II, 95. — RICH., GUILL. et PERR., *Tent. fl. Seneg.*, I, 4.—BOJ., in *Ann. sc. nat.*, sér. 2, XX, 53. — HOOK. F., *Niger*, 204.— BENTH., in *Linn. Trans.*, XXIII, 476. — H. BN, in *Adansonia*, V, 362 ; VIII, 380.

4. A. S. H., *Flor. Bras. mer.*, I, 28, t. 2. — SPACH, *Suit. à Buffon*, VII, 503. — ENDL., *Gen.*, n. 4724. — B. H., *Gen.*, 27, n. 29. — H. BN, in *Adansonia*, VIII, 310, 332, 340.

Ils s'en distinguent cependant au premier abord par un caractère, peu important sans doute en lui-même, mais très-facile à saisir : leur corolle gamopétale est pourvue de trois saillies en forme de cornes comprimées et aplaties latéralement. Ces espèces d'éperons pleins appartien-

Rollinia mucosa.

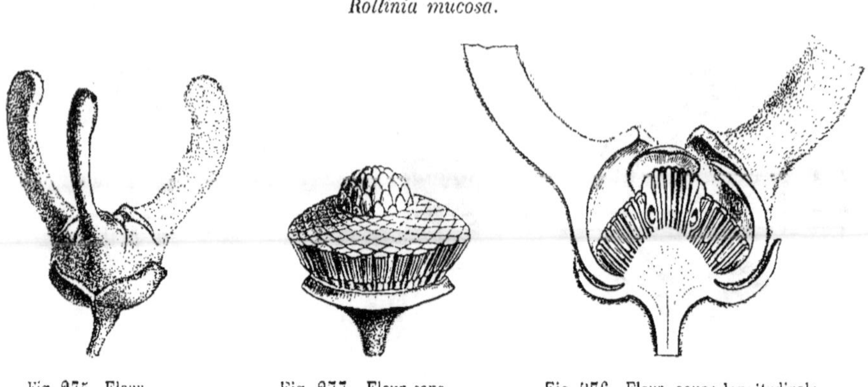

Fig. 275. Fleur.
Fig. 277. Fleur sans le périanthe.
Fig. 276. Fleur, coupe longitudinale.

nent aux pétales extérieurs. Ceux-ci, réunis dès leur base, en un tube court, cylindrique ou renflé, ont un sommet organique écourté et incurvé, de manière à former par leur rapprochement une voûte qui s'applique étroitement sur l'ensemble des organes reproducteurs. Mais leur portion dorsale médiane se renfle plus bas en ces sortes d'ailes dont nous avons parlé, et qui, plus ou moins obtuses au sommet, s'élèvent obliquement ou verticalement, comme les supports d'un trépied[1]. Les pétales intérieurs sont dépourvus de cette portion surajoutée ; ils sont semblables au corps des pétales extérieurs, ou bien plus petits, réduits à d'étroites languettes, ou même tout à fait absents. Le réceptacle a la forme d'un cône surbaissé ; les étamines sont surmontées d'une dilatation tronquée du sommet du connectif ; les ovaires contiennent un ovule ascendant, presque basilaire ; et les fruits sont, ou presque lisses à la surface, ou chargés de pointes recourbées, comme ceux de l'*Anona muricata* ou de plusieurs *Aberemoa*[2]. Les *Rollinia* sont des arbres ou des arbustes qui habi-

---

1. En suivant le développement de ces organes dans le bouton, nous avons vu (*Adansonia*, VIII, 310) que les jeunes boutons ont d'abord une corolle extérieure globuleuse à surface convexe parfaitement lisse. « Plus tard, une légère gibbosité se produit sur le milieu de la ligne médiane dorsale de chaque pétale. C'est cette gibbosité qui, se prononçant chaque jour davantage, forme définitivement cette corne pleine, arquée et à sommet obtus, que tous les auteurs ont signalée. Il est toujours facile de constater que le véritable sommet organique du pétale est situé bien plus bas que le sommet de cette sorte d'éperon plein. »

2. M. BENTHAM admet (in *Journ. Linn. Soc.*, V, 67) que les fruits de certains *Rollinia* sont formés de carpelles indépendants ; mais il n'indique point dans quelles espèces s'observe cette particularité que nous n'avons pas été à même de constater.

tent, au nombre d'une vingtaine, depuis le Mexique jusqu'au sud du Brésil[1]. Leur port et leur feuillage sont ceux des *Anona*, et leurs fleurs sont, ou terminales, ou oppositifoliées, ou extra-axillaires; solitaires, ou réunies en cymes pauciflores.

La disposition générale des fleurs des *Rollinia* se retrouve dans une plante de Sumatra, que l'on a nommée *Parartabotrys*[2]. Seulement les ovaires de cette dernière contiennent de nombreux ovules, au lieu d'un seul, et les cornes ascendantes que les pétales portent sur le dos sont à peu près cylindriques et de même épaisseur dans tous les sens. Par ce dernier caractère, le *Parartabotrys* justifie l'analogie qu'exprime son nom avec certains *Artabotrys*[3] javanais, tels que l'*A. suaveolens* Bl.[4] et les espèces voisines. Dans la fleur de ces derniers, on voit en effet que tout est pareil à ce qui s'observe dans les *Parartabotrys*, sauf le nombre des ovules contenus dans chaque ovaire : il n'y en a, au lieu d'un grand nombre, que deux, insérés près de la base de l'angle interne, et ascendants, avec le micropyle extérieur et inférieur. D'ailleurs l'*A. suaveolens* a un calice épais à trois divisions profondes, des étamines en nombre indéfini et un nombre peu considérable de carpelles insérés sur une espèce de plate-forme réceptaculaire entourée d'un bourrelet circulaire. Les fruits sont formés de quelques baies à une ou deux graines. L'organisation générale de la fleur et du fruit est encore la même dans les premières espèces connues de ce genre, telles que l'*A. uncata*[5]. Mais la corolle y présente cette particularité que les lames saillantes qui s'insèrent sur le dos des pétales, après que ceux-ci ont formé coiffe en dôme au-dessus des organes sexuels, s'aplatissent de dehors en dedans, au lieu d'être également étroites dans tous les sens, comme dans l'*A. suaveolens*, ou d'être comprimées bilatéralement, comme dans la plupart des *Rollinia*. Le genre *Artabotrys* renferme une quinzaine d'espèces. Trois ou quatre

1. A. S. H., *loc. cit.* — A. DC., *Mém.*, 23. — Mart., *Fl. bras.*, *Anonac.*, 17, 47, t. 6. — Schltl, in *Linnæa*, IX, 314. — Walp., *Rep.*, I, 90 ; II, 748 ; *Ann.*, II, 20 ; III, 813 ; IV, 57 ; VII, 58. — Pl. et Tr., in *Ann. sc. nat.*, sér. 4, XVII, 30. — Griseb., *Fl. brit. W. Ind.*, 5. — H. Bn, in *Adansonia*, VIII, 268.

2. Miq., *Fl. ind.-bat.*, suppl. I, 154 ; *Ann. Mus. Lugd. Bat.*, II, 43. — H. Bn, in *Adansonia*, VIII, 310, 329, 341. — *Xylopia* B. H, *Gen.*, 28, 958, n. 32 (nec *Auctt.*).

3. R. Br., in *Bot. Reg.*, t. 423 ; *Misc. Works*, ed. Benn., II, 685. — Spach, *Suit. à Buffon*, VII, 508. — Endl., *Gen.*, n. 4720. — B. H., *Gen.*, 24, 956, n. 10. — H. Bn, in *Adansonia*, VIII, 311, 341. — *Ropalopetalum* Griff., *Notul.*, IV, 716.

4. *Fl. Jav.*, *Anonac.*, 62, t. 30, 31, D.

5. *A. odoratissimus* R. Br., *loc. cit.* — *Uvaria uncata* Lour., *Fl. cochinch.*, ed. Ulyssip. (1790), 349. — *U. odoratissima* Roxb., *Fl. ind.*, II, 666. — *U. esculenta* Rottl., in *Nov. Act. Soc. nat. cur. berol.*, IV, 201. — *Unona uncinata* Dun., *Mon.*, 105, t. 12. — *U. hamata* Dun., *op. cit.*, 107. — *Anona hexapetala* L., *Suppl.*, 270. — *A. uncinata* Lamk, *Dict.*, II (1790), 127. Le nom d'*hexapetala* ne peut être conservé, car il se rapporterait indistinctement à tous les *Artabotrys*. Ceux d'*uncata* et d'*uncinata* sont de la même année ; mais on sait que Loureiro avait depuis deux ans communiqué son travail à l'Académie de Lisbonne, quand la première édition en fut imprimée. On peut donc accorder la priorité au nom spécifique qu'il a proposé.

d'entre elles sont africaines[1]. Les autres appartiennent à l'Asie tropicale et orientale[2], ou à l'archipel Indien[3]. Ce sont des arbustes souvent grimpants. Leurs feuilles sont alternes, ordinairement lisses, et leurs
fleurs sont disposées en grappes de cymes souvent pauciflores. L'axe
principal de la grappe s'aplatit et se dilate en une sorte de crochet recourbé et fascié qui porte, principalement du côté de sa convexité, des
groupes de fleurs pédicellées, souvent en partie arrêtées dans leur développement (fig. 278).

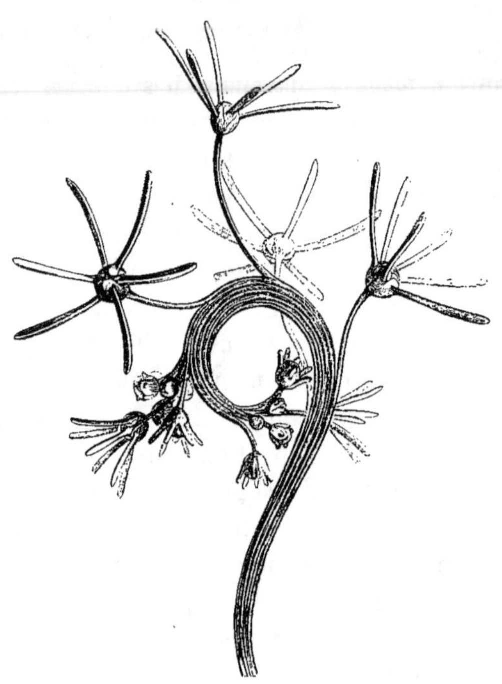

Artabotrys suaveolens.

Fig. 278. Inflorescence.

L'arbre de Ceylan qu'on a nommé *Cyathocalyx*[4] a la corolle semblable
à celle de l'*A. uncata*, avec des lames dressées plus membraneuses encore,
et qui ne se touchent dans le bouton que par leurs bords. Mais le calice
a la forme d'une coupe profonde dont les bords seulement sont découpés

1. HOOK. F., *Niger*, 207. — BENTH , in
Linn. Trans., XXIII, 466. — MIQ., *Ann. Mus.
Lugd. Bat.*, II, 43.

2. HOOK. F. et THOMS., *Fl. ind.*, I, 127. —
THW , *Enum. pl. Zeyl.*, 9. —BENTH., *Fl. hongkong.*, 10.

3. BL., *op. cit.*, 59, t. 28-31. — MIQ., *Fl.*

ind.-bat., I, p. II, 38; *Suppl.*, I, 154; *Ann.
Mus. Lugd. Bat.*, II, 38, 43. — WALP., *Rep.*,
I, 80; *Ann.*, II, 19; IV, 63; VII, 53.

4. *C. zeylanicus* CHAMP., ex HOOK. F. et
THOMS., *Fl. ind.*, I, 126. — B. H., *Gen.*, 24,
n. 9. — WALP., *Ann.*, IV, 63. — H. BN, in
Adansonia, VIII, 312, 341.

en trois dents, et le sommet aplati du réceptacle ne supporte qu'un seul carpelle. L'ovaire uniloculaire ne renferme qu'un placenta pariétal sur lequel s'insèrent deux séries d'ovules anatropes [1] ; et le style se dilate rapidement en une large tête aplatie et stigmatifère. Le fruit est une baie polysperme. Les feuilles sont alternes, glabres, et les fleurs sont solitaires ou groupées en cymes pauciflores, terminales ou oppositifoliées [2].

Les *Hexalobus* [3] (fig. 279, 280) ont un périanthe constitué comme celui d'un *Cyathocalyx*, ou comme celui des *Artabotrys* analogues à l'*A. uncata;* mais leurs six pétales sont unis en une corolle tubuleuse

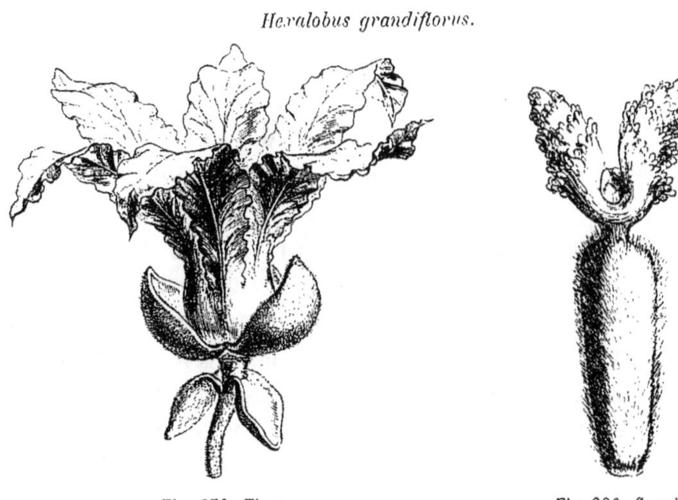

Hexalobus grandiflorus.

Fig. 279. Fleur.   Fig. 280. Carpelle.

dans toute la portion qui enveloppe les organes sexuels. Les lames membraneuses, aplaties de dehors en dedans, qui surmontent cette sorte de coiffe d'une seule pièce, sont larges, atténuées vers leur sommet, et corruguées dans le bouton [4], où elles ne se touchent que par leurs bords. Toute la corolle se détache d'une seule pièce. Le calice est formé de

1. Il y en a généralement cinq ou six sur chaque série.

2. La fleur est en somme tout à fait celle d'un *Artabotrys* unicarpellé; et, comme nous l'avons dit, on n'hésiterait sans doute pas à supprimer le genre *Cyathocalyx*, si ses fleurs étaient portées par des axes fasciés et recourbés en croc, puisqu'on admet dans les genres *Bocagea*, *Unona*, etc., des espèces à un seul carpelle. Quant au caractère tiré de la profondeur du calice et qui a valu son nom à ce genre, il n'est pas d'une grande valeur, puisqu'il est également trèsvariable dans quelques genres parfaitement naturels d'ailleurs, tels que les *Uvaria*. Il ne faut

pas, d'ailleurs, oublier que certains *Artabotrys* n'ont pas, ou n'ont pas constamment des axes d'inflorescence arqués et aplatis.

3. A. DC., *Mém.*, 36, t. 5, A. — ENDL., *Gen.*, n. 4718. — B. H., *Gen.*, 24, 956, n. 11. — H. Bn, in *Adansonia*, VIII, 312, 332, 341 (nec A. S. H. et TUL., in *Ann. sc. nat.*, sér. 2, XVII, 133).

4. Elles portent surtout des replis horizontaux et parallèles; ce qui fait que, dans les jeunes boutons de l'*H. senegalensis* A. DC. (*Uvaria monopetala* RICH., GUILL. et PERR., *Tent. fl. Seneg.*, 8), le sommet des pétales se trouve assez rapproché de leur base.

trois folioles valvaires[1]. Les étamines sont en nombre indéfini, surmontées d'une dilatation tronquée du connectif. Les carpelles sont aussi
en nombre indéfini, mais peu considérable[2]. Leur ovaire renferme
un nombre indéfini d'ovules disposés sur deux rangées parallèles[3]; il
est surmonté d'un style à deux lobes latéraux, papilleux, et à bords enroulés[4] (fig. 280). Le fruit est formé d'un petit nombre de baies polyspermes. On connaît deux ou trois espèces[5] d'*Hexalobus*, originaires de
l'Afrique tropicale. Ce sont des arbres ou des arbustes à feuilles alternes.
Leurs fleurs sont axillaires, solitaires, sessiles ou pédonculées. Au-dessous d'elles se trouvent deux bractées latérales qui s'appliquent l'une
contre l'autre par les bords et entourent le jeune bouton d'une enveloppe
en forme de sac d'abord complétement clos.

E. OXYMITRÉES. — Le nom générique d'*Oxymitra*[6] indique une
corolle intérieure dont les trois pièces, rapprochées dans leur portion supérieure par des bords très-épais, forment une sorte de voûte à trois piliers
qui recouvre les organes sexuels (fig. 281). Le sommet constitue un cône
dressé, plus ou moins aigu, tandis que les bases des pétales, représentant
les piliers, se rétrécissent plus ou moins[7]; de façon qu'il y a entre deux
piliers voisins un espace vide par lequel on entrevoit les étamines et le
gynécée. Les pétales extérieurs répondent exactement à ce vide, et ils
diffèrent totalement des intérieurs; car ils ne se touchent par leurs bords
que dans le bouton très-jeune, et plus tard ils s'étalent plus ou moins

---

1. Souvent le bord est légèrement rédupliqué.

2. Il y en a souvent six; ils paraissent dans ce cas superposés chacun à une des divisions de la corolle.

3. MM. BENTHAM et HOOKER (*Gen.*, 950) admettent qu'ils sont, tantôt sur une, et tantôt sur deux rangées. Mais nous avons fait observer (*Adansonia*, VIII, 332) que, dans les espèces incontestées du genre, il y a toujours primitivement deux rangées verticales d'ovules qui se tournent le dos.

4. Chacun des deux lobes du style est une grande lame triangulaire à bord supérieur découpé et papilleux; mais chacune de ces lames semble avoir été enroulée sur elle-même à la façon d'une feuille de papier dont on ferait un cornet. Il y a de plus, comme on le voit dans la figure 280, un lobe terminal et médian, relativement très-obtus et très-court. Le réceptacle floral est à peu près plan dans l'*H. grandiflorus*, et déprimé, entouré d'un bourrelet saillant dans l'*H. senegalensis* (voy. *Adansonia*, VIII, 329).

5. RICH., GUILL. et PERR., *Tent. fl. Sene-gamb.*, *loc. cit.*, t. 2. — BENTH., in *Trans. Linn. Soc.*, XXIII, 467, t. 49. — WALP., *Rep.*, I, 80. Nous avons décrit (*Adansonia*, VIII, 348) une espèce douteuse de ce genre. L'*H. brasiliensis* A. S. H. et TUL. appartient aux *Trigyneia* (voy. p. 210, 212); et peut-être que l'*H. madagascariensis* A. DC. (*Mém.*, 37, n. 2) doit se rapporter, avons-nous dit (*Adansonia*, VIII, 301), au genre *Monodora*.

6. BL., *Flor. Jav.*, *Anonac.*, 71, t. 35, 36, D, 37. — ENDL., *Gen.*, n. 4713, b. — B. H., *Gen.*, 26, 957, n. 21. — H. BN, in *Adansonia*, VIII, 341.

7. Dans l'*O. patens* BENTH., ils sont courts, concaves et sessiles; dans plusieurs espèces asiatiques, ils forment une voûte plus aiguë au sommet et sont séparés les uns des autres, vers la base, par des espaces triangulaires allongés et étroits. Dans les *Goniothalamus*, MM. BENTHAM et HOOKER (*loc. cit.*) disent des pétales intérieurs: « *basi in unguem latum angustata* ». Or, cet onglet basilaire est ordinairement plus large encore dans les véritables *Oxymitra*.

sous forme de lames, d'épaisseur, de taille et de consistance très-variables.
Le calice, bien plus court encore, est composé de trois sépales, libres ou
unis à la base, et valvaires aussi dans la préfloraison. Les étamines sont

Oxymitra (Goniothalamus) Gardneri.

Fig. 281. Fleur.

en nombre indéfini, insérées en spirale sur un réceptacle plus ou moins
convexe. Elles sont organisées comme celles des *Unona* et *Uvaria*, avec
un connectif dilaté d'une manière très-variable [1] au-dessus des loges
extrorses de l'anthère. Les carpelles sont en nombre indéfini. Leur ovaire

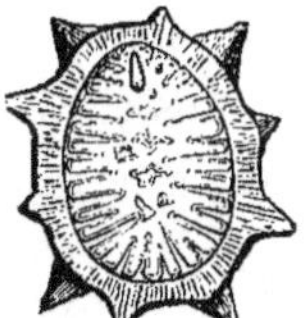

Oxymitra patens.

Fig. 282. Graine.   Fig. 283. Graine, coupe longitudinale.

renferme un ou deux ovules qui s'insèrent dans l'angle interne, tout près
de sa base, ou un peu plus haut [2]. Le fruit est formé d'un nombre variable

1. Il est tantôt déprimé, capité, tantôt ovoïde
ou plus ou moins allongé, en forme de cône; ces
formes varient d'une espèce à l'autre, tous les
autres caractères de la fleur demeurant d'ailleurs
les mêmes.

2. Jamais ils ne nous ont paru exactement
basilaires, c'est-à-dire dressés. Ils sont assez

souvent incomplétement anatropes. Le micropyle
regarde en bas et en dehors ; mais il est souvent
assez éloigné de l'ombilic. Le style de l'*O. patens*
est court et déprimé dans sa portion stigmatique,
tandis qu'il a la forme d'un très-long cône oblique dans plusieurs espèces asiatiques ; il est
tantôt simple et tantôt bifide au sommet.

de baies stipitées et monospermes. Les graines sont très-différentes de
forme, suivant les espèces. Ainsi on les trouve lisses et globuleuses, ou
ovoïdes, dans la plupart des *Oxymitra* indiens et javanais [1], de même
que dans les *Goniothalamus* [2] (fig. 281), que nous ne pouvons séparer
de ce genre, car les seules différences qu'on puisse signaler dans leurs
fleurs consistent en des pétales extérieurs un peu plus épais, et des
pétales intérieurs un peu plus larges par la base [3]. Mais dans certaines
espèces africaines, telles que l'*O. patens* [4], les graines deviennent des
sphères hérissées de saillies coniques (fig. 282, 283), et il y a des car-

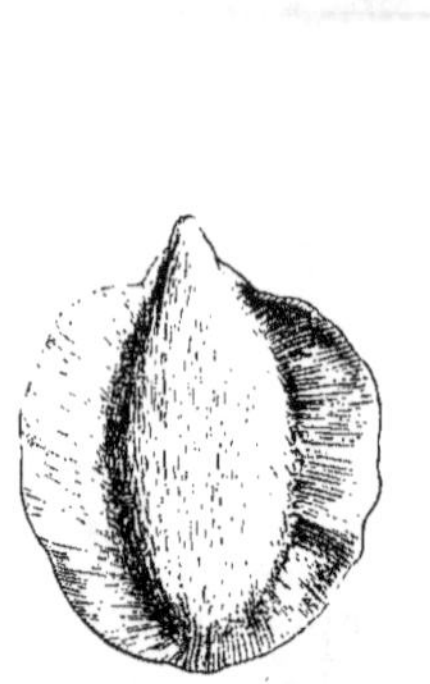

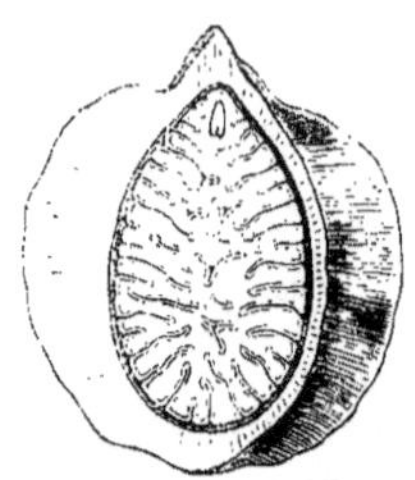

Oxymitra (Richella) Grayana.

Fig. 285. Graine.   Fig. 284. Baie tétrasperme.   Fig. 286. Graine, coupe longitudinale.

pelles qui en contiennent deux. Dans d'autres *Oxymitra* océaniens, dont
on a fait le type du genre *Richella* [5] (fig. 284-286), les graines sont parfois triquètres, avec les bords prolongés en ailes minces, surtout les
deux latéraux. Toutefois ces ailes peuvent s'émousser et devenir à peine
saillantes, comme dans l'espèce de la Nouvelle-Calédonie, que nous
avons nommée pour cette raison *O. obtusata* [6], et qui sert ainsi de pas-

<hr>

1. BL., *loc. cit.* — HOOK. et THOMS., *Fl. ind.*,
I, 145. — MIQ., *Fl. ind.-bat.*, I, p. II, 50;
Ann. Mus. Lugd. Bat., II, 29.—ZOLL., in *Linnæa*, XXIX, 324. — THWAIT., *Enum. pl. Zeyl.*,
29. — WALP., *Ann.*, IV, 72; VII, 56.

2. BL., *Fl. Jav.*, *Anonac.*, 74, t. 39, 52, B.
—MIQ., *Fl. ind.-bat.*, I, p. II, 58; *Ann.
Mus. Lugd. Bat.*, II, 33. — WALP., *Ann.*, IV,
51; VII, 56. —THWAIT., *Enum. pl. Zeyl.*, 33.
— B. H., *Gen.*, 26, n. 22.

3. Ces différences sont d'ailleurs loin d'être
constantes, et il y a des *Goniothalamus* dont les
pétales intérieurs sont simplement collés les uns
aux autres, de manière qu'on peut les séparer
par une légère traction. Le même fait peut se

produire dans les *Oxymitra* proprement dits.

4. BENTH., in *Linn. Trans.*, XXIII, 472, n.
4, t. LI. — H. BN, in *Adansonia*, V, 363. Les
ovules ont été décrits et représentés, dans le
travail de M. BENTHAM, comme parallèles et séparés l'un de l'autre par une cloison verticale;
nous l'avons vue horizontale dans les fleurs que
nous avons pu analyser. Dans le fruit, les deux
graines sont superposées et séparées par un
étranglement transversal assez prononcé.

5. A. GRAY, in *Amer. explor. Exped.*, I, 28,
t. 2. — B. H., *Gen.*, 26, n. 20.—H. BN, in
Adansonia, VIII, 177. — SEEM., *Fl. vitiens.*,
5. — WALP., *Ann.*, VII, 56.

6. *Adansonia*, VIII, 178.

sage entre le *Richella* type et les *Oxymitra* javanais. De plus, les *Richella* peuvent présenter plus de deux ovules dans chaque carpelle, car nous en avons vu dont les baies piriformes contenaient jusqu'à trois ou quatre graines[1] à leur maturité (fig. 284)[2].

Les *Mitrephora*[3] ont des fleurs plus petites et dont l'organisation générale est la même. Mais on les distingue facilement par un caractère très-frappant, quoique peu important en lui-même : les pétales intérieurs

Orophœa corymbosa.

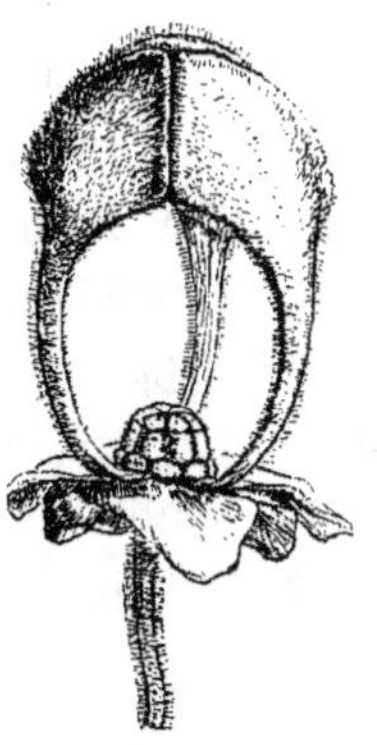

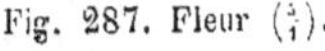

Fig. 287. Fleur (¼).

Fig. 288. Diagramme.

sont longuement atténués à leur base; de sorte que la voûte qu'ils forment bien au-dessus des organes reproducteurs est supportée par trois piliers très-longs et très-grêles (fig. 287). Les pétales extérieurs paraissent d'autant plus courts, car ils se rapprochent beaucoup des sépales pour la taille, la forme et la consistance[4]. Les étamines et les carpelles sont construits et disposés, comme dans les *Oxymitra*, sur un

1. C'est pour cette raison que nous n'avons pu conserver le nom spécifique de *monosperma*, et nous avons dû le remplacer par celui de *Grayana*.

2. Nous n'avons pu observer, et nous ne connaissons que par la description qu'on en donne, un genre qui paraît très-voisin des *Oxymitra* et des *Goniothalamus*, et qu'on a nommé *Atruregia* (BEDDOME, in *Madr. Journ. litt. sc.*, sér. 3, I, 37, fig. 1, ex B. H., *Gen.*, 957, n. 22 *a*). Son calice est formé de quatre (?) petits sépales, et sa corolle de six pétales coriaces et valvaires. Les trois extérieurs sont ovales-acuminés et cohérents autour des organes sexuels. Les étamines, en nombre indéfini, sont surmontées d'un prolongement obtusément acuminé du connectif. Le réceptacle subglobuleux supporte encore un nombre indéfini de carpelles à ovaires uniovulés (ovules dressés), surmontés d'un style allongé, atténué en un stigmate terminal à deux branches.

C'est un petit arbre à feuilles glabres et acuminées, qui croît dans l'Inde péninsulaire. Les fleurs sont axillaires et solitaires, ou bien elles naissent au niveau des nœuds dépouillés de leurs feuilles. Des poils recouvrent toute la surface des pétales extérieurs et la lame externe des pétales intérieurs.

3. BL., *Fl. Jav., Anonac.*, 13, t. 10, 11, 12, 14, C, D. (sect. *Uvariæ*). — ENDL., *Gen.*, n. 4717 a (*Uvaria*). — MIQ., *Fl. ind.-bat.*, I, p. II, 30; *Ann. Mus. Lugd. Bat.*, II, 27. — B. H., *Gen.*, 26, 957, n. 23. — H. BN, in *Adansonia*, VIII, 329, 342. — *Pseuduvaria* MIQ., *Fl. ind.-bat.*, I, p. II, 32. — *Orophœa* MIQ., *Ann. Mus. Lugd. Bat.*, II, 22, ex part. (nec BL.).

4. C'est pour cette raison qu'il y a des espèces très-analogues par l'organisation de leur corolle à ce qu'on observe dans les Phœanthées. Plusieurs *Mitrephora* sont à cet égard dans le même cas, ainsi que certains *Popowia* asiatiques. Les

réceptacle légèrement convexe ; mais chaque ovaire renferme un nombre indéfini d'ovules disposés sur deux rangées verticales [1]. Les baies stipitées contiennent chacune une ou plusieurs graines. Les *Mitrephora* sont des arbres et des arbustes qui croissent dans l'Asie tropicale et dans les portions voisines de l'archipel Indien [2]. Leurs feuilles sont assez épaisses, à nervures secondaires souvent parallèles et proéminentes. Leurs fleurs sont axillaires, terminales ou latérales, tantôt solitaires, tantôt réunies en cymes isolées ou groupées elles-mêmes en grappe sur un axe commun. Elles sont quelquefois diclines [3].

Les *Orophœa* (fig. 287, 288) [4] sont des plantes originaires des mêmes contrées que les *Mitrephora* [5], et qui en ont tout à fait les caractères floraux. Les trois pétales qui constituent leur corolle intérieure sont en effet plus ou moins atténués à la base [6] et s'unissent bord à bord par leur limbe étalé, pour former une sorte de voûte à trois piliers qui recouvre les organes reproducteurs. Mais ceux-ci diffèrent par les points suivants : les étamines sont en nombre moins considérable [7], souvent défini, réduit parfois à six [8] ou neuf [9] ; leur connectif ne se prolonge pas au-dessus

pétales extérieurs sont ordinairement obtus et étalés. Les pétales intérieurs sont collés par les bords de leurs larges limbes, et souvent l'ensemble de la voûte à trois piliers qu'ils forment se déjette de côté, par suite de la déviation des onglets longs et grèles. Mais souvent aussi les limbes finissent par se séparer les uns des autres, et la corolle intérieure présente un véritable épanouissement.

1. Le réceptacle floral est ordinairement convexe ; cependant il se creuse légèrement, au niveau de l'insertion des carpelles qu'il entoure d'un petit bourrelet circulaire, dans quelques espèces javanaises.

2. HOOK. et THOMS., *Fl. ind.*, I, 112. — HASSK., *Retzia*, 1, 116. — THWAIT., *Enum. pl. Zeyl.*, 8. — ZOLL., in *Linnæa*, XXIX, 315. — WALP., *Ann.*, IV, 55 ; VII, 57.

3. C'est ce qui arrive dans les *Pseuduvaria* MIQ., rapportés avec raison par MM. BENTHAM et HOOKER au genre *Mitrephora*, dont ils ont les étamines, tandis que M. MIQUEL en fait définitivement des *Orophœa* (*Ann. Mus. Lugd. Bat.*, II, 22). Mais les étamines des *Pseuduvaria* sont bien celles des Uvariées, et la synonymie de l'espèce type doit être rétablie de la sorte : *Mitrephora reticulata* B. H. — *Uvaria reticulata* BL. (*op. cit.*, t. 24). — *Pseuduvaria reticulata* MIQ. — *Orophœa reticulata* MIQ.

4. BL., *Bijdr.*, 18. — ENDL., *Gen.*, n. 4711. — B. H., *Gen.*, 29, 958, n. 36. — H. BN, in *Adansonia*, VIII, 342. — *Bocagea* BL., *Fl. Jav.*, *Anonac.*, t. 40, 45 (nec *Auctt.*).

5. BL., *loc. cit.*; *Fl. Jav.*, *Anonac.*, t. 40-44.

— A. DC., *Mém.*, 38, t. 4. — HOOK. et THOMS., *Fl. ind.*, I, 110. — ZOLL., in *Linnæa*, XXIX, 297. — THW., *Enum. pl. Zeyl.*, 8. — MIQ., *Fl.-ind. bat.*, I, p. II, 29 ; *Ann. Mus. Lugd. Bat.*, II, 22. (Plusieurs espèces sont des *Mitrephora*). — BEDD., in *Trans. Linn. Soc.*, XXV, 210, t. 21. — WALP., *Ann.*, IV, 54 ; VII, 59.

6. Ils sont ordinairement brusquement rétrécis dans cette portion basilaire qui est très-allongée. Sans se quitter, ils peuvent dans ce cas se porter tous du même côté et laisser à nu les organes mâles et femelles. Mais dans l'*O. ? obliqua* HOOK. et THOMS. (*Fl. ind.*, I, III), les pétales intérieurs sont plus courts que les extérieurs et à peine atténués à la base. Dans l'*O. zeylanica* HOOK. et THOMS. (*loc. cit.*), le sommet de la corolle intérieure est bien plus allongé que dans les autres espèces ; dans ces dernières, il représente souvent une table presque horizontale.

7. Il y a cependant des espèces où le nombre des étamines s'élève jusqu'à quinze ou dix-huit.

8. Les fleurs de l'*O. corymbosa* (*Bocagea corymbosa* BL.) sont ordinairement dans ce cas (fig. 288). Les trois plus grandes étamines y sont superposées aux sépales. Dans l'*O. ? obliqua*, les trois grandes étamines sont tout à fait intérieures aux trois petites. Dans l'*O. coriacea* THW., l'androcée forme aussi deux verticilles trimères très-distincts, ainsi que dans l'*O. zeylanica*.

9. Ce nombre s'observe dans certaines fleurs de l'*O. polycarpa* A. DC. (*Mém.*, 39) ; les six étamines extérieures sont dans ce cas les plus courtes et paraissent disposées par paires.

des loges de l'anthère en un corps épais et charnu ; il ne les dépasse pas, ou ne forme au-dessus d'elles qu'une lame étroite et peu saillante ; chacun de leurs carpelles, qui peuvent être réduits au nombre de trois, ne renferme qu'un seul ou de deux à quatre ovules. On connaît une douzaine d'espèces d'*Orophœa* vrais. Ce sont des arbustes à feuilles alternes souvent peu développées. Leurs fleurs sont axillaires et réunies en grappes plus ou moins longues, souvent nues à la base ; les pédicelles sont articulés et tombent souvent de bonne heure ; les bractées à l'aisselle desquelles ils sont placés sont quelquefois très-rapprochées entre elles et imbriquées.

Les *Cymbopetalum* [1] ont de grandes fleurs, très-analogues à celles des *Mitrephora*. Dans la plante qui a servi de prototype à ce genre [2], on remarque en effet des pétales intérieurs à limbe très-large et à onglet

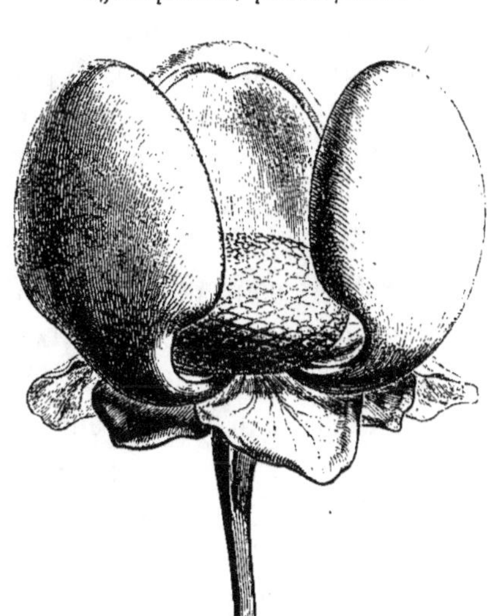

Cymbopetalum penduliflorum [3].

Fig. 289. Fleur.

étroit, abritant par leur portion dilatée les organes reproducteurs. Mais ces grands pétales ne sont pas collés les uns aux autres par le limbe, et celui-ci, épais, coriace, dilaté en forme d'énorme cuilleron, présente des bords involutés et un sommet mucronulé infléchi. Les pétales

1. BENTH., in *Journ. Linn. Soc.*, V, 69. — B. H., *Gen.*, 27, n. 28. — H. BN, in *Adansonia*, VIII, 268, 298, 342.

2. *C. brasiliense* BENTH., *loc. cit.* — *Uvaria brasiliensis* VELLOZ., *Fl. flum.*, V, t. 122. —

MART., *Fl. bras.*, *Anonac.*, 39, t. 13, fig. 2.

3. H. BN, in *Adansonia*, VIII, 268. — *Uvaria penduliflora* MOÇ. et SESS, *Fl. mex. ined.*, ex. DUN., *Mon.*, 100, t. 28 ; DC., *Syst.*, I, 487 ; *Prodr.*, I, 89, n. 3.

extérieurs sont courts et larges à la base, et, plus encore que ceux des *Mitrephora*, tendent à se rapprocher des pièces du calice par leur taille et leur forme. Ils sont d'ailleurs valvaires dans le bouton, de même que les sépales, qui se réfléchissent plus ou moins sur le pédoncule floral. Le réceptacle a la forme d'un dôme et porte un très-grand nombre d'étamines d'*Uvaria*, insérées dans un ordre spiral très-régulier. Les carpelles, en nombre indéfini [1], sont composés d'un ovaire pluriovulé à style court, dilaté supérieurement en une tête stigmatifère épaisse. Le fruit est formé d'un nombre variable de carpelles, assez analogues à de petites gousses, partagés par des rentrées obliques du péricarpe en autant de logettes incomplètes qu'il y a de graines. Celles-ci sont pourvues d'un arille et construites d'ailleurs comme celles de la plupart des Anonacées. On dit que les carpelles s'ouvrent plus ou moins complétement à leur maturité [2].

Les caractères si tranchés que présentent les pétales dans cette plante s'atténuent quelque peu dans d'autres espèces que nous avons rapportées au même genre. Tel est, par exemple, l'*Unona obtusiflora* DC [3]. Il y a ici beaucoup moins de différence, quant à la taille et à la forme, entre les pétales intérieurs et les extérieurs, parce que ces derniers sont beaucoup plus grands, ovales-aigus, en même temps que les premiers sont pourvus d'un onglet bien plus court et beaucoup moins étroit [4]. Les pétales ne tendent vers la forme de ceux du *C. brasiliense* qu'à l'époque où les fleurs sont complétement épanouies. Plus tôt, ils demeurent très-analogues à ceux de plusieurs véritables *Unona*. Mais les organes sexuels et les fruits (fig. 290) [5] présentent tout à fait

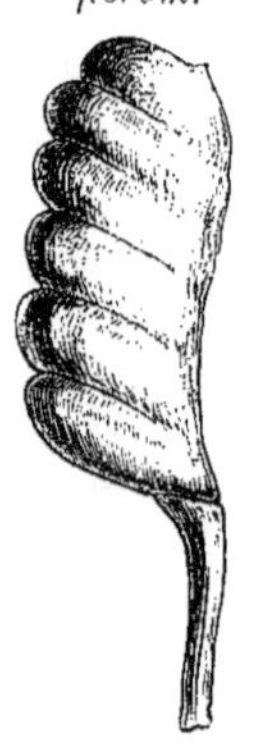

Cymbopetalum obtusi-florum.

Fig. 290. Fruit.

la même organisation. On connaît déjà plusieurs espèces de ce genre [6]. Ce sont de petits arbres américains qu'on trouve depuis le Mexique jusqu'au Brésil. Leurs feuilles sont presque sessiles, membraneuses et souvent un peu insymétriques à leur base. Les fleurs sont solitaires, ou terminales,

---

1. Il y a des fleurs où ils paraissent manquer ; ces plantes pourraient donc être polygames, comme les *Mitrephora*.

2. « *Baccæ stipitatæ oblongæ, sub pressione sæpe apertæ* » (B. H., *Gen.*, loc. cit.). Nous avons vu en effet les fruits ouverts vers le haut, suivant une certaine étendue de l'angle interne ; mais il est possible que cette solution de continuité ne se produise que dans les herbiers.

3. *Syst. veg.*, I, 487 ; *Prodr.*, I, 89, n. 7.

4. Le calice devient aussi très-différent des pétales intérieurs, surtout pour l'épaisseur. C'est d'abord un sac membraneux, globuleux, qui enveloppe complétement la corolle dans le bouton.

5. Ici les fruits, quoique ayant tout à fait la même apparence que ceux du *C. brasiliense*, paraissent tout à fait indéhiscents. On voit, d'après la figure 290, que le segment inférieur demeure vide et peu volumineux, mais qu'il est séparé du reste du carpelle par un sillon presque transversal bien prononcé.

6. Auquel nous avons rapporté (*Adansonia*,

ou oppositifoliées, ou encore extra-axillaires. En général, leur pédoncule est très-long [1].

A côté des *Cymbopetalum*, on a placé les *Enantia* [2], qui n'ont plus que six folioles au périanthe : trois sépales et trois pétales superposés. Les premiers sont lancéolés et valvaires; les derniers, beaucoup plus longs, dressés ou légèrement étalés, épais, coriaces, plans ou à bords légèrement réfléchis, ont une base rétrécie et concave. Le réceptacle, convexe, supporte un nombre indéfini d'étamines linéaires-oblongues, à connectif à peine dilaté au-dessus des loges. Les carpelles sont également en nombre indéfini. Leurs ovaires renferment un seul ovule dressé, et sont surmontés d'un style court, linéaire-oblong, parcouru en dedans par un sillon longitudinal. La seule espèce connue, l'*E. chlorantha* OLIV., est un arbre de l'Afrique tropicale occidentale. Ses feuilles sont alternes, membraneuses; et ses fleurs, solitaires, supportées par un court pédoncule, sont extra-axillaires.

II. SÉRIE DES MILIUSA.

Les *Miliusa* [3] (fig. 291-294) ont les fleurs régulières et hermaphrodites ou polygames. Sur leur réceptacle convexe s'insèrent successivement: un triple périanthe, un androcée, puis un gynécée, formés de pièces en nombre indéfini. Le calice est composé de trois sépales étroits, arrangés dans le bouton en préfloraison valvaire. Les pétales du verticille intérieur, superposés aux sépales, sont larges, membraneux, libres ou légèrement unis dans leur portion inférieure. Leur ensemble a, en un mot, tout à fait l'aspect d'une corolle ordinaire (fig. 291, 292); tandis que les pétales extérieurs, de même taille, de même forme et de même consistance que les sépales, semblent former un second calice à pièces alternes avec celles du premier. L'analogie nous dit bien que ces trois languettes qui forment le second verticille du périanthe, répondent exactement à la corolle extérieure des autres Anonacées. Mais, en même temps, les caractères exté-

---

VIII, 298) les *Unona penduliflora* DUN. (fig. 289), *viridiflora* SPLITG., *obtusiflora* DC., et, avec doute, l'*U. fuscata* DC. (Sect. *Brachycymbium*).

1. Il peut être dressé, ou pendant, comme dans le *C. penduliflorum*, quelquefois même plus épais que le rameau qui le porte.

2. OLIVER, in *Journ. Linn. Soc.*, IX, 174. — B. H., *Gen.*, 958, n. 28 *a*. — H. BN, in *Adansonia*, VIII, 343.

3. LESCHEN., ex. A. DC., *Mém.*, 37, t. 3. — WIGHT et ARN., *Prodr.*, I, 10. — ENDL., *Gen.*, n. 4712. — B. H., *Gen.*, 28, 958, n. 34. — H. BN, in *Adansonia*, VIII, 343. — *Hyalostemma* WALL., *Cat.*, n. 6434. — LINDL., *Introd.*, éd. 2, 439. — ENDL., *Gen.*, n. 4729. — *Uvariæ* spec. ROXB., *Fl. ind.*, II, 664.

rieurs de ces folioles nous montrent une fois de plus qu'il est souvent impossible, pour ne pas dire inutile, de distinguer d'une façon absolue les pétales des sépales[1]. Et, quoique ce caractère ait en lui-même fort peu de valeur, il nous permet de distinguer facilement

Miliusa indica.

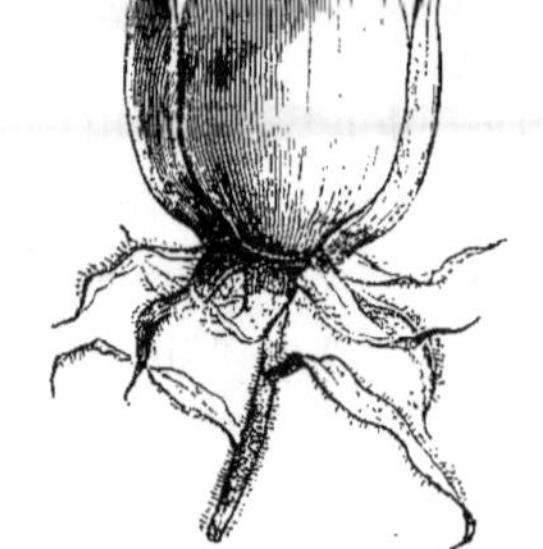

Fig. 291. Fleur.

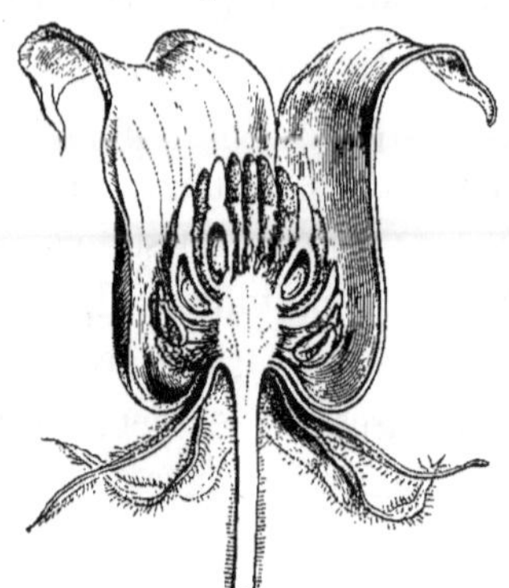

Fig. 292. Fleur, coupe longitudinale.

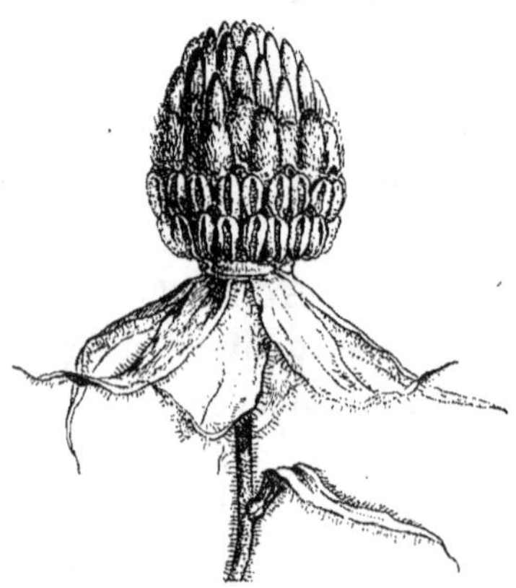

Fig. 293. Fleur sans la corolle.

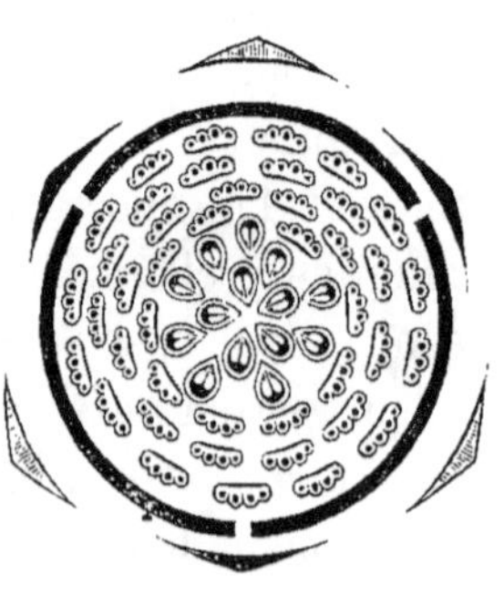

Fig. 294. Diagramme.

des autres Anonacées les Miliusées, dont on peut dire, dans la pratique, qu'au lieu d'un calice et de deux corolles, elles ont une corolle et un double calice. Les étamines, insérées dans l'ordre spiral sur le réceptacle convexe, d'autant plus courtes qu'elles sont plus inférieures, nous sont connues depuis longtemps par la configuration de leurs anthères[2]; car

1. Voy. *Adansonia*, VIII, 300.   2. Voy. pages 207, 215.

ce genre a, comme nous l'avons vu, donné son nom aux étamines dites *stamina Miliusearum*. Le filet, court et étroit, est surmonté d'une anthère ovale, à deux loges extrorses, déhiscentes chacune par une fente longitudinale, et surmontées d'un prolongement légèrement conique du connectif (fig. 293). Les carpelles, également insérés dans l'ordre spiral, sont formés d'un ovaire uniloculaire, surmonté d'un style conique, papilleux à sa surface. L'ovaire contient un ou deux ovules ascendants, dont le micropyle se tourne en bas et en dehors, ou, plus rarement, deux séries verticales d'ovules en nombre indéfini. Le fruit, multiple, est formé d'un nombre variable de baies ombellées, stipitées, monospermes ou plus rarement polyspermes. Les graines renferment sous leurs téguments un albumen charnu, ruminé, avec un petit embryon placé tout près de son sommet. Les *Miliusa* sont de petits arbres ou des arbustes à feuilles alternes. Leurs fleurs sont solitaires ou disposées en cymes, et supportées par des pédoncules plus ou moins longs. Elles sont axillaires ou extra-axillaires. Dans certaines espèces, il y a des rameaux entiers qui ne portent que des fleurs mâles. On en connaît une dizaine d'espèces qui se trouvent dans l'Inde [1], la Malaisie [2] et jusqu'à Madagascar.

Dans les *Miliusa* proprement dits, les pétales les plus larges ont leur base presque plane, comme dans la plupart des Anonacées. Toutefois certaines espèces, et en particulier celle qui a servi à établir le genre, présentent dans cette portion des pétales intérieurs une sorte de sac ou d'éperon obtus, très-large et très-court, qui descend un peu plus bas que le point d'insertion du pétale (fig. 292). On a désigné sous le nom de *Saccopetalum* [3] des plantes dans lesquelles cette gibbosité est plus prononcée en général, de manière à former à ce niveau une sorte de bourse ou de nacelle. Mais comme il y a tous les intermédiaires entre les *Saccopetalum* australiens, où cette poche est très-développée, et ceux des *Miliusa*, où elle l'est à peine, il nous a paru impossible de conserver les deux genres comme absolument distincts. Tous les autres caractères sont d'ailleurs les mêmes, et les *Saccopetalum* ont le gynécée des *Miliusa* multiovulés. Leurs feuilles sont caduques, et leurs fleurs naissent dans l'aisselle des feuilles de l'année précédente; elles sont solitaires ou en petit nombre, souvent supportées par des pédoncules longs et

---

1. A. DC., *loc. cit.* — Roxb., *Fl. ind.*, II, 664 (*Uvaria*). — Hook. et Thoms., *Fl. ind.*, I, 147. — Thw., *Enum. pl. Zeyl.*, 10. — Walp., *Ann.*, IV, 74.

2. Miq., *Fl. ind.-bat.*, I, p. II, 51; *Ann.*

Mus. Lugd. Bat., II, 40. — Walp., *Ann.*, IV, 59; VII, 59.

3. Benn., *Pl. jav. rarior.*, 165, t. 35. — Endl., *Gen.*, n. 4712 [1]. — B. H., *Gen.*, 28, 958, n. 35. — H. Bn, in *Adansonia*, VII, 343.

grêles. Les jeunes feuilles de l'année les accompagnent, ordinairement recouvertes d'un duvet assez abondant. Ces caractères permettent de faire des six ou sept espèces asiatiques et océaniennes [1] jusqu'ici connues une section spéciale dans le genre *Miliusa* tel que nous devons le comprendre.

La fleur d'un *Phœanthus* [2] est tout à fait celle d'un *Miliusa* quant au périanthe. Mais la forme des étamines est différente; elles sont ici constituées de même que celles des *Unona* et des *Uvaria*, avec une courte dilatation plus ou moins déprimée ou arrondie au sommet du connectif [3]. Quant aux ovaires et aux fruits, ils sont ceux des *Miliusa* uni- ou biovulés; mais les ovules des *Phœanthus*, au lieu d'être rapprochés de la base de l'ovaire, sont insérés un peu plus haut dans l'angle interne, et sont légèrement ascendants, avec le micropyle dirigé en bas et en dehors. On ne connaît que cinq espèces de véritables *Phœanthus*, originaires de l'Inde et de l'archipel Indien [4]. Nous croyons pouvoir y adjoindre, comme type d'une section particulière, appartenant à l'Amérique du Sud, l'*Heteropetalum brasiliense* Benth. [5] (fig. 295), dont le fruit et la fleur sont tout à fait les mêmes, sinon que les six petites folioles extérieures du périanthe, toutes semblables entre elles, sont un peu plus larges à la base que celles des espèces indiennes, et que l'ovule unique contenu dans chaque ovaire s'insère tout à fait à la base de l'angle interne.

Fig. 295. Bouton.

Nous faisons également rentrer, à titre de section, dans le genre *Phœanthus*, les plantes africaines que l'on a nommées *Piptostigma* [6]; car

---

1. Walp., *Rep.*, I, 74; *Ann.*, IV, 76; VII, 59. — Hook. et Thoms., *Fl. ind.*, I, 151. — Miq., *Fl. ind.-bat.*, I, p. II, 52. — Zoll., in *Linnæa*, XXXI, 325. — Benth., *Fl. austral.*, I, 53.

2. Hook. et Thoms., *Fl. ind.*, I, 146. — B. H., *Gen.*, 27, 957, n. 25. — H. Bn, in *Adansonia*, VIII, 343.

3. Ce sommet a la forme d'un long losange à grand axe transversal, dans le *P. nutans* Hook. et Thoms., et sa surface supérieure est plus ou moins concave. Les loges de l'anthère sont nettement extrorses, ou presque marginales. La base du filet est articulée et se détache de très-bonne heure.

4. Walp., *Ann.*, IV, 73; VII, 57. — Zoll., in *Linnæa*, XXIX, 324. — Miq., *Fl. ind.-bat.*, I, p. II, 51; *Ann. Mus. Lugd. Bat.*, II, 40.

5. In *Journ. Linn. Soc.*, V, 69. — B. H., *Gen.*, 27, n. 27. — H. Bn, in *Adansonia*, VIII, 343. — *Guatteria heteropetala* Benth., in *Hook. Journ.*, II, 360. Si cette espèce est rapportée au genre *Phœanthus*, elle doit prendre le nom de *P. heteropetalus*. Les grands pétales sont moins épais que ceux des *Phœanthus* asiatiques, et le connectif épais est tronqué horizontalement au-dessus des loges de l'anthère. Les styles sont terminés par des renflements épais qui sont tous collés entre eux et forment une sorte de tête commune, ainsi que dans les *Piptostigma*. La seule espèce jusqu'ici connue a été observée au Brésil et à la Guyane.

6. Oliv., in *Journ. Linn. Soc.*, VIII, 158, t. 2. — B. H., *Gen.*, 957, n. 25 a. — H. Bn, in *Adansonia*, VIII, 343.

leurs fleurs présentent, avec un réceptacle convexe[1], trois grands pétales intérieurs qui sont veinés comme ceux des *Phœanthus* asiatiques, et trois pétales extérieurs, beaucoup plus courts, aigus, tout à fait analogues aux sépales, de même que ceux de l'*Heteropetalum brasiliense*. Les étamines, en nombre indéfini, ont des anthères cunéiformes, surmontées d'un prolongement tronqué du connectif. Quant aux carpelles, peu nombreux, ils ont un style qui, comme celui des *Heteropetalum,* se renfle en une tête épaisse, irrégulière, stigmatifère, collée aux renflements homologues des styles voisins. La seule différence de quelque valeur que l'on puisse ici constater, c'est que les ovules sont nombreux et disposés sur deux séries verticales[2]. A cet égard, les *Piptostigma* sont donc exactement aux *Phœanthus* asiatiques et américains ce que sont les *Milinsa* pluriovulés aux espèces uni– ou biovulées du même genre, et ne peuvent davantage en être génériquement séparés[3]. Les deux espèces connues de cette section ont été observées dans les régions occidentales de l'Afrique tropicale.

Ainsi constitué[4], le genre *Phœanthus* renferme une demi-douzaine d'arbres à feuilles alternes, dont les fleurs sont latérales ou situées dans l'aisselle des feuilles ou des bractées qui en tiennent la place, tantôt solitaires, et tantôt réunies en cymes pauciflores.

III. SÉRIE DES MONODORA.

Gærtner avait appelé *Anona Myristica*[5] une plante dont Dunal fit le type de son genre *Monodora*[6]. Dans cette plante (fig. 296-299), les fleurs sont régulières et hermaphrodites, et leur réceptacle a la forme d'une petite sphère qui surmonte le pédoncule. Le calice est composé de trois sépales disposés dans le bouton en préfloraison valvaire. La corolle est gamopétale, ses six pièces étant unies vers leur base en un tube large

---

1. Dans le *P. glabrescens* Oliv., la portion du réceptacle qui supporte les carpelles est légèrement concave.

2. Cette disposition est constante dans les deux espèces connues. Il y a de trois à cinq ovules sur chaque rangée.

3. On dit (Oliv., *Fl. afr. trop.*, ined., 19) que les carpelles sont rapprochés, dans le fruit du *P. pilosum* Oliv., en une masse unique renfermant les graines entourées d'une pulpe peu abondante.

4. *Phœanthus* sect. 3.
  1. *Euphœanthus.* Ovula 1, 2 ventralia.
  2. *Heteropetalum.* Ovulum 1 subbasilare.
  3. *Piptostigma.* Ovula ∞ ventralia.

5. *Fruct.*, II, 194, t. 125, fig. 1. — Lun., *Hort. jam.*, 10.

6. *Mon.*, 79. — DC., *Syst.*, I, 477; *Prodr.*, I, 87. — R. Brown, *Congo*, 56; *Misc. Works*, ed. Benn., I, 162. — Endl., *Gen.*, n. 4725. —

et court[1], puis devenant libres, et valvaires dans la préfloraison. Les
trois extérieures, longues et étroites, ondulées sur les bords comme les

Monodora Myristica.

Fig. 296. Rameau florifère ($\frac{2}{3}$).

Fig. 297. Diagramme.

sépales, avec lesquels elles alternent, se réfléchissent dans la fleur complétement épanouie, tandis que les trois intérieures, bien plus courtes et

BENTH., in *Journ. Linn. Soc.*, V, 72; *Linn.
Trans.*, XXIII, 473, t. 52, 53. — B. H., *Gen.*,
26, 957, n. 24. — H. BN, in *Adansonia*, VIII,
299, 344. — OLIV., *Fl. trop. afr.* (ined.), 37.

1. Ce tube, ordinairement passé sous silence
dans les descriptions, se réfléchit d'abord sur le
sommet du pédoncule, après quoi les pétales
commencent à se relever en sens contraire.

rétrécies à leur base, se rapprochent plus haut par leur limbe élargi et presque sagitté. Les étamines, insérées dans l'ordre spiral sur les côtés du renflement sphérique du réceptacle, sont en nombre indéfini, libres, composées chacune d'une anthère presque sessile, à deux loges linéaires,

Monodora Myristica.

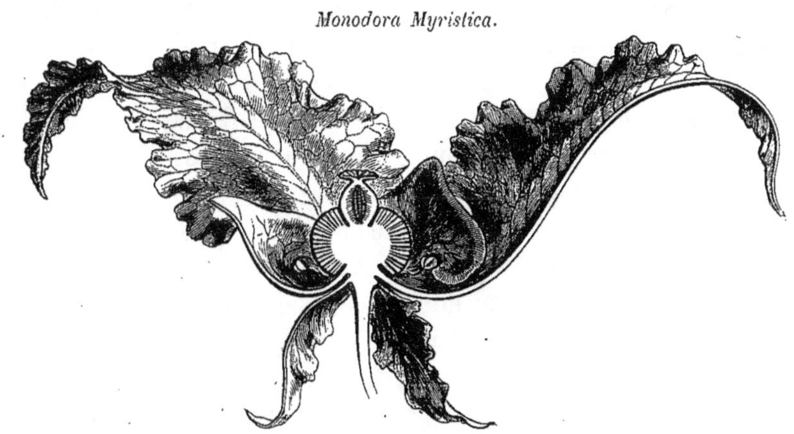

Fig. 298. Fleur, coupe longitudinale.

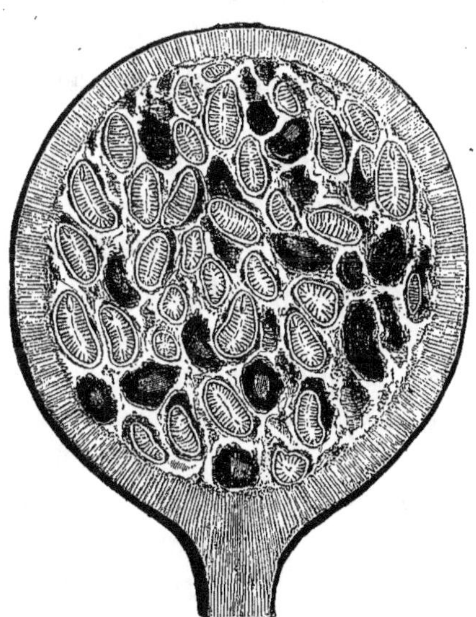

Fig. 299. Fruit, coupe longitudinale ($\frac{1}{2}$).

adnées, extrorses, déhiscentes par des fentes longitudinales, et surmontées d'une dilatation tronquée du sommet du connectif. L'ovaire occupe le sommet du réceptacle. Il est surmonté d'un style rapidement dilaté, comme celui d'un Pavot, en un large plateau stigmatifère à bords circulaires

déchiquetés. L'ovaire ne renferme qu'une loge, avec de nombreux placentas pariétaux, chargés d'ovules en nombre indéfini, horizontaux ou
ascendants, supportés par un assez long funicule, et anatropes [1]. Le fruit
est une énorme baie qui devient définitivement sphérique et ligneuse. Elle
renferme un nombre indéfini de graines, logées dans une pulpe épaisse.
Les téguments séminaux, l'albumen ruminé et l'embryon peu volumineux
présentent ici les mêmes caractères que dans la plupart des autres Anonacées.

Le *M. Myristica* est un arbre de l'Afrique tropicale transporté aux
Antilles par les nègres [2]. Ses feuilles sont alternes, sans stipules. Ses
larges fleurs sont supportées par un long pédoncule qui s'attache
latéralement sur les jeunes rameaux de l'année, en face des feuilles ou à
peu près. Dans une espèce voisine, le *M. tenuifolia* [3], la fleur est aussi
portée sur le côté d'un rameau de l'année, mais elle est seule à ce niveau
et placée bien au-dessous de la première des feuilles que porte ce jeune
rameau. Plus tard le pédoncule s'allonge et s'épaissit, et « c'est le rameau
florifère qui, déjeté et relativement peu volumineux, a l'air d'être inséré
sur le côté du pédoncule ». Dans cette espèce, les sépales sont unis à la
base, et les pétales extérieurs sont ovales-lancéolés. La corolle présente
une forme analogue dans une espèce de Zanzibar que nous avons décrite [4]
sous le nom de *M. Grandidieri*. Les pétales extérieurs y sont ondulés, et
les intérieurs sont beaucoup plus courts, rétrécis à la base, avec un
limbe presque sagitté. D'ailleurs cette espèce n'est pas glabre comme celles
de l'Afrique occidentale. Les différences de taille et de forme entre les
deux corolles commencent à s'atténuer dans le *M. brevipes* [5]. Les pétales
intérieurs y sont moins étroits que les extérieurs, mais ils atteignent
environ les deux tiers de leur longueur. Dans ces deux dernières
espèces, le rameau qui accompagne la fleur est en même temps beaucoup moins développé à l'époque de l'épanouissement.

On arrive ainsi graduellement à ne pouvoir placer dans un autre genre
l'espèce curieuse que nous avons nommée *M. madagascariensis* [6], et dont
les petites fleurs ont une corolle campanulée à six divisions à peu près
égales entre elles et paraissant même, à l'âge adulte, disposées sur un
seul verticille. Le calice est ici court et gamosépale, et la corolle, au lieu

---

1. Ces ovules paraissent primitivement disposés sur chaque placenta suivant deux séries parallèles, et ils se tournent le dos à cette époque.

2. On sait que c'est R. Brown qui le premier
a fait prévaloir cette opinion ; pendant longtemps,
elle avait paru peu vraisemblable, mais elle est
aujourd'hui justifiée par les observations des
voyageurs qui ont retrouvé la plante à l'état
spontané dans les forêts de la Guinée.

3. Benth., in *Journ. Linn. Soc.*, loc. cit. —
H. Bn, *op. cit.*, 300.

4. *Adansonia*, loc. cit., 301, note 1.

5. Benth., in *Linn. Trans.*, loc. cit., n. 4.

6. *Op. cit.*, 299, note 1.

de se réfléchir dès sa base, se dresse sous forme d'une cloche à parois épaisses, puis se termine par six dents aiguës et verticales. La préfloraison valvaire y est très-prononcée. Quant à l'androcée et à l'ovaire, ils sont tout à fait ceux des autres *Monodora*. Le style est beaucoup plus large que l'ovaire lui-même ; il représente une large tête déprimée, charnue et papilleuse, entourée elle-même à sa base d'une sorte de cupule annulaire. Cette espèce est frutescente et grimpante. Ses feuilles sont simples et alternes. Ses fleurs occupent, avec un jeune rameau ou un bourgeon, l'aisselle des feuilles, où elles sont supportées par un pédoncule grêle et dressé.

On ne connaît que six espèces de *Monodora*, dont une moitié appartient à l'Afrique tropicale occidentale [1]. Les autres croissent, ou sur la côte orientale, ou à Madagascar [2]. On peut définir ces plantes : des Anonacées à gynécée de Pavot, c'est-à-dire à ovaire et à fruit uniloculaires, avec une placentation pariétale.

IV. SÉRIE DES EUPOMATIA.

Les *Eupomatia* [3] (fig. 300-305) ont les fleurs régulières, hermaphrodites et apérianthées. Leur réceptacle a la forme concave d'un entonnoir, dont les bords donnent insertion à un grand nombre d'étamines, fertiles ou stériles, insérées suivant une ligne spirale, et dont la concavité porte sur toute sa surface les carpelles, également insérés dans l'ordre spiral. Si nous examinons la fleur, alors qu'elle s'épanouit, c'est-à-dire au moment de la chute d'une espèce de toit ou de chapeau conique qui la recouvrait dans le bouton (fig. 300), nous verrons se relever et s'étaler les organes mâles, de forme très-variable, qui se trouvaient repliés et étroitement imbriqués sous cet opercule qu'ils soulèvent. Ce sont, dans l'ordre spiral, et de dehors en dedans : des étamines fertiles, composées d'un filet d'autant plus dilaté et pétaloïde que l'étamine est plus

1. PAL.-BEAUV., *Fl. owar.*, I, 27, t. XVI (excl. fruct.). — BENTH., *loc. cit.* — WELW., in *Journ. Linn. Soc.*, III, 151. — *Bot. Mag.*, t. 3059. — WALP., *Ann.*, VII, 57.

2. H. BN, *op. cit.*, 299, 301. R. BROWN a rapporté au genre *Cargillia* une prétendue espèce australienne de *Monodora*, le *M. microcarpa* DC. (*Syst.*, I, 478), ou *Anona microcarpa* JACQ. (*Fragm.*, 40, t. 44, l. 7).

3. R. BR., *App. Voy. Flind.*, II, 597, t. 2 ; *Misc. Works*, ed. BENN., I, 73. — JUSS., in *Mém. Mus.*, V, 236. — ENDL., *Gen.*, n. 4730. — F. MUELL., *Fragm. phyt. Austr.*, I, 45. — B. H., *Gen.*, 29, n. 40. — BENTH., *Fl. austr.*, I, 53. — SCHNIZL., *Icon.*, t. 174. — H. BN, in *Adansonia*, VIII, 344, IX, 17 ; *Comptes rendus de l'Acad. des sciences*, LXVII, 250.

intérieure, et d'une anthère à deux loges contiguës qui s'appliquent sur la face interne d'un connectif aplati en forme de bandelette et prolongé en apicule au-dessus des loges ; celles-ci s'ouvrent par une fente longi-

Eupomatia Bennettii.

Fig. 300. Rameau florifère.

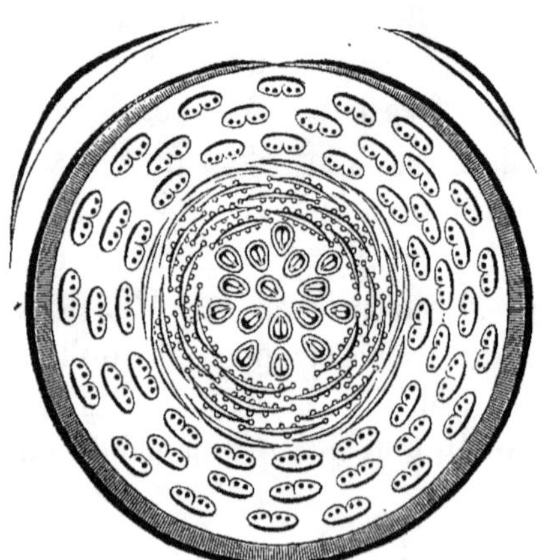

Fig. 301. Diagramme.

tudinale; des étamines stériles, ou languettes pétaloïdes, membraneuses, à surface entièrement glabre, grandissant de l'extérieur à l'intérieur ; enfin des staminodes en forme d'écailles plus épaisses et plus charnues, fortement imbriquées, diminuant de taille en se rapprochant du gynécée, et parsemées de glandes saillantes, capitées, qui se montrent d'abord sur la face interne, puis sur les deux faces, quoique en nombre toujours moindre sur l'extérieure, et sur les bords qui sont crénelés. Toute la concavité du réceptacle est remplie par les ovaires, rapprochés les uns des

Eupomatia laurina.

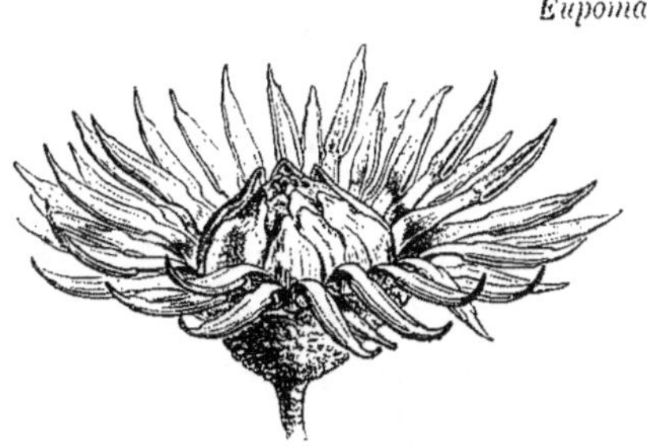

Fig. 302. Fleur épanouie.

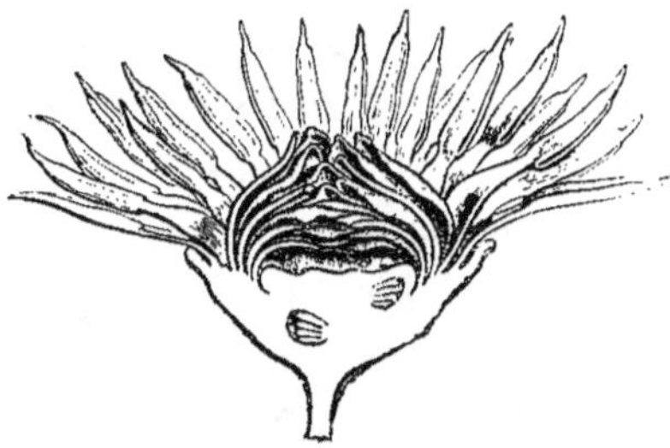

Fig. 303. Fleur, coupe longitudinale.

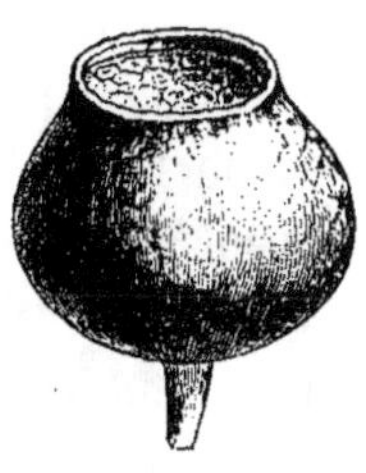

Fig. 304. Fruit.

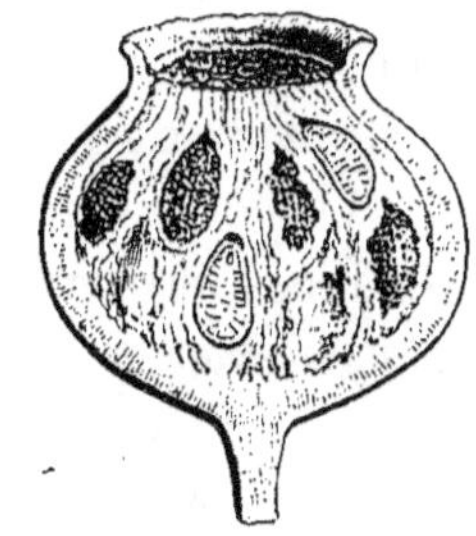

Fig. 305. Fruit, coupe longitudinale.

autres en forme de coins [1], et libres dans leur portion supérieure, qui se termine en dedans par une courte corne stylaire à sommet stigmatifère [2]. Dans l'angle interne de chaque ovaire se trouve un placenta qui supporte deux rangées parallèles d'ovules ascendants, en nombre variable, anatropes et se regardant quelque peu par leurs raphés [3]. Le fruit est mul-

---

1. Ils sont disposés aussi suivant une spire à tours très-rapprochés. Un peu plus haut que le milieu de leur dos, ils présentent une saillie anguleuse, une sorte de bosse qui s'applique exactement dans l'intervalle situé entre deux des carpelles plus extérieurs. Ainsi moulés les uns sur les autres, les carpelles ne sont cependant pas soudés entre eux, mais seulement comprimés et rapprochés.

2. C'est une sorte de petit bouton papilleux, qui n'a rien de commun avec ce que la plupart des auteurs ont décrit comme le stigmate, car ils disent que « les styles sont soudés en masse terminée par un stigmate plan, creusé d'aréoles en

même nombre que les carpelles. » Or il n'y a aucune soudure des styles ; les stigmates libres sont en même nombre que les carpelles, et les aréoles dont il s'agit représentent certainement les portions du dos des différents ovaires qui sont supérieures à la bosse extérieure dont nous avons parlé.

3. Plus tard les ovules se déplacent de telle façon que l'un d'entre eux se trouve comme encadré d'une couronne formée par les autres. Dans l'*E. Bennettii*, il y a de trois à six ovules sur chaque rangée. Ils ont deux enveloppes, et le sommet de leur secondine forme un petit goulot qui fait saillie au delà de l'exostome.

tiple, formé d'un grand nombre de carpelles polyspermes, rapprochés et inclus dans la cavité turbinée du réceptacle devenu charnu et dont le bord encadre et dépasse un peu les styles; on trouve encore les traces de ceux-ci sur une sorte de plate-forme circulaire et presque horizontale formée par la paroi supérieure des fruits proprement dits. Les graines sont pourvues d'un albumen ruminé et d'un petit embryon voisin de leur sommet. On ne connaît jusqu'ici que deux espèces de ce genre; elles croissent en Australie[1]. Ce sont des arbustes à feuilles alternes, sans stipules. L'un, plus élevé, à tronc plus épais et plus ligneux, a des fleurs axillaires : c'est l'*E. laurina*[2] (fig. 302-305). L'autre se développe à la façon d'une herbe vivace; il est pourvu d'une souche traçante de laquelle s'élèvent des rameaux aériens presque herbacés, terminés par une fleur pédonculée et plus ou moins penchée: c'est l'*E. Bennettii*[3] (fig. 300-301). Sous la fleur se trouvent plusieurs bractées qui diminuent de taille insensiblement, de bas en haut, et continuent la série des feuilles. La dernière de ces bractées s'insère sur le bord même de la coupe réceptaculaire; elle est réduite à une gaîne qui, dans le bouton, recouvre les organes sexuels à la façon d'un capuchon conique, et qui, lors de l'épanouissement, se détache circulairement suivant sa base, de façon à donner issue aux étamines fertiles et stériles qui la soulèvent[4]. On peut donc définir les *Eupomatia* : des Anonacées à fleurs nues, dont le périanthe est remplacé par une seule feuille modifiée, et qui, ayant les carpelles insérés sur un réceptacle concave, sont, dans cette famille, les analogues des *Trochodendron* parmi les Magnoliacées.

La famille XLVI du grand ouvrage d'Adanson est celle des Anones. Elle comprend, comme nous l'avons vu, non-seulement celles des Anonacées que l'on connaissait à cette époque, mais encore les Magnoliacées, les Ménispermées, quelques Dilléniacées et Renonculacées, les *Ochna* et les *Fagara*. Les genres qui, dans ce groupe, appartiennent réelle-

---

1. Benth., *Fl. austral.*, I, 53.

2. R. Br., *loc. cit.* — F. Muell., *loc. cit.*, n. 1 (nec Hook.). Dans une même aisselle, il y a deux fleurs superposées l'une à l'autre, ou deux bourgeons à feuilles superposés, ou plus rarement trois. Le pédoncule de chaque fleur porte une ou plusieurs bractées alternes, au-dessous de celle qui se développe tant pour entourer toute la fleur. L'*E. laurina* est un assez grand arbuste à fruits urcéolés et à staminodes pétaloïdes connivents, plus courts que les étamines fertiles.

3. F. Muell., *loc. cit.*, n. 2. — *E. laurina* Hook., in *Bot. Mag.*, t. 4848 (nec R. Br.).

Dans cette espèce, les staminodes, riches en glandes, sont plus longs et plus larges que dans l'espèce précédente, et ils s'étalent plus ou moins, lors de l'anthèse, au-dessus des étamines fertiles qu'ils dépassent. Le fruit est turbiné. Les racines dont la souche est garnie se renflent çà et là en réservoirs de sucs nourriciers, grâce au développement que prend leur parenchyme cortical.

4. Les fleurs ne durent guère qu'une journée; après quoi l'ensemble des étamines, stériles et fertiles, se détache circulairement d'une seule pièce, car toutes leurs bases sont unies en une espèce d'anneau inséré vers le bord de la coupe réceptaculaire.

ment aux Anonacées sont au nombre de quatre, savoir : les *Anona*, *Xylopia* (*Xylopicron*), *Uvaria* (*Narum*) et *Asimina*. C'est ADANSON qui le premier reconnut les analogies des *Xylopia* et des *Anona*; et son genre *Narum* renferme à la fois les *Uvaria* actuels, et, de plus, les *Unona* asiatiques du groupe *Cananga*. Les *Anonæ* de A. L. de JUSSIEU ne renferment que les cinq genres *Anona*, *Unona*, *Uvaria*, *Cananga* et *Xylopia*. La plupart des autres genres réunis à ceux-ci par ADANSON, sont réservés pour la famille des Magnoliers. C'est L. C. RICHARD qui donna à cet ensemble le nom d'Anonacées, et cette famille ne fut réellement constituée que dans l'ouvrage, si remarquable pour l'époque, que DUNAL fit paraître en 1817. Aux genres précédemment énumérés se trouvent adjoints : les *Kadsura*, qui sont des Schizandrées; le *Monodora*, dont le type est l'*Anona Myristica* GÆRTN.; le *Porcelia*, que RUIZ et PAVON avaient fait connaître en 1794, et les *Guatteria* des mêmes auteurs, qui répondent aux *Cananga* d'AUBLET. Les *Desmos* et les *Melodorum*, proposés comme genres distincts en 1790 par LOUREIRO, sont rattachés par nous au grand genre *Unona*. A. P. DE CANDOLLE adopta pleinement, en 1824, la disposition des Anonacées proposée par DUNAL. Bientôt BLUME revisa complétement la plupart des genres de l'ancien continent, renferma dans des limites plus précises les anciens genres *Unona* et *Uvaria*, et établit, soit comme types génériques distincts, soit comme sections d'autres genres plus considérables, les *Oxymitra*, *Mitrephora*, *Orophæa*, dont nous maintenons l'autonomie. Vers la même époque, A. DE SAINT-HILAIRE accomplissait le même travail pour les Anonacées américaines, et créait successivement les genres *Anaxagorea*, *Duguetia* (*Aberemoä* d'AUBLET, 1775), *Rollinia* et *Bocagea*. R. BROWN avait établi en 1820 le genre *Artabotrys* pour ceux des *Uvaria* ou *Unona* de l'ancien continent dont l'inflorescence est pourvue d'un axe principal en forme de crochet aplati et fascié; et le genre qu'il avait fait connaître six ans plus tôt, sous le nom d'*Eupomatia*, quoique longtemps considéré comme doué d'affinités douteuses et malheureusement indiqué par A. L. DE JUSSIEU, comme le type d'une famille nouvelle, voisine des Osyridées, était déjà accepté par plusieurs botanistes comme intimement lié à la famille des Anonacées. En 1832, M. A. DE CANDOLLE, dans un travail spécial sur cette famille, fut amené à décomposer le groupe *Xylopia* aujourd'hui reconstitué, et à proposer deux types génériques nouveaux, le *Miliusa* de LESCHENAULT et le genre monopétale *Hexalobus*. Il existait donc alors seize des genres que nous conservons dans la famille des Anonacées. Les douze autres sont de création toute récente. De 1832 à 1866, les botanistes anglais ont fait connaître les genres *Sageræa*, *Cyathocalyx*, *Phœanthus*, *Sphærothalamus*, *Disepalum*, *Cymbopetalum*, *Cleisto-chlamys*, *Enantia*, *Atrutregia*. ENDLICHER avait nommé le *Popowia* en 1838 ; A. RICHARD, les *Oxandra* en 1850. M. MIQUEL est le dernier au-teur qui ait étudié de près les Anonacées de l'Asie tropicale ; il a établi en 1866 le genre *Tetrapetalum*, et par là porté à vingt-huit le nombre des genres par nous admis. Il est probable que quelques-uns de ces der-niers seront supprimés, quand on connaîtra mieux les termes intermé-diaires qui permettront de les introduire, à titre de sections, dans quel-ques-uns des genres plus anciennement connus. Nous avons été assez heureux pour n'avoir eu à établir aucun nouveau type générique dans cette famille.

En cherchant quels sont les caractères constants dans tous ces genres, nous voyons qu'il n'y a pas d'Anonacée qui soit une plante franchement herbacée ; que toutes ont des feuilles alternes et dépourvues de stipules, et présentent, dans la graine, un albumen charnu et ruminé.

D'autres caractères considérables sont tellement fréquents dans cette famille, que leur absence n'a été constatée que dans un seul genre, qui se trouve de la sorte distingué de la masse des autres. Tels sont :

La forme du réceptacle floral et l'insertion de l'androcée qui en est la conséquence. Il n'y a qu'un seul type, celui des *Eupomatia*, qui ait des fleurs à réceptacle totalement concave, et dont les étamines soient toutes insérées plus haut que le gynécée.

La présence des sépales et des pétales. Il n'y a que les *Eupomatia* dont les organes sexuels soient enveloppés d'une simple bractée for-mant un sac qui se détache par la base et joue le rôle protecteur d'un périanthe qui n'existe réellement pas.

L'indépendance des carpelles. Dans les seuls *Monodora*, ils s'unissent bord à bord pour former un ovaire uniloculaire à placentas pariétaux. Toutes les autres Anonacées sont de ces plantes qu'on a appelées *poly-carpiceæ*.

La direction de la face des anthères. Celles-ci ne sont introrses que dans les *Eupomatia*, latérales ou extrorses dans tous les autres genres.

Au troisième rang se placent des caractères qui ont sans doute moins d'importance que les précédents, car ils font défaut dans plusieurs genres plus ou moins voisins les uns des autres. Ils ne peuvent plus servir qu'à distinguer ces genres entre eux, ou tout au plus à séparer les unes des autres des sous-séries telles que celles que nous avons dû établir dans l'immense série des Anonées. Citons principalement :

Le type des verticilles du périanthe. Ceux-ci sont presque toujours trimères. Mais le type binaire se rencontre dans les *Tetrapetalum* et les *Disepalum*, qu'il sert à caractériser, l'un parmi les Uvariées, l'autre parmi les Unonées.

La présence d'appendices dorsaux sur les pétales. Ils n'existent que dans le groupe secondaire des Rolliniées, et leur configuration peut servir à en distinguer les quatre genres.

L'absence de la corolle extérieure n'a été constatée que dans le genre *Enantia*.

La consistance et l'indéhiscence du péricarpe. Il n'y a que les *Anaxagorea* qui aient un fruit formé de véritables follicules. Ce seul trait caractérise le genre. Les fruits des *Xylopia* et des *Cymbopetalum* ne s'ouvrent point, quand ils le font, avec une pareille netteté et d'une manière aussi complète. Toutes les autres Anonacées connues ont des péricarpes totalement indéhiscents et considérés comme des baies plus ou moins charnues.

Il y a enfin des caractères que l'on doit reléguer au dernier plan, sans qu'on puisse toutefois leur refuser une très-grande valeur dans certains cas particuliers, mais qui, ainsi que nous l'ont démontré beaucoup d'exemples déjà invoqués, n'ont jamais cette signification absolue qu'on leur a souvent accordée à une époque où les Anonacées étudiées étaient relativement peu nombreuses. En énumérant successivement ces caractères, nous verrons dans quelles circonstances exceptionnelles ils peuvent acquérir assez d'importance pour devenir le cachet d'un genre ou même d'une des sous-tribus de la famille [1].

1. La préfloraison. Elle n'a pas de valeur pour le calice, car on trouve dans un même genre des calices dont les divisions sont imbriquées, d'autres où elles sont valvaires, d'autres enfin où elles ne se touchent même pas par les bords. Dans la corolle, la préfloraison a servi à distinguer des groupes considérables, tels que les Unonées et les Uvariées, par exemple. Mais il faut être, à cet égard, moins absolu que la plupart des auteurs, puisque les *Uvaria* ont des espèces à deux corolles imbriquées, et d'autres dont une corolle est imbriquée, la seconde demeurant valvaire; puisque les *Anona*, ordinairement valvaires, peuvent avoir des pétales très-manifestement imbriqués[2], et de même certains *Unona* du groupe des *Polyalthia*[3].

---

1. La plupart d'entre eux ont déjà été discutés par nous, dans le Mémoire spécial que nous avons publié sur les Anonacées (*Adansonia*, VIII, 162, 295), et auquel nous devons renvoyer le lecteur pour les développements que ne comporte pas la nature du travail que nous publions aujourd'hui.

2. Voyez notamment ce qui est relatif à la corolle de l'*A. muricata*, page 229.

3. Nous connaissons et nous décrirons ultérieurement quelques plantes de l'ancien continent

2. La configuration des pièces du périanthe, leur forme et leur taille relative. Ce caractère est encore un de ceux qui ont été placés au premier rang; il a servi à MM. BENTHAM et HOOKER à établir toutes les tribus, sauf une seule, qu'ils ont admises dans la famille des Anonacées; et ces savants ont distingué, comme nous l'avons vu, des corolles dites d'Unonée, de Xylopiée, de Mitréphorée. Que ces formes soient bien tranchées vers les points culminants de ces différents groupes, on ne saurait le contester, et c'est pour ce motif que nous n'avons eu garde de négliger un semblable caractère pour la subdivision en sections secondaires de la grande série des Anones. Mais nous n'avons pas fondé sur lui de véritables séries, parce qu'il y a un type commun d'organisation vers lequel convergent insensiblement toutes ces formes, si bien qu'il arrive un moment où l'on ne peut plus distinguer sûrement une corolle d'Unonée d'une corolle de Mitréphorée ou de Xylopiée. Nous en avons cité des preuves sans nombre, et il suffira ici de rappeler que, dans le seul groupe des *Melodorum* (y compris les *Pyramidanthe*), il y a à la fois des corolles d'*Unona* et des corolles de *Xylopia*, qu'il en est de même parmi les *Anona*, les *Bocagea*, etc., et que les *Popowia* ont été placés, à cause de la conformation de leur périanthe, tantôt parmi les Unonées [1], et tantôt parmi les Mitréphorées [2]. Aussi c'est encore parce que les traits d'organisation empruntés aux rapports de taille et de forme que l'on constate entre les différentes pièces du périanthe ne sont en aucune façon absolus, que nous avons proposé comme utile et commode dans la pratique, mais que nous n'avons pas revendiqué comme essentiellement naturel, l'établissement d'un groupe des Miliusées, où les pétales extérieurs sont, nous l'avons vu, bien plus semblables aux sépales qu'aux pièces de la corolle intérieure. Nous savions en effet qu'il y avait des genres étrangers à ce groupe, tels que les *Popowia*, les *Mitrephora*, les *Orophea*, dont certaines espèces ont des pétales extérieurs qui commencent déjà à s'éloigner, pour la forme et la taille, des pétales intérieurs, et qui tendent sous ce rapport à s'assimiler aux folioles calicinales.

3. L'absence des pétales intérieurs ne saurait à elle seule caractériser un genre, attendu qu'il y a des genres, reconnus comme très-naturels,

---

qu'on ne peut guère rapporter qu'aux *Polyalthia*, et qui ont cependant des pétales nettement imbriqués. On conçoit combien elles sont en même temps alliées de près au genre *Cananga* (*Guatteria*). L'avenir nous réserve donc peut-être la nécessité du remaniement de plusieurs genres, et sans doute une nouvelle réduction du nombre total de ceux-ci.

1. B. H., *Gen.*, 25, n. 19. Il est vrai que les auteurs ajoutent à leur description : « *Genus vix rite limitatum.* »

2. HOOK. F. et THOMS., *Fl. ind.*, I, 105. Les espèces asiatiques ont certainement, pour la plupart, plutôt une corolle de Phæanthée que de Mitréphorée proprement dite ou d'Unonée; mais elles sont inséparables des espèces africaines.

où les pétales intérieurs, devenant graduellement bien plus petits que les extérieurs, arrivent même, avant de disparaître tout à fait, à n'être plus représentés que par un fort petit cuilleron. Tels sont certains *Anona*, *Rollinia*, un *Popowia* anormal de la section *Clathrospermum*. La plupart des *Unona* ont une corolle intérieure bien développée ; elle manque tout à fait dans quelques espèces.

4. L'indépendance ou l'union des pièces du périanthe entre elles n'a jamais pu nous suffire à caractériser un genre. Les *Hexalobus*, par exemple, ne sont pas seulement des *Unona* à corolle gamopétale ; d'autres traits les isolent encore, et nous les avons esquissés [1]. Mais ceux des *Uvaria*, des *Unona* et des *Rollinia* dont la corolle tombe d'une seule pièce, n'ont pu être génériquement détachés des autres espèces des mêmes genres dont l'organisation est d'ailleurs tout à fait identique [2]. Les *Monodora*, avec des formes de corolle très-variées, sont tous gamopétales ; mais ils ne seraient pas, pour cette seule raison, jugés dignes de constituer un groupe spécial, si l'organisation toute particulière de leur gynécée ne les distinguait pas d'une façon aussi tranchée [3]. L'union ou l'indépendance des folioles n'a pas davantage de valeur dans le calice ; car, de deux espèces d'un même genre, aussi voisines que possible, il arrive que l'une ait trois sépales libres, et l'autre un calice urcéolé, avec trois dents à peine saillantes sur les bords.

5. Le nombre et la disposition des étamines. Nous avons suffisamment démontré que ce caractère ne peut tout au plus servir qu'à établir des subdivisions dans un genre. Presque toujours les étamines sont en nombre indéterminé dans les Anonacées, et c'est seulement depuis A. DE SAINT-HILAIRE qu'on sait que les *Bocagea* peuvent avoir un androcée à éléments subdéfinis. L'étude du *B. heterantha* nous a prouvé que le nombre des étamines pouvait même être tout à fait défini, limité à trois ou à six. Quelques *Orophea* sont dans le même cas. Mais en même temps, nous avons dû réunir dans un même genre les *Bocagea* américains et les *Alphonsea* asiatiques. Or ceux-ci ont souvent un nombre indéfini d'étamines. De plus, lorsque les étamines des Ano-

---

1. Voy. page 234. Il ne serait pas cependant impossible qu'on rencontrât quelques espèces intermédiaires qui pourraient relier ce genre à l'une des sections du genre *Artabotrys*. Pour le moment, l'union des pétales suffit à distinguer immédiatement les deux genres.

2. C'est pour la même raison sans doute que l'*Hexalobus brasiliensis* A. S. H. et TUL. a été rapporté aux *Trigyn?ia* par MM. BENTHAM et HOOKER, quoique sa corolle soit très-franchement gamopétale (voy. p. 212, 235).

3. Il faut encore remarquer dans ce genre une conséquence de la gamopétalie : c'est que les trois divisions de la corolle qui sont superposées aux sépales peuvent paraître définitivement placées sur le même verticille que les trois divisions extérieures. Il n'est pas probable qu'il en soit de même dans le jeune âge.

nacées sont ainsi en fort grand nombre, elles paraissent à l'âge adulte disposées dans l'ordre spiral, tandis que dans les espèces à trois, six ou neuf étamines, l'existence de verticilles trimères ou hexamères semble tout à fait incontestable. A cet égard, les pièces de l'androcée seraient, dans les Anonacées comme dans les Renonculacées, disposées, tantôt en cercles et tantôt en spire [1].

6. La forme des étamines, les rapports de taille, de direction et de situation des loges de l'anthère et du connectif, principalement dans la portion prolongée de ce dernier, ont une grande valeur pour séparer les genres les uns des autres, quoique ces caractères ne soient pas non plus complétement absolus [2]. En général cependant on pourra sans trop d'hésitation placer une espèce dans un genre plutôt que dans le genre voisin, parce que ses étamines sont celles d'une Uvariée et non celles d'une Miliusée, ou réciproquement. Nous avons vu que MM. BENTHAM et HOOKER ont été bien plus loin encore, en reléguant tout d'abord dans une tribu spéciale toutes les Anonacées à étamines de Miliusée, quoique les autres caractères de la fleur fussent extrêmement variables dans les différents genres de cette tribu. En adoptant cette manière de voir, il y aurait peut-être lieu de distinguer également un troisième type d'organisation staminale, celui qui est si prononcé dans le groupe *Clathrospermum* du genre *Popowia*. Les étamines y présentent certains caractères de celles des Uvariées, car les *Popowia* ont pu ne pas être placés dans la division à laquelle appartiennent les Miliusées; et cependant les véritables *Clathrospermum* ont été rangés dans cette dernière catégorie [3].

7. La transformation de certaines étamines en lamelles pétaloïdes stériles [4]. Cette transformation n'a pas une valeur générique, parce qu'il n'y a aucun genre où toutes les espèces le présentent. Dans les *Aberemoa*, les *Unona*, elle n'a été constatée que sur une seule espèce; dans les *Xylopia*, sur un petit nombre d'espèces américaines. Elle porte, nous l'avons vu, tantôt sur les étamines extérieures, tantôt, mais bien plus rarement, sur les intérieures [5]. Mais elle ne paraît pas, dans cette famille, être le résultat de la culture.

8. La conformation de la portion supérieure du réceptacle. On peut

1. L'étude des développements pourra seule trancher définitivement cette question. Les étamines nombreuses des Anonacées pourraient bien, en somme, comme celles des Dilléniacées, être primitivement disposées en faisceaux. (Pour les principaux détails relatifs à l'ordination et au nombre variable des pièces de l'androcée, voy. *Adansonia*, VIII, 312-329.)

2. Nous avons vu, par exemple, qu'on peut considérer certains *Anona* comme ayant des étamines de *Bocagea* (p. 230), et que les *Anaxagorea* ont souvent un connectif qui, par sa forme allongée, aplatie, atténuée au sommet, rappelle celui de plusieurs Miliusées (p. 213).

3. Voy. *Adansonia*, VIII, 314.

4. Voy. *Adansonia*, VIII, 326.

5. Cette particularité a été observée dans le seul genre *Anaxagorea* (p. 214).

distinguer les réceptacles floraux à concavité totale, avec insertion épigynique de tous les appendices floraux extérieurs au pistil, de la forme concave bornée au sommet réceptaculaire ou à une région qui ne descend pas au-dessous de l'insertion du périanthe, car celui-ci demeure toujours hypogyne dans ce cas, et s'insère constamment au-dessous de l'androcée. Aussi, tandis que la concavité complète a suffi à délimiter une série particulière, celle des *Eupomatia*, la déformation partielle peut varier, dans un genre, d'une espèce à l'autre. Le sac profond sur la surface externe duquel s'insèrent les étamines, dans la plupart des *Xylopia*, peut devenir une fossette peu prononcée et même une surface plane dans certaines espèces [1]. Les mêmes variations s'observent dans les *Artabotrys* [2], *Hexalobus*, etc., quoique jamais il n'y ait dans ces genres une cavité aussi prononcée que celle de certains *Xylopia*.

9. La direction ascendante ou descendante des ovules. On conçoit que cette direction ne puisse avoir ici plus d'importance que dans tout autre groupe, alors qu'il s'agit d'ovules nombreux disposés sur toute la hauteur de l'angle interne de l'ovaire. Dans une même espèce, dans un ovaire unique, on peut avoir, ici comme ailleurs, des ovules à peu près horizontaux vers le milieu de la hauteur du placenta, et des ovules plus ou moins obliques, ascendants ou descendants, suivant qu'ils se rapprochent du sommet ou de la base de la loge. Mais lorsque les ovules sont solitaires ou en très-petit nombre, on s'attend moins à observer de semblables différences de direction. Les ovules des *Phœanthus* ou des *Ellipeia* sont horizontaux ou légèrement ascendants, tout en s'insérant assez haut sur le placenta. La direction ascendante, ou presque dressée, se comprend mieux encore dans les espèces à un ou deux ovules à peu près basilaires. Le micropyle est alors inférieur et extérieur ; c'est ce qu'on observe dans les *Anona*, les *Polyalthia*, dans certains *Trigyneia*, etc. Mais, ce qui prouve bien qu'un ovule solitaire n'a pas forcément la même direction ascendante dans toutes les espèces d'un genre, c'est que la plante que nous avons appelée autrefois *Trigyneia rufescens* [3], ayant

---

1. M. Oliver, dans l'énumération des Anonacées de la *Flore de l'Afrique tropicale* (I, 30), travail inédit dont il a eu l'obligeance de me communiquer les épreuves, n'a pas hésité à placer parmi les *Xylopia* le *Melodorum africanum* Benth., malgré la forme convexe de son réceptacle. Celui-ci présente à peu près la même configuration dans la plupart des *Habzelia*, que nous avons fait rentrer dans le genre *Xylopia* (p. 226) ; et le *X. malayana* Hook. f. et Thoms. sert de passage, à cet égard, entre les unes et les autres de ces plantes, parce que son réceptacle a la forme d'un cône allongé et plein dans les deux tiers environ de sa hauteur, le tiers supérieur étant seul creusé d'une fossette peu profonde dans laquelle s'insèrent les carpelles.

2. Notamment dans les *Parartabotrys*, tels que le *P. hexagyna* Miq. La surface d'insertion des carpelles est plane, mais elle est entourée d'une enceinte circulaire continue, relativement assez saillante.

3. *Adansonia*, VIII, 180, n. 1.

d'ailleurs tous les caractères floraux d'une plante congénère, la forme *lanceolata* de l'*Anona Perrottetii* A. DC. [1], qui a l'ovule ascendant, possède un ovule légèrement descendant, dont le micropyle se dirige en dedans et en haut. Nous ferons ultérieurement connaître une autre espèce encore, très-voisine des précédentes, et dont l'ovule unique est suspendu d'une manière bien plus manifeste encore.

10. La disposition des ovules sur une ou deux rangées. Ce caractère ne saurait avoir une grande importance, parce qu'il se produit d'ordinaire à un âge avancé du gynécée. Au début, tous les ovules, nombreux, sont probablement disposés sur deux rangées parallèles. Ce n'est que plus tard que ceux d'une rangée s'interposent à ceux de l'autre rangée, graduellement rapprochés comme eux de la ligne médiane ventrale. En fendant le carpelle suivant le sillon longitudinal interne, on obtient généralement la séparation des ovules en nombre égal sur les deux lèvres de l'incision, alors même qu'ils paraissaient tous situés sur une seul rangée verticale. Dans certains genres qu'on a cités comme ayant tantôt deux et tantôt une seule série d'ovules, nous en avons toujours trouvé deux [2]. Ce caractère ne nous servira jamais à séparer deux genres l'un de l'autre. Il n'a pas plus de valeur dans les fruits que dans les ovaires ; car à des ovules qui étaient dans la fleur disposés sur deux rangées, peuvent correspondre des graines superposées suivant une série unique dans le fruit ; et des ovules assez rapprochés les uns des autres pour ne paraître appartenir qu'à une seule rangée verticale, peuvent devenir dans le fruit des graines disposées sur deux files bien distinctes [3].

11. La présence ou l'absence d'étranglements répondant dans le fruit aux fausses cloisons interséminales. Ce caractère a pu servir autrefois à séparer des genres ; il ne saurait en être ainsi aujourd'hui. Nous ne sommes plus au temps où les *Unona* étaient considérés comme présentant tous de ces rétrécissements interséminaux qui passaient pour manquer totalement dans les *Uvaria*, attendu qu'il y en a, dans certaines espèces de ce dernier genre, des traces plus évidentes que dans certains *Unona*, et que ceux-ci peuvent même avoir un fruit tout à fait lisse et «continu» à la surface. Le genre *Habzelia* (A. DC.), que l'on avait dis-

---

1. *Adansonia*, VIII, 179, note 5.

2. Par exemple, dans les *Hexalobus*, qui sont tous semblables à cet égard, sauf l'*H. madagascariensis* A. DC., qui nous est inconnu (voy. p. 135, note 3), et qui peut-être doit se rapporter au genre *Monodora*.

3. « Le fait de la disposition (des ovules) sur deux rangs existe probablement toujours ; mais il se voit plus ou moins clairement, et il ne vaut la peine de fonder des genres sur ce caractère que lorsque les deux rangées d'ovules sont très-distantes au lieu d'être très-rapprochées. Ce n'est pas le cas dans les Anonacées. » (A. DC., *Mém.*, 7.)

tingué[1] par des fruits « irrégulièrement renflés çà et là », semblables à ceux des *Unona* dont les baies sont régulièrement moniliformes, est actuellement sans contestation réintégré parmi les *Xylopia ;* et c'est à peine si, dans quelques genres, ce point d'organisation suffit à caractériser un sous-genre.

12. L'arille. Comme nous savons quelle est l'origine du véritable arille des Anonacées, nous pouvons concevoir à priori comment cet organe, autrefois considéré comme d'une si grande valeur, ne peut avoir une véritable importance taxinomique. La couche molle qui enveloppe le tégument coriace de la graine, et qui s'épaissit suivant toute son étendue dans les *Magnolia*, ne subit cet épaississement dans les Anonacées que dans une étendue très-variable du pourtour du hile, ou du micropyle, ou de l'une et de l'autre de ces régions, ou encore dans leur intervalle et sur les côtés. Cette sorte d'hypertrophie peut même échapper à un examen superficiel, surtout dans les graines sèches, quand elle est limitée à un petit cordon qui borde ces régions. On décrit alors comme dépourvues d'arille ces graines dans lesquelles cet organe est cependant représenté, la forme et la taille ne pouvant ici avoir une valeur absolue. Jamais nous n'avons jugé possible de considérer la présence de l'arille comme un caractère de valeur générique[2].

13. Les ponctuations glanduleuses éparses sur la surface des feuilles et de quelques autres organes. Ce fait et les conséquences qui en découlent, quant aux propriétés aromatiques des Anonacées, paraît avoir une certaine importance dans plusieurs genres ; car quelques-uns sont constamment formés d'espèces inodores et sans ponctuations. Mais il n'y a là rien encore d'absolu, puisque, dans un genre aussi naturel que celui des Anones, il se trouve à la fois des espèces ponctuées et des espèces non ponctuées.

14. L'inflorescence. On ne peut plus, je pense, fonder un genre d'Anonacées sur la situation et le mode de groupement des fleurs. Tel genre qu'on décrivait comme ayant uniquement des fleurs axillaires a des espèces maintenant dont la fleur est terminale[3]. Les fleurs sont probablement toujours solitaires ou disposées en cymes dans cette famille, et

---

1. A. DC., *Mém.*, 9.
2. Telle n'était pas l'opinion de M. A. DE CANDOLLE (*Mém.*, 8), qui admettait de plus que l'arille, « lorsqu'il existe, sécrète à la base des graines une matière aromatique, d'apparence résineuse, souvent employée par l'homme. » Il y a ici, à ce qu'il semble, confusion entre l'arille et le péricarpe lui-même. D'après le même auteur (1, 3), on ne connaissait, à l'époque où il écrivait, aucune Anonacée asiatique dont la graine fût clairement munie d'un arille.

3. On peut surtout citer à cet égard le genre *Eupomatia*, qui ne comprend que deux espèces. La première connue a des fleurs axillaires ; mais

nous n'y connaissons guère de véritables grappes. La singulière disposition fasciée des pédoncules principaux des *Artabotrys* ne paraît même
pas absolument constante. Beaucoup d'espèces des autres genres ont à
la fois des fleurs terminales et axillaires. Souvent encore elles sont latérales, soit oppositifoliées, par suite d'un de ces phénomènes de déplace-
ment qu'on a autrefois qualifiés d'usurpation, soit parce que les axes
floraux sont soulevés à des hauteurs très-variables avec la branche ou
le rameau qui les porte.

C'est en appliquant les données précédentes sur la valeur relative des
principaux caractères variables, que nous avons été amené à modifier
les classifications jusqu'ici proposées de la famille des Anonacées, et à
tracer la suivante, dont nous résumons ici les points capitaux.

Les traits tout à fait exceptionnels, mais en même temps de première
valeur, suivant l'opinion de la plupart des botanistes, comme la forme
concave générale de la totalité du réceptacle, ou l'union des carpelles en
un seul ovaire, nous servent d'abord à constituer les deux séries suivantes
qui doivent se placer aussi loin que possible du point culminant de la
famille, et vers la fin d'une série linéaire, si l'on ne peut employer que
cette dernière.

Série des Eupomatiées. — Carpelles insérés dans l'intérieur d'un sac
réceptaculaire, en forme d'inflorescence de Figuier. Étamines périgynes (ou plutôt épigynes, dans le sens ordinairement attribué à ce mot).
Périanthe véritable remplacé par une bractée protectrice de la fleur.
Étamines extérieures seules fertiles.

Série des Monodorées. — Réceptacle convexe. Ovaire supère, uniloc-u-
laire, à placentas pariétaux nombreux pluriovulés. Fruit à parois ligneuses, conforme à l'ovaire et polysperme. Périanthe triple. Corolle
de forme variable, gamopétale.

En face de ces séries aberrantes, nous plaçons de véritables Anonacées qui ont le réceptacle floral convexe, au moins en partie, un périanthe
à insertion hypogynique et un gynécée polycarpicé, les ovaires étant positivement indépendants, quel que doive être plus tard le fruit quant à
l'union ou à la séparation des éléments qui le composent. De ce groupe
considérable nous extrayons d'abord, uniquement au point de vue pratique, et sans méconnaître le caractère artificiel du procédé[1], les Ano-

---

ce caractère n'appartient plus au genre, depuis
qu'on a découvert l'*E. Bennettii*, dont les fleurs
sont terminales. Cette situation de la fleur est représentée avec beaucoup d'exactitude dans l'*Ico-
nographia* de M. Schnizlein (t. 174) ; tandis que
dans le texte, l'insertion axillaire des fleurs est
indiquée comme caractère générique.

1. Voy. *Adansonia*, VIII, 300.

nacées qui paraissent avoir deux calices et une corolle. L'autre série renferme au contraire celles dont la fleur paraît avoir deux corolles et un calice [1].

Série des Miliusées. — Gynécée polycarpicé. Triple périanthe hypogyne. Périanthe moyen semblable à l'extérieur plus qu'à l'intérieur.

Série des Anonées. — Même gynécée, même réceptacle que dans la série précédente. Périanthe moyen (corolle extérieure) semblable à l'intérieur plus qu'à l'extérieur (calice). Nous avons vu que cette série est ensuite subdivisée, selon la conformation particulière de la corolle, en cinq sous-séries : 1. *Uvariées*, 2. *Unonées*, 3. *Xylopiées*, 4. *Rolliniées*, 5. *Oxymitrées* [2].

Les Anonacées présentent une grande uniformité dans les caractères généraux de leurs organes de végétation. Avec de grandes variations, il est vrai, dans les dimensions, la consistance et la durée des parties, il s'agit toujours, comme nous l'avons vu, de végétaux non herbacés, à feuilles alternes, sans stipules. Les tiges sont presque toujours aériennes. Dans l'*Eupomatia Bennettii* seulement, il y a un rhizome qui rampe à peu près horizontalement sous le sol et qui porte les rameaux aériens. Les Anonacées arborescentes ne sont jamais indiquées comme atteignant de très-grandes dimensions. Les plus gros troncs qu'on trouve dans les collections ont à peu près la grosseur de la cuisse. Il y a dans cette famille un grand nombre d'arbustes ou de petits arbrisseaux divisés en branches fasciculées à partir du niveau du sol, et l'on retrouve dans un grand nombre d'espèces exotiques cette disposition qui s'observe très-bien dans l'*Asimina triloba* de nos cultures. Souvent encore les tiges ou les branches grêles des Anonacées s'enroulent autour des objets voisins, et beaucoup d'espèces sont décrites comme sarmenteuses ou grimpantes. Cette particularité a-t-elle quelque influence sur l'organisation anatomique des tiges? Nous devons répondre négativement, mais pour les espèces seulement qu'il nous a été donné d'étudier. A part une raréfaction du parenchyme cortical produisant des vides au centre des masses de tissu cellulaire interposées aux séries de faisceaux libériens, nous avons constaté la même structure dans les branches des espèces grimpantes et dans celles des *Anona*, *Unonà* et *Uvaria* non sarmenteux [3].

1. Sauf les cas où l'une des corolles disparaît. C'est ordinairement l'intérieure, et il n'y a que l'*Enantia* dans lequel la corolle extérieure n'existe pas. Mais dans toutes ces plantes, il n'y a que trois pièces qui ressemblent à des sépales.

2. Les caractères sur lesquels reposent ces divisions, sauf une seule, sont ceux qu'ont invoqués MM. Bentham et Hooker, et il n'y a d'autre différence que l'importance relative attribuée à ces groupes, puisque nous appelons *sous-séries* ce qu'ils ont nommé *tribus*.

3. Il y aurait une exception à signaler pour

C'est surtout dans une espèce de ce dernier genre, l'*Asimina triloba*, que nous avons pu étudier à l'état frais le tissu des tiges et des rameaux, et nous décrirons ce tissu, en faisant remarquer d'abord que, d'une manière générale, il est aussi celui des autres genres que nous avons examinés.

La moelle est formée de deux espèces de cellules. D'abord celles du parenchyme ordinaire des Dicotylédones, à peu près toutes semblables entre elles, irrégulièrement polyédriques, à parois criblées de pores[1]. En second lieu viennent des cellules *pierreuses* ou *scléreuses*, analogues à celles de la moelle des Magnoliées. Elles forment çà et là des diaphragmes incomplets et transversaux. Leur paroi est très-épaisse, parcourue par de nombreux canaux légèrement dilatés à leurs deux orifices; elle réfracte fortement la lumière et présente une couleur blanche ou jaunâtre[2]. Le bois, assez léger et peu dur[3], est formé de fibres étroites à perforations très-ténues, et de vaisseaux de toutes variétés. Certains vaisseaux cylindriques, bien plus larges que les autres, et dont la paroi est peu épaisse, se font remarquer par leurs ponctuations, qui sont très-nombreuses, très-rapprochées les unes des autres, de manière à former beaucoup de rangées, à recouvrir toute la surface du vaisseau et à se toucher presque

---

un *Melodorum* que Griffith (*Notul.*, IV, 707, t. 650) a décrit sous le nom de *Cyathostemma*. Dans cette plante, le bois est remarquable, dit l'auteur; la moelle est très-peu développée. Le système ligneux est blanc, quadrilobé, presque en croix, avec les sinus des lobes concaves; et il y aurait d'autres lobes bruns, très-étroits, opposés aux angles des lobes blancs et remplissant les sinus concaves qui séparent ces derniers. Les vaisseaux des lobes blancs sont larges et nombreux. Les rayons médullaires sont prononcés, complets, blancs dans les deux systèmes, très-larges vers la circonférence, et contenant, en général, un ou deux faisceaux linéaires d'un bois blanchâtre. Les rayons médullaires se continuent distinctement de l'écorce à la moelle, et les espaces interposés, c'est-à-dire le bois, sont composés de fibres denses et d'un cercle à peu près simple de vaisseaux scalariformes. Les portions brunes consistent en rangées transverses, subondulées, de fibres ligneuses, et en espaces oblongs transversaux, remplis de matière brune. Ces espaces bruns sont partagés par des cloisons, et probablement la principale différence entre les portions blanches et brunes, c'est que, dans ces dernières, les vaisseaux prédominent au point de partager ou de détruire la continuité de la portion fibreuse.

Griffith a, dans le même travail, décrit trois autres genres d'Anonacées, sous les noms de *Pellicalyx*, *Fissistigma* (706) et *Nephrostigma* (717); mais il est à peu près impossible de reconnaître, d'après la description fort imparfaite de ces genres, s'ils se rattachent à quelqu'un de ceux que nous avons étudiés plus haut. Peut-être le *Pellicalyx* doit-il se rapporter aux *Uvaria*, et le *Fissistigma* aux *Melodorum*.

1. Le contenu de ces cellules est variable. A certaines époques, ici comme dans tant d'autres plantes, il y a accumulation de grains d'amidon. On y voit aussi des cristaux, ou globuleux et couverts de petites pointes pyramidales, ou présentant très-nettement la forme d'un octaèdre régulier.

2. Leur contenu est souvent jaunâtre, d'apparence huileuse. Nous avons vu ces cellules à paroi épaisse, formant diaphragme, dans toutes les jeunes branches des Anonacées cultivées dans nos serres, les *Anona muricata, Cherimolia*, les *Artabotrys uncata, intermedia*, et surtout le *Xylopia œthiopica*, où elles présentent des perforations très-nombreuses et très-nettes, évasées aux deux orifices.

3. M. de Martius a donné le poids spécifique du bois de plusieurs Anonacées brésiliennes (*Fl. bras., Anonac.*, 64); il indique les chiffres suivants : *Pindaiba preta*, de Saint-Paul (*Guatteria flava ?*) : 0,839 (bois dense, jaunâtre, flexible); *Araticu do Mato* (*Rollinia sylvatica*) : 0,530 (plus pâle et plus mou); *Duguetia Spixiana* : 0,70; *Pindaiba branca*, de Saint-Paul (*Xylopia sericea* ou *frutescens*) : 0,626 (couleur plus brune); *Anona crassiflora* : 0,574 (bois spongieux et blanchâtre).

entre elles par leurs aréoles[1]. Celles-ci sont arrondies ou elliptiques, suivant que l'ouverture des pores est circulaire ou plus ou moins allongée en boutonnière. Les rayons médullaires sont nombreux, forment des cloisons très-nettes, et sont composés de cellules mûriformes, rectangulaires, à grand axe radial très-allongé[2]. Les parois de ces cellules sont assez épaisses, régulièrement parsemées de ponctuations entourées d'une étroite aréole. Ces rayons passent nettement du bois dans l'écorce, et, sur une coupe transversale, on les voit séparer les uns des autres les îlots nombreux que forme le liber. Ce dernier est caractéristique dans les Anonacées. Dans chacun des îlots dont nous venons de parler, il y a plusieurs feuillets libériens concentriques, produits dans une même année et formés de fibres libériennes. Chaque feuillet est nettement séparé de celui qui lui est intérieur et de celui qui lui est extérieur, par une bande de tissu cellulaire[3]. Au bout de quelques années, ces bandes alternatives de prosenchyme libérien sont nombreuses. Plus elles sont extérieures, moins elles ont de largeur ; de sorte que sur une coupe transversale, les segments libériens ont à peu près la forme d'un rectangle, mais que, plus tard, à mesure qu'ils s'allongent selon leur diamètre radial, ils prennent la forme d'un trapèze dont la base extérieure est très-courte. De là aussi une déformation des espaces cellulaires corticaux qui font suite aux rayons médullaires du bois, et qui représentent des trapèzes disposés en sens inverse, la grande base en dehors[4]. A mesure que cette portion extérieure s'élargit, les cellules rectangulaires qui la constituent s'allongent en travers sans beaucoup grandir dans le sens radial. Chacune d'elles devient définitivement un long parallélipipède un peu arqué, et convexe en dehors, concave en dedans. Leur contenu est généralement incolore, tandis que celui des quelques cellules qui bordent à droite et à gauche les faisceaux libériens comprend un peu de chlorophylle. Celle-ci est très-abondante dans la couche herbacée proprement dite ; le suber

1. Nous avons retrouvé ces vaisseaux dans toutes les espèces énumérées ci-dessus. Dans plusieurs d'entre elles, la paroi a tout à fait l'air d'un crible à ouvertures très-régulièrement espacées, et les aréoles se touchent par leur circonférence.

2. M. DE MARTIUS dit (*loc. cit.*) que la tige de l'*Anona crassiflora* a des rayons médullaires faits de cellules épaisses, et que le bois est formé en partie de larges cellules pellucides qui sont perforées de pores disposés en séries linéaires.

3. En dedans, les bandes de liber, formées des coupes transversales polygonales des fibres, sont à peu près rectangulaires et continues. Vers l'extérieur, elles deviennent plus irrégulières, plus ou moins arrondies en dehors, et souvent segmentées en deux ou trois portions secondaires par de petites cloisons celluleuses qui se continuent directement avec le parenchyme de la zone herbacée. Cette irrégularité est très-marquée dans les *Monodora*, d'ailleurs construits comme les Anonacées en général.

4. Dans les tiges volubles de l'*Uvaria argentea* Bl., ces surfaces représentent même tout à fait des triangles alternativement disposés sur toute la zone circulaire et comme emboîtés les uns dans les autres. Ceux qui ne sont formés que de parenchyme ont leur sommet en dedans.

brunit vite au contraire, et ses cellules aplaties sont rapidement rejetées vers la périphérie de l'écorce. Celles qui recouvrent les faisceaux libériens sont plus relevées à la surface que celles qui ne répondent qu'au parenchyme interposé à ces faisceaux. Il en résulte des saillies et des dépressions alternatives de la surface de l'écorce, qui traduisent bien au dehors, en lui faisant perdre toutefois un peu de sa netteté, la disposition des faisceaux du liber. Sur une coupe longitudinale et tangentielle de l'écorce, on voit chacun de ces faisceaux former une ligne brisée dont les différents segments sont égaux à peu près entre eux et inclinés les uns sur les autres suivant des angles très-obtus, et aussi presque tous égaux entre eux. En examinant un seul de ces faisceaux brisés, on le voit entrer alternativement en contact avec les deux faisceaux voisins qui sont à ses côtés. Par le sommet d'un de ses angles, il va s'unir au sommet d'un angle du faisceau de droite; par le sommet de l'angle suivant, il se joint à un angle du faisceau de gauche. Le sommet du troisième angle se porte à la rencontre du faisceau de droite, et ainsi de suite. Il en résulte la formation d'un réseau à mailles losangiques allongées dans le sens vertical, quelque chose d'analogue à un treillage dont les mailles rhomboïdales sont limitées par des faisceaux libériens et dont la cavité est remplie de ces cellules à grand diamètre transversal dont il a été question un peu plus haut. Cette disposition se traduit à la surface de l'écorce par un lacis non interrompu de petites fentes verticales, dont la disposition est souvent très-utile pour faire reconnaître au premier coup d'œil une écorce d'Anonacée.

Il s'agit toutefois ici d'une Anonacée proprement dite, d'une plante appartenant à l'une de nos trois premières séries. Mais les *Eupomatia*, qui représentent, à d'autres titres, un type aberrant, comme nous l'avons déjà indiqué, sont aussi très-différents par l'organisation histologique de leurs axes. Dans l'écorce d'une jeune branche de l'*E. Bennettii* F. MUELL., nous avons vu[1] un parenchyme épais, à cellules remplies de grains de chlorophylle, ou, çà et là, d'un liquide rose homogène, avec de nombreux faisceaux libériens indépendants, à coupe transversale en forme de croissant; mais la disposition du liber en mailles losangiques a disparu, aussi bien que la saillie des faisceaux, et la surface extérieure de la tige est lisse, sauf les deux crêtes décurrentes qui continuent sur les axes les bords anguleux du pétiole et qui sont formées de parenchyme. La moelle est constituée par des cellules d'une seule sorte, à paroi peu épaisse et criblée

1. *Adansonia*, IX, 21.

de ponctuations [1]. Le bois seul a conservé le caractère observé dans certaines Polycarpicées, notamment dans les Drimydées. Les fibres sont épaisses de paroi et chargées de séries longitudinales de pores aréolés. Ceux-ci sont circulaires ou, plus souvent, allongés et obliques. Au point de contact de deux fibres voisines, il y a d'énormes cavités, en forme de lentilles biconvexes, qui résultent du rapprochement de deux aréoles : on croirait voir les ponctuations d'une Conifère. Les fibres présentent la même apparence dans le bois des racines. Celles-ci sont de véritables cylindres tuberculeux, comparables aux renflements souterrains des *Dahlia*. Leur épaississement dépend du développement énorme que prend le parenchyme cortical. Les cellules, toutes semblables entre elles, sont gorgées de grains de fécule qui se retrouvent dans la moelle et dans les nombreux rayons médullaires qui unissent cette dernière aux cellules de la couche herbacée.

Les principaux caractères de cette famille une fois connus, nous pouvons nous rendre compte de ses affinités, qui sont nombreuses. Elle est d'abord plus ou moins étroitement alliée à toute la classe des *Polycarpicæ* d'ENDLICHER, principalement aux Magnoliacées et aux Ménispermacées, et en général aux familles dont la fleur est construite sur le type ternaire. Il n'y a, comme nous l'avons vu, de différences entre les Magnoliacées vraies et les Anonacées que dans la graine, pourvue d'un épaississement arillaire, généralisé dans les premières, localisé ou nul dans les dernières [2]. En outre, l'albumen n'est pas véritablement ruminé dans les Magnoliacées [3], comme il l'est dans les Anonacées. Ce caractère ne suffit plus aujourd'hui pour distinguer complétement les Anonacées des Ménispermacées, car l'albumen est profondément cloisonné dans des plantes qui appartiennent à la dernière de ces deux familles [4]. Le port, la taille des fleurs, le mode d'inflorescence, l'organisation des étamines et des fruits, fournissent, comme l'ont établi MM. BENTHAM et HOOKER [5], des moyens suffisants pour séparer les deux groupes dans la pratique.

---

1. Ces différences considérables, dans la structure des tiges, entre les Anonacées proprement dites et les Eupomatiées, correspondent, on le sait, à de grandes dissemblances dans l'organisation florale, et confirment cette opinion que les Eupomatiées sont plus étroitement sans doute alliées aux Monimiacées qu'aux Anonacées elles-mêmes.

2. L'arille disparaît dans les Schizandrées, qui ont été aussi comparées aux Anonacées, à cause du type floral et du port des *Sageræa*, *Stelcchocarpus*, etc. Les Schizandrées connues ont toutes des fleurs unisexuées.

3. M. SPACH (*Suit. à Buffon*, VII, 493) n'admet même pas dans toute sa rigueur ce caractère différentiel, car, dit-il, le périsperme « est anfractueux ou rimeux dans plusieurs *Magnolia* ».

4. Notamment dans les *Burasaia*, dont l'albumen est profondément ruminé, et que nous avons le premier (*Adansonia*, II, 346) rapportés aux Ménispermacées.

5. « *Bene limitantur habitu, inflorescentia,*

Les Lardizabalées, aujourd'hui rapprochées des Berbéridées, ont par là même des rapports plus étroits avec les Papavéracées qu'avec les Anonacées. Les Dilléniacées n'ont pas les fleurs trimères ou dimères des Anonacées. Les Muscadiers ont de tout temps été considérés comme fort voisins des Anonacées, à cause de leur arille et de leur albumen ruminé. Ces ressemblances doivent paraître aujourd'hui fort spécieuses ; et l'apétalie, le mode de diclinie, la monadelphie des étamines, sont les principaux traits qui doivent écarter des Anonacées le type fort amoindri que représentent les Myristicées. Avec les Magnoliacées, la famille la plus étroitement alliée aux Anonacées, est, à notre avis, celle des Monimiacées, y compris le groupe des Calycanthées. L'*Eupomatia* est un type qui sert de lien fort étroit entre les Monimiacées alternifoliées et les Anonacées à réceptacle floral plus ou moins concave [1]. Parmi les Monopétales, on a de tout temps signalé les Ébénacées comme présentant avec les Anonacées de grandes analogies [2] ; mais ce rapprochement nous paraît fort peu justifié par l'analyse exacte de l'organisation ; il ne repose que sur des caractères superficiels.

Les Anonacées sont presque exclusivement des plantes des pays chauds. Au sud de l'équateur, elles s'étendent dans toutes les parties du monde jusqu'au 40° de latitude. Au nord, elles remontent également jusqu'au voisinage du 40°; mais elles ne dépassent guère le 20° en Afrique, et l'Europe est la seule partie du monde où l'on n'en rencontre aucune à l'état spontané. Les quelques espèces qu'on y cultive en pleine terre sont celles de l'Amérique du Nord. Les *Uvaria* des sections *Porcelia* et *Asimina* appartiennent aux États-Unis, au Mexique et à la portion occidentale de l'Amérique du Sud jusqu'au Pérou. La portion austro-orientale de toute cette zone américaine, jusque vers le sud du Brésil, est la patrie des *Aberemoa*, des *Rollinia*, des *Cymbopetalum*, des *Oxandra* et de la plupart des *Anona*, car il y a peu de temps qu'on n'admettait dans l'ancien monde qu'une espèce d'Anone véritablement spontanée [3]. Aujourd'hui, il est vrai, on en connaît plusieurs [4]; mais leur nombre est en somme très-restreint, relativement à celui des espèces de l'Amérique tropicale.

---

floribus parvis, staminibus, et præsertim semine (etiam in illis quibus albumen rectum et ruminatum) circa endocarpium intrusum peltato-curvato v. sulcato, et embryone elongato. » (*Gen.*, 30.)

1. Voy. *Adansonia*, IX, 17.

2. Voyez surtout AGARDH, *Theor. Syst.*, 128 : « Ebenaceæ sunt Anonaceæ gamopetalæ, carpellisque in pistillum unicum confluentibus. »

3. Voy. *Adansonia*, VIII, 380. Nous considérons comme de simples variétés d'une même espèce les *A. senegalensis* PERS., *glauca* SCHUM. et THÖNN., *chrysopetala* BOJ. L'*A. palustris* L. est une espèce côtière, venue sans doute de l'Amérique.

4. La *Flore de l'Afrique tropicale* en renfermera deux autres espèces spontanées, dont l'une est l'*A. Barteri* BENTH. (in *Linn. Transact.*,

M. de Martius a écrit [1] des pages remarquables sur l'histoire des Anones cultivées dans l'Amérique du Sud. Pour lui, les *Anona Cherimolia, muricata, obtusiflora* [2], *reticulata* et *squamosa* ont été importés au Brésil, cultivés d'abord au voisinage des habitations, et modifiés graduellement par cette culture. Par des considérations historiques et philologiques, cet auteur démontre qu'aucune de ces plantes n'est originaire de l'Inde orientale, mais que toutes ont été également introduites dans l'ancien continent, après la découverte de l'Amérique, et que les Antilles sont leur véritable berceau. Les Anones à fruits comestibles ne viendraient donc pas de l'Inde orientale, d'où les Portugais les auraient introduites dans leurs colonies du nouveau monde, comme A. de Saint-Hilaire l'avait admis [3], principalement pour l'*A. squamosa;* mais cette espèce se rencontre en Asie « avec l'apparence plutôt d'une plante naturalisée » [4]. Aujourd'hui, plus que jamais, l'opinion de R. Brown [5], sur l'origine américaine des Anones cultivées pour leurs fruits, paraît devoir être adoptée sans restriction.

Les *Cananga* habitent à la fois les portions orientale et occidentale de l'Amérique, depuis le sud du Mexique jusqu'au sud du Brésil; ils sont assez abondants à la Guyane, aux Antilles, au Pérou. Les *Unona* des sections *Trigyneia* et *Unonastrum* appartiennent aussi à cette région.

Outre les *Uvaria*, les *Unona* et les *Anona*, quatre genres sont communs aux deux mondes : ce sont les *Xylopia, Bocagea, Phœanthus* et *Anaxagorea.* Le genre *Xylopia* est celui dont l'aire géographique s'étend le plus; il est représenté à la fois dans l'Afrique tropicale, à Madagascar, dans l'Inde et l'archipel Indien, dans la Polynésie, aux Antilles, à la Guyane et jusque dans le Brésil méridional. Le genre *Bocagea* se compose de quelques espèces brésiliennes et de tous les *Alphonsea* de l'Asie tropicale; une seule espèce appartient aux îles Comores. Les *Phœanthus* sont disséminés sur une zone étendue, une espèce au Brésil, une couple dans l'Afrique tropicale, autant dans l'archipel Indien. Les *Anaxagorea* appartiennent à nombre presque égal à l'Asie et à l'Amérique tropicales.

Toutes les autres Anonacées sont originaires de l'ancien monde. Les *Eupomatia* sont essentiellement australiens. Les *Monodora* et les *Hexalobus* vrais ne se rencontrent qu'à Madagascar et dans l'Afrique tropi-

---

XXIII, 477), et l'autre l'*A. Mannii* Oliv. (in Hook., *Icon.*, t. 1010).

1. *Fl. bras.*, *Anonac.*, 51.

2. Il faut se rappeler que cette espèce appartient réellement au genre *Rollinia* (voy. p. 231). Elle doit être par conséquent d'origine améri-

caine, comme toutes les plantes du même genre.

3. *Pl. us. des Brasil.*, n. 29, p. 5.

4. A. DC., *Géogr. bot.*, 860.

5. *Congo*, 6 ; *Misc. Works*, éd. Benn., I, 105.

cale; les *Enantia* et *Cleistochlamys* sont uniquement africains. On n'a observé jusqu'ici que dans l'Asie tropicale, ou les portions voisines de l'Océanie, les genres *Sageræa, Sphærothalamus, Cyathocalyx, Disepalum, Atrutregia, Mitrephora, Orophea*; tandis que l'on rencontre à la fois dans l'Asie et l'Afrique tropicales, les *Popowia, Miliusa, Oxymitra, Artabotrys*, plus deux genres que nous avons déjà vus représentés en Amérique, les *Unona* et *Uvaria*.

Ces deux derniers genres sont ceux dont l'aire est la plus étendue du nord au sud, car ils s'approchent l'un et l'autre des limites extrêmes de la zone de 80 degrés de largeur qu'occupent les Anonacées sur le globe. L'un et l'autre commencent au nord de l'Inde, et finissent en Australie avec les derniers représentants de la famille. Le genre *Uvaria* remonte jusqu'en Chine, et jusqu'aux États-Unis par les *Asimina*; il se retrouve encore là où finissent les Anonacées, à la pointe australe de l'Afrique. Les *Artabotrys* remontent aussi jusqu'en Chine; tandis que, dans un autre sens, les *Rollinia* s'avancent jusque vers la Plata.

En somme, des vingt-huit genres que nous avons conservés, seize appartiennent exclusivement à l'ancien monde, et cinq au nouveau. Les premiers comprennent cent vingt espèces et les derniers quatre-vingt-dix.

Les sept genres communs aux deux mondes contiennent deux cent trente espèces, dont cent quarante appartiennent à l'ancien. Celui-ci a donc en totalité deux cent soixante espèces qui lui sont propres, sur quatre cent quarante environ que l'on connaît actuellement dans la famille des Anonacées[1].

Les usages des plantes de cette famille sont nombreux, surtout dans les régions chaudes où elles croissent en abondance. Elles sont souvent aromatiques, et, par suite, excitantes, stomachiques, parfois amères, toniques, fébrifuges, antiputrides. Mais l'exagération de ces propriétés les rend aussi dans certains cas dangereuses à employer; leur parfum délicieux peut être remplacé par des senteurs âcres et irritantes, quelquefois

---

1. A la fin de 1862, MM. Bentham et Hooker (*Gen.*, 20) évaluaient à quatre cents environ le nombre d'espèces de cette famille. On a calculé (Schltl, in *Linnæa*, IX, 331) les accroissements successifs des Anonacées, dont Linné ne connaissait que douze espèces. En 1807, Persoon en énumérait quarante-sept. Le *Prodromus* de de Candolle (1824) en comprenait cent vingt-deux, et M. A. de Candolle en comptait deux cent quatre, dix-huit ans plus tard. Nous connaissons encore une douzaine et demie d'espèces inédites, et la *Flore de l'Afrique tropicale* en décrira à peu près autant. Il y a donc actuellement au moins quatre cent soixante-dix espèces d'Anonacées sur la surface de la terre explorée.

même fétides[1]. Nous passerons en revue les principales espèces utiles ou nuisibles.

Les *Uvaria* américains du groupe *Asimina* ont des fruits comestibles, mais peu estimés. Celui de l'*U. triloba*, ou *Assiminier*, *Monin*, *Papaw* des États-Unis (fig. 225, 226), est d'un goût peu agréable. On peut néanmoins en obtenir par la fermentation une liqueur alcoolique qu'on prépare à Pittsburg. La pulpe, de même que les feuilles broyées, s'applique sur les ulcères, qu'elle cicatrise, et les abcès, dont elle hâte, pense-t-on, la maturation. Les graines sont âcres, comme celles d'un grand nombre d'Anonacées. Réduites en poudre, elles s'emploient comme vomitif et servent à détruire la vermine de la tête des enfants.

Plusieurs *Unona* et *Uvaria* de l'Asie tropicale sont employés comme médicaments excitants. Leur écorce, de même que la pulpe de leurs fruits, sert à préparer des décoctions aromatiques, employées topiquement contre les contusions, les douleurs rhumatismales. Ces décoctions sont souvent administrées comme stomachiques ; elles facilitent la digestion. Quelquefois cependant les écorces sont âcres, nauséeuses, et leur usage peut être dangereux. Blume a établi que, comme médicaments, ces écorces ont surtout de la vertu dans les affections qui ont pour point de départ les obstructions de la veine porte, mais qu'elles demandent à être prescrites avec précaution, car leur usage immodéré produit des vertiges, des hémorrhagies, et même l'avortement. Les racines de l'*Unona macrophylla* sont très-aromatiques ; les montagnards javanais en préparent des infusions qui se prescrivent dans les cas de variole maligne et de fièvre typhoïde. Les fruits de l'*U. subcordata* passent chez les mêmes peuples pour guérir les coliques. Les *Unona* (*Polyalthia*) *macrophylla*, *Kentii*, l'*U. latifolia* Bl., les *Uvaria argentea* Bl., *moluccana* Kostl. (*Unona Musaria* Dun.), *Narum* Bl. (*U. zeylanica* Lamk, — *Unona Narum* Dun.) et *zeylanica* L. (*U. Heyneana* W. et Arn., nec Wall., — *Guatteria malabarica* Dun.), sont des espèces aromatiques, employées comme médicaments ou comme cosmétiques. On mange, dans l'Asie tropicale, les fruits parfumés des *Uvaria Burahol* Bl., *dulcis* Dun., *heterophylla* Bl., et ceux des *Unona* (*Polyalthia*) *cerasoides*, *Corinthi*, *sempervivens*, espèces à écorce aromatique, tonique, excitante, parfois prescrite dans le traitement des affections rhumatismales.

Le *Cananga œtan*, ou *Uvaria tripetala* Lamk, a des graines très-aro-

---

1. Voy. Blume, *Fl. Jav.*, *Anonac.* — Endl., *Enchirid.*, 423. — Lindl., *Veg. Kingd.*, 421.— Guib., *Drog. simpl.*, éd. 4, III, 675. — Rosenthal, *Synops. plant. diaphor.*, 589, 1140.

matiques. Les femmes d'Amboine s'en parfument le corps. On incise le tronc pour en extraire un suc qui, concrété, devient une gomme blanche et parfumée.

Les *Artabotrys* ont aussi des fleurs très-aromatiques[1], comme l'indiquent les noms spécifiques des *A. odoratissima, suaveolens*, etc. Ce dernier est connu dans l'archipel Indien sous le nom de *Durie carban*[2]. Ses feuilles servent à préparer une infusion aromatique dont Blume a constaté les bons effets contre le choléra. Plusieurs des espèces de ce genre, notamment l'*A. intermedia* Hassk., fournissent une huile odorante, très-usitée comme parfum à Java, sous le nom de *Minjak-kenangan*. L'*Arbor nigra maculosa*, dont Rumphius a décrit les différentes propriétés, est probablement notre *A. uncata*[3]. Plusieurs espèces du même genre ont des fruits comestibles.

Le *Canang* des Moluques, aujourd'hui cultivé dans tous les pays chauds, est l'*Unona odorata*[4], nom qu'il doit à l'odeur suave de ses fleurs, analogue, dit-on, à celle des Narcisses. Le *Borbori*, ou *Borriborri*, est une pommade demi-liquide, très-aromatique, qu'on fabrique avec ces fleurs, celles du *Champac*, du curcuma et de l'huile de coco. On en frictionne les cheveux, et toute la surface du corps, pour guérir et prévenir des fièvres, en ramenant la chaleur de la peau, surtout pendant la saison froide et pluvieuse. Guibourt admet que c'est cette huile, sans aucun doute, qui est connue ou imitée en Europe, et vendue sous le nom d'*huile de Macassar*. En Malaisie, cette plante est cultivée avec soin autour des habitations; les fleurs se mettent dans la chevelure, les vêtements et les lits; on en pare des arcs de triomphe, dans les cérémonies du mariage.

Les *Anona*, qui sont en général des arbustes élégants, cultivés dans presque toutes les régions chaudes du globe, ont des fruits souvent recherchés comme aliments ou comme médicaments[5], sous le nom général de *Corossols* et de *Cachimans*. Un des plus connus est la *Pomme-cannelle*

---

1. Voy. H. Bn, in *Dict. encycl. des sc. médic.*, VI, 261.

2. Bl., *op. cit.*, t. 30, 31 D.

3. Voy. p. 232. C'est l'*A. odoratissimus* R. Bn. (*Anona hexapetala* L.; — *A. uncinata* Lamk; — *Unona hamata* Dun.; — *U. uncinata* Dun.; — *Uvaria uncata* Lour.; — *U. esculenta* Rottl.; — *U. odoratissima* Roxb.; — *Modira Walli* Rheed., *Hort. malab.*, VII, 86, t. 86).

4. Dun., *Mon.*, 107, t. 26 (*U. velutina* Gærtn.; — *U. leptopetala* DC.; — *Cananga odorata* Roxb.; — *Uvaria Cananga* Vahl.; — *U. odorata* Lamk; — *U. Gærtneri* DC.; — *U. axillaris* Roxb.; — *U. farcta* Wall.; — *Cananga sylvestris trifolia prima* Rumph., *Herb. amboin.*, II, 197, t. 66.; — *Arbor Saguisan* Ray, *Supp. luz.*, 83.; — *Alanguilan* de la Chine Sonn.). (Voy. Lamk, *Dict.*, I, 595, 597; *Ill.*, t. 114, fig. 2.)

5. Mart., *De Anonac. usu*, in *Fl. bras.*, Anonac., 59. — Guib., *Drog. simpl.*, éd. 4, III, 675. — Duch., *Répert.*, 178. — H. Bn, in *Dict. encycl. des sc. médic.*, V, 223. — Rosenth., *Syn. pl. diaphor.*, 592.

ou *Atte*. C'est le fruit de l'*A. squamosa*[1], originaire des Antilles et cultivé comme arbre fruitier dans toutes les régions tropicales des deux mondes. C'est une grosse baie, ovoïde ou presque globuleuse, à chair molle et blanche, à enveloppe verdâtre, jaunâtre ou grisâtre, plus résistante que la chair et partagée en un certain nombre de mamelons écailleux obtus, irrégulièrement losangiques (fig. 267, 268). Le parfum en est suave et le goût très-agréable. On l'a comparé à celui d'une poire bien mûre, mais un peu aqueuse; il s'y ajoute un arome plus ou moins accentué de cannelle. On peut préparer avec le suc exprimé une boisson fermentée agréable, analogue au cidre. Les fruits jeunes sont astringents, et les graines sont irritantes, car ROYLE rapporte qu'on emploie leur poudre, mêlée à celle des pois chiches, pour détruire la vermine; les Brésiliens s'en servent dans le même but, ainsi que de celle de plusieurs *Anona* et *Rollinia*.

La baie de l'*A. Cherimolia*[2], ou *Chérimolier du Pérou*, gros syncarpe de la grosseur du poing; globuleuse ou ovoïde, mamelonnée à la surface comme celle de l'espèce précédente, verdâtre en dehors, avec une chair pulpeuse blanche, serait, au dire de plusieurs voyageurs, le plus exquis de tous les fruits; sa pulpe gélatineuse posséderait un goût délicat de fraise et d'ananas. Comme la plupart des Anones comestibles, cette espèce est cultivée dans tous les pays chauds; elle pourrait l'être, assure-t-on, dans le midi de l'Europe. On peut toutefois dire de ce fruit ce que pensait le P. FEUILLÉE des meilleurs Corossols, qu'aucun d'eux ne vaut nos poires exquises d'Europe. Tous sont très-recherchés dans les régions tropicales; mais il faut les manger à point. Ils sont trop mûrs déjà quand ils se détachent spontanément de la plante. Cueillis trop tôt, ils sont astringents, et leurs couches extérieures, plus consistantes, sont alors trop riches en substances résineuses et en essences qui leur donnent un arrière-goût de térébenthine. Ils sont rafraîchissants, sans doute, mais ils sont souvent nuisibles pour les malades, les fébricitants surtout, qui les digèrent mal et qui les trouvent « trop crus ». On ne les mange incomplètement mûrs qu'en leur ajoutant une certaine quantité de sucre; ils

---

1. L., *Spec.*, 757. — JACQ., *Obs.*, I, 13, t. 6. — DUN., *Mon.*, 69. — DC., *Syst.*, I, 472; *Prodr.*, I, 85, n. 14. Le fruit se nomme encore *Cachiman* ou *Atocire*, *Marie-baise*, *Sweet-soap*, *Sugar-apple* des colons anglais, et abusivement, dans l'Inde, *Custard-apple* (qui est le fruit de l'*A. reticulata*), *Ata*, *Ati* des Indiens, *Ate*, *Ahate de panucho* au Mexique. *Anon*, d'après OVIEDO. « De là, dit M. A. DE CANDOLLE (*Géogr. bot.*, 861), vient le nom de genre *Anona*, que LINNÉ a changé en *Annona* (provision), parce qu'il ne voulait aucun nom des langues barbares, et qu'il ne craignait pas les jeux de mots. »

2. MILL., *Dict.*, n. 5. — DC., *Syst.*, I, 474; *Prodr.*, n. 17. — *A. tripetala* AIT., *Hort. kew.*, II, 252. — SIMS, in *Bot. Mag.*, t. 2011. — *Guanabanus* TREW, *Pl. sel.*, t. 49.

sont alors astringents et plus toniques. En général ils sont, à volume
égal, bien moins nutritifs que nos fruits indigènes, car ils contiennent relativement beaucoup plus d'eau. Leur suc exprimé est doux, mucilagineux.
On le soumet à la fermentation, et il produit une sorte de vin doux qu'on
appelle aux Antilles, *vin de Corossol*. Cette boisson se conserve mal en
général; elle tourne facilement à l'aigre. Quand les fruits ne sont pas
complétement mûrs, elle devient légèrement astringente; elle est alors
plus facilement supportée par le tube digestif; sinon, elle peut arrêter
la digestion et aggraver, au lieu de l'atténuer, le trouble des fonctions
intestinales. Au Pérou, on recherche comme médicament astringent les
fruits tout à fait jeunes et verts; on les prescrit en décoction et en poudre
desséchée, dans les cas de diarrhée et de dysenterie.

L'*Anona reticulata* [1] a pour fruit le *Corossol réticulé*, ou *sauvage*, encore appelé *Cachiman*, *Cœur-de-bœuf*, *Mamilier*, *petit Corossol* [2], grosse
baie globuleuse ou ovoïde, dont la surface est de couleur jaunâtre, rougeâtre ou roussâtre, partagée plus ou moins nettement en aréoles pentagonales irrégulières. Ce fruit est mangeable, mais il n'est pas, dit-on,
très-estimé [3]. L'odeur des feuilles est forte, narcotique. Le suc qui
s'écoule des branches coupées est irritant; il enflamme la conjonctive
quand il tombe dans les yeux [4]. Comme médicament, le fruit vert est employé exactement de la même manière et dans les mêmes circonstances
que celui de l'*A. muricata* [5].

L'*Anona muricata* L. [6] a pour fruits les *Corossols* ou *Cachimans épineux*, nommés encore *grands Corossols* et *Sappadilles*. Ce sont des
grosses baies ovoïdes, ou plus rarement presque globuleuses, souvent
inégalement développées, chargées de pointes droites ou arquées, trèsnombreuses ou clair-semées (fig. 271). Leur poids s'élève jusqu'à deux
kilogrammes. La surface, verdâtre ou jaunâtre, forme une sorte d'écorce
à odeur de térébenthine et à saveur désagréable; elle s'enlève assez facilement, et met à nu une pulpe blanchâtre, de consistance butyreuse,
d'une saveur douce, légèrement acide, rappelant à la fois celles de la

---

1. L., *Spec.*, 757. — SLOANE, *Jam.*, t. 226.
— JACQ., *Obs.*, I, t. 6, fig. 2. — DC., *Syst.*,
I, 474; *Prodr.*, n. 18.

2. C'est le vrai *Custard Apple* des colons anglais. Il est cultivé à Maurice, dans l'Inde orientale et au Brésil. ROXBURGH dit qu'on l'appelle
Noona dans l'Inde, et le croit identique avec
à l'*A. asiatica* LOUR. (nec L.).

3. Il est fort échauffant, suivant TUSSAC (*Flor.
Antill.*, V, 1, t. 29).

4. On y remédie avec le jus du citron.

5. Il sert comme astringent à Saint-Domingue. Dans l'Asie tropicale, on le fait cuire avant
sa maturité, de la même manière que les fonds
d'artichaut, qu'il remplace dans les sauces. On
emploie dans l'Inde ses racines dans le traitement de l'épilepsie.

6. *Spec.*, 756. — JACQ., *Obs.*, I, 10, t. 5. —
DUN., *Mon.*, 62. — DC., *Syst.*, I, 467; *Prodr.*,
n. 1. — TUSS., *Fl. Antill.*, t. 24.

fraise, de l'ananas et de la cannelle. Son odeur a été comparée à celle des
pommes et des poires. On y a trouvé de l'acide tartrique. On mange
ces fruits mûrs, avec ou sans sucre [1]; on les emploie aussi comme lé-
gumes, en les faisant bouillir ou frire, quand ils n'ont atteint que le
quart de leur grosseur définitive. Leur suc sert à préparer une boisson
fermentée qui s'obtient au bout de deux jours en mêlant les fruits exprimés avec du sucre : cette liqueur ne se conserve pas; mais, lorsqu'elle
s'est acidifiée, elle devient un vinaigre de bonne qualité. Les fruits servent aussi comme médicament; mûrs, ils passent pour antiscorbutiques
et fébrifuges; de plus on les cueille avant leur maturité, on les fait sé-
cher, puis on les réduit en une poudre qui s'administre dans les cas de
flux intestinal, de dysenterie, alors que les phénomènes inflammatoires
ont été dissipés par un traitement approprié [2]. Une décoction de fruits
verts s'applique topiquement sur les aphthes des enfants. Les feuilles
servent à préparer des cataplasmes, comme celles de l'*A. reticulata*. Les
fleurs, les bourgeons et les feuilles sont aussi, dit-on, pectoraux et bé-
chiques. Les graines sont astringentes.

M. DE MARTIUS signale encore comme Anones à fruit comestible les
A. Pisonis [3] et *Marcgravii* [4]. La décoction des fruits verts de cette dernière espèce sert aussi au Brésil à combattre les stomatites aphtheuses.
Les *A. fœtida* et *spinescens* sont considérés par les Indiens de la province
de Rio-Negro comme propres à guérir les ulcères cutanés et à mûrir les
abcès [5]; on applique topiquement la pulpe écrasée de leurs fruits. Souvent, dans ces régions chaudes, le refroidissement d'une partie du corps
est suivi d'un gonflement douloureux qui empêche l'usage de cette
partie; les Indiens y remédient avec des bains et des affusions chaudes
préparées avec l'écorce de l'*A. fœtida*. Les feuilles des *A. muricata, reticulata, squamosa, Marcgravii*, renferment une huile volatile d'une odeur
désagréable; mais, infusées dans l'eau ou broyées avec de l'huile, elles
font aboutir les abcès. Les feuilles de l'*A. palustris* [6] ont, d'après WRIGHT,
la même odeur que celles de la Sabine, et possèdent les mêmes pro-

---

1. Ils servent à préparer des crèmes et autres friandises. D'après FORSKHAL et SONNERAT
(*Voy.*, II, 3), l'*A. muricata*, cultivé en Arabie, y
est nommé *Kischta*, c'est-à-dire *crème*. Le *Pi-
gnon* du Sénégal dont parle ADANSON (*Voy.*, 47)
paraît être l'*A. muricata*.

2. M. DE MARTIUS (*Flor.*, 61) dit qu'on les
donne à la dose de deux drachmes environ,
dans un lavement mucilagineux additionné
d'une petite quantité d'opium, et que cette méthode lui a été vantée par un habile médecin du
Para, LA CERDA. DESCOURTILS (*Fl. méd. des

Antilles, II, 63) recommande aussi ce médicament.

3. *Fl. bras.*, *Anonac.*, 5, n. 3.
4. *Op. cit.*, n. 2.
5. MART., *Reise in Bras.*, II, 555.
6. L., *Spec.*, 757. — DUN., *Mon.*, 65. —
DC., *Syst.*, I, 469 ; *Prodr.*, n. 6. — A. S. H.,
Pl. us. Brasil., n. 29 (*Araticu do brejo*). —
A. uliginosa L. — *A. australis* A. S. H. —
A. chrysocarpa RICH., GUILL. et PERR. — *A.
Pisonis* MART. (Voy. *Adansonia*, VIII, 296,
380.)

priétés vermicides. Le fruit de cette espèce, appelé *Corossol des marais,
de la mer*, *Pomme de serpent*, a passé pour vénéneux, ou tout au moins
pour nuisible à l'estomac[1]. Son odeur est repoussante, analogue, dit
PISON, à celle du fromage pourri ; et les Topinambous pensent que les
crabes marins qui mangent ce fruit deviennent un aliment vénéneux[2].
Cependant les nègres se nourrissent, faute de mieux, de cette *Pomme de
serpent*, et il paraît qu'au Sénégal on mange quelquefois les fruits de
l'*A. chrysocarpa*, qui est la même plante que l'*A. palustris*[3].

Les graines du *Monodora Myristica*[4] ont presque toutes les qualités
de celles du Muscadier. C'est pourquoi on les appelle *Muscades de Ca-
labash*. Elles sont seulement d'une saveur plus piquante, mais elles servent exactement aux mêmes usages culinaires ; et c'est pour cela qu'on a
supposé que les nègres de la Guinée ont transporté cette plante à la
Jamaïque, afin de pouvoir en employer les graines comme condiment,
suivant l'usage de leur pays natal. Les nègres de la Guyane se servent
de la même façon des fruits et des graines du *Xylopia aromatica*, et
nous allons voir qu'au Brésil d'autres espèces du même genre fournissent
aussi des condiments culinaires.

Plusieurs *Xylopia* ont des fruits employés comme aromatiques. Le plus
anciennement connu sous ce rapport est le *Poivre de Guinée*. Ce sont les
baies du *X. œthiopica*[5]. Le fruit de cette plante (fig. 261) est composé d'un
pédoncule ligneux, renflé en une tête sur laquelle s'insèrent en nombre
variable des baies brièvement stipitées, à peu près cylindriques, de la
grosseur d'une plume d'oie, atténuées un peu à la base, légèrement

---

1. SLOANE, *Jam.*, II, 169. — MARCGR.,
Bras., éd. a (1648), 93. — PISO, *Bras.*, 48. —
SOARES DE SOUZA, *Not. do Bras.*, 194 (ex MART.,
Fl., 61).

2. M. DE MARTIUS fait remarquer qu'ils mangent à la même époque des fruits du Mancenillier
et du *Sapium aucuparium*.

3. AUBLET (*Guian.*) indique aussi plusieurs
Anona à fruits comestibles. Son *A. punctata*
(611, t. 247) est, dit-il, le *Corossol sauvage*,
bon à manger. Son *A. Ambotay* (616, t. 249)
est employé pour son écorce à saveur piquante
et amère, dont on prépare une décoction pour
traiter les ulcères malins. Son *A. longifolia*
(615, t. 248), qui est un *Aberemoa*, a, dit-il, un
fruit comestible appelé par les Galibis *Pinaouia*.
A. DE SAINT-HILAIRE décrit aussi, parmi les
Plantes usuelles des Brasiliens (n. 29), son *A.
sylvatica* (*Araticu de mato*).

4. DUN., *Mon.*, 80. — DC., *Syst.*, 1, 477 ;
Prodr., I, 87. — *M. grandiflora* BENTH., in
Lbm. Trans., XXIII, 474, t. 52, 53. — *Anona
Myristica* GÆRTN., *Fruct.*, II, 194, t. 125, f. 1.
— *Xylopia undulata* PAL. BEAUV., *Fl. owar.
et ben.*, I, 27, t. 16 (excl. fruct.). Le fruit multiple représenté dans cette planche est sans doute
celui d'un *Xylopia* (PL., in *Ann. sc. nat.*, sér. 4,
II, 262). Le véritable fruit du *Monodora Myristica* n'a qu'une loge (voy. fig. 299, p. 248).
Pour tout ce qui est relatif aux *Monodora* en
général, voy. *Adansonia*, VIII, 299, 344, et,
dans cet ouvrage, p. 246-250.

5. A RICH., *Fl. cub.*, 53, not. — *Unona
œthiopica* DUN., *Mon.*, 113. — *Habzelia œthiopica* A. DC., *Mém.*, 31, n. 1. — *Uvaria œthiopica* RICH., GUILL. et PERR., *Tent. fl. Seneg.*, I,
9. — *Piper œthiopicum* MATTH., *Comm.*, I,
434. — *Piper nigrorum Serapioni* C. BAUH. —
Habzeli BAUH., *Pin.*, 412. — *X. undulata* PAL.
BEAUV., *Fl. owar. et ben.*, I, t. 16 (quoad fruct.,
5). D'après la synonymie qu'il indique, AUBLET
(*Guian.*, 605, t. 243) appelle cette plante
*Waria zeylanica, Bois d'écorce, Poivre d'Ethio-
pie, des nègres, Maniguette*.

aiguës ou obtuses au sommet, à surface probablement lisse à l'état frais, mais légèrement ridées par la dessiccation, et présentant des étranglements inégaux et peu prononcés dans l'intervalle des graines. Celles-ci sont au nombre de trois ou quatre à douze ou quinze, unisériées, ovoïdes, noirâtres, arillées. Le péricarpe est noirâtre à l'état sec, adhérent aux graines par sa portion profonde, formée d'une sorte de pulpe desséchée, aromatique, à odeur faible de gingembre ou de curcuma, à saveur piquante et légèrement musquée. Les graines ont à un moindre degré les mêmes qualités. Le *Poivre de Guinée* a été employé comme médicament. Les nègres s'en servent de temps immémorial comme de condiment. Ils recherchent pour le même usage, aux Antilles et à la Guyane, plusieurs autres espèces du même genre. Tels sont les *X. frutescens* [1] et *aromatica* [2] à la Guyane, le *Xylopicron* [3] des Antilles, les *X. grandiflora* et *sericea* du Brésil.

On trouve dans les pharmacies du Brésil les fruits de trois espèces de *Xylopia*, savoir, les *X. grandiflora*, *sericea* et *frutescens*. De larges cellules globuleuses y sont remplies d'une huile volatile aromatique, à saveur vive comme celle du poivre, mais plus fine et plus agréable au goût. M. DE MARTIUS [4] regarde ces remèdes comme dignes d'être introduits dans nos pharmacopées. Ce sont des toniques énergiques pour l'estomac et l'intestin ; ils resserrent le ventre, ils sont carminatifs, excitants. Leur usage, en décoction, joint à celui du *Quassia amara*, a paru souverain dans les cas de faiblesse et d'inertie du gros intestin. Si, comme le pense le même auteur, l'*Uvaria febrifuga* de HUMBOLDT n'est autre chose que le *Xylopia lucida*, cette plante, non-seulement coupe la fièvre, mais encore guérit les inflammations intestinales, et remédie principalement aux états fébriles dont le point de départ est la débilitation du tube digestif. M. DE MARTIUS [5] a encore fait connaître que ces fruits sont récoltés, pour les usages thérapeutiques, avant leur maturité, et que leur action est tout à fait comparable à celle des Myrtacées qu'on a nommées *Piper jamaicense*. Le fruit du *X. sericea* est le meilleur à conserver dans les pharmacies, parce qu'il garde plus longtemps que les autres ses vertus aromatiques. Celui du *X. frutescens* est d'un parfum plus relevé et moins âcre que le poivre ; on lui accorde surtout de l'influence sur le système

---

1. AUBL., *op. cit.*, 602, t. 242. C'est le *Jérécou* ou *Couguerécou*. La capsule a un goût âcre et une odeur de térébenthine. Les graines mâchées et l'écorce sont piquantes et aromatiques. Les nègres les emploient comme épices.

2. *Unona aromatica* DUN., *Mon.*, 112. — DC., *Prodr.*, I, 91, n. 27.
3. P. BROWNE, *Jamaic.*, 250.
4. *Fl. Bras., Anonac.*, 62.
5. *Reise in Bras.*, II, 550.

nerveux et comme agent diaphorétique [1]. On se sert encore d'une décoction de ses fruits, unie à celle du Galanga, pour corriger la mauvaise
haleine et arrêter les progrès de la carie dentaire. C'est d'ailleurs un
condiment pour les Brésiliens; ils en aromatisent la viande, le poisson et
un grand nombre de mets vulgaires.

Les *Embira* ou *Ibira* des aborigènes du Brésil sont des *Xylopia* à liber
textile, principalement le *X. frutescens* [2]. L'industrie européenne pourrait sans doute en tirer un grand parti pour la confection de certains
tissus. Peut-être pourrait-on employer à des usages analogues les faisceaux libériens de plusieurs *Cananga* (*Guatteria*). Leur bois n'est pas
très-solide; cependant il peut servir à plusieurs usages domestiques.
Celui des espèces brésiliennes s'emploie sous le nom de *Pindaiba* [3]. On
fabrique des vases avec celui des *Guatteria australis, flava, nigrescens,
villosissima*. Les rameaux flexibles de plusieurs espèces servent pour la
pêche [4]. M. DE MARTIUS a nommé *G. veneficiorum* [5] une espèce qui entre
dans la préparation d'un de ces poisons de l'Amérique équinoxiale dé-
signés chez nous sous le nom de *curare*. Plusieurs *Guatteria* et *Xylopia*
ont un bois mou et spongieux ; celui des racines surtout pourrait être employé aux mêmes usages que celui de l'*Anona palustris*, qui joue dans ce
pays le rôle du liége et qu'on récolte principalement pour en confectionner
des bouchons. On peut d'ailleurs se servir pour certains travaux de charpente des bois de plusieurs *Pindaiba* dont le poids est, comme nous l'avons
vu plus haut, assez considérable, d'après M. DE MARTIUS [6]. Le même auteur
indique aussi comme assez lourd (0,70) le bois d'un *Aberemoa*, le *Duguetia Spixiana*, et rapporte que celui du *Pindaiba branca*, de la province de Saint-Paul, qui est le *X. frutescens* ou le *X. sericea*, a une den-
sité de 0,626 et une couleur un peu brunâtre. Plusieurs espèces du même
genre, telles que les *X. emarginata* et *frutescens*, sont remarquables par
la rapidité avec laquelle s'enracinent leurs rameaux enfoncés en terre, et
sont, pour cette raison, très-propres à l'établissement des haïes vives [7].

1. Ces fruits ne doivent être employés qu'a-
près avoir été séchés à l'ombre. La dose est de
6 à 20 grains en nature et du double en infusion.

2. MART., *op. cit.*, 63.

3. *Pindaiba* veut dire, d'après A. DE SAINT-
HILAIRE, une perche pour les lignes. On distingue au Brésil un *P. branca* et un *P. preta*
(blanc et noir).

4. Les branches de l'*Aberemoa* (*Duguetia*)
guianensis doivent aussi à leur flexibilité de
servir à faire des manches de fouet (SCHOMBURGK).

5. *Op. cit.*, 34, n. 31 ; *Reise*, III, 327, et in
BUCHN. *Rep. d. Pharm.*, XXXVI, III, 344.

« *Crescit in sylvis sec. fl.* Japurà, *apud Indos
qui* Juri *dicuntur, quibus ad veneficium* Urari
adhibetur. » AUBLET (*Guian.*, 608, t. 244) indique les fruits et les feuilles du *C. Ouregou*
comme doués d'une saveur piquante et aromatique.

6. Voy. p. 265, note 3. A la Jamaïque, le
bois de l'*Oxandra lanceolata* (p. 207, note 3)
sert à faire des essieux et d'autres parties de
voitures. D'après AUBLET (*op. cit.*, 610), le bois
de son *Aberemoa guianensis* a des usages analogues.

7. Voy. *Fl. bras., Anonac.*, 64.

Les Anonacées sont rarement des plantes d'ornement. Leurs fleurs, peu éclatantes en général, ont des corolles qui demeurent longtemps vertes et qui ne grandissent que lentement, longtemps même, dans certaines espèces, après l'épanouissement de la fleur. Les pétales deviennent alors graduellement blanchâtres, rosés ou jaunâtres, plus rarement de couleur chamois ou orangée, quelquefois encore d'un rouge plus franc, ponceau, cramoisi ou carminé. Beaucoup sont d'un brun acajou ou chocolat ; parfois il s'y mêle une nuance pourprée ou violacée, et l'*Uvaria* (*Sapranthus*) *nicaraguensis* est représenté avec une teinte d'un violet bleuâtre. Ici l'odeur de la corolle est fétide, tandis qu'avec des couleurs jaunâtres ou bleuâtres, elle rappelle souvent le parfum de certains fruits charnus, ou l'arome de la muscade, du girofle ou de la cannelle.

GENERA

I. ANONEÆ.

§ I. Uvarieæ.

1. **Uvaria** L. — Flores hermaphroditi, rarius polygami diœcive; receptaculo convexo plus minus elongato. Sepala 3, libera, v. plus minus alte connata, plerumque valvata. Petala 6, libera v. basi coalita, inter se æqualia inæqualiave, 2-seriatim imbricata; interiora exteriorave interdum demum valvata. Stamina ∞, linearia v. plano-compressa; connectivo ultra loculos lineares extrorsum rimosos truncato-dilatato ovatove, rarius subfoliaceo. Carpella ∞, rarius pauca, intus sulcata; stylo continuo truncato, apice stigmatoso integro v. 2-fido; ovulis ∞, rarius 1, 2, ventralibus 2-serialibus, horizontalibus v. subadscendentibus; micropyle laterali v. extrorsum infera. Baccæ forma variæ, continuæ v. inter semina plus minus constrictæ, sessiles v. stipitatæ, ∞ v. abortu 1-spermæ. Semina subhorizontalia; arillo parco v. 0; albumine ruminato. — Arbores parvæ fruticesve, nonnunquam aromatici, sæpius sarmentosi, glabri v. sæpius pube simplici stellatove induti; foliis alternis simplicibus exstipulaceis; floribus ante v. post folia ortis, axillaribus lateralibusve, sæpius terminalibus v. oppositifoliis, solitariis cymosisve. (*Asia, Africa, Australia trop., America bor. et central.*) — *Vid. p.* 193.

2. **Sphærothalamus** Hook. f. — « Sepala 3, imbricata. Petala 6 (imbricata?) spathulata. Stamina ∞; connectivo ultra loculos truncatodilatato. Torus globosus. Carpella ∞; stylo brevissimo obtuso; ovulis (2?) ventralibus. — Frutex; foliis subsessilibus (sesquipedalibus), basi cordatis; floribus magnis (aurantiacis). » (*Borneo.*) — *Vid. p.* 201.

3. **Sageræa** Dalz. — Sepala 3, imbricata. Petala 6, orbicularia concava subæqualia, imbricata. Stamina pauca, fertilia subdefinita (6-15) abbre-

viata carnosa late compressa ; connectivo ultra loculos truncato-dilatato v. angustato, intus producto; sterilia subdefinita squamæformia crassa fertilibus exteriora. Carpella ∞ , sæpius subdefinita (3-6) receptaculo vix convexo foveolato inserta ; ovulis ∞ , ventralibus 2-serialibus. Fructus e baccis paucis subglobosis oligospermis. — Arbores; foliis coriaceis glaberrimis lucidis (laurineis); floribus axillaribus cymosis paucis parvis, aut hermaphroditis, aut rarius unisexualibus. (*India or.*) — *Vid. p.* 202.

4. **Tetrapetalum** MIQ. — Sepala 2, imbricata. Petala 4, orbicularia 2-seriatim imbricata. Stamina ∞ , receptaculo convexo inserta, imbricata; connectivo ultra loculos truncato-dilatato. Carpella ∞ , prismatica; ovulis ∞ , ventralibus 2-serialibus; stylo brevi glabro, longitudine sulcato. Fructus... —Frutex scandens volubilis tomentosus; floribus spicatis; spicis lateralibus v. oppositifoliis densifloris. (*Borneo.*)— *Vid. p.* 203.

5. **Cananga** AUBL. — Sepala 3, libera v. basi connata, valvata. Petala 6, 2-seriata, interiora exterioribus subæqualia majorave, imbricata omnia, exteriorave subvalvata. Stamina ∞ ; connectivo ultra loculos truncato-dilatato; receptaculo convexo sæpius subgloboso, apice pistillifero truncato recto v. parce concavo subcupuliformi. Carpella ∞ ; ovulo subbasilari adscendente ; micropyle extrorsum infera. Baccæ ∞ , stipitatæ 1-spermæ. — Arbores fruticesve; foliis penninerviis; floribus pedunculatis sæpius solitariis, rarius cymosis paucis, axillaribus lateralibusve, rarius terminalibus. (*America trop. v. subtrop.*) — *Vid. p.* 203.

6. **Aberemoa** AUBL. — Sepala 3, libera, rarius basi connata, valvata. Petala 6, 2-seriatim imbricata. Stamina ∞ , aut fertilia omnia, aut exteriora sterilia petaloidea imbricata. Carpella ∞ ; ovulo solitario subbasilari. Baccæ carnosæ lignosæve, sæpius apice rostratæ, aut discretæ, aut plus minus alte connatæ. — Arbores fruticesve lepidoti v. stellato-tomentosi; floribus solitariis paucisve cymosis, terminalibus v. oppositifoliis, rarius lateralibus. (*America merid.*) — *Vid. p.* 204.

7. **Cleistochlamys** OLIV.— Calyx globosus gamophyllus, in alabastro clausus valvatus, demum in segmenta pauca inæqualia per anthesin rumpendus. Petala 6, 2-seriata, sessilia, imbricata. Stamina ∞ , receptaculo convexiusculo inserta, obpyramidata ; connectivo ultra loculos dilatato-truncato. Carpella pauca in stylum lineari-oblongum minute capitatum attenuata; ovulo solitario subbasilari adscendente. Baccæ oblongæ sti-

pitatæ. — Frutex; foliis glabris brevissime petiolatis; floribus parvis solitariis axillaribus. (*Africa trop. austro-orient.*) — *Vid. p.* 206.

8. **oxandra** A. Rich. — Calyx brevis, imbricatus. Petala ovata rotundatave, 2-seriatim imbricata. Stamina ∞ (*Miliusearum*); connectivo ultra loculos dorsales longe producto. Carpella ∞ ; ovulo solitario. Baccæ stipitatæ. —. Arbores fruticesve; foliis glabris breviter petiolatis; floribus axillaribus lateralibusve; bracteis ∞ , sepalis conformibus minoribusque, 2-seriatim imbricatis, aut pedunculi ab apice ad basin, aut basi tantum insertis involucrantibus. (*America trop.*) — *Vid. p.* 207.

§ II. Unoneæ.

9. **Unona** L. fil. — Flores *Uvariæ;* petalis 3, rarius 2, forma variis, plerumque 2-seriatim valvatis; interioribus subæqualibus minoribusve, rarius deficientibus, rarissime imbricatis. Stamina ∞ (*Uvariearum*); connectivo ultra loculos globoso v. truncato-dilatato, rarius elongato subulato. Carpella ∞ , rarius pauca v. 1, receptaculo parum elevato, apice convexo planove, rarius leviter excavato inserta ; ovulis ∞ , rarius 1, 2 ventralibus v. subbasilaribus. Baccæ stipitatæ v. subsessiles, aut continuæ, aut inter semina constrictæ moniliformes. — Arbores fruticesve, nonnunquam sarmentosi, aromatici ; floribus solitariis cymosisve lateralibus terminalibusve. (*Asia, Africa, Australia, America calid.*) — *Vid. p.* 208.

10. **Anaxagorea** A. S. H. — Flores *Unonæ;* staminibus ∞ , aut fertilibus omnibus; connectivo ultra loculos producto, aut interioribus sterilibus petaloideis. Carpella ∞ , sæpius pauca; ovulis 2 adscendentibus plus minus alte insertis; folliculis· clavato-stipitatis, intus longitudine dehiscentibus. Semina 1, 2, glabra exarillata. — Arbores; floribus axillaribus solitariis cymosisve. (*Asia, America trop.*) — *Vid. p.* 213.

11. **Disepalum** Hook. f. — Flores *Unonæ*, 2-meri. Sepala 2, ampla. Petala 4, anguste lineari-spathulata incurvo-adscendentia inter se remota et annulo hypogyno connexa. Stamina et carpella ∞ , toro lato apice leviter concavo inserta; ovulo (1 ?) e basi erecto. — Frutex; foliis penninerviis; floribus solitariis terminalibus. (*Borneo.*) — *Vid. p.* 215.

12. **Bocagea** A. S. H. — Flores plerumque parvi; sepalis brevibus liberis v. plus minus alte connatis. Petala 6, 2-seriatim valvata; exteriora sessilia, interiora, aut sessilia, aut basi plus minus angustata. Sta-

mina (*Miliusearum*), aut definita (3, 6, 9) subdefinitave, aut ∞ , exteriora minora. Carpella 3-6, v. ∞ , rarius 1 ; ovulis hinc 1, 2. subbasilaribus, inde ∞ , 2-seriatim ventralibus. Baccæ 1-∞ , 1 -∞ -spermæ plerumque stipitatæ. — Arbores fruticesve; foliis nonnunquam pellucidopunctulatis ; floribus solitariis cymosisve, terminalibus axillaribusve. (*Asia trop., Ins. or. Afric., America mer.*) — *Vid. p.* 215.

13. **popowia** ENDL. — Flores parvi hermaphroditi, rarius diœci. Calyx 3-merus. Petala 6, valvata, exteriora sessilia, interiora exterioribus subæqualia v. longiora, basi plerumque angustata, demum expansa aut conniventia. Stamina, aut subdefinita, aut ∞ , interiora verticillata latere cohærentia; exteriora minora, aut fertilia, aut sterilia cylindracea capitata truncatave; fertilibus inæquali-obconicis v. obpyramidatis, basi breviter teretibus v. longe angustatis complanatisve, ad apicem incrassatis rugosis glandulosisve; apice recte truncato obliquove, rarius concavo; intus in cuneum plus minus obtusum, rarius valde elongatum plus minus obliquum producto ; loculis sublateralibus extrorsisve, longitudine rimosis ; locellis 2, obliquis v. collateralibus. Carpella subdefinita v. ∞ ; ovulis 1-2, subbasilaribus v. ∞ , 2-serialibus; stylis forma variis. Fructus e baccis liberis constans, monospermis v. 2-∞ -spermis, inter semina constrictis. — Frutices nonnunquam scandentes ; foliis plerumque glabrescentibus, subtus glaucescentibus; floribus axillaribus lateralibusve, solitariis cymosisve. (*Asia trop., Africa trop. et austr., Ins. malacass., Australia trop.*) — *Vid. p.* 219.

§ III. XYLOPIEÆ.

13. **Xylopia** L. — Flores hermaphroditi ; receptaculo conico externe staminifero, apice complanato v. parce concavo, sæpius valde excavato et ovaria includente. Petala 6, 2-seriatim valvata, exteriora elongata anguste concava conniventia v. aperta, rarius complanata sessilia 3-angularia ; interiora plerumque inclusa, superne triquetra v. rarius complanata. Stamina ∞ (*Uvariearum*); connectivo ultra loculos dilatatotruncato angustatove. Carpella, aut ∞ , aut 1-6; stylis exsertis; ovulis ∞ , v. subdefinitis. Baccæ forma variæ, aut continuæ, aut nonnihil inter semina constrictæ, nonnunquam sub pressione apertæ, ∞ rarius 1-spermæ. — Arbores fruticesve ; foliis sæpe distichis ; floribus axillaribus solitariis cymosisve, plerumque breviter pedicellatis. (*Asia, Africa, Oceania, America trop.*) — *Vid. p.* 223.

15. **Anona** L. — Flores plerumque hermaphroditi ; receptaculo plus minus convexo. Sepala 3, libera connatave, valvata. Petala 3-6, 2-seriata ; exteriora sessilia, tota v. basi lata concava, conniventia patentave ; interiora æqualia minorave, rarius 0, valvata imbricatave. Stamina ∞ ; connectivo ultra loculos dilatato-truncato ovatove, rarius attenuato. Carpella ∞ , toro hæmispherico complanatove inserta ; ovulis 1, 2, subbasilaribus ; stylis forma variis, sæpius apice coalitis. Baccæ plerumque muticæ, rarius subrostratæ, in fructum multilocularem coalitæ, rarius secedentes. — Arbores fruticesve ; floribus solitariis paucisve cymosis, terminalibus v. oppositifoliis. (*America, Asia, Africa trop. et subtrop.*) — *Vid. p.* 227.

§ IV. ROLLINIEÆ.

16. **Rollinia** A. S. H. — Flores *Anonæ ;* petalis plerumque in tubum brevem cylindricum globosumve basi connatis ; apice brevi valvato genitalia obtegente, demum hiante ; lobis exterioribus dorso processu calcariformi crasso coriaceo apice obtuso a latere compresso instructis ; interioribus multo minoribus v. 0, exappendiculatis. Baccæ sessiles distinctæ v. sæpius in fructum unicum coalitæ. — Arbores fruticesve ; foliis membranaceis coriaceisve ; floribus solitariis cymosisve, lateralibus oppositifoliisve, rarius terminalibus. (*America calid.*) — *Vid. p.* 230.

17. **Artabotrys** R. Br. — Sepala 3, basi plus minus cohærentia liberave, valvata. Petala 6, subæqualia, 2-seriatim valvata orbicularia concava genitalia involventia, dorso processu erecto cylindrico complanatove instructa. Stamina ∞ ; connectivo ultra loculos truncato-dilatato. Carpella ∞ , summo receptaculo convexo v. horizontali, rarius breviter cupulæformi inserta ; ovulis 2, subbasilaribus adscendentibus, v. ∞ , ventralibus 2-seriatis (*Parartabotrys*) ; stylo ovato v. lineari-oblongo. Baccæ 1-∞-spermæ. — Frutices scandentes sarmentosive ; foliis lucidis ; floribus solitariis cymosisve ; pedunculis sæpe induratis fasciatis uncinatim retrofractis. (*Asia, Africa trop. et subtrop.*) — *Vid. p.* 232.

18. **Cyathocalyx** Champ. — Calyx cyathiformis 3-dentatus, valvatus. Petala 6, circa genitalia in calyptram globosam valvatim conniventia, dorso processu late petaloideo instructa. Stamina ∞ , receptaculo convexo inserta ; connectivo ultra loculos truncato-conico. Carpellum 1, apice concavo receptaculi insertum ; ovulis ∞ , 2-serialibus ; stylo apice peltato.

Baccæ 1-∞ -spermæ. — Arbor; foliis glabris; floribus solitariis paucisve cymosis, terminalibus v. oppositifoliis. (*Asia trop.*) — *Vid. p.* 233.

19. **Hexalobus** A. DC. — Calyx 3-sepalus, valvatus v. subreduplicatus. Petala 6 (*Cyathocalycis*), 2-seriatim valvata, in alabastro plicato-corrugata; laminis dorsalibus membranaceis, apice acutiusculo reflexis. Stamina ∞ (*Uvariearum*). Carpella summo receptaculo convexo complanatove inserta, subdefinita (plerumque 3-6); ovulis ∞, 2-serialibus. Baccæ oblongæ subcontinuæ, ∞ -spermæ. — Arbores fruticesve; floribus axillaribus solitariis sessilibus pedunculatisve; bracteis 2 lateralibus valvatis involucrantibus. (*Africa trop.*, *Malacassia?*.) — *Vid. p.* 234.

§ V. Oxymitreæ.

20. **oxymitra** Bl. —Sepala 3, libera v. basi coalita, valvata. Petala 6, 2-seriatim valvata, exteriora plana ovata elongatave, demum expansa; interiora plerumque minora, basi plus minus angustata unguiculatave, apice in mitram circa genitalia conniventia coalitave. Stamina et carpella ∞; ovulis 1, 2 (rarius 3-5), plus minus alte insertis. Baccæ 1 (rarius 2-5)-spermæ. Semina globosa glabra echinatave, rarius alato-3-quetra. — Arbores fruticesve nonnunquam scandentes; foliis oblique penninerviis; floribus axillaribus v. extra-axillaribus plerumque solitariis. (*Asia, Africa, Oceania trop.*). — *Vid. p.* 235.

21? **Atrutregia** Bedd. — « Sepala 4, parva. Petala 6, biseriatim valvata coriacea; exteriora ovata acuminata utrinque pubescentia; interiora multo minora obovata acuminata circa genitalia cohærentia. Stamina ∞; connectivo ultra loculos obtuse acuminato. Torus subglobosus. Carpella ∞; stylo elongato attenuato; stigmate terminali 2-cruri; ovulis solitariis erectis. —Frutex v. arbor parva. Folia acuminata glabra. Flores solitarii axillares v. e nodis defoliatis oriundi. » (*India or.*)— *Vid. p.* 238.

22. **Mitrephora** Bl. —Flores hermaphroditi v. unisexuales. Sepala 3, plerumque libera, valvata. Petala 6; exteriora breviora ovata; interiora longiora unguiculata in mitram erectam coalita. Stamina ∞, rarius definita (*Uvariearum*). Carpella ∞, rarius subdefinita; ovulis ∞. — Arbores; foliis coriaceis; floribus solitariis v. sæpius cymosis lateralibus terminalibusve. (*Asia trop.*, *Arch. Ind.*) — *Vid. p.* 238.

23. **orophea** Bl. —Flores hermaphroditi (*Mitrephoræ*). Stamina ∞, sæpius definita (6-12) brevia carnosa (*Miliusearum*). Carpella 3-∞; ovu-

lis 2-∞ , sæpius paucis 2-serialibus ventralibus. Baccæ 1-∞ -spermæ. —
Arbores fruticesve; foliis parvis; floribus parvis cymosis axillaribus terminalibusve. (*Asia trop., Arch. Ind.*) — *Vid. p.* 239.

24. **Cymbopetalum** Benth. — Flores hermaphroditi v. unisexuales.
Sepala 3, brevia, valvata. Petala 6, 2-seriatim valvata, exteriora sessilia
brevia; interiora multo majora crassissima involuto-cymbæformia; mu-
crone inflexo obsoletove, basi in unguem brevem v. elongatum attenuata. Stamina (*Miliusearum*) receptaculo convexo inserta. Carpella ∞ ;
ovulis ∞ ventralibus. Baccæ stipitatæ oblongæ oblique inter semina plus
minus constrictæ, sæpe sub pressione apertæ. — Arbusculæ; foliis membranaceis, basi sæpe inæqualibus; floribus longe pedunculatis, nonnunquam pendulis, lateralibus terminalibusve. (*America trop.*)— *Vid. p.* 240.

25. **Enantia** Oliv.— Sepala 3, valvata. Petala exteriora 0, interiora 3,
sepalis opposita multoque longiora crassa coriacea, plana v. marginibus leviter reflexis, basi angustiora concavaque, erecta v. subpatula.
Stamina ∞ , lineari-oblonga; connectivo ultra loculos brevi obtusissimo
vix dilatato. Carpella ∞ , libera receptaculo convexo inserta, dense conferta
pilosa; stylo brevi lineari-oblongo, introrsum sulcato; ovulis solitariis
erectis.— Arbor; foliis membranaceis; floribus solitariis breviter pedunculatis extra–axillaribus. (*Africa trop. occ.*) — *Vid. p.* 242.

II. MILIUSEÆ.

26. **Miliusa** Lesch. — Flores hermaphroditi v. gynæcei abortu polygami. Sepala 3, parva, valvata. Petala 6, 2-seriatim valvata, exteriora
minuta sepalis conformia; interiora multo majora erecto-conniventia,
basi nonnunquam cohærentia leviter v. valde saccata, rarius cymbæfor-
mia. Stamina ∞ ; antheris ovatis (*Miliusearum*) extrorsis; connectivo
ultra loculos plus minus apiculato. Carpella ∞ ; ovulis 1, 2 v. ∞ , ventralibus. Baccæ globosæ, oblongæve, 1-∞ -spermæ. — Arbores plerumque humiles; foliis plerumque deciduis; floribus solitariis cymosisve,
axillaribus lateralibusve, nonnunquam cum foliis novellis nascentibus.
(*Asia trop., Arch. Ind., Australia bor.*) — *Vid. p.* 242.

27. **Phæanthus** Hook. et Thoms. — Flores (*Miliusæ*) hermaphroditi.
Petala 6, 2-seriatim valvata, exteriora minuta sepalis subconformia ; interiora multo majora crasse coriacea, plana v. vix ima basi concava circa

genitalia erecto-conniventia. Stamina ∞ (*Uvariearum*). Carpella ∞, receptaculo convexo, vertice plano, inserta; ovulis 1, 2, plus minus alte insertis v. ∞, ventralibus; stylis apice dilatatis in massam capitatam obscure lobatam coalitis. Baccæ 1-∞-spermæ. — Arbores fruticesve; foliis venosis coriaceisve; floribus lateralibus axillaribusve, solitariis cymosisve. (*Asia, Africa, America trop.*) — *Vid. p.* 245.

III. MONODOREÆ.

28. **Monodora** Dun.—Flores hermaphroditi. Sepala 3, libera v. basi coalita, valvata, demum reflexa. Petala 6, valvata, basi tantum v. altius in corollam campanulatam coalita; aut æqualia omnia, aut inter se dissimilia, exteriora patentia plus minus undulata; interiora breviora, basi angustata, erecto-conniventia. Stamina ∞ (*Uvariearum*), receptaculo subgloboso inserta. Ovarium superum uniloculare; placentis ∞, parietalibus, ∞-ovulatis; stylo erecto mox dilatato-peltato radiato-stigmatifero subintegro v. crenato, nonnunquam marginato. Fructus globosus lignosus ∞-spermus; seminibus (*Unonæ*) in pulpa resinosa nidulantibus. — Arbores fruticesve, nonnunquam scandentes; floribus terminalibus v. suboppositifoliis ramulo gemmifero insertis. (*Africa trop. occ. et or., Malacassia.*) — *Vid. p.* 246.

IV. EUPOMATIEÆ.

29. **Eupomatia** R. Br. — Flores hermaphroditi. Perianthium 0. Stamina ∞, perigyna, et carpella ∞, receptaculi turbinati concavitate ordine spirali inserta. Stamina exteriora fertilia; antheris 2-locularibus extrorsum rimosis; connectivo ultra loculos acuminato; interiora sterilia petaloidea glandulosa eglandulosave, imbricata, demum cum exterioribus sibi basi connatis deciduis. Carpella toro immersa, nisi ima basi libera; ovariis ∞-ovulatis, dorso in areolam horizontalem supra productis; stylo brevi, intus prominulo, apice capitato-stigmatoso. Fructus baccatus, extus receptaculo urceolato-turbinato, apice marginato indutus; baccis ∞, inclusis 1-∞-spermis. Semina (*Anonacearum*); albumine parce ruminato. — Frutices; caule erecto v. subterraneo repente; foliis alternis glabris; floribus, aut terminalibus solitariis, aut axillaribus 1, 2, cum gemma superpositis. (*Australia.*) — *Vid. p.* 250.

HISTOIRE DES PLANTES

MONOGRAPHIE

DES

MONIMIACÉES

PARIS. — IMPRIMERIE DE E. MARTINET, RUE MIGNON, 2.

HISTOIRE DES PLANTES

MONOGRAPHIE

DES

MONIMIACÉES

PAR

H. BAILLON

PROFESSEUR D'HISTOIRE NATURELLE MÉDICALE A LA FACULTÉ DE MÉDECINE DE PARIS

ILLUSTRÉE DE 64 FIGURES DANS LES TEXTES

DESSINS DE FAGUET

PARIS

LIBRAIRIE DE L. HACHETTE ET Cie

BOULEVARD SAINT-GERMAIN, N° 77

LONDRES, 18, KING WILLIAM STREET, STRAND. — LEIPZIG, 3, KÖNIGSSTRASSE

1869

V

MONIMIACÉES

I. SÉRIE DES CALYCANTHES.

Les Calycanthes [1] (fig. 306-313) ont les fleurs régulières et hermaphrodites. Si l'on analyse, par exemple, celles de la première espèce

Calycanthus floridus.

Fig. 306. Port ($\frac{1}{2}$).   Fig. 308. Carpelle ouvert ($\frac{14}{1}$).   Fig. 307. Fleur,
coupe longitudinale ($\frac{4}{3}$).

introduite dans nos jardins, le *C. floridus* L.[2] (fig. 306-308), on voit que

1. *Calycanthus* L., *Gen.*, n. 639, ex part.—
LINDL., in *Bot. Reg.*, t. 404. — DC., *Prodr.*, II,
2. — NEES, in *Nov. Act. nat. cur.*, XI, 107.—
SPACH, *Suit. à Buffon*, IV, 281.—ENDL., *Gen.*,
n. 6356. —B. H., *Gen.*, 16, n. 1. — H. BN, in
Adansonia, IX, 113.—*Basteria* MILL., ex ADANS.,
Fam. des pl., II, 294. — *Beurreria* EHRET,
Pict., t. 13. — *Pompadoura* BUCH., *Mém. sur
le* Calyc., ex MILT., *Handb.*, n. 1805. — *Buett-
neria* DUHAM., *Arbr.*, I, 114 (nec L.).
2. *Spec.*, 718. — LAMK, *Ill.*, t. 445, fig. 1.
— DUHAM., *Arbr.*, I, t. 45.— AIT., *Hort. kew.*,

20

leur réceptacle a la forme d'une bourse creuse, ouverte seulement par la partie supérieure. Sur la surface extérieure de ce sac, on aperçoit à une certaine hauteur deux bractées opposées, puis deux autres encore, placées plus haut et opposées, ou à peu près, et enfin, vers les bords de l'ouverture, un nombre indéfini de folioles alternes, disposées suivant une ligne spirale continue[1], et qui sont d'autant plus rapprochées les

Calycanthus lævigatus.

Fig. 310. Fruit.

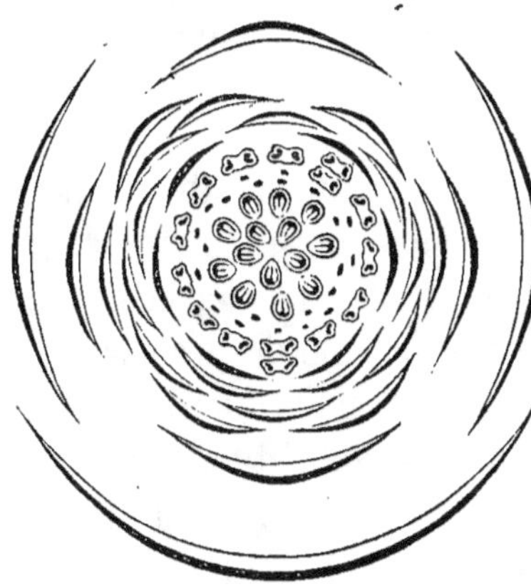

Fig. 309. Diagramme.

Fig. 311. Fruit,
coupe longitudinale.

unes des autres, plus développées et plus étroitement imbriquées que leur insertion est plus élevée. Les inférieures sont verdâtres, comme les bractées opposées dont nous avons d'abord parlé, et les supérieures sont d'un pourpre brunâtre, charnues, veloutées, odorantes comme des pétales; sans qu'on puisse établir entre les unes et les autres une ligne de démarcation tranchée. Les bords de l'ouverture de la poche réceptaculaire s'épaississent ensuite, et forment une sorte de plate-forme qui recouvre le gynécée et qui ne présente à son centre qu'un orifice étroit

ed. 2, III, 282.— Cort., in *Bot. Mag.*, t. 503. — Nutt., *Gen. amer.*, I, 312. — Guimp., *Abb. holz.*; t. 4. — DC., *loc. cit.*, n. 1. — *C. lævigatus* W., *Hort. berol.*, t. 80. — *C. oblongifolius* Nutt., *loc. cit.*— *C. inodorus* Ell., *Sketch*, I, 576. — *C. fertilis*, Walt., *Carol.*, 151. — *C. ferax* Micux, *Fl. bor.-amer.*, I, 305. — *C. sterilis* Walt., *loc. cit.* — *C. glaucus* W., *loc. cit.*; — Nutt., *loc. cit.*; — Ott. et Hayn., *Holz.*, t. 5 (la plupart des auteurs considèrent comme des espèces distinctes les *C. floridus, glaucus* et *lævigatus*).

1. Elles sont disposées suivant l'ordre indiqué par la fraction $\frac{5}{13}$, de sorte que la quatorzième est exactement superposée à la première; il en est forcément de même des étamines, dont deux, plus intérieures, sont superposées à deux autres, quand le nombre total de ces organes est de quinze (fig. 309). Mais ce nombre varie un peu, surtout de 12 à 15. Il en est de même des autres appendices floraux. En dedans des bractées décussées, on trouve de 14 à 18 folioles colorées, alternes, et de 5 à 7 grands staminodes, extérieurs aux étamines fertiles. M. L. F. Bravais a indiqué (*Congr. scient. de Fr.*, 1841, 145) que, dans les *C. floridus* et *ferax*, il y a plusieurs bractées décussées, et que « de l'une de ces dernières part la spire florale, tantôt simple, tantôt avec bijugation; les spires 5, 8 et 13 se montrent sur les diverses pièces de ces fleurs. »

pour le passage des styles. Sur cette espèce de couvercle s'insèrent, en dehors, des folioles qui sont encore de la couleur des pétales. Mais, déjà plus petites qu'eux dans tous les sens, elles ont le sommet garni de deux petits corps glanduleux blanchâtres qui rappellent, par leur coloration et leur situation, l'anthère des étamines fertiles. Celles-ci sont plus intérieures, disposées sur la même ligne spirale que les folioles du périanthe. Elles sont peu nombreuses, car il n'y en a qu'une douzaine ou une quinzaine environ. Chacune d'elles se compose d'un filet court et d'une anthère extrorse, à deux loges adnées, déhiscentes chacune par une fente longitudinale[1]. Leur connectif se prolonge au delà, et se termine par un petit renflement glanduleux blanchâtre. En descendant vers l'intérieur de la cavité réceptaculaire, on voit encore un certain nombre d'étamines stériles et de plus en plus courtes ; elles sont réduites à une languette colorée, surmontée d'une petite masse blanche charnue. Les carpelles, en nombre indéfini, sont insérés vers le fond de la concavité du sac. Chacun d'eux se compose d'un ovaire libre, uniloculaire, surmonté d'un style long et grêle, dilaté à son sommet stigmatifère, qui sort du réceptacle et se trouve définitivement placé à la hauteur des anthères. Dans l'angle interne de la loge ovarienne, on observe un placenta pariétal qui porte deux ovules ascendants, presque superposés à l'âge adulte[2], et anatropes, avec le micropyle dirigé en bas et en dehors. Le fruit est multiple. La bourse réceptaculaire lui forme une induvie d'abord un peu charnue, puis définitivement sèche[3]. Ce sac, dont l'ouverture supérieure s'ouvre assez largement à la maturité, renferme un nombre indéfini d'achaines[4] ascen-

1. Le pollen a une forme singulière. Chaque grain représente une sorte de coussin rectangulaire, aplati, à angles un peu mousses, et dont deux bords parallèles, les plus longs, sont épaissis et obtus, et se recourbent l'un vers l'autre de manière à tendre à se rejoindre suivant le milieu d'une des deux faces du coussin. Il y a toujours entre eux un large intervalle en forme de fente. Sur le pollen mouillé, ces deux rebords disparaissent totalement ; le grain se gonfle ; ses angles s'effacent, et l'ensemble est bientôt une sphère ou un ellipsoïde à surface lisse. M. H. MOHL (in *Ann. sc. nat.*, sér. 2, III, 332) donne de ce pollen une description bien différente : « ovoïde, trois sillons ; dans l'eau, ellipsoïde avec trois bandes, comprimé d'avant en arrière et de haut en bas, *Calycanthus lævigatus, C. floridus.* »

2. Ils sont primitivement collatéraux et ont deux enveloppes. Il arrive ordinairement que l'un d'eux s'élève ensuite davantage et vient se placer au-dessus de l'autre. Ce dernier, s'accroissant ensuite beaucoup par sa région chalazique qui est en haut, comprime la région micropylaire de l'ovule supérieur qui se déforme alors, se creuse inférieurement et représente définitivement un petit capuchon stérile qui coiffe la chalaze de l'ovule fertile, à la façon d'un obturateur (fig. 308).

3. On voit à sa surface des cicatrices transversales espacées, régulièrement disposées en spirale, qui répondent aux folioles les plus extérieures de la fleur. Chaque cicatrice occupe le sommet d'une sorte de coussinet saillant.

4. Leur mésocarpe est membraneux et à peine charnu pendant quelque temps, puis il devient tout à fait sec, comme dans les Rosiers. La surface ne porte que des poils très-rares dans le *C. lævigatus*, avec un bord longitudinal à peine saillant, légèrement rugueux, assez visible sur les lignes médianes dorsale et ventrale du péricarpe, mais presque nul vers le sommet et vers la base. Dans le *C. occidentalis* HOOK. et ARN., le péricarpe est bordé dans toute sa hauteur, tant en dehors qu'en dedans, d'un bourrelet longitudinal, subéreux et rugueux, chargé de poils, courts ici, mais que nous retrouverons énormes dans les Athérospermées. Le reste de la surface du péricarpe est aussi parsemé de duvet.

dants. Dans l'intérieur de chacun d'eux se trouve une graine ascendante, qui, sous ses téguments appliqués exactement contre les parois du péricarpe, renferme un très-gros embryon charnu, à radicule infère et à cotylédons larges et foliacés, enroulés l'un sur l'autre suivant une spirale à axe vertical. L'albumen est nul ou représenté par quelques rudiments interposés aux replis de l'embryon[1].

Les *Calycanthus* sont des arbustes aromatiques, à feuilles opposées, simples, sans stipules[2]. On en connaît trois espèces[3], toutes originaires de l'Amérique du Nord. Celle d'entre elles que nous venons d'analyser, le *C. floridus*, comprend plusieurs variétés cultivées dans notre pays. Ses

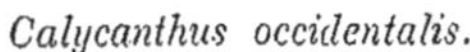

Calycanthus occidentalis.

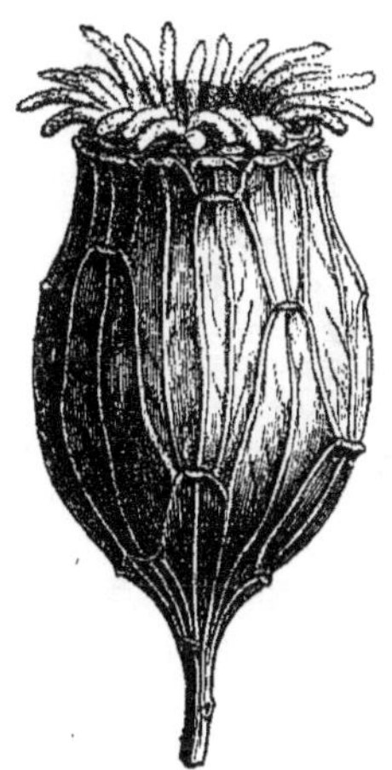

Fig. 312. Fruit.

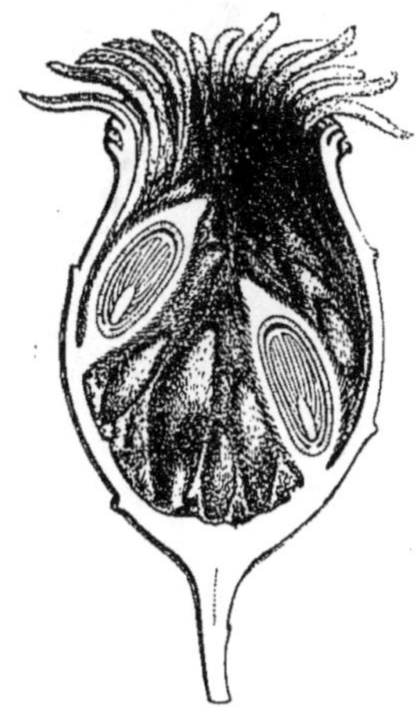

Fig. 313. Fruit, coupe longitudinale.

fleurs sont situées dans l'aisselle des feuilles tombées. Leur pédoncule est pourvu de deux feuilles ou bractées latérales, décussées avec les deux premières bractées que porte le réceptacle; et la même aisselle renferme ordinairement, au-dessous du pédoncule, un rameau feuillé qui prendra plus tard un grand développement et pourra même se terminer par une fleur[4]. Dans l'espèce qui possède les plus grandes fleurs, le *C. occidentalis*[5], l'inflorescence est tantôt axillaire et tantôt terminale.

1. Il y a surtout une petite broche de tissu charnu au centre de l'embryon ; elle représente comme un axe sur lequel les cotylédons seraient enroulés, et elle adhère par le haut à la région chalazique.

2. Le limbe présente les mêmes particularités que celui des *Chimonanthus* (p. 295, not. 1).

3. DC., *Prodr.*, III, 2. — HOOK., in *Bot. Mag.*, t. 4808. — WALP., *Rep.*, II, 60; *Ann*, VII, 45. — A. GRAY, *Man.*, 126. — TORR. et GR., *Fl. N. Am.*, I, 475. — CHAPM., *Fl. S. Unit.-St.*, 130.

4. C'est ainsi que les fleurs, dites axillaires, des *Calycanthus*, peuvent devenir des fleurs parfaitement terminales.

5. HOOK. et ARN., ap. BEECH., 340, Suppl., t. 84. — TORR. et GR., *op. cit.*, 476. Dans cette espèce, lorsque le fruit est complétement mûr, l'orifice du sac réceptaculaire s'élargit graduellement, sans rupture aucune, et les achaines peuvent sortir par l'orifice supérieur, bordé de baguettes veloutées qui sont des staminodes hypertrophiés (fig. 312, 313).

Le *Calycanthus præcox* L. [1] (fig. 314–317) est aussi organisé de la même façon. Ses fleurs ont également pour réceptacle un petit rameau axillaire dont le sommet élargi aurait été refoulé sur lui-même, de

Chimonanthus præcox.

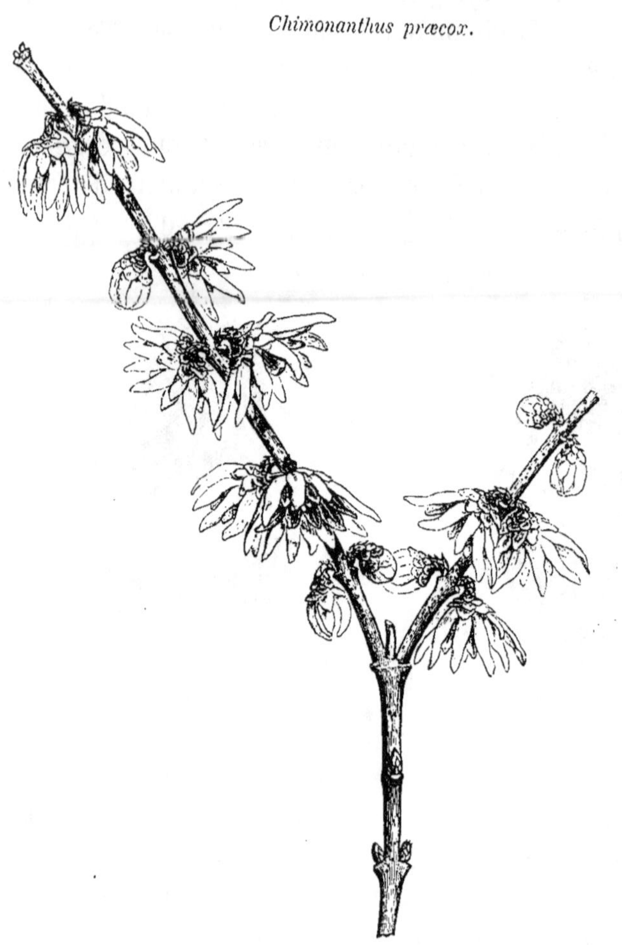

Fig. 314. Rameau fleuri.

manière à présenter la forme d'une massue à sommet concave. Sur toute la surface de ce court rameau s'échelonnent, de bas en haut, des petites bractées, scarieuses, sèches et brunâtres, décussées d'abord, puis spiralées [2]. Viennent ensuite d'autres folioles, plus larges et plus membra-

1. L., *Spec.*, 718. — AIT., *Hort. kew.*, éd. 1, II, 220, t. 10.—CURT., in *Bot. Mag.*, t. 466. —LAMK, *Ill.*, t. 445, fig. 2. — TURP., in *Dict. des sc. nat.*, t. 235. — ROXB., *Fl. ind.*, II, 672.

2. Les bractées décussées sont en plus grand nombre que dans les *Calycanthus*, mais elles sont disposées de même, représentant des feuilles peu développées ; et l'on pourrait considérer ici la fleur comme terminant un petit rameau axillaire à appendices rudimentaires. M. L. F. BRAVAIS a constaté (*loc. cit.*) la présence de 12 à 18 de ces écailles décussées. « De la dernière d'entre elles, dit-il, part une spirale curvisériée qui embrasse, avec la plus grande régularité, 20 ou 22

neuses, pétaloïdes, blanchâtres ou jaunâtres, et odorantes; puis d'autres encore, un peu moins larges, mais tout aussi minces et délicates, tachetées de pourpre violacé[1]. On arrive de la sorte à l'orifice de la dépression réceptaculaire, où s'insèrent quelques[2] étamines fertiles, à filets libres, à anthères biloculaires et extrorses. Au-dessous et en dedans d'elles, c'est-à-dire plus près du sommet organique du réceptacle floral, se

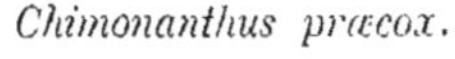

Chimonanthus præcox.

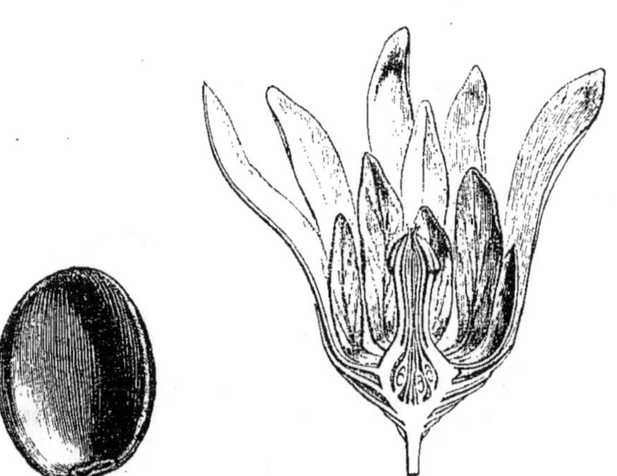

Fig. 316. Graine.   Fig. 315. Fleur, coupe longitudinale ($\frac{2}{1}$).   Fig. 317. Graine, coupe longitudinale.

trouvent des languettes stériles qui servent de passage entre les étamines et les carpelles[3]. Quant à ceux-ci, groupés en petit nombre près du sommet, c'est-à-dire au fond de la coupe réceptaculaire, ils sont libres et construits comme ceux du *C. floridus*. L'un des deux ovules qu'ils renferment avorte plus ou moins complétement. Celui qui seul devient parfait a aussi son micropyle dirigé en bas et en dehors. Si l'on joint à ces caractères que le *C. præcox* a des fleurs qui apparaissent en hiver, à l'époque où les feuilles ne sont pas encore développées (fig. 314), on comprendra pourquoi on a fait de cette espèce et de ses variétés un

---

feuilles, dont la coloration va toujours en croissant, et ensuite 5 à 7 étamines : les deux premières étamines sont alors plus grosses que les autres, et la dernière est plus intérieure. »

1. Mais il est impossible de dire où commencent les pétales et où finissent les sépales ; car il y a, comme taille, consistance et coloration, toutes les transitions entre les écailles brunâtres, les folioles jaunâtres et celles qui sont teintées de violet. Une ou deux étamines extérieures peuvent même devenir en partie pétaloïdes.

2. Le nombre 5 est de beaucoup le plus fréquent.

3. Il y en a ordinairement de cinq à huit ; elles ont la forme subulée et sont pleines ; elles représentent sans doute des filets stériles, et non des carpelles extérieurs sans cavité ovarienne, car elles s'insèrent tout à fait contre les étamines fertiles et non loin du bord du réceptacle, et il y a un grand vide entre leur point d'attache et le lieu d'insertion des carpelles qui sont tout près du fond de la cavité réceptaculaire.

genre particulier sous le nom de *Chimonanthus*[1]. Le sac réceptaculaire, en forme de gourde à long goulot[2], qui entoure les véritables fruits, est, comme dans les Calycanthes (fig. 310-313), fermé par une sorte d'étoile à cinq ou six branches charnues qui représentent les étamines stériles épaissies et rapprochées du centre. Chaque fruit renferme, dans son péricarpe membraneux et presque lisse, une graine dressée dont l'embryon est enroulé comme celui des *Calycanthus* (fig. 316, 317).

II. SÉRIE DES HORTONIA.

Les *Hortonia*[3] (fig. 318-323) ont les fleurs hermaphrodites ou polygames[4]. Dans les premières, le réceptacle a la forme d'une coupe plus ou moins profonde[5], dont les bords supportent les pièces du

1. LINDL., in *Bot. Reg.*, t. 451.—DC., *Prodr.*, III, 2.— ENDL., *Gen.*, n. 6355.— SPACH, *Suit. à Buff.*, IV, 285. — B. H., *Gen.*, 16, n. 2. — H. BN, in *Adans.*, IX, 124, 127.— *Meratia* NEES, in *Nov. Act. nat. cur.*, XI, 107, t. 10. Quoiqu'on ait décrit plusieurs espèces de ce genre, sous les noms de *C. parviflorus, grandiflorus, verus, luteus* (voy. BIELAWSKI, *Sur le g.* Chimonanthus *et sa prop. en Anjou*, in *Ann. de la Soc. Linn. de Maine-et-Loire*, IX, 94), nous n'admettons qu'une seule espèce, le *Chimonanthus præcox* (*C. fragrans* LINDL.; — *Calycanthus præcox* L.; — *Meratia fragrans* NEES), avec de nombreuses variétés, produites par la culture, soit au Japon, patrie de cette plante, soit dans les jardins des autres pays tempérés, où elle est cultivée en abondance. Ses feuilles sont parsemées de ponctuations glanduleuses, et leur surface supérieure est râpeuse; ce qu'elle doit à la présence de poils particuliers qui offrent les mêmes caractères, quoique moins accentués, dans les Calycanthes. La base, assez large, de ces poils est entourée de cellules épidermiques qui convergent vers son pourtour; après quoi, le poil s'élève sous forme d'un petit cône arqué qui incline son sommet vers la partie supérieure du limbe. Il en résulte qu'on éprouve une sensation de rudesse très-prononcée quand on passe le doigt sur la feuille, du sommet à la base, et qu'on ne sent rien de semblable quand on frotte en sens contraire.

2. Il porte les cicatrices nombreuses des appendices floraux; mais, comme il s'est accru principalement par sa portion inférieure pendant la maturité, ces cicatrices, très-rapprochées en haut les unes des autres, sont au contraire très-écartées, linéaires, transversales, sur presque toute l'étendue de sa surface. En dedans, il y a quelques fruits fertiles et aussi quelques achaines stériles. Chacun d'eux est supporté par une espèce de coussinet saillant, obpyramidal, sur le haut duquel il s'insère par une attache linéaire. Dans l'intervalle des achaines fertiles, le tissu du réceptacle proémine en une sorte de cloison incomplète, premier rudiment de ces larges lames qui divisent la cavité réceptaculaire en autant de compartiments qu'il y a de fruits, dans les *Siparuna* et quelques autres Monimiacées. La surface extérieure des péricarpes porte un duvet bien plus rare et des saillies marginales bien plus obtuses encore que dans les *Calycanthus*.

3. WIGHT, *Icon.*, VI, 14, t. 1997, 1998. — ARN., in *Mag. of Zool. and Bot.*, II, 545. — ENDL., *Gen.*, n. 4733[1]. — HOOK. et THOMS., *Fl. ind.*, I, 166.— TUL., *Mon. Monimiac.*, in *Arch. Mus.*, VIII, 425.—A. DC., *Prodr.*, XVI, s. post., 642, 671.—H. BN, in *Adansonia*, IX, 122, 130.

4. Quelques-unes sont tout à fait femelles (TUL., *loc. cit.*); elles n'ont pas une seule étamine fertile. Il y a, d'autre part, des rameaux entiers dont les fleurs ont des étamines très-développées, mais où le gynécée n'est représenté que par de petits corps conoïdes stériles.

5. Il représente quelquefois une gourde ou un sac à ouverture un peu rétrécie, tout à fait comme dans une Rose et comme dans certains Calycanthes. Mais sa profondeur dépend surtout des organes contenus dans l'intérieur. Moins les carpelles sont nombreux, moins la concavité du réceptacle est prononcée, même dans les fleurs femelles ou hermaphrodites. Dans les fleurs mâles, ce n'est plus qu'une cupule très-peu concave, dans l'*H. acuminata*, par exemple. C'est alors surtout que la fleur présente une plus grande ressemblance avec celle de certaines Anonacées, dont les *Hortonia* ont été primitivement rapprochés, tandis que les fleurs à réceptacle très-creux rappellent beaucoup celles des *Peumus* et des *Chimonanthus*.

périanthe et de l'androcée, insérées suivant une spire à tours très-
rapprochés. Les folioles les plus extérieures du périanthe descendent
même quelque peu sur la surface extérieure de la coupe récepta-

Hortonia floribunda.

Fig. 318. Port ($\frac{1}{7}$).

culaire ; elles sont imbriquées, au nombre de dix à trente, d'autant plus courtes, plus épaisses et plus semblables à des sépales, qu'elles
sont plus extérieures, tandis que les intérieures sont membraneuses,
pétaloïdes, en forme de lanières allongées. Les étamines supérieures
sont fertiles[1] ; chacune d'elles se compose d'une anthère biloculaire, extrorse, déhiscente par deux fentes longitudinales, supportée par un filet
plus ou moins long, dont la base porte deux glandes latérales stipitées[2].
Elles sont moins nombreuses que les étamines intérieures, qui, réduites
à des languettes stériles, descendent davantage sur la paroi interne de.

1. Au nombre de six à dix, en général (7-10,
Hook. et Thoms.; 8, *plura v. pauciora*, Tul.).
2. Ces glandes sont volumineuses, épaisses

et charnues, lisses d'abord ; puis elles s'aplatissent et s'enroulent irrégulièrement en forme de
cornets.

la coupe réceptaculaire. Les carpelles, en nombre indéfini, s'insèrent
vers le fond de celle-ci. Ils se composent chacun d'un ovaire libre,
atténué supérieurement en un style dont l'angle interne est parcouru

Hortonia floribunda.

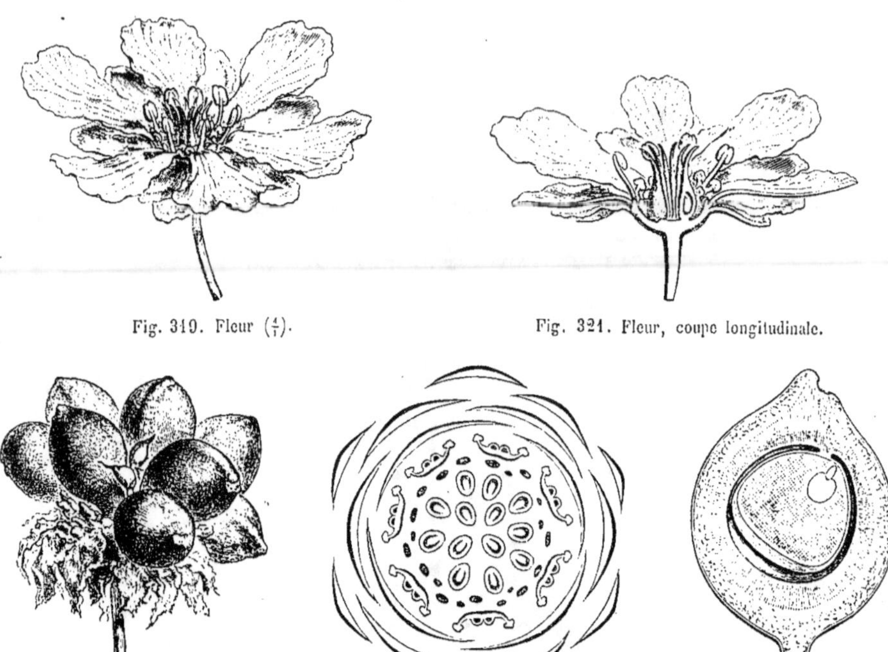

Fig. 319. Fleur ($\frac{4}{1}$).

Fig. 321. Fleur, coupe longitudinale.

Fig. 322. Fruit.

Fig. 320. Diagramme.

Fig. 323. Fruit, coupe
longitudinale ($\frac{2}{1}$).

par un sillon longitudinal, et dont le sommet étroit est stigmatifère.
Dans l'angle interne de l'ovaire on observe un placenta pariétal qui
supporte près de son sommet un ovule suspendu, anatrope, avec le micropyle intérieur et supérieur[1]. Le fruit est multiple, formé d'un nombre
variable de drupes stipitées. Leur pied, très-court, est en partie caché
par une induvie formée du réceptacle persistant, chargé des pièces flétries de l'androcée et du périanthe, et suffisamment étalé ou réfléchi
pour laisser libres les éléments du fruit. Chaque drupe se compose d'un
épicarpe et d'un mésocarpe peu épais, entourant un noyau facile à fendre
en deux suivant sa longueur. La graine descendante que ce noyau renferme, contient sous ses téguments un embryon charnu et huileux abondant, vers le sommet duquel se trouve un petit embryon dicotylédoné[2].

1. A côté de cet ovule fertile, on en voit parfois un autre, sous forme d'une petite masse
cellulense stérile.

2. L'axe de cet embryon est oblique par rapport à celui du carpelle (fig. 323), ce qui dépend de
l'obliquité de la graine elle-même. Les cotylédons

Les *Hortonia* sont des arbres de l'Inde orientale. On en décrit deux ou trois espèces qui croissent à Ceylan [1]. Leurs feuilles sont opposées, sans stipules, aromatiques. Leurs fleurs sont disposées, à l'aisselle des feuilles, en grappes de cymes, terminées par une fleur, et dont les divisions sont opposées, décussées. Lorsque l'on compare celles de leurs fleurs qui sont hermaphrodites avec celles des Calycanthées, on ne voit entre les unes et les autres que peu de différences : la coupe réceptaculaire est moins profonde et elle n'enveloppera pas à la maturité, comme d'une sorte de sac, les véritables fruits. Ceux-ci sont des drupes et non des achaines. Leur embryon non enroulé est accompagné d'un albumen charnu abondant ; et les ovules, au lieu d'être ascendants, sont descendants ; mais leur micropyle devient intérieur, tandis qu'il était tourné en dehors dans l'ovule des Calycanthées.

Les *Peumus* [2] (fig. 324) ont les fleurs dioïques. Leur réceptacle a la forme d'un sac [3] dont les bords portent les pièces du périanthe. Celles-ci sont insérées dans l'ordre spiral, imbriquées dans la préfloraison, et elles se modifient graduellement de dehors en dedans, de telle façon que les plus extérieures sont plus épaisses, plus courtes, et chargées en dehors du même duvet que le sac réceptaculaire, tandis que les plus intérieures deviennent de plus en plus glabres, plus larges et plus membraneuses, et finissent par présenter tout à fait la consistance et la coloration d'une corolle. Dans la fleur mâle, de nombreuses étamines s'échelonnent depuis la gorge du sac réceptaculaire jusqu'à son point le plus déclive, c'est-à-dire son sommet organique, d'autant plus courtes qu'elles se rapprochent davantage de ce sommet, formées d'un filet incurvé, muni vers sa base de deux glandes latérales irrégulières, et surmonté d'une anthère à deux loges, déhiscentes chacune par une fente longitudinale, presque marginale, mais un peu plus rapprochée de la face interne que de l'externe. Il n'y a pas de rudiments de l'organe femelle. Dans la fleur femelle, au contraire, en dedans du périanthe

---

sont elliptiques ou obovales, membraneux, triplinerves à la base. La radicule est conique, et son sommet aigu répond à une petite perforation de l'albumen, qui est beaucoup plus prononcée dans les *Tambourissa*, les *Gomortega*, etc.

1. WALP., *Rep.*, II, 748 ; *Ann.*, IV, 115. — HOOK. et THOMS., *Fl. ind.*, I, 166. — THWAIT., *Enum. pl. Zeyl.*, 11. — A. DC., *op. cit.*, 672. On a même proposé de réunir toutes ces plantes en une seule espèce.

2. MOLIN., *Sagg. sull. stor. nat. Chil.* (1782), 185, 350 (ex part.). — A. DC., *Prodr.*, XVI, s. post., 673. — H. BN, in *Adansonia*, IX, 123, 126.

— *Ruizia* PAV., *Prodr.*, 135, t. 29. — ENDL., *Gen.*, n. 2019 ; *Icon.*, t. 21 (nec CAV.). — *Boldea* JUSS., in *Ann. Mus.*, XIV, 134. — TUL., *Mon.*, 410, t. XXXI, III. — *Boldu* FEUILL., *Obs. pl. med.*, 11 (ex part.). — *Boldoa* LINDL., in *Bot. Reg.* (1845), t. 57. — C. GAY, *Fl. chil.*, V, 351.

3. Ce sac est en entonnoir ou en cône renversé ; il est chargé en dedans, surtout vers les parois latérales, de poils roides et dressés qui persistent autour du gynécée après la chute de la portion supérieure de la fleur, et qui deviennent rares et mous sur le périanthe.

qui est semblable à celui des fleurs mâles, le sac réceptaculaire supporte des languettes étroites et aiguës, en nombre variable, qui représentent des étamines stériles. Plus profondément, au voisinage de son sommet organique, ce réceptacle donne encore insertion à un petit nombre[1] de carpelles libres, composés chacun d'un ovaire uniloculaire, surmonté d'un style en forme de bandelette papilleuse, articulée à sa base. Dans l'angle interne de l'ovaire se trouve un placenta qui supporte un seul

Peumus Boldus.

Fig. 324. Rameau florifère (mâle).

ovule, descendant, anatrope, avec le micropyle dirigé en haut et en dedans. A peine la fleur s'est-elle épanouie, que la portion supérieure du réceptacle se détache circulairement, avec les pièces du périanthe et de l'androcée stérile qu'elle entraîne dans sa chute. Le fond du réceptacle seul persiste, sous forme d'une écuelle, bordée par une cicatrice annulaire et encadrant la base du fruit multiple. Celui-ci est constitué par quelques drupes[2], supportées par un pied très-court et renfermant, sous une chair peu épaisse, un noyau très-dur et monosperme[3]. La graine

1. Ordinairement de trois à cinq.

2. Il n'y en a assez souvent qu'une seule, à la maturité.

3. Le mésocarpe est très-aromatique. Le noyau est inégalement bosselé à sa surface. La graine a un double tégument mince. L'embryon n'est pas, comme le pensait LINDLEY, tout à fait extérieur à l'albumen ; mais ce dernier, comme l'a représenté très-exactement M. TULASNE, entoure complétement l'embryon et le recouvre d'une couche, très-mince, il est vrai, dans sa portion supérieure. Les cotylédons divergents recouvrent bien une portion de l'albumen en forme de toit, sur laquelle ils sont directement appliqués par toute leur surface supérieure ; mais ce n'est pas là le véritable sommet organique de l'albumen, qui se trouve un peu au-dessus du sommet de la radicule. Ainsi que dans plusieurs autres Monimiacées, une bande des téguments séminaux, répondant au raphé, est crustacée, au lieu d'être membraneuse, comme le reste des enveloppes, dont elle se sépare facilement.

contient sous ses téguments membraneux un albumen abondant, charnu, oléagineux, dont le sommet est occupé par un embryon à radicule supère et à cotylédons très-écartés, entre lesquels l'albumen pénètre à la façon d'un coin. On ne connaît qu'une espèce de ce genre, qui habite le Chili. C'est le *P. Boldus*[1], petit arbre aromatique, à feuilles opposées, dépourvues de stipules. Ses fleurs sont disposées en grappes de cymes, axillaires et terminales, à ramifications et à pédicelles opposés. Il porte les noms vulgaires de *Boldu* et *Boldo*. Son organisation est, comme le montre la description précédente, très-analogue à celle des *Hortonia*, dont il ne se distingue que par des caractères d'une médiocre valeur : la forme un peu différente du réceptacle floral, la séparation complète des sexes, la direction introrse des anthères, la manière dont le périanthe femelle se sépare du fond du réceptacle après la floraison, et les rapports particuliers de l'embryon avec l'albumen qui l'accompagne.

Les *Hedycarya*[2] (fig. 325-327) constituent encore un genre très-voisin, et plutôt analogue aux *Hortonia* qu'aux *Peumus*, en ce sens

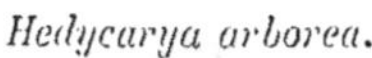

Hedycarya arborea.

Fig. 326. Fleur femelle.

Fig. 325. Fleur mâle ($\frac{3}{7}$).

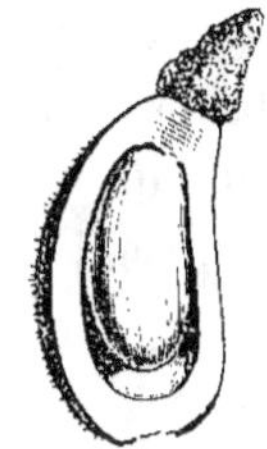

Fig. 327. Carpelle ouvert ($\frac{10}{7}$).

que leur fruit n'a pas besoin pour devenir libre que la portion supérieure du périanthe se détache circulairement. Cela tient à ce que le périgone est court et que ses huit[3] divisions imbriquées, qui se continuent sans démarcation avec le réceptacle peu concave, forment une coupe largement ouverte. Elle est la même dans les fleurs des deux sexes. Les mâles ont un nombre variable d'étamines (de dix à quarante), composées

---

1. Molin., *loc. cit.* — *P. fragrans* Pers., *Enchir.*, II, 629. — Spreng., *Syst. veg.*, II, 544, n. 1870. — *Ruizia fragrans* R. et Pav., *Prodr.*, loc. cit.; *Syst. fl. per. et chil.*, I, 267. — *Boldoa fragrans* C. Gay, *op. cit.*, 353. — Lindl., *Veg. Kingd.*, 298, fig. ccv, ccvi. — *Boldea fragrans* Tul., *op. cit.*, 412. — *Boldu, arbor olivifera* Feuill., *loc. cit.* (excl. t. vi, ex A. DC.).

2. J. et G. Forst., *Char. gen.*, 127, t. 64. — L., *Suppl.*, 67. — Murr., *Syst.*, ed. XIV, 894. — C. Forst., *Fl. ins. austr. Prodr.*, 71. — J., *Gen.*, 401. — Lamk, *Dict.*, III, 415; *Ill.*, t. 827. — Tul., *Mon.*, 405 (excl. tab.). — A. DC., *Prodr.*, XVI, s. post., 642, 672. — H. Bn, in *Adansonia*, IX, 119, 132, 133. — *Crinonia* Banks, ex Tul., *loc. cit.*

3. Ce nombre est le plus fréquent, mais il y a des fleurs qui n'ont que cinq ou six folioles au périanthe; quand il y en a plus de huit, quelques unes sont plus petites que les autres, et souvent irrégulières.

chacune d'un filet court, dressé, inséré autour du centre du réceptacle, et d'une anthère basifixe, allongée, à deux loges presque latérales, adnées, déhiscentes suivant leur longueur par une fente presque marginale, ou légèrement extrorse. Dans les fleurs femelles, le même périanthe encadre un nombre indéfini de carpelles sessiles, disposés de même que les étamines, formés chacun d'un ovaire surmonté d'un style épais, conique, chargé de grosses papilles stigmatiques. L'ovaire renferme un seul ovule, descendant, suspendu dans son angle interne, anatrope, avec le micropyle tourné en haut et en dedans. Le fruit, multiple, accompagné à sa base du périanthe persistant, est formé d'un nombre variable de drupes supportées par un pied court et analogues à celles des *Peumus* et des *Hortonia*. Elles contiennent chacune une graine suspendue, dont les téguments recouvrent un albumen charnu, enveloppant un embryon renversé à longue radicule cylindroïde et à cotylédons ovales, membraneux[1]. Les *Hedycarya* sont des arbres à feuilles opposées et à fleurs dioïques, disposées en grappes simples, ou en grappes de cymes, ou en cymes axillaires. On en connaît cinq espèces, originaires de l'Australie[2] et des régions voisines. L'une d'elles, l'*H. arborea*[3], est de la Nouvelle-Zélande. Une autre, l'*H. dorstenioides*[4], a été observée aux îles Fidji. Elle est remarquable par un long prolongement dilaté et tronqué du connectif, rappelant la disposition qu'on observe, parmi les Anonacées, dans les genres à étamines dites d'Uvariée. Cette forme des anthères se retrouve, à des degrés différents, dans deux espèces de la Nouvelle-Calédonie[5], dont le réceptacle floral a la forme d'une coupe très-large et très-évasée, et dont les pièces calicinales deviennent plus courtes et plus obtuses, en même temps que, dans

1. La direction de l'embryon est oblique par rapport au grand axe de l'albumen, comme dans les *Hortonia*. Dans une espèce à gros fruits, de la Nouvelle-Calédonie, on observe une large chalaze brunâtre en forme de coupe, appliquée sur toute la base de l'albumen.

2. L'espèce australienne est l'*H. angustifolia* A. Cunn., in *Ann. of. nat. Histor.*, I, 215. — *H. Cunninghami* Tul., *Mon.*, 408, n. 2. — *H. pseudo-Morus* F. Muell., in *Trans. phil. Inst. Vict.*, II, 62.— *H. australasica* A. DC., *op. cit.*, 673, n. 2.

3. J. et G. Forst., *Gen.*, 128, t. 64.— A. DC., *loc. cit.*, n. 1.— *H. dentata* G. Forst., *Prodr.*, 71. — A. Rich., *Fl. N.-Zél.*, 354. — Raoul, *Ch. de pl. de la N.-Zél.*, 30, 50, t. 30. (Les figures 325-327 sont extraites de cet ouvrage.) — Hook. f., *Fl. N.-Zeal.*, I, 219; *Handb. of the N.-Zeal. Fl.*, 240. — Tul., *Mon.*, 406, n. 1.

— *H. scabra* A. Cunn., in *Ann. of nat. Hist.*, I, 216. — *Zanthoxylum Nova-Zelandiæ* A. Rich., *Voy. Astrol.*, *Fl. N.-Zél.*, 291, t. 33.

4. A. Gray, in Seem. *Journ. of Bot.*, IV, 83. — A. DC., *op. cit.*, 673, n. 3. — Seem., *Fl. vit.*, 206.

5. H. Bn, in *Adansonia*, IX, 132. L'*H. cupulata* rappelle beaucoup les *Palmeria* par la forme du réceptacle et du périanthe de la fleur mâle. C'est surtout dans les fleurs mâles de l'*H. Baudouini* qu'on observe une coupe à bords épais et à périanthe court; ce n'est même plus qu'un bourrelet obtus dans la fleur femelle; et si la coupe qui supporte les carpelles est de nature axile, on peut dire qu'il y a ici tendance à la suppression du véritable périanthe; et, par là, l'organisation de ces fleurs se rapproche aussi de celle des *Eupomatia* et des singulières Magnoliacées du genre *Trochodendron*.

la fleur femelle, le périanthe n'est plus limité que par un bord libre circulaire, entier ou à peine crénelé ou sinueux.

Les *Mollinedia* [1] (fig. 328-336) ont aussi des drupes nues; mais uniquement parce que le périanthe de leurs fleurs femelles se détache de bonne heure par sa base, suivant une ligne circulaire (fig. 335, 336), pour découvrir les carpelles qu'il coiffait d'abord complétement. Sous ce rapport, ces plantes sont donc aux *Peumus* ce que les *Hedycarya* sont aux *Hortonia*. Les fleurs sont dioïques [2], et le périanthe varie un peu de forme, même dans une espèce donnée, d'un sexe à l'autre. Ce sac, globuleux, turbiné, ou presque campanulé, est partagé généralement en quatre lobes plus ou moins longs, imbriqués et décussés dans le bouton. Les deux lobes extérieurs ne sont pas toujours pareils aux intérieurs, et ils se comportent parfois d'une manière différente après l'épanouissement des fleurs [3]. Les étamines sont le plus souvent en très-grand nombre, de vingt à soixante, par exemple. Elles s'insèrent sur toute la paroi intérieure du sac périgonéal, en formant des séries verticales, superposées aux divisions du calice, de telle façon qu'on observe devant chacun de ces lobes une, deux ou trois rangées d'étamines superposées. Chacune d'elles est formée d'un filet court, d'abord infléchi, puis dressé, et d'une anthère basifixe, en forme de fer à cheval. Ses deux loges entourent les bords [4] d'un connectif ovale qui continue le filet, et elles s'ouvrent par une fente longitudinale qui paraît unique, lorsque la déhiscence est complète. Le périanthe de la fleur femelle a aussi une ouverture à bords quadrilobés et imbriqués, décussés.

---

1. Ruiz et Pav., *Prodr. fl. per. et chil.*, 72, t. 15; *Syst.* I, 142. — Endl., *Gen.*, n. 2019 [1]. — Tul., *Mon.*, 375. — A. DC., *Prodr.*, XVI, s. post., 662. — H. Bn, in *Adansonia*, IX, 118, 123. — *Tetratome* Poepp. et Endl., *Nov. Gen. et spec.*, II, 46, t. 163. — Endl.. *Gen.*, n. 2017 [1]. — Crueg., in *Linnæa*, XX, 114.

2. On les dit exceptionnellement monoïques (Benth., *Pl. Hartweg.*, 250). Elles peuvent être incomplétement hermaphrodites, soit parce que les fleurs femelles présentent çà et là des rudiments d'étamines stériles vers la gorge du périanthe, soit parce que les fleurs mâles contiennent, tout à fait au fond du réceptacle, des carpelles peu développés, mais dont l'ovaire renferme un rudiment d'ovule. Ce fait est très-prononcé dans la plupart des fleurs mâles du *M. elliptica* (*M. nitida* Tul.. -- *Tetratome elliptica* Gardn., in Hook. *Journ.*, 1842, 530).

3. Les deux intérieurs sont souvent plus grands, plus minces, moins entiers sur les bords que les deux extérieurs, et souvent aussi ils s'infléchissent davantage. Dans les fleurs mâles du *M. ligustrina* Tul. (in *Ann. sc. nat.*, sér. 4, III, 44), les quatre divisions du calice sont profondément séparées les unes des autres, égales, triangulaires, dressées, puis étalées; le périanthe est campanulé et quadrifide.

4. Elles sont, ou tout à fait marginales, ou un peu introrses, ou, plus rarement, presque extrorses. Il y a, en réalité, deux loges à l'anthère; mais, après la déhiscence, les deux fentes se confondent par leurs sommets; elles étaient primitivement distinctes. Dans les espèces à anthère allongée, on voit après la déhiscence deux panneaux, l'un intérieur, l'autre extérieur, formés chacun par deux demi-loges, se séparer l'un de l'autre, de haut en bas; ils prennent souvent alors des formes et des directions différentes: l'un d'eux demeure plan ou à peu près; ou bien ses bords, très-amincis, se réfléchissent en dehors, tandis que l'autre, et c'est ordinairement l'interne, s'involute d'une façon bien plus prononcée. L'anthère ouverte présente de la sorte une configuration parfois très-singulière, et peut paraître uniloculaire.

Au fond du réceptacle formé par la dilatation du pédicelle, on observe un nombre variable, indéfini, de carpelles rapprochés les uns des autres et construits comme ceux des *Hedycarya*, avec un ovule suspendu, à micropyle supérieur et intérieur (fig. 330, 336). Les drupes et les graines sont aussi les mêmes que celles du genre *Hedycarya*.

Les véritables *Mollinedia* sont d'origine américaine ; il y en a une couple d'espèces au Mexique, et les vingt-cinq autres appartiennent à l'Amérique méridionale, principalement au Brésil [1]. Ce sont des arbres et des arbustes à feuilles presque toujours opposées, très-rarement verticillées. Les fleurs sont disposées en cymes bipares et pauciflores, pédonculées, dont une seule ou plusieurs occupent, soit l'aisselle d'une feuille, soit l'extrémité d'un petit rameau axillaire portant lui-même quelques feuilles à sa base.

Il y a quelques espèces américaines dont les fleurs mâles deviennent oligandres. Le *M. elegans* [2], par exemple, n'a plus que dix ou douze étamines, et même huit seulement dans certaines fleurs. Les espèces analogues servent de passage entre les *Mollinedia* américains et d'autres plantes appartenant à l'ancien continent, dont on a fait les types de plusieurs genres particuliers. L'androcée y présente, comme nous le verrons, ce même caractère d'amoindrissement dans le nombre de ses éléments ; mais tous les autres traits importants de la fleur et du fruit sont les mêmes, et ne nous permettront pas de conserver comme distincts les genres qu'on a nommés *Kibara*, *Ephippiandra*, *Wilkiea* et *Matthœa*.

On a désigné sous le nom de *Kibara* [3], des plantes de l'Asie tropicale, dont la fleur femelle (fig. 328-330) et le fruit sont tout à fait ceux des *Mollinedia* américains. Leurs fleurs mâles n'ont que de cinq à huit étamines, construites exactement comme celles des *Mollinedia ;* et les divisions de leur périanthe femelle, dont le nombre est un peu variable [4], sont doublées de quelques languettes déchiquetées, infléchies, repré-

1. Ruiz et Pav., *Syst.*, 141.— Spreng., *Syst. reg.*, II, 544. — Schltl, in *Linnæa*, XX, 114. — Tul., in *Ann. sc. nat.*, sér. 4, III, 40 ; *Mon.*, 375-399, 402, 403 ; in Mart. *Fl. bras.*, *Monimiac.*, 313. — Benth., *Pl. Hartweg.*, 250. — Griseb., *Fl. brit. W.-Ind.*, 9. — Gardn. in Hook. *Journ.* (1842), 530 ; (1845), 136. — A. DC., in Seem. *Journ. of Bot.*, III, 220 ; *Prodr.*, loc. cit. — Walp., *Ann.*, I, 572 ; IV, 103.

2. Tul., in *Ann. sc. nat.*, loc. cit., 44, n. 14 ; *Mon.*, 398, n. 21. — A. DC., *op. cit.*, 668, n. 25.

3. Endl., *Gen.*, n. 2016.— Tul., *Mon.*, 403. — A. DC., *Prodr.*, XVI, s. post., 670. — *Brongniartia* Bl., *Bijdraj.*, II, 435 (nec K.).— *Sciadicarpus* Hassk., in *Flora* (1842), *Beibl.*, II, 20.

4. Il y en a quatre ou cinq (comme dans la fig. 329), rarement six. Ces folioles sont épaisses à la base, entières ou très-finement ciliées sur les bords, et elles sont ascendantes dans le bouton. Les plus extérieures sont les plus courtes et ressemblent aux bractées situées plus bas sur la paroi du réceptacle.

sentant peut-être des étamines stériles [1]. Les feuilles de ces arbres sont opposées, et leurs fleurs dioïques sont réunies en cymes axillaires et terminales, multiflores. Aucun caractère de quelque valeur ne nous permet de considérer les *Kibara* autrement que comme une section du

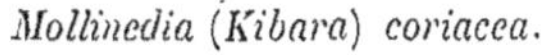

Mollinedia (Kibara) coriacea.

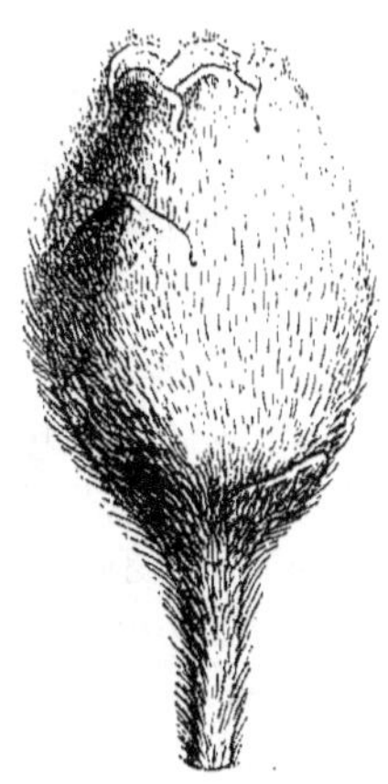

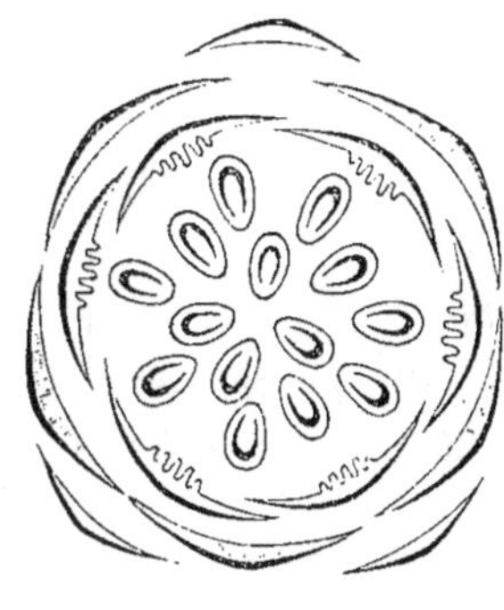

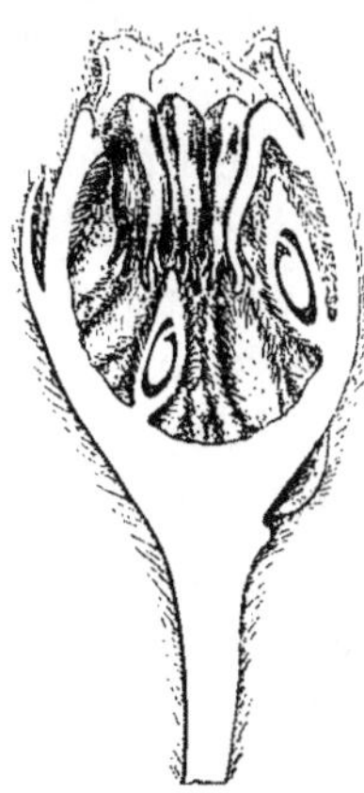

Fig. 328. Fleur femelle ($\frac{10}{1}$).　　Fig. 329. Fleur femelle, diagramme.　　Fig. 330. Fleur femelle, coupe longitudinale.

genre *Mollinedia*, section intermédiaire entre les espèces américaines oligandres et les *Wilkiea* australiens. On a décrit trois espèces de *Kibara* [2]; mais elles pourraient bien n'être que des variétés d'une seule et même espèce, observée à Java, à Malacca, à Sumatra et aux îles Célèbes, et dont les feuilles, plus ou moins épaisses, sont tantôt entières et tantôt dentées en scie, à sommet aigu ou obtus.

Il est à remarquer que les étamines, à mesure qu'elles deviennent moins nombreuses, tendent aussi à perdre de leur longueur, et que, dans les espèces oligandres du genre *Mollinedia*, les filets disparaissent, et les connectifs deviennent plus larges que longs (fig. 332, 335). Le fait est très-prononcé dans l'*Ephippiandra* [3], plante de Madagascar, dont on a proposé de faire un genre spécial. Ses fleurs femelles sont tout à fait

1. Ces languettes sont en même nombre que les folioles extérieures, ou, plus ordinairement, en nombre supérieur. Il est à remarquer que, dans les *Mollinedia* américains, il y a souvent deux des quatre des folioles du périanthe qui s'infléchissent ainsi et deviennent presque verticales dans leur portion supérieure, en même temps qu'elles sont plus étroites et moins entières que les folioles extérieures. Il n'y a guère que le *M. ligustrina* Tul. (in *Ann. sc. nat.*, loc. cit., 44) qui ait toutes les folioles du périanthe

à peu près égales et également relevées, puis étalées dans l'anthèse (p. 302, note 3).

2. Bl., *Mus. Lugd. Bat.*, II, 87. — Hook. et Thoms., *Fl. ind.*, I, 165. — Tul., *Mon.*, 404. — Hassk., *Pl. jav. rar.* (1848), 209, n. 134. — Steud., *Nomencl.*, 846. — Walp., *Ann.*, IV, 111. — A. DC., *loc. cit.*

3. Decsne, in *Ann. sc. nat.*, sér. 4, IX, 278, t. 7; *Traité génér. de Bot.*, 547. — A. DC., *Prodr.*, XVI, s. post., 662. — H. Bn, in *Adansonia*, IX, 124.

celles des autres *Mollinedia*, et sa fleur mâle a ordinairement dix étamines, dont deux sont superposées aux deux divisions extérieures du périanthe, deux aux sépales intérieurs, deux encore aux extérieurs, et ainsi de suite. Les deux loges de l'anthère tendent à se rapprocher de la direction horizontale, par suite du peu d'élévation du connectif; mais leur organisation essentielle est la même que dans tous les autres *Mollinedia*. Le fait le plus remarquable que présente cette espèce, et qui permet d'en faire le type d'une section spéciale, c'est que, lors de l'anthèse, non-seulement les quatre divisions calicinales s'écartent les unes des autres, mais encore que le sac réceptaculaire se déchire assez régulièrement de haut en bas, dans l'intervalle des séries verticales d'étamines; fait comparable à ce qui s'observe dans un grand nombre d'espèces du genre *Tambourissa*. La seule espèce, jusqu'ici connue de ce petit groupe, est un arbuste qui a le feuillage et l'apparence d'un Myrte, et dont les cymes axillaires sont souvent réduites à une seule fleur. Les deux sexes sont d'ailleurs placés sur des pieds distincts.

Sous le nom de *Wilkica calyptrocalyx* [1], on a décrit une plante qui a tout à fait le feuillage, les fleurs femelles et les fruits des *Mollinedia* américains et des *Kibara*, mais dont les fleurs mâles ont onze étamines au plus, au dire de M. F. MUELLER [2]. Cette plante est originaire d'Australie [3], et peut être également considérée comme le type d'une section particulière dans le genre *Mollinedia*. Elle a une ou deux étamines stériles.

Nous avons nommé *Kibaropsis* [4] une section de ce genre, dont le type est le *Mollinedia macrophylla* TUL. [5]. Ses organes de végétation et ses fleurs femelles sont les mêmes que dans les autres *Mollinedia*, les *Kibara*, les *Ephippiandra* et les *Wilkiea*. Mais ses fleurs mâles (fig. 331, 332) n'ont plus que six étamines, dont quatre seulement sont fertiles, semblables de forme à une selle et superposées chacune à une

---

1. F. MUELL., in *Trans. of the phil. Instit. of Victor.*, II, 64; *Fragm.*, V, 3. M. A. DE CANDOLLE (*Prodr.*, XVI, s. post., 669, n. 1) donne cette plante comme synonyme du *Mollinedia macrophylla* TUL., dont il sera question un peu plus loin. Mais ces deux espèces, observées sur les échantillons-types, nous paraissent bien distinctes quant aux organes de végétation. (Voy. *Adansonia*, IX, 123.)

2. « *Stamina fertilia numerari* 11 *v. pauciora.* » (F. MUELL., *loc. cit.*) C'est encore là un caractère qui sépare bien cette plante du *M. macrophylla*, lequel, comme nous le ver-

rons, n'a jamais que quatre étamines fertiles.

3. « *Sylvas littoreas a fluvio* Hastings River, *usque ad sinum* Rockingham-Bay *sequitur.* » (F. MUELL., *loc. cit.*)

4. *Adansonia*, IX, 124.

5. In *Ann. sc. nat.*, sér. 4, III, 45, n. 16; *Mon.*, 401, n. 23. — *Hedycarya macrophylla* A. CUNN., in *Ann. of nat. Hist.*, I, 215. — *Wilkiea macrophylla* A. DC., *Prodr.*, XVI, s. post., 669, n. 1. M. A. DE CANDOLLE indique, avons-nous dit, comme synonyme de cette plante, le *Wilkiea calyptrocalyx* F. MUELL., que nous regardons comme distinct (voy. note 1).

des quatre divisions du calice. Les deux étamines extérieures, superposées aux divisions extérieures du périanthe, sont stériles et réduites à
de petites écailles charnues. Le *M. macrophylla* est un arbre australien, à feuilles analogues à celles d'un Houx et à fleurs dioïques,
groupées en petit nombre à l'aisselle des feuilles.

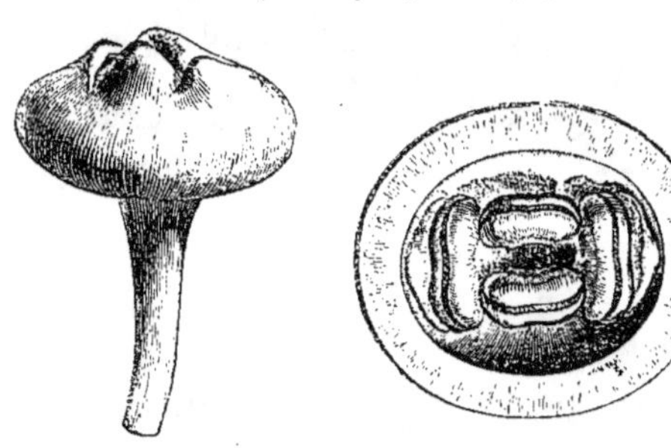

Mollinedia (Kibaropsis) macrophylla.

Fig. 331. Fleur mâle ($\frac{10}{1}$).

Fig. 332. Fleur mâle,
coupe transversale.

On arrive ainsi graduellement à une espèce du même
genre dont l'androcée présente l'exemple du plus grand
degré de réduction connu
dans le nombre de ses éléments. Désignée sous le nom
de *Matthæa sancta* [1] (fig. 333-
336), cette espèce, de l'archipel Indien, a tout à fait
le périanthe des *Wilkiea* et

des *Kibaropsis*. Mais les étamines stériles ont disparu, et l'on n'observe
plus que quatre étamines fertiles, presque sessiles, à anthère en forme de
selle étroite, superposées chacune à une des divisions du périanthe [2].
La fleur femelle et le fruit sont absolument les mêmes. La seule espèce

Mollinedia (Matthæa) sancta.

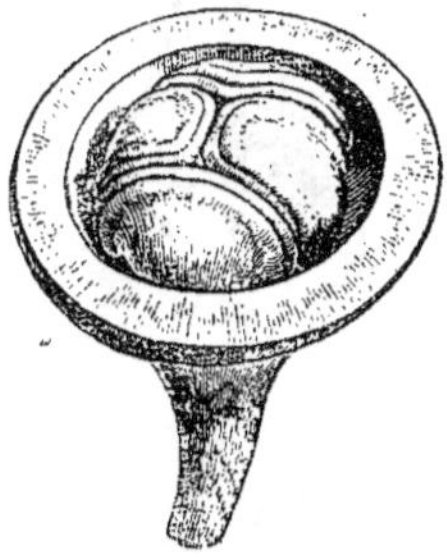

Fig. 333. Fleur mâle,
coupe transversale.

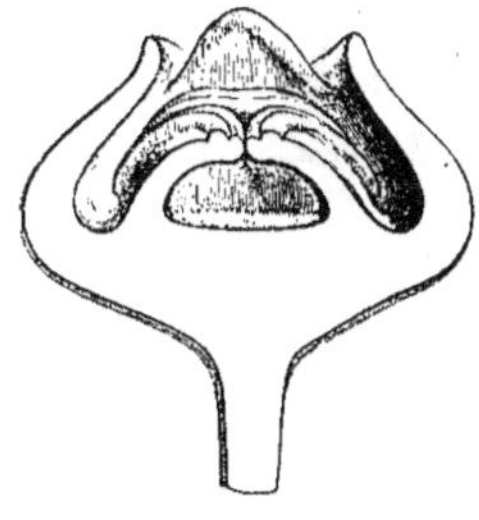

Fig. 334. Fleur mâle,
coupe longitudinale ($\frac{12}{1}$).

connue de cette section est
un arbuste à feuilles brière-
ment pétiolées, entières ou
serrulées, et à fleurs monoïques, réunies en cymes axillaires.

Dans les plantes que nous
allons maintenant étudier, les
fruits, au lieu de devenir libres de bonne heure, parce
que le sac floral s'étale lar-
gement après la floraison, ou parce qu'il se détache circulairement par
sa base, ne sont mis à nu que tardivement, l'enveloppe commune qui

<hr>

1. BL., *Mus. Lugd. Bat.*, II, 89, t. 10. —
A. DC., *Prodr.*, XVI, s. post., 669. — H. BN,
in *Adansonia*, IX, 118, 124.

2. « *Nonnisi dehiscentia antherarum a Kibara differre videtur.* » (A. DC., *loc. cit.*) Cette
déhiscence est la même dans les deux types. Les
deux loges, très-rapprochées l'une de l'autre par
leurs sommets, s'ouvrent chacune par une fente

à peu près marginale; mais plus tard les deux
fentes se confondent en haut et ne forment plus
qu'une seule ligne courbe à concavité inférieure
(fig. 332-334). Les étamines sont aussi tout à fait
construites comme celles des *Ephippiandra*;
mais la courbe commune formée par les deux
loges est encore un peu plus arquée, parce que
le connectif est un peu plus élevé.

les recouvrait ne se divisant irrégulièrement que vers l'époque de la maturité complète.

Mollinedia (Matthœa) sancta.

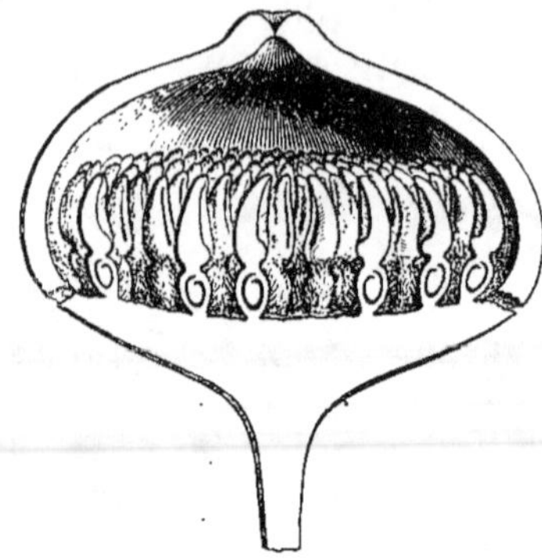

Fig. 335. Fleur femelle, déhiscente.   Fig. 336. Fleur femelle, coupe longitudinale ($\frac{12}{1}$).

Les Monimes [1] (fig. 337-343) ont les fleurs régulières et dioïques. Les fleurs mâles sont composées d'un périanthe en forme de sac à peu près ovoïde, et d'un grand nombre d'étamines insérées dans l'ordre spiral sur toute la surface intérieure de cette enveloppe commune.

Monimia citrina.

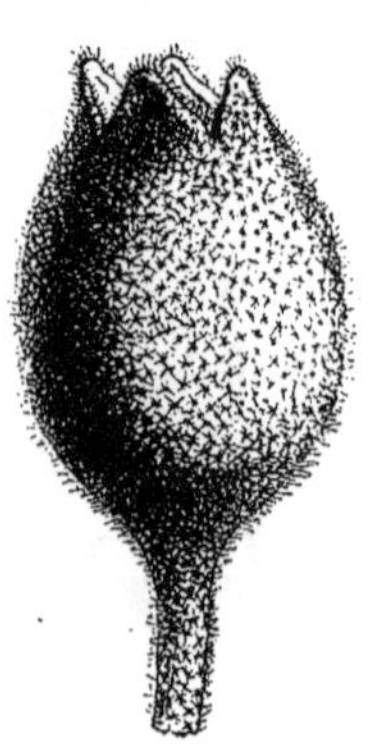

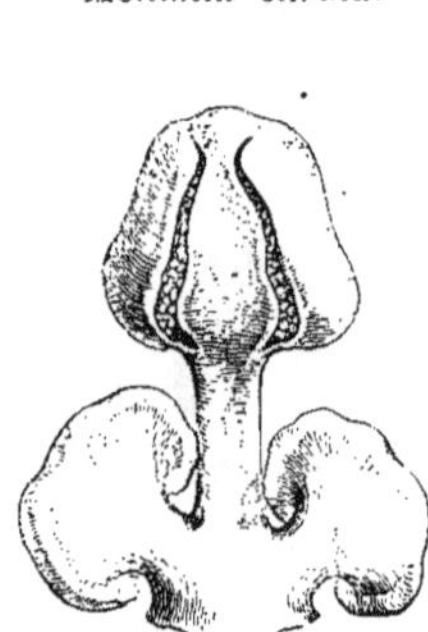

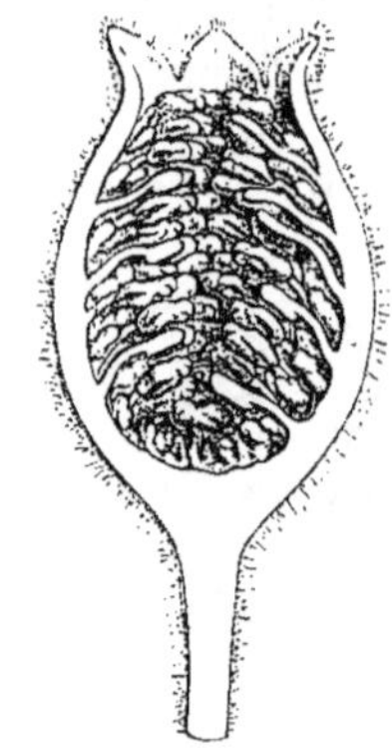

Fig. 337. Fleur mâle ($\frac{5}{1}$).   Fig. 339. Étamine.   Fig. 338. Fleur mâle, coupe longitudinale.

Celle-ci ne communique avec l'extérieur que par un pore apical très-étroit. Lors de l'anthèse, elle se divise de haut en bas, à partir de ce pore, en un nombre variable de languettes inégales qui s'étalent, se réfléchissent même, et laissent à nu les étamines (fig. 340). Ces dernières sont formées chacune d'une anthère basifixe, biloculaire, introrse, déhiscente par deux fentes longitudinales, et d'un filet de

1. *Monimia* DUP.-TH., *Hist. vég. Afriq. austr.* (1804), 35, t. 9.— TURP., in *Dict. des sc. nat.*, t. 290. — TUL., *Mon.*, 307, t. XXIX, II. A. DC., *Prodr.*, XVI, s. post., 661. — H. BN, in *Adansonia*, IX, 117. — *Ambora* BOR., *Voy.*, I, 31, t. 13 (nec J.). — *Myrtus* spec. SPRENG., *Syst. veg.*, II, 487. *Eugenia* spec. POIR., *Dict.*, Suppl., III, 124.

longueur variable, accompagné à sa base de deux glandes latérales, sessiles ou stipitées, et différentes de forme suivant l'âge et l'espèce. Les fleurs femelles ont un périanthe analogue à celui des fleurs mâles, mais

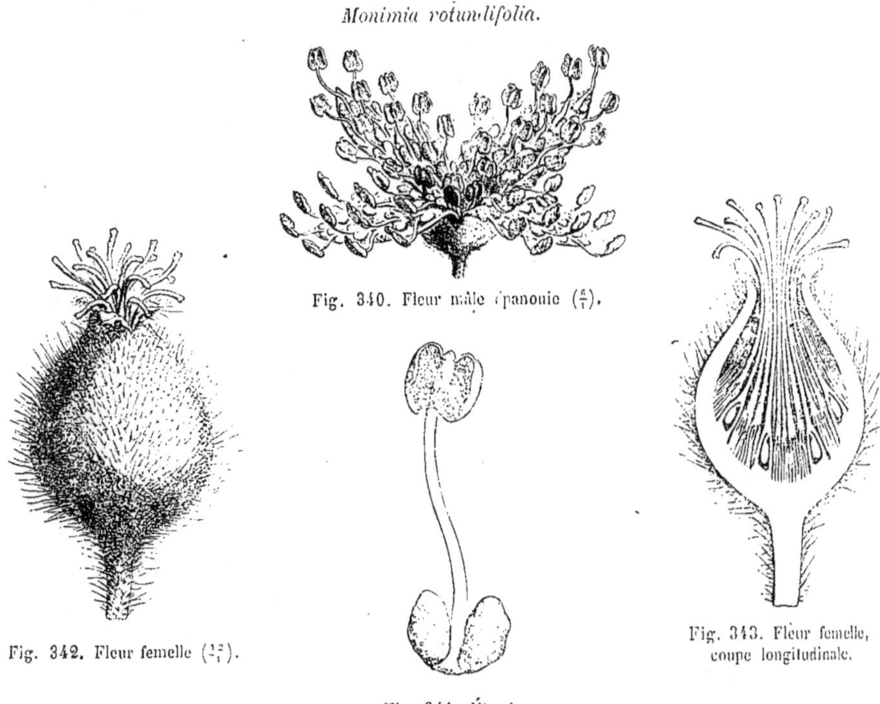

Monimia rotundifolia.

Fig. 340. Fleur mâle épanouie ($\frac{6}{1}$).

Fig. 342. Fleur femelle ($\frac{12}{1}$).

Fig. 341. Étamine.

Fig. 343. Fleur femelle, coupe longitudinale.

plus largement ouvert au sommet d'une ostiole à bord découpé en quelques dents égales ou inégales. Par cette ouverture, sortent les sommets des pistils (fig. 342, 343) qui s'insèrent dans la portion inférieure du sac périgonéal, et qui sont formés chacun d'un ovaire uniloculaire, atténué supérieurement en une longue languette stylaire dont le sommet obtus est stigmatifère. Le fruit est multiple, représentant une réunion de drupes renfermées dans un sac commun charnu, à peu près globuleux, et qui, dit-on, finit par se déchirer inégalement pour laisser libres les drupes, formées chacune d'un noyau dur et épais et d'un mésocarpe charnu peu considérable. Leur graine est suspendue; elle renferme, sous de minces téguments, un albumen charnu abondant, près du sommet duquel se trouve logé un petit embryon.

Les *Monimia* sont de petits arbres originaires des îles orientales de la côte d'Afrique. On en connaît jusqu'ici trois espèces[1]. Presque tous

1. W., *Spec. plant.*, IV, 2, 647. — Boj., sér. 4, III, 32; *Mon.*, 309. — Walp., *Ann.,* *Hort. maur.*, 289. — Tul., in *Ann. sc. nat.*, IV, 88.

leurs organes sont couverts d'un duvet particulier [1]. Les feuilles sont opposées, pétiolées, sans stipules. Les fleurs sont groupées en cymes axillaires, ramifiées et pédonculées.

Les *Palmeria* [2] ont les fleurs dioïques et presque semblables à celles des *Monimia*. Les fleurs femelles sont surtout très-analogues, ayant la forme d'un sac dont le bord circulaire s'épaissit beaucoup autour d'une ouverture étroite qui ne livre passage qu'au sommet des styles. Ceux-ci sont nombreux, car toute la face intérieure du sac porte des carpelles libres, en nombre indéfini, formés chacun d'un ovaire uniloculaire, atténué supérieurement en une longue corne subulée dont l'extrémité stigmatique n'est pas renflée. Dans l'angle interne de chaque ovaire, on observe un ovule suspendu [3], à micropyle intérieur et supérieur. Les fleurs mâles se rapprochent beaucoup plus de celle des *Hedycarya* par la forme de leur périanthe qui est large et peu profond, en coupe évasée ; le sommet des sépales [4] valvaires s'atténue en une pointe étroite qui s'infléchit profondément vers le centre de la fleur, dans l'intervalle des étamines les plus intérieures. Celles-ci sont formées d'un filet très-court, et d'une anthère dressée, basifixe, en forme de triangle isocèle, avec deux loges qui s'ouvrent en dedans ou tout près des bords par une fente longitudinale. Le fruit a la forme de celui des *Tambourissa*, ou d'une petite Figue dont le sommet ne présenterait qu'un pore très-étroit, et renferme un nombre indéfini de drupes glabres, à noyau très-épais et à mésocarpe mince [5]. Il y a dans chaque noyau une graine suspendue [6], et dont l'embryon a la radicule supère. Les drupes sont sessiles, insérées par une large base à la surface du sac qui, dans les intervalles, est tapissé de poils abondants [7]. Les *Palmeria* peuvent donc être définis des *Monimia* à fleur mâle peu profonde [8] et à étamines dépourvues de glandes latérales. Leurs drupes ne se dépouillent pas, à ce qu'on croit,

---

1. Il est formé de poils, souvent assez rudes, tantôt étoilés, avec toutes les branches à peu près égales, tantôt simples au premier abord, mais en réalité étoilés près de la base, avec un long prolongement terminal, toutes les branches latérales demeurant fort courtes. M. Tulasne a vu aussi des cystolithes dans les Monimes (voy. p. 331, note 3).

2. F. Muell., *Fragm.*, IV, 152 ; V, 2. — A. DC., *Prodr.*, XVI, s. post., 641, 657. — H. Bn, in *Adansonia*, IX, 115, 130.

3. Le funicule est ordinairement assez long. L'ovule a deux enveloppes.

4. Ils sont le plus souvent au nombre de quatre et à peu près égaux entre eux. Plus rarement il y en a un cinquième, égal aux quatre autres ou plus étroit qu'eux. Il est exceptionnel qu'on observe au périanthe six divisions, dont deux très-petites.

5. Elles sont, à l'état sec, un peu anguleuses, finement ponctuées à la surface.

6. Dans les descriptions de MM. A. de Candolle et F. Mueller, où la graine est dite dressée, l'empreinte chalazique, placée en bas, qui est très-large, a sans doute été prise pour la cicatrice ombilicale.

7. Il y en a sur presque tous les organes de la plante ; ils sont simples ou étoilés, et courts.

8. Le sac qui enveloppe l'androcée est formé d'appendices dans sa portion supérieure ; mais sa portion basilaire, sur laquelle s'insèrent les étamines, est de nature axile, car elle porte très-

du sac qui leur forme une enveloppe commune. On n'en connaît jusqu'ici qu'une espèce [1], originaire de l'Australie orientale. C'est un arbuste grimpant, à tige grêle et sarmenteuse, à feuilles opposées et entières. Les fleurs sont disposées en grappes de cymes axillaires.

III. SÉRIE DES TAMBOURISSA.

Les *Tambourissa* [2] (fig. 344-351) ont les fleurs régulières et unisexuées. Dans les fleurs mâles (fig. 344, 345), le pédoncule se dilate en un sac creux à parois peu épaisses et de forme globuleuse ou allongée. Ce sac, normalement nu sur sa surface extérieure, a été considéré par la plupart des auteurs comme un calice gamophylle, tandis qu'il est, plus probablement, de nature réceptaculaire [3], et que le périanthe n'est, dans ce genre, représenté que par quatre [4] dents, généralement peu prononcées, qui garnissent le pourtour de l'orifice situé à la partie supérieure du sac. Sur les parois intérieures de celui-ci s'insèrent des étamines, en nombre indéfini, dis-

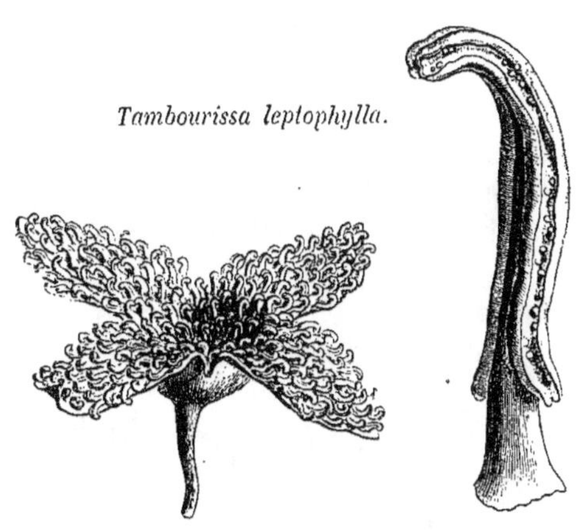

Tambourissa leptophylla.

Fig. 344. Fleur mâle (⅘).   Fig. 345. Étamine.

souvent, attachée à une hauteur variable, une longue bractée, pareille à celles qu'on voit sur les différents axes de l'inflorescence.

1. *P. racemosa* A. DC., *loc. cit.*, n. 2. — *P. scandens* F. MUELL., *loc. cit.*; — A. DC., *loc. cit.*, n. 1. — *Hedycarya racemosa* TUL., in *Ann. sc. nat.*, sér. 4, III, 45; *Mon.*, VIII, 409, n. 3, t. XXXIV, I. — WALP., *Ann.*, IV, 113, n. 3.

2. SONNER., *Voy. Ind. or.* (1782), II, 237, t. 134; éd. 2, IV, 405, t. 134.—GMEL., *Syst. nat.*, II (1791), 16.—A. DC., *Prodr.*, XVI, s. post., 658. — H. BN, in *Adansonia*, IX, 114, 121. — *Tamboure-cissa* FLAC., *Hist. de Madag.* (1661), 133, n. 69.—*Ambora* JUSS., *Gen.*, 401, n. 4706; *Ann. Mus.*, XIV (1809), 130.—POIR., *Dict.*, VII, 565. Suppl., V, 282; *Illustr.*, t. 784.—ENDL.,

Gen., n. 2014. — TUL., *Mon.*, 295, t. XXV-XXVII.—*Mithridatea* COMM., mss., ex SCHREB., *Gen.* (1791), II, 783. — W., *Spec.*, I, p. 1 (1797), 27, n. 24.—SPRENG., *Syst.*, III (1826), 866, n. 3132. — *Tamboul* POIR., *loc. cit.*

3. Ce qui semble prouvé par ce fait, dont nous avons observé plusieurs exemples (*Adansonia*, IX, 115), que sa surface extérieure peut porter une ou plusieurs bractées.

4. C'est le nombre le plus ordinaire; mais il peut varier de trois à cinq ou six; et ces dents, fort inégales entre elles, ne se voient bien que dans les très-jeunes boutons, où elles sont épaisses à la base, repliées en dedans et pendantes, presque verticales au début, avec le sommet inférieur, obtus et arrivant presque jusqu'au fond du réceptacle floral.

posées sans ordre apparent à l'âge adulte, et d'autant plus grandes qu'elles sont situées plus haut. Chacune d'elles se compose d'un filet plus ou moins long, et d'une anthère basifixe à deux loges linéaires,

Tambourissa elliptica.

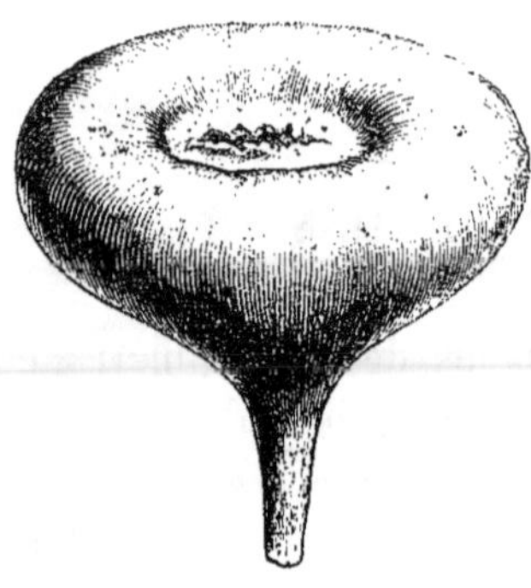

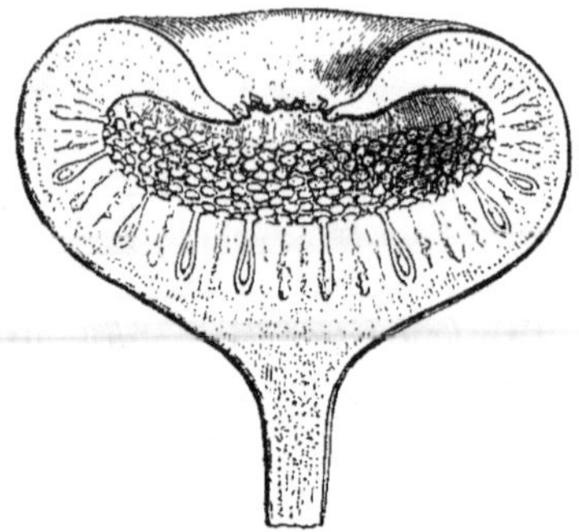

Fig. 346. Fleur femelle ($\frac{3}{1}$).

Fig. 347. Fleur femelle, coupe longitudinale.

adnées suivant toute la longueur des bords d'un connectif qui fait suite au filet, et latérales ou plus ou moins extrorses. Chaque loge s'ouvre suivant sa longueur par une fente, latérale ou à peu près, et les deux fentes se confondent souvent au sommet de l'anthère, de manière à ne plus former qu'une ligne de déhiscence à courbure très-accentuée et à concavité inférieure. A une certaine époque, les petites dents qui entourent l'orifice du sac floral s'écartent les unes des autres pour laisser sortir le pollen émané des anthères. Le corps du sac, qui est coriace et d'une grande épaisseur, paraît dans ce cas demeurer entier ; tandis que le plus souvent ce sac se déchire du haut en bas, en quatre, cinq

Tambourissa elliptica.

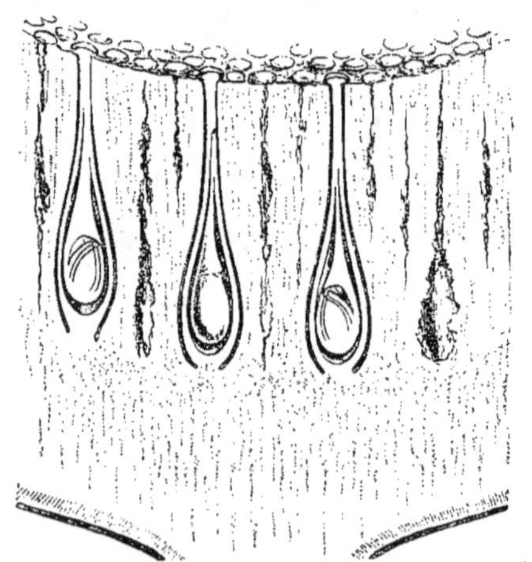

Fig. 348. Portion du gynécée ($\frac{2.5}{1}$).

ou six lanières, à peu près égales, ou inégales, qui s'étalent alors en forme d'étoile et qui sont chargées sur leur surface intérieure des étamines déhiscentes et laissant échapper leur pollen (fig. 344).

La fleur femelle a la forme d'une Figue, à parois plus épaisses que celles de la fleur mâle, avec un sommet ordinairement plus déprimé et une sorte d'œil terminal assez largement ouvert. L'orifice de ce réceptacle sacciforme est découpé de festons peu saillants, ordinairement très-inégaux entre eux et un peu infléchis. Ces découpures peu prononcées sont les vestiges des divisions du périanthe, plus visibles dans leur très-jeune âge. L'intérieur du sac réceptaculaire est tapissé d'un nombre indéfini de carpelles qui s'étendent depuis son centre jusqu'à une hauteur variable de ses parois. Chaque carpelle est formé d'un ovaire uniloculaire, atténué en un style court dont l'extrémité dilatée

Tambourissa quadrifida.

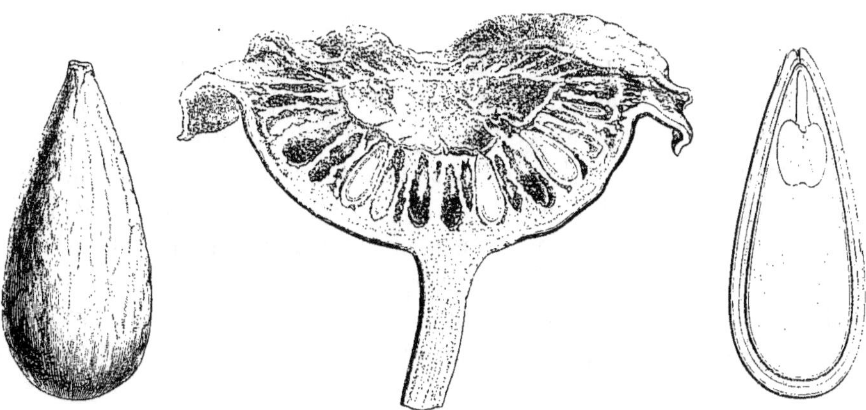

Fig. 350. Drupe ($\frac{2}{1}$).   Fig. 349. Fruit, coupe longitudinale ($\frac{1}{2}$).   Fig. 351. Drupe, coupe longitudinale.

est stigmatifère. Dans l'angle interne de l'ovaire se voit un placenta qui supporte un seul ovule anatrope, avec le micropyle tourné en haut et en dedans[1] et surmonté d'une saillie, en forme de capuchon incomplet, dépendant du funicule allongé au bout duquel l'ovule se trouve suspendu. Tous les carpelles, primitivement libres, sont ensuite encadrés par la couche profonde du réceptacle floral, qui, s'épaississant avec l'âge, s'est élevée dans l'intervalle des ovaires, puis des styles, qu'elle enchâsse, sans leur adhérer, jusqu'au niveau de la base du stigmate capité, seul visible au-dessus du canal étroit parcouru par le style. Le fruit multiple, dont la forme générale est celle de la fleur femelle, a des parois plus ou moins charnues ou ligneuses[2]. Son réceptacle est creusé (fig. 349) d'une foule de cavités dans chacune desquelles l'ovaire, sans se déplacer, s'est

1. Cet ovule a deux téguments. L'exostome est traversé par un court goulot au sommet duquel se trouve l'orifice endostomique qui vient légère-

ment prééminer au dehors. Le sommet aigu du nucelle s'engage dans la base de ce goulot.

2. Ces formes extérieures n'appartiennent,

transformé en une drupe plus ou moins comprimée (fig. 350, 351). Son mésocarpe et son noyau sont peu épais, et elle contient une graine suspendue qui, sous ses téguments membraneux [1], renferme un albumen charnu et huileux, très-abondant, avec un embryon apical à radicule supère et cylindrique, à larges cotylédons aplatis [2].

Les *Tambourissa* sont des arbres ou des arbustes à feuilles opposées, ou rarement alternes [3], sans stipules. Leurs fleurs sont dioïques, ou plus rarement monoïques. Elles sont axillaires ou terminales, tantôt solitaires, tantôt réunies en grappes simples ou formées de cymes [4]. On en connaît une douzaine d'espèces [5] qui habitent Bourbon, Maurice, Madagascar et les îles voisines de la mer des Indes. Une seule espèce a été observée à Java.

La constitution remarquable du fruit des *Tambourissa* les a fait placer par la plupart des auteurs dans une tribu particulière [6] de la famille des Monimiacées. Il y a, dans cette famille, un autre genre où l'on observe un accroissement singulier du sac réceptaculaire dans l'intervalle des véritables fruits. C'est le genre *Siparuna*, que nous allons étudier actuellement et que nous placerons dans la même série, à cause de cette particularité. On pourrait toutefois le reléguer dans une catégorie distincte, attendu que ses ovules sont ascendants au lieu d'être suspendus, et que les compartiments dans lesquels sont logées les drupes n'embrassent pas

bien entendu, qu'à l'induvie que constitue le réceptacle floral hypertrophié. Pour que les véritables fruits, souvent décrits par les anciens auteurs comme des graines, puissent devenir libres, il faut cependant que l'induvie présente des solutions de continuité, une sorte de déhiscence qui est due à la fois (*Adansonia*, IX, 127) à la pression centrifuge exercée sur les parois du réceptacle par le gonflement des drupes incluses, et à une tendance que possède cette coupe réceptaculaire à s'étaler en devenant moins concave. Les bords s'écartent, se renversent même, pendant que la table supérieure (représentant l'épiderme intérieur du réceptacle et les couches voisines) se fend, se soulève plus ou moins irrégulièrement; puis les lèvres inégales de ces solutions de continuité se réfléchissent en dehors. Les véritables fruits, les drupes, apparaissent alors en grand nombre à la surface, comme feraient les graines dans une Grenade qui éclaterait à sa maturité; l'ensemble présente alors la couleur d'un rouge vif qui appartient à la portion charnue des péricarpes.

1. Ils deviennent plus épais et légèrement crustacés dans toute la région du raphé, de sorte qu'à la maturité celle-ci peut se détacher facilement de la surface de la graine, sous forme d'une bandelette étroite.

2. Ils sont légèrement auriculés à leur base, et peuvent s'appliquer exactement l'un contre l'autre par toute leur surface supérieure; mais assez souvent ils sont obliquement dirigés, l'un dans un sens et l'autre dans le sens opposé; de manière qu'ils ne se recouvrent pas complètement, et qu'on les voit vers leur extrémité séparés l'un de l'autre par un large sinus. Leurs deux plans sont cependant parallèles, car ils deviennent obliques sans jamais sortir de ces plans. La gemmule est déjà formée de plusieurs petites feuilles imbriquées.

3. Comme dans le *T. alternifolia* A. DC., *op. cit.*, 660. — *Ambora alternifolia* TUL., in *Ann. sc. nat.*, sér. 4, III, 31, n. 8; *Mon.*, 305. —WALP., *Ann.*, IV, 87.

4. Souvent les axes secondaires, nés à l'aisselle d'une feuille ou d'une bractée, sont superposés les uns aux autres, au nombre de deux ou de trois, ce qui rappelle la disposition des axes floraux dans les Calycanthes.

5. SONNER., *loc. cit.*, t. 134.—W., *Spec.*, I, 27.—BOJ., *Hort. maur.*, 290.—TUL., in *Ann. sc. nat.*, *loc. cit.*, 29; *Mon.*, 297, t. XXV-XXVII. — A. DC., *Prodr.*, *loc. cit.* — WALP., *Ann.*, IV, 84.

6. *Sycloideæ* s. *Amboreæ* TUL., *op. cit.*, 295. —*Tambourisseæ* A. DC., *loc. cit.*

exactement celles-ci, comme dans les *Tambourissa*, mais représentent des chambres inégales, irrégulièrement pyramidales, aux parois desquelles les ovaires ne sont pas primitivement contigus, ainsi que nous allons le voir tout à l'heure.

Les *Siparuna* [1] (fig. 352-356) ont les fleurs monoïques ou plus souvent dioïques. Leur réceptacle et leur périanthe réunis forment, dans celles des

Siparuna guianensis.

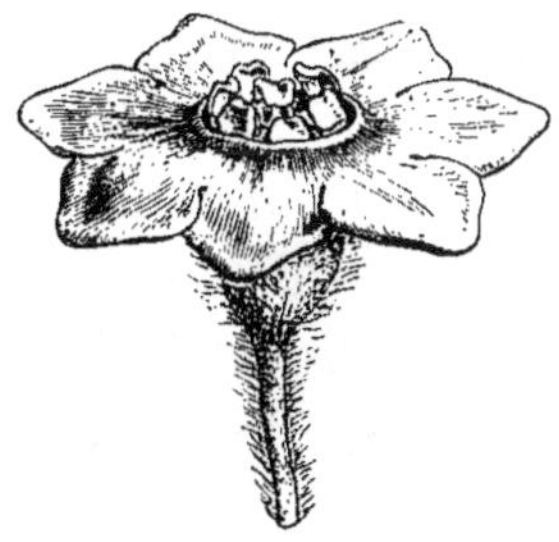

Fig. 352. Fleur mâle ($\frac{10}{1}$).

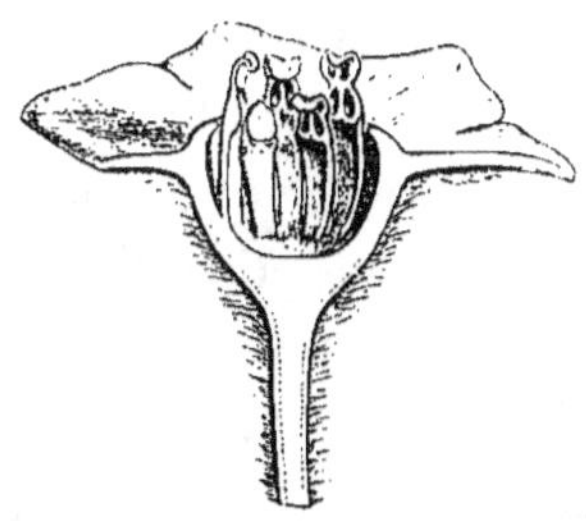

Fig. 353. Fleur mâle, coupe longitudinale.

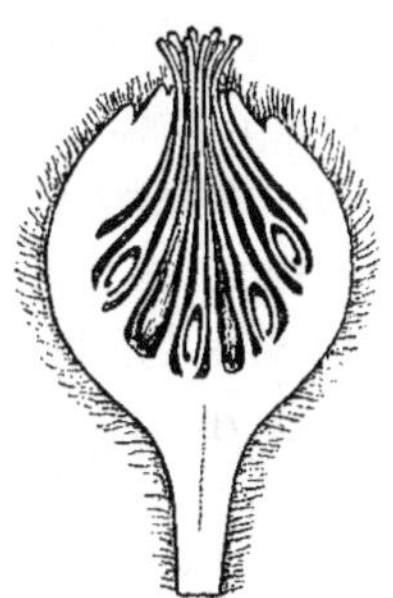

Fig. 354. Fleur femelle, coupe longitudinale.

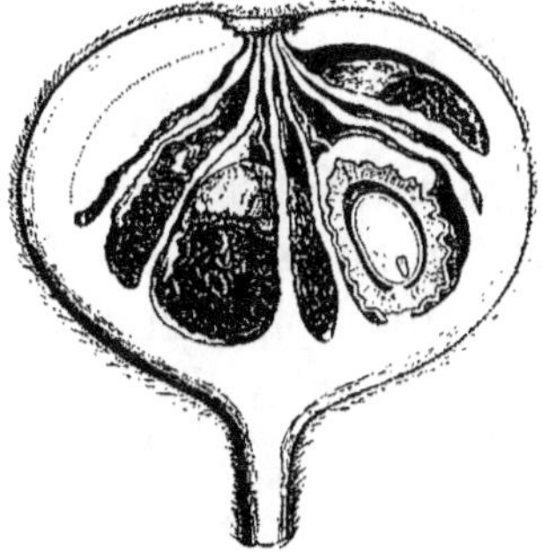

Fig. 355. Fruit, coupe longitudinale ($\frac{2}{1}$).

deux sexes, une sorte de sac, de forme très-variable, tantôt arrondi et globuleux, tantôt obconique ou obové, à surface extérieure nue ou pourvue de saillies diverses dont nous examinerons plus loin la nature. L'orifice supérieur de ce sac est tantôt circulaire et simple, et tantôt double ; de façon qu'on y distingue un rebord extérieur, arrondi, entier, ou découpé en crénelures, en festons, ou même en lobes plus ou moins profonds, et,

1. Aubl., *Guian.*, II (1775), 864. — Juss., *Gen.*, 443. — Crueg., in *Linnæa*, XX, 113; *Ann. sc. nat.*, sér. 3, VII, 376. — A. DC., *Prodr.*, XVI, s. post., 642. — H. Bn, in *Adansonia*, IX, 121, 125, 131. — *Citrosma* R. et Pav., *Prodr. fl. per. et chil.* (1794), 134, t. 29; *Syst.*, I, (1798), 263. — Endl., *Gen.*, n. 2017. — *Leonia* Mut., ex Tul., *Mon.*, 312 (nec R. et Pav.). — *Conuleum* A. Rich., in *Mém. Soc. hist. nat. par.*, I (1823), 391, 406, t. 25. — Schltl., in DC. *Prodr.*, XIV, 608. — *Angelina* Pohl, ex Tul., *Mon.*, 363. — *Citriosma* Tul., in *Ann. sc. nat.*, sér. 4, III (1855), 32; *Mon.*, 314, t. XXVIII-XXX.

plus intérieurement, ce qu'on a appelé le *velum*, c'est-à-dire une espèce de toit en forme de cône, élevé ou surbaissé, quelquefois presque plan et horizontal. Au centre de ce diaphragme, on observe une ouverture, ordinairement étroite, souvent réduite à un simple pore circulaire. Ce pertuis donne passage, lors de l'anthèse, soit au sommet des étamines, soit à l'extrémité stigmatifère des styles, tandis que la portion inférieure des organes reproducteurs demeure enfermée dans le sac périgonéal vers le fond duquel ils s'insèrent (fig. 352-354).

Les caractères de l'androcée sont éminemment variables dans le genre *Siparuna*, sans qu'on ait pu pour cette raison morceler ce genre en aucune façon, attendu qu'il y a des transitions graduées entre les différentes variations que nous allons mentionner. Les étamines, en nombre très-considérable dans certaines espèces, telles que les *S. neglecta*, etc., peuvent n'être qu'en nombre triple ou double de celui des divisions du périanthe. Leur nombre peut aussi être à peu près le même, comme dans les *S. limoniodora, eriocalyx, subinodora, mollis, plebeja*, etc. Dans les *S. mollicoma, mollis*, etc., ce nombre est même moindre, et quelques fleurs n'ont plus que quatre, trois ou même deux étamines; et cela sur une même inflorescence. Le plus souvent, les pièces de l'androcée sont indépendantes les unes des autres, comme dans le *S. guianensis;* les filets staminaux, devenant larges et presque pétaloïdes, peuvent seulement s'appliquer exactement les uns contre les autres et paraître collés entre eux, comme dans les *S. riparia*, etc. Mais, dans le *S. mollis*, ils sont réellement unis en deux ou trois faisceaux, et dans le *S. mollicoma*, ils ne forment plus ordinairement qu'un tube d'une seule pièce, assez long pour sortir par l'ouverture supérieure du périanthe; et ils ne deviennent distincts qu'au voisinage de leur sommet, au moment où ils vont porter les anthères. Celles-ci sont généralement construites sur un même plan. Leur filet a la forme d'une bandelette membraneuse, aplatie, ou légèrement concave en dedans. L'anthère est à deux loges qui sont appliquées en dedans de cette bandelette, un peu au-dessous de son sommet plus ou moins atténué. Chaque loge s'ouvre d'abord par sa partie inférieure, où l'on voit deux fentes en forme de croissants à concavité supérieure. Puis la paroi interne des deux loges continue de se séparer de leur cavité, d'une seule pièce, de bas en haut; et il en résulte un panneau commun, bientôt entièrement relevé, vertical, ou même réfléchi au dehors, qui tient encore à l'anthère au voisinage de son sommet, et dont l'extrémité libre, répondant à la base de l'anthère, est plus ou moins profondément partagée en deux lobes qui appartiennent chacun à une loge[1] (fig. 352, 353).

Dans les fleurs femelles, on trouve un nombre variable de carpelles, insérés sur la surface interne du sac périgonéal. Il y en a quelquefois jusqu'à une trentaine ; plus souvent ils sont peu nombreux, et certaines espèces n'en ont que trois ou quatre. Ils s'insèrent par une base d'autant plus étendue et plus oblique qu'ils sont situés plus haut. Leur ovaire uniloculaire renferme un seul ovule, basilaire, ascendant, avec le micropyle extérieur et inférieur, et il s'atténue supérieurement en un style à sommet stigmatifère. Dans l'intervalle des différents carpelles, l'enveloppe florale envoie des prolongements en forme de cloisons, verticales ou plus ou moins obliques ; de sorte que chaque ovaire est renfermé dans une petite logette particulière (fig. 354).

Le fruit des *Siparuna* est multiple ; il a extérieurement quelque ressemblance avec une petite pomme. Sa portion charnue extérieure est une induvie formée par le réceptacle devenu succulent. Les cloisons interposées aux carpelles ont subi la même modification. Quant aux fruits proprement dits, renfermés dans les cavités de cette sorte de sac, ce sont des drupes ; mais leur péricarpe varie beaucoup de consistance et d'épaisseur. Dans les *S. guianensis, Apiosyce*, etc., il se compose d'un noyau très-dur et très-épais, dont la surface extérieure est hérissée de pointes ligneuses fort saillantes. L'épicarpe est une membrane, presque immédiatement appliquée sur ce noyau dans ses deux tiers inférieurs, parce que, dans toute cette portion, le mésocarpe est aussi réduit à une mince couche membraneuse. Mais plus haut ce dernier se renfle et devient épais et charnu, de manière qu'à ce niveau, l'organisation du péricarpe est celle d'une drupe ordinaire. Dans le noyau se trouve une seule graine ascendante qui, sous ses téguments membraneux, renferme un albumen charnu abondant, contenant près de son sommet un petit embryon à cotylédons supérieurs (fig. 355).

Dans la fleur femelle, aussi bien que dans le fruit, la surface externe du sac réceptaculaire est ordinairement lisse, et elle ne porte d'autres appendices que les pièces du périanthe, insérées vers son orifice supérieur. Mais dans plusieurs espèces dont on a fait une section spéciale, cette surface se recouvre d'un nombre assez considérable de saillies plus ou moins prononcées, de configurations diverses, et qu'on doit considérer comme des aiguillons (fig. 356).

---

1. Le pollen est, d'après M. F. MUELLER (*Fragm.*, IV, 152), semblable dans les *Siparuna*, *Tam-* *bourissa, Monimia, Mollinedia* et *Atherosperma*, tandis qu'il est quadrivalve dans les *Hedycarya*.

Les *Siparuna* sont de petits arbres ou des arbustes de l'Amérique tropicale, abondants surtout au Brésil, au Pérou et à la
Guiane. Il y en a quelques-uns aux Antilles et au
Mexique. On en connaît déjà plus de soixante espèces[1].
Leurs feuilles sont opposées, rarement verticillées,
aromatiques, parsemées de glandes pellucides plus
ou moins saillantes, tantôt glabres, tantôt recouvertes,
comme la plupart des organes de la plante, d'un
duvet parfois abondant. Leurs fleurs sont disposées
en cymes axillaires, tantôt bipares et très-régulières,
tantôt symétriquement ramifiées au début seulement,
et devenant, par suite de l'avortement d'une des fleurs de chaque génération, unipares et insymétriques.

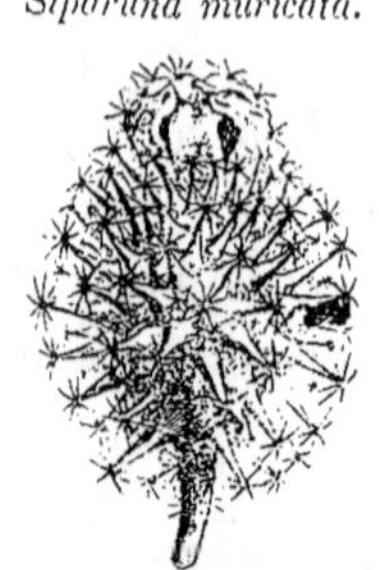

Siparuna muricata.

Fig. 356. Fleur femelle (¼).

IV. SÉRIE DES ATHEROSPERMA.

Nous commencerons l'étude de cette série par celle de l'*Atherosperma
Sassafras*[2], dont on a fait le type du genre *Doryphora*[3]. Ses fleurs
(fig. 357-359) sont régulières et hermaphrodites. Leur réceptacle a la
forme d'une bourse assez profonde, dont l'orifice un peu rétréci donne insertion au périanthe. Celui-ci est formé d'une demi-douzaine environ de
folioles allongées, libres, presque pétaloïdes, imbriquées dans la préfloraison et caduques. Plus intérieurement s'insèrent les étamines, en
nombre indéfini, et dont la série spirale forme plusieurs tours très-

1. Aubl., *op. cit.*, 865, t. 333. — R. et
Pav., *Syst.*, 264; *Prodr.*, t. 29. — H. B. K.,
Nov. Gen. et Spec. pl. æquin., II, 170. — Poepp.
et Endl., *Nov. Gen. et Spec.*, II, 47, t. 164. —
Spreng., *Syst. Veg.*, II, 545. — Benth., *Pl.
Hartweg.*, 250. — Crueg., in *Linnæa*, XX,
113. — Beurl., *Prim. fl. port.*, 146. — Tul.,
in *Ann. sc. nat.*, sér. 4, III, 32; *Mon.*, 314;
in Mart., *Fl. bras.*, *Monimiac.*, 294. — Griseb.,
Fl. brit. W. Ind., 9. — Seem., *Journ. of Bot.*, II,
(1864), 342. — A. DC., in Seem. *Journ. of Bot.*,
III (1865), 219; *Prodr.*, loc. cit., 643. —
Walp., *Ann.*, IV, 89.

2. A. Cunn.. in *herb.*, ex Tul., *Mon.*, 424.

3. Endl., *Gen.*, n. 2022; *Icon.*, t. X. —
Lindl., *Veg. Kingd.*, 300, fig. CCVIII. — Tul.,
Mon., 422. — A. DC., *Prodr.*, XVI, s. post., 642,
676. — H. Bn, in *Adansonia*, IX, 128. — *Learosa*
Reichb., *Nomencl.*, n. 2612, ex Endl., et Tul.,

loc. cit. Ce genre pourrait peut-être ne faire
qu'une section du genre *Atherosperma*. Son
fruit est peu connu. Peut-être aussi ses caractères devront-ils être modifiés quand on aura pu
étudier les fleurs d'une plante que, sous le nom de
D.? Vieillardi, nous n'avons décrite (*Adansonia*,
IX, *loc cit.*, note 1) qu'avec doute, comme appartenant à ce genre. Peut-être est-elle le type d'un
genre nouveau, caractérisé principalement par la
campylotropie de son ovaire. Endlicher a bien
représenté l'insertion du style comme latérale et
presque basilaire, mais il a figuré un ovaire rectiligne et non arqué. Peut-être encore la plante
nouvelle, dont il vient d'être question, servira-
t-elle de lien entre le genre *Atherosperma*, tel
que nous le limitons aujourd'hui, et le genre
Doryphora; elle rappelle plutôt par ses organes
de végétation les *Atherosperma* de la section
Laurelia que les *Doryphora*.

serrés. Les extérieures sont de beaucoup les plus longues et sont fertiles
en nombre variable, tandis que les intérieures deviennent stériles et de
plus en plus courtes. Chaque étamine fertile est formée d'un filet aplati,
dilaté latéralement en deux appendices membraneux et pétaloïdes à

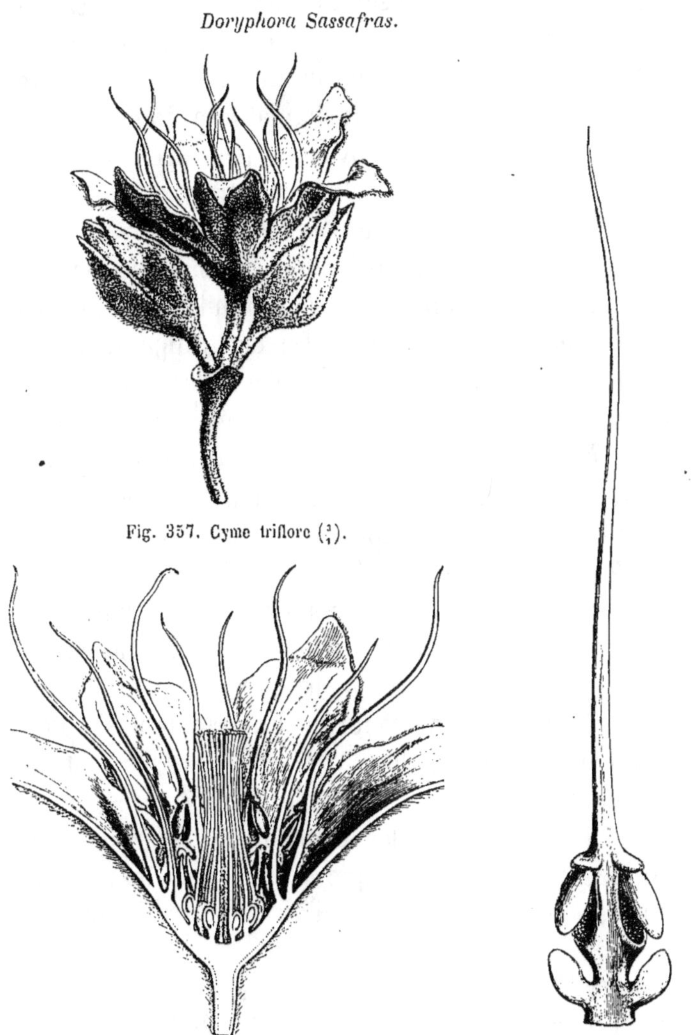

Doryphora Sassafras.

Fig. 357. Cyme triflore ($\frac{3}{1}$).

Fig. 358. Fleur, coupe longitudinale.   Fig. 359. Étamine ($\frac{12}{1}$).

sommet aigu, et d'une anthère à deux loges adnées, légèrement introrses,
au-dessus desquelles le connectif se continue en une longue pointe
subulée. Chaque loge s'ouvre par un panneau ovale qui se relève bientôt
et dont la charnière est munie d'une petite saillie écailleuse obtuse
(fig. 359). Les étamines plus intérieures ont encore la même forme, un

long connectif ligulé, des appendices latéraux et une dilatation qui répond à l'anthère ; mais les loges mal conformées ne contiennent plus de pollen et ne présentent plus de panneau déhiscent. Les plus petites étamines enfin, tout à fait rudimentaires, sans appendices et sans processus apical, sont réduites à de courtes languettes charnues. Les carpelles, en nombre indéfini, s'insèrent vers le fond de la cavité réceptaculaire. Ils sont libres et composés chacun d'un ovaire uniloculaire, surmonté d'un style à insertion plus ou moins latérale, linéaire, couvert de poils et atténué vers son sommet stigmatifère. Dans l'ovaire se trouve un placenta basilaire, avec un ovule à peu près dressé, anatrope, à micropyle dirigé en bas et en dehors. Le fruit est, dit-on, semblable à celui des *Atherosperma*. On ne connaît qu'une espèce de ce genre[1]. C'est un arbre de l'Australie orientale, aromatique dans toutes ses parties. Ses feuilles sont opposées, sans stipules. Ses fleurs naissent à l'aisselle des feuilles ; elles sont disposées en grappes de cymes bipares, à divisions opposées et situées dans l'aisselle de bractées caduques.

Les *Atherosperma*[2] (fig. 360-370) qui ont donné leur nom à ce groupe sont très-analogues aux *Doryphora*. Des deux espèces, en effet, qu'on admettait jusqu'ici dans ce genre, l'une, qu'on a appelée *A. micranthum*[3], a des fleurs hermaphrodites, organisées comme celles du *Doryphora Sassafras*[4], et n'en diffère essentiellement que par ceci : ses anthères extrorses ne sont pas surmontées d'un prolongement aigu du connectif. L'autre, la plus anciennement connue, a des fleurs plus grandes, mais à sexes ordinairement séparés : c'est l'*A. moschata*[5] (fig. 360-365). Le réceptacle a la forme d'un sac, moins profond dans les fleurs mâles que dans les femelles. Vers ses bords s'insèrent, dans l'ordre spiral, des folioles en nombre variable[6], imbriquées, plus ou moins pétaloïdes. En dedans d'elles, les fleurs mâles présentent des étamines en nombre indéfini, insérées jusque vers le fond de la coupe réceptaculaire, libres, composées chacune d'un filet garni à sa base de deux

---

1. *D. Sassafras* Endl., *loc. cit.* — Walp., *Ann.*, IV, 120. — Lindl., *Veg. Kingd.*, 300. fig. CCVIII.

2. Labill., *Nouv.-Holl.*, II, 74, t. 224. — Endl., *Gen.*, n. 2020. — Tul., *Mon.*, 418, t. XXIV. — A. DC., *Prodr.*, XVI, s. post., 642, 675. — H. Bn, in *Adansonia*, IX, 122.

3. Tul., in *Ann. sc. nat.*, sér. 4, III, 46 ; *Mon.*, 421. — Walp., *Ann.*, IV, 118.

4. Elles rappellent en même temps celles des *Hortonia*, surtout par la forme de leur réceptacle et l'organisation de leur androcée.

5. Labill., *loc. cit.* — A. DC., *Prodr.*, loc. cit., 676, n. 1. — Hook. f., *Fl. tasm.*, I, 12. — *A. integrifolium* A. Cunn., ex Tul., *loc. cit.*

6. Elles sont disposées sur deux rangées, mal délimitées, il est vrai ; et comme il y a souvent huit folioles, les quatre extérieures sont plus analogues à des sépales, et les quatre intérieures plus développées, plus pétaloïdes. Il y a, en un mot, entre les unes et les autres, à peu près les mêmes dissemblances qu'entre les appendices floraux qu'on a appelés dans les Calycanthées des sépales et des pétales.

appendices latéraux (fig. 362) et surmonté d'une anthère à sommet tronqué, extrorse, avec deux loges déhiscentes par un panneau qui se

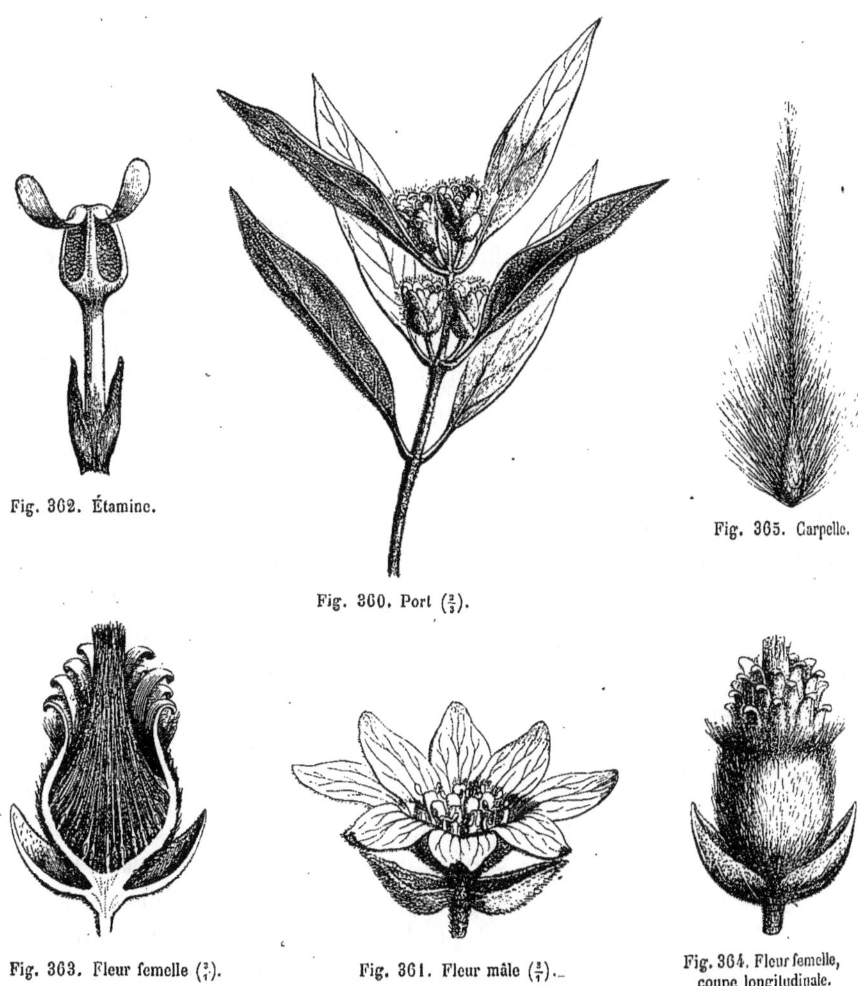

Fig. 362. Étamine.

Fig. 365. Carpelle.

Fig. 360. Port ($\frac{2}{3}$).

Fig. 363. Fleur femelle ($\frac{2}{1}$).

Fig. 361. Fleur mâle ($\frac{2}{1}$).

Fig. 364. Fleur femelle, coupe longitudinale.

relève. Dans la fleur femelle, les étamines ne sont représentées, en dedans du périanthe, que par des languettes stériles imbriquées[1]. Au fond de la coupe[2] s'insèrent de nombreux carpelles à ovaire uniloculaire,

1. Ces languettes deviennent bien plus visibles dans une fleur fécondée (comme celle que représentent les fig. 363, 364), alors que les folioles du périanthe sont tombées ou flétries.

2. Elle forme ici une bourse beaucoup plus profonde que dans les fleurs mâles.

surmonté d'un style aigu, à sommet stigmatique effilé, tout chargé de soies à sa surface (fig. 365). La loge unique de l'ovaire contient un ovule presque basilaire, à micropyle dirigé en bas et en dehors. Le fruit est formé d'un grand nombre d'achaines[1], enveloppés dans leur portion inférieure par une large capsule ligneuse que forme autour d'eux le réceptacle induré. Les péricarpes, ainsi qu'une longue pointe qui les surmonte et qui représente une portion durcie du style, sont couverts de longs poils qui leur donnent l'aspect plumeux. Ils sont minces et membraneux et s'appliquent très-exactement sur la surface d'une graine qui, sous ses téguments très-ténus, renferme un albumen charnu et huileux abondant, dont la base est occupée par un petit embryon à cotylédons supérieurs divariqués. Les deux *Atherosperma* connus sont des arbres de l'Australie orientale et méridionale. L'*A. moschata* croît aussi dans la Tasmanie. Ce sont de grands arbres aromatiques. Leurs feuilles sont opposées, entières ou dentées, et leurs fleurs sont axillaires, solitaires ou réunies en cymes simples ou ramifiées, accompagnées dans l'*A. moschata* de deux bractées opposées qui se rapprochent par leurs bords dans le jeune âge et qui forment autour du bouton une sorte de calicule (fig. 361, 363, 364).

On ne peut séparer génériquement des *Atherosperma*, les *Laurelia*[2] (fig. 366-370), qui ont les fleurs polygames ou dioïques. Dans celles qui sont hermaphrodites, on observe un réceptacle très-concave, en forme de gourde allongée, à goulot rétréci. Les bords de cette sorte de bourse supportent le périanthe et l'androcée, tandis que les carpelles s'insèrent vers le fond de sa concavité. Le périanthe est formé d'un nombre variable, mais peu considérable, de folioles imbriquées, insérées dans l'ordre spiral (fig. 366-368), et d'autant plus larges et plus membraneuses qu'elles sont plus intérieures. Les étamines sont également en nombre indéfini, insérées suivant une spirale à tours rapprochés, et formées d'une anthère à deux loges introrses, déhiscentes chacune par un panneau qui se relève, et d'un filet muni à sa base de deux glandes latérales stipitées. Un peu plus bas et plus extérieurement, la gorge du réceptacle porte encore un nombre variable d'appendices en forme de languettes, qui sont sans doute des étamines stériles. Les

---

1. Dans plusieurs espèces du genre, il vaudrait probablement mieux, comme nous l'avons dit (*Adansonia*, IX, 125), employer l'expression de caryopses.

2. Juss., in *Ann. Mus.*, XIV (1809), 134. — Poir., *Dict.*, Suppl., III, 313. — Spreng., *Syst. veg.*, II, 470. — A. Cunn., in *Ann. of nat. Hist.*, I, 380. — C. Gay, *Fl. chil.*, V, 353. — Hook. f., *Fl. N.-Zeal.*, I, 218. — Tul., *Mon.*, 414. — A. DC., *Prodr.*, XVI, s. post., 642, 674. — H. Bn, in *Adansonia*, IX, 116, 122. — *Pavonia* R. et Pav., *Prodr.*, 127, t. 28 ; *Fl.*, I, 253. — Endl., *Gen.*, n. 2021 (nec Cav.). — *Thigu* Mol., ex Endl., *loc. cit.*

carpelles sont nombreux, libres, composés chacun d'un ovaire uniloculaire, atténué vers le sommet en un style grêle et papilleux. L'ovaire ren-

Atherosperma (Laurelia) Novæ-Zelandiæ.

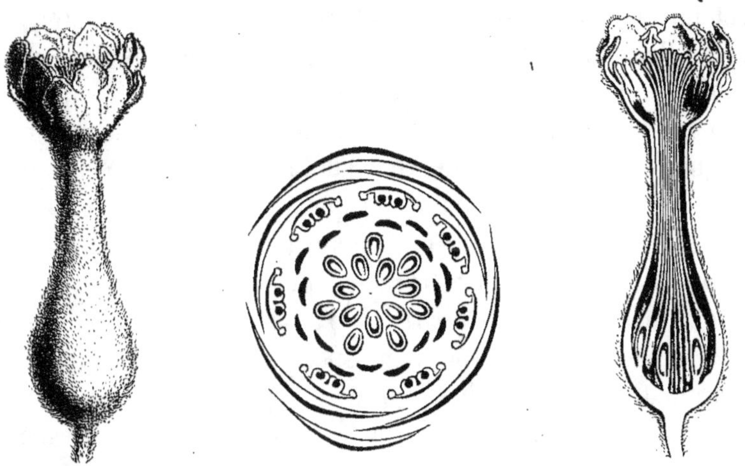

Fig. 366. Fleur ($\frac{3}{1}$).   Fig. 368. Diagramme.   Fig. 367. Fleur, coupe longitudinale.

ferme un seul ovule, dressé, anatrope, avec le micropyle dirigé en bas et en dehors. Les fruits sont des achaines dont la graine renferme sous

Atherosperma (Laurelia) sempervirens.

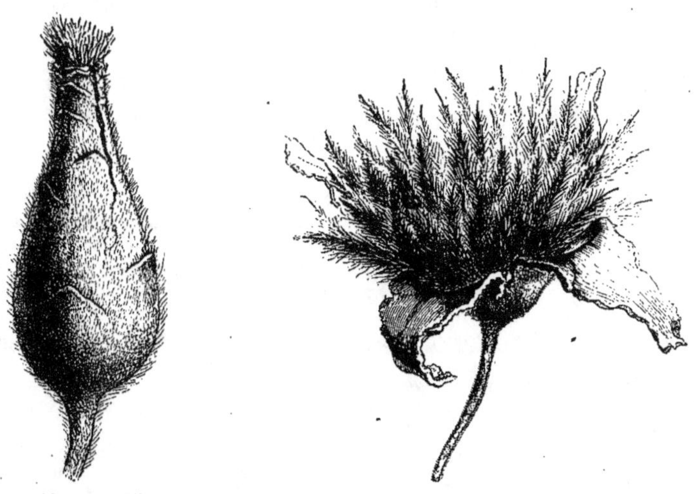

Fig. 369. Fruit ($\frac{4}{3}$).   Fig. 370. Fruit déhiscent.

ses téguments un embryon entouré d'un albumen charnu et huileux. Le style persiste au sommet de l'achaine et se couvre de longs poils soyeux.

Tous les achaines sont renfermés dans le réceptacle persistant et dont la forme de gourde ne fait que s'accentuer davantage. Pendant quelque temps cette induvie demeure entière ; mais plus tard elle se fend, à partir du sommet, en un petit nombre de panneaux qui s'écartent les uns des autres, et qui laissent échapper les fruits proprement dits (fig. 369, 370).

Certaines fleurs sont tout à fait femelles, parce que toutes les étamines sont réduites à l'état de languettes sans anthères ; c'est ce qui arrive fréquemment dans le *L. sempervirens*. D'autres sont uniquement mâles, attendu que les carpelles demeurent rudimentaires, ou même disparaissent complétement du fond du réceptacle. Ce dernier perd, dans ce cas, beaucoup de sa profondeur et devient un sac moins haut que large.

On connaît deux espèces de cette section du genre *Atherosperma*. L'une est chilienne, c'est l'*A. sempervirens*[1]. La seconde croît à la Nouvelle-Zélande, comme l'indique son nom spécifique[2]. Ce sont des arbres élevés, aromatiques, à feuilles opposées, épaisses et coriaces. Leurs fleurs sont groupées en grappes simples, ou rameuses, ou formées de cymes axillaires et terminales[3].

V. SÉRIE DES GOMORTEGA.

Les *Gomortega*[4] ont les fleurs régulières et polygames. Dans celles qui sont hermaphrodites (fig. 371), on observe un réceptacle concave, en forme de sac, et, sur les bords de celui-ci, un périanthe et un androcée, formés chacun de huit pièces, ou d'un nombre un peu plus considérable

1. H. BN, in *Adansonia*, IX, 116.—*Laurelia sempervirens* TUL., *Mon.*, 416. — C. GAY, *op. cit.*, 355. — *L. aromatica* POIR., *Dict.*, Suppl., III, 313. — *L. serrata* BERT., in *Merc. chilen.* (15 jun. 1829). — *L. crenata* POEPP., in *exs.*, III, n. 135, ex A. DC., *op. cit.*, 675, n. 1. — *Pavonia sempervirens* R. et PAV., *Prodr.*, t. 28 ; *Syst.*, I, 253.

2. *A. Novæ-Zelandiæ* HOOK. F., *Handb. of the N.-Zeal. Fl.*, 240.— *Laurelia Novæ-Zelandiæ* A. CUNN., in *Ann. of nat. Hist.*, I, 381.— HOOK. F., *Fl. N.-Zel.*, loc. cit., t. 51. — TUL., *op. cit.*, 417. — A. DC., *loc. cit.*, n. 2.

3. Les *Laurelia* que M. J. HOOKER réunit aux *Atherosperma* ne pourraient être absolument distingués, à titre de section, que par la façon dont leur réceptacle floral se fend, suivant sa longueur, en panneaux inégaux (fig. 369, 370), à peu près comme dans les *Doryphora*. Mais ce caractère ne saurait avoir, dans la famille des Monimiacées, une valeur générique. Une époque viendra, sans doute, où toutes les Athérospermées jusqu'ici connues pourront être rapprochées dans un seul genre, qui ne différera essentiellement des *Calycanthus* que par les appendices latéraux de ses étamines et par son embryon à cotylédons non enroulés, mais accompagné d'un albumen abondant.

4. R. et PAV., *Prodr. fl. per. et chil.* (1794), 108.—H. BN, in *Adansonia*, IX, 118.—*Adenostemum* PERS., *Synops.*, I (1805), 467, n. 1058. — NEES, *Syst. Laur.*, 651. — MEISSN., ap. DC. *Prodr.*, XV, s. I, 67, 507. — *Adenostemon* SPRENG., *Syst.*, 370, n. 1870. — C. GAY, *Fl. chil.*, V, 303, t. 60 (nec BERTER.). — *Keulia* MOL., ex NEES, *loc. cit.* — *Lucumæ* spec. MOL., *Hist. chil.* (1782), 202. — *Cryptocaryæ* spec. ENDL., *Gen.*, n. 2036, c. (nec R. BR.).

et assez variable. Les folioles du périanthe sont disposées sur deux séries :
les plus extérieures sont plus épaisses, chargées de poils plus nombreux;
les plus intérieures sont plus membraneuses, plus larges, plus analogues
à des pétales. Toutes sont disposées dans le bouton en préfloraison imbriquée. Les étamines sont aussi sur deux séries. Les plus grandes, au
nombre de quatre ordinairement, sont toujours fertiles, formées chacune

Gomortega Keule.

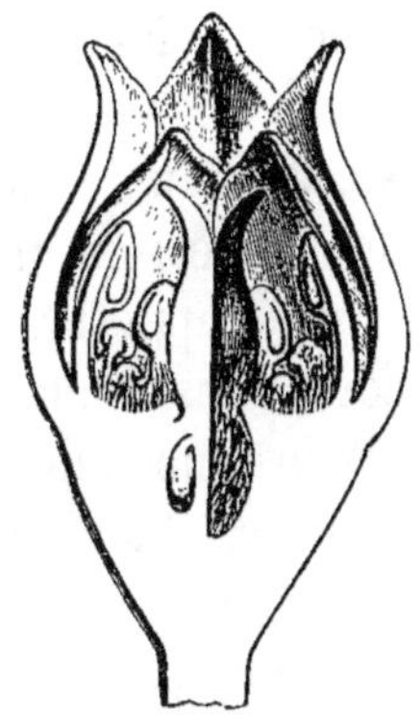

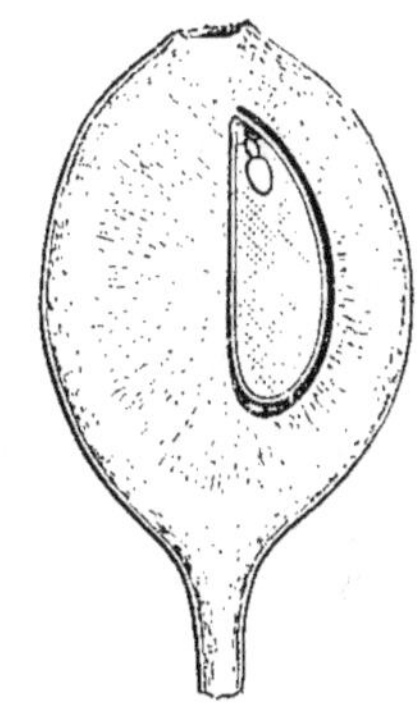

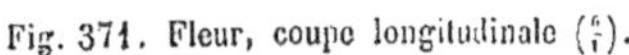

Fig. 371. Fleur, coupe longitudinale ($\frac{6}{1}$).   Fig. 372. Fruit, coupe longitudinale.

d'un filet et d'une anthère basifixe, introrse, déhiscente par deux panneaux, comme celle des *Atherosperma*. Les plus petites, en nombre
égal, ou souvent un peu plus considérable, sont organisées de même;
mais leur anthère peut être stérile, et ses panneaux sont incomplétement
indiqués à la face intérieure dont ils ne se séparent pas. Toutes les étamines sont, d'ailleurs, munies de deux glandes latérales, inégales, irrégulières, portées par un pied court, et insérées à des hauteurs variables
du filet. Le gynécée est formé de deux ou, plus rarement, de trois
carpelles. Leur portion ovarienne est enfouie dans la concavité du réceptacle et demeure unie dans presque toute son étendue avec les parois
épaisses de ce sac. Les bords de ce dernier sont également très-épais et
chargés de poils. Ils forment un bourrelet autour de l'orifice rétréci par
lequel sortent les deux ou trois styles, libres, serrés les uns contre les
autres, et atténués à leur sommet en pointe stigmatifère. Dans l'angle
interne de chaque ovaire, on observe un placenta qui supporte, vers sa
partie supérieure, un seul ovule, descendant, anatrope, avec le micropyle
dirigé en haut et en dedans. Le fruit (fig. 372) est une drupe, surmontée
d'une cicatrice, à mésocarpe charnu, peu épais, et à noyau d'une épaisseur et d'une consistance considérables, formé à la fois par les parois des

loges du gynécée et par les couches profondes du réceptacle. Dans chacune des deux ou trois loges de ce noyau, il y a une graine suspendue, souvent stérile, et constituée, alors qu'elle est fertile (fig. 372), comme celle d'un *Tambourissa*, avec des téguments minces, un albumen charnu et huileux très-abondant, et, vers le sommet de ce dernier, un petit embryon dont la radicule fait saillie par une ouverture circulaire que présente l'albumen [1].

On ne connaît jusqu'ici qu'une espèce de ce genre, le *G. Keale* [2]. C'est un grand arbre du Chili, dont toutes les parties sont extrêmement aromatiques. Ses feuilles sont opposées, sans stipules ; ses fleurs sont supportées par de courts pédicelles, opposées, et réunies, au sommet des rameaux ou dans l'aisselle des feuilles supérieures, en grappes simples ou plus rarement ramifiées [3]. Les *Gomortega*, rapportés jusqu'ici à la famille des Lauracées, sont des Monimiacées dans lesquelles les ovaires s'unissent avec le sac réceptaculaire pour constituer une drupe dont le sarcocarpe appartient précisément au réceptacle. Ces plantes sont donc aux autres membres de la famille ce que sont les Pomacées à celles des Rosacées dont les carpelles demeurent toujours indépendants du sac réceptaculaire.

La famille des Monimiacées a été établie en 1809 par A. L. DE JUSSIEU [4] ; elle comprenait, pour lui, les *Tambourissa* de SONNERAT, qu'il avait nommés *Ambora*, et les *Monimia*, *Siparuna*, *Boldea*, *Mollinedia*, *Atherosperma* et *Laurelia*. Ces deux derniers genres étaient distingués comme ayant des péricarpes secs, tandis que les autres possédaient des fruits drupacés. Les *Tambourissa* dataient, comme genre nettement établi, de

1. Nous avons établi d'une manière positive la présence d'un albumen très-abondant dans ce genre (*Adansonia*, IX, 126). Il paraît, d'après ce que rapporte M. MEISSNER (*Prodr.*, loc. cit., 507), que PHILIPPI avait soupçonné l'existence de cet organe dans les graines du *Gomortega* ; mais ce fait avait été rejeté par l'auteur du *Prodromus*, en ces termes : « *Sic dictum albumen procul dubio e cotyledonibus 2 arcte sibi invicem adplicitis constat.* » C'est à tort aussi que, dans le *Prodromus*, la description du fruit, telle que la donne PERSOON, comme étant pourvu d'un noyau à deux ou trois loges, est considérée comme inexacte. Il y a toujours une ou deux loges avortées et stériles, quoiqu'il ne soit pas toujours facile de les apercevoir. Ce genre n'a, par conséquent, aucun rapport avec les *Crypto-*

carya, dont le fruit est normalement uniloculaire et monosperme.

2. H. BN, in *Adansonia*, IX, 118. — *G. nitida* R. et PAV., *loc. cit.*—*Lucuma Keale* MOL., *loc. cit.* — *Adenostemon nitidum* PERS., *loc. cit.* (nec BERTER.). C'est le *Keale*, *Queule* ou *Hualhual* des Chiliens.

3. Le pédicelle se réfléchit ordinairement avant l'épanouissement de la fleur ; il est placé à l'aisselle d'une bractée caduque. Plus tard, il s'épaissit beaucoup, et devient rigide, dressé. Toutes ces parties sont chargées d'un duvet brunâtre. Les feuilles et les bractées sont parsemées de nombreuses ponctuations glanduleuses.

4. *Mémoire sur les Monimiées*, in *Ann. du Mus.*, XIV, 116.

l'année 1782 ; mais FLACOURT les avait imparfaitement décrits dès 1661[1].
A. L. DE JUSSIEU les avait, dans son *Genera plantarum* [2], rangés parmi
les Urticées, de même que les *Hedycarya* [3], observés en 1776 par
J. et G. FORSTER. Les *Siparuna* étaient des plantes américaines, nommées
par AUBLET, en 1775, et étudiées, en 1794, sous le nom de *Citrosma*, par
RUIZ et PAVON. Ceux-ci avaient fait connaître, à la même époque, les
Mollinedia, les *Pavonia* (*Laurelia*) et le *Boldea* (*Ruizia*), qui n'est autre
chose le *Peumus* de MOLINA (1782). C'est en 1806 que LABILLARDIÈRE
découvrit en Australie l'*Atherosperma*, aujourd'hui regardé comme
congénère des *Laurelia*. La même année, DU PETIT-THOUARS avait
observé dans les îles australes de l'Afrique orientale et complétement
décrit les *Monimia*, qui ont donné leur nom à cette famille.

Malgré la tentative de R. BROWN [4] pour diviser la famille des Monimiacées en deux groupes parfaitement distincts, dont l'un, celui des
types à fruit charnu, conservait ses rapports avec les Urticées, tandis
que l'autre, complétement différencié par ses fruits secs et ses anthères
valvicides, eût été placé dans le voisinage des Lauracées, la plupart des
auteurs de notre temps, notamment ENDLICHER, A. RICHARD et M. L. R. TU-
LASNE, ont maintenu dans son ensemble le groupe naturel constitué par
A. L. DE JUSSIEU. ENDLICHER lui a adjoint, en 1836, le genre *Doryphora* et
le *Kibara*, que nous avons fait rentrer dans les *Mollinedia*. Les autres
types qui, pour nous, doivent aussi faire partie de ce genre, sont de
création plus récente. Les *Matthœa* ont été proposés par BLUME, en 1856 ;
les *Wilkiea*, par M. F. MUELLER, en 1858. Les *Ephippiandra* l'avaient
été, la même année, par M. DECAISNE, qui a encore attribué aux Monimiacées le genre *Aextoxicon* de RUIZ et PAVON [5] ; mais cette opinion n'a
pas été jusqu'ici adoptée par les auteurs qui ont récemment tracé les
limites de cette famille [6].

C'est en 1864 que M. F. MUELLER a établi le genre *Palmeria*, pour
une Monimiacée australienne, extrêmement voisine des *Monimia*. Le
genre *Hortonia*, créé par M. WIGHT, date de 1838 [7] ; mais, rapproché
d'abord des Schizandrées et des Anonacées [8], il n'a été introduit qu'ultérieurement dans la famille des Monimiacées [9]. C'est tout récemment

<hr>

1. *Histoire de la grande île de Madagascar*,
133, n. 69.
2. 401, n. 1706.
3. *Loc. cit.*, n. 1708.
4. *Gen. Rem. geogr. and syst. on the Bot.
of Terra australis* (1814), 21 ; *Misc. Works*,
ed. BENN., I, 25.

5. In *Ann. sc. nat.*, sér. 4, IX, 279 ; *Bull.
Soc. bot. de Fr.*, V, 214.
6. Voy. A. DC., *Prodr.*, XVI, s. post., 641.
7. ARN., in *Mag. of Zool. and Bot.*, II, 546.
8. ENDL., *Gen.*, Suppl. II, 107.
9. HOOK. F. et THOMS., *Fl. ind.*, I (1855),
166.

encore [1] que nous venons d'y réintégrer les *Calycanthus* de LINNÉ et les *Chimonanthus* de LINDLEY (1819), dont la parenté avec les Monimiacées et les Athérospermées, un instant reconnue [2], avait été, dernièrement encore, contestée et définitivement repoussée [3]. Nous proposions en même temps [4] de considérer comme type d'une nouvelle tribu de cette famille le *Gomortega* de MOLINA (1782), jusqu'ici rapporté aux Lauracées.

Ainsi constituée, la famille des Monimiacées est partagée par nous en cinq groupes secondaires ou séries : 1° les *Calycanthées*, 2°.les *Hortoniées*, 3° les *Tambourissées*, 4° les *Athérospermées*, 5° les *Gomortégées*. Rappeler les principaux traits de chacune de ces séries et les différencier entre elles, c'est en même temps montrer quels sont les caractères d'importance qui peuvent varier dans ce groupe naturel.

I. Dans toutes les Monimiacées qui appartiennent aux quatre dernières sections, l'embryon est peu volumineux, enveloppé d'un albumen abondant, et le réceptacle floral ne porte pas d'appendices au-dessous de son orifice supérieur, ou n'en porte qu'un petit nombre. Dans les CALYCANTHÉES, au contraire, ces appendices sont nombreux, manifestement disposés dans l'ordre spiral. L'embryon remplit presque toute la cavité de la graine, et ses larges cotylédons sont enroulés l'un sur l'autre. L'albumen est nul ou n'est représenté que par une petite tige centrale de tissu cellulaire.

II. Les HORTONIÉES ont des fruits drupacés ; et tous ces fruits, indépendants les uns des autres, le sont aussi du réceptacle, et s'étalent librement au-dessus de lui, soit parce qu'il s'est élargi à son sommet, ou parce qu'il s'est déchiré irrégulièrement pour les laisser sortir, soit encore parce que sa partie supérieure s'est détachée circulairement, à la façon d'un couvercle, au-dessous de l'insertion du périanthe et de l'androcée.

III. Les fruits sont également drupacés dans les TAMBOURISSÉES ; mais le réceptacle commun, au lieu de les laisser libres, s'hypertrophie et s'élève autour d'eux et dans leurs intervalles, de manière à les enchâsser chacun dans une sorte de logette complète et à les englober dans une masse commune cloisonnée, partagée en autant de compartiments qu'il y avait de drupes.

IV. Dans les ATHÉROSPERMÉES, au contraire, les carpelles deviennent

<hr>

1. *Adansonia*, IX (1868), 112.
2. Voy. JUSS., *loc. cit.* — LINDL., *op. cit.*, n. 404. — A. GRAY, *Gen. ill.*, I, 56.
3. B. H., *Gen.*, 16.
4. *Op. cit.*, 113, 118, 126.

définitivement libres, comme ceux des Hortoniées ; mais leur péricarpe est sec et constitue un achaine ou un caryopse, chargé de poils nombreux et accrescents qui servent à la dissémination.

V. Enfin, les GOMORTÉGÉES ont des carpelles rapprochés les uns des autres et formant un noyau épais à plusieurs loges, noyau qui demeure intimement uni avec le péricarpe et constitue définitivement avec lui une drupe unique, couronnée par la cicatrice du périanthe.

Quant aux caractères qui n'ont pas été employés à distinguer les unes des autres. ces cinq séries, ils peuvent être actuellement rangés dans trois catégories.

1° Les uns sont constants et ne peuvent pas, par conséquent, servir à subdiviser ce groupe, mais seulement à le distinguer de certaines familles plus ou moins voisines. Ce sont : la forme concave du réceptacle floral, avec l'insertion périgynique du périanthe et de l'androcée, comme conséquence directe ; l'imbrication des folioles du périanthe et de l'androcée ; l'existence primitive de deux loges dans les anthères ; l'anatropie complète ou à peu près des ovules ; la direction du micropyle qui est toujours intérieur quand l'ovule est descendant, ou, ce qui revient au même, extérieur quand l'ovule est ascendant ; l'absence de stipules ; enfin la consistance des tiges, toutes les Monimiacées connues étant des arbres ou des arbustes, jamais des plantes herbacées.

2° D'autres caractères sont presque constants ; ils ne souffrent que de très-rares exceptions et se présentent le plus souvent dans des tribus ou des genres dont tous les autres traits se retrouvent dans les espèces où un de ces caractères presque absolus fait défaut. Telles sont : la disposition alterne des feuilles, qui n'existe que dans un seul *Tambourissa* [1] et dans deux espèces encore douteuses ou mal connues de la famille [2] ; la présence d'un ovule avorté à côté de l'ovule fertile, qui est à peu près constante, il est vrai, dans les Calycanthées, mais qui ne se retrouve pas constamment dans les *Hortonia*, et n'a été observée dans aucun des autres genres de la série des Hortoniées.

3° En dernier lieu, viennent des caractères qui varient très-fréquem-

---

1. Voy. p. 313, note 1.

2. L'une a été signalée par M. ASA GRAY (in *Journ. of Bot.*, IV, 83) comme appartenant probablement au groupe des Athérospermées. L'autre est une plante de la Nouvelle-Calédonie, que nous appellerons provisoirement *Amborella trichopoda*, et dont on ne connaît jusqu'ici que les fleurs mâles. Portées par un long pédicelle capillaire, chacune d'elles est, en très-petit, une fleur mâle d'*Hedycarya*, avec un réceptacle concave qui porte sur les bords un nombre variable (6-15) de folioles inégales, imbriquées, et, dans sa concavité, un nombre également variable (8-12) d'étamines formées chacune d'une anthère sessile, semblable à celles des *Hedycarya*, dressée, introrse, déhiscente par deux fentes longitudinales. Ces fleurs sont solitaires ou fasciculées, insérées sur le bois des rameaux ou dans l'aisselle des feuilles, qui sont irrégulièrement elliptiques ou ovales et largement crénelées.

ment, dont la présence ou l'absence sont à peu près aussi fréquentes l'une que l'autre, qui ne peuvent guère, par conséquent, servir qu'à distinguer les genres entre eux, ou tout au plus les sections d'un même genre. Ce sont : la présence de ponctuations glanduleuses et l'odeur aromatique des parties qui en est la conséquence ; la conformation des poils qui recouvrent la surface de certains organes, notamment celle des feuilles [1] ; la déhiscence des anthères par des lignes droites ou courtes, ou par des panneaux ; la direction introrse ou extrorse de ces lignes de déhiscence ; la présence ou l'absence de glandes à la base des filets staminaux ; la façon dont le réceptacle floral s'ouvre dans les fleurs mâles pour laisser échapper le pollen, ou dans les fruits pour que les carpelles deviennent libres, soit par des fentes longitudinales, soit par une solution de continuité transversale et circulaire, soit encore par une simple dilatation de l'orifice supérieur ; la consistance des diverses parties du fruit, soit de l'induvie, soit des péricarpes proprement dits [2] ; enfin la direction absolue des ovules et des graines, direction tantôt ascendante et tantôt descendante [3].

Au point de vue histologique, les organes de la végétation présentent une grande uniformité dans cette famille [4]. Les tiges et les rameaux sont cylindriques ou légèrement quadrangulaires. Leur écorce est toujours la portion la plus riche en substances odorantes dans les espèces aromatiques, et bien souvent elle est la seule partie qui en renferme. Le plus ordinairement, comme dans les *Peumus*, les *Hortonia*, certains *Mollinedia* et les Athérospermées, l'arome est dû à une matière oléo-éthérée qui est contenue dans le parenchyme cortical. Sa coloration, variant du jaune

---

1. Voy. p. 308, note 2, et p. 331.

2. Après A. L. DE JUSSIEU, M. TULASNE a basé sur ce caractère deux de ses tribus, les Athérospermées (*Achæniophoreæ*) ayant les fruits secs, et les Monimiées (*Drupaceæ*), dont les péricarpes sont en partie charnus. Nous avons montré (*Adansonia*, IX, 125) qu'il y a de nombreux passages entre les drupes et les achaines ; que les Calycanthées ont primitivement de véritables drupes à sarcocarpe mince ; que les *Siparuna* ont, pour ainsi dire, des demi-drupes, et que certaines Athérospermées ont plutôt des caryopses que des achaines. M. TULASNE a d'ailleurs fort bien vu (*Mon.*, 425) que les *Hortonia* servent de passage, par les caractères de leurs fruits, entre les Monimiacées proprement dites et les Athérospermées.

3. M. A. DE CANDOLLE (*op. cit.*, 641) s'est servi de ce caractère pour la distinction des cinq tribus qu'il admet dans la famille. Les *Tambourisseæ*, *Monimieæ* et *Hedycarieæ* ne comprendraient que des genres à ovules suspendus, tandis que les plantes comprises dans les groupes secondaires des *Atherospermeæ* et des *Siparuneæ* auraient les ovules dressés. Mais cette dernière tribu est évidemment hétérogène, car elle renferme, avec les *Siparuna*, dont l'ovule est ascendant, les *Palmeria*, dont l'ovule a la direction opposée. Nous avons dit (*Adansonia*, IX, 130) que les *Palmeria* sont à peine génériquement distincts des *Monimia*. MM. DECAISNE et LE MAOUT (*Traité gén. de Bot.*, 517) ont admis que la direction absolue entraîne un mode d'insertion spécial pour le style : « Ovule…, tantôt pendant, et *alors* style terminal ; tantôt dressé, et *alors* style latéral ou basilaire. » Les faits sont contraires à cette sorte de loi ; sur trois genres de la famille qui ont des ovules dressés, deux n'ont pas le style basilaire, mais bien terminal : ce sont les *Siparuna* et les *Atherosperma* (y compris les *Laurelia*).

4. TUL., *Mon.*, 282, IV. — OLIV., *the Struct. of the stem in Dicot.*, 30.

au brun rougeâtre, fait reconnaître sa présence dans un certain nombre
de cellules qui, tantôt ont des parois aussi minces que les cellules ambiantes, et tantôt s'épaississent comme les cellules scléreuses des Wintérées, et sont criblées de larges perforations. Le bois, ordinairement peu
résistant [1], des Monimiacées, se fait toujours remarquer par le grand
nombre, la largeur et la netteté des rayons cellulaires équidistants qui
partent de la moelle. Toutes ces parties sont formées de cellules à peu
près toutes égales entre elles, que nous avons vues toujours pleines de
grains de fécule et à parois finement ponctuées. Les faisceaux ligneux ne
possèdent aucun caractère bien spécial. Comme un certain nombre de
vaisseaux, les fibres sont ponctuées, et leurs ponctuations sont tantôt
circulaires et tantôt elliptiques, ou presque linéaires et transversales
(*Peumus*). Très-souvent aussi leurs orifices sont entourés d'une aréole de
même forme, mais peu étendue et bien moins prononcée déjà que celles
de la plupart des Magnoliacées. Ces pores servent donc de passage entre
les pores aréolés qu'on observe dans certaines familles et les perforations
ordinaires des fibres ou des vaisseaux. Leur nombre est considérable dans
certains vaisseaux des *Peumus* ou des *Hortonia*, et toute la paroi en est
couverte, sans qu'on puisse distinguer des séries verticales un peu nettes.
On peut rencontrer dans la même plante, et des ponctuations arrondies
ou elliptiques, et des pertuis en forme de fentes plus ou moins allongées.
Ce fait a été noté par M. TULASNE, qui a vu la paroi de certains vaisseaux
en partie détruite et découpée en mailles scalariformes ou cancellées.
D'après le même observateur, les fibres ligneuses sont allongées et
étroites, et l'étui médullaire renferme, comme de coutume, des vaisseaux spiraux. Ces derniers nous ont souvent paru fort peu nombreux.
Les axes des Calycanthrées présentent seuls une particularité remarquable, observée pour la première fois, en 1828, par B. MIRBEL [2], et qui

<hr>

1. Il y a des exceptions à faire pour certains
bois employés dans les constructions, notamment
pour ceux des Athérospermées (voy. p. 336).

2. *Note sur l'organisation de la tige d'un
très-vieux* Calycanthus floridus *du Potager royal
de Versailles*, in *Ann. sc. nat.*, sér. 1, XIV,
367, t. XIII. « Les quatre faisceaux offrent chacun
une enveloppe corticale qui lui est propre, des
couches ligneuses superposées les unes aux
autres, de gros vaisseaux distribués en séries
circulaires dans le bois, des rayons qui s'allongent
du centre à la circonférence, et un canal médullaire. » Ce fait a été reproduit et observé de
nouveau, ou commenté par un grand nombre
d'auteurs. LINK (in FROR. *Neue Notiz.*, XXXIV;
Flora (1845), 558) a étudié la composition de
ces faisceaux corticaux. METTENIUS (*Ein. Beob.
üb. d. Bau der Bignon.*, in *Linnæa* (1847),
580) les a vus apparaître dans les jeunes branches
comme quatre faisceaux libériens, isolés dans le
tissu cellulaire cortical. Vers l'axe de la branche
se forment d'un côté des vaisseaux spiraux, en
dedans desquels se développent des fibres ligneuses et des vaisseaux ponctués. A l'âge de
cinq ans, les faisceaux libériens ne sont pas
modifiés, tandis que le bois a doublé latéralement
de largeur. — Voy. encore : TREVIRANUS, *Phys.
d. Gewächs.* (1835), I, t. I, 10. — HENFREY, in
Ann. of nat. Hist., ser. 2, I, 125. — LINDL.,
Introd. to Bot., I, 209; *Veg. Kingd.*, 541. —
HARTIG, in *Bot. Zeit.* (1859), 109. — OLIVER,
op. cit., 13.

consiste dans l'existence de quatre faisceaux fibro-vasculaires corticaux, répondant aux angles de la tige ; ces faisceaux accessoires sont en rapport avec les feuilles décussées auxquelles les rameaux donnent insertion [1].

La couche épidermique est aussi le siége d'un certain nombre de modifications intéressantes. Elle porte souvent, aussi bien sur les axes que sur les appendices, des saillies, des rugosités, des poils ou des écailles. Il y a très-peu de Monimiacées qui soient complétement glabres. L'*Hedycarya arborea*, dont les surfaces paraissent très-lisses, a déjà quelques poils simples sur les jeunes rameaux et sur les nervures des feuilles. Dans les Calycanthées, ces poils simples sont tout à fait caractéristiques. Les cellules épidermiques qui les supportent [2] leur forment une base saillante et rude. Le poil lui-même, en forme d'ongle d'oiseau, conique et arqué, se couche parallèlement à la surface des feuilles, en dirigeant son sommet vers la pointe de l'organe ; il en résulte que la feuille ne paraît rugueuse qu'au doigt qui la frotte de haut en bas. Les feuilles du *Peumus Boldus* portent des poils analogues, mais moins épais et moins rigides ; les uns sont simples et les autres bifurqués, servant de transition vers les poils étoilés de certains *Siparuna*, des *Monimia* [3] et des *Palmeria*. Dans ces trois genres, les poils peuvent être formés d'un grand nombre de branches divergentes, toutes égales entre elles. Ailleurs le poil a l'air d'un poil simple dans sa partie supérieure, à cause du développement énorme que prend sa branche terminale. Les rayons latéraux, relativement très-courts, ne forment, près de sa base, qu'un très-léger renflement. Plusieurs *Siparuna* n'ont que des poils étoilés, sessiles ; d'autres présentent un soulèvement conique de la portion de l'organe qui supporte le poil, de façon que celui-ci rayonne au sommet d'un aiguillon plus ou moins saillant et rigide (fig. 356). Enfin quelques *Siparuna*, notamment le *Conuleum*, sont couverts de poils écailleux, peltés et rayonnés, tout à fait semblables à ceux des Elæagnées.

Affinités. — Les Monimiacées n'ont été rapprochées autrefois des Urticées, et notamment des Artocarpées, que par les botanistes qui ont confondu le réceptacle floral des *Tambourissa*, *Siparuna*, et autres genres voisins, avec le réceptacle, analogue de forme, qui appartient

---

1. Trevir., *Ueb. ein. Arten anomal. Holzbild. bei Dicotyl.*, in *Bot. Zeit.* (1847), 379. — Gaudich., in Guillem. *Arch. bot.*, II, 493. Cette relation est encore démontrée par ce fait que dans les branches anormales, où les feuilles deviennent alternes et disposées en spire suivant l'ordre $\frac{2}{5}$, il y a cinq de ces faisceaux accessoires dans l'écorce (voy. *Adansonia*, IX, 106).

2. Celles de la face supérieure de la feuille (voy. p. 295, note 1). Le développement de ces poils est bien plus prononcé dans les *Chimonanthus* que dans les *Calycanthus*.

3. M. Tulasne (*Mon.*, 275) admet, dans les feuilles des *Monimia* et dans celles des *Peumus*, l'existence de ces concrétions pierreuses que M. Weddell a nommées cystolithes.

à l'inflorescence totale des Figuiers. Ces auteurs considéraient donc à tort comme autant de fleurs mâles ou femelles les étamines et les carpelles que nous avons décrits comme faisant partie d'une seule fleur ; et, sous ce rapport, on voit que les Monimiacées avaient été assimilées aux Euphorbes [1]. Si l'on regarde, au contraire, les différents carpelles qu'on trouve réunis dans un seul et même réceptacle, comme les éléments d'un gynécée unique, les Monimiacées deviennent comparables aux *Polycarpicæ;* et c'est parmi ces dernières qu'il faut chercher leurs analogues, principalement parmi celles qui ont le réceptacle floral concave et les étamines périgynes, et chez lesquelles ce réceptacle forme autour d'un fruit multiple une enveloppe commune ou induvie. Les Rosées sont surtout dans ce cas [2] ; mais elles diffèrent sensiblement des Monimiacées, comme nous le verrons, par la disposition en verticilles des pièces de leur androcée, tandis que ces pièces sont fréquemment insérées dans l'ordre spiral parmi les *Polycarpicæ* à réceptacle convexe, telles que les Magnoliacées, Anonacées, etc. C'est pour cette raison, sans doute, que plusieurs auteurs contemporains [3] ont placé les Monimiacées dans le voisinage de ces groupes naturels ; en même temps que l'existence d'étamines à panneaux dans les deux groupes indiquait une parenté entre les Monimiacées et les Lauracées, parenté dont nous essayerons bientôt de démontrer toute la réalité.

D'après ce qui vient d'être dit de la disposition spirale des étamines dans les Monimiacées les plus élevées en organisation, s'il y avait, parmi les Polycarpicées à étamines non verticillées, un genre à réceptacle concave et à insertion périgynique, il servirait de transition entre les Monimiacées d'une part et les Magnoliacées et les Anonacées de l'autre. Deux types répondent à la question : celui des Eupomatiées [4] et celui des Calycanthées. Les *Eupomatia*, qui sont des Anonacées par leur embryon ruminé et leurs organes de végétation, ont le réceptacle concave des Monimiacées, et le fruit organisé comme celui des Siparunées et des Tambourissées, c'est-à-dire les véritables carpelles enfouis dans une induvie commune, formée par le réceptacle floral persistant et épaissi. Et si les *Eupomatia* n'ont pas les feuilles opposées des Monimiacées, caractère auquel on accordait autrefois une importance absolue, on sait aujourd'hui qu'il y a quelques *Tambourissa* à feuilles alternes [5] et tout

1. Voy. *Adansonia*, IX, 116.

2. Ad. Br., *Enum.*, ed. 2, 43. — A. Juss., in *Dict.* d'Orbigny, XII, 419, 422. — Endl., *Enchir.*, 658. — Lindl., *Veg. Kingd.*, 299, 300, 540. — Tul., *Mon.*, 285, 287.

3. Hook. f. et Thoms., *Fl. ind.*, I, 166. — B. H., *Gen.*, 15.

4. Voy. p. 250, 269. — H. Bn, in *Adansonia*, IX, 25.

5. Voy. p. 313, note 5, et p. 328.

à fait semblables, sous ce rapport, aux deux espèces d'*Eupomatia* connues. Personne ne méconnaît aujourd'hui les rapports intimes qui unissent les Magnoliacées aux Calycanthées, si bien qu'on peut dire que ces dernières sont des Magnoliacées à réceptacle concave et à étamines périgynes, et qu'en supposant le sommet organique de la poche réceptaculaire d'un *Calycanthus*, tiré de bas en haut et relevé jusqu'au-dessus de l'insertion des étamines, on obtiendrait à peu près la fleur d'une Magnoliée ou d'une Illiciée, suivant la saillie plus ou moins grande du réceptacle au-dessus de l'androcée. Les étroites analogies qu'on remarque entre les fleurs des Calycanthées et celles de plusieurs Monimiacées, la disposition semblable de leurs feuilles, les propriétés aromatiques des deux groupes, n'ont échappé à personne. Cependant la plupart des auteurs contemporains ont rejeté finalement le rapprochement des deux types, parce qu'ils ont cru voir une différence dans la signification morphologique du sac floral des Calycanthées et de celui des Monimiacées, le premier étant considéré comme un axe, le second comme la portion basilaire d'un calice, c'est-à-dire de la réunion d'un certain nombre d'organes appendiculaires. Or nous avons établi [1] que ce sac est de nature axile, aussi bien dans les Monimiacées que dans les Calycanthées, et cela parce qu'il porte dans les deux groupes les mêmes organes appendiculaires, et qu'il y a plusieurs genres de la famille des Monimiacées où il donne normalement insertion à des bractées identiques avec celles qu'on remarque en nombre plus considérable sur sa surface extérieure, dans la fleur des Calycanthées. La seule différence qu'il y ait réellement entre les deux groupes réside dans la structure intérieure de la graine ; et il y a beaucoup de familles naturelles où cette même différence se présente, sans qu'on puisse fonder sur elle autre chose qu'une division en tribus, qu'il n'est même pas toujours possible d'établir nettement.

Nous revenons maintenant aux Lauracées, par le groupe des *Gomortega* (*Adenostemum*), dont les organes de végétation sont ceux d'une Monimiacée, mais dont la fleur et le fruit, incomplétement étudiés jusque dans ces derniers temps, ont fait méconnaître la véritable place [2]. Avec la graine et l'androcée d'un grand nombre de Monimiacées, les *Gomortega* ont un gynécée pluricarpellé qui n'existe pas dans les véritables Lauracées. Mais les différents carpelles sont rapprochés dans la bourse réceptaculaire en un fruit unique dont le noyau est pluriloculaire. Le même fait existe, parmi les Rosacées dialycarpellées, dans plusieurs

<hr>

1. *Adansonia*, IX, 115.

2. Voy. pp. 324 et 325, n. 1.

représentants du groupe secondaire des Poiriers, sans qu'on songe à écarter ces derniers du reste de la famille. Cela ne veut pas dire qu'il n'y ait pas entre les *Gomortega* et les Lauracées de très-étroites affinités. Celles-ci sont, au contraire, démontrées par les faits que nous venons d'établir ; et, comme nous l'avons dit ailleurs [1], « il y aurait lieu, dans un classement aussi naturel que nous le permettent nos connaissances actuelles, de décrire à la suite des Monimiacées les Lauracées comme des types à insertion périgynique moins prononcée, quoique incontestable, et à gynécée unicarpellé, comme sont, parmi les Rosacées, les genres de la tribu des Prunées. Quand une Lauracée à feuilles opposées, aromatiques, à réceptacle en forme de poche, enveloppant totalement le fruit, à étamines valvicides, est observée à l'époque de la maturité de sa graine, elle ne présente, avec une Monimiacée dont un seul carpelle serait fertile, qu'une seule différence dans la structure même de cette graine : l'absence d'un albumen ; et encore ce caractère n'est-il pas absolu, si l'on comprend dans la famille des Lauracées, à l'exemple de plusieurs auteurs, le groupe des Adénostémées. La série naturelle qu'on pourra donc dérouler ici, quand l'étude aura abaissé les barrières que l'habitude élève entre les Polypétales et les Apétales, sera celle dont le type le plus parfait est représenté par les *Calycanthus* et les Athérospermées hermaphrodites, et qui, passant par les autres Monimiacées, irait finir vers les plus dégradées en organisation des Lauracées à fleurs unisexuées. »

La distribution géographique [2] des Monimiacées n'est pas très étendue en latitude. Elles habitent, au sud, depuis l'équateur jusqu'au 50e degré environ, et il en est de même à peu près au nord, quoique les véritables Monimiacées s'arrêtent vers le 25e degré de latitude septentrionale, et que la zone qui s'étend du 30e au 50e degré ne soit plus occupée que par les Calycanthées : en Amérique les *Calycanthus*, et en Asie les *Chimonanthus*. Sur les treize genres connus, il y en a huit qui n'appartiennent jusqu'ici qu'à l'hémisphère austral, et trois à l'hémisphère boréal. Les deux autres sont communs aux deux hémisphères : ce sont les genres *Mollinedia* et *Siparuna* ; mais ils n'ont été observés qu'à une vingtaine de degrés au-dessus de l'équateur. Comme espèces, les Monimiacées sont bien plus abondantes dans le nouveau monde que dans l'ancien ; car,

---

1. *Adansonia*, IX, 120.   313 ; *Enchir.*, 196. — LINDL., *Veg. Kingd.*,
2. TUL., *Mon.*, 290, VI. — ENDL., *Gen.*,   299, 300.

sur cent quarante-deux espèces distinctes, connues jusqu'à ce jour, cent appartiennent à l'Amérique, principalement au Chili, au Pérou, à la Colombie, à la Guyane et au Brésil. L'Amérique du Nord, y compris les Antilles, n'en possède qu'une dizaine d'espèces. Les deux genres *Atherosperma* et *Mollinedia*, tels que nous les avons limités, appartiennent à la fois aux deux mondes. Le nouveau produit seul les quatre genres *Siparuna*, *Peumus*, *Gomortega* et *Calycanthus*; tandis que les sept genres *Tambourissa*, *Monimia*, *Palmeria*, *Hortonia*, *Hedycarya*, *Doryphora* et *Chimonanthus* sont jusqu'ici propres à l'ancien monde. Il n'y a aucune Monimiacée en Europe, et l'Asie en possède deux genres dont l'aire est très-limitée : les *Chimonanthus*, qui ne sont spontanés qu'au Japon, et les *Hortonia*, qui n'ont encore été observés qu'à Ceylan. L'Océanie, en y comprenant l'Australie et les îles de la Sonde, possède six genres, dont trois lui sont propres, savoir, les *Hedycarya*, *Palmeria* et *Doryphora*. Les genres *Atherosperma*, *Tambourissa* et *Mollinedia* lui sont communs avec d'autres parties du globe. On ne connaît toutefois qu'un *Tambourissa* à Java ; tous les autres appartiennent aux îles Mascareignes et à l'archipel de Madagascar. Tous les *Monimia* sont dans le même cas. L'Amérique a aussi des genres à aire géographique très-restreinte, principalement les *Peumus* et les *Gomortega*, qu'on n'a observés qu'au Chili. Les *Calycanthus* sont tous originaires de l'Amérique du Nord. Il est probable que le plus grand nombre de Monimiacées qui reste à découvrir, appartient aux îles de la Mélanésie et de la Polynésie ; on en connaît déjà à la Nouvelle-Calédonie [1] trois ou quatre espèces [2].

Les usages des Monimiacées [3] sont peu nombreux. Plusieurs d'entre elles sont remarquables par leur odeur aromatique et sont tout à fait analogues, sous ce rapport, aux Lauracées, dont elles sont si voisines au point de vue de l'organisation. Ce parfum, dû à une huile essentielle volatile, est surtout développé dans les feuilles et dans l'écorce des Athérospermées. L'*Atherosperma moschata* Labill. remplace le thé pour certains colons australiens [4]. Son écorce, soit fraîche, soit sèche, sert à préparer une décoction dont le goût est agréable ; elle se prend avec du lait comme boisson excitante, apéritive. Le *Doryphora Sassafras* Endl. est aussi une plante très-odorante ; son bois sent, dit-on, le Fenouil : on l'a employé

---

1. *Adansonia*, IX, 128, 132.
2. On a signalé plusieurs Monimiacées fossiles (voy. Unger, in Seem. *Journ. of Bot.* (1865), 64.
3. Endl., *Enchir.*, 196, 657. — Lindl., *Veg. Kingd.*, 299, 300, 541. — Tul , *Mon.*, 290. — Rosenth., *Syn. pl. diaphor.*, 227, 232, 951, 1111.
4. Backh., ex Lindl., *op. cit.*, 300. — Tul., *Mon.*, 291. — Hook. f., *Fl. N.-Zeal.*, I, 218. — H. Bn, in *Dict. encycl. des sc. médic.*, VI, sér. 1.

en Australie comme carminatif. L'*A*. (*Laurelia*) *sempervirens* est aromatique, stimulant. Son écorce est usitée au Chili dans les préparations culinaires, et son fruit y sert aux mêmes usages que la Muscade, dont il a à peu près l'odeur [1]. Comme plante aromatique, le *Boldu* (*Peumus Boldus* Mol.) est la plus connue en Amérique des espèces de cette famille [2]. Ses feuilles rappellent, par leur parfum, certaines Labiées. Myrtacées et Lauracées. On en prépare des infusions qui facilitent la digestion et se prescrivent comme toniques, carminatives, diaphorétiques. Une décoction vineuse de ces feuilles guérit les céphalalgies, les douleurs d'estomac. On les préfère au Laurier, dans les cuisines chiliennes, pour épicer les aliments. Les feuilles, réduites en poudre, servent de sternutatoire. Les fruits sont comestibles; les indigènes en recherchent le mésocarpe parfumé. Ils mangent également celui du *Keule* (*Adenostemum nitidum* Pers.). Plusieurs *Siparuna* sont trèsaromatiques, mais peu employés. Le *S. guianensis* sert, sous le nom de *Vulnéraire*, à préparer des infusions quelquefois prescrites à Cayenne [3]; les *S. brasiliensis* et *alternifolia* au Brésil [4], les *S. dentata* et *piricarpa* au Pérou, et le *S. petiolaris* à la Nouvelle-Grenade, sont cités comme des espèces aromatiques. Le nom du *S. Thea* [5] indique les propriétés d'une espèce brésilienne de la province de Sainte-Catherine.

Les Calycanthées ont des fleurs à odeur accentuée qui, dans la plupart des Calycanthes, rappelle celle de certains fruits, la pomme, l'ananas, le melon, etc. L'écorce est aussi fort aromatique. Celle du *C. floridus* L. se substitue en médecine à la cannelle (*Carolina Allspice*), comme tonique, stimulante, apéritive et digestive. L'écorce de la racine à l'odeur du camphre. On ne retrouve pas le même arome, mais bien une saveur particulière, âcre et mordante, dans l'écorce et les feuilles du *Chimonanthus præcox* [6]. On connaît le parfum suave de ses fleurs épanouies en plein hiver.

Quelques bois, fournis par des Monimiacées, sont également odorants, et sont, pour cette raison, recherchés dans la construction des habitations, notamment, au Chili, le bois brunâtre du *Boldu*, et le bois d'un jaune ou d'un blanc verdâtre de l'*Atherosperma sempervirens*. Les *A. Novæ-Zelandiæ* et *moschata* servent aux mêmes usages dans leur pays. Le tronc de ce dernier atteint des dimensions énormes: c'est un

1. H. Bn, in *Dict. encycl. des sc. méd.*, sér. 2, I.
2. Feuill., *Hist. pl. med. peruv. et chil.*, 11.
— R. et Pav., *Syst. veg. fl. per. et chil.*, 1, 254, 268, 269. — Bertero, in *Merc. chil.* (1829), 685.

3. Aubl., *Guian.*, II, 865, t. 333.
4. Mart., *Fl. brasil., Monimiac.*, 325.
5. Seem., *Journ. of Bot.*, II (1864), 343.
6. Kæmpfer, *Amœn. exot.*, 878, t. 879. Les Japonais nomment cet arbuste *Obai* ou *Robai*.

bel arbre, haut d'une cinquantaine de mètres, large en diamètre de deux mètres et plus, ramifié comme un Pin, d'un aspect magnifique. Son bois sert à la fabrication des navires. Celui des Monimiacées inodores n'est recherché que pour l'ébénisterie, la charpente. Le *Tambourissa quadrifida* est le *Bois Tambour* ou *Tamboul* des îles Mascareignes. Le *T. vestita* est le *Bois Gilet* de Bourbon. Le *T. religiosa* sert, à Madagascar, à fabriquer des cercueils auxquels on accorde la propriété de conserver les corps. Il paraît que plusieurs espèces de ce genre produisent une gomme ou gomme-résine odorante. Les fruits du *T. quadrifida* et autres portent les noms vulgaires de *Pomme Jacot, Pot-de-chambre Jacot* et *Pomme de singe.* Leurs drupes ont un mésocarpe rouge dont la chair est mangée par les oiseaux et dont le suc peut servir de matière colorante, à l'instar du rocou [1]. On a souvent reçu, en Europe, des îles Mascareignes et de Madagascar, des baguettes d'un bois dit *à allumer*, avec lesquelles on peut en effet obtenir du feu en les frottant énergiquement l'une contre l'autre. Leur ligneux peu solide, d'un jaune pâle, parcouru par des rayons médullaires très-réguliers, et leur moelle spongieuse, abondante, semblent indiquer que, malgré les doutes exprimés à cet égard, ce *Bois à allumer* est bien celui d'un *Tambourissa.*

1. FLAC., *Hist. de la grande île de Madagascar*, 133.

GENERA

I. CALYCANTHEÆ.

1. Calycanthus L. — Flores hermaphroditi regulares; receptaculo urceolato crasso; foliolis perianthii ∞ , ordine spirali receptaculi faciei externæ faucique insertis; exterioribus infimis brevibus bracteiformibus remotis; superioribus autem sepaloideis; interioribus demum petaloideis coloratis majoribus; præfloratione imbricata. Stamina ∞ , ordine spirali fauci intus inserta; exteriora (10-15) fertilia; filamentis liberis; antheris basifixis apiculatis 2-locularibus, extrorsum 2-rimosis; interiora sterilia brevia. Gynæcei carpella ∞ , intra cavitatem receptaculi inserta, libera; ovario 1-loculari, in stylum gracilem apice stigmatosum attenuato; ovulis 2, imo angulo interno insertis, demum subsuperpositis, adscendentibus; micropyle extrorsum infera; raphe ventrali; altero demum abortivo. Achænia (nonnunquam subdrupacea) ∞ , receptaculo herbaceo-subcarnoso extus apiceque cicatricibus bractearum delapsarum notato inclusa; filamentis staminum incrassatis faucem circumdantibus; induvie demum apice aperta. Semina in pericarpiis singulis solitaria erecta; embryonis recti cotyledonibus late foliaceis convolutis; albumine 0 v. parco centrali.—Frutices aromatici; foliis oppositis exstipulaceis; floribus, aut axillaribus solitariis paucisve cymosis, aut terminalibus. (*America bor.*) — *Vid. p.* 289.

2. Chimonanthus LINDL. — Flores *Calycanthi;* receptaculo minus concavo; foliolis perianthii ∞ ; interioribus minoribus intermediisque majoribus inter se discoloribus; exterioribus autem brevissimis scariosis siccisve bracteiformibus, ordine spirali imbricatis. Stamina fertilia pauca (plerumque 5, 6); interiora sterilia post anthesin incrassata receptaculique faucem claudentia. Gynæceum, fructus et semina *Calycanthi.* — Frutex; foliis caducis; floribus axillaribus ante folia ortis. Pedunculi breves bracteis ∞ , foliolis exterioribus perianthii conformibus decussatim imbricatis, onusti. (*Japonia.*) — *Vid. p.* 293.

II. HORTONIEÆ.

3. **Hortonia** Wight. — Flores polygami (*Chimonanthi*) ; receptaculo plus minus profunde urceolato ; foliolis perianthii ∞ , ordine spirali ostio insertis, imbricatis ; exterioribus brevioribus sepaloideis ; interioribus autem majoribus petaloideis accrescentibus. Stamina ∞ , aut abortiva omnia, aut exteriora pauca (4-10) fertilia ; filamentis intra perianthium receptaculo insertis brevibus, basi glandulis 2 lateralibus stipitatis munitis ; antheris 2-locularibus, extrorsum rimosis. Carpella ∞ , libera, imo receptaculo inserta, aut sterilia, aut fertilia ; ovario 1-loculari in stylum linearem apice stigmatosum attenuato ; ovulo, aut 1, descendente ; micropyle introrsum supera ; raphe ventrali, aut rarius 2 ; altero minimo abortivo. Fructus drupacei ∞ , liberi, basi receptaculi perianthiique vestigiis exsiccatis irregulariter laceris muniti ; putamine duro 1-spermo. Semen pendulum ; albumine copioso carnoso oleoso ; embryone minuto inverso obliquo ; cotyledonibus paulo divergentibus ; radicula supera. — Frutices aromatici ; foliis alternis exstipulaceis pellucide punctulatis ; floribus axillaribus cymosis. (*Zeylania.*) — *Vid. p.* 295.

4. **Peumus** Mol. — Flores diœci (*Hortoniæ*) ; receptaculo subcampanulato ; perianthii foliolis ∞ , imbricatis ; exterioribus paucis (4-6) sepaloideis ; interioribus petaloideis (5-8) elongatis patentibus. Stamina ∞ , in flore masculo fertilia ; filamentis intus receptaculo insertis liberis, glandulis 2, lateralibus planiusculis auctis ; antheris 2-locularibus, introrsum rimosis. Carpella in flore masculo 0, v. minuta abortiva, in flore fœmineo fertilia pauca (2-5) imo receptaculo inserta, staminodiis ∞ , perigynis cincta ; ovario 1-ovulato ; ovulo pendulo ; micropyle introrsum supera. Drupæ 1-5, basi receptaculi persistente cupuliformi intus setigera cinctæ ; perianthio post anthesin circumcisse deciduo ; mesocarpio parce carnoso ; endocarpio crasso durissimo. Semen *Hortoniæ*; embryonis inversi cotyledonibus valde divergentibus. — Arbuscula sempervirens aromatica ; foliis oppositis verruculoso-pilosis ; floribus cymoso-racemosis terminalibus axillaribusve. (*Chili.*) — *Vid. p.* 298.

5. Hedycarya FORST. — Flores diœci; receptaculo late cupuliformi v. patelliformi; perianthii foliolis ∞ , plus minus inter se basi connatis, aut bracteiformibus, imbricatis, aut vix conspicuis in cupulam brevem subintegram sinuatamve confusis. Stamina (∞ in flore fœmineo 0); filamentis brevissimis subnullisve erectis; antheris 2-locularibus, introrsum lateraliterve rimosis; connectivo ultra loculos, aut vix prominulo apiculatove, aut apice dilatato-truncato, obliquo transversove, rarius subpetaloideo. Carpella in flore masculo 0, in fœmineo ∞ , in toro acervata libera sessilia; stylo forma vario; ovulo 1 (*Peumi*). Drupæ ∞ , liberæ receptaculo concaviusculo convexiusculove insertæ, sæpius stipitatæ; semine pendulo (*Hortoniæ*). — Arbusculæ fruticesve sempervirentes; foliis oppositis; floribus axillaribus cymosis v. racemosis. (*Australia, Oceania ins.*) — *Vid. p.* 300.

6. Mollinedia R. et PAV.— Flores monœci diœcive; receptaculo forma vario plus minus concavo; perigonio sacciformi, extus nudo v. bracteas paucas gerente, apice plus minus profunde, plerumque 4, rarius 5, 6-lobo; lobis imbricatis, demum expansis; perigonio rarius profunde 4-fido; sinubus nempe fissis. Squamæ 0, v. rarius paucæ (staminodia?) fauci insertæ inflexæ. Stamina 4-40, intus ab ore ad imum receptaculum inserta verticaliter ∞ - serialia, aut fertilia omnia, aut exteriora 1, 2 squamæformia; filamentis brevissimis v. subnullis, erectis liberis; antheris hippocrepicis; loculis 2, linearibus lateralibus, longitudine dehiscentibus; rimis demum apice confluentibus. Floris fœminei perigonium circumcisse haud procul a basi sacci sectum delapsumque. Carpella ∞ , receptaculi fundo demum persistente cupuliformi inserta, libera, inclusa; ovario 1-loculari; ovulo 1 (*Hedycaryæ*); stylo forma vario ad apicem stigmatoso caduco. Fructus *Hedycaryæ*. — Arbores fruticesve; foliis oppositis v. rarius verticillatis; floribus plerumque cymosis; cymis terminalibus axillaribusve, 2-pluriparis v. rarius 1-paris, sæpe paucifloris, rarissime 2-1-floris. (*America trop. et subtrop., Australia., Arch. ind., Malacassia.*) — *Vid. p.* 302.

7. Monimia DUP.-TH. — Flores diœci; receptaculo masculorum sacciformi ovoideo fauce constricto perianthium minimum 4-6-merum gerente, serius irregulariter 4-6-partitum. Stamina ∞ , intus sacco inserta; filamentis liberis inflexis, demum erectis, basi glandulis 2 lateralibus stipitatis munitis; antheris basifixis intus extusve aut lateraliter longitudine 2-rimosis. Floris fœminei perigonium haud fissum, demum

carnosum circa fructus incrassatum. Ovaria, aut pauca (4-6), aut ∞ , receptaculi fundo piloso inserta sessilia libera ; ovulo 1 (*Mollinediæ*); stylo
gracili terminali, apice stigmatoso ore angusto perianthii exserto. Drupæ
∞ , receptaculo tandem lacerato liberæ 1-spermæ. Semina *Mollinediæ*.
—Frutices pube plerumque stellata induti ; foliis oppositis ; floribus
axillaribus cymosis. (*Ins. Afric. austr. orient.*) — *Vid. p.* 307.

8. **Palmeria** F. Muell.— Flores diœci. Floris masculi perianthium 4-
8-merum receptaculo pateriformi insertum ; foliolis inflexis imbricatis.
Stamina ∞ , receptaculo concavo conferte inserta ; filamentis brevissimis liberis erectis ; antheris elongatis basifixis 2-locularibus, introrsum
2-rimosis. Flores fœminei, fructus et semina *Monimiæ*. — Frutex scandens ; foliis oppositis ; floribus axillaribus cymosis (*Australia*). —
Vid. p. 309.

III. TAMBOURISSEÆ.

9. **Tambourissa** Sonner. — Flores monœci diœcive. Floris masculi
receptaculum ficiforme, ore apicali perianthium minimum 4-6-merum
gerens, plerumque demum ab apice ad basin subæquali v. inæquali-4-
6-fissum partitumve, intus staminiferum. Stamina ∞ , libera ; filamentis
brevibus, demum erectis ; antheris basifixis 2-locularibus ; loculis adnatis,
longitudine lateraliter extrorsumve, rarius subintrorsum rimosis. Floris
fœminei receptaculum paulo crassius ; ore latiore ; perianthii foliolis ∞ ,
brevissimis, adultis vix conspicuis. Carpella ∞ , foveolis receptaculi pro-
fundis recondita ; ovario in stylum apice producto ; capite stigmatoso
intus receptaculo prominulo, libero ; ovulo 1 in ovariis singulis pendulo ; micropyle introrsum supera ; funiculo elongato, infra in obtu-
ratorem conoideum supra micropylem dilatato. Drupæ ∞ , receptaculi
incrassati, apice aperti, foveolis inclusæ ; mesocarpio tenui ; putamine
tenui monospermo ; semine pendulo ; albumine copioso carnoso-oleoso ;
embryonis subapicalis radicula supera. Drupæ, receptaculo demum
inæquali-rupto fissove, liberæ. —Arbores fruticesve ; foliis oppositis, rarius alternis ; floribus terminalibus axillaribusve, solitariis racemosisve,
rarius cymosis. (*Africæ austr. or. ins., Java.*) — *Vid. p.* 310.

10. **Siparuna** Aubl. — Flores diœci v. rarius monœci ; receptaculo
forma vario, plerumque piriformi v. obovoideo, ad faucem plus minus

constricto ibique velo interno plus minus alte conico, apice ostiolato coronato, extus foliolis perianthii ∞ (sæpius 4-8) munito. Stamina in flore fœmineo 0 (rarissime sterilia v. in floribus paucis abnormibus fertilia), aut pauca (3-6), aut ∞, intus receptaculo plus minus alte inserta; filamentis sæpius membranaceis, aut liberis aut poly v. rarius monadelphis; antheris sub apice filamenti introrsis 2-locularibus; loculis a basi ad apicem valvatim dehiscentibus, valvis 2 demum in unum confluentibus. Staminodia ∞, exteriora, v. 0. Carpella ∞, rarius pauca (1-5), singula in singulis receptaculi loculis recondita; ovario libero, basi plus minus obliqua lataque receptaculo intus inserto, 1-loculari, apice in stylum per canaliculum veli exsertum, apice stigmatosum, sensim attenuato; ovulo 1, subbasilari adscendente; micropyle extrorsum infera; raphe ventrali. Baccæ receptaculo septato demum subsicco v. baccato, extus lævi, pilosove, rarius echinato inclusæ; mesocarpio sæpius incompleto, apice crasso carnoso, basi membranaceo; putamine osseo lævi, rugoso echinatove. Seminis erecti albumen copiosum; embryo rectus; radicula infera. — Arbores fruticesve aromatici; foliis oppositis v. rarius verticillatis glandulosis, pube simplici stellatave, rarius squamosa obsitis; floribus cymosis; cymis solitariis geminatisve, sæpius axillaribus, aut 2-pluriparis, aut abortu 1-paris insymmetricis, hinc unisexualibus, inde rarius 2-sexualibus; floribus masculis extremis. (*America trop. et subtrop.*) — *Vid. p.* 314.

IV. ATHEROSPERMEÆ.

11 ?. Doryphora ENDL. — Flores polygamo-diœci; receptaculo infundibuliformi; perianthii foliolis 6-8, sub-2-serialibus, imbricatis; interioribus petaloideis. Stamina ∞, intus sub perianthio perigyne inserta; interiora ∞, sterilia; exteriora pauca (4-10) fertilia; filamentis liberis brevibus, basi glandulis 2 lateralibus auctis; antheris basifixis 2-locularibus extrorsis; loculis adnatis a basi ad apicem valvatim dehiscentibus; connectivo lateraliter supra loculos prominulo, apice in caudam longissimam subulatam producto. Staminodia interiora ananthera. Carpella ∞, fundo receptaculi inserta libera, in floribus masculis sterilia; ovario fertilium stipitato 1-loculari; stylo angulo dorsali plus minus alte inserto lineari, apice stigmatoso; ovulo 1, subbasilari erecto; micropyle extrorsum infera. Fructus ∞, sicci (caryopsoidei) receptaculo incrassato lignoso, demum longitudinaliter inæquali-fisso inclusi, anatropi (v. campylotropi); stylo plus minus persistente basilari; pericarpio tenui pilis elongatis extus onusto; albumine copioso carnoso; embryonis recti v. incurvi radicula infera. — Arbores aromaticæ; foliis oppositis serratis crenatisve; cymis axillaribus terminalibusve. (*Australia.*) — *Vid. p.* 317.

12. **Atherosperma** Labill.—Flores monœci diœcive; receptaculo sacciformi lageniformive plus minus concavo; perianthii foliolis ∞ (5-15), 2 v. pluriserialibus, imbricatis; interioribus petaloideis. Stamina ∞, in floribus fœmineis sterilia linearia, in masculis hermaphroditisve fertilia, fauci inserta libera; filamentis basi squamis 2, lateralibus auctis; antheris basifixis 2-locularibus; loculis adnatis extrorsum a basi ad apicem valvatim dehiscentibus; connectivo apice truncato. Carpella ∞, in floribus masculis sterilia; fertilium ovario libero 1-loculari, apice in stylum linearem elongato; ovulo 1, subbasilari anatropo; micropyle extrorsum infera. Achænia ∞; stylo persistente plumoso, receptaculo indurato ampliato lageniformi sub apice v. a basi ad apicem cicatricibus bractearum delapsarum remote notato inclusa; perigonio demum apice dilatato v. ab apice ad basin inæquali-2-4-fisso libera; pericarpio tenui plus minus semini adhærente; albumine copioso oleoso; embryonis minuti recti radicula infera.— Arbores aromaticæ; foliis oppositis; floribus axillaribus cymosis solitariisve; bracteis 2 oppositis sub receptaculo insertis florem primo amplectentibus, demum deciduis. (*Chili*, *Australia*, *Nova-Zelandia*, *Nova-Caledonia?*) — *Vid. p.* 319.

V. GOMORTEGEÆ.

13. **Gomortega** R. et Pav. — Flores hermaphroditi; receptaculo sacciformi, extus nudo; perianthii foliolis 8-10, inæqualibus, imbricatis, deciduis. Stamina 8-10, fauci inserta, aut fertilia omnia, aut sterilia nonnulla; filamentis liberis inæqualibus, basi glandulis 2 lateralibus stipitatis præditis; antheris basifixis 2-locularibus; loculis introrsis, valvicide a basi ad apicem dehiscentibus; connectivo ultra loculos plus minus producto. Carpella 2, 3; disco supra ovaria receptaculo adnato secundum faucem incrassato; stylis liberis erectis, apice acuto stigmatosis. Ovula in ovariis singulis solitaria descendentia; micropyle introrsum supera; raphe dorsali. Fructus drupaceus e carpellis 2, 3, receptaculo adnatis

constans; mesocarpio carnoso tenui; putamine osseo durissimo crassis-
simo, 2, 3-loculari; loculis 1, 2 effœtis. Semen pendulum; integumentis
membranaceis; albumine copioso carnoso-oleoso; embryonis fere api-
calis·radicula supera; cotyledonibus membranaceis inferioribus. — Arbor
aromatica; foliis oppositis exstipulaceis; floribus racemosis axillaribus
terminalibusve. (*Chili.*) — *Vid. p.* 323.

HISTOIRE DES PLANTES

———

MONOGRAPHIE

des

ROSACÉES

PARIS. — IMPRIMERIE DE E. MARTINET, RUE MIGNON, 2.

HISTOIRE DES PLANTES

MONOGRAPHIE

DES

ROSACÉES

PAR

H. BAILLON

PROFESSEUR D'HISTOIRE NATURELLE MÉDICALE A LA FACULTÉ DE MÉDECINE DE PARIS

ILLUSTRÉE DE 153 FIGURES DANS LES TEXTES

DESSINS DE FAGUET

PARIS

LIBRAIRIE DE L. HACHETTE ET Cie

BOULEVARD SAINT-GERMAIN, N° 77

LONDRES, 18, KING WILLIAM STREET, STRAND. — LEIPZIG, 3, KÖNIGSSTRASSE

1869

Réserve de tous droits.

VI

ROSACÉES

I. SÉRIE DES ROSIERS.

Les Rosiers [1] (fig. 373-378) ont les fleurs régulières et hermaphrodites. Le pédoncule floral se dilate à son sommet, comme dans la plupart des Monimiacées, en un réceptacle creux, en forme de bourse ou de

Rosa pimpinellifolia.

Fig. 373. Port.

gourde, ventrue, globuleuse, ou plus ou moins allongée. Sur les bords de l'ouverture étroite [2] qui représente la base organique du réceptacle, s'insèrent le périanthe et l'androcée, tandis que vers son fond, qui répond

1. *Rosa* T., *Inst.*, 636, t. 408. — L., *Gen.*, n. 631. — Adans., *Fam. des pl.*, II, 294. — J., *Gen.*, 335, 452. — Lamk, *Dict.*, VI, 275; Suppl., IV, 708; *Ill.*, t. 440.—DC., *Prodr.*, II, 597. — Spach, *Suit. à Buffon*, II, 8. — Endl., *Gen.*, n. 6357. — B. H., *Gen.*, 625, n. 60.

2. En général, ce bord est plus dilaté que le goulot court qui est un peu au-dessous de lui et

au sommet organique, se groupent les éléments du gynécée. Le calice est formé, en général [1], de cinq folioles, plus ou moins dissemblables,

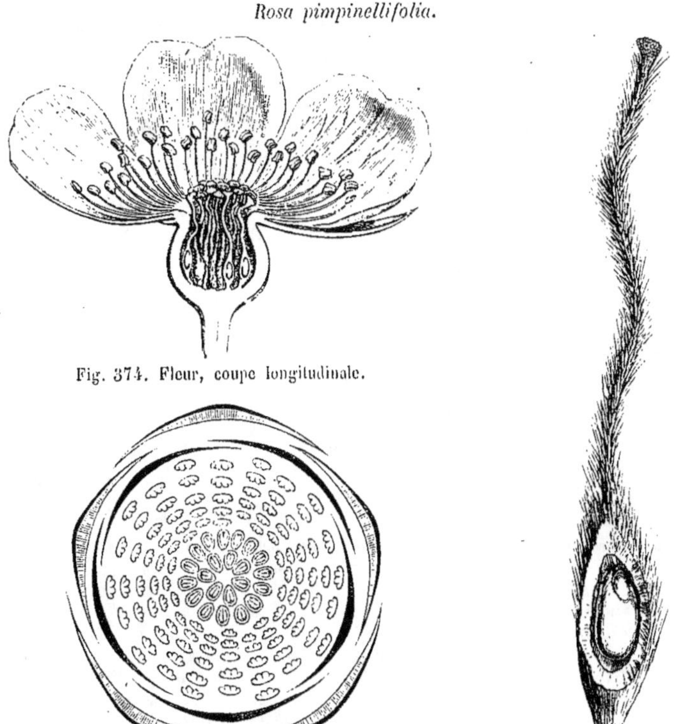

Fig. 374. Fleur, coupe longitudinale.

Fig. 375. Diagramme.

Fig. 376. Carpelle ouvert.

libres et disposées dans le bouton en préfloraison quinconciale [2]. Les pétales sont en même nombre que les sépales, alternes avec eux, pour-

au niveau duquel se trouve le point le plus rétréci du réceptacle. C'est la poche réceptaculaire que dans beaucoup de descriptions, presque toutes anciennes, on considère comme la portion adhérente et infère du calice. La surface extérieure de cette poche est, tantôt glabre, tantôt chargée de poils ou même d'aiguillons; elle porte accidentellement une ou quelques bractées, dont la présence démontre sa nature axile. Celle-ci est encore confirmée par les nombreux exemples de Roses monstrueuses, décrites ou figurées depuis deux siècles, et où le réceptacle reprend plus ou moins la forme d'un rameau ordinaire, se prolongeant au delà des appendices floraux normaux, pour porter une autre fleur terminale, ou montrant à différents niveaux des rameaux latéraux prolifères. On comprend que la nature de cet ouvrage ne nous permette pas d'insister sur ces faits tératologiques, d'ailleurs très-intéressants,

et qui, surtout depuis GOETHE, ont servi à expliquer la valeur morphologique des divers organes axiles ou appendiculaires qui entrent dans la formation d'une fleur.

1. Le nombre cinq est normal dans les *Rhodophora* (NECK., *Elém.*, n. 748 ; — ENDL., *loc. cit.*, b). Il y a rarement quatre sépales; ce nombre caractérise le sous-genre *Rhodopsis* (ENDL., *loc. cit.*, a), et plus rarement encore six.

2. On sait que les bords enveloppés sont plus simples, plus entiers, plus membraneux et, en général, moins verts que les bords enveloppants, lesquels sont ordinairement frangés, découpés, pinnatifides ou pinnatiséqués. Plus ces derniers sont développés et divisés, plus ils ressemblent aux feuilles caulinaires. En somme, un sépale est ici le représentant d'une feuille dont la portion inférieure surtout se serait développée (voy. PAYER, *Elém. de Bot.*, 151, fig. 264-269).

vus d'un onglet court, et imbriqués de même dans la préfloraison. L'androcée se compose d'un grand nombre d'étamines, insérées, *par verticilles*[1], vers le contour d'un disque glanduleux qui tapisse la face interne du réceptacle[2] et qui se termine par un bord plus ou moins épaissi au-dessous de l'insertion du périanthe. Chaque étamine est formée d'un filet grêle, libre, infléchi ou chiffonné dans le bouton, et d'une anthère à deux loges, introrse et plus ou moins versatile, déhiscente par deux fentes longitudinales[3]. Les carpelles, en nombre indéfini, indépendants les uns des autres, présentent un ovaire sessile ou stipité, uniloculaire, surmonté d'un style qui continue l'angle interne de l'ovaire, est parcouru, comme lui, en dedans, par un sillon longitudinal, et se termine par une tête stigmatifère plus ou moins renflée. Tantôt ces sommets des styles sont écartés les uns des autres ; tantôt au contraire ils se collent tardivement entre eux, de manière à simuler une colonne unique. Dans l'angle interne de l'ovaire, on observe un placenta pariétal et longitudinal, qui supporte un ovule inséré vers sa partie supérieure, descendant, anatrope,

---

1. Quant à leur disposition, ce sont des étamines de *Rosacée*, dont le nombre est indéfini ; et lorsque nous emploierons ce mot, pour abréger, il faudra toujours se reporter à ce que nous allons établir sommairement ici relativement à l'agencement *en verticilles* de l'androcée, dans cette famille. L'étude organogénique peut seule montrer avec netteté la situation exacte des diverses étamines, et elle a été faite pour les principaux types génériques, par PAYER (*Traité d'organ. comp. de la fleur*, 494-516, t. c-cm). Il y a des Rosacées isostémones, ayant par conséquent un seul verticille de cinq étamines superposées, ou aux sépales (*Sibbaldia*), ou aux pétales (*Chamærhodos*). D'autres ont un androcée diplostémone, avec un verticille d'étamines superposées aux sépales, et un autre d'étamines oppositipétales (*Horkelia, Quillaja*, etc.). Mais la diplostémonie peut avoir une autre origine, et dix étamines peuvent se trouver placées sur un seul verticille et par paires superposées chacune à un sépale ou à un pétale (*Agrimonia*), c'est-à-dire que ce verticille décamère est dû à un phénomène de dédoublement. Il arrive encore que l'on peut observer quinze étamines avec cinq pétales, parce que cinq d'entre elles sont superposées, soit aux pétales, soit aux sépales, et dix, par paires, aux pétales ou sépales ; ou vingt étamines, lorsqu'il y en a trois en face de chaque sépale, ou en face de chaque pétale, plus un verticille de cinq étamines superposées aux pièces de la corolle, ou à celles du calice (*Prunus, Pyrus*, etc.). Enfin, lorsqu'il y a, comme ici, un nombre considérable d'étamines, ce fait tient, ou à ce que les verticilles staminaux étant peu nombreux, chaque étamine superposée à un sépale ou à un pétale, est remplacée par un nombre variable d'étamines, ou, et c'est précisément ce qui arrive dans les Rosiers, à ce que les verticilles à pièces alternantes (soit à cinq, soit à dix étamines), sont en nombre indéfini et se produisent en allant de l'orifice du réceptacle vers son fond ou sommet organique. Les étamines les plus jeunes sont donc, dans ce cas, celles qui appartiennent aux verticilles inférieurs. Dans le *Rosa alpina*, PAYER a établi (*loc. cit.*) que les étamines naissent comme dans les Benoîtes : d'abord un verticille de dix qui « sont groupées par paires, de façon qu'il y en a une à droite et à gauche de chaque pétale », puis qu'il s'en produit un verticille de dix autres, alternes avec les premières, puis un troisième verticille, et ainsi de suite.

2. A la surface du tissu de ce disque, on observe des poils (dont nous verrons que le contact irrite mécaniquement la peau), d'autant plus nombreux, en général, qu'on se rapproche davantage de l'insertion des ovaires, et de même structure que ceux portés par ces derniers. Ils sont simples, terminés en longue pointe, unicellulés, contenant dans leur cavité un mélange de gaz et de liquide, puis des granulations fines, grisâtres, ou légèrement teintées en jaune orangé. D'abord, la paroi de ces poils est moins épaisse que le diamètre de la cavité ; mais, dans le fruit où ils persistent, la paroi acquiert une épaisseur relative bien plus considérable, et les poils deviennent bien plus rigides.

3. Le pollen est formé de grains à trois plis longitudinaux. Dans l'eau, chaque pli devient une bande étroite (H. MOHL, in *Ann. sc. nat.*, sér. 2, III, 340).

avec son raphé tourné du côté du placenta, et son micropyle dirigé en haut et en dehors [1]. A côté de cet ovule bien développé, se trouve parfois le rudiment d'un autre ovule avorté qui, dans le jeune âge, était semblable au précédent. Le fruit (fig. 377, 378) est multiple, formé d'un nombre variable d'achaines, enveloppés dans un sac commun, ou induvie, qui représente le réceptacle floral devenu charnu dans toute son épaisseur [2], et surmonté des sépales desséchés ou de leurs cicatrices. Chaque achaine est glabre à sa surface, ou couvert de poils dans une portion de son étendue [3]. Sa paroi est épaisse, très-dure [4]; et sa cavité contient une graine descendante qui, sous ses téguments membraneux, renferme un embryon charnu, à radicule supère, et à cotylédons allongés, appliqués l'un contre l'autre par une surface plane. Il n'y a point d'albumen.

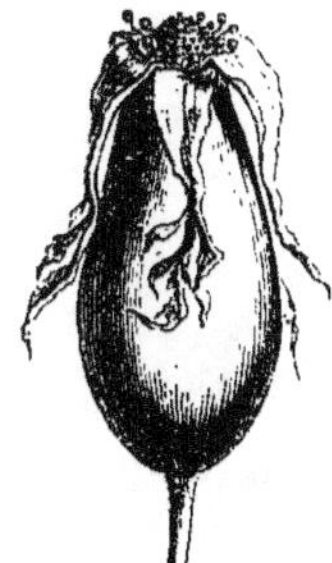
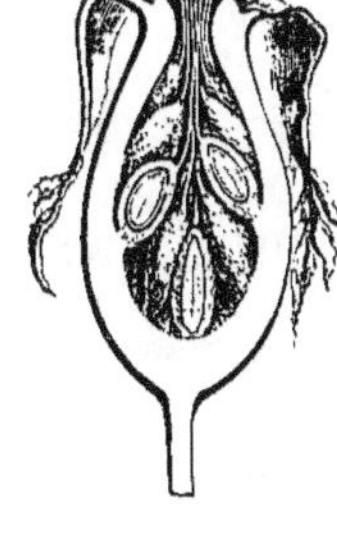

Rosa canina.

Fig. 377. Fruit.

Fig. 378. Fruit, coupe longitudinale.

Les Rosiers sont des arbustes dressés, rameux, ou sarmenteux, grimpants. La plupart sont chargés d'aiguillons, de nature subéreuse [5], disséminés sur les tiges, les pétioles, les nervures des feuilles, les pédoncules. D'autres sont glabres ; d'autres encore sont recouverts de poils glanduleux.

Leurs feuilles sont alternes, composées-imparipennées, à folioles souvent dentées en scie, accompagnées de deux larges stipules membraneuses, formant gaîne incomplète, et adnées dans une grande étendue aux bords du pétiole. Le *R. berberifolia* [6], dont on a proposé de faire un

---

1. Il n'a qu'une enveloppe dont l'ouverture est inégale, plus ou moins oblique, quelquefois irrégulière, festonnée ou déchiquetée (fig. 376).

2. La transformation en tissu charnu peut même s'étendre jusque sur la portion pédonculaire de l'axe floral ; certaines formes du *R. alpina*, par exemple, ont le sommet du pédoncule rouge et succulent, comme l'induvie. La surface extérieure de celle-ci porte souvent des poils ou aiguillons qui existaient déjà dans la fleur, mais qui peuvent avoir pris de l'accroissement. La surface intérieure porte aussi, dans l'intervalle des achaines, les poils que nous avons déjà décrits sur le disque (p. 347, note 2).

3. Principalement sur les deux bords, plus ou moins saillants, analogues à ceux des fruits des *Calycanthus*, qui se voient en dedans et en dehors. Lorsqu'un seul de ces bords porte des poils, c'est le plus souvent celui qui est opposé à l'insertion du style.

4. Le mésocarpe, entièrement desséché à la maturité, est charnu dans plusieurs espèces, et assez épais pendant presque tout le temps de la maturation. Le fruit est plutôt alors une drupe ; nous avons observé le même fait dans les Calycanthées.

5. Ils sont formés par une hypertrophie de la couche du liége, saillante ici comme dans un grand nombre de lenticelles, mais dont le développement s'est opéré sans produire une solution de continuité de l'épiderme ; de sorte que celui-ci, soulevé autour de l'aiguillon, l'enveloppe d'une couche amincie sur toute sa surface convexe.

6. PALL., in *Nov. Act. petrop.*, X, 377, t. 10, fig. 5. — DC., *Prodr.*, n. 25.— RED. et THOR., *Ros.*, I, 27. — *R. simplicifolia* SALISB., *Hort. allert.*, 359 (ex LINDL, *Ros.*, 1); *Par. lond.* t. 101.

genre distinct, sous le nom d'*Hultemia*[1], a les feuilles réduites à une seule foliole, ou à la base du pétiole, de chaque côté duquel les stipules prennent un grand développement. Les fleurs des Rosiers, ordinairement fort belles et de couleur blanche, jaune, rose ou rougeâtre, sont solitaires ou réunies en cymes terminales[2]. On a décrit de nombreuses espèces de ce genre[3], et le nombre s'en accroît encore tous les jours. Tandis que quelques auteurs en énumèrent trois cents, d'autres n'admettent, comme types spécifiques autonomes, que la dixième partie de ce nombre. La plupart sont cultivées dans tous les pays, et la culture en a créé de nombreuses variétés et d'innombrables formes plus ou moins monstrueuses. Quant aux espèces spontanées, elles se rencontrent dans presque toutes les régions tempérées de l'hémisphère boréal, en plus grand nombre toutefois dans l'ancien monde que dans le nouveau.

II. SÉRIE DES AIGREMOINES.

Les Aigremoines[4] (fig. 379-387) ont des fleurs hermaphrodites et régulières, dont l'organisation générale rappelle beaucoup celle des Roses, avec une grande simplification dans le nombre de la plupart des parties. Ainsi il est fréquent que, sur les bords du sac que représente leur réceptacle floral[5], on ne rencontre que trois verticilles de cinq pièces chacun,

---

1. DUMORT., *Note sur l'*Hulthemia. — ENDL., *Gen.*, n. 6358. — *Lowea* LINDL., in *Bot. Reg.*, t. 1261. — SPACH, *Suit. à Buffon*, II, 47. — *Rhodopsis* LEDEB., *Fl. alt.*, II, 224 (nec ENDL.).

2. Une fleur plus âgée termine le rameau, et au-dessous d'elle se trouvent des feuilles ou des bractées alternes, plus ou moins rapprochées, terminées aussi par une fleur dont le pédicelle peut également se ramifier. Le plus souvent il y a continuité entre la portion cylindrique et rétrécie du pédoncule floral et la dilatation qui constitue le réceptacle. Mais, dans quelques espèces asiatiques, comme les *R. microphylla*, *bracteata*, *involucrata*, etc., ces deux portions sont séparées l'une de l'autre par une articulation très-prononcée, au voisinage de laquelle peuvent s'insérer des bractées formant une sorte d'involucre, ou plutôt de calicule.

3. MONARD., *de Rosa*, 1561. — ANDREWS, *Roses*, 1805-28. — THOR. et RED., *les Roses*, 1817-24. — DE PRONVILLE, *Mon. du g. Rosier*, 1824.— TRATTIN., *Rosac. Monog.*, 1823, 24.— DESP., *Roset. gallic.*, 1828. — LOISEL., *Ros.*, 1846. — LINDL., *Rosar. Monogr.*, 1820. —

WALLR., *Ros. gen. hist. succ.*, 1828 (voy. PRITZ., *Thesaur.*, 446). — DC., *Prodr.*, II, 597-625 (146 esp.). — WIGHT, *Icon.*, t. 38, 324. — WALL., *Pl. as. rar.*, t. 117. — BENTH., *Fl. hongk.*, 106. — TORR. et GR., *Fl. N. Amer.*, I, 457.—A. GRAY, *Man. of Bot.*, 122.— CHAPM., *Fl. of S. Unit.-States*, 125. — GREN. et GODR., *Fl. de Fr.*, I, 551.—DÉSÉGL., *Ess. sur 105 esp. de Ros.*, 1865. — WALP., *Rep.*, II, 11 ; V, 649 ; *Ann.*, I, 272, 971 ; II, 465 ; III, 854 ; IV, 654. — SERINGE a classé le genre en quatre sections. Le groupement qu'il a exposé dans le *Prodromus* a été depuis lors plus ou moins modifié (voy. MERT. et KOCH, in ROEHL., *Deutsch. Fl.*, III. — GESCHWIND, *Die Hybrid. und Sæml. d. Rosen*, 1863, 64.)

4. *Agrimonia* T., *Inst.*, 301, t. 155. — L., *Gen.*, 607.—J., *Gen.*, 336.— GÆRTN., *Fruct.*, I, 347, t. 73. — LAMK, *Dict.*, I, 62 ; Suppl., I, 262 ; *Ill.*, t. 409. — SPACH, *Suit. à Buffon*, I, 482. — DC., *Prodr.*, II, 587. — ENDL., *Gen.*, n. 6368. — PAYER, *Organog.*, 504, t. CI. — B. H., *Gen.*, 622, n. 53.

5. Sa gorge est resserrée, comme dans la plu-

savoir : cinq sépales[1] libres et valvaires[2], cinq pétales alternes, imbriqués[3], et cinq étamines superposées aux sépales. Mais souvent aussi il

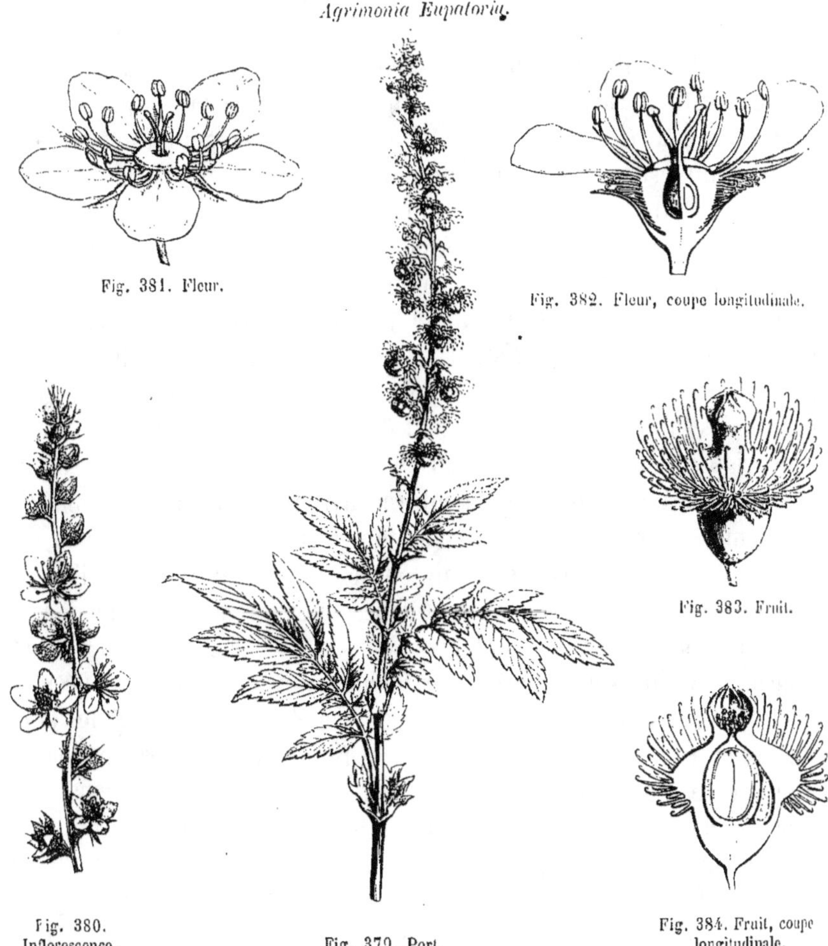

Agrimonia Eupatoria.

Fig. 381. Fleur.

Fig. 382. Fleur, coupe longitudinale.

Fig. 383. Fruit.

Fig. 380.
Inflorescence.

Fig. 379. Port.

Fig. 384. Fruit, coupe
longitudinale.

y a un nombre d'étamines plus considérable, c'est-à-dire de cinq à quinze[4]. Dans ce dernier cas, chacune des étamines superposées aux

part des Roses. Les deux genres sont d'ailleurs aussi voisins que possible, quant à l'organisation générale de leurs fleurs.

1. On a quelquefois considéré comme les pièces d'un calicule, cinq aiguillons assez semblables à ceux dont la portion supérieure du réceptacle est couverte, mais qui sont plus élargis et plus bractéiformes à leur base, et qui ordinairement alternent d'une manière assez exacte avec les pièces du calice.

2. Ils peuvent, après l'anthèse, s'imbriquer en se rapprochant étroitement au-dessus du réceptacle ; ils persistent même autour du fruit mûr (fig. 383, 384).

3. Leur forme est en petit celle des pétales des Rosiers.

4. PAYER (*op. cit.*, 505) a vu que le nombre des étamines varie, dans l'*A. Eupatoria*, avec la vigueur de la plante. « En général, dit-il, on n'en compte guère plus de cinq dans les fleurs

sépales est accompagnée de deux autres étamines placées sur ses côtés. Quelquefois, enfin, le nombre des pièces de l'androcée est plus considérable encore. Chacune d'elles se compose d'un filet libre, inséré en dehors du bord circulaire très-épais d'un disque glanduleux dont le sac réceptaculaire est doublé (fig. 381, 382), et d'une anthère biloculaire, introrse, déhiscente par deux fentes longitudinales. Le gynécée est formé de deux ou trois carpelles, insérés au fond du réceptacle, libres, composés d'un ovaire uniloculaire, atténué supérieurement en un style qui sort par l'ouverture étroite du disque et se termine par une tête stigmatifère. Dans l'angle interne de l'ovaire, il y a un ovule descendant, dont le micropyle est supérieur et extérieur. Le fruit (fig. 383, 384) est formé de deux ou trois achaines, dont un ou deux sont ordinairement stériles, enveloppés, comme ceux des Rosiers, d'un sac formé par le réceptacle et couronné du calice persistant. Mais cette induvie est sèche, au lieu d'être charnue, et sa surface extérieure est chargée vers le haut d'aiguillons rigides et crochus qui existaient dans la fleur, mais qui ont grandi et durci pendant la maturation. Dans chaque achaine, on observe une graine suspendue, dont les téguments recouvrent un gros embryon charnu, à radicule supère [1], dépourvu d'albumen. Les Aigremoines sont des plantes herbacées vivaces, qui habitent les régions tempérées de l'hémisphère boréal ; elles se rencontrent dans toutes les parties du monde, et croissent même, sur les montagnes, dans l'hémisphère austral [2]. Leurs rameaux aériens sont chargés de feuilles alternes, imparipennées, à folioles incisées, dentées en scie, accompagnées de deux stipules latérales adnées au pétiole. Leurs fleurs sont réunies en grappes terminales, ordinairement allongées, tantôt simples et tantôt un peu rameuses, et chargées de bractées alternes. A l'aisselle de chaque bractée se trouve une fleur qui est accompagnée de deux bractéoles latérales, rarement fertiles.

On a considéré comme génériquement distincte, sous le nom d'*Are-*

cueillies dans la campagne, et alors elles sont .... superposées aux sépales, tandis que dans des fleurs cueillies au Muséum d'histoire naturelle, j'en ai compté parfois jusqu'à vingt. Il y a cependant, au milieu de ces variations, quelque chose de constant qu'il importe de noter. Quel que soit leur nombre, les étamines sont toujours groupées en cinq phalanges alternes avec les pétales. » L'auteur établit plus loin que, dans le cas d'étamines nombreuses, il en naît cinq en face des sépales, puis un verticille de dix autres, placé plus bas, puis un troisième verticille de cinq étamines superposées aux cinq premières.

1. Dans l'*A. Eupatoria*, les cotylédons sont pourvus à leur base d'auricules qui entourent en partie la radicule.

2. DC., *Prodr.*, loc. cit., 587, 588. — WALLR., *Beitr. z. Bot.*, 1, 1-64, t. 1. — C. A. MEY., in *Bull. S.-Pét.*, X, n. 22. — WALP., *Rep.*, II, 37, 914. — GREN. et GODR., *Fl. de Fr.*, I, 564. — HARV. et SOND., *Fl. cap.*, II, 290. — TORR. et GR., *Fl. N. Amer.*, I, 430. — A. GRAY, *Man. of Bot.*, 114. — CHAPM., *Fl. S. Unit.-States*, 122. — HOOK. F., in *Mart. Fl. bras.*, *Rosac.*, 67.

monia[1] (fig. 385-387), une petite plante[2] de la région méditerranéenne, qui n'a souvent que cinq étamines alternipétales, et dont la fleur est enveloppée d'un cornet membraneux à bords laciniés, qui embrasse le sommet du pédicelle et s'applique exactement contre le réceptacle floral (fig. 387). Ce sac est formé de deux bractées connées qui accompa-

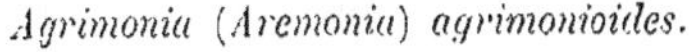

Agrimonia (Aremonia) agrimonioides.

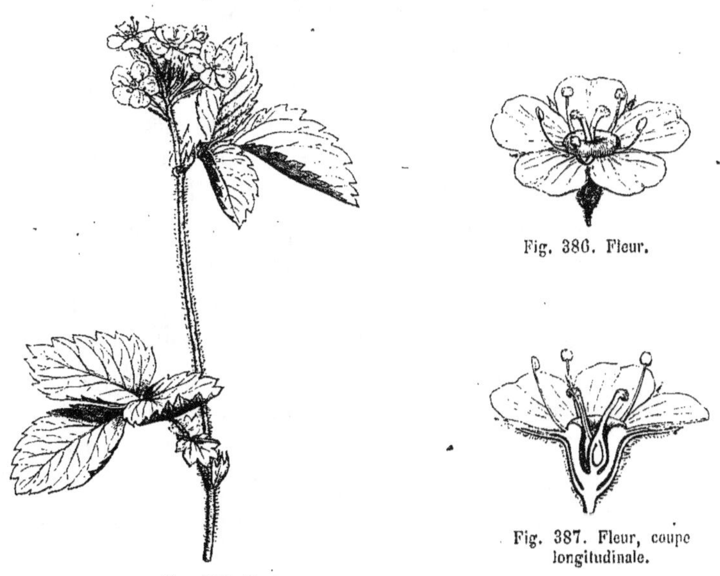

Fig. 386. Fleur.

Fig. 387. Fleur, coupe
longitudinale.

Fig. 385. Port.

gnent les fleurs. Celles-ci sont portées par des pédicelles qui forment par leur réunion une grappe courte, pauciflore et terminée par une fleur. L'*Aremonia* a donc pu être, à juste titre, réintégré[3] dans le genre Aigremoine, dont il ne constitue qu'une petite section. De son rhizome s'élèvent, au printemps, de petits rameaux herbacés, portant quelques feuilles alternes, composées-trifoliolées, accompagnées de deux stipules

1. Neck., *Elem.*, n. 768. — DC., *Prodr.*, II, 588. — Endl., *Gen.*, n. 6369. — Spach, *Suit. à Buffon*, I, 453. — Payer, *Organog.*, 507, t. ci, f. 13-20. — *Amonia* Nestl., *Pot.*, 17. — *Spallanzania* Poll., *Pl. nov. hort. veron.*, 10; *Giorn. fis. pav.* (1816), 187, ic.

2. C'était l'*Agrimonia agrimonioides* L. (*Sp.*, I, 643; — *A. similis* Bauh., *Pin.*, 324; — *Agrimonoides* Column., *Ecphr.*, t. 144; — T , *Instit.*, 301, t. 155). Les sépales sont valvaires ou légèrement imbriqués dans le bouton. Ils sont accompagnés de leurs stipules, qui sont ici membraneuses et forment un petit calicule de cinq folioles oppositipétales. Il nous est aussi souvent

arrivé de trouver, dans la plante cultivée, dix étamines au lieu de cinq. Elles s'insèrent autour d'un bourrelet très-épais qui termine le disque, comme dans les véritables *Agrimonia*. Leurs anthères ont les deux loges écartées l'une de l'autre par un connectif assez large. Le gynécée se compose de deux ou, plus rarement, de trois carpelles libres; il ne sort par l'orifice du réceptacle que leur sommet stigmatifère, bilabié. Le fruit est sec et glabre; il est étroitement enveloppé par le sac que forment les deux bractées déjà si développées dans la fleur.

3. Sibth., *Fl. græc.*, t. 458. — B. H., *Gen.*, 623, n. 52.

latérales. Les inflorescences sont d'abord terminales; mais les feuilles peuvent en outre avoir dans leur aisselle des groupes de fleurs plus jeunes et plus pauvres.

Ainsi constitué, le genre *Agrimonia* ne renferme guère qu'une demi-douzaine d'espèces. On peut considérer ces plantes comme très-analogues aux Rosiers par l'organisation fondamentale de leurs fleurs et de leurs fruits; elles en diffèrent par des caractères très-faciles à saisir, mais d'une valeur au fond peu considérable : la consistance que présente défi-nitivement le sac réceptaculaire, persistant autour des véritables fruits, charnu dans les Rosiers et sec dans les Aigremoines, mais pouvant porter, dans les uns comme dans les autres, des aiguillons rigides. On ne sau-rait accorder non plus une bien grande valeur à l'appauvrissement des organes sexuels dans les Aigremoines, au port et au mode de végétation.

Les *Leucosidea*[1] sont bien peu distincts des Aigremoines quant aux ca-ractères floraux. Leur sac réceptaculaire persiste aussi autour des achaines qu'il enveloppe complétement; mais il devient très-dur, tout en demeu-rant lisse à l'extérieur. Les sépales sont valvaires, au nombre de cinq ou six, et sont accompagnés en dehors de cinq ou six folioles alternes, de nature stipulaire [2], comme celles que nous observerons dans les Alchi-milles. Les pétales sont courts et insérés autour d'un anneau épais, formé par le bord supérieur du disque; il en est de même des étamines, qui sont au nombre de dix à douze, et dont les anthères introrses portent un cercle de saillies glanduleuses sur le dos de leur connectif. Le gynécée est analogue à celui des Aigremoines, et formé de deux à quatre carpelles libres, à ovaire uniovulé, à ovule suspendu, à styles terminaux et fili-formes. On ne connaît qu'une espèce de ce genre. C'est le *L. sericca* [3], arbuste du cap de Bonne-Espérance, à feuilles alternes, rapprochées, chargées d'un duvet soyeux, imparipennées, à folioles inégales, incisées, avec deux stipules adnées à la base du pétiole. Les fleurs sont verdâtres, réunies en épis terminaux, placées chacune dans l'aisselle d'une bractée accompagnée de deux bractéoles latérales stériles.

Avec l'organisation florale des genres précédents, mais avec le port, tout différent, des Sorbiers, le Cousso[4] (fig. 388-392) a des fleurs poly-

---

1. Eckl. et Zeyh., *Enum. pl. cap.*, 265. — Endl., *Gen.*, n. 6375. — B. H., *Gen.*, 622, n. 52.

2. C'est surtout à propos des Fraisiers et des Potentilles, qu'il y aura lieu de rechercher la si-gnification de ces appendices dont l'ensemble forme ce qu'on appelle un calicule.

3. Eckl. et Zeyh., *loc. cit.*; herb., n. 1746.

— Harv. et Sond., *Fl. cap.*, II, 289.

4. *Brayera* K., in Brayer, *Notice* (1824); *Dict. class. d'hist. nat.*, I, 501, ic. — DC., *Prodr.*, II, 588.—Spach, *Suit. à Buffon*, I, 453. — Endl., *Gen.*, n. 6395. — B. H., *Gen.*, 622, n. 51. — *Bankesia* Bruce, *Trav. Nub. et Abyss.*, ed. 2, VII, 181; trad. Caster., V, 91. — *Hagenia* W., *Spec.*, II, 331.

games-dioïques, dont le réceptacle est en forme de sac, étranglé au niveau de son ouverture, qui est garnie d'un disque à rebord saillant et membraneux. Dans les fleurs mâles (fig. 389, 390), ce sac est peu profond et ne renferme qu'un gynécée rudimentaire. Dans les fleurs femelles, au contraire (fig. 391, 392), c'est une bourse plus creuse au fond de laquelle s'insèrent les ovaires et dont les styles traversent seuls l'orifice supérieur. Le périanthe est formé de trois verticilles tétra- ou penta-mères, à folioles imbriquées, membraneuses, veinées. Celles du verticille extérieur forment un calicule de nature stipulaire, analogue à celui que nous avons rencontré dans les *Leucosidea*, et sont cependant les plus grandes de toutes. Celles du verticille moyen sont de même consistance, mais plus courtes, atténuées à leur base; leur réunion constitue le calice. Les folioles intérieures, qui sont des pétales et qui peuvent manquer totalement, sont de courtes languettes, linéaires et caduques, rarement des lames péta-loïdes, à peu près aussi larges que longues, rétrécies à la base et obtuses au sommet. Les étamines s'insèrent en dedans du périanthe et en dehors du rebord saillant du disque. Elles sont au nombre de vingt environ, formées chacune, dans la fleur femelle, d'un filet court et d'une petite anthère stérile, et dans la fleur mâle, d'un long filet exsert, d'abord infléchi dans le bouton, et d'une anthère biloculaire, introrse, déhiscente par deux fentes longitudinales. Le gynécée fertile est formé de deux ou, plus rarement, de trois carpelles, libres, à ovaire uni-loculaire, à style terminal, dilaté à son sommet en une large tête spatulée, recouverte de grosses papilles stigmatiques. Dans l'angle interne de l'ovaire, il y a un ovule descendant, incomplétement anatrope, avec

Brayera abyssinica.

Fig. 388. Inflorescence mâle.

le micropyle tourné en haut et en dehors [1]. La seule espèce de Cousso que l'on connaisse est le *Brayera abyssinica*[2], arbre des régions montueuses de l'Abyssinie, dont les rameaux alternes, velus, sont chargés des cicatrices des anciennes feuilles, et portent vers leur extrémité de

Brayera abyssinica.

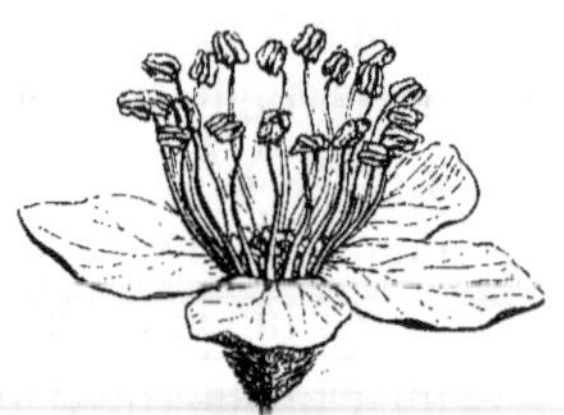

Fig. 389. Fleur mâle.

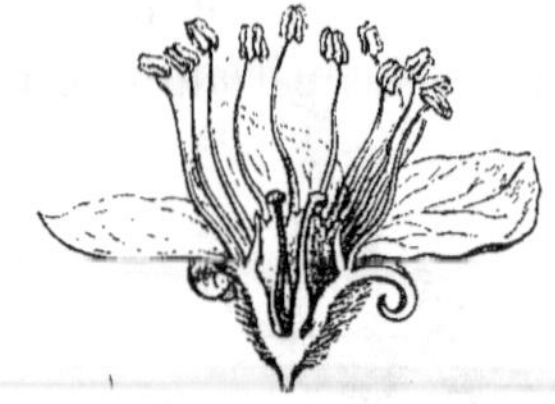

Fig. 390. Fleur mâle, coupe longitudinale.

Fig. 391. Fleur femelle.

Fig. 392. Fleur femelle, coupe longitudinale.

jeunes feuilles pressées, alternes, composées-pennées, rappelant de loin celles des Sorbiers, et dilatées à la base de leur pétiole en une large gaîne incomplète, qui se continue latéralement avec deux grandes stipules membraneuses. Les fleurs sont disposées en énormes grappes de cymes, un grand nombre de fois ramifiées, situées à l'aisselle des feuilles ou à l'extrémité des rameaux. Les axes secondaires de l'inflorescence naissent à l'aisselle de bractées alternes qui, dans la portion inférieure de ce qu'on appelle la panicule, deviennent de plus en plus semblables aux feuilles et peuvent même, avec des dimensions moindres, être tout à fait composées comme elles (fig. 388). Chaque fleur est accompagnée de deux ou trois bractéoles qui s'insèrent au-dessous de la base de son réceptacle.

Malgré les controverses auxquelles a donné lieu l'interprétation des différentes parties de la fleur dans les genres que nous allons passer en revue, il convient d'admettre, avec plusieurs observateurs contemporains, que les étamines prennent la place jusqu'ici occupée par les pétales, dans les Alchimilles [3] (fig. 393-396), qui ont les fleurs hermaphrodites ou

1. Le fruit mûr et la graine n'ont pu être étudiés jusqu'à présent.

2. MOQ., *Bot. médic.*, 217. — *Bankesia abyssinica* BRUCE, *op. cit*, atl., t. 22, 23. —

Hagenia abyssinica LAMK, *Dict.*, Suppl., II, 422; *Ill.*, t. 311. — *Brayera anthelmintica* K., *loc. cit.* — HOOK., in *Hook. Journ.*, II, 349, t. 10.

3. *Alchemilla* T., *Instit.*, 508, t. 289. —

polygames. Dans les fleurs hermaphrodites, le réceptacle a la forme d'un
sac à ouverture supérieure assez large, mais garnie d'un gros bourrelet
glanduleux, formé par le bord épaissi du disque. En dehors de ce bourrelet s'insèrent l'androcée et le périanthe. Celui-ci est formé de quatre
sépales dans la plupart des espèces, notamment dans l'*A. vulgaris* [1]
(fig. 393, 394). Ces sépales sont valvaires dans le bouton et accompagnés

Alchemilla vulgaris.

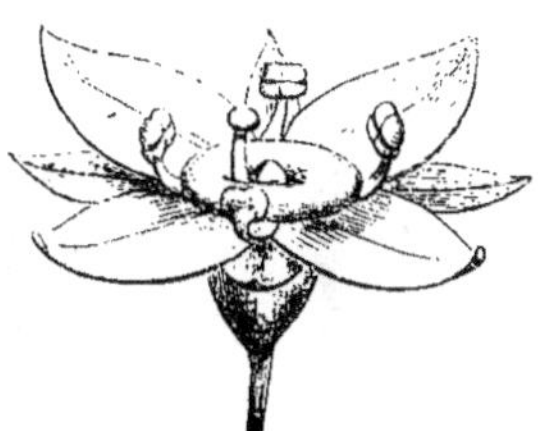

Fig. 393. Fleur.

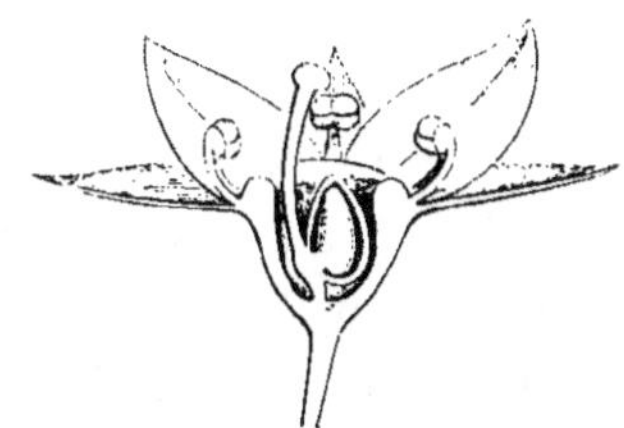

Fig. 394. Fleur, coupe longitudinale.

extérieurement de quatre bractées stipulaires alternes qui forment le
calicule [2]. Dans la même espèce, l'androcée est formé de quatre étamines, alternes avec les sépales, composées chacune d'un filet libre et
d'une anthère introrse, déhiscente suivant la longueur de ses loges par
une fente qui devient définitivement unique. Un peu au-dessous de l'anthère, le filet staminal présente une articulation transversale. Le gynécée
de l'*A. vulgaris* est représenté par un seul carpelle, inséré au fond du
réceptacle, superposé à une étamine; il se compose d'un ovaire à pied
court, uniloculaire, surmonté d'un style inséré vers la partie inférieure
de l'un de ses côtés, et se terminant par une tête stigmatifère, après qu'il
a traversé l'ouverture supérieure du réceptacle. Un placenta pariétal se
trouve dans l'ovaire, du côté de l'insertion du style, et supporte un ovule
descendant, incomplétement anatrope, avec le micropyle dirigé en
dehors et en haut [3]. Le fruit est un achaine qu'entoure un sac formé par
le réceptacle desséché. La graine renferme un embryon charnu, à radi-

L., *Gen.*, 165. — ADANS., *Fam. des pl.*, II,
294. — J., *Gen.*, 337. — GÆRTN., *Fruct.*, I,
346, t. 73. — LAMK, *Dict.*, I, 277; Suppl.,
I, 285; *Ill.*, t. 86, 87. — SPACH, *Suit. à
Buffon*, I, 483. — DC., *Prodr.*, II, 589. —
ENDL., *Gen.*, n. 6370. — PAYER, *Organog.*, 509,
t. CI, fig. 25-40. — B. H., *Gen.*, 621, n. 50.

1. L., *Spec.*, 178. — DC., *Prodr.*, n. 2.

2. Cet organe ne peut être considéré comme
un calice, l'enveloppe plus intérieure étant
dans ce cas, comme on l'a supposé, une corolle,

car les folioles du calicule paraissent après le
véritable périanthe, qui est de nature calicinale.

3. Il n'a qu'une enveloppe. On l'a décrit
comme ascendant; mais son raphé, court, il est
vrai, descend à partir de l'insertion; et c'est là
le propre des ovules descendants. L'apparence de
direction ascendante qui existe ici tient au faible
degré d'anatropie de l'ovule. Ce n'est que dans
son jeune âge, et alors qu'il est encore ortho-
trope, que l'ovule des Alchimilles est véritablement ascendant.

cule supère, sans albumen. Les autres espèces du genre peuvent différer de l'*A. vulgaris* par les caractères suivants. Leurs fleurs peuvent être pentamères. Les bractées de leur calicule peuvent être égales en longueur aux sépales et tout à fait semblables à eux. Les étamines peuvent être réduites au nombre d'une ou deux; c'est ce qui arrive ordinairement dans les *Aphanes* [1] (fig. 395, 396), dont on avait fait autrefois un genre particulier. Il peut enfin y avoir, dans chaque fleur, deux, trois ou quatre carpelles. On connaît une trentaine d'espèces de ce genre [2], communes surtout dans les Andes [3], depuis le Mexique jusqu'au Chili [4], plus rares au cap de Bonne-Espérance [5], en Australie [6], à Madagascar et dans l'hémisphère boréal, en Europe [7] et en Asie [8]. Ce sont des herbes annuelles, plus souvent vivaces.

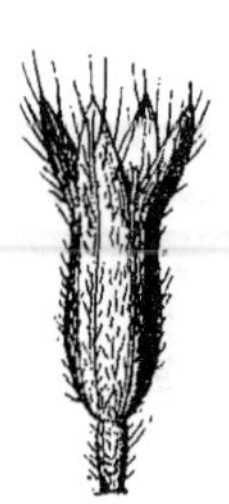
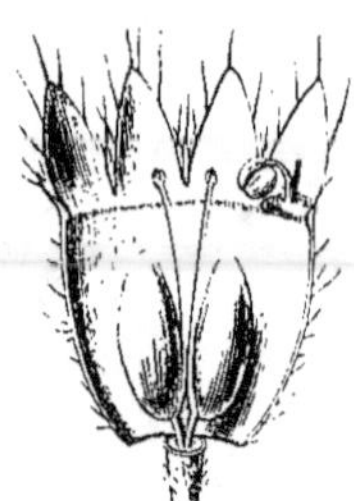

Alchemilla (Aphanes) arvensis.

Fig. 395. Fleur.   Fig. 396. Fleur étalée.

Leurs feuilles sont alternes, accompagnées de deux stipules caulinaires formant gaîne, à limbe digité ou palmatipartit. Leurs fleurs, peu volumineuses et verdâtres, sont réunies au sommet d'une hampe commune, en cymes ramifiées qui deviennent souvent unipares par appauvrissement vers leurs extrémités

Il n'y a plus rien, dans les Pimprenelles [9] (fig. 397-406), qui tienne la place de la corolle. Le réceptacle conserve bien la forme de sac qu'il avait dans les plantes précédentes; il persiste autour du fruit, tantôt mince et membraneux, tantôt subéreux, et quelquefois même légèrement charnu. Sa surface est lisse, comme dans les Alchimilles, ou bien elle se recouvre d'aiguillons qui, quoique moins développés, rappellent ceux des Aigremoines; mais le nombre des carpelles est fort réduit, et les pièces du périanthe sont normalement au nombre de quatre. Les étamines sont parfois en nombre bien défini, comme dans certaines Alchimilles; et c'est même là ce qui caractérise la plupart des *Sangui-*

1. L., *Gen.*, 166.

2. DC., *Prodr.*, loc. cit. — WALP., *Rep.*, II, 42, 914; V, 655; *Ann.*, I, 280; II, 519; III, 855.

3. WEDD., *Chlor. and.*, II, 214, t. 75.

4. H. B. K., *Nov. gen. et spec.*, VI, 223, t. 560, 561. — C. GAY, *Fl. chil.*, II, 301. — TORR. et GR., *Fl. N. Am.*, I, 432; ap. WIPPL., 164.— A. GRAY, *Man. of Bot.*, 115. — CHAPM., *Fl. S. Unit.-States*, 122. — SEEM., *Herald*, 282. — PRESL, *Epimel.*, 199.

5. HARV. et SOND., *Fl. cap.*, II, 291.

6. BENTH., *Fl. austral.*, II, 432.

7. GREN. et GODR., *Fl. de Fr.*, I, 564. — REICHB., *Pl. crit.*, I, t. 4.

8. WIGHT, *Icon.*, t. 229.

9. *Pimpinella* T., *Instit.*, 156, t. 68. — ADANS., *Fam. des pl.*, II, 293.—GÆRTN., *Fruct.*, I, 161, t. 32 (nec L.). — *Poterium* L., *Gen.*, n. 1069. — J., *Gen.*, 336. — LAMK, *Dict.*, V, 327; Suppl., IV, 415; *Ill.*, t. 777. — DC., *Prodr.*, II, 594. — SPACH, *Suit. à Buff.*, I, 487. — ENDL., *Gen.*, n. 6374. — PAYER, *Organog.*, 512, t. CIII. — B. H., *Gen.*, 624, n. 57.

sorba [1], inséparables, comme nous le verrons tout à l'heure, des *Pote-rium* proprement dits. Si nous examinons, par exemple, les fleurs de la Grande Pimprenelle [2] (fig. 397-399), nous verrons qu'elles sont herma-phrodites, régulières, apétales, et que leur calice et leur androcée sont

Sanguisorba officinalis.

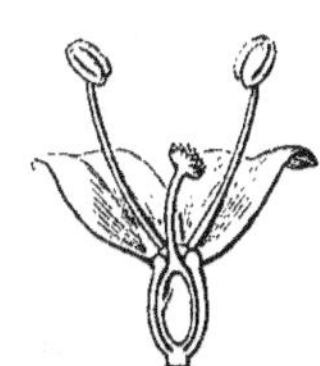

Fig. 398. Fleur.　　Fig. 397. Inflorescence.　　Fig. 399. Fleur, coupe longitudinale.

tétramères. Le réceptacle a la forme d'un sac dont l'ouverture est rétrécie par le gonflement des bords du disque; ces bords sont plus saillants en face des quatre sépales que dans leurs intervalles. Insérées sur le bord du réceptacle, les folioles du calice sont, l'une antérieure, la seconde postérieure, et les deux autres latérales. Ces deux dernières sont recouvertes par l'antérieure et la postérieure dans la préfloraison [3]. Les

Sanguisorba Poterium.

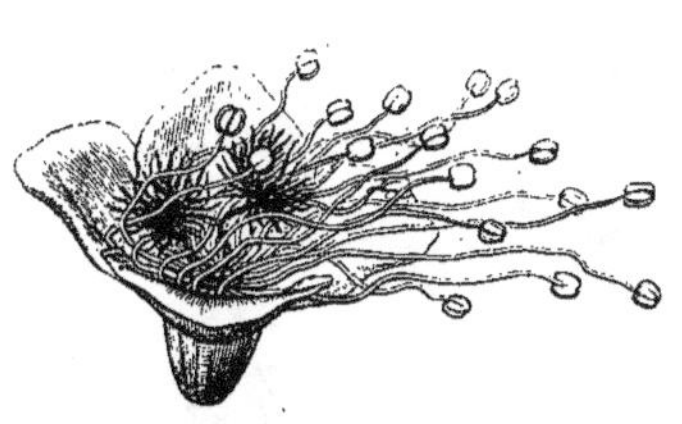

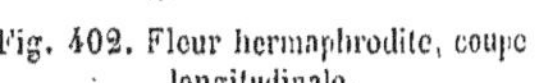

Fig. 401. Fleur hermaphrodite.

Fig. 402. Fleur hermaphrodite, coupe longitudinale.

Fig. 400. Inflorescence.

quatre étamines, également insérées à la gorge du réceptacle, sont superposées aux sépales, et formées chacune d'un filet libre et d'une anthère biloculaire, introrse, déhiscente par deux fentes longitudinales. Le gynécée n'a qu'un seul carpelle, alterne avec deux sépales et deux

1. L., *Gen.*, n. 146. — J., *Gen.*, 336. — Gærtn., *Fruct.*, I, 161, t. 32. — Lamk, *Dict.*, VI, 498 ; *Ill.*, t. 85. — Turp., in *Dict. des sc. nat.*, t. 240. — DC., *Prodr.*, II, 593. — Spach, *Suit. à Buffon*, I, 486. — Endl., *Gen.*, n. 6373.

2. *Sanguisorba officinalis* L., *Spec.*, 169. — *S. sabauda* Mill., *Dict.*, n. 2.

3. Les bords recouverts des sépales sont plus minces, pétaloïdes et colorés, que les bords recouvrants, et surtout que la côte médiane.

étamines [1], et inséré au fond du sac réceptaculaire. Son ovaire est libre, uniloculaire, surmonté d'un style terminal qui traverse l'orifice étroit du réceptacle ; après quoi il se termine par une tête renflée, stigmatifère, qu'on a comparée pour la forme à un goupillon. Du côté où l'ovaire présente extérieurement un sillon longitudinal, sa paroi supporte un ovule qui descend dans la loge unique, et est anatrope, avec le raphé tourné du côté du placenta, et le micropyle supère et dorsal [2]. Le fruit est un achaine qu'enveloppe le sac réceptaculaire, épaissi, durci, rugueux à la surface, et parcouru par quatre côtes plus ou moins saillantes. La graine renferme, sous ses téguments membraneux, un embryon charnu à radicule supère, dépourvu d'albumen. Le *Sanguisorba officinalis* est une herbe vivace, à feuilles alternes, imparipennées, accompagnées de deux stipules latérales adnées à la base du pétiole, à folioles pétiolulées, et à fleurs disposées en épis terminaux qui sont souvent eux-mêmes rapprochés en cymes. Chaque fleur est placée dans l'aisselle d'une bractée mère, et est accompagnée de deux bractéoles latérales [3], normalement stériles.

Les *Sanguisorba* et les *Poterium* ont été et sont encore considérés comme formant deux genres bien distincts, parce que les derniers ont généralement des fleurs unisexuées ou polygames, des étamines allongées, en nombre indéfini, et des carpelles au nombre de deux ou trois. Lorsque toutefois on examine les nombreux *Poterium* décrits par les auteurs, on voit qu'ils peuvent avoir des fleurs toutes hermaphrodites, que le nombre de leurs carpelles est fort variable et peut descendre jusqu'à un seul. Quant aux étamines, elles sont, il est vrai, en nombre considérable dans le *P. Sanguisorba* (fig. 400-404) et dans les

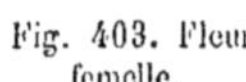

Fig. 403. Fleur femelle.

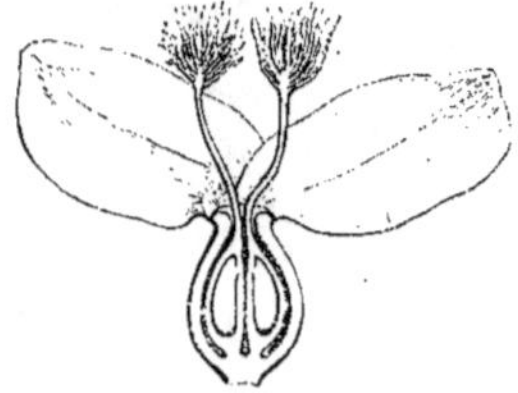

Sanguisorba Poterium.

Fig. 404. Fleur femelle, coupe longitudinale.

espèces voisines, et leurs longs filets sont pendants d'un côté de la fleur épanouie. Mais les filets deviennent d'autant plus courts que les anthères sont moins développées et tendent graduellement vers une stérilité complète. Ils peuvent alors se tenir dressés comme ceux des *Sanguisorba*.

---

1. PAYER (*op. cit.*, 513) dit qu'il est alterne, « d'une part avec le sépale antérieur, et de l'autre avec l'un des sépales latéraux. »

2. Il n'a qu'une enveloppe

3. L'épanouissement des fleurs se produit, non de la base au sommet, comme dans la plupart des épis, mais plus fréquemment, sinon d'une manière constante, de haut en bas, en commençant par le sommet ou par une zone plus ou moins rapprochée de lui (fig. 397).

En même temps le nombre des étamines peut diminuer ; de telle façon que certaines espèces n'en ont plus que dix ou douze, ou même seulement cinq ou six [1]. Ainsi s'effacent peu à peu les différences autrefois signalées entre ces deux genres, qui deviennent tout à fait inséparables l'un de l'autre.

Ainsi constitué, ce groupe générique renferme une quinzaine d'espèces qui croissent spontanément dans les régions tempérées et chaudes de tout l'hémisphère boréal [2]. Presque toutes sont herbacées et vivaces ; une seule est annuelle : on en a fait le type d'un genre particulier, sous le nom de *Poteridium* [3]. Le *P. spinosum* [4] est frutescent, et ses rameaux avortés sont en

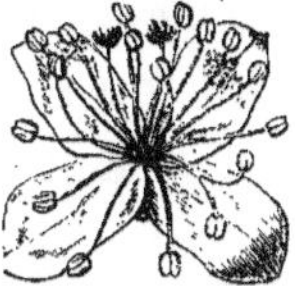

Fig. 405. Fleur · hermaphrodite.

Fig. 406. Fleur heptandre.

Sanguisorba polygama.

partie transformés en épines. Le réceptacle floral y devient plus épais et plus charnu que dans les autres espèces ; de là le nom générique de *Sarcopoterium* [5], proposé pour cette espèce.

Les *Polylepis* [6] ont les mêmes fleurs que les *Poterium*, quant au réceptacle et au nombre indéfini des étamines. Leur calice a de trois à cinq folioles ; elles sont légèrement imbriquées dans le jeune âge, mais elles finissent ordinairement par devenir valvaires. Les carpelles sont souvent solitaires ; mais ce n'est point là un fait constant, et il y a des fleurs à deux ou trois carpelles. Ceux-ci sont d'ailleurs construits comme ceux des *Poterium*. Le réceptacle, qui forme autour d'eux, dans le fruit, un sac à

---

1. Ainsi il y a des *Sanguisorba* proprement dits dont le nom spécifique indique à peu près le nombre d'étamines : tels sont les *S. dodecandra* Morett., *decandra* Wall., etc. Ces étamines sont déjà plus longues. Dans les espèces de la section ou du sous-genre *Poterium*, comme dans les *P. Sanguisorba* L., *ancistroides* Desf., etc., il y a presque toujours des fleurs mâles à la base de l'inflorescence, des fleurs femelles au sommet, puis, entre les unes et les autres, un nombre variable de fleurs complétement ou incomplétement hermaphrodites, avec douze ou quinze étamines (fig. 405), ou seulement une demi-douzaine environ (fig. 406) ; elles sont alors plus courtes que celles des fleurs mâles. Le gynécée peut y être pourvu d'un ovaire stérile ; mais son style et son stigmate sont assez développés. Dans beaucoup d'espèces aussi l'épanouissement des fleurs commence par le haut ou près du haut de l'inflorescence. Le fruit est l'organe qui présente les plus grandes variations dans les *Poterium ;* et c'est principalement d'après l'état de la surface extérieure de son induvie, réticulée, rugueuse,

muriquée, verruqueuse, veinée, et plus ou moins marginée ou tétraptère, que M. Spach a établi les subdivisions de ce groupe.

2. DC., *Prodr.*, II, 593-595. — Walf., *Rep.*, II, 44 ; *Ann.*, I, 282 ; III, 855 ; IV, 665. — Desf., *Fl. atlant.*, II, 346, t. 251. — Torr. et Gr., *Fl. N. Amer.*, I, 428. — Spach, *Revis. gen. Poterium*, in *Ann. sc. nat.*, sér. 3, V, 31. — Gren. et Godr., *Fl. de Fr.*, I, 562. — A. Gray, *Man. of Bot.*, 115. — Chapm., *Fl. S. Unit.-States*, 122. — Harv. et Sond., *Fl. cap.*, II, 292. — Miq., in *Mus. Lugd. Bat.*, III, 38. — Thw., *Enum pl. Zeyl.*, 102. — A. Br., in *App. hort. herol.* (1867), 10.

3. Spach, in *Ann. sc. nat.*, sér. 3, V, 43 (*Sanguisorba annua* Torr. et Gr., *Fl. N. Amer.*, I, 429 ; — *Poterium annuum* Nutt.).

4. L , *Spec.*, 1411. — DC., *Prodr.*, n. 4 (sect. *Leiopoterium*). — Sibth., *Fl. græc.*, t. 943.

5. Spach, in *Ann. sc. nat.*, loc. cit.

6. R. et Pav., *Prodr. fl. per. et chil.*, 34, t. 15. — DC., *Prodr.*, II, 591. — Endl., *Gen.*, n. 6377. — B. H., *Gen.*, 623, n. 55.

paroi épaissie, porte des lignes saillantes longitudinales, relevées çà et là d'aiguillons fort inégaux. Les *Polylepis* sont des arbres des régions tempérées des Andes, qui croissent en Bolivie, au Pérou, en Colombie. Leurs rameaux sont souvent dénudés, tortueux. Leurs feuilles sont alternes, munies de deux stipules adnées au pétiole. Leur limbe est trifoliolé ou composé-penné. Leurs fleurs sont réunies en grappes lâches et pendantes. Chacune d'elles est à l'aisselle d'une bractée, et accompagnée de deux bractéoles latérales. Ce genre renferme une dizaine d'espèces [1].

Les *Bencomia* [2] ont les feuilles pennées de certains *Polylepis*, et aussi leurs fleurs en longs épis pendants. Mais ces fleurs sont dioïques. Les femelles ont seules un réceptacle sacciforme qui loge de deux à quatre carpelles dans sa concavité. Les fleurs mâles n'ont pas cette portion concave du réceptacle. Elles ont, comme les femelles, un calice composé de trois à cinq folioles imbriquées, et un androcée analogue à celui des *Poterium* et des *Polylepis*, formé d'un nombre variable d'étamines libres. Les *Bencomia* sont originaires des Canaries et de Madère ; on en connaît deux espèces frutescentes [3]. Ce genre est fort voisin du précédent et

pourrait peut-être lui être réuni à titre de simple section. La fleur mâle rappelle beaucoup, en même temps, celle que nous observerons dans les Clifforties.

Le réceptacle, le disque et l'insertion sont les mêmes dans les *Acæna* [4] (fig. 407, 408), dont le calice, dépourvu de calicule, est formé de trois

Acæna sericea.

Fig. 407. Fleur.   Fig. 408. Fleur, coupe longitudinale.

ou quatre folioles, ou rarement d'un plus grand nombre ; elles sont légèrement imbriquées dans les très-jeunes boutons, mais cessent de bonne heure de se recouvrir. Les étamines, insérées au même niveau que les sépales, leur sont superposées ; elles sont rarement en même nombre ou plus nombreuses qu'eux. Bien plus fréquemment, deux ou trois sépales seulement ont, en face de leur ligne médiane, un de ces

1. H. B. K., *Nov. gen. et spec. pl. æquin.*, VI, 179. — WEDD., *Chlor. and.*, II, 237, t. 78.
2. WEBB, *Phytog. canar.*, II, t. 39.—SPACH, in *Ann. sc. nat.*, sér. 3, V, 43. — B. H., *Gen.*, 624, n. 58.
3. AIT., *Hort. kew.*, III, 354. — COLL., *Hort. ripul.*, 112, t. 40. — DC., *Prodr.*, II, 594, n. 2. — HOOK., in *Bot. Mag.*, t. 2341. — LOWE, *Fl. mader.*, 240.

4. VAHL, *Enum.*, I, 273.— L , *Mant.*, 200. — J., *Gen.*, 336. — LAMK, *Dict.*, I, 25 ; Suppl., I, 86. — ENDL., *Gen.*, n. 6372. — SPACH, *Suit. à Buffon*, I, 453. — B. H., *Gen.*, 623, n. 56. —*Ancistrum* FORST., *Char. gen.*, 3, t. 2. — GÆRTN., *Fruct.*, I, 163, t. 32. — LAMK, *Dict.*, I, 148 ; Suppl., I, 344 ; *Ill.*, t. 22, fig. 1.

organes [1], formé d'un filet libre et grêle, et d'une anthère à deux loges déhiscentes par une fente longitudinale, intérieure ou latérale. Au fond du sac réceptaculaire, on observe un ou deux carpelles de *Sanguisorba*. Les fruits sont des achaines qu'entoure le réceptacle durci ; il demeure rarement lisse sur sa surface extérieure ; ordinairement il se recouvre d'aiguillons dont l'extrémité est garnie de poils rigides, obliquement réfléchis ; de façon que chacun de ces aiguillons représente un petit harpon. Dans un certain nombre d'espèces, les aiguillons sont disséminés sur toute la surface, inégaux et disposés sans ordre [2]. Dans un plus grand nombre, ils sont en même nombre que les sépales, et naissent de la partie supérieure d'une côte qui fait suite à la nervure médiane du sépale ; dans ce cas, ils prennent d'ordinaire un développement bien plus considérable et s'élèvent plus ou moins obliquement en dehors des sépales [3]. Les *Acæna* sont des plantes herbacées ou suffrutescentes, qui habitent les régions froides et tempérées des deux hémisphères [4], principalement de l'hémisphère austral, surtout dans l'Amérique du Sud [5] et l'Océanie [6]. On en connaît une trentaine d'espèces. Leurs feuilles sont alternes, imparipennées, accompagnées de deux stipules pétiolaires. Leurs fleurs sont réunies en capitules ou en épis, continus ou interrompus, sur la portion supérieure d'un axe ordinairement terminal et nu dans sa partie inférieure.

Les *Margyricarpus* [7] (fig. 409, 410) ont les fleurs hermaphrodites, avec le même réceptacle en forme de sac allongé, à ouverture supérieure étroite. Au fond du sac, il n'y a qu'un seul carpelle, avec un ovule suspendu dans l'ovaire. Sur le pourtour de son ouverture, presque entièrement obturée par l'épaississement de la couche glanduleuse dont le réceptacle est doublé, et qui ne laisse qu'une étroite ouverture pour le passage du style, on voit s'insérer des sépales, au nombre de trois à cinq,

---

1. Il y a jusqu'à des fleurs monandres, et cela même dans des espèces qui ont normalement trois ou quatre étamines.

2. C'est le caractère distinctif de la section *Euacæna* (DC.).

3. Ce qui arrive dans les *Ancistrum*, distingués comme section par De Candolle ; mais il y a tous les intermédiaires entre ces aiguillons localisés et ceux qui s'insèrent çà et là sur le réceptacle, dans les *Euacæna*. Ces aiguillons rigides, rectilignes, sont souvent chargés de petits poils très-roides, aigus, réfléchis, qui donnent à l'ensemble de l'aiguillon l'apparence d'un harpon à dents nombreuses.

4. Walp., *Rep.*, II, 43 ; V, 655 ; *Ann.*, I, 280 ; II, 519 ; III, 855 ; IV, 664. — Vent., *Hort. Cels*, t. 6. — Lindl., in *Bot. Reg.*, t. 1271. — Harv. et Sond., *Fl. cap.*, II, 290.

5. Vahl, *Enum.*, 294. — R. et Pav., *Fl. per. et ch.*, I, 67, t. 103, 104. — H. B. K., *Nov. gen. et sp.*, VI, 182. — C. Gay, *Fl. chil.*, II, 282. — Wedd., *Chlor. and.*, II, 238, t. 76.

6. Forst., *loc. cit.* — Hook. f., *Fl. antarct.*, p. II, 9, t. xciv-xcvi. — Benth., *Fl. austral.*, II, 433.

7. R. et Pav., *Prodr.*, VII, t. 33 ; *Fl. per. et chil.*, I, 28, t. 8, fig. d. — Lamk, *Dict.*, Suppl., III, 589. — DC., *Prodr.*, II, 591. — Endl., *Gen.*, n. 6378. — Spach, *Suit. à Buffon*, I, 485. — B. H., *Gen.*, 623, n. 54. — *Empetri* spec. Lamk, *Dict.*, I, 567. — *Ancistri* spec. Lamk, *Ill.*, I, 77.

plus souvent de quatre, imbriqués et sans calicule. Plus intérieurement
se trouvent de une à trois étamines, à filet grêle et à anthère biloculaire,
introrse. La surface extérieure du réceptacle
porte quatre côtes verticales saillantes, répondant à la ligne médiane des sépales. Dans une
espèce de ce genre, détachée sous le nom de
Tetraglochin [1], chacune de ces côtes devient
plus tard une aile qui règne sur toute la hauteur du fruit. Dans les véritables *Margyri-*
carpus, cette saillie ne se développe que sous
la base des sépales, en quelques petits aiguillons obtus et inégaux. Tout le reste du réceptacle s'épaissit graduellement, devient tout à
fait charnu, et forme une induvie globuleuse
autour du véritable fruit. Celui-ci est un achaine
à péricarpe épais et dur ; il renferme une graine
suspendue, dont l'embryon charnu est dépourvu
d'albumen. Les *Margyricarpus* sont des arbustes rameux, rigides, originaires des régions
andines de l'Amérique du Sud [2]. Leurs feuilles
sont alternes, dilatées à leur base en un pétiole
qui forme une demi-gaîne, et se continue sur ses
bords avec de larges stipules membraneuses. Le
limbe des feuilles est, ou développé et impari-
penné, ou avorté en grande partie, sa nervure médiane durcie se transfor-
mant en épine. Les fleurs, sans éclat, sont axillaires, solitaires et sessiles.

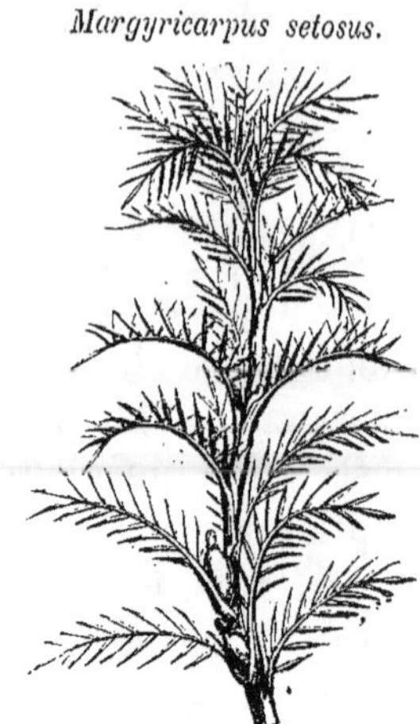

Margyricarpus setosus.

Fig. 409. Rameau florifère.

Fig. 410. Fruit.

Les Clifforties [3] (fig. 411, 412) représentent le type le plus réduit que
l'on connaisse dans la famille des Rosacées. Leurs fleurs sont diclines,
dioïques, ne possédant, dans une enveloppe florale simple, que des étamines ou un gynécée. Dans la fleur mâle (fig. 411), le réceptacle n'a
pas la forme concave ; c'est le sommet non modifié d'un court axe, qui
porte un calice de trois ou quatre folioles imbriquées. Les étamines sont
en nombre indéfini. Leurs filets sont insérés au centre de la fleur,

1. POEPP., *Fragm. synops.*, 26. — ENDL.,
Gen., n. 6376. — WEDD., *Chlor. andin.*, II,
236, t. 77.

2. H. B. K., *Nov. gen. et spec.*, VI, 180. —
W., in *Nov. Act. nat. cur.*, III, 437.— C. GAY,
Fl. chil., II, 278, 280.

3. *Cliffortia* L., *Gen.*, n. 1133 ; *Hort. Clif-
fort.*, t. 30, 31. — ADANS , *Fam. des pl.*, II,

293.— J., *Gen.*, 337. — LAMK, *Dict.*, II, 46 ;
Suppl., II, 299 ; *Ill.*, t. 827. — DC., *Prodr.*,
II, 595. — ENDL., *Gen.*, n. 6379. — SPACH,
Suit. à Buffon, I, 489.—B. H., *Gen.*, 625, n. 59.
— *Morilandia* NECK., *Elem.*, n. 766. — *Nenas*
GÆRTN., *Fruct.*, I, t. 32. — *Monographidium*
PRESL, *Epimel.*, 202.

inégaux, libres, grêles, repliés sur eux-mêmes dans le bouton. Leurs anthères sont à deux loges, souvent didymes, et s'ouvrent, en dedans ou sur les bords, par deux fentes longitudinales. Les fleurs femelles ont le même calice que les fleurs mâles ; mais les sépales sont insérés sur les bords de l'ouverture étroite d'un réceptacle semblable à celui des *Acæna*, des *Margyricarpus* et des *Sanguisorba*. Cette ouverture est presque totalement obturée par le bord épaissi d'un

Cliffortia ilicifolia.

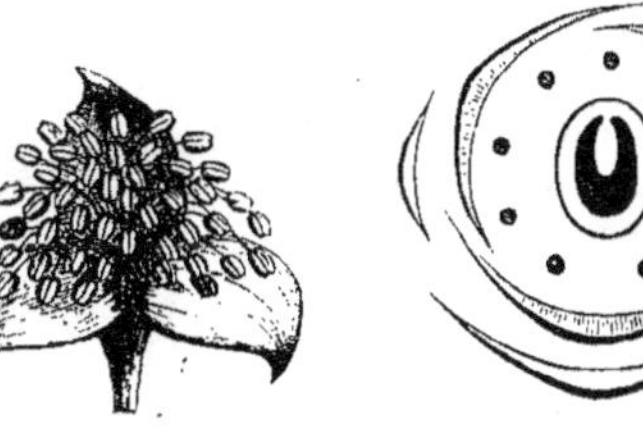

Fig. 411. Fleur mâle.

Fig. 412. Fleur femelle, diagramme.

disque glanduleux, et l'on observe fréquemment encore à ce niveau de très-petites languettes, en nombre variable, qui représentent des étamines rudimentaires. Deux carpelles, ou seulement un seul, s'insèrent au fond de la bourse réceptaculaire. Leur ovaire est semblable à celui des *Poterium*; et leur style, d'abord recourbé dans le bouton, se dresse sous forme d'une longue languette, exserte, épaisse, et toute couverte d'un côté d'un abondant tissu papilleux et plumeux. Le fruit est formé d'un ou deux achaines, renfermés dans le sac réceptaculaire, devenu épais, coriace ou corné, plus rarement subéreux ou presque charnu, et entouré lui-même du calice persistant et étroitement appliqué contre sa surface extérieure. Les graines sont suspendues et renferment, sous des téguments membraneux, un embryon à cotylédons épais, charnus, et à radicule supère.

Les Clifforties sont des arbustes à feuilles alternes, souvent rapprochées, accompagnées de deux stipules latérales, adnées au pétiole, et à limbe très-variable de forme, ressemblant, dans certaines espèces, à celui d'un Orme ou d'un Pommier ; dans d'autres, aux rameaux foliiformes des *Ruscus*, aux feuilles des Protéacées, des *Dracophyllum*, des *Styphelia*, ou même à celles des Dracænées. De Candolle[1] a montré comment ces différentes formes passent de l'une à l'autre, en même temps qu'il s'en est servi pour subdiviser le genre en sections[2]. D'après lui, toutes les espèces ont les feuilles alternes ; mais celles qu'on a décrites comme portant des feuilles fasciculées, ont en réalité des feuilles trifoliolées ; et celles qu'on avait regardées comme pourvues de feuilles opposées, sont des espèces à feuilles trifoliolées, avec les deux folioles latérales

1. *Note sur le feuillage des* Cliffortia, *in Ann. sc. nat.*, sér. 4, I, 447.

2. 1. *Multinerviæ.* 2. *Dichopteræ.* 3. *Trinerviæ. foliæ.* 4. *Latifoliæ.* 5. *Bifoliolæ.*

seules développées. Les fleurs sont sessiles, ou à peu près, solitaires ou géminées dans l'aisselle des feuilles. Toutes les Clifforties sont des plantes de l'Afrique australe [1].

III. SÉRIE DES FRAISIERS.

Les Fraisiers [2] (fig. 413-419) ont les feuilles régulières, polygames ou

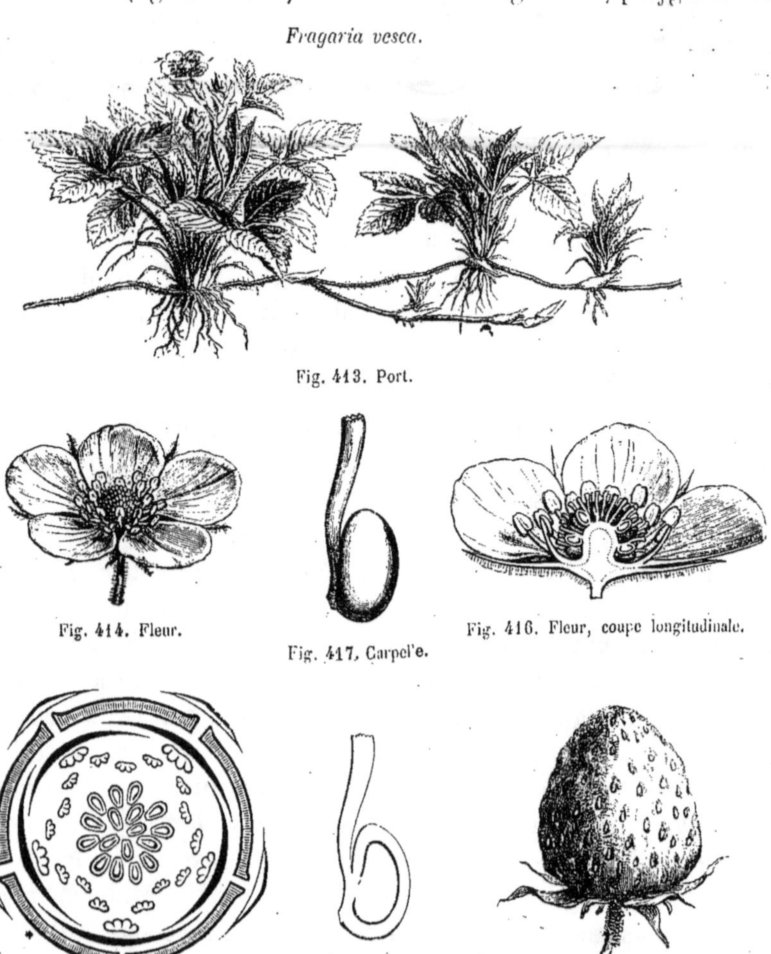

Fragaria vesca.

Fig. 413. Port.

Fig. 414. Fleur.

Fig. 417. Carpelle.

Fig. 416. Fleur, coupe longitudinale.

Fig. 415. Diagramme.

Fig. 418. Carpelle, coupe longitudinale.

Fig. 419. Fruit.

hermaphrodites. Dans ces dernières, on observe un réceptacle en forme

1. Thunb., *Prodr. fl. cap.*, 93.— W., *Spec.*, IV, 838.— Spreng., *N. Ent.*, II, 174.—Harv., *Thes. cap*, t. 95. — Harv. et Sond., *Fl. cap.*, II, 292 (nec 597).

2. *Fragaria* T., *Inst.*, 295, t. 152. — L., Gen., n. 633. — J., *Gen.*, 338. — Gærtn., *Fruct.*, I, 350, t. 73. — Lamk, *Dict.*, II, 527; Suppl., II, 667; *Ill.*, t. 442. — Nestl.,

de coupe très-évasée, à rebord circulaire et à fond relevé en bosse, comme celui d'une bouteille. Sur cette saillie centrale, véritable sommet organique du réceptacle, sont portés les carpelles, tandis que le périanthe et l'androcée sont insérés sur les bords. Le calice est à cinq sépales, disposés dans le bouton en préfloraison valvaire, légèrement rédupliquée, ou rarement un peu imbriquée. En dehors du calice se trouvent cinq folioles, alternes avec les sépales et formant ce qu'on appelle le calicule [1]. Les pétales sont alternes avec les sépales, pourvus d'un onglet très-court, imbriqués dans le bouton. Les étamines sont le plus souvent au nombre de vingt, et disposées dans ce cas sur trois verticilles. Cinq d'entre elles sont insérées en face de la ligne médiane d'un sépale, cinq en dedans de la ligne médiane d'un pétale, et les dix autres sont placées de chaque côté de ces cinq dernières [2]. Chacune d'elles est formée d'un filet libre et d'une anthère biloculaire, introrse ou presque latérale; chaque loge s'ouvre par une fente longitudinale [3]. Un disque glanduleux, plus ou moins prononcé, tapisse la surface interne du réceptacle, depuis l'insertion des étamines jusqu'à la saillie centrale que recouvrent les carpelles en nombre indéfini. Chacun d'eux est libre, composé d'un ovaire uniloculaire, surmonté d'un style qui s'insère à une hauteur très-variable du bord ventral de l'ovaire, et qui se dilate insensiblement jusque vers son sommet stigmatifère tronqué. Dans l'angle interne de l'ovaire et vers le milieu de sa hauteur [4], s'insère un ovule descendant, incomplétement anatrope, à micropyle supérieur et extérieur [5] (fig. 418). Le fruit est multiple, formé d'un grand nombre d'achaines [6], portés par la portion relevée du réceptacle, qui s'est considérablement épaissie [7] et

Potent., 17. — DC., *Prodr.*, II, 569. — Spach, *Suit. à Buffon*, I, 462.—Endl., *Gen.*, n. 6361. — B. H., *Gen.*, 620, n. 47.

1. Ces languettes sont de nature stipulaire, et chacune d'elles résulte de la fusion de deux stipules voisines. Il arrive même assez fréquemment que cette fusion n'a pas lieu; le calicule peut alors être formé de dix folioles, libres, ou unies deux à deux, alternant par paires avec les sépales (voy. Payer, *Elém. de Bot.*, 90, fig. 143, 144). Dans une espèce à fleurs jaunes, le *F. indica* DC. (*Prodr.*, II, 571), dont Smith a proposé (in *Trans. Linn. Soc.*, X, 372; — Walp., *Ann.*, IV, 663) de faire le type d'un genre particulier, sous le nom de *Duchesnea*, les folioles du calicule sont larges, découpées sur les bords, et dépassent de beaucoup la taille des sépales eux-mêmes.

2. Lorsqu'il y a plus de vingt étamines, c'est qu'il s'est produit des dédoublements plus ou moins nombreux, et que deux ou trois de ces organes peuvent, dans un ou plusieurs verticilles, tenir la place d'une étamine isolée.

3. Le pollen est ellipsoïde, avec trois sillons longitudinaux, qui, dans l'eau, deviennent trois bandes, tantôt lisses et tantôt papilleuses. La même organisation se retrouve dans presque tous les genres de cette série, les Potentilles, les Benoîtes et les *Dryas*.

4. D'autant plus bas que le lieu d'insertion du style, sommet organique réel de l'ovaire, se rapproche davantage de la base. Ainsi, dans le *F. indica*, le style s'attache au point où le tiers supérieur du bord interne de l'ovaire s'unit aux deux tiers inférieurs; l'ovule est alors très-nettement descendant, et son anatropie est bien plus prononcée que dans les espèces où l'insertion stylaire se fait plus bas.

5. L'ovule n'a qu'une enveloppe.

6. Plus souvent ce sont de véritables drupes; mais leur sarcocarpe est peu épais.

7. Ordinairement elle s'élève un peu dans

est devenue charnue et succulente [1]. Le calice et l'involucre persistent à la base du fruit multiple, et chaque achaine renferme une graine dont 'embryon charnu, dépourvu d'albumen, a la radicule supère.

Les Fraisiers sont des plantes herbacées, vivaces, dont la tige est un court sympode [2], et dont les feuilles sont alternes, trifoliolées, digitées, rarement pennées, et accompagnées de deux stipules latérales, pétiolaires, membraneuses. Les rameaux sont fréquemment allongés en coulants, à feuilles écartées, dont les bourgeons axillaires s'enracinent au contact du sol [3] (fig. 413). Les fleurs sont terminales, solitaires, ou plus souvent réunies vers le haut d'une hampe commune, en cymes alternes, pauciflores, fréquemment unipares. On a décrit un grand nombre d'espèces de ce genre qui habite les régions tempérées et alpines de tout l'hémisphère boréal, et les montagnes des îles Mascareignes et de l'Amérique australe [4]. Mais la plupart sont des formes ou des variétés, et le nombre d'espèces véritables ne s'élève probablement pas à une demi-douzaine.

Les Potentilles [5] (fig. 420-427) sont extrêmement voisines des Fraisiers par le périanthe et l'androcée [6] ; et les espèces proprement dites de

l'intervalle des fruits qui se trouvent insérés dans une petite fossette. Mais quelquefois, comme dans le *F. indica*, par exemple, cette insertion se fait sur une petite saillie du réceptacle.

1. Elle peut être plus dure, presque fibreuse, analogue comme consistance à ce qu'elle devient dans les *Comarum*. Quand elle est peu charnue, les fruits peuvent se séparer d'elle à leur entière maturité, comme dans certaines Potentilles.

2. IRM. (T.), in *Bot. Zeit.*, VIII, 250. — WYDL., in *Flora*, XXXIV, 364.— GREN., in *Bull. Soc. bot. de Fr.*, II, 349. — J. GAY, in *Ann. sc. nat.*, sér. 4, VIII, 185.

3. A. S. H., *Morph. vég.*, 235. — A. JUSS., *Elém.*, 156. — PAYER, *Elém.*, 58, fig. 93.

4. DUCH., *Hist. nat. des Frais.*, 1766. — FRENZ., *Frag.*, 1662.— L., *Fraga vesca*, 1772. — DC., *Prodr.*, II, 569. — LOUR., *Fl. coch.*, 325. — ROXB., *Fl. ind.*, II, 520. — WIGHT et ARN., *Prodr. fl. pen. ind.*, I, 300. — WIGHT, *Icon.*, t. 988, 989. — MIQ., *Fl. ind. bat.*, I, p. I, 371. — H. B. K., *Nov. gen. et spec.*, VI, 172. — C. GAY, *Fl. chil.*, II, 315. — TORR. et GR., *Fl. N. Amer.*, I, 447. —A. GRAY, *Man. of Bot.*, 149. — J. GAY, *loc. cit.*, 194. — WALP., *Rep.*, II, 25 ; *Ann.*, I, 277.

5. *Potentilla* T., *Inst.*, 295, t. 152. — L., *Gen.*, n. 634. —J., *Gen.*, 338, 453.— GÆRTN., *Fruct.*, I, 350, t. 73. — LAMK, *Dict.*, II, 527 ; *Suppl.*, II, 667, *Ill.*, t. 442. — NESTL., *Mon. Potent.*, 1816. — LEHM., *Mon. Potent.*, 1820-35. — DC., *Prodr.*, II, 571. — SPACH, *Suit. à Buffon*, I, 469.—ENDL., *Gen.*, n. 6363.—B.H., *Gen.*, 620, n. 48. — *Quinquefolium* T., *Inst.*, 296, t. 153. — *Pentaphylloides* T., *op. cit.*,

298.— GÆRTN., *Fruct.*, I, 349, t. 73. — *Fragariastrum* SCHKUR, *Enum. plant. Transylvan.*, 137. — *Bootia* BIG., *Fl. bost.*, 351.

6. Les étamines sont en nombre aussi variable que dans les *Fragaria*. M. A. DICKSON, qui a amplement étudié la disposition des étamines des Rosacées en général (voy. *Journ. of Bot.*, III, (1865), 209), et confirmé la plupart des résultats auxquels PAYER était arrivé sur ce sujet par l'étude organogénique (voy. p. 347, note 1), a spécialement déterminé le nombre des pièces de l'androcée et leur arrangement dans les Potentilles (*On the staminal arr. in some spec. of Potent., and in Nuttalia cerasiformis*; in *Journ. of Bot.*, IV (1866), t. LII). Il a constaté que, dans certaines espèces, comme le *P. fruticosa*, l'androcée forme cinq festons, comprenant chacun quatre ou cinq étamines, et que la convexité des festons regarde le centre de la fleur, tandis que leurs extrémités, par lesquelles ils se rejoignent, sont situées dans l'intervalle des sépales. Il n'y a pas d'ailleurs d'étamines exactement superposées à ces derniers ; de sorte que l'auteur regarde l'androcée comme formé de cinq étamines dont la foliole du sommet ou du centre serait représentée par le pétale, et les lobes latéraux par des étamines fertiles. Lorsque, dans d'autres espèces, il voit une étamine exactement superposée au pétale, il la considère comme le représentant, dans l'androcée, d'une des folioles qui constituent le calicule, qui sont de nature stipulaire, et qui alternent pour cette raison avec les sépales, comme les étamines oppositisépales alternent avec les faisceaux staminaux oppositipétales.

ce genre ne s'en distinguent que par deux caractères, quelquefois même bien peu tranchés [1]. Le style s'insère en général un peu plus haut, plus près du sommet de l'ovaire, et il en résulte que l'ovule est plus nettement suspendu et plus complétement anatrope. D'autre part, le réceptacle ne devient pas aussi épais et aussi succulent que dans les Fraises; il demeure généralement sec et se couvre de poils. A ce genre se rattachent comme sections un certain nombre de types déviés qui sont les suivants.

Potentilla reptans.

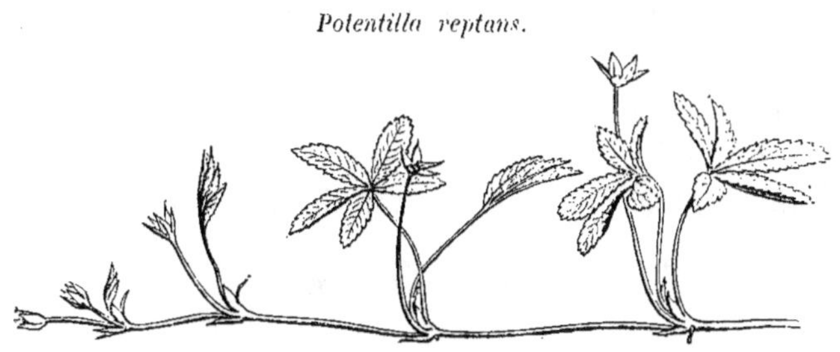

Fig. 420. Port.

Ce qui prouve combien le caractère tiré de la consistance du réceptacle distingue peu nettement les Fraisiers des Potentilles, et que ces deux genres devraient, à la rigueur, être réunis en un seul, c'est que le *Comarum* [2], dont on trouve une espèce dans les endroits marécageux d'une grande partie de l'Europe, a des fruits à réceptacle spongieux, moins sec que celui de la plupart des Potentilles, moins charnu que celui de presque tous les Fraisiers.

Les *Trichothalamus* [3] sont des Potentilles dans lesquelles la surface du réceptacle est chargée de poils plus longs et plus nombreux que dans les autres espèces. On ne peut les séparer du genre, non plus que la Tormentille [4], dont la fleur est ordinairement tétramère, nombre qui ne se présente qu'exceptionnellement dans quelques autres espèces.

---

1. Si peu même, qu'il serait certainement logique de ne point conserver comme distincts les genres *Fragaria* et *Potentilla*.

2. L., *Gen.*, n. 638. — GÆRTN., *Fruct.*, I, 349, t. 73. — TORR. et GR., *Fl. N. Am.*, I, 447. — ENDL., *Gen.*, n. 6362. La couleur pourprée des pétales ne distingue même pas de toutes les autres Potentilles le *C. palustre* L. (*Spec.*, 718; — *Potentilla Comarum* SCOP., *Fl. carniol.*, ed. 2, V, I, 359; — *P. rubra* HALL. F., in SER. *Mus. helv.*, I, 56; — *P. palustris* LEHM., *Pot.*, 52). Mais il faut remarquer que, les étamines étant ordinairement au nombre de vingt, les cinq plus grandes, qui sont superposées aux sépales, se

réfléchissent de telle façon que leur anthère devient extrorse, au moins à l'époque de la fécondation. Les cinq folioles qui forment le calicule sont souvent dédoublées. Les carpelles sont en très-grand nombre.

3. LEHM., in *Nov. Act. Acad. cæsar.*, X, 585, t. 49. — *Lehmannia* TRATT., *Ros. Monogr.*, IV, 144.

4. *Tormentilla erecta* L. (*Spec.*, 716; — *T. officinalis* SM , *Engl. Bot.*, t. 863; — *Potentilla Tormentilla* NESTL., *Mon.*, 65. — SCHRANCK, ex LEHM., *Mon.*, 149; — DC., *Prodr.*, n. 18; — *P. tetrapetala* HALL. F., in SER. *Mus. helv.*, I, 51; — *P. nemoralis* NESTL., *loc. cit.*).

L'androcée s'appauvrit dans quelques *Potentilla* proprement dits, comme l'indique le nom spécifique du *P. pentandra* [1].

Comme dans les Fraisiers, le port peut ici présenter de très-grandes variations. Il y a des espèces ligneuses ou suffrutescentes, comme les *P. arbuscula, fruticosa*, etc. Ailleurs, les tiges et les rameaux sont grêles et s'étalent sur la terre (fig. 420), ou forment des coulants analogues à ceux des Fraisiers. Les feuilles sont très-variables de configuration ; car, à part les formes exceptionnelles que nous trouverons dans les types dégénérés qui vont être reliés au genre Potentille, il y a des espèces à feuilles imparipennées, et d'autres à feuilles digitées, comme l'indique le nom générique de *Dactylophyllum* [2].

Il y a des Potentilles dont l'androcée est réduit à quinze, dix, ou même à cinq étamines. Les plantes américaines dont on a proposé de

Potentilla (Horkelia) congesta.

Fig. 421. Fleur.

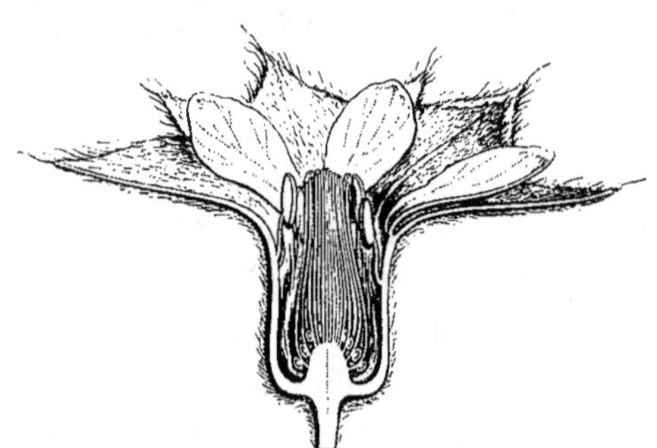

Fig. 422. Fleur, coupe longitudinale.

faire les genres *Horkelia* [3] et *Ivesia* [4], sont dans ce cas. Ainsi l'*I. santolinoides* [5] a quinze étamines ; les *H. congesta* [6], *cuneata* [7], *tridentata* [8] en ont dix, qui sont superposées, cinq aux sépales et cinq aux pétales ; l'*H. Gordoni* [9] n'en a plus que cinq, superposées aux sépales. Ce caractère, qui n'a pas en lui-même une valeur suffisante, était accompagné,

1. Voy. Benth. et Hook., *Gen.*, 621.

2. Spenn., *Fl. friburg.*, III, 1034 (*P. procumbens* Clairv., ex DC., *Prodr.*, II, 587 ; — *Sibbaldia procumbens* L., *Spec.*, 406).

3. Cham. et Schltl, in *Linnæa*, II, 26. — Torr. et Gr., *Fl. N. Amer.*, 1, 434. — Hook., in *Bot. Mag.*, t. 2880. — Lindl., in *Bot. Reg.*, t. 1997. — Endl., *Gen.*, n. 6364. — Torr. et Gr., ap. Wippl., 164, t. 6. — A. Gray, in *Proceed. Amer. Acad.*, VI, 528 ; VII, 336.— B. H., *Gen.*, 621.

4. Torr., ap. Wippl., II, t. 4. — Torr. et Gr., *Bot. Pacif. exp.*, VI, 72. — A. Gray,

in *Proceed. Amer. Acad.*, VI, 530 ; VII, 337.

5. A. Gray, *loc. cit.*, 531. — *I. gracilis* Torr. et Gr., in *Newb. Rep.*, t. 11.— *Potentilla Newberryi* A. Gray, *loc. cit.*

6. Hook., in *Bot. Mag.*, loc. cit.

7. Lindl., *loc. cit.* (*H. californica* Ch. et Schltl, in *Linnæa*, loc. cit. (nec alior.). — — *H. grandis* Hook. et Arn. — *H. capitata* Torr., ap. Wippl., *loc. cit.* (nec Lindl.).

8. Torr., ap. Wippl., *loc. cit.*

9. Hook., in *Hook. Journ.*, V, 341, t. 12. — *H. millefoliata* Torr. — *Ivesia Gordoni* Torr. et Gr., ap. Newr., 6, 72.

dans les premiers *Horkelia* et *Ivesia* connus, d'autres traits qui pouvaient justifier l'établissement de nouvelles coupes génériques, mais qui n'ont pas été trouvés constants dans les espèces plus récemment étudiées; ils ne peuvent servir qu'à délimiter des divisions secondaires dans le genre Potentille, et doivent être recherchés dans la configuration des étamines, dans celle du réceptacle et dans le nombre des parties du gynécée. Les anthères sont tantôt ovales ou oblongues dans les *Horkelia*, et, par exemple, dans les *H. congesta, cuneata*, et tantôt didymes, comme dans les *H. tridentata, Gordoni*, aussi bien que dans l'*Ivesia santolinoïdes*. Les filets sont aplatis, presque pétaloïdes, longuement triangulaires dans les *H. congesta, cuneata ;* mais ils sont filiformes, comme ceux des véritables Potentilles (caractère qui a été attribué en propre aux *Ivesia*), dans les *H. Gordoni* et *tridentata* [1]. Le réceptacle floral est plus élevé en tube dans l'*H. congesta* que dans la plupart des Potentilles; mais il s'évase davantage dans la plupart des autres espèces, et se rétrécit vers la partie inférieure dans quelques autres ; sa forme, en un mot, n'a rien de constant dans les espèces d'ailleurs les plus analogues par tout le reste de leur organisation. Les carpelles sont aussi nombreux que ceux des Potentilles proprement dites, dans presque tous les *Horkelia*. Dans les *Ivesia*, ils sont ordinairement en aussi petit nombre que dans les *Sibbaldia*. La plupart des espèces n'en ont que quatre ou cinq. Quelques-unes, comme l'*H. Gordoni*, peuvent n'en avoir que deux ou même qu'un seul. Ce dernier nombre est constant dans la très-remarquable plante qu'on a nommée *I. santolinoides* [2], et qui, avec une quinzaine d'étamines, des anthères didymes, un réceptacle presque hémisphérique, un disque chargé de poils au niveau de l'insertion de l'androcée, possède des cymes à axes grêles, semblables à celles d'une petite Caryophyllée, et des feuilles singulières, comme nous le verrons tout à l'heure. Nous en avons fait le type d'une section distincte, sous le nom de *Stellariopsis*. Son style est articulé à sa base ; terminal d'abord, il devient ensuite inséré sur l'angle interne, plus bas que le sommet de l'ovaire. Cette situation est également variable, de même que l'existence de l'articulation basilaire du style, dans les divers *Horkelia* et *Ivesia* que nous avons déjà énumérés. Toutes ces plantes [3] sont des herbes à feuilles alternes,

---

1. Ainsi M. Asa Gray, qui considère l'*H. Gordoni* comme une espèce douteuse de ce genre, à cause de la forme des filets staminaux, avait aussi placé (*loc. cit.*, 530) l'*H. Gordoni* dans le genre *Ivesia*.

2. C'est probablement à cette plante qu'il est fait allusion dans le *Genera* de MM. Bentham et

Hooker, où se trouve citée, comme intermédiaire aux *Horkelia, Ivesia* et *Potentilla*, une espèce californienne, à folioles soyeuses, pressées les unes contre les autres et formant un limbe cylindrique.

3. On en a décrit jusqu'ici une douzaine d'espèces, toutes originaires de l'Amérique boréale,

accompagnées de stipules, composées-pennées et à folioles découpées. Toutes ont les fleurs en cymes portées par une hampe commune. Le feuillage rappelle tantôt celui des Potentilles, des Benoîtes, tantôt celui des Filipendules ou des Pimprenelles. Les feuilles de l'*I. santolinoides* s'éloignent beaucoup de ces formes, au premier abord. Ce sont de petits cylindres soyeux qui, de loin, paraissent d'une seule pièce, mais qui sont en réalité composés d'un grand nombre de petites folioles rapprochées et comme empilées les unes sur les autres, et retenues entre elles par le duvet velouté dont elles sont chargées.

Les *Ivesia*, qui, comme l'*I. lycopodioides* [1], n'ont plus que cinq étamines, sont, sous ce rapport, analogues aux *Sibbaldia* [2] (fig. 423-427),

Potentilla (Sibbaldia) procumbens.

Fig. 423. Fleur.

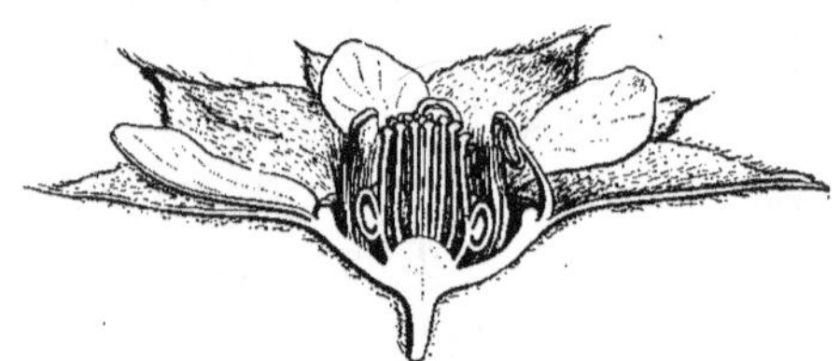

Fig. 424. Fleur, coupe longitudinale.

Fig. 426. Carpelle.

Fig. 425. Fruit multiple.

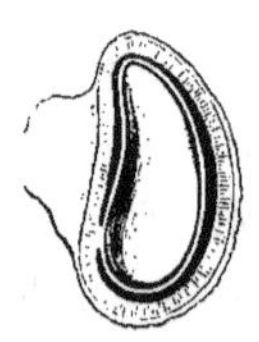

Fig. 427. Carpelle, coupe longitudinale.

petites herbes de l'Europe et de l'Asie moyennes, et de l'Amérique arctique, qui ont, avec l'androcée du *Potentilla pentandra*, le port, le feuillage et toute l'organisation florale [3] d'un grand nombre d'espèces

principalement des régions occidentales, Californie, montagnes Rocheuses, etc.

1. A. GRAY, in *Proc. Amer. Acad.*, loc. cit., 531, n. 4.

2. L., *Gen.*, n. 393. — J., *Gen.*, 337. — GÆRTN., *Fruct.*, 1, 348, t. 73. — DC., *Prodr.*, II, 586. — BUNG., in *Ledeb. Fl. alt.*, I, 428. — LEDEB., *Icon. fl. ross.*, t. 276. — ENDL., *Gen.*, n. 6367. — ROYLE, *Illustr. himal.*, t. 40, fig. 5. — JACQUEM , *Voy. Bot.*, t. 67. — WALP., *Rep.*, II, 37 ; *Ann.*, I, 269.

3. L'androcée peut être formé de dix éta-

mines, mais il est plus ordinairement isostémone. Ainsi, dans les fleurs du *S. cuneata* KZE, il n'y a que cinq étamines alternipétales, à anthères introrses, à filets insérés au bord d'un disque glanduleux qui tapisse le réceptacle en forme d'écuelle. Ce disque a cinq angles saillants au niveau desquels s'insèrent les pétales qui sont comme articulés à leur base; et les étamines s'attachent au milieu des bords concaves du disque. Le filet est d'ailleurs articulé avec l'anthère. La surface du disque est chargée de poils dans l'intervalle des étamines et du gynécée. Les

monticoles de ce genre dont elles ne sauraient être séparées. On n'en peut distraire davantage le *Dryadanthe* [1], espèce des montagnes de l'Altaï et de l'Himalaya, dont les fleurs polygames sont d'ailleurs tout à fait celles des autres *Sibbaldia*.

Dans les types amoindris qui viennent d'être rapportés au genre *Potentilla*, lorsque l'androcée est réduit à l'isostémonie, les cinq étamines qui persistent sont celles qui sont superposées aux sépales. Dans les plantes dont on fait le genre *Chamœrhodos* [2], les cinq étamines oppositipétales sont les seules qui existent [3]. Les carpelles sont en nombre variable ; l'ovule est toujours celui des Potentilles, et le style s'insère à une hauteur variable de l'angle interne de l'ovaire. L'inflorescence est souvent, comme celle des *Stellariopsis*, analogue à celle des Caryophyllées ; et les bractéoles qui forment le calicule sont nulles ou réduites à des glandes fort peu développées, comme nous verrons qu'il arrive dans certains *Geum*. Pour ces motifs, les *Chamœrhodos* ne peuvent, non plus que les *Sibbaldia*, *Ivesia*, etc., être séparés génériquement des Potentilles dont ils constituent une section spéciale. Celle-ci est représentée par quatre ou cinq plantes herbacées, à tige frutescente à la base, à feuilles alternes, analogues à celles des Tormentilles ; on les trouve à la fois dans l'Asie moyenne et septentrionale, et dans l'Amérique du Nord, sur les montagnes Rocheuses.

Ainsi constitué, le genre *Potentilla*, avec ses onze sections [4], renferme environ deux cent cinquante espèces, d'après la plupart des ouvrages descriptifs ; mais ce nombre doit être réduit d'un tiers au moins.

Les Ronces [5] (fig. 428-431) peuvent être définies en peu de mots, quand

---

carpelles, dont le nombre peut être très réduit dans certains *Sibbaldia*, sont ici en nombre indéfini. Le sommet du réceptacle se relève en un pied grêle, dilaté à son sommet et supportant au niveau de ce renflement les carpelles, qui ont un petit support cylindrique, un style presque gynobasique, et un ovule à micropyle extérieur et supérieur, pourvu d'une seule enveloppe.

1. ENDL., *Gen.*, n. 6366.—*Sibbaldia tetrandra* BGE, *Verz. alt. Pflanz.*, 25.

2. BGE, in *Ledeb. Fl. alt.*, I, 429. — LEDEB., *Icon. fl. ross.*, t. 257, 271. — ENDL., *Gen.*, n. 6365. — TORR. et GR., *Fl. bor.-amer.*, I, 433. — WALP., *Rep.*, II, 37, 913. — B. H., *Gen.*, 621, n. 49.

3. Elles se composent d'un filet peu épais et d'une anthère introrse à deux loges. En dedans, c'est-à-dire du côté de la face, les deux loges ne sont pas séparées l'une de l'autre par un sillon profond ; et les lignes de déhiscence qui représentent deux arcs dont la concavité se regarde,

et dont les deux extrémités arrivent presque à se toucher, limitent une sorte de panneau elliptique dont la forme pourrait tout d'abord faire penser que l'anthère est uniloculaire.

4. *Potentilla.*

SECTIONS 11.
1. *Potentillastrum* (SER.).
2. *Tormentilla.*
3. *Comarum.*
4. *Fragariastrum.*
5. *Trichothalamus.*
6. *Sibbaldia.*
7. *Dryadanthe.*
8. *Horkelia.*
9. *Ivesia.*
10. *Stellariopsis.*
11. *Chamœrhodos.*

5. *Rubus* L., *Gen.*, n. 864.— ADANS., *Fam des pl.*, II, 294. — J., *Gen.*, 338. — GÆRTN., *Fruct.*, I, 350, t. 73. — LAMK, *Dict.*, VI, 235; *Suppl.*, IV, 693; *Ill.*, t. 441, fig. 1. — DC., *Prodr.*, II, 556. — SPACH, *Suit. à Buffon*, I,

on connaît les deux genres précédents. Leurs fleurs sont celles des Fraisiers et des Potentilles, mais elles n'ont pas de calicule; et leurs fruits sont formés d'un nombre variable de drupes, et non d'achaines, insérées sur la surface conique d'un réceptacle commun, moins charnu que celui des *Fragaria*. Cette portion centrale du réceptacle est en général conique

Rubus fruticosus.

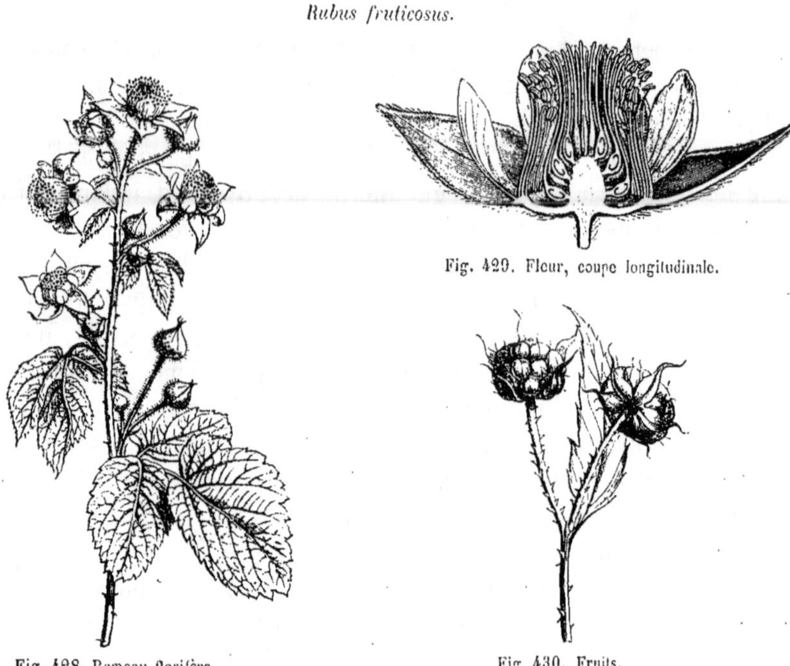

Fig. 429. Fleur, coupe longitudinale.

Fig. 428. Rameau florifère.

Fig. 430. Fruits.

et très-saillante dans la fleur ; la portion élargie, sur les bords de laquelle s'insèrent le périanthe et l'androcée, a la forme d'une écuelle peu profonde, doublée intérieurement d'une couche de tissu glanduleux. Les carpelles [1] et les étamines [2] sont en nombre indéfini ; les sépales et les

453.—ENDL., *Gen.*, n. 6360.—PAYER, *Organog.*, 503, t. CI, fig. 1-12. — B. H., *Gen.*, 616, n. 36. — ? *Cylactis* RAF., in *Sillim. Journ.* (1819), 377 (ex ENDL.).

1. Ils sont ordinairement très-nombreux dans les *Rubus* proprement dits. Dans la fleur, chacun d'eux se compose d'un ovaire uniloculaire, surmonté d'un style qui est terminal ou qui s'insère près du sommet de l'angle interne de l'ovaire et dont l'extrémité stigmatique est souvent plus ou moins renflée. Le mode d'insertion du style fait que les ovules, attachés au même niveau que lui, sont nettement descendants et complétement anatropes, avec le micropyle tourné en dehors et en haut. Ils n'ont qu'une enveloppe, comme ceux

des Rosiers, dont l'organisation florale est tout à fait celle des Ronces, à part la forme du réceptacle. Il est rare que les deux ovules, d'abord collatéraux et égaux, arrivent dans la fleur adulte à leur entier développement. L'un d'eux se réduit ordinairement de bonne heure à une masse cellulaire qui peut simuler un obturateur coiffant plus ou moins exactement l'exostome de l'ovule fertile.

2. La position des étamines est la même, d'après PAYER, que dans les Roses. Il y a une époque où l'on ne voit l'androcée représenté que par dix étamines, placées par paires, l'une à droite et l'autre à gauche de chaque pétale (*loc. cit.*, fig. 3). Les autres étamines naissent ensuite

pétales sont imbriqués dans le bouton, les premiers en préfloraison quinconciale [1]. On a décrit un demi-millier d'espèces dans ce genre ; la plupart sont contestées, et considérées comme des formes ou des variétés,
par certains auteurs qui n'admettent qu'une centaine d'espèces véritables. Elles se rencontrent dans les régions chaudes et tempérées des
cinq parties du monde [2]. Rien n'est plus variable que leurs organes de
végétation. Dans notre pays, ce sont des arbustes sarmenteux, chargés
d'aiguillons, glabres, tomenteux, glanduleux ou
couverts d'une poussière cireuse blanchâtre. Ailleurs, ce sont de petites herbes vivaces, ram-
pantes, traçantes. Les *Dalibarda* [3] sont dans ce
cas ; ils habitent l'Amérique et l'Asie, et ne se distinguent des Ronces proprement dites que par
le peu d'épaisseur de la portion charnue de leur
péricarpe. Leurs carpelles sont parfois, il est vrai,
en nombre peu considérable et à peu près défini ;
mais cette particularité s'observe aussi dans quelques véritables *Rubus*. Les feuilles des Ronces
sont souvent lobées ou composées, avec trois ou

Rubus idæus.

Fig. 431. Fruit.

cinq folioles, ou même imparipennées, avec un nombre de folioles
indéfini. Elles ressemblent, tantôt à celles des Roses, tantôt à celles
des Benoîtes, des Fraisiers, des Spirées, etc. Plus rarement elles sont
simples, analogues à celles des Pruniers, des Poiriers, etc. Toujours

dans l'intervalle de celles-ci, de dehors en dedans, par verticilles. Les premières étamines se
montrent sur une sorte de bourrelet circulaire
qui tapisse en dedans le pourtour de la cupule
réceptaculaire (voy. A. Dickson, in *Journ. of
Bot.*, III, 214).

1. Ils cessent de se recouvrir de bonne heure
et paraissent valvaires dans un certain nombre
d'espèces. Les fleurs sont exceptionnellement tétramères ou hexamères.

2. Thunb., *De Rubo*, 1813. — Rudb., Rub.
hum., 1746. — Paull., *De Chamæm. norv.*,
1676.—Camer., *De Rub. id.*, 1721.—Schulz.,
De Rub. id., 1744.—Arrhen., *Mon. Rub. Suec.*,
1840. — Nees et Weihe, Rub. *german.*, 1820.
— Waldst. et Kitaib., *Pl. hungar. rar.*, t. 141,
268. — Gren. *Mon. des Rub. des envir. de
Nancy*, 1843. — Gren. et Godr., *Fl. de Fr.*, I,
536.—Chaboiss., in *Bull. Soc. bot. de Fr.*, VII,
265.— Babingt., *Syn. of brit. Rub.*, 1840. —
Jacq., *Voy.*, t. 59, 60. — H. B. K., *Nov. gen.
et spec.*, VI, 172, t. 557, 558.—Torr. et Gr.,
Fl. N. Amer., I, 449. — A. Gray, *Man. of
Bot.*, 120. — Chapm., *Fl. S. Unit.-States*, 124.

— Torr. et Gr., ap. Wippl., 164. — Webb.,
Chlor. and., II, 231.—C. Gay, *Fl. chil.*, II, 307.
— Hook. f., *Fl. antarct.*, p. II, 263 ; *Handb.
of the N.-Zeal. Fl.*, 54. — Seem., *Herald*, 282,
376. — Benth., *Fl. austral.*, II, 429 ; *Fl.
hongk.*, 104. — Roxb., *Fl. ind.*, II, 516. —
Miq., *Fl. ind.-bat.*, I, p. I, 373 ; *Mus. Lugd.
Bat.*; III, 34. — Wight, *Icon.*, t. 225, 231,
232.—Thwait., *Enum. pl. Zeyl.*, 101.— Harv.
et Sond., *Fl. cap.*, II, 286. — Hook., *Icon.*,
t. 46, 349, 729, 730, 741, 742. — Lindl., in
Bot. Reg., t. 1368, 1424, 1607. — Walp.,
Rep., II, 13, 942 ; V, 649 ; *Ann.*, I, 972 ; II,
467 ; III, 855 ; IV, 657.

3. L., *Spec.*, ed. 1, 431.— Michx, *Fl. bor.-
am.*, 1, 299, t. 27. — Lamk, *Dict.*, VI, 249 ;
Suppl., IV, 696 ; *Ill.*, t. 441, fig. 3. — Nestl.,
Pot., 16, t. 1. — DC., *Prodr.*, II, 568. —
Torr. et Gr., *Fl. N. Amer.*, I, 449. — Endl.,
Gen., n. 6359. — Les carpelles sont parfois très-
nombreux dans ces plantes. On dit qu'ils deviennent des achaines ; mais nous les avons vus,
dans plusieurs espèces, à peu près aussi charnus
à la maturité que ceux de nos Ronces indigènes.

elles sont pourvues de deux stipules latérales pétiolaires. Les fleurs sont
rarement solitaires, et ordinairement disposées en cymes, axillaires ou
terminales, souvent rapprochées les unes des autres, vers l'extrémité des
rameaux, en grappes simples ou ramifiées de cymes, décrites comme
des panicules ou des thyrses. Dans ce cas, les feuilles axillantes de
chaque cyme deviennent graduellement plus petites et plus simples
de forme, et finissent par n'être plus représentées que par d'étroites
bractées.

Les Benoîtes [1] (fig. 432-434) ont tout à fait la fleur des Potentilles :
même forme du réceptacle, même calicule et même calice valvaire ;

Geum urbanum.

Fig. 432. Port.

organisation identique de la corolle, de l'androcée, du disque et des
parties extérieures du gynécée. Mais l'ovaire de chaque carpelle ren-

1. *Geum* L., *Gen.*, n. 867. — ADANS., *Fam. des pl.*, II, 295. — J., *Gen.*, 338. — GÆRTN., *Fruct.*, I, 354, t. 74. — LAMK, *Dict.*, I, 398 ; *Suppl.*, I, 615 ; *Ill.*, t. 443. — DC., *Prodr.*, II, 550. — SPACH, *Suit. à Buffon*, I, 479. — ENDL., *Gen.*, n. 6386. — PAYER, *Organog.*, 501, t. C, fig. 1-22. — B. H., *Gen.*, 619, n. 44. — *Caryophyllata* T., *Inst.*, 294, t. 151. — MŒNCH, *Meth.*, 661.

ferme un ovule basilaire, dressé, tandis que celui des Potentilles est descendant ; et, chose remarquable, cet ovule anatrope a le micropyle dirigé en dehors (fig. 435), quoiqu'il regarde en bas [1]. Le style des *Geum* proprement dits s'insère au sommet de l'ovaire, ou très-près de ce sommet, et il se coude une ou deux fois avant de se terminer par une petite tête stigmatifère ; il est en même temps glabre ou à peu près ; tandis que, dans les *Sieversia* [2], dont on a fait à tort un genre distinct, le style est rectiligne et s'allonge en une étroite baguette, chargée de grands poils, à partir de l'époque de la fécondation. Le fruit multiple est formé d'un nombre indéfini d'achaines, surmontés du style persistant, et supportés par une colonne commune qui s'allonge plus ou moins et représente la portion supérieure de l'axe floral. Dans chaque achaine se trouve une graine dressée, dont les téguments membraneux recouvrent un embryon à radicule infère, dépourvu d'albumen. Les Benoîtes sont des herbes vivaces qui végètent à la façon des Fraisiers et des Potentilles. Leurs feuilles sont imparipennées, ou pinnatiséquées vers la base des tiges, accompagnées de deux stipules latérales pétiolaires. Leurs fleurs sont solitaires ou groupées en cymes, souvent pauciflores, sur une hampe commune.

La plante sibérienne qu'on a désignée sous le nom de *Coluria* [3] n'est autre chose qu'une Benoîte dont les styles sont articulés à leur base et se détachent, dans le fruit, du sommet des achaines qu'ils surmontaient [4]. Les *Waldsteinia* [5] (fig. 433, 434) présentent la même particularité et ont tout à fait, d'ailleurs, la fleur du *Coluria*, mais leurs carpelles sont fréquemment peu nombreux ; il n'y en a souvent que cinq ou six, et l'on cultive dans nos jardins une espèce [6] qui n'en a d'ordinaire que deux ou

---

1. Il n'a qu'une enveloppe, et il est descendant au début, alors qu'il est encore réduit au nucelle. Il arrive assez fréquemment qu'on observe dans l'ovaire deux ovules, dont un seul fertile, bien développé.

2. W., in *Berl. Mag.*, V, 398. — R. Br., in *Parr. first Voy.*, App , 286, t. C. — Cham. et Schltl, in *Linnæa*, II, 4.—Endl.,*Gen.*, n. 6384. — *Buchavea* Reich., *Conspect.*, 167. — *Adamsia* Fisch., ex Endl., *loc. cit.* — *Oreogeum* Ser., in DC. *Prodr.*, II, 553.

3. R. Br., in *Parr. first Voy.*, App., 276, not.—Bge, in *Ledeb. Fl. alt.*, II, 262.—Endl., *Gen.*, n. 6388. — B. H., *Gen.*, 619, n. 46. — *Laxmannia* Fisch., ex Ledeb., *loc. cit.* — *Geum Laxmanni* Gærtn., *Fruct.*, I, 132, t. 74. — DC., *Prodr.*, II, 554, n. 28 (sect. *Stictogeum* Ser.). — *G. potentilloides* Ait., *Hort. kew.*, ed. 1, V, 2, 219. — *Dryas geoides* Pall., *It.*, III, 372, t. V, fig. 1, B, C.

4. La base des carpelles est également articulée sur le réceptacle. Dans la plante cultivée, il y a quelquefois deux ovules, également développés, dans chaque carpelle, même à l'âge adulte.

5. W., in *N. Verh. Berl. natur. freund.*, II, 106, t. 4, fig. 1 ; *Spec.*, II, 1007.—Waldst. et Kit., *Plant. hungar. rar.*, t. 77. — Nestl., *Pot.*, 17, t. I. — DC., *Prodr.*, II, 555. — Spach, *Suit. à Buffon*, I, 481. — Endl., *Gen.*, n. 6382. — B. H., *Gen.*, 619, n. 45.—*Comaropsis* L. C. Rich., in Nestl., *Pot.*, 16, t. 1. — DC., *Prodr.*, II, 555. — Endl., *Gen.*, n. 6383 (ex part.).

6. *W. geoides* W., *loc. cit.* — Lodd. *Bot. Cab.*, t. 492.—*Bot. Mag.*, t. 2595. C'est une herbe vivace, à rhizome chargé de feuilles alternes ou de leurs cicatrices, et de racines adventives. Au printemps, ce rhizome s'allonge par son extrémité supérieure, relevée peu à peu ver-

trois. On ne peut cependant séparer génériquement des *Geum*, les *Coluria* à cause de l'articulation de leur style, ni les *Waldsteinia* à cause du nombre réduit de leurs carpelles, puisqu'on ne distingue des Poten-tilles, ni les *Horkelia*, qui présentent le premier, ni les *Sibbaldia* et les

Geum Waldsteinia.

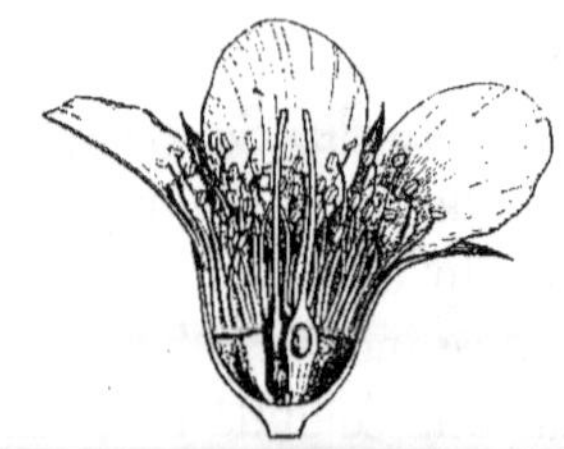

Fig. 433. Fleur.   Fig. 434. Fleur, coupe longitudinale.

Ivesia, qui possèdent le second de ces caractères. On doit conserver aussi dans le genre Benoîte, le *Stylipus vernus* [1], espèce à petites fleurs, de l'Amérique du Nord, dont le calicule disparaît complétement, ou n'est plus indiqué que par cinq très-petites glandes, alternes avec les sépales. Le même fait se produit dans quelques-unes des espèces connues [2] de la section *Waldsteinia*. Ainsi limité, le genre *Geum* renferme environ trente-cinq espèces [3], qui habitent les régions froides et tempérées de

ticalement. Cette portion porte des feuilles nou-velles qui ont la base du pétiole dilatée, engaî-nante ; mais il n'y a pas de véritables stipules. Dans l'aisselle des feuilles se trouvent, ou des rameaux à feuilles, ou des inflorescences. Les rameaux florifères portent quelques feuilles, cette fois pourvues de stipules distinctes, puis des bractées alternes. Une fleur de première géné-ration termine l'axe. Puis les quelques bractées qui se trouvent au-dessous de cette fleur ont dans leur aisselle un axe secondaire, également terminé par une fleur, et portant lui-même un axe de troisième ordre. L'inflorescence est donc analogue à celles des vrais *Geum*, c'est-à-dire une grappe terminée de cymes alternes, uni-pares, pauciflores. Il y a dans la fleur un cali-cule dont les folioles peuvent se dédoubler, un calice valvaire et une corolle imbriquée. Les pé-tales ont à leur base un petit nectaire glandu-leux, bordé en dedans par une languette qui rappelle beaucoup celle que portent les pétales de plusieurs Renoncules. Les étamines sont au nombre de trente à quarante. Dans le premier cas, il y en a cinq qui sont opposées chacune à un sépale, et vingt-cinq disposées en cinq groupes de cinq devant les pétales. L'intérieur du réceptacle est tapissé d'un disque glanduleux qui forme d'abord un feston saillant en dedans du pied des étamines les plus intérieures, puis se prolonge, avec une épaisseur moindre, jus-qu'au-dessus de l'insertion de la corolle. Le fond du réceptacle se relève en colonne grêle, comme dans les Benoîtes ; mais, au lieu d'être lisse ou creusé de petites fossettes à la surface, il se divise à son sommet en autant de petites branches qu'il y aura de carpelles, c'est-à-dire de une à trois. Chaque ovaire s'articule à sa base sur le sommet de cette branche, et le style lui-même est articulé à sa base, comme celui des *Coluria*. L'ovule est celui des *Geum* propre-ment dits.

1. RAFIN., *Neogen.* (1825), 3, ex TORR. et GR., *Fl. N. Amer.*, I, 422. — *Geum vernum* TORR. et GR., *loc. cit.*

2. DC., *loc. cit.* — TORR. et GR., *Fl. N. Amer.* I, 426. — A. GRAY, *Man. of Bot.*, 117. — CHAPM., *Fl. S. Unit.-States*, 123. — WALP., *Rep.*, II, 46. — HOOK., *Icon.*, t. 76; *Bot. Mag.*, t. 1567, 2595.

3. DC., *Prodr.*, II, 550, 555. — GREN. et GODR., *Fl. de Fr.*, I, 519. — BOISS., *Voy. Esp.*, t. 58. — TORR. et GR., *Fl. N. Amer.*, I, 420. — A. GRAY, *Man. of Bot.*, 116; *Pl. Fendler.*, 40. — CHAPM., *Fl. S. Unit.-States*, 123. — C. GAY, *Fl. chil.*, II, 276. — WEDD., *Chlor. and.*, II, 235. — HOOK. F., *Fl. antarct.*, II, 262; *Handb. of N. Zeal. Fl.*, 55. — BENTH., *Fl. austral.*, II, 427. — HARV., *Thes. cap.*, t. 18. — HARV. et SOND., *Fl. cap.*, II, 289. — WALP., *Rep.*, II, 46 ; V, 656; *Ann.*, I, 972. — *Bot. Reg.*, t. 1088, 1348.

toutes les parties du monde, mais plus abondamment dans l'hémisphère boréal que dans l'hémisphère austral.

Dryas octopetala.

Les *Dryas*[1] (fig. 435), qui ont souvent fait donner au groupe que nous étudions, le nom de tribu des Dryadées[2], ont tout à fait les organes sexuels[3] et le fruit des *Geum* de la section *Sieversia;* mais leur calice et leur corolle sont formés chacun de huit ou neuf folioles; leurs achaines sont sessiles, et leurs fleurs solitaires sont portées par un pédoncule dressé, terminal. On ne connaît de ce genre que deux espèces, qui habitent les régions tempérées alpines et arctiques de l'hémisphère boréal[4]. Ce sont des sous-arbrisseaux, dont la tige ligneuse, assez épaisse, s'élève peu, mais se couche ordinairement sur le sol et se ramifie en se chargeant de courts rameaux à feuilles alternes, simples, très-polymorphes, accompagnées de deux stipules laté·rales pétiolaires.

Les *Cowania* et les *Fallugia* ont aussi les achaines, sessiles et surmontés d'un long style plumeux, des *Dryas* et des *Sieversia;* mais leurs organes de végétation deviennent tout à fait différents; ce sont de véritables arbustes, dressés et très-rameux. On les trouve dans l'Amérique du Nord, au Mexique et en Californie. Les *Cowania*[5], dont on a décrit trois espèces, ont les fleurs hermaphrodites ou polygames, un réceptacle de Rose, couvert en dehors, ainsi que le calice, de poils capités, glanduleux, cinq sépales inégaux, imbriqués en quinconce dans le bouton, cinq pétales alternes, imbriqués, et un grand nombre d'étamines insérées à la gorge du réceptacle, au-dessus du bord épais d'un disque glanduleux dont l'intérieur du sac est tapissé. Les carpelles sont au nombre

Fig. 435. Carpelle ouvert.

---

1. L., *Gen.*, n. 637. — J., *Gen.*, 338. — Gærtn., *Fruct.*, I, 352, t. 74. — Lamk, *Dict.*, II, 329; Suppl., II, 525; *Ill.*, t. 443.—Nestl., *Pot.*, 16. — DC., *Prodr.*, II, 549. — Spach, *Suit. à Buffon*, 1, 477.— Endl., *Gen.*, n. 6389. — B. H., *Gen.*, 618, n. 42. — *Chamædrys* Clus., *Hist.*, II, 351, ex Adans., *Fam. des pl.*, II, 295.

2. Vent., *Tabl.*, III, 349.— Endl., *op. cit.*, 1241.—*Eudryadeœ* Torr. et Gr., *Fl. N. Amer.*, I, 426.

3. Le *D. octopetala* L. (*Spec.*, 717) a des étamines très-nombreuses, comme la plupart

des Benoîtes. Leur filet, infléchi dans le bouton, est inséré au bord d'un disque glanduleux et coloré, dont le réceptacle est doublé. Les carpelles sont très-nombreux, semblables à ceux des *Sieversia* (fig. 435). L'ovaire renferme un ovule incomplétement anatrope, de sorte que son hile est situé plus haut que son micropyle; il n'a qu'une enveloppe. L'extrémité stigmatifère du style est à peine renflée.

4. Hook., *Exot. Flor.*, t. 220; *Bot. Mag.*, t. 2972. — Gren. et Godr., *Fl. de Fr.*, I, 518. —Walp., *Rep.*, II, 49; *Ann.*, I, 286.

5. Don, in *Trans. Linn. Soc.*, XIV, 574,

de cinq ou, plus souvent, en nombre indéfini ; ils s'insèrent au fond du sac réceptaculaire, et leur ovaire contient un ovule dressé. Les fruits renferment chacun une graine à embryon charnu, enveloppé d'une couche mince d'albumen. Les fleurs sont solitaires et sessiles au sommet de courts rameaux que recouvrent un grand nombre de petites feuilles alternes, accompagnées de deux stipules pétiolaires, entières ou plus ou moins profondément échancrées ou lobées. Dans les *Fallugia* [1], dont on ne connaît qu'une espèce, le calice est le même que dans les *Cowania*, mais il est accompagné d'un calicule ; la corolle et l'androcée ne présentent aucune dissemblance ; le disque est couvert de poils, et les carpelles s'insèrent sur une saillie formée par le centre du réceptacle. Les feuilles sont irrégulièrement lobées ou pinnatifides, et les fleurs sont supportées par des pédoncules longs et grêles ; tantôt solitaires, tantôt accompagnées de fleurs latérales plus jeunes, également portées par de longs axes sur lesquels on ne voit que de rares bractées. Les deux genres *Cowania* et *Fallugia* ne sont donc séparés l'un de l'autre que par des caractères d'une valeur peu considérable [2].

Les *Chamæbatia* [3] peuvent être considérés comme des Benoîtes ou des *Cowania* à gynécée unicarpellé. Leurs fleurs ont en effet un réceptacle en forme de coupe assez profonde, dont tout l'intérieur est tapissé d'un disque mince et chargé de duvet, tandis que sa surface extérieure se recouvre de poils capités glanduleux. Sur les bords de la coupe s'insèrent cinq sépales valvaires, et cinq pétales alternes, imbriqués dans le bouton. Les étamines, en nombre indéfini, sont insérées en dedans du périanthe [4], libres, à filet infléchi dans le bouton, à anthère biloculaire, introrse. La fleur est donc aussi très-analogue à celle des Ronces ; mais le gynécée n'est formé que d'un carpelle à peu près central. Son ovaire uniloculaire est renflé d'un côté, et parcouru de l'autre côté par un sillon vertical [5] qui se continue tout le long du style terminal dont l'ovaire est surmonté.

t. 22, fig. 1-6. — ENDL., *Gen.*, n. 6387. — SWEET, in *Brit. fl. Gard.*, ser. 2, VII, t. 400. — TORR. et GR., ap. *Wippl. exped.*, 164 (28). — B.H., *Gen.*, 618, n. 41. — *Greggia* ENGELM., in *Bot. Wisliz. exped.*, 30, not.

1. ENDL., *Gen.*, n. 6385. — TORR., in *Emor. Rep.*, t. 2. — TORR. et GR., ap. *Wippl. exped*, 164 (28). — B. H , *Gen.*, 618, n. 43. — *Sieversia paradoxa* DON, in *Trans. Linn. Soc.*, XIV, 576, t. 22, fig. 7-10.

2. Et, n'était la consistance de leur tige, on n'aurait sans doute jamais songé à les séparer des *Geum*, vers lesquels les *Dryas* servent pour ainsi dire de passage, avec leurs rhizomes épais et leurs feuilles déjà plus petites et plus simples de forme. Il n'y aurait rien de plus étonnant à voir dans les *Cowania* et les *Fallugia* des espèces du genre Benoîte qu'à considérer comme appartenant au genre *Potentilla* le *P. fruticosa* et les espèces ligneuses analogues.

3. BENTH., *Plant. Hartweg.*, 308. — B. H., *Gen.*, 617, n. 39.

4. Plus elles sont intérieures, plus elles sont courtes et aussi insérées plus bas sur la coupe réceptaculaire.

5. Sur la fleur fraîche, j'ai vu que les lèvres de ce sillon ovarien sont au contact, mais sans adhérence entre elles ; de façon qu'on peut les séparer l'une de l'autre. sans détruire aucun tissu.

Les bords épais de ce sillon se réfléchissent dans presque toute la longueur du style, et sont chargés des papilles stigmatiques. A la base de l'ovaire s'observe un placenta court qui supporte un seul ovule, dressé, anatrope, dont le raphé regarde du côté du sillon dont il a été parlé, et dont le micropyle est inférieur et dorsal, comme dans les Benoîtes. Le fruit est un achaine, à péricarpe coriace, enveloppé par le sac réceptaculaire persistant. La graine, ascendante, attachée par un large ombilic, renferme, sous ses téguments épais et spongieux, un embryon charnu à radicule infère, entouré d'une couche mince d'albumen. La seule espèce connue de ce genre [1], est un petit arbuste dont les organes odorants sont couverts de poils glanduleux. Ses feuilles sont alternes, accompagnées de deux stipules latérales, glanduleuses et tripinnatiséquées, avec de petits lobules très-nombreux, glanduleux au sommet. Les fleurs, accompagnées de bractées glanduleuses, sont réunies en cymes composées à l'extrémité des rameaux.

Les *Purshia* [2] ont un port et un feuillage qui ressemblent beaucoup à ceux des *Cowania*, et non à ceux de certaines Potentilles, comme il arrive au *Chamæbatia* ; mais les fleurs sont fort analogues à celles de ce dernier : même périanthe, mêmes poils capités à l'extérieur de la fleur ; même gynécée, avec ce stigmate singulier représenté par des papilles disséminées sur la surface réfléchie des deux lèvres du sillon longitudinal du style ; même ovule enfin, avec le raphé ventral et le micropyle intérieur et dorsal. Les sépales et les pétales sont imbriqués dans le bouton ; et le fruit, sec et monosperme, en partie enveloppé par le réceptacle durci, renferme une graine à albumen mince et à embryon dressé, avec la radicule infère [3]. Mais l'androcée compte, dans les *Purshia*, un nombre moins considérable d'étamines ; il n'y en a ordinairement que vingt à trente ; le réceptacle dont elles occupent le bord est bien plus allongé, en forme de cornet ou d'entonnoir étroit, et les feuilles alternes des *Purshia* sont petites, serrées, simples et cunéiformes, ou tridentées, ou trifides, ou même pinnatifides. Leur pétiole est muni à sa base de deux petites stipules latérales adnées. La seule espèce connue [4],

1. *C. foliolosa* Benth, *loc. cit.* — Hook., in *Bot. Mag.*, t. 5171. — Hér., in *Hortic. franç.* (1861), t. II. — Torr., *Plant. Fremont.*, t. VI, — Torr. et Gr., ap. *Wippl. exped.*, 164 (28).

2. DC., in *Trans. Linn. Soc.*, XII, 157 ; *Prodr.*, II, 541. — Hook., *Fl. bor.-amer.*, I, 170, t. 58. — Lindl., in *Bot. Reg.*, t. 1446. — Endl., *Gen.*, n. 6380. — Torr. et Gr., *Fl. N. Amer.*, I, 428. — B. H., *Gen.*, 617, n. 37. — *Tigarea* Pursh, *Fl. N. Amer.*, I, 333, t. 15 (nec Aubl.).

— *Kunzia* Spreng., *Syst. veg.*, II, 475 (nec Reich.).

3. Le testa est épais, noirâtre, brillant, presque spongieux en dedans. MM. Bentham et Hooker font remarquer que cette organisation de la graine, qui est exceptionnelle dans le groupe des Fragariées, semble rapprocher les *Purshia* de certaines Spirées.

4. *P. tridentata* DC., *loc. cit.* — *Tigarea tridentata* Pursh.

qui croît dans l'Amérique du Nord, sur les montagnes Rocheuses, a
l'aspect d'un petit *Cotoneaster* très-rameux. Ses fleurs sont presque
sessiles, axillaires et terminales.

Les *Cercocarpus* [1] (fig. 436, 437) sont aussi des arbustes ou des
arbrisseaux, dont le port et le feuillage rappellent ceux de plusieurs
Cowania. Leurs fleurs herma-
phrodites sont construites sur
le même plan général que celles
des deux genres précédents,
et le gynécée y est également
réduit à un seul carpelle dont
l'ovaire ne contient qu'un
ovule presque basilaire, à raphé ventral. Mais les fleurs sont
apétales, et leur réceptacle présente des modifications considérables dans la configuration
de ses différentes portions. Il
figure une sorte d'amphore
étroite et très-allongée, rétrécie insensiblement en un
long goulot linéaire qui, près
de son orifice, se dilate tout
d'un coup en une large cupule
dont les bords portent les sépales et les étamines. Les premiers sont au nombre de cinq
ou six, d'abord imbriqués [2] dans
la préfloraison. Les dernières

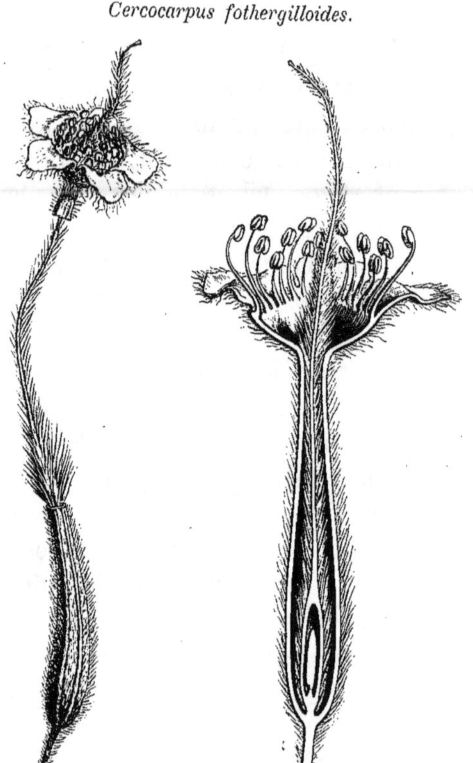

Cercocarpus fothergilloides.

Fig. 436. Fleur, après
la rupture du réceptacle.

Fig. 437, Fleur, coupe
longitudinale.

sont disposées en verticilles, et au nombre de quinze à trente, formées chacune d'un filet libre, infléchi dans le bouton, et d'une anthère biloculaire,
introrse, déhiscente par deux fentes longitudinales. La surface interne de
la cupule réceptaculaire est enduite d'une couche très-mince de tissu glanduleux. Tout à fait au fond du réceptacle s'insère le gynécée, dont l'ovaire
libre s'atténue longuement en un style grêle qui vient sortir par l'étroite

1. H. B. K., *Nov. gen. et spec.*, VI, 183,
t. 559. — DC., *Prodr.*, II, 589. — Torr. et
Gr., *Fl. N. Amer.*, I, 427. — Hook., *Icon.*,
t. 322-324. — Endl., *Gen.*, n. 6381. — B. H.,
Gen., 618, n. 40. — *Bertolonia* Sess. et Moç.,
ex DC., *loc. cit.* (nec Spreng., nec Radd.).

2. De bonne heure ils deviennent valvaires,
puis ils cessent de se toucher par les bords.

ouverture du goulot réceptaculaire, et se termine à son sommet par un léger renflement stigmatifère. Après la fécondation, le gynécée continue de grandir, et le style de s'allonger ; ce dernier soulève alors et entraîne avec lui la portion supérieure du réceptacle qui se détache (fig. 436), à peu près vers le bas du goulot, de sa portion inférieure, laquelle persiste à la base du fruit qu'elle entoure d'une gaîne étroite. Ce fruit est un achaine coriace, à graine allongée et à embryon droit, avec la radicule infère. Le style, persistant au sommet du fruit, forme une longue colonne plumeuse, par suite du grand développement des poils dont il était chargé. On connaît cinq ou six espèces de ce genre. Ce sont des arbres ou des arbustes, californiens et mexicains [1]. Leurs feuilles sont alternes, simples, épaisses, pétiolées, à limbe entier ou denté, à nervures secondaires obliques, parallèles, saillantes ; rappelant souvent les feuilles des Charmes ou des Aunes. Leur pétiole est accompagné de deux stipules latérales, adnées. Leurs fleurs sont axillaires ou terminales, sessiles ou pourvues de courts pédicelles, solitaires ou réunies en courts épis de cymes.

Avec un port et des feuilles analogues à ceux de plusieurs plantes des genres que nous venons d'étudier, le *Coleogyne* [2] présente, dans l'organisation de son gynécée et la direction de son ovule, les mêmes caractères que les Potentilles ; de sorte qu'on peut dire qu'il est à ces dernières ce que les *Chamœbatia*, les *Purshia* et les *Cercocarpus* sont aux Benoîtes. Ses fleurs hermaphrodites ont un réceptacle tubuleux, doublé intérieurement de tissu glanduleux, chargé de poils. Sur les bords du tube s'insère un calice formé de quatre ou cinq folioles inégales et imbriquées [3]. L'androcée se compose d'un nombre indéfini d'étamines, dont les filets sont libres et grêles, insérés non-seulement sur la coupe réceptaculaire [4], mais encore sur l'étui qui entoure le gynécée ; les anthères sont biloculaires, introrses, déhiscentes par deux fentes longitudinales. Le gynécée est le même que dans les *Purshia*. L'ovaire uniloculaire s'insère au fond du tube réceptaculaire, et il porte un style tortueux et plus ou moins replié sur lui-même vers sa base, qui répond à peu près au milieu de la hauteur du bord ventral de l'ovaire [5]. Ce bord est parcouru par un sillon vertical qui se prolonge dans toute la longueur du style, et qui, là, pré-

---

1. Torr. et Gr., *Fl.*, loc. cit.; in *Wippl. exp. bot.*, 164. — Walp., *Rep.*, II, 45 ; *Ann.*, IV, 665.

2. Torr., *Plant. Fremont.*, 8, t. IV. — B. H , *Gen.*, 617, n. 38.

3. Ce calice est le même que celui des *Purshia*. Quand il n'y a que quatre sépales, ils sont disposés en préfloraison imbriquée alternative.

4. Vers la partie inférieure de cette coupe, mais certainement périgyniques.

5. Inséré à ce niveau, le style descend d'abord un peu, dans le bouton, puis il se relève pour devenir vertical. La surface de l'ovaire est un peu bosselée, inégale, au-dessus du point où s'insère le style, comme dans les *Adenostoma*.

sente des lèvres épaissies et réfléchies, chargées de papilles stigmatiques. L'ovaire ne renferme qu'un ovule, attaché sur sa paroi au niveau de la naissance du style, descendant et incomplétement anatrope, avec le micropyle tourné en haut et en dehors; de sorte que dans la graine, qui n'est pas connue, l'embryon doit avoir la radicule supère. Autour et au-dessus de l'ovaire, le disque se prolonge, à peu près comme dans les *Rhodotypos* (p. 392), en une sorte d'étui ou de toit dont l'ouverture supérieure, finement découpée [1], laisse passer la portion supérieure du style [2]. La seule espèce connue de ce genre [3] est un arbuste californien [4], dont les feuilles, petites et pressées, sont alternes, parsemées de poils [5], simples, pétiolées, accompagnées de deux stipules latérales adnées. Les fleurs sont terminales et solitaires, munies à leur base de quelques bractées découpées et imbriquées.

A la fin de cette série, nous plaçons un genre qui a été jusqu'ici rapporté au groupe des Spiréées, mais qui nous paraît très-analogue, par tous ses caractères d'importance, au *Purshia* et au *Coleogyne*. Les *Adenostoma* [6] (fig. 438) ont, en effet, de petites fleurs hermaphrodites, dont le réceptacle a la forme d'un cornet allongé et est parcouru à sa surface par dix côtes verticales saillantes, au lieu que son intérieur est tapissé d'une couche de tissu glanduleux à bords épaissis et festonnés. L'ouverture du réceptacle porte sur ses bords le périanthe et l'androcée, tandis que le gynécée est inséré tout au fond de sa cavité. Les sépales sont au nombre de cinq, et imbriqués dans le bouton, de même que les cinq pétales. Les étamines sont au nombre de sept ou huit à quinze ou vingt, disposées en verticilles, comme celles de tant d'autres Rosacées, composées chacune d'un filet libre, infléchi dans le bouton, et d'une anthère biloculaire, introrse, à connectif épaissi et à déhiscence longitudinale. Le gynécée est formé d'un seul carpelle libre,

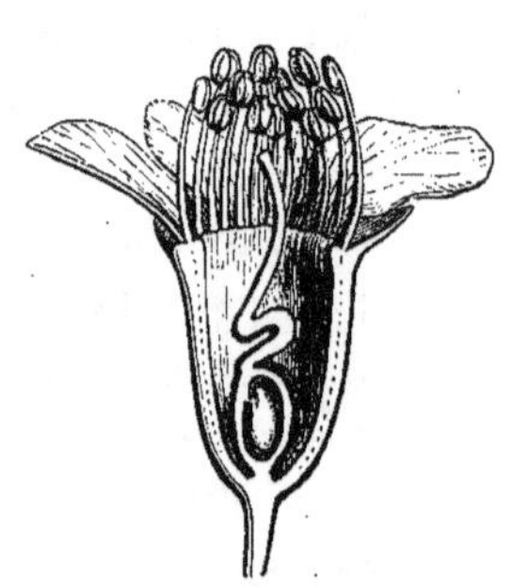

Adenostoma fasciculatum.

Fig. 438. Fleur, coupe longitudinale.

---

1. Le tissu de cet orifice est papilleux, comme une surface stigmatique. Quelques étamines s'insèrent, comme nous l'avons dit, vers la base de la surface extérieure de l'étui. Sa surface intérieure est chargée de longs poils dressés.

2. Celui-ci présente aussi un sillon longitudinal ventral, dont les lèvres, épaissies et réfléchies, portent les papilles stigmatiques.

3. *C. ramosissima* Torr., *loc. cit.* — Walp., *Ann.*, IV, 641.

4. « *Frutex habitu* Krameriæ » (Torr.). Le port se rapproche aussi de celui des *Purshia* et de quelques petits Amandiers, tels que l'*Emplectocladus*. Les rameaux sont çà et là terminés en épines.

5. Ils sont en partie de ceux qu'on appelle *malpighiacés*.

6. Hook. et Arn., *Bot. Beech. Voy.*, 139, 338, t. 30. — Endl., *Gen.*, n. 6371. — B. H., *Gen.*, 614, n. 26 (nec Bl.).

à ovaire uniloculaire, supporté par un pied court, contenant un ou deux ovules collatéraux, insérés sur un placenta pariétal, descendants, anatropes, avec le micropyle supérieur et dorsal. Le style s'insère près du sommet, inégalement gibbeux [1] et latéralement couvert de poils, de l'ovaire au-dessus duquel il se coude d'abord, pour se redresser ensuite et se terminer par un renflement stigmatifère plus ou moins oblique. Le fruit est un achaine, entouré par le réceptacle persistant et durci. Les *Adenostoma* sont des arbustes rameux, à feuilles étroites, coriaces, alternes et solitaires ou fasciculées, accompagnées de deux petites stipules latérales. Les deux espèces connues [2], originaires de la Californie, ont le port des Éricacées. Leurs fleurs sont réunies en glomérules qui occupent l'aisselle des feuilles, ou bien celles des bractées qui leur succèdent vers le sommet des rameaux ; de façon que l'inflorescence totale forme un petit épi de glomérules.

IV. SÉRIE DES SPIRÉES.

Les Spirées [3] (fig. 439-441) ont les fleurs polygames–dioïques, et plus souvent hermaphrodites, régulières. Dans les espèces ligneuses, à fleurs complètes, qu'on cultive en grand nombre dans nos jardins, telles que le *Spiræa lanceolata* [4], on observe un réceptacle en forme de coupe évasée, doublé intérieurement de tissu glanduleux, et portant sur ses bords le périanthe et l'androcée, tandis que le gynécée est inséré tout à fait au fond. Le calice est formé de cinq sépales, disposés dans le bouton en préfloraison valvaire, et la corolle, de cinq pétales, alternes, sessiles, imbriqués ou tordus dans la préfloraison. Les étamines sont au nombre de vingt et forment trois verticilles. Cinq d'entre elles sont superposées aux pétales ; cinq autres répondent à la ligne médiane des sépales, et il

---

1. Notamment dans l'*A. fasciculata*. Dans l'*A. sparsifolia*, il porte vers l'insertion du style un bourrelet annulaire presque régulier, au-dessus duquel s'insèrent principalement les poils qui couvrent son sommet, et persistent sur le fruit.

2. WALP., *Rep.*, V, 655. — TORR., in *Emor. Rep.*, 63, t. 20. — TORR. et GR., in *Whippl. Rep.*, 164 (28).

3. *Spiræa* T., *Instit.*, 618, t. 389. — L., *Gen.*, n. 630.— ADANS., *Fam. des pl.*, II, 295. — J., *Gen.*, 339. — GÆRTN., *Fruct.*, I, 337, t. 69.— LAMK, *Dict.*, VII, 348; Suppl., V, 221; *Ill.*, t. 439. — CAMBESS., *Monogr. du g. Spiræa*, in *Ann. sc. nat.*, sér. 1, I, 224, t. 15-17, 25-27.—SER., in DC. *Prodr.*, II, 541.—SPACH, *Suit. à Buffon*, I. 430.— ENDL., *Gen.*, n. 6391. — PAYER, *Organog.*, 495, t. CII. — B. H., *Gen.*, 611, n. 18. — *Ulmaria* T., *op. cit.*, 265, t. 141. — *Filipendula* T., *op. cit.*, 293, t. 150. — *Barba Capræ* T., *op. cit.*, 265, t. 141. — *Eriogyna* HOOK., *Fl. bor.-amer.*, I, 255, t. 88. — *Luetkea* BONG., in *Mem. Acad. S.-Petersb.*, VI, sér. II, 130, t. 2. — ENDL., *Gen.*, n. 4636.

4. POIR., *Dict.*, VII, 354, n. 15. — SER., *Prodr.*, n. 7. — *S. cantoniensis* LOUR., *Fl. coch.*, 322 (ex CAMBESS., *loc. cit.*, 366, t. 25). — *S. Reevesi* LINDL.

y en a dix enfin qui sont placées de chaque côté de ces cinq dernières. Toutes se composent d'un filet libre, infléchi dans le bouton, et d'une anthère biloculaire, introrse, déhiscente par deux fentes longitudinales [1].

Spiræa lanceolata.

Fig. 439. Port.

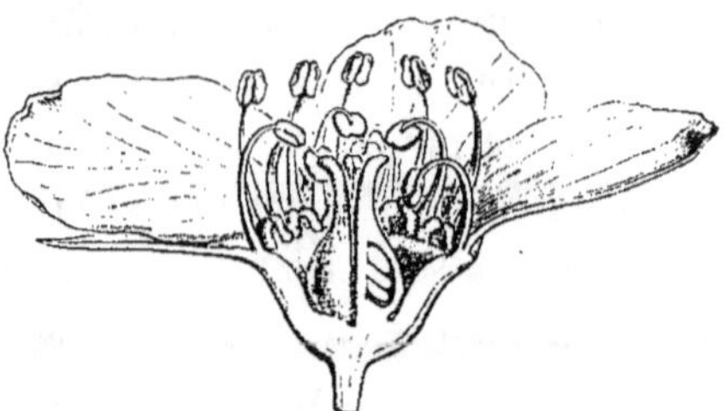

Fig. 440. Fleur, coupe longitudinale.

Fig. 441. Diagramme.

Le bord du disque fait saillie en dedans de l'androcée, et s'y découpe en dix lobes glanduleux, plus ou moins saillants, répondant par paires à chacun des cinq sépales. Le gynécée est formé de cinq carpelles, superposés aux pétales (fig. 441), et composés chacun d'un ovaire libre, uniloculaire, atténué supérieurement en un style dont l'extrémité, un peu dilatée, est chargée de papilles stigmatiques. Dans l'angle interne de l'ovaire, il y a un placenta longitudinal à deux lèvres, sur chacune desquelles s'insère un nombre indéfini d'ovules anatropes [2], horizontaux, ou obliquement descendants. Le fruit multiple, entouré du réceptacle et du calice persistants, est formé de cinq follicules polyspermes. Les graines renferment, sous leurs téguments membraneux, un embryon charnu, dépourvu d'albumen. Toutes les Spirées analogues à celle que nous venons d'étudier [3], et qui représentent le type le plus parfait de ce

---

1. Le pollen de plusieurs Spirées a été décrit par M. H. Mohl (in *Ann. sc. nat.*, sér. 2, III, 340) comme formé de grains ovoïdes, avec trois sillons, et dans l'eau, sphériques, à trois bandes, avec des papilles (S. *Ulmaria*, S. *sorbifolia*, S. *oppositifolia*, S. *Filipendula* (sans papilles?).

2. Ils n'ont qu'une enveloppe dans cette es-

pèce, et il en était de même dans plusieurs autres que j'ai pu examiner; il serait bon d'étudier à ce point de vue tous les *Spiræa* cultivés.

3. Elles forment les sections *Chamædryon* (Ser., *op. cit.*, 542) et *Spiraria* (Ser., *op. cit.*, 544), réunies par Endlicher (*loc. cit.*, b) en une seule.

genre, sont pourvues de feuilles alternes, simples, accompagnées de deux stipules latérales, ou totalement dépourvues de ces organes, et ont les fleurs disposées en corymbes [1]. Mais, parmi les cinquante espèces environ que renferme ce genre, il y en a beaucoup qui, avec l'organisation générale de celles que nous connaissons, présentent, dans plusieurs de leurs organes floraux, des modifications secondaires que nous devons maintenant constater.

Les fleurs sont quelquefois tétramères [2]. La forme du réceptacle est quelque peu variable : tantôt il a la forme d'une cloche ou d'une outre, tantôt celle d'une cupule peu profonde, très-rarement celle d'un tube assez long ou d'un cône renversé [3]. La préfloraison des sépales peut être imbriquée. Les étamines sont assez souvent au nombre de vingt-cinq ou trente, plus rarement en nombre supérieur [4]. Il est rare qu'il n'y en ait qu'une quinzaine au moins [5]. Le disque qui double intérieurement le réceptacle, est quelquefois peu épais et à peine visible ; ailleurs les glandes dont nous avons vu ses bords découpés, deviennent tout à fait saillantes ; elles peuvent être, ou toutes libres, ou réunies deux à deux. Ce disque s'arrête ordinairement d'une façon brusque en dedans du pied des étamines. Mais dans plusieurs espèces herbacées, les étamines s'insèrent, non-seulement en dehors de ses bords, mais encore sur toute l'étendue de sa surface interne, depuis la base du périanthe jusqu'au voisinage du gynécée [6]. Les carpelles varient beaucoup de nombre et de position. Nous les avons vus superposés aux pétales, qu'ils égalaient en nombre. Ils peuvent devenir deux fois aussi nombreux et être super-

1. Ou en grappes, ordinairement courtes. Dans le *S. lanceolata*, comme dans beaucoup d'autres espèces, les pédicelles ne paraissent pas naître à l'aisselle d'une bractée ; car celle-ci ne se voit pas, au-dessous de leur point d'insertion, sur l'axe principal de l'inflorescence. Mais on la retrouve plus ou moins haut, sur l'axe secondaire qui occupait primitivement son aisselle et avec lequel elle a été soulevée. Quelquefois même elle se trouve tout contre la base de la fleur.

2. Quelquefois aussi elles ont six sépales et six pétales, ou même un plus grand nombre, comme le *S. Filipendula*, qui a souvent sept, huit ou neuf pétales.

3. « *In S.* parvifolia BENTH., *specie admodum* » *singulari, calycis tubus obconicus est, lobis* » *exacte valvatis.* » (B. H., *Gen.*, 612.)

4. Soit parce qu'il y en a cinq là où nous n'en avions vu que trois dans le *S. lanceolata*, en face de chaque pétale, soit parce qu'au lieu d'une seule, en face de chaque sépale, il y en a deux ou trois.

5. Dans l'*Eriogyna*, que nous avons le pre-

mier (*Adansonia*, VI, 6) rapproché des Spirées, on dit les étamines unies par la base de leurs filets. Cette union n'est pas constante, et elle est en tout cas si peu prononcée, qu'il n'y a pas lieu d'en tenir compte. Les bractées florales sont soulevées très-haut sur leurs pédicelles axillaires.

6. Ainsi, dans le *S. lobata*, il y a des étamines insérées sur toute la surface de la coupe réceptaculaire, depuis l'insertion des pétales jusqu'à celle du gynécée. Dans le *S. Ulmaria*, VAUCHER a nié l'existence du disque et supposé les étamines hypogynes. Mais elles sont insérées sur le pourtour de la coupe réceptaculaire, et il y a un disque jaunâtre qui vient former par son bord une collerette crénelée, en dedans du pied des étamines. Dans le *S. Filipendula*, les étamines sont échelonnées à différentes hauteurs sur la surface intérieure du réceptacle. Mais les plus extérieures s'insèrent bien plus bas que les pétales, dont la base articulée répond exactement au fond du sinus que forment deux sépales voisins. Dans le *S. Aruncus*, la coupe réceptaculaire, peu profonde, est doublée d'une couche glandu-

posés par moitié aux sépales et aux pétales [1]. Mais, ce qu'il y a de plus remarquable, c'est que ceux qui se trouvent en face des pétales peuvent alors disparaître, et qu'il ne reste plus que ceux qui sont superposés aux sépales [2]. Enfin, leur nombre peut être indéfini, comme il peut aussi descendre au-dessous de quatre ou cinq, et s'abaisser même jusqu'à un ou deux [3]. Il est rare que les carpelles ne soient pas tout à fait indépendants les uns des autres; et parfois même le sommet organique du réceptacle se relève en forme de petit cône et sépare tous les ovaires les uns des autres [4]. Mais quelquefois aussi il y a union dans une étendue variable de tous les ovaires; si bien qu'une coupe transversale du gynécée, dans la moitié inférieure de celui-ci, peut représenter un ovaire unique à plusieurs loges et à placentation axile [5]. Les ovules ne sont pas toujours en nombre indéfini, et horizontaux ou légèrement descendants. Il n'y en a parfois que deux, ou même qu'un seul [6], descendants, avec le micropyle extérieur et supérieur, complétement ou incomplétement anatropes. L'un d'eux peut encore se relever et devenir obliquement ascendant, avec le micropyle tourné en bas et en dedans. Le fruit est formé d'un nombre variable de follicules ou de gousses [7]; et les graines [8] renferment sous leurs téguments membraneux un embryon charnu, dépourvu d'albumen, ou rarement entouré d'une couche mince de tissu cellulaire [9]. Les Spirées présentent des variations considérables

leuse, un peu découpée sur les bords en lobes peu distincts; mais il n'y a pas de glandes marginales saillantes, isolées ou géminées, comme dans la plupart des autres Spirées. Dans le *S. sorbifolia*, la couche glanduleuse intra-réceptaculaire est à peu près entière sur ses bords; il en est souvent de même dans l'*Eriogyna*.

1. Il y en a jusqu'à douze ou quinze dans le *S. Filipendula*. Le *S. lobata* a fréquemment huit ou neuf carpelles, avec un périanthe tétramère.

2. Dans le *S. Lindleyana*, par exemple, comme l'avait indiqué M. ROEPER. Il en est de même dans le *S. sorbifolia*, type de la section *Sorbaria* (SER., *loc. cit.*, 545), ou *Schizonotus* (LINDL., in *Wall. Cat.*, n. 703).

3. Comme dans le *S. Aruncus*, type de la section *Aruncus* (SER., *loc. cit.*, 545), qui cependant en a plus ordinairement trois ou quatre, et dans les espèces voisines, dont la plupart ne sont probablement que des formes de celle ci. Ces plantes ont le plus souvent des fleurs unisexuées.

4. Le fait est assez prononcé dans les *S. Filipendula, decumbens*, etc.

5. L'espèce où cette union se remarque dans la plus grande étendue, est le *S. Lindleyana*, dont l'ovaire rappelle, par cette particularité, celui des *Vauquelinia*, et dont les carpelles sont en même temps alternipétales; de façon que le *S. Lindleyana* sert de lien entre les *Vauquelinia* et les *Spiræa*. Plus fréquemment les carpelles de ces derniers ne sont unis que dans une très-faible étendue au-dessus de leur base.

6. Il n'y en a ordinairement que deux dans chacun des carpelles du *S. Filipendula*, et ils deviennent presque superposés. Les *S. Aruncus, lævigata*, etc., ont souvent deux paires d'ovules descendants. Le *S. lobata* en a rarement un seul, plus souvent deux.

7. Il y en a même qui sont indéhiscents. Ceux du *S. Ulmaria* s'enroulent comme une graine campylotrope.

8. Elles deviennent tout à fait ascendantes dans certaines espèces, telles que le *S. Lindleyana*. Celles du *S. Aruncus*, d'ailleurs semblables, sont au contraire suspendues. La configuration singulière des carpelles mûrs du *S. Ulmaria* fait que les graines y peuvent prendre toutes les directions possibles. Dans aucune de ces espèces, il n'y a d'albumen; et c'est là ce qui distingue le *S. Aruncus*, des *Astilbe*, auxquels TREVIRANUS (in *Bot. Zeit.* (1855), 817) l'a cependant rapporté.

9. « *In S. parvifolia.... embryone strato te » nui albuminis donato.* » (B. H., *Gen.*, 612.)

dans leur port, leurs organes de végétation et leur inflorescence. Ce sont des arbustes, des plantes suffrutescentes ou des herbes, quelquefois très·humbles [1]. Leurs feuilles sont alternes, simples et entières ou découpées, ou composées-pennées, ou même décomposées. Leur pétiole est accompagné de stipules latérales, libres ou adnées; nous avons vu que ces organes peuvent manquer totalement. Les fleurs sont réunies en grappes, en épis ou en corymbes, simples ou composés, ou en grappes de cymes pluripares, ou même unipares [2], tantôt axillaires et tantôt terminales. Il y a des Spirées dans presque toutes les régions tempérées et froides de l'hémisphère boréal [3].

Le *Spiræa trifoliata* [4] (fig. 442) est devenu le type du genre *Gillenia* [5], dont les fleurs hermaphrodites ont un réceptacle tubuleux, un peu rétréci vers son orifice supérieur, près duquel s'insèrent le périanthe et l'androcée. Le calice est formé de cinq sépales dont la préfloraison est quinconciale [6], et la corolle de cinq longs pétales alternes, tordus dans le bouton. Les étamines sont au nombre de vingt, insérées en verticilles qui s'échelonnent sur la portion supérieure de la surface interne du tube réceptaculaire. Cinq étamines sont exactement superposées aux pétales; cinq autres aux pétales; ces dernières appartiennent au verticille le plus élevé. Il y a, en outre, un troisième verticille formé de dix étamines qui occupent les côtés de celles qui sont superposées aux pétales, mais qui sont à un niveau inférieur. Quand ces dix étamines viennent à manquer, l'androcée est réduit à dix folioles. Toutes les étamines ont un filet,

---

1. Quelques-unes ont même le port de petites Saxifrages cespiteuses, avec une rosette de petites feuilles simples, entières, dont le limbe, le pétiole et la portion vaginale dilatée sont peu distincts. Tel est le S. (*Petrophytum*) *cæspitosa* NUTT. (ex TORR. et GR., *Fl. N. Amer.*, 414), dont les grappes, simples ou ramifiées, sont formées de fleurs à longues étamines exsertes et à disque entier, cupuliforme. L'*Eriogyna* a les feuilles laciniées, trifides, d'un grand nombre de Saxifrages herbacées. Les noms des S. *sorbifolia*, *Ulmaria*, *thalictroïdes*, *salicifolia*, etc., indiquent assez quelles grandes variations de port et de feuillage on peut observer dans ce genre.

2. Les avortements de certaines fleurs peuvent, dans les cymes, s'accompagner de soulèvement dans les pédicelles, et produire des inflorescences des plus anormales. Tel est le cas du S. *Filipendula*, plante remarquable à un autre titre, par les renflements de ses racines, qui lui ont valu son nom.

3. CAMER., *De Ulmaria*, 1717. — WALD. et KIT., *Pl. rar. Hung.*, t. 227. — JACQ., *Hort. vindob.*, t. 88. — PALL., *Fl. ross.*, t. 27, 28.

—CAMBESS., *op. cit.*, 355-385; JACQUEM., *Voy., Bot.*, t. 37.— H. B. K., *Nov. gen. et spec.*, VI, 185, t. 562. — TORR. et GR., *Fl. N. Amer.*, I, 413. — A. GRAY, *Man. of Bot.*, 113; *Pl. Wright. tex.*, 54; *Pl. Fendl.*, 40. — CHAPM., *Fl. S. Unit.-States*, 120. — WEDD., *Chlor. and.*, II, 231. — TORR. et GR., in *Wippl. Rep.*, 164 (27), t. V.—BENTH., *Fl. hongk.*, 105.—ROXB., *Fl. ind.*, II, 542. — MIQ., in *Ann. Mus. Lugd. Bat.*, III, 32; *Fl. ind.-bat.*, I, p. I, 389. — *Bot. Reg.*, t. 1365; 1840, t. 17; 1841, t. 4. — *Bot. Mag.*, t. 5151, 5164, 5169.— WALP., *Rep.*, II, 49, 914; V, 657; *Ann.*, I, 287; II, 521; V, 666.

4. L., *Spec.*, 702. — CAMBESS., in *Ann. sc. nat.*, sér. 1, I, 387, n. 33.— *Bot. Mag.*, t. 489.

5. MOENCH, *Meth.*, Suppl., 286. — NUTT., *Gen. am.*, I, 307. — DC., *Prodr.*, II, 546.— SPACH, *Suit. à Buffon*, I, 447. — TORR. et GR., *Fl. N. Amer.*, I, 412.—A. GRAY, *Man. of Bot.*, 114. — ENDL., *Gen.*, n. 6393. — B. H., *Gen.*, 613, n. 22.

6. Les bords des sépales sont pourvus de petites glandes sessiles.

d'abord infléchi sur la paroi du tube, que l'anthère regarde alors par sa
face ; mais, le filet se redressant, l'anthère devient ensuite introrse ; elle
a deux loges qui s'ouvrent par des fentes longitudinales. Au fond du tube
réceptaculaire, que tapisse une couche de tissu glanduleux, s'insère le

Gillenia trifoliata.

Fig. 442. Port.

gynécée, formé de cinq carpelles libres, alternipétales. Chacun d'eux se
compose d'un ovaire uniloculaire, surmonté d'un style terminal à extrémité stigmatifère. Dans l'angle interne de l'ovaire, se voit un placenta
qui supporte deux séries d'ovules ascendants, anatropes, avec le micropyle tourné en bas et en dehors [1]. Chaque série peut être réduite à un
ou deux ovules. Le fruit est formé de cinq follicules, entourés par le
réceptacle membraneux ; chacun d'eux contient une ou plusieurs graines

1. Il y en a jusqu'à quatre ou six sur chaque série ; ils ont deux téguments.

qui, sous leurs téguments épais, renferment un embryon charnu, à radicule infère, entouré d'une couche mince d'albumen. Les *Gillenia* sont des herbes vivaces de l'Amérique du Nord [1]. De leur rhizome souterrain s'élèvent chaque année des rameaux aériens, chargés de feuilles alternes, trifoliolées, accompagnées de stipules, peu développées dans l'une des deux espèces connues [2], et très-grandes dans l'autre [3]. Leurs fleurs sont disposées en grappes terminales de cymes pauciflores.

Les *Neillia* [4] sont aussi extrêmement voisins des *Spiræa*, par quelques-unes de leurs espèces, quoiqu'il soit très-facile de distinguer et de caractériser le prototype du genre, c'est-à-dire le *N. thyrsiflora* [5]. Dans cette plante, le réceptacle forme un tube allongé, sur la gorge duquel s'insèrent un calice de cinq sépales, imbriqués dans leur jeune âge, et une corolle de cinq petits pétales, alternes, également imbriqués au début. Les étamines sont disposées en verticilles, comme celles des *Spiræa*; il y en a vingt ou plus; chacune d'elles a un filet court, infléchi dans le bouton, et une anthère introrse. Le gynécée est formé de deux carpelles libres, insérés au fond du réceptacle, ou plus souvent d'un seul. Ces carpelles sont semblables à ceux de la plupart des Spirées, et leur ovaire renferme un nombre variable d'ovules [6], insérés sur deux séries dans l'angle interne. Le fruit est formé d'un ou deux follicules [7], dont les graines renferment sous leurs téguments un embryon charnu, entouré d'un albumen également charnu. Aux *Neillia* proprement dits on a rattaché, et ce rapprochement paraît inévitable, quelques *Spiræa* qui formaient une section spéciale, sous le nom de *Physocarpus* [8], et dont le plus connu est le *S. opulifolia* [9]. Ses fleurs, dont le tube réceptaculaire est plus court et plus évasé, et dont le périanthe est plus développé que celui du *N. thyrsiflora*, n'ont souvent qu'un ou deux carpelles, mais fréquemment aussi elles en ont trois, quatre ou cinq. Le fruit est également un follicule gonflé. Les ovules sont moins nombreux que ceux du *N. thyrsiflora*, mais ils sont disposés sur deux séries verticales. Horizontaux au début,

---

1. Torr. et Gr., *Fl. N. Amer.*, I, 418. — A. Gray, *Man. of Bot.*, 114. — Chapm., *Fl. S. Unit.-States*, 121.

2. *G. trifoliata* Mœnch, *loc. cit.* — DC., *Prodr.*, n. 1.

3. *G. stipulata.* — *G. stipulacea* Nutt., *loc. cit.* — DC., *Prodr.*, n. 2. — *Spiræa stipulata* Muehl., ex W., *Enum.*, I, 542. — Poir., *Dict.*, Suppl., V, 221. — Cambess., *op. cit.*, 388, n. 34, t. 28. — *S. trifoliata* var. *incisa* Pursh, *Fl. Am. sept.*, ed. 2, I, 343.

4. Don, *Prodr. fl. nepal.*, 228. — DC.,

Prodr., II, 546. — Endl., *Gen.*, n. 4644 [1]. — Hook. f. et Thoms., in *Journ. Linn. Soc.*, II, 75. — B. H., *Gen.*, 612, n. 19. — *Adenilema* Bl., *Bijdr.*, 1121. — Endl., *Gen.*, n. 4666.

5. Don, *loc. cit.* — DC., *Prodr.*, 547, n. 1.

6. Ils ont, comme ceux des *Gillenia*, une double enveloppe.

7. Ils sont entourés du calice persistant et chargé de poils glanduleux.

8. Cambess., *op. cit.*, 385.

9. L., *Spec.*, 702. — DC., *Prodr.*, II, 542, n. 1. — Spach, *Suit. à Buffon*, I, 431.

ils se déplacent de telle façon que certains d'entre eux deviennent des graines ascendantes, avec le micropyle extérieur, tandis que d'autres deviennent des graines plus ou moins descendantes [1]. Ainsi constitué, le genre *Neillia* renferme quatre ou cinq espèces, qui habitent l'Inde, l'Asie orientale et boréale [2], et l'Amérique du Nord. Ce sont des arbustes rameux, à feuilles alternes, simples, dentées ou lobées, accompagnées de deux grandes stipules latérales, caduques. Leurs fleurs sont disposées en grappes ou en corymbes, tantôt simples et tantôt composés de cymes alternes.

Dans les *Kerria* [3], le pédoncule floral, solitaire au sommet d'un rameau, se renfle à son sommet et ne présente supérieurement qu'une petite fossette au fond de laquelle s'insère le gynécée. Ses bords peu élevés supportent cinq sépales persistants, imbriqués en quinconce, cinq pétales alternes, supportés par un court onglet, également imbriqués [4] dans le bouton, et un nombre considérable d'étamines [5] libres, à filets grêles, d'abord flexueux, à anthères biloculaires, introrses, déhiscentes par deux fentes longitudinales. La surface intérieure de la coupe réceptaculaire est tapissée de tissu glanduleux et de poils. Les carpelles sont superposés aux sépales, quand ils sont en même nombre qu'eux [6] ; chacun d'eux se compose d'un ovaire libre et d'un style grêle, inséré à une hauteur variable de l'angle interne, à sommet tronqué, stigmatifère. Dans l'angle interne de l'ovaire, et vers le milieu de sa hauteur, s'insère un seul ovule, incomplétement anatrope [7], descendant, avec le micropyle tourné en haut et en dehors. Le fruit est formé d'un nombre variable d'achaines [8], et la graine renferme sous ses téguments un embryon à radicule supère, sans albumen. On ne connaît qu'une espèce de ce genre, cultivée de temps immémorial en Chine et au Japon, le *K. japonica* [9],

1. Elles ont un albumen mince autour de l'embryon.

2. MIQ., *Fl. ind.-bat.*, I, p. I, 390. — HOOK. F. et THOMS, in *Journ. Linn. Soc.*, II, 75. — WALP., *Ann.*, IV, 669.

3. DC., in *Trans. Linn. Soc.*, XII, 156 ; *Prodr.*, II, 541. — SPACH, *Suit. à Buffon*, I, 429. — ENDL., *Gen.*, n. 6390. — B. H., *Gen.*, 613, n. 23.

4. Ils sont quelquefois tordus.

5. Elles sont disposées comme celles des Rosiers, dont elles ont la structure ; les intérieures sont beaucoup plus courtes que les extérieures.

6. On en compte quelquefois quatre, ou encore de six à huit.

7. Il n'a qu'une seule enveloppe.

8. « *Achænia parva, sicca, cartilaginea.* » Nous ne les avons jamais vus dans les collections. Dans nos jardins, on n'a cultivé presque exclusivement, jusque dans ces derniers temps, que la monstruosité à fleurs doubles et stériles, à carpelles souvent étalés, foliacés.

9. DC., *loc. cit.* — SIEB. et ZUCC., *Fl. jap.*, 183, t. 98. — MIQ., in *Mus. Lugd. Bat.*, III, 33. — *Rubus japonicus* L., *Mant*, 245. — *Corchorus japonicus* THUNBG, *Fl. jap.*, 227. — W., *Spec.*, II, 1218. — POIR., *Dict.*, II, 105. — ANDR., in *Bot. Repos.*, t. 587. — *Bot. Mag.*, t. 1296. — *Spiræa japonica* DESVX, in *Mém. Soc. Linn. par.*, I, 25. — CAMBESS., in *Ann. sc. nat.*, sér. 1, I, 389. — *Teito Jamma Buki* KÆMPF., *Amœn. exot.*, 844.

arbuste à bourgeons écailleux et à feuilles alternes, simples, accompagnées de deux stipules latérales caduques.

On a trouvé au Japon une plante dont on a fait le type d'un genre nouveau, sous le nom de *Rhodotypos*[1], et dont la fleur (fig. 443) est extérieurement très-analogue à celle des *Kerria*; mais elle en diffère notablement par son organisation intérieure. Elle est normalement construite sur le type quaternaire. Son réceptacle a la forme d'un entonnoir large et peu profond, et il porte, de bas en haut, c'est-à-dire du fond à la circonférence, le gynécée, un disque particulier, l'androcée et le

Rhodotypos kerrioides.

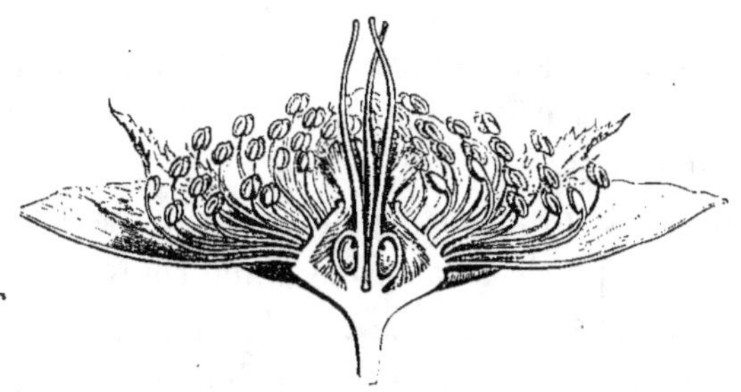

Fig. 443. Fleur, coupe longitudinale.

périanthe. Les sépales, au nombre de quatre, égaux, et imbriqués dans le bouton, sont accompagnés de bractées formant calicule, comme dans les Fraisiers et les Potentilles. Les pétales s'insèrent dans l'intervalle des sépales, sont semblables à ceux d'une Rose, et sont imbriqués dans le bouton. Les étamines sont en nombre indéfini[2], formées chacune d'un filet libre et grêle, et d'une anthère biloculaire, introrse, déhiscente par deux fentes longitudinales. Elles s'insèrent sur une large surface, non-seulement sur la paroi intérieure du réceptacle, mais encore sur la surface extérieure d'un disque en forme de toit perforé au sommet, qui recouvre toute la portion ovarienne du gynécée, et ne laisse passer par son ouverture apicale que la plus grande partie des styles. Les carpelles sont au nombre de quatre[3], superposés aux pétales, et logés dans cette sorte de chambre, formée dans sa moitié intérieure par le fond du récep-

---

1. Sieb. et Zucc., *Fl. jap.*, 187, t. 99. — Endl., *Gen.*, n. 6393[1], Suppl. II, 95. — B. H., *Gen.*, 613, n. 24.

2. Elles sont primitivement disposées en quatre faisceaux dont les éléments les plus jeunes sont les plus intérieurs. L'androcée peut donc être considéré comme étant formé de quatre feuilles staminales composées.

3. C'est là le nombre normal, comme celui des sépales. Mais, de même que, dans les cultures, on trouve des fleurs à cinq ou six parties, de même il y en a qui renferment jusqu'à sept ou huit carpelles, rapprochés en une sorte de tête qui rappelle le fruit normal d'un *Rubus.*

tacle, et dans sa moitié supérieure par le singulier disque dont il vient d'être question. Chacun d'eux se compose d'un ovaire libre, surmonté d'un style dont l'extrémité stigmatifère est à peine renflée. Dans l'angle interne de l'ovaire se trouve un placenta qui supporte deux ovules collatéraux, descendants, incomplétement anatropes, avec le micropyle tourné en dehors et en haut. Le fruit est multiple, formé de quatre, ou d'un nombre moindre [1] de drupes, dont l'épicarpe est membraneux, et dont le mésocarpe, peu épais, d'abord charnu, devient plus tard farineux et friable. Le noyau est dur, monosperme. La graine renferme, sous ses téguments membraneux, un gros embryon charnu, à radicule supère, enveloppé d'un albumen charnu peu considérable. La seule espèce connue de ce genre est le *R. kerrioides* [2]. C'est un arbuste à feuilles opposées, pétiolées, accompagnées de deux stipules latérales ; simples et tout à fait pareilles à celles d'un *Kerria*. Ses fleurs sont pédonculées, terminales et solitaires.

Le *Neviusia* [3] est un arbuste dont les fleurs sont hermaphrodites et apétales. Leur réceptacle a la forme d'une coupe peu profonde. Toute sa concavité est tapissée de tissu glanduleux, et ses bords portent un calice de cinq sépales, imbriqués dans le bouton, larges et foliacés, dentelés sur les bords. Les étamines sont en très-grand nombre, insérées en dedans du calice et analogues à celles des *Kerria* et des *Rhodotypos*. Le gynécée est formé de quatre carpelles [4], insérés vers le fond du réceptacle, libres, sessiles, formés chacun d'un ovaire uniloculaire, surmonté d'un style presque terminal, grêle, recourbé en dedans, stigmatifère le long de son bord interne. Dans l'angle interne de l'ovaire, se trouve un seul ovule, incomplétement anatrope, descendant, avec le micropyle dirigé en haut et en dehors. Le fruit est formé d'une ou plusieurs drupes, à mésocarpe mince, entourées du calice persistant et accrescent. L'embryon a sa radicule supère et infléchie, et des cotylédons aplatis qu'enveloppe un albumen charnu. Le *N. alabamensis* [5] est la seule espèce connue de ce genre. C'est un arbuste glabre, dont le port est celui de quelques Spirées. Ses feuilles sont alternes, simples [6], accompagnées de deux petites stipules latérales. Ses fleurs [7] sont supportées

---

1. Par avortement de quelques-uns des carpelles normaux. Mais il y a des fruits mûrs formés de drupes plus nombreuses, dans la plante cultivée (voy. p. 392, note 3).

2. SIEB. et ZUCC., *loc. cit.* — WALP., *Rep.*, V, 658. — MIQ., in *Mus. Lugd. Bat.*, III, 33.

3. A. GRAY, in *Mem. Amer. Acad.*, n. ser., VI (1858), 374. — *Neviusa* B. H., *Gen.*, 613, n. 25.

4. Plus rarement deux ou trois.

5. A. GRAY, *loc. cit.*, t. XXX.

6. « *Membranacea duplicato-serrata.* »

7. On les dit blanches, comme celles du *Rhodotypos*.

par des pédicelles grêles et assez allongés, qui forment au sommet des jeunes rameaux une sorte d'ombelle pauciflore.

Enfin le *Stephanandra* [1] peut être défini : un *Spiræa* à androcée diplostémoné et à gynécée unicarpellé. Ses fleurs ont en effet, sur les bords d'un réceptacle campanulé, cinq sépales et cinq pétales alternes, imbriqués, dix étamines à anthère introrse, superposées, cinq aux sépales et cinq aux pétales, et un disque glanduleux, peu épais, qui tapisse toute la concavité du réceptacle. Au fond de celui-ci s'insère un seul carpelle, dont l'ovaire uniloculaire renferme deux ovules, primitivement [2] descendants, insérés collatéralement sur un placenta pariétal, contre lequel est appliqué leur raphé, et est surmonté d'un style terminal à stigmate capité. Le fruit est un follicule mono- ou disperme, enveloppé par le réceptacle persistant ; et les graines, ascendantes ou descendantes, contiennent, sous leurs téguments, un embryon à radicule infère ou supère, et à cotylédons orbiculaires, qu'entoure un albumen charnu, plus ou moins épais. La seule espèce connue de ce genre [3] est un arbuste du Japon, à rameaux grêles et flexibles, dont les bourgeons sont écailleux, et dont les feuilles, alternes, incisées, ont un pétiole accompagné à sa base de deux stipules latérales. Les fleurs sont réunies en grappes courtes ou en corymbes simples ou composés. Ces fleurs sont très-analogues à celles des *Prinsepia* ; par leur gynécée unicarpellé, elles se rapprochent beaucoup de celles des Prunées en général ; de sorte que le *Stephanandra* représente, parmi les Spiréées, un type réduit, analogue à celui que constituent les *Purshia* parmi les Fragariées, et les *Chamæmeles* dans la série des Poiriers.

V. SÉRIE DES QUILLAIS.

Les Quillais [4] (fig. 444-447) ont les fleurs régulières, dioïques ou polygames. Dans celles qui sont hermaphrodites, on observe un calice

---

1. Sieb. et Zucc., in *Abhand. Münch. Akad.*, III, 739, t. 4, fig. 2.— Endl., *Gen.*, n. 6392[1], Suppl. III, 102. — B. H., *Gen.*, 612, n. 20. — J., *Gen.*, 444. — H. B. K., *Nov. gen. et spec.*, VI, 236, not. — Lamk, *Dict.*, VI, 33; Suppl., IV, 638; *Ill.*, t. 774. — DC., *Prodr.*, II, 547.— Spach, *Suit. à Buffon*, I, 448.—Don, in *Edinb. new philos. Journ.*, XII, 110. — Lindl., *Veg. Kingd.*, 564. — Guillem., in *Dict. d'hist. nat.*, XIV, 419. — Endl., *Gen.*, n. 6398. — B. H., *Gen.*, 614, n. 28. — *Smegmadermos* R. et Pav., *Prodr.*, 133, t. 31. — *Smegmaria* W., ex Guillem., *loc. cit.* — *Fontenellea* A. S. H. et Tul., in *Ann. sc. nat.*, sér. 2, XVII, 141, t. 7.

2. Plus tard ils peuvent devenir transversaux, avec le raphé inférieur ; ou même l'un d'eux devient légèrement ascendant dans certaines fleurs.

3. *S. flexuosa* Sieb. et Zucc., *loc. cit.*— Miq., in *Ann. Mus. Lugd. Bat.*, III, 33. — *Spiræa incisa* Thunbg, *Fl. jap.*, 213. — Cambess., *loc. cit.*, 262. — Ser., in DC. *Prodr.*, n. 9.

4. *Quillaja* Mol., *Chil.*, ed. 2, 298. —

et une corolle pentamères, insérés au pourtour d'un réceptacle concave, peu profond. La préfloraison des sépales est valvaire ; celle des pétales est imbriquée, mais ne peut être constatée que dans le jeune âge, car ces organes, en forme de spatule, sont de petite taille et cessent de se

Quillaja Saponaria.

Fig. 447. Diagramme.

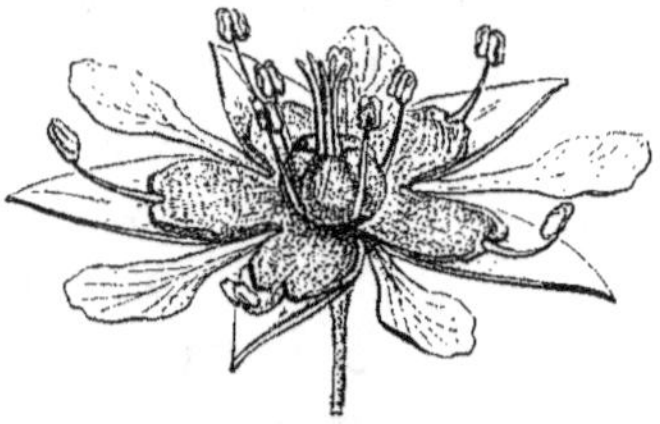

Fig. 445. Fleur hermaphrodite.

Fig. 444. Port.

Fig. 446. Fleur hermaphrodite, coupe longitudinale.

toucher de bonne heure. La concavité du réceptacle est tapissée d'un disque glanduleux à cinq lobes, qui se prolongent sur la base de la face intérieure des sépales. C'est au fond des sinus qui séparent ces lobes que s'insèrent les pétales. Un peu plus en bas et en dedans que ces derniers s'attachent cinq étamines qui leur sont superposées. Il y a, en outre, cinq étamines superposées aux sépales. Plus grandes que les précédentes, elles s'insèrent plus haut qu'elles dans une petite échancrure que présente le sommet de chaque lobe du disque. Toutes se composent d'un filet libre, atténué à son extrémité, qui se replie en dedans dans le bouton, et supporte une anthère biloculaire, introrse, versatile, déhiscente par deux fentes longitudinales. Au centre de la fleur, le réceptacle se relève en un petit cône [1] qui supporte, insérés sur sa surface convexe, cinq carpelles superposés aux sépales. Chacun d'eux se compose d'un ovaire uniloculaire, atténué en un style que parcourt un sillon vertical dans toute la longueur de son angle interne, et qui se termine par un léger renflement stigmatifère. Dans l'angle interne de chaque ovaire, il y a un placenta à deux lèvres verticales, avec deux séries d'ovules presque horizontaux, anatropes et bientôt aplatis les uns contre les autres. Dans le fruit, qui est formé de cinq gousses [2] divergeant en étoile, ces ovules sont devenus des graines comprimées, imbriquées, ascendantes, surmontées d'une longue et large aile, et renfermant sous leurs téguments un embryon charnu à cotylédons convolutés. Les *Quillaja* sont des arbres de l'Amérique méridionale ; on en connaît trois espèces qui habitent le Brésil, le Pérou, le Chili [3]. Leurs feuilles persistantes sont simples, alternes, accompagnées de deux petites stipules latérales, caduques. Leurs fleurs sont disposées en cymes axillaires ou terminales, bipares et ordinairement pauciflores ; la fleur centrale est presque toujours hermaphrodite.

Kageneckia oblonga.

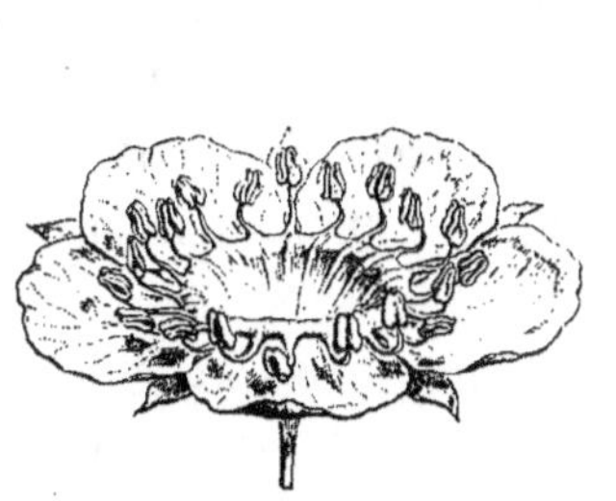

Fig. 448. Fleur mâle.

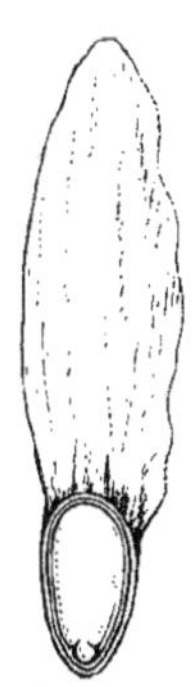

Fig. 451. Graine, coupe longitudinale. Fig. 450. Graine.

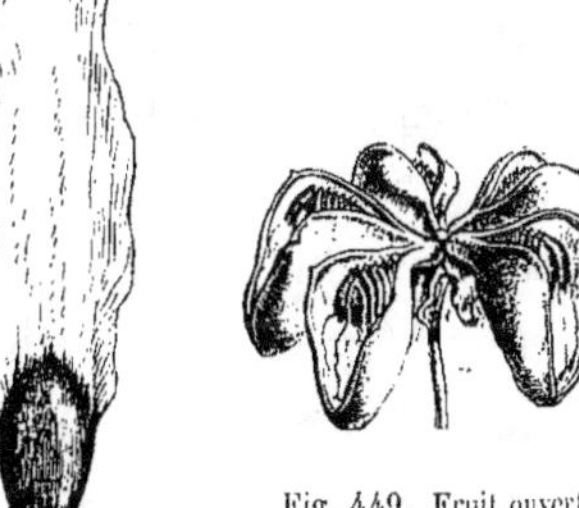

Fig. 449. Fruit ouvert.

Les *Kageneckia* [4] (fig. 448-451) peuvent être considérés comme des *Quillaja* à calice imbriqué et à androcée formé de plus de dix étamines.

1. L'existence de ce cône qui représente le sommet organique du réceptacle, a pour résultat une insertion très-oblique de la base des carpelles ; de sorte que ceux-ci paraissent unis inférieurement en un seul ovaire pluriloculaire, à peu près comme dans le *Spiræa Lindleyana* et quelques espèces analogues.

2. On les décrit ordinairement comme des follicules ; mais l'expression de gousses paraît préférable, puisque chaque carpelle s'ouvre, à sa maturité, par deux fentes longitudinales, l'une ventrale et l'autre dorsale (fig. 444).

3. H. B. K., *Nov. gen. et spec.*, VI, 236, not. — C. Gay, *Fl. chil.*, II, 273. — Hook. f., in *Mart. Fl. bras.*, Rosac., 57. — Walp., *Rep.*, II, 52 ; V, 659.

4. R. et Pav., *Prodr. fl. per.*, 134, t. 37. — Poir., *Dict.*, Suppl., III, 244 ; V, 714. — DC.,

Leurs fleurs sont unisexuées, souvent dioïques. Dans les fleurs mâles (fig. 448), la coupe réceptaculaire porte sur ses bords cinq sépales quinconciaux, cinq pétales alternes, imbriqués, plus une vingtaine d'étamines, dont cinq sont superposées aux sépales, et quinze, trois par trois, aux pétales. Chacune d'elles est composée d'un filet libre et d'une anthère biloculaire, introrse, déhiscente par deux fentes longitudinales. Dans la fleur femelle, le périanthe est le même; mais les étamines ont des anthères peu volumineuses et stériles; et sur le sommet légèrement relevé du réceptacle, s'insèrent cinq carpelles alternipétales, libres, formés chacun d'un ovaire uniloculaire et d'un style à insertion plus ou moins ventrale, à sommet stigmatifère dilaté et bilobé. Dans l'angle interne de chaque ovaire, on observe un placenta pariétal qui supporte deux rangées verticales d'ovules anatropes, imbriqués, plus ou moins ascendants. La concavité du réceptacle est tapissée d'une couche de tissu glanduleux. Le fruit multiple se compose de cinq follicules, disposés en étoile, et d'abord ascendants, mais rapidement réfléchis, de manière à diriger leur extrémité libre en bas et en dehors, et à présenter supérieurement, un peu plus haut que leur base, une gibbosité obtuse [1]. Les graines sont nombreuses, terminées en aile, comme celles des *Quillaja*, et dépourvues d'albumen. Les *Kageneckia* sont des arbres du Chili et du Pérou; on en connaît trois ou quatre espèces [2]. Leurs feuilles sont alternes, coriaces, persistantes, accompagnées à leur base de deux stipules caduques. Leurs fleurs sont terminales ou, plus rarement, axillaires. Les fleurs femelles sont rapprochées en grappes de cymes.

Les *Vauquelinia* [3] (fig. 452-455) ont des fleurs hermaphrodites, peu différentes aussi de celles des *Quillaja*. Le réceptacle concave et doublé d'une couche de tissu glanduleux à bords entiers, les cinq sépales valvaires, les cinq pétales imbriqués, le fruit sec et les graines ailées sont à peu près identiques dans les deux genres. Les différences principales sont relatives au nombre des pièces de l'androcée, à celui des ovules et aux fruits. Les *Vauquelinia* ont, en effet, vingt étamines, ou à peu près [4]. Cinq d'entre elles sont insérées en face des pétales, et cinq autres en face de la ligne médiane des sépales. Il y en a deux autres sur les côtés

---

Prodr., II, 547. — DON, in *Edinb. new phil. Journ.*, XII, 111. — ENDL., *Gen.*, n. 6396. — B. H., *Gen.*, 614, n. 29. — *Lydæa* MOL., *Chil.*, ed. 2, 300.

1. Leur sommet organique.

2. H. B. K., *Nov. gen. et spec.*, VI, 186. — C. GAY, *Fl. chil.*, II, 269. — LINDL., in *Bot. Reg.*, t. 1836. — WALP., *Rep.*, II, 52; *Ann.*, III, 857.

3. CORR., in H. B., *Pl. æquin.*, I, 140, t. 40. — H. B. K., *Nov. gen. et spec.*, VI, 187. — POIR., *Dict.*, Suppl., V, 456; *Ill.*, cent. 10, ic. — DC., *Prodr.*, II, 547. — ENDL., *Gen.*, n. 6398. — B. H, *Gen.*, 615, n. 30.

4. Il y en a quelquefois vingt-cinq; celles qui sont alternipétales se trouvant dédoublées.

de ces dernières. Toutes ont des filets périgynes, libres, et des anthères introrses, biloculaires, déhiscentes par deux fentes longitudinales, puis versatiles. Le réceptacle floral se relève aussi légèrement à son centre

Vauquelinia corymbosa.

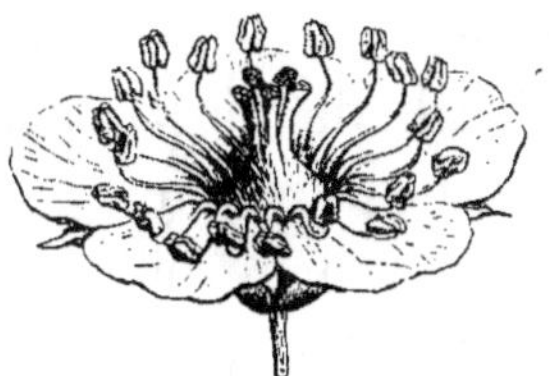

Fig. 452. Fleur.

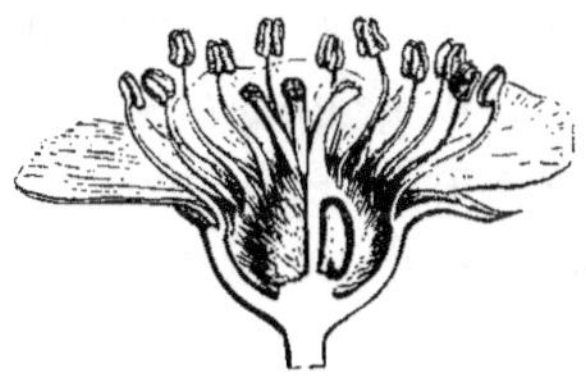

Fig. 453. Fleur, coupe longitudinale.

Fig. 454. Fruit.

Fig. 455. Fruit, coupe transversale.

pour donner insertion au gynécée. Celui-ci est formé de cinq carpelles alternipétales, incomplétement unis inférieurement en un ovaire à cinq loges[1], et totalement libres dans leur portion stylaire, qui représente une baguette à sommet stigmatifère dilaté. On observe, dans l'angle interne de chaque loge, tout près de la base, deux ovules collatéraux, ascendants, anatropes, avec le micropyle dirigé en bas et en dehors. Ils sont déjà dans le bouton, aplatis et membraneux vers leur portion supérieure ; aussi deviennent-ils, dans le fruit, des graines ailées, comme celles des *Quillaja*, avec un embryon dépourvu d'albumen. Le péricarpe est sec ; il se sépare d'abord en cinq compartiments qui représentent chacun une loge disperme ; puis chaque loge s'ouvre longitudinalement en deux moitiés à partir du sommet. On ne connaît jusqu'ici qu'une espèce de ce genre, le *V. corymbosa*. C'est un arbre du Mexique, à feuilles alternes, dentées en scie, longuement pétiolées, accompagnées de deux très-petites stipules latérales glanduleuses. Ses fleurs sont réunies en grand nombre à l'extrémité des rameaux, et disposées en grappes rami-fiées de cymes. Les ramifications latérales sont placées, ou dans l'ais-

---

1. Comme dans le *Spiræa Lindleyana* et les espèces analogues (voy. p. 387, note 5), qui relient l'un à l'autre les genres *Vauquelinia* et *Spiræa*.

selle de bractées, ou dans celle des feuilles supérieures du rameau.

Les *Lindleya* [1] ont tout à fait la fleur des *Vauquelinia*, mais avec des sépales imbriqués [2], et des ovules suspendus. Si l'on analyse un bouton de la seule espèce connue du genre, le *L. mespiloides* [3], on voit qu'il est hermaphrodite, et que son réceptacle concave porte sur ses bords cinq sépales inégaux, disposés avant l'anthèse en préfloraison quinconciale, et cinq pétales alternes, également imbriqués dans la préfloraison. Les étamines, périgynes, insérées vers les bords du disque glanduleux qui tapisse la coupe réceptaculaire, sont au nombre d'une vingtaine, composées chacune d'un filet libre et d'une anthère biloculaire, introrse, déhiscente par deux fentes longitudinales. Le gynécée est formé d'un ovaire à cinq loges [4] alternipétales, surmonté de cinq styles, à extrémité stigmatique irrégulièrement dilatée. Dans l'angle interne de chaque loge, il y a deux ovules collatéraux, descendants, anatropes, avec le micropyle tourné en dehors et en haut [5]. Un obturateur allongé, formé par une saillie du placenta, s'avance au-dessus du micropyle de chaque ovule. Le fruit est ligneux, loculicide, et se sépare à la maturité en cinq valves épaisses. Les graines sont comprimées, ailées, et renferment sous leurs téguments un embryon charnu, à radicule supère, sans albumen. Le *L. mespiloides* est un petit arbre mexicain. Ses feuilles sont simples, alternes, accompagnées de deux petites stipules latérales caduques. Ses fleurs sont solitaires et terminales. Plus rarement elles forment au sommet des rameaux une cyme pauciflore. Chacune d'elles est accompagnée de deux bractées portées par son pédoncule.

Les *Exochorda* [6] (fig. 456) ont, avec le port et le feuillage des Spirées, auxquelles ils étaient autrefois réunis, les fleurs exactement construites comme celles des *Lindleya* [7], c'est-à-dire un réceptacle concave, doublé d'un disque glanduleux, portant sur ses bords cinq sépales quinconciaux, cinq pétales imbriqués et quinze ou vingt étamines de Rosacée [8]; puis un ovaire à cinq loges, surmonté d'un pareil nombre de styles à sommet stigmatifère renflé, avec deux ovules descendants, insérés dans l'angle

---

1. H. B. K., *Nov. gen. et spec.*, VI, 188, t. 562 *bis*. — DC.; *Prodr.*, II, 548. — Endl., *Gen.*, n. 6399. — B. H., *Gen.*, 645, n. 32.

2. Le réceptacle est en forme de sac et rappelle un peu celui des Roses, quoique moins étranglé dans sa portion supérieure.

3. H. B. K., *loc. cit.* — Lindl., in *Bot. Reg.*, (1844), t. 27. — Decne, in *Rev. hortic.* (1854), 81, t. 5.

4. Ces loges sont le plus souvent incomplètes ; de façon que les placentas deviennent en réalité pariétaux.

5. Ils ont deux enveloppes.

6. Lindl., in *Garden. Chron.* (1858), 925. — B. H., *Gen.*, 612, n. 21.

7. Elles sont parfois tétra ou hexamères.

8. Il y en a toujours, ou à peu près, trois en face de chaque pétale, la médiane étant plus petite et insérée plus bas que les deux autres; et ce sont celles qui se trouvent en face des sépales, qui manquent dans certains cas.

interne de chaque loge ovarienne, le micropyle dirigé. en haut et en dehors, et coiffé d'un obturateur celluleux. Le fruit seul est notablement différent. Le périanthe et le réceptacle s'en séparent entièrement et le

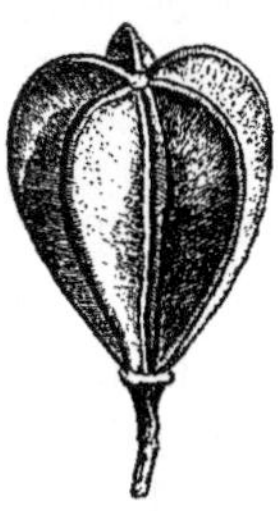

Exochorda grandiflora.

laissent totalement nu ; il se présente alors sous la forme d'une capsule à cinq ailes épaisses et obtuses, graduellement atténuées à leur base et arrondies sur le dos, toutes réunies suivant l'axe central autour duquel elles rayonnent, séparées les unes des autres par un angle dièdre profond. Plus tard elles se détachent les unes des autres ; après quoi chacune d'elles s'ouvre longitudinalement, suivant sa ligne médiane, en deux panneaux épais, coriacés, pour laisser échapper une ou deux graines, comprimées et ailées, membraneuses sur les bords. L'embryon charnu et aplati a la radi-

Fig. 456. Fruit.

cule supère et est dépourvu d'albumen [1]. Les *Exochorda* sont des arbustes glabres de l'Asie septentrionale et orientale ; leurs feuilles sont alternes, simples, dépourvues de stipules. Leurs fleurs sont vernales, disposées en grappes axillaires ou terminales, placées chacune dans l'aisselle d'une bractée et accompagnées de deux bractéoles latérales, insérées vers le sommet du pédicelle. Leurs fleurs sont ordinairement polygames-dioïques. On en connaît deux espèces [2].

On a placé les *Pterostemon* [3] dans ce groupe, malgré leurs grandes analogies avec les Saxifragacées, parce qu'ils ont des stipules et des graines sans albumen. Sur les bords de leur réceptacle turbiné, s'insèrent cinq sépales valvaires, cinq pétales, alternes, imbriqués, et dix étamines superposées, cinq aux sépales, et cinq aux pétales. Ces dernières sont plus courtes et pourvues d'un filet aplati, étroit, tandis que les cinq autres ont un filet large, découpé en haut en trois dents dont la médiane supporte une anthère introrse, cuspidée, à connectif épaissi sur le dos. L'ovaire, logé dans la concavité du réceptacle, est surmonté d'un style, partagé supérieurement en cinq languettes tronquées et stigmatifères au

---

1. La radicule est conique, légèrement arquée. Les cotylédons sont plans en dedans et convexes sur leur surface dorsale. Au-dessous de leur point d'insertion, ils se prolongent en deux auricules descendantes qui arrivent latéralement au contact l'une de l'autre, et qui forment autour de la base de la radicule une sorte d'étui assez long.

2. L'une est le *Spiræa grandiflora* (HOOK., in *Bot. Mag.*, t. 4795). — HÉR., in *Hortic. franç.* (1867), 250, t. VIII). Ses fleurs sont décrites comme polygames-dioïques ; mais, sur des indi-vidus cultivés, il est vrai, et dont la végétation était extrêmement vigoureuse, nous les avons toutes trouvées hermaphrodites. L'autre, décrite par nous (*Adansonia*, IX, 149, n° 22) sous le nom d'*E. ? Davidiana*, est douteuse, parce que le seul individu étudié n'avait que des fleurs mâles. Or, en dehors du gynécée, les *Exochorda* ne peuvent se distinguer des *Nuttallia*, genre auquel pourrait peut-être se rapporter cette dernière espèce.

3. SCHAUER, in *Linnæa*, XX, 736. — B. H., *Gen.*, 615, n. 31. — WALP., *Ann.*, I, 288.

sommet. Dans l'ovaire, on observe cinq loges pluriovulées [1] ; et le fruit, surmonté des restes du périanthe [2] et de l'androcée, est une capsule quinquéloculaire, septifrage, renfermant une ou plusieurs graines, ascendantes comme les ovules, à embryon dépourvu d'albumen, avec la radicule infère. La seule espèce connue de ce genre, le *P. mexicanus*, est un arbuste rameux, à branches dichotomes, à feuilles alternes, simples [3], pétiolées, accompagnées de deux petites stipules latérales. Les fleurs sont disposées en cymes corymbiformes pauciflores.

Les *Eucryphia* [4] ont les fleurs régulières, hermaphrodites et ordinairement tétramères. Sur leur réceptacle convexe s'insèrent, de bas en haut, un calice de quatre sépales, libres, et imbriqués dans le bouton, une corolle de quatre pétales, analogues à ceux des Rosiers, et imbriqués [5] aussi dans la préfloraison, et un nombre indéfini d'étamines, libres et hypogynes, disposées en séries nombreuses. Chacune d'elles est formée d'un filet grêle et d'une anthère biloculaire [6], introrse, déhiscente par deux fentes longitudinales. Autour du sommet du réceptacle, s'insèrent à un même niveau un nombre de carpelles presque toujours plus considérable que cinq et pouvant s'élever jusqu'à une quinzaine. Ils sont unis, dans leur portion inférieure, en un ovaire allongé, multiloculaire, au-dessus duquel ils deviennent libres pour former des styles atténués, stigmatifères à leur sommet, qui n'est pas, ou qui est à peine renflé. Dans l'angle interne de chaque loge ovarienne, s'insèrent un nombre indéfini d'ovules anatropes [7], disposés sur deux séries verticales, et descendants, avec le micropyle extérieur et supérieur. Le fruit est une capsule, dont le mésocarpe coriace et l'endocarpe ligneux se séparent par déhiscence septicide en autant de quartiers qu'il y avait de loges. Chaque quartier contient une ou plusieurs graines comprimées, imbriquées, dont la région chalazique s'est prolongée en une aile membraneuse, aplatie. Sous les téguments se trouve un albumen charnu, peu épais, qui entoure un embryon vert, à radicule supère et à cotylédons elliptiques aplatis. On n'a longtemps connu que trois espèces de ce genre, dont deux sont originaires du Chili. L'une d'elles, l'*E. glutinosa* [8], a des

---

1. Il y a de quatre à six ovules, insérés dans l'angle interne de chacune d'elles.

2. Les pétales desséchés sont réfléchis.

3. Leur surface supérieure est glanduleuse ; l'inférieure est chargée de duvet.

4. CAV., *Icon.*, IV, 49, t. 372. — CHOIS., *Prodr. Hyper.*, 62. — DC., *Prodr.*, I, 556. — ENDL., *Gen.*, n. 5403. — SPACH, *Suit. à Buffon*, V, 344, not. — H. BN, in *Adansonia*, V, 303. — B. H., *Gen.*, 616, n. 33. — *Carpodontos* LABILL., *Voy.*, II, 16, t. 18 ; *Pl. Nouv.-Holl.*, II, 122. — CHOIS., *op. cit.*, 61. — DC., *loc. cit.*

5. Ou, plus rarement, tordus.

6. Les deux loges sont souvent pendantes et attachées seulement par le haut au connectif.

7. Ou incomplétement amphitropes.

8. *E. glutinosa.* — *E. pinnatifolia* C. GAY, *Fl. chil.*, I, 352, t. 8 (1845). — *Fagus glutinosa* POEPP. et ENDL., *Nov. gen. et sp*, II, 68, t. 194 (1838).

feuilles composées-pennées, tout à fait semblables à celles des Rosiers, mais opposées, persistantes, accompagnées à leur base de grandes stipules intrapétiolaires. La seconde espèce [1] a au contraire des feuilles simples dont les stipules sont peu développées. La troisième est australienne [2]; ses stipules sont grandes, et ses feuilles également simples. Toutes ont des fleurs axillaires, pédonculées, solitaires; mais lorsque, vers le sommet des rameaux, les feuilles sont remplacées par des bractées qui ont chacune une fleur [3] dans leur aisselle, l'inflorescence totale devient une véritable grappe terminale, à fleurs quelquefois très-nombreuses et pressées, à pédicelles opposés et décussés [4].

Les *Euphronia* [5] ont des fleurs hermaphrodites, à réceptacle en forme de coupe, portant sur ses bords quatre ou cinq sépales inégaux, et peut-être une corolle périgyne [6]. Ses étamines ont la même insertion et sont en même nombre que les sépales auxquels elles se trouvent superposées. Leurs filets sont larges à la base, unis entre eux, d'une manière variable [7], dans cette portion dilatée, puis libres, atténués à leur sommet [8]. Le gynécée est inséré au fond du réceptacle, libre, très-analogue à celui des *Eucryphia*. Il se compose d'un ovaire à trois loges uniovulées, surmonté d'un style filiforme, persistant, barbu dans sa portion inférieure. Le fruit qu'accompagnent à sa base le réceptacle et les sépales réfléchis, est une capsule que surmontent les restes du style. Son mésocarpe, assez épais, se sépare de l'endocarpe ligneux qui est septicide et dont les fentes de séparation se prolongent jusque dans le style. Chaque noyau s'ouvre ensuite suivant la longueur de son angle interne, pour laisser sortir une graine descendante, prolongée inférieurement en une longue aile aplatie et renfermant sous ses téguments un embryon charnu, à radicule supère, entouré d'une couche mince d'albumen charnu. On ne connaît qu'une espèce de ce genre [9], originaire du nord du Brésil. Ses branches ligneuses

---

1. *E. cordifolia* Cav.; *loc. cit.* — C. Gay, *op. cit.*, 351.

2. *E. lucida* (*E. Billardieri* Spach, *loc. cit.* — Benth., *Fl. austral.*, II, 446. — *E. Milligani* Hook. f., *Fl. tasm.*, I, 54, t. 8.— *Carpodontos lucida* Labill., *loc. cit.*). M. F. Mueller a fait connaître (*Fragm.*, IV, 2), une autre espèce australienne à feuilles pennées, l'*E. Moorei* (Benth., *op. cit.*, 447, n. 2).

3. Sous la fleur, le pédicelle peut porter des bractées écailleuses, alternes et imbriquées. On en compte jusqu'à six dans l'*E. cordifolia*.

4. Nous avons le premier rapproché les *Eucryphia* des Rosacées. MM. Bentham et J. Hooker ont adopté notre manière de voir, après avoir (*Gen.*, 164, 195) partagé celle de M. Plan-

chon (in *Ann. sc. nat.*, sér. 4, II, 261), qui range les *Eucryphia* parmi les Saxifragées.

5. Mart. et Zucc., *Nov. gen. et spec.*, I, 121, t. 73. — Endl., *Gen.*, n. 6400. — B. H., *Gen.*, 317, 616, n. 34.

6. Les fruits étant seuls connus, les pétales, s'ils existaient, sont tombés sur les échantillons de l'herbier de Munich.

7. On les a décrits comme diadelphes, quatre d'entre eux formant un seul faisceau. Mais nous avons vu plus d'un filet libre autour du jeune fruit que nous avons pu examiner.

8. Les anthères sont inconnues.

9. *E. hirtelloides* Mart. et Zucc., *loc. cit.* — Walp., *Rep.*, V, 659. — Hook. f., in *Mart., Fl. bras.*, Rosac., 60.

portent des feuilles alternes, simples, pétiolées, sans stipules. Ses fleurs sont disposées en grappes terminales [1].

VI. SÉRIE DES POIRIERS.

Les Poiriers [2] (fig. 457-462) ont les fleurs régulières et hermaphrodites [3]. Leur réceptacle a la même forme de bourse ou de gourde que

Pyrus communis.

Fig. 457. Rameau florifère.

celui des Roses [4], et sur ses bords s'insèrent le périanthe et l'androcée. Les sépales sont au nombre de cinq, libres, et disposés dans le bouton en

1. On place à côté des *Euphronia* le genre *Canotia* (TORR., ap. WIPPL., 12), dont la fleur est pentamère, avec un calice quinquéfide persistant, cinq étamines hypogynes, et dont le fruit est une capsule, surmontée du style subulé, persistant, quinquéloculaire et septicide. Dans chaque loge se trouve une graine suspendue, à téguments prolongés inférieurement en aile membraneuse, et à embryon placé dans l'axe d'un albumen charnu. La seule espèce connue, le *C. holacantha*, est un arbuste du Nouveau-Mexique, dont les branches sont aphylles, et dont les rameaux alternes sont terminés par des épines allongées. Les fleurs forment des espèces de grappes, à pédicelles articulés, au sommet des rameaux. MM. BENTHAM et HOOKER disent de cette plante (*Gen.*, 616, n. 35) : « *Genus quoad affinitatem valde dubium.* » On n'a pu voir jusqu'ici la corolle, les caractères du genre ne paraissant avoir été constatés que sur des échantillons en fruits.

2. *Pyrus* T., *Instit.*, 628, t. 404.—L., *Gen.*, n. 626. — ADANS., *Fam. des pl.*, II, 296.—J., *Gen.*, 335. — GÆRTN., *Fruct.*, II, 44, t. 87. —LAMK, *Dict.*, V, 450 ; Suppl., IV, 451 ; *Ill.*, t. 435. — LINDL., in *Trans. Linn. Soc.*, XIII, 97. —DC., *Prodr.*, II, 633.— SPACH, *Suit. à Buff.*, I, 109.— ENDL., *Gen.*, n. 6432. — PAYER, *Organog.*, 499, t. CII, fig. 35. — B. H., *Gen.*, 626, n. 63 (incl. *Pyrophorum* NECK., *Apyrophorum* NECK., *Azarolus* CÆS., *Lazarolus* MEDIK., *Halmia* MEDIK., *Aria* L., *Torminaria* DC., *Aucuparia* MEDIK., *Sorbus* T., *Cormus* SPACH, *Malus* T.).

3. Elles deviennent çà et là unisexuées, par avortement du gynécée.

4. Avec un goulot ordinairement moins rétréci.

préfloraison quinconciale. Les pétales, en même nombre que les sépales et alternes avec eux, sont pourvus d'un onglet court, et imbriqués dans la préfloraison. Les étamines sont au nombre de vingt, ou plus, et dis-

Pyrus communis.

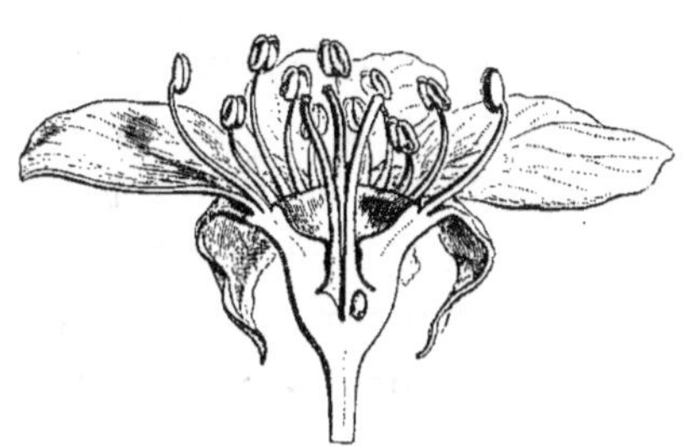

Fig. 458. Fleur, coupe longitudinale.

Fig. 459. Diagramme.

posées, dans le premier des deux cas, comme celles des Spirées, des Fraisiers, etc. (fig. 459)[1]. Chacune d'elles se compose d'un filet libre[2], infléchi dans le bouton, et d'une anthère biloculaire, introrse, déhiscente

Pyrus Malus.

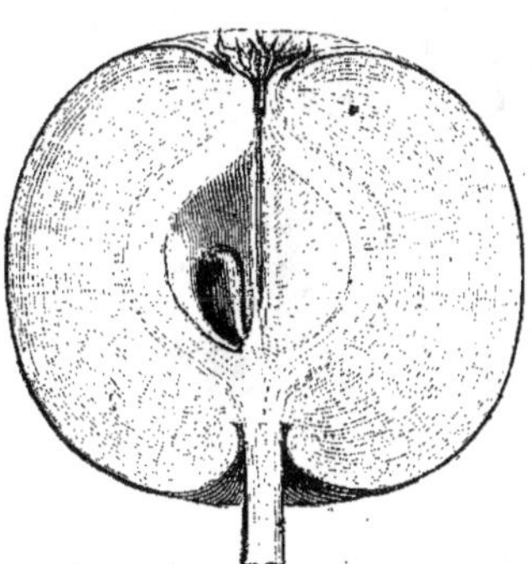

Fig. 460. Fruit, coupe longitudinale.

Fig. 461. Fruit, coupe transversale.

par deux fentes longitudinales. Au-dessous de l'insertion des étamines, le réceptacle est tapissé, sur sa surface intérieure, d'un disque glanduleux dont le bord, plus ou moins épais, arrive tout à fait jusqu'en haut, ou

1. En général, les étamines appartenant aux trois verticilles de l'androcée icosandre, demeurent longtemps inégales entre elles; et même, dans des boutons très-âgés, on voit facilement que les cinq étamines superposées aux sépales sont les plus courtes, que les plus longues sont celles qui se trouvent en face de la ligne médiane des pétales, et que les dix étamines qui occupent les côtés de ces dernières sont de taille moyenne. L'étamine opposée au sépale est souvent dédoublée.

2. Ou rarement uni près de sa base aux filets voisins, mais dans une faible étendue, comme dans les *Eriogyna*.

laisse à nu une bande plus ou moins large du réceptacle, au-dessous
de l'insertion de l'androcée et du périanthe. Le gynécée est formé, ou
de cinq carpelles superposés aux sépales [1], ou d'un nombre moindre, fréquemment de deux. Chacun des carpelles est composé d'un ovaire, enfoui
dans le fond du réceptacle, et dont le bord interne, libre, parcouru par
un sillon longitudinal, se continue avec un style dressé, terminé, au-
dessus de la cavité réceptaculaire, par une tête stigmatifère. Dans l'angle
interne de l'ovaire, tout près de sa base, on observe un placenta qui
supporte deux ovules collatéraux, presque dressés, anatropes, avec le
micropyle inférieur et extérieur (fig. 458)[2]. Le fruit est une drupe, au
sommet de laquelle l'ouverture primitive de la poche réceptaculaire forme
une dépression appelée *œil*, entourée ordinairement du calice persistant,
et parfois aussi des pétales et des étamines desséchés (fig. 460). Au
centre d'un mésocarpe charnu, très-épais, l'endocarpe forme de deux à
cinq noyaux, séparés les uns des autres par des bandes de tissu charnu,

Pyrus Aria.

Fig. 462. Inflorescence.

libres en dedans et entourant ordinairement un vide central. Leur paroi,
peu épaisse, est scarieuse ou parcheminée. Chacun d'eux renferme une
ou deux graines ascendantes, dont les téguments recouvrent un embryon
charnu, à radicule infère, sans albumen.

Les Pommiers [3] ont été distingués des Poiriers, parce que leurs styles

1. Les grains de pollen sont ovoïdes, avec
trois plis, et, dans l'eau, ils deviennent sphériques, avec trois bandes, d'après M. H. Mohl
(in *Ann. sc. nat.*, sér. 2, III, 340). Il en est de
même dans toutes les Pomacées qu'a examinées
ce savant.

2. Ce micropyle est souvent recouvert d'un
obturateur plus ou moins proéminent. L'ovule a
deux enveloppes.

3. *Malus* T., *Instit.*, 634, t. 406. — TURP.,
in *Dict. des sc. nat.*, t. 242. — SPACH, *Suit. à
Buffon*, II, 133.

ne sont pas libres à la base, mais unis dans une certaine étendue en une colonne commune. Les Sorbiers [1] ont été séparés, parce que leur endocarpe est membraneux, fragile, et que le nombre de leurs carpelles est ordinairement inférieur à cinq. Mais ces caractères, peu constants et d'une valeur tout à fait secondaire, n'ont pas permis aux auteurs les plus récents de séparer ces plantes du genre Poirier, où elles ne forment plus que des sections assez mal définies.

Ainsi constitué, ce genre est formé d'une quarantaine d'espèces qui sont des arbres ou des arbustes des régions tempérées de l'hémisphère boréal [2]. Leurs feuilles sont alternes, caduques, accompagnées de deux stipules latérales; elles sont tantôt simples et tantôt composées-pennées. Leurs fleurs sont groupées au sommet des rameaux [3], en corymbes simples, ou composés de cymes (fig. 457, 462), rarement pauciflores; et chaque fleur est placée à l'aisselle d'une bractée à sommet étroit, ordinairement caduque.

Les Cognassiers [4] (fig. 463-465) ont été rapportés par un grand nombre de botanistes au genre Poirier, dont ils ne diffèrent que très-peu [5]. Leurs carpelles, au lieu de contenir chacun deux ovules ascendants, en renferment un nombre indéfini, et ils sont disposés sur deux rangées verti-

1. *Sorbus* T., *Instit.*, 633. — L., *Gen.*, n. 623. — SPACH, *op. cit.*, 91. — *Aucuparia* MEDIK., ex ENDL., *loc. cit.*, f. — *Cormus* SPACH, *op. cit.*, 96.

2. DC., *loc. cit.*, 633-637. — ROXB., *Fl. ind.*, II, 510. — LOUR., *Fl. cochinch.*, 321. — WALL., *Pl. as. rar.*, t. 173, 189. — KOCH, in *Ann. Mus. Lugd. Bat.*, I, 248, 249. — MIQ., *op. cit.*, III, 40. — TORR., et GR., *Fl. N. Amer.*, I, 470. — A. GRAY, *Man. of Bot.*, 124. — CHAPM., *Fl. S. Unit.-States*, 128. — C. GAY, *Fl. chil.*, II, 316. — GREN. et GODR., *Fl. de Fr.*, I, 570. — HOOK., *Fl. bor.-amer.*, t. 68. — *Bot. Reg.*, t. 1437, 1482, 1484. — *Bot. Mag.*, t. 3668. — WALP., *Rep.*, II, 53; *Ann.*, I, 287; II; 522; IV, 669.

3. Ces rameaux spéciaux qui se terminent par un gros bourgeon à fleurs, ou *bourse*, sont souvent trapus, épais, et ne portent sous les fleurs qu'un petit nombre de feuilles. Ailleurs, les feuilles supérieures de ces rameaux plus étirés ont elles-mêmes, dans leur aisselle, une des ramifications de l'inflorescence, qui est une cyme; de sorte que l'inflorescence totale est une grappe de cymes terminale, souvent décrite sous les noms vagues de thyrse ou panicule.

4. *Cydonia* T., *Inst.*, 632, t. 405. — HEIST., *De Cydon.*, 1744. — ADANS., *Fam des pl.*, II, 296. — J., *Gen.*, 335. — GÆRTN., *Fruct.*, II, 44, t. 87. — LAMK, *Dict.*, II, 63; *Suppl.*, II, 426. — THOUIN, in *Ann. Mus.*, IX, t. 8, 9. —

DC., *Prodr.*, II, 638. — SPACH, *Suit. à Buffon*, II, 154. — ENDL., *Gen.*, n. 6341.

5. Le C. commun (*Cydonia vulgaris* PERS., *Enchir.*, II, 40; — DC., *Prodr.*, n. 1; — *C. europæa* SAV., *Alb. Iosc.*, I, 90; — *Pyrus Cydonia* L., *Spec.*, 687) a un réceptacle presque tubuleux, des sépales d'abord imbriqués en quinconce dans le jeune bouton, puis réfléchis, et ne se touchant même plus à l'époque de l'anthèse. Les pétales sont presque toujours disposés en préfloraison tordue. Il y a de quinze à vingt étamines, dont cinq alternipétales, et les autres superposées par groupes de deux ou de trois à chacun des pétales. Il y a dans le bouton un profond sillon entre la paroi réceptaculaire et le haut de l'ovaire, pour recevoir les anthères, alors que les filets sont infléchis. Les ovaires sont, dit-on, adhérents en dehors dans une grande étendue avec le réceptacle, c'est-à-dire que leur insertion sur la surface interne de ce sac se fait par une large surface oblique qui correspond à leur base organique. En dedans, les carpelles sont libres de toute adhérence entre eux. Les ovules sont ordinairement au nombre de cinq à sept sur chaque rangée. Ils ont deux enveloppes. Les sépales qui persistent au sommet du fruit sont en petit semblables aux feuilles caulinaires. Celles-ci sont accompagnées de deux stipules ciliées, laciniées, à support rétréci. Leur limbe est insymétrique, moins proéminent à sa base du côté qui regarde le pétiole.

cales, de façon que ceux d'une série regardent par leur raphé ceux de la série voisine. Le fruit est, par suite, une baie à endocarpe mince et à loges polyspermes. Dans le *C. vulgaris*, le fruit, ou coing, est surmonté

Cydonia vulgaris.

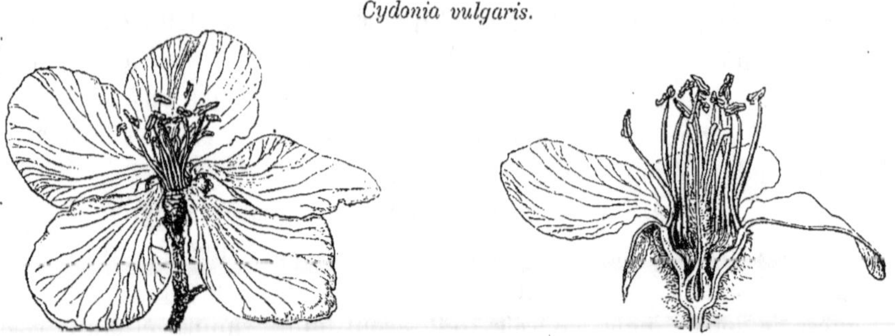

Fig. 463. Fleur.　　　　　Fig. 464. Fleur, coupe longitudinale.

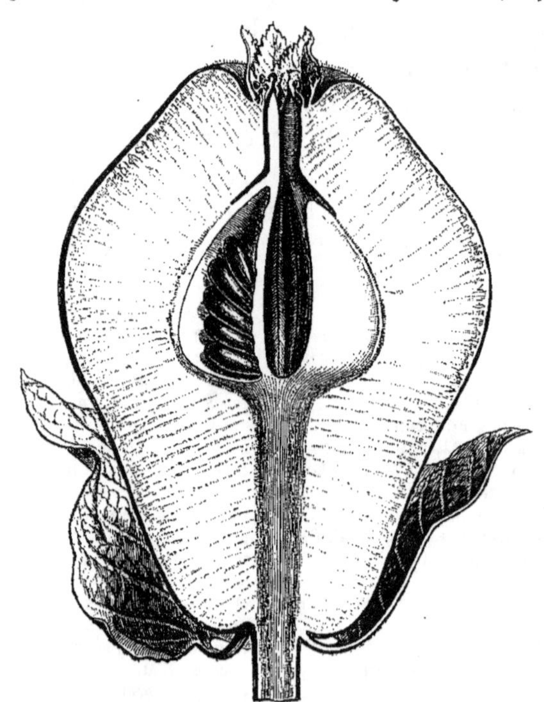

Fig. 465. Fruit, coupe longitudinale.

d'un calice foliacé, formé de larges folioles inégales et dressées, et la fleur est ordinairement terminale et solitaire. Dans le C. du Japon [1], dont on a proposé de faire le type d'un genre particulier, sous le nom de *Chœnomeles* [2], les fleurs, qui paraissent à la fin de l'hiver, avant les

<hr>

1. *C. japonica* PERS., *Enchir.*, II, 40.—DC., *Prodr.*, n. 4. — *C. speciosa* GUIMP. et HAYN., *Fremd. Holz.*, t. 70.— *C. lagenaria* LOIS., *Herb. amat.*, V, t. 67.— *Malus japonica* ANDR., *Bot. Rep.*, t. 462. — *Pyrus japonica* THUNB., *Fl. jap.*, 207.

2. LINDL., in *Trans. Linn. Soc.*, XIII, 97; *Bot. Reg.*, t. 905. — SPACH, *op. cit.*, 158.

feuilles, sont solitaires ou réunies en petit nombre, sur le bois des rameaux, ordinairement dans l'aisselle d'une feuille de l'année précédente ou de sa cicatrice. Avant de s'épanouir, elles étaient enveloppées par les écailles imbriquées d'un gros bourgeon.

Les Alisiers [1] sont aussi très-voisins des Poiriers; on peut les définir : des Poiriers dont les fruits sont des drupes à noyaux osseux. Tantôt ces noyaux sont multiples, indépendants les uns des autres et uniloculaires; tantôt, au contraire, il n'y a qu'un seul noyau qui est partagé en autant de loges qu'il y a de graines [2]. Le nombre de ces dernières varie depuis un jusqu'à cinq, soit parce que le gynécée était formé d'un nombre de carpelles moindre que cinq, soit parce qu'une ou plusieurs des cinq loges qui existaient primitivement se sont arrêtées dans leur développement, ainsi que les ovules qu'elles renfermaient [3]. L'organisation de la fleur est d'ailleurs, dans les Alisiers, la même que dans les Poiriers. Elle est également la même dans le Néflier [4], dont beaucoup d'auteurs ont fait un genre distinct, mais qui a un fruit à cinq noyaux osseux, et qui ne diffère des autres *Cratægus* que par les grandes dimensions de l'œil [5] qui s'observe au sommet de ce fruit et qu'entourent les sépales persistants [6]. Ainsi constitué, le genre *Cratægus* renferme une trentaine d'es-

---

1. *Cratægus* T., *Instit.*, 633. — L., *Gen.*, 622. — J., *Gen.*, 335. — LAMK, *Dict.*, I, 82; *Suppl.*, I, 291; *Ill.*, t. 433. — SPACH, *Suit. à Buffon*, II, 98. — LINDL., in *Trans. Linn. Soc.*, XIII, 105. — DC., *Prodr.*, II, 626. — ENDL., *Gen.*, n. 6353. — B. H., *Gen.*, 626, n. 64.

2. Cette dernière alternative serait la plus ordinaire, suivant MM. BENTHAM et HOOKER : « *Drupa..., putamine osseo 1-5-loculari (rarius 5-pyrena, pyrenis osseis vix liberis).* » Nous avons, au contraire, observé presque constamment, sur les fruits des espèces cultivées dans nos jardins, qu'il y a plusieurs noyaux uniloculaires, et que ces noyaux sont peu adhérents les uns aux autres, si bien qu'on peut toujours les disjoindre sans les entamer.

3. Il est rare que deux ovules appartenant à une même loge deviennent l'un et l'autre des graines fertiles.

4. *Mespilus* T., *Instit.*, 641, t. 410. — L., *Gen.*, n. 625 (ex part.). — J., *Gen.*, 335. — GÆRTN., *Fruct.*, II, 43, t. 87. — LINDL., in *Trans. Linn. Soc.*, XIII, 99. — DC., *Prodr.*, II, 633. — SPACH, *Suit. à Buffon*, II, 51 (ex part.). — ENDL., *Gen.*, n. 6344. — *Mespilophora* NECK., *Elem.*, n. 724.

5. Cet œil n'est autre chose que l'ouverture du réceptacle. La nature axile de ce dernier organe n'est plus contestée aujourd'hui, et l'on n'admet plus qu'il représente la portion basilaire du calice, soudée avec les ovaires. Dans le Néflier

commun, nous avons plusieurs fois vu une bractée, analogue aux sépales, insérée à une hauteur variable de la surface extérieure de cette poche réceptaculaire. Le réceptacle porte constamment au moins une couple de ces bractées, dans le *C. lanucelifolia* PERS. (voy. BRANDZA, in *Adansonia*, V, II, 306).

6. Le fruit du Néflier (*Mespilus germanica* L., *Spec.*, 684) est une drupe turbinée, dont le sommet est largement déprimé en un vaste œil cupuliforme, sur les bords duquel persistent les cinq sépales foliacés, séparés les uns des autres par de larges surfaces triangulaires, qui répondent à la place qu'occupaient autrefois les pétales (TURP., in *Dict. sc. nat.*, t. 243). Les étamines sont encore représentées, en dedans du périanthe, par une couronne de petits filaments noirâtres et desséchés. En face des sépales se voient cinq sillons se réunissant au centre de la cupule et laissant passer chacun un reste noirâtre et apiculaire, filiforme, d'un style desséché. L'épicarpe de la drupe est membraneux, glabre, parsemé à sa surface de points rugueux. Le mésocarpe, d'abord assez dur et âcre, devient pulpeux et douceâtre lorsqu'il blessit, et forme des cloisons assez épaisses dans l'intervalle des cinq noyaux qui sont placés en face des sépales. La paroi du noyau est osseuse, très-épaisse; elle renferme une graine ascendante, analogue à celle des autres Alisiers. Son angle interne est parcouru par un léger sillon longitudinal.

pèces presque toutes propres à l'hémisphère boréal de l'Europe, de
l'Asie et de l'Amérique [1]; une seule espèce habite les Andes de Colombie.
Ce sont des arbres ou des arbustes[2], à feuilles alternes, pétiolées, accompagnées de deux stipules latérales caduques. Leurs fleurs sont terminales,
solitaires dans le Néflier, réunies, dans les autres Alisiers, en grappes
courtes, ou en corymbes simples ou composés de cymes. Les différents axes de l'inflorescence naissent à l'aisselle de bractées d'ordres
successifs, et qui sont caduques.

Les *Cotoneaster* [3] diffèrent essentiellement des *Pyrus* et des *Cratægus*
par le mode d'insertion de leurs carpelles. Ceux-ci sont au nombre de
cinq, plus souvent de deux ou trois, et même quelquefois d'un seul. Ils
sont libres entre eux et se touchent par l'angle interne de leur ovaire,
sans adhérer en ce point. Mais la base de leur ovaire, au lieu d'être
horizontale, est coupée obliquement de haut en bas et de dehors en
dedans, de manière à présenter une large surface d'insertion qui s'applique, non pas vers le fond du récep-
tacle floral, mais sur une grande étendue de la surface intérieure du sac
que représente ce réceptacle (fig. 466).
L'ovaire a donc fort peu de hauteur
suivant sa ligne médiane dorsale,
et beaucoup plus suivant son angle
interne. A la base de cet angle s'insèrent deux ovules collatéraux, ascendants et anatropes, avec le micropyle
inférieur et extérieur [4]. Les styles sont libres, en même nombre que les
carpelles, écartés ou rapprochés les uns des autres, terminés chacun par
une tête stigmatifère. Le périanthe et l'androcée s'insèrent sur les bords
du sac réceptaculaire, et l'intervalle compris entre cette insertion et celle
du dos des ovaires est tapissé intérieurement d'un disque glanduleux
coloré. Les sépales sont quinconciaux et les pétales imbriqués. Les éta-

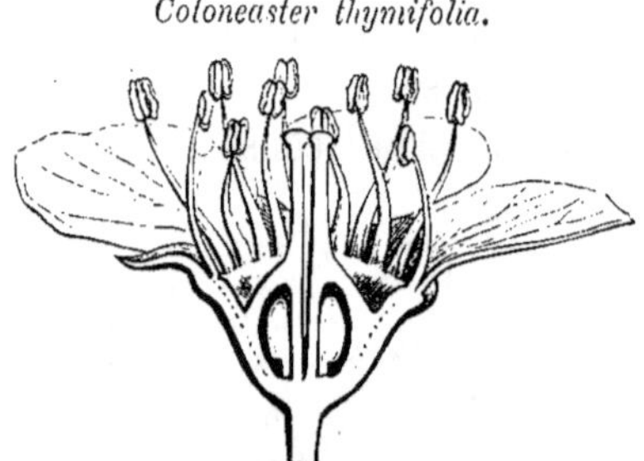

Cotoneaster thymifolia.

Fig. 466. Fleur, coupe longitudinale.

1. DC., *Prodr.*, II, 626, 633. — Gren. et
Godr., *Fl. de Fr.*, I, 567. — Boiss , *Esp.*,
t. 61. — Roxb., *Fl. ind.*, II, 509, 510. —
Koch, in *Ann. Mus. Lugd. Bot.*, I, 249. — Miq.,
in *Ann. Mus. Lugd. Bot.*, III, 40. — H. B. K.,
Nov. gen. et spec., VI, 168, t. 555. — Torr. et
Gr., *Fl. N. Amer.*, I, 463. — A. Gray, *Man. of
Bot.*, 123. — Chapm., *Fl. S. Unit.-States*, 126. —
Bot. Reg., t. 1852, 1860, 1877, 1884, 1885. —
Bot. Mag., t. 3432. — Walp., *Rep.*, II, 57, 915;
V, 661; *Ann.*, I, 288, 292; II, 523; III, 858.

2. Leurs rameaux, principalement ceux qui
occupent l'aisselle des feuilles de l'année, sont
souvent transformés en épines, simples, bi- ou
trifurquées.

3. Medik., *Pflanz. Geschl.*, 1793. — Lindl.,
in *Trans. Linn. Soc.*, XIII, 101, t. 9. — DC.,
Prodr., II, 632. — Spach, *Suit. à Buffon*, II,
73. — Endl., *Gen.*, n. 6347. — Payer, *Organ-
nog.*, 498. t. cci, fig. 22-34. — B. H., *Gen.*,
627, n. 65.

4. Ils ont une double enveloppe.

mines sont au nombre de vingt environ, disposées comme celles des *Pyrus* [1]. Le fruit des *Cotoneaster* est une drupe à réceptacle charnu [2], et à noyaux dont le nombre varie de un à cinq. Chacun d'eux renferme une graine ascendante, dont l'embryon, dépourvu d'albumen, a la radicule infère. On connaît une quinzaine d'espèces de ce genre ; ce sont des arbustes ou des arbrisseaux, dressés ou étalés. Les feuilles sont alternes, simples, accompagnées de deux stipules, souvent persistantes. Leurs fleurs sont disposées en cymes, souvent unipares par épuisement, rarement réduites à une seule fleur. Deux espèces sont européennes [3]. Les autres croissent dans l'Asie moyenne ou septentrionale, dans le nord de l'Afrique, quelques-unes même au Mexique [4].

Les Bibaciers [5] ont des fleurs très-analogues à celles des genres précédents, notamment à celles des Alisiers ; mais leur endocarpe est mince, comme celui des Poiriers et des Cognassiers. La plupart des caractères secondaires y sont sujets à variations. Ainsi, dans l'espèce prototype du genre, vulgairement appelée Néflier du Japon [6], le calice, la corolle et le gynécée sont pentamères [7]. Le réceptacle est campanulé, et les ovaires remplissent tout le fond de sa cavité. Leur portion supérieure forme une cupule concave, qui se continue jusqu'aux bords du réceptacle, et est tapissée d'un tissu glanduleux. Ces bords supportent cinq sépales quinconciaux, cinq pétales onguiculés, alternes, imbriqués, caducs, et une vingtaine d'étamines, disposées comme celles des Poiriers, avec des filets libres, infléchis dans le bouton, et des anthères biloculaires, introrses, à déhiscence longitudinale. Chacun des ovaires renferme deux ovules, semblables à ceux des Poiriers [8], avec le micropyle coiffé d'un obturateur, et est surmonté d'un style distinct, à extrémité stigmatifère renflée.

1. Toutefois il y a des espèces qui n'ont que quinze étamines, et celles-ci peuvent être disposées de deux façons différentes ; ou trois étamines devant chaque pétale, comme dans le *C. tomentosa* LINDL., sans qu'il y en ait devant les sépales ; ou bien deux étamines devant chaque pétale, et une devant chaque sépale. Enfin, il y a des espèces à androcée diplostémone, cinq étamines étant superposées aux sépales, et cinq aux pétales.

2. Il n'y a même ordinairement que cet organe qui, avec la base du calice, acquière cette consistance dans le fruit ; car les ovaires deviennent de petites noix ligneuses, surmontées du style flétri, et ne présentent aucune trace de tissu charnu dans leur portion supérieure et libre, qui proémine dans la cavité du sac formé en haut par le réceptacle. Le noyau est mince dans le *C. denticulata* H. B. K. (*Nagelia* LINDL., in *Bot. Reg.* (1845), *Misc.*, 40).

3. Les *C. vulgaris* LINDL. (*Mespilus Cotoneaster* L., *Spec.*, 686) et *tomentosa* LINDL. (*M. tomentosa* W., *Spec.*, II, 1012 (nec LAMK) ; — *M. eriocarpa* DC., *Fl. fr.*, Suppl., n. 3691).

4. H. B. K., *Nov. gen. et spec.*, VI, 169, t. 556. — KOCH, in *Ann. Mus. Lugd. Bat.*, I, 249. — WIGHT, *Icon.*, t. 992. — *Bot. Reg.*, t. 1187, 1229, 1305. — *Bot. Mag.*, t. 3519. — WALP., *Rep.*, II, 56 ; V, 661 ; *Ann.*, I, 287 ; II, 523.

5. *Eriobotrya* LINDL., in *Trans. Linn. Soc.*, XIII, 102 (part.). — DC., *Prodr.*, II, 631. — SPACH, *Suit. à Buffon*, II, 81. — ENDL., *Gen.*, n. 6349.

6. *E. japonica* LINDL., *loc. cit.* — *Mespilus japonica* THUNBG, *Fl. jap.*, 206. — *Crataegus Bibas* LOUR., *Fl. cochinch.*, éd. I (1790), 319.

7. On voit fréquemment des fleurs 4-6-mères sur les individus cultivés dans les jardins du Midi.

8. Ils ont deux téguments.

Le fruit est assez semblable à une pomme ; c'est une drupe presque globuleuse, surmontée d'un œil qu'entourent les sépales persistants, et dont la chair épaisse enveloppe cinq noyaux cartilagineux, peu épais, tous ou en partie fertiles, et remplis, dans ce cas, par une ou deux graines dressées, à embryon charnu, dépourvu d'albumen.

Mais on ne peut séparer logiquement, de la plante que nous venons d'étudier, les *Photinia*[1], qui ont des drupes moins volumineuses, et dont l'ovaire et le fruit renferment, tantôt cinq, tantôt quatre, ou un nombre moindre de loges, mais dont tous les autres caractères sont absolument les mêmes. Il en résulte que le genre *Eriobotrya* se compose d'une vingtaine d'espèces[2], qui croissent dans l'Inde, la Chine, l'Amérique du Nord, et qui sont des arbres ou des arbustes, glabres ou chargés de poils, à feuilles persistantes, alternes, simples, accompagnées de deux stipules latérales[3], et à fleurs disposées en faux corymbes[4], ou en grappes terminales ramifiées, composées de cymes le plus souvent bipares.

Les *Stranvœsia*[5] sont fort peu distincts, par leurs fleurs et par leurs organes de végétation, de la plupart des *Eriobotrya* ou *Photinia*. Leur périanthe et leur androcée sont aussi les mêmes. Mais leur ovaire, ordinairement quinquéloculaire, est toujours libre dans une assez grande étendue, et forme définitivement, avec le réceptacle qui l'entoure, une drupe à endocarpe crustacé, également à cinq loges. Quand ce fruit est tout à fait mûr, il s'ouvre, suivant la ligne médiane des loges qui, en même temps, se séparent de l'axe central. Les graines, dont les téguments résistants renferment un gros embryon charnu, à radicule infère, exserte, deviennent alors entièrement libres. Ce genre ne renferme qu'une seule espèce[6], originaire des régions tempérées de l'Inde. C'est un arbre à feuilles simples, alternes, accompagnées de deux stipules latérales. Son port et son inflorescence sont les mêmes que dans un grand nombre d'espèces du genre *Photinia*, auquel on pourrait peut-être le rapporter à titre de simple section.

---

1. LINDL., in *Trans. Linn. Soc.*, XIII, 103, t. 10. — DC., *Prodr.*, II, 631. — SPACH, *Suit. à Buffon*, II, 79.— ENDL., *Gen.*, n. 6350.— B. H., *Gen.*, 627, n. 66. — *Myriomala* LINDL., in *Bot. Reg.*, n. 1956.

2. SIEB. et ZUCC., *Fl. jap.*, I, t. 97. — KOCH, in *Ann. Mus. Lugd. Bat.*, I, 250.— MIQ., in *Ann. Mus. Lugd. Bat.*, III, 41 ; *Fl. ind.-bat.*, I, p. I, 387. — BENTH., *Fl. hongk.*, 107. — WIGHT, *Icon,*, t. 226, 228, 991 ; *Ill.*, t. 86.— TORR. et GR., *Fl. N. Amer.*, 1, 472.— SEEM., *Bot. Her.*, 376.— WALP., *Rep.*, II, 56 ; *Ann.*, III, 858 ; IV, 670.

3. Elles sont quelquefois très-grandes, larges et foliacées.

4. Formés en réalité de cymes, à axes de trois ou quatre générations successives.

5. LINDL., in *Bot. Reg.*, t. 1956. — ENDL., *Gen.*, n. 6354. — B. H., *Gen.*, 627, n. 68. — WALP., *Rep.*, II, 59.

6. *S. glauca.* — *S. glaucescens* LINDL., *loc. cit.* — *Cratægus glauca* WALL., *Cat.*, n. 673. — MM. BENTHAM et HOOKER rapportent avec doute au genre *Photinia* le *S. digyna* SIEB. et ZUCC., in *Abh. d. Akad. d. Wiss.*, IV, 2, 129. — WALP., *Ann.*, 1, 973.

Les *Raphiolepis* [1] (fig. 467, 468) sont très-voisins des genres précédents, et ne s'en distinguent essentiellement que par la structure de leur fruit et la manière dont se détache après l'anthèse la portion supérieure de leurs fleurs. Leur réceptacle floral a la forme d'un cornet ou d'un entonnoir allongé, dont le fond est rempli par l'ovaire. Au-dessus de celui-ci, il est tapissé d'un disque glanduleux coloré; mais ce dernier ne s'élève pas jusqu'à l'orifice supérieur du réceptacle, là où s'insèrent le périanthe et l'androcée. Le calice est à cinq sépales, dont la préfloraison est quinconciale; et la corolle se compose de cinq pétales ongui-

Raphiolepis rubra.

Fig. 467. Fleur.

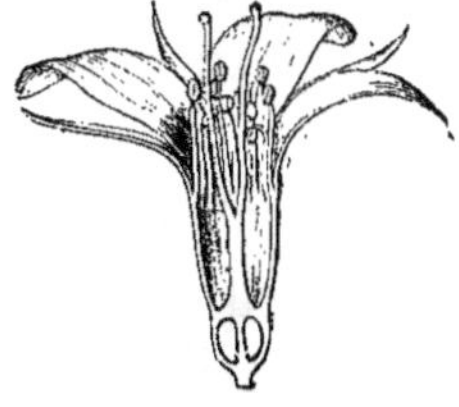

Fig. 468. Fleur, coupe longitudinale.

culés, allongés, ordinairement tordus dans la préfloraison. L'androcée a souvent vingt étamines et quelquefois davantage. Dans le premier cas, il y en a cinq qui sont exactement superposées à la ligne médiane des sépales; cinq, à la ligne médiane des pétales, et les dix autres, dans l'intervalle de ces dix premières. Chacune se compose d'un filet libre, infléchi dans le bouton, et d'un anthère biloculaire, introrse. Le gynécée se compose d'un ovaire non libre, surmonté d'un style unique, bientôt partagé en deux branches dilatées à leur extrémité en tête stigmatifère. Il y a deux loges à l'ovaire; et chacune d'elles renferme deux ovules insérés vers la base de son angle interne, et ascendants, avec le micropyle dirigé comme dans les Poiriers [2]. Le fruit est une baie [3], formée par l'ovaire et par la portion inférieure du sac réceptaculaire qui persiste autour de lui, tandis que sa portion supérieure se détache circulairement, comme dans plusieurs Monimiacées, entraînant avec elle, après la fécondation, le calice et l'androcée flétris. Il n'y a, en général, qu'une graine ascendante, renfermant sous ses téguments un gros embryon [4] à cotylédons hémisphériques et charnus. Les *Raphiolepis* sont des arbres et des arbustes de l'Asie orientale; on en connaît quatre ou cinq espèces [5]. Leurs feuilles, persistantes, alternes, pétiolées, simples,

1. LINDL., in *Bot. Reg.*, t. 468, 652, 1400; *Collect. bot.*, t. 3; *Trans. Linn. Soc.*, XIII, 105.— DC., *Prodr.*, II, 630.— SPACH, *Suit. à Buffon*, II, 78.—ENDL., *Gen.*, n. 6352.—B. H., *Gen.*, 627, n. 67.

2. Ils ont aussi une double enveloppe.

3. Sa chair est souvent pulpeuse et tout à fait blanche, tandis que l'épicarpe seul est coloré en violet rougeâtre ou noirâtre, plus ou moins foncé.

4. Dans certaines espèces, il est d'une belle couleur verte.

5. LINDL., *loc. cit.* — WALP., *Rep.*, II, 57. — SIEB. et ZUCC., *Fl. jap.*, t. 85. — HOOK., in

accompagnées de deux stipules latérales, sont très-analogues à celles des Poiriers. Leurs fleurs sont terminales ou axillaires, réunies en grappes simples ou ramifiées, portant des bractées alternes, caduques, à l'aisselle desquelles les fleurs sont solitaires ou en petites cymes.

Les Amelanchiers [1] sont très-analogues à la fois aux Poiriers, aux Alisiers et aux *Raphiolepis*, car ils ont à peu près la fleur des deux premiers, et le fruit totalement charnu des derniers. Leurs sépales et leurs pétales sont au nombre de cinq, et leur androcée est celui de la plupart des Pyrées. Mais leur gynécée et leur fruit présentent des caractères particuliers auxquels on a accordé, peut-être à tort, une importance excessive. Le nombre des carpelles varie de deux à cinq, comme dans les Bibaciers, les *Cotoneaster*, etc., et leur ovaire est infère en totalité ou en partie. Deux ovules, ascendants comme ceux des genres précédents, s'observent dans chaque ovaire ; mais la paroi dorsale de celui-ci proémine plus ou moins [2] et s'avance entre les deux ovules collatéraux, de manière à former une logette incomplète pour chaque ovule, et, par suite, pour chaque graine. Il en résulte que le fruit, qui est entièrement charnu, ou pourvu d'un endocarpe membraneux ou parcheminé, compte deux fois autant de compartiments incomplets et monospermes qu'il y a de vestiges de styles desséchés à son sommet. Les Amelanchiers sont des arbustes ou des arbrisseaux dont on compte trois ou quatre espèces dans le midi de l'Europe, l'Orient, le Japon et l'Amérique du Nord [3]. Leurs feuilles, souvent chargées de duvet, sont alternes, simples, caduques, à pétiole accompagné ou dépourvu de stipules latérales. Leurs fleurs, placées chacune dans l'aisselle d'une bractée étroite, caduque, sont réunies en grappes allongées ou corymbiformes.

Les *Osteomeles* [4] ont aussi le périanthe et l'androcée des genres pré-

---

Bot. Mag., t. 5510. — KOCH, in *Ann. Mus. Lugd. Bat.*, I, 250.—MIQ., in *Ann. Mus. Lugd. Bat.*, III, 41 ; *Fl. ind.-bat.*, I, p. I, 388. — BENTH., *Fl. hongk.*, 107. — SEEM., *Bot. Her.*, 376.

1. *Amelanchier* MEDIK., *Pflanz. Geschl.* (1703). — MOENCH, *Meth.*, 682. — LINDL., in *Trans. Linn. Soc.*, XIII, 100. — DC., *Prodr.*, II, 632. — SPACH, *Suit. à Buffon*, II, 82. — ENDL., *Gen.*, n. 6345. — B. H., *Gen.*, 628, n. 70.— *Aronia* PERS., *Syn.*, II, 39. — *Peraphyllum* NUTT., ex TORR. et GR., *Fl. N. Amer.*, I, 474.

2. Quelquefois très-peu ; de sorte que ce caractère a peu de valeur, d'autant moins surtout qu'on ne s'est pas accordé à laisser dans un genre distinct (*Nagelia*) ceux des *Cotoneaster* qui, comme le *C. denticulata* H. B. K., ont les loges ovariennes subdivisées par une fausse cloison, et un endocarpe peu épais (voy. p. 410, note 2). D'autre part, il y a des plantes qui, comme le Buisson-ardent, sont à peu près inséparables, à la fois, des *Cratægus*, des *Amelanchier* et des *Cotoneaster*.

3. LINDL., in *Bot. Reg.*, t. 1171, 1589. — SIEB. et. ZUCC., *Fl. jap.*, t. 42.—MIQ., in *Ann. Mus. Lugd. Bat.*, III, 41. — TORR. et GR., *Fl. N. Amer.*, I, 473. — A. GRAY, *Man. of Bot.*, 125. — CHAPM., *Fl. S. Unit.-States*, 129. — GREN. et GODR., *Fl. de Fr.*, I, 575. — WALP., *Rep.*, II, 55 ; V, 660 ; *Ann.*, II, 522.

4. LINDL., in *Trans. Linn. Soc.*, XIII, 98, t. 8. — DC., *Prodr.*, II, 633.— ENDL., *Gen.*, n. 6343. — B. H., *Gen.*, 628, n. 71. — *Eleutherocarpum* SCHLTL, in *exs. peruv.* Lechl., n. 2060.

cédents. Leur gynécée est formé de cinq carpelles qui, extérieurement,
ressemblent tout à fait à ceux des Alisiers ou des *Cotoneaster*. Mais
chaque ovaire ne renferme qu'un seul ovule, presque dressé, avec le
micropyle extérieur et inférieur. Le fruit est une drupe à cinq noyaux,
distants, ou rapprochés et collés les uns contre les autres, et ne renfermant chacun qu'une graine. Les *Osteomeles* sont des arbres et des
arbustes, à feuilles alternes, accompagnées de deux stipules, et à fleurs
disposées en corymbes simples ou composés. Il y en a une demi-douzaine
d'espèces qui habitent les Andes de l'Amérique centrale [1]. On les a désignées sous le nom particulier d'*Hesperomeles* [2], et on les distingue facilement, à leurs feuilles simples, du prototype du genre *Osteomeles* [3], dont
elles ne diffèrent ni par les fleurs, ni par les fruits, mais qui a des feuilles
composées-pennées et qui est originaire des îles Sandwich.

Enfin les *Chamæmeles* [4] ont aussi tous les caractères floraux des Alisiers,
quant au périanthe et à l'androcée. Mais au fond de leur réceptacle concave, on ne voit qu'un seul carpelle, dont l'ovaire, libre seulement dans sa
portion supérieure, porte d'un côté un sillon vertical qui se continue dans
toute la longueur du style. L'ovaire uniloculaire présente, du côté de ce
sillon, un placenta pariétal vers la base duquel s'insèrent deux ovules collatéraux, presque dressés, à raphé tourné du côté du placenta. Le fruit est
une drupe uniloculaire et monosperme, couronnée des vestiges du calice
et de l'androcée. La seule espèce jusqu'ici connue de ce genre était un
arbuste de Madère [5], dont les feuilles alternes, rapprochées, simples et
pétiolées, sont accompagnées de deux stipules caduques, et dont les fleurs
sont disposées en grappes axillaires et terminales. On peut donc considérer
comme un Alisier unicarpellaire le *Chamæmeles*, qui, par cet appauvrissement du gynécée, devient l'analogue des Alchimilles et des Pimprenelles unicarpellées parmi les Agrimoniées, des *Cercocarpus* et des
Purshia parmi les Fragariées, des *Stephanandra* parmi les Spiréées, tout
en servant à cet égard de passage entre les Pyrées et les principaux genres
de la série des Pruniers.

1. H. B. K., *Nov. gen. et spec.*, VI, 166,
t. 553, 554. — Wedd., *Chlor. and.*, II, 229.
— Hook., *Icon.*, t. 846. — Walp., *Rep.*, II,
56; *Ann.*, IV, 670.

2. Lindl., in *Bot. Mag.*, n. 1956. — Endl.,
Gen., n. 6348.

3. *O. anthyllidifolia* Lindl., *loc. cit.* — *Pyrus anthyllidifolia* Smith, in *Rees Cyclop.*, n. 29.

4. Lindl., in *Trans. Linn. Soc.*, XIII, 104,
t. 11. — DC., *Prodr.*, II, 634. — Endl.,

Gen., n. 6351. — B. H., *Gen.*, 628, n. 69.

5. *C. coriacea* Lindl., *loc. cit.* — Lowe, *Fl.
mader.*, 255. Nous en avons récemment décrit
une seconde, d'origine américaine, le *C. mexicana* (*Adansonia*, IX, 148, n. 20), qui, avec un
feuillage bien différent et un duvet ferrugineux
assez abondant, a cependant exactement les
fleurs de l'espèce de Madère, des pétales tordus,
et des inflorescences en grappes de cymes situées
au sommet des jeunes rameaux.

VII. SÉRIE DES PRUNIERS.

Les Pruniers [1] (fig. 469-483) ont les fleurs régulières et hermaphrodites [2]. Leur réceptacle est plus ou moins concave, en forme de coupe, de sac ou de tube court. Sur ses bords s'insèrent le calice formé de

Prunus Amygdalus.

Fig. 469. Rameau foliifère.

Fig. 470. Rameau florifère.

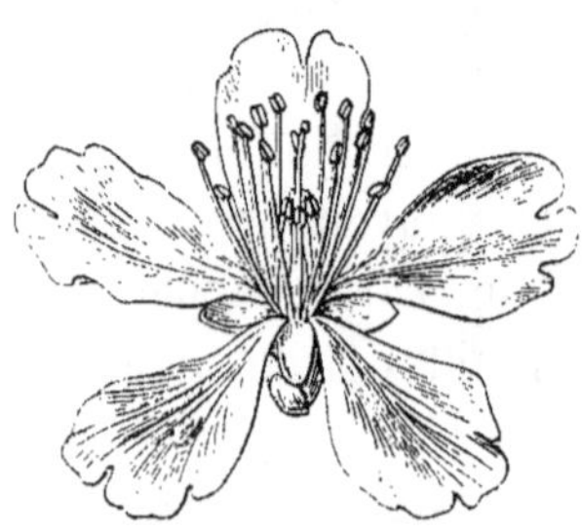

Fig. 471. Fleur.

Fig. 472. Fleur, coupe longitudinale.

cinq [3] sépales, disposés dans le bouton en préfloraison quincouciale, et la corolle, dont les folioles sont disposées et imbriquées comme celles des Rosiers. Les étamines sont insérées un peu plus bas que le périanthe,

1. *Prunus* T., *Instit.*, 622, t. 398. — L., *Gen.*, n. 620.— ADANS., *Fam. des pl.*, II, 305. — J., *Gen.*, 341. — GÆRTN., *Fruct.*, II, 74, t. 93. — LAMK, *Dict.*, V, 663; Suppl., IV, 583; *Ill.*, t. 432. — DC., *Prodr.*, II, 532. — SPACH, *Suit. à Buffon*, I, 391. — ENDL., *Gen.*, n. 6046. — B. H., *Gen.*, 609, n. 13 (incl. *Prunophora* NECK., *Armeniaca* T., *Persica* T., *Amygdalus* T., *Amygdalophora* NECK., *Cerasus* J., *Laurocerasus* T., *Cerasophora* NECK., *Ceraseidos* SIEB. et ZUCC., *Emplectocladus* TORR.).

2. Ou exceptionnellement polygames, par avortement du gynécée.

3. Il y a souvent des fleurs hexamères dans plusieurs espèces de la section *Amygdalus*, et plus rarement des fleurs tétramères.

au-dessus du bord d'un disque, glanduleux et souvent coloré, qui tapisse
toute la surface intérieure du réceptacle. Elles sont le plus ordinairement
au nombre de vingt, savoir : cinq superposées aux sépales, cinq aux

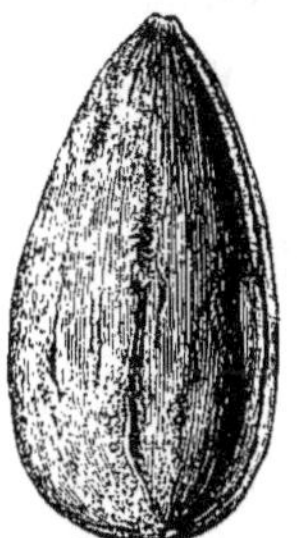
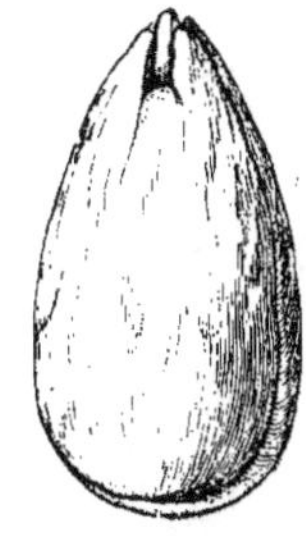

Prunus Amygdalus.

pétales, et dix placées l'une à droite
et l'autre à gauche de ces cinq dernières [1]. Chacune d'elles est formée
d'un filet libre, infléchi dans le bouton,
et d'une anthère biloculaire, introrse,
déhiscente par deux fentes longitudinales. Le gynécée est unicarpellé [2], inséré
au fond du réceptacle, et composé d'un
ovaire uniloculaire, superposé à un sépale, surmonté d'un style terminal dont
le sommet se dilate en tête stigmatifère.

Fig. 473. Graine.   Fig. 474. Embryon.

Un sillon vertical se voit tout le long du style et de l'ovaire, du côté où la
cavité unique de ce dernier porte un placenta pariétal sur lequel sont
insérés deux ovules collatéraux, descendants, anatropes, avec le micropyle supérieur, extérieur ou dorsal, coiffé d'un épaississement placentaire formant obturateur [3]. Le fruit est une drupe à la base de laquelle

<hr>

1. Il y en a assez souvent trente dans les
Amygdalus et les *Cerasus*, parce qu'il s'en
trouve cinq au lieu de trois devant chaque pétale. L'androcée est toujours celui que nous avons
désigné, pour abréger, sous le nom d'androcée
de Rosacée. Dans les fleurs à trente étamines,
de l'Amandier commun, il y en a d'abord deux,
les plus grandes de toutes, en face du pétale, puis
une troisième alterne avec ces deux-là. La quatrième et la cinquième sont superposées aux
deux premières, et elles sont plus jeunes et plus
petites que toutes les autres, même que celles
qui sont superposées aux sépales.

2. Cependant on observe assez fréquemment
des fleurs anormales de Prunier, qui renfer-

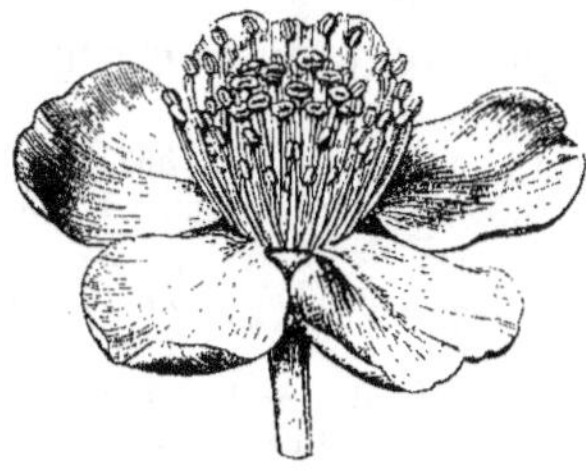

Fig. 475.

ment deux ou plusieurs carpelles indépendants
(fig. 475, 476), et qui deviennent de la sorte ana-

logues à celles des *Nuttalia* ou de plusieurs
Spirécées ou Quillajées. Tantôt ces carpelles sont
construits comme le carpelle unique normal, et
ont un ovaire biovulé ; tantôt, comme dans les
Merisiers à fleurs doubles de nos jardins, ils

Fig. 476.

sont plus ou moins foliiformes, étalés, hypertrophiés. Le même fait se reproduit fréquemment
dans les petites espèces de Pruniers à fleurs qui
ornent nos parterres, et en particulier dans le
P. triloba LINDL. C'est pour cette déformation
que M. CARRIÈRE (in *Rev. hortic.* (1862), 91,
icon.) a proposé le genre *Amygdalopsis* (« *est
forma monstrosa inepte pro genere habita* »,
B. H., *Gen.*, 610).

3. Les ovules ont deux enveloppes. Au-dessus
d'eux le placenta forme deux lèvres longitudinales plus ou moins saillantes et mamelonnées.

s'observent les restes ou la cicatrice du réceptacle et du calice. Dans les Pruniers proprement dits, l'épicarpe de cette drupe est glabre, souvent chargé d'une fleur blanchâtre; le mésocarpe est épais et charnu. Quant à l'endocarpe, il forme un noyau ovoïde ou allongé, comprimé, lisse ou rugueux à sa surface, et il renferme une ou deux graines descendantes qui, sous leurs téguments, contiennent un gros embryon charnu, sans albumen [1]. Les véritables *Prunus* sont des arbres ou des arbustes des

Prunus Padus.

Prunus Mahaleb.

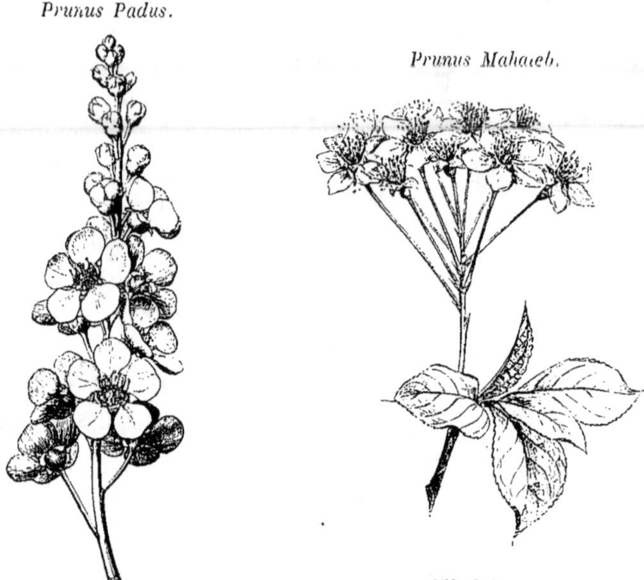

Fig. 477. Inflorescence.

Fig. 478. Inflorescence.

régions tempérées de l'hémisphère boréal. Leurs feuilles sont alternes, simples, pétiolées, accompagnées à leur base de deux stipules latérales ; leur limbe est convoluté dans le bourgeon. Leurs fleurs naissent avant ou en même temps que les feuilles; elles sont solitaires, ou géminées, ou disposées en une courte grappe pauciflore, qui sort ordinairement de l'intérieur d'un bourgeon écailleux [2]. On en connaît une vingtaine d'espèces [3].

Nous les avons vues, dans certaines fleurs d'Amandier, portant, au-dessus des deux ovules normaux, deux ovules surnuméraires plus jeunes (*Adansonia*, IX, 152, t. III, fig. 2), surmontés chacun d'une saillie verticale du placenta.

1. A l'âge adulte du moins ; car on peut dire que l'albumen est double , comme celui des *Nymphœa*, à une époque antérieure. Les embryons de *Prunus* à trois cotylédons, égaux ou inégaux, ne sont pas rares dans nos cultures.

2. Elles se développent en même temps que les feuilles, ou plus souvent avant elles.

3. SER., in DC., *op. cit.*, 532. — DC., *Fl. fr.*, IV, 483. — GREN. et GODR., *Fl. de Fr.*, I, 513. — LEDEB., *Ic. fl. ross.*, t. 13. — SPACH, *op. cit.*, 392.— LOUR., *Fl. cochinch.*, ed. 1790, 317. — ROXB., *Fl. ind.*, II, 500.— MIQ., *Fl. ind.-bat.*, I, p. I, 363. — TORR. et GR., *Fl. N. Amer.*, I, 406. — A. GRAY, *Man. of Bot.*, 112; in *Proceed. Amer. Acad.*, VII, 337. — CHAPM., *Fl. S. Unit.-States*, 119. — H. B. K., *Nov. gen. et spec.*, VI, 190, t. 563. — C. GAY, *Fl. chil.*, II, 262. — WALP., *Rep.* II, 8; *Ann.*, II, 272; IV, 651.

Dans le genre *Prunus*, on s'accorde généralement à faire rentrer, à titre de sections, les types suivants, parfois considérés comme représentant des genres distincts :

1° Les Abricotiers [1], qui ont un réceptacle floral court et assez large, un fruit à épicarpe velouté, une chair pulpeuse, et un noyau lisse ou rugueux, creusé d'un sillon longitudinal sur chacun de ses bords. Leurs feuilles sont aussi convolutées dans la préfoliaison, et leurs fleurs, pédicellées ou presque sessiles, sortent avant les fleurs des bourgeons écailleux qui les protégeaient pendant l'hiver. Les deux ou trois espèces connues sont originaires de l'Asie tempérée, sauf une seule, qui est américaine [2].

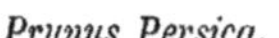

Prunus Persica.

Fig. 479. Rameau.

2° Les Pêchers [3] ont un réceptacle plus ou moins allongé, quelquefois tubuleux. Leur fruit est velouté à la surface, la chair plus ou moins

1. *Armeniaca* T., *op. cit.*, 623, t. 399. — J., *Gen.*, 341. — LAMK, *Dict.*, I, 1. — DC., *op. cit.*, 531. — SPACH, *op. cit.*, 388.

2. DC., *loc. cit.* — LINDL., in *Bot. Reg.*, t. 1243. — C. GAY, *Fl. chil.*, 263. —

WALP., *Ann.*, II, 464. — LAMK, *Dict.*, I, 98.

3. *Persica* T., *op. cit.*, 624, t. 400. — LAMK, *Dict.*, I, 98; Suppl., IV, 336. — DC., *op. cit.*, 531. — SPACH, *op. cit.*, 379. — *Trichocarpus* NECK., *Elem.*, n. 718.

charnue et succulente, et le noyau épais, très-dur, extrêmement rugueux à sa surface. La vernation des feuilles [1] est condupliquée (fig. 479), et les fleurs se comportent, à la fin de l'hiver, comme celles des Abricotiers. On en connaît une couple d'espèces, originaires de l'Asie tempérée [2].

3° Les Amandiers [3] ont tous les caractères des Pêchers, quant aux feuilles, à l'inflorescence, à la floraison. Mais leur noyau, plus ou moins épais, quelquefois très-dur, a une surface extérieure peu profondément ruginée, criblée de perforations étroites ; leur mésocarpe, d'abord charnu ou coriace, mais épais, devient définitivement sec, comme l'épicarpe velouté auquel il demeure intimement adhérent. Ce petit groupe se compose d'environ huit espèces, de l'Asie et de l'Europe australe [4].

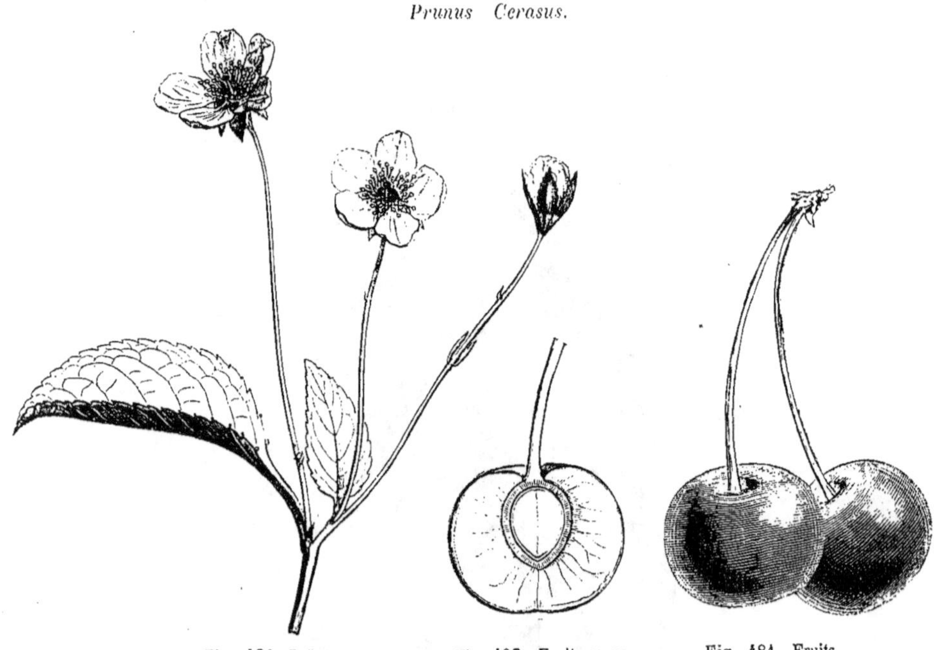

Prunus Cerasus.

Fig. 480. Inflorescence.　　Fig. 482. Fruit, coupe longitudinale.　　Fig. 481. Fruits.

4° Les Cerisiers [5] (fig. 480-482) ont un réceptacle floral de forme

1. Celles-ci sont pourvues de glandes, plus développées, en général, dans cette section que dans toutes les autres du genre. Les unes occupent le sommet des dents du limbe. Les autres, bien plus développées, sont portées sur les côtés de la portion supérieure du pétiole (fig. 479).

2. MILL., *Dict.*, n. 1. — DC., *Fl. fr.*, IV, 487. — LAMK, *Dict.*, I, 100, n. 1-42.

3. *Amygdalus* T., *op. cit.*, 627, t. 402. — L., *Gen.*, n. 619. — J., *Gen.*, 341. — LAMK, *Dict.*, I, 102; Suppl., I, 309. — GÆRTN., *Fruct.*, II, 74, t. 93. — DC., *op. cit.*, 530. — SPACH, *op. cit.*, 385. — ENDL., *Gen.*, n. 6405.

— *Amygdalophora* NECK., *Elem.*, n. 717.

4. DC., *loc. cit.* — SPACH, in *Ann. sc. nat.*, sér. 2, XIX, 106. — JAUB. et SPACH, *Ill. pl. orient.*, III, t. 226-230. — *Bot. Reg.* (1839), t. 18. — GREN. et GODR., *Fl. de Fr.*, I, 512. — ROXB., *Fl. ind.*, II, 499. — MIQ., *Fl. ind.-bat.*, I, p. I, 362. — LOUR., *Fl. cochinch.*, éd. 1790, 315. — C. GAY, *Fl. chil.*, II, 258. — H. B. K., *Nov. gen. et spec.*, VI, 194, t. 564. — WALP., *Rep.*, II, 8, 907; *Ann.*, I, 271 ; IV, 650.

5. *Cerasus* T., *loc. cit.*, 625, t. 401. — J., *Gen.*, 340. — LAMK, *Dict.*, I, 686 ; V, 668. —

très-variable, une drupe à épicarpe lisse, non couvert d'une fleur cireuse, un mésocarpe plus ou moins charnu ou fibreux, un noyau à surface lisse ou plus rarement rugueuse. Les feuilles sont condupliquées dans le bourgeon, et les fleurs, nées avant les feuilles ou en même temps qu'elles, sont disposées, soit en ombelles, soit en grappes courtes. L'hémisphère boréal des deux mondes en possède de quinze à vingt espèces [1].

Prunus Laurocerasus.

Fig. 483. Port.

5° Les Lauriers-Cerises[2] (fig. 483) ont un réceptacle court et obconique; leurs drupes, souvent peu charnues, ont un épicarpe lisse, nu ou chargé d'une fleur cireuse, et un noyau sphérique ou allongé, lisse ou rugueux; leurs feuilles sont condupliquées dans la vernation, et leurs fleurs sont

Ser., in DC. *op. cit.*, 535. — *Cerasophora* Neck., *Elem.*, n. 720.

1. DC., *Fl. fr.*, IV, 479. — Gren. et Godr., *Fl. de Fr.*, I, 515. — Spach, *op. cit.*, 400. — Wall., *Pl. as. rar.*, t. 143. — Lindl., in *Bot.* *Reg.*, t. 1801. — C. Gay, *Fl. chil.*, II, 265.— Walp., *Rep.*, II, 9; *Ann.*, I, 272; II, 465 (part.); IV, 651.

2. *Laurocerasus* T., *Inst.*, 627, t. 403. — *Padus* Mill., ex Endl., *loc. cit.*, β.

disposées en grappes axillaires ou terminales, plus ou moins allongées. Il y en a, dans les régions tempérées et chaudes des deux mondes, principalement en Amérique, une trentaine environ d'espèces [1].

Dans toutes les sections précédentes du genre Prunier, il y a des espèces qui présentent des variations dans le nombre des parties de la fleur. Rarement on y observe un périanthe tétramère ou hexamère ; rarement encore, comme dans les *Cerascidos* [2], les pétales viennent à disparaître totalement. Le nombre des étamines peut être supérieur à vingt, et l'on en compte assez souvent vingt-cinq, trente ou même davantage. D'autres fleurs n'en ont plus que quinze et rarement moins encore.

Les *Emplectocladus* [3], placés avec doute dans le groupe des Spirécées, sont dans ce dernier cas, car leurs étamines sont au nombre de douze ou treize, et plus ordinairement de dix, superposées, cinq aux sépales et cinq aux pétales. Leur périanthe est d'ailleurs celui des Pruniers, et leur réceptacle floral, court et assez large, est tapissé d'un disque glanduleux peu épais, sauf vers son bord supérieur. Leur court gynécée est aussi celui d'un *Prunus ;* il renferme dans son ovaire deux ovules collatéraux, descendants, avec le micropyle extérieur et supérieur, coiffé d'un obturateur celluleux. La seule espèce connue est un arbuste californien, à rameaux épais et rigides, analogue, pour l'aspect, à certains petits Amandiers sauvages. Ses feuilles, petites, rapprochées, sont accompagnées de deux stipules latérales, et ses fleurs sont sessiles, solitaires ou géminées.

Ainsi limité et partagé en huit sections [4], parfois peu nettement séparées les unes des autres, le genre *Prunus* est formé de quatre-vingts espèces environ, toutes ligneuses, à feuilles alternes, simples, pourvues de stipules, et presque toutes originaires des régions tempérées de l'hémisphère boréal ; elles ne se rencontrent pas spontanément dans l'Océanie, l'Afrique tropicale et méridionale, ni dans l'extrémité australe de l'Amérique du Sud.

1. Ser., in DC. *op. cit*, 539. — Spach, *op. cit.*, 412. — H. B. K., *Nov. gen. et spec.*, VI, t. 563. — Wall., *op. cit.*, t. 181. — Hook., in *Beech. Voy.*, t. 83 ; *Icon.*, t. 371 ; *Bot. Mag.*, t. 3141. — Jacq., *Fl. austr.*, t. 227.— Gren. et Godr., *op. cit.*, 516. — Webb, *Phyt. canar.*, t. 38. — Walp., *Rep.*, II, 10 ; V, 648 ; *Ann.*, IV, 652.

2. Sieb. et Zucc., in *Abhandl. Münch. Akad.*, III, 743, t. 5, fig. 11.

3. Torr., *Plant. Fremont.*, 10, t. V.— B. H., *Gen.*, 614, n. 27. La seule espèce connue (*E. ramosissimus* Torr.) est très-analogue par le feuillage et l'organisation florale à l'*Amygdalus microphylla* H. B. K.

4. *Prunus.*

Sect. VIII.	1. *Prunophora* (Neck.).
	2. *Armeniaca* (T.).
	3. *Persica* (T.).
	4. *Amygdalus* (T.).
	5. *Emplectocladus* (Torr.).
	6. *Cerasus* (T.).
	7. *Laurocerasus* (T.).
	8. *Cerascidos* (Sieb. et Zucc.).

Les *Pygeum* [1] ont des fleurs tout à fait semblables à celles des Pruniers, quant au réceptacle, au disque dont il est doublé, à l'insertion de l'androcée et au gynécée. Mais leur périanthe présente des différences assez prononcées. Ainsi le calice caduc est formé d'un nombre de petites folioles qui varie de cinq à quinze; elles sont imbriquées dans la préfloraison. Les pétales sont peu développés, analogues aux sépales pour la forme et la consistance, au lieu d'être larges et membraneux, comme ceux des Pruniers. Les étamines sont au nombre de dix à trente, disposées comme celles des *Prunus* et formées d'un filet infléchi et d'une anthère didyme, introrse, portée d'abord, par suite de l'inflexion du filet, tout à fait au fond du réceptacle, relevée ensuite et longuement exserte. Le fruit est drupacé, ou sec et coriace, souvent allongé dans le sens transversal, de même que la graine unique qu'il contient, graine dont l'embryon a des cotylédons épais et charnus, une courte radicule supère, et est dépourvu d'albumen. Les *Pygeum* sont des arbres ou des arbustes de l'Asie tropicale et de la Malaisie. Une des dix espèces connues [2] habite l'Asie tropicale orientale ; leurs feuilles sont alternes, persistantes, pétiolées, entières, accompagnées de deux stipules latérales caduques. Les fleurs sont disposées en grappes simples ou composées de petites cymes, axillaires ou latérales.

Les *Maddenia* [3] sont aussi très-analogues aux Pruniers et aux *Pygeum*. Leur réceptacle a la forme d'un entonnoir dont les bords supportent de cinq à dix sépales inégaux et un nombre variable de petites folioles alternes, plus ou moins développées, que l'on considère comme des pétales. L'androcée est le même que celui des *Pygeum*, et très-développé dans certaines fleurs dont le gynécée n'est formé que d'un carpelle semblable à celui des Pruniers ; tandis que, dans d'autres fleurs qui se trouvent ordinairement sur des pieds séparés et qui sont femelles ou hermaphrodites, les carpelles sont au nombre de deux, formés d'un ovaire trapu, dont le style disparaît et dont le sommet porte directement une couche oblique de papilles stigmatiques. Ces dernières fleurs produisent un fruit multiple composé de deux drupes glabres et comprimées, dont le noyau épais, crustacé, est lisse d'un côté, tricaréné de l'autre, et renferme une

1. Gærtn , *Fruct.*, I, 218, t. 46. — Endl., *Gen.*, n. 6404. — B. H., *Gen.*, 610, n. 16. — *Polydontia* Bl., *Bijdr.*, 1104. — *Polystorthia* Bl., *Fl. Jav. Præf.*, VIII. — *Germaria* Presl, *Epimel.*, 221. — *Digaster* Miq., *Fl. ind.-bat.*, Suppl., 329, 619.
2. Colebr., in *Trans. Linn. Soc.*, XII, 360, t. 18. — Wight, *Ill.*, I, 203 ; *Icon.*, t. 256. 993. — Miq., in *Mus. Lugd. Bat.*, I, 212 ; *Fl. ind.-bat.*, I, p. I, 360. — Thw., *Enum. pl. Zeyl.*, 103. — Benth., *Fl. hongk.*, 103. — Walp., *Rep.*, II, 8 ; *Ann.*, I, 271 ; IV, 641.
3. Hook. f. et Thoms., in *Hook. Journ.*, VI, 381, t. 12. — B. H., *Gen.*, 610, n. 14.

graine à embryon charnu, sans albumen. La seule espèce connue du genre *Maddenia* [1], est un petit arbre de l'Himalaya. Ses branches, chargées d'un épais duvet roussâtre, portent des feuilles alternes, simples, à dents glanduleuses, et à pétiole accompagné de deux larges stipules glanduleuses. Les fleurs sont réunies en grappes terminales.

Les *Prinsepia* [2] (fig. 484, 485) ont les fleurs régulières et hermaphrodites ; leur réceptacle a la forme d'une large coupe presque hémisphérique, sur les bords de laquelle s'insèrent cinq sépales inégaux, disposés

Prinsepia utilis.

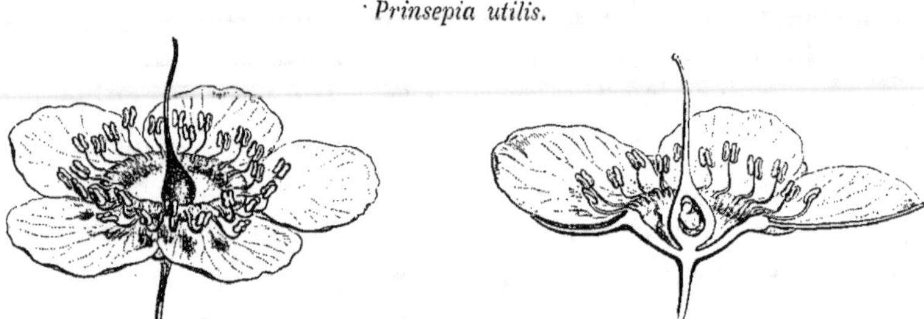

Fig. 484. Fleur.   Fig. 485. Fleur, coupe longitudinale.

dans le bouton en préfloraison quinconciale, et cinq pétales alternes, à peine onguiculés, également imbriqués dans le bouton, puis largement étalés. Les étamines, au nombre de quinze à trente, sont également portées sur le pourtour de la même coupe et sont composées chacune d'un filet libre, d'abord infléchi, et d'une anthère biloculaire, introrse, déhiscente par deux fentes longitudinales. Le gynécée est inséré tout au fond de la coupe ; il se compose d'un ovaire uniloculaire, atténué en un style dont le sommet se dilate en une petite tête stigmatifère. Les ovules sont au nombre de deux, collatéraux, descendants, avec le raphé du côté du placenta, et le micropyle extérieur, coiffé d'un obturateur. Le fruit est une drupe qu'accompagnent à sa base le réceptacle épaissi et le calice desséché. Le développement du péricarpe a été si considérable d'un côté pendant la maturation, que le style est devenu latéral ou même presque basilaire [3]. Le noyau renferme une graine ascendante, dont l'embryon, charnu et huileux, a la radicule infère ; il n'y a point d'albumen. La seule espèce connue du genre est le *P. utilis* [4]. C'est un arbuste

1. *M. himalaica* HOOK. F. et THOMS., *loc. cit.* — WALP., *Ann.*, IV, 649.

2. ROYLE, *Illustr. pl. himal.*, 206, t. 38, fig. 1. — ENDL., *Gen.*, n, 6414. — *Cycnia* LINDL. (nec GRIFF.), ex ENDL., *loc. cit.* — B. H , *Gen.*, 611, n. 16.

3. Ce qui fait qu'on a presque toujours rapproché ce genre du groupe des Chrysobalanées. En somme, les *Prinsepia* sont des Prunées par la fleur, et des Chrysobalanées par le fruit.

4. *P. utilis* ROYLE, *loc. cit.* — WALP., *Rep.*, II, 7.

rameux qui croît dans les régions tempérées de l'Inde. Ses feuilles sont alternes, simples, accompagnées de deux stipules caduques ; ses fleurs sont disposées en grappes axillaires, ou bien elles occupent solitaires l'aisselle d'une feuille, et leur pédoncule est accompagné d'une épine qui n'est autre chose qu'un rameau avorté, et qui existe fréquemment aussi, chargé de quelques bractées alternes, dans l'aisselle des feuilles des rameaux non florifères.

Nous rapprocherons, non sans hésitation, du *Prinsepia*, le *Strepho-nema* [1], qui a été rangé avec doute parmi les Lythrariacées. Ses fleurs ne nous paraissent en effet différer de celles du genre précédent que par leur ovaire, libre seulement dans sa portion supérieure. Le réceptacle a la forme d'une coupe évasée, et porte sur ses bords cinq [2] sépales et cinq pétales alternes, imbriqués. L'androcée est diplostémoné ; et les étamines, libres, insérées en dedans et au-dessous du périanthe, sont semblables à celles du *Prinsepia*. L'ovaire uniloculaire s'atténue à son sommet en un long style arqué dont l'extrémité stigmatifère est atténuée ; et au-dessus du point où il est devenu libre de toute adhérence avec le réceptacle, il contient, insérés sur un placenta pariétal, deux ovules collatéraux, arqués, amphitropes, qui sont, ou descendants, avec le micropyle tourné du côté du placenta et placé sous le point d'attache, ou, plus rarement, légèrement ascendants. Le fruit n'a pu encore être observé dans les deux espèces connues [2], qui sont des arbres de l'Afrique tropicale occidentale, ramifiés, glabres ou à duvet soyeux, avec des feuilles opposées ou alternes, à pétiole court, à limbe simple et coriace. Les fleurs sont supportées par des pédicelles grêles, et disposées, sur le bois des rameaux ou à l'aisselle des feuilles, en faux corymbes, simples ou composés.

Les *Nuttallia* [3] ont aussi des fleurs dont l'organisation générale est celle des Pruniers [4], et sont polygames-dioïques. Dans leur fleur femelle, il y a autant de carpelles que de pétales. Le tube réceptaculaire, large et court, doublé intérieurement d'une couche de tissu glanduleux, se détache circulairement après la fécondation, comme celui des *Raphiolepis*, entraînant avec lui le périanthe, inséré sur ses bords, et formé de cinq sépales imbriqués en quinconce dans le bouton, et de cinq pétales alternes, à onglet court, imbriqués dans la préfloraison. L'androcée est composé de quinze étamines analogues à celles des Pruniers, et disposées

1. Hook. f., *Gen.*, 782, n. 21 ?
2. S. *Mannii* et S. *sericea* Hook. f., *loc. cit.*
3. Torr. et Gr., *Fl. N. Amer.*, I, 412. — Hook., *Bot. Beech. Voy.*, Suppl., 336, t. 82, — Endl , *Gen.*, n. 6594.—B. H., *Gen.*, 611, n. 17.

4. Elles sont aussi, comme nous l'avons dit (p. 400, note 2), tout à fait les mêmes extérieurement que celles des *Exochorda*, dont le fruit est totalement différent. Le feuillage est aussi semblable dans les deux genres.

sur deux verticilles [1], à filet libre, infléchi dans le bouton, et à anthère biloculaire, extrorse. Cette anthère est stérile dans les fleurs femelles, dont les cinq (ou trois, quatre) carpelles oppositipétales s'insèrent au fond du réceptacle et se composent chacun d'un ovaire à base rétrécie, surmonté d'un style articulé à sa base, dilaté à son sommet en tête stigmatifère. Dans l'angle interne des ovaires, il y a un placenta qui supporte deux ovules collatéraux, descendants, dont le micropyle est extérieur et supérieur, et coiffé d'un obturateur épais. Le fruit est formé d'une ou plusieurs drupes, à noyau coriace et monosperme. La graine, descendante, renferme sous ses téguments membraneux une petite lame d'albumen. On ne connaît qu'une espèce de *Nuttallia* [2]. C'est un petit arbre de l'Amérique du Nord [3], dont les feuilles sont alternes, caduques, simples, entières, pétiolées [4], dépourvues de stipules. Ses fleurs sont disposées en grappes penchées [5], enveloppées d'abord, avec les jeunes rameaux, dans un bourgeon écailleux.

VIII. SÉRIE DES ICAQUIERS.

a. *Gynécée central.*

Les Icaquiers [6] (fig. 486-488) ont les fleurs hermaphrodites et régulières. Leur réceptacle est en forme de cône creux, à sommet renversé, tapissé intérieurement d'un disque glanduleux. Au fond du cône s'insère le gynécée, tandis que les bords portent le périanthe et l'androcée. Le calice est formé de cinq sépales, libres, disposés dans le bouton en préfloraison quinconciale. Les pétales, également imbriqués dans la préfloraison, sont alternes avec les sépales, plus longs qu'eux et caducs. L'androcée est formé d'un nombre d'étamines qui varie de quinze à une cinquantaine. Elles sont disposées par verticilles, comme celles des Pruniers [7], et formées

---

1. M. A. Dickson (in *Journ. of Bot.*, IV, (1866), t. LII, fig. 4) a vu que, des quinze étamines du *N. cerasiformis*, cinq sont placées en face de la ligne médiane des pétales, et dix, plus grandes, sur les côtés des cinq premières; de sorte qu'il n'y a pas d'étamines superposées aux sépales, et que, suivant ses idées sur l'androcée des Rosacées, il y a dans cette plante des étamines composées, sans confluence des lobes de ces dernières.

2. *N. cerasiformis* Torr. et Gr., *loc. cit.* — Walp., *Rep.*, V, 659.

3. « *A grad. bor.* 35° *ad* 50° *vigens.* »

4. Elles ont, dit-on, l'odeur de l'acide cyanhydrique.

5. Chaque fleur, placée à l'aisselle d'une bractée, est accompagnée de deux bractéoles latérales, situées à une hauteur variable du pédicelle.

6. *Chrysobalanus* L., *Gen.*, n. 621. — J., *Gen.*, 340. — Lamk, *Dict.*, III, 224; Suppl., III, 135; *Ill.*, t. 428. — Turp., in *Dict. sc. nat.*, t. 236. — DC., *Prodr.*, II, 525. — Spach, *Suit. à Buffon*, I, 369. — Endl., *Gen.*, n. 6407. — B. H., *Gen.*, 600, n. 1. — *Icaco* Plum., *Gen.*, 43, t. 5.

7. Cette disposition est impossible à consta-

chacune d'un filet libre, ou légèrement adhérent aux filets voisins, et d'une anthère courte, introrse, didyme, déhiscente par deux fentes longitudinales. Il peut y avoir une ou plusieurs étamines réduites à leur

Chrysobalanus Icaco.

Fig. 486. Port ($\frac{2}{3}$).

filet. Le gynécée se compose d'un ovaire unicarpellé, superposé à un sépale[1], uniloculaire, et d'un style gynobasique, à sommet stigmatifère peu ou point renflé. Près de la base de l'ovaire, on observe un placenta qui supporte deux ovules collatéraux, ascendants, anatropes, avec le raphé tourné du côté du dos de la loge, et le micropyle qui regarde en bas et

ter, à l'âge adulte, sur les fleurs à étamines très-nombreuses du *C. Icaco* L. Mais quand il n'y a qu'une quinzaine d'étamines, comme dans le *C. oblongifolius* MICHX, on voit facilement, à tout âge, qu'elles sont de celles que nous avons appelées étamines de Rosacée, et qu'elles ne sont pas réellement, comme le pensent plusieurs auteurs, « *uniseriata* ». En effet, des quinze étamines du *C. oblongifolius*, cinq sont placées en face du milieu des sépales, et il y en a une de

chaque côté (fig. 488). Mais il n'y a pas d'étamine oppositipétale. Dans cette espèce, la monadelphie est évidente, dans une faible étendue, il est vrai. Les grains de pollen sont, d'après M. H. MOHL (*Ann. sc. nat.*, sér. 2, III, 341), ovoïdes et sphériques dans l'eau, avec trois bandes chargées de grosses papilles.

1. Lequel est, comme dans toutes celles des plantes de cette série que nous avons pu examiner à ce point de vue, le sépale 3 (fig. 488).

du côté de l'insertion du style. Le fruit, qu'accompagnent à sa base le réceptacle, le calice et même les filets staminaux persistants, est une drupe, dont le noyau [1], adhérent, indéhiscent ou incomplétement déhiscent à sa base, renferme une seule graine ascendante, avec des téguments membraneux recouvrant un gros embryon charnu, à radicule infère, sans albumen. Les Icaquiers sont des arbres ou des arbustes, à feuilles alternes, simples, entières, accompagnées de deux stipules latérales, caduques; leurs fleurs sont disposées en cymes pédonculées, ordinairement bipares, axillaires ou terminales.

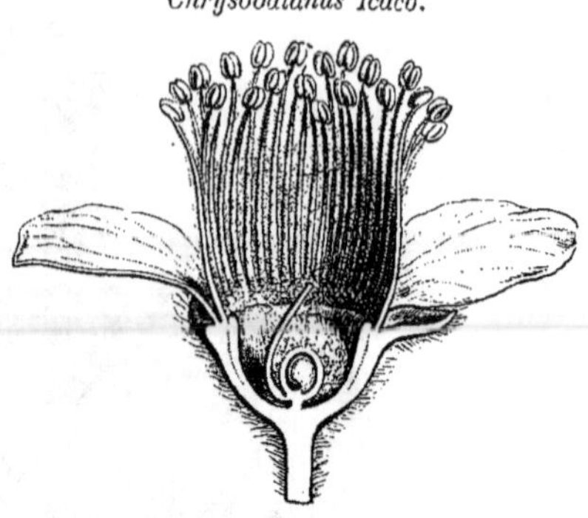

Chrysobalanus Icaco.

Fig. 487. Fleur, coupe longitudinale ($\frac{4}{1}$).

Une espèce de ce genre est originaire de l'Amérique du Nord : c'est le *C. oblongifolius* [2]. L'autre espèce, bien plus connue, est le *C. Icaco* [3], qui se trouve dans les régions tropicales de l'Amérique et de l'Afrique, et qui présente plusieurs formes ou variétés, considérées par certains auteurs comme des espèces suffisamment distinctes; opinion qui paraît en somme peu admissible.

A côté des *Chrysobalanus*, se placent les plantes qu'AUBLET a nommées *Moquilea* [4]. Leur réceptacle floral a la forme d'un sac, plus arrondi à sa base que celui des *Chrysobalanus;* mais il est également doublé d'un disque glanduleux, et le périanthe et l'androcée s'insèrent aussi sur ses bords. Dans certaines espèces, telles que le *M. guianensis* [5] (fig. 489, 490), il y a un calice semblable à celui des *Chrysobalanus*, et dix

Chrysobalanus oblongifolius.

Fig. 488. Diagramme.

1. Il est anguleux, souvent parcouru dans sa portion inférieure par des sillons plus ou moins profonds et larges. On dit que le sarcocarpe finit par se dessécher dans certaines espèces ou variétés.

2. MICHX, *Fl. bor. amer.*, I, 285. — NUTT., *Gen. amer.*, I, 301. — DC., *loc. cit.*, n. 3. — TORR. et GR., *Fl. N. Amer.*, I, 406.

3. L., *Spec.*, 513. — JACQ., *Amer.*, 154, t. 94. — TUSS., *Fl. ant.*, IV, 91, t. 31. — DC., *loc. cit.*, n. 1. — BENTH., *Niger*, 336. — H. BN,

in *Adansonia*, VII, 221. — HOOK. F., in *Mart. Fl. bras.*, Rosac., 7. — *C. ellipticus* SOL., ex SAB., in *Trans. hort. Soc. Lond.*, V, 453. — *C. pellocarpus* MIQ., *Prim. fl. essequeb.*, 193.

4. AUBL., *Guian.*, I, 521. — J., *Gen.*, 341. — LAMK, *Dict.*, IV, 272, *Ill.*, t. 735. — DC., *Prodr.*, II, 526. — ENDL., *Gen.*, n. 6410 (part.). — B. H., *Gen.*, 606, n. 3. — *Bathcogyne* et *Leptobalanus* (sect. *Licaniæ*) BENTH., in *Hook. Journ.*, II, 212.

5. AUBL., *loc. cit.*, t. 208.

étamines, dont cinq superposées aux sépales, et cinq alternes [1]. Toutes sont fertiles et formées d'un long filet, et d'une anthère biloculaire et introrse. Dans d'autres espèces [2], le nombre des étamines devient plus

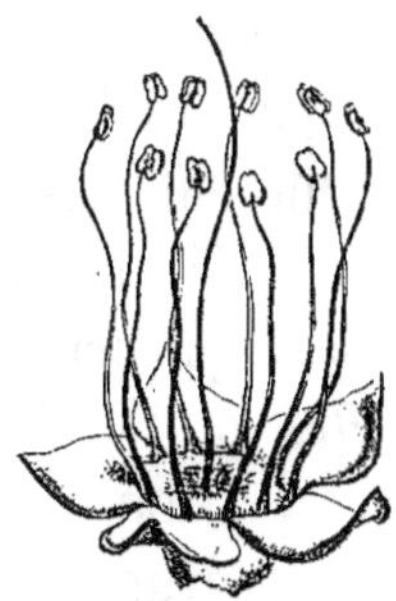

Licania (Moquilea) guianensis.

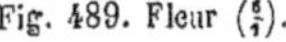

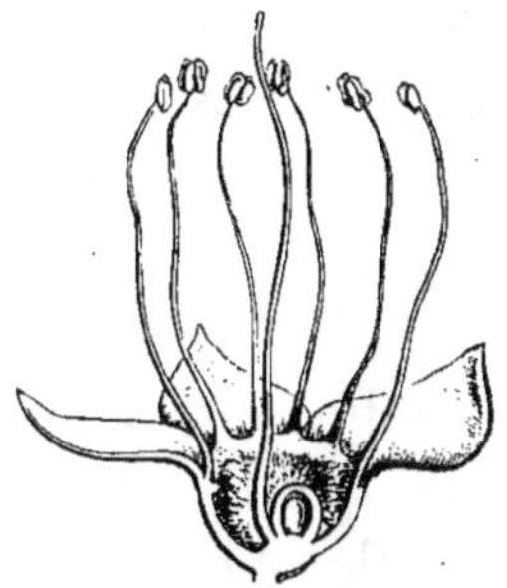

Fig. 489. Fleur ($\frac{4}{7}$).

Fig. 490. Fleur, coupe longitudinale.

considérable et peut être indéfini. Il peut y avoir aussi des pétales peu développés [3]. Il est plus rare que les étamines soient seulement au nombre de dix à huit [4]. Mais le fait est fréquent dans certaines espèces attribuées au genre *Caligni* [5]. Les étamines y peuvent être nombreuses [6]; mais plusieurs d'entre elles demeurent stériles, comme nous avons vu qu'il arrive dans les *Chrysobalanus;* et ces staminodes sont ordinairement, ainsi que nous le verrons dans les *Hirtella, Parinari, Acioa,* etc., placés d'un même côté de la fleur. Quelques *Licania* n'ont même plus que trois étamines fertiles [7]. Tous ont les filets staminaux courts, relativement à ceux des *Moquilea.* Mais comme ces caractères tirés du nombre des étamines, de celui des étamines fertiles, et de la longueur des filets staminaux [8] par rapport à celle des pièces du périanthe, sont des traits qui varient dans la plupart des genres de ce groupe, sans qu'on les subdivise, pour cette raison, autrement qu'en sous-genres ou sections, nous laisserons dans un seul et même genre

1. Quelques fleurs, exceptionnellement construites sur le type 4, ont un androcée de huit étamines seulement.

2. Notamment dans celles qui forment la section *Eumoquilea* (Hook. f., in *Mart. Fl. bras., Rosac.,* 21).

3. Dans cette même section *Eumoquilea.*

4. Même avec un calice pentamère.

5. *Licania* Aubl., *Guian.,* I, 119, t. 45. — J., *Gen.,* 340. — Lamk, *Dict.,* I, 561; Suppl., II, 31; *Ill.,* t. 122. — DC., *Prodr.,* II, 527. — Spach, *Suit. à Buffon,* I, 374. — Endl., *Gen.,* n. 6409. — B. H., *Gen.,* 606, n. 2. — *Hedycrea* Schreb., *Gen.,* 160.

6. Il y en a jusqu'à une quinzaine dans certaines espèces de la section *Hymenopus* (Benth.).

7. Tels sont les *Licania triandra, micrantha,* etc., qui appartiennent à la section *Eulicania* (Hook. f.).

8. Il y a, d'ailleurs, des espèces intermédiaires, pour la longueur de ces filets, entre la plupart des *Licania* et les *Moquilea* proprement dits, comme, par exemple, le *L. polita* (*Fl. bras.,* t. 4, II).

tous les *Moquilea* et les *Licania*, en conservant à l'ensemble le dernier des deux noms qui a pour lui la priorité. Ainsi constitué, ce genre sera formé d'une cinquantaine d'espèces, toutes originaires de l'Amérique tropicale, depuis les Antilles jusqu'au Brésil méridional [1]. Ce sont des arbres et des arbustes, à feuilles alternes, simples, persistantes, souvent épaisses et couvertes de duvet en dessous, à pétiole accompagné de deux stipules à sa base, et souvent muni de deux glandes latérales, vers son point d'union avec le limbe. Les fleurs, peu volumineuses, sont disposées en grappes ou en épis, simples ou ramifiés; placées dans l'aisselle de petites bractées alternes, où elles se trouvent, tantôt solitaires, et tantôt disposées en cymes ou en glomérules pauciflores. Le fruit est très-variable de forme, aussi bien dans ce genre que dans plusieurs autres du même groupe. Tantôt il est globuleux ou ovoïde, tantôt étroit et allongé, en forme de poire ou de massue, à sommet obtus ou très-aigu. Sa consistance est également variable. C'est, ou une drupe à chair assez abondante, ou une sorte de noix ou d'achaine, à tissu ligneux ou crustacé. L'intérieur du péricarpe est parfois tapissé de poils. La graine renferme, sous des téguments membraneux, un embryon épais et charnu.

Les *Lecostemon* [2] ont les fleurs construites sur le même plan général que les deux genres précédents, et hermaphrodites et polygames; mais elles se distinguent, au premier abord, par un caractère frappant, quoiqu'il n'ait pas en lui-même une bien grande importance; leurs étamines sont formées d'un filet grêle et court, et d'une anthère très-longue, dressée, basifixe, caduque, à deux loges latérales ou légèrement introrses, déhiscentes chacune par une fente longitudinale. Ces étamines sont très-nombreuses et disposées sur plusieurs verticilles fort rapprochés. Elles s'insèrent d'ailleurs, comme celles des *Chrysobalanus* et des *Licania*, sur le bord intérieur d'une coupe réceptaculaire qui porte aussi le calice et la corolle. Le premier est court, découpé sur ses bords en cinq dents, ou cinq crénelures peu prononcées, ou irrégulièrement sinueux, ou presque entier. La seconde est formée de cinq longs pétales exserts, imbriqués dans le bouton, et caducs. La concavité du réceptacle est doublée d'un disque glanduleux. Au fond s'insère le gynécée (fig. 491),

1. MART. et ZUCC., *Nov. gen. et spec.*, II, t. 166. — ZUCC., *Nov. stirp. fasc.*, I, 387, 391. — GRISEB., *Fl. brit. W. Ind.*, 230. — SEEM., *Her.*, 118, t. 25. — HOOK. F., in *Mart. Fl. bras.*, *Rosac.*, 8, 20, t. 1-8. — WALP., *Rep.*, II, 5; *Ann.*, I, 270; II, 462; IV, 643.

2. MOÇ. et SESSE, *Fl. mex. ined.*, ex DC., *Prodr.*, II, 639. — ENDL., *Gen.*, n. 6415. — BENTH., in *Hook. Journ.*, V, 293. — HOOK. F., in *Mart. Fl. bras.*, *Rosac.*, 53. — B. H., *Gen*, 609, n. 11. — WALP., *Ann.*, IV, 646.

composé d'un ovaire uniloculaire et d'un style gynobasique, atténué
à son sommet et parcouru dans toute la longueur de son bord intérieur
par un sillon longitudinal. Les deux lèvres réfléchies
de ce sillon sont chargées de papilles stigmatiques.
Tout près de la base de l'ovaire se voit un placenta
qui supporte deux ovules, obliquement ascendants ou
presque horizontaux. Le fruit est une drupe, à mésocarpe peu épais ; elle renferme, dans son noyau
crustacé, une graine qui, sous ses téguments membraneux, loge un embryon charnu, à cotylédons con-
ferruminés et à radicule incurvée. Les *Lecostemon*
sont des arbustes américains ; on en connaît une
demi-douzaine, qui habitent le Mexique, la Guyane
et le Brésil. Leurs feuilles sont alternes, entières,
coriaces, pétiolées et accompagnées de deux stipules,
parfois peu visibles ; leurs fleurs sont groupées en
grappes simples ou ramifiées de cymes, avec des pédicelles souvent penchés et plus ou moins épaissis après l'anthèse.

Lecostemon Gardnerianum.

Fig. 491. Gynécée
ouvert ($\frac{12}{1}$).

Avec les caractères généraux d'organisation florale que présentent
les genres précédents, les *Stylobasium* [1] (fig. 492) offrent cette particularité que l'insertion de leur androcée est hypogyne. Leur périanthe est
régulier, en forme de large coupe évasée, à bords
découpés en cinq lobes obtus, disposés dans le
bouton en préfloraison quinconciale. Les fleurs
sont polygames, et l'androcée ne se développe bien
que dans certaines d'entre elles. Il est alors représenté par dix étamines exsertes, formées chacune d'un filet très-grêle, inséré sous l'ovaire,
et d'une longue anthère basifixe, introrse, à deux
loges déhiscentes par une fente longitudinale.
Dans les fleurs purement femelles, les anthères
sont courtes et incluses [2]. Le gynécée est inséré au
fond même de la fleur, comme dans les *Leco-*

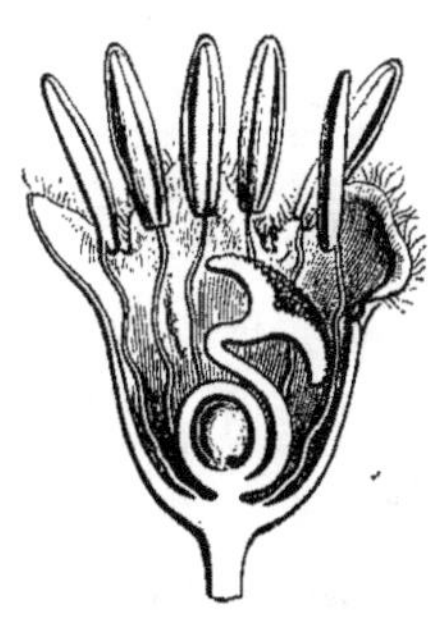

Stylobasium spathulatum.

Fig. 492. Fleur, coupe
longitudinale ($\frac{8}{1}$).

stemon; il se compose d'un ovaire sessile, uniloculaire, et d'un style
gynobasique dont le sommet se dilate en un large plateau stigmatifère. Sur un placenta presque basilaire, l'ovaire présente deux ovules

1. DESF., in *Mém. Mus.*, V, 37, t. 2. — DC., *Prodr.*, II, 92. — B. H., *Gen.*, 609, n. 12.
— *Macrostigma* HOOK., *Icon.*, t. 412.
2. Elles sont stériles dans ce cas.

collatéraux, ascendants, anatropes, avec le micropyle tourné du côté
du style, et inférieur. Le fruit est une drupe, à mésocarpe peu épais
et à noyau résistant, renfermant une graine dont l'embryon n'est accompagné que d'une petite quantité d'albumen ; sa radicule est infère, et ses
cotylédons épais sont indupliqués transversalement. On connaît trois
espèces de *Stylobasium* [1] ; ce sont des arbustes australiens, rameux, à
feuilles alternes, simples, dont les stipules sont plus ou moins développées, ou nulles. Leurs feuilles sont solitaires, ou disposées en cymes
pauciflores, dans l'aisselle des feuilles.

b. Gynécée excentrique.

La plante des îles Mascareignes, que Commerson a désignée sous le
nom de *Grangeria* [2], sert de transition entre les genres qui viennent d'être
étudiés et celles des Chrysobalanées qui, comme nous le verrons, possèdent un large tube réceptaculaire, avec le gynécée inséré sur un de

Grangeria borbonica.

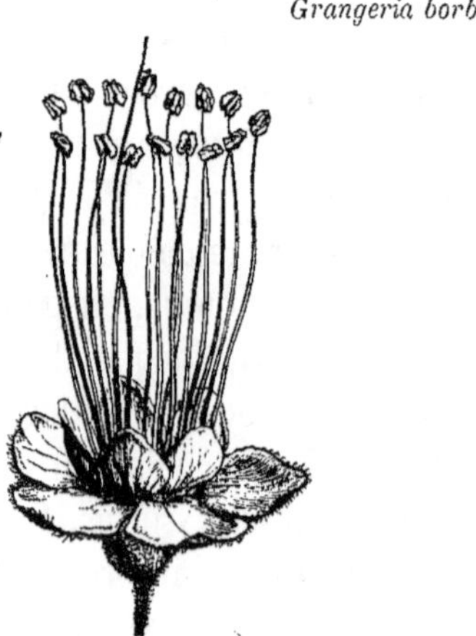

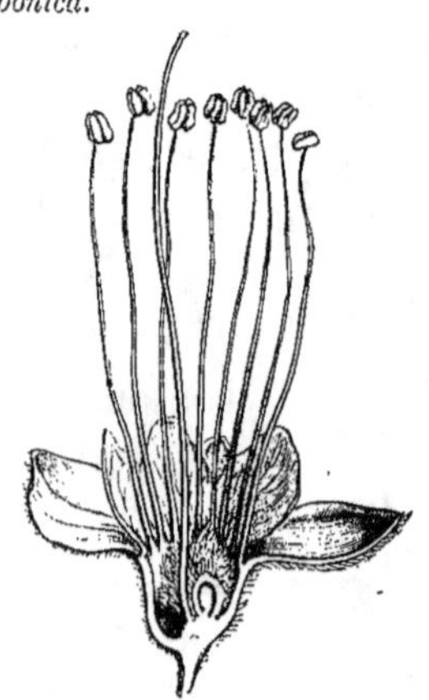

<table>
<tr><td>Fig. 493. Fleur ($\frac{11}{1}$).</td><td>Fig. 494. Fleur, coupe longitudinale.</td></tr>
</table>

ses côtés, plus ou moins loin de son orifice supérieur. Dans les *Chryso-*
balanus et les *Licania*, l'insertion de l'ovaire se fait, comme dans les
Prunées, sensiblement au centre du réceptacle. Dans le *G. borbonica*
(fig. 493, 494), son point d'implantation est déjà quelque peu excentrique. L'organisation de la fleur est d'ailleurs très-analogue à ce que
nous avons observé dans les *Licania* de la section *Moquilea*. Le calice et

1. Nees, in *Lehm. Plant. Preiss.*, I, 95. — III, 21 ; *Ill.*, t. 427. — DC., *Prodr.*, II, 527.
Benth., *Fl. austral.*, II, 427.   — Endl., *Gen.*, n. 6413. — B. H , *Gen.*, 607,
2. Commers., ex J., *Gen.*, 340. — Lamk, *Dict.*,   n. 4.

la corolle ont chacun cinq folioles imbriquées. Le réceptacle, doublé
intérieurement d'une couche mince de tissu glanduleux, porte encore
sur ses bords une quinzaine d'étamines, disposées comme celles du
Chrysobalanus oblongifolius, et composées chacune d'un filet, d'abord
infléchi, puis longuement exsert, et d'une anthère biloculaire, introrse,
déhiscente par deux fentes longitudinales. Les filets ne sont unis que
tout à fait à leur base, en une courte collerette, semblable à celle des
Chrysobalanus. L'ovaire, tout couvert de longs poils, renferme deux
ovules collatéraux, dressés, dont le micropyle regarde en bas et du côté
de l'insertion du style gynobasique. Celui-ci est grêle, enroulé dans le
bouton, puis longuement exsert ; son sommet stigmatifère n'est pas
dilaté. Le fruit est une drupe obovée, à mésocarpe peu épais, à noyau
trigone et monosperme. La graine renferme sous ses téguments membraneux un embryon charnu, à radicule infère, sans albumen.

Dans une autre espèce du même genre, le *G. porosa* [1], qui habite
Madagascar, le réceptacle floral est plus concave ; l'insertion de l'ovaire
se fait plus haut, par conséquent, car elle répond au bord réceptaculaire,
et les étamines, au nombre de dix, ne sont pas toutes fertiles. Deux ou
trois de celles qui sont insérées sur le côté du bord réceptaculaire opposé
à celui qui supporte le gynécée, demeurent stériles et ont la forme de
languettes. Le fruit renferme une ou deux graines, à embryon très-
charnu.

Des deux espèces que renferme ce genre, l'une a donc des étamines
fertiles sur toute la périphérie du réceptacle, et l'autre seulement d'un
côté ; nous verrons la même alternative se reproduire dans les *Couepia*
et les *Parinari*. Les *Grangeria* sont des arbustes, glabres ou hérissés
de poils, à feuilles simples, accompagnées de deux stipules latérales
caduques. Leurs fleurs sont réunies en grappes simples, axillaires, ou en
grappes composées terminales ; chaque fleur est supportée par un pédicelle grêle, inséré dans l'aisselle d'une bractée caduque.

Les *Hirtella* [2] (fig. 495-500) présentent aussi cette insertion unilatérale du gynécée, un peu au-dessous de l'orifice supérieur du réceptacle.
Mais il y a ici exagération de ce développement d'un côté, de la fosse
réceptaculaire, et, par suite, formation d'une de ces dépressions profondes qu'on a comparées, pour l'apparence, à ce qui s'est appelé

1. H. Bn, in *Adansonia*, VIII, 161; 200,
n. 4.

2. L., *Gen.*, n. 80. — J., *Gen.*, 340. —
Gærtn., *Fruct.*, III, 40, t. 158.— Lamk, *Dict.*,
III, 133, Suppl., III, 53; *Ill.*, t. 138. — DC.,
Prodr., II, 528. — Spach, *Suit. à Buff.*, I, 375.
— Endl., *Gen.*, n. 6408. — B. H., *Gen.*, 608,
n. 8.—*Cosmibuena* R. et Pav., *Prodr. fl. per.*,
10, t. 2 (nec *Fl.*). — *Causea* Scop., *Introd.*,
n. 928. — *Brya* Velloz., *Fl. flum.*, IV, t. 1.

l'éperon soudé de certaines fleurs. Sur les bords de la coupe réceptaculaire, s'insèrent un périanthe semblable à celui des *Grangeria*, et un
androcée dont les pièces sont au nombre de dix au plus, dans les espèces
connues, et souvent moins nombreuses encore. Ainsi l'*H. triandra* [1]
(fig. 495-499) n'a que cinq étamines, dont trois seulement sont fertiles;

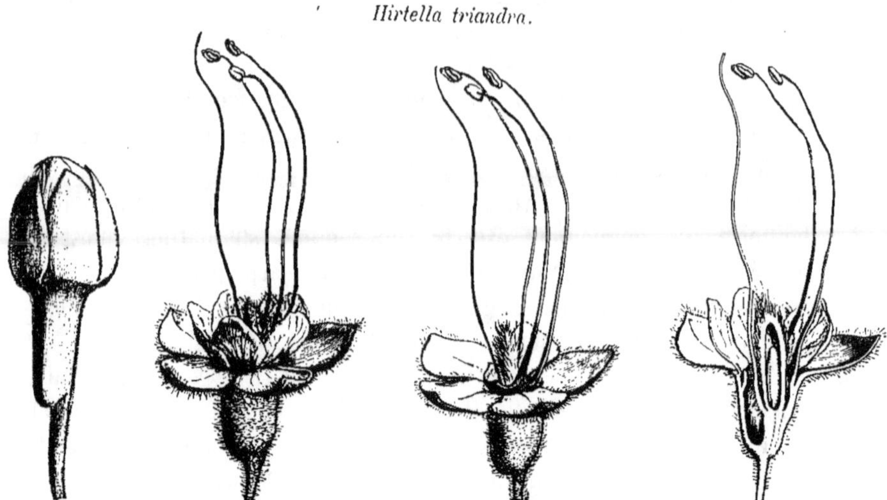

Hirtella triandra.

Fig. 495. Bouton.   Fig. 496. Fleur ($\frac{4}{1}$).   Fig. 497. Fleur, sans la corolle.   Fig. 498. Fleur, coupe
longitudinale.

ce sont celles qui s'insèrent du même côté que le gynécée. Elles se composent d'un filet, involuté dans le bouton et libre dans presque toute son
étendue, et d'une anthère biloculaire, introrse, déhiscente par deux fentes
longitudinales [2]. A leur base, les étamines sont reliées entre elles par un
petit anneau épaissi ; ce qui fait qu'elles sont en réa-
lité monadelphes, et du côté où s'est produit l'avortement presque total de l'androcée, on ne voit que
deux petites dents, saillantes sur le bord de cet anneau
et représentant deux staminodes ; ils sont, comme les
étamines fertiles, superposés chacun à un sépale. Le
gynécée est formé d'un seul carpelle, superposé à un
sépale [3], et composé d'un ovaire uniloculaire, et d'un
style gynobasique, grêle, inséré au pied de l'ovaire

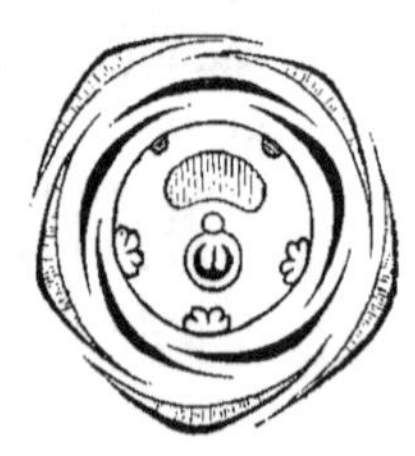

Hirtella triandra.

Fig. 499. Diagramme.

du côté qui regarde la fosse unilatérale du réceptacle, et terminé par
une très-petite tête stigmatifère. Près de la base de l'ovaire, on observe

1. Sw., *Prodr.*, 57; *Fl. ind. occ.*, I, 508.
— *H. americana* JACQ., *Amer.*; 8, t. 8. —
H. punctulata MIQ., in *Linnæa*, XIX, 439.
2. Le pollen est, suivant M. H. MOHL (in *Ann.
sc. nat.*, sér. 2, III, 341), analogue à celui des

Chrysobalanus; mais les bandes, au nombre de
trois ou quatre, qui s'observent sur chaque
grain, sont dépourvues de papilles.
3. Le sépale 3, comme dans les *Chrysobalanus* (fig. 499).

un placenta duquel s'élèvent deux ovules collatéraux, anatropes, dont le micropyle regarde en bas et du côté de l'insertion du style. Le fruit est une drupe, dont le noyau contient une seule graine, à embryon dépourvu d'albumen, avec les cotylédons épais et charnus, et la radicule infère.

Les autres espèces du genre *Hirtella* ont les fleurs construites de même, mais avec un plus grand nombre d'étamines fertiles. Ainsi l'*H. hirsuta*

Hirtella hirsuta.

Fig. 500. Fleur ($\frac{4}{1}$).

(fig. 500) en a six, parce qu'il y en a une paire, là où l'*H. triandra* n'en avait qu'une seule; de même les *H. brachystachya, elongata, americana* [1], etc. Ce même nombre s'observe aussi dans l'*H. Thouarsiana* [2], espèce malgache dont on avait fait un genre distinct, sous le nom de *Thelira* [3]. Lorsqu'au lieu d'une ou de deux étamines devant un ou plusieurs sépales, il y en a trois, l'androcée est composé de sept, huit ou neuf pièces. Le fruit des *Hirtella* est une drupe, plus ou moins allongée, à mésocarpe d'épaisseur et de consistance très-variables, avec un noyau monosperme, et une graine qui, sous des téguments membraneux, renferme un embryon charnu, sans albumen. Sa radicule est infère, et ses cotylédons épais se touchent par une surface plane ou plus ou moins sinueuse; on les dit même plissés et enveloppés l'un par l'autre dans le *Thelira*. Sur une quarantaine d'espèces admises aujourd'hui dans le genre, celle-ci est la seule qui soit originaire de l'ancien monde; les autres sont des arbres ou des arbustes de l'Amérique tropicale [4], com-

1. AUBL., *Guian.*, I, 247, t. 98 (nec JACQ.). — *H. hexandra* W., ex ROEM. et SCH., *Syst.*, V, 274. — *H. nitida* W., *loc. cit.* — *H. racemosa* LAMK, *Dict.*, III, 133. — *H. oblongifolia* DC., *loc. cit.*, n. 10. — *H. filiformis* PRESL, *Symb.*, II, 23, t. 68. — *H. coriacea* MART. et ZUCC., in *Abh. Münch. Akad.*, X, 383. Cette espèce peut avoir sept ou huit étamines, quand en face d'un ou deux de ses sépales il s'en trouve trois, au lieu d'une paire; et de même, quand une ou deux paires sont remplacées par une étamine solitaire, l'androcée ne se compose que de quatre

ou cinq pièces; tous faits qui expliquent bien la symétrie des étamines dans ce genre et dans quelques autres du même groupe.

2. H. BN, in *Adansonia*, VIII, 160.

3. DUP.-TH., *Gen. nov. madag.*, n. 72. — DC., *Prodr.*, II, 527. — ENDL., *Gen.*, n. 6412. — B. H., *Gen.*, 607 (*Parinarium*). — H. BN, *loc. cit.*, 159.

4. R. et PAV., *Fl.*, t. 227. — MIQ., *Stirp. surin.*, t. 7. — GRISEB., *Fl. brit. W. Ind.*, 229. — CHAM. et SCHLTL, in *Linnœa*, II, 548. — BENTH., in *Hook. Journ.*, II, 216. — MART. et

muns surtout au Brésil et à la Guyane, beaucoup plus rares aux Antilles ; leurs feuilles sont alternes, simples, pétiolées, accompagnées de deux stipules latérales caduques ; leurs fleurs sont disposées en grappes terminales ou axillaires, tantôt simples, tantôt rameuses, ou composées de cymes, assez fréquemment unipares à partir d'un certain niveau. Ces fleurs sont placées à l'aisselle de bractées, ordinairement chargées de poils, qui peuvent être glanduleux et se retrouver même sur le bord des folioles calicinales, principalement dans l'espèce de Madagascar.

Les *Couepia* [1] peuvent être décrits comme des *Hirtella* dont l'androcée est formé de quinze étamines au moins et souvent d'un nombre bien plus considérable. Tantôt ces étamines fertiles sont toutes d'un même côté de la fleur, comme dans les *Hirtella*, et alors l'anneau peu élevé que forment, par l'union de leur portion inférieure, les filets staminaux, ne présente de l'autre côté que de petites dents ou staminodes en nombre variable. Tantôt, au contraire, il y a des étamines fertiles en grand nombre, sur tout le pourtour de la fleur ; elles y sont disposées comme celles des Rosacées en général, et peuvent être entremêlées de filets plus ou moins allongés, mais stériles. Le réceptacle, en tube allongé, glanduleux à l'intérieur, le périanthe et le gynécée sont tout à fait construits comme dans les *Hirtella*. L'ovaire présente quelquefois un rudiment de fausse-cloison dans l'intervalle des deux ovules collatéraux qu'il renferme [2]. Le fruit est drupacé ; son mésocarpe est de forme et d'épaisseur très-variables [3]. Les *Couepia* sont des arbres et des arbustes de l'Amérique tropicale ; on en connaît une quarantaine d'espèces [4] ; leurs feuilles sont alternes, simples, pétiolées [5], accompagnées de deux stipules latérales caduques ; leurs fleurs sont disposées en grappes, simples, rameuses ou composées de cymes, tantôt axillaires et tantôt terminales.

Les *Parinari* [6] (fig. 501) peuvent être définis en peu de mots, quand

ZUCC., *loc. cit.*, 373. — SEEM., *Hcr.*, 118. — HOOK. F., in *Mart. Fl. bras.*, Rosac., 27, t. 9-12. — WALP., *Rep.*, II, 1 ; V, 646 ; *Ann.*, I, 270 ; II, 462.

1. AUBL., *Guian.*, 519, t. 207. — DC., *Prodr.*, II, 526. — BENTH., in *Hook. Journ.*, II, 212. — B. H., *Gen.*, 608, n. 9 (part. et excl. syn.). — *Acia* W., *Spec.*, III, 717. — *Dulacia* NECK., *Elem.*, n. 1236? — *Moquilea* (part.) BENTH., *loc. cit.* (nec AUBL.).

2. Ce qui diminue de beaucoup la valeur du genre *Parinari*.

3. Comme dans les *Licania* et les *Hirtella*. Le péricarpe est sec ou drupacé, globuleux, ovoïde, obové, oblong, ou arqué, réniforme.

4. MART. et ZUCC., *Nov. gen. et spec.*, II,

80, t. 166 ; in *Flora* (1832), Beibl. II, 90 ; in *Abh. Münch. Akad.*, X, 388. — POEPP. et ENDL., *Nov. gen. et spec.*, I, 75. — HOOK. F., in *Mart. Fl. bras.*, Rosac., 41, t. 13-16. — WALP., *Rep.*, II, 6.

5. Le sommet du pétiole est quelquefois pourvu de deux glandes latérales.

6. AUBL., *Guian.*, I, 514, t. 204, 206. — *Parinarium* J., *Gen.*, 342. — LAMK, *Dict.*, V, 17 ; Suppl., IV, 301 ; *Ill.*, t. 429. — DC., *Prodr.*, II, 526. — SPACH, *Suit. à Buffon*, I, 371. — ENDL., *Gen.*, n. 6411. — B. H., *Gen.*, 607, n. 5. — *Petrocarya* SCHREB., *Gen.*, 245. — *Balantium* DESVX, in *Ham. Prodr. fl. ind. occ.*, 34. — *Dugortia* SCOP., *Introd.*, n. 956. — *Maranthes* BL., *Bijdr.*, 89. — *Exitelia* BL., *Fl. Jav.*

on connaît les genres précédents : ce sont des *Couepia* dont les étamines fertiles, au nombre de dix à vingt, ou en nombre indéfini, sont fertiles d'un côté de la fleur seulement, ou sur tout le pourtour du réceptacle, et dont l'ovaire est partagé en deux demi-loges uniovulées, par une

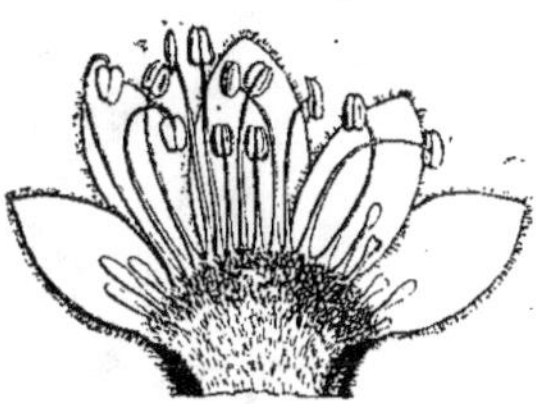

Parinarium senegalense.

Fig. 501. Périanthe et androcée, étalés.

fausse-cloison verticale qui, des parois, s'avance dans l'intervalle des deux ovules collatéraux. Il en est souvent de même du fruit drupacé [1], dont le noyau peut avoir deux logettes monospermes. Les graines renferment un embryon charnu à radicule infère. Les *Parinari* sont des arbres dont on a décrit plus de trente espèces; leurs feuilles sont alternes, persis-tantes, simples, à limbe souvent pourvu de deux glandes latérales basilaires, à pétiole accompagné de deux stipules latérales; leurs fleurs sont disposées en grappes ou en corymbes, simples ou composés de cymes [2]. La moitié environ des espèces habite l'Amérique tropicale [3]; les autres appartiennent à l'ancien monde, à l'Afrique tropicale et australe [4], à l'Australie [5], quelques-unes enfin à l'archipel Indien [6]. Parmi ces dernières, il y a des espèces dont les fleurs possèdent souvent un nombre réduit d'étamines et un récep-tacle beaucoup moins profond que celui des *Hirtella* et des *Couepia*. On les a cependant réunies au genre *Parinari*, malgré ces dissem-blances, parce que leur ovaire et leur fruit présentent cette fausse-cloison qui se produit dans l'intervalle des deux ovules ou des deux graines; mais l'existence d'un rudiment de ce processus intérieur de la paroi ovarienne dans quelques *Couepia*, prouve l'étroite parenté de ce genre et du *Parinari*, et en somme le peu de valeur de ce dernier [7].

---

præf., VII. — *Grymania* PRESL, *Epimel.*, 193. — *Lepidocarya* KORTH., in *Ned. Kruidk. Arch.*, III, 386. — *Entosiphon* BEDD., in *Madr. Journ. sc.*, ser. 3, I, 44 (ex B. H.).

1. Exceptionnellement, certaines fleurs dicar-pellées peuvent produire deux drupes.

2. L'inflorescence est rameuse dans les es-pèces dont DE CANDOLLE a formé sa section *Pe-trocarya*, tandis que ses *Neocarya* sont décrits comme ayant des grappes simples et terminales. Les inflorescences des *Parinari* présentent, en un mot, toutes les variations observées dans les *Couepia*.

3. BENTH., in *Hook. Journ.*, II, 213. — MART., *Obs.* (1819), n. 2670. — HOOK. F., in *Mart. fl. bras., Rosac.*, 49, t. 17, 18.

4. SAB., in *Trans. hort. Soc.*, V, 451. —

PERR. et GUILL., *Fl. Seneg. tent.*, I, 272, t. 61, 62. Le *P. senegalense* PERR., décrit dans cet ouvrage, auquel est empruntée la figure 501, est le *Neou* d'ADANSON (ex J., *Gen.*, 342). La seconde espèce qui s'y trouve mentionnée, le *P. excelsum* SAB., est le *Mampata* d'ADANSON (ex J., *loc. cit.*). — BENTH., *Niger*, 333. — HARV. et SOND., *Fl. cap.*, II, 596. — H. BN, in *Adansonia*, VII, 224; IX, 148.

5. BENTH., *Fl. austral.*, II, 426.

6. MIQ., in *Ann. Mus. Lugd.-Bat.*, III, 237; *Fl. ind.-bat.*, I, p. I, 352; Suppl., I, 306. — A. GRAY, *Bot. Unit. States expl. Exp.*, t. 54, 55. — KORTH., in *Verh. Nat. Gesch.*, 259, t. 70. — Pour les espèces de divers pays, voyez WALP., *Rep.*, II, 7; V, 647; *Ann.*, II, 463; IV, 644.

7. Nous n'avons pu étudier le genre *Tricha-*

Les Coupis [1] (fig. 502, 503) ont aussi le réceptacle, à tube unilatéral profond, des *Hirtella*, des *Couepia* et de la plupart des *Parinari*. Dans les fleurs de l'*Acioa guianensis*, qui est le prototype de ce genre, on observe cinq sépales et cinq pétales alternes, imbriqués, et de dix à quinze étamines fertiles, toutes situées d'un même côté de la fleur; de l'autre côté, celui où se trouve le tube réceptaculaire, la collerette androcéenne ne porte que de petites dents stériles, en nombre variable. Mais les filets des étamines fertiles sont unis entre eux dans une grande étendue, en une longue bandelette ligulée, involutée en spirale dans la préfloraison, et sortant ensuite longuement d'un côté de la fleur épanouie. Vers leur sommet, les filets deviennent libres et supportent chacun une anthère, courte, biloculaire, introrse, déhiscente par deux fentes longitudinales. Le gynécée est inséré et construit comme celui des *Hirtella*. Son style, basilaire, très-long, est terminé par un

Acioa guianensis.

Fig. 502. Fleur, coupe longitudinale ($\frac{1}{1}$).

stigmate à peine épaissi; il est enroulé sur lui-même dans le bouton et exsert lors de l'anthèse. Le fruit est une drupe, à mésocarpe définitivement sec, dur, épais et à noyau monosperme; la graine renferme un embryon à radicule infère.

On a désigné sous le nom de *Griffonia* [2], des plantes africaines dont

carya (MIQ., *Fl. ind.-bat.*, I, 357; Suppl., I, 116), que MM. BENTHAM et J. HOOKER placent (*Gen.*, 607, n. 6) à côté du genre *Parinari*, et qui, avec les caractères de ce dernier, une fleur pentamère, un androcée formé de vingt-cinq étamines environ, insérées tout autour de la fleur, présenterait un réceptacle floral tubuleux, cylindrique, entièrement rempli par un gynophore accrescent. L'ovaire, inséré en haut du tube réceptaculaire, est décrit comme renfermant un (?) ovule, et comme étant accompagné d'un style basilaire. Le fruit est une drupe à noyau coriace, garni intérieurement de poils. On a décrit deux espèces de ce genre, l'une de Bornéo et l'autre de Sumatra, nommées par KORTHALS (in *Ned. Kruidk. Arch.*, III, 384, 388), la première *Angelesia splendens*, et la dernière *Diemenia racemosa*. N'était le singulier caractère présenté par le gynophore, et qui, de l'avis de M. MIQUEL lui-même, a besoin d'être vérifié, ces plantes paraîtraient devoir se rapporter au genre *Parinari*. Dans son dernier travail sur ces plantes, M. MIQUEL (in *Ann. Mus. Lugd.-Bat.*, III, 236) a maintenu comme distincts les genres *Angelesia* et *Diemenia*, qui, en 1865, avaient été réunis en un seul, comme nous venons de le voir, par MM. BENTHAM et HOOKER. Il paraît que l'herbier de Leyde ne possède pas actuellement d'échantillons suffisants pour qu'on puisse se prononcer nettement et définitivement sur toutes ces questions.

1. *Acioa* AUBL., *Guian.*, 698, t. 280.— DC., *Prodr.*, II, 526. — SPACH, *Suit. à Buffon*, I, 371. — H. BN, in *Adansonia*, VI, 222. — *Acia* (part.) W., *loc. cit.* — *Dulacia* NECK., *Elem.*, n. 1236 (ex DC.). — *Couepia* (part.) B. H., *Gen.*, 608, n. 9.

2. HOOK. F., *loc. cit.*, n. 10 (nec H. BN).

la fleur est construite comme celle de l'*A. guianensis* et qui n'en peuvent être séparées génériquement. La bandelette que forment les étamines fertiles y peut être plus longue encore que dans l'espèce de la Guyane, et ces étamines y sont au nombre de dix à quinze, ou en nombre plus considérable, mais toujours unilatérales. Le fruit est de forme très-variable [1]. On connaît déjà cinq ou six de ces espèces de l'Afrique tropicale occidentale [2]. Ainsi constitué, le genre *Acioa* est formé d'arbres ou d'arbustes, dressés ou grimpants, à feuilles alternes, simples, entières, dont le pétiole est accompagné

Acioa guianensis.

Fig. 503. Diagramme.

de deux stipules latérales caduques. Les fleurs sont axillaires ou terminales, réunies en grappes simples ou ramifiées, ou composées de cymes; les bractées sont assez fréquemment glanduleuses, ainsi que celles des *Hirtella*, et il peut en être de même des sépales.

Le *Parastemon* [3] a des fleurs analogues à celles des espèces asiatiques du genre *Parinari*, dont il a été question en dernier lieu, avec un réceptacle peu profond, cupuliforme. Sur l'un des côtés de cette coupe, s'insère un gynécée, tantôt fertile et tantôt stérile, car les fleurs sont polygames-dioïques. Sur ses bords sont portés un calice de cinq sépales imbriqués, une corolle de cinq pétales, également imbriqués et caducs, et un androcée qui n'est formé que de deux étamines fertiles, superposées à deux sépales. Chacune de ces étamines se compose d'un filet, plus long que la corolle, involuté dans la préfloraison, et d'une anthère biloculaire, introrse, oscillante. L'intérieur du réceptacle est tapissé d'un disque glanduleux, dont le bord devient surtout épais du côté opposé à l'insertion des étamines. L'ovaire est accompagné d'un style basilaire grêle; il devient un fruit oblong, glabre, obtus au sommet, à péricarpe presque ligneux, renfermant une seule graine, dont les téguments, minces et membraneux, enveloppent un embryon dressé et dépourvu d'albumen. La seule espèce connue de ce genre est le *P. uro-*

---

1. « *Nux sicca, oblonga vel obpyriformis, subcompressa, crustacea, 1-sperma, loculo intus pilis fulvidis hispido.* » (B. H., *loc. cit.*). Comme dans les *Couepia*, le carpelle est superposé au sépale 3. Il n'y a pas d'ailleurs, nous l'avons établi, de caractère générique distinctif suffisant entre le *Coupi* de la Guyane et les espèces de l'Afrique tropicale, dont nous faisons dans ce genre le type d'une simple section, sous le nom de *Lorandra* (HOOK. F., *mss.*).

2. H. BN, *loc. cit.*, 223, 224, note.

3. A. DC., in *Ann. sc. nat.*, sér. 2, XVIII, 208. — PL., in *Ann. sc. nat.*, sér. 4, II, 258. — B. H., *Gen.*, 607, n. 7.

phyllus [1]. C'est un arbuste glabre, qui habite la Malaisie. Ses feuilles sont alternes, simples, persistantes, lancéolées, accompagnées de stipules latérales peu développées. Les fleurs, petites et nombreuses, sont réunies en grappes minces et grêles, axillaires ou terminales.

Le groupe des Rosacées est assez naturel pour qu'on ait très-anciennement pressenti son ensemble et ses limites. B. DE JUSSIEU, dans son Catalogue du jardin de Trianon [2], et ADANSON, dans ses *Familles des plantes* [3], peuvent cependant être considérés comme ayant nettement défini, l'un un Ordre naturel des *Rosaceæ*, l'autre une Famille des Rosiers (*Rosæ*). A. L. DE JUSSIEU élargit beaucoup, pour limiter son Ordre des Rosacées (*Rosaceæ*) [4], le cadre dressé par ses prédécesseurs : car, outre les genres de Rosacées aujourd'hui admis par la plupart des botanistes, il y fit entrer les *Tetracera*, les *Tigarea* et les *Delima*, qui sont des Dilléniacées ; les *Suriana*, aujourd'hui rapprochés des Rutacées ; un genre attribué depuis aux Bixacées ou aux Tiliacées, le *Prockia ;* celles des Homalinées que l'on connaissait de son temps, l'*Homalium*, le *Napimoga* et le *Blackwellia*, plus le *Calycanthus*, et une Myrtacée, le *Plinia*. A. P. DE CANDOLLE [5] prononça définitivement l'exclusion de la plupart de ces genres étrangers aux Rosacées ; et à part le *Cephalotus* [6], les *Amoreuxia* [7] et le *Trilepisium* [8], les genres qu'il conserva dans cette famille y sont maintenus de nos jours par la plupart des botanistes. Il résista en même temps à cette tendance dont R. BROWN [9] venait de donner l'exemple, et qui consistait à considérer comme autant d'ordres distincts les tribus secondaires admises dans l'ensemble de la famille des Rosacées par A. L. DE JUSSIEU, comme les *Pomaceæ*, *Rosæ*, *Sanguisorbæ*, *Potentillæ*, *Spireæ* [10], *Amygdaleæ*. ENDLICHER [11] et LINDLEY [12] se montrèrent d'un avis contraire : le premier en distinguant, dans une grande Classe des Rosiflores, les cinq ordres des Pomacées, des Calycanthées, des Rosacées (subdivisées en Rosées, Dryadées, Spiréacées, Neuradées [13]), Amyg-

---

1. A. DC., *loc. cit.*—WALP., *Ann.*, IV, 648.
— *Embelia urophylla* WALL., *Cat.*, n. 2309.
— A. DC., in *Trans. Linn. Soc.*, XVII, 131.
2. 1759, ex A. L. J., *Gen.*, lxx.
3. II (1763), 14, 286, Fam. XLI.
4. *Op. cit.*, 334, Ord. X.
5. *Prodr.*, II (1825), 525-639.
6. Qui est une Saxifragée ou une Crassulacée.
7. Placés parmi les Bixacées par MM. BENTHAM et J. HOOKER (*Gen.*, 124).
8. DUP.-TH., *Gen. nov. madag.*, 22, n. 74.
— DC., *Prodr.*, II, 639.—ENDL., *Gen.*, n. 6416.

« *E charactere dato certe non hujus ordinis.* »
(B. H., *Gen.*, 605.)
9. *Voy. Congo* (1818), 433 ; *Misc. Works*, ed. BENN., 1, 115.
10. Nous supprimons ici celle des *Prockieæ* (339), qui ne renferme que des Dilléniacées, avec le *Prockia*, l'*Hirtella* étant la seule Rosacée qui s'y trouve placée et qui appartient, nous l'avons vu, aux Chrysobalanées.
11. *Gen.* (1836-1840), 1236, Cl. LXI.
12. *Veg. Kingd.* (1846), 539, All. XLII.
13. Ce petit groupe, formé des genres *Neu-*

dalées et Chrysobalanées ; le second en considérant comme, des ordres distincts de son Alliance des *Rosales*, au même titre que les Légumineuses (*Fabaceæ*) et les Calycanthées, les cinq groupes des *Chrysobalanaceæ* [1], *Drupaceæ* [2], *Pomaceæ* [3], *Sanguisorbaceæ* [4] et *Rosaceæ* proprement dites.

Dans la famille des Rosacées, telle que l'admettait A. P. DE CANDOLLE, il y avait soixante-neuf genres établis avant lui ou par lui, et qui, dans notre énumération, se trouvent réduits au nombre de soixante-cinq. Seize d'entre eux étaient des genres linnéens, savoir : *Rosa, Agrimonia, Alchemilla, Sanguisorba, Cliffortia, Fragaria, Potentilla, Rubus, Geum, Dryas, Spiræa, Pyrus, Cratægus, Prunus, Chrysobalanus* et *Hirtella*. Il conservait le *Cydonia* de TOURNEFORT [5] ; les quatre genres d'AUBLET [6], *Couepia, Acioa, Parinari* et *Licania;* les *Polylepis, Margyricarpus, Kageneckia* et *Smegmadermos* [7] de RUIZ et PAVON ; le *Grangeria* de COMMERSON [8], l'*Acæna* de VAHL [9], les *Lindleya, Cercocarpus* et *Brayera* de KUNTH [10], le *Gillenia* de MOENCH [11] et le *Neillia* de DON [12]. DE CANDOLLE avait lui-même [13] établi les deux genres nouveaux *Purshia* et *Kerria*, et il adoptait ceux que LINDLEY venait de proposer [14], dans le groupe des Pomacées, savoir : les *Raphiolepis, Chamæmeles, Eriobotrya, Osteomeles* et *Amelanchier* [15]. Quant au *Stylobasium*, établi par DESFONTAINES en 1819, on l'attribuait encore aux Térébinthacées. On rangeait près des Hypéricinées ou des Chlénacées l'*Eucryphia* de CAVANILLES [16] ; et le *Pygeum* de GÆRTNER [17] n'était pas encore considéré comme une Rosacée. Le *Lecostemon* de MOCINNO et SESSE [18] n'était regardé que comme une Rosacée douteuse. En somme, le nombre des génres connus que nous admettons aujourd'hui dans cette famille s'élevait alors à quarante-trois.

rada et *Grielum*, a été, depuis A. L. DE JUSSIEU (*Gen.*, 336), rapporté aux Rosacées, dont il se rapproche beaucoup, il est vrai, par la situation de ses carpelles ; mais il nous paraît devoir se rapprocher de préférence d'un tout autre groupe naturel, celui qui renferme les Biebersteiniées (voy. p. 446) ; de sorte qu'il n'en sera plus ici question dans l'énumération des différents genres de la famille des Rosacées.

1. LINDL., *Introd.*, ed. 2, 158 ; *Veg. Kingd.*, 542, Ord. CCVIII. — *Chrysobalaneæ* R. BR., *loc. cit.*—DC., *Prodr.*, II, 525.— ENDL., *Gen.*, 1251, Ord. CCLXXIV.

2. DC., *Fl. fr.*, IV (1805), 479. — LINDL., *op. cit.*, 557, Ord. CCX. — *Amygdaleæ* JUSS., *Gen.*, 340.—ENDL., *Gen.*, 1250, Ord. CCLXXIII.

3. LINDL., in *Trans. Linn. Soc.*, XIII (1821), 93. — ENDL., *Gen.*, 1236, Ord. CCLXX.

4. *Veg. Kingd.*, 561, Ord. CCXII. — *Cliffortiaceæ* MART., *Consp.*, 216.

5. *Inst.*, I (1700), 632.

6. *Pl. de la Guyane franç.* (1775).

7. Décrit antérieurement par MOLINA (1782), sous le nom de *Quillaja*, et placé par A. L. DE JUSSIEU (*Gen.*, 444) parmi les *Gen. incertæ sedis.*

8. Ex J., *Gen.* (1789), 340.

9. *Enum.*, I (1804-1806), 273.

10. *Nov. gen. et spec. pl. æquin.*, VI (1823), et in BRAYER, *Note sur une nouv. pl. Rosac.* (1823).

11. *Meth.*, Suppl. (1802), 286.

12. *Prodr. fl. nepal.* (1802-1803), 228.

13. In *Trans. Linn. Soc.*, XII, p. II (1818), 152-159.

14. In *Trans. Linn. Soc.*, XIII (1821), 93.

15. Reproduit de MEDICUS, *Gesch. d. Botan.* (1793).

16. *Icones*, IV (1797), 49, t. 372.

17. *De fruct. et semin. plant.*, I (1788), 218.

18. Ex DC., *Prodr.*, II (1825), 639.

Les vingt et un autres genres sont de création contemporaine, ou peu s'en faut. C'est aux botanistes anglais et américains qu'on en doit le plus grand nombre ; car ils ont, de 1822 à 1867, établi les treize genres *Nuttallia*, *Exochorda*, *Prinsepia*, *Adenostoma*, *Cowania*, *Bencomia*, *Stranvœsia*, *Maddenia*, *Canotia*, *Coleogyne*, *Chamœbatia*, *Neviusia* et *Strephonema*. En Allemagne, ont été déterminés, dans la même période à peu près, les genres *Euphronia*[1], *Pterostemon*[2], *Fallugia*[3], et *Leucosidea*[4]. Siebold et Zuccarini ont découvert, dans leurs travaux sur la flore japonaise, les deux genres *Stephanandra*[5] et *Rhodotypos*[6]. M. A. De Candolle a décrit en 1842 le genre *Parastemon*, et M. Miquel vient de faire connaître[7], avec plus de détails que Korthals, le *Diemenia* et l'*Angelesia*, réunis par d'autres sous le nom générique commun de *Trichocarya*[8].

Ainsi constituée, la famille des Rosacées, dont les genres conservés par nous renferment de neuf cents à mille espèces, possède-t-elle des caractères communs et absolus ? Nous ne le pensons pas. Sans doute, les fleurs y sont très-souvent régulières ; mais le fait n'est pas constant, puisqu'un grand nombre de Chrysobalanées ont un androcée unilatéral, un gynécée à insertion excentrique et un réceptacle à cavité tubuleuse unilatérale. Le réceptacle y est très-souvent concave, avec insertion périgynique du périanthe et de l'androcée ; si bien qu'on peut, d'une manière très-générale, considérer les Rosacées comme des Renonculacées périgynes. Mais l'insertion des étamines est hypogyne dans le *Canotia*, genre d'affinités douteuses, il est vrai, et dans les *Stylobasium* qui ne sauraient être éloignés des *Lecostemon*. Le gynécée est très-fréquemment *polycarpique* ; mais l'ovaire est syncarpé et pluriloculaire dans un assez grand nombre de Quillajées : les *Exochorda*, *Lindleya*, *Euphronia*, *Eucryphia*, etc. Les graines sont ordinairement dépourvues d'albumen ; cependant il existe, en quantité variable, dans les *Neillia*, *Gillenia*, *Neviusia*, *Eucryphia*, *Euphronia*, *Canotia*, *Purshia*, *Chamœbatia*, *Cowania*, etc. Les feuilles sont presque toujours alternes ; toutefois elles deviennent opposées dans les *Rhodotypos*, qui ont d'ailleurs tout à fait

1. Mart., *Nov. gen. et spec.*, I (1824), 121.

2. Schauer, in *Linnœa*, XX (1847), 736.

3. Endl., *Gen.* (1836-1840), 1246.

4. Eckl. et Zeyh., *Enum. pl. cap.* (1834-1837), 265.

5. In *Abh. Münch. Akad.*, III (1843), 739.

6. *Fl. jap.*, 187, t. 90 (1835).

7. In *Ann. Mus. Lugd. Bat.*, III (1867), 236.

8. *Fl. ind.-bat.*, I, p. I (1855), 357. On a encore rapporté, comme genre douteux, à la famille des Rosacées, le *Staphylorhodos* (Turcz., in *Bull. Mosc.* (1862), II, 231), genre regardé à tort comme venant de la Nouvelle-Zélande, au dire de MM. Bentham et Hooker (*Gen.*, 606), qui considèrent ce type comme tout à fait incertain

les organes de végétation des *Kerria* [1], dans les *Eucryphia*, les *Coleogyne*. Il y a ordinairement des stipules dans les Rosacées ; elles manquent pourtant dans plusieurs Spirées, les *Nuttallia*, *Exochorda*, plusieurs Chrysobalanées. Disons donc, d'une manière tout à fait générale et sans oublier ces nombreuses exceptions : les Rosacées peuvent être considérées comme des Renonculacées périgynes, à feuilles pourvues de stipules, à embryon dépourvu d'albumen.

Les caractères de quelque valeur, qui sont variables, ont servi à établir les séries ou tribus dont nous résumons ici, d'accord avec les auteurs les plus récents, les traits les plus importants. Ces séries sont, nous l'avons vu, au nombre de huit.

I. Rosées. — Ovaires infères ou inclus dans la cavité réceptaculaire. Fruits secs, enveloppés d'une induvie charnue, de nature réceptaculaire. Pas de calicule. Ovaires uniovulés ou biovulés. Ovules descendants, à micropyle extérieur. Feuilles presque toujours composées-pennées. Tige ligneuse.

II. Agrimoniées. — Fruits secs, inclus dans une induvie sèche, rarement charnue. Corolle ordinairement nulle. Calicule presque toujours nul. Ovaires uniovulés. Ovules descendants, à micropyle extérieur. Tige herbacée ou ligneuse.

III. Fragariées. — Ovaires libres, non inclus dans la cavité du réceptacle. Fruits supères. Ovules solitaires ou géminés, ascendants ou descendants, avec le micropyle extérieur. Tige herbacée ou frutescente.

IV. Spiréées. — Carpelles non inclus, solitaires ou nombreux. Ovules solitaires, géminés ou nombreux. Calicule souvent nul.

V. Quillajées. — Carpelles non inclus, ordinairement en même nombre que les sépales, indépendants ou réunis en un fruit pluriloculaire. Ovules géminés ou nombreux, ascendants ou descendants, à micropyle extérieur. Calicule nul. Tige ligneuse.

VI. Pyrées. — Carpelles en totalité ou en grande partie logés dans la cavité réceptaculaire, solitaires ou peu nombreux, en même nombre au plus que les sépales. Fruit pomacé, ordinairement couronné des restes du calice ou de ses cicatrices. Ovaires presque toujours biovulés. Ovules collatéraux, ascendants, à micropyle extérieur et inférieur. Tige ligneuse.

VII. Prunées. — Carpelle presque toujours solitaire, libre, non inclus. Style inséré au sommet de l'ovaire. Ovules géminés, collatéraux, descen-

---

1. On voit assez fréquemment dans nos cultures les feuilles devenir accidentellement opposées dans les Spirées, les Ronces, les Rosiers, les Pruniers, etc.

dants, avec le micropyle supérieur et extérieur. Tige ligneuse. Feuilles simples.

VIII. Chrysobalanées. — Fleurs souvent insymétriques. Carpelle presque toujours solitaire. Style à insertion gynobasique. Ovules géminés, collatéraux, ascendants, avec le micropyle inférieur, tourné du côté de l'insertion du style. Tige ligneuse. Feuilles simples [1].

Affinités. — Beaucoup d'auteurs ont indiqué les rapports des Rosacées avec celles des *Polycarpicœ* dont nous les rapprochons aujourd'hui. Les Calycanthées ont été placées dans la famille même des Rosacées, et nous savons leurs affinités étroites avec les Magnoliacées, les Illiciées surtout, dont elles ne diffèrent guère que par la forme de leur réceptacle. Comme ce réceptacle est tout à fait celui des Roses, il n'y a qu'un seul trait qui sépare les Calycanthées des Rosacées : la disposition, spirale dans les premières, des folioles de l'androcée, qui sont groupées par verticilles dans les dernières. Mais cette différence a au fond d'autant moins d'importance, que nous avons vu des genres à étamines curvisériées et d'autres genres à androcée verticillé, réunis dans la seule et même famille des Renonculacées. Ces dernières ont été violemment éloignées des Rosacées, par une application rigoureuse des principes d'A. L. de Jussieu sur la valeur de l'insertion, conséquence immédiate de la configuration du réceptacle. Les Rosacées, une fois reléguées dans la périgynie, bien loin des familles à insertion hypogynique dont les Renonculacées sont le type le plus connu, on a dû méconnaître cette frappante identité de tous les autres caractères, qui porte le vulgaire à rapprocher, comme instinctivement, un Bouton-d'or ou d'argent d'une Potentille à fleurs jaunes ou blanches. Sans doute, l'hypogynie donne au groupe des Renonculacées un caractère général bien distinct, comme aux Rosacées la périgynie ; mais il ne faut pas oublier que la périgynie s'efface en grande partie dans les *Stylobasium* et dans plusieurs genres du groupe

[1]. On ne saurait non plus étudier la structure anatomique des Rosacées d'une manière générale. Les arbres de cette famille sont en partie de ceux qui ont servi à établir le type, généralement admis, de l'organisation ordinaire des tiges dicotylédones. Tels sont surtout les *Prunus* et les *Pyrus* (Mirb., in *Mém. Mus.*, XVI (1828), 29, 30 ; — Link, *Icon. sel.*, fasc. I, VI, 1-3 ; VIII, 3-5 ; — H. Mohl, in *Bot. Zeit.* (1855), 879 ; — Schacht, *Der Baum*, 195 ; — Wigand, *Uber die Organis. d. Pflanz.*, in *Pringhs. Jahrb.*, III, 115), les *Rubus* (Kiés., *Mém. sur l'org. des pl.* (1814), t. 16 ; — Schultz (C. H.), *Die Cycl.*, in *Nov. Act.*, XVIII (1841), Suppl. II, t. 25), et les *Rosa* (Meyen, *An. und. Phys. d. Gew.* (1836), t. III, 11). — Voy. encore Oliv., *the Struct. of the Stem in Dicot.*, 12. Les Chrysobalanées ont été peu étudiées sous le rapport histologique (Vog. H. Mohl, in *Bot. Zeit.* (1861), 211, et Wicke, 97). Il n'est pas certain que la singulière plante des Antilles, dite *Canto* ou *Canta*, étudiée par Crueger (in *Bot. Zeit.* (1857), 281, 298), et qui est remarquable par son prosenchyme entrecoupé de bandes d'un tissu cellulaire spécial, et par son écorce à dépôts siliceux, soit réellement une Chrysobalanée.

des Fragariées, et que, d'un autre côté, il y a des Renonculacées à insertion légèrement périgynique, comme les Pivoines ; que le *Crossosoma*,
qu'on en fasse une Renonculacée ou un genre de la famille si voisine
des Dilléniacées, a un réceptacle franchement concave, et que, dans ce
même groupe des Dilléniacées, il y a un *Hibbertia* à réceptacle de Potentille, inséparable cependant des autres *Hibbertia* et placé à un certain
moment parmi les Rosacées, sous le nom de *Warburtonia*.

Il y a encore deux familles dont les affinités avec les Rosacées sont
tellement étroites, et qui s'en distinguent si peu par un caractère absolu
quelconque, qu'on ne peut les en séparer que d'une façon purement
conventionnelle. Ce sont les Saxifragacées et les Légumineuses.

Quant aux Saxifragacées, il ne s'agit pas ici de leur type le plus ordinaire, de celui que représentent les Saxifrages elles-mêmes et les genres
herbacés voisins. La connaissance de ces types, plus généralement répandue que celle des genres périphériques de cette famille naturelle, a
porté la plupart des auteurs à laisser les Saxifragacées dans le groupe
des familles à placentation pariétale, et c'est là que nous les laisserons
également, puisque dans une série linéaire, on ne peut tenir compte à la
fois de tous les caractères importants et de toutes les affinités. Mais, outre
que la plupart des familles naturelles à fleurs dont le gynécée est formé
de plusieurs carpelles indépendants, peuvent en même temps comprendre des genres d'ailleurs tout à fait semblables, mais dont les carpelles sont unis bords à bords et constituent un seul ovaire à plusieurs
placentas pariétaux [1], il y a, dans la tribu des Cunoniées, des genres
dont les carpelles sont indépendants, ou à peu près, et dont les fleurs
sont entièrement construites comme celles de plusieurs Spiréées ; le fruit,
les feuilles, l'inflorescence et le port sont aussi les mêmes des deux côtés ;
de façon que l'on comprend que certains genres aient été, sous des noms
divers, placés indifféremment dans les Saxifragacées ou dans les Rosacées [2]. Il y a, il est vrai, un moyen regardé comme infaillible jusque
dans ces derniers temps, pour distinguer nettement les Rosacées des
Saxifragacées, lorsqu'on peut examiner la structure des graines ; celles
des premières étant considérées comme toujours dépourvues d'albumen,
tandis que celles des dernières en seraient constamment pourvues. Mais

1. Comme les *Monodora* parmi les Anonacées, les *Berberidopsis* parmi les Berbéridées, les Canellées parmi les Magnoliacées, etc. (Voy. pp. 123, 164, 171, 246, 263).

2. Il suffit de rappeler que les *Neillia*, sous le nom d'*Adenilema*, ont été classés parmi les Saxifragacées, tandis que les *Astilbe*, avec la désignation d'*Hoteia*, ont pris rang pendant quel-que temps parmi les Rosacées. Le *Luetkea* ou *Eriogyna*, qui n'est qu'une Spirée, avait aussi été considéré comme un genre de la famille des Saxifragacées.

ce caractère distinctif nous échappe malheureusement, aujourd'hui que l'on connaît beaucoup de Rosacées dont l'embryon est entouré d'une couche plus ou moins abondante de périsperme, ainsi que nous l'avons vu dans les *Gillenia*, *Rhodotypos*, *Neillia*, *Canotia*, *Purshia*, etc. Et, d'autre part, des groupes secondaires très-naturels, comme celui qui est formé des *Brexia* et des *Roussœa*, et qu'on s'accorde aujourd'hui à faire rentrer dans l'ensemble des Saxifragacées, nous montrent un périsperme, nul dans le premier de ces genres, abondant au contraire dans le dernier [1]. En somme, une Saxifrage n'a presque aucun caractère commun avec un Rosier ou un Poirier; les types qui, dans ces deux départements du Règne végétal, occupent le centre, le point culminant de la région, sont essentiellement distincts l'un de l'autre; mais, vers la limite commune des deux circonscriptions, il n'y a jusqu'à présent aucun trait absolu de démarcation [2].

On peut en dire autant des Légumineuses; et il semblerait puéril qu'on pût chercher à distinguer entre elles les deux familles, si elles n'étaient représentées, par exemple, l'une que par un Pommier, et l'autre par un Pois ou un Haricot. Des fleurs régulières, polyandres, pluricarpellées d'une part, avec un fruit de ceux qu'on a appelés infères, et un péricarpe pluriloculaire, en grande partie charnu; d'autre part, des fruits libres, secs, déhiscents, unicarpellés, des gousses, en un mot, avec une fleur aussi irrégulière que possible, une corolle papilionacée et un androcée tout spécial; ce sont là des différences énormes, s'il en est, dans le Règne végétal. Et cependant les Chrysobalanées à ovaire biovulé et inséré sur le côté de la coupe réceptaculaire, deviennent à cet égard tout à fait pareilles à certaines Césalpiniées à insertion excentrique et à gynécée uni ou pauciovulé. A la gousse allongée et sèche des Légumineuses ordinaires, se substituent, dans certaines Dalbergiées et aussi dans quelques Césalpiniées, des fruits courts, monospermes, indéhiscents, drupacés même dans certains genres, ou de véritables achaines, comme ceux de plusieurs Rosacées. Les Connaracées d'ailleurs sont aussi bien rattachées, par leurs graines et leurs fruits, à certaines Spirées dont elles ont encore toute la fleur, qu'au groupe particulier des Détariées et des Copaïférées, qui sont inséparables des Légumineuses. Et les quelques Mimosées à gynécée pluricarpellé qu'on a décrites [3], présentent, outre

---

1. Voy. *Adansonia*, V, 290, 292. Des différences analogues s'observent dans le petit groupe des Pittosporées.

2. Ce qui vient d'être dit des rapports des Rosacées et des Saxifragacées pourrait aussi s'appliquer aux Homalinées, qu'il est bien difficile de distinguer absolument des Saxifragacées, et que A. L. DE JUSSIEU avait, comme nous l'avons vu, placées parmi les Rosacées.

8 Notamment les *Affonsea* A. S. H. et le

une régularité complète de leurs fleurs, ce nombre multiple des éléments du gynécée, qui ne semblait guère compatible, au premier abord, avec l'existence d'un seul carpelle, destiné à devenir la gousse isolée de la plupart des Légumineuses.

Les familles auxquelles les Rosacées se rattachent encore, moins directement, il est vrai, sont les suivantes :

1.° Les Renonculacées, dont les types périgynes, tels que les *Pæonia* et le *Crossossoma*, ne diffèrent plus de la plupart des Rosacées que par l'absence des stipules et la présence d'un albumen.

2° Les Rhamnacées, dont les affinités avec les Pyrées ont été reconnues depuis longtemps par un grand nombre d'auteurs.

3° Les Ternstrœmiacées et les Légnotidées, dont les Quillajées, comme les *Euphronia*, *Eucryphia*, ont plus d'un trait, notamment dans les graines ailées ou comprimées, albuminées, l'ovaire pluriloculaire, la disposition de l'androcée, surtout si l'on compare ces genres avec les Bonnétiées, les *Anisophyllea*, *Macarisia*, etc.;

4° Les Rutacées et les Simaroubées enfin, dont les Rosacées se rapprochent beaucoup par le curieux genre *Rigiostachys* [1], sans parler des rapports étroits qu'affectent, avec les Bieberstéiniées, les Neuradées placées si souvent dans la famille des Rosacées.

La distribution géographique des Rosacées comporte une aire des plus étendues. Cette famille est représentée, depuis la Laponie jusqu'à la Nouvelle-Zélande et aux parties les plus méridionales de l'Amérique du Sud, dans tous les pays du monde ou à peu près. Les Chrysobalanées sont seules exclusivement des plantes des pays chauds. Les Quillajées appartiennent à des régions plus tempérées ; car elles se rencontrent depuis le Nouveau-Mexique jusqu'à la Tasmanie ; mais, à part une espèce originaire de ce dernier pays et de l'Australie, toutes sont américaines : les autres séries ont des représentants dans les deux mondes ; et des soixante-cinq genres que nous avons conservés, il y en a dix-neuf qui appartiennent exclusivement à l'ancien monde, et vingt-trois au nouveau. Les vingt-trois autres genres sont donc communs aux deux continents. Les genres monotypes, ou à espèces très-peu nombreuses, limités à une région peu étendue, sont au nombre de vingt-deux, savoir : le *Kerria*, le *Rhodotypos* et le *Stephanandra*, qui n'ont été observés qu'en Chine ou au Japon ; les *Ca-*

---

curieux *Pithecolobium Vaillantii* F. **Muell.**, que M. **Bentham** vient de rapporter au même genre.

1. « *Inter* Simarubeas *invenitur, multis notis ad* Rosaceas *accedit.* » (B. H., *Gen.*, 605.)

notia, *Neviusia*, *Nuttallia*, *Vauquelinia*, *Pterostemon*, *Lindleya*, *Purshia*, *Chamæbatia*, *Coleogyne*, *Fallugia*, qui n'ont chacun qu'une espèce, de l'Amérique du Nord ; le *Stranvæsia*, le *Maddenia*, le *Parastemon* et le *Prinsepia*, qui jusqu'ici ne sont représentés chacun que par une espèce, de l'Inde ou de l'archipel Indien ; d'autre part, la seule espèce qui constitue le genre *Brayera*, n'a été observée que dans une partie de l'Abyssinie ; le seul *Leucosidea* décrit n'existe qu'au Cap. Il n'y a de *Bencomia* qu'aux Canaries et à Madère ; d'*Exochorda* que dans la Mongolie ; et les deux espèces connues du genre *Adenostoma* n'ont été trouvées qu'en Californie. Les deux genres *Kageneckia* et *Margyricarpus*, qui renferment chacun deux ou trois espèces, et le genre *Polylepis*, qui en contient une dizaine, ne croissent que dans la région andine de l'Amérique du Sud. Les deux ou trois *Stylobasium* connus sont australiens ; et il n'y a de *Trichocarya* qu'à Bornéo et à Sumatra. Viennent ensuite des genres à espèces assez nombreuses et renfermés cependant dans des limites géographiques relativement assez étroites. Tels sont les mêmes *Polylepis*, dont on admet une dizaine d'espèces et qui croissent tous dans les régions andines tempérées du Pérou, de la Bolivie et de la Colombie ; les *Hirtella*[1] et les *Licania*, genres, l'un d'une quarantaine d'espèces, et l'autre de plus de cinquante, qui sont limités à la région la plus chaude de l'Amérique. De ces genres, on passe aux plus nombreux de la famille, comme les *Potentilla*, *Fragaria*, *Geum*, *Rubus*, *Rosa*, *Pyrus*, *Cratægus*, *Prunus*, etc., et l'on constate cette remarquable coïncidence, que leurs espèces sont répandues sur toute la surface du globe, ou du moins sur une très-grande étendue. Ainsi il y a des Ronces depuis le nord de l'Europe, de l'Asie, de l'Amérique, jusqu'au Cap, à la Nouvelle-Zélande et aux îles de l'océan Pacifique. On peut en dire autant des Potentilles ; et il y a des Rosiers dans toutes les parties de l'hémisphère boréal ; tandis que les *Acæna* sont également répandus dans toutes celles de l'hémisphère austral, depuis le Cap jusqu'à la Patagonie, et remontent même au delà de l'Équateur jusqu'au Mexique. Il est très-difficile, il est vrai, de savoir si quelques espèces vulgaires de Benoîtes, de Fraisiers, de Potentilles, etc., n'ont pas été introduites par l'homme dans un grand nombre de pay s dont elles ne sont pas originaires. Cette intéressante question de géographie botanique[2] a principalement été débattue au sujet de nos arbres fruitiers, qui appartiennent presque tous à la famille des Rosacées. On s'accorde aujourd'hui à admettre qu'ils sont originaires, les uns d'Eu-

1. Il n'y a d'exception, dans ce genre, que pour le *Thelira*, qui est de Madagascar.

2. A. DC., *Geogr. bot rais.*, 542, 619, 877, 1102.

rope, les autres de l'Orient, et que ces derniers n'ont été introduits chez nous qu'à une époque relativement peu ancienne, pour la plupart d'entre eux du moins. Nos variétés et races de Cerisiers cultivés sont considérées comme provenant toutes du *Prunus avium* MOENCH et du *P. Cerasus* L., l'un spontané en Europe, l'autre au midi du Caucase et même en Crimée, en Macédoine, en Bithynie [1]. Nos Pruniers, issus des *Prunus domestica* L. et *insititia* L., viendraient primitivement, par conséquent, du Caucase, où croissent spontanément ces deux espèces, et de la Grèce, où se trouve la seconde [2]. Les Abricotiers de nos jardins sont issus du *P. Armeniaca* L., dont le nom spécifique indique la patrie ; on dit l'avoir trouvé aussi, à l'état sauvage, dans les contrées voisines, en Anatolie et même dans la haute Égypte. Les Pêchers, introduits en Grèce et en Italie, vers le commencement de l'ère chrétienne, descendent du *Prunus persica (Amygdalus persica* L.), dont l'épithète semble également dénoter la patrie ; ils proviendraient plutôt, suivant M. A. DE CANDOLLE, de la Chine que de l'Asie occidentale. L'Amandier a été introduit de Grèce à Rome, et se trouve à l'état sauvage, à ce qu'on affirme, dans les localités des montagnes qui se trouvent au sud du Caucase. Cependant on a douté [3] de sa spontanéité dans ces parages. En Grèce, il a été certainement introduit. On suppose que sa patrie d'origine s'étendait « sur la Perse, l'Asie Mineure, la Syrie et même l'Algérie ». Quant au Poirier (*Pyrus communis* L.), il est, dit M. A. DE CANDOLLE, « bien spontané dans l'Europe tempérée et dans la région du Caucase ». On attribue la même patrie au *P. Malus* L., qui paraît la source de toutes nos variétés acerbes et douces de Pommiers [4]. Le Cognassier (*Cydonia vulgaris* L.) paraît spontané dans quelques localités de l'Europe ; il l'est assurément en Italie et en Grèce. Le Framboisier et le Fraisier sont cultivés depuis très-longtemps dans nos pays ; mais on n'a jamais mis en doute leur origine européenne, et quant aux variétés si nombreuses de Fraises et de Framboises que nous mangeons, « personne n'hésite à reconnaître au milieu d'elles les espèces si communes dans les régions tempérées de l'Europe ou de l'Asie ». L'Icaquier (*Chrysobalanus Icaco* L.) est la dernière espèce d'arbre fruitier qui nous paraisse mériter une mention spéciale. Qu'il soit ori-

---

1. On dit que les cerises ont été apportées du Pont à Rome, seulement au temps de Lucullus.

2. On a cependant considéré la Prune de Damas comme rapportée en Europe pendant les croisades.

3. « *An vere spontanea ?* » (LEDEB., *Fl. ross.*, II, 3.)

4. En somme, tous les arbres fruitiers qui viennent d'être énumérés seraient considérés comme d'origine caucasienne, sauf le Pêcher ; et il y aurait à cet égard accord entre presque tous les botanistes contemporains, d'après les conclusions de M. A. DE CANDOLLE (*op. cit.*, 878-891). Je dois cependant ajouter que je tiens de M. THOREL, qu'il a vu à l'état sauvage, et sans doute spontané, la plupart de nos Rosacées à fruits comestibles, dans la région tempérée qui s'étend au nord-est de la Cochinchine.

ginaire de l'Amérique équatoriale, ce n'est pas là une question douteuse. Mais lorsqu'on rencontre la même plante ou ses variétés dans différentes régions de l'Afrique tropicale, et dans des conditions qui semblent prouver qu'elle s'y développe spontanément, on peut se demander si ce pays n'est pas un second berceau naturel de l'Icaquier ; et plusieurs auteurs contemporains ont répondu à cette question par l'affirmative [1].

Un grand nombre de Rosacées sont employées [2] dans l'industrie, l'économie domestique, la médecine, l'horticulture. La propriété la plus répandue dans les plantes de cette famille est, sans contredit, l'astringence, due à l'abondance du tannin [3] que leurs tissus contiennent. Aussi les espèces astringentes les plus employées journellement en médecine appartiennent-elles aux Rosacées [4]. Plusieurs Rosiers sont dans ce cas : ainsi les Roses rouges ou de Provins [5], la Rose à cent feuilles [6], ou Rose pâle [7], contiennent dans leurs pétales un acide libre et une grande quantité de tannin [8]. Les Aigremoines en sont moins riches, et néanmoins ont

1. B. H., *Gen.*, 606, n. 1.

2. ROSENTH., *Syn. plant. diaphor.*, 943, 1159.

3. Il y a longtemps qu'on sait que la famille des Rosacées est une de celles où le tannin est le plus abondant, et M. C. SANIO avait, en 1863, dit quelques mots de la répartition de ce principe dans les tissus des *Pyrus*, *Prunus*, et *Amygdalus*, lorsque M. A. TRÉCUL fit de cette question l'objet d'un travail important, lu, le 15 mai 1865, à l'Académie des sciences (*Comptes rendus*, LX, 1035 ; *Adansonia*, VII, 337). Il constata que, dans certaines espèces, il y a du tannin dans tous les tissus des rameaux : épiderme, couches de l'écorce, faisceaux fibro-vasculaires, et moelle. Dans certains *Rubus* et *Potentilla*, le tannin existe ainsi partout en petite quantité et devient surtout abondant dans des séries de cellules spéciales. Celles-ci peuvent former une couche continue à la surface de la région libérienne (*Alchemilla*, *Acæna*), tant en dehors qu'en dedans. Les rayons médullaires, traités par les sels ferrugineux, peuvent aussi bleuir et unir ces deux zones concentriques de cellules à tannin. Dans la moelle des Rosiers, les cellules à tannin sont réunies en séries verticales, reliées entre elles par des séries horizontales ou obliques. Dans les Ronces, il y a deux types de distribution des cellules à tannin. Les *Rubus fruticosus*, *glandulosus*, *laciniatus*, etc., ont des séries médullaires longitudinales, unies transversalement par des cellules allongées, et, dans l'écorce, deux couches concentriques, inégales, de cellules à tannin ; tandis que dans les *Rubus strigosus*, *corylifolius*, etc., il y a des séries verticales dans le parenchyme cortical, aussi bien que dans la moelle, ordinairement sans anastomoses transversales dans cette dernière. Il n'y a plus que des séries corticales éparses dans la plupart des Fragariées et Sanguisorbées étudiées par l'auteur. Dans certains *Spiræa*, il y a du tannin dans l'épiderme, en dehors du liber, dans les rayons médullaires, autour de la moelle, ou même dans son intérieur. Quant à l'état du tannin dans les Rosacées, M. TRÉCUL distingue les cas où il prend une teinte bleue dès qu'il est en contact avec le sel de fer, sans avoir besoin d'être exposé à l'air, et les cas où, principalement dans les jeunes organes, les cellules ne deviennent bleues ou noires qu'après une exposition à l'air de douze heures ou plus. Les jeunes cellules ne prennent souvent qu'une teinte violacée ou rousse. Les pharmaciens savent, d'ailleurs, que toutes les Rosacées ne donnent pas une coloration bleue avec les sels de fer, et que notamment le tannin des Roses de Provins les colore en vert.

4. GUIB., *Drog. simpl.*, éd. 4, III, 266

5. *Rosa gallica* L., *Spec.*, 704. — *R. cuprea* JACQ., *Fragm.*, t. 34. — *R. pumila* L. F., ex RAU, *Enum.*, 112. — *R. remensis* DC., *Fl. fr.*, IV, n. 3708. — *R. burgundica* ROESS., *Ros.*, t. 4. — *R. officinalis* RED., *loc. cit.*, 73.

6. *R. centifolia* L., *Spec.*, 304.

7. Ce nom lui est commun, d'après GUIBOURT, avec la Rose de Puteaux. On en retire l'essence butyreuse qui vient du midi de la France.

8. On en prépare des sirops, extraits, conserves, mellites, etc. Elles entrent dans la préparation du mellite de Roses, de la pommade rosat, de la mixture cathérétique de Lanfranc, etc.

été autrefois fort recherchées comme astringentes, principalement l'*A. Eupatoria* [1]. Les Alchimilles sont dans le même cas, notamment les *A. vulgaris* [2], *alpina* [3], *Aphanes* [4], etc. Le nom de Sangsorbe (*Sanguisorba*) indique que les végétaux de ce genre étaient autrefois usités dans le traitement des hémorrhagies, aussi bien que les Pimprenelles (*Poterium*), qui sont des plantes du même genre ; les plus estimées étaient le *Poterium Sanguisorba* [5], le *Sanguisorba officinalis* [6] et quelques autres espèces [7]. Les feuilles de plusieurs Ronces, notamment celles du *Rubus fruticosus* [8], constituent encore un médicament astringent des plus connus, de même que le rhizome du *Fragaria vesca* [9], appelé vulgairement racine de Fraisier, celui de la Quintefeuille [10], de la Tormentille [11], de la Benoîte [12], les feuilles d'Argentine [13], la racine d'Ulmaire ou Reine-des-prés [14], et les fruits incomplétement mûrs d'un grand nombre de Poiriers [15], Alisiers [16] et Pru-

1. L., *Spec.*, 643. — Œd., *Fl. dan.*, t. 588. —Guib., *op. cit.*, 277. — H. Bn, in *Dict. encycl. des sc. méd.*, II, 202 (Francormier ou Eupatoire des Grecs, des anciens).

2. L., *Spec.*, 178. — Pereira, *Elem. mat. med.*, éd. 4, II, p. II, 202. — Lindl., *Fl. med.*, 235.—H. Bn, in *Dict. encycl. des sc. méd.*, II, 560 (Pied-de-lion, -de-griffon, Sourbeirette, etc.).

3. L., *Spec.*, 179, var α.—*A. argentea* Lamk, *Fl. fr.*, III, 303 (Pied-de-lion satiné).

4. Leers, *Herb.*, n. 122. — *A. arvensis* Scop., *Fl. carniol.*, I, 115. — *Aphanes arvensis* L., *Spec.*, 179 (Perce-pierre, Perchepied).

5. L., *Spec.*, 1411. — *Pimpinella Sanguisorba* Gærtn., *Fruct.*, 162, t. 32. (Petite Pimprenelle, Bipinnelle).

6. L., *Spec.*, 169.—*S. sabauda* Mill., *Dict.*, n. 2 (Grande Pimprenelle, P. des montagnes).

7. Les *S. media* L. et *canadensis* L. ont les mêmes vertus (Endl., *Enchir.*, 662).

8. L., *Spec.*, 707. Le *R. cæsius* a les mêmes propriétés. Dans le nord de l'Amérique, on emploie aussi aux mêmes usages les *R. canadensis, villosus, hispidus* L. Le nombre des Ronces plus ou moins usitées en médecine s'élève à une trentaine (voy. Rosenth., *Syn. pl. diaph.*, 957-960, 1159).

9. L., *Spec.*, 705.—DC., *Prodr.*, 569, n. 1.

10. *Potentilla reptans* L., *Spec.*, 714. — *P. nemoralis* Lehm., *Mon.*, ic., t. 13.

11. *Potentilla Tormentilla* Nestl., *Pot.*, 65. — *Tormentilla erecta* L., *Spec.*, 716. — *T. officinalis* Sm., *Engl. Bot.*, t. 863. — *T. tetrapetala* Hall. f., in Ser. *Mus. helv.*, 51.

12. *Geum urbanum* L., *Spec.*, 716.—Guib., *op. cit.*, 282. — H. Bn., in *Dict. encycl. des sc. méd.*, IX, 84. Les *G. canadense* Murr., *rivale* L., *intermedium* Ehrh. et *virginianum* L., ont les mêmes propriétés astringentes.

13. *Potentilla anserina* L., *Spec.*, 710 (Herbe aux oies). On emploie, dans les mêmes cas, une dizaine d'espèces de Potentilles (Rosenth., *op. cit.*, 961-963).

14. *Spiræa Ulmaria* L., *Spec.*, 702.—*S. denudata* Presl, *Fl. cech.*, 101. — *S. ulmarioides* Bor., *Voy. sout.*, 124.—*Ulmaria palustris* Mœnch, *Meth.*, 663. Cette plante a joué un certain rôle en chimie, à cause des études auxquelles on s'est livré sur l'huile acide qu'on en retire, et qui est de l'hydrure de salicyle, corps qu'on est arrivé d'autre part à préparer artificiellement à l'aide de la salicine, du bichromate de potasse et de l'acide sulfurique. On emploie comme astringentes plusieurs autres espèces de *Spiræa*, telles que le *S. Aruncus* L. (*Spec.*, 702), le *S. Filipendula* L. (*Spec.*, 702 ; — *Filipendula vulgaris* Mœnch), et le *S. tomentosa* L. (*Spec.*, 701), de l'Amérique du Nord, dont les propriétés sont analogues à celles des Ratanhia.

15. Y compris les Sorbiers et les Pommiers (p. 403, note 2). Les fruits verts du *Pyrus acerba* DC. (*Malus acerba* Mér., *Fl. par.*, 187) sont très-âpres et astringents. Ceux du *P. Aria* Ehr. (*Beitr.*, IV, 20 ; — *Mespilus Aria* Scop. ; — *Sorbus Aria* Cr. ;—*Cratægus Aria* var. α L., *Spec.*, 681) sont employés comme tels dans les campagnes, avant leur maturité ; de même que ceux du Cormier ou Sorbier commun (*Pyrus Sorbus* Gærtn., *Fruct.*, II, 45, t. 87 ; — *P. domestica* Smith ;— *Sorbus domestica* L. ;—*Cormus domestica* Spach), du Sorbier des oiseaux (*P. aucuparia* Gærtn., *loc. cit.*; — *Sorbus aucuparia* L.; — *Mespilus aucuparia* All.), lequel est riche en acide malique qu'on en extrait souvent, et des *P. americana* DC. (*Sorbus americana* Pursh), et *torminalis* Ehr. (*S. torminalis* Cr.;— *Cratægus torminalis* L.).

16. Y compris les *Mespilus* (p. 408). On sait

niers [1]. Les mêmes propriétés astringentes se retrouvent dans les écorces d'un certain nombre de Rosacées, usitées pour cette raison, soit en médecine, soit pour le tannage ou la teinture. Le Putiet ou Merisier à grappes [2], arbre spontané en Europe, a une écorce à odeur forte, à saveur amère et astringente, proposée comme succédané du Quinquina dans le traitement des fièvres d'accès. Le Merisier de Virginie [3] a une écorce [4] considérée aussi comme douée des mêmes vertus. Elles se retrouvent à peu près au même degré dans une espèce mexicaine, signalée comme un bon substitutif des Quinquinas, le *P. Capollin* [5]. Le *Margyricarpus setosus* [6], du Chili et du Pérou, est aussi une plante astringente, car elle est usitée dans son pays natal comme antihémorrhoïdale. Les Chrysobalanées participent aussi à ces propriétés si répandues dans toute la famille des Rosacées. Le *Chrysobalanus Icaco* [7] est recherché pour sa racine, son écorce et ses feuilles, qui, au Brésil et dans les régions voisines, sont considérées comme efficaces dans le traitement des affections diarrhéiques, leucorrhéiques, et dans un certain nombre d'autres flux.

C'est pour la même raison que plusieurs Rosacées servent à préparer les peausseries et à teindre en noir. Les Brésiliens obtiennent de ces teintures en traitant par des terres ferrugineuses les fruits des *Licania glabra* et *heteromorpha*. Le mésocarpe des *Chrysobalanus* et celui du *Couepia chrysocalyx* servent aussi à préparer une couleur très-noire dont les Indiens enduisent les vases qu'ils fabriquent avec des Calebasses ou des

---

combien grandes sont l'astringence et l'âpreté des fruits non mûrs du Néflier commun (*Cratægus germanica* (*Mespilus germanica* L., *Spec.*, 684 ; — *Pyrus germanica* B. H., *Gen.*, *loc. cit.*). On a employé souvent, dans la médecine populaire des campagnes, pour arrêter les phlegmasies légères, les flux, etc., l'Aubépine (*C. Oxyacantha* L., *Spec.*, 683;—*Mespilus Oxyacantha* GÆRTN.), les *C. monogyna* JACQ., *Crus-galli* L., l'Azerolier ou Épine d'Espagne (*C. Azarolus* L.), le Buisson-ardent (*C. Pyracantha* PERS.;—*Mespilus Pyracantha* L.;—*Cotoneaster Pyracantha* SPACH). Plusieurs espèces de l'Amérique du Nord sont usitées dans les mêmes circonstances, principalement les *C. mexicana* SESS., *parvifolia* AIT., *coccinea* L., *cordata* AIT., etc. (voy. ROSENTH., *op. cit.*, 950).

1. C'est du P. épineux ou Épine noire (*P. spinosa* L., *Spec.*, 681) qu'on retirait autrefois le suc astringent dit d'*Acacia nostras*, qu'on substituait au suc d'*Acacia d'Égypte*, et qui se préparait avec les fruits, très-acerbes, presque globuleux, violacés (GUIB., *op. cit.*, 290; — ROSENTH., *op. cit.*, 972). Le *P. insititia* L. (*Spec.*, 680) servait aux mêmes usages ; son fruit, plus

gros que celui du précédent, a une saveur acerbe et amère, « presque insupportable ». Le Κοκκυμηλέα de Dioscoride, dont les propriétés astringentes sont aussi analogues, serait, suivant TENORE (*Prodr.*, Suppl., II, 67), son *P. Coccomilia*, qui croît dans la Calabre, et qu'on a considéré comme supérieur au quinquina dans le traitement de certaines affections paludéennes.

2. *Prunus Padus* L. (*Spec.*, 677; — *Cerasus Padus* DC., *Fl. fr.*, IV, 580). On l'appelle encore Faux bois de Sainte-Lucie (fig. 477).

3. *P. virginiana* MICHX (*Fl. bor. amer.*, I, 285, nec MILL ; — *P. rubra* AIT., *Hort. kew.*, éd. 1, II, 162).

4. *Cortex Pruni virginiani* de la Pharmacopée américaine.

5. *Cerasus Capollin* DC., *Prodr.*, II, 539, n. 29. — LINDL., *Fl. med.*, 232. — *P. virginiana* SESS. et MOC. (nec MICHX).

6. R. et PAV., *Fl. per. et chil.*, I, 28, t. 8, fig. d. — DC., *Prodr.*, II, 591. — LINDL., *Veg. Kingd.*, 562 (voy. p. 363, fig. 409, 410). — *Ancistrum barbatum* LAMK, *Ill.*, 77.

7. Voy. p. 427, note 3, fig. 486, 487. — MART., *Fl. bras.*, *Rosac.*, 76.

Courges[1]. Dans nos pays, plusieurs Pyrées, notamment les *Cratægus*, fournissent une substance tinctoriale jaune ou noire, tirée de l'écorce. Les *Photinia* indiens[2] sont dans le même cas. Il faut encore citer comme espèces tinctoriales plus ou moins usitées, les *Pyrus acerba* DC., *Aria* Cr., les Rosiers chargés de Bédégars, plusieurs *Rubus*, *Agrimonia* et *Alchemilla*, la Filipendule et quelques autres Spirées.

Un autre produit de l'écorce des Rosacées est la gomme, dont la formation est le résultat d'un état pathologique[3], dans la plupart de nos Prunées sauvages ou cultivées, principalement le Prunier domestique, l'Abricotier, le Cerisier et le Merisier. Beaucoup de ces arbres, en vieillissant, la laissent suinter spontanément de leur tige et de leurs branches. Cette gomme, dite de France ou *nostras*, imparfaitement soluble dans l'eau et s'y gonflant beaucoup, n'est plus employée comme médicament; elle ne sert guère qu'à apprêter les feutres pour la chapellerie. A côté de la gomme se placent les substances mucilagineuses dont la production est abondante dans quelques Rosacées. La plus connue est celle qui se trouve en quantité dans le tégument superficiel des semences ou pepins du Coing[4], et dont on fait un grand usage en médecine, comme adoucissant, et dans les arts ou l'économie domestique, comme agglutinatif. Les pepins des Pommes et des Poires peuvent aussi fournir une petite quantité de cette substance mucilagineuse; mais elle est surtout développée dans les écorces des différents

1. Mart., *Fl. bras.*, *Rosac.*, 76.

2. Notamment le *P. dubia* Lindl., qui, au Népaul, sert à teindre en écarlate.

3. Voy. A. Trécul, *Malad. de la gomme chez les Cerisiers, les Pruniers, les Abricotiers, les Amandiers* (in *Compt. rend. de l'Acad. des sc.*, LI, 624); *Product. de la gomme chez le Cerisier, le Prunier, l'Amandier, l'Abricotier et le Pêcher* (*l'Instit.*, XXX, n. 1490, 241). On avait cru autrefois la gomme sécrétée par les cellules de l'écorce interne de ces plantes; puis on supposait que cette substance, déposée dans les méats intercellulaires, déchirait enfin l'écorce et s'écoulait au dehors. M. Kuetzing annonça, en 1851, que les membranes de cellulose peuvent se transformer en gomme. En 1857, M. Karsten a admis que toutes les gommes et les mucilages proviennent d'une semblable transformation. Dans la première partie de son mémoire : *Ueber die Deorganis. der Pflanzenz.* (in *Pringsh. Jahrb.*, III, 115), M. Wigand a étudié la transformation en gomme de certains tissus du bois et de l'écorce des Rosacées. M. Trécul pense que cette gomme est un produit pathologique qui s'extravase dans des cavités également pathologiques. Sous l'influence d'une nutrition trop abondante, les jeunes cellules de la couche génératrice peuvent être résorbées; des vaisseaux peuvent être détruits de la même façon : il en résulte des cavités au pourtour desquelles apparaît la gomme qui se répand ensuite dans les anfractuosités voisines. Les stries qu'on a prises pour des méats gommifères sont des plis des membranes cellulaires. Dans l'Abricotier, ces cellules présentent souvent des dilatations; elles peuvent former des chapelets dont les grains sont séparés par des cloisons ensuite plus ou moins complétement résorbées. Quant au contenu de ces cavités et de celle des fibres ligneuses elles-mêmes, dans plusieurs Prunées, il peut être non-seulement de la gomme, mais encore de la cérasome, substance qui n'est ni de la gomme, ni de la cellulose, et sur laquelle n'agissent ni l'iode, ni l'acide sulfurique, même après coction dans la potasse. Dans les cavernes de l'aubier, on trouve aussi, autour de la vraie gomme, une autre substance qui ne se gonfle pas dans l'eau et prend une teinte rose vif, au contact de l'iode et de l'acide sulfurique.

4. *Cydonia vulgaris* Pers. (p. 407, fig. 463-465). Le fruit du Coguassier est le *Cydonia* ou *Cotonea* des pharmacopées et le Κυδώνια d'Hippocrate.

Quillais savonneux, notamment les *Quillaja Saponaria*[1], *Smegmudermos*[2] et *brasiliensis*[3]. C'est probablement l'écorce d'une de ces espèces, peut-être de la première, qui se vend fréquemment à Paris, sous le nom d'écorce de Panama. Pulvérisée et mêlée à l'eau, cette substance la fait mousser comme le savon et lui donne la propriété de détacher et dégraisser les étoffes de laine et de soie[4].

Les Rosacées sont souvent odorantes. Dans les Prunées, cette odeur est ordinairement celle de l'acide cyanhydrique ou de l'essence d'amandes amères[5]. Ces matières, si importantes dans la pratique, se retrouvent dans un grand nombre d'espèces du genre *Prunus*, tel que nous l'avons limité[6]. Les feuilles et les graines de la plupart des *Cerasus* et des *Laurocerasus* en produisent. En première ligne se place le Laurier-Amande ou Laurier-Cerise de nos jardins[7]. Le *Prunus virginiana*[8] doit à la présence des mêmes principes des propriétés thérapeutiques analogues, quoique moins prononcées. Les *P. Capollin*, du Mexique, et *undulata*[9], du Népaul, sont dans le même cas, et peuvent causer des accidents graves ; leurs feuilles tuent le bétail qui les broute. L'odeur cyanhydrique se retrouve dans les feuilles du *Nuttallia cerasiformis*[10], dans les graines de la plupart de nos Pêchers, Abricotiers, Pruniers et Cerisiers. Elle rend compte du parfum particulier des liqueurs bien

1. Mol., *Chil.*, ed. 2, 298. — *Q.? Molinœ* DC., *Prodr.*, II, 547, n. 2.

2. DC., *loc. cit.*, n. 1.— *Q. Saponaria* Poir., *Dict.*, VI,33 (nec Mol., ex DC.).

3. Mart., *Syst. mat. med. bras.*, 127. — *Fontenellea brasiliensis* A. S. H. et Tul., in *Ann. sc. nat.*, sér. 2, XVII, 141, t. 7.

4. Cette propriété paraît due à une substance particulière piquante, que MM. Boutron et Henry (in *Journ. de pharm.*, XIV, 247 ; XIX, 4) ont vue unie, dans l'écorce de *Quillaja*, à de la chlorophylle, de la matière grasse, du sucre ; qui mousse abondamment dans l'eau, et présente les propriétés générales de la saponine et de la salseparine (voy. Guib., *Drog. simpl.*, éd. 4, III, 285 ; — Lindl., *Veg. Kingd.*, 564 ; — Rosenth, *op. cit.*, 970).

5. Ces amandes sont les graines d'une variété α (*amara* DC., *Fl. fr.*, IV, 486 ; — Duham., *Arbr.*, édit. 2, 114) du *Prunus Amygdalus* (*Amygdalus communis* L.), variété qui, outre la saveur particulière des graines, se distingue par un style presque égal en longueur aux étamines, et tomenteux dans sa portion inférieure. Les graines renferment de la synaptase (Robiquet) ou émulsine (Liebig), et de l'amygdaline ($C^{40}H^{27}O^{22}Az$). C'est cette dernière qui, en présence de l'eau, se convertit, dans le cours de plusieurs opérations économiques ou pharmaceutiques, en une certaine quantité de glycose,

en acide cyanhydrique (C^2HAz), et en essence d'amandes amères ($C^{14}H^6O^2$).

6. Voy. pp. 415-421.

7. *Prunus Laurocerasus* L., *Spec.*, 678. — *Cerasus Laurocerasus* Loisel., in Duham., *Arbr.*, éd. 2, V. 6. — DC , *Prodr.*, II, 540, n. 36. — Guib., *op. cit.*, III, 293, fig. 329. — A Rich., *Elém. d'hist. nat. méd.*, éd. 4, II, 257. — Pereira, *Elem. mat. med.*, II, p. II, *loc. cit.* — Lindl., *Fl. med.*, 232. — Rosenth., *Syn. pl. diaphor.*, 978. — Moq , *Bot. méd.*, 188, fig. 59 (voy. p. 420, fig. 483). Cette espèce, originaire de Trébizonde, et introduite en Europe en 1576, est abondamment cultivée chez nous. Ses feuilles servent à aromatiser le lait et d'autres liquides. On emploie uniquement en médecine l'eau distillée, imprégnée d'huile volatile pesante et d'acide cyanhydrique, qu'on prépare avec les feuilles fraîches. Cette plante est dangereuse et ne doit être maniée qu'avec précaution.

8. *P. rubra* Ait. — *Cerasus virginiana* Michx (voy. p. 451, note 3). Ses feuilles et son écorce verte sont calmantes, mais vénéneuses à trop forte dose.

9. Ham., ex Don, *Prodr. fl. nepal.*, 239.— — *P. capricida* Wall. — *Cerasus undulata* Ser., ex DC., *Prodr.*, II, 540, n. 31.— Endl., *Enchir.*, 663.

10. Voy. p. 425, note 4.

connues dans la préparation desquelles entrent quelques-unes de ces plantes [1]. Elle pourrait encore expliquer comment le Thé se trouve si fréquemment falsifié avec les feuilles des *Prunus spinosa* et *avium ;* comment le Putiet (*P. Padus*) peut avoir, quoique à un faible degré, les mêmes vertus médicinales [2] que le Laurier-cerise ; et comment les fleurs du Pêcher, qui s'administrent comme purgatif léger, peuvent en même temps déterminer la mort des helminthes intestinaux, et quelquefois même produire chez l'homme des accidents mortels [3]. L'acide cyanhydrique se retrouve dans un certain nombre de plantes du groupe des Poiriers, notamment dans les graines des *Pyrus* et *Malus*, dans celles des *Cotoneaster microphylla* et *Uva ursi*. La racine, l'écorce et la fleur du Sorbier des oiseaux peuvent, assure-t-on [4], donner autant de cet acide qu'un poids égal de feuilles du Laurier-cerise.

Il y a des Rosacées dangereuses, ou médicamenteuses, sans que leur principe actif soit l'acide cyanhydrique, ou sans que la nature de ce principe soit connue. Ainsi, on ne sait pas pourquoi la racine de plusieurs *Sanguisorba* est amère, nauséeuse, émétique, tandis que leur fruit constitue un poison stupéfiant ; pourquoi le *Rubus villosus* [5], si employé en Amérique comme astringent, est en même temps vomitif, à haute dose [6] ; pourquoi les *Gillenia trifoliata* [7] et *stipulacea* [8], des États-Unis, agissent de la même façon que l'Ipécacuanha ; pourquoi le bois de *Quillai*, dont nous avons constaté les qualités savonneuses, irrite vivement la muqueuse des fosses nasales et provoque de violents éternuments [9] ; ni

---

1. Notamment le *Kirschenwasser*, qui se prépare en Suisse, dans les Vosges, le Jura, etc., avec les fruits du Merisier (*Prunus avium* L., *Spec.*, 679 ; — *P. nigra* MILL., *Dict.*, n. 2 (nec AIT.) ; — *Cerasus avium* MOENCH, *Meth.*, 672), et de préférence avec sa variété à gros fruits noirs, dite *macrocarpa* (SER., in DC. *Prodr.*, II, 535, n. 2, β ; — DUHAM., *Arb. fr.*, I, 180) ; les vins de Cerises, de Prunes ou de Quetches ; le noyau enfin, qui s'aromatise avec les graines de plusieurs *Armeniaca*, *Prunus*, principalement avec celles des *P. sphœrocarpa* SWEET, et *occidentalis* SWEET (LINDL., *Veg. Kingd.*, loc. cit.; — ROSENTH., *op. cit.*, 979).

2. Ses fruits sont amers et nauséeux. Son écorce n'a pas les mêmes vertus à tout âge. A la fin de l'année, elle est amère et astringente, tonique ; tandis qu'au printemps elle est âcre, avec une odeur d'amandes amères, et elle donne à la distillation une eau qui renferme de l'acide cyanhydrique (ENDL., *Enchir.*, 663 ; — ROSENTH., *op. cit.*, 978 ; — GUIB., *op. cit.*, 293).

3. LINDL., *Veg. Kingd.*, 558.

4. BUCHN., *Rep.*, 27, 238.

5. AIT., *Hort. kew.*, II, 210. — DC., *Prodr.*, II, 563, n. 71.

6. Des poils glanduleux rougeâtres, qui recouvrent la plupart des organes de végétation, sécrètent un liquide visqueux, à odeur résineuse, térébinthacée, qui rend la plante poisseuse. L'écorce de la racine est un médicament astringent énergique. CHAPMAN la considère comme un des remèdes les plus actifs et les plus efficaces, dans les diarrhées, le choléra infantile, etc. (BIGEL., *Med. bot.*, II, t. 38 ; — LINDL., *Fl. med.*, 227).

7. MOENCH, *Meth.*, Suppl., 286. — DC., *Prodr.*, II, 546. — BIGEL., *op. cit.*, III, t. 41. — PEREIRA, *Elem. mat. med.*, éd. 4, II, p. II, 282. — LINDL., *Fl. med.*, 229. — *Spiræa trifoliata* L., *Spec.*, 702. C'est le faux Ipécacuanha de l'Amérique septentrionale, de GUIBOURT (*Drog. simpl.*, éd. 4, III, 89).

8. NUTT., *Gen. amer.*, I, 307. — BARTON, *Med. Bot.*, 71, t. 16. — LINDL., *loc. cit.*

9. Peut-être à cause des cristaux particuliers qui sont si développés dans l'écorce, et qui sont terminés en pointe aux deux extrémités.

pourquoi l'*Indian Chocolate root*[1], des États-Unis, agit comme médicament altérant dans les affections des viscères abdominaux. On croit connaître un peu mieux les causes de l'action vermicide de plusieurs Rosacées, employées pour détruire les Ascarides et les Oxyures, comme l'*Agrimonia Eupatoria* L., ou le Ténia, comme le célèbre Kousso d'Abyssinie[2], qui n'est autre chose que la fleur du *Brayera abyssinica*[3].

Les autres odeurs retirées des Rosacées sont dues à des huiles essentielles volatiles : la plus fameuse est, sans contredit, l'essence de Roses, qui s'extrait des pétales d'un certain nombre d'espèces du genre *Rosa*, notamment des *R. centifolia, damascœna, indica, sempervirens* et *moschata*, plus parfumées encore que chez nous, dans l'Inde, la Perse, la Régence de Tunis, où se prépare de différentes manières[4] cette essence, connue en Perse sous les noms d'*Atar*, *Ather* de Roses, ou sous celui d'*Ather-gul*, et qui arrive si rarement, dans nos pays, pure de toute falsification. C'est à la présence de cette essence que l'eau distillée de Rose, si employée dans la pharmacie, doit son odeur particulière. Les fleurs et les racines de plusieurs Spirées[5] sont également très-odorantes ; les

1. Ou *Blood root*. On suppose que c'est le *Geum canadense* JACQ. Ses feuilles et sa racine sont usitées comme toniques, dans l'île du Prince Édouard ; ces parties sont amères et utiles dans la diarrhée des enfants (voy. *Med.-bot. Trans.* (1829), 8).

2. Ou *Kosso*, nom amharique de la plante, qui s'appelle *Kossish* au Gafat, *Kosbo* au Gonga, *Hhabbe* dans le Tigré, *Sika* au Waab, *Turo* ou *Skinei* au Agau-mider, *Sakikana* au Falasha, *Béli* au Galla (voy. PEREIRA, *Elem. mat. med.*, éd. 4, II, p. II, 296).

3. MOQ. (voy. p. 354, fig. 388-392). Signalé par GODINGUS (*De abyss. reb.*, lib. I, cap. 2), en 1645, au dire de LEUTHOLLF, comme guérissant des vers que donne l'usage de la viande aux Abyssins, le Kousso fut étudié par BRUCE et décrit par lui, en 1790, sous le nom de *Banksia abyssinica*. LINNÉ fils ayant déjà fait un genre *Banksia*, LAMARCK nomma la plante *Hagenia*, en 1811 (*Ill.*, t. 341), et WILLDENOW et SPRENGEL admirent ce dernier nom générique, quoique plusieurs genres *Hagenia* eussent été précédemment proposés. C'est en 1823 que BRAYER remit à KUNTH des échantillons de Kousso ; on avait attribué en France ce médicament à l'*Agrimonia orientalis* T. (*Mém. de l'Acad. de médec.*, I, 470). Le travail de BRAYER, où fut publié le *Brayera*, est de 1823 (*Notice sur une nouv. pl. de la fam. des Rosac.*). FRESENIUS (in *Mus. Senkenb.*, II, 162) a reconnu le premier l'identité de l'*Hagenia* et du *Brayera*, que BUCHNER (*Rep.*, II, Bd XVIII, S. 367) a nommé, sans doute par erreur, *Bracera anthelminthica*. Le

Kousso fut depuis mieux étudié par MÉRAT (in *Bull. de l'Acad. de méd.* (VI, 492), et par A. RICHARD (*Tent. fl. abyss.*, 1 (1847), 258 ; *Elém. d'hist. nat. méd.*, éd.4, II, 250). A l'heure qu'il est, le fruit, nous l'avons dit, est encore inconnu (voy. GUIB., *Drog. simpl.*, éd. 4, III, 284 ; — LINDL., *Fl. med.*, 230 ; — ROSENTH., *loc. cit.*). M. BEDALL admet comme principe actif de la plante, la koussine ($C^{26}H^{22}O^5$).

4. Voy. KÆMPF., *Amœn. exot.*, 276. — MÉR. et de LENS., *Dict. de mat. méd.*, VI, 111. — GUIB., *op. cit.*, 275. — *Journ. de pharm.*, V, 232 ; VI, 466 ; VII, 527 ; XV, 345 ; XVIII, 644.

5. Le *Spiræa Aruncus* L. (*Spec.*, 782 ; — DC., *Prodr.*, n. 29 ; — *Barba Capræ* off.) a une racine fort odorante, à saveur amère ; elle était employée jadis comme fébrifuge. Toutes les parties de la Reine-des-prés (*Spiræa Ulmaria* L., *Spec.*, 702 ; — *Ulmaria palustris* MOENCH, *Meth.*, 663) ont l'odeur d'amandes amères. La Filipendule (*S. Filipendula* L., *Spec.*, 702 ; — *Filipendula vulgaris* MOENCH) est le *Saxifraga rubra* des anciennes officines. Outre que ses renflements radiculaires sont, comme nous le verrons plus loin, comestibles, ils renferment une substance amère et aromatique. Ils ont été préconisés contre la rage (ROSENTH., *op. cit.*, 968). On a encore employé comme astringents le *S. tomentosa* L. (*Spec.*, 701 ; — DC., n. 23), ou *Hard-hack* de l'Amérique du Nord, le *S. opulifolia* L. (*Spec.*, 702 ; — DC., *Prodr.*, n. 1), qui est devenu, pour MM. BENTHAM et HOOKER, un *Neillia* (p. 390), et qui est le *Nine-bark* des Américains, le *Schelamanik* du Kamtchatka, ou

pétales des Aigremoines ont une odeur de fruits, et l'*Agrimonia odorata* [1] possède même ce parfum dans presque toutes ses parties ; la Benoîte officinale [2] doit son ancien nom de *Caryophyllata* à l'odeur de son rhizome, et l'on connaît les émanations suaves qui s'élèvent au printemps des Pommiers, Alisiers, Pêchers et Pruniers en fleur.

Les graines de plusieurs Rosacées sont riches en huile fixe ; la plus connue est celle des Amandes douces [3], que la présence de cette substance grasse dans leur embryon rend propres à la préparation des émulsions, de l'orgeat, des loochs mucilagineux. Les graines des Abricotiers renferment aussi une huile douce, principalement l'A. de Briançon [4], dont s'extrait l'huile de marmottes, employée aux mêmes usages que l'huile d'Olive, et dont le tourteau sert à engraisser le bétail. L'huile fixe qu'on a extraite des pepins des Poiriers, Pommiers et Cognassiers, n'est pas assez abondante pour que son usage soit bien répandu. Les graines du *Prinsepia utilis* servent dans l'Inde du nord à la préparation d'une huile comestible, et quelques Chrysobalanées sont recherchées, pour le même usage, au Brésil et dans les pays voisins.

Le bois des arbres de cette famille n'est pas sans valeur pour l'industrie. Celui du Poirier a le grain fin et serré ; sa texture est moins compacte que celle du bois d'Alisier, plus fort et plus durable. Celui du *P. acerba* DC. est très-beau, ainsi que celui du Sorbier des oiseleurs, qui se polit bien et sert dans l'ébénisterie. Les *Cratægus torminalis* L., *Aria* L., *germanica* (*Mespilus germanica* L.), *Oxyacantha* L., *orientalis* Bieb., *tanacetifolia* Pers., plusieurs Rosiers, les *Kageneckia*, les *Prunus insititia* L., *Cerasus* L., *avium* Moench, ont des bois employés et plus ou moins recherchés pour l'ébénisterie, le charronnage et divers usages domestiques. Les branches du *P. spinosa* L. et de quelques *Cotoneaster* servent à la confection des cannes.

Quelques Rosacées exercent sur l'homme une action mécanique nuisible, par les épines ou les aiguillons qu'elles portent. Les fruits des Aigremoines et de plusieurs *Acæna* s'accrochent à la peau ou aux vête-

---

S. *kamtchatica* Pall. (*Fl. ross.*, I, 41 ; — DC., *Prodr.*, n. 33), et les S. *chamædrifolia* L., *crenata* L., *altaica* L., et *salicifolia* L., parfois mélangés au thé qui est importé de la Chine.

1. Camer., *Hort.*, 7, ex DC., *Prodr.*, II, 587, n. 2.

2. *Geum urbanum* L., *Spec.*, 716. — DC., *Prodr.*, II, 551, n. 9. — Pereira, *op. cit.*, 284. — H. Bn, in *Dict. encycl. des sc. méd.*, IX, 84, n. 1 (*Radix Sanamundæ* off.).

3. *Prunus Amygdalus*, var. *amara* (*Amyg-dalus communis* L., *Spec.*, 677, α. *amara* DC., *Fl. fr.*, IV, 486 ; *Prodr.*, II, 530, n. 4).—Guib., *op. cit.*, III, 288. — Pereira, *op. cit.*, 243. Lindl., *op. cit.*, 231.— Rosenth., *op. cit.*, 970. — H. Bn, in *Dict. encycl. des sc. méd.*, III, 483.

4. *Prunus brigantiaca* Vill., *Dauph.*, III, 535.— *Amygdalus brigantiaca* Pers., *Enchir.*, II, 36. — DC., *Prodr.*, II, 532, n. 4. — Guib., *op. cit.*, 287. — Rosenth., *op. cit.*, 975. — H. Bn, in *Dict. encycl. des sc. méd.*, I, 205.

ments par les aiguillons recourbés dont leur induvie est chargé. L'*Acœna Sanguisorba* est redouté des colons tasmaniens, à cause des blessures aux pieds que produisent ces aiguillons. Chacun connaît celles qui sont causées par les aiguillons aigus et arqués des Ronces et des Rosiers. Avec les Pruniers, Amandiers et Alisiers sauvages, les *Prinsepia*, etc., ces déchirures sont dues à de solides épines résultant de la transformation de rameaux axillaires plus ou moins avortés ; c'est ce qui explique la valeur des Aubépines et des Azéroliers pour la formation des haies vives. Il faut encore classer parmi ces actions mécaniques les vives démangeaisons produites par les poils dont la surface interne du réceptacle et une portion des achaines sont chargées dans les fruits des Rosiers.

Il n'y a point de famille naturelle qui renferme un plus grand nombre de plantes utiles par leurs fruits, péricarpe ou graines ; et il suffit de rappeler, d'une manière générale, que c'est aux Rosacées qu'appartiennent les nombreuses espèces ou variétés de Poires [1], Pommes, Coings, Nèfles, Sorbes, Cormes, Prunes, Amandes, Cerises, Abricots, Pêches, Brugnons, Fraises et Framboises, qu'on cultive dans nos jardins et qu'on sert journellement sur nos tables. La chair comestible des Poires et des Pommes, en grande partie formée par l'hypertrophie du sac réceptaculaire, est plus ou moins âpre et riche en tannin, ou douce et gorgée de matière sucrée. Cette dernière peut s'extraire des fruits, ou produire par la fermentation des liqueurs alcooliques, telles que le poiré ou le cidre. Les fruits mûrs de plusieurs Alisiers, tels que les *C. Aria* [2], *Azarolus*, *latifolia*, *torminalis*, etc., ont une chair assez douce ou aigrelette, et peuvent être mangés ; les Cormes et les Nèfles sont au contraire tellement acerbes, qu'on ne peut en faire usage qu'alors que le blessissement les a ramollies, en leur donnant une saveur douce, sucrée et vineuse. Le fruit du Sorbier des oiseaux ou des oiseleurs est âpre d'abord, puis aigre, attendu que l'acide qui existe dans tous les fruits des Pyrées précédemment citées se trouve ici en plus grande abondance. Aussi cet acide, qu'on a appelé à tort sorbique, et qui n'est autre chose que l'acide malique, s'extrait-il assez fréquemment des drupes du *Sorbus aucuparia* [3]. Dans les *Cydonia* [4], l'astringence du mésocarpe est aussi très-développée. Cette chair, d'une odeur agréable dans le *Cydonia vulgaris*, mais nauséeuse dans le *C. japonica* [5], est riche en tannin, et a été employée,

1. DECNE, *Jard. fruit. du Mus.*
2. GUIB., *op. c.*, 270.—ROSENTH., *op. c.*, 947.
3. *Pyrus Aria* EHRH., *Beitr.*, IV, 20.
4. GUIB., *op. cit.*, 267.—PEREIRA, *op. cit.*, 303. — LINDL., *Fl. med.*, 234.

5. PERS., *Enchir.*, II, 40. — DC., *Prodr.*, II, 638. — *Pyrus japonica* THUNB., *Fl. jap.*, 207 ?. — *Chœnomeles japonica* LINDL. (voy. p. 407, notes 1, 2).

pour cette raison, en médecine. Par la cuisson avec du sucre, elle devient douce, et donne une saveur agréable aux sirops, gelées et pâtes qu'on prépare avec les Coings. Les Pruniers peuvent avoir aussi, nous l'avons vu, des fruits à chair âpre et astringente : tels sont principalement les *Prunus insititia, spinosa*. Les différentes races de Pruniers cultivés ont au contraire des fruits à suc doux et parfumé. On les mange crus, cuits, en confitures et en marmelades, ou séchés indifféremment au four et au soleil, à l'état de pruneaux de dessert, ou de pruneaux à médecine, qui sont laxatifs et se préparent avec quelques variétés particulières. On prépare aussi un vin et un alcool de Prunes, liqueurs analogues à celles qu'on extrait des Cerises, Guignes et Merises, sous les noms de ratafia et de kirsch. Les compotes, sirops et pâtes de Cerises, les conserves au sucre et à l'alcool, sont aussi connus que les qualités rafraîchissantes des fruits acidulés ou sucrés des différentes variétés. La chair du fruit du *Cerasus Mahaleb* [1] est âpre et amère ; mais ses graines, douces et parfumées, autrefois usitées en médecine, se vendent encore pour la parfumerie. Les Abricots et les Pêches se mangent frais et préparés de diverses manières ; on a considéré leur chair comme dépurative. Des Amandiers à graine douce, on ne mange que l'embryon, frais ou sec ; celui des amandes amères sert fréquemment aux usages domestiques, à la parfumerie, et, nous l'avons vu, à la médecine. La portion comestible des fruits des Ronces est le mésocarpe des drupes nombreuses, réunies sur un réceptacle commun ; ce dernier est dur, blanchâtre, et se sépare facilement des drupes succulentes : la pulpe de celles-ci est acidule dans les *R. Chamæmorus* [2] et *odoratus* [3], qu'on mange en Sibérie et dans le nord de l'Amérique. Les Mûres de haies, fruits des *R. cæsius, fruticosus*, etc., sont aigrelettes et sucrées, pauvres en matières astringentes, qui sont au contraire abondantes dans leurs feuilles ; le sirop de Ronces est cependant quelquefois prescrit contre les inflammations légères. Le Framboisier (*R. idæus* [4]) est le plus employé des *Rubus*, soit par ses feuilles, soit principalement par ses fruits, dont la saveur est sucrée, acidule et parfumée. Ils sont rafraîchissants, et servent à préparer un suc souvent administré aux fébricitants, un sirop, un alcoolat et un vinaigre aromatique framboisé. Quoique les véritables fruits des Fraises soient, non pas

1. MILL., *Dict.*, n. 4. — DC., *Fl. fr.*, IV, 480 ; *Prodr.*, II, 539, n. 25. — *Prunus Mahaleb* L., *Spec.*, 678.— GUIB., *op. cit.*, 292 (Bois de Sainte-Lucie).

2. L., *Spec.*, 708.— DC., *Prodr.*, n. 87.— GUIB., *op. cit.*, 280. — *Morus norvegica* TILLAND., *Abœns.*, 47.

3. L., *Spec.*, 707. — DC., *Prodr.*, n. 91. — GUIB., *op. cit.*, 280. — ROSENTH., *op. cit.*, 960.

4. L., *Spec.*, 706.— DC., *Prodr.*, n. 22. — GUIB., *op. cit.*, 279. — *R. frambœsianus* LAMK, *Fl. fr.*, III, 135.

des achaines, mais des drupes à mésocarpe peu épais, la portion comestible de ces plantes est le réceptacle hypertrophié, pulpeux, sucré et parfumé ; on l'emploie comme rafraîchissant, et les anciens l'ont vanté comme un des meilleurs dépuratifs connus. Les Chrysobalanées ont assez souvent de bons fruits ; et, en première ligne, l'Icaquier commun (*Chrysobalanus Icaco* L. [1]), dont le fruit, vulgairement appelé Prune-coton, P. des anses, se mange dans toutes les régions tropicales de l'Amérique et de l'Afrique : ce fruit est sucré, mais avec un arrière-goût astringent qui se retrouve plus prononcé dans la racine, l'écorce et les feuilles. Toutes ces parties s'emploient en Amérique contre différents flux, les diarrhées, leucorrhées, et contre certaines hémorrhagies ; l'embryon renferme de l'huile. Il en est de même de celui de plusieurs *Couepia* et *Parinari*. Dans le *P. senegalense* [2], cette huile rancit vite et devient infecte ; dans les espèces brésiliennes, elle peut être employée comme alimentaire. Les *Couepia* du même pays ont un mésocarpe comestible, notamment le *C. guianensis* [3] et le *C. chrysocalyx* [4]. A la Guyane, le *Parinari montana* et le *P. campestre* [5] donnent aussi des fruits qui se mangent ; les drupes du *P. senegalense* se vendent sur les marchés à Saint-Louis : leur chair est juteuse, un peu âpre. Celle du *P. excelsum* [6] est bien préférable ; celle du *Licania incana*, de la Guyane, est douce et fondante. On peut encore citer, parmi les produits comestibles des Rosiers, les fruits de quelques *Amelanchier*, *Osteomeles*, *Raphiolepis*, celui surtout du Bibacier du Japon [7]; les feuilles des Pimprenelles et de quelques Alchimilles; la racine de l'Ulmaire et les renflements féculents que porte celle de la Filipendule, et même le réceptacle charnu qui enveloppe les véritables fruits des Rosiers. Dans le R. sauvage ou Églantier [8], l'ensemble des fruits et de leur induvie constitue les *Cynorrhodons* (fig. 377, 378), qui sont ovoïdes, lisses, d'un rouge de corail, couronnés ou non des sépales desséchés. La chair du réceptacle est d'un jaune plus ou moins rougeâtre, astringente et acidule ; elle sert à pré-

1. *Spec.*, 513. — DC., *Prodr.*, II, 525, n. 1. — *C. pellocarpus* MIQ., *Prim. fl. esseq.*, 193. — *C. ellipticus* SOL., ex SAB., in *Trans. Linn. Soc.*, V, 453. — MART., *Fl. bras.*, *Rosac.*, 76.

2. PERR., in DC. *Prodr.*, II, 527 ; *Fl. Sen. Tent.*, 273, t. LXI. — *Néou* ADANS., ex J.

3. AUBL., *Guian.*, I, 521, t. 207.

4. BENTH., in *exs.* Spruc., ex HOOK. F., in *Mart. fl. bras.*, *Rosac.*, 42. — *Moquilea chrysocalyx* POEPP. et ENDL., *Nov. gen. et spec.*, I, 75, t. 286, C.

5. AUBL., *op. cit.*, 514, t. 204-206.

6. SAB., in *Trans. Linn. Soc.*, V, 451. —

RICH., GUILL. et PERR., *Fl. Seneg. tent.*, I, 274, t. LXII (*rough skinned* et *gray Plum* des colons angl.; — *Mampata* ADANS., ex J.).

7. *Eriobotrya japonica* LINDL., in *Trans. Linn. Soc.*, XIII, 102. — *Cratægus Bibas* LOUR., *Fl. cochinch.*, I, 391. — *Mespilus japonica* THUNB., *Fl. jap.*, 206. — ROSENTH., *op. cit.*, 949.

8. L., *Spec.*, 704. — DC., *Prodr.*, II, 613, n. 75. — GUIB., *op. cit.*, 272. — ENDL., *Enchir.*, 661. — LINDL., *Veg. Kingd.*, 564 ; *Fl. med.*, 220. — PEREIRA, *op. cit.*, 287. — ROSENTH., *op. cit.*, 955.

parer la conserve dite de *Cynorrhodons*. Dans un grand nombre de pays, ces fruits passent pour participer à la propriété attribuée, bien à tort, aux tiges et surtout aux racines de l'Églantier, d'être un remède vraiment efficace contre la rage.

Les fruits des Rosacées font quelquefois l'ornement des parcs et des jardins, notamment ceux des Alisiers, des Sorbiers, du Buisson-ardent. Les fleurs sont plus souvent encore recherchées dans le même but ; et, à part les Chrysobalanées, presque toutes les Rosacées sont, dans notre climat, des arbres ou des herbes de pleine terre. Les fleurs, simples ou doubles, des Poiriers, Pommiers, Cognassiers, Cerisiers, Pruniers, Amandiers, Pêchers, Spirées et *Kerria*, forment, dès le printemps, la magnifique parure de nos parterres ; les Aubépines, les Sorbiers, les *Cotoneaster*, les Benoîtes et les Potentilles de l'Orient, même les *Gillenia* et les Aigremoines, s'épanouissent dans nos jardins ; et les Roses sont encore pour beaucoup de personnes, sans parler des artistes et des poëtes, les plus belles et les plus suaves de toutes les fleurs.

GENERA

I. ROSEÆ.

1. Rosa T. — Flores regulares hermaphroditi; receptaculo urceolari ventricosove, fauce constricto. Calyx 4-5-foliolatus; foliolis integris, dentatis v. pinnatisectis, deciduis persistentibusve; præfloratione imbricata, sæpius quinconciali. Petala 4, 5, breviter unguiculata, imbricata, plerumque decidua. Discus receptaculum intus vestiens, glandulosus, sæpissime sericeus; ore annulari incrassato receptaculum fere claudente. Stamina ∞, ∞ –seriata; filamentis liberis extus annulo disci insertis; antheris 2-locularibus, introrsum 2-rimosis. Carpella ∞, raro pauca, haud procul a fundo receptaculi inserta, sessilia stipitatave; ovario 1–loculari; stylo, aut subterminali, aut sæpius plus minus alte ventrali, exserto; apice capitato stigmatoso, aut libero, aut cum stylis carpellorum reliquorum in massam unam coadunato; ovulis in ovariis singulis 1, 2; altero sæpius rudimentario abortivo; ex angulo interno pendulis; micropyle extrorsum supera. Fructus multiplex; achæniis ∞, receptaculo baccato inclusis, aut glabris, aut latere utroque, v. sæpius latere stylo apposito barbatis sericeisve. Semen pendulum; testa membranacea; embryonis carnosi crassi radicula supera; cotyledonibus plano-convexis. — Frutices erecti, sarmentosi v. scandentes, sæpius aculeati, glabri sericei v. glanduloso-pilosi; foliis alternis imparipinnatis, rarius 1–foliolatis, v. stipulis foliaceis, efoliolatis; foliolis plerumque serratis; stipulis basi vaginanti petioli adnatis; floribus solitariis v. cymosis subcorymbosis. (*Orbis univ. reg. temp. et subalp.*) — *Vid. p.* 345.

II. AGRIMONIEÆ.

2. Agrimonia T. — Flores hermaphroditi; receptaculo turbinato, extus aculeis uncinatis v. bracteolis 5 alternisepalis (stipulaceis) aucto, fauce constricto. Calyx 5-partitus, demum valvatus. Petala 5 orbiculata oblongave, imbricata. Stamina 5 alternipetala, v. ∞ , in phalanges 5 alternipetalas disposita, ori receptaculi inserta, libera. Discus receptaculum intus vestiens; margine incrassato constricto. Carpella 2, 3, sessilia imo receptaculo inserta; ovario 1-loculari; stylo terminali exserto, apice capitato stigmatoso; ovulo solitario descendente; micropyle extrorsum supera. Achænia 1-3, receptaculo indurato sæpe aculeato-lappaceo inclusa 1-sperma. Semen exalbuminosum ; embryonis carnosi radicula supera. — Herbæ perennes; foliis alternis imparipinnatis, stipulis basi petioli adnatis; floribus in racemos terminales axillaresque dispositis; pedicellis bracteolatis; bracteis raro (*Aremonia*) sub flore inermi in involucrum infundibuliformem multifidum connatis. (*Reg. temp. hem. bor. et Amer. austr.*) — *Vid. p.* 349.

3. Leucosidea Eckl. et Zeyh. — Flores hermaphroditi 5-6-meri ; receptaculo obconico (*Agrimoniæ*), extus glabro, intus disco ore incrassato vestito. Calix valvatus, extus foliolis 5-6, alternisepalis stipulaceis (calyculi) munitis. Petala brevia caduca. Stamina 10-12; antheris introrsis (*Agrimoniæ*), dorso incrassato-glandulosis. Carpella 2-4 et ovula *Agrimoniæ*. Achænia 1-4, receptaculo subosseo glabro inclusa 1-sperma. — Frutex sericeo-villosus; foliis alternis imparipinnatis; stipulis petioli basi vaginanti adnatis; floribus in spicas terminales aggregatis 2-bracteolatis. (*Prom. B. Spei.*) — *Vid. p.* 353.

4. Brayera K. — Flores polygamo-diœci 4-5-meri ; receptaculo turbinato ; fauce annulo membranaceo plus minus prominulo constricto. Calycis persistentis sepala membranacea venosa, bracteolis alternis exterioribus (calyculi) breviora. Petala linearia v. brevissima obtusa, rarius 0. Stamina ad 20 (*Rosacearum*), fauci receptaculi inserta, libera, in floribus fœmineis parva sterilia. Carpella 2, 3 ; stylis terminalibus, apice stigmatoso late dilatatis. Ovula solitaria descendentia; micropyle extrorsum supera. Fructus?... — Arbor excelsa; foliis alterne confertis interrupte pinnatis; stipulis amplis petiolo longe adnatis; floribus axillaribus racemoso-cymosis creberrimis; axillis ramorum foliaceo-bracteatis ; floribus basi bracteis membranaceis 1–4 munitis. (*Abyssinia mont.*) — *Vid. p.* 353.

5. **Alchemilla** T. — Flores hermaphroditi 4-5-meri apetali ; receptaculo urceolato fauce constricto. Sepala valvata, foliolis totidem alternis minoribus (calyculi) extus munita. Stamina 1-5, fauci recepta-culi inserta, cum sepalis alternantia ; filamentis liberis circa marginem incrassatum disci intus receptaculum vestientis insertis, sub apice articulatis ; antheris terminalibus, longitudine rimosis. Carpella 1–4, sessilia stipitatave ; ovario 1-loculari ; stylo basilari ventralive, apice capitato stigmatoso. Ovula solitaria incomplete anatropa ; raphe brevi descendente ; micropyle extrorsum supera. Achænia 1–4, receptaculo membranaceo inclusa ; seminis exalbuminosi embryone crasso carnoso ; radicula supera brevi. — Herbæ perennes annuæve ; foliis alternis lobatis, digitatis v. palmatipartitis, rarius multifidis ; stipulis petiolo vaginanti adnatis ; floribus minutis crebris in cymas corymbosas axillares terminalesve aggregatis, rarius paucis solitariisve. (*America austral. andina, reg. temp. et frigid. hemisph. bor., Indiæ, Americæ bor. et Australiæ.*) — *Vid. p.* 355.

6. **Sanguisorba** L. — Flores polygami hermaphroditive ; receptaculo sacciformi plus minus profundo ; disco faciem internam vestiente, margine aut incrassato, aut pulviniformi, faucem constrictam receptaculi plus minus claudente. Calyx fauci insertus ; foliolis 4, plus minus petaloideis, præfloratione decussatis imbricatis ; lateralibus 2, exterioribus. Stamina aut definita, sæpius 4, sepalis opposita, aut ∞ ; filamentis liberis, fauci receptaculi insertis, aut brevibus rectis, aut elongatis capillaribus corrugatis flaccidis ; antheris didymis introrsis. Carpella 1–4, receptaculo inclusa, inter se libera ; ovario 1-ovulato ; ovuli descendentis micropyle extrorsum supera ; stylis terminalibus, apice dilatato penicillatis aspergilliformibus stigmatosis. Achænia coriacea, sæpius solitaria, receptaculo indurato 4-gono lævi rugosove, rarius muricato v. 4-ptero inclusa ; semine descendente exalbuminoso ; embryonis carnosi radicula supera. — Herbæ perennes, rarissime annuæ, v. frutices spinosi ; foliis alternis imparipinnatis ; stipulis lateralibus petiolo vaginanti adnatis ; floribus capitatis spicatisve terminalibus ; pedunculis longe basi nudatis solitariis cymosisve ; floribus 2-bracteolatis. (*Hemisph. bor. reg. omn. temper. et calid.*) — *Vid.* p. 357.

7. **Polylepis** R. et Pav. — Flores hermaphroditi ; receptaculo sacci-

formi et disco *Sanguisorbæ*. Sepala 3-5, nonnihil imbricata, sæpius demum valvata. Stamina 4-∞ (*Sanguisorbæ*); filamentis brevibus erectis. Carpella 1, rarius 2, 3, achæniaque et semina *Sanguisorbæ;* receptaculo circa fructus inclusos indurato angulato spinoso alatove.— Arbores fruticesve; ramis nudatis tortuosis sericeis villosisve; foliis alternis 3-foliolatis v. imparipinnatis; petiolis basi late membranaceo-vaginantibus stipulaceis; floribus bracteatis racemosis interrupte dispositis; racemis gracilibus pendulis. (*Peruv.*, *Boliv. et Columb. andin.*) — *Vid. p.* 360.

8 ? **Bencomia** WEBB.—Flores diœci; receptaculo masculorum minuto haud concavo, fœmineorum sacciformi, fauce constricto. Calyx 3-5-phyllus, imbricatus. Stamina ∞ , libera ; filamentis filiformibus tortis ; antheris introrsis ovato-rotundatis, in flore fœmineo 0. Carpella 2-4 (*Sanguisorbæ*), receptaculo inclusa. Fructus et semina *Sanguisorbæ;* carpellis in receptaculo drupaceo demum inclusis. — Frutices ramosi; foliis alternis imparipinnatis; stipulis petiolo basi vaginanti adnatis; floribus sessilibus 2-bracteolatis in spicas longas axillares pedunculatas dispositis. (*Ins. canar.*, *Madera.*) — *Vid. p.* 361.

9. **Acæna** VAHL. — Flores hermaphroditi; receptaculo sacciformi, obconico turbinatove, tereti angulatove, hinc nudo, inde tuberculato glochidiatove, fauce constricto, intus disco glanduloso vestito. Calyx 3-8-folius; præfloratione leviter imbricata. Stamina 1-10, fauci inserta, ante sepala singula solitaria plurave libera. Carpella 1, 2, receptaculo inclusa ; ovario 1-ovulato (*Sanguisorbæ*); stylo subterminali, apice stigmatoso peltato dilatatove, fimbriato. Achænia receptaculo indurato lævi tuberculato, aristato spinescenteve inclusa ; semine pendulo ; embryonis carnosi exalbuminosi radicula supera. — Herbæ, basi sæpius suffrutescentes, decumbentes erectæve, glabræ sericeæve ; foliis alternis imparipinnatis ; stipulis petioli basi vaginanti adnatis ; floribus ad apicem ramorum scapiformium interrupte spicatis capitatisve bracteatis. (*Chili, Peruvia, reg. temper. et frigid. hem. bor.*, *Nov. Zeland.*, *Australia, Mexico et California, ins. sandwic., Africa austr.*) — *Vid. p.* 361.

10. **Margyricarpus** R. et PAV. — Flores hermaphroditi ; receptaculo ovoideo v. compresso-4-gono, alato v. parce tuberculato, intus disco faucem claudente vestito. Sepala 3-5. Petala 0. Stamina 2, 3 (*Acænæ*). Carpellum 1 (*Sanguisorbæ*); stylo apice stigmatifero dilatato penicillato.

Achænium 1, receptaculo baccato glabro v. sub apice parce tuberculato, rarius 4-alato (*Tetraglochin*) inclusum. Semen *Sanguisorbæ.* — Frutices ramosæ rigidæ; foliis alternis imbricatis 2-formibus, aut imparipinnatis; rachi spinescente, aut fasciculatis simplicibus, raro subspinescentibus; floribus axillaribus solitariis subsessilibus. (*Reg. temper. et andin. Americ. austr.*, *Peruv.*, *Chil. et Brasilia austr.*) — *Vid. p.* 362.

11. Cliffortia L. — Flores diœci; receptaculo masculorum minuto convexiusculo; fœmineorum sacciformi ovoideo tubulosove; ore contracto. Sepala 3, 4, imbricata. Petala 0. Stamina ∞ ; filamentis filiformibus liberis tortuosis glabris; antheris late didymis introrsis; in flore fœmineo, aut 0, aut ∞ , minuta sterilia dentiformia, ore receptaculi inserta. Carpella 2, v. 1 (*Monographidium*); ovario incluso; stylis gracilibus exsertis, apice stigmatoso plumosis; ovulo 1, descendente; micropyle extrorsum supera. Achænia 2, sæpius 1, receptaculo coriaceo, corneo v. subdrupaceo, lævi sulcatove, inclusa. Semen *Sanguisorbæ.* — Frutices plerumque glabri rigidi; foliis alternis sessilibus v. breviter petiolatis crebris 1-3-foliolatis; foliolis coriaceis parallelinerviis v. reticulatis, rarius enerviis, forma valde variis; stipulis membranaceis v. spiniformibus petiolo vaginanti adnatis; floribus axillaribus sessilibus solitariis geminatisve. (*Africa austr.*) — *Vid. p.* 363.

III. FRAGARIEÆ.

12. Fragaria T. — Flores hermaphroditi v. polygamo-diœci; receptaculo late pateriformi, apice in conum centralem erectum producto. Calycis perigyni sepala 5, libera; præfloratione demum valvata, leviter reduplicata, rarius subimbricata; foliolis calyculi 5 exterioribus cum sepalis alternantibus. Petala 5, circa marginem disci receptaculum intus vestientis inserta, obovata, breviter unguiculata; præfloratione imbricata. Stamina ∞ , plerumque 20, 3-seriata (*Rosacearum*); filamentis liberis plus minus persistentibus; antheris introrsum 2-rimosis. Carpella ∞ , receptaculo centrali conico inserta libera; ovario 1-loculari; stylo plus minus ventrali subbasilarive, apice obtuso concavove stigmatoso. Ovulum 1, incomplete anatropum descendens; micropyle extrorsum supera. Achænia v. sæpius drupulæ ∞ , aut fossis depressis, aut spatiis prominulis receptaculi crassi carnosi baccati ovoidei globosive insidentia, sæpe demum decidua ; sarcocarpio tenui ; putamine crustaceo 1-spermo ; seminis latere adfixi integumentis membranaceis, embryone carnoso ; radicula supera. Receptaculum calycisque et calyculi foliola circa basin fructus persistentia. — Herbæ perennes, sæpius stoloniferæ villosæ seri- ceæve, rarius glabræ ; caule subterraneo (sympodio) crasso ligoso ; foliis alternis 3-foliolatis, rarius pinnatis ; stipulis membranaceis petioli basi vaginanti adnatis ; floribus terminalibus oppositifoliisve solitariis v. sæ- pius in summo scapo communi cymosis. (*Reg. temper. et alpin. tot. hemisph. boreal., America. austr. et Ins. mascar. mont.*) — *Vid. p.* 365.

13. **Potentilla** T. — Flores (*Fragariæ*) 4-5-meri. Stamina sæpius 20-∞ (*Rosacearum*), rarius 10 (*Horkelia*), v. 5, aut sepalis (*Sibbaldia, Ivesia*), aut petalis (*Chamærhodos*) opposita. Carpella ∞ (*Fragariæ*), rarius pauca v. 1 (*Stellariopsis*) ; stylo basi nonnunquam articulato, aut terminali, aut ventrali. Achænia (*Fragariæ*) receptaculo demum sicco spongiosove inserta. Cætera *Fragariæ*. Herbæ suffruticesve ; foliis alternis digitatis pinnatisve ; stipulis basi petioli adnatis ; floribus solita- riis v. cymoso-corymbosis terminalibus axillaribusve. (*Reg. temper. et frigid. totius orbis*). — *Vid. p.* 367.

14. **Rubus** L. — Flores hermaphroditi polygamive ; receptaculo, disco perianthioque *Potentillæ;* calyce ecalyculato, imbricato v. demum valvato. Stamina ∞ (*Rosacearum*). Carpella ∞ , rarius pauca ; ovario plerumque 2-ovulato ; ovulis collateraliter descendentibus ; micropyle extrorsum supera ; stylo subterminali. Drupæ ∞ ; mesocarpio rarius tenui vix car- noso ; receptaculo conico sicco spongiosove insertæ 1-spermæ. Semen pendulum ; embryone carnoso exalbuminoso. — Frutices plerumque sarmentosi aculeati v. glandulosi, rarius herbæ repentes ; foliis alternis simplicibus lobatis, v. rarius imparipinnatis ; stipulis petiolo adnatis ; floribus raro solitariis, sæpius in cymas corymbiformes axillares termi- nalesve dispositis. (*Reg. temper. et calid. totius orbis.*) — *Vid. p.* 372.

15. **Geum.** — Flores *Fragariæ ;* calyce raro ecalyculato (*Stylipus*). Carpella ∞ , rarius pauca subdefinita (*Waldsteinia*), receptaculo brevi v. clavato, integro v. plurifido, inserta ; ovario 1 subbasilari adscendente ; micropyle extrorsum infera ; stylo terminali v. subterminali, basi non- nunquam articulato (*Coluria, Waldsteinia*), aut recto, aut geniculatim inflexo, hinc nudo, inde longe piloso (*Sieversia*). Achænia 1-∞ , aut cicatrice styli, aut stylo persistente, recto geniculatove, terminata. Semen

erectum; embryonis recti radicula infera. — Herbæ sæpe repentes stolo-
niferæve ; rhizomate perenni; foliis radicalibus imparipinnatis v. pinnatisectis; caulinis paucis sæpe 3-foliolatis bracteiformibusve; stipulis
basi petioli vaginanti adnatis; floribus, aut solitariis, aut in scapis erectis
cymoso-corymbosis, sæpius paucis. (*Reg. temper. et frigid. totius orbis.*)
— *Vid. p.* 375.

16. **Dryas** L. — Flores hermaphroditi (*Gei*) 8-9-meri. Achænia (*Gei*)
stylis persistentibus barbato-plumósis terminata. Embryonis radicula
infera. — Suffrutices humiles, cæspitosi; caule crasso brevi; foliis simplicibus alternis; stipulis petiolo adnatis; floribus solitariis terminalibus
pedunculatis. (*Reg. temper. et arct. alpin. hemisph. bor.*)—*Vid. p.* 378.

17. **Cowania** Don. — Flores hermaphroditi polygamive; receptaculo
sacciformi turbinatove, extus glanduloso, intus disco glanduloso vestito.
Sepala 5 (ecalyculata) fauci inserta; præfloratione imbricata. Petala 5,
imbricata. Stamina ∞ (*Rosacearum*), fauci receptaculi inserta. Carpella
5-∞ , achæniaque *Dryadis*. Semen adscendens; albumine tenui; embryonis recti carnosi radicula infera. — Frutices ramosi; foliis alternis
3-5-fidis partitisve; stipulis petiolo brevi adnatis. (*California, Mexico.*)—
Vid. p. 378.

18. **Fallugia** Endl. — Flores hermaphroditi (*Cowaniæ*); receptaculo
obconico-hemisphærico; calyce 5-bracteolato; disco villoso. Carpella ∞ ,
et achænia *Dryadis*. Seminis erecti embryo exalbuminosus; radicula
infera. — Frutex erectus ramosissimus; ramulis virgatis; foliis alternis
irregulariter 3-5-lobis v. pinnatifidis; stipulis petiolo adnatis; floribus
longe pedunculatis solitariis paucisve cymosis. (*Mexico*). — *Vid. p.* 379.

19. **Chamæbatia** Benth. — Flores hermaphroditi (*Cowaniæ*); receptaculo extus glanduloso, intus discifero; sepalis imbricatis ecalyculatis ;
petalis totidem et staminibus ∞ (*Rosacearum*). Carpellum 1, fundo receptaculi insertum liberum; ovario 1-loculari; stylo subterminali uno
latere profunde secus longitudinem sulcato; marginibus sulci reflexis
stigmatiferis; ovulo 1, suberecto; raphe ventrali; micropyle extrorsum
infera. Achænium coriaceum receptaculo persistente inclusum. Semen
suberectum; hilo lato sessili; testa spongiosa; albumine parco; embryonis erecti radicula oblique infera. — Fruticulus glanduloso-pubescens;

foliis 3-pinnatisectis; lobulis apice glandulosis; stipulis dentatis petioli basi adnatis; floribus cymosis terminalibus. (*California.*)—*Vid. p.* 379.

20. **Purshia** DC. — Flores *Cowaniæ;* receptaculo infundibuliformi, extus glanduloso, intus discifero. Sepala 5, imbricata. Petala imbricata. Stamina 20-30 (*Rosacearum*). Carpellum 1 (*Chamæbatiæ*). Fructus co riaceus receptaculo semi-immersus. Seminis suberecti albumen tenue; embryo rectus; radicula infera. — Frutex ramosus; foliis alternis confertis 3-fidis v. pinnatifidis; stipulis petiolo adnatis; floribus subsessilibus axillaribus terminalibusque. (*Mont. scopul.*) — *Vid. p.* 380.

21. **Cercocarpus** A. B. K.—Flores apetali; receptaculo longe lageniformi; collo lineari, longissime tubuloso, apice in cupulam brevem late dilatato. Sepala 5, libera v. basi connata; præfloratione valvata. Stamina 15-20 v. ∞ (*Rosacearum*); filamentis liberis in alabastro incurvis, circa discum tenuem orem receptaculi vestientem insertis; antheris brevibus sæpe pubescentibus, introrsum 2-rimosis. Carpellum 1, liberum, fundo receptaculi insertum; stylo terminali insertum; ovario 1–loculari; stylo terminali longe filiformi villoso; stigmate capitato obtusove; ovulo 1, subbasilari adscendente anatropo; micropyle infera dorsali. Achænium lineari-oblongum receptaculi basi sibi arcte applicata indutum et desinens in stylum persistentem longissimum plumosum receptaculi cupulam tubique partem superiorem transverse circumcissam secum altius elevantem. Semen lineare erectum; embryonis carnosi exalbuminosi cotyledonibus superis linearibus; radicula brevi infera. — Arbusculæ fruticesve; foliis alternis simplicibus petiolatis; stipulis 2, lateralibus basi petioli adnatis; floribus solitariis, v. sæpius brevissime spicatis; axillaribus terminalibusve. (*Mexico, California.*) — *Vid. p.* 381.

22. **Coleogyne** Torr. — Flores hermaphroditi; receptaculo tubuloso, disco glanduloso intus vestito. Sepala 4, 5, fauci inserta, imbricata. Petala 0. Stamina ∞ (*Purshiæ*), et receptaculo, et tubo urceolato apice dentato ciliato supra ovarium producto inserta. Carpellum 1 (*Purshiæ*); stylo ad medium anguli ventralis ovarii inserto; ovulo 1, incomplete anatropo descendente; micropyle extrorsum supera. Fructus?... — Frutex; ramis confertis patentibus, ultimis nonnunquam spinescentibus; foliis alternis simplicibus versus apicem ramulorum confertis; stipulis petiolo adnatis; floribus solitariis terminalibus, basi bracteolatis. (*California.*) — *Vid. p.* 383.

23. Adenostoma HOOK. et ARN. — Flores hermaphroditi; receptaculo tubuloso v. obconico 10-costato, intus disco glanduloso, margine libero incrassato, vestito. Sepala 5, fauci inserta, imbricata. Petala 5, alterna imbricata. Stamina ∞ (7-20); filamentis liberis (*Rosacearum*); antheris introrsis, longitudine rimosis; connectivo incrassato. Carpellum 1 (*Purshiæ*); ovario apice inæquali-gibboso piloso; stylo subterminali geniculato, apice capitato-stigmatoso; ovulis 1, 2, ventralibus descendentibus; micropyle extrorsum supera. Achænium coriaceum receptaculo indurato inclusum. Semen?...— Frutices rigidi; ramis strictis divaricatis; foliis ericoideis fasciculatisve integris; stipulis minutis lateralibus; floribus glomerulatis, in axilla, aut foliorum, aut bractearum spicæ compositæ sitis, multibracteatis. (*California*.) — *Vid. p.* 383.

IV. SPIREEÆ.

24. Spiræa T. — Flores hermaphroditi v. polygami; receptaculo concavo, breviter campanulato urceolatove. Sepala 4-6, plerumque 5; præfloratione imbricata v. valvata. Petala totidem fauci receptaculi inserta, imbricata tortave. Stamina 20-∞ (*Rosacearum*); filamentis fauci receptaculi insertis, liberis v. basi connatis, disci glandulosi intus receptaculum vestientis, aut supra marginem 5-10-lobum, aut facie interna insertis; antheris introrsum rimosis. Carpella sæpius 5, oppositipetala v. rarius alternipetala, rarius 1-4 v. plura, aut libera, aut plus minus alte connata, fundo receptaculi inserta; stylis terminalibus v. subterminalibus, rectis geniculatisve; apice truncato capitatove stigmatoso; ovulis 2-∞, angulo ventrali 2-seriatim insertis, transversis descendentibusve, rarius adscendentibus. Fructus ex achæniis, folliculis leguminibusve 1-∞ constans, aut liberis, aut connatis, rectis rariusve contortis. Semina 1-∞, descendentia, sæpius linearia tenuia; integumentis membranaceis marginatisve subulatis; embryonis carnosi exalbuminosi radicula plerumque supera. — Frutices suffruticesve, rarius herbæ; foliis alternis simplicibus, digitatis, pinnatis decompositisve; stipulis lateralibus liberis v. petiolo basi vaginanti adnatis, nonnunquam omnino deficientibus; floribus axillaribus terminalibusve, in racemos, corymbos spicasve aut simplices aut cymiferos dispositis; bracteis nonnunquam elevatis; pedicellis axillaribus plus minus alte insertis. (*Reg. temper. et frigid. hemisph. bor.; reg. mont. tropic.*) — *Vid. p.* 384.

25. Gillenia MOENCH. — Flores hermaphroditi; receptaculo tubuloso
10-nervio, intus disco tenui vestito. Sepala 5, margine glandulosa, imbricata. Petala 5, elongata; præfloratione contorta v. rarius imbricata.
Stamina 10-20 (*Rosacearum*); filamentis brevibus incurvis tubo insertis;
antheris introrsum 2-rimosis. Carpella 5, alternipetala fundo receptaculi
inserta inclusaque, libera v. leviter connata; ovario 1-loculari; stylo
terminali acuto, apice stigmatifero; ovulis 2-12, ventralibus, 2-seriatim
adscendentibus; micropyle extrorsum infera. Folliculi 1-5, coriacei e
receptaculo partim exserti, 1-6-spermi. — Herbæ perennes; rhizomate
crassiusculo; ramis erectis herbaceis; foliis 3-foliolatis incisis; stipulis
lateralibus 2, aut parvis, aut amplis foliolisque conformibus; floribus
laxe cymosis terminalibus. (*America bor.*) — *Vid. p.* 388.

26. Neillia DON. — Flores hermaphroditi; receptaculo campanulato
turbinatove, intus disco vestito. Sepala 5, valvata imbricatave. Petala 5,
imbricata. Stamina 10-∞ (*Spireæ*). Carpella 1-5; ovario pluriovulato;
ovulis 2-seriatis horizontalibus v. partim descendentibus adscendentibusve. Fructus e folliculis leguminibusve 1-5, membranaceis inflatis
constans. Semina 1-∞, alia adscendentia, alia descendentia; albumine
plus minus crasso carnoso; embryone carnoso.—Frutices ramosi; foliis
simplicibus dentatis lobatisve; stipulis magnis deciduis; floribus racemosis
v. racemoso-cymosis. (*Asia. temper., bor. et orient., America bor.*) —
Vid. p. 390.

27. Kerria DC. — Flores hermaphroditi; receptaculo breviter cupuliformi, intus disco glanduloso piloso vestito. Sepala 5, imbricata.
Petala 5 (*Rosæ*) alterna; præfloratione imbricata contortave. Stamina ∞
(*Rosacearum*); filamentis liberis gracilibus; antheris introrsum 2-rimosis.
Carpella, aut 5 alternipetala v. plura, imo receptaculo inserta libera;
ovario 1-loculari, apice truncato stigmatoso; ovulo 1, ventrali descendente; micropyle extrorsum supera. Achænia; semine exalbuminoso;
embryonis carnosi radicula supera. — Frutex; ramis virgatis; gemmis
squamosis; foliis alternis simplicibus petiolatis; stipulis lateralibus subulatis caducis; floribus solitariis pedunculatis terminalibus. (*Japonia, China
bor.?*) — *Vid. p.* 391.

28. Rhodotypos SIEB. et ZUCC. — Flores hermaphroditi; receptaculo
late infundibuliformi, intus disco glanduloso piloso vestito; apice disci
in urceolum depresso-conicum, intus sericeum, apice 4-dentatum car-

pellaque includentem producto. Sepala 4, patentia, extus foliolis alternis 4, integris 2-fidis partitisve calyculi munita; præfloratione imbricata. Petala 4 (*Kerriæ*), alterna, imbricata. Stamina ∞ (*Kerriæ*), receptaculo sub corolla et simul urceoli faciei externæ inserta. Carpella 4, imo receptaculo inserta et disci urceolo inclusa, oppositipetala; ovario 1-loculari; stylo terminali, apice vix capitato stigmatoso; ovulis 2, ventralibus collateraliter descendentibus incomplete anatropis; micropyle extrorsum supera. Drupæ 1-4, pisiformes; mesocarpio tenui; putamine osseo 1-spermo. Semen parce albuminosum; embryonis carnosi radicula supera.—Frutex; ramis decussatis; foliis oppositis (*Kerriæ*); stipulis 2 lateralibus; floribus solitariis terminalibus. (*Japonia.*) — *Vid. p.* 392.

29. **Neviusia** A. Gray. — Flores hermaphroditi; receptaculo brevi cupuliformi, disco glanduloso intus vestito. Sepala 5 ecalyculata foliacea serrata; præfloratione imbricata. Petala 0. Stamina ∞ (*Kerriæ*). Carpella 2, 3, sæpius 4 (*Kerriæ*); micropyle extrorsum supera. Drupæ 1-4, calyce ampliato cinctæ; mesocarpio tenui; endocarpio crustaceo. Semen parce albuminosum; embryonis carnosi radicula inflexa supera. —Frutex; foliis alternis simplicibus; stipulis minutis lateralibus liberis; floribus solitariis paucisve terminalibus spurie umbellatis. (*Alabama.*)— *Vid. p.* 393.

30. **Stephanandra** Sieb. et Zucc. — Flores hermaphroditi (*Spireæ*); receptaculo late campanulato. Sepala petalaque imbricata et discus *Spireæ*. Stamina 10, fauci receptaculi inserta, quorum 5 petalis opposita, 5 autem alterna. Carpellum 1, imo receptaculo insertum; ovario 2-ovulato; ovulis collateraliter descendentibus; micropyle extrorsum supera; altero demum horizontali v. ádscendente; micropyle introrsum infera. Folliculus 1, 2-spermus. Semina albuminosa; embryonis carnosi radicula supera v. infera. — Frutex gracilis; ramis distichis flexuosis; gemmis perulatis; foliis alternis incisis v. pinnatifidis; stipulis lateralibus foliaceis persistentibus; floribus in racemos corymbosos simplices compositosve dispositis. (*Japonia.*) — *Vid. p.* 394.

V. QUILLAJEÆ.

31. **Quillaja** Mol. — Flores diœci polygamive. Floris hermaphroditi receptaculum vix concavum late cupuliforme, intus disco crasso carnoso

stellatim 5-lobo, lobis alternipetalis productis apice emarginatis v. 2-dentatis longe sepalis adnatis, vestito. Sepala 5, crassa; præfloratione valvata, Stamina 10, majora 5 alternipetala apice loborum disci, minora autem 5 inter lobos inserta; filamentis liberis subulatis; antheris introrsis, longitudine 2-rimosis. Carpella 5, alternipetala, imo receptaculo prominulo inserta et in ovarium spurie 5-loculare coalita; stylis 5 terminalibus liberis, apice leviter dilatato stigmatosis; ovulis ∞, ventralibus, dense 2-seriatim imbricatis. Fructus e leguminibus 5, stellatim patentibus constans, longitudine 2-valvis. Semina ∞, compressa imbricata adscendentia, superne longe alata; embryonis exalbuminosi cotyledonibus convolutis; radicula infera. — Arbores sempervirentes; foliis alternis simplicibus; stipulis 2 lateralibus deciduis; floribus cymosis axillaribus terminalibusve; centrali plerumque hermaphrodito. (*Chili, Peruvia, Brasilia austr.*) — *Vid. p.* 394.

32. Kageneckia R. et Pav. — Flores diœci monœcive; receptaculo campanulato turbinatove, intus disco tenui vestito. Calyx imbricatus corollaque *Quillajæ*. Stamina ad 20 (*Rosacearum*); antheris in flore fœmineo sterilibus. Carpella 5; ovariis imo receptaculo leviter prominulo insertis liberis; ovulis ∞ (*Quillajæ*); stylis ventralibus plus minus alte insertis, apice oblique dilatato 2-fido stigmatiferis. Fructus e folliculis 5 constans, stellatim patentibus, e dorso reflexo gibboso-calceiformibus. Semina ∞, imbricata, adscendentia, alata (*Quillajæ*). — Arbores sempervirentes; foliis alternis coriaceis simplicibus petiolatis; stipulis caducis; floribus racemosis corymbosisve, fœmineis cymoso-racemosis solitariisve, terminalibus v. axillaribus. (*Chili, Peruvia.*) — *Vid. p.* 396.

33. Vauquelinia Corr. — Flores hermaphroditi; receptaculo hemisphærico, intus disco glanduloso vestito. Sepala 5, valvata, et petala 5, imbricata (*Quillajæ*). Stamina ad 20 (*Kageneckiæ*). Carpella 5, alternipetala; ovariis infra in ovarium 5-loculare connatis; stylis 5, apice stigmatoso capitellatis; ovulis 2 subbasilaribus collateraliter adscendentibus; micropyle extrorsum infera. Carpella basi receptaculo calyceque persistentibus cincta, demum secedentia, longitudine loculicida. Semina in loculis singulis 1, 2, erecta alata exalbuminosa (*Quillajæ*). — Arbor; foliis alternis simplicibus longe petiolatis serratis; stipulis minutis; floribus cymoso-racemosis terminalibus. (*Mexico.*) — *Vid. p.* 398.

34. Lindleya H. B. K. — Flores hermaphroditi; receptaculo turbinato, intus disco glanduloso vestito. Sepala petalaque alterna 5; præfloratione imbricata. Stamina ad 20 (*Kageneckiæ*). Carpella alternipetala 5, in ovarium 5-loculare connata; loculis 2-ovulatis; ovulis collateraliter descendentibus; micropyle extrorsum supera, obturata; stylis 5, apice inæquali-dilatato stigmatosis. Capsula lignosa 5-locularis, loculicida. Semina descendentia compressa exalbuminosa; embryonis carnosi radicula supera. — Arbor sempervirens; foliis alternis simplicibus petiolatis crenulatis; stipulis subulatis; floribus terminalibus, aut solitariis, aut rarius paucis. (*Mexico.*) — *Vid. p.* 399.

35. **Exochorda** LINDL. — Flores polygamo-diœci; receptaculo turbinato plus minus supra medium constricto; disco perianthioque et staminibus 15-20 *Lindleyæ*. Carpella in flore masculo 0 minutave, in fœmineo in ovarium 5-loculare connata; stylis liberis apice dilatato stigmatosis; ovulis 2 descendentibus obturatisque (*Lindleyæ*). Capsula nudata 5-locularis; loculis basi attenuatis alato-prominulis, demum solutis, valde compressis, loculicide 2-partibilibus 1, 2-spermis. Semina valde compressa alata; embryonis carnosi exalbuminosi radicula supera. — Frutices glabri; foliis alternis simplicibus membranaceis exstipulaceis; floribus vernalibus racemosis, terminalibus axillaribusve; pedicellis 2-bracteolatis. (*China bor.*) — *Vid. p.* 399.

36? **Pterostemon** SCHAUER. — Flores hermaphroditi; receptaculo turbinato. Sepala 5, valvata. Petala 5, demum reflexa; præfloratione imbricata. Stamina 10, perigyna, oppositipetala 5 linearia, alternipetala autem 5, filamentis dilatatis apice 3-dentatis; dente medio antherifero; antheris cuspidatis, introrsum 2-rimosis. Ovarium basi receptaculo adnatum 5-loculare; stylo 5-fido, apice truncato stigmatoso; ovulis in loculis singulis 4-6, angulo interno insertis, adscendentibus. Fructus capsularis, receptaculo perianthioque et filamentis staminum persistentibus munitus 1-oligospermus. Seminis erecti embryo exalbuminosus; radicula infera. — Frutex dichotome ramosissimus; foliis alternis petiolatis simplicibus coriaceis; stipulis minutis; floribus in cymas corymbosas paucifloras dispositis. (*Mexico.*) — *Vid. p.* 400.

37. **Eucryphia** CAV. — Flores hermaphroditi plerumque 4-meri; receptaculo convexo. Sepala libera; præfloratione imbricata. Petala alterna, hypogyna, recta obliquave; præfloratione imbricata v. contorta. Stamina ∞, libera hypogyna; antheris introrsum 2-rimosis. Ovarium

superum liberum 5-15-loculare; stylis 5-15, liberis, apice attenuato stigmatosis; ovulis in loculis singulis ∞ , angulo interno 2-seriatim insertis, descendentibus. Capsula 5-15-locularis, septicida polysperma; seminibus descendentibus compressis marginatis alatisve; albumine carnoso tenui; embryonis carnosuli radicula supera. — Arbores resinosæ; foliis oppositis coriaceis sempervirentibus, simplicibus pinnatisve; stipulis intrapetiolaribus minutis magnisve; floribus axillaribus solitariis pedunculatis. (*Chili, Australia, Tasmania.*) — *Vid. p.* 401.

38. Euphronia MART.—Flores hermaphroditi; receptaculo urceolari brevi; sepalis 5, inæqualibus, demum revolutis. Petala?... Stamina 5, perigyna; filamentis, aut 4 per paria connatis, quinto autem libero, aut varie inter se connatis, inæqualibus, e basi late dilatata in annulum plus minus brevem connatis, deorsum barbatis, demum liberis attenuatis; antheris?... Germen liberum 3-loculare; ovulis in loculis singulis solitariis (?) pendulis; stylo filiformi persistente, a basi ad medium barbato, demum 3-partibili. Fructus capsularis, basi receptaculo calyceque persistentibus munitus, subcylindraceus; mesocarpio tenui subsuberoso 3-partibili ab endocarpio secedente; loculis quoque e columna centrali gracili 3-gona secedentibus. Semina in loculis singulis solitaria pendula, ovoidea parva, basi in alam longe lanceolatam producta; albumine parco carnoso; embryonis inversi radicula brevi supera; cotyledonibus planis crassiusculis. — Arbor (?); ramulis alternis griseo-puberulis; foliis alternis simplicibus integerrimis, breviter petiolatis; stipulis?...; floribus racemosis terminalibus. (*Brasilia bor.*) — *Vid. p.* 402.

39? Canotia TORR. — « Calyx 5-fidus parvus persistens. Petala?..... Stamina 5, hypogyna; filamentis gracilibus. Capsula pollicaris teres anguste oblonga, stylo persistente terminata, 5-locularis, septicide 5-valvis; valvis apice 2-fidis; epicarpio tenui carnoso; endocarpio ligneo. Semina in loculis solitaria, prope apicem anguli superioris suspensa oblonga compressa; testa coriaceo-chartacea, inferne in alam latam subfalcatam producta; embryone in axi albuminis carnosi magno; cotyledonibus latis planis; radicula brevi tereti supera. — Frutex v. arbuscula glabra ramosa aphylla; ramis remotis alternis teretibus striatis crassiusculis in spinas elongatas productis, cicatricibus parvis remotis brunneis notatis; floribus ad apicem ramulorum subracemosis; pedicellis patentibus curvis infra medium articulatis. » (*Nov. Mexic.*) — *Vid. p.* 403.

VI. PYREÆ.

40. Pyrus T. — Flores hermaphroditi v. rarius polygami; receptaculo urceolato v. rarius turbinato, intus disco supra ovarium plus minus tumido, plus minus alte sub staminibus desinente, vestito. Calyx 5-folius; sepalis in alabastro imbricatis, dein reflexis, aut persistentibus, aut cum apice receptaculi deciduis. Petala 5, breviter unguiculata; præfloratione imbricata. Stamina. 15-20, rarius ∞ (*Rosacearum*); filamentis liberis v. basi connatis breviter 1-adelphis; antheris introrsum 2-rimosis. Carpella, aut 5, alternipetala, aut 2-4; ovariis receptaculo intus oblique insertis, margine ventrali liberis, 1-locularibus; stylis terminalibus, aut omnino liberis, aut basi plus minus connatis; apice truncato capitatove stigmatoso. Ovula in loculis singulis 2, collateraliter adscendentia; micropyle extrorsum infera, sæpe obturata. Fructus ovoideus, globosus v. pyriformis, drupaceus; mesocarpio (receptaculo) plerumque crasso carnoso; endocarpio 1-5-loculari, crustaceo cartilagineove, sæpe 2-valvi, Semina in loculis singulis 1, 2, erecta; testa sæpius cartilaginea, extus leviter mucilaginea; embryonis erecti radicula brevi infera; cotyledonibus plano-convexis carnosis. — Arbores fruticesve; foliis deciduis alternis simplicibus pinnatisve; stipulis 2 lateralibus deciduis; floribus aut corymbosis, aut cymosis, sæpe præcocibus et e gemmis crassioribus vere ante folia erumpentibus. (*Reg. temper. hemisph. borealis utriusq.*) — *Vid. p.* 403.

41. Cydonia T. Flores hermaphroditi (fere *Pyri*); receptaculo campanulato; calycis foliolis 5, foliaceis. Petala orbiculata; æstivatione contorta, rarius imbricata. Stamina 20-∞. Ovarium receptaculi cavitate adnatum incomplete 5-loculare; loculis intus longitudine fissis ∞-ovulatis; ovulis 2-serialibus adscendentibus; stylis 5, liberis. Fructus pomaceus (*Pyri*), calyce foliaceo coronatus; endocarpio cartilagineo; seminibus in loculis incompletis singulis ∞; testa crustacea, extus crasse mucilaginea. — Frutices arbusculæve; foliis alternis (*Pyri*); stipulis plerumque foliaceis; floribus, aut solitariis terminalibus, aut paucis corymbosis. (*Europa med., Asia orient. et cent.*) — *Vid. p.* 406.

42. Cratægus T.—Flores hermaphroditi; receptaculo demum baccato urceolato campanulatove. Sepala 5 (*Pyri*), persistentia caducave. Corolla et stamina ∞ *Pyri*. Ovarium 1-5-loculare, imo receptaculo adnatum;

stylis ovulisque *Pyri*. Drupa ovata globosave; pyrenis 5, liberis coaduna-
tisve, putamine rarius (?) osseo 2-5-loculari. Semina erecta compressa
exalbuminosa. — Frutices v. arbores parvæ; ramulis sæpe spinescentibus; foliis alternis simplicibus lobatis v. pinnatifidis; stipulis parvis
magnisve deciduis; floribus cymoso-corymbosis bracteatis terminalibus.
(*Reg. frigid. et temper. hemisph. bor.*) — *Vid. p.* 408.

43. Cotoneaster Medik. — Flores *Cratægi*; staminibus 10-∞ . Carpella 2-5, intus et apice libera, dorso (v. potius basi valde obliqua) receptaculo intus adnata; loculis raro semisepto spurio 2-partitis (*Nagelia*);
stylis ovulisque *Pyri*. Drupa forma varia, 2-5-pyrena; pyrenis osseis
1-spermis. Semina *Cratægi*. — Frutices arbusculæve erectæ decumbèn-
tesve; foliis alternis petiolatis sæpius sempervirentibus; stipulis subulatis
deciduis; floribus, aut solitariis, aut sæpius in cymas terminales axillaresve, nonnunquam unilaterales, dispositis. (*Asia sept. et med., Africa
bor., Europa, America bor.*) — *Vid. p.* 409.

44. Eriobotrya Lindl. — Flores *Cratægi*. Stamina ad 20 (*Rosacearum*). Ovarium inferum v. apice raro 2-5, rarius 1-loculare; stylis
liberis v. plus minus connatis, apice dilatato truncatove stigmatiferis.
Ovula (*Pyri*) sæpe obturata. Drupa v. bacca 1-5-locularis; loculis 1-2-
spermis; septis membranaceis chartaceisve, nunc evanidis. Semina
Cratægi.—Arbores fruticesve; foliis sempervirentibus simplicibus petiolatis coriaceis; stipulis parvis v. subfoliaceis magnis; floribus cymoso-
racemosis corymbosisve terminalibus. (*Asia temper., California.*) —
Vid. p. 410.

45. Stranvæsia Lindl. — Flores *Eriobotryæ*. Ovarium 5-loculare
semisuperum; stylis 5, basi connatis, apice 2-lobo stigmatiferis; ovulis
Pyri. Drupa forma varia; endocarpio crustaceo 5-loculari; loculis dorso
loculicide dehiscentibus; valvis inter se et ab axi solutis medio septiferis.
Seminis exalbuminosi embryo carnosus; radicula infera exserta.—Arbor
ramosa; foliis alternis sempervirentibus petiolatis serrulatis; stipulis
setaceis; floribus cymoso-corymbosis terminalibus axillaribusque. (*India
mont. et bor.*) — *Vid. p.* 411.

46. Raphiolepis Lindl. — Flores *Eriobotryæ;* receptaculo elongato
tubuloso v. infundibuliformi disco glanduloso plus minus alte intus
vestito. Sepala et petala 5, imbricata, staminaque 20-∞ (*Rosacearum*),

utraque post anthesin cum receptaculi parte superiore circumcissa
decidua. Carpella 2; ovario infero tubo receptaculi adnato; stylis 2, basi
connatis; ovulis in loculis singulis 2 (*Pyri*). Bacca pulposa 1-2-locularis,
1-2-sperma; seminis erecti turgidi embryone crasso carnoso exalbuminoso. — Arbores fruticesve; foliis alternis simplicibus sempervirentibus;
stipulis 2, lateralibus subulatis; floribus terminalibus axillaribusve racemosis v. cymoso-racemosis, bracteatis. (*China, Japonia, ins. Sandwic.*)
— *Vid. p.* 412.

47? **Amelanchier** MEDIK. — Flores *Cratœgi;* receptaculo campanulato urceolatove. Stamina ∞ . Ovarium plus minus receptaculo adnatum
2-5-loculare; loculis septis spuriis incompletis divisis; ovulis (*Pyri*) in
locellis solitariis. Bacca spurie 4-10-locellata; locellis 1-spermis; septis
endocarpioque membranaceis coriaceisve; seminis exalbuminosi testa
crassa; embryone carnoso. — Arbusculæ fruticesve; foliis alternis simplicibus deciduis; stipulis elongatis subulatis v. minutis, rarius 0; floribus racemosis v. cymoso-racemosis, bracteatis. (*America bor., Japonia,
Asia min., Europa.*) — *Vid. p.* 413.

48. **Osteomeles** LINDL. — Flores *Cratœgi*. Stamina 10-∞ . Carpella
5, aut libera, aut inter se et cum receptaculo plus minus concreta; stylis
totidem; ovulo in loculis singulis solitario subbasilari adscendente (*Pyri*).
Drupa 5-pyrena; pyrenis osseis crustaceisve 1-spermis. Seminis com-
pressi testa membranacea; embryo exalbuminosus carnosus. — Arbores
fruticesve ramosæ; foliis alternis sempervirentibus simplicibus (*Hesperomeles*), v. rarius imparipinnatis; stipulis minutis; floribus cymoso-
corymbosis, bracteatis. (*America andin., ins. Sandwic.*) — *Vid. p.* 413.

49. **Chamæmeles** LINDL. — Receptaculum turbinatum. Calyx et
corolla *Cratœgi*. Stamina 10-20; filamentis in alabastro inflexis subulatis; antheris brevibus oblongisve. Discus tenuis receptaculum intus
vestiens. Germen 1, fundo receptaculi insertum basique adnatum, ex
parte liberum 1-loculare; stylo terminali sulcato, apice plus minus
capitato stigmatoso. Ovula 2, collateraliter adscendentia (*Cratœgi*); raphe
ventrali. Fructus drupaceus, calyce coronatus; stylo plus minus persistente apicali; putamine crasso osseo 1-spermo. Semen adscendens;
integumentis membranaceis; embryonis carnosi cotyledonibus superis
arcte convolutis. — Frutices glabri v. velutini; foliis alternis v. subfasci-
culatis simplicibus petiolatis; stipulis parvis deciduis. Flores racemosi

corymbosive, axillares terminalesve ; pedicellis bracteolatis. (*Madera*, *Mexico*.) — *Vid. p.* 414.

VII. PRUNEÆ.

50. Prunus T. — Flores hermaphroditi ; receptaculo obconico, tubuloso v. urceolato disco glanduloso intus vestito. Sepala 5 (rarius 4, 6), fauci receptaculi inserta, decidua ; præfloratione imbricata. Petala totidem alterna, rarius 0 (*Ceraseidos*), decidua ; præfloratione imbricata. Stamina 10-20 v. rarius ∞ (*Rosacearum*). Carpellum 1 (rarius 2 vel plura), liberum, fundo receptaculi insertum ; ovario 1-loculari ; stylo terminali, apice dilatato stigmatifero ; ovulis 2, collateraliter descendentibus ; raphe ventrali ; micropyle extrorsum supera, crasse obturata. Drupa ; epicarpio membranaceo lævi (*Cerasus, Laurocerasus*), glauco (*Prunophora*), v. velutino (*Amygdalus, Persica*) ; mesocarpio pulposo v. duro (*Amygdalus*) ; putamine lævi v. rugoso foraminuloso (*Persica*). Semina 1, rarius 2, descendentia ; testa membranacea ; albumine tenui, v. 0 ; embryonis carnosi crassi radicula supera. — Arbores v. frutices ; foliis alternis simplicibus ; petiolo sæpe glanduloso ; limbo vernatione conduplicato convolutove ; stipulis 2, lateralibus ; floribus solitariis v. sæpius corymbosis racemosisve, sæpe e gemmis squamosis ante folia erumpentibus v. coetaneis. (*Amercia bor. et subtrop.*, *Europa et Asia bor. et temp.*) — *Vid. p.* 415.

51. Pygeum GÆRTN. — Flores hermaphroditi v. polygamo-diœci ; receptaculo concavo (*Pruni*). Sepala 5-15, dentiformia brevia. Petala totidem v. 0, parva, sepalis conformia. Stamina 10-20. Ovarium sessile ; stylo terminali, apice capitellato stigmatifero ; ovulis 2, descendentibus (*Pruni*). Fructus siccus drupaceusve, sæpe transverse oblongus 1-spermus. Seminis exalbuminosi transverse oblongi embryo crassus ; radicula supera. — Arbores fruticesve ; foliis alternis simplicibus persistentibus ; stipulis parvis deciduis ; floribus racemosis axillaribus lateralibusque. (*Asia trop., Malaisia, Africa trop. or.*) — *Vid. p.* 422.

52. Maddenia HOOK. F. et THOMS. — Flores polygamo-diœci ; receptaculo calyceque 10-mero *Pygei*. Petala 5-10, linearia cum calyce confusa. Stamina 20-30 (*Pygei*). Carpella floris masculi solitaria in stylum gracilem capitatum attenuata ; floris fœminei 2 ; ovario truncato, apice stigmate oblique sessili coronato ; ovulis 2, descendentibus (*Pruni*). Drupæ 2, subcompressæ glabræ ; putamine crustaceo, hinc lævi, inde 3-carinato, 1-spermo. Semen descendens (*Pruni*). — Arbor parva ; foliis alternis simplicibus ciliato-denticulatis glandulosis ; stipulis magnis glan-duloso-dentatis. (*India temp.*) — *Vid. p.* 422.

53. **Prinsepia** Royle. — Flores hermaphroditi ; receptaculo late cyathiformi. Calyx 5-partitus, imbricatus. Petala 5, breviter unguicu-lata, imbricata. Stamina 20-30 (*Rosacearum*) ; filamentis receptaculi fauci insertis inflexis ; antherarum loculis 2, discretis, introrsum rimosis. Carpellum 1, centrale ; ovario breviter stipitato 1-loculari ; stylo termi-nali, apice capitato stigmatoso. Ovula 2, collateraliter descendentia ; mi-cropyle dorsali supera obturata. Fructus obliquus drupaceus anatropus, basi stylo persistente receptaculoque exsiccato munitus ; putamine coriaceo 1-spermo. Semen adscendens ; embryonis exalbuminosi carnosi oleosi cotyledonibus plano-convexis ; radicula infera. — Frutex ramosus ; ramulis spinescentibus ; foliis alternis simplicibus serrulatis deciduis ; stipulis 2, lateralibus minutis ; floribus axillaribus breviter racemosis. (*India temp.*) — *Vid. p.* 423.

54? **Strephonema** Hook. f.—Flores hermaphroditi 4-5-meri ; recep-taculo perianthioque *Prinsepiæ*. Stamina 8-10 (*Prinsepiæ*), quorum alternipetala 5, 5 autem oppositipetala. Carpellum 1, centrale ; ovario ex parte infero, basi receptaculo adnato ; stylo terminali, apice angustato stigmatoso. Ovula 2, ventralia collateraliter inserta, amphitropa, aut descendentia ; micropyle sub umbilico introrsa ; aut leviter adscendentia, micropyle infera. Fructus ?...—Arbores glabræ v. sericeo-pilosæ ramosæ ; foliis oppositis et alternis coriaceis simplicibus ; floribus in axillis folio-rum corymbosis v. corymboso-subumbellatis. (*Africa trop. occ.*) — *Vid. p.* 424.

55. **Nuttallia** Torr. et Gr. — Flores polygamo-diœci ; receptaculo subcampanulato disco glanduloso intus vestito, deciduo ; sepalis 5, imbri-catis. Petala 5, alterna, breviter unguiculata, imbricata. Stamina ad 15 (*Rosacearum*). Carpella 5, libera ; ovario 1-loculari gibboso ; stylo brevi articulato, apice dilatato stigmatifero. Drupæ 1-5, liberæ ; endocarpio coriaceo 1-spermo. Semina descendentia ; testa membranacea ; embryo-nis exalbuminosi radicula supera ; cotyledonibus carnosis convolutis. —

Arbor parva; odore hydrocyanino; foliis alternis simplicibus exstipulaceis deciduis; floribus racemosis bracteolatis e gemma perulata ortis. (*Amer. bor. occid.*) — *Vid. p.* 424.

VIII. CHRYSOBALANEÆ.

56. Chrysobalanus L. — Flores hermaphroditi; receptaculo turbinato-campanulato, intus disco tenui vestito. Sepala 5, imbricata. Petala 5, fauci receptaculi cum sepalis inserta, imbricata, decidua. Stamina 15-∞ (*Rosacearum*); filamentis liberis v. basi connatis, anantheris sæpe nonnullis; antheris introrsum 2-rimosis. Carpellum 1, centrale, fundo receptaculi sessile; ovario 1-loculari libero; stylo basilari, apice capitato truncatove stigmatifero; ovulis 2, collateraliter suberectis; micropyle infera styli insertionem spectante. Drupa plus minus carnosa; putamine lævi v. basi sulcata, indehiscente, v. 5-6-valvi, 1-spermo. Seminis suberecti embryo exalbuminosus carnosus crassus; radicula infera brevissima. — Arbusculæ fruticesve; foliis alternis simplicibus; stipulis parvis deciduis; floribus cymosis axillaribus terminalibusque. (*America calid., Africa trop.?*) — *Vid. p.* 425.

57. Licania AUBL. — Flores hermaphroditi (*Chrysobalani*); receptaculo globoso, urceolato v. hemisphærico. Stamina 3-10 v. rarius ∞ (*Rosacearum*); filamentis brevibus v. longioribus exsertis (*Moquilea*), aut fertilibus omnibus, aut uno latere sterilibus anantheris; antheris parvis, introrsum rimosis. Gynæceum centrale (*Chrysobalani*). Fructus forma valde varius, globosus, obovatus, ovatus, pyriformis v. clavatus 1-spermus. Semen suberectum exalbuminosum (*Chrysobalani*). — Arbores fruticesve; foliis alternis simplicibus, sæpe glandulosis; stipulis 2, persistentibus deciduisve, liberis v. connatis; floribus cymoso-racemosis spicatisve. (*America trop. et subtrop.*) — *Vid. p.* 427.

58. Lecostemon MOÇ. et SESS. — Flores hermaphroditi polygamive (*Licaniæ*); receptaculo late cupuliformi, intus disco glanduloso vestito. Sepala 5, dentiformia, imbricata, decidua. Petala 5, imbricata, perigyne cum calyce inserta. Stamina ∞, perigyna; filamentis brevissimis persistentibus; antheris elongatis linearibus introrsis rimosis basifixis caducis. Gynæceum centrale (*Chrysobalani*); ovario 1-loculari v. spurie sub-

2-locellato, 2-ovulato; stylo basilari longe attenuato, longitudine sulcato; marginibus reflexis sulci stigmatiferis. Drupa; mesocarpio tenui; putamine crustaceo 1-spermo. Semen reniformi-globosum; testa membranacea; embryonis exalbuminosi cotyledonibus crassis conferruminatis. — Frutices glabri; foliis alternis coriaceis; stipulis minutis v. 0; floribus racemosis v. cymoso-racemosis terminalibus axillaribusque. (*America trop. et subtrop.*) — *Vid. p.* 429.

59. Stylobasium Desf. — Flores hermaphroditi polygamive (*Lecostemonis*); receptaculo campanulato; corolla et disco 0. Stamina 10, 2-seriata, 5 oppositipetala, 5 autem alterna; filamentis hypogynis longe filiformibus; antheris elongatis exsertis. Gynæceum centrale (*Chrysobalani*); ovario 1-loculari, 2-ovulato; stylo curvato gracili, apice late peltato stigmatifero. Drupa; mesocarpio tenui; putamine duro 1-spermo. Seminis suberecti embryo parce albuminosus, transverse induplicatus; cotyledonibus crassis carnosis. — Fruticuli; foliis alternis simplicibus coriaceis enerviis; stipulis minutis v. 0; floribus axillaribus solitariis breviter pedunculatis bracteolatis. (*Australia austr.-occ.*) — *Vid. p.* 430.

60. Grangeria Commers. — Flores hermaphroditi; receptaculo breviter turbinato unilateraliter plus minus gibbo. Perianthium staminaque 10-∞ (*Chrysobalani*); filamentis aut antheriferis omnibus, aut uno latere sterilibus. Gynæceum (*Chrysobalani*) plus minus procul a fundo receptaculi unilateraliter insertum. Drupa parum carnosa; putamine angulato 1-spermo. Semen exalbuminosum. — Arbusculæ; foliis alternis simplicibus; stipulis caducis; floribus racemosis terminalibus axillaribusque; racemis simplicibus compositisve. (*Ins. Mascaren., Malacassia.*) — *Vid. p.* 431.

61. Hirtella L. — Flores hermaphroditi; receptaculo tubuloso plus minus profundo unilateraliter gibboso calcaratoque. Sepala petalaque alterna 5, fauci inserta, imbricata. Stamina 3-8 (rarius plura), fertilia, unilateralia, reliqua ananthera brevia glanduloso-dentiformia una cum basi fertilium in annulum abbreviatum circa faucem connata; fertilibus plus minus alte connatis, æstivatione circinatis; antheris introrsum ramosis. Gynæceum (*Chrysobalani*) valde excentricum, ori receptaculi unilateraliter insertum; ovario 1-loculari, 2-ovulato; stylo gracili elongato, æstivatione circinato. Bacca drupave 1-sperma; seminis suberecti embryone exalbuminoso; cotyledonibus crassis plano-convexis, v. plicatis;

« una alteram involvente » (*Thelira*). — Arbores fruticesve; foliis alternis simplicibus; stipulis lateralibus sæpe glandulosis; floribus racemosis v. cymoso-racemosis; racemis simplicibus compositisve; bracteis sæpe glandulosis. (*America trop. et subtrop.*, *Malacassia*.) — *Vid. p. 432.*

62. **Couepia** AUBL. — Flores hermaphroditi (*Hirtellæ*). Petala 5 v. 0. Stamina 15-∞, in orbem completum incompletumve disposita ; filamentis plus minus alte coalitis. Gynæceum *Hirtellæ*. Drupa forma valde varia; mesocarpio carnoso v. coriaceo; putamine lignoso 1-spermo. Semen *Hirtellæ*. — Arbores fruticesve ; foliis alternis coriaceis; petiolo sæpe ad apicem 2-glanduloso; stipulis deciduis; floribus racemosis v. cymoso-racemosis axillaribus terminalibusve bracteolatis. (*America trop. et subtrop.*) — *Vid. p. 435.*

63. **Parinari** AUBL. — Flores hermaphroditi (*Couepiæ*); receptaculo breviter v. profunde lateraliter excavato. Sepala 5 v. rarius 4. Stamina 10-∞, aut fertilia omnia, aut nonnulla ananthera, hinc in orbem completum disposita, inde in phalangem unilateralem coalita. Gynæceum *Hirtellæ;* ovario complete v. incomplete ob septum spurium plus minus inter ovulum utrumque prominulum 2-locellato. Drupa forma varia ; mesocarpio carnoso fibrosove; putamine osseo lævi rugosove, sæpius 2-loculari; loculis 1-spermis. Semina exalbuminosa. Carpella 1, rarius in floribus singulis 2, 2-ovulata.—Arbores; foliis alternis persistentibus, basi eglandulosis v. glandulosis; stipulis lateralibus; floribus cymoso-corymbosis racemosisve bracteolatis. (*America et Africa trop.*, *Malacassia, arch. Ind., Australia bor., ins. Pacific.*) — *Vid. p. 435.*

64? **Trichocarya** MIQ. — « Receptaculum hypocrateriforme ; tubo cylindraceo angulato gynophoro undique accreto farcto; sepalis 5, 3-angularibus. Petala calyce breviora ovata. Stamina 25 (?), in orbem completum disposita; filamentis inæquilongis, basi connatis, majoribus sepalis oppositis nec longioribus; antheris globosis. Ovarium 1-loculare ; ovulis solitariis? Drupa obovato-globosa, basi constricta, breviter 3-quetra; putamine coriaceo intus densissime hirto. Semen erectum, ventre sulcatum; testa coriacea. — Arbores fruticesve; foliis costinerviis; thyrsis racemiformibus; floribus cum pedicello brevissimo bracteato articulatis. » (*Borneo, Sumatra.*) — *Vid. p. 436.*

65. **Acioa** AUBL. —Flores hermaphroditi (*Couepiæ*). Sepala et pe-

tala 5, imbricata. Stamina ∞ , fertilia 10-∞ ; filamentis in ligulam angustam elongatam in alabastro circinatam connatis, apice liberis; staminibus sterilibus quoque 1-lateralibus in coronam dentatam discum mentientem connatis anantheris. Gynæceum *Couepiæ;* ovario 2-ovulato; stylo gracili, æstivatione circinato. Drupa forma valde varia ; mesocarpio carnoso coriaceove ; endocarpio lignoso 1-spermo , plerumque intus piloso. Semen *Couepiæ;* cotyledonibus plano-convexis carnosis v. conferruminatis. — Arbores fruticesve erecti v. scandentes ; foliis alternis simplicibus coriaceis; stipulis deciduis; floribus in racemos simplices compositosve, axillares terminalesve dispositis; bracteis sæpius glanduloso-dentatis. (*Guiana*, *Africa trop. occ.*) — *Vid. p.* 437.

66. **Parastemon** A. DC. — Flores polygamo-diœci; receptaculo brevi cyathiformi v. campanulato. Sepala 5, 6, imbricata. Stamina 2 fertilia perigyna 1-lateralia ; filamentis æstivatione circinatis; antheris introrsum rimosis. Gynæceum in flore masculo rudimentarium, in fœmineo?.. Fructus coriaceus 1-locularis 1-spermus. Semen erectum ; testa tenui pubescente; embryonis erecti carnosi radicula infera. — Frutex; foliis alternis simplicibus coriaceis persistentibus; floribus racemosis axillaribus terminalibusque. (*Archip. malayan.*) — *Vid. p.* 438.

ADDITIONS ET CORRECTIONS

Page 24, note 3, ajoutez : *Sur le g*. Anemonopsis, *sa position et ses affinités* (H. Bn, in *Adansonia*, VIII, 14).

Page 27, fig. 48, légende. Au lieu de *Lococtonum*, lisez *Lycoctonum*.

Page 28, note 2. Au lieu de *Staphysagria*, lisez *Staphisagria*.

Page 30, ajoutez comme synonyme de *Consolida : Ceratosanthus* Schur., *Enum. pl. transylv.*, 30.

Page 39, ajoutez à Ficaire : Masters, *Note on double flow. of* R. Ficaria (in *Journ. of Bot.*, 1867, 158). — V. Thiegh., *Obs. sur la Ficaire* (in *Ann. sc. nat.*, sér. 5, V, 88, t. 10).

Page 44, ajoutez : *Homalocarpus*, genre formé par Schur. (*Enum. pl. transylv.*, 3) avec la section *Omalocarpus* DC.

Page 54, note 1, ajoutez : *Viticella*, admis comme genre par Seringe (*Fl. des jard.*, etc., III, 80) et comprenant les *Clematis Viticella, Viorna, florida, cærulea* et *cylindrica*.

Page 57, note 1, ajoutez : *Valvaria*, genre admis par Seringe (*op. cit.*, III, 93), pour les *Clematis integrifolia, ochroleuca* et *ovata*.

Page 57, rétablir l'ordre transposé dans les notes, en attribuant la note 6, mal placée, aux mots : « l'Amérique méridionale », de la ligne 18 du texte, et la note 1 de la colonne de droite, au n° 7 de la ligne 19 du texte. La note 7 répond à : « Nouvelle-Zélande », ligne 20 du texte.

Page 59, note 8, ajoutez : *Thalictrum anemonoides* flore plen. (V. Houtte, *Fl. des serres*, sér. 2, I, 165).

Page 149, note 2, ajoutez : *Panslowia* Wight = *Kadsura* (ex Endl., *Gen.*, Suppl., III, 85).

Page 305, ajoutez : Plusieurs *Mollinedia* australiens, reçus dans ces derniers temps du prof. F. Mueller établissent encore mieux le passage des *Wilkiea* et *Kibara* aux espèces américaines du genre *Mollinedia*.

Page 309, ajoutez : *Fitzgeraldia* F. Muell., *Fragm.* (edend.) = *Unona*, sect. *Canangium* (*Cananga* Hook. et Thoms.).

Page 320, transposez les légendes des figures 363 et 364.

Pour les Renonculacées et Dilléniacées du Brésil et de l'Afrique tropicale, add. Eichler, in *Mart. Fl. bras.*, et Oliv., *Fl. of trop. Afric.*, I, 1-13.

TABLE DES GENRES ET SOUS-GENRES

CONTENUS DANS CE VOLUME (1)

Aberemoa Aubl. 282
Aciena Vahl. 464
Acia W. 435
Acioa Aubl. 482
Aconitella Spach. 28
Aconitum T. 25
Acrotrema Jack. 130
Actaea L. 88
Actinidia Lindl. 131
Actinospora Turcz. 60
Adamanthe Spach. 49
Adamsia Fisch. 376
Adenilema Bl. 390
Adenostemon Spreng. 323
Adenostemum Pers. 323
Adenostoma Hook et Arn. 469
Adonis Dill. 48
Adrastaea DC. 128
Agrimonia T. 462
Alchemilla T. 463
Alphonsea Hook. et Thoms. 215
Ambora J. 310
Amborella H. Bn. 320
Amelanchier Medik. 477
Amonia Nestl. 352
Amygdalophora Neck. 419
Amygdalopsis Carr. 416
Amygdalus T. 419
Anamenia Vent. 49
Anaxagorea A. S. H. 283
Ancana F. Muell. 210
Ancistrum Forst. 361
Anemonanthea DC. 44
Anemone Hall. 86
Anemonella Spach. 59
Anemonopsis Sieb. et Zucc. 85
Anemonospermos DC. 44
Angelesia Korth. 437
Angelina Pohl. 314
Annona L. 227
Anomianthus Zoll. 200
Anona L. 285
Anonella H. Bn. 230
Aphanes L. 357
Aphanostemma A. S. H. 36
Apyrophorum Neck. 403
Aquilegia T. 84
Aremonia Neck. 351
Aria L. 403
Armeniaca T. 418

Aromadendron Bl. 141
Aronia Pers. 413
Artabotrys R. Br. 285
Aruncus Ser. 387
Asimina Adans. 193
Atherosperma Labill. 343
Atragene L. 55
Atrutregia Bedd. 286
Atta Mart. 229
Aucuparia Medik. 406
Azarolus Cæs. 403

Badiana Spach. 153
Badianifera L. 151
Balantium Desvx. 435
Bankesia Bruce. 353
Barba-capræ T. 384
Barneoudia C. Gay. 47
Basteria Mill. 289
Batheogyne Benth. 427
Batrachium DC. 35
Bencomia Webb. 464
Bertolonia Sess. et Moç. 381
Beurreria Ehret. 289
Blumea Nees. 141
Bocagea A. S. H. 283
Bocagea Benth et Hook. 207
Bocagea Bl. 239
Boique Mol. 156
Boldea J. 298
Boldoa Lindl. 298
Boldu Feuill. 298
Bootia Big. 367
Botrophis Rafin. 60
Brayera K. 462
Brongniartia Bl. 303
Brya Velloz. 432
Buchavea Reichb. 376
Buergeria Sieb. et Zucc. 141
Buettneria Duham. 289
Bulliarda Neck. 224
Burtonia Salisb. 98

Calathodes Hook. et Thoms. 22
Calinea Aubl. 103
Callianthemum C. A. Mey. 87
Caltha L. 22
Calycanthus L. 338

Cammarum DC. 27
Cananga Aubl. 282
Cananga Rumph. 209
Canangium H. Bn. 213
Candollea Labill. 128
Canella Domb. 156
Canella P. Br. 192
Canotia Torr. 474
Capellia Bl. 113
Cardiopetalum Schltl. 204
Carpodontos Labill. 401
Caryophyllata T. 375
Casalea A. S. H. 38
Causea Scop. 432
Cerascidos Sieb. et Zucc. 421
Cerasophora Neck. 420
Cerasus T. 419
Ceratocephalus Moench. 38
Ceratosanthus Schkhr. 4
Cercocarpus H. B. K. 468
Chænomeles Lindl. 407
Chamæbatia Benth. 467
Chamædryon Ser. 385
Chamædrys Clus. 378
Chamæmeles Lindl. 477
Chamærhodos Bge. 372
Champaca Rumid. 140
Cheiropsis DC. 55
Chimonanthus Lindl. 338
Chleistochlamys Oliv. 282
Christophoriana T. 60
Chrysa Rafin. 18
Chrysobalanus L. 480
Chrysocoptis Nutt. 18
Cimicifuga L. 60
Cinnamodendron Endl. 192
Cinnamosma H. Bn. 192
Cistomorpha Cal. 99
Citriosma Tul. 314
Citrosma R. et Pav. 314
Clathrospermum Pl. 220
Clematis L. 87
Clematitis T. 53
Clematopsis Boj. 53
Cliffortia L. 465
Cœlocline A. DC. 224
Colbertia Salisb. 112
Coleogyne Torr. 468
Coluria R. Br. 376
Comaropsis L. C. Rich. 376

(1) Pour les genres conservés par nous, cette table renvoie toujours à la caractéristique latine du *Genera*. Là le lecteur trouvera un autre renvoi à la page où le genre est analysé et discuté.

<table>
<tr><td>Comarum L.</td><td>368</td></tr>
<tr><td>Consiligo DC.</td><td>49</td></tr>
<tr><td>Consolida Lindl.</td><td>28</td></tr>
<tr><td>Conuleum A. Rich.</td><td>314</td></tr>
<tr><td>Coptis Salisb.</td><td>18</td></tr>
<tr><td>Cormus Spach.</td><td>406</td></tr>
<tr><td>Corythæba Reichb.</td><td>27</td></tr>
<tr><td>Cosbæa Hort.</td><td>150</td></tr>
<tr><td>Cosmibuena R. et Pav.</td><td>432</td></tr>
<tr><td>Cotoneaster Medik.</td><td>476</td></tr>
<tr><td>Couepia Aubl.</td><td>482</td></tr>
<tr><td>Cowania Don.</td><td>467</td></tr>
<tr><td>Cratægus T.</td><td>475</td></tr>
<tr><td>Cratæogonum Barr.</td><td>38</td></tr>
<tr><td>Crinonia Banks.</td><td>300</td></tr>
<tr><td>Crossosoma Nutt.</td><td>88</td></tr>
<tr><td>Curatella L.</td><td>130</td></tr>
<tr><td>Cyathocalyx Champ.</td><td>285</td></tr>
<tr><td>Cyathostemma Griff.</td><td>211</td></tr>
<tr><td>Cyclandra F. Muell.</td><td>96</td></tr>
<tr><td>Cycnia Lindl.</td><td>423</td></tr>
<tr><td>Cydonia T.</td><td>475</td></tr>
<tr><td>Cylactis Rafin.</td><td>373</td></tr>
<tr><td>Cymbopetalum Benth.</td><td>287</td></tr>
<tr><td>Cymbostemon Spach.</td><td>150</td></tr>
<tr><td>Cyprianthe Spach.</td><td>36</td></tr>
<tr><td>Cyrtorhyncha Nutt.</td><td>35</td></tr>
<tr><td>Dactylophyllum Spenn.</td><td>369</td></tr>
<tr><td>Dalibarda L.</td><td>374</td></tr>
<tr><td>Dasymaschalon Hook. et Thoms.</td><td>209</td></tr>
<tr><td>Davilla Vandell.</td><td>130</td></tr>
<tr><td>Delima L.</td><td>104</td></tr>
<tr><td>Delimopsis Miq.</td><td>105</td></tr>
<tr><td>Delphinastrum Spach.</td><td>28</td></tr>
<tr><td>Delphinium T.</td><td>85</td></tr>
<tr><td>Desmos Dun.</td><td>209</td></tr>
<tr><td>Desmos Lour.</td><td>208</td></tr>
<tr><td>Diemenia Korth.</td><td>437</td></tr>
<tr><td>Digaster Miq.</td><td>422</td></tr>
<tr><td>Dillenia L.</td><td>131</td></tr>
<tr><td>Disepalum Hook.</td><td>283</td></tr>
<tr><td>Doliocarpus Rol.</td><td>105</td></tr>
<tr><td>Doryphora Endl.</td><td>342</td></tr>
<tr><td>Drimys Forst.</td><td>190</td></tr>
<tr><td>Dryadanthe Endl.</td><td>372</td></tr>
<tr><td>Dryas L.</td><td>467</td></tr>
<tr><td>Duchesnea Sm.</td><td>366</td></tr>
<tr><td>Dugortia Scop.</td><td>435</td></tr>
<tr><td>Duguetia A. S. H.</td><td>204</td></tr>
<tr><td>Dulacia Neck.</td><td>435</td></tr>
<tr><td>Echinella DC.</td><td>36</td></tr>
<tr><td>Eleutherocarpum Schltl.</td><td>413</td></tr>
<tr><td>Ellipeia Hook. et Thoms.</td><td>200</td></tr>
<tr><td>Embira Pis.</td><td>223</td></tr>
<tr><td>Empedoclea A. S. H.</td><td>130</td></tr>
<tr><td>Emplectocladus Torr.</td><td>421</td></tr>
<tr><td>Enantia Oliv.</td><td>287</td></tr>
<tr><td>Enchylodes Reichb.</td><td>27</td></tr>
</table>

<table>
<tr><td>Enemion Rafin.</td><td>21</td></tr>
<tr><td>Entosiphon Bedd.</td><td>436</td></tr>
<tr><td>Ephippiandra Dne.</td><td>304</td></tr>
<tr><td>Eranthis Salisb.</td><td>16</td></tr>
<tr><td>Eremodelphis H. Bn.</td><td>218</td></tr>
<tr><td>Eriobotrya Lindl.</td><td>476</td></tr>
<tr><td>Eriogyna Hook.</td><td>384</td></tr>
<tr><td>Erobatos DC.</td><td>12</td></tr>
<tr><td>Euacæna DC.</td><td>362</td></tr>
<tr><td>Euanemone H. Bn.</td><td>50</td></tr>
<tr><td>Eucryphia Cav.</td><td>473</td></tr>
<tr><td>Eudelphinium H. Bn.</td><td>32</td></tr>
<tr><td>Eudrimys DC.</td><td>158</td></tr>
<tr><td>Euillicium Spach.</td><td>155</td></tr>
<tr><td>Eumoquilea Hook. f.</td><td>428</td></tr>
<tr><td>Eupæonia H. Bn.</td><td>66</td></tr>
<tr><td>Euphronia Mart. et Zucc.</td><td>474</td></tr>
<tr><td>Eupomatia B. Br.</td><td>288</td></tr>
<tr><td>Euptelea Sieb. et Zucc.</td><td>191</td></tr>
<tr><td>Euranunculus Gren. et Godr.</td><td>37</td></tr>
<tr><td>Euryandra Forst.</td><td>105</td></tr>
<tr><td>Euthalictrum DC.</td><td>58</td></tr>
<tr><td>Eutrollius H. Bn.</td><td>24</td></tr>
<tr><td>Euuvaria H. Bn.</td><td>201</td></tr>
<tr><td>Evisopyrum H. Bn.</td><td>20</td></tr>
<tr><td>Exitelia Bl.</td><td>435</td></tr>
<tr><td>Exochorda Lindl.</td><td>473</td></tr>
<tr><td>Fallugia Endl.</td><td>467</td></tr>
<tr><td>Ficaria Dill.</td><td>39</td></tr>
<tr><td>Filipendula T.</td><td>293</td></tr>
<tr><td>Fissistigma Griff.</td><td>265</td></tr>
<tr><td>Fitzalania F. Muell.</td><td>197</td></tr>
<tr><td>Fitzgeraldia F. Muell.</td><td>484</td></tr>
<tr><td>Flammula DC.</td><td>54</td></tr>
<tr><td>Fontenellea A. S. H. et Tul.</td><td>394</td></tr>
<tr><td>Fragaria T.</td><td>465</td></tr>
<tr><td>Fragariastrum Schrh.</td><td>367</td></tr>
<tr><td>Fuscæa H. Bn.</td><td>206</td></tr>
<tr><td>Gampsoceras Stev.</td><td>36</td></tr>
<tr><td>Garidella T.</td><td>8</td></tr>
<tr><td>Geisenia Rafin.</td><td>21</td></tr>
<tr><td>Germaria Presl.</td><td>422</td></tr>
<tr><td>Geum L.</td><td>466</td></tr>
<tr><td>Gillenia Moench.</td><td>470</td></tr>
<tr><td>Glaucidium Sieb. et Zucc.</td><td>85</td></tr>
<tr><td>Gomortega R. et Pav.</td><td>343</td></tr>
<tr><td>Goniothalamus Bl.</td><td>287</td></tr>
<tr><td>Grangeria Commers.</td><td>481</td></tr>
<tr><td>Greggia Engelm.</td><td>379</td></tr>
<tr><td>Griffonia Benth. et Hook.</td><td>437</td></tr>
<tr><td>Griphopus Spach.</td><td>13</td></tr>
<tr><td>Grymania Presl.</td><td>436</td></tr>
<tr><td>Guanabani Mart.</td><td>229</td></tr>
<tr><td>Guanabanus Plum.</td><td>227</td></tr>
<tr><td>Guatteria R. et Pav.</td><td>203</td></tr>
<tr><td>Gwillimia Rottl.</td><td>134</td></tr>
<tr><td>Gymnanthus Jungh.</td><td>163</td></tr>
</table>

<table>
<tr><td>Habzelia A. DC.</td><td>224</td></tr>
<tr><td>Habzelia Hook et Thoms.</td><td>224</td></tr>
<tr><td>Hagenia W.</td><td>353</td></tr>
<tr><td>Halmia Medik.</td><td>403</td></tr>
<tr><td>Hamadryas Comm.</td><td>40</td></tr>
<tr><td>Haplogyne H. Bn.</td><td>96</td></tr>
<tr><td>Hecatonia Lour.</td><td>37</td></tr>
<tr><td>Hedycarya Forst.</td><td>340</td></tr>
<tr><td>Hedycrea Schreb.</td><td>428</td></tr>
<tr><td>Hegemone Bge.</td><td>22</td></tr>
<tr><td>Helleboroides Adans.</td><td>16</td></tr>
<tr><td>Helleborus T.</td><td>84</td></tr>
<tr><td>Hemipleurandra Benth. et Hook.</td><td>100</td></tr>
<tr><td>Hemistemma J.</td><td>100</td></tr>
<tr><td>Hemistephus Drumm. et Harv.</td><td>100</td></tr>
<tr><td>Hepatica Dill.</td><td>47</td></tr>
<tr><td>Hesperomeles Lindl.</td><td>4</td></tr>
<tr><td>Heteropetalum Benth.</td><td>245</td></tr>
<tr><td>Hexalobus A. DC.</td><td>286</td></tr>
<tr><td>Hexalobus A. S. H. et Tul.</td><td>212</td></tr>
<tr><td>Hibbertia Andr.</td><td>129</td></tr>
<tr><td>Hieronia Velloz.</td><td>106</td></tr>
<tr><td>Hirtella L.</td><td>481</td></tr>
<tr><td>Homalocarpus Schknr.</td><td>484</td></tr>
<tr><td>Horkelia Ch. et Schltl.</td><td>369</td></tr>
<tr><td>Hortonia Wight.</td><td>339</td></tr>
<tr><td>Hulthemia Dum.</td><td>349</td></tr>
<tr><td>Huttia Drumm. et Harv.</td><td>93</td></tr>
<tr><td>Hyalectryon Irm.</td><td>46</td></tr>
<tr><td>Hyalostemma Wall.</td><td>242</td></tr>
<tr><td>Hydrastis L.</td><td>87</td></tr>
<tr><td>Ibira Marcg.</td><td>223</td></tr>
<tr><td>Icaco Plum.</td><td>425</td></tr>
<tr><td>Illicium L.</td><td>189</td></tr>
<tr><td>Isopyrum L.</td><td>85</td></tr>
<tr><td>Ivesia Torr.</td><td>369</td></tr>
<tr><td>Kadsura Kæmpf.</td><td>149</td></tr>
<tr><td>Kageneckia R. et Pav.</td><td>472</td></tr>
<tr><td>Kentia Bl.</td><td>211</td></tr>
<tr><td>Kerria DC.</td><td>470</td></tr>
<tr><td>Keulia Mol.</td><td>423</td></tr>
<tr><td>Kibara Endl.</td><td>303</td></tr>
<tr><td>Kibaropsis H. Bn.</td><td>305</td></tr>
<tr><td>Knowltonia Salisb.</td><td>49</td></tr>
<tr><td>Kœllea Bir.</td><td>16</td></tr>
<tr><td>Korosvel Herm.</td><td>104</td></tr>
<tr><td>Krokeria Neck.</td><td>197</td></tr>
<tr><td>Kunzia Scop.</td><td>380</td></tr>
<tr><td>Laurelia J.</td><td>321</td></tr>
<tr><td>Laurocerasus T.</td><td>420</td></tr>
<tr><td>Laxmannia Fisch.</td><td>376</td></tr>
<tr><td>Lazarolus Medik.</td><td>403</td></tr>
<tr><td>Learosa Reichb.</td><td>317</td></tr>
<tr><td>Lecostemon Moç. et Sess.</td><td>480</td></tr>
<tr><td>Lehmannia Tratt.</td><td>368</td></tr>
</table>

Leiopoterium DC. 360
Lenidia Dup.-Th. 112
Leonia Mut. 314
Leontoglossum Hance. 104
Lepidocarya Korth. 436
Leptobalanus Benth. 427
Leptopyrum Reichb. 19
Leucosidea Eckl. et Zeyh. 462
Licania Aubl. 480
Lindleya H. B. K. 472
Lirianthe Spach. 140
Liriodendron L. 188
Liriopsis Spach. 139
Lorandra Hook. 438
Lowea Lindl. 349
Luetkea Bong. 384
Lycoctonum DC. 27
Lydea Mol. 397

Macrostigma Hook. 430
Macrotys Rafin. 60
Maddenia Hook. et Thoms. 478
Magallana Commers. 156
Magnolia L. 188
Malus T. 405
Mampata Adans. 436
Manglietia Bl. 142
Maranthes Bl. 435
Marenteria Noronh 200
Margyricarpus R. et Pav. 464
Matthaea Bl. 306
Maximovitzia Rupr. 148
Meclatis Spach. 57
Meiogyne Miq. 210
Melodorum Dun. 211
Meratia Nees. 295
Mespilophora Neck. 408
Mespilus T. 408
Michelia L. 140
Micheliopsis H. Bn. 142
Miliusa Lesch. 187
Mithridatea Commers. 310
Mitrella Miq. 211
Mitrephora Bl. 186
Mollinedia R. et Pav. 340
Monimia Dup.-Th. 340
Monocarpia Miq. 210
Monodora Dun. 188
Monographidium Presl. 363
Monoon Miq. 212
Moquilea Aubl. 427
Morilandia Neck. 363
Moutan Dl. 65
Myosurus Dill. 86
Myriomala Lindl. 411

Nagelia Lindl. 410
Napellus DC. 27
Naravael Herm. 56
Naravelia DC. 56
Narum Hook. et Thoms. 201

Neillia Don. 470
Nenax Gaertn. 363
Neou Adans. 436
Nephrostigma Griff. 265
Neviusa A. Gray. 471
Neviusia Benth. et Hook. 393
Nigella T. 84
Nigellastrum Moench. 11
Nirbisia Don. 25
Nuttallia Torr. et Gr. 479

Ochrolasia Turcz. 96
OEtania DC. 209
Omalocarpus DC. 44
Onœpia Lindl. 65
Orchidocarpum Michx. 193
Oreogeum Ser. 376
Oriba Adans. 43
Orophea Bl. 286
Orophea Miq. 238
Osteomeles Lindl. 477
Othlis Spreng. 105
Oxandra A. Rich. 283
Oxygraphis Bge. 39
Oxymitra Bl. 286

Pachyloma Spach. 36
Pachynema R. Br. 128
Pœonia T. 88
Palmeria F. Muell. 341
Panslowia Wight. 484
Parartabotrys Benth. et Hook. 224
Parartabotrys Miq. 232
Parastemon A. DC. 483
Parinari Aubl. 482
Parinarium J. 435
Pavonia R. et Pav. 321
Pelticalyx Griff. 265
Pentaphylloides T. 367
Peraphyllum Nutt. 413
Persica T. 418
Petrocarya Schreb. 435
Petrophytum Nutt. 388
Peumus Mol. 339
Phœanthus Hook. et Thoms. 287
Philonotis Reichb. 36
Phledinium Spach. 28
Photinia Lindl. 411
Physocarpidium Reichb. 59
Physocarpum DC. 59
Physocarpus Cambess. 390
Pimpinella T. 357
Pindaiba Pis. 223
Pinzona Mart. et Zucc. 106
Piptostigma Oliv. 245
Pleurandra Labill. 99
Pleurodesmia Arn. 102
Polyalthia Bl. 212
Polydontia Bl. 422
Polylepis R. et Pav. 463

Polystorthia Bl. 422
Pompadoura Buch. 289
Popowia Endl. 284
Populago T. 23
Porcelia R. et Pav. 199
Potentilla T. 466
Poteridium Spach. 360
Poterium L. 357
Preonanthus DC. 44
Prinsepia Royl. 479
Prunophora Neck. 415
Prunus T. 478
Pseudanona H. Bn. 226
Pseudo-anona Hook. et Thoms. 208
Pseuduvaria Miq. 238
Psycrophila DC. 23
Pterophyllum Nutt. 18
Pterostemon Schauer. 473
Pulsatilla T. 46
Pulsatilloides DC. 46
Purshia DC. 468
Pygeum Gaertn. 478
Pyramidanthe Miq. 211
Pyrophorum Neck. 403
Pyrus T. 475
Pytirosperma Sieb. et Zucc. 62

Quillaja Mol. 471
Quinquefolium T. 367

Ranunculastrum DC. 35
Ranunculus Hall. 86
Raphiolepis Lindl. 476
Reifferschiedia Presl. 114
Rhinium Schreb. 103
Rhodophora Neck. 346
Rhodopsis Endl. 346
Rhodopsis Ledeb. 340
Rhodotypos Sieb. et Zucc. 479
Rhopalocarpus Teysm. et Binn. 213
Ricaurtea Tri. 105
Richella A. Gray. 237
Robertia Mer. 16
Rœhlingia Dennst. 103
Rollinia A. S. H. 285
Ropalopetalum Griff. 232
Rosa T. 461
Rubus L. 466
Ruizia Pav. 298

Saccopetalum Benn. 244
Sageræa Dalz. 281
Sampaca Rumph. 140
Sanguisorba L. 463
Sapranthus Seem. 199
Sarcocarpon Bl. 149
Sarcodrimys H. Bn. 159
Sarcopoterium Spach. 360

Sarpedonia Adans.	48	Tambourre-cissa Flac.	310	Ulmaria T.	384
Schizandra Micux.	189	Tambourissa Sonn.	341	Unona L. f.	283
Schizonotus Lindl.	387	Tasmannia R. Br.	159	Unonaria DC.	209
Schumacheria Vahl.	129	Tetracera L.	129	Unonastrum H. Bn.	212
Sciadicarpus Hassk.	303	Tetraglochin Poepp.	363	Uvaria L.	281
Scotanum Cæsalp.	39	Tetrapetalum Miq.	282		
Sibbaldia L.	371	Tetratome Poepp. et Endl.	302		
Sieversia W.	376	Thacla Spach.	23	Valvaria Ser.	484
Siparuna Aubl.	341	Thalictrella A. Rich.	20	Vanieria Montrouz.	101
Skimi Kæmpf.	154	Thalictrum T.	87	Vauquelinia Corr.	472
Smegmadermos R. et Pav.	394	Thelira Dup.-Th.	434	Vinterana Sol.	156
Smegmaria W.	314	Theorhodon Spach.	133	Viorna Pers.	57
Songium Rumph.	110	Thiga Mol.	321	Viticella Dill.	54
Soramia Aubl.	103	Thora DC.	35		
Sorbaria Ser.	387	Tigarea Aubl.	103		
Sorbus T.	406	Tigarea Pursh.	380		
Spallanziana Pohl.	352	Tormentilla L.	368	Wahlbomia Thunbg.	103
Sphærostema Bl.	148	Torminaria DC.	403	Waldsteinia W.	376
Sphærothalamus Hook. f.	281	Trachytella DC.	104	Warburtonia F. Muell.	98
Spiræa T.	469	Trautvetteria Fisch. et		Waria Aubl.	224
Spiraria Ser.	385	Mey.	36	Warneria Mill.	52
Staphisagria Spach.	28	Trichocarpus Neck.	418	Wilkiea F. Muell.	305
Staphylorhodos Turcz.	441	Trichocarya Miq.	482	Wintera Murr.	156
Stelechocarpus Bl.	204	Trichothalamus Lehm.	368	Winterania L.	164
Stellariopsis H. Bn.	370	Trigula Noronh.	53	Wormia Rottb.	131
Stephanandra Sieb. et Zucc.	471	Trigyneia Schltl.	210		
Stictogeum Ser.	376	Trivalvaria Miq.	212		
Stranvæsia Lindl.	476	Trilepisium Dup.-Th.	439	Xanthorhiza Lhér.	84
Strephonema Hook. f.	479	Trimorphandra Br. et		Xaveria Endl.	24
Stylipus Rafin.	377	Gr.	97	Xiphocoma Stev.	36
Stylobasium Desf.	481	Tripæonia H. Bn.	65	Xylopia L.	284
Stylurus Rafin.	53	Trisema Hook f.	101	Xylopicron P. Br.	224
Syalita Rheed.	131	Trochodendron Sieb. et			
Syndesmon Hoffmansg.	59	Zucc.	191		
Synuvaria H. Bn.	198	Trochostigma Sieb. et			
		Zucc.	114	Yulania Spach.	137
		Trollius L.	85		
Talauma J.	141	Tulipastrum Spach.	140		
Tamboul Poir.	310	Tulipifera Herm.	143	Zygogynum H. Bn.	190

FIN DE LA TABLE DES GENRES ET SOUS-GENRES.

PARIS. — IMPRIMERIE DE E. MARTINET, RUE MIGNON, 2.